D. KLAUA

ALLGEMEINE MENGENLEHRE

MATHEMATISCHE LEHRBÜCHER UND MONOGRAPHIEN

HERAUSGEGEBEN VON DER
DEUTSCHEN AKADEMIE DER WISSENSCHAFTEN ZU BERLIN
INSTITUTE FÜR MATHEMATIK

I. ABTEILUNG
MATHEMATISCHE LEHRBÜCHER
BAND X

ALLGEMEINE MENGENLEHRE

VON
D. KLAUA

AKADEMIE-VERLAG · BERLIN
1964

ALLGEMEINE MENGENLEHRE

Ein Fundament der Mathematik

VON

Dr. rer. nat. habil. DIETER KLAUA

Wissenschaftlicher Arbeitsleiter am Institut für Reine Mathematik
der Deutschen Akademie der Wissenschaften zu Berlin
Dozent an der Humboldt-Universität Berlin

AKADEMIE-VERLAG · BERLIN
1964

Erschienen im Akademie-Verlag GmbH, Berlin W 8, Leipziger Straße 3—4

Lizenznummer: 202 · 100/479/64
Gesamtherstellung: VEB Druckhaus „Maxim Gorki", Altenburg
Bestellnummer: 5503 · ES 19 B 1

VORWORT

Dieses Buch entstand aus einer dreisemestrigen Vorlesung über Allgemeine Mengenlehre, die ich 1961/62 an der Berliner Humboldt-Universität gehalten habe, und setzt sich das Ziel, ein zum Selbststudium geeignetes Lehrbuch zu sein, welches dem Leser in leicht verständlicher Form die Allgemeine Mengenlehre als das Fundament der modernen Mathematik entwickelt. Dabei werden vom Leser keinerlei mathematische Vorkenntnisse vorausgesetzt, wohl aber ein geschultes abstraktes logisches Denkvermögen. Ein derartiges Denkvermögen erwirbt man am sichersten während des Mathematikstudiums, so daß es aus diesem Grunde — und auch nur aus diesem Grunde — ratsam ist, beim Leser trotzdem ein zweisemestriges Universitäts- oder Hochschulstudium in Mathematik vorauszusetzen. Das ist kein Widerspruch zu unserem Vorhaben, ein Fundament der Mathematik zu entwickeln, da wegen der Abstraktheit der zugehörigen Überlegungen selbst an Universitäten und Hochschulen die mathematische Ausbildung der Studenten nicht mit der vollständigen Wiedergabe eines solchen Fundamentes beginnt, sondern Fragen der Grundlegung der Mathematik — wenn überhaupt — erst in den mengentheoretischen Vorlesungen späterer Semester eingehend behandelt werden.

Unter der Voraussetzung eines zweisemestrigen Mathematikstudiums ist das Buch dann für Mathematiker bestimmt, wendet sich dann also — bezogen auf das Fachgebiet Mathematik — an folgenden Leserkreis: Studenten, Aspiranten, Assistenten, wissenschaftliche Mitarbeiter, Dozenten an Universitäten, Hochschulen, Forschungsinstituten, pädagogischen Institutionen; Diplommathematiker, Lehrer. Das Buch ist natürlich unter derselben Voraussetzung auch Philosophen und generell all denjenigen Lesern zu empfehlen, die sich für eine für Mathematiker geschriebene exakte Grundlegung der modernen Mathematik interessieren. Das Buch will sein Erscheinen damit rechtfertigen, daß heutzutage für das volle und klare Verständnis der Mathematik eine gründlichere Kenntnis der Allgemeinen Mengenlehre, d. h. der mengentheoretischen Grundlage der Mathematik, erforderlich ist.

In sieben Kapiteln (siehe Inhaltsverzeichnis) wird das Gesamtgebiet der Allgemeinen Mengenlehre ausführlich behandelt; für noch weitergehende Spezialuntersuchungen sei auf das Literaturverzeichnis verwiesen. Wir legen der Mengenlehre dabei ein Axiomensystem zugrunde, welches eine sowohl sachlich als auch technisch möglichst unkomplizierte Darstellung der Mathematik im Rahmen der Mengenlehre gewährleistet, so daß man praktisch zwischen dem exakt mengentheoretisch fundierten und dem naiven (d. h. unaxiomatisierten) Umgang mit der Mathematik nur noch einen geringen Unterschied verspürt. Dieses Axiomensystem erhalten wir durch Verschmelzung der anschaulich naheliegenden RUSSELLschen Axiomatisierung der Mengenlehre, der RUSSELLschen Typentheorie, mit der eleganten v. NEUMANNschen Axiomatisierung der Mengenlehre, dem v. NEU-

MANNschen Klassenkalkül, nämlich durch eine Algebraisierung der RUSSELLschen Typentheorie innerhalb des v. NEUMANNschen Klassenkalküls.

Übungsaufgaben werden nicht explizit gestellt, sind aber stellenweise im Text in Form unbewiesener, doch leicht nachzuprüfender Behauptungen vorhanden. Hierunter fallen unter anderem alle Lehrsätze, deren Beweis wegen seiner Einfachheit nur durch die Bemerkung angedeutet wird, daß die im Satz aufgestellten Behauptungen unmittelbar aus den entsprechenden Definitionen folgen. Dem Leser ist zu empfehlen, die betreffenden Behauptungen als Aufgaben zu betrachten und zur Festigung seiner erworbenen mengentheoretischen Kenntnisse sorgfältig zu beweisen.

Die im Literaturverzeichnis aufgeführte Lehrbuchliteratur, vor allem H. BACHMANN, *Transfinite Zahlen*, und W. SIERPIŃSKI, *Cardinal and ordinal numbers*, ist verwendet worden, ohne dies jeweils besonders hervorzuheben.

Die erste Bekanntschaft mit der Allgemeinen Mengenlehre und den Problemen der Grundlegung der Mathematik machte ich in den Vorlesungen über Allgemeine Mengenlehre und Mathematische Logik meines verehrten Lehrers, Herrn Prof. Dr. K. SCHRÖTER, und in den Vorlesungen von Herrn Prof. Dr. G. ASSER. Diesen Vorlesungen entnahm ich manche wertvolle Anregung, auch wenn in dem vorliegenden Buche ein anderer Aufbau der Mengenlehre verfolgt wird. Die verwendeten logischen Zeichen, die Methode der Ausdrucksbestimmung (in § 1) sowie ein Großteil der systematischen Zusammenstellung logischer Schlüsse (in § 2) entstammen z. B. diesen Vorlesungen.

Herrn Dipl.-Math. R. HEBENSTREIT danke ich für seine während der Fahnenkorrekturen geleistete sorgfältige Mitarbeit und die daraus resultierenden zahlreichen wertvollen Hinweise.

Herrn Prof. Dr. H. GRELL gilt mein besonderer Dank für die Aufnahme des Buches in die mathematische Lehrbuchreihe des Akademie-Verlages und dem Verlag und der Druckerei schließlich für die präzise Ausführung von Satz und Druck.

Berlin, den 1. Juni 1964 D. KLAUA

INHALTSVERZEICHNIS

Einleitung

KAPITEL I

Das Axiomensystem

KAPITEL II

Klassenalgebra

KAPITEL III

Endliche Mengen

KAPITEL IV

Ordnungsrelationen

KAPITEL V

Kardinalzahlen, Ordinalzahlen, Ordnungstypen

KAPITEL VI

Arithmetik der Ordinalzahlen

KAPITEL VII

Arithmetik der Kardinalzahlen

EINLEITUNG

1. Charakterisierung und Bedeutung der Mengenlehre und Allgemeinen Mengenlehre. Der deutsche Mathematiker Georg Cantor (1845—1918) sah sich im Jahre 1872 bei seinen Untersuchungen über trigonometrische Reihen veranlaßt, gewisse Erörterungen vorauszuschicken, welche, wie er sagt, „dazu dienen mögen, Verhältnisse ins Licht zu stellen, die stets auftreten, sobald Zahlgrößen in endlicher oder unendlicher Anzahl gegeben sind“; es handelte sich dabei um punktmengentheoretische Begriffe wie „Häufungspunkt einer Menge von Punkten“, „Ableitung einer Menge von Punkten“ usw. Diese Erörterungen gaben Cantor den Anstoß, ganz allgemein eine Theorie über beliebige Mengen von Dingen aufzustellen. Cantor wurde damit zum Begründer der *Mengenlehre*, wie man die Theorie der Mengen von Dingen nennt.

Es stellte sich im Laufe der Zeit heraus, daß die Mengenlehre nicht nur neue Gebiete der Mathematik ins Leben rief (wie z. B. die Allgemeine Topologie, ein neuer Zweig der Geometrie) oder schon bestehende mathematische Gebiete zu einer fruchtbaren Weiterentwicklung brachte (wie z. B. die Analysis), sondern daß sie in ihrer heutigen Form die zentrale mathematische Disziplin bildet in demjenigen umfassendsten Sinne, daß sich alle derzeitigen mathematischen Begriffe als mengentheoretische Begriffe erklären lassen und man damit jedes derzeitige Teilgebiet der Mathematik als Teilgebiet der Mengenlehre ansehen darf. Die Wissenschaft *Mathematik* — die in der Praxis, etwa in den Naturwissenschaften, breiteste Anwendung findet — fällt also beim heutigen Entwicklungsstand von Mathematik und Mengenlehre mit der Mengenlehre zusammen. Die Mengenlehre zählt damit zu den großartigsten Leistungen, die menschliches Denken hervorgebracht hat.

Da wir uns in dem vorliegenden Buche mit moderner Wissenschaft befassen wollen, dürfen und werden wir somit „Mathematik“ und „Mengenlehre“ als synonyme Begriffe verwenden.

Unter *Allgemeine Mengenlehre* oder *Abstrakte Mengenlehre* versteht man dasjenige Teilgebiet der Mengenlehre, das nur die allgemeinsten und für die gesamte Mathematik grundlegenden mengentheoretischen Tatsachen behandelt. Die Allgemeine Mengenlehre bildet also heute das Fundament der Mathematik.

Wenn in diesem Buch ein Fundament der Mathematik gelegt werden soll, so dürfen natürlich keinerlei mathematische Vorkenntnisse vom Leser vorausgesetzt werden. Und dem ist auch so. Der Leser braucht absolut nichts von Mathematik zu wissen. Lediglich die Anforderungen, welche das Studium der Allgemeinen Mengenlehre an das Denk- und Abstraktionsvermögen des Menschen stellt, lassen es ratsam erscheinen, vom Leser trotzdem ein zweisemestriges Mathematikstudium vorauszusetzen, weil er dann den erwähnten Anforderungen am besten gewachsen ist.

2. Mengen, Elementbeziehung. Wollen wir Mengenlehre betreiben, so müssen wir uns zunächst Klarheit über den Gegenstand mengentheoretischer Untersuchungen verschaffen. Den Untersuchungsgegenstand der Mengenlehre bilden die *Mengen*. Der Mengenbegriff, nicht zu verwechseln mit dem Anzahlbegriff, wird dabei als nicht näher erklärbarer Grundbegriff verwendet, mit dem man sich lediglich an Hand von Beispielen vertraut macht. Andere Bezeichnungen für eine Menge, die den Mengenbegriff anschaulich noch etwas untermalen, sind etwa: *Ideelle Zusammenfassung zu einem einheitlichen Ganzen, Gesamtheit, Charakteristisches Gemeinsames.*

Beispiele für Mengen:

(1) Die Menge der Weizenkörner in einem bestimmten Sack Weizen.
(2) Die Menge der gegenwärtig in Deutschland existierenden Städte und der gegenwärtig ins Schwarze Meer mündenden Flüsse.
(3) Die Menge der vollen Umläufe des Mondes um die Erde im Laufe des Jahres 1960.
(4) Die Menge aller Menschen, die im Zeitraum vom Jahre 1500 bis zum Jahre 2500 das 60. Lebensjahr erreichten bzw. erreichen.
(5) Die Menge aller Himmelskörper unseres Milchstraßensystems aus Vergangenheit, Gegenwart und Zukunft.
(6) Die Menge der Urlaubsreisen, die ein bestimmter Herr A in seinem Leben unternimmt.
(7) Die Menge der Traumbilder, die ein bestimmter Herr A — auf einen festen Zeitpunkt bezogen — während seines letzten Traumes hatte.
(8) Die Menge aller Mengen, welche — auf einen festen Zeitpunkt bezogen — je aus zwei die englische Sprache beherrschenden Personen bestehen. (Diese Menge besteht also aus Mengen und nicht etwa aus Personen.)
(9) Die Menge, welche aus den drei Mengen der Beispiele (2), (3), (4) besteht. (Diese Menge besteht also aus Mengen und nicht etwa aus den in den drei Mengen (2), (3), (4) enthaltenen Dingen.)
(10) Die Menge aller Dinge, die bei vorgegebenen Mengen M und N in M oder in N enthalten sind.
(11) Die Menge, welche aus den neun Mengen der Beispiele (1) bis (9) besteht.
(12) Die Menge aller Dinge, die gleichzeitig in den beiden Mengen der Beispiele (9) und (11) enthalten sind.

Alle *Dinge*, also auch die Mengen, sind Dinge der *objektiven Realität*; sie existieren also in der Realität und existieren dabei objektiv, d. h. sind unabhängig davon, welcher einzelne Mensch und ob überhaupt ein Mensch diese Dinge in sein Bewußtsein aufnimmt.

Die Dinge, welche durch eine Menge zusammengefaßt werden, heißen die *Elemente* der betreffenden Menge. Man sagt von einer Menge, sie *bestehe* aus ihren Elementen; man sagt von einer Menge und irgendeinem ihrer Elemente, daß sie dieses Element *besitzt* bzw. *enthält* und daß dieses Element in der Menge *enthalten* ist, in der Menge *liegt* bzw. zu der Menge *gehört*, *aus* der Menge ist. Als Abkürzung für *ist ein Element von* hat sich das Zeichen $\in$ eingebürgert, ein stilisiertes griechisches ε; $\in$ liest man als: *Element* und nennt die durch $\in$ ausgedrückte Beziehung zwischen Dingen die *Elementbeziehung* oder *ε-Beziehung.* Bezeichnet z. B.

M die Menge des obigen Beispieles (4) und *c* den Mathematiker CANTOR, so ist *c* ein Element von *M*; also abkürzend:

$$c \in M$$

(gelesen: *c Element M*).

Eine Menge muß nicht unbedingt ein Element besitzen. Unternimmt Herr *A* aus dem Beispiel (6) nie in seinem Leben eine Urlaubsreise, so enthält die Menge seiner Urlaubsreisen kein einziges Element; sie ist *leer*.

Eine Menge ist als ideelle Zusammenfassung von Dingen selbst ein abstraktes Ding, das wir also in keinem Falle mit unseren Sinnen wahrnehmen können; eine Menge von Menschen kann man z. B. nie sehen, höchstens die Elemente dieser Menge, nämlich die betreffenden Menschen.

Der Mengenbegriff ist *extensional*; d. h. eine Menge ist bereits durch ihren Umfang eindeutig bestimmt oder genauer: Eine Menge ist, unabhängig von ihren Beschreibungsmöglichkeiten, bereits durch die in ihr enthaltenen Elemente eindeutig bestimmt. Bezeichnen also *M* und *N* gewisse Mengen, welche dieselben Elemente besitzen, so sind *M* und *N* in jedem Fall identisch, auch wenn *M* und *N* verschiedenartig beschrieben sind wie im folgenden Beispiel: *M* sei die in Beispiel (1) beschriebene Menge. Man schütte die Weizenkörner des betrachteten Sackes Weizen auf 5 leere Blechkanister um und bezeichne mit *N* die Menge aller in diesen 5 Blechkanistern befindlichen Weizenkörner. Dann sind *M* und *N* identisch. Auf Grund der Extensionalität, des Mengenbegriffes kann man von einer Menge *M* als von *derjenigen* Menge sprechen, die genau die Elemente von *M* als Elemente besitzt; denn *M* ist durch seine Elemente eindeutig festgelegt.

Die Mengen fallen mit den Eigenschaften zusammen. Eine Eigenschaft ist ja beim näheren Hinsehen weiter nichts als das charakteristische Gemeinsame, welches alle die durch die betreffende Eigenschaft gekennzeichneten Dinge aufweisen; die Eigenschaft „grün" ist z. B. das charakteristische Gemeinsame, das allen grünen Dingen zukommt. Eine Menge ist andererseits das charakteristische Gemeinsame ihrer Elemente, also diejenige Eigenschaft, welche auf genau die Elemente dieser Menge zutrifft. *Eigenschaft* ist also eine weitere Bezeichnung für eine Menge. Von einem in einer Menge *M* gelegenen Element *e* sagt man dann auch, *e besitzt die* (oder *ist von der*) *Eigenschaft M* oder *die Eigenschaft M trifft auf e zu*. In der Mengenlehre wird von allen bisher aufgeführten Bezeichnungen für Mengen vorwiegend die Bezeichnung „Menge" verwendet.

3. Aussagen, Variable. Die Mengenlehre untersucht nun in ganz allgemeiner Weise die Mengen im Hinblick auf die ε-Beziehung. Die Untersuchungen beginnen in der offenbar allgemeinsten Form, nämlich unter Zulassung nur solcher auf ihre Richtigkeit zu prüfenden Aussagen über Mengen, deren durch sie ausgedrückter Sachverhalt sich auch, wenn man von unwesentlichem sprachlichen Ballast absieht, allein mit Hilfe von Variablen für Mengen, der ε-Beziehung $\in$ und mit Hilfe rein logischer Begriffe ausdrücken läßt wie z. B. *nicht*, *und*, das nicht-ausschließende *oder* (d. h. *A oder B* ist auch richtig, wenn *A* und *B* beides wahre Aussagen sind; im Gegensatz hierzu ist beim ausschließenden *entweder A oder B* die eine der beiden Aussagen *A* und *B* wahr, die andere falsch), *wenn – so*, *genau – dann – wenn*, *für jedes*, *es gibt* (*mindestens*) *ein*, *es gibt höchstens ein*, *es gibt genau ein*, der bestimmte

Artikel *dasjenige* und (*ist*) *gleich* (im Sinne der Identität, d. h. der völligen Übereinstimmung von Dingen; jedes Ding ist nur sich selbst gleich, nur mit sich selbst identisch). Die Erfahrung lehrte, daß man in der Mengenlehre mit den eben als Beispiele angegebenen logischen Begriffen sogar vollkommen und bequem ausreicht.

Aussagen (auch: *sinnvolle Aussagen*) sind vom Menschen vereinbarte Signale, wie z. B. bestimmte Schriftzeichenreihen, bestimmte Lautfolgen, welche zum Zweck der gegenseitigen menschlichen Verständigung und gemäß der ihnen vom Menschen beigelegten Bedeutung wohlbestimmte — tatsächlich vorliegende oder gedachte — Sachverhalte der objektiven Realität (d. h. daß sich gewisse Dinge in gewisser Weise verhalten) widerspiegeln (ausdrücken, beschreiben, bedeuten). Je nachdem, ob der von einer Aussage widergespiegelte Sachverhalt tatsächlich in der Realität vorliegt oder nicht, heißt die betreffende Aussage *wahr* (*richtig, gültig*) oder *falsch* (*unwahr, unrichtig, ungültig*). Jede Aussage ist also entweder wahr oder falsch (Satz der Zweiwertigkeit der Logik). Die Entscheidung darüber, ob eine vorgelegte Aussage wahr oder falsch ist, bildet oft ein schwieriges Problem; jedes wissenschaftliche Problem besteht letzten Endes darin, Wahrheit bzw. Falschheit gewisser Aussagen festzustellen.

Wir verabreden, als Aussagen der Mengenlehre ausschließlich Schriftzeichenreihen, als die präzisesten Verständigungsmittel, zu verwenden; genauer: Schriftzeichenreihen der internationalen Schriftsprachen aus Vergangenheit, Gegenwart und Zukunft (wie die lateinische, griechische, deutsche, englische, russische, französische, . . . Schriftsprache); dabei sind diese Schriftsprachen für unsere mengentheoretischen Belange gegebenenfalls durch Hinzunahme neuer, abkürzender Symbole (d. h. Schriftzeichen) zu ergänzen — wie z. B. durch Hinzunahme von $\in$, von Variablen oder von logischen Zeichen (s. u.). Speziell wird in dem vorliegenden Buche bei der Wiedergabe von Aussagen der Mengenlehre die durch evtl. Hinzunahme neuer, abkürzender Symbole erzänzte moderne deutsche Schriftsprache verwendet.

Variable (*Veränderliche*) für gewisse Dinge (in unserem Fall etwa für Mengen) sind ausgewählte Schriftzeichen (etwa bestimmte Buchstaben), deren jedes zur Formulierung von Aussagen über die betreffenden Dinge als Bezeichnung für jedes dieser Dinge im Sinne des folgenden Beispieles verwendet werden darf: Wählen wir die kleinen lateinischen Buchstaben a, b, c, m und x als Variable für Mengen, so besagt das, daß etwa

Für jedes a gibt es ein b, das gleich demjenigen m ist, für welches für jedes x gilt: $x \in m$ ist genau dann gültig, wenn x gleich a ist.

eine Aussage ist, welche die Bedeutung hat:

Für jede Menge a gibt es eine Menge b, die gleich derjenigen Menge m ist, für welche für jede Menge x gilt: $x \in m$ ist genau dann gültig, wenn x gleich a ist.

Da natürlich Dinge nicht von ihrer Bezeichnung abhängen, kann man den durch unsere Aussage beschriebenen Sachverhalt u. a. auch ausdrücken durch die Aussage

Für jedes c gibt es ein a, das gleich demjenigen x ist, für welches für jedes b gilt: $b \in x$ ist genau dann gültig, wenn b gleich c ist.

Ausdrücke wie

$$a \in b \text{ oder } \textit{Für kein } c \textit{ gilt: } c \in a \textit{ oder } c \in b$$

— a, b, c seien wieder Variable für Mengen — sind nach dem eben festgelegten Variablengebrauch keine Aussagen, sondern nur *Aussagenformen*, da sie dann zu Aussagen werden, wenn man für die in ihnen auftretenden Variablen a und b die Bezeichnungen ganz konkreter, wohlbestimmter, aber dabei beliebig ausgewählter Mengen einsetzt, wofür man auch kurz sagt, daß die angegebenen Ausdrücke dann zu Aussagen werden, wenn man die Variablen a und b beliebig fest ausgewählte Mengen bezeichnen läßt.

Bei Verwendung von Variablen braucht man zur Formulierung immer längerer Aussagen im allgemeinen immer mehr Variable. Für unsere augenblicklichen Betrachtungen seien die Schriftzeichen

$$a_0, a_1, a_2, \ldots$$

Variable für Mengen. Das bedeutet ausführlich: Der Buchstabe a, indiziert mit irgendeiner Schriftzeichenreihe, welche durch endlichoftmaliges Nebeneinanderschreiben bestimmter Zeichen aus der Menge der Schriftzeichen

$$0, 1, 2, 3, 4, 5, 6, 7, 8, 9$$

entsteht, soll Variable für Mengen sein. Zugelassene Mengenvariable sind also z. B.

$$a_1, \quad a_9, \quad a_{25}, \quad a_{03611}$$

(gelesen: *a eins*, *a neun*, *a zwei fünf*, *a null drei sechs eins eins*).

Bei Verwendung der eingeführten Variablen für Mengen unterliegt dann die Bildung von Mengenaussagen keinerlei Beschränkungen mehr in Hinsicht auf die eventuell zu kleine Anzahl der zugelassenen Variablen.

4. Existenz von Mengen, logische Widersprüche, axiomatische Methode. Die ersten Fragen mengentheoretischer Untersuchungen sind Fragen nach der Existenz gewisser Mengen, wobei, wie bereits erwähnt, zunächst solche Aussagen über Mengen auf ihren Wahrheitsgehalt untersucht werden, deren durch sie ausgedrückter Sachverhalt sich auch (bei Verwendung der eben eingeführten Mengenvariablen) allein mit Hilfe der Mengenvariablen $a_0, a_1, a_2, \ldots$, der ε-Beziehung $\in$ und der obigen logischen Begriffe ausdrücken läßt. So fragt man z. B. — M, X, M_1, M_2 seien im folgenden ebenfalls Variable für Mengen —, ob es für beliebige Mengen M_1 und M_2 jeweils diejenige eindeutig bestimmte Menge M gibt, welche alle Elemente von M_1, die selbst Mengen sind, und alle Elemente von M_2, die selbst Mengen sind, enthält und nur diese Elemente als eigene Elemente besitzt. (Sind also speziell M_1, M_2 Mengen von Mengen, so ist M diejenige Menge, welche als Elemente genau die Elemente von M_1 und M_2 enthält.) Auf Grund der Extensionalität des Mengenbegriffes genügt es, die Frage zu beantworten, ob es für beliebige Mengen M_1 und M_2 überhaupt eine Menge M von Mengen gibt, welche genau diejenigen Elemente von M_1 und M_2 enthält, die selbst Mengen sind. Noch allgemeiner hat man schließlich die Aussage

Für jedes M_1 und jedes M_2 gibt es ein M, das als Mengenelemente (d. h. als Elemente, welche Mengen sind) genau diejenigen Elemente von M_1 und M_2 enthält, die selbst Mengen sind.

auf ihren Wahrheitsgehalt zu prüfen. Der Sachverhalt dieser Aussage läßt sich auch wirklich mit den von uns zugelassenen Hilfsmitteln ($a_0, a_1, a_2, \ldots$; $\in$ und die logischen Begriffe) ausdrücken. Präpariert man nämlich die logische Struktur der Aussage heraus und verwendet, lediglich als rein technische Hilfsmittel zur eindeutigen Wiedergabe dieser logischen Struktur, etwa noch die Klammern „(" — gelesen: *Klammer auf* — und „)" — gelesen: *Klammer zu*—, wobei in Klammern Zusammengefaßtes logisch zusammengehörig sei, so erhält man der Reihe nach:

Für jedes M_1 und für jedes M_2 gibt es ein M, so daß für jedes X gilt: $X \in M$ gilt genau dann, wenn $X \in M_1$ oder $X \in M_2$ gilt.

Für jedes M_1 gilt: für jedes M_2 gilt: es gibt ein M mit: für jedes X gilt: $X \in M$ gilt genau dann, wenn gilt: $X \in M_1$ oder $X \in M_2$.

Für jedes M_1 für jedes M_2 es gibt ein M für jedes X ($X \in M$ genau dann, wenn ($X \in M_1$ oder $X \in M_2$)).

Zur Vereinfachung derart logisch präzis formulierter Aussagen, wie sie in der Allgemeinen Mengenlehre zumindest am Anfang vorwiegend verwendet werden, benutzen wir zweckmäßig noch Abkürzungen der logischen Begriffe. Es haben sich für die logischen Begriffe die folgenden *logischen Zeichen* eingebürgert, die entsprechend ihrer Bedeutung gelesen werden:

nicht,	*und,*	*oder,*	*wenn-so,*	*genau-dann-wenn,*
$\sim$	$\wedge$	$\vee$	$\rightarrow$	$\leftrightarrow$

für jedes,	*es gibt ein,*	*es gibt höchstens ein,*	*es gibt genau ein,*
$\forall$	$\exists$	$\exists!$	$\exists!!$

dasjenige,	*gleich.*
ι (ein stilisiertes griechisches ι)	$=$

(Für Aussagen A, B bedeutet und liest man die Aussage $A \rightarrow B$: *wenn* A, *so* B. Das Zeichen $\vee$ ist das stilisierte „v" aus dem lateinischen nicht-ausschließenden „oder", nämlich „vel"; $\wedge$ ist das zu $\vee$ duale Zeichen, da die Begriffe „und" und „oder" duale Eigenschaften besitzen, wie wir in § 2 sehen werden. $\forall$ soll an „alle" und $\exists$ an „existiert" erinnern; denn statt „für jedes" und „es gibt ein" kann man auch sagen „für alle" und „es existiert ein.")

Damit erhält man aus unserer obigen Aussage, wenn man noch statt der Variablen M, X, M_1, M_2 die Variablen a_0, a_1 a_2, a_3 verwendet, endgültig die Aussage:

$$\forall a_2 \; \forall a_3 \; \exists a_0 \; \forall a_1 \; (a_1 \in a_0 \leftrightarrow (a_1 \in a_2 \vee a_1 \in a_3)). \qquad (*)$$

Die Schriftzeichen

$$a_0, a_1, a_2, \ldots; \in;$$

$$\sim, \wedge, \vee, \rightarrow, \leftrightarrow, \forall, \exists, \exists!, \exists!!, \iota, =; (,)$$

heißen die „zunächst zugelassenen Ausdrucksmittel" der Mengenlehre.

Auf Grund der anschaulichen Vorstellungen, die wir mit dem Mengenbegriff verbinden, gelangen wir zu der Feststellung, daß es bei der Aussage (*) betreffs ihres Wahrheitsgehaltes gar nichts zu untersuchen gibt: Selbstverständlich gibt es zu jedem a_2 und jedem a_3 ein gesuchtes a_0; die Gültigkeit der Aussage (*) ist evident und bedarf also keines Nachweises. Kürzt man den Ausdruck

$$(a_1 \in a_2 \vee a_1 \in a_3)$$

der Aussage (*) mit

$$\boldsymbol{H}_1\,(a_1)$$

(gelesen: $\boldsymbol{H}_1$ *von* a_1)

ab, so erscheint uns in Betrachtung von $\boldsymbol{H}_1\,(a_1)$ die Gültigkeit von (*) erneut als evident mit der Begründung, daß doch, bezeichnen a_2 und a_3 beliebig fest ausgewählte Mengen, für eine Menge a_1 die Aussage $\boldsymbol{H}_1\,(a_1)$ entweder richtig oder falsch ist; diejenigen a_1, für die $\boldsymbol{H}_1\,(a_1)$ gilt, können wir dann natürlich zu einer neuen Menge a_0 zusammenfassen.

Kürzt man mit

$$\boldsymbol{H}_2\,(a_1) \quad \text{und} \quad \boldsymbol{H}_3\,(a_1)$$

etwa die Ausdrücke

$$\forall a_2 \forall a_3\,((a_2 \in a_1 \wedge a_3 \in a_2) \rightarrow a_3 \in a_1) \quad \text{und} \quad (a_1 \in a_2 \wedge \exists a_3\,(a_3 \in a_1 \wedge a_3 \in a_2))$$

ab, so erscheint uns, nach denselben Argumenten wie eben bei der Betrachtung von $\boldsymbol{H}_1(a_1)$, auch die Richtigkeit der folgenden beiden Aussagen als evident:

$$\exists a_0 \forall a_1\,(a_1 \in a_0 \leftrightarrow \boldsymbol{H}_2(a_1)),$$

$$\forall a_2 \exists a_0 \forall a_1\,(a_1 \in a_0 \leftrightarrow \boldsymbol{H}_3(a_1)).$$

Bezeichnet schließlich, in Fortsetzung solcher Beispiele, $\boldsymbol{H}(a_1)$ irgendeinen mit Hilfe der zunächst zugelassenen Ausdrucksmittel in bezug auf deren Bedeutung sinnvoll gebildeten Ausdruck (wie es etwa die Ausdrücke $\boldsymbol{H}_1(a_1)$, $\boldsymbol{H}_2(a_1)$, $\boldsymbol{H}_3(a_1)$ sind), in dem die Variable a_1 und eventuell noch die weiteren Variablen $a_2, a_3, \ldots$ *frei* vorkommen, d. h. diese Variablen $a_1, \ldots$ kommen in $\boldsymbol{H}(a_1)$ vor, und auf keine dieser Variablen bezieht sich an irgendeiner Stelle in dem Ausdruck $\boldsymbol{H}(a_1)$ ein diese Variable „bindendes" logisches Zeichen $\forall$, $\exists$, $\exists!$, $\exists!!$, ι (in $\boldsymbol{H}_1(a_1)$ kommen z. B. a_1, a_2, a_3 frei vor, in $\boldsymbol{H}_2(a_1)$ nur a_1 und in $\boldsymbol{H}_3(a_1)$ die Variablen a_1, a_2), so erscheint uns, nach denselben Argumenten wie oben bei der Betrachtung von $\boldsymbol{H}_1(a_1)$, ganz allgemein die Richtigkeit der Aussage

$$(\forall)\,\exists a_0 \forall a_1\,(a_1 \in a_0 \leftrightarrow \boldsymbol{H}(a_1)) \tag{**}$$

als evident (sind etwa $a_2, a_3, \ldots$ die in $\boldsymbol{H}(a_1)$ außer a_1 noch weiter frei vorkommenden Variablen in der Reihenfolge ihres ersten Auftretens in $\boldsymbol{H}(a_1)$ (von links nach rechts gelesen), so bedeutet $(\forall)$: $\forall a_2 \forall a_3 \ldots$; kommt außer a_1 keine Variable weiter frei in $\boldsymbol{H}(a_1)$ vor, so bedeutet (**) die durch Weglassen von $(\forall)$ entstehende Aussage), wobei a_0 nicht in $\boldsymbol{H}(a_1)$ vorkomme und wobei noch — damit (**) eine sinnvolle Aussage ist — stillschweigend vorausgesetzt sei, daß jede in $\boldsymbol{H}(a_1)$ vorkommende, aber nicht frei vorkommende Variable *gebunden* in $\boldsymbol{H}(a_1)$ vorkommt, d. h. auf jede solche Variable bezieht sich an jeder Stelle ihres Auftretens in $\boldsymbol{H}(a_1)$ eines der Zeichen $\forall, \exists, \exists!, \exists!!, \iota$ (in $\boldsymbol{H}_1(a_1)$ kommt z. B. keine Variable gebunden vor, in $\boldsymbol{H}_2(a_1)$ kommen a_2, a_3 gebunden vor, und in $\boldsymbol{H}_3(a_1)$ die Variable a_3).

Unsere bisherigen ersten Anschauungen über den Mengenbegriff, auf Grund deren wir u. a. für einen beliebigen sinnvoll gebildeten Ausdruck $\boldsymbol{H}(a_1)$ die Richtigkeit der Aussage (**) als evident anerkannten, können jedoch zu logischen Widersprüchen führen und müssen deshalb kritischeren, d. h. weniger groben Vorstellungen über den Mengenbegriff weichen. Dies zeigt z. B. die von RUSSELL im Jahre 1903 veröffentlichte und nach ihm benannte RUSSELL*sche Antinomie* der Menge aller Mengen, die sich nicht selbst als Element enthalten. RUSSELL nahm in (**) für $\boldsymbol{H}(a_1)$ den Ausdruck $\sim a_1 \in a_1$. Nach den bisherigen Betrachtungen ist die Richtigkeit der Aussage

$$\exists a_0 \forall a_1 (a_1 \in a_0 \leftrightarrow \sim a_1 \in a_1)$$

evident. Diese Aussage führt aber zu einem logischen Widerspruch, ist also falsch. Wäre sie nämlich richtig und S eine Menge a_0, die als Mengenelemente genau diejenigen Mengen a_1 enthält, welche sich nicht selbst als Element enthalten, so erhält man für S:

$$\forall a_1 (a_1 \in S \leftrightarrow \sim a_1 \in a_1),$$

also speziell für $a_1 = S$:

$$S \in S \leftrightarrow \sim S \in S,$$

was eine *Antinomie* (oder *Paradoxie*) ist, d. h. ein logischer Widerspruch, d. h. ein Widerspruch zu unserem gewohnten logischen Denken, wonach ja $S \in S$ entweder wahr oder falsch ist. Da wir ein für allemal das uns Menschen eigene logische Denken als richtig und unantastbar anerkennen wollen, kann es also keine Menge a_0 geben, welche als Mengenelemente genau diejenigen Mengen enthält, die nicht Element von sich selbst sind; denn die Existenz solch einer Menge führt zu einem logischen Widerspruch. Insbesondere existiert dann nicht die RUSSELL*sche antinomische Menge*; d. h. die Menge aller Mengen, welche sich nicht als Element enthalten.

Auf der Grundlage der bisherigen Anschauungen über den Mengenbegriff hat man noch weitere Antinomien entdeckt. So existieren z. B. auch nicht die Menge aller Mengen (CANTOR*sche Antinomie*) und die Menge aller Kardinal- bzw. Ordinalzahlen (BURALI-FORTI*sche Antinomie*); die Existenz dieser Mengen würde wie bei der RUSSELLschen Antinomie zu logischen Widersprüchen führen (wir behandeln die beiden Antinomien später in §§ 20, 21, 23).

Jede vom Menschen aufgestellte Theorie soll in einer dem Menschen verständlichen, systematischen Form ein gewisses Teilgebiet der objektiven Realität widerspiegeln. Die Mindestforderung, die man daher an eine Theorie stellen muß, ist, daß sie logisch einwandfrei, d. h. ohne logische Widersprüche ist, da es in der Realität erfahrungsgemäß keine logischen Widersprüche gibt. Inwieweit eine logisch widerspruchsfreie Theorie dann trotzdem nur die Realität richtig beschreibt, ist eine Frage, die ausschließlich durch die Anwendung der Theorie auf die Praxis beantwortet werden kann.

Nach dem Bekanntwerden von Antinomien der Mengenlehre wußte man sich zunächst, in der sogenannten CANTOR*schen naiven Mengenlehre*, nicht besser vor auftretenden *antinomischen Mengen* (d. h. Mengen, deren angenommene Existenz bereits zu logischen Widersprüchen führt) zu schützen, als dadurch, daß man die Bildung solcher Mengen verbot, ansonsten aber die bisher von uns verwendeten groben Vorstellungen über den Mengenbegriff beibehielt. Diese Art der Vermeidung von logischen Widersprüchen innerhalb der Mengenlehre ist natürlich in theoretischer Hinsicht höchst unbefriedigend. Man will doch möglichst, etwa nach dem Muster der Aussagen (**) (für jeden sinnvollen Ausdruck $\boldsymbol{H}(a_1)$), von vornherein ein festes Mengenbildungsprinzip zur Verfügung haben, mit dessen Hilfe man unter einem einheitlichen Gesichtspunkt Mengen bilden kann, ohne Antinomien befürchten zu müssen (die Aussagen (**) eignen sich also in ihrer Gesamtheit nicht als Mengenbildungsprinzip; denn wir könnten ja nach diesem Prinzip mit RUSSELL antinomische Mengen bilden). Die naive Mengenlehre wurde daher, unter Zugrundelegung kritischerer, d. h. feinerer Anschauungen über den Mengenbegriff, bald von der heute üblichen *axiomatischen Mengenlehre* abgelöst, die durch folgende drei Tatsachen gekennzeichnet ist:

(1) Man gibt sich für die aufzustellende Theorie gewisse Schriftzeichen — nämlich Variable, die logischen Zeichen, (,), $\in$ und eventuell noch einzelne weitere Symbole — als feste *Ausdrucksmittel* der Mengenlehre vor (wie wir uns etwa ursprünglich die „zunächst zugelassenen Ausdrucksmittel" vorgegeben hatten), ordnet diesen ihre Bedeutung zu und nennt *mengentheoretische Aussagen* bzw. *Aussagen der Mengenlehre* nur solche Aussagen, deren durch sie ausgedrückter Sachverhalt sich auch allein mit Hilfe der zugelassenen Ausdrucksmittel auf Grund deren Bedeutung ausdrücken läßt. Es werden innerhalb der Mengenlehre nur in diesem Sinne präzisierte Aussagen auf ihre Gültigkeit untersucht.

(2) Man stellt an die Spitze der Mengenlehre gewisse mengentheoretische Aussagen — nämlich ein allgemeines Mengenbildungsprinzip und möglichst wenige andere Aussagen —, deren Richtigkeit man auf Grund der neuen anschaulichen Vorstellungen über den Mengenbegriff und auf Grund gesammelter Erfahrungen im Umgang mit diesen Aussagen (ihre angenommene Gültigkeit führte bis heute noch nicht zu einem logischen Widerspruch) besonders leicht anerkennt und die genügend ausdrucksstark sind, so daß sich mit der unter (3) geschilderten Methode brauchbare Sätze über Mengen herleiten lassen. Diese an die Spitze gestellten Aussagen heißen *Axiome* der Mengenlehre; die Gesamtheit der Axiome heißt ein *Axiomensystem* der Mengenlehre.

(3) Als *Sätze* (*Lehrsätze, Theoreme*), d. h. gültige Aussagen, der Mengenlehre läßt man nur die aus dem Axiomensystem durch rein logisches Denken (Schlußfolgern, Schließen) abgeleiteten mengentheoretischen Aussagen zu, wobei die Axiome selbst als aus dem Axiomensystem abgeleitete Aussagen betrachtet werden. Der Nachweis der Richtigkeit einer mengentheoretischen Aussage kann also nur durch Angabe eines mengentheoretischen *Beweises* erfolgen; d. h. durch Angabe einer solchen Kette von aus schon bekannten Sätzen durch logisches

Schließen sukzessiv abgeleiteten Sätzen, welche als letztes Glied die gewünschte Aussage enthält.

Die axiomatische Untersuchungsmethode gewährleistet eine gute Abschirmung der Mengenlehre gegen logische Widersprüche, weil man mit (1) von vornherein vermeidet, daß unkontrollierte Begriffe in die mengentheoretischen Untersuchungen eindringen, weil durch (2) die Gültigkeit der Axiome, bezogen auf den heutigen Stand der Forschung, auf Grund kritischster anschaulicher Vorstellungen über den Mengenbegriff und langer Erfahrung gesichert ist, und weil man mit (3) zur Gewinnung weiterer Sätze nur das denkbar zuverlässigste und exakteste Hilfsmittel, das menschliche logische Schließen, erlaubt.

Ein Axiomensystem der Mengenlehre bedarf im allgemeinen im Laufe der Weiterentwicklung der Mathematik eine fortwährende Ergänzung durch Hinzunahme immer neuer Axiome und ist also stets nur ein Axiomensystem in bezug auf den jeweils erreichten Stand der Forschung.

Neben den logischen Widersprüchen der Mengenlehre, den *syntaktischen Antinomien* (Antinomien beim logischen Ableiten von Sätzen einer Theorie aus schon bekannten Sätzen dieser Theorie), ist noch eine andere Art logischer Widersprüche bekannt, die *semantischen Antinomien* (Antinomien durch den Sprachgebrauch); weitere logische Widersprüche kennt man nicht. Die bekannteste und älteste semantische Antinomie ist die *Antinomie des Lügners*. Sagt (bzw. schreibt) jemand den Satz „Der Satz, den ich eben spreche (bzw. schreibe), ist falsch.", so ist dieser (etwas über sich selbst aussagende) Satz, wie man sofort sieht („ich" bedeutet dabei natürlich die betreffende Person und „eben" den betreffenden Zeitpunkt), genau dann wahr, wenn er falsch ist; das ist aber ein logischer Widerspruch. Um die Beseitigung semantischer Antinomien braucht man sich jedoch bei einem normalen, vernünftigen Sprachgebrauch, wo also streng zwischen den Dingen, über die Aussagen gemacht werden, und den Bezeichnungen für diese Dinge bzw. den Aussagen über diese Dinge unterschieden wird, nicht zu kümmern, da sie dann erfahrungsgemäß nicht auftreten. So ist es z. B. nicht verwunderlich, daß eine axiomatische Mengenlehre erfahrungsgemäß zu keinerlei logischen Widersprüchen führt, obwohl man sich bei der Aufstellung des Axiomensystems fast ausschließlich um die Beseitigung syntaktischer Widersprüche bemüht.

5. Klassen, Individuen; Stufenaufbau der Dinge. Es gibt heute zahlreiche Axiomensysteme der Mengenlehre; die wichtigsten davon sind die Systeme von

a) Russell (*Typentheorie*);
b) Zermelo und Fraenkel;
c) J. v. Neumann und Bernays (*Klassenkalkül*).

Das anschaulich nächstliegende Axiomensystem bietet die Russellsche Typentheorie, in der eine Stufung der Mengen durchgeführt wird; jeder Menge ordnet man eine höhere „Stufe" („Typ") zu als ihren Elementen. Indem jedoch die Stufung der Mengen in die Bezeichnung verlegt wird (man verwendet unendlich viele Variablensorten), ist die Typentheorie technisch unnötig kompliziert; außerdem kann man jeweils nur Sätze über Mengen ein und derselben Stufe formulieren und beweisen. Eines der elegantesten Axiomensysteme liefert der v. Neumannsche Klassenkalkül (der von Bernays weiterentwickelt wurde), in dem es, im Gegensatz zur Typentheorie, neben den normalen Mengen (Mengen erster Art) noch sogenannte Unmengen (Mengen zweiter Art) gibt (Mengen erster und zweiter Art zusammen auch „Klassen" genannt); unter die Unmengen fallen z. B. die drei früher erwähnten antinomischen Mengen von RUSSELL, CANTOR BURALI-FORTI, wenn man als deren Elemente nur Mengen erster Art zuläßt. Mit den Unmengen des v. NEUMANNschen Systems kann man noch in beschränktem Maße operieren. Dem Klassenkalkül fehlt aber die typentheoretische Stufung der Mengen, welche nicht nur anschaulich sehr einleuchtend ist, sondern in der Mengenlehre auch vorteilhafte Verwendung findet (z. B. später in §§ 21, 23 bei der auf Allmengen relativierten Einführung der Kardinal- und Ordinalzahlen).

Wir entwickeln in diesem Buch (in Kapitel I) ein Axiomensystem, das die RUSSELLsche Typentheorie mit dem v. NEUMANNschen Klassenkalkül unter Vermeidung der Nachteile und Beibehaltung der Vorteile dieser beiden Systeme verschmilzt. Es wird dabei, durch entsprechendes Ansetzen der Ausdrucksmittel (einschließlich deren Bedeutung) und Axiome, vor allem angestrebt, daß sich im Rahmen unserer Mengenlehre trotz letzter Exaktheit die gesamte heutige Mathematik in einer technisch wie sachlich bequemen Form darstellen läßt (siehe § 25). Der Aufstellung unseres Axiomensystems liegen die folgenden verfeinerten anschaulichen Vorstellungen über den Mengenbegriff zugrunde:

Die RUSSELLsche Antinomie kann man von vornherein systematisch umgehen, wenn man (nach dem v. NEUMANNschen Klassenkalkül) annimmt, daß es neben den normalen Mengen, *Mengen erster Art* genannt, deren jede selbst wieder Element anderer Mengen ist (z. B. der aus ihr als einzigem Element bestehenden Menge), noch *Mengen zweiter Art* gibt, die nie Element irgendwelcher Mengen sein können. Die Mengen erster Art sind die üblichen und in der Mathematik hauptsächlich interessierenden Mengen, während die Mengen zweiter Art nur elegante Hilfsdienste leisten.

Wir nennen daher, in Abänderung unseres bisherigen Sprachgebrauches, von jetzt an nur die Mengen erster Art *Mengen*; unter *Unmengen* verstehen wir die Mengen zweiter Art; Mengen und Unmengen zusammen (also die Mengen der alten Terminologie) heißen *Klassen*. Die Mengen sind dann genau diejenigen Klassen, welche Elemente von Klassen sind. Die RUSSELLsche Antinomie für Mengen wird jetzt insofern vermieden, als eine Klasse S, die als Klassenelemente (d. h. als Elemente, welche Klassen sind) genau diejenigen Mengen enthält, welche sich nicht als Element enthalten, nicht mehr zum Widerspruch führt, wenn man annimmt, daß S eine Unmenge ist. Für S gilt nämlich (a_0, a_1, a_2, ... sind jetzt Variable für Klassen):

$$\forall a_1 \, (a_1 \in S \leftrightarrow ((\exists a_2 a_1 \in a_2) \wedge \sim a_1 \in a_1)),$$

also speziell:

$$S \in S \leftrightarrow ((\exists a_2 \, S \in a_2) \wedge \sim S \in S).$$

Diese letzte Aussage führt zwar zum Widerspruch

$$S \in S \leftrightarrow \sim S \in S,$$

falls S eine Menge ist (d. h. falls es ein a_2 gibt mit $S \in a_2$), sie liefert aber keinen Widerspruch, wenn S eine Unmenge ist (d. h. wenn es kein a_2 gibt mit $S \in a_2$); denn dann sind die Aussagen

$$S \in S, \quad (\exists a_2 \, S \in a_2) \wedge \sim S \in S, \quad (\sim S \in S) \rightarrow S \in S$$

falsch, also bleibt

$$S \in S \leftrightarrow ((\exists a_2\, S \in a_2) \wedge \sim S \in S)$$

richtig, während die widerspruchsvolle Aussage

$$S \in S \leftrightarrow \sim S \in S$$

falsch wird und der Widerspruch damit behoben ist.

Auf Grund der Definition der Mengen, Unmengen und Klassen kann man nur solche Klassen, welche Mengen sind, zu neuen Klassen zusammenfassen. Unter diesem Aspekt zeigt die Erfahrung, ausgehend von der nach eben nicht zum Widerspruch führenden Aussage

$$\exists a_0 \,\forall a_1\, (a_1 \in a_0 \leftrightarrow ((\exists a_2\, a_1 \in a_2) \wedge \sim a_1 \in a_1)),$$

daß ganz allgemein das aus den früheren Aussagen (**) bestehende und entsprechend durch $(\exists a_2\, a_1 \in a_2)$ ergänzte Klassenbildungsprinzip höchstwahrscheinlich nicht zu logischen Widersprüchen führt. Wir können also (unter Verwendung derselben Ausdrucksmittel wie bei (**) mit derselben Bedeutung) das allgemeine Klassenbildungsprinzip

$$(\forall)\, \exists a_0 \,\forall a_1\, (a_1 \in a_0 \leftrightarrow ((\exists a_2\, a_1 \in a_2) \wedge \boldsymbol{H}(a_1))) \qquad (*_*^{}*)$$

akzeptieren (a_2 komme dabei nicht in $\boldsymbol{H}(a_1)$ vor), ohne logische Widersprüche befürchten zu müssen. Mit $(*_**)$ läßt sich dann u. a. keine antinomische Klasse bilden, die als Klassenelemente genau diejenigen Klassen enthält, welche nicht Element von sich selbst sind; denn die Aussage

$$\exists a_0 \,\forall a_1\, (a_1 \in a_0 \leftrightarrow \sim a_1 \in a_1)$$

kommt offenbar unter den Aussagen $(*_**)$ nicht vor. Bei alleiniger Zulassung von $(*_**)$ als Klassenbildungsprinzip wird demnach die Russellsche Antinomie von vornherein systematisch beseitigt; Klassen S, die als Klassenelemente genau diejenigen Mengen enthalten, welche sich nicht als Element enthalten, lassen sich noch als Unmengen bilden; eine Klasse, die als Klassenelemente genau diejenigen Klassen enthält, welche sich nicht als Element enthalten, läßt sich überhaupt nicht bilden. Ähnlich werden mit $(*_**)$ (bzw. einer von uns später verwendeten geringfügigen Verallgemeinerung von $(*_**)$) generell die Antinomien der Mengenlehre beseitigt.

Die Unmengen besitzen erfahrungsgemäß (man betrachte als Beispiel etwa die Klasse S aller Mengen, die sich nicht als Element enthalten; es ist ja S anschaulich gleich der Klasse aller Mengen) im Vergleich zu den Mengen übermäßig viele Elemente (deshalb auch die Bezeichnung „Unmenge"). Vage gesprochen, liegt die „Elementeanzahl" einer Unmenge „oberhalb" der „Elementeanzahl" jeder beliebigen Menge.

Weiterhin hat sich (in Anlehnung an die Russellsche Typentheorie) die Vorstellung bewährt, daß die im folgenden aufgeführten bzw. angedeuteten Klassen und nur diese Klassen Mengen sind, wobei man sich die Mengen, der nächstliegenden Anschauung gemäß, stufenweise über den Individuen (s. u.) geschichtet denkt.

Es existiert sicher die Klasse aller Dinge, die selbst keine Klassen, aber die ursprünglichsten zu Klassen zusammenfaßbaren Dinge sind; diese Klasse ist eine Menge und heißt der *Individuenbereich*, dessen Elemente die *Individuen* sind. Zum Beispiel sind die Elemente der Klassen aus den früheren Beispielen (1) bis (7) Individuen; jedes mit unseren Sinnen wahrnehmbare Ding ist ein Individuum; jeder Bewegungsvorgang in der Materie ist ein Individuum. Klassen sollen dann — wie es auch in den Beispielen (1) bis (12) zum Ausdruck kam — nur Individuen und Mengen als Elemente besitzen können. Wir nehmen dabei an, es gibt unendlich viele Individuen. Diese Annahme akzeptieren wir, da uns erstens die Anschauung weder die Endlichkeit noch Unendlichkeit des Individuenbereiches bevorzugen läßt, aber zweitens die Annahme der Unendlichkeit des Individuenbereiches sich für die Mathematik und deren Anwendbarkeit als äußerst zweckmäßig erwiesen hat (man verwendet sie, wie wir später sehen werden, für den Nachweis der Existenz der Menge der natürlichen Zahlen) und noch zu keinerlei Widersprüchen Anlaß gab.

Mengen 1-*ter Stufe* sind solche Klassen, deren Elemente Individuen sind; Mengen 2-*ter Stufe* sind die Klassen, deren Elemente Individuen oder Mengen 1-ter Stufe sind, wobei mindestens eine Menge 1-ter Stufe als Element auftritt; Mengen 3-*ter Stufe* sind die Klassen, deren Elemente Individuen oder Mengen 1-ter oder 2-ter Stufe sind, wobei mindestens eine Menge 2-ter Stufe als Element auftritt; usw. Auf all diese Mengen folgen die Mengen ω-*ter Stufe*, das sind die Klassen, deren Elemente Individuen oder Mengen bisher existierender Stufen sind, wobei Mengen beliebig hoher bisher existierender Stufen als Elemente auftreten (d. h. zu jeder bisher existierenden Stufe gibt es eine als Element auftretende Menge von mindestens dieser Stufe); es folgen die Mengen $(\omega, 1)$-*ter Stufe*, das sind die Klassen, deren Elemente Individuen oder Mengen bisher existierender Stufen sind, wobei mindestens eine Menge ω-ter Stufe als Element auftritt; Mengen $(\omega, 2)$-*ter Stufe* sind die Klassen, deren Elemente Individuen oder Mengen bisher existierender Stufen sind, wobei mindestens eine Menge $(\omega, 1)$-ter Stufe als Element auftritt; es folgen dann die Mengen $(\omega, 3)$-*ter Stufe*, $(\omega, 4)$-*ter Stufe* usw. Auf alle bisherigen Mengen folgen die Mengen $\omega 2$-*ter Stufe*, das sind die Klassen, deren Elemente Individuen oder Mengen bisher existierender Stufen sind, wobei Mengen beliebig hoher bisher existierender Stufen als Elemente auftreten. Es folgen hierauf die Mengen der Stufen $(\omega 2, 1)$, $(\omega 2, 2)$, $(\omega 2, 3)$, ...; $\omega 3$, $(\omega 3, 1)$, $(\omega 3, 2)$, $(\omega 3, 3)$, ...; $\omega 4$, ...; $\omega 5$, ...; $\omega 6$, ... usw. Auf alle bisherigen Mengen folgen die Mengen ω^2-*ter Stufe* und weiter in endloser Reihenfolge die Mengen der Stufen $(\omega^2, 1)$, $(\omega^2, 2)$, $(\omega^2, 3)$, ...; (ω^2, ω), $(\omega^2, \omega, 1)$, $(\omega^2, \omega, 2)$, $(\omega^2, \omega, 3)$, ...; $(\omega^2, \omega 2)$, ...; $(\omega^2, \omega 3)$, ...; $(\omega^2, \omega 4)$, ...; ... $\omega^2 2$ usw. usw.

Die Individuen und Mengen zusammen nennen wir *Elemente* (bisher war nur der Begriff „Element einer Klasse" erklärt), weil genau sie Elemente von Klassen, sogar von Mengen, sind (z. B. der nur aus dem betreffenden Individuum bzw. der betreffenden Menge als einzigem Element bestehenden Menge). Individuen, Mengen und Unmengen zusammen heißen, in Abänderung unseres bisherigen Sprachgebrauches, *Dinge*, auch *Dinge der Mengenlehre*, *mathematische Dinge*; die Dinge der alten Terminologie nennen wir von jetzt an *Dinge der objektiven Realität*. Die Individuen liegen stufenmäßig vor allen Mengen, die Unmengen hinter allen Mengen; denn eine Unmenge (die ja nur Elemente obigen Sinnes als

Elemente hat) muß Mengen beliebig hoher Stufen als Elemente besitzen (sonst wäre sie eine Menge, nämlich eine Menge der kleinsten Stufe, welche auf sämtliche Stufen der Elemente der Unmenge folgt). Allen Individuen kann man also die *niedrigste Stufe, die 0-te Stufe*, zuordnen, allen Unmengen die *höchste Stufe.*

Zur axiomatischen Fassung der entwickelten anschaulichen Vorstellungen führen wir zwischen Dingen noch die Beziehung *ist stufenkleiner als oder ist stufengleich mit* ein, die mit dem Zeichen $\sqsubseteq$ abgekürzt wird; $\sqsubseteq$ liest man als: *stufenkleinergleich* und nennt die durch $\sqsubseteq$ ausgedrückte Beziehung zwischen Dingen die *Stufenbeziehung.* Bezeichnen also a und b irgendwelche Dinge, so bedeutet

$$a \sqsubseteq b$$

(gelesen: a *stufenkleinergleich* b),

daß a eine kleinere Stufe als b hat oder daß a und b von gleicher Stufe sind. Statt *a ist stufenkleiner als oder ist stufengleich mit b* sagt man auch *b ist stufengrößer als oder ist stufengleich mit a.* Die Stufenbeziehung fungiert neben der Elementbeziehung lediglich als Hilfsrelation zur axiomatischen Fixierung des eben skizzierten Stufenaufbaues; die fundamentale Beziehung der Mengenlehre ist nach wie vor die ε-Beziehung, die von jetzt an nur als Beziehung zwischen Dingen der Mengenlehre aufgefaßt wird.

6. Charakterisierung und Gliederung der Mathematik, Gliederung der Allgemeinen Mengenlehre. Wir hatten eingangs die als Theorie der Klassen definierte Mengenlehre bzw. Mathematik näher charakterisiert als diejenige Wissenschaft, welche in ganz allgemeiner Weise die Klassen im Hinblick auf die ε-Beziehung untersucht. Das „in ganz allgemeiner Weise" läßt sich jetzt präzisieren. Die Schriftzeichen

$$a_0,\ a_1,\ a_2,\ \ldots$$

seien von jetzt an Variable für Dinge. Dann untersucht die *Mengenlehre* (*Mathemathik*) nur solche Aussagen, die sogenannten *mengentheoretischen* (*mathematischen*) *Aussagen*, auf ihre Richtigkeit, deren durch sie ausgedrückter Sachverhalt sich auch allein mit Hilfe der folgenden Schriftzeichen, der *Ausdrucksmittel* der Mengenlehre (Mathematik), auf Grund deren Bedeutung ausdrücken läßt:

$$a_0,\ a_1,\ a_2,\ \ldots;\ \in,\ \sqsubseteq;$$

$$\sim,\ \wedge,\ \vee,\ \rightarrow,\ \leftrightarrow,\ \forall,\ \exists,\ \exists!,\ \exists!!,\ \iota,\ =;\ (,\ );$$

welche Aussagen untersucht werden, hängt von dem durch sie erweckten Interesse ab; die Untersuchungen werden axiomatisch geführt, wobei die angeführten Ausdrucksmittel als die Ausdrucksmittel des axiomatischen Aufbaues verwendet werden.

Indem die verwendeten Variablen jetzt Variable für Dinge sind und nicht nur für Klassen wie zu Beginn unserer einleitenden Betrachtungen, wird gleichzeitig auch die als störend zu empfindende Erscheinung beseitigt, daß man bei Verwendung nur von Klassenvariablen (also bei den in den Abschnitten 3 und 4 begonnenen mengentheoretischen Untersuchungen in der offenbar allgemeinsten

Form) stets nur solche Elemente von Klassen, welche selbst Klassen sind, zu neuen Klassen zusammenfassen kann.

Wir haben nun zwar eine präzisere Definition der Mathematik angegeben, man erhält aber durch diese Definition wegen ihres Bestandteiles „hängt von dem durch sie erweckten Interesse ab" trotzdem keine befriedigende Abgrenzung derjenigen wissenschaftlichen Untersuchungen, welche mathematischer Natur sind; man weiß nur, daß sich die derzeitige Mathematik in den in unserer Definition aufgeführten axiomatischen Rahmen einfügt. Die realste Definition der Mathematik scheint bis heute folgende triviale Definition zu sein:

Die Mathematik ist diejenige, etwa im zweiten Jahrtausend vor unserer Zeitrechnung mit der Zahlen- und Raumlehre der Ägypter und Babylonier beginnende Wissenschaft, welche in der mathematischen wissenschaftlichen Literatur behandelt wird.

Den besten Einblick in die heutige Mathematik gewinnt man also durch einen guten informatorischen Überblick über die vorhandene mathematische Literatur. Eine solche Information erleichtern die enzyklopädischen Werke:

Enzyklopädie der Mathematischen Wissenschaften
(mit sachlicher Gliederung des Stoffes),
Mathematisches Wörterbuch
(mit alphabetischer Reihenfolge der Begriffe),

in denen ein Überblick über den (allerdings nur bis zum Zeitpunkt des Erscheinens der enzyklopädischen Werke) in der mathematischen Literatur behandelten Stoff gegeben wird, und die (periodisch erscheinenden) Referatenorgane:

Mathematical Reviews,
Реферативный Журнал Математика,
Zentralblatt für Mathematik,

in denen ein laufender Überblick über die mathematischen Literaturtitel (nach Sachgebieten geordnet) mit jeweils kurzer Besprechung des unter den einzelnen Titeln behandelten Stoffes gegeben wird.

Je nach der Art der Aussagen, die bisher in der Mathematik untersucht wurden, haben sich die verschiedenartigsten Teilgebiete der Mathematik herausgebildet (vgl. die mathematische Literatur). Die Mathematik kann man heute in folgende sechs große Bereiche gliedern:

Grundlagen der Mathematik;
Algebra, Zahlentheorie;
Analysis, Funktionentheorie;
Geometrie, Topologie;
Wahrscheinlichkeitsrechnung, Statistik;
Automatentheorie.

Die einzelnen Bereiche zerfallen weiter in Teilbereiche; z. B. zerfallen die Grundlagen der Mathematik in:

Allgemeine Mengenlehre;
Das Zahlensystem;
Mathematische Logik und Grundlagen der Mathematik.

Die Allgemeine Mengenlehre gliedert sich schließlich in die Gebiete:

Das Axiomensystem;
Klassenalgebra;
Endliche Mengen;
Ordnungsrelationen;
Kardinalzahlen, Ordinalzahlen, Ordnungstypen;
Arithmetik der Ordinalzahlen;
Arithmetik der Kardinalzahlen.

KAPITEL I

DAS AXIOMENSYSTEM

§ 1. Ausdrucksbestimmung

1. Wir geben zunächst, um völlige Klarheit zu erlangen, eine präzise Bestimmung des Begriffes einer mengentheoretischen (mathematischen) Aussage und des später in unserem Axiomensystem verwendeten Ausdrucksbegriffes.

Name			Zeichen	gelesen	Bedeutung
Die *Variablen der Mengenlehre* (*Mathematik*)			a_0 a_1 a_2 $\vdots$	*a null* *a eins* *a zwei* $\vdots$	Variable für Dinge
Die *Konstanten der Mengenlehre* (*Mathematik*)	*Elementzeichen*		$\in$	*Element*	*ist ein Element von*
	Stufenzeichen		$\sqsubset$	*stufenkleinergleich*	*ist stufenkleiner als oder ist stufengleich mit*
Die *logischen Zeichen*	*Aussagenlogische Funktoren* oder *Junktoren*		$\sim$ $\wedge$ $\vee$ $\overset{*}{\rightarrow}$ $\leftrightarrow$	*nicht* *und* *oder* *wenn-so* *genau-dann-wenn*	*nicht* *und* das nicht-ausschließende *oder* *wenn-so* *genau-dann-wenn*
	Prädikatenlogische Funktoren oder *Quantoren*	*Generalisator*	$\forall$	*für jedes*	*für jedes*
		Partikularisatoren	$\exists$ $\exists!$ $\exists!!$	*es gibt ein* *es gibt höchstens ein* *es gibt genau ein*	*es gibt mindestens ein* *es gibt höchstens ein* *es gibt genau ein*
		Unifikator	ι	*dasjenige*	der bestimmte Artikel *dasjenige*
	Gleichheitszeichen		$=$	*gleich*	*ist gleich* im Sinne der Identität
Die *technischen Zeichen*			( )	*Klammer auf* *Klammer zu*	Rein technische Hilfsmittel zur eindeutigen Wiedergabe der logischen Struktur von Aussagen

Die *Ausdrucksmittel* oder *Grundzeichen* (*Atomzeichen*) der Mengenlehre (Mathematik) sind genau die auf Seite 17 angeführten Schriftzeichen, denen wir die angegebene Bedeutung zuordnen.

Die Schreibweise „$a_0, a_1, a_2, \ldots$" bedeutet dabei ausführlich: Der Buchstabe a, indiziert mit irgendeiner Schriftzeichenreihe, welche durch endlichoftmaliges Nebeneinanderschreiben bestimmter Zeichen aus der Menge der Schriftzeichen

$$0, 1, 2, 3, 4, 5, 6, 7, 8, 9$$

entsteht, soll Variable für Dinge sein; z. B. sind also $a_1, a_9, a_{25}, a_{03611}$ Dingvariable.

Eine Schriftzeichenreihe, welche durch endlichoftmaliges Nebeneinanderschreiben bestimmter Grundzeichen entsteht, heißt eine *Zeichenreihe* der Mengenlehre (Mathematik); z. B. sind

$$\wedge, \quad \in a_5)) \rightarrow = a_0 \sqsubset \forall \sim \sim \sim, \quad \forall a_1 (a_1 \in a_2)$$

Zeichenreihen. Aus den Zeichenreihen sondern wir jetzt auf Grund der Bedeutung der Grundzeichen die für die Mengenlehre sinnvollen Zeichenreihen aus, nämlich die *formalen Ausdrücke*, die *formalen Terme* und die *formalen Aussagen* der Mengenlehre (Mathematik):

(1) Bezeichnen $\boldsymbol{v}_1$ und $\boldsymbol{v}_2$ irgendwelche Variablen der Mengenlehre, so sind die Zeichenreihen

$$(\boldsymbol{v}_1 \in \boldsymbol{v}_2), \quad (\boldsymbol{v}_1 \sqsubset \boldsymbol{v}_3), \quad (\boldsymbol{v}_1 = \boldsymbol{v}_2)$$

formale Ausdrücke, was natürlich, analog bei allen weiteren Betrachtungen, ausführlich bedeuten soll, daß z. B. nicht etwa die Schriftzeichenreihe „$(\boldsymbol{v}_1 \in \boldsymbol{v}_2)$" ein formaler Ausdruck ist, sondern diejenige Zeichenreihe, welche — von links nach rechts gelesen — aus dem Zeichen (, der durch $\boldsymbol{v}_1$ bezeichneten Variablen, dem Zeichen $\in$, der durch $\boldsymbol{v}_2$ bezeichneten Variablen und dem Zeichen) besteht; formale Adusrücke sind also z. B.:

$$(a_0 \in a_1), \quad (a_4 \in a_4), \quad (a_3 \in a_{15}), \quad (a_{097} \in a_{22}).$$

(2) Ist $\boldsymbol{Z}$ ein formaler Ausdruck, so ist auch die Zeichenreihe

$$(\sim \boldsymbol{Z})$$

ein *formaler Ausdruck*. Sind $\boldsymbol{Z}_1$ und $\boldsymbol{Z}_2$ formale Ausdrücke, so sind auch die Zeichenreihen

$$(\boldsymbol{Z}_1 \wedge \boldsymbol{Z}_2), \quad (\boldsymbol{Z}_1 \vee \boldsymbol{Z}_2), \quad (\boldsymbol{Z}_1 \rightarrow \boldsymbol{Z}_2), \quad (\boldsymbol{Z}_1 \leftrightarrow \boldsymbol{Z}_2)$$

formale Ausdrücke.

(3) Bezeichnet $\boldsymbol{v}$ irgendeine Variable der Mengenlehre und ist $\boldsymbol{Z}(\boldsymbol{v})$ ein formaler Ausdruck, in dem $\boldsymbol{v}$ frei vorkommt, so sind die Zeichenreihen

$$(\forall \boldsymbol{v} \boldsymbol{Z}(\boldsymbol{v})), \quad (\exists \boldsymbol{v} \boldsymbol{Z}(\boldsymbol{v})), \quad (\exists ! \boldsymbol{v} \boldsymbol{Z}(\boldsymbol{v})), \quad (\exists !! \boldsymbol{v} \boldsymbol{Z}(\boldsymbol{v}))$$

formale Ausdrücke. Dabei kommt eine Variable $\boldsymbol{v}$ in dem formalen Ausdruck $\boldsymbol{Z}$ *frei* vor genau dann, wenn $\boldsymbol{v}$ in $\boldsymbol{Z}$ vorkommt, aber keine der Zeichenreihen $\forall \boldsymbol{v}$, $\exists \boldsymbol{v}$, $\exists ! \boldsymbol{v}$, $\exists !! \boldsymbol{v}$, $\iota\, \boldsymbol{v}$ in $\boldsymbol{Z}$ vorkommt.

(4) Sind $\boldsymbol{T}_1$ und $\boldsymbol{T}_2$ formale Terme, so sind die Zeichenreihen

$$(\boldsymbol{T}_1 \in \boldsymbol{T}_2), \quad (\boldsymbol{T}_1 \sqsubset \boldsymbol{T}_2), \quad (\boldsymbol{T}_1 = \boldsymbol{T}_2)$$

formale Ausdrücke. Dabei ist eine Zeichenreihe $\boldsymbol{Z}$ ein *formaler Term* genau dann, wenn $\boldsymbol{Z}$ eine Variable der Mengenlehre ist oder wenn es eine Variable $\boldsymbol{v}$ der Mengenlehre und einen formalen Ausdruck $\boldsymbol{Z}^*(\boldsymbol{v})$, in dem $\boldsymbol{v}$ frei vorkommt, gibt und $\boldsymbol{Z}$ die Zeichenreihe $\iota\boldsymbol{v}\boldsymbol{Z}^*(\boldsymbol{v})$ ist.

(5) *Formale Ausdrücke* sind nur solche Zeichenreihen, die man, ausgehend von formalen Ausdrücken der Form (1), durch endlichoftmaliges (eventuell gar kein) hintereinanderfolgendes Anwenden von (2) bis (4) erhält.

Ein formaler Ausdruck $\boldsymbol{H}$ heißt *formale Aussage* genau dann, wenn jede in $\boldsymbol{H}$ vorkommende Variable $\boldsymbol{v}$ in $\boldsymbol{H}$ gebunden vorkommt. Dabei kommt eine Variable $\boldsymbol{v}$ in dem formalen Ausdruck $\boldsymbol{H}$ *gebunden* vor genau dann, wenn $\boldsymbol{v}$ in $\boldsymbol{H}$ vorkommt und folgendes gilt: Zu jeder Stelle innerhalb $\boldsymbol{H}$, an der $\boldsymbol{v}$ auftritt, gibt es einen formalen Ausdruck $\boldsymbol{H}^*(\boldsymbol{v})$, in dem $\boldsymbol{v}$ frei vorkommt, so daß eine der Zeichenreihen $\forall\boldsymbol{v}\boldsymbol{H}^*(\boldsymbol{v})$, $\exists\boldsymbol{v}\boldsymbol{H}^*(\boldsymbol{v})$, $\exists!\,\boldsymbol{v}\boldsymbol{H}^*(\boldsymbol{v})$, $\exists!!\,\boldsymbol{v}\boldsymbol{H}^*(\boldsymbol{v})$, $\iota\boldsymbol{v}\boldsymbol{H}^*(\boldsymbol{v})$ ein Teilstück der Zeichenreihe $\boldsymbol{H}$ ist, welches die innerhalb $\boldsymbol{H}$ betrachtete Stelle des Auftretens von $\boldsymbol{v}$ umfaßt.

Die formalen Aussagen der Mengenlehre sind erfahrungsgemäß auf Grund ihrer Definition und der Bedeutung der Grundzeichen Aussagen im üblichen Sinne, beschreiben also wohlbestimmte — tatsächliche oder gedachte — Sachverhalte der objektiven Realität; welchen Sachverhalt eine formale Aussage beschreibt, liest man ihr unmittelbar auf Grund der Bedeutung der in ihr auftretenden Grundzeichen ab. Ebenso ergeben erfahrungsgemäß solche formalen Ausdrücke der Mengenlehre, die freie Variablen besitzen und in denen jede Variable entweder frei oder gebunden vorkommt, Aussagen im üblichen Sinne, wenn man die freien Variablen dieser Ausdrücke beliebig fest ausgewählte Dinge bezeichnen läßt; man nennt daher solche formalen Ausdrücke auch *formale Aussagenformen* der Mengenlehre (Mathematik),

Eine *Aussage der Mengenlehre* (*Mathematik*) ist eine solche Aussage irgendeiner der durch eventuelle Hinzunahme neuer, abkürzender Symbole ergänzten internationalen Schriftsprachen aus Vergangenheit, Gegenwart und Zukunft, deren durch sie ausgedrückter Sachverhalt sich auch allein mit Hilfe einer formalen Aussage der Mengenlehre (was offenbar die Präzisierung von „mit Hilfe der Ausdrucksmittel der Mengenlehre“ ist) ausdrücken läßt. Die formalen Aussagen der Mengenlehre sind natürlich nach dieser Definition selbst mengentheoretische Aussagen. Die innerhalb mathematischer Aussagen formalen Termen, Ausdrücken oder Aussagenformen der Mengenlehre entsprechenden Terme, Ausdrücke bzw. Aussagenformen heißen *Terme*, *Ausdrücke* bzw. *Aussagenformen der Mengenlehre* (*Mathematik*). Als Bestandteile mathematischer Aussagen treten großenteils Formeln auf. *Formeln der Mengenlehre* (*Mathematik*) sind dabei solche mathematischen Ausdrücke, welche nur aus rein mathematischen Symbolen (wie z. B. $\in$, $\not\sqsubseteq$ für die Beziehung *nicht stufenkleinergleich*, $\emptyset$, $\subseteq$ (s. u.); an logischen Zeichen darf höchstens $=$ oder $\neq$ für *verschieden* auftreten), Variablen für Dinge und Klammern gebildet sind; Formeln sind also entweder selbst schon Aussagen (wenn nämlich keine Variable in ihnen vorkommt) oder werden zu Aussagen, wenn man die in ihnen auftretenden Variablen beliebig fest ausgewählte Dinge bezeichnen läßt. Mathematische Formeln, in denen an Zeichen für Beziehungen genau das Zeichen = als selbständiges Zeichen auftritt (enthält eine mathematische Formel z. B. das Symbol $\bigcup_{i=1}^{3}$, so tritt an der betreffenden Stelle der Formel = nicht als selbständiges Zeichen auf) und als solches genau einmal, heißen auch *Gleichungen der Mengenlehre* (*Mathematik*); mathematische Formeln, in denen an Zeichen für Beziehungen genau das Zeichen $\neq$ oder genau das Zeichen für eine bestimmte Kleiner- bzw. Kleinergleichbeziehung zwischen gewissen Dingen als selbständiges Zeichen auftritt und als solches genau einmal (wobei für alle solchen gewissen Dinge a und b gelte, daß a und b entweder gleich sind oder a kleiner als b oder b kleiner als a ist), heißen auch *Ungleichungen der Mengenlehre* (*Mathematik*).

Die Mengenlehre nur an formalen Aussagen zu betreiben, wäre unzweckmäßig, weil diese Aussagen, obwohl sie zwar die durch sie ausgedrückten Sachverhalte in der logisch präzisesten Art beschreiben, mit zunehmender Länge immer unanschaulicher werden; dieser Tatbestand der Unanschaulichkeit ändert sich auch nicht, wenn man für gewisse formale Terme oder Ausdrücke mit Hilfe neuer Symbole weitere Abkürzungen einführt. Ebenso unzweckmäßig, weil zu umständlich, wäre natürlich auch eine Beschreibung komplizierterer mengentheoretischer Sachverhalte ausschließlich im Rahmen der Umgangssprache, ohne Einführung neuer, abkürzender Symbole. Wir verwenden daher zur Formulierung mengentheoretischer Aussagen eine den jeweiligen Betrachtungen am besten angepaßte Mischung aus reiner Umgangssprache und neu eingeführter Symbolik.

2. Wir treffen jetzt zur Vereinfachung und übersichtlicheren Formulierung von (nicht notwendig mengentheoretischen) Aussagen einige technische Verabredungen.

Man verwendet für die eindeutige Wiedergabe der logischen Struktur von Aussagen der Übersichtlichkeit halber Klammern verschiedener Formen und Längen wie z. B.

$$(\,,\,);\quad \{\,,\,\};\quad [\,,\,];\quad \big(\,,\,\big);\quad \big\{\,,\,\big\};\quad \big[\,,\,\big].$$

Man verabredet für die übersichtlichere Formulierung von Aussagen Klammereinsparungsregeln:

(1) Jede nicht unbedingt zur eindeutigen Wiedergabe der logischen Struktur einer Aussage notwendige Klammerung kann weggelassen werden.

(2) Von den logischen Zeichen $\leftrightarrow$, $\rightarrow$, $\vee$, $\wedge$ trennt, bezogen auf diese Reihenfolge, jedes vorhergehende Zeichen stärker als jedes nachfolgende; ein beiderseits mit einer gewissen (gleichen) Anzahl Punkten versehenes dieser Zeichen trennt stärker als jedes dieser Zeichen, welches beiderseits mit einer geringeren Anzahl (evtl. gar keinen) Punkten versehen ist; für Zeichen mit derselben Anzahl Punkten gilt in analoger Form die eingangs festgelegte Reihenfolge der Trennung.

(3) Jedes der mit einer gewissen Anzahl (evtl. gar keinen) Punkten versehenen Zeichen $\leftrightarrow$, $\rightarrow$, $\vee$, $\wedge$ trennt stärker als jedes der Zeichen $\sim$, $\forall$, $\exists$, $\exists!$, $\exists!!$, ι.

Beispiele: Sind a, b, c Variable für Dinge, so schreibt man für die Ausdrücke

$$((a \in b) \wedge (b \in a)) \wedge ((b \in c) \wedge (c \in b)),$$
$$a \sqsubseteq b \vee [(b \sqsubseteq a \vee b \in c) \vee c = b],$$
$$(a \in b \vee b \in a) \vee (b \in c \vee c \in b) \vee (a \in c \vee c \in a),$$
$$(a \in b \wedge b \in c) \rightarrow a \in c,$$
$$(a \in b) \wedge (b \in a \vee ((\sim b \in c) \rightarrow a \in c)),$$
$$(\exists a\, (\forall b\, (\forall c\, [a = b \wedge b = c \rightarrow a = c]))),$$
$$\forall a\, \{(\forall b\, [\exists c\, (c \sqsubseteq a \wedge c \sqsubseteq b)]) \rightarrow a \sqsubseteq a\},$$
$$(a = \iota b (b \in c)) \vee c = c$$

jetzt auch einfacher:

$$a \in b \wedge b \in a \wedge b \in c \wedge c \in b,$$
$$a \sqsubseteq b \vee b \sqsubseteq a \vee b \in c \vee c = b,$$
$$a \in b \vee b \in a \cdot\!\vee\!\cdot b \in c \vee c \in b \cdot\!\vee\!\cdot a \in c \vee c \in a,$$
$$a \in b \wedge b \in c \rightarrow a \in c,$$
$$a \in b :\!\wedge\!: b \in a \cdot\!\vee\!\cdot \sim b \in c \rightarrow a \in c,$$
$$\exists a \forall b \forall c\, (a = b \wedge b = c \rightarrow a = c),$$
$$\forall a\, \{\forall b \exists c\, (c \sqsubseteq a \wedge c \sqsubseteq b) \rightarrow a \sqsubseteq a\},$$
$$a = \iota b\, b \in c \vee c = c.$$

Man verabredet weiter, die Verneinung einer durch ein Symbol wiedergegebenen Beziehung auch mittels Durchstreichung des Symbols auszudrücken.

Beispiele: Sind a, b Variable für Dinge, so schreibt man für

$$\sim a \in b, \qquad \sim a \sqsubseteq b, \qquad \sim a = b$$

jetzt auch einfacher:

$a \notin b$, (gelesen: *a nicht Element b*,

$a \not\sqsubseteq b$, *a nicht stufenkleinergleich b*,

$a \neq b$ *a nicht gleich b*, oder auch *a verschieden b*, *a ungleich b*).

Man schreibt etwa für ($\boldsymbol{A}$, $\boldsymbol{B}$, $\boldsymbol{C}$, $\boldsymbol{D}$ seien Aussagen)

$$\boldsymbol{A} \rightarrow \boldsymbol{B} \cdot\!\wedge\!\cdot \boldsymbol{B} \rightarrow \boldsymbol{C} \cdot\!\wedge\!\cdot \boldsymbol{C} \rightarrow \boldsymbol{D},$$
$$\boldsymbol{A} \leftrightarrow \boldsymbol{B} \cdot\!\wedge\!\cdot \boldsymbol{B} \leftrightarrow \boldsymbol{C} \cdot\!\wedge\!\cdot \boldsymbol{C} \leftrightarrow \boldsymbol{D}$$

auch abkürzend:

$$\boldsymbol{A} \to \boldsymbol{B} \to \boldsymbol{C} \to \boldsymbol{D},$$

$$\boldsymbol{A} \leftrightarrow \boldsymbol{B} \leftrightarrow \boldsymbol{C} \leftrightarrow \boldsymbol{D};$$

in derselben Weise schreibt man etwa für

$$a \in b \wedge b \in c \wedge c \in d,$$

$$a = b \wedge b \in c \wedge c \not\sqsubset d \wedge d = e$$

auch einfacher:

$$a \in b \in c \in d,$$

$$a = b \in c \not\sqsubset d = e.$$

Schließlich schreibt man etwa für

$$a \in d \wedge b \in d \wedge c \in d,$$

$$a \sqsubset b \wedge a \sqsubset c \wedge a \sqsubset d,$$

$$a \sqsubset b \wedge a \sqsubset c \wedge b \neq d \wedge c \neq d,$$

auch einfacher:

$$a,b,c \in d,$$

$$a \sqsubset b,c,d,$$

$$a \sqsubset b,c \neq d.$$

3. Das wichtigste Instrument zur Vereinfachung von Aussagen bilden die *Definitionen*, d. h. die Begriffsbestimmungen durch Abkürzung. Mittels einer Definition wird einem (teils unhandlichen) sprachlichen Ausdruck bzw. Term, dem *Definiens*, ein neugebildeter abkürzender oder besonders signifikanter sprachlicher Ausdruck bzw. Term, das *Definiendum*, zugeordnet.

Man führt im Falle mengentheoretischer Aussagen mit Hilfe mengentheoretischer Definitionen, ausgehend von der Elementbeziehung $\in$, der Stufenbeziehung $\sqsubset$ und den logischen Begriffen, nach dem Muster der folgenden Beispiele sukzessiv mittels bereits erklärter Begriffe erklärte neue, abkürzende Begriffe (d. h. sinnvolle Schriftzeichenreihen) ein, die *Begriffe der Mengenlehre* (*Mathematik*). Welche Begriffe definiert werden und wie sie definiert werden (natürlich nur in dem angegebenen Rahmen und so, daß keine Mißverständnisse oder widerspruchsvollen Überschneidungen auftreten), ist eine reine Zweckmäßigkeitsfrage.

Beispiele für Definitionen:

Definition. a, x seien Variable für Dinge. a ist ein *Element* genau dann, wenn $\exists x\, a \in x$ gilt; ein Element a ist ein *Individuum* genau dann, wenn $\forall x\, a \sqsubset x$ gilt; ein Ding a ist eine *Klasse* genau dann, wenn a kein Individuum ist.

Definition. k, l, x seien Variable für Dinge. Eine Klasse k ist eine *Teilklasse von* der Klasse l, abgekürzt (oder statt „abgekürzt“: „in Zeichen“): $k \subseteq l$ (gelesen: k *Teilklasse* l), genau dann, wenn $\forall x\, (x \in k \to x \in l)$ gilt.

Definition. k, k_1, k_2 seien Variable für Klassen, x sei Variable für Dinge. Diejenige Klasse k, für die $\forall x\,(x \in k \leftrightarrow x \neq x)$ gilt, heißt die *Nullklasse* bzw. *leere Klasse*, abgekürzt (oder statt „abgekürzt". „bezeichnet mit"): $\emptyset$ (gelesen: *Nullklasse*). Die *Vereinigung von k_1 und k_2*, abgekürzt: $k_1 \cup k_2$ (gelesen: *k_1 vereinigt k_2*), ist dasjenige k, für welches gilt: $\forall x\,(x \in k \leftrightarrow x \in k_1 \vee x \in k_2)$.

Jeden durch eine mengentheoretische Definition (die sich meistens nur auf gewisse und nicht auf alle Dinge bezieht) eingeführten Begriff betrachten wir als gleichbedeutend mit dem im Sinne der folgenden Beispiele zugehörigen, durch die auf beliebige Dinge erweiterte ursprüngliche Definition erklärten Begriff: Der nur für Elemente erklärte Begriff des *Individuums* (genauer: Der nur für Elemente erklärte Begriff der einstelligen Beziehung *ist (ein) Individuum*) ist gleichbedeutend mit dem in bezug auf alle Dinge definierten Individuenbegriff — a, x seien Variable für Dinge —: a ist *Individuum* genau dann, wenn a Element ist und $\forall x\, a \sqsubseteq x$ gilt. Der für Klassen erklärte Begriff der zweistelligen Beziehung $\subseteq$ ist gleichbedeutend mit dem Begriff — k, l, x seien Variable für Dinge —: $k \subseteq l$ genau dann, wenn k und l Klassen sind und $\forall x\,(x \in k \rightarrow x \in l)$ gilt. Der für Klassen erklärte Begriff $\emptyset$ ist gleichbedeutend mit dem Begriff — k, x seien Variable für Dinge —: $\emptyset$ ist dasjenige — tatsächlich existierende oder gedachte — Ding k, für welches k eine Klasse ist und $\forall x\,(x \in k \leftrightarrow x \neq x)$ gilt. Der für Klassen erklärte Begriff $\cup$ ist gleichbedeutend mit dem Begriff — k, k_1, k_2, x seien Variable für Dinge —: $k_1 \cup k_2$ ist dasjenige — tatsächlich existierende oder gedachte — Ding k, für welches k_1, k_2 und k Klassen sind und $\forall x\,(x \in k \leftrightarrow x \in k_1 \vee x \in k_2)$ gilt.

4. Man erlangt schnell Übung in der Formulierung mengentheoretischer Aussagen und braucht, ohne Irrtümer befürchten zu müssen, dann nicht mehr jedesmal zum Nachweis dafür, daß eine mengentheoretische Aussage vorliegt, eine nach der Definition der mengentheoretischen Aussagen zugehörige formale Aussage zu bilden. Es sei dem Leser jedoch zur technischen Einübung empfohlen, von § 3 dieses Kapitels an für etliche mengentheoretische Aussagen eine zugehörige formale Aussage zu bestimmen. Wir begnügen uns hinsichtlich der Rückführung mengentheoretischer Aussagen auf formale Aussagen der Mengenlehre ein für allemal (unter Verwendung der obigen Definitionen) mit folgendem

Beispiel: Sind K_1, K_2 Variable für Dinge, so ist die Aussage

Beliebige Klassen K_1 und K_2 sind gleich unter der Voraussetzung, daß $K_1 \subseteq K_2$ und $K_2 \subseteq K_1$ gilt; außerdem ist für Klassen K_1, K_2 stets $\emptyset \sqsubseteq K_1 \cup K_2$.

eine mengentheoretische Aussage; sind k, l Variable für Klassen, so sind auch die beiden Aussagen

Für jedes k und l ist erstens die leere Klasse stufenkleinergleich der Vereinigung von k und l und zweitens $k = l$, falls k und l gegenseitig Teilklassen voneinander sind.

und

$$\forall k \forall l\,(\emptyset \sqsubseteq k \cup l \cdot\wedge\cdot k \subseteq l \wedge l \subseteq k \rightarrow k = l)$$

mengentheoretische Aussagen. Für alle drei Aussagen können wir eine gemeinsame zugehörige formale Aussage angeben. Unsere Aussagen beinhalten zunächst

($a_0, a_1, a_2, \ldots$ sind die Variablen der Mengenlehre aus der Tabelle der Ausdrucksmittel):

$$\forall a_1 \forall a_2 (a_1 \mathit{Klasse} \wedge a_2 \mathit{Klasse} .\rightarrow. \emptyset \sqsubset a_1 \cup a_2 \cdot\wedge\cdot a_1 \subseteq a_2 \wedge a_2 \subseteq a_1 \rightarrow a_1 = a_2).$$

a_1 (ist eine) *Klasse* läßt sich nach Definition ersetzen durch $\sim a_1$ *Individuum*, a_1 *Individuum* durch a_1 *Element* $\wedge \forall a_0 a_1 \sqsubset a_0$ und a_1 *Element* durch $\exists a_0 a_1 \in a_0$; analog läßt sich a_2 *Klasse* zurückführen. $\emptyset$ bedeutet nach Definition $\iota a_3 (a_3$ *Klasse* $\wedge \forall a_0 (a_0 \in a_3 \leftrightarrow a_0 \neq a_0))$, $a_1 \cup a_2$ bedeutet $\iota a_3 (a_1$ *Klasse* $\wedge a_2$ *Klasse* $\wedge a_3$ *Klasse* $\wedge \forall a_0 (a_0 \in a_3 \leftrightarrow a_0 \in a_1 \vee a_0 \in a_2))$; a_1 *Klasse*, a_2 *Klasse* und a_3 *Klasse* lassen sich dabei in der für a_1 *Klasse* angegebenen Weise zurückführen. $a_1 \subseteq a_2$ läßt sich nach Definition ersetzen durch a_1 *Klasse* $\wedge a_2$ *Klasse* $\wedge \forall a_0$ $(a_0 \in a_1 \rightarrow a_0 \in a_2)$, also schließlich $a_1 \subseteq a_2 \wedge a_2 \subseteq a_1$ durch a_1 *Klasse* $\wedge a_2$ *Klasse* $\wedge \forall a_0 (a_0 \in a_1 \leftrightarrow a_0 \in a_2)$, wobei man wieder a_1 *Klasse* und a_2 *Klasse* in der oben für a_1 *Klasse* angegebenen Weise zurückführt. Wir erhalten damit die Aussage $\forall a_1 \forall a_2 [a_1$ *Klasse* $\wedge a_2$ *Klasse* $.\rightarrow. \iota a_3 \{a_3$ *Klasse* $\wedge \forall a_0 (a_0 \in a_3 \leftrightarrow a_0 \neq a_0)\} \sqsubset \iota a_3 \{a_1$ *Klasse* $\wedge a_2$ *Klasse* $\wedge a_3$ *Klasse* $\wedge \forall a_0 (a_0 \in a_3 \leftrightarrow a_0 \in a_1 \vee a_0 \in a_2)\} \cdot\wedge\cdot a_1$ *Klasse* $\wedge a_2$ *Klasse* $\wedge \forall a_0 (a_0 \in a_1 \leftrightarrow a_0 \in a_2) \rightarrow a_1 = a_2]$.
Da sicherlich für jedes a_1, a_2 gilt:

$$a_1 \mathit{Klasse} \wedge a_2 \mathit{Klasse} .\rightarrow.$$

$$a_1 \mathit{Klasse} \wedge a_2 \mathit{Klasse} \wedge a_3 \mathit{Klasse} \wedge \forall a_0 (a_0 \in a_3 \leftrightarrow a_0 \in a_1 \vee a_0 \in a_2)$$

$$\leftrightarrow a_3 \mathit{Klasse} \wedge \forall a_0 (a_0 \in a_3 \leftrightarrow a_0 \in a_1 \vee a_0 \in a_2)$$

$$\cdot\wedge\cdot a_1 \mathit{Klasse} \wedge a_2 \mathit{Klasse} \wedge \forall a_0 (a_0 \in a_1 \leftrightarrow a_0 \in a_2) \rightarrow a_1 = a_2$$

$$\leftrightarrow \forall a_0 (a_0 \in a_1 \leftrightarrow a_0 \in a_2) \rightarrow a_1 = a_2,$$

so wird der durch unsere obige Aussage ausgedrückte Sachverhalt auch ausgedrückt durch die folgende Aussage:

$$\forall a_1 \forall a_2 [a_1 \mathit{Klasse} \wedge a_2 \mathit{Klasse} .\rightarrow. \iota a_3 \{a_3 \mathit{Klasse} \wedge \forall a_0 (a_0 \in a_3 \leftrightarrow a_0 \neq a_0)\} \sqsubset \iota a_3 \{a_3 \mathit{Klasse} \wedge \forall a_0 (a_0 \in a_3 \leftrightarrow a_0 \in a_1 \vee a_0 \in a_2)\} \cdot\wedge\cdot \forall a_0 (a_0 \in a_1 \leftrightarrow a_0 \in a_2) \rightarrow a_1 = a_2].$$

Hieraus ergibt sich schließlich eine den oben betrachteten drei Aussagen zugehörige formale Aussage in der Gestalt:

$$(\forall a_1 (\forall a_2 ((((\sim (\exists a_0 (a_1 \in a_0))) \vee (\sim (\forall a_0 (a_1 \sqsubset a_0)))) \wedge ((\sim (\exists a_0 (a_2 \in a_0))) \vee (\sim (\forall a_0 (a_2 \sqsubset a_0))))) \rightarrow ((\iota a_3 (((\sim (\exists a_0 (a_3 \in a_0))) \vee (\sim (\forall a_0 (a_3 \sqsubset a_0)))) \wedge (\forall a_0 ((a_0 \in a_3) \leftrightarrow (\sim (a_0 = a_0)))))) \sqsubset \iota a_3 (((\sim (\exists a_0 (a_3 \in a_0))) \vee (\sim (\forall a_0 (a_3 \sqsubset a_0)))) \wedge (\forall a_0 ((a_0 \in a_3) \leftrightarrow ((a_0 \in a_1) \vee (a_0 \in a_2)))))) \wedge ((\forall a_0 ((a_0 \in a_1) \leftrightarrow (a_0 \in a_2))) \rightarrow (a_1 = a_2)))))) \; .$$

Man sieht sofort, daß es noch viele andere formale Aussagen gibt, die den Sachverhalt unserer drei Aussagen beschreiben. Man braucht z. B. in der gefundenen formalen Aussage nur $((a_0 \in a_1) \rightarrow (a_0 \in a_2)) \wedge ((a_0 \in a_2) \rightarrow (a_0 \in a_1))$ für $(a_0 \in a_1) \leftrightarrow (a_0 \in a_2)$ zu schreiben oder statt der Variablen a_0, a_1, a_2, a_3 andere Variablen zu verwenden (etwa a_8, a_9, a_{20}, a_{11}).

§ 2. Logisches Schließen

1. Wir wollen noch einige Bemerkungen machen zum logischen Schließen an den Begriffen $\sim$, $\wedge$, $\vee$, $\rightarrow$, $\leftrightarrow$, $\forall$, $\exists$, $\exists!$, $\exists!!$, ι, $=$, welches ja in der von uns verwendeten axiomatischen Methode des Aufbaues der Mengenlehre das einzig zulässige Hilfsmittel ist, um innerhalb mengentheoretischer *Beweise*, ausgehend von den als richtig anerkannten Axiomen, aus schon bekannten Sätzen der Mengenlehre neue Sätze gewinnen (ableiten, beweisen) zu können. Der Beweis eines Satzes wird also schrittweise mit Hilfe einzelner logischer Schlüsse geführt. Diese Schlüsse sind, eben weil sie rein logischer Natur sind, jedem Menschen auf Grund seines ihm eigenen Denkvermögens Selbstverständlichkeiten, welche keiner näheren Erörterung bedürfen. Obwohl die einzelnen Beweisschritte als logische Schlüsse trivial sind, kann das Auffinden des Beweises für einen mengentheoretischen Satz, also das Auffinden einer geeigneten Kette logischer Schlüsse, welche, von bekannten Sätzen ausgehend, zu dem gewünschten Satz führt, erhebliche Schwierigkeiten bereiten; der betreffende Satz ist dann ein tiefer liegender Satz der Mengenlehre. Es ist ein Wesenszug der Mathematik, daß man allein mit logischem Schließen, ausgehend von gewissen, mittels Variabler und weniger anderer Grundzeichen formulierter, anschaulicher und durch die Erfahrung erhärteter Axiome, fortlaufend brauchbare und tiefer liegende, von den Axiomen wesentlich verschiedene Sätze erhält, die in der Praxis (z. B. in den Naturwissenschaften) breiteste Anwendung finden. Diese von menschlicher Erkenntnis auch allgemein (nicht nur innerhalb der Mathematik) bevorzugte *Axiomatische Methode* des wissenschaftlichen Arbeitens (nur durch logisches Schließen, von gewissen evidenten Sachverhalten ausgehend, zu neuen Ergebnissen zu gelangen) hat in der Mathematik ihr bestes Beispiel. Man bezeichnet daher und wegen der unbestechlichen logischen Präzision der axiomatischen Methode jede Wissenschaft, welche ihre Ergebnisse auf eine zur Mathematik ähnliche Weise gewinnt (z. B. die Theoretische Physik), als eine *Exakte Wissenschaft*.

Das hauptsächliche Hilfsmittel zum Auffinden mengentheoretischer Sätze und deren Beweise liefern die anschaulichen Vorstellungen, welche man über die in den betreffenden Sätzen ausgedrückten Sachverhalte besitzt. Diese anschaulichen Vorstellungen dürfen natürlich nie als Beweisschritte benutzt werden, da sie keine logischen Schlüsse sind; sie können lediglich wegweisende Anleitungen zur Durchführung von Beweisen geben.

2. Die beim logischen Schließen u. a. auftretenden logischen Begriffe $\sim$, $\wedge$, $\vee$, $\rightarrow$, $\leftrightarrow$ werden folgendermaßen verwendet: Sind $\boldsymbol{A}$, $\boldsymbol{B}$, ..., $\boldsymbol{C}$ irgendwelche endlich viele (nicht notwendig mengentheoretische) Aussagen, so ist jede der Aussagen

$$\sim \boldsymbol{A},\ \boldsymbol{A} \wedge \boldsymbol{B},\ \boldsymbol{A} \vee \boldsymbol{B},\ \boldsymbol{A} \rightarrow \boldsymbol{B},\ \boldsymbol{A} \leftrightarrow \boldsymbol{B},$$

$$\boldsymbol{A} \wedge \boldsymbol{B} \wedge \ldots \wedge \boldsymbol{C},\quad \boldsymbol{A} \vee \boldsymbol{B} \vee \ldots \vee \boldsymbol{C}$$

entweder wahr oder falsch; ob eine dieser Aussagen wahr oder falsch ist, hängt allein von der Wahrheit bzw. Falschheit der in ihr auftretenden Aussagen $\boldsymbol{A}, \boldsymbol{B}, \ldots, \boldsymbol{C}$ ab. Die Aussage $\sim \boldsymbol{A}$ ist wahr genau dann, wenn $\boldsymbol{A}$ falsch ist; $\boldsymbol{A} \wedge \boldsymbol{B}$ ist wahr genau dann, wenn $\boldsymbol{A}$ und $\boldsymbol{B}$ beide wahr sind; $\boldsymbol{A} \vee \boldsymbol{B}$ ist falsch genau dann, wenn A und B beide falsch sind; $A \rightarrow B$ ist falsch genau dann, wenn A wahr und B falsch ist; $A \leftrightarrow B$ ist wahr genau dann, wenn A und B beide wahr oder beide falsch sind; $A \wedge B \wedge \ldots \wedge C$ ist wahr genau dann, wenn jede der Aussagen $A, B, \ldots, C$ wahr ist; $A \vee B \vee \ldots \vee C$ ist falsch genau dann, wenn jede der Aussagen $A, B, \ldots, C$ falsch ist.

Das angegebene Wahrheitsverhalten der durch $\sim$, $\wedge$, $\vee$, $\leftrightarrow$ ausgedrückten Verneinung einer Aussage bzw. logischen Verknüpfungen von Aussagen, der *Negation* der betreffenden Aussage bzw. der *Konjunktion*, der *Alternative*, der *Äquivalenz* der betreffenden Aussagen, ist offenbar; der angegebene Gebrauch der durch $\rightarrow$ ausgedrückten „wenn-so"-Verknüpfung der Aussagen, der *Implikation* der betreffenden Aussagen, hat sich in dieser Form bewährt.

Die Implikation ist die bedeutendste logische Verknüpfung von Aussagen, was auch in den weiteren Redeweisen zum Ausdruck kommt, die sich für „wenn-so" eingebürgert haben. Sind A und B irgendwelche Aussagen, so sagt man statt

*Wenn **A** gilt, so gilt **B**.*

auch:

*Aus **A** folgt **B**.*,
***A** impliziert **B**.*,
*Unter der Voraussetzung (Prämisse) **A** gilt die Behauptung (Conclusio) **B**.*,
*Dann, wenn **A** gilt, gilt **B**.*,
***A** ist eine hinreichende Bedingung für **B**.*,
*Nur dann, wenn **B** gilt, gilt **A**.*,
***B** ist eine notwendige Bedingung für **A**.*

An diese Redeweisen anknüpfend, sagt man analog statt

***A** gilt genau dann, wenn **B** gilt.*

auch:

*Aus **A** folgt **B** und umgekehrt.*,
***A** impliziert **B** und umgekehrt.*,
***A** gilt dann und nur dann, wenn **B** gilt.*,
***A** ist eine notwendige und hinreichende Bedingung für **B**.*,
***A** ist eine charakteristische Bedingung für **B**.*,
***A** und **B** sind äquivalent.*

3. Wir geben im folgenden als **Beispiele für logische Schlüsse** an den Begriffen $\sim$, $\wedge$, $\vee$, $\rightarrow$, $\leftrightarrow$, $\forall$, $\exists$, $\exists!$, $\exists!!$, ι, $=$ eine Zusammenstellung der wichtigsten logischen Schlüsse.

(1) A, B seien irgendwelche (nicht notwendig mengentheoretische) Aussagen. Dann gilt:
*Ist **A** richtig und drückt **B** denselben Sachverhalt aus wie **A*** (nur z. B. mit anderen Worten oder Symbolen als A oder, bei Verwendung von Variablen, mit anderen Variablen als A), *so gilt auch **B**.*

(2) A, B, C, D seien irgendwelche Aussagen. Wir verabreden, die Verneinung einer Aussage auch durch Überstreichung anzudeuten, also etwa $\overline{A}$ (gelesen:

A *nicht*) statt $\sim A$ zu schreiben. Die Richtigkeit der hier aufgeführten aussagenlogischen Schlüsse sieht man formal leicht ein, wenn man die in den aufgeführten Aussagen (logischen Schlüssen) auftretenden Grundaussagen A, B, C, D nach Belieben als wahr oder falsch annimmt und in jedem der dabei möglichen Fälle nach dem oben angegebenen Wahrheitsverhalten der Negation, Konjunktion, Alternative, Implikation und Äquivalenz feststellt, daß die betrachtete Aussage wahr ist. Tritt in den im folgenden aufgeführten logischen Schlüssen *genau-dann-wenn* als logische Hauptverknüpfung auf, so kann man sich *genau-dann-wenn* zerlegt denken in zweimal *wenn-so* ($A \leftrightarrow B$ ist ja gleichwertig mit $A \to B \wedge B \to A$), und man erhält damit aus der betreffenden *genau-dann-wenn*-Aussage zwei *wenn-so*-Aussagen, also zwei logische Schlüsse im engeren Sinne. Es gilt:

$$(A \wedge B) \wedge C \leftrightarrow A \wedge B \wedge C \leftrightarrow A \wedge (B \wedge C),$$
$$(A \vee B) \vee C \leftrightarrow A \vee B \vee C \leftrightarrow A \vee (B \vee C),$$
$$(A \leftrightarrow B) \leftrightarrow C \,.\!\leftrightarrow\!.\, A \leftrightarrow (B \leftrightarrow C).$$

$$A \wedge B \leftrightarrow B \wedge A,$$
$$A \vee B \leftrightarrow B \vee A,$$
$$A \leftrightarrow B \,.\!\leftrightarrow\!.\, B \leftrightarrow A.$$

$$A \wedge (B \vee C) \leftrightarrow (A \wedge B) \vee (A \wedge C),$$
$$A \vee (B \wedge C) \leftrightarrow (A \vee B) \wedge (A \vee C).$$

$$A \leftrightarrow A, \qquad A \leftrightarrow A \wedge A, \qquad A \leftrightarrow A \vee A,$$

$$A \wedge B \to A, \qquad A \to A \vee B,$$
$$A \wedge B \to B, \qquad B \to A \vee B.$$

$$A \to B \,.\!\leftrightarrow\!.\, \bar{A} \vee B,$$
$$\bar{A} \,.\!\to\!.\, A \to B, \qquad A \,.\!\to\!.\, B \to A,$$

$$A \wedge (A \to B) \to B$$

(Abtrennungsregel oder Modus ponens),

$$(A \to B) \wedge (B \to C) \,.\!\to\!.\, A \to C$$

(Kettenschluß oder Hypothetischer Syllogismus).

$$A \leftrightarrow B \,.\!\leftrightarrow\!.\, (A \to B) \wedge (B \to A),$$
$$(A \leftrightarrow B) \wedge (B \leftrightarrow C) \,.\!\to\!.\, A \leftrightarrow C,$$

$$\begin{aligned}(A \leftrightarrow B) \wedge (C \leftrightarrow D) .\rightarrow. (A \wedge C) &\leftrightarrow (B \wedge D)\\ \cdot\wedge\cdot (A \vee C) &\leftrightarrow (B \vee D)\\ \cdot\wedge\cdot (A \rightarrow C) &\leftrightarrow (B \rightarrow D)\\ \cdot\wedge\cdot (A \leftrightarrow C) &\leftrightarrow (B \leftrightarrow D).\end{aligned}$$

$$\begin{aligned}&A \rightarrow (B \rightarrow C) .\leftrightarrow. B \rightarrow (A \rightarrow C),\\ &A \rightarrow (B \rightarrow C) .\leftrightarrow. (A \wedge B) \rightarrow C,\\ &A \rightarrow (A \rightarrow B) .\leftrightarrow. A \rightarrow B,\\ &(A \vee B) \rightarrow C .\leftrightarrow. (A \rightarrow C) \wedge (B \rightarrow C),\\ &(A \wedge B) \rightarrow C .\leftrightarrow. (A \rightarrow C) \vee (B \rightarrow C).\end{aligned}$$

$$\begin{aligned}&A \rightarrow (B \wedge C) .\leftrightarrow. (A \rightarrow B) \wedge (A \rightarrow C),\\ &A \rightarrow (B \vee C) .\leftrightarrow. (A \rightarrow B) \vee (A \rightarrow C),\\ &A \rightarrow (B \rightarrow C) .\leftrightarrow. (A \rightarrow B) \rightarrow (A \rightarrow C),\\ &A \rightarrow (B \leftrightarrow C) .\leftrightarrow. (A \rightarrow B) \leftrightarrow (A \rightarrow C).\end{aligned}$$

$$\bar{\bar{A}} \leftrightarrow A,$$

$$\begin{aligned}&\overline{A \wedge B} \leftrightarrow \bar{A} \vee \bar{B},\\ &\overline{A \wedge B} .\leftrightarrow. A \rightarrow \bar{B},\\ &\overline{A \vee B} \leftrightarrow \bar{A} \wedge \bar{B},\\ &\overline{A \rightarrow B} \leftrightarrow A \wedge \bar{B},\\ &\overline{A \leftrightarrow B} .\leftrightarrow. \bar{A} \leftrightarrow B.\end{aligned}$$

$$A \rightarrow B .\leftrightarrow. \bar{B} \rightarrow \bar{A}, \qquad A \leftrightarrow B .\leftrightarrow. \bar{B} \leftrightarrow \bar{A}$$

(Kontraposition),

$$A \rightarrow \bar{A} \leftrightarrow \bar{A},$$

$$A \wedge \bar{A} \rightarrow B, \qquad B \rightarrow A \vee \bar{A},$$

$$(A \rightarrow B) \wedge (\bar{A} \rightarrow B) \rightarrow B$$

(Satz vom ausgeschlossenen Dritten oder Tertium non datur),

$$(A \rightarrow B) \wedge (A \rightarrow \bar{B}) \rightarrow \bar{A}$$

(Satz vom ausgeschlossenen Widerspruch oder Reductio ad absurdum).

Speziell folgt aus dem Satz vom ausgeschlossenen Widerspruch:

$$\boldsymbol{B} \wedge (\overline{\boldsymbol{A}} \rightarrow \overline{\boldsymbol{B}}) \rightarrow \boldsymbol{A};$$

d. h. eine Aussage $\boldsymbol{A}$ ist dann richtig, wenn aus ihrem angenommenen Gegenteil $\overline{\boldsymbol{A}}$ die Falschheit (der Widerspruch) $\overline{\boldsymbol{B}}$ einer richtigen Aussage $\boldsymbol{B}$ folgen würde.

Schließlich gilt noch das HAUBERsche Theorem:

Sind $\boldsymbol{A}, \boldsymbol{A}^*$; $\boldsymbol{B}, \boldsymbol{B}^*$; $\boldsymbol{C}, \boldsymbol{C}^*$; ...; $\boldsymbol{D}, \boldsymbol{D}^*$ *endlich viele Paare von Aussagen, erschöpfen die* $\boldsymbol{A}, \boldsymbol{B}, \boldsymbol{C}, \ldots, \boldsymbol{D}$ *alle Fälle, d. h. gilt*

$$\boldsymbol{A} \vee \boldsymbol{B} \vee \boldsymbol{C} \vee \ldots \vee \boldsymbol{D},$$

und schließen sich die $\boldsymbol{A}^*, \boldsymbol{B}^*, \boldsymbol{C}^*, \ldots, \boldsymbol{D}^*$ *paarweise aus, d. h. gilt*

$$\overline{\boldsymbol{A}^* \wedge \boldsymbol{B}^*} \wedge \overline{\boldsymbol{A}^* \wedge \boldsymbol{C}^*} \wedge \ldots \wedge \overline{\boldsymbol{A}^* \wedge \boldsymbol{D}^*},$$
$$\overline{\boldsymbol{B}^* \wedge \boldsymbol{C}^*} \wedge \ldots \wedge \overline{\boldsymbol{B}^* \wedge \boldsymbol{D}^*},$$
$$\vdots \qquad ,$$

so folgt aus der Gültigkeit der Implikationen

$$\boldsymbol{A} \rightarrow \boldsymbol{A}^*, \quad \boldsymbol{B} \rightarrow \boldsymbol{B}^*, \quad \boldsymbol{C} \rightarrow \boldsymbol{C}^*, \quad \ldots, \quad \boldsymbol{D} \rightarrow \boldsymbol{D}^*$$

die Gültigkeit der umgekehrten Implikationen

$$\boldsymbol{A}^* \rightarrow \boldsymbol{A}, \quad \boldsymbol{B}^* \rightarrow \boldsymbol{B}, \quad \boldsymbol{C}^* \rightarrow \boldsymbol{C}, \quad \ldots, \quad \boldsymbol{D}^* \rightarrow \boldsymbol{D}.$$

Denn wäre unter den angegebenen Voraussetzungen und im Falle, daß mehr als ein Aussagenpaar vorliegt, eine der behaupteten Implikationen falsch, etwa $\boldsymbol{A}^* \rightarrow \boldsymbol{A}$, so wäre $\boldsymbol{A}^*$ wahr und $\boldsymbol{A}$ falsch, also wären nach Voraussetzung die Aussagen $\boldsymbol{B}^*, \boldsymbol{C}^*, \ldots, \boldsymbol{D}^*$ falsch und wäre eine der Aussagen $\boldsymbol{B}, \boldsymbol{C}, \ldots, \boldsymbol{D}$ richtig, etwa $\boldsymbol{B}$; dann wäre also $\boldsymbol{B} \rightarrow \boldsymbol{B}^*$ falsch im Widerspruch zur Voraussetzung. Liegt nur das Aussagenpaar $\boldsymbol{A}, \boldsymbol{A}^*$ vor, so ist unter den Voraussetzungen des Theorems trivial $\boldsymbol{A}^* \rightarrow \boldsymbol{A}$ wahr.

(3) Die weiteren Beispiele logischer Schlüsse demonstrieren wir der Einfachheit halber anhand von Aussagen der Mengenlehre. Diese Schlüsse gelten natürlich in analoger Form in jedem anderen, nicht notwendig mengentheoretischen, Zusammenhang, in dem gewisse Dinge der objektiven Realität betrachtet werden. Ist $\boldsymbol{H}$ ein formaler Ausdruck der Mengenlehre und bezeichnen $\boldsymbol{v}_1, \boldsymbol{v}_2, \ldots$ die in $\boldsymbol{H}$ auftretenden freien Variablen in der Reihenfolge ihres ersten Auftretens in $\boldsymbol{H}$ (von links nach rechts gelesen), so sei $(\forall)\,\boldsymbol{H}$ der Ausdruck $\forall \boldsymbol{v}_1 \forall \boldsymbol{v}_2 \ldots \boldsymbol{H}$; im Falle, daß keine Variablen in $\boldsymbol{H}$ frei auftreten, sei $(\forall)\,\boldsymbol{H}$ der Ausdruck $\boldsymbol{H}$ selbst. $\boldsymbol{H}, \boldsymbol{H}_1, \boldsymbol{H}_2$ seien in den folgenden Beispielen stets solche formalen Ausdrücke der Mengenlehre, deren Variablen nur frei oder gebunden in ihnen vorkommen; $\boldsymbol{u}, \boldsymbol{v}, \boldsymbol{w}$ bezeichnen stets irgendwelche Variablen der Mengenlehre, wobei jedoch verschieden bezeichnete Variablen auch verschieden seien. Die Schreibweise $\boldsymbol{H}(\boldsymbol{v})$ etwa oder $\boldsymbol{H}(\boldsymbol{u}, \boldsymbol{v})$ bedeutet, daß $\boldsymbol{v}$ in $\boldsymbol{H}$ frei vorkommt bzw. $\boldsymbol{u}$ und $\boldsymbol{v}$ in $\boldsymbol{H}$ frei vorkommen; ein senkrechter Strich nach einer Variablen, wie in $\boldsymbol{H}(\boldsymbol{u}, \boldsymbol{v} \mid \boldsymbol{w})$ besagt, daß $\boldsymbol{H}(\boldsymbol{u}, \boldsymbol{v} \mid \boldsymbol{w})$ die aus dem formalen Ausdruck $\boldsymbol{H}(\boldsymbol{u}, \boldsymbol{v})$

dadurch entstandene Zeichenreihe ist, daß man in $\boldsymbol{H}(\boldsymbol{u}, \boldsymbol{v})$ für $\boldsymbol{v}$ überall den nach dem Strich stehenden formalen Term, in unserem Falle also $\boldsymbol{w}$, einsetzt. Sämtliche in irgendwelchen formalen Ausdrücken der folgenden Beispiele vorgenommenen Umbenennungen von Variablen oder Einsetzungen in Variable führen erfahrungsgemäß von diesen Ausdrücken zu Zeichenreihen, die wieder formale Ausdrücke sind. Wir lassen für die folgenden Beispiele Klammern verschiedener Länge und unsere Klammereinsparungsregeln zu. Dann gilt:

Kommt in dem formalen Ausdruck $\boldsymbol{H}(\boldsymbol{u})$ nur die Variable $\boldsymbol{u}$ frei vor, so gilt die Aussage $\forall \boldsymbol{u}\, \boldsymbol{H}(\boldsymbol{u})$ genau dann, wenn für jedes beliebige, fest ausgewählte Ding $\boldsymbol{u}$ die Aussage $\boldsymbol{H}(\boldsymbol{u})$ gilt; die Aussage $\exists\, \boldsymbol{u}\, \boldsymbol{H}(\boldsymbol{u})$ gilt genau dann, wenn für mindestens ein bestimmtes Ding $\boldsymbol{u}$ die Aussage $\boldsymbol{H}(\boldsymbol{u})$ gilt. Kommen allgemeiner in dem formalen Ausdruck $\boldsymbol{H}(\boldsymbol{u}, \boldsymbol{v}, \ldots)$ neben $\boldsymbol{u}$ genau die Variablen $\boldsymbol{v}, \ldots$ frei vor, so gilt für fest ausgewählte Dinge $\boldsymbol{v}, \ldots$ die Aussage $\forall \boldsymbol{u}\, \boldsymbol{H}(\boldsymbol{u}, \boldsymbol{v}, \ldots)$ genau dann, wenn für diese fest gewählten Dinge $\boldsymbol{v}, \ldots$ und für jedes beliebige, fest ausgewählte Ding $\boldsymbol{u}$ die Aussage $\boldsymbol{H}(\boldsymbol{u}, \boldsymbol{v}, \ldots)$ gilt; die Aussage $\exists\, \boldsymbol{u}\, \boldsymbol{H}(\boldsymbol{u}, \boldsymbol{v}, \ldots)$ gilt für die fest ausgewählten Dinge $\boldsymbol{v}, \ldots$ genau dann, wenn für diese fest gewählten Dinge $\boldsymbol{v}, \ldots$ und für mindestens ein bestimmtes Ding $\boldsymbol{u}$ die Aussage $\boldsymbol{H}(\boldsymbol{u}, \boldsymbol{v}, \ldots)$ gilt.

Als Anwendung hiervon ergibt sich sofort die folgende Regel:

Jeder logische Schluß aus (2) *liefert, wenn man für die in ihm auftretenden Aussagen $\boldsymbol{A}, \ldots$ formale Ausdrücke $\boldsymbol{H}_1, \ldots$ der Mengenlehre einsetzt und vor den entstandenen und in Klammern gesetzten Gesamtausdruck* $(\forall)$ *setzt (unter der Voraussetzung, daß in dem Gesamtausdruck jede Variable frei oder gebunden auftritt), einen entsprechenden Schluß für Ausdrücke.*

Der Kettenschluß

$$\boldsymbol{A} \wedge (\boldsymbol{A} \rightarrow \boldsymbol{B}) \rightarrow \boldsymbol{B}$$

z. B. ergibt für formale Ausdrücke $\boldsymbol{H}_1$, $\boldsymbol{H}_2$ (unter der entsprechenden Voraussetzung) den Schluß:

$$(\forall)\big(\boldsymbol{H}_1 \wedge (\boldsymbol{H}_1 \rightarrow \boldsymbol{H}_2) \rightarrow \boldsymbol{H}_2\big).$$

Weiter gilt:

$$(\forall)\big(\forall \boldsymbol{u} \forall \boldsymbol{v}\, \boldsymbol{H}(\boldsymbol{u}, \boldsymbol{v}) \rightarrow \forall \boldsymbol{u}\, \boldsymbol{H}(\boldsymbol{u}, \boldsymbol{v} \mid \boldsymbol{u})\big),$$

$$(\forall)\big(\forall \boldsymbol{u}\, \boldsymbol{H}(\boldsymbol{u}, \boldsymbol{v} \mid \boldsymbol{u}) \rightarrow \forall \boldsymbol{u} \exists\, \boldsymbol{v}\, \boldsymbol{H}(\boldsymbol{u}, \boldsymbol{v})\big),$$

$$(\forall)\big(\exists\, \boldsymbol{u}\, \boldsymbol{H}(\boldsymbol{u}, \boldsymbol{v} \mid \boldsymbol{u}) \rightarrow \exists\, \boldsymbol{u} \exists\, \boldsymbol{v}\, \boldsymbol{H}(\boldsymbol{u}, \boldsymbol{v})\big),$$

$$(\forall)\big(\exists\, \boldsymbol{u} \forall \boldsymbol{v}\, \boldsymbol{H}(\boldsymbol{u}, \boldsymbol{v}) \rightarrow \exists\, \boldsymbol{u}\, \boldsymbol{H}(\boldsymbol{u}, \boldsymbol{v} \mid \boldsymbol{u})\big),$$

$$(\forall)\big(\forall \boldsymbol{u} \forall \boldsymbol{v}\, \boldsymbol{H}(\boldsymbol{u}, \boldsymbol{v}) \leftrightarrow \forall\, \boldsymbol{v} \forall \boldsymbol{u}\, \boldsymbol{H}(\boldsymbol{u}, \boldsymbol{v})\big),$$

$$(\forall)\big(\exists\, \boldsymbol{u} \exists\, \boldsymbol{v}\, \boldsymbol{H}(\boldsymbol{u}, \boldsymbol{v},) \leftrightarrow \exists\, \boldsymbol{v} \exists\, \boldsymbol{u}\, \boldsymbol{H}(\boldsymbol{u}, \boldsymbol{v})\big),$$

$$(\forall)\big(\exists\, \boldsymbol{u} \forall \boldsymbol{v}\, \boldsymbol{H}(\boldsymbol{u}, \boldsymbol{v},) \rightarrow \forall \boldsymbol{v} \exists\, \boldsymbol{u}\, \boldsymbol{H}(\boldsymbol{u}, \boldsymbol{v})\big),$$

$$(\forall)\big(\forall \boldsymbol{v}\, \boldsymbol{H}(\boldsymbol{v}) \rightarrow \exists\, \boldsymbol{v}\, \boldsymbol{H}(\boldsymbol{v})\big),$$

$$(\forall)\big({\sim} \forall \boldsymbol{v}\, \boldsymbol{H}(\boldsymbol{v}) \leftrightarrow \exists\, \boldsymbol{v} \sim \boldsymbol{H}(\boldsymbol{v})\big),$$

$$(\forall)\big({\sim} \exists\, \boldsymbol{v}\, \boldsymbol{H}(\boldsymbol{v}) \leftrightarrow \forall \boldsymbol{v} \sim \boldsymbol{H}(\boldsymbol{v})\big).$$

In den folgenden 15 Aussagen komme keine freie Variable aus $\boldsymbol{H}_1$ in $\boldsymbol{H}_2$ gebunden vor, und keine freie Variable aus $\boldsymbol{H}_2$ in $\boldsymbol{H}_1$ gebunden vor.

$$(\forall)\,(\forall v\,(H_1(v) \wedge H_2(v)) \leftrightarrow \forall v\, H_1(v) \wedge \forall v\, H_2(v)),$$

$$(\forall)\,(\exists v\,(H_1(v) \wedge H_2(v)) \rightarrow \exists v\, H_1(v) \wedge \exists v\, H_2(v)),$$

$$(\forall)\,(\forall v\, H_1(v) \wedge \exists v\, H_2(v) \rightarrow \exists v\,(H_1(v) \wedge H_2(v))),$$

$$(\forall)\,(\exists v\,(H_1(v) \vee H_2(v)) \leftrightarrow \exists v\, H_1(v) \vee \exists v\, H_2(v)),$$

$$(\forall)\,(\forall v\, H_1(v) \vee \forall v\, H_2(v) \rightarrow \forall v\,(H_1(v) \vee H_2(v))),$$

$$(\forall)\,(\forall v\,(H_1(v) \rightarrow H_2(v)) \,.\!\rightarrow\!.\, \forall v\, H_1(v) \rightarrow \forall v\,(H_1(v) \wedge H_2(v)) \;\cdot\!\wedge\!\cdot\; \exists v\, H_1(v) \rightarrow \exists v\,(H_1(v) \wedge H_2(v))),$$

$$(\forall)\,(\forall v\,(H_1(v) \leftrightarrow H_2(v)) \,.\!\rightarrow\!.\, \forall v\, H_1(v) \leftrightarrow \forall v\, H_2(v) \;\cdot\!\wedge\!\cdot\; \exists v\, H_1(v) \leftrightarrow \exists v\, H_2(v)).$$

In den folgenden 8 Aussagen komme zusätzlich $\boldsymbol{v}$ nicht in $\boldsymbol{H}_2$ vor.

$$(\forall)\,(\forall v\,(H_2 \wedge H_1(v)) \leftrightarrow H_2 \wedge \forall v\, H_1(v)),$$

$$(\forall)\,(\exists v\,(H_2 \wedge H_1(v)) \leftrightarrow H_2 \wedge \exists v\, H_1(v)),$$

$$(\forall)\,(\forall v\,(H_2 \vee H_1(v)) \leftrightarrow H_2 \vee \forall v\, H_1(v)),$$

$$(\forall)\,(\exists v\,(H_2 \vee H_1(v)) \leftrightarrow H_2 \vee \exists v\, H_1(v)),$$

$$(\forall)\,(\forall v\,(H_2 \rightarrow H_1(v)) \,.\!\leftrightarrow\!.\, H_2 \rightarrow \forall v\, H_1(v)),$$

$$(\forall)\,(\exists v\,(H_2 \rightarrow H_1(v)) \,.\!\leftrightarrow\!.\, H_2 \rightarrow \exists v\, H_1(v)),$$

$$(\forall)\,(\forall v\,(H_1(v) \rightarrow H_2) \,.\!\leftrightarrow\!.\, \exists v\, H_1(v) \rightarrow H_2),$$

$$(\forall)\,(\exists v\,(H_1(v) \rightarrow H_2) \,.\!\leftrightarrow\!.\, \forall v\, H_1(v) \rightarrow H_2).$$

(4) Unter den Verabredungen von (3) gilt weiterhin:

Zunächst gilt für die durch = ausgedrückte Beziehung zwischen Dingen der objektiven Realität, die *Gleichheitsbeziehung* oder *Gleichheit* bzw. *Identität*:

$\forall u\; u = u$ (*Reflexivität* der Identität),

$\forall u\, \forall v\, \forall w\, (u = v \wedge v = w \rightarrow u = w)$ (*Transitivität* der Identität),

$\forall u\, \forall v\, (u = v \rightarrow v = u)$ (*Symmetrie* der Identität).

In der folgenden Aussage komme $\boldsymbol{v}$ nicht gebunden in $\boldsymbol{H}$ vor und $\boldsymbol{H}(u \,||\, v)$ sei ein aus $\boldsymbol{H}(u)$ dadurch entstandener formaler Ausdruck $\boldsymbol{H}^*(v)$, daß man die Variable $\boldsymbol{u}$ an gewissen (nicht notwendig allen, evtl. gar keinen) Stellen ihres Vorkommens in $\boldsymbol{H}$ durch $\boldsymbol{v}$ ersetzt.

$$(\forall)\; \forall u\, \forall v\, (u = v \,.\!\rightarrow\!.\, H(u) \leftrightarrow H(u \,||\, v))$$

(LEIBNIZsches Ersetzbarkeitstheorem).

Das LEIBNIZsche Ersetzbarkeitstheorem besagt also, anschaulich gesprochen, daß man gleiche Dinge in jedem Zusammenhang nach Belieben durcheinander ersetzen kann.

In den folgenden 3 Aussagen komme $\boldsymbol{v}$ nicht in $\boldsymbol{H}$ vor.

$$(\forall)\ \forall \boldsymbol{v}\,(\exists\, \boldsymbol{u}\,(\boldsymbol{u} = \boldsymbol{v} \wedge \boldsymbol{H}(\boldsymbol{u})) \leftrightarrow \boldsymbol{H}(\boldsymbol{u} \mid \boldsymbol{v})),$$

$$(\forall)\ \forall \boldsymbol{v}\,(\forall \boldsymbol{u}\,(\boldsymbol{u} = \boldsymbol{v} \to \boldsymbol{H}(\boldsymbol{u})) \leftrightarrow \boldsymbol{H}(\boldsymbol{u} \mid \boldsymbol{v})),$$

$$(\forall)\ (\exists!\, \boldsymbol{u}\, \boldsymbol{H}(\boldsymbol{u}) \leftrightarrow \forall \boldsymbol{u}\, \forall \boldsymbol{v}\,(\boldsymbol{H}(\boldsymbol{u}) \wedge \boldsymbol{H}(\boldsymbol{u} \mid \boldsymbol{v}) \to \boldsymbol{u} = \boldsymbol{v})),$$

$$(\forall)\ (\exists!!\, \boldsymbol{u}\, \boldsymbol{H}(\boldsymbol{u}) \leftrightarrow \exists\, \boldsymbol{u}\, \boldsymbol{H}(\boldsymbol{u}) \wedge \exists!\, \boldsymbol{u}\, \boldsymbol{H}(\boldsymbol{u})).$$

In den folgenden 6 Aussagen sei $\boldsymbol{T}$ ein formaler Term der Mengenlehre, der mit $\boldsymbol{H}$ keine gemeinsamen Variablen hat und wobei der evtl. zur Bildung von $\boldsymbol{T}$ verwendete formale Ausdruck der Mengenlehre nur freie oder gebundene Variablen enthält.

$$(\forall)\ (\boldsymbol{T} \in \iota\, \boldsymbol{v}\, \boldsymbol{H}(\boldsymbol{v}) \leftrightarrow \exists!!\, \boldsymbol{v}\, \boldsymbol{H}(\boldsymbol{v}) \wedge \exists\, \boldsymbol{v}\,(\boldsymbol{T} \in \boldsymbol{v} \wedge \boldsymbol{H}(\boldsymbol{v}))),$$

$$(\forall)\ (\iota\, \boldsymbol{v}\, \boldsymbol{H}(\boldsymbol{v}) \in \boldsymbol{T} \leftrightarrow \exists!!\, \boldsymbol{v}\, \boldsymbol{H}(\boldsymbol{v}) \wedge \exists\, \boldsymbol{v}\,(\boldsymbol{v} \in \boldsymbol{T} \wedge \boldsymbol{H}(\boldsymbol{v}))),$$

$$(\forall)\ (\boldsymbol{T} \sqsubset \iota\, \boldsymbol{v}\, \boldsymbol{H}(\boldsymbol{v}) \leftrightarrow \exists!!\, \boldsymbol{v}\, \boldsymbol{H}(\boldsymbol{v}) \wedge \exists\, \boldsymbol{v}\,(\boldsymbol{T} \sqsubset \boldsymbol{v} \wedge \boldsymbol{H}(\boldsymbol{v}))),$$

$$(\forall)\ (\iota\, \boldsymbol{v}\, \boldsymbol{H}(\boldsymbol{v}) \sqsubset \boldsymbol{T} \leftrightarrow \exists!!\, \boldsymbol{v}\, \boldsymbol{H}(\boldsymbol{v}) \wedge \exists\, \boldsymbol{v}\,(\boldsymbol{v} \sqsubset \boldsymbol{T} \wedge \boldsymbol{H}(\boldsymbol{v}))),$$

$$(\forall)\ (\boldsymbol{T} = \iota\, \boldsymbol{v}\, \boldsymbol{H}(\boldsymbol{v}) \leftrightarrow \exists!!\, \boldsymbol{v}\, \boldsymbol{H}(\boldsymbol{v}) \wedge \exists\, \boldsymbol{v}\,(\boldsymbol{T} = \boldsymbol{v} \wedge \boldsymbol{H}(\boldsymbol{v}))),$$

$$(\forall)\ (\iota\, \boldsymbol{v}\, \boldsymbol{H}(\boldsymbol{v}) = \boldsymbol{T} \leftrightarrow \exists!!\, \boldsymbol{v}\, \boldsymbol{H}(\boldsymbol{v}) \wedge \exists\, \boldsymbol{v}\,(\boldsymbol{v} = \boldsymbol{T} \wedge \boldsymbol{H}(\boldsymbol{v}))).$$

In der folgenden Aussage komme $\boldsymbol{u}$ nicht in $\boldsymbol{H}$ vor.

$$(\forall)\ (\exists!!\, \boldsymbol{v}\, \boldsymbol{H}(\boldsymbol{v}) \leftrightarrow \exists\, \boldsymbol{u}\ \boldsymbol{u} = \iota\, \boldsymbol{v}\, \boldsymbol{H}(\boldsymbol{v})).$$

In der folgenden Aussage sei $\boldsymbol{H}^*(\boldsymbol{v})$ ein aus $\boldsymbol{H}(\boldsymbol{v})$ dadurch entstandener formaler Ausdruck, daß man jede gebundene Variable von $\boldsymbol{H}$ umbenennt in eine nicht in $\boldsymbol{H}$ auftretende Variable der Mengenlehre, wobei verschiedene Variablen von $\boldsymbol{H}$ auch nach Umbenennung der gebundenen Variablen wieder verschieden seien; kommt keine Variable in $\boldsymbol{H}$ gebunden vor, so sei $\boldsymbol{H}^*(\boldsymbol{v})$ der Ausdruck $\boldsymbol{H}(\boldsymbol{v})$ selbst.

$$(\forall)\ (\exists!!\, \boldsymbol{v}\, \boldsymbol{H}(\boldsymbol{v}) \to \boldsymbol{H}(\boldsymbol{v} \mid \iota\, \boldsymbol{v}\, \boldsymbol{H}^*(\boldsymbol{v})))$$

(Satz der Selbstbezeichnung).

In den folgenden 2 Aussagen mögen $\boldsymbol{H}$ und $\boldsymbol{H}_1$ außer $\boldsymbol{v}$ keine gemeinsamen Variablen haben:

$$(\forall)\ (\exists!!\, \boldsymbol{v}\, \boldsymbol{H}(\boldsymbol{v}) .\!\to\!.\ \boldsymbol{H}_1(\boldsymbol{v} \mid \iota\, \boldsymbol{v}\, \boldsymbol{H}(\boldsymbol{v})) \leftrightarrow \exists\, \boldsymbol{v}\,(\boldsymbol{H}_1(\boldsymbol{v}) \wedge \boldsymbol{H}(\boldsymbol{v}))),$$

$$(\forall)\ (\exists!!\, \boldsymbol{v}\, \boldsymbol{H}(\boldsymbol{v}) .\!\to\!.\ \forall \boldsymbol{v}\, \boldsymbol{H}_1(\boldsymbol{v}) \to \boldsymbol{H}_1(\boldsymbol{v} \mid \iota\, \boldsymbol{v}\, \boldsymbol{H}(\boldsymbol{v})))$$

(Regel der Termeinsetzung).

In der folgenden Aussage komme keine freie Variable aus $\boldsymbol{H}_1$ in $\boldsymbol{H}_2$ gebunden vor und keine freie Variable aus $\boldsymbol{H}_2$ in $\boldsymbol{H}_1$ gebunden vor:

$$(\forall)\,(\exists!!\,\boldsymbol{v}\,\boldsymbol{H}_1(\boldsymbol{v})\;.\!\rightarrow\!.\;\forall\boldsymbol{v}\,(\boldsymbol{H}_1(\boldsymbol{v})\leftrightarrow\boldsymbol{H}_2(\boldsymbol{v}))\rightarrow\iota\,\boldsymbol{v}\,\boldsymbol{H}_1(\boldsymbol{v})=\iota\,\boldsymbol{v}\,\boldsymbol{H}_2(\boldsymbol{v}))\,.$$

Auf Grund der bisherigen Sätze über den bestimmten Artikel ist es also erst dann zweckmäßig, mit Hilfe des bestimmten Artikels neue Begriffe als Bezeichnungen für gewisse (tatsächlich existierende oder gedachte) Dinge einzuführen (wie etwa die Nullklasse $\emptyset$ oder die Vereinigung $a \cup b$ von Klassen a, b), wenn man sich jeweils von der eindeutigen Existenz des betreffenden Dinges überzeugt hat (es gibt ein solches Ding und höchstens ein solches Ding), welches mit Hilfe des bestimmten Artikels bezeichnet werden soll.

In der folgenden Aussage komme keine freie Variable aus $\boldsymbol{H}_1$ in $\boldsymbol{H}_2$ gebunden vor und keine freie Variable aus $\boldsymbol{H}_2$ in $\boldsymbol{H}_1$ gebunden vor; $\boldsymbol{H}$ und $\boldsymbol{H}_1$ mögen außer $\boldsymbol{v}$ keine gemeinsamen Variablen haben, ebenso mögen $\boldsymbol{H}$ und $\boldsymbol{H}_2$ außer $\boldsymbol{v}$ keine gemeinsamen Variablen haben.

$$(\forall)\,(\forall\boldsymbol{v}\,(\boldsymbol{H}_1(\boldsymbol{v})\leftrightarrow\boldsymbol{H}_2(\boldsymbol{v}))\;.\!\rightarrow\!.\;\boldsymbol{H}\,(\boldsymbol{v}\mid\iota\,\boldsymbol{v}\,\boldsymbol{H}_1(\boldsymbol{v}))\leftrightarrow\boldsymbol{H}\,(\boldsymbol{v}\mid\iota\,\boldsymbol{v}\,\boldsymbol{H}_2(\boldsymbol{v}))).$$

Damit beschließen wir die Beispiele für logische Schlüsse und wenden uns nun dem Axiomensystem zu.

§ 3. Das Axiomensystem

1. Von jetzt an seien die kleinen und großen lateinischen Buchstaben

$$a, b, c, \ldots, x, y, z; \qquad A, B, C, \ldots, X, Y, Z$$

und aus diesen durch Anfügen von Indizes entstehende Schriftzeichen, wie z. B.

$$a_0,\ a_3,\ c_{0012},\ k',\ \bar{z},\ p_4^*,\ {}^{**}y,\ B_{66},\ E''',\ X^*,\ \bar{\bar{Y}}$$

(der Reihe nach gelesen: *a null*, *a drei*, *c null null eins zwei*, *k Strich*, *z quer*, *p vier Stern*, *y links zwei Stern*, *B sechs sechs*, *E drei Strich*, *X Stern*, *Y zwei quer*), Variable für Dinge. Die Variablen der Mengenlehre $a_0, a_1, a_2, \ldots$ fallen also unter die eben gewählten Variablen.

Vor Aufstellung der *Axiome der Mengenlehre* (*Mathematik*) zunächst zwei Definitionen.

Definition 1. Ein Ding a ist ein *Element* genau dann, wenn $\exists x a \in x$ gilt; a ist ein *Individuum* oder *Urelement* genau dann, wenn a ein Element ist und $\forall x a \sqsubset x$ gilt; a ist eine *Klasse* genau dann, wenn a kein Individuum ist; a ist eine *Menge* genau dann, wenn a eine Klasse und ein Element ist; a ist eine *Unmenge* genau dann, wenn a eine Klasse und kein Element ist; a ist ein *Ding* genau dann, wenn $a = a$ gilt.

In dieser Definition werden also die in der Einleitung im anschaulichen Sinne verwendeten entsprechenden Begriffe als mathematische Begriffe eingeführt.

Definition 2. Ein Ding a ist *stufengleich* mit einem Ding b, in Zeichen: $a \sqsubset\!\!\sqsupset b$ (gelesen: *a stufengleich b*), genau dann, wenn $a \sqsubset b \wedge b \sqsubset a$ gilt; a ist *stufenkleiner* als b bzw. b ist *stufengrößer* als a, in Zeichen: $a \ulcorner\!\!- b$ (gelesen: *a stufenkleiner b*), genau dann, wenn $a \sqsubset b \wedge a \not\sqsubset\!\!\sqsupset b$ gilt.

2. Axiome I: Stufenaxiome

1. $\forall a\, a \sqsubset a$,

2. $\forall a \forall b \forall c\, (a \sqsubset b \wedge b \sqsubset c \rightarrow a \sqsubset c)$,

3. $\forall a \forall b\, (a \sqsubset b \vee b \sqsubset a)$,

4. $\forall K\, (\exists x\, x \in K \rightarrow \exists x\, (x \in K \wedge \forall y\, (y \in K \rightarrow x \sqsubset y)))$,

5. $\forall K\, (\exists x\, x \in K \rightarrow \forall x\, (x \in K \rightarrow x \ulcorner\!\!- K)$
$\qquad \wedge \sim \exists y\, (y \ulcorner\!\!- K \wedge \forall x\, (x \in K \rightarrow x \ulcorner\!\!- y)))$,

6. $\forall K \forall N\, (K \textit{ Klasse} \wedge N \textit{ Klasse} \wedge \sim \exists x\, x \in N \rightarrow N \sqsubset K)$,

7. $\forall e \exists f\, (e \textit{ Element} \rightarrow f \textit{ Element} \wedge e \ulcorner\!\!- f)$.

Diese Axiome entnehmen wir unmittelbar den in der Einleitung entwickelten anschaulichen Vorstellungen über die Stufenbeziehung: 1., 2., 3. sind sofort evident; 4. besagt, daß es in jeder nicht leeren Klasse K (denn wenn $\exists x\, x \in K$ gilt, so gilt nach 5. auch $\exists x\, x \ulcorner\!\!- K$, also $\exists x\, K \not\sqsubset x$, also ist K kein Individuum, d. h. eine Klasse) ein stufenkleinstes Element x gibt; 5. besagt, daß sämtliche Elemente einer nicht leeren Klasse K stufenkleiner als K sind und daß K die kleinste Stufe besitzt, welche größer als alle Stufen der Elemente von K ist; 6. besagt, daß die leere Klasse die kleinste Stufe besitzt, welche Klassen annehmen können; 7. besagt, daß es zu jedem Element e ein stufengrößeres Element f gibt (nach unseren anschaulichen Vorstellungen z. B. die aus e als einzigem Element bestehende Einermenge von e).

Satz 1. *Für beliebige Dinge a, b, c gilt:*

$$a \sqsubset b \leftrightarrow a \ulcorner\!\!- b \vee a \sqsubset\!\!\sqsupset b, \qquad a \ulcorner\!\!- b \leftrightarrow a \sqsubset b \wedge a \not\sqsubset\!\!\sqsupset b,$$

$$a \sqsubset\!\!\sqsupset a \qquad (\textit{Reflexivität}),$$
$$a \sqsubset\!\!\sqsupset b \wedge b \sqsubset\!\!\sqsupset c \rightarrow a \sqsubset\!\!\sqsupset c \qquad (\textit{Transitivität}),$$
$$a \sqsubset\!\!\sqsupset b \rightarrow b \sqsubset\!\!\sqsupset a \qquad (\textit{Symmetrie}),$$

$$a \sqsubset a, \qquad a \not\ulcorner\!\!- a,$$
$$a \sqsubset b \wedge b \sqsubset c \rightarrow a \sqsubset c, \qquad a \ulcorner\!\!- b \wedge b \ulcorner\!\!- c \rightarrow a \ulcorner\!\!- c,$$
$$a \sqsubset b \wedge b \sqsubset a \rightarrow a \sqsubset\!\!\sqsupset b, \qquad a \ulcorner\!\!- b \rightarrow b \not\ulcorner\!\!- a,$$
$$a \sqsubset b \vee b \sqsubset a, \qquad a \ulcorner\!\!- b \vee a \sqsubset\!\!\sqsupset b \vee b \ulcorner\!\!- a,$$

$$a \sqsubset b \wedge b \mathrel{\Box} c \rightarrow a \sqsubset c,$$

$$a \mathrel{\Box} b \wedge b \sqsubset c \rightarrow a \sqsubset c,$$

$$a \mathrel{\ulcorner} b \wedge b \mathrel{\Box} c \rightarrow a \mathrel{\ulcorner} c,$$

$$a \mathrel{\Box} b \wedge b \mathrel{\ulcorner} c \rightarrow a \mathrel{\ulcorner} c,$$

$$a \mathrel{\ulcorner} b \wedge b \sqsubset c \rightarrow a \mathrel{\ulcorner} c,$$

$$a \sqsubset b \wedge b \mathrel{\ulcorner} c \rightarrow a \mathrel{\ulcorner} c,$$

$$a \mathrel{\ulcorner} b \leftrightarrow a \mathrel{\not\Box} b \wedge b \mathrel{\not\ulcorner} a,$$

$$a \mathrel{\Box} b \leftrightarrow a \mathrel{\not\ulcorner} b \wedge b \mathrel{\not\ulcorner} a,$$

$$a \sqsubset b \leftrightarrow b \mathrel{\not\ulcorner} a.$$

Beweis. Die Behauptungen folgen unmittelbar aus den entsprechenden Definitionen und den Stufenaxiomen 1., 2., 3.

Wird, wie eben Satz 1, ein Satz lediglich mit der Bemerkung „bewiesen“, daß die im Satz aufgestellten Behauptungen unmittelbar aus den entsprechenden Definitionen folgen, so bedeutet dies, daß die Beweise der betreffenden Behauptungen nicht schwierig sind und damit dem Leser überlassen werden können.

3. Axiome II: Klassenbildungsaxiome (Komprehensionsaxiome)

$$(\forall)\ \exists K\,(K\ \mathit{Klasse} \wedge \forall x\,(x \in K \leftrightarrow x\ \mathit{Element} \wedge \boldsymbol{H}(x))).$$

Dabei sei $\boldsymbol{H}(x)$ ein aus einem formalen Ausdruck $\boldsymbol{H}^*$ der Mengenlehre, dessen Variable nur frei oder gebunden in ihm vorkommen, dadurch entstandener Ausdruck, daß man erstens gewisse (nicht notwendig alle, evtl. gar keine) Variable von $\boldsymbol{H}^*$ umbenennt in irgendwelche Variable für Dinge (also nicht notwendig in Variable der Mengenlehre $a_0, a_1, a_2, \ldots$), wobei verschiedene Variable von $\boldsymbol{H}^*$ auch nach Umbenennung der gewissen Variablen wieder verschieden sind, und zweitens Klammern verschiedener Formen und Längen und die Verwendung der Klammereinsparungsregeln (1), (2), (3) aus § 1 (Abschnitt 2) zuläßt. In $\boldsymbol{H}(x)$ komme außerdem die Variable x frei vor (wobei natürlich *frei* analog wie in § 1 erklärt sei), die Variable K komme nicht in $\boldsymbol{H}(x)$ vor. Bezeichnen $\boldsymbol{v}_1, \boldsymbol{v}_2, \ldots$ die von x verschiedenen freien Variablen von $\boldsymbol{H}(x)$ in der Reihenfolge ihres ersten Auftretens in $\boldsymbol{H}(x)$ (von links nach rechts gelesen), so bedeutet $(\forall): \forall \boldsymbol{v}_1 \forall \boldsymbol{v}_2 \ldots$; kommt in $\boldsymbol{H}(x)$ außer x keine weitere Variable frei vor, so bedeutet das für den Ausdruck $\boldsymbol{H}(x)$ hingeschriebene Axiom II die durch Weglassen von $(\forall)$ entstehende Aussage.

Das Axiomenschema II (jeder zugelassene Ausdruck $\boldsymbol{H}(x)$ ergibt ein Axiom) ist eine geringfügige Verallgemeinerung des in der Einleitung entwickelten allgemeinen Klassenbildungsprinzipes (die jetzt verwendeten Variablen sind Variable für Dinge und nicht nur für Klassen, und in $\boldsymbol{H}(x)$ darf neben der Elementbeziehung $\in$ noch die Stufenbeziehung $\sqsubset$ auftreten).

Die Axiome II heißen auch Komprehensionsaxiome, da sie die Zusammenfassung von Elementen zu Klassen postulieren.

Axiom III: Extensionalitätsaxiom

$$\forall K \forall L (K \textit{ Klasse} \wedge L \textit{ Klasse} \wedge \forall x (x \in K \leftrightarrow x \in L) \rightarrow K = L).$$

Dieses Axiom drückt die Extensionalität des Klassenbegriffes aus. Auf Grund von Axiom III ist jede Klasse K, deren Existenz mit einem der Klassenbildungsaxiome unter Verwendung eines zugelassenen Ausdruckes $\boldsymbol{H}(x)$ nachgewiesen wurde, sogleich (wobei natürlich die eventuell in $\boldsymbol{H}(x)$ außer x noch frei vorkommenden Variablen beliebig fest ausgewählte Dinge bezeichnen mögen) *diejenige* Klasse K, für deren Elemente x gilt: x *Element* $\wedge$ $\boldsymbol{H}(x)$; denn es gibt genau eine Klasse K, für deren Elemente x gilt: x *Element* $\wedge$ $\boldsymbol{H}(x)$; K ist also durch x *Element* $\wedge$ $\boldsymbol{H}(x)$ eindeutig bestimmt.

Es sei $\boldsymbol{H}(x)$ ein aus einem formalen Ausdruck $\boldsymbol{H}^*$ der Mengenlehre, dessen Variable nur frei oder gebunden in ihm vorkommen, dadurch entstandener Ausdruck, daß man erstens gewisse Variable von $\boldsymbol{H}^*$ umbenennt in irgendwelche Dingvariable, wobei verschiedene Variable von $\boldsymbol{H}^*$ auch nach Umbenennung der gewissen Variablen wieder verschieden sind, und zweitens die Anwendung der in § 1 (Abschnitte 2, 3) angegebenen Methoden zur übersichtlicheren und vereinfachten Formulierung von Aussagen (einschließlich also der Verwendung mengentheoretischer Definitionen) zuläßt; in $\boldsymbol{H}(x)$ komme die Variable x frei vor; dann bezeichnen wir mit

$$\underset{x}{\boldsymbol{K}}\, \boldsymbol{H}(x) \quad \text{bzw.} \quad \underset{x}{\boldsymbol{M}}\, \boldsymbol{H}(x)$$

(gelesen: *Klasse aller* x, $\boldsymbol{H}(x)$) (gelesen: *Menge aller* x, $\boldsymbol{H}(x)$)

die Klasse bzw. Menge

$$\iota K (K \textit{ Klasse} \wedge \forall x (x \in K \leftrightarrow \boldsymbol{H}(x)))$$

bzw.

$$\iota M (M \textit{ Menge} \wedge \forall x (x \in M \leftrightarrow \boldsymbol{H}(x))).$$

Entsprechend werden diese Bezeichnungen verwendet für jede andere Dingvariable statt x.

Satz 2. *Es existieren die Klassen*

$$\underset{x}{\boldsymbol{K}} (x \neq x), \quad \underset{x}{\boldsymbol{K}} (x \textit{ Element}), \quad \underset{x}{\boldsymbol{K}} (x \textit{ Individuum}), \quad \underset{x}{\boldsymbol{K}} (x \textit{ Menge}).$$

Beweis. Wählt man die Ausdrücke $\boldsymbol{H}_1(x)$, $\boldsymbol{H}_2(x)$, $\boldsymbol{H}_3(x)$, $\boldsymbol{H}_4(x)$ zu:

$$\boldsymbol{H}_1(x) \text{ ——— } (\sim x = x),$$

$$\boldsymbol{H}_2(x) \text{ ——— } (\exists y\, x \in y),$$

$$\boldsymbol{H}_3(x) \text{ ——— } (\exists y\, x \in y \wedge \forall y\, x \sqsubset y),$$

$$\boldsymbol{H}_4(x) \text{ ——— } (\exists y\, x \in y \wedge \sim \forall y\, x \sqsubset y),$$

so existieren nach den Klassenbildungsaxiomen die zu diesen Ausdrücken zugehörigen Klassen:

$$\underset{x}{\boldsymbol{K}}\,(x\ \mathit{Element} \wedge \boldsymbol{H}_1(x)),$$

$$\underset{x}{\boldsymbol{K}}\,(x\ \mathit{Element} \wedge \boldsymbol{H}_2(x)),$$

$$\underset{x}{\boldsymbol{K}}\,(x\ \mathit{Element} \wedge \boldsymbol{H}_3(x)),$$

$$\underset{x}{\boldsymbol{K}}\,(x\ \mathit{Element} \wedge \boldsymbol{H}_4(x)).$$

Es gilt aber für alle x:

$$x\ \mathit{Element} \wedge \boldsymbol{H}_1(x) \leftrightarrow \boldsymbol{H}_1(x),$$

$$x\ \mathit{Element} \wedge \boldsymbol{H}_2(x) \leftrightarrow \boldsymbol{H}_2(x),$$

$$x\ \mathit{Element} \wedge \boldsymbol{H}_3(x) \leftrightarrow \boldsymbol{H}_3(x),$$

$$x\ \mathit{Element} \wedge \boldsymbol{H}_4(x) \leftrightarrow \boldsymbol{H}_4(x).$$

Also sind diese Klassen identisch mit den Klassen:

$$\underset{x}{\boldsymbol{K}}\,(x \neq x), \quad \underset{x}{\boldsymbol{K}}\,(x\ \mathit{Element}), \quad \underset{x}{\boldsymbol{K}}\,(x\ \mathit{Individuum}), \quad \underset{x}{\boldsymbol{K}}\,(x\ \mathit{Menge}).$$

Definition 3. Die Klasse $\underset{x}{\boldsymbol{K}}(x \neq x)$ heißt die *Nullklasse* oder die *leere Klasse* und wird mit $\emptyset$ (gelesen: *Nullklasse*) bezeichnet. Eine Klasse K ist *leer* genau dann, wenn $K = \emptyset$ ist. Die Klasse $\underset{x}{\boldsymbol{K}}\,(x\ \mathit{Element})$ der Elemente heißt die *Allklasse* und wird mit $\boldsymbol{E}$ bezeichnet. Die Klasse $\underset{x}{\boldsymbol{K}}\,(x\ \mathit{Individuum})$ der Individuen heißt der *Individuenbereich* und wird mit $\boldsymbol{I}$ bezeichnet. Mit $\boldsymbol{M}$ wird die Klasse $\underset{x}{\boldsymbol{K}}\,(x\ \mathit{Menge})$ der Mengen bezeichnet.

Satz 3. *Für beliebige Dinge a und Klassen K gilt:*

$$\emptyset = \iota X\,(X\ \mathit{Klasse} \wedge \sim \exists x\, x \in X),$$

$$K = \emptyset \leftrightarrow \forall x\, x \notin K, \qquad K \neq \emptyset \leftrightarrow \exists x\, x \in K,$$

$$a\ \mathit{Individuum} \vee a\ \mathit{Klasse}, \qquad a\ \mathit{Klasse} \leftrightarrow a \notin \boldsymbol{I},$$

$$a\ \mathit{Element} \vee a\ \mathit{Unmenge}, \qquad a\ \mathit{Unmenge} \leftrightarrow a \notin \boldsymbol{E},$$

$$a \in \boldsymbol{M} \leftrightarrow a \notin \boldsymbol{I} \wedge a \in \boldsymbol{E},$$

$$a \in \boldsymbol{E} \leftrightarrow a \in \boldsymbol{I} \vee a \in \boldsymbol{M},$$

$$a \notin \boldsymbol{I} \leftrightarrow a \in \boldsymbol{M} \vee a \notin \boldsymbol{E},$$

$$\begin{aligned} a \in \boldsymbol{I} &\leftrightarrow \sim \exists x\, x \in a \wedge a \neq \emptyset, \\ a \in \boldsymbol{E} &\leftrightarrow \exists x\, a \in x, \\ a \notin \boldsymbol{I} &\leftrightarrow \exists x\, x \in a \vee a = \emptyset, \\ a \notin \boldsymbol{E} &\leftrightarrow \sim \exists x\, a \in x. \end{aligned}$$

Beweis. Die Behauptungen folgen unmittelbar aus den entsprechenden Definitionen, dem Extensionalitätsaxiom und dem Teilsatz

$$\forall K (\exists x\, x \in K \rightarrow \forall x (x \in K \rightarrow x \sqsubset K))$$

des Stufenaxiomes 5.

Definition 4. Ein Ding a ist *umfangsgleich* mit einem Ding b, in Zeichen: $a \underset{\mathrm{u}}{=} b$ (gelesen: a *umfangsgleich* b), genau dann, wenn $\forall x (x \in a \leftrightarrow x \in b)$ gilt; a ist *eigenschaftsgleich* mit b, in Zeichen: $a \underset{\mathrm{e}}{=} b$ (gelesen: a *eigenschaftsgleich* b), genau dann, wenn $\forall x (a \in x \leftrightarrow b \in x)$ gilt.

Trivial sind alle Individuen umfangsgleich und alle Unmengen eigenschaftsgleich.

Satz 4. *Für beliebige Dinge a, b gilt:*

$$a = b \leftrightarrow a \underset{\mathrm{u}}{=} b \wedge a \underset{\mathrm{e}}{=} b.$$

Beweis. Aus dem Extensionalitätsaxiom und dem Leibnizschen Ersetzbarkeitstheorem folgt sofort, daß für Klassen K_1, K_2 die Idendität $=$ mit der Umfangsgleichheit $\underset{\mathrm{u}}{=}$ zusammenfällt. Für Elemente e_1, e_2 fällt die Identität $=$ mit der Eigenschaftsgleichheit $\underset{\mathrm{e}}{=}$ zusammen; denn ist $e_1 \underset{\mathrm{e}}{=} e_2$, d. h.

$$\forall x (e_1 \in x \leftrightarrow e_2 \in x),$$

wo e_1, e_2 Elemente sind, so gilt auch für die nach den Klassenbildungsaxiomen existierende Klasse K mit

$$\forall x (x \in K \leftrightarrow x \in \boldsymbol{E} \wedge x = e_1)$$

die Beziehung

$$e_1 \in K \leftrightarrow e_2 \in K;$$

also ist wegen $e_1 \in K$ auch $e_2 \in K$ und damit $e_1 = e_2$; aus $e_1 = e_2$ folgt umgekehrt trivial (Leibnizsches Ersetzbarkeitstheorem) $e_1 \underset{\mathrm{e}}{=} e_2$. Ein Individuum i kann weiterhin nie eigenschaftsgleich mit einer Unmenge U sein. Denn es wäre $i \in K$, wo K die nach den Klassenbildungsaxiomen existierende Klasse ist mit

$$\forall x (x \in K \leftrightarrow x \in \boldsymbol{E} \wedge x = i);$$

aber nie kann $U \in K$ gelten, da sonst U ein Element wäre. Damit gilt dann insgesamt die Behauptung unseres Satzes.

Die Identität $=$ läßt sich also durch die ε-Beziehung $\in$ ausdrücken.

Axiom IV: Mengenbildungsaxiom

$$\forall e \exists A (e \textit{ Element} \rightarrow A \textit{ Menge} \wedge \forall x (x \in A \leftrightarrow x \sqsubset e)).$$

Dieses Axiom fordert die Existenz von Allmengen, d. h. Mengen A, die genau solche Dinge enthalten, welche stufenkleiner als ein vorgegebenes Element e sind. Axiom IV ist nach unserem in der Einleitung skizzierten Stufenaufbau der Mengen evident.

Nach dem Extensionalitätsaxiom folgt aus Axiom IV sofort:

$$\forall e \exists!! A (e \textit{ Element} \rightarrow A \textit{ Menge} \wedge \forall x (x \in A \leftrightarrow x \sqsubset e)).$$

Ist e ein Individuum, so erhält man für e die Nullklasse $\emptyset$ als zugehörige Allmenge; $\emptyset$ wollen wir aber nicht als Allmenge betrachten. Wir definieren deshalb:

Definition 5. Eine Klasse A ist eine *Allmenge* genau dann, wenn $A \neq \emptyset$ ist und wenn es ein Element e gibt mit $A = \underset{x}{M}(x \sqsubset e)$.

4. Definition 6. Eine Klasse K ist eine *Teilklasse* (oder *Unterklasse*) *von* einer Klasse L bzw. L ist eine *Oberklasse von* K, in Zeichen: $K \subseteq L$ (gelesen: K *Teilklasse* L), genau dann, wenn $\forall x (x \in K \rightarrow x \in L)$ gilt; K ist eine *echte Teilklasse* (oder *echte Unterklasse*) *von* L bzw. L ist eine *echte Oberklasse von* K, in Zeichen: $K \subset L$ (gelesen: K *echte Teilklasse* L), genau dann, wenn $K \subseteq L \wedge K \neq L$ gilt. Es ist $K \supseteq L$ bzw. $K \supset L$ (gelesen: K *Oberklasse* L bzw. K *echte Oberklasse* L) genau dann, wenn $L \subseteq K$ bzw. $L \subset K$ gilt. Ist $K \subseteq L$ bzw. $K \subset L$ und K eine Menge, so sagt man auch, daß K eine *Teilmenge* (*Untermenge*) bzw. eine *echte Teilmenge* (*echte Untermenge*) *von* L ist (und liest $\subseteq$ bzw. $\subset$ auch als: *Teilmenge* bzw. *echte Teilmenge*); ist $K \supseteq L$ bzw. $K \supset L$ und K eine Menge, so sagt man auch, daß K eine *Obermenge* bzw. eine *echte Obermenge von* L ist (und liest $\supseteq$ bzw. $\supset$ auch als: *Obermenge* bzw. *echte Obermenge*). Ist $K \subseteq L$ bzw. $K \subset L$, so sagt man auch: K ist *enthalten in* L (L *enthält* K, L *umfaßt* K) bzw. K ist *echt enthalten in* L (L *enthält echt* K, L *umfaßt echt* K).

Die durch $\subseteq$ bzw. $\subset$ ausgedrückte Beziehung heißt die *Enthaltenseinsbeziehung* oder *Inklusion* bzw. die *echte Enthaltenseinsbeziehung* oder *echte Inklusion*.

Man achte auf den unterschiedlichen Gebrauch des Begriffes „enthalten“ bzw. „enthält“, einmal in bezug auf die ε-Beziehung, ein andermal in bezug auf die Inklusion!

Satz 5. *Für Klassen* K, K_1, K_2, K_3 *gilt*:

$$K_1 \subseteq K_2 \leftrightarrow K_1 \subset K_2 \vee K_1 = K_2, \quad K_1 \subset K_2 \leftrightarrow K_1 \subseteq K_2 \wedge K_1 \neq K_2,$$

$$K_1 \subset K_2 \leftrightarrow K_1 \subseteq K_2 \wedge \exists x (x \in K_2 \wedge x \notin K_1),$$

$$K \subseteq K \qquad (\textit{Reflexivität}),$$

$$K_1 \subseteq K_2 \wedge K_2 \subseteq K_3 \rightarrow K_1 \subseteq K_3 \qquad (\textit{Transitivität}),$$

$$K_1 \subseteq K_2 \wedge K_2 \subseteq K_1 \rightarrow K_1 = K_2 \qquad (\textit{Antisymmetrie}),$$

$$K \not\subset K \qquad (\textit{Irreflexivität}),$$

$$K_1 \subset K_2 \wedge K_2 \subset K_3 \rightarrow K_1 \subset K_3 \qquad (\textit{Transitivität}),$$

$$K_1 \subset K_2 \rightarrow K_2 \not\subset K_1 \qquad (\textit{Asymmetrie}),$$

$$K_1 \subset K_2 \wedge K_2 \subseteq K_3 \rightarrow K_1 \subset K_3,$$

$$K_1 \subseteq K_2 \wedge K_2 \subset K_3 \rightarrow K_1 \subset K_3,$$

$$\emptyset \subseteq K \subseteq \boldsymbol{E}.$$

Beweis. Die Behauptungen folgen unmittelbar aus den entsprechenden Definitionen und dem Extensionalitätsaxiom.

Die Antisymmetrie und das Leibnizsche Ersetzbarkeitstheorem ergeben unmittelbar den Satz, daß für beliebige Klassen K_1, K_2 stets gilt:

$$K_1 = K_2 \leftrightarrow K_1 \subseteq K_2 \wedge K_2 \subseteq K_1,$$

$$K_1 = K_2 \leftrightarrow \forall x\, (x \in K_1 \leftrightarrow x \in K_2);$$

daraus folgt weiterhin:

$$K_1 \neq K_2 \leftrightarrow \exists x (x \in K_1 \wedge x \notin K_2 \cdot\vee\cdot x \in K_2 \wedge x \notin K_1).$$

Satz 6. *Für jede Klasse K existiert die Klasse*

$$\underset{X}{\boldsymbol{K}}(X \in \boldsymbol{E} \wedge X \subseteq K).$$

Beweis. Ist $\boldsymbol{H}(x)$ der Ausdruck

$$((\exists y\, x \in y \wedge \sim \forall y\, x \sqsubset y) \wedge (\sim \exists\, y\, K^* \in y \vee \sim \forall y\, K^* \sqsubset y)$$
$$\wedge \forall y\, (y \in x \rightarrow y \in K^*)),$$

so existiert nach den Klassenbildungsaxiomen für jedes K^* (also erst recht für jede Klasse K^*) die Klasse

$$\underset{x}{\boldsymbol{K}}(x \in \boldsymbol{E} \wedge \boldsymbol{H}(x)).$$

Wegen

$$x \in \boldsymbol{E} \wedge \boldsymbol{H}(x) \leftrightarrow \boldsymbol{H}(x)$$

für jedes x und jedes K^* ist aber diese Klasse identisch mit der Klasse

$$\underset{x}{\boldsymbol{K}}\, \boldsymbol{H}(x) = \underset{X}{\boldsymbol{K}}(X \in \boldsymbol{E} \wedge X \subseteq K^*).$$

Definition 7. Ist K eine Klasse, so heißt die Klasse $\underset{X}{\boldsymbol{K}}(X \in \boldsymbol{E} \wedge X \subseteq K)$ der Teilmengen von K die *Potenz von* K, bezeichnet mit: $\boldsymbol{P}K$ (gelesen: *Potenz* K).

Es ist sofort:

$$\boldsymbol{PE} = \boldsymbol{M}.$$

Satz 7 (Aussonderungssatz). *Für Klassen M, K gilt:*

$$M \in \boldsymbol{M} \wedge K \subseteq M \rightarrow K \in \boldsymbol{M}.$$

Beweis. Es seien M, K beliebige Klassen mit $K \subseteq M$. Wir zeigen zunächst daß $K \sqsubset M$ gilt. Wäre $K \not\sqsubset M$, so wäre $M \ulcorner K$, also auch $K \neq \emptyset$ nach Axiom I 6., und $M \neq \emptyset$ wegen $K \subseteq M$. Es gilt aber dann nach Axiom I 5.:

$$\forall x (x \in M \rightarrow x \ulcorner M).$$

Also gilt wegen $K \subseteq M$ auch:

$$\forall x (x \in K \rightarrow x \ulcorner M).$$

Dies führt mit $M \ulcorner K$ über Axiom I 5. zum Widerspruch. Es gilt demnach $K \sqsubset M$. Ist jetzt M außerdem noch eine Menge, so ist $M \in \boldsymbol{E}$; es gibt also nach Axiom I 7. ein Element e mit $M \ulcorner e$. Nach dem Mengenbildungsaxiom gibt es dann zu e die Menge $\underset{x}{\boldsymbol{M}}(x \ulcorner e)$; es sei $A = \underset{x}{\boldsymbol{M}}(x \ulcorner e)$. Wegen $K \sqsubset M \ulcorner e$ ist auch $K \ulcorner e$, also $K \in A$; damit ist $K \in \boldsymbol{E}$, also K eine Menge.

Aus dem Aussonderungssatz folgt unmittelbar, daß eine Oberklasse einer Unmenge selbst eine Unmenge ist.

Für Mengen M ergibt der Aussonderungssatz sofort:

$$\boldsymbol{P} M = \underset{X}{\boldsymbol{K}}(X \subseteq M).$$

5. Vor Aufstellung der weiteren Axiome zunächst die folgenden Sätze und Begriffsbildungen.

Satz 8. *Für Elemente e, e_1, e_2 existieren die Mengen*

$$\underset{x}{\boldsymbol{M}}(x = e), \qquad \underset{x}{\boldsymbol{M}}(x = e_1 \vee x = e_2).$$

Beweis. Wählt man die Ausdrücke $\boldsymbol{H}_1(x)$ $\boldsymbol{H}_2(x)$ zu:

$$\boldsymbol{H}_1(x) \text{ ——— } (x = e),$$

$$\boldsymbol{H}_2(x) \text{ ——— } (x = e_1 \vee x = e_2),$$

so existieren nach den Klassenbildungsaxiomen für beliebige Dinge e, e_1, e_2 (also erst recht für Elemente e, e_1, e_2) die Klassen:

$$\underset{x}{\boldsymbol{K}}(x \in \boldsymbol{E} \wedge \boldsymbol{H}_1(x)),$$

$$\underset{x}{\boldsymbol{K}}(x \in \boldsymbol{E} \wedge \boldsymbol{H}_2(x)).$$

Wegen

$$x \in \boldsymbol{E} \wedge \boldsymbol{H}_1(x) \leftrightarrow \boldsymbol{H}_1(x),$$

$$x \in \boldsymbol{E} \wedge \boldsymbol{H}_2(x) \leftrightarrow \boldsymbol{H}_2(x)$$

für jedes x und beliebige Elemente e, e_1, e_2 sind aber diese Klassen für Elemente e, e_1, e_2 identisch mit den Klassen:

$$\underset{x}{\boldsymbol{K}}(x = e), \ \underset{x}{\boldsymbol{K}}(x = e_1 \vee x = e_2).$$

Nach Axiom I 7. gibt es zu einem Element e ein Element e' mit $e \sqsubset e'$, nach dem Mengenbildungsaxiom dann die Menge $A = \underset{x}{\boldsymbol{M}}(x \sqsubset e')$; wegen $e \sqsubset e'$ ist $e \in A$, also $\underset{x}{\boldsymbol{K}}(x = e) \subseteq A$, womit $\underset{x}{\boldsymbol{K}}(x = e)$ nach dem Aussonderungssatz eine Menge ist; also ist

$$\underset{x}{\boldsymbol{K}}(x = e) = \underset{x}{\boldsymbol{M}}(x = e).$$

Nach den Axiomen I 3., 7. gibt es zu Elementen e_1, e_2 ein Element e' mit $e_1, e_2 \sqsubset e'$ und nach dem Mengenbildungsaxiom dann die Menge $A = \underset{x}{\boldsymbol{M}}(x \sqsubset e')$; es ist $e_1, e_2 \in A$, also

$$\underset{x}{\boldsymbol{K}}(x = e_1 \vee x = e_2) \subseteq A,$$

womit $\underset{x}{\boldsymbol{K}}(x = e_1 \vee x = e_2)$ nach dem Aussonderungssatz eine Menge ist; also ist

$$\underset{x}{\boldsymbol{K}}(x = e_1 \vee x = e_2) = \underset{x}{\boldsymbol{M}}(x = e_1 \vee x = e_2).$$

Definition 8. Sind e, e_1, e_2 Elemente, so heißt die Menge $\underset{x}{\boldsymbol{M}}(x = e)$ die *Einermenge von* e, bezeichnet mit: $\{e\}$ (gelesen: *Einermenge* e); die Menge $\underset{x}{\boldsymbol{M}}(x = e_1 \vee x = e_2)$ heißt die *Zweiermenge von* e_1, e_2, bezeichnet mit: $\{e_1, e_2\}$ (gelesen: *Zweiermenge* e_1, e_2). Ein Ding a ist eine *Einermenge* genau dann, wenn es ein Element e gibt mit $a = \{e\}$; a ist eine *Zweiermenge* genau dann, wenn es Elemente e_1, e_2 gibt mit $a = \{e_1, e_2\}$.

Für Elemente e, e_1, e_2 und Klassen K gilt dann sofort:

$$e \in \{e\},$$

$$e_1 = e_2 \leftrightarrow \{e_1\} = \{e_2\},$$

$$e_1 = e_2 \leftrightarrow e_1 \in \{e_2\},$$

$$\{e_1, e_2\} = \{e_2, e_1\},$$

$$\{e, e\} = \{e\},$$

$$e \in K \leftrightarrow \{e\} \subseteq K \leftrightarrow \{e\} \in \boldsymbol{P}K.$$

Gemäß der anschaulichen Bedeutung des Mengenbegriffes, wonach eine Menge u. a. die genau auf ihre Elemente zutreffende Eigenschaft ist, ist die Einermenge

$\{e\}$ (für ein Element e) diejenige Eigenschaft von Dingen x *gleich e zu sein*, oder substantiviert ausgedrückt: $\{e\}$ ist anschaulich gleichbedeutend mit dem *e-Sein*. Analog ist die Zweiermenge $\{e_1, e_2\}$ (für Elemente e_1, e_2) anschaulich gleichbedeutend mit dem e_1- *oder* -e_2-*Sein* oder dem *gemeinsamen Zusammensein von* e_1 *und* e_2. Die Zweiermenge $\{\{e_1, e_2\}, \{e_2\}\}$ bedeutet dann anschaulich die Zusammenfassung des Zusammenseins von e_1 und e_2 mit dem bloßen e_2-Sein, ist also eine höhere Form des Zusammenseins von e_1 und e_2, bei der das Sein von e_2 noch besonders hervorgehoben, ausgezeichnet ist. Während also durch eine Zweiermenge $\{e_1, e_2\}$ die Elemente e_1 und e_2 völlig gleichberechtigt zu einem einheitlichen Ganzen zusammengefaßt werden, keines der Elemente ist vor dem anderen ausgezeichnet, ist die Zweiermenge $\{\{e_1, e_2\}, \{e_2\}\}$ eine Zusammenfassung in einer höheren Form der Elemente e_1 und e_2 zu einem einheitlichen Ganzen, in dem e_2 vor e_1 ausgezeichnet ist, d. h. in dem eine gewisse Reihenfolge, eine gewisse Ordnung, von e_1 und e_2 ausgedrückt wird.

Definition 9. Sind e_1, e_2 Elemente, so heißt (nach KURATOWSKI) die Menge $\{\{e_1, e_2\}, \{e_2\}\}$ das *geordnete Paar von* e_1, e_2, bezeichnet mit: $[e_1, e_2]$ (gelesen: *Paar* e_1, e_2). Ein Ding a ist ein *geordnetes Paar* genau dann, wenn es Elemente e_1, e_2 gibt mit $a = [e_1, e_2]$.

Der folgende Satz präzisiert die oben gewonnene Anschauung, daß das geordnete Paar $[e_1, e_2]$ eine gewisse Reihenfolge der Elemente e_1 und e_2 ausdrückt.

Satz 9. *Für Elemente* e_1, e_2, e_1', e_2' *gilt*:

$$[e_1, e_2] = [e_1', e_2'] \leftrightarrow e_1 = e_1' \wedge e_2 = e_2'.$$

Beweis. Zunächst gilt für beliebige Elemente x_1, x_2, y_1, y_2 der *Hilfssatz*:

$$\begin{aligned}\{x_1, x_2\} = \{y_1, y_2\} &\leftrightarrow \{x_1, x_2\} \subseteq \{y_1, y_2\} \wedge \{y_1, y_2\} \subseteq \{x_1, x_2\}\\ &\leftrightarrow (x_1 = y_1 \vee x_1 = y_2) \wedge (x_2 = y_1 \vee x_2 = y_2)\\ &\wedge (y_1 = x_1 \vee y_1 = x_2) \wedge (y_2 = x_1 \vee y_2 = x_2)\\ &\leftrightarrow (x_1 = y_1 \wedge x_2 = y_2) \vee (x_1 = y_2 \wedge x_2 = y_1).\end{aligned}$$

Für die Behauptung ($\rightarrow$) von Satz 9 haben wir zu zeigen (für Elemente e_1, e_2, e_1', e_2'):

$$\{\{e_1, e_2\}, \{e_2\}\} = \{\{e_1', e_2'\}, \{e_2'\}\} \rightarrow e_1 = e_1' \wedge e_2 = e_2',$$

oder nach dem Hilfssatz:

$$\begin{aligned}(\{e_1, e_2\} = \{e_1', e_2'\} \wedge \{e_2\} = \{e_2'\}) \vee (\{e_1, e_2\} = \{e_2'\} \wedge \{e_2\} = \{e_1', e_2'\})\\ \rightarrow e_1 = e_1' \wedge e_2 = e_2'.\end{aligned}$$

Dies gilt aber sofort. Die Behauptung ($\leftarrow$) von Satz 9 ist trivial.

Aus Satz 9 folgt natürlich sofort für beliebige Dinge a_1, a_2, b_1, b_2:

$$[a_1, a_2] = [b_1, b_2] \leftrightarrow a_1, a_2, b_1, b_2 \in \boldsymbol{E} \wedge a_1 = b_1 \wedge a_2 = b_2.$$

Die Definition des geordneten Paares $[e_1, e_2]$ für Elemente e_1, e_2 ist ja (siehe § 1) gleichbedeutend mit der Definition für beliebige Dinge a und b: $[a, b]$ ist

$$\iota x (a \in \boldsymbol{E} \wedge b \in \boldsymbol{E} \wedge x \in \boldsymbol{M} \wedge \forall y (y \in x \leftrightarrow y = \{a, b\} \vee y = \{b\})).$$

Ist also $[a_1, a_2] = [b_1, b_2]$, so gilt zunächst nach dem Gebrauch des bestimmten Artikels (siehe § 2): $a_1, a_2, b_1, b_2 \in \boldsymbol{E}$. Nach Satz 9 folgt daraus dann weiter: $a_1 = b_1 \wedge a_2 = b_2$. Ist umgekehrt $a_1, a_2, b_1, b_2 \in \boldsymbol{E}$ und $a_1 = b_1 \wedge a_2 = b_2$, so folgt aus Satz 9 sofort $[a_1, a_2] = [b_1, b_2]$.

Die eben aus Satz 9 gezogene Folgerung sollte nur noch einmal ein Beispiel sein für den sinngerechten Gebrauch mengentheoretischer Begriffe, wie wir ihn in § 1 festgelegt hatten.

Nach Satz 9 gilt für jedes geordnete Paar $[e_1, e_2]$ von Elementen e_1, e_2:

$$\exists!! x \exists y ([x, y] = [e_1, e_2]),$$

$$\exists!! y \exists x ([x, y] = [e_1, e_2]).$$

Man nennt daher sinnvoll e_1 das *erste Element von* $[e_1, e_2]$ und e_2 das *zweite Element von* $[e_1, e_2]$. Satz 9 besagt dann, daß geordnete Paare genau dann gleich sind, wenn jeweils ihre ersten und ihre zweiten Elemente übereinstimmen. In diesem Sinne ist das geordnete Paar $[e_1, e_2]$ eine Zusammenfassung der Elemente e_1 und e_2 mit Berücksichtigung der Reihenfolge von e_1 und e_2. Die Ordnung — nämlich das geordnete Paar — läßt sich also gemäß Definition 9 durch die Unordnung — nämlich durch bloße Mengenbildung — definieren.

Satz 10. *Für Klassen K_1, K_2 existiert die Klasse*

$$\underset{x}{\boldsymbol{K}} \exists e_1 \exists e_2 (e_1 \in K_1 \wedge e_2 \in K_2 \wedge x = [e_1, e_2]).$$

Beweis. Man erhält über die Definition von $[e_1, e_2]$ einen mit

$$\exists e_1 \exists e_2 (e_1 \in K_1 \wedge e_2 \in K_2 \wedge x = [e_1, e_2])$$

gleichbedeutenden Ausdruck $\boldsymbol{H}(x)$, wie er in den Klassenbildungsaxiomen zugelassen ist. Nach den Klassenbildungsaxiomen existiert dann für beliebige Dinge K_1, K_2 (also erst recht für Klassen K_1, K_2) die Klasse

$$\underset{x}{\boldsymbol{K}}(x \in \boldsymbol{E} \wedge \boldsymbol{H}(x)).$$

Da für Elemente e_1, e_2 auch $[e_1, e_2]$ ein Element ist, gilt aber sofort

$$\underset{x}{\boldsymbol{K}}(x \in \boldsymbol{E} \wedge \boldsymbol{H}(x)) = \underset{x}{\boldsymbol{K}}\boldsymbol{H}(x) = \underset{x}{\boldsymbol{K}} \exists e_1 \exists e_2 (e_1 \in K_1 \wedge e_2 \in K_2 \wedge x = [e_1, e_2]).$$

Definition 10. Sind K_1, K_2 Klassen, so heißt die Klasse

$$\underset{x}{\boldsymbol{K}} \exists e_1 \exists e_2 (e_1 \in K_1 \wedge e_2 \in K_2 \wedge x = [e_1, e_2])$$

geordneter Paare das *Produkt von* K_1, K_2, bezeichnet mit: $K_1 \times K_2$ (gelesen: K_1 *Kreuz* K_2). Die Klassen K_1, K_2 heißen *Komponenten von* $K_1 \times K_2$.

Die Bezeichnung „Produkt“ erklärt sich später (§§ 27, 36) durch die Verwendung dieses Produktes bei der Einführung des Ordinal- und Kardinalzahlproduktes von selbst.

Mit dem Begriff des geordneten Paares läßt sich nun leicht der für die gesamte Mathematik fundamentale Begriff der Funktion oder allgemeiner der Abbildung erklären. Im anschaulichen Sinne ist (nach DIRICHLET) eine Funktion F eine Zuordnung, durch welche gewissen Dingen x (etwa gewissen Jahreszahlen) je ein eindeutig bestimmtes Ding $F(x)$ zugeordnet wird (etwa die jährliche Durchschnittstemperatur eines gewissen Ortes); eine Abbildung ist eine Zuordnung, bei der den Dingen x im allgemeinen gleichzeitig mehrere Dinge zugeordnet werden (z. B. gewissen Jahreszahlen die jährlichen Durchschnittstemperaturen von verschiedenen Orten). Eine Abbildung (und damit auch eine Funktion) läßt sich also charakterisieren als die Zusammenfassung aller geordneten Paare $[x, y]$, wo das erste Element x ein Ding ist, dem durch die Abbildung etwas zugeordnet wird, und wo das zweite Element y ein Ding ist, das dem x durch die Abbildung zugeordnet wird. Damit erhalten wir die folgende

Definition 11. Eine Klasse $\boldsymbol{F}$ ist eine *Abbildung* genau dann, wenn $\boldsymbol{F} \subseteq \boldsymbol{E} \times \boldsymbol{E}$ gilt. Eine Abbildung $\boldsymbol{F}$ ist *eindeutig* (*nacheindeutig*, *mehreindeutig*) genau dann, wenn gilt: $\forall x \; \exists ! y([x, y] \in \boldsymbol{F})$; $\boldsymbol{F}$ ist *voreindeutig* (*einmehrdeutig*) genau dann, wenn gilt: $\forall y \; \exists ! x([x, y] \in \boldsymbol{F})$; $\boldsymbol{F}$ ist *eineindeutig* (*umkehrbar eindeutig*) genau dann, wenn $\boldsymbol{F}$ nach- und voreindeutig ist. Eine ***Funktion*** ist eine eindeutige Abbildung. Ist $\boldsymbol{F}$ eine Funktion, a ein Ding und gibt es ein x mit $[a, x] \in \boldsymbol{F}$, so bezeichnet man das dann eindeutig bestimmte x, für welches $[a, x] \in \boldsymbol{F}$ gilt, mit $\boldsymbol{F}(a)$ (gelesen: $\boldsymbol{F}$ *von* a).

Satz 11. *Für jede Abbildung* $\boldsymbol{F}$, *jedes Ding* a *und jede Klasse* A *existieren die Klassen*

$$\underset{x}{\boldsymbol{K}}([a, x] \in \boldsymbol{F}), \qquad \underset{x}{\boldsymbol{K}}([x, a] \in \boldsymbol{F}),$$

$$\underset{x}{\boldsymbol{K}} \exists y \; (y \in A \wedge [y, x] \in \boldsymbol{F}), \qquad \underset{x}{\boldsymbol{K}} \exists y \; (y \in A \wedge [x, y] \in \boldsymbol{F}),$$

$$\underset{x}{\boldsymbol{K}} \exists y \; ([y, x] \in \boldsymbol{F}), \qquad \underset{x}{\boldsymbol{K}} \exists y \; ([x, y] \in \boldsymbol{F}).$$

Beweis. Für die jeweils hinter $\boldsymbol{K}$ stehenden Ausdrücke erhält man über die Definition des geordneten Paares gleichbedeutende Ausdrücke $\boldsymbol{H}(x)$, wie sie in den Klassenbildungsaxiomen zugelassen sind. Nach den Klassenbildungsaxiomen existieren dann für jedes $\boldsymbol{F}, a, A$ die Klassen

$$\underset{x}{\boldsymbol{K}}(x \in \boldsymbol{E} \wedge \boldsymbol{H}(x)).$$

Wegen

$$x \in \boldsymbol{E} \wedge \boldsymbol{H}(x) \leftrightarrow \boldsymbol{H}(x)$$

für jedes $\boldsymbol{F}, a, A, x$ sind diese Klassen identisch mit den Klassen

$$\underset{x}{\boldsymbol{K}} \, \boldsymbol{H}(x).$$

Definition 12. Ist $\boldsymbol{F}$ eine Abbildung, sind a, b Dinge und A, B Klassen, so ist b ein *Bildelement* (oder *Wert*) *von* a *bzgl.* $\boldsymbol{F}$ genau dann, wenn $[a, b] \in \boldsymbol{F}$ gilt;

ebenso ist a ein *Urbildelement* (oder *Argument*) *von b bzgl. F* genau dann, wenn $[a, b] \in F$ gilt. Das *volle Bild von a bzgl. F* ist die Klasse $\underset{x}{\boldsymbol{K}}([a, x] \in F)$; das *volle Urbild von b bzgl. F* ist die Klasse $\underset{x}{\boldsymbol{K}}([x, b] \in F)$. Das *Bild von A bzgl. F*, bezeichnet mit: $F\langle A\rangle$ (gelesen: *F von A*), ist die Klasse $\underset{x}{\boldsymbol{K}} \exists y(y \in A \wedge [y, x] \in F)$; das *Urbild von B bzgl. F* ist die Klasse $\underset{x}{\boldsymbol{K}} \exists y(y \in B \wedge [x, y] \in F)$. Die Klasse $\underset{x}{\boldsymbol{K}} \exists y([x, y] \in F)$ heißt der *Argument-*, *Urbild-*, *Definitions-* oder *Vorbereich von F*, bezeichnet mit: Vb F (gelesen: *Vorbereich F*), seine Elemente die *Argumente* oder *Urbilder von F*; die Klasse $\underset{x}{\boldsymbol{K}} \exists y([y, x] \in F)$ heißt der *Werte-*, *Bild-*, *Gegen-*, oder *Nachbereich von F*, bezeichnet mit: Nb F (gelesen: *Nachbereich F*), seine Elemente die *Werte* oder *Bilder von F*.

Definition 13. Eine Klasse F ist eine *Abbildung bzgl.* der Klassen A, B oder eine *Abbildung aus A in B* genau dann, wenn $F \subseteq A \times B$ gilt; F ist eine *Abbildung von A in B* genau dann, wenn $F \subseteq A \times B \wedge \mathrm{Vb}\, F = A$ gilt; F ist eine *Abbildung aus A auf B* genau dann, wenn $F \subseteq A \times B \wedge \mathrm{Nb}\, F = B$ gilt; F ist eine *Abbildung von A auf B* genau dann, wenn $F \subseteq A \times B \wedge \mathrm{Vb}\, F = A \wedge \mathrm{Nb}\, F = B$ gilt; F ist eine *Abbildung über A* genau dann, wenn $F \subseteq A \times \boldsymbol{E} \wedge \mathrm{Vb}\, F = A$ gilt.

Ist F eine Abbildung und e ein Element, so erhält man für das volle Bild von e bzgl. F sofort:

$$\underset{x}{\boldsymbol{K}}([e, x] \in F) = F\langle\{e\}\rangle.$$

Satz 12. *Für Abbildungen F, G gilt: F und G sind gleich genau dann, wenn für jedes x das volle Bild von x bzgl. F gleich ist dem vollen Bild von x bzgl. G.*

Beweis. ($\rightarrow$) ist trivial. Für ($\leftarrow$) ist für Abbildungen F, G zu zeigen:

$$\forall x\,(\underset{z}{\boldsymbol{K}}([x, z] \in F) = \underset{z}{\boldsymbol{K}}([x, z] \in G)) \rightarrow \forall x\, \forall y([x, y] \in F \leftrightarrow [x, y] \in G).$$

Ist aber $[x, y] \in F$, so ist $y \in \underset{z}{\boldsymbol{K}}([x, z] \in F)$, also nach Voraussetzung auch $y \in \underset{z}{\boldsymbol{K}}([x, z] \in G)$; d. h. $[x, y] \in G$. Genauso erhält man $[x, y] \in F$ aus $[x, y] \in G$.

Das in Satz 12 ausgedrückte Verhalten von Abbildungen F und G, für jedes x das gleiche volle Bild zu besitzen, nennt man die *Wertverlaufsgleichheit* von F und G; Satz 12 besagt also, daß Abbildungen genau dann gleich sind, wenn sie wertverlaufsgleich sind.

6. Mit Hilfe des Abbildungsbegriffes läßt sich der Begriff der Gleichmächtigkeit, d. h. der gleichen Anzahl von Elementen von Klassen erklären; denn offenbar sind Klassen K_1, K_2 im anschaulichen Sinne gleichmächtig, wenn sie sich umkehrbar eindeutig aufeinander abbilden lassen. Man beachte, daß man zur Erklärung der Gleichmächtigkeit (Gleichzahligkeit) nicht den Begriff der Anzahl selbst braucht. Wir erhalten damit die folgende

Definition 14. Eine Klasse K_1 ist *gleichmächtig* (oder *äquivalent*) mit einer Klasse K_2, in Zeichen: $K_1 \backsim K_2$ (gelesen: K_1 *gleichmächtig* K_2), genau dann, wenn es eine eineindeutige Abbildung von K_1 auf K_2 gibt.

Satz 13. *Für Klassen K, K_1, K_2, K_3 gilt:*

$$K \backsim K \qquad (\textit{Reflexivität}),$$

$$K_1 \backsim K_2 \wedge K_2 \backsim K_3 \rightarrow K_1 \backsim K_3 \qquad (\textit{Transitivität}),$$

$$K_1 \backsim K_2 \rightarrow K_2 \backsim K_1 \qquad (\textit{Symmetrie}).$$

Beweis. Für jede Klasse K liefert die nach den Klassenbildungsaxiomen existierende Klasse F mit

$$\forall a\,(a \in F \leftrightarrow \exists x(x \in K \wedge a = [x, x]))$$

eine gewünschte eineindeutige Abbildung von K auf K. Ist $K_1 \backsim K_2$, $K_2 \backsim K_3$, F eine eineindeutige Abbildung von K_1 auf K_2 und G eine eineindeutige Abbildung von K_2 auf K_3, so ist die nach den Klassenbildungsaxiomen existierende Klasse H mit

$$\forall a\,(a \in H \leftrightarrow \exists x\,\exists z\,\exists y\,([x, z] \in F \wedge [z, y] \in G \wedge a = [x, y]))$$

eine gewünschte eineindeutige Abbildung von K_1 auf K_3. Ist $K_1 \backsim K_2$ und F eine eineindeutige Abbildung von K_1 auf K_2, so ist die nach den Klassenbildungsaxiomen existierende Klasse G mit

$$\forall a\,(a \in G \leftrightarrow \exists x\,\exists y([y, x] \in F \wedge a = [x, y]))$$

eine gewünschte eineindeutige Abbildung von K_2 auf K_1.

Ist $K_1 \backsim K_2$, F eine eineindeutige Abbildung von K_1 auf K_2 und $X \subseteq K_1$, so ist auch $X \backsim F\langle X\rangle$.

Über den Gleichmächtigkeitsbegriff läßt sich die Unendlichkeit bzw. Endlichkeit einer Klasse charakterisieren. Aus einer im anschaulichen Sinne unendlichen Klasse K kann man (ebenfalls im anschaulichen Sinne) nacheinander unendlich viele Elemente

$$x', x'', x''', \ldots$$

auswählen und die ausgewählte Klasse K_1 von Elementen aus K in der folgenden Weise eineindeutig auf die Klasse $K_2 \subset K_1$, welche aus den Elementen

$$x'', x''', x'''', \ldots$$

besteht, abbilden (die untereinander stehenden Elemente mögen sich zugeordnet sein):

$$K_1\colon \quad x',\ x'',\ x''',\ x'''',\ \ldots$$

$$K_2\colon \quad x'',\ x''',\ x'''',\ x''''',\ \ldots.$$

Es ist also $K_1 \backsim K_2$ bei $K_2 \subset K_1$. K_3 sei die Klasse der nicht in K_1 enthaltenen Elemente von K. K_3 läßt sich eineindeutig auf sich selbst abbilden. Insgesamt erhält man also die Möglichkeit, eine echte Teilklasse K^* von K, nämlich die aus den Elementen von K_2 und K_3 bestehende Klasse, eineindeutig auf K (das aus den Elementen von K_1 und K_3 besteht) abzubilden. Dadurch sind aber die unendlichen Klassen auch charakterisiert; denn offenbar läßt sich eine echte Teilklasse einer (im anschaulichen Sinne) endlichen Klasse nicht eineindeutig auf die Gesamtklasse abbilden; eine echte Teilklasse einer endlichen Klasse besitzt, im Gegensatz zu den unendlichen Klassen, stets eine geringere Elementeanzahl als die Gesamtklasse. Wir erhalten damit die folgende

Definition 15. Eine Klasse K ist *unendlich* oder *transfinit* genau dann, wenn es eine Klasse X gibt und $X \subset K \wedge X \backsim K$; K ist *endlich* oder *finit* genau dann, wenn K nicht unendlich ist.

Die in der Einleitung angenommene Unendlichkeit des Individuenbereiches ergibt damit das

Axiom V: Unendlichkeitsaxiom

$\boldsymbol{I}$ *unendlich.*

Aus Axiom V folgt trivial, daß es mindestens ein Individuum, also auch mindestens ein Element gibt; denn es gibt eine echte Teilklasse $X \subset \boldsymbol{I}$ mit $X \backsim \boldsymbol{I}$, für die dann ein Element $x \in \boldsymbol{I}$ mit $x \notin X$ existiert; damit gibt es überhaupt ein $x \in \boldsymbol{I}$.

Satz 14.

$$\emptyset \in \boldsymbol{M}, \qquad \boldsymbol{I} \in \boldsymbol{M}.$$

Beweis. Nach dem Mengenbildungsaxiom gibt es für jedes Individuum i die Menge $A = \underset{x}{\boldsymbol{M}}(x \sqsubset i)$; da es überhaupt ein Individuum i gibt, gibt es also auch eine solche Menge A; wegen $i \sqsubset x$ für jedes x ist aber $A = \emptyset$, also $\emptyset \in \boldsymbol{M}$. Aus der Definition der Individuen folgt sofort für Individuen i_1, i_2: $i_1 \sqsubset i_2 \wedge i_2 \sqsubset i_1$ also $i_1 \sqsubset\!\!\sqsupset i_2$. Für ein sicher existierendes Individuum i gibt es nach Axiom I 7. ein Element e mit $i \sqsubset e$ und nach dem Mengenbildungsaxiom hierzu die Menge $A = \underset{x}{\boldsymbol{M}}(x \sqsubset e)$; dann ist $\boldsymbol{I} \subseteq A$, also $\boldsymbol{I} \in \boldsymbol{M}$ nach dem Aussonderungssatz.

Es gilt dann mit Satz 14 also:

$$\emptyset = \underset{x}{\boldsymbol{M}}(x \neq x) = \iota X(X \in \boldsymbol{M} \wedge \sim \exists x\, x \in X), \qquad \boldsymbol{I} = \underset{x}{\boldsymbol{M}}(x \in \boldsymbol{I}).$$

Auf Grund von Satz 14 nennt man $\emptyset$ auch die *Nullmenge* oder die *leere Menge* (und liest $\emptyset$ entsprechend auch als: *Nullmenge*).

7. Satz 15. *Für Klassen* K_1, K_2 *existieren die Klassen*

$$\underset{x}{\boldsymbol{K}}(x \in K_1 \vee x \in K_2), \qquad \underset{x}{\boldsymbol{K}}(x \in K_1 \wedge x \in K_2).$$

Beweis. Die Behauptung folgt unmittelbar aus den Klassenbildungsaxiomen.

Definition 16. Sind K_1, K_2 Klassen, so heißt die Klasse $\underset{x}{\boldsymbol{K}}(x \in K_1 \vee x \in K_2)$ die *Vereinigung von* K_1, K_2, bezeichnet mit: $K_1 \cup K_2$ (gelesen: K_1 *vereinigt* K_2); die Klasse $\underset{x}{\boldsymbol{K}}(x \in K_1 \wedge x \in K_2)$ heißt der *Durchschnitt von* K_1, K_2, bezeichnet mit: $K_1 \cap K_2$ (gelesen: K_1 *geschnitten* K_2).

Definition 17. Eine Klasse M ist ein *Mengensystem* oder eine *Mengenfamilie* genau dann, wenn $M \subseteq \boldsymbol{M}$ gilt. Klassen K_1, K_2 sind *fremd* (auch *elementefremd*) oder *disjunkt* genau dann, wenn $K_1 \cap K_2 = \emptyset$ ist; ein Mengensystem M ist *disjunkt* oder seine Mengen sind *paarweise disjunkt* (*paarweise fremd, paarweise elementefremd*) genau dann, wenn für jedes $X, Y \in M$ mit $X \neq Y$ gilt: $X \cap Y = \emptyset$.

Satz 16. *Für jedes Mengensystem M existieren die Klassen*

$$\underset{x}{\boldsymbol{K}} \exists X(X \in M \wedge x \in X), \quad \underset{x}{\boldsymbol{K}}(x \in \boldsymbol{E} \wedge \forall X(X \in M \rightarrow x \in X)).$$

Beweis. Die Behauptung folgt unmittelbar aus den Klassenbildungsaxiomen.

Definition 18. Ist M ein Mengensystem, so heißt die Klasse $\underset{x}{\boldsymbol{K}} \exists X(X \in M \wedge x \in X)$ die *Vereinigung von M*, bezeichnet mit: $\bigcup M$ (gelesen: *Vereinigung M*); die Klasse $\underset{x}{\boldsymbol{K}}(x \in \boldsymbol{E} \wedge \forall X(X \in M \rightarrow x \in X))$ heißt der *Durchschnitt von M*, bezeichnet mit: $\bigcap M$ (gelesen: *Durchschnitt M*).

Für jedes nicht leere Mengensystem M ist sofort:

$$\bigcap M = \underset{x}{\boldsymbol{K}} \forall X(X \in M \rightarrow x \in X);$$

außerdem gilt:

$$\bigcap \emptyset = \boldsymbol{E}.$$

Definition 19. Eine Klasse A ist eine *Auswahl von* dem Mengensystem M genau dann, wenn $A \subseteq \bigcup M \wedge \forall X(X \in M \rightarrow \exists!!x(x \in A \cap X))$ gilt.

Damit können wir formulieren das von Zermelo stammende anschaulich evidente

Axiom VI: Auswahlaxiom

$$\forall M \exists A(M \subseteq \boldsymbol{M} \wedge M \text{ disjunkt } \wedge \emptyset \notin M \rightarrow A \text{ Auswahl von } M).$$

Der Spezialfall $M = \emptyset$ des Auswahlaxiomes läßt sich sogar trival beweisen; denn $A = \emptyset$ ist eine Auswahl von $M = \emptyset$.

Für nicht disjunkte Mengensysteme M mit $\emptyset \notin M$ braucht es keine Auswahl zu geben, wie man an den jeweils aus zwei Elementen $a \neq b$ gebildeten Mengensystemen $M = \{\{a, b\}, \{a\}, \{b\}\}$ sieht.

8. Aus der in der Einleitung ausgesprochenen Erfahrungstatsache, daß jede Unmenge eine „Elementeanzahl" besitzt, welche „oberhalb" der „Elementeanzahl" jeder Menge liegt, folgt mit dem Begriff der Gleichmächtigkeit, daß jede mit einer Menge gleichmächtige Klasse selbst eine Menge ist; man kann also im Falle der Existenz einer umkehrbar eindeutigen Abbildung F von einer Menge M auf eine Klasse K den Vorbereich M hinsichtlich der Eigenschaft „eine Menge zu sein" ersetzen durch den Nachbereich K. Damit erhalten wir das von Fraenkel stammende

Axiom VII: Ersetzungsaxiom

$$\forall K \forall M (M \in \mathbf{M} \wedge M \backsim K \rightarrow K \in \mathbf{M}).$$

Aus dem Ersetzungsaxiom folgt auch unmittelbar, daß eine mit einer Unmenge gleichmächtige Klasse selbst eine Unmenge ist.

Satz 17.

$$\forall K \forall M (M \in \mathbf{M} \wedge \exists F \text{ (}F \textit{ eindeutige Abbildung aus } M \textit{ auf } K\text{)} \rightarrow K \in \mathbf{M}).$$

Beweis. Es sei $M \in \mathbf{M}$ und F eine eindeutige Abbildung aus M auf K. Für jedes $y \in K$ existiert das volle Urbild von y bzgl. F; dieses Urbild ist Teilklasse von M, also nach dem Aussonderungssatz eine Menge. Dann existiert nach den Klassenbildungsaxiomen das Mengensystem M^* aller vollen Urbilder von Elementen $y \in K$. Da F eindeutig ist, ist M^* disjunkt; da F eine Abbildung auf K ist, ist $\emptyset \notin M^*$. Nach dem Auswahlaxiom gibt es dann eine Auswahl A von M^*; wegen $A \subseteq \bigcup M^* \subseteq M$ ist A eine Menge. Die nach den Klassenbildungsaxiomen existierende Klasse

$$G = \underset{z}{\mathbf{K}} \exists x \exists y ([x, y] \in F \wedge x \in A \wedge z = [x, y])$$

ist schließlich eine eineindeutige Abbildung von A auf K, womit K nach dem Ersetzungsaxiom eine Menge ist.

9. Die Axiome I bis VII bilden das von uns der gesamten Mathematik zugrunde gelegte *Axiomensystem der Mengenlehre* (*Mathematik*). Dieses Axiomensystem wird bereits heute zuweilen durch Hinzunahme weiterer Axiome, wie etwa der Alephhypothese oder dem Unerreichbarkeitsaxiom (diese Axiome können wir erst später behandeln), ergänzt. Da sich aber die zuweilen hinzugenommenen Axiome noch nicht als allgemein anerkannte Axiome durchgesetzt haben, verbleiben wir bei dem aus den Axiomen I bis VII bestehenden Axiomensystem.

Wenn wir aus unserem Axiomensystem (dasselbe gilt natürlich auch für jedes aus diesem Axiomensystem durch Hinzunahme weiterer Axiome entstandene Axiomensystem) Sätze, d. h. richtige Aussagen über Dinge, beweisen, so geschieht dies doch auf rein logischem Wege, ohne also jemals die spezielle Bedeutung der verwendeten Variablen (als Variable für Dinge) und Konstanten $\in$, $\sqsubset$ (als Zeichen für die Element- bzw. Stufenbeziehung) als Beweisschritt zu benutzen. Läßt man demnach in einem aus dem Axiomensystem abgeleiteten Satz die auftretenden Variablen ganz allgemein Variable für gewisse Dinge der objektiven Realität (also nicht notwendig für die von uns präzisierten Dinge) bedeuten und die Konstanten $\in$, $\sqsubset$ irgendwelche feste (zweistellige) Beziehungen zwischen diesen Dingen der objektiven Realität (der betrachtete Satz ist offenbar auch in der neuen Bedeutung wieder eine sinnvolle Aussage), wobei für die betreffenden Dinge der objektiven Realität und die beiden Beziehungen unser Axiomensystem gelten möge — falls man den Axiomen die der neuen Bedeutung der Variablen (als Variable für die betreffenden Dinge der objektiven Realität) und der Konstanten

$\in$, $\sqsubset$ (als Zeichen für die beiden festen Beziehungen) entsprechende Bedeutung beilegt —, so ist der ursprünglich betrachtete Satz nach dieser Uminterpretation der Variablen und Konstanten $\in$, $\sqsubset$ (und entsprechend damit der Uminterpretation der mittels mengentheoretischer Definitionen eingeführten mathematischen Begriffe) ein gültiger Satz über die jetzt zugrunde liegenden Dinge der objektiven Realität.

Man sagt, daß gewisse Dinge der objektiven Realität und zwei feste (zweistellige) Beziehungen zwischen diesen Dingen der objektiven Realität ein *Modell* des Axiomensystems der Mengenlehre (welches ja lediglich ein System von Schriftzeichenreihen ist) bilden, falls die Axiome zu richtigen Aussagen werden, sofern man ihnen diejenige Bedeutung beilegt, welche sie erhalten, wenn man die bisherigen Dingvariablen als Variable für die zugrunde gelegten gewissen Dinge der objektiven Realität betrachtet, die Konstanten $\in$, $\sqsubset$ als Zeichen für die beiden festen Beziehungen betrachtet, die logischen und technischen Zeichen wie üblich interpretiert und alle mittels mengentheoretischer Definitionen eingeführten mathematischen Begriffe entsprechend der Bedeutung der Variablen und Konstanten $\in$, $\sqsubset$ interpretiert. Das von Anfang an der Interpretation unseres Axiomensystems zugrunde gelegte Modell, welches aus den Dingen und der üblichen Element- und Stufenbeziehung zwischen Dingen besteht, heißt das *Standardmodell* des Axiomensystems der Mengenlehre.

Jeder Satz der Mengenlehre (der ja lediglich eine Schriftzeichenreihe ist), ist also nicht nur bei der Interpretation des Axiomensystems der Mengenlehre durch das Standardmodell richtig, sondern gilt auch in jedem anderen Modell des Axiomensystems.

Wir legen ein für allemal unseren sämtlichen Betrachtungen — wie schon bisher — ausschließlich das Standardmodell, als das allein interessierende Modell, zugrunde. Auf dieses Modell sollen sich stets Begriffe, die mit der Interpretation zusammenhängen, beziehen, wie etwa „der durch eine Aussage ausgedrückte Sachverhalt", die „Wahrheit" bzw. „Falschheit" einer Aussage, die „Bedeutung" mathematischer Begriffe oder die in Abschnitt 6 der Einleitung charakterisierte „Mengenlehre".

Wir geben zwei Beispiele für Nichtstandardmodelle des Axiomensystems der Mengenlehre:

(1) Als *Individuen** bezeichne man genau diejenigen Individuen, welche keine Menschen (aus Vergangenheit, Gegenwart und Zukunft) sind. Über dem *Individuenbereich** (d. h. der Menge aller Individuen*) kann man sich, ähnlich wie über dem gesamten Individuenbereich, stufenweise *Mengen** und *Unmengen** gebildet denken mit Hilfe der üblichen Elementbeziehung $\in$; Individuen*, Mengen* und Unmengen* zusammen nenne man *Dinge**. Die nur auf Dinge* bezogene Elementbeziehung $\in$ nenne man *Elementbeziehung** $\in^*$; die *Stufenbeziehung** $\sqsubset^*$ sei die nur auf Dinge* bezogene Stufenbeziehung $\sqsubset$. Dann bilden offenbar — wie man der Anschauung entnimmt — die Dinge*, die Elementbeziehung* und die Stufenbeziehung* ein Modell des Axiomensystems der Mengenlehre; dieses Modell ist nicht das Standardmodell, weil z. B. die Menschen keine Dinge* sind.

(2) Als *Individuen** bezeichne man genau die sämtlichen Dinge. Man kann sich nun rein anschaulich die Individuen* wiederum zu einem Bereich, dem *Indivi-*

*duenbereich**, zusammengeschlossen denken als einer Gesamtheit von Dingen der objektiven Realität hinsichtlich einer *Elementbeziehung** $\in^*$, welche von der zwischen Dingen bestehenden Elementbeziehung $\in$ verschieden ist (denn hinsichtlich $\in$ existiert ja die Gesamtheit aller Individuen*, d. h. dann also die Klasse aller Individuen*, nicht, weil diese Klasse auch die Unmengen als Elemente enthalten müßte — wir werden in § 4 sehen, daß es Unmengen gibt —, was ein Widerspruch zur Definition der Unmengen ist). Über dem Individuenbereich* kann man sich wiederum stufenweise *Mengen** und *Unmengen** gebildet denken mit Hilfe der Elementbeziehung* $\in^*$; Individuen*, Mengen* und Unmengen* zusammen nenne man *Dinge**. Zwischen den Dingen* führt man eine *Stufenbeziehung** $\sqsubset^*$ ein analog zur Einführung der Stufenbeziehung $\sqsubset$ zwischen Dingen. Dann bilden offenbar — wie man der Anschauung entnimmt — die Dinge*, die Elementbeziehung* und die Stufenbeziehung* ein Modell des Axiomensystems der Mengenlehre, das vom Standardmodell verschieden ist, weil z. B. der Individuenbereich* kein Ding ist.

§ 4. Stufenaufbau

1. In diesem Paragraphen wollen wir noch einige unmittelbare Folgerungen aus dem Axiomensystem ziehen, die in engem Zusammenhang mit dem Stufenaufbau der Dinge stehen.

Satz 1. *Für beliebige Dinge a, b und Klassen K gilt:*

a) $a \in b \rightarrow a \sqsubset b$,

b) $a \sqsubset b \rightarrow b \notin a, \qquad a \notin a, \qquad a \in b \rightarrow b \notin a$,

c) $a \subseteq b \rightarrow a \sqsubset b$,

d) $K \neq \emptyset \rightarrow \exists x\, (x \in K \wedge \sim \exists y\, (y \in K \wedge y \in x))$ (Fundierungssatz).

Beweis. a) folgt aus Axiom I 5. b) folgt aus a). c) haben wir bereits innerhalb des Beweises zum Aussonderungssatz mit bewiesen. d) folgt aus Axiom I 4. und a).

Aus Satz 1b) folgt u. a., daß sich keine Klasse als Element enthält, so daß also — wie man es auch anschaulich erwartet — bei unserem axiomatischen Aufbau der Mengenlehre die Russellsche und Cantorsche antinomische Menge zusammenfallen.

Satz 2. *Für beliebige Dinge a, b gilt:*

a) $a \notin \boldsymbol{I} \leftrightarrow \exists x\, x \sqsubset a$,

b) $a \in \boldsymbol{E} \leftrightarrow \exists x\, a \sqsubset x$,

c) $a \in \boldsymbol{E} \wedge b \sqsubset a \rightarrow b \in \boldsymbol{E}$,

d) $a \notin \boldsymbol{I} \wedge a \sqsubset b \rightarrow b \notin \boldsymbol{I}$,

e) $a \in \boldsymbol{I} \wedge b \notin \boldsymbol{I} \rightarrow a \sqsubset b$,

f) $a \in \boldsymbol{E} \wedge b \notin \boldsymbol{E} \rightarrow a \ulcorner b$,

g) $\exists x (x \in \boldsymbol{E} \wedge \forall y (y \in a \rightarrow y \sqsubset x)) \leftrightarrow a \in \boldsymbol{E}$.

Beweis. a) ($\leftarrow$) folgt aus der Definition der Individuen. ($\rightarrow$) Für jedes Individuum i gilt $i \ulcorner \emptyset$; denn wäre $i \sqsubset\!\sqsupset \emptyset$ für ein $i \in \boldsymbol{I}$, so wäre ja $\emptyset \sqsubset x$ für jedes Ding x (nach Definition der Individuen); da weiterhin $\emptyset$ eine Menge ist, also $\emptyset \in \boldsymbol{E}$ ist, wäre schließlich $\emptyset$ ein Individuum, also keine Klasse, was ein Widerspruch ist. Damit gilt ($\rightarrow$) für den Fall $a = \emptyset$, da es mindestens ein Individuum gibt. Ist aber a eine nicht leere Klasse, so gilt: $\exists x x \in a$; dann folgt die Behauptung aus Satz 1a).

b) ($\rightarrow$) folgt aus Axiom I 7. ($\leftarrow$) Ist $a \ulcorner x$ und wäre $a \notin \boldsymbol{E}$, so ist $x \notin \boldsymbol{I}$ nach a) und $x \neq \emptyset$ nach Axiom I 6.; außerdem gilt $\forall y (y \in x \rightarrow y \ulcorner a)$; denn ist $y \in x$, so ist $y \in \boldsymbol{E}$, also gibt es nach Axiom I 7. ein $e \in \boldsymbol{E}$ mit $y \ulcorner e$ und nach dem Mengenbildungsaxiom die Menge $A = \underset{z}{\boldsymbol{M}} (z \ulcorner e)$; wäre also $y \not\ulcorner a$, also $a \sqsubset y$, so wäre $a \in A$ im Widerspruch zu $a \notin \boldsymbol{E}$. Es ergibt sich damit insgesamt der Widerspruch $\exists y y \in x \wedge a \ulcorner x \wedge \forall y (y \in x \rightarrow y \ulcorner a)$ zu Axiom I 5.

c) Ist $a \in \boldsymbol{E}$, so gibt es nach b) ein x mit $a \ulcorner x$; ist dann $b \sqsubset a$, so ist auch $b \ulcorner x$, also ist $b \in \boldsymbol{E}$ nach b).

d) Ist $a \notin \boldsymbol{I}$, so gibt es nach a) ein x mit $x \ulcorner a$; ist dann $a \sqsubset b$, so ist auch $x \ulcorner b$, also ist $b \notin \boldsymbol{I}$ nach a).

e) Ist $a \in \boldsymbol{I}$ und $b \notin \boldsymbol{I}$, so gilt nach a): $\forall x a \sqsubset x$ und $\exists x x \ulcorner b$; dies führt aber mit $b \sqsubset a$ zum Widerspruch.

f) Ist $a \in \boldsymbol{E}$ und $b \notin \boldsymbol{E}$, so gilt nach b): $\exists x a \ulcorner x$ und $\forall x x \sqsubset b$; dies führt aber mit $b \sqsubset a$ zum Widerspruch.

g) ($\leftarrow$) folgt aus Satz 1a), da ja für $x = a \in \boldsymbol{E}$ gilt: $\forall y (y \in a \rightarrow y \ulcorner x)$. ($\rightarrow$) Für $a \in \boldsymbol{I}$ gilt die Behauptung. Ist $a \notin \boldsymbol{I}$ und $x \in \boldsymbol{E}$, so gibt es nach Axiom I 7. ein $e \in \boldsymbol{E}$ mit $x \ulcorner e$ und nach dem Mengenbildungsaxiom die Menge $A = \underset{y}{\boldsymbol{M}} (y \ulcorner e)$; ist dann $\forall y (y \in a \rightarrow y \sqsubset x)$, so ist $a \subseteq A$, also $a \in \boldsymbol{E}$ nach dem Aussonderungssatz.

Satz 3. *Für beliebige Dinge a, b gilt:*

a) $a \in \boldsymbol{I} \leftrightarrow \forall x a \sqsubset x$,

b) $a \notin \boldsymbol{E} \leftrightarrow \forall x x \sqsubset a$,

c) $a \in \boldsymbol{I} \wedge b \in \boldsymbol{I} \rightarrow a \sqsubset\!\sqsupset b$,

d) $a \notin \boldsymbol{E} \wedge b \notin \boldsymbol{E} \rightarrow a \sqsubset\!\sqsupset b$,

e) $a \ulcorner b \rightarrow a \in \boldsymbol{E} \wedge b \notin \boldsymbol{I}$,

f) $a \sqsubset\!\sqsupset b . \rightarrow . a \in \boldsymbol{I} \rightarrow b \in \boldsymbol{I} \cdot\wedge\cdot a \notin \boldsymbol{E} \rightarrow b \notin \boldsymbol{E}$
$\cdot\wedge\cdot a \in \boldsymbol{M} \rightarrow b \in \boldsymbol{M} \cdot\wedge\cdot a \in \boldsymbol{E} \rightarrow b \in \boldsymbol{E}$
$\cdot\wedge\cdot a \notin \boldsymbol{I} \rightarrow b \notin \boldsymbol{I}$,

g) $\emptyset \sqsubset\!\sqsupset \boldsymbol{I}$.

Beweis. a) folgt aus Satz 2a). b) folgt aus Satz 2b). c) Ist $a, b \in \boldsymbol{I}$, so folgt aus a): $a \sqsubset b \wedge b \sqsubset a$, also $a \sqsubset\!\sqsupset b$. d) Ist $a, b \notin \boldsymbol{E}$, so folgt aus b): $a \sqsubset b \wedge b \sqsubset a$, also $a \sqsubset\!\sqsupset b$. e) Ist $a \ulcorner\!- b$, so kann b nach a) kein Individuum und a nach b) keine Unmenge sein.

f) Es sei $a \sqsubset\!\sqsupset b$. Ist dann $a \in \boldsymbol{I}$, so ist nach a) $\forall x a \sqsubset x$, also wegen $a \sqsubset\!\sqsupset b$ auch $\forall x b \sqsubset x$, also $b \in \boldsymbol{I}$; ist $a \notin \boldsymbol{E}$, so ist nach b) $\forall x x \sqsubset a$, also wegen $a \sqsubset\!\sqsupset b$ auch $\forall x x \sqsubset b$, also $b \notin \boldsymbol{E}$; ist $a \in \boldsymbol{M}$ und wäre $b \notin \boldsymbol{M}$, so wäre $b \in \boldsymbol{I}$ oder $b \notin \boldsymbol{E}$, also wegen $a \sqsubset\!\sqsupset b$ auch $a \in \boldsymbol{I}$ oder $a \notin \boldsymbol{E}$ im Widerspruch zu $a \in \boldsymbol{M}$; ist $a \in \boldsymbol{E}$ und wäre $b \notin \boldsymbol{E}$, so wäre wegen $a \sqsubset\!\sqsupset b$ auch $a \notin \boldsymbol{E}$ im Widerspruch zu $a \in \boldsymbol{E}$; ist $a \notin \boldsymbol{I}$ und wäre $b \in \boldsymbol{I}$, so wäre wegen $a \sqsubset\!\sqsupset b$ auch $a \in \boldsymbol{I}$ im Widerspruch zu $a \notin \boldsymbol{I}$.

g) Nach Axiom I 6. ist $\emptyset \sqsubset \boldsymbol{I}$ und $x \in \boldsymbol{I}$ für jedes x mit $x \ulcorner\!- \emptyset$. Da es nach a) ein x gibt mit $x \ulcorner\!- \emptyset$, so gilt nach c) $x \ulcorner\!- \emptyset$ für jedes $x \in \boldsymbol{I}$, was im Falle $\emptyset \ulcorner\!- \boldsymbol{I}$ ein Widerspruch zu Axiom I 5. ist; also ist $\emptyset \sqsubset\!\sqsupset \boldsymbol{I}$.

Satz 4. *Für Klassen A, B und Abbildungen F gilt:*

a) $A \in \boldsymbol{M} \wedge B \in \boldsymbol{M} \leftrightarrow A \cup B \in \boldsymbol{M}$,

b) $A \in \boldsymbol{M} \vee B \in \boldsymbol{M} \rightarrow A \cap B \in \boldsymbol{M}$,

c) $A \subseteq \boldsymbol{M} .\rightarrow. A \in \boldsymbol{M} \leftrightarrow \bigcup A \in \boldsymbol{M}$,

d) $A \subseteq \boldsymbol{M} .\rightarrow. A \neq \emptyset \leftrightarrow \bigcap A \in \boldsymbol{M}$,

e) $A \in \boldsymbol{M} \leftrightarrow \boldsymbol{P} A \in \boldsymbol{M}$,

f) $A \in \boldsymbol{M} \wedge B \in \boldsymbol{M} \rightarrow A \times B \in \boldsymbol{M}$,
$A \neq \emptyset \wedge B \neq \emptyset \wedge A \times B \in \boldsymbol{M} \rightarrow A \in \boldsymbol{M} \wedge B \in \boldsymbol{M}$,

g) $\mathrm{Vb}\, F \in \boldsymbol{M} \wedge \mathrm{Nb}\, F \in \boldsymbol{M} \leftrightarrow F \in \boldsymbol{M}$.

Beweis. a) Ist $A, B \in \boldsymbol{M}$ und etwa $A \sqsubset B$ (der Fall $B \sqsubset A$ beweist sich dual), so gilt $x \ulcorner\!- B$ für jedes $x \in A \cup B$, also ist $A \cup B \in \boldsymbol{M}$ nach Satz 2g). Ist umgekehrt $A \cup B \in \boldsymbol{M}$, so ist wegen $A, B \subseteq A \cup B$ nach dem Aussonderungssatz sofort $A, B \in \boldsymbol{M}$.

b) Ist $A \in \boldsymbol{M} \vee B \in \boldsymbol{M}$, so gilt wegen $A \cap B \subseteq A, B$ über den Aussonderungssatz sofort $A \cap B \in \boldsymbol{M}$.

c) Ist $A \subseteq \boldsymbol{M}$, $A \in \boldsymbol{M}$, so ist nach Satz 2g) $\bigcup A \in \boldsymbol{M}$ wegen $x \ulcorner\!- A$ für jedes $x \in \bigcup A$. Ist umgekehrt $\bigcup A \in \boldsymbol{M}$, so ist $X \subseteq \bigcup A$ für jedes $X \in A$, also auch $X \sqsubset \bigcup A$ für jedes $X \in A$ und damit $A \in \boldsymbol{M}$ nach Satz 2g).

d) Ist $A \subseteq \boldsymbol{M}$, $A \neq \emptyset$, so gibt es ein $X \in A$ mit $\bigcap A \subseteq X$; also ist $\bigcap A \in \boldsymbol{M}$ nach dem Aussonderungssatz. Ist umgekehrt $\bigcap A \in \boldsymbol{M}$, so muß $A \neq \emptyset$ sein, da $\bigcap \emptyset = \boldsymbol{E}$ und $\boldsymbol{E}$ wegen $\boldsymbol{E} \notin \boldsymbol{E}$ eine Unmenge ist.

e) Ist $A \in \boldsymbol{M}$, so ist $X \sqsubset A$ für jedes $X \in \boldsymbol{P} A$, also $\boldsymbol{P} A \in \boldsymbol{M}$ nach Satz 2g). Ist umgekehrt $\boldsymbol{P} A \in \boldsymbol{M}$, so ist $A \in \boldsymbol{M}$ nach Satz 2g), falls man zeigen kann, daß $x \sqsubset \boldsymbol{P} A$ für jedes $x \in A$ gilt. Ist aber $x \in A$, so ist $\{x\} \in \boldsymbol{P} A$, also insgesamt $x \ulcorner\!- \{x\} \ulcorner\!- \boldsymbol{P} A$.

f) Ist $x \in A, y \in B$, so ist $\{x, y\} \subseteq A \cup B$ und $\{y\} \subseteq A \cup B$, also $[x, y] \subseteq \boldsymbol{P}(A \cup B)$ und damit $A \times B \subseteq \boldsymbol{PP}(A \cup B)$. Sind also $A, B \in \boldsymbol{M}$, so ist $A \times B \in \boldsymbol{M}$ nach a), e) und dem Aussonderungssatz. Ist umgekehrt $A \times B \in \boldsymbol{M}$ und $A \neq \emptyset$, $B \neq \emptyset$ und $x \in A \cup B$, so gibt es ein y mit $[x, y] \in A \times B \vee [y, x] \in A \times B$, also ist $x \mathrel{\ulcorner\!\!-} A \times B$; damit ist $A \cup B \in \boldsymbol{M}$ nach Satz 2g), also $A, B \in \boldsymbol{M}$ nach a).

g) Sind Vb F, Nb $F \in \boldsymbol{M}$, so ist nach f) und dem Aussonderungssatz $F \in \boldsymbol{M}$ wegen $F \subseteq (\text{Vb } F) \times (\text{Nb } F)$. Ist umgekehrt $F \in \boldsymbol{M}$ und $x \in (\text{Vb } F) \cup (\text{Nb } F)$, so gibt es ein y mit $[x, y] \in F \vee [y, x] \in F$, also ist $x \mathrel{\ulcorner\!\!-} F$; damit ist $(\text{Vb} F) \cup (\text{Nb} F) \in \boldsymbol{M}$ nach Satz 2g), also Vb F, Nb $F \in \boldsymbol{M}$ nach a).

2. Nach den Klassenbildungsaxiomen existiert die Klasse $\mathop{\boldsymbol{K}}_{X}$ (*X Allmenge*) aller Allmengen.

Definition 1. Mit $\mathfrak{A}$ bezeichne man die Klasse $\mathop{\boldsymbol{K}}_{X}$ (*X Allmenge*) der Allmengen.

Satz 5. *Für Allmengen A, B gilt:*

a) $\bigcup \mathfrak{A} = \boldsymbol{E}$,

b) $A \mathrel{\sqsubset\!\sqsupset} B \leftrightarrow A = B$,

c) $A \mathrel{\ulcorner\!\!-} B \leftrightarrow A \subset B$,

d) $A \sqsubset B \leftrightarrow A \subseteq B$.

Beweis. a) $\bigcup \mathfrak{A} \subseteq \boldsymbol{E}$ ist trivial. Ist umgekehrt $x \in \boldsymbol{E}$, so gibt es nach Axiom I 7. ein $e \in \boldsymbol{E}$ mit $x \mathrel{\ulcorner\!\!-} e$; dann ist $A = \mathop{\boldsymbol{M}}_{y} (y \mathrel{\ulcorner\!\!-} e)$ eine Allmenge wegen $x \in A$; also $A \in \mathfrak{A}$, also $x \in \bigcup \mathfrak{A}$. Damit ist auch $\boldsymbol{E} \subseteq \bigcup \mathfrak{A}$, also schließlich $\bigcup \mathfrak{A} = \boldsymbol{E}$.

b) ($\leftarrow$) ist trivial. ($\rightarrow$) Ist $A, B \in \mathfrak{A}$, $A \mathrel{\sqsubset\!\sqsupset} B$ und etwa $A = \mathop{\boldsymbol{M}}_{x} (x \mathrel{\ulcorner\!\!-} e_1)$, $B = \mathop{\boldsymbol{M}}_{x} (x \mathrel{\ulcorner\!\!-} e_2)$ für gewisse $e_1, e_2 \in \boldsymbol{E}$, so muß zunächst $e_1 \mathrel{\sqsubset\!\sqsupset} e_2$ sein. Wegen $A, B \neq \emptyset$ folgt nämlich aus Axiom I 5. sofort $e_1 \mathrel{\ulcorner\!\!+} A$ und $e_2 \mathrel{\ulcorner\!\!+} B$, also $A \sqsubset e_1$ und $B \sqsubset e_2$; wäre $A \mathrel{\ulcorner\!\!-} e_1 \vee B \mathrel{\ulcorner\!\!-} e_2$, so wäre $A \in A \vee B \in B$, was ein Widerspruch ist; also gilt $e_1 \mathrel{\sqsubset\!\sqsupset} A \mathrel{\sqsubset\!\sqsupset} B \mathrel{\sqsubset\!\sqsupset} e_2$. Aus $e_1 \mathrel{\sqsubset\!\sqsupset} e_2$ folgt dann unmittelbar $A \subseteq B$ und $B \subseteq A$, also $A = B$.

c) ($\rightarrow$) Ist $A, B \in \mathfrak{A}$ und etwa $B = \mathop{\boldsymbol{M}}_{x} (x \mathrel{\ulcorner\!\!-} e_2)$, so gilt wie beim Beweis von b) zunächst $B \mathrel{\sqsubset\!\sqsupset} e_2$. Ist also $A \mathrel{\ulcorner\!\!-} B$, so gilt $x \mathrel{\ulcorner\!\!-} A \mathrel{\ulcorner\!\!-} B \mathrel{\sqsubset\!\sqsupset} e_2$ für jedes $x \in A$, also $A \subseteq B$; wegen $A \mathrel{\ulcorner\!\!-} e_2$ ist $A \in B$; also ist $A \subset B$ wegen $A \in B$ und $A \notin A$. ($\leftarrow$) Ist $A, B \in \mathfrak{A}$, $A \subset B$ und wäre $B \sqsubset A$, so folgt $B \subseteq A$ aus $B \mathrel{\sqsubset\!\sqsupset} A \rightarrow B = A$ und $B \mathrel{\ulcorner\!\!-} A \rightarrow B \subset A$; $B \subseteq A$ ist aber ein Widerspruch zu $A \subset B$.

d) Folgt aus b) und c).

Satz 6. *Für Allmengen A, B, C und Klassen K gilt:*

$A \subseteq A$	(*Reflexivität*),
$A \subseteq B \wedge B \subseteq C \rightarrow A \subseteq C$	(*Transitivität*),
$A \subseteq B \wedge B \subseteq A \rightarrow A = B$	(*Antisymmetrie*),

$A \subseteq B \vee B \subseteq A$ (*Linearität*),

$\emptyset \neq K \subseteq \mathfrak{A} \rightarrow \exists X (X \in K \wedge \forall Y (Y \in K \rightarrow X \subseteq Y))$ (*Minimalbedingung*),

$\exists X (X \in \mathfrak{A} \wedge A \subseteq X \wedge A \neq X)$ (*Unbegrenztheit*),

$A \not\subset A$ (*Irreflexivität*),

$A \subset B \wedge B \subset C \rightarrow A \subset C$ (*Transitivität*),

$A \subset B \rightarrow B \not\subset A$ (*Asymmetrie*),

$A \subset B \vee A = B \vee B \subset A$ (*Konnexität*),

$\emptyset \neq K \subseteq \mathfrak{A} \rightarrow \exists X (X \in K \wedge \forall Y (Y \in K \rightarrow X \subset Y \vee X = Y))$
(*Minimalbedingung*),

$\exists X (X \in \mathfrak{A} \wedge A \subset X)$ (*Unbegrenztheit*).

Beweis. Die Behauptungen folgen aus Satz 5, Satz 1, § 3 und den Axiomen I 4., 7. Die Behauptung $\exists X (X \in \mathfrak{A} \wedge A \subset X)$ ergibt sich dabei so: Zur Allmenge A gibt es ein $e \in \boldsymbol{E}$ mit $A \sqsubset e$; dann ist $A^* = \underset{x}{\boldsymbol{M}} (x \sqsubset e)$ wegen $A \in A^*$ eine Allmenge, und es ist $A \subset A^*$ wegen $A \subseteq A^*$, $A \in A^*$ und $A \notin A$.

Aus Satz 6 folgt sofort für beliebige Klassen K:

$$\emptyset \neq K \subseteq \mathfrak{A} \rightarrow \exists!! X (X \in K \wedge \forall Y (Y \in K \rightarrow X \subseteq Y));$$

denn gäbe es mindestens zwei solche X, etwa X_1 und X_2 (mit also $X_1 \neq X_2$), so müßte $X_1 \subseteq X_2 \wedge X_2 \subseteq X_1$ sein, also $X_1 = X_2$ im Widerspruch zu $X_1 \neq X_2$. Es gilt dann also auch für beliebige Klassen K:

$$\emptyset \neq K \subseteq \mathfrak{A} \rightarrow \exists!! X (X \in K \wedge \forall Y (Y \in K \rightarrow X \subset Y \vee X = Y)).$$

Ist M ein beliebiges Mengensystem, so gibt es höchstens ein Element $X \in M$, so daß $X \subseteq Y$ gilt für jedes $Y \in M$; denn wären X_1, X_2 solche Elemente $X \in M$, so wäre ja $X_1 \subseteq X_2$ und $X_2 \subseteq X_1$, also $X_1 = X_2$. Ebenso gibt es in einem Mengensystem M höchstens ein $X \in M$, so daß $Y \subseteq X$ gilt für jedes $Y \in M$.

Definition 2. Ist M ein Mengensystem, welches ein Element X besitzt, so daß $X \subseteq Y$ gilt für jedes $Y \in M$, so heißt das dann eindeutig bestimmte Element $X \in M$ mit $X \subseteq Y$ für jedes $Y \in M$ das *kleinste* (*erste*) *Element von* M oder das *Minimum von* M, bezeichnet mit: min M (gelesen: *Minimum* M). Ist M ein Mengensystem, welches ein Element X besitzt, so daß $Y \subseteq X$ gilt für jedes $Y \in M$, so heißt das dann eindeutig bestimmte Element $X \in M$ mit $Y \subseteq X$ für jedes $Y \in M$ das *größte* (*letzte*) *Element von* M oder das *Maximum von* M, bezeichnet mit: max M (gelesen: *Maximum* M).

Aus Satz 6 folgt dann, daß jede nicht leere Klasse von Allmengen ein erstes Element besitzt und daß $\mathfrak{A}$ kein letztes Element besitzt.

Da es zu jeder Allmenge A (nach Satz 6) eine Allmenge X gibt mit $A \subset X$, ist die nach den Klassenbildungsaxiomen für jedes $A \in \mathfrak{A}$ existierende Klasse K

aller $X \in \mathfrak{A}$ mit $A \subset X$ nicht leer; also existiert das Minimum von K. Da es zu jedem Element e (nach Satz 5) eine Allmenge X gibt mit $e \in X$, ist die nach den Klassenbildungsaxiomen für jedes $e \in \boldsymbol{E}$ existierende Klasse K aller $X \in \mathfrak{A}$ mit $e \in X$ nicht leer; also existiert das Minimum von K. Wir definieren daher:

Definition 3. Ist A eine Allmenge und $K = \underset{X}{\boldsymbol{K}}\,(X \in \mathfrak{A} \wedge A \subset X)$, so heißt $\min K$ der *Nachfolger von A*, bezeichnet mit: $A\rangle$ (gelesen: *Nachfolger A*). Ist e ein Element und $K = \underset{X}{\boldsymbol{K}}\,(X \in \mathfrak{A} \wedge e \in X)$, so heißt $\min K$ die *Allmenge von e*, bezeichnet mit: $\boldsymbol{A}e$ (gelesen: *Allmenge e*).

Es gilt dann für Allmengen A, B und Elemente e sofort:

$$A \subset B \wedge \sim \exists X\,(X \in \mathfrak{A} \wedge A \subset X \subset B) \leftrightarrow B = A\rangle,$$

$$e \in \boldsymbol{A}e \in \mathfrak{A},$$

$$A\rangle = B\rangle \leftrightarrow A = B;$$

wäre nämlich $A\rangle = B\rangle$ und etwa $A \subset B$ (der Fall $B \subset A$ beweist sich analog), so wäre doch $A\rangle \subseteq B \subset B\rangle = A\rangle$, also $A\rangle \subset A\rangle$, was ein Widerspruch ist.
Außerdem ist sofort:

$$\bigcup \underset{X}{\boldsymbol{K}} \exists x\,(x \in \boldsymbol{E} \wedge X = \boldsymbol{A}x) = \boldsymbol{E}.$$

Satz 7. *Für Elemente e, e_1, e_2 und beliebige Dinge a gilt:*

a) $a \in \boldsymbol{A}e \leftrightarrow a \sqsubseteq e, \qquad \boldsymbol{A}e = \underset{x}{\boldsymbol{M}}\,(x \sqsubseteq e)$,

b) $a \in \boldsymbol{A}e \leftrightarrow a \sqsubset \boldsymbol{A}e$,

c) $\boldsymbol{A}e \sqsubseteq a \leftrightarrow e \sqsubset a$,

d) $e \sqsubset \boldsymbol{A}e \wedge \sim \exists x\,(e \sqsubset x \sqsubset \boldsymbol{A}e)$,

e) $\boldsymbol{A}e_1 \subset \boldsymbol{A}e_2 \leftrightarrow e_1 \sqsubset e_2$,

f) $\boldsymbol{A}e_1 \subseteq \boldsymbol{A}e_2 \leftrightarrow e_1 \sqsubseteq e_2$,

g) $\boldsymbol{A}e_1 = \boldsymbol{A}e_2 \leftrightarrow e_1 \sqsubseteq\!\sqsupseteq e_2$,

h) $\boldsymbol{A}e = \boldsymbol{I} \leftrightarrow e \in \boldsymbol{I}$.

Beweis. a) Ist $a \in \boldsymbol{A}e$ und wäre $e \sqsubset a$, so wäre e enthalten in der Allmenge $A = \underset{x}{\boldsymbol{M}}\,(x \sqsubset a)$, also $\boldsymbol{A}e \subseteq A$ nach Definition von $\boldsymbol{A}e$; wegen $a \in \boldsymbol{A}e$ müßte also auch $a \in A$ gelten im Widerspruch zur Definition von A; also ist $a \sqsubseteq e$. Ist umgekehrt $e \in \boldsymbol{E}$, $a \sqsubseteq e$ und $\boldsymbol{A}e = \underset{x}{\boldsymbol{M}}\,(x \sqsubset e^*)$ für ein gewisses $e^* \in \boldsymbol{E}$, so ist auch $a \sqsubseteq e \sqsubset e^*$ wegen $e \in \boldsymbol{A}e$, also schließlich $a \in \boldsymbol{A}e$. Damit gilt für jedes $e \in \boldsymbol{E}$ und jedes a: $a \in \boldsymbol{A}e \leftrightarrow a \sqsubseteq e$; daraus folgt sofort: $\boldsymbol{A}e = \underset{x}{\boldsymbol{M}}\,(x \sqsubseteq e)$.

b) Ist $a \in \boldsymbol{A}e$, so ist trivial $a \sqsubset \boldsymbol{A}e$. Ist umgekehrt $a \sqsubset \boldsymbol{A}e$ und wäre $a \notin \boldsymbol{A}e$, so wäre $e \sqsubset a$ nach a); für jedes $x \in \boldsymbol{A}e$ wäre dann $x \sqsubseteq e \sqsubset a$ nach a), also $x \sqsubset a$; dies führt mit $a \sqsubset \boldsymbol{A}e$ über Axiom I 5. zum Widerspruch.

c) folgt sofort aus a) und b).

d) Für $e \in \boldsymbol{E}$ ist wegen $e \in \boldsymbol{A}e$ trivial $e \sqsubset \boldsymbol{A}e$. Wäre $e \sqsubset x \sqsubset \boldsymbol{A}e$ für ein x, so folgt erstens $x \notin \boldsymbol{A}e$ aus $e \sqsubset x$ und a) und zweitens $x \in \boldsymbol{A}e$ aus $x \sqsubset \boldsymbol{A}e$ und b), was ein Widerspruch ist.

e) Ist $e_1, e_2 \in \boldsymbol{E}$ und $e_1 \sqsubset e_2$, so gilt nach a) $x \sqsubseteq e_1 \sqsubset e_2$ für jedes $x \in \boldsymbol{A}e_1$, also $\boldsymbol{A}e_1 \subseteq \boldsymbol{A}e_2$; es ist aber $e_2 \in \boldsymbol{A}e_2$ und $e_2 \notin \boldsymbol{A}e_1$; also ist $\boldsymbol{A}e_1 \subset \boldsymbol{A}e_2$. Ist umgekehrt $\boldsymbol{A}e_1 \subset \boldsymbol{A}e_2$, so kann nicht $e_2 \sqsubset e_1$ sein, da sonst nach eben $\boldsymbol{A}e_2 \subset \boldsymbol{A}e_1$ wäre; es kann auch nicht $e_1 \sqsubset\!\sqsupset e_2$ sein, da sonst nach a) $\boldsymbol{A}e_1 = \boldsymbol{A}e_2$ wäre; also ist $e_1 \sqsubset e_2$.

f) und g) folgen sofort aus e) und a).

h) Ist $\boldsymbol{A}e = \boldsymbol{I}$, so ist wegen $e \in \boldsymbol{A}e$ trivial $e \in \boldsymbol{I}$. Ist umgekehrt $e \in \boldsymbol{I}$, so folgt nach a) und Satz 3a), c), f): $\boldsymbol{A}e = \underset{x}{\boldsymbol{M}}(x \sqsubseteq e) = \underset{x}{\boldsymbol{M}}(x \sqsubset\!\sqsupset e) = \underset{x}{\boldsymbol{M}}(x \in \boldsymbol{I}) = \boldsymbol{I}$.

Satz 8. *Für Allmengen A, B, Klassen K, Mengen M und beliebige Dinge a gilt:*

a) $\boldsymbol{I} = \min \mathfrak{A}$,

b) $a \in A \leftrightarrow a \sqsubset A$,

c) $\boldsymbol{A}A = A\rangle$,

d) $A \neq \boldsymbol{I} \wedge \exists x\,(A = \boldsymbol{A}x) \leftrightarrow \exists X\,(A = X\rangle)$,

e) $\emptyset \neq K \subseteq \mathfrak{A} \rightarrow \min K = \bigcap K \in \mathfrak{A}$,

f) $\emptyset \neq M \subseteq \mathfrak{A} \rightarrow \bigcup M \in \mathfrak{A}$,

g) $\underset{X}{\boldsymbol{K}}(X \in \mathfrak{A} \wedge X \subset A) \in \boldsymbol{M}$, $\quad \underset{X}{\boldsymbol{K}} \exists x\,(x \in M \wedge X = \boldsymbol{A}x) \in \boldsymbol{M}$,

h) $A = B\rangle \rightarrow A = B \cup \boldsymbol{P}B$,
$A \neq \boldsymbol{I} \wedge \sim \exists X (A = X\rangle) \rightarrow A = \bigcup \underset{X}{\boldsymbol{M}}(X \in \mathfrak{A} \wedge X \subset A)$,

i) $M \neq \emptyset \rightarrow \boldsymbol{A}M = \boldsymbol{A} \bigcup \underset{X}{\boldsymbol{M}} \exists x\,(x \in M \wedge X = \boldsymbol{A}x)$, $\quad \boldsymbol{A}\emptyset = \boldsymbol{A}\boldsymbol{I} = \boldsymbol{I}\rangle$,

j) $A \neq \boldsymbol{I} \rightarrow \sim \exists x (x \sqsubset A \wedge \forall X\,(X \in \mathfrak{A} \wedge X \subset A \rightarrow X \sqsubset x))$,

k) $\exists X\,(X \in \mathfrak{A} \wedge M \sqsubset\!\sqsupset X)$.

Beweis. a) Nach Satz 7h) ist $\boldsymbol{I} \in \mathfrak{A}$, da es mindestens ein Individuum gibt; ist weiterhin $X \in \mathfrak{A}$ mit etwa $X = \underset{x}{\boldsymbol{M}}(x \sqsubset e)$ für ein gewisses $e \in \boldsymbol{E}$, so kann e kein Individuum sein, da sonst $X = \emptyset$ wäre; also ist e stufengrößer als jedes Individuum und damit $\boldsymbol{I} \subseteq X$ nach Definition von X.

b) Ist $a \in A$, so ist trivial $a \sqsubset A$. Ist umgekehrt $a \sqsubset A$, $A = \underset{x}{\boldsymbol{M}}(x \sqsubset e)$ für ein gewisses $e \in \boldsymbol{E}$ und wäre $a \notin A$, so wäre $e \sqsubseteq a$. Für jedes $x \in A$ ist aber dann $x \sqsubset e \sqsubseteq a$, was mit $a \sqsubset A$ über Axiom I 5. zum Widerspruch führt.

c) Es sei $A \in \mathfrak{A}$, dann ist $\boldsymbol{A}A = \underset{x}{\boldsymbol{M}}(x \sqsubseteq A)$. Damit gilt $A \subseteq \boldsymbol{A}A$; es ist wegen $A \in \boldsymbol{A}A$ und $A \notin A$ sogar $A \subset \boldsymbol{A}A$. Wäre $A \subset X \subset \boldsymbol{A}A$ für eine Allmenge X, so wäre $A \sqsubset X$, also $A \in X$ nach b), also $\boldsymbol{A}A \subseteq X$ nach Definition von $\boldsymbol{A}A$; dies ist aber ein Widerspruch zu $X \subset \boldsymbol{A}A$. Damit ist $\boldsymbol{A}A = A\rangle$.

d) Ist $\boldsymbol{I} \neq A = \boldsymbol{A}x = \underset{y}{\boldsymbol{M}}\,(y \sqsubset x)$, so ist $X = \underset{y}{\boldsymbol{M}}\,(y \ulcorner x)$ eine Allmenge mit $X \subset A$ (denn wegen $\boldsymbol{I} \neq A$ kann x nach Satz 7h) kein Individuum sein, also $\emptyset \neq \boldsymbol{I} \subseteq X$). Wäre $Y = \underset{y}{\boldsymbol{M}}\,(y \ulcorner e)$ eine Allmenge für ein gewisses $e \in \boldsymbol{E}$ mit $X \subset Y \subset A$, so wäre $x \ulcorner e$ wegen $X \subset Y$ (für $e \sqsubset x$ wäre nämlich $Y \subseteq X$) und $e \sqsubset x$ wegen $Y \subset A$ (für $x \ulcorner e$ wäre nämlich $A \subseteq Y$), also $x \ulcorner x$; Widerspruch. Damit ist $A = X\rangle$. Ist umgekehrt $A = X\rangle$, so ist $A \neq \boldsymbol{I}$ wegen a) und $A = \boldsymbol{A}X$ nach c).

e) Für $\emptyset \neq K \subseteq \mathfrak{A}$ ist trivial $\min K \in \mathfrak{A}$. Nach Definition des Minimums und des Durchschnittes gilt weiterhin wegen $\min K \in K$ sofort $\bigcap K \subseteq \min K$; da $\min K \subseteq X$ für jedes $X \in K$ ist, gilt auch $\min K \subseteq \bigcap K$; also $\min K = \bigcap K$.

f) Ist $\emptyset \neq M \subseteq \mathfrak{A}$ und $M \in \boldsymbol{M}$, so ist $\emptyset \neq \bigcup M \in \boldsymbol{M}$. A sei die Allmenge $\underset{x}{\boldsymbol{M}}\,(x \ulcorner \bigcup M)$; es genügt zu zeigen: $\bigcup M = A$. Ist $x \in \bigcup M$, so ist $x \ulcorner \bigcup M$, also $x \in A$; also ist $\bigcup M \subseteq A$. Ist umgekehrt $x \ulcorner \bigcup M$ und wäre $x \notin \bigcup M$, so wäre nach b) $Y \sqsubset x$ für jedes $Y \in M$; dann wäre aber auch $y \ulcorner x$ für jedes $y \in \bigcup M$, was mit $x \ulcorner \bigcup M$ über Axiom I 5. zum Widerspruch führt. Also ist insgesamt $\bigcup M = A \in \mathfrak{A}$.

g) Nach den Klassenbildungsaxiomen existiert für jedes $A \in \mathfrak{A}$ die Klasse $A^* = \underset{X}{\boldsymbol{K}}\,(X \in \mathfrak{A} \wedge X \subset A)$; wegen $A^* \subseteq \boldsymbol{P}A$ ist A^* eine Menge. Nach den Klassenbildungsaxiomen existiert für jedes $M \in \boldsymbol{M}$ die Klasse $M^* = \underset{X}{\boldsymbol{K}} \exists x\,(x \in M \wedge X = \boldsymbol{A}x)$; es ist $M^* \subseteq \boldsymbol{A}\,M$ (denn wenn $x \in M$, so ist $x \ulcorner M$, also $\boldsymbol{A}x \ulcorner \boldsymbol{A}M$, also $\boldsymbol{A}x \in \boldsymbol{A}M$), also ist M^* eine Menge.

h) Ist $A = B\rangle$, so ist zunächst nach c) $B\rangle = \boldsymbol{A}B$; also gilt $x \in A \leftrightarrow x \sqsubset B$ für jedes x. Ist $x \in A$, so ist demnach $x \ulcorner B$ oder $x \Box B$, also $x \in B$ oder $x \in \boldsymbol{P}B$ (denn nach Satz 3f) ist x im Falle $x \Box B$ eine Menge, und für jedes $y \in x$ gilt: $y \ulcorner x \Box B$, also $y \in B$, womit $x \subseteq B$ ist). Ist umgekehrt $x \in B$ oder $x \in \boldsymbol{P}B$, so ist $x \ulcorner B$ oder $x \sqsubset B$ (da ja im Falle $x \in \boldsymbol{P}B$ gilt: $x \subseteq B$), also zusammen $x \sqsubset B$ und damit $x \in A$. Es ist also $A = B \cup \boldsymbol{P}B$. Ist $\boldsymbol{I} \neq A \in \mathfrak{A}$, gibt es keine Allmenge X mit $A = X\rangle$ und ist $x \in A$, so ist $\boldsymbol{A}x \subset A$ (es ist zunächst $\boldsymbol{A}x \subseteq A$ wegen $x \in A$; da $A \neq \boldsymbol{I} \wedge \sim \exists X\,(A = X\rangle)$, kann nach d) nicht $\boldsymbol{A}x = A$ sein); also ist $A \subseteq \bigcup \underset{X}{\boldsymbol{M}}\,(X \in \mathfrak{A} \wedge X \subset A)$. Ist umgekehrt $x \in \bigcup \underset{X}{\boldsymbol{M}}\,(X \in \mathfrak{A} \wedge X \subset A)$, so ist $x \ulcorner A$, also $x \in A$. Damit gilt schließlich $A = \bigcup \underset{X}{\boldsymbol{M}}\,(X \in \mathfrak{A} \wedge X \subset A)$.

i) $\boldsymbol{A}\,\emptyset = \boldsymbol{A}\boldsymbol{I} = \boldsymbol{I}\rangle$ folgt sofort aus c) und den Sätzen 3g), 7g). Ist $\emptyset \neq M \in \boldsymbol{M}$, so ist nach f) $M^* = \bigcup \underset{X}{\boldsymbol{M}} \exists x\,(x \in M \wedge X = \boldsymbol{A}x)$ eine Allmenge. Nach Satz 7g) brauchen wir nur noch zu zeigen: $M \Box M^*$. Ist $x \in M$, so ist $x \in \boldsymbol{A}x$, also $x \in M^*$; damit ist $M \subseteq M^*$, also $M \sqsubset M^*$. Wäre $M \ulcorner M^*$, so wäre nach b) $M \in M^*$, also gäbe es ein $x \in M$ mit $M \in \boldsymbol{A}x$; dann wäre aber $M \sqsubset x$ im Gegensatz zu $x \ulcorner M$. Also ist $M \Box M^*$.

j) Ist $\boldsymbol{I} \neq A \in \mathfrak{A}$ und gibt es ein X mit $A = X\rangle$, so gilt $A = \boldsymbol{A}X$ nach c) und $\sim \exists x\,(X \ulcorner x \ulcorner A)$ nach Satz 7d); gibt es kein X mit $A = X\rangle$, so ist $\boldsymbol{A}x \subset A$ für jedes $x \ulcorner A$ (vgl. den Beweis zu h)), also wäre $x \ulcorner \boldsymbol{A}x \ulcorner x$ unter der Voraussetzung $x \ulcorner A \wedge \forall X\,(X \in \mathfrak{A} \wedge X \subset A \rightarrow X \ulcorner x)$, was ein Widerspruch ist.

k) Man bilde für $M \in \boldsymbol{M}$ die Allmenge $M^* = \underset{x}{\boldsymbol{M}} (x \sqsubset M)$; dann ist $M \sqsubseteq M^*$ wegen $M \subseteq M^*$; wäre $M \sqsubset M^*$, so wäre nach b) $M \in M^*$, also $M \sqsubset M$, Widerspruch.

3. Während der Begriff „Stufe" bisher nur im anschaulichen, nicht präzisierten Sinne auftrat, wollen wir uns zum Schluß seiner Definition zuwenden in Verbindung mit den wichtigsten Sätzen über Stufen.

Für jedes Element e existiert nach den Klassenbildungsaxiomen und Satz 3f) die Klasse $\underset{x}{\boldsymbol{K}} (x \square e)$, die nach Satz 2g) eine Menge ist; nach den Klassenbildungsaxiomen existiert dann also auch die Klasse $\underset{X}{\boldsymbol{K}} \exists e \, (e \in \boldsymbol{E} \wedge X = \underset{x}{\boldsymbol{M}} (x \square e))$.

Definition 4. Ist e ein Element, so heißt die Menge $\underset{x}{\boldsymbol{M}} (x \square e)$ die *Stufe von e*, bezeichnet mit: $\boldsymbol{S}e$ (gelesen: *Stufe e*). Eine Menge S ist eine *Stufe* genau dann, wenn es ein Element e gibt mit $S = \boldsymbol{S}e$. Die Klasse $\underset{X}{\boldsymbol{K}} (X \textit{ Stufe})$ aller Stufen werde mit $\mathfrak{S}$ bezeichnet.

Satz 9. *Für Elemente e, e_1, e_2 gilt:*

a) $e \in \boldsymbol{S}e, \quad e \sqsubset \boldsymbol{S}e \wedge \sim \exists x \, (e \sqsubset x \sqsubset \boldsymbol{S}e)$,

b) $e_1 \square e_2 \leftrightarrow \boldsymbol{S}e_1 = \boldsymbol{S}e_2$,

c) $e_1 \sqsubset e_2 \leftrightarrow \boldsymbol{S}e_1 \sqsubset \boldsymbol{S}e_2$,

d) $e_1 \square e_2 \leftrightarrow \boldsymbol{S}e_1 \square \boldsymbol{S}e_2$,

e) $\boldsymbol{S}e_1 \square \boldsymbol{S}e_2 \leftrightarrow \boldsymbol{S}e_1 = \boldsymbol{S}e_2$,

f) $e_1 \sqsubset \boldsymbol{S}e_2 \leftrightarrow e_1 \sqsubseteq e_2$,

g) $e_1 \sqsubset e_2 \leftrightarrow \boldsymbol{S}e_1 \sqsubseteq e_2$,

h) $e_2 \in \boldsymbol{S}e_1 \leftrightarrow \boldsymbol{S}e_1 = \boldsymbol{S}e_2$.

Beweis. Es seien e, e_1, e_2 Elemente.

a) Wegen $e \square e$ ist $e \in \boldsymbol{S}e$ und damit auch $e \sqsubset \boldsymbol{S}e$. Die Annahme, daß es ein x gibt mit $e \sqsubset x \sqsubset \boldsymbol{S}e$ führt wegen $\boldsymbol{S}e \neq \emptyset$ über Axiom I 5. zum Widerspruch.

b) Ist $e_1 \square e_2$, so ist trivial $\boldsymbol{S}e_1 = \boldsymbol{S}e_2$; ist umgekehrt $\boldsymbol{S}e_1 = \boldsymbol{S}e_2$, so ist $e_1 \in \boldsymbol{S}e_2$, also $e_1 \square e_2$.

c) Ist $e_1 \sqsubset e_2$ und wäre $\boldsymbol{S}e_2 \sqsubseteq \boldsymbol{S}e_1$, so wäre $e_1 \sqsubset e_2 \sqsubset \boldsymbol{S}e_2 \sqsubseteq \boldsymbol{S}e_1$, also $e_1 \sqsubset e_2 \sqsubset \boldsymbol{S}e_1$ im Widerspruch zu a); ist umgekehrt $\boldsymbol{S}e_1 \sqsubset \boldsymbol{S}e_2$, so führt $e_2 \sqsubseteq e_1$ zu $e_2 \sqsubset e_1 \vee e_2 \square e_1$, also mit b) zum Widerspruch $\boldsymbol{S}e_2 \sqsubset \boldsymbol{S}e_1 \vee \boldsymbol{S}e_2 = \boldsymbol{S}e_1$ gegenüber $\boldsymbol{S}e_1 \sqsubset \boldsymbol{S}e_2$.

d) Ist $e_1 \square e_2$, so ist nach b) $\boldsymbol{S}e_1 = \boldsymbol{S}e_2$, also erst recht $\boldsymbol{S}e_1 \square \boldsymbol{S}e_2$; ist umgekehrt $\boldsymbol{S}e_1 \square \boldsymbol{S}e_2$, so führt $e_1 \sqsubset e_2 \vee e_2 \sqsubset e_1$ über c) zum Widerspruch zu $\boldsymbol{S}e_1 \square \boldsymbol{S}e_2$.

e) folgt aus b) und d).

f) Ist $e_1 \sqsubset \boldsymbol{S}e_2$ und wäre $e_2 \sqsubset e_1$, so wäre $e_2 \sqsubset e_1 \sqsubset \boldsymbol{S}e_2$ im Widerspruch zu a); ist umgekehrt $e_1 \sqsubseteq e_2$ und wäre $\boldsymbol{S}e_2 \sqsubseteq e_1$, so wäre $\boldsymbol{S}e_2 \sqsubseteq e_2$ im Widerspruch zu $e_2 \sqsubset \boldsymbol{S}e_2$.

g) folgt aus f) durch Kontraposition.

h) folgt wegen $e_2 \in \boldsymbol{S}e_1 \leftrightarrow e_1 \sqsubset\!\sqsupset e_2$ sofort aus b).

Satz 10. *Für Stufen S, T gilt;*

a) $\bigcup \mathfrak{S} = \boldsymbol{E}$,

b) $S \sqsubset\!\sqsupset T \leftrightarrow S = T$,

c) $S \neq T \leftrightarrow S \cap T = \emptyset$.

Beweis. a) $\bigcup \mathfrak{S} \subseteq \boldsymbol{E}$ ist trivial. Ist umgekehrt $x \in \boldsymbol{E}$, so ist $x \in \boldsymbol{S}x \in \mathfrak{S}$, also $x \in \bigcup \mathfrak{S}$. b) folgt aus Satz 9e). c) Für Stufen S, T gilt nach Satz 9h):

$$S \cap T \neq \emptyset \leftrightarrow \exists\, x\, (x \in S \cap T) \leftrightarrow \exists\, x\, (\boldsymbol{S}x = S = T) \leftrightarrow S = T.$$

Aus Satz 10b) und Satz 1, § 3 folgt sofort für Stufen S, T:

$$S \sqsubseteq T \leftrightarrow S \sqsubset T \vee S = T, \qquad S \sqsubset T \leftrightarrow S \sqsubseteq T \wedge S \neq T.$$

Satz 11. *Für Stufen S, T, U und Klassen K gilt:*

$S \sqsubseteq S$ (*Reflexivität*),

$S \sqsubseteq T \wedge T \sqsubseteq U \rightarrow S \sqsubseteq U$ (*Transitivität*),

$S \sqsubseteq T \wedge T \sqsubseteq S \rightarrow S = T$ (*Antisymmetrie*),

$S \sqsubseteq T \vee T \sqsubseteq S$ (*Linearität*),

$\emptyset \neq K \subseteq \mathfrak{S} \rightarrow \exists\, X\, (X \in K \wedge \forall\, Y\, (Y \in K \rightarrow X \sqsubseteq Y))$ (*Minimalbedingung*),

$\exists\, X\, (X \in \mathfrak{S} \wedge S \sqsubseteq X \wedge S \neq X)$ (*Unbegrenztheit*),

$S \not\sqsubset S$ (*Irreflexivität*),

$S \sqsubset T \wedge T \sqsubset U \rightarrow S \sqsubset U$ (*Transitivität*),

$S \sqsubset T \rightarrow T \not\sqsubset S$ (*Asymmetrie*),

$S \sqsubset T \vee S = T \vee T \sqsubset S$ (*Konnexität*),

$\emptyset \neq K \subseteq \mathfrak{S} \rightarrow \exists\, X\, (X \in K \wedge \forall\, Y\, (Y \in K \rightarrow X \sqsubset Y \vee X = Y))$ (*Minimalbedingung*),

$\exists\, X\, (X \in \mathfrak{S} \wedge S \sqsubset X)$ (*Unbegrenztheit*).

Beweis. Die Behauptungen folgen aus Satz 10b, Satz 1, § 3 und den Axiomen I 4., 7. Die Behauptung $\exists\, X\, (X \in \mathfrak{S} \wedge S \sqsubset X)$ ergibt sich dabei so: Zur Stufe S gibt es ein $e \in \boldsymbol{E}$ mit $S \sqsubset e$; dann ist $S \sqsubset \boldsymbol{S}e \in \mathfrak{S}$ wegen $S \sqsubset e \sqsubset \boldsymbol{S}e$.

Aus Satz 11 folgt sofort für beliebige Klassen K:

$$\emptyset \neq K \subseteq \mathfrak{S} \rightarrow \exists!!\, X\,(X \in K \wedge \forall Y\,(Y \in K \rightarrow X \sqsubset Y));$$

denn gäbe es mindestens zwei solche X, etwa X_1 und X_2 (mit also $X_1 \neq X_2$), so müßte $X_1 \sqsubset X_2 \wedge X_2 \sqsubset X_1$ sein, also $X_1 = X_2$ im Widerspruch zu $X_1 \neq X_2$. Es gilt dann also auch für beliebige Klassen K:

$$\emptyset \neq K \subseteq \mathfrak{S} \rightarrow \exists!!\, X\,(X \in K \wedge \forall Y\,(Y \in K \rightarrow X \sqsubseteq Y \vee X = Y)).$$

Es gibt also in jeder nicht leeren Klasse von Stufen genau ein *kleinstes* (*erstes*) *Element* (ein *Minimum*) in bezug auf die Relation $\sqsubset$ bzw. $\sqsubseteq$.

Weitere Begriffe und Sätze in Verbindung mit Stufen wollen wir nicht behandeln, da der präzisierte Stufenbegriff in unserer Theorie weniger wichtig ist; der wichtigere Begriff ist der Begriff der Allmenge.

$\boldsymbol{E}$, $\boldsymbol{M}$, $\mathfrak{A}$ und $\mathfrak{S}$ erweisen sich schließlich als Unmengen:

Satz 12.

$$\boldsymbol{E} \notin \boldsymbol{E}, \quad \boldsymbol{M} \notin \boldsymbol{E}, \quad \mathfrak{A} \notin \boldsymbol{E}, \quad \mathfrak{S} \notin \boldsymbol{E}.$$

Beweis. $\boldsymbol{E} \notin \boldsymbol{E}$ folgt aus Satz 1b). Wäre $\boldsymbol{M} \in \boldsymbol{E}$, so wäre $\boldsymbol{M} \in \boldsymbol{M}$ im Widerspruch zu Satz 1b). Wäre $\mathfrak{A} \in \boldsymbol{E}$, so wäre $\mathfrak{A} \in \boldsymbol{A}\mathfrak{A} \in \mathfrak{A}$ im Widerspruch zu Satz 1b). Wäre $\mathfrak{S} \in \boldsymbol{E}$, so wäre $\mathfrak{S} \in \boldsymbol{S}\mathfrak{S} \in \mathfrak{S}$ im Widerspruch zu Satz 1b).

KAPITEL II

KLASSENALGEBRA

§ 5. Die elementaren mengentheoretischen Operationen

Wir werden auch weiterhin, wie es bereits in Kapitel I gehandhabt wurde, bei Sätzen, deren Beweis unmittelbar aus den Definitionen der in diesen Sätzen verwendeten Begriffe folgt oder deren Beweis auch sonst keine Schwierigkeiten bereitet und ohne weiteres dem Leser überlassen werden kann, einfach die betreffenden Sätze „beweisen" durch Bemerkungen der Art, daß die im Satz aufgestellten Behauptungen unmittelbar aus den entsprechenden Definitionen folgen.

1. Für Elemente $e_1, e_2, e_3, e_4, e_5, \ldots$ existieren in Analogie zu Satz 8 aus § 3 — wo die Existenz der Einermengen $\{e_1\}$ und der Zweiermengen $\{e_1, e_2\}$ nachgewiesen wurde — sukzessiv die Mengen

$$\underset{x}{\boldsymbol{M}}\,(x = e_1 \vee x = e_2 \vee x = e_3),$$

$$\underset{x}{\boldsymbol{M}}\,(x = e_1 \vee x = e_2 \vee x = e_3 \vee x = e_4),$$

$$\underset{x}{\boldsymbol{M}}\,(x = e_1 \vee x = e_2 \vee x = e_3 \vee x = e_4 \vee x = e_5),$$

$$\vdots \qquad\qquad\qquad ;$$

diese Mengen nennt man der Reihe nach die *Dreiermenge von* e_1, e_2, e_3, die *Vierermenge von* e_1, e_2, e_3, e_4, die *Fünfermenge von* e_1, e_2, e_3, e_4, e_5 usw., bezeichnet mit: $\{e_1, e_2, e_3\}$ (gelesen: *Dreiermenge* e_1, e_2, e_3), $\{e_1, e_2, e_3, e_4\}$ (gelesen: *Vierermenge* e_1, e_2, e_3, e_4), $\{e_1, e_2, e_3, e_4, e_5\}$ (gelesen: *Fünfermenge* e_1, e_2, e_3, e_4, e_5) usw.

Aus der Definition der Zweiermengen, Dreiermengen, ... erhält man erfahrungsgemäß sofort die Unabhängigkeit dieser Mengen von der Reihenfolge ihrer Elemente; d. h. man erhält für Elemente $e_1, e_2, e_3, \ldots$ nacheinander die Sätze:

$$\{e_1, e_2\} = \{e_2, e_1\},$$

$$\{e_1, e_2, e_3\} = \{e_1, e_3, e_2\} = \{e_2, e_1, e_3\} = \{e_2, e_3, e_1\} = \{e_3, e_1, e_2\} = \{e_3, e_2, e_1\},$$

$$\vdots$$

Außerdem gilt für Elemente $e, e_1, e_2, e_3, e_4, \ldots$:

$$\{e, e\} = \{e\},$$

$$\{e, e, e\} = \{e\},$$

$$\{e, e, e, e\} = \{e\},$$

$$\vdots$$

und

$$\{e_1\} \cup \{e_2\} = \{e_1, e_2\},$$
$$\{e_1, e_2\} \cup \{e_3\} = \{e_1, e_2, e_3\},$$
$$\{e_1, e_2, e_3\} \cup \{e_4\} = \{e_1, e_2, e_3, e_4\},$$
$$\vdots$$

2. Satz 1. *Für Klassen A, B, C gilt:*

$$A \cup B = B \cup A \qquad (\textit{Kommutativität}),$$
$$(A \cup B) \cup C = A \cup (B \cup C) \qquad (\textit{Assoziativität}),$$
$$A \subseteq B \rightarrow A \cup C \subseteq B \cup C \qquad (\textit{Monotonie}),$$

$$A \cap B = B \cap A \qquad (\textit{Kommutativität}),$$
$$(A \cap B) \cap C = A \cap (B \cap C) \qquad (\textit{Assoziativität}),$$
$$A \subseteq B \rightarrow A \cap C \subseteq B \cap C \qquad (\textit{Monotonie}),$$
$$\left.\begin{array}{l} A \cup (B \cap C) = (A \cup B) \cap (A \cup C) \\ A \cap (B \cup C) = (A \cap B) \cup (A \cap C) \end{array}\right\} \quad (\textit{Distributivität}).$$

Beweis. Die Behauptungen folgen unmittelbar aus den entsprechenden Definitionen (unter Verwendung des Extensionalitätsaxiomes).

Satz 2. *Für Klassen A, B, C gilt:*

$$A \subseteq B \leftrightarrow A \cup B = B, \qquad A \subseteq B \leftrightarrow A \cap B = A,$$
$$A \subseteq B \subseteq C \leftrightarrow A \cup B = B \cap C,$$
$$A = B \leftrightarrow A \cup B = A \cap B,$$
$$A = B \leftrightarrow A \cup C = B \cup C \wedge A \cap C = B \cap C,$$
$$A = A \cap B \leftrightarrow A \cup B = B,$$
$$A = \emptyset \wedge B = \emptyset \leftrightarrow A \cup B = \emptyset,$$
$$A = \emptyset \vee B = \emptyset \rightarrow A \cap B = \emptyset.$$

Beweis. Die Behauptungen folgen unmittelbar aus den entsprechenden Definitionen.

Satz 3. *Für Klassen A, B, C gilt:*

$$A \cup A = A, \qquad A \cap A = A,$$
$$(A \cup B) \cup C = (A \cup C) \cup (B \cup C), \qquad (A \cap B) \cap C = (A \cap C) \cap (B \cap C),$$
$$A, B \subseteq A \cup B, \qquad A \cap B \subseteq A, B,$$

$$A \cup (A \cap B) = A, \qquad A \cap (A \cup B) = A,$$
$$A \cup \boldsymbol{E} = \boldsymbol{E}, \qquad A \cap \boldsymbol{E} = A,$$
$$A \cup \emptyset = A, \qquad A \cap \emptyset = \emptyset.$$

Beweis. Die Behauptungen folgen unmittelbar aus den entsprechenden Definitionen.

Satz 4. *Für Klassen A, B gilt:*

$$A, B \subseteq A \cup B \wedge \forall X\,(A, B \subseteq X \rightarrow A \cup B \subseteq X),$$
$$A \cap B \subseteq A, B \wedge \forall X\,(X \subseteq A, B \rightarrow X \subseteq A \cap B).$$

Beweis. Die Behauptungen folgen unmittelbar aus den entsprechenden Definitionen.

Im Sinne von Satz 4 ist die Vereinigung $A \cup B$ die kleinste gemeinsame Oberklasse von A und B und $A \cap B$ die größte gemeinsame Unterklasse von A und B. Speziell für Mengen A, B folgt aus Satz 4:

$$A \cup B = \min \underset{X}{\boldsymbol{K}}\,(X \in \boldsymbol{M} \wedge A, B \subseteq X),$$
$$A \cap B = \max \underset{X}{\boldsymbol{K}}\,(X \in \boldsymbol{M} \wedge X \subseteq A, B).$$

Für Klassen $A, B, C, D, E, \ldots$ definiert man sukzessiv die *mehrgliedrigen Vereinigungen* und *Durchschnitte*

$$\begin{array}{lll} A \cup B \cup C & \text{als} & (A \cup B) \cup C, \\ A \cap B \cap C & \text{als} & (A \cap B) \cap C, \\ A \cup B \cup C \cup D & \text{als} & (A \cup B \cup C) \cup D, \\ A \cap B \cap C \cap D & \text{als} & (A \cap B \cap C) \cap D, \\ A \cup B \cup C \cup D \cup E & \text{als} & (A \cup B \cup C \cup D) \cup E, \\ A \cap B \cap C \cap D \cap E & \text{als} & (A \cap B \cap C \cap D) \cap E, \\ & \vdots & \end{array}$$

Dann kann man mit Hilfe von Satz 1 und Satz 4 erfahrungsgemäß für Klassen $A, B, C, D, E, \ldots; A', B', C', D', \ldots$ die folgenden Sätze beweisen:

$A \cup B \cup C$ und $A \cap B \cap C$ sind unabhängig von der Zusammenfassung (Klammerung) und der Reihenfolge von A, B, C; d. h.:

$$(A \cup B \cup C) = (A \cup B) \cup C = A \cup (B \cup C),$$
$$(A \cap B \cap C) = (A \cap B) \cap C = A \cap (B \cap C),$$
$$A \cup B \cup C = A \cup C \cup B = B \cup A \cup C = B \cup C \cup A = C \cup A \cup B = C \cup B \cup A,$$
$$A \cap B \cap C = A \cap C \cap B = B \cap A \cap C = B \cap C \cap A = C \cap A \cap B = C \cap B \cap A.$$

$A \cup B \cup C \cup D$ und $A \cap B \cap C \cap D$ *sind unabhängig von der Zusammenfassung und der Reihenfolge von* A, B, C, D.

$A \cup B \cup C \cup D \cup E$ *und* $A \cap B \cap C \cap D \cap E$ *sind unabhängig von der Zusammenfassung und der Reihenfolge von* A, B, C, D, E.

usw.

$$A \cup (B \cap C) = (A \cup B) \cap (A \cup C),$$

$$A \cap (B \cup C) = (A \cap B) \cup (A \cap C),$$

$$A \cup (B \cap C \cap D) = (A \cup B) \cap (A \cup C) \cap (A \cup D),$$

$$A \cap (B \cup C \cup D) = (A \cap B) \cup (A \cap C) \cup (A \cap D),$$

$$A \cup (B \cap C \cap D \cap E) = (A \cup B) \cap (A \cup C) \cap (A \cup D) \cap (A \cup E),$$

$$A \cap (B \cup C \cup D \cup E) = (A \cap B) \cup (A \cap C) \cup (A \cap D) \cup (A \cap E),$$

$$\vdots$$

Ist $A \subseteq A'$ *und* $B \subseteq B'$, *so ist*

$$A \cup B \subseteq A' \cup B' \quad \textit{und} \quad A \cap B \subseteq A' \cap B'.$$

Ist $A \subseteq A', B \subseteq B'$ *und* $C \subseteq C'$, *so ist*

$$A \cup B \cup C \subseteq A' \cup B' \cup C' \quad \textit{und} \quad A \cap B \cap C \subseteq A' \cap B' \cap C'.$$

Ist $A \subseteq A', B \subseteq B', C \subseteq C'$ *und* $D \subseteq D'$, *so ist*

$$A \cup B \cup C \cup D \subseteq A' \cup B' \cup C' \cup D' \quad \textit{und} \quad A \cap B \cap C \cap D \subseteq A' \cap B' \cap C' \cap D'.$$

usw.

$$A, B \subseteq A \cup B \wedge \forall X\, (A, B \subseteq X \rightarrow A \cup B \subseteq X),$$

$$A \cap B \subseteq A, B \wedge \forall X\, (X \subseteq A, B \rightarrow X \subseteq A \cap B),$$

$$A, B, C \subseteq A \cup B \cup C \wedge \forall X\, (A, B, C \subseteq X \rightarrow A \cup B \cup C \subseteq X),$$

$$A \cap B \cap C \subseteq A, B, C \wedge \forall X\, (X \subseteq A, B, C \rightarrow X \subseteq A \cap B \cap C),$$

$$A, B, C, D \subseteq A \cup B \cup C \cup D \wedge \forall X\, (A, B, C, D \subseteq X \rightarrow A \cup B \cup C \cup D \subseteq X),$$

$$A \cap B \cap C \cap D \subseteq A, B, C, D \wedge \forall X\, (X \subseteq A, B, C, D \rightarrow X \subseteq A \cap B \cap C \cap D),$$

$$\vdots$$

Sind A, B *Mengen, so ist*

$$A \cup B = \min \underset{X}{\mathbf{K}} (X \in \mathbf{M} \wedge A, B \subseteq X),$$

$$A \cap B = \max \underset{X}{\mathbf{K}} (X \in \mathbf{M} \wedge X \subseteq A, B).$$

Sind A, B, C Mengen, so ist

$$A \cup B \cup C = \min \underset{X}{\boldsymbol{K}} (X \in \boldsymbol{M} \wedge A, B, C \subseteq X),$$
$$A \cap B \cap C = \max \underset{X}{\boldsymbol{K}} (X \in \boldsymbol{M} \wedge X \subseteq A, B, C).$$

Sind A, B, C, D Mengen, so ist

$$A \cup B \cup C \cup D = \min \underset{X}{\boldsymbol{K}} (X \in \boldsymbol{M} \wedge A, B, C, D \subseteq X),$$
$$A \cap B \cap C \cap D = \max \underset{X}{\boldsymbol{K}} (X \in \boldsymbol{M} \wedge X \subseteq A, B, C, D).$$

usw.

Mit den eben angeführten Beispielen für Übertragungen von Sätzen über zweigliedrige Vereinigungen und Durchschnitte auf mehrgliedrige Vereinigungen und Durchschnitte begnügen wir uns und gehen im folgenden — auch bei mehrgliedrigen Verallgemeinerungen anderer Operationen — nicht mehr auf solche trivialen Übertragungen ein.

3. Wir wenden uns jetzt der mengentheoretischen Differenz zu.

Für Klassen A, B existiert nach den Klassenbildungsaxiomen die Klasse

$$\underset{x}{\boldsymbol{K}} (x \in A \wedge x \notin B).$$

Definition 1. Sind A, B Klassen, so heißt die Klasse $\underset{x}{\boldsymbol{K}} (x \in A \wedge x \notin B)$ die *Differenz von A, B*, bezeichnet mit: $A \setminus B$ (gelesen: A *minus* B).

Für Klassen A, B gilt wegen $A \setminus B \subseteq A$ sofort:

$$A \in \boldsymbol{M} \rightarrow A \setminus B \in \boldsymbol{M}.$$

Satz 5. *Für Klassen A, B gilt:*

$$A \setminus B = (A \cup B) \setminus B = A \setminus (A \cap B) = A \cap (A \setminus B),$$
$$A \cup B = (A \setminus B) \cup (A \cap B) \cup (B \setminus A) = A \cup (B \setminus A),$$
$$A \cap B = A \setminus (A \setminus B),$$
$$A = A \setminus (B \setminus A) = (A \cup B) \setminus (B \setminus A) = (A \cap B) \cup (A \setminus B).$$

Beweis. Die Behauptungen folgen unmittelbar aus den entsprechenden Definitionen.

Satz 6. *Für Klassen A, B, C* gilt:

$$(A \setminus B) \setminus C = (A \setminus C) \setminus (B \setminus C) = A \setminus (B \cup C),$$
$$A \setminus (B \setminus C) = (A \setminus B) \cup (A \cap C),$$
$$(A \setminus B) \cup C = (A \cup C) \setminus (B \setminus C),$$

$$(A \setminus B) \cap C = (A \cap C) \setminus (B \cap C) = (A \cap C) \setminus B,$$
$$(A \cup B) \setminus C = (A \setminus C) \cup (B \setminus C),$$
$$A \setminus (B \cup C) = (A \setminus B) \cap (A \setminus C) = (A \setminus B) \setminus C,$$
$$(A \cap B) \setminus C = (A \setminus C) \cap (B \setminus C),$$
$$A \setminus (B \cap C) = (A \setminus B) \cup (A \setminus C),$$
$$(A \setminus B) \cup C = ((A \cup C) \setminus B) \cup (B \cap C),$$
$$(A \setminus B) \cup C = (A \setminus (B \setminus C)) \cup (C \setminus A),$$
$$A \cup (B \setminus C) = ((A \cup B) \setminus C) \cup (A \cap C).$$

Beweis. Die Behauptungen folgen unmittelbar aus den entsprechenden Definitionen.

Satz 7. *Für Klassen A, B, C gilt:*

$$A \subseteq B \leftrightarrow A \setminus B = \emptyset, \qquad A \subseteq B \leftrightarrow (B \setminus A) \cup A = B,$$
$$A \subseteq B \cup C \leftrightarrow A \setminus B \subseteq C \leftrightarrow A \setminus C \subseteq B,$$
$$A = B \leftrightarrow A \setminus B = B \setminus A,$$
$$A = A \setminus B \leftrightarrow B \setminus A = B,$$
$$A \setminus B = A \leftrightarrow A \cap B = \emptyset,$$
$$A \subseteq B \rightarrow A \setminus C \subseteq B \setminus C,$$
$$B \subseteq C \rightarrow A \setminus B \supseteq A \setminus C,$$
$$A = \emptyset \rightarrow A \setminus B = \emptyset.$$

Beweis. Die Behauptungen folgen unmittelbar aus den entsprechenden Definitionen.

Satz 8. *Für Klassen A, B gilt:*

$$A \setminus B \subseteq A \subseteq (A \setminus B) \cup B,$$
$$(A \setminus B) \cap B = \emptyset,$$
$$A \setminus A = \emptyset, \qquad A \setminus \boldsymbol{E} = \emptyset,$$
$$A \setminus \emptyset = A, \qquad \emptyset \setminus A = \emptyset.$$

Beweis. Die Behauptungen folgen unmittelbar aus den entsprechenden Definitionen.

Aus Differenz- und Vereinigungsbildung erhält man die symmetrische Differenz.

Definition 2. Sind A, B Klassen, so heißt die Klasse $(A \setminus B) \cup (B \setminus A)$ die *symmetrische Differenz* (oder der *Überschuß*) *von* A, B, bezeichnet mit: $A \vartriangle B$ (gelesen: A *Delta* B).

Für Klassen A, B gilt sofort:

$$A \in \boldsymbol{M} \wedge B \in \boldsymbol{M} \rightarrow A \vartriangle B \in \boldsymbol{M}.$$

Satz 9. *Für Klassen* A, B *gilt:*

$$A \vartriangle B = (A \cup B) \setminus (A \cap B),$$

$$A \cup B = (A \vartriangle B) \vartriangle (A \cap B),$$

$$A \setminus B = (A \vartriangle B) \cap A.$$

Beweis. Die Behauptungen folgen unmittelbar aus den entsprechenden Definitionen.

Satz 10. *Für Klassen* A, B, C *gilt:*

$$A \vartriangle B = B \vartriangle A,$$

$$(A \vartriangle B) \vartriangle C = A \vartriangle (B \vartriangle C),$$

$$A \vartriangle A = \emptyset, \qquad A \vartriangle \emptyset = A,$$

$$\exists!!\, X (A \vartriangle X = B),$$

$$A \cap (B \vartriangle C) = (A \cap B) \vartriangle (A \cap C).$$

Beweis. Bis auf die Existenzaussage beweist man alle Behauptungen direkt aus den entsprechenden Definitionen. Sind A, B Klassen, so ist

$$A \vartriangle (A \vartriangle B) = (A \vartriangle A) \vartriangle B = \emptyset \vartriangle B = B;$$

also gibt es ein X mit $A \vartriangle X = B$, nämlich $X = A \vartriangle B$; es gibt auch höchstens ein X mit $A \vartriangle X = B$, denn für jedes solche X ist ja

$$A \vartriangle (A \vartriangle X) = A \vartriangle B,$$

also $X = A \vartriangle B$ wegen

$$A \vartriangle (A \vartriangle X) = (A \vartriangle A) \vartriangle X = \emptyset \vartriangle X = X.$$

Für Klassen A, B, C, D, E, ... definiert man sukzessiv die *mehrgliedrigen symmetrischen Differenzen*

$$A \vartriangle B \vartriangle C \quad \text{als} \quad (A \vartriangle B) \vartriangle C,$$

$$A \vartriangle B \vartriangle C \vartriangle D \quad \text{als} \quad (A \vartriangle B \vartriangle C) \vartriangle D,$$

$$A \vartriangle B \vartriangle C \vartriangle D \vartriangle E \quad \text{als} \quad (A \vartriangle B \vartriangle C \vartriangle D) \vartriangle E,$$

$$\vdots$$

Dann kann man mit Hilfe von Satz 10 wieder erfahrungsgemäß — wie früher bei den mehrgliedrigen Vereinigungen und Durchschnitten — die Unabhängigkeit der mehrgliedrigen symmetrischen Differenzen von der Zusammenfassung und Reihenfolge ihrer Glieder nachweisen. Außerdem ist für Klassen A:

$$A \triangle A = \emptyset,$$
$$A \triangle A \triangle A = A,$$
$$A \triangle A \triangle A \triangle A = \emptyset,$$
$$\vdots$$

4. Ein wichtiger Spezialfall der Differenz ist das Komplement.

Definition 3. Sind A, E Klassen mit $A \subseteq E$, so heißt die Klasse $E \setminus A$ das *Komplement von A bzgl. E*, bezeichnet mit: $\mathbf{C}_E A$ (gelesen: *Komplement A bzgl. E*).

Zur Vereinfachung der Schreibweise (Klammereinsparung) vereinbart man, daß $\cup$, $\cap$, $\times$, $\setminus$, $\triangle$ stärker trennen als $\mathbf{P}$, $\mathbf{C}$, $\bigcup$, $\bigcap$, so daß also etwa

$$\mathbf{P} A \cup B, \quad \mathbf{C}_E A \cap B, \quad \bigcup M \times B, \quad \bigcap M \setminus B$$

bedeuten:

$$(\mathbf{P} A) \cup B, \quad (\mathbf{C}_E A) \cap B, \quad (\bigcup M) \times B, \quad (\bigcap M) \setminus B.$$

Für Klassen A, E mit $A \subseteq E$ gilt sofort:

$$E \in \mathbf{M} \to \mathbf{C}_E A \in \mathbf{M}.$$

Satz 11. *Für Klassen A, B, E mit $A, B \subseteq E$ gilt:*

$$A \cup \mathbf{C}_E A = E, \qquad A \cap \mathbf{C}_E A = \emptyset,$$
$$\mathbf{C}_E \mathbf{C}_E A = A,$$
$$\left.\begin{aligned} \mathbf{C}_E (A \cup B) &= \mathbf{C}_E A \cap \mathbf{C}_E B \\ \mathbf{C}_E (A \cap B) &= \mathbf{C}_E A \cup \mathbf{C}_E B \end{aligned}\right\} \text{(de Morgansche Formeln)},$$
$$A \subseteq B \leftrightarrow \mathbf{C}_E B \subseteq \mathbf{C}_E A,$$
$$\mathbf{C}_E \emptyset = E, \qquad \mathbf{C}_E E = \emptyset.$$

Beweis. Die Behauptungen folgen aus den entsprechenden Sätzen über die Differenz.

Satz 12. *Für Klassen A, B, E* mit $A, B \subseteq E$ *gilt:*

$$A \cup B = \mathbf{C}_E (\mathbf{C}_E A \cap \mathbf{C}_E B),$$
$$A \cap B = \mathbf{C}_E (\mathbf{C}_E A \cup \mathbf{C}_E B),$$
$$A \setminus B = \mathbf{C}_E (\mathbf{C}_E A \cup B) = A \cap \mathbf{C}_E B,$$
$$A \triangle B = (A \cap \mathbf{C}_E B) \cup (B \cap \mathbf{C}_E A),$$
$$A \triangle B = \mathbf{C}_E A \triangle \mathbf{C}_E B.$$

Beweis. Es sei $A, B \subseteq E$; wir lassen der Einfachheit halber im folgenden an dem Zeichen $\boldsymbol{C}_E$ den Index E weg. Dann gilt:

$$A \cup B = \boldsymbol{C}\,\boldsymbol{C}\,(A \cup B) = \boldsymbol{C}\,(\boldsymbol{C}A \cap \boldsymbol{C}B),$$

$$A \cap B = \boldsymbol{C}\,\boldsymbol{C}\,(A \cap B) = \boldsymbol{C}\,(\boldsymbol{C}A \cup \boldsymbol{C}B).$$

Es ist nach Satz 6

$$E \setminus (A \setminus B) = (E \setminus A) \cup (E \cap B),$$

also

$$\boldsymbol{C}\,(A \setminus B) = \boldsymbol{C}A \cup B$$

wegen $B \subseteq E$; dann ist

$$A \setminus B = \boldsymbol{C}\,\boldsymbol{C}\,(A \setminus B) = \boldsymbol{C}\,(\boldsymbol{C}A \cup B) = A \cap \boldsymbol{C}B.$$

Es ist

$$A \setminus B = A \cap \boldsymbol{C}B \quad \text{und} \quad B \setminus A = B \cap \boldsymbol{C}A,$$

also zusammen

$$A \triangle B = (A \setminus B) \cup (B \setminus A) = (A \cap \boldsymbol{C}B) \cup (B \cap \boldsymbol{C}A).$$

Es ist

$$A \triangle B = (\boldsymbol{C}A \cap B) \cup (\boldsymbol{C}B \cap A) = (\boldsymbol{C}A \setminus \boldsymbol{C}B) \cup (\boldsymbol{C}B \setminus \boldsymbol{C}A) = \boldsymbol{C}A \triangle \boldsymbol{C}B.$$

5. Sind $\boldsymbol{T}_1$, $\boldsymbol{T}_2$ mathematische Terme, in denen nur Dingvariable, die Zeichen $\cup$, $\cap$ und Klammern vorkommen, und sind $\boldsymbol{T}_1^*$, $\boldsymbol{T}_2^*$ die zu $\boldsymbol{T}_1$, $\boldsymbol{T}_2$ *dualen Terme,* welche aus $\boldsymbol{T}_1$, $\boldsymbol{T}_2$ dadurch entstehen, daß man in $\boldsymbol{T}_1$, $\boldsymbol{T}_2$ das Zeichen $\cup$ überall durch $\cap$ und das Zeichen $\cap$ überall durch $\cup$ ersetzt, so kann man erfahrungsgemäß mit Hilfe von

$$\boldsymbol{C}_E\,(\boldsymbol{C}_E\,A) = A,$$

$$\boldsymbol{C}_E\,(A \cup B) = \boldsymbol{C}_E\,A \cap \boldsymbol{C}_E\,B,$$

$$\boldsymbol{C}_E\,(A \cap B) = \boldsymbol{C}_E\,A \cup \boldsymbol{C}_E\,B,$$

$$A \subseteq B \leftrightarrow \boldsymbol{C}_E\,B \subseteq \boldsymbol{C}_E\,A$$

aus Satz 11 für jedes solche Termpaar $\boldsymbol{T}_1$, $\boldsymbol{T}_2$ stets die beiden mengentheoretischen Sätze beweisen — $\boldsymbol{v}_1, \boldsymbol{v}_2, \ldots$ bezeichnen die in $\boldsymbol{T}_1 = \boldsymbol{T}_2$ auftretenden Variablen in der Reihenfolge ihres ersten Auftretens in $\boldsymbol{T}_1 = \boldsymbol{T}_2$ (von links nach rechts gelesen) —:

$$\forall \boldsymbol{v}_1 \forall \boldsymbol{v}_2 \ldots (\boldsymbol{v}_1, \boldsymbol{v}_2, \ldots \textit{Klasse} \rightarrow \boldsymbol{T}_1 = \boldsymbol{T}_2)$$
$$\rightarrow \forall \boldsymbol{v}_1 \forall \boldsymbol{v}_2 \ldots (\boldsymbol{v}_1, \boldsymbol{v}_2, \ldots \textit{Klasse} \rightarrow \boldsymbol{T}_1^* = \boldsymbol{T}_2^*),$$

$$\forall \boldsymbol{v}_1 \forall \boldsymbol{v}_2 \ldots (\boldsymbol{v}_1, \boldsymbol{v}_2, \ldots \textit{Klasse} \rightarrow \boldsymbol{T}_1 \subseteq \boldsymbol{T}_2)$$
$$\rightarrow \forall \boldsymbol{v}_1 \forall \boldsymbol{v}_2 \ldots (\boldsymbol{v}_1, \boldsymbol{v}_2, \ldots \textit{Klasse} \rightarrow \boldsymbol{T}_1^* \supseteq \boldsymbol{T}_2^*).$$

Die Aussage, daß für jedes angegebene Termpaar $\boldsymbol{T}_1$, $\boldsymbol{T}_2$ stets die beiden angegebenen Sätze gelten, heißt das *Dualitätsprinzip für Klassen*. Das Dualitätsprinzip ist eine Aussage über mathematische Aussagen, also selbst keine mathematische Aussage.

Sind $\boldsymbol{T}_1^*$, $\boldsymbol{T}_2^*$ die zu $\boldsymbol{T}_1$, $\boldsymbol{T}_2$ dualen Terme, so sind natürlich umgekehrt $\boldsymbol{T}_1$, $\boldsymbol{T}_2$ die zu $\boldsymbol{T}_1^*$, $\boldsymbol{T}_2^*$ dualen Terme; es folgen also aus dem Dualitätsprinzip sofort für beliebige (im obigen Sinne zugelassene) Terme $\boldsymbol{T}_1$, $\boldsymbol{T}_2$ die beiden Sätze:

$$\forall \boldsymbol{v}_1 \forall \boldsymbol{v}_2 \ldots (\boldsymbol{v}_1, \boldsymbol{v}_2, \ldots \textit{Klasse} \rightarrow \boldsymbol{T}_1 = \boldsymbol{T}_2) \leftrightarrow \forall \boldsymbol{v}_1 \forall \boldsymbol{v}_2 \ldots (\boldsymbol{v}_1, \boldsymbol{v}_2, \ldots \textit{Klasse} \rightarrow \boldsymbol{T}_1^* = \boldsymbol{T}_2^*),$$

$$\forall \boldsymbol{v}_1 \forall \boldsymbol{v}_2 \ldots (\boldsymbol{v}_1, \boldsymbol{v}_2, \ldots \textit{Klasse} \rightarrow \boldsymbol{T}_1 \subseteq \boldsymbol{T}_2) \leftrightarrow \forall \boldsymbol{v}_1 \forall \boldsymbol{v}_2 \ldots (\boldsymbol{v}_1, \boldsymbol{v}_2, \ldots \textit{Klasse} \rightarrow \boldsymbol{T}_1^* \supseteq \boldsymbol{T}_2^*).$$

Nach dem Dualitätsprinzip erhält man zu jeder Gleichung $\boldsymbol{T}_1 = \boldsymbol{T}_2$ bzw. Inklusion $\boldsymbol{T}_1 \subseteq \boldsymbol{T}_2$ (mit nach oben zugelassenen Termen $\boldsymbol{T}_1, \boldsymbol{T}_2$), die stets richtig ist, falls man für die auftretenden Variablen beliebig fest ausgewählte Klassen einsetzt, eine neue (duale) Gleichung $\boldsymbol{T}_1^* = \boldsymbol{T}_2^*$ bzw. Inklusion $\boldsymbol{T}_1^* \supseteq \boldsymbol{T}_2^*$, die dann automatisch ebenfalls für beliebige Klassen gilt. Man erhält so z. B. aus der Gültigkeit von

$$A \cup (B \cap C) = (A \cup B) \cap (A \cup C)$$

bzw.

$$A \subseteq A \cup B$$

für beliebige Klassen A, B, C sofort die Gültigkeit von

$$A \cap (B \cup C) = (A \cap B) \cup (A \cap C)$$

bzw.

$$A \supseteq A \cap B$$

für beliebige Klassen A, B, C. Der Beweis verläuft in diesen beiden Beispielen wie folgt (man entnimmt aus den beiden Beweisbeispielen gleichzeitig das Beweisverfahren für beliebige im obigen Sinne zugelassene Terme $\boldsymbol{T}_1$, $\boldsymbol{T}_2$):

Da für beliebige Klassen A, B, C

$$A \cup (B \cap C) = (A \cup B) \cap (A \cup C)$$

bzw.

$$A \subseteq A \cup B$$

gilt, so gilt für beliebige Klassen A, B, C auch der Reihe nach — es sei $E = A \cup B \cup C$ im ersten Beispiel und $E = A \cup B$ im zweiten Beispiel (d. h. E ist stets die Vereinigung aller vorkommenden Klassen); $\boldsymbol{C}$ sei außerdem im folgenden abkürzend für $\boldsymbol{C}_E$ geschrieben —:

$$\boldsymbol{C}\,[A \cup (B \cap C)] = \boldsymbol{C}\,[(A \cup B) \cap (A \cup C)],$$
$$\boldsymbol{C}A \cap \boldsymbol{C}[B \cap C] = \boldsymbol{C}\,[A \cup B] \cup \boldsymbol{C}\,[A \cup C],$$
$$\boldsymbol{C}A \cap [\boldsymbol{C}B \cup \boldsymbol{C}C] = [\boldsymbol{C}A \cap \boldsymbol{C}B] \cup [\boldsymbol{C}A \cap \boldsymbol{C}C],$$
$$\boldsymbol{C}\boldsymbol{C}A \cap [\boldsymbol{C}\boldsymbol{C}B \cup \boldsymbol{C}\boldsymbol{C}C] = [\boldsymbol{C}\boldsymbol{C}A \cap \boldsymbol{C}\boldsymbol{C}B] \cup [\boldsymbol{C}\boldsymbol{C}A \cap \boldsymbol{C}\boldsymbol{C}C],$$
$$A \cap (B \cup C) = (A \cap B) \cup (A \cap C)$$

bzw.

$$\boldsymbol{C}A \supseteq \boldsymbol{C}\,[A \cup B],$$
$$\boldsymbol{C}A \supseteq \boldsymbol{C}A \cap \boldsymbol{C}B,$$
$$\boldsymbol{C}\boldsymbol{C}A \supseteq \boldsymbol{C}\boldsymbol{C}A \cap \boldsymbol{C}\boldsymbol{C}B,$$
$$A \supseteq A \cap B.$$

6. Wir wenden uns nun der Vereinigung und dem Durchschnitt von Mengensystemen zu.

Satz 13. *Für Mengen A, B und Mengensysteme $\boldsymbol{M}$, $\boldsymbol{N}$ gilt:*

$$A = \bigcup \{A\}, \qquad A = \bigcap \{A\},$$
$$A \cup B = \bigcup \{A, B\}, \qquad A \cap B = \bigcap \{A, B\},$$
$$\bigcup (\boldsymbol{M} \cup \boldsymbol{N}) = \bigcup \boldsymbol{M} \cup \bigcup \boldsymbol{N}, \qquad \bigcap (\boldsymbol{M} \cup \boldsymbol{N}) = \bigcap \boldsymbol{M} \cap \bigcap \boldsymbol{N},$$
$$\boldsymbol{M} \subseteq \boldsymbol{N} \to \bigcup \boldsymbol{M} \subseteq \bigcup \boldsymbol{N}, \qquad \boldsymbol{M} \subseteq \boldsymbol{N} \to \bigcap \boldsymbol{N} \subseteq \bigcap \boldsymbol{M},$$

$$\forall X\,(X \in \boldsymbol{M} \to X \subseteq \bigcup \boldsymbol{M}) \wedge \forall Y\,(Y \notin \boldsymbol{I} \wedge \forall X\,(X \in \boldsymbol{M} \to X \subseteq Y) \to \bigcup \boldsymbol{M} \subseteq Y),$$
$$\forall X\,(X \in \boldsymbol{M} \to \bigcap \boldsymbol{M} \subseteq X) \wedge \forall Y\,(Y \notin \boldsymbol{I} \wedge \forall X\,(X \in \boldsymbol{M} \to Y \subseteq X) \to Y \subseteq \bigcap \boldsymbol{M}),$$
$$\boldsymbol{M} \in \boldsymbol{M} \to \bigcup \boldsymbol{M} = \min \underset{Y}{\boldsymbol{K}}\,(Y \in \boldsymbol{M} \wedge \forall X\,(X \in \boldsymbol{M} \to X \subseteq Y)),$$
$$\boldsymbol{M} \neq \emptyset \to \bigcap \boldsymbol{M} = \max \underset{Y}{\boldsymbol{K}}\,(Y \in \boldsymbol{M} \wedge \forall X\,(X \in \boldsymbol{M} \to Y \subseteq X)),$$

$$\bigcup \boldsymbol{M} = \bigcap \boldsymbol{M} \leftrightarrow \exists X\,(\boldsymbol{M} = \{X\}),$$
$$\boldsymbol{M} = \emptyset \vee \boldsymbol{M} = \{\emptyset\} \leftrightarrow \bigcup \boldsymbol{M} = \emptyset,$$
$$\emptyset \in \boldsymbol{M} \to \bigcap \boldsymbol{M} = \emptyset,$$
$$\bigcup \boldsymbol{M} = \boldsymbol{E}, \qquad \bigcap \boldsymbol{M} = \emptyset,$$
$$\bigcup \emptyset = \emptyset, \qquad \bigcap \emptyset = \boldsymbol{E}.$$

Beweis. Die Behauptungen folgen unmittelbar aus den entsprechenden Definitionen.

Die weiteren Rechengesetze für $\bigcup$ und $\bigcap$ behandeln wir später in § 9 gleich in einer verallgemeinerten Form, welche für diese Gesetze gleichzeitig durch die dabei verwendete Bezeichnungsweise eine besonders übersichtliche und anschauliche Darstellung ermöglicht.

§ 6. Abbildungen

1. Zunächst stellen wir die wichtigsten Gesetze des Produktes von Klassen zusammen.

Satz 1. *Für Klassen* A, B, C, D, E_1, E_2 mit $A \subseteq E_1$ und $B \subseteq E_2$ *gilt:*

$$(A \cup B) \times C = (A \times C) \cup (B \times C),$$
$$A \times (B \cup C) = (A \times B) \cup (A \times C),$$
$$(A \cap B) \times C = (A \times C) \cap (B \times C),$$
$$A \times (B \cap C) = (A \times B) \cap (A \times C),$$
$$(A \setminus B) \times C = (A \times C) \setminus (B \times C),$$
$$A \times (B \setminus C) = (A \times B) \setminus (A \times C),$$
$$(A \times B) \cup (C \times D) \subseteq (A \cup C) \times (B \cup D),$$
$$(A \times B) \cap (C \times D) = (A \cap C) \times (B \cap D),$$
$$(A \times B) \setminus (C \times D) = ((A \setminus C) \times B) \cup (A \times (B \setminus D)),$$
$$C_{E_1} A \times C_{E_2} B \subseteq C_{E_1 \times E_2} (A \times B).$$

Beweis. Die Behauptungen folgen unmittelbar aus den entsprechenden Definitionen.

Satz 2. *Für Klassen* A, B, C, D *gilt:*

$$A \times B = \emptyset \leftrightarrow A = \emptyset \vee B = \emptyset,$$
$$A \subseteq B \rightarrow A \times C \subseteq B \times C,$$
$$B \subseteq C \rightarrow A \times B \subseteq A \times C,$$
$$A \times B \subseteq C \times D \leftrightarrow (A \subseteq C \wedge B \subseteq D) \vee A \times B = \emptyset,$$
$$A \times B = C \times D \leftrightarrow (A = C \wedge B = D) \vee A \times B = C \times D = \emptyset,$$
$$A \times A = B \times B \leftrightarrow A = B.$$

Beweis. Die Behauptungen folgen unmittelbar aus den entsprechenden Definitionen.

2. Für Elemente e_1, e_2, e_3, e_4, e_5 definiert man sukzessiv, ausgehend von den geordneten Paaren $[e_1, e_2]$, auch 2-*Tupel* genannt, die *mehrgliedrigen Tupel*

$$[e_1, e_2, e_3] \text{ als } [[e_1, e_2], e_3],$$
$$[e_1, e_2, e_3, e_4] \text{ als } [[e_1, e_2, e_3], e_4],$$
$$[e_1, e_2, e_3, e_4, e_5] \text{ als } [[e_1, e_2, e_3, e_4], e_5],$$
$$\vdots \qquad ;$$

diese Tupel nennt man der Reihe nach das *3-Tupel von* e_1, e_2, e_3, das *4-Tupel von* e_1, e_2, e_3, e_4, das *5-Tupel von* e_1, e_2, e_3, e_4, e_5 usw. (gelesen: *3-Tupel* e_1, e_2, e_3, *4-Tupel* e_1, e_2, e_3, e_4, *5-Tupel* e_1, e_2, e_3, e_4, e_5 usw.). Für „3-Tupel“, „4-Tupel“, „5-Tupel“, ... sagt man auch latinisiert *Tripel, Quadrupel, Quintupel,* ... .

Aus Satz 9 von § 3 erhält man erfahrungsgemäß für Elemente $e_1, e_2, e_3, e_4, \ldots; e_1', e_2', e_3', e_4', \ldots$ die Sätze:

$$[e_1, e_2] = [e_1', e_2'] \leftrightarrow e_1 = e_1' \wedge e_2 = e_2',$$

$$[e_1, e_2, e_3] = [e_1', e_2', e_3'] \leftrightarrow e_1 = e_1' \wedge e_2 = e_2' \wedge e_3 = e_3',$$

$$[e_1, e_2, e_3, e_4] = [e_1', e_2', e_3', e_4'] \leftrightarrow e_1 = e_1' \wedge e_2 = e_2' \wedge e_3 = e_3' \wedge e_4 = e_4',$$

$$\vdots$$

und ebenso die Sätze:

$$\exists!!\, x \,\exists\, y\, ([x, y] = [e_1, e_2]),$$

$$\exists!!\, y \,\exists\, x\, ([x, y] = [e_1, e_2]),$$

$$\exists!!\, x \,\exists\, y \,\exists\, z\, ([x, y, z] = [e_1, e_2, e_3]),$$

$$\exists!!\, y \,\exists\, x \,\exists\, z\, ([x, y, z] = [e_1, e_2, e_3]),$$

$$\exists!!\, z \,\exists\, x \,\exists\, y\, ([x, y, z] = [e_1, e_2, e_3]),$$

$$\vdots$$

Man nennt daher sinnvoll — wie schon beim geordneten Paar — in dem 3-Tupel $[e_1, e_2, e_3]$ e_1 das *erste*, e_2 das *zweite*, e_3 das *dritte Element von* $[e_1, e_2, e_3]$; analog bei den übrigen Tupeln.

Für Klassen $A, B, C, D, E, \ldots$ definiert man sukzessiv die *mehrgliedrigen Produkte*

$$A \times B \times C \quad \text{als} \quad (A \times B) \times C,$$

$$A \times B \times C \times D \quad \text{als} \quad (A \times B \times C) \times D,$$

$$A \times B \times C \times D \times E \quad \text{als} \quad (A \times B \times C \times D) \times E,$$

$$\vdots$$

Man nennt wieder die Klassen A, B, C *Komponenten von* $A \times B \times C$; analog bei den übrigen Produkten.

Für Klassen A, B nennt man die nach den Klassenbildungsaxiomen existierende Funktion P_1 über $A \times B$ mit

$$\forall x \forall y ([x, y] \in A \times B \rightarrow P_1([x, y]) = x)$$

die *Projektion(sfunktion) von* $A \times B$ *auf* A und die nach den Klassenbildungsaxiomen existierende Funktion P_2 über $A \times B$ mit

$$\forall x \forall y ([x, y] \in A \times B \rightarrow P_2([x, y]) = y)$$

die *Projektion(sfunktion) von* $A \times B$ *auf* B; analog bei den übrigen Produkten.

Man schreibt für

$$A \times A, \quad A \times A \times A, \quad A \times A \times A \times A, \quad \ldots$$

abkürzend auch

$$A^{(2)}, \quad A^{(3)}, \quad A^{(4)}, \quad \ldots$$

$$\text{(gelesen: } A \textit{ hoch } 2, \quad A \textit{ hoch } 3, \quad A \textit{ hoch } 4, \quad \ldots).$$

Dann kann man erfahrungsgemäß für Klassen $A, B, C, D, \ldots$ die Sätze beweisen:

$$A \times B = \underset{x}{\boldsymbol{K}} \exists e_1 \exists e_2 \, (e_1 \in A \wedge e_2 \in B \wedge x = [e_1, e_2]),$$

$$A \times B \times C = \underset{x}{\boldsymbol{K}} \exists e_1 \exists e_2 \exists e_3 \, (e_1 \in A \wedge e_2 \in B \wedge e_3 \in C \wedge x = [e_1, e_2, e_3]),$$

$$A \times B \times C \times D = \underset{x}{\boldsymbol{K}} \exists e_1 \exists e_2 \exists e_3 \exists e_4 \, (e_1 \in A \wedge e_2 \in B \wedge e_3 \in C \wedge e_4 \in D \wedge x = [e_1, e_2, e_3, e_4]),$$

$$\vdots$$

3. Bevor wir uns den Sätzen über Abbildungen zuwenden, zunächst die folgende Definition, der wir vorausschicken, daß nach den Klassenbildungsaxiomen für jede Abbildung $\boldsymbol{F}$ mit $\forall x \, (x \in \mathrm{Vb}\, \boldsymbol{F} \to \boldsymbol{F} \langle \{x\} \rangle \in \boldsymbol{M})$ die Klasse $\underset{X}{\boldsymbol{K}} \exists x \, (x \in \mathrm{Vb}\, \boldsymbol{F} \wedge X = \boldsymbol{F} \langle \{x\} \rangle)$ existiert.

Definition 1. Ist $\boldsymbol{F}$ eine Abbildung, so heißt $(\mathrm{Vb}\, \boldsymbol{F}) \cup (\mathrm{Nb}\, \boldsymbol{F})$ das *Feld von* $\boldsymbol{F}$, bezeichnet mit: $\mathrm{Fd}\, \boldsymbol{F}$ (gelesen: *Feld* $\boldsymbol{F}$); gilt außerdem noch $\forall x \, (x \in \mathrm{Vb}\, \boldsymbol{F} \to \boldsymbol{F} \langle \{x\} \rangle \in \boldsymbol{M})$, so heißt die Klasse $\underset{X}{\boldsymbol{K}} \exists x \, (x \in \mathrm{Vb}\, \boldsymbol{F} \wedge X = \boldsymbol{F} \langle \{x\} \rangle)$ das *Bildsystem von* $\boldsymbol{F}$, bezeichnet mit: $\mathrm{Bs}\, \boldsymbol{F}$ (gelesen: *Bildsystem* $\boldsymbol{F}$).

Satz 3. *Für Abbildungen* $\boldsymbol{F}$ *und Klassen* A, B *gilt:*

$$\boldsymbol{F} \langle A \rangle \subseteq \mathrm{Nb}\, \boldsymbol{F},$$

$$A \cap \mathrm{Vb}\, \boldsymbol{F} \neq \emptyset \leftrightarrow \boldsymbol{F} \langle A \rangle \neq \emptyset,$$

$$\mathrm{Vb}\, \boldsymbol{F} \subseteq A \to \boldsymbol{F} \langle A \rangle = \mathrm{Nb}\, \boldsymbol{F},$$

$$\mathrm{Vb}\, \boldsymbol{F} = \emptyset \leftrightarrow \mathrm{Nb}\, \boldsymbol{F} = \emptyset,$$

$$\boldsymbol{F} = \emptyset \leftrightarrow \mathrm{Vb}\, \boldsymbol{F} = \emptyset \wedge \mathrm{Nb}\, \boldsymbol{F} = \emptyset,$$

$$\boldsymbol{F} \langle \emptyset \rangle = \emptyset,$$

$$\boldsymbol{F} \in \boldsymbol{M} \leftrightarrow \mathrm{Fd}\, \boldsymbol{F} \in \boldsymbol{M},$$

$$\boldsymbol{F} \subseteq (\mathrm{Vb}\, \boldsymbol{F}) \times (\mathrm{Nb}\, \boldsymbol{F}),$$

$$\boldsymbol{F} \subseteq A \times B \leftrightarrow \mathrm{Vb}\, \boldsymbol{F} \subseteq A \wedge \mathrm{Nb}\, \boldsymbol{F} \subseteq B,$$

$$\boldsymbol{F} \subseteq (\mathrm{Fd}\, \boldsymbol{F}) \times (\mathrm{Fd}\, \boldsymbol{F}),$$

$$\boldsymbol{F} \subseteq A \times A \leftrightarrow \mathrm{Fd}\, \boldsymbol{F} \subseteq A.$$

Beweis. Die Behauptungen folgen unmittelbar aus den entsprechenden Definitionen.

Satz 4. *Für Abbildungen F mit $\forall x\,(x \in \mathrm{Vb}\, F \to F\langle\{x\}\rangle \in \boldsymbol{M})$ und Klassen A gilt:*

$$\bigcup \mathrm{Bs}\, F = \mathrm{Nb}\, F,$$
$$F \in \boldsymbol{M} \to \mathrm{Bs}\, F \in \boldsymbol{M},$$
$$A \in \mathrm{Bs}\, F \to \emptyset \neq A \subseteq \mathrm{Nb}\, F,$$
$$\mathrm{Nb}\, F \subseteq A \leftrightarrow \mathrm{Bs}\, F \subseteq \boldsymbol{P}A,$$
$$\mathrm{Bs}\, F = \emptyset \leftrightarrow F = \emptyset.$$

Beweis. Die Behauptungen folgen unmittelbar aus den entsprechenden Definitionen.

Satz 5. *Für Abbildungen F, G gilt:*

$$F \subseteq G \to \mathrm{Vb}\, F \subseteq \mathrm{Vb}\, G \wedge \mathrm{Nb}\, F \subseteq \mathrm{Nb}\, G,$$
$$F \subseteq G \leftrightarrow \forall x\,(x \in \boldsymbol{E} \to F\langle\{x\}\rangle \subseteq G\langle\{x\}\rangle),$$
$$F \subseteq G \leftrightarrow \forall x\,(x \in \mathrm{Vb}\, F \to F\langle\{x\}\rangle \subseteq G\langle\{x\}\rangle),$$
$$F = G \leftrightarrow \forall x\,(x \in \boldsymbol{E} \to F\langle\{x\}\rangle = G\langle\{x\}\rangle),$$
$$F = G \leftrightarrow \forall x\,(x \in (\mathrm{Vb}\, F) \cup (\mathrm{Vb}\, G) \to F\langle\{x\}\rangle = G\langle\{x\}\rangle).$$

Beweis. Die Behauptungen folgen unmittelbar aus den entsprechenden Definitionen.

Satz 6. *Für Abbildungen F, G und Klassen A, B gilt:*

$$F\langle A \cup B\rangle = F\langle A\rangle \cup F\langle B\rangle,$$
$$F\langle A \cap B\rangle \subseteq F\langle A\rangle \cap F\langle B\rangle,$$
$$F\langle A \setminus B\rangle \subseteq F\langle A\rangle \setminus F\langle B\rangle,$$
$$A \subseteq B \to F\langle A\rangle \subseteq F\langle B\rangle,$$

$$(F \cup G)\langle A\rangle = F\langle A\rangle \cup G\langle A\rangle,$$
$$(F \cap G)\langle A\rangle \subseteq F\langle A\rangle \cap G\langle A\rangle,$$
$$(F \setminus G)\langle A\rangle \subseteq F\langle A\rangle \setminus G\langle A\rangle,$$
$$F \subseteq G \to F\langle A\rangle \subseteq G\langle A\rangle.$$

Beweis. Die Behauptungen folgen unmittelbar aus den entsprechenden Definitionen.

4. Zu jeder Abbildung F existiert nach den Klassenbildungsaxiomen die Abbildung $\underset{z}{\boldsymbol{K}} \exists x \exists y\,([x, y] \in F \wedge z = [y, x])$.

Definition 2. Ist F eine Abbildung, so heißt die Abbildung $\underset{z}{\boldsymbol{K}} \exists x \exists y\,([x, y] \in F \wedge z = [y, x])$ die *inverse Abbildung* (oder *konverse Abbildung, reziproke Abbildung, Umkehrabbildung*) *von* F, bezeichnet mit: F^{-1} (gelesen: *F hoch minus* 1). Eine Abbildung F ist *symmetrisch* genau dann, wenn $F = F^{-1}$ gilt, Ist A eine Klasse und F eine Abbildung so heißt $F^{-1}\langle A\rangle$ das *inverse* (*konverse, reziproke*) *Bild von A bzgl. F.*

Das hochgestellte „$^{-1}$“ bei „F^{-1}“ wird schreibtechnisch wie ein Index der Variablen F behandelt (analog bei Verwendung anderer Variablen statt F), so daß also etwa

$$\mathrm{Vb}\, F^{-1}, \quad F \cup G^{-1}$$

bedeuten:

$$\mathrm{Vb}\,(F^{-1}), \quad F \cup (G^{-1})$$

und nicht:

$$(\mathrm{Vb}\, F)^{-1}, \quad (F \cup G)^{-1}.$$

Satz 7. *Für Abbildungen F, Klassen A und beliebige Elemente a gilt: Das Bild von A bzgl. F ist $F\langle A\rangle$; das Urbild von A bzgl. F ist $F^{-1}\langle A\rangle$. Das volle Bild von a bzgl. F ist $F\langle\{a\}\rangle$; das volle Urbild von a bzgl. F ist $F^{-1}\langle\{a\}\rangle$.*

Beweis. Die Behauptungen folgen unmittelbar aus den entsprechenden Definitionen.

Satz 8. *Für Abbildungen F, G, Klassen A, B und beliebige Elemente a gilt:*

$$\mathrm{Vb}\, F^{-1} = \mathrm{Nb}\, F, \qquad \mathrm{Nb}\, F^{-1} = \mathrm{Vb}\, F,$$

$$F \in \boldsymbol{M} \leftrightarrow F^{-1} \in \boldsymbol{M},$$

$$F = \emptyset \leftrightarrow F^{-1} = \emptyset,$$

$$(F^{-1})^{-1} = F,$$

$$(A \times B)^{-1} = B \times A,$$

$$(F \cup G)^{-1} = F^{-1} \cup G^{-1}, \qquad (F \cap G)^{-1} = F^{-1} \cap G^{-1},$$

$$F \subseteq G \leftrightarrow F^{-1} \subseteq G^{-1},$$

$$F = G \leftrightarrow F^{-1} = G^{-1},$$

$$a \in \mathrm{Vb}\, F \leftrightarrow F\langle\{a\}\rangle \neq \emptyset, \qquad a \in \mathrm{Nb}\, F \leftrightarrow F^{-1}\langle\{a\}\rangle \neq \emptyset,$$

$$A \subseteq \mathrm{Vb}\, F \leftrightarrow A \subseteq F^{-1}\langle F\langle A\rangle\rangle, \qquad A \subseteq \mathrm{Nb}\, F \leftrightarrow A \subseteq F\langle F^{-1}\langle A\rangle\rangle,$$

$$\mathrm{Vb}\, F \subseteq A \rightarrow F\langle A\rangle = \mathrm{Nb}\, F, \qquad \mathrm{Nb}\, F \subseteq A \rightarrow F^{-1}\langle A\rangle = \mathrm{Vb}\, F,$$

$$\mathrm{Nb}\, F = \bigcup \mathrm{Bs}\, F, \qquad \mathrm{Vb}\, F = \bigcup \mathrm{Bs}\, F^{-1}.$$

Beweis. Die Behauptungen folgen unmittelbar aus den entsprechenden Definitionen.

5. Eine wichtige Operation für Abbildungen ist ihre Hintereinanderausführung. Nach den Klassenbildungsaxiomen existiert zu Abbildungen F, G die Abbildung

$$\underset{u}{\boldsymbol{K}} \exists x \exists z \exists y\, ([x, z] \in F \wedge [z, y] \in G \wedge u = [x, y]).$$

Definition 3. Sind F, G Abbildungen, so heißt die Abbildung

$$\underset{u}{\boldsymbol{K}} \exists x \exists z \exists y\, ([x, z] \in F \wedge [z, y] \in G \wedge u = [x, y])$$

die *Verkettung* (oder *Hintereinanderausführung, Zusammensetzung,* das *Produkt*) *von* F, G, bezeichnet mit: $G \circ F$ (gelesen: G *mal* F).

Satz 9. *Für Abbildungen F, G, H, I und Klassen A, B, C, D gilt:*

$$F \subseteq A \times B \wedge G \subseteq C \times D \rightarrow G \circ F \subseteq A \times D,$$
$$G \circ F \subseteq (\mathrm{Vb}\, F) \times (\mathrm{Nb}\, G),$$

$$F \in \boldsymbol{M} \wedge G \in \boldsymbol{M} \rightarrow G \circ F \in \boldsymbol{M},$$
$$F = \emptyset \vee G = \emptyset \rightarrow G \circ F = \emptyset,$$
$$F^{-1} \circ F = \emptyset \leftrightarrow F = \emptyset,$$

$$\mathrm{Vb}\,(G \circ F) = F^{-1}\langle \mathrm{Vb}\, G\rangle, \qquad \mathrm{Nb}\,(G \circ F) = G\langle \mathrm{Nb}\, F\rangle,$$
$$\mathrm{Nb}\, F \subseteq \mathrm{Vb}\, G \rightarrow \mathrm{Vb}\,(G \circ F) = \mathrm{Vb}\, F, \qquad \mathrm{Vb}\, G \subseteq \mathrm{Nb}\, F \rightarrow \mathrm{Nb}\,(G \circ F) = \mathrm{Nb}\, G,$$

$$(G \circ F)\langle A\rangle = G\langle F\langle A\rangle\rangle,$$
$$(H \circ G) \circ F = H \circ (G \circ F),$$
$$(G \circ F)^{-1} = F^{-1} \circ G^{-1},$$

$$(A \times B) \circ F = F^{-1}\langle A\rangle \times B, \qquad F \circ (A \times B) = A \times F\langle B\rangle,$$
$$(F \cup G) \circ H = (F \circ H) \cup (G \circ H), \qquad H \circ (F \cup G) = (H \circ F) \cup (H \circ G),$$
$$(F \cap G) \circ H \subseteq (F \circ H) \cap (G \circ H), \qquad H \circ (F \cap G) \subseteq (H \circ F) \cap (H \circ G),$$
$$F \subseteq H \wedge G \subseteq I \rightarrow G \circ F \subseteq I \circ H,$$
$$\mathrm{Vb}\, F \subseteq \mathrm{Vb}\, G \leftrightarrow F \subseteq F \circ (G^{-1} \circ G), \qquad \mathrm{Nb}\, F \subseteq \mathrm{Nb}\, G \leftrightarrow F^{-1} \subseteq F^{-1} \circ (G \circ G^{-1}),$$
$$F \subseteq F \circ (F^{-1} \circ F).$$

Beweis. Die Behauptungen folgen unmittelbar aus den entsprechenden Definitionen.

Für Abbildungen $F, G, H, I, K, \ldots$ definiert man sukzessiv die *mehrgliedrigen Verkettungen*

$$H \circ G \circ F \quad \text{als} \quad H \circ (G \circ F),$$
$$I \circ H \circ G \circ F \quad \text{als} \quad I \circ (H \circ G \circ F),$$
$$K \circ I \circ H \circ G \circ F \quad \text{als} \quad K \circ (I \circ H \circ G \circ F),$$
$$\vdots$$

Dann kann man wieder erfahrungsgemäß — wie früher bei den mehrgliedrigen Vereinigungen und Durchschnitten — die Unabhängigkeit der mehrgliedrigen Verkettungen von der Zusammenfassung ihrer Glieder nachweisen. Außerdem ist für Abbildungen $F, G, H, I, \ldots$ und Klassen A stets:

$$(G \circ F)\langle A\rangle = G\langle F\langle A\rangle\rangle,$$
$$(H \circ G \circ F)\langle A\rangle = H\langle G\langle F\langle A\rangle\rangle\rangle,$$
$$(I \circ H \circ G \circ F)\langle A\rangle = I\langle H\langle G\langle F\langle A\rangle\rangle\rangle\rangle,$$
$$\vdots$$

6. Betrachtet man eine Abbildung nur in bezug auf gewisse Teilklassen ihres Argument- bzw. Wertebereiches, so gelangt man zum Begriff der eingeschränkten Abbildung und dual dazu zum Begriff der erweiterten Abbildung.

Definition 4. Ist F eine Abbildung und sind A, B Klassen, so heißt die Abbildung $(A \times (\mathrm{Nb}\,F)) \cap F$ das *auf A eingeschränkte* (oder *vorbeschränkte*) F, bezeichnet mit: F_A (gelesen: *F eingeschränkt A*), die Abbildung $((\mathrm{Vb}\,F) \times B) \cap F$ das *auf B nachbeschränkte F*, bezeichnet mit: ${}_BF$ (gelesen: *F nachbeschränkt B*), und die Abbildung $(A \times B) \cap F$ das *auf A vor- und auf B nachbeschränkte F*, bezeichnet mit ${}_BF_A$ (gelesen: *F vorbeschränkt A, nachbeschränkt B*).

Satz 10. *Für Abbildungen F und Klassen A, B, C, D gilt:*

$$F \in \boldsymbol{M} \to F_A,\ {}_BF,\ {}_BF_A \in \boldsymbol{M},$$
$$\mathrm{Vb}\,F \subseteq A \to F_A = F,\quad \mathrm{Nb}\,F \subseteq B \to {}_BF = F,\quad \mathrm{Vb}\,F \subseteq A \wedge \mathrm{Nb}\,F \subseteq B \to {}_BF_A = F,$$
$$\mathrm{Vb}\,(F_A) = A \cap \mathrm{Vb}\,F, \qquad \mathrm{Nb}\,({}_BF) = B \cap \mathrm{Nb}\,F,$$
$$\mathrm{Vb}\,({}_BF_A) \subseteq A \cap \mathrm{Vb}\,F, \qquad \mathrm{Nb}\,({}_BF_A) \subseteq B \cap \mathrm{Nb}\,F,$$
$$({}_BF)_A = {}_BF_A = {}_B(F_A),$$
$$A \subseteq C \to F_A = (F_C)_A,\quad B \subseteq D \to {}_BF = {}_B({}_DF),\quad A \subseteq C \wedge B \subseteq D \to {}_BF_A = {}_B({}_DF_C)_A,$$
$${}_A(F^{-1})_A = ({}_AF_A)^{-1}.$$

Beweis. Die Behauptungen folgen unmittelbar aus den entsprechenden Definitionen.

Definition 5. Sind F, G Abbildungen und $A = \mathrm{Vb}\,F$, $B = \mathrm{Vb}\,G$, so ist F die *Einschränkung von G auf A* bzw. ist G eine *Erweiterung* (oder *Fortsetzung, Ergänzung*) *von F auf B* genau dann, wenn $A \subseteq B$ und $F = G_A$ gilt.

Eine Abbildung F ist *1-stellig* (*2-stellig*, *3-stellig*, ...) *in* der Klasse A genau dann, wenn $\text{Vb}\,F \subseteq A$ ($\text{Vb}\,F \subseteq A^{(2)}$, $\text{Vb}\,F \subseteq A^{(3)}$, ...) gilt; eine 1-stellige (2-stellige, 3-stellige, ...) Abbildung bzw. Funktion in A nennt man auch eine *Abbildung* bzw. *Funktion einer* (*zweier*, *dreier*, ...) *Variablen* (*Veränderlichen*) *in* A. Ist F eine 2-stellige (3-stellige, ...) Funktion, so schreibt man für $F([a, b])$ auch einfach $F(a, b)$ (für $F([a, b, c])$ auch einfach $F(a, b, c)$, ...).

7. Über den Begriff des geordneten Paares läßt sich auf Grund dessen anschaulicher Bedeutung der Relationsbegriff präzisieren.

Definition 6. Eine Klasse E ist eine *1-stellige Relation* (oder eine *1-stellige Beziehung*) oder eine *Eigenschaft in* der Klasse A genau dann, wenn $E \subseteq A$ gilt. Eine Abbildung R ist eine *2-stellige* (auch *binäre*) *Relation* (oder eine *2-stellige* (*binäre*) *Beziehung*) *in* der Klasse A genau dann, wenn $R \subseteq A \times A$ gilt.

Beispiele für Relationen:

$\boldsymbol{I}$ und $\boldsymbol{M}$ sind Eigenschaften in $\boldsymbol{E}$. Ist A eine Klasse, so ist R mit $R \subseteq A \times A$ und

$$\forall x \forall y ([x, y] \in R \leftrightarrow x, y \in A \wedge x = y)$$

eine binäre Relation in A; R mit $R \subseteq A \times A$ und

$$\forall x \forall y ([x, y] \in R \leftrightarrow x, y \in A \wedge x \sqsubset y)$$

ist eine binäre Relation in A; ebenso erzeugen $\sqsubseteq$, $\sqcap$, $\in$ binäre Relationen in A. R mit $R \subseteq \boldsymbol{M} \times \boldsymbol{M}$ und

$$\forall X \forall Y ([X, Y] \in R \leftrightarrow X, Y \in \boldsymbol{M} \wedge X \backsim Y)$$

ist eine binäre Relation in $\boldsymbol{M}$; ebenso erzeugen $\subseteq$, $\subset$ binäre Relationen in $\boldsymbol{M}$.

Eine Abbildung R ist eine *3-stellige* (*4-stellige*, *5-stellige*, ...) *Relation* (oder eine *3-stellige* (*4-stellige*, *5-stellige*, ...) *Beziehung*) *in* der Klasse A genau dann, wenn $R \subseteq A^{(3)}$ ($R \subseteq A^{(4)}$, $R \subseteq A^{(5)}$, ...) gilt. Ist R eine 2-stellige (3-stellige, ...) Relation und $[a, b] \in R$ ($[a, b, c] \in R$, ...), so sagt man auch, die *Relation R trifft auf a, b zu* (die *Relation R trifft auf a, b, c zu*, ...) oder *a, b stehen in der Relation R* (*a, b, c stehen in der Relation R*, ...).

Die inverse Abbildung R^{-1} einer Relation R nennt man auch die *inverse Relation* (oder *konverse Relation, reziproke Relation, Umkehrrelation*) *von* R.

Die binären Relationen sind die wichtigsten mathematischen Relationen.

§ 7. Funktionen

1. Definition 1. Eine Klasse F ist eine *Funktion bezüglich* der Klassen A, B oder eine *Funktion aus A in B* genau dann, wenn F eine eindeutige Abbildung aus A in B ist; F ist eine *Funktion von A in B* genau dann, wenn F eine eindeutige Abbildung von A in B ist; F ist eine *Funktion aus A auf B* genau dann, wenn F eine eindeutige Abbildung aus A auf B ist; F ist eine *Funktion von A*

auf B genau dann, wenn F eine eindeutige Abbildung von A auf B ist; F ist eine *Funktion über A* genau dann, wenn F eine eindeutige Abbildung über A ist. Ist die inverse Abbildung F^{-1} der Funktion F wieder eine Funktion, so heißt F *umkehrbar* und F^{-1} auch die *inverse Funktion* (oder *konverse Funktion, reziproke Funktion, Umkehrfunktion*) *von F*. Ist A eine Klasse, so heißt die Klasse $\underset{y}{\boldsymbol{K}} \exists x\,(x \in A \wedge y = [x, x])$ die *Diagonale von* $A \times A$ bzw. die *identische Abbildung* (oder *identische Funktion, Identität*) *über A* bzw. die *identische Relation in A*, bezeichnet mit: $\mathfrak{J}_A$ (gelesen: *Identität A*); die Funktion $\underset{y}{\boldsymbol{K}} \exists x\,(x \in A \wedge y = [x, [x, x]])$ heißt die *Diagonalfunktion* (oder *Diagonalabbildung*) *über A*. $\emptyset$ heißt auch die *leere Abbildung* (oder *leere Funktion*) bzw. für jede Klasse A die *leere Relation in A*. Ist $A \subseteq B$, so heißt $\mathfrak{J}_A$ die *kanonische Abbildung* (oder *kanonische Funktion*) *von A in B*. Eine Funktion F ist *konstant* genau dann, wenn für beliebige $x, y \in \mathrm{Vb}\,F$ stets $F(x) = F(y)$ ist. Ist F eine Funktion, so ist ein Element a *invariant bezüglich F* bzw. ein *Fixpunkt* (oder ein *Fixelement*) *von F* genau dann, wenn $F(a) = a$ gilt.

Aus den Sätzen 17, § 3 und 4, § 4 folgt für Funktionen F sofort:

$$F \in \boldsymbol{M} \leftrightarrow \mathrm{Vb}\,F \in \boldsymbol{M}.$$

Satz 1. *Für Abbildungen F gilt:*

$$\begin{aligned}
&F \text{ nacheindeutig} \leftrightarrow \forall x\,(x \in \mathrm{Vb}\,F \rightarrow \exists!!\,y\,([x, y] \in F)),\\
&F \text{ voreindeutig} \leftrightarrow \forall y\,(y \in \mathrm{Nb}\,F \rightarrow \exists!!\,x\,([x, y] \in F)),\\
&F^{-1} \text{ nacheindeutig} \leftrightarrow F \text{ voreindeutig},\\
&F^{-1} \text{ voreindeutig} \leftrightarrow F \text{ nacheindeutig},\\
&F^{-1} \text{ eineindeutig} \leftrightarrow F \text{ eineindeutig},\\
&F \text{ nacheindeutig} \rightarrow F \backsim \mathrm{Vb}\,F,\\
&F \text{ voreindeutig} \rightarrow F \backsim \mathrm{Nb}\,F.
\end{aligned}$$

Beweis. Die Behauptungen folgen unmittelbar aus den entsprechenden Definitionen.

Für eine umkehrbare Funktion F ist also F^{-1} wieder umkehrbar.

Satz 2. *Für Abbildungen F, G, H und Klassen A, B gilt:*

$$\begin{aligned}
&F \text{ voreindeutig} \rightarrow F\langle A \cap B\rangle = F\langle A\rangle \cap F\langle B\rangle,\\
&F \text{ voreindeutig} \rightarrow F\langle A \setminus B\rangle = F\langle A\rangle \setminus F\langle B\rangle,\\
&(F \cup G) \text{ voreindeutig} \rightarrow (F \cap G)\langle A\rangle = F\langle A\rangle \cap G\langle A\rangle,\\
&(F \cup G) \text{ voreindeutig} \rightarrow (F \setminus G)\langle A\rangle = F\langle A\rangle \setminus G\langle A\rangle,\\
&(F \cup G) \text{ voreindeutig} \rightarrow (F \cap G) \circ H = (F \circ H) \cap (G \circ H),\\
&(F \cup G) \text{ nacheindeutig} \rightarrow H \circ (F \cap G) = (H \circ F) \cap (H \circ G).
\end{aligned}$$

Beweis. Die Behauptungen folgen unmittelbar aus den entsprechenden Definitionen.

Satz 3. *Für Funktionen F, G, Klassen A, B und beliebige Dinge a, b gilt:*

$$[a, b] \in F \leftrightarrow b = F(a),$$

$$a \in \mathrm{Vb}\, F \rightarrow F\langle\{a\}\rangle = \{F(a)\},$$

$$F = G \leftrightarrow \forall x\, (x \in (\mathrm{Vb}\, F) \cup (\mathrm{Vb}\, G) \rightarrow F(x) = G(x)),$$

$$F \text{ eineindeutig} .\!\rightarrow\!.\; b = F(a) \leftrightarrow a = F^{-1}(b),$$

$$F^{-1}\langle A\rangle = \underset{x}{\mathbf{K}}\,(x \in \mathrm{Vb}\, F \wedge F(x) \in A),$$

$$F^{-1}\langle A \cap B\rangle = F^{-1}\langle A\rangle \cap F^{-1}\langle B\rangle,$$

$$F^{-1}\langle A \setminus B\rangle = F^{-1}\langle A\rangle \setminus F^{-1}\langle B\rangle,$$

$$G \circ F \text{ Funktion},$$

$$G, F \text{ eineindeutig} \rightarrow G \circ F \text{ eineindeutig},$$

$$a \in \mathrm{Vb}\,(G \circ F) \rightarrow (G \circ F)(a) = G(F(a)).$$

Beweis. Die Behauptungen folgen unmittelbar aus den entsprechenden Definitionen.

Satz 4. *Für Abbildungen F, Klassen A, B und beliebige Dinge a gilt:*

$$\mathrm{Vb}\, \mathfrak{J}_A = \mathrm{Nb}\, \mathfrak{J}_A = \mathrm{Fd}\, \mathfrak{J}_A = A,$$

$$\mathfrak{J}_A \text{ eineindeutige Funktion von } A \text{ auf } A,$$

$$B \subseteq A \leftrightarrow \mathfrak{J}_A\langle B\rangle = B, \qquad a \in A \leftrightarrow \mathfrak{J}_A(a) = a,$$

$$\mathfrak{J}_A^{-1} = \mathfrak{J}_A, \qquad \mathfrak{J}_A \circ \mathfrak{J}_A = \mathfrak{J}_A,$$

$$\mathrm{Vb}\, F \subseteq A \leftrightarrow F \circ \mathfrak{J}_A = F, \qquad \mathrm{Nb}\, F \subseteq A \leftrightarrow \mathfrak{J}_A \circ F = F.$$

Beweis. Die Behauptungen folgen unmittelbar aus den entsprechenden Definitionen.

Satz 5. *Für Abbildungen F und Klassen A, B gilt:*

$$F \text{ Abbildung von } A \text{ in } B \leftrightarrow \mathfrak{J}_A \subseteq F^{-1} \circ F,$$

$$F \text{ Abbildung aus } A \text{ auf } B \leftrightarrow \mathfrak{J}_B \subseteq F \circ F^{-1},$$

$$F \text{ voreindeutige Abbildung aus } A \text{ in } B \leftrightarrow F^{-1} \circ F \subseteq \mathfrak{J}_A,$$

$$F \text{ nacheindeutige Abbildung aus } A \text{ in } B \leftrightarrow F \circ F^{-1} \subseteq \mathfrak{J}_B,$$

$$F \text{ voreindeutige Abbildung von } A \text{ in } B \leftrightarrow F^{-1} \circ F = \mathfrak{J}_A,$$

$$F \text{ nacheindeutige Abbildung aus } A \text{ auf } B \leftrightarrow F \circ F^{-1} = \mathfrak{J}_B,$$

$$F \text{ eineindeutige Abbildung von } A \text{ auf } B \leftrightarrow F^{-1} \circ F = \mathfrak{J}_A \wedge F \circ F^{-1} = \mathfrak{J}_B.$$

Beweis. Die Behauptungen folgen unmittelbar aus den entsprechenden Definitionen.

Satz 6. *Für Funktionen F, G und Klassen A, B gilt: Ist F eine Funktion von A in B, G eine Funktion von B in A, ist $G \circ F = \mathfrak{J}_A$ und $F \circ G = \mathfrak{J}_B$, so ist F eine umkehrbar eindeutige Abbildung von A auf B, G eine umkehrbar eindeutige Abbildung von B auf A und $F = G^{-1}$ und $G = F^{-1}$.*

Beweis. Es sei F eine Funktion von A in B und G eine Funktion von B in A. Dann gilt $G \circ F = \mathfrak{J}_A$ genau dann, wenn für jedes $x \in A$

$$G(F(x)) = x$$

ist, und $F \circ G = \mathfrak{J}_B$ gilt genau dann, wenn für jedes $y \in B$

$$F(G(y)) = y$$

ist. Unter den Voraussetzungen $G \circ F = \mathfrak{J}_A$ und $F \circ G = \mathfrak{J}_B$ ist also zunächst F eine Funktion von A auf B (denn zu jedem $y \in B$ gibt es ein $z \in A$ mit $F(z) = y$, nämlich $z = G(y)$) und G eine Funktion von B auf A (denn zu jedem $x \in A$ gibt es ein $z \in B$ mit $G(z) = x$, nämlich $z = F(x)$). F und G sind auch umkehrbar eindeutig; denn aus $F(x_1) = F(x_2)$ bzw. $G(y_1) = G(y_2)$ folgt

$$x_1 = G(F(x_1)) = G(F(x_2)) = x_2$$

bzw.

$$y_1 = F(G(y_1)) = F(G(y_2)) = y_2.$$

Es gilt schließlich $F = G^{-1}$ und $G = F^{-1}$; denn ist $[x, y] \in F$, so ist $y = F(x)$, also $G(y) = G(F(x)) = x$, also $[y, x] \in G$, also $[x, y] \in G^{-1}$; ist umgekehrt $[x, y] \in G^{-1}$, so ist $[y, x] \in G$, also $x = G(y)$, also $F(x) = F(G(y)) = y$, also $[x, y] \in F$; damit gilt $F = G^{-1}$, woraus sofort folgt $G = (G^{-1})^{-1} = F^{-1}$.

Satz 7. *Für jede Abbildung G mit $\forall x\,(x \in \mathrm{Vb}\,G \to G\langle\{x\}\rangle \in \boldsymbol{M})$ gilt:*

$$\exists!!\, F\,(F \text{ Funktion} \wedge \mathrm{Vb}\,F = \mathrm{Vb}\,G \wedge \forall x\,(x \in \mathrm{Vb}\,F \to F(x) = G\langle\{x\}\rangle));$$

für jede Funktion F mit $\emptyset \notin \mathrm{Nb}\,F \subseteq \boldsymbol{M}$ gilt:

$$\exists!!\, G\,(G \text{ Abbildung} \wedge \mathrm{Vb}\,G = \mathrm{Vb}\,F \wedge \forall x\,(x \in \mathrm{Vb}\,G \to G\langle\{x\}\rangle = F(x))).$$

Beweis. Im ersten Falle ist F die nach den Klassenbildungsaxiomen existierende Klasse

$$F = \underset{y}{\boldsymbol{K}}\, \exists x\,(x \in \mathrm{Vb}\,G \wedge y = [x, G\langle\{x\}\rangle]),$$

im zweiten Falle ist G die nach den Klassenbildungsaxiomen existierende Klasse

$$G = \underset{z}{\boldsymbol{K}}\, \exists x\, \exists y\,(x \in \mathrm{Vb}\,F \wedge y \in F(x) \wedge z = [x, y]).$$

Zum Nachweis der Reflexivität, Transitivität und Symmetrie der Gleichmächtigkeitsbeziehung $\backsim$ (Satz 13, § 3) sind früher verwendet worden die Identität $\mathfrak{J}_K$ (für $K \backsim K$), die Verkettung $G \circ F$ (für $K_1 \backsim K_2 \wedge K_2 \backsim K_3 \to K_1 \backsim K_3$, wobei F eine eineindeutige Abbildung von K_1 auf K_2 und G eine eineindeutige Abbildung von K_2 auf K_3 ist) und die Umkehrfunktion F^{-1} (für $K_1 \backsim K_2 \to K_2 \backsim K_1$, wobei F eine eineindeutige Abbildung von K_1 auf K_2 ist).

2. Definition 2. Eine Abbildung P ist eine *Permutation von* der Klasse A genau dann, wenn P eine umkehrbar eindeutige Abbildung von A auf A ist. Eine Permutation P von A ist *involutorisch in* A oder eine *Involution von* A genau dann, wenn $P = P^{-1}$ gilt.

Satz 8. *Für Klassen A und Permutationen P, Q, R von A gilt:*

$$Q \circ P \text{ Permutation von } A,$$

$$(R \circ Q) \circ P = R \circ (Q \circ P),$$

$$\mathfrak{I}_A \text{ Permutation von } A,$$

$$\mathfrak{I}_A \circ P = P \circ \mathfrak{I}_A = P,$$

$$P^{-1} \text{ Permutation von } A,$$

$$P \circ P^{-1} = P^{-1} \circ P = \mathfrak{I}_A,$$

$$\exists!!\, X\, (X \text{ Permutation von } A \wedge X \circ P = Q),$$

$$\exists!!\, X\, (X \text{ Permutation von } A \wedge P \circ X = Q).$$

Beweis. Bis auf die letzten beiden Behauptungen folgen alle Behauptungen unmittelbar aus vorhergehenden Sätzen. Für Klassen A und Permutationen P, Q von A ist

$$(Q \circ P^{-1}) \circ P = Q \circ (P^{-1} \circ P) = Q \circ \mathfrak{I}_A = Q$$

und

$$P \circ (P^{-1} \circ Q) = (P \circ P^{-1}) \circ Q = \mathfrak{I}_A \circ Q = Q.$$

Ist $X \circ P = Q$, so ist

$$Q \circ P^{-1} = (X \circ P) \circ P^{-1} = X \circ (P \circ P^{-1}) = X \circ \mathfrak{I}_A = X;$$

ist $P \circ X = Q$, so ist

$$P^{-1} \circ Q = P^{-1} \circ (P \circ X) = (P^{-1} \circ P) \circ X = \mathfrak{I}_A \circ X = X.$$

Also gelten die beiden letzten Behauptungen unseres Satzes.

3. Mit Hilfe des Funktionsbegriffes führt man die Potenz von Klassen A, M ein. Ist A eine Klasse, M eine Menge und F eine Funktion von M in A, so ist F wegen $\text{Vb}\, F = M \in \boldsymbol{M}$ eine Menge; damit existiert nach den Klassenbildungsaxiomen die Klasse $\underset{X}{\boldsymbol{K}}$ (*X Funktion von M in A*).

Definition 3. Ist A eine Klasse und M eine Menge, so ist eine Abbildung F eine *Belegung von M mit A* genau dann, wenn F eine Funktion von M in A ist; die Klasse $\underset{X}{\boldsymbol{K}}$ (*X Belegung von M mit A*) aller Belegungen von M mit A heißt die *Potenz von A, M*, bezeichnet mit: A^M (gelesen: *A hoch M*).

Die Bezeichnung „Potenz" erklärt sich später (§ 36) durch die Verwendung dieser Potenz bei der Einführung der Kardinalzahlpotenz von selbst.

Zur Vereinfachung der Schreibweise (Klammereinsparung) vereinbart man, daß $\cup$, $\cap$, $\times$, $\setminus$, $\vartriangle$ stärker trennen als die Hochstellung von Variablen, so daß also etwa

$$A \cup B^C,\ A \cap B^C \quad \text{bedeuten:} \quad A \cup (B^C),\ A \cap (B^C);$$

$$A^{B \cup C},\ A^{B \cap C} \quad \text{bedeuten natürlich:} \quad A^{(B \cup C)},\ A^{(B \cap C)}.$$

Um Verwechslungen zu vermeiden, nennt man für Klassen A und Mengen M auch $\boldsymbol{P}A$ die *Potenzklasse von* A, $\boldsymbol{P}M$ die *Potenzmenge von* M und A^M die *Mengenpotenz von* A, M.

Satz 9. *Für Klassen* A, B *und Mengen* M *gilt:*

$$A^M \subseteq \boldsymbol{P}(M \times A),$$

$$A^M \in \boldsymbol{M} \leftrightarrow A \in \boldsymbol{M} \vee M = \emptyset,$$

$$A^M = \emptyset \leftrightarrow A = \emptyset \wedge M \neq \emptyset,$$

$$A^\emptyset = \{\emptyset\},$$

$$(A \cap B)^M = A^M \cap B^M,$$

$$M \neq \emptyset .\rightarrow. A \subseteq B \leftrightarrow A^M \subseteq B^M.$$

Beweis. Ist $M \in \boldsymbol{M}$ und A eine Klasse, so ist jede Belegung F von M mit A Teilmenge von $M \times A$, also $F \in \boldsymbol{P}(M \times A)$, also $A^M \subseteq \boldsymbol{P}(M \times A)$. Ist $M, A \in \boldsymbol{M}$, so ist $A^M \in \boldsymbol{M}$ wegen $A^M \subseteq \boldsymbol{P}(M \times A)$; $A^\emptyset = \{\emptyset\} \in \boldsymbol{M}$ gilt für beliebige Klassen A. Ist umgekehrt $\emptyset \neq M \in \boldsymbol{M}$, A eine Klasse und $A^M \in \boldsymbol{M}$, dann ist die Klasse

$$A^* = \underset{X}{\boldsymbol{K}} \exists x\, (x \in A \wedge X \textit{ Funktion von } M \textit{ auf } \{x\})$$

eine Teilmenge von A^M mit $A^* \backsim A$, also ist A nach dem Ersetzungsaxiom eine Menge. Damit gilt

$$A^M \in \boldsymbol{M} \leftrightarrow A \in \boldsymbol{M} \vee M = \emptyset.$$

Die weiteren Behauptungen folgen unmittelbar aus den entsprechenden Definitionen.

Satz 10. *Für Klassen* A, B *und Mengen* M, N *gilt:*

a) $M \cap N = \emptyset \rightarrow A^{M \cup N} \backsim A^M \times A^N,$

b) $(A \times B)^M \backsim A^M \times B^M,$

c) $(A^M)^N \backsim A^{M \times N} \backsim A^{N \times M} \backsim (A^N)^M.$

Beweis. Es seien A, B Klassen und M, N Mengen.

a) Die Funktion F von $A^{M \cup N}$ in $A^M \times A^N$ mit

$$\forall f (f \in A^{M \cup N} \to F(f) = [f_M, f_N])$$

(f_M, f_N sind also die Einschränkungen von f auf M bzw. N) ist bei $M \cap N = \emptyset$ eine eineindeutige Abbildung von $A^{M \cup N}$ auf $A^M \times A^N$.

b) Die Funktion F von $(A \times B)^M$ in $A^M \times B^M$ mit

$$\forall f (f \in (A \times B)^M \to F(f) = [g_1, g_2]),$$

wobei g_1 diejenige Funktion von M in A ist mit

$$\forall x \forall a \forall b (x \in M \wedge f(x) = [a, b] \to g_1(x) = a)$$

und g_2 diejenige Funktion von M in B mit

$$\forall x \forall a \forall b (x \in M \wedge f(x) = [a, b] \to g_2(x) = b),$$

ist eine eineindeutige Abbildung von $(A \times B)^M$ auf $A^M \times B^M$.

c) Man ordne jeder Funktion f von $M \times N$ in A diejenige Funktion $g = F(f)$ von N in A^M zu, welche wiederum jedem $y \in N$ diejenige Funktion $h = g(y)$ von M in A zuordnet, für die gilt:

$$\forall x (x \in M \to h(x) = f(x, y)).$$

F ist dann eine eineindeutige Abbildung von $A^{M \times N}$ auf $(A^M)^N$. Man ordne außerdem jeder Funktion f von $M \times N$ in A diejenige Funktion $g = G(f)$ von $N \times M$ in A zu mit

$$\forall x \forall y (x \in N \wedge y \in M \to g(x, y) = f(y, x)).$$

G ist dann eine eineindeutige Abbildung von $A^{M \times N}$ auf $A^{N \times M}$.

Definition 4. Sind A, B Klassen mit $B \subseteq A$ und a, b Elemente mit $a \neq b$, so heißt die Funktion F von A in $\{a, b\}$ mit für jedes $x \in A$:

$$F(x) = \begin{cases} a, \text{ falls } x \in B \\ b, \text{ falls } x \in A \setminus B \end{cases}$$

die *charakteristische Funktion von B bezüglich A, a, b.*

Satz 11. *Für Mengen M und Elemente a, b mit $a \neq b$ gilt:*

$$\{a, b\}^M = \underset{X}{M} \exists N (N \subseteq M \wedge X \text{ charakteristische Funktion von } N \text{ bezüglich } M, a, b),$$
$$\boldsymbol{P}M \backsim \{a, b\}^M.$$

Beweis. Die Behauptungen folgen unmittelbar aus den entsprechenden Definitionen.

Satz 11 stellt einen Zusammenhang her zwischen den beiden Potenzbegriffen „Potenzmenge“ und „Mengenpotenz“.

4. Als Abschluß unserer Betrachtungen über Funktionen führen wir noch den Operationsbegriff ein.

Definition 5. Eine Funktion F ist eine *1-stellige Operation* (oder eine *1-stellige Verknüpfung*) *in* der Klasse A genau dann, wenn F eine Funktion von A in A ist; F ist eine *2-stellige* (auch *binäre*) *Operation* (oder eine *2-stellige* (*binäre*) *Verknüpfung*) *in* A genau dann, wenn F eine Funktion von $A \times A$ in A ist.

Beispiele für Operationen:

Die Funktion F von $\boldsymbol{M}$ in $\boldsymbol{M}$ mit

$$\forall X\,(X \in \boldsymbol{M} \rightarrow F(X) = \boldsymbol{P}X)$$

ist eine 1-stellige Operation in $\boldsymbol{M}$, die Funktion F von $\boldsymbol{E}$ in $\mathfrak{A}$ mit

$$\forall x\,(x \in \boldsymbol{E} \rightarrow F(x) = \boldsymbol{A}x)$$

ist eine 1-stellige Operation in $\boldsymbol{E}$, die Funktion F von $\mathfrak{A}$ in $\mathfrak{A}$ mit

$$\forall X\,(X \in \mathfrak{A} \rightarrow F(X) = X^{\smile})$$

eine 1-stellige Operation in $\mathfrak{A}$. Ist A eine Menge, so ist die Funktion F von $\boldsymbol{P}A$ in $\boldsymbol{P}A$ mit

$$\forall X\,(X \in \boldsymbol{P}A \rightarrow F(X) = \boldsymbol{C}_A X)$$

eine 1-stellige Operation in $\boldsymbol{P}A$. Ist A eine Klasse, so ist die Funktion F von $\boldsymbol{P}A \times \boldsymbol{P}A$ in $\boldsymbol{P}A$ mit

$$\forall X \forall Y\,(X, Y \in \boldsymbol{P}A \rightarrow F(X, Y) = X \cup Y)$$

eine 2-stellige Operation in $\boldsymbol{P}A$; ebenso erzeugen $\cap$, $\setminus$, $\vartriangle$ 2-stellige Operationen in $\boldsymbol{P}A$. Die Funktion F von $\boldsymbol{M} \times \boldsymbol{M}$ in $\boldsymbol{M}$ mit

$$\forall X \forall Y\,(X, Y \in \boldsymbol{M} \rightarrow F(X, Y) = X^Y)$$

ist eine 2-stellige Operation in $\boldsymbol{M}$; ebenso erzeugen $\cup$, $\cap$, $\setminus$, $\vartriangle$, $\times$ 2-stellige Operationen in $\boldsymbol{M}$. Die Verkettung $\circ$ ergibt eine 2-stellige Operation in der Klasse aller Abbildungen, welche Mengen sind, und ebenso in der Menge aller Permutationen einer beliebigen Menge A.

Eine Funktion F ist eine *3-stellige* (*4-stellige*, *5-stellige*, ...) *Operation* (oder eine *3-stellige* (*4-stellige*, *5-stellige*, ...) *Verknüpfung*) *in* der Klasse A genau dann, wenn F eine Funktion von $A^{(3)}$ ($A^{(4)}$, $A^{(5)}$, ...) in A ist.

Jede 1-stellige (2-stellige, ...) Operation F in A ist gleichzeitig eine 2-stellige (3-stellige, ...) Relation R in A mit:

$$\forall x \forall y\,([x, y] \in R \leftrightarrow F(x) = y)\,\big(\forall x \forall y \forall z\,([x, y, z] \in R \leftrightarrow F(x, y) = z), \ldots\big).$$

Umgekehrt ist jede 2-stellige (3-stellige, ...) Relation R in A mit

$$\forall x \exists!!\, y(x \in A \to [x, y] \in R)\ (\forall x \forall y \exists!!\, z([x, y] \in A^{(2)} \to [x, y, z] \in R), \ldots)$$

gleichzeitig eine 1-stellige (2-stellige, ...) Operation F in A mit

$$\forall x \forall y\, (F(x) = y \leftrightarrow [x, y] \in R)\ (\forall x \forall y \forall z\, (F(x, y) = z \leftrightarrow [x, y, z] \in R), \ldots).$$

Die 2-stelligen Operationen sind die wichtigsten mathematischen Operationen; sie werden in der Algebra untersucht.

§ 8. Auswahlsätze

1. In diesem Paragraphen werden einige elementare äquivalente Formulierungen für das Auswahlaxiom angegeben. Wir hatten in § 3 eine Klasse A eine Auswahl des Mengensystems M genannt, falls gilt:

$$A \subseteq \bigcup M \wedge \forall X\, (X \in M \to \exists!!\, x\, (x \in A \cap X)).$$

Statt $\exists!!\, x(x \in A \cap X)$ kann man auch schreiben: $\exists\, x\, (A \cap X = \{x\})$. Ist A eine Auswahl von M und M disjunkt, so ist die Funktion

$$F = \underset{Y}{K} \exists\, X\, (X \in M \wedge Y = [X, \iota\, x\, (x \in A \cap X)])$$

eine umkehrbar eindeutige Abbildung von M auf A.

Ist M ein Mengensystem, welches eine Menge ist, und A eine Auswahl von M, so ist A wegen $A \subseteq \bigcup M$ auch eine Menge; ist M ein disjunktes Mengensystem und A eine Auswahl von M, so sind A und M gleichmächtig, und aus dem Ersetzungsaxiom folgt dann, daß M genau dann eine Menge ist, falls A eine Menge ist.

Definition 1. Eine Klasse A ist eine *Auswahl* von* dem Mengensystem M genau dann, wenn $\forall X\, (X \in M \to \exists!!\, x\, (x \in A \cap X))$ gilt. Eine Funktion F ist eine *Auswahlfunktion von* dem Mengensystem M genau dann, wenn F eine Funktion von M in $\bigcup M$ ist mit $\forall X\, (X \in M \to F(X) \in X)$. Eine Funktion F ist eine *Auswahlfunktion* von* der Abbildung G genau dann, wenn $F \subseteq G$ und $\text{Vb}\, F = \text{Vb}\, G$ gilt.

Ist M ein Mengensystem und A eine Auswahl* von M, so ist $A \cap \bigcup M$ eine Auswahl von M; also ist ein disjunktes Mengensystem M eine Menge, falls es eine Auswahl* von M gibt, die eine Menge ist. Ist M ein Mengensystem und F eine Auswahlfunktion von M, so ist F wegen

$$F \in M \leftrightarrow \text{Vb}\, F \in M \quad \text{und} \quad F \subseteq M \times \bigcup M$$

genau dann eine Menge, wenn M eine Menge ist. Ist G eine Abbildung und F eine Auswahlfunktion* von G, so ist F wegen $\text{Vb}\, F = \text{Vb}\, G$ eine Menge, sofern $\text{Vb}\, G$ eine Menge ist.

2. Das Auswahlaxiom besagte, daß es zu jedem disjunkten Mengensystem $\boldsymbol{M}$ mit $\emptyset \notin \boldsymbol{M}$ eine Auswahl A von $\boldsymbol{M}$ gibt. Wir erhalten jetzt hierzu auf Grund der folgenden Sätze weitere gleichwertige Formulierungen.

Satz 1.

$$\forall \boldsymbol{M} \exists A (\boldsymbol{M} \subseteq \mathbf{M} \wedge \boldsymbol{M} \textit{ disjunkt} \wedge \emptyset \notin \boldsymbol{M} \rightarrow A \textit{ Auswahl von } \boldsymbol{M})$$
$$\leftrightarrow \forall \boldsymbol{M} \exists A (\boldsymbol{M} \subseteq \mathbf{M} \wedge \boldsymbol{M} \textit{ disjunkt} \wedge \emptyset \notin \boldsymbol{M} \rightarrow A \textit{ Auswahl* von } \boldsymbol{M}).$$

Beweis. ($\rightarrow$) Jede Auswahl von $\boldsymbol{M}$ ist eine Auswahl* von $\boldsymbol{M}$. ($\leftarrow$) Ist A eine Auswahl* von $\boldsymbol{M}$, so ist $A \cap \bigcup \boldsymbol{M}$ eine Auswahl von $\boldsymbol{M}$.

Satz 2.

$$\forall \boldsymbol{M} \exists A (\boldsymbol{M} \subseteq \mathbf{M} \wedge \boldsymbol{M} \textit{ disjunkt} \wedge \emptyset \notin \boldsymbol{M} \rightarrow A \textit{ Auswahl von } \boldsymbol{M})$$
$$\leftrightarrow \forall \boldsymbol{M} \exists A (\emptyset \neq \boldsymbol{M} \subseteq \mathbf{M} \wedge \boldsymbol{M} \textit{ disjunkt} \wedge \emptyset \notin \boldsymbol{M} \rightarrow A \textit{ Auswahl von } \boldsymbol{M}).$$

Beweis. $\emptyset$ ist eine Auswahl von $\emptyset$.

Satz 3.

$$\forall \boldsymbol{M} \exists A (\boldsymbol{M} \subseteq \mathbf{M} \wedge \boldsymbol{M} \textit{ disjunkt} \wedge \emptyset \notin \boldsymbol{M} \rightarrow A \textit{ Auswahl von } \boldsymbol{M})$$
$$\leftrightarrow \forall \boldsymbol{M} \exists A (\boldsymbol{M} \subseteq \mathbf{M} \wedge \boldsymbol{M} \textit{ disjunkt} \rightarrow A \textit{ Auswahl von } \boldsymbol{M} \setminus \{\emptyset\}).$$

Beweis. Ist $\boldsymbol{M}$ ein disjunktes Mengensystem, so ist $\boldsymbol{M}^* = \boldsymbol{M} \setminus \{\emptyset\}$ ein disjunktes Mengensystem mit $\emptyset \notin \boldsymbol{M}^*$. Ist $\boldsymbol{M}$ ein disjunktes Mengensystem mit $\emptyset \notin \boldsymbol{M}$, so ist $\boldsymbol{M} \setminus \{\emptyset\} = \boldsymbol{M}$.

Satz 4.

$$\forall \boldsymbol{M} \exists A (\boldsymbol{M} \subseteq \mathbf{M} \wedge \boldsymbol{M} \textit{ disjunkt} \wedge \emptyset \notin \boldsymbol{M} \rightarrow A \textit{ Auswahl von } \boldsymbol{M})$$
$$\leftrightarrow \forall G \exists F (G \subseteq \mathbf{E} \times \mathbf{E} \wedge \forall x (x \in \mathrm{Vb}\, G \rightarrow G \langle\{x\}\rangle \in \mathbf{M}) \rightarrow F \textit{ Auswahlfunktion* von } G).$$ [1]

Beweis. ($\rightarrow$) Ist G eine Abbildung mit

$$\forall x (x \in \mathrm{Vb}\, G \rightarrow G \langle\{x\}\rangle \in \mathbf{M}),$$

so ist das Mengensystem $\boldsymbol{M}$ aller Produkte $\{x\} \times G \langle\{x\}\rangle$ bei $x \in \mathrm{Vb}\, G$ ein disjunktes Mengensystem mit $\emptyset \notin \boldsymbol{M}$. Also gibt es nach Voraussetzung eine Auswahl A von $\boldsymbol{M}$; A ist dann eine Auswahlfunktion* von G ($\leftarrow$). Ist $\boldsymbol{M}$ ein disjunktes Mengensystem mit $\emptyset \notin \boldsymbol{M}$ und G die Abbildung von $\boldsymbol{M}$ in $\bigcup \boldsymbol{M}$ mit

$$\forall X (X \in \boldsymbol{M} \rightarrow G \langle\{X\}\rangle = X),$$

so gibt es nach Voraussetzung eine Auswahlfunktion* F von G. Nb F ist dann eine Auswahl von $\boldsymbol{M}$.

---

[1]) Zusatz während der Korrektur: Die Bedingung $G \langle\{x\}\rangle \in \mathbf{M}$ ist auch entbehrlich.

Läßt man in der Voraussetzung des Auswahlaxioms die Disjunktheit von $\mathbf{M}$ fallen, so haben wir bereits in § 3 gesehen, daß man dann im allgemeinen keine Auswahl A von $\mathbf{M}$ erhält. Man erhält aber eine Auswahlfunktion, wie der folgende Satz besagt.

Satz 5.

$$\forall \mathbf{M} \exists A (\mathbf{M} \subseteq \boldsymbol{M} \wedge \mathbf{M} \textit{ disjunkt} \wedge \emptyset \notin \mathbf{M} \rightarrow A \textit{ Auswahl von } \mathbf{M})$$

$$\leftrightarrow \forall \mathbf{M} \exists F (\mathbf{M} \subseteq \boldsymbol{M} \wedge \emptyset \notin \mathbf{M} \rightarrow F \textit{ Auswahlfunktion von } \mathbf{M}).$$

Beweis. ($\rightarrow$) Ist $\mathbf{M}$ ein Mengensystem mit $\emptyset \notin \mathbf{M}$, so bilde man die Abbildung G von $\mathbf{M}$ in $\bigcup \mathbf{M}$ durch die Festsetzung $\forall X (X \in \mathbf{M} \rightarrow G \langle\{X\}\rangle = X)$. Dann gibt es nach Satz 4 eine Auswahlfunktion* F von G; F ist eine Auswahlfunktion von $\mathbf{M}$. ($\leftarrow$) Ist $\mathbf{M}$ ein disjunktes Mengensystem mit $\emptyset \notin \mathbf{M}$, so gibt es eine Auswahlfunktion F von $\mathbf{M}$; dann ist Nb F eine Auswahl von $\mathbf{M}$.

Satz 6.

$$\forall \mathbf{M} \exists A (\mathbf{M} \subseteq \boldsymbol{M} \wedge \mathbf{M} \textit{ disjunkt} \wedge \emptyset \notin \mathbf{M} \rightarrow A \textit{ Auswahl von } \mathbf{M})$$

$$\leftrightarrow \forall \mathbf{M} \exists F (\mathbf{M} \subseteq \boldsymbol{M} \rightarrow F \textit{ Auswahlfunktion von } \mathbf{M} \setminus \{\emptyset\}).$$

Beweis. Ist $\mathbf{M}$ ein Mengensystem, so ist $\mathbf{M}^* = \mathbf{M} \setminus \{\emptyset\}$ ein Mengensystem mit $\emptyset \notin \mathbf{M}^*$. Ist $\mathbf{M}$ ein Mengensystem mit $\emptyset \notin \mathbf{M}$, so ist $\mathbf{M} \setminus \{\emptyset\} = \mathbf{M}$. Dann folgt die Behauptung sofort aus Satz 5.

In den Sätzen 2 und 3 kann man in den jeweils zweiten Zeilen natürlich für „Auswahl" auch „Auswahl*" setzen und in den zweiten Zeilen der Sätze 3 bis 6 jeweils für „$\mathbf{M} \subseteq \boldsymbol{M}$" bzw. „$G \subseteq \boldsymbol{E} \times \boldsymbol{E}$" auch „$\emptyset \neq \mathbf{M} \subseteq \boldsymbol{M}$" bzw. „$\emptyset \neq G \subseteq \boldsymbol{E} \times \boldsymbol{E}$".

3. Mit dem Begriff der Auswahlfunktion läßt sich die Produktoperation $\times$ für Klassen allgemein auf Mengensysteme erweitern. Sind A, B Klassen, so ist doch das Produkt $A \times B$ die Klasse aller geordneten Paare $[x, y]$ mit $x \in A$ und $y \in B$; es ist also jedes Paar von $A \times B$ (gemäß der Definition des geordneten Paares) eine geordnete Zusammenfassung von Elementen x, y, wo das erste aus A, das zweite aus B stammt, so daß dabei Paare $X, Y \in A \times B$ gleich sind genau dann, wenn jeweils ihre ersten und zweiten Elemente übereinstimmen. Sind nun A, B Mengen mit $A \neq B$, so erhält man aber im erweiterten Sinne in einer Auswahlfunktion F von $\{A, B\}$ ebenfalls eine in bezug auf A und B geordnete Zusammenfassung von Elementen $x \in A$, $y \in B$ (nämlich der Elemente $x = F(A)$, $y = F(B)$) mit der Eigenschaft, daß Auswahlfunktionen (also solche Zusammenfassungen) F, G von $\{A, B\}$ (nach der Wertverlaufsgleichheit von Abbildungen) gleich sind genau dann, wenn jeweils ihre derselben Menge A oder B entsprechenden Elemente gleich sind; d. h. wenn $F(A) = G(A)$ und $F(B) = G(B)$ gilt. Die Auswahlfunktionen von $\{A, B\}$ bilden also eine neue Präzisierung des anschaulichen Begriffes des geordneten Paares von Elementen x, y mit $x \in A$ und $y \in B$.

Für mathematische Untersuchungen, bei denen es nur darauf ankommt, für Mengen A, B mit $A \neq B$ eine Menge P von in bezug auf A und B geordneten

Zusammenfassungen der Elemente $x \in A$, $y \in B$ zur Verfügung zu haben mit der Eigenschaft, daß bei $X, Y \in P$ genau dann $X = Y$ ist, falls die jeweils mittels X und Y derselben Menge A oder B entsprechenden Elemente gleich sind, kann man also für P statt des Produktes $A \times B$ auch die Menge aller Auswahlfunktionen von $\{A, B\}$ verwenden. Analoges gilt für mehr als zwei paarweise verschiedene (endlich viele) Mengen A, B, C, ... und die zugehörigen 3-Tupel, 4-Tupel usw. In diesem Sinne wird die Produktoperation $\times$ im folgenden allgemein auf Mengensysteme übertragen. Eine weitere Verallgemeinerung erhalten wir dann schließlich noch in § 9.

Ist M ein Mengensystem, welches eine Menge ist, so existiert nach den Klassenbildungsaxiomen die Klasse K aller Auswahlfunktionen von M, die wegen $K \subseteq \boldsymbol{P}(M \times \bigcup M)$ wieder eine Menge ist.

Definition 2. Ist M ein Mengensystem mit $M \in \boldsymbol{M}$, so heißt die Menge $\underset{X}{\boldsymbol{M}}$ (*X Auswahlfunktion von M*) das *Produkt von M*, bezeichnet mit: $\boldsymbol{\times} M$ (gelesen: *Produkt M*). Die Elemente eines Mengensystems $M \in \boldsymbol{M}$ heißen *Komponenten von* $\boldsymbol{\times} M$; ist $m \in M$, so heißt die Funktion P über $\boldsymbol{\times} M$ mit $\forall X(X \in \boldsymbol{\times} M \to P(X) = X(m))$ die *Projektion(sfunktion) von* $\boldsymbol{\times} M$ *auf m*.

Über das Auswahlaxiom und Satz 5 gilt für Mengensysteme $M \in \boldsymbol{M}$ sofort:

$$\boldsymbol{\times} M = \emptyset \leftrightarrow \emptyset \in M.$$

Außerdem ist

$$\boldsymbol{\times} \emptyset = \{\emptyset\}$$

und für jede Menge A

$$\boldsymbol{\times} \{A\} = A^{\{A\}}.$$

§ 9. Verallgemeinerte mengentheoretische Operationen

1. Definition 1. Ist F eine Funktion und I eine Klasse, so ist F ein *Elementekomplex über I* genau dann, wenn $I = \text{Vb}\, F$ ist; F ist ein *Mengenkomplex über I* genau dann, wenn $I = \text{Vb}\, F$ und $\text{Nb}\, F \subseteq \boldsymbol{M}$ gilt. Ist F ein Elementekomplex über I, so heißt I auch der *Indexbereich von F* oder der *Träger von F* und seine Elemente die *Indizes von F*; ist speziell $[a, b] \in F$, so heißt a ein *Index von b bzgl. F* und b der *Wert von F an der Stelle a*. Ist F ein Elemente- bzw. Mengenkomplex über I, so heißen die Elemente von $\text{Nb}\, F$ auch die *Elemente von F* bzw. die *Mengen von F*. Ist F ein Elementekomplex über I, $J \subseteq I$ und G die Einschränkung F_J von F auf J, so heißt G ein *Teilkomplex von F*. Ist F ein Elementekomplex über I, so bezeichnet man F auch mit: $(F(x))_{x \in I}$ (gelesen: *Komplex aller F(x) mit x ∈ I*); diese Schreibweise wird analog verwendet für jede andere (in unserem Falle von den Variablen F und I verschiedene) Dingvariable statt x; ausführlich ist also $(F(x))_{x \in I}$ dasjenige Ding X, für welches gilt: F ist ein Elementekomplex über I und $X = F$. Eine Klasse K ist ein *Elemente-* bzw. *Mengenkomplex* genau dann, wenn es eine Funktion F und eine Klasse I gibt, so daß F ein Elemente- bzw. Mengenkomplex über I ist und $K = (F(x))_{x \in I}$ gilt. Ein Mengenkomplex F über I ist *disjunkt* oder seine Mengen sind *paarweise disjunkt* (*paarweise fremd*, *paarweise elementefremd*) genau dann, wenn für jedes $x, y \in I$ mit $x \neq y$ gilt: $F(x) \cap F(y) = \emptyset$.

Zu jeder Funktion F gibt es nach Definition 1 höchstens eine Klasse I, so daß F Elementekomplex über I ist, nämlich $I = \mathrm{Vb}\,F$. Jeder Mengenkomplex ist ein Elementekomplex. Jede Funktion F ist ein Elementekomplex über $\mathrm{Vb}\,F$, und es gilt daher für Funktionen F:

$$F = (F(x))_{x \in \mathrm{Vb}\,F}.$$

Eine Funktion F ist genau dann ein Mengenkomplex über I, wenn $I = \mathrm{Vb}\,F$ und $F(x) \in \boldsymbol{M}$ für jedes $x \in I$ gilt.

Satz 1.

$$\forall F\, \forall I\, ((F(x))_{x \in I}\ \textit{Elementekomplex} \leftrightarrow F\ \textit{Elementekomplex über}\ I),$$

$$\forall F\, \forall I\, ((F(x))_{x \in I}\ \textit{Mengenkomplex} \leftrightarrow F\ \textit{Mengenkomplex über}\ I).$$

Beweis. ($\leftarrow$) Ist F Elemente- bzw. Mengenkomplex über I, so ist $F = (F(x))_{x \in I}$ auf Grund der Definition von $(F(x))_{x \in I}$; also ist wegen $F = (F(x))_{x \in I}$ mit F auch $(F(x))_{x \in I}$ ein Elemente- bzw. Mengenkomplex. ($\rightarrow$) Ist $(F(x))_{x \in I}$ ein Elemente- bzw. Mengenkomplex, so gibt es nach Definition 1 eine Funktion G und eine Klasse J, so daß G Elemente- bzw. Mengenkomplex über J ist und $(F(x))_{x \in I} = (G(x))_{x \in J}$ gilt. Nach dem Gebrauch des bestimmten Artikels ist dann F ein Elementekomplex über I; es gilt also schließlich

$$F = (F(x))_{x \in I} = (G(x))_{x \in J} = G,$$

damit ist $F = G$ und $I = J$ wegen $I = \mathrm{Vb}\,F$ und $J = \mathrm{Vb}\,G$. F ist somit ein Elemente- bzw. Mengenkomplex über I.

2. Ist F ein Mengenkomplex über $I \in \boldsymbol{M}$, so existiert nach den Klassenbildungsaxiomen die Klasse K aller Funktionen f von I in $\bigcup \mathrm{Nb}\,F$ mit $\forall x (x \in I \rightarrow f(x) \in F(x))$; K ist wegen $K \subseteq \boldsymbol{P}(I \times \bigcup \mathrm{Nb}\,F)$ eine Menge.

Definition 2. Ist F ein Mengenkomplex über $I \in \boldsymbol{M}$, so heißt die Menge

$$\underset{f}{\boldsymbol{M}}\,(f\ \textit{Funktion von}\ I\ \textit{in} \bigcup \mathrm{Nb}\,F \wedge \forall x\,(x \in I \rightarrow f(x) \in F(x)))$$

das *allgemeine Produkt von* F, bezeichnet mit: $\underset{x \in I}{\times} F(x)$ (gelesen: *Produkt aller* $F(x)$ *mit* $x \in I$); diese Abkürzung wird analog verwendet für jede andere (in unserem Falle von den Variablen F und I verschiedene) Dingvariable statt x. Die Elemente des Wertebereiches $\mathrm{Nb}\,F$ eines Mengenkomplexes F mit dem Indexbereich I heißen *Komponenten von* $\underset{x \in I}{\times} F(x)$; ist $x_0 \in I$, so heißt die Funktion P über $\underset{x \in I}{\times} F(x)$ mit

$$\forall f\,(f \in \underset{x \in I}{\times} F(x) \rightarrow P(f) = f(x_0))$$

die *Projektion(sfunktion) von* $\underset{x \in I}{\times} F(x)$ *auf* $F(x_0)$.

Der ursprüngliche Begriff des Produktes eines Mengensystems (welches selbst eine Menge ist) wird von der Definition des allgemeinen Produktes mit umfaßt; denn für jedes Mengensystem $M \in \boldsymbol{M}$ gilt sofort:

$$\mathsf{X} M = \mathop{\mathsf{X}}_{X \in M} \mathfrak{J}_M(X).$$

Nach dieser Gleichung kann man also die Auswahlfunktionen eines Mengensystems $M \in \boldsymbol{M}$ anschaulich als „Auswahlfunktionen von M in bezug auf den Indexbereich M und die Identität $\mathfrak{J}_M$" betrachten, während für einen Mengenkomplex F mit dem Indexbereich $I \in \boldsymbol{M}$ und $M = \mathrm{Nb}\, F$ jedes Element $f \in \mathop{\mathsf{X}}_{x \in I} F(x)$ als eine „Auswahlfunktion von M in bezug auf den Indexbereich I und den Mengenkomplex F" betrachtet werden kann. Wir haben damit in den Elementen von $\mathop{\mathsf{X}}_{x \in I} F(x)$ Verallgemeinerungen der Auswahlfunktionen eines Mengensystems gewonnen — die *verallgemeinerten Auswahlfunktionen* —, die sich gleichzeitig anwenden lassen auf solche Zusammenfassungen von Mengen, in denen Mengen „mehrmals auftreten" können; d. h. auf Mengenkomplexe.

Die verallgemeinerten Auswahlfunktionen liefern automatisch eine weitere neue Präzisierung des anschaulichen Begriffes des geordneten Paares von Elementen x, y mit $x \in A$, $y \in B$, wo A und B voneinander verschiedene Mengen sind. Die erste neue Präzisierung solcher Paare waren die Elemente von $\mathsf{X}\{A, B\}$, die jetzige zweite neue Präzisierung in bezug etwa auf den Indexbereich $I = \{a, b\}$ bei $a, b \in \boldsymbol{E}$, $a \neq b$ und in bezug etwa auf den Mengenkomplex $F = \{[a, A], [b, B]\}$ sind die Elemente von $\mathop{\mathsf{X}}_{x \in I} F(x)$. Während man aber mit den ursprünglichen Auswahlfunktionen den anschaulichen Begriff des geordneten Paares nur bei $A \neq B$ erfassen konnte, gestatten die verallgemeinerten Auswahlfunktionen die Erfassung dieses Begriffes auch im Falle $A = B$. Analoges gilt für mehr als zwei paarweise verschiedene (endlich viele) Mengen $A, B, C, \ldots$ und die zugehörigen 3-Tupel, 4-Tupel usw.

3. Für jeden Mengenkomplex F über I existieren nach den Klassenbildungsaxiomen die Klassen

$$\mathop{\boldsymbol{K}}_{y} \exists x (x \in I \wedge y \in F(x)), \quad \mathop{\boldsymbol{K}}_{y} (y \in \boldsymbol{E} \wedge \forall x (x \in I \to y \in F(x))).$$

Definition 3. Ist F ein Mengenkomplex über I, so heißt die Klasse

$$\mathop{\boldsymbol{K}}_{y} \exists x (x \in I \wedge y \in F(x))$$

die *allgemeine Vereinigung von F*, bezeichnet mit: $\bigcup_{x \in I} F(x)$ (gelesen: *Vereinigung aller $F(x)$ mit $x \in I$*), und die Klasse

$$\mathop{\boldsymbol{K}}_{y} (y \in \boldsymbol{E} \wedge \forall x (x \in I \to y \in F(x)))$$

der *allgemeine Durchschnitt von F*, bezeichnet mit: $\bigcap_{x \in I} F(x)$ (gelesen: *Durchschnitt aller $F(x)$) mit $x \in I$*); diese Abkürzungen werden analog verwendet für jede andere (in unserem Falle von den Variablen F und I verschiedene) Dingvariable statt x.

Die ursprünglichen Begriffe der Vereinigung und des Durchschnitts eines Mengensystems werden von den Definitionen der allgemeinen Vereinigung und des allgemeinen Durchschnittes mit umfaßt; denn für jedes Mengensystem M gilt sofort:

$$\bigcup M = \bigcup_{X \in M} \mathfrak{I}_M(X), \qquad \bigcap M = \bigcap_{X \in M} \mathfrak{I}_M(X).$$

4. Wir führen jetzt zwei grundlegende abkürzende Schreibweisen ein, mit deren Hilfe sich Aussagen über Elemente- und Mengenkomplexe besonders einfach und übersichtlich gestalten.

(1) Ist F ein Elementekomplex über I und $\boldsymbol{T}$ ein mathematischer Term, der für jedes $x \in I$ den Wert $F(x)$ beschreibt (analog für andere sinnvoll verwendete Dingvariable statt x), so schreibt man abkürzend für

$$(F(x))_{x \in I}$$

auch

$$(\boldsymbol{T})_{x \in I}.$$

Ist F ein Mengenkomplex über I und $\boldsymbol{T}$ ein für jedes $x \in I$ den Wert $F(x)$ beschreibender mathematischer Term, so schreibt man abkürzend für

$$\mathop{\boldsymbol{\times}}_{x \in I} F(x), \quad \bigcup_{x \in I} F(x), \quad \bigcap_{x \in I} F(x)$$

auch

$$\mathop{\boldsymbol{\times}}_{x \in I} \boldsymbol{T}, \quad \bigcup_{x \in I} \boldsymbol{T}, \quad \bigcap_{x \in I} \boldsymbol{T}.$$

B e i s p i e l e von Elemente- bzw. Mengenkomplexen F und zugehörigen Termen $\boldsymbol{T}$ wobei I, K Klassen mit $I \subseteq K$ seien, wobei M eine Menge, f eine Funktion von I in I, A ein Mengenkomplex über I und B ein Mengenkomplex über K sei:

F	$\boldsymbol{T}$
$\underset{y}{\boldsymbol{K}} \exists x\, (x \in I \wedge y = [x, x]) = \mathfrak{I}_I$	x
$\underset{y}{\boldsymbol{K}} \exists x\, (x \in I \wedge y = [x, M])$	M
$\underset{y}{\boldsymbol{K}} \exists x\, (x \in I \wedge y = [x, \boldsymbol{A}x])$	$\boldsymbol{A}x$
$\underset{y}{\boldsymbol{K}} \exists x\, (x \in I \wedge y = [x, A(f(x))])$	$A(f(x))$
$\underset{y}{\boldsymbol{K}} \exists x\, (x \in I \wedge y = [x, A(x) \cap M])$	$A(x) \cap M$
$\underset{y}{\boldsymbol{K}} \exists x\, (x \in I \wedge y = [x, B(x)])$	$B(x)$
$\underset{y}{\boldsymbol{K}} \exists x\, (x \in I \wedge y = [x, A(x) \setminus B(x)])$	$A(x) \setminus B(x)$
$\underset{y}{\boldsymbol{K}} \exists x \left(x \in I \wedge y = \left[x, \bigcup_{X \in B(x)} X\right]\right)$	$\bigcup_{X \in B(x)} X$

Ist $(F(x))_{x \in I}$ ein 2-stelliger (3-stelliger, ...) Elemente- bzw. Mengenkomplex (in E), so schreibt man — wir wählen als Demonstrationsbeispiel die allgemeine Vereinigung $\bigcup$ — für

$$\bigcup_{x \in I} F(x)$$

auch

$$\bigcup_{[x,y] \in I} F(x, y) \qquad \Big(\bigcup_{[x,y,z] \in I} F(x, y, z), \ldots\Big)$$

und verwendet für diese mehrstellige Schreibweise abkürzend wieder die *Termschreibweise*. Sind also z.B. $A, B, C, \ldots$ Mengenkomplexe über bzw. $I, J, K, \ldots$, so hat etwa

$$\bigcup_{[x,y] \in I \times J} (A(x) \cap B(y)) \qquad \Big(\bigcup_{[x,y,z] \in I \times J \times K} (A(x) \cap B(y) \cap C(z)), \ldots\Big)$$

die Bedeutung:

$$\bigcup_{[x,y] \in I \times J} F^*(x, y) \qquad \Big(\bigcup_{[x,y,z] \in I \times J \times K} F^{**}(x, y, z), \ldots\Big)$$

bei

$$F^* = \underset{X}{K} \exists x \exists y \, ([x, y] \in I \times J \wedge X = [[x, y], A(x) \cap B(y)])$$

$$\Big(F^{**} = \underset{X}{K} \exists x \exists y \exists z \, ([x,y,z] \in I \times J \times K \wedge X = [[x,y,z], A(x) \cap B(y) \cap C(z)]) \\ \vdots \Big).$$

Schreibt man weiterhin etwa bei $\bigcup_{x \in I} F(x)$ unter $x \in I$ noch zusätzlich eine Bedingung für x, wie z.B. $x \neq a$, so bedeutet

$$\bigcup_{\substack{x \in I \\ x \neq a}} F(x)$$

dann

$$\bigcup_{x \in I^*} F^*(x)$$

bei $I^* = \underset{x}{K}(x \in I \wedge x \neq a)$ und $F^* = F_{I^*}$. Analoge Vereinbarungen gelten für mehrstellige Schreibweise und Termschreibweise.

Aus dem Zusammenhang der jeweiligen Betrachtungen heraus wird man auch in anderen Fällen als den eben angegebenen Beispielen stets die verwendete abkürzende Symbolik richtig verstehen und exakt deuten können, ohne daß wir noch mehr Beispiele aufzuführen brauchen.

Soweit zur ersten abkürzenden Schreibweise (1). Die in (1) für Elemente- und Mengenkomplexe eingeführte Symbolik wird — in analoger Form — in der Mathematik stets angewandt, wenn man es mit ähnlichen Operationen für Elemente- bzw. Mengenkomplexe zu tun hat wie in den Fällen

$$(F(x))_{x \in I}, \qquad \underset{x \in I}{\mathsf{X}} F(x), \qquad \bigcup_{x \in I} F(x), \qquad \bigcap_{x \in I} F(x)$$

(z. B. später in § 27, § 36 bei der allgemeinen Summe oder dem allgemeinen Produkt von Ordinal- bzw. Kardinalzahlen). Die Einführung der analogen Symbolik verläuft dann jedesmal nach demselben Muster wie in (1), und wir gehen deshalb im folgenden nicht mehr auf die Erklärung dieser Schreibweise ein.

(2) Ist F ein Elementekomplex über $I \subseteq E$ $(I \subseteq E^{(2)},\ I \subseteq E^{(3)},\ \ldots)$, so schreibt man für $F(a)$ auch F_a (gelesen: F, a) (für $F(a, b)$ auch $F_{a,b}$, für $F(a, b, c)$ auch $F_{a,b,c}$, ...). Man verwechsle diese *Indexschreibweise* nicht mit der gleichen Schreibweise F_A für eine auf A eingeschränkte Abbildung F! Aus dem Zusammenhang der jeweiligen Betrachtungen wird jedoch stets hervorgehen, in welchem Sinne die Indexschreibweise aufzufassen ist. So bedeutet z. B. in diesem Paragraphen F_a stets $F(a)$, bis auf wenige Ausnahmen, wo das aber jeweils dazugesagt wird.

Mit den eingeführten Abkürzungen (1) und (2) erhält man dann für Klassen K, Mengensysteme $\boldsymbol{M}$, Mengenkomplexe F über I und Elementekomplexe f über I sofort:

$$(\mathfrak{J}_K(x))_{x\in K} = (x)_{x\in K},$$

$$M \in \boldsymbol{M} \rightarrow \mathsf{X}\, M = \mathop{\mathsf{X}}_{X\in M} \mathfrak{J}_M(X) = \mathop{\mathsf{X}}_{X\in M} X,$$

$$\bigcup M = \bigcup_{X\in M} \mathfrak{J}_M(X) = \bigcup_{X\in M} X,$$

$$\bigcap M = \bigcap_{X\in M} \mathfrak{J}_M(X) = \bigcap_{X\in M} X,$$

$$(f(x))_{x\in I} = (f_x)_{x\in I} = (f_i)_{i\in I},$$

$$I \in \boldsymbol{M} \rightarrow \mathop{\mathsf{X}}_{x\in I} F(x) = \mathop{\mathsf{X}}_{x\in I} F_x = \mathop{\mathsf{X}}_{i\in I} F_i,$$

$$\bigcup_{x\in I} F(x) = \bigcup_{x\in I} F_x = \bigcup_{i\in I} F_i,$$

$$\bigcap_{x\in I} F(x) = \bigcap_{x\in I} F_x = \bigcap_{i\in I} F_i.$$

Zur weiteren Vereinfachung der Schreibweise (Klammereinsparung) vereinbart man, daß $\cup$, $\cap$, $\times$, $\setminus$, $\vartriangle$ stärker trennen als X und X, $\bigcup$, $\bigcap$ im verallgemeinerten Sinne, so daß also etwa

$$\mathsf{X}\, M \cup A, \qquad \mathop{\mathsf{X}}_{i\in I} F_i \cap A, \qquad \bigcup_{i\in I} F_i \times A, \qquad \bigcap_{i\in I} F_i \setminus A$$

bedeuten:

$$(\mathsf{X}\, M) \cup A, \qquad \Big(\mathop{\mathsf{X}}_{i\in I} F_i\Big) \cap A, \qquad \Big(\bigcup_{i\in I} F_i\Big) \times A, \qquad \Big(\bigcap_{i\in I} F_i\Big) \setminus A.$$

5. Wir wenden uns nun den Rechengesetzen für die verallgemeinerten mengentheoretischen Operationen X, $\bigcup$, $\bigcap$ zu.

Satz 2. *Für Klassen I, K, Funktionen f von K auf I, Elementekomplexe $(a_i)_{i\in I}$ und Mengenkomplexe $(A_i)_{i\in I}$ gilt:*

$$I \in \boldsymbol{M} \to (a_i)_{i\in I} \in \boldsymbol{M},\ \mathop{\mathsf{X}}_{i\in I} A_i \in \boldsymbol{M},\ \bigcup_{i\in I} A_i \in \boldsymbol{M},$$

$$I \neq \emptyset \to \bigcap_{i\in I} A_i \in \boldsymbol{M},$$

$$I = \emptyset \to (a_i)_{i\in I} = \emptyset,\ \mathop{\mathsf{X}}_{i\in I} A_i = \{\emptyset\},\ \bigcup_{i\in I} A_i = \emptyset,\ \bigcap_{i\in I} A_i = \boldsymbol{E},$$

$$I, K \in \boldsymbol{M} \wedge f \text{ eineindeutig} \to \mathop{\mathsf{X}}_{i\in I} A_i \backsim \mathop{\mathsf{X}}_{k\in K} A_{f(k)},$$

$$\bigcup_{i\in I} A_i = \bigcup_{k\in K} A_{f(k)},\qquad \bigcap_{i\in I} A_i = \bigcap_{k\in K} A_{f(k)}.$$

Beweis. Die Behauptungen folgen unmittelbar aus den entsprechenden Definitionen.

Aus Satz 2 folgen die *Kommutativgesetze* für X, $\bigcup$, $\bigcap$; d. h. ist $(A_i)_{i\in I}$ ein Mengenkomplex und f eine Permutation von I, so gilt:

$$I \in \boldsymbol{M} \to \mathop{\mathsf{X}}_{i\in I} A_i \backsim \mathop{\mathsf{X}}_{i\in I} A_{f(i)},$$

$$\bigcup_{i\in I} A_i = \bigcup_{i\in I} A_{f(i)},\qquad \bigcap_{i\in I} A_i = \bigcap_{i\in I} A_{f(i)}.$$

Satz 3. *Für Mengenkomplexe $(A_i)_{i\in I}$, $(B_i)_{i\in I}$, Elementekomplexe $(a_i)_{i\in I}$, Klassen K und Mengen M gilt bei $I \in \boldsymbol{M}$:*

a) $\mathop{\mathsf{X}}_{i\in I} A_i = \emptyset \leftrightarrow \exists\, i\, (i \in I \wedge A_i = \emptyset)$,

b) $\mathop{\mathsf{X}}_{i\in I} A_i \subseteq \mathop{\mathsf{X}}_{i\in I} B_i \leftrightarrow \forall i\, (i \in I \to A_i \subseteq B_i) \vee \mathop{\mathsf{X}}_{i\in I} A_i = \emptyset$,

c) $\mathop{\mathsf{X}}_{i\in I} A_i = \mathop{\mathsf{X}}_{i\in I} B_i \leftrightarrow \forall i\, (i \in I \to A_i = B_i) \vee \mathop{\mathsf{X}}_{i\in I} A_i = \mathop{\mathsf{X}}_{i\in I} B_i = \emptyset$,

d) $\bigcup_{i\in I} A_i \subseteq K \to \mathop{\mathsf{X}}_{i\in I} A_i \subseteq K^I$,

e) $\mathop{\mathsf{X}}_{i\in I} M = M^I$,

f) $\mathop{\mathsf{X}}_{i\in I} \{a_i\} = \{(a_i)_{i\in I}\}$.

Beweis: a) Gibt es für den Mengenkomplex A über $I \in \boldsymbol{M}$ ein $i \in I$ mit $A_i = \emptyset$, so ist trivial $\mathop{\mathsf{X}}_{i\in I} A_i = \emptyset$. Für die Umkehrung muß nur gezeigt werden, daß es bei $\forall i (i \in I \to A_i \neq \emptyset)$ eine Funktion F von I in $\bigcup_{i\in I} A_i$ gibt mit $F_i \in A_i$

für jedes $i \in I$. Man bilde hierzu die Abbildung G von I in $\bigcup_{i \in I} A_i$ durch die Festsetzung $\forall i (i \in I \rightarrow G\langle\{i\}\rangle = A_i)$. Nach Satz 4, § 8 und dem Auswahlaxiom gibt es dann eine Auswahlfunktion* F von G; F ist eine gewünschte Funktion von I in $\bigcup_{i \in I} A_i$ mit $F_i \in A_i$ für jedes $i \in I$. Damit gilt a).

b) ($\leftarrow$) ist trivial. ($\rightarrow$) Ist $\emptyset \neq \bigtimes_{i \in I} A_i \subseteq \bigtimes_{i \in I} B_i$ für Mengenkomplexe A, B über $I \in \boldsymbol{M}$ und wäre $A_j \not\subseteq B_j$ für ein $j \in I$, so gibt es eine Funktion F von I in $\bigcup_{i \in I} A_i$ mit $F_i \in A_i$ für jedes $i \in I$ und ein Element $a \in A_j$ mit $a \notin B_j$. Man konstruiere dann die Funktion F^* dadurch aus F, daß man den j-ten Wert F_j ersetzt durch a, also für jedes $i \in I$:

$$F_i^* = \begin{cases} F_i, \text{ falls } i \neq j \\ a, \text{ falls } i = j. \end{cases}$$

Es ist schließlich $F^* \in \bigtimes_{i \in I} A_i$, aber nicht $F^* \in \bigtimes_{i \in I} B_i$ im Widerspruch zur Voraussetzung. Also gilt b).

c) folgt sofort aus b).

Die Behauptungen d), e), f) folgen unmittelbar aus den entsprechenden Definitionen.

Satz 4. *Für disjunkte Mengensysteme $M \in \boldsymbol{M}$ und Mengenkomplexe A über $\bigcup_{m \in M} m$ gilt:*

$$\bigtimes_{\substack{i \in \bigcup m \\ m \in M}} A_i \backsim \bigtimes_{m \in M} \left(\bigtimes_{i \in m} A_i \right)$$

(Assoziativität).

Beweis. $M \in \boldsymbol{M}$ sei ein disjunktes Mengensystem und A ein Mengenkomplex über $\bigcup_{m \in M} m$. Man ordne jeder Funktion $f \in \bigtimes_{\substack{i \in \bigcup m \\ m \in M}} A_i$ diejenige Funktion $g = F(f)$ von M in $\bigcup_{m \in M} \left(\bigtimes_{i \in m} A_i \right)$ zu mit

$$\forall m (m \in M \rightarrow g(m) = (f_i)_{i \in m}).$$

F ist dann eine eineindeutige Abbildung von $\bigtimes_{\substack{i \in \bigcup m \\ m \in M}} A_i$ auf $\bigtimes_{m \in M} \left(\bigtimes_{i \in M} A_i \right)$.

Speziell folgt aus Satz 4 für disjunkte Mengensysteme $M^* \in \boldsymbol{M}$ von Mengensystemen (also $M^* \subseteq \boldsymbol{P}\boldsymbol{M}$):

$$\bigtimes_{\substack{m \in \bigcup M \\ M \in M^*}} m \backsim \bigtimes_{M \in M^*} \left(\bigtimes_{m \in M} m \right).$$

Wir wenden uns nun der allgemeinen Vereinigung und dem allgemeinen Durchschnitt zu.

Satz 5. *Für Mengenkomplexe* $(A_i)_{i\in I}$, $(B_i)_{i\in I}$, *Klassen* K *und Mengen* M *gilt:*

$$\bigcup_{i\in I} A_i = \bigcup \mathrm{Nb}\, A, \qquad \bigcap_{i\in I} A_i = \bigcap \mathrm{Nb}\, A,$$

$$\forall i (i \in I \to A_i = \emptyset) \leftrightarrow \bigcup_{i\in I} A_i = \emptyset,$$

$$\exists i (i \in I \wedge A_i = \emptyset) \to \bigcap_{i\in I} A_i = \emptyset,$$

$$I \neq \emptyset \to \bigcup_{i\in I} M = \bigcap_{i\in I} M = M,$$

$$\bigcup_{i\in I} A_i = \bigcap_{i\in I} A_i \leftrightarrow I \neq \emptyset \wedge \exists X \,\forall i (i \in I \to A_i = X),$$

$$\forall i (i \in I \to A_i \subseteq B_i) \to \bigcup_{i\in I} A_i \subseteq \bigcup_{i\in I} B_i \wedge \bigcap_{i\in I} A_i \subseteq \bigcap_{i\in I} B_i,$$

$$K \subseteq I \to \bigcup_{i\in K} A_i \subseteq \bigcup_{i\in I} A_i \wedge \bigcap_{i\in I} A_i \subseteq \bigcap_{i\in K} A_i,$$

$$\forall j \Big(j \in I \to A_j \subseteq \bigcup_{i\in I} A_i\Big) \wedge \forall X \Big(X \notin \boldsymbol{I} \wedge \forall i (i \in I \to A_i \subseteq X) \to \bigcup_{i\in I} A_i \subseteq X\Big),$$

$$\forall j \Big(j \in I \to \bigcap_{i\in I} A_i \subseteq A_j\Big) \wedge \forall X \Big(X \notin \boldsymbol{I} \wedge \forall i (i \in I \to X \subseteq A_i) \to X \subseteq \bigcap_{i\in I} A_i\Big),$$

$$I \in \boldsymbol{M} \to \bigcup_{i\in I} A_i = \min \underset{X}{\boldsymbol{K}} (X \in \boldsymbol{M} \wedge \forall i (i \in I \to A_i \subseteq X)),$$

$$I \neq \emptyset \to \bigcap_{i\in I} A_i = \max \underset{X}{\boldsymbol{K}} (X \in \boldsymbol{M} \wedge \forall i (i \in I \to X \subseteq A_i)).$$

Beweis. Die Behauptungen folgen unmittelbar aus den entsprechenden Definitionen.

Ist M^* ein Mengensystem von Mengensystemen, so vermutet man zunächst die Assoziativgesetze:

$$\bigcup_{\substack{m \in \bigcup M \\ M \in M^*}} m = \bigcup_{M \in M^*} \Big(\bigcup_{m \in M} m\Big), \qquad \emptyset \notin M^* \to \bigcap_{\substack{m \in \bigcup M \\ M \in M^*}} m = \bigcap_{M \in M^*} \Big(\bigcap_{m \in M} m\Big).$$

Diese Gesetze gelten auch und lassen sich zu folgendem Satz verallgemeinern, von dem sie dann nur einen Spezialfall bilden:

Satz 6. *Für Mengenkomplexe* $(I_k)_{k\in K}$ *und* $(A_i)_{i \in \bigcup I_k,\, k\in K}$ *gilt:*

$$\bigcup_{\substack{i \in \bigcup I_k \\ k \in K}} A_i = \bigcup_{k\in K} \Big(\bigcup_{i \in I_k} A_i\Big),$$

$$\forall k (k \in K \to I_k \neq \emptyset) \to \bigcap_{\substack{i \in \bigcup I_k \\ k \in K}} A_i = \bigcap_{k\in K} \Big(\bigcap_{i \in I_k} A_i\Big)$$

(*Assoziativgesetze*).

Beweis. Die Behauptungen folgen unmittelbar aus den entsprechenden Definitionen.

Es bestehen die folgenden *Distributivgesetze:*

Satz 7. *Für Mengenkomplexe* $(A_i)_{i\in I}$ *und Mengen* M *gilt:*

$$M \cup \bigcap_{i\in I} A_i = \bigcap_{i\in I}(M \cup A_i), \qquad M \cap \bigcup_{i\in I} A_i = \bigcup_{i\in I}(M \cap A_i),$$

$$I \neq \emptyset \rightarrow M \setminus \bigcup_{i\in I} A_i = \bigcap_{i\in I}(M \setminus A_i), \qquad M \setminus \bigcap_{i\in I} A_i = \bigcup_{i\in I}(M \setminus A_i),$$

$$\bigcup_{i\in I} A_i \setminus M = \bigcup_{i\in I}(A_i \setminus M), \qquad I \neq \emptyset \rightarrow \bigcap_{i\in I} A_i \setminus M = \bigcap_{i\in I}(A_i \setminus M),$$

$$M \times \bigcup_{i\in I} A_i = \bigcup_{i\in I}(M \times A_i), \qquad I \neq \emptyset \rightarrow M \times \bigcap_{i\in I} A_i = \bigcap_{i\in I}(M \times A_i),$$

$$\bigcup_{i\in I} A_i \times M = \bigcup_{i\in I}(A_i \times M), \qquad I \neq \emptyset \rightarrow \bigcap_{i\in I} A_i \times M = \bigcap_{i\in I}(A_i \times M).$$

Beweis. Die Behauptungen folgen unmittelbar aus den entsprechenden Definitionen.

Aus den in Satz 7 angegebenen Distributivgesetzen für die Differenz folgt der

Satz 8. *Für Mengenkomplexe* $(A_i)_{i\in I}$ *und Mengen* E *mit* $\forall i(i \in I \rightarrow A_i \subseteq E)$ *gilt:*

$$I \neq \emptyset \rightarrow C_E\Big(\bigcup_{i\in I} A_i\Big) = \bigcap_{i\in I}(C_E A_i),$$

$$C_E\Big(\bigcap_{i\in I} A_i\Big) = \bigcup_{i\in I}(C_E A_i)$$

(DE MORGAN*sche Formeln*).

Beweis. Die Behauptungen folgen aus Satz 7.

Ohne die Einschränkung $I \neq \emptyset$ gilt die erste Formel von Satz 8 in der Gestalt:

$$C_E\Big(\bigcup_{i\in I} A_i\Big) = E \cap \bigcap_{i\in I}(C_E A_i).$$

Die Distributivgesetze von Satz 7 lassen sich verallgemeinern:

Satz 9. *Für Mengenkomplexe* $(A_i)_{i\in I}$, $(B_k)_{k\in K}$ *gilt:*

$$\bigcap_{i\in I} A_i \cup \bigcap_{k\in K} B_k = \bigcap_{[i,k]\in I\times K}(A_i \cup B_k),$$

$$\bigcup_{i\in I} A_i \cap \bigcup_{k\in K} B_k = \bigcup_{[i,k]\in I\times K}(A_i \cap B_k),$$

$$\bigcup_{i\in I} A_i \times \bigcup_{k\in K} B_k = \bigcup_{[i,k]\in I\times K}(A_i \times B_k),$$

$$I, K \neq \emptyset \rightarrow \bigcap_{i \in I} A_i \times \bigcap_{k \in K} B_k = \bigcap_{[i,k] \in I \times K} (A_i \times B_k),$$

$$I = K \neq \emptyset \rightarrow \bigcap_{i \in I} A_i \times \bigcap_{i \in I} B_i = \bigcap_{i \in I} (A_i \times B_i),$$

$$I = K \in \boldsymbol{M} \rightarrow \bigtimes_{i \in I} A_i \times \bigtimes_{i \in I} B_i \backsim \bigtimes_{i \in I} (A_i \times B_i).$$

Beweis. Die Behauptungen folgen unmittelbar aus den entsprechenden Definitionen.

Die Herleitung der allgemeinsten Distributivgesetze für $\bigcup$ und $\bigcap$ machen wir uns an folgendem Beispiel klar. Es seien m_1, m_2, m_3, m_4 Mengen; dann gilt doch:

$$(m_1 \cap m_2) \cup (m_3 \cap m_4) = (m_1 \cup m_3) \cap (m_1 \cup m_4) \cap (m_2 \cup m_3) \cap (m_2 \cup m_4).$$

Bezeichnet man hierbei mit M_1 das Mengensystem $\{m_1, m_2\}$, mit M_2 das Mengensystem $\{m_3, m_4\}$ und mit M^* das Mengensystem $\{M_1, M_2\}$ von Mengensystemen, so ergibt sich:

$$\bigcup_{M \in M^*} \left(\bigcap_{m \in M} m\right) = \bigcap_{\substack{f \in \times M \\ M \in M^*}} \left(\bigcup_{M \in M^*} f(M)\right).$$

Analog erhält man

$$\bigcap_{M \in M^*} \left(\bigcup_{m \in M} m\right) = \bigcup_{\substack{f \in \times M \\ M \in M^*}} \left(\bigcap_{M \in M^*} f(M)\right).$$

Ist also allgemein $M^* \in \boldsymbol{M}$ ein Mengensystem von Mengensystemen, so vermutet man die Distributivgesetze:

$$\emptyset \notin M^* \rightarrow \bigcup_{M \in M^*} \left(\bigcap_{m \in M} m\right) = \bigcap_{\substack{f \in \times M \\ M \in M^*}} \left(\bigcup_{M \in M^*} f(M)\right),$$

$$M^* \neq \emptyset \rightarrow \bigcap_{M \in M^*} \left(\bigcup_{m \in M} m\right) = \bigcup_{\substack{f \in \times M \\ M \in M^*}} \left(\bigcap_{M \in M^*} f(M)\right).$$

Diese Gesetze gelten auch und lassen sich weiter zu folgendem Satz verallgemeinern, von dem sie dann nur einen Spezialfall bilden:

Satz 10. *Für Mengenkomplexe* $(I_k)_{k \in K}$ *und* $(A_k)_{k \in K}$ *mit* $K \in \boldsymbol{M}$, *für die für jedes* $k \in K$ $((A_k)_i)_{i \in I_k}$ — *abgekürzt* $(A_{k;i})_{i \in I_k}$ — *wieder ein Mengenkomplex ist, gilt:*

$$\forall k (k \in K \rightarrow I_k \neq \emptyset) \rightarrow \bigcup_{k \in K} \left(\bigcap_{i \in I_k} A_{k;i}\right) = \bigcap_{\substack{f \in \times I_k \\ k \in K}} \left(\bigcup_{k \in K} A_{k;f(k)}\right),$$

$$K \neq \emptyset \rightarrow \bigcap_{k \in K} \left(\bigcup_{i \in I_k} A_{k;i}\right) = \bigcup_{\substack{f \in \times I_k \\ k \in K}} \left(\bigcap_{k \in K} A_{k;f(k)}\right)$$

(*Distributivgesetze*).

Beweis. Die Behauptungen folgen unmittelbar aus den entsprechenden Definitionen.

An weiteren *Distributivgesetzen* hat man:

Satz 11. *Für Mengenkomplexe* $(I_k)_{k \in K}$ *und* $(A_k)_{k \in K}$ *mit* $K \in \mathbf{M}$, *für die für jedes* $k \in K$ $((A_k)_i)_{i \in I_k}$ — *abgekürzt* $(A_{k;\,i})_{i \in I_k}$ — *wieder ein Mengenkomplex ist, gilt:*

$$\mathop{\mathsf{X}}_{k \in K} \Big(\bigcup_{i \in I_k} A_{k;\,i}\Big) = \bigcup_{\substack{f \in \mathsf{X} I_k \\ k \in K}} \Big(\mathop{\mathsf{X}}_{k \in K} A_{k;\,f(k)}\Big),$$

$$\forall k (k \in K \to I_k \neq \emptyset) \to \mathop{\mathsf{X}}_{k \in K} \Big(\bigcap_{i \in I_k} A_{k;\,i}\Big) = \bigcap_{\substack{f \in \mathsf{X} I_k \\ k \in K}} \Big(\mathop{\mathsf{X}}_{k \in K} A_{k;\,f(k)}\Big).$$

Beweis. Die Behauptungen folgen unmittelbar aus den entsprechenden Definitionen.

Als Spezialfall von Satz 11 erhält man für Mengensysteme $\mathbf{M}^* \in \mathbf{M}$ von Mengensystemen:

$$\mathop{\mathsf{X}}_{M \in \mathbf{M}^*} \Big(\bigcup_{m \in M} m\Big) = \bigcup_{\substack{f \in \mathsf{X} M \\ M \in \mathbf{M}^*}} \Big(\mathop{\mathsf{X}}_{M \in \mathbf{M}^*} f(M)\Big),$$

$$\emptyset \notin \mathbf{M}^* \to \mathop{\mathsf{X}}_{M \in \mathbf{M}^*} \Big(\bigcap_{m \in M} m\Big) = \bigcap_{\substack{f \in \mathsf{X} M \\ M \in \mathbf{M}^*}} \Big(\mathop{\mathsf{X}}_{M \in \mathbf{M}^*} f(M)\Big).$$

Satz 12. *Für Klassen* I, K *mit* $K \neq \emptyset$ *und Mengenkomplexe* $(A_j)_{j \in I \times K}$ *gilt bei* $I \in \mathbf{M}$:

$$\bigcap_{k \in K} \Big(\mathop{\mathsf{X}}_{i \in I} A_{i,k}\Big) = \mathop{\mathsf{X}}_{i \in I} \Big(\bigcap_{k \in K} A_{i,k}\Big).$$

Beweis. Die Behauptung folgt unmittelbar aus den entsprechenden Definitionen.

Satz 13. *Für Mengenkomplexe* $(A_i)_{i \in I}$, $(M_i)_{i \in I}$, *Klassen* B *und Mengen* N *gilt:*

a) $I \neq \emptyset \to \Big(\bigcap_{i \in I} A_i\Big)^N = \bigcap_{i \in I} (A_i^N)$,

b) $(M_i)_{i \in I}$ *disjunkt* $\wedge\, I \in \mathbf{M} \to B^{\left(\bigcup_{i \in I} M_i\right)} \backsim \mathop{\mathsf{X}}_{i \in I} (B^{M_i})$,

c) $I \in \mathbf{M} \to \Big(\mathop{\mathsf{X}}_{i \in I} A_i\Big)^N \backsim \mathop{\mathsf{X}}_{i \in I} (A_i^N)$.

Beweis. a) folgt aus den entsprechenden Definitionen.

b) Es sei B eine Klasse, $(M_i)_{i \in I}$ ein disjunkter Mengenkomplex und $I \in \mathbf{M}$. Die Funktion F von $B^{\left(\bigcup_{i \in I} M_i\right)}$ in $\mathop{\mathsf{X}}_{i \in I} (B^{M_i})$ mit

$$\forall f \Big(f \in B^{\left(\bigcup_{i \in I} M_i\right)} \to F(f) = (g_i)_{i \in I}\Big),$$

wobei g_i für jedes $i \in I$ die Einschränkung f_{M_i} von f auf M_i ist, ist eine eineindeutige Abbildung von $B^{\left(\bigcup_{i \in I} M_i\right)}$ auf $\mathop{\mathsf{X}}_{i \in I} (B^{M_i})$.

c) Es sei $I, N \in \boldsymbol{M}$ und $(A_i)_{i\in I}$ ein Mengenkomplex. Die Funktion F von $\left(\bigtimes_{i\in I} A_i\right)^N$ in $\bigtimes_{i\in I} (A_i^N)$ mit

$$\forall f\left(f \in \left(\bigtimes_{i\in I} A_i\right)^N \to F(f) = (g_i)_{i\in I}\right),$$

wobei g_i für jedes $i \in I$ diejenige Funktion von N in A_i ist mit

$$\forall x\, \forall a\, (x \in N \wedge f(x) = (a_j)_{j\in I} \to g_i(x) = a_i),$$

ist eine eineindeutige Abbildung von $\left(\bigtimes_{i\in I} A_i\right)^N$ auf $\bigtimes_{i\in I} (A_i^N)$.

Es gelten schließlich noch die folgenden Sätze zwischen Abbildungen und verallgemeinerten mengentheoretischen Operationen:

Satz 14. *Für Abbildungen F und Mengenkomplexe $(A_i)_{i\in I}$ mit $\forall i\,(i \in I \to F\langle A_i\rangle \in \boldsymbol{M})$ gilt:*

$$F\left\langle\bigcup_{i\in I} A_i\right\rangle = \bigcup_{i\in I} F\langle A_i\rangle, \qquad F\left\langle\bigcap_{i\in I} A_i\right\rangle \subseteq \bigcap_{i\in I} F\langle A_i\rangle,$$

$$I \neq \emptyset \wedge F \textit{ voreindeutig} \to F\left\langle\bigcap_{i\in I} A_i\right\rangle = \bigcap_{i\in I} F\langle A_i\rangle,$$

$$I \neq \emptyset \wedge F \textit{ Funktion} \to F^{-1}\left\langle\bigcap_{i\in I} A_i\right\rangle = \bigcap_{i\in I} F^{-1}\langle A_i\rangle.$$

Beweis. Die Behauptungen folgen unmittelbar aus den entsprechenden Definitionen.

Satz 15. *Für Mengenkomplexe $(F_i)_{i\in I}$ mit $\forall i\,(i \in I \to F_i$ Abbildung$)$, Klassen A und Abbildungen $H \in \boldsymbol{M}$ gilt:*

$$\left(\bigcup_{i\in I} F_i\right)\langle A\rangle = \bigcup_{i\in I}(F_i\langle A\rangle), \qquad I \neq \emptyset \to \left(\bigcap_{i\in I} F_i\right)\langle A\rangle \subseteq \bigcap_{i\in I}(F_i\langle A\rangle),$$

$$I \neq \emptyset \wedge \bigcup_{i\in I} F_i \textit{ voreindeutig} \to \left(\bigcap_{i\in I} F_i\right)\langle A\rangle = \bigcap_{i\in I}(F_i\langle A\rangle),$$

$$\left(\bigcup_{i\in I} F_i\right)^{-1} = \bigcup_{i\in I}(F_i^{-1}), \qquad I \neq \emptyset \to \left(\bigcap_{i\in I} F_i\right)^{-1} = \bigcap_{i\in I}(F_i^{-1}),$$

$$\left(\bigcup_{i\in I} F_i\right) \circ H = \bigcup_{i\in I}(F_i \circ H), \qquad H \circ \left(\bigcup_{i\in I} F_i\right) = \bigcup_{i\in I}(H \circ F_i),$$

$$I \neq \emptyset \to \left(\bigcap_{i\in I} F_i\right) \circ H \subseteq \bigcap_{i\in I}(F_i \circ H), \qquad I \neq \emptyset \to H \circ \left(\bigcap_{i\in I} F_i\right) \subseteq \bigcap_{i\in I}(H \circ F_i),$$

$$I \neq \emptyset \wedge \bigcup_{i\in I} F_i \textit{ voreindeutig} \to \left(\bigcap_{i\in I} F_i\right) \circ H = \bigcap_{i\in I}(F_i \circ H),$$

$$I \neq \emptyset \wedge \bigcup_{i\in I} F_i \textit{ nacheindeutig} \to H \circ \left(\bigcap_{i\in I} F_i\right) = \bigcap_{i\in I}(H \circ F_i).$$

Beweis. Die Behauptungen folgen unmittelbar aus den entsprechenden Definitionen.

§ 10. Äquivalenzrelationen

1. Die für die Mathematik wichtigsten Relationen sind — wie schon früher erwähnt — die binären Relationen, die wir deshalb von jetzt ab einfach „Relationen" nennen wollen. Eine binäre Relation R in einer Klasse A war dabei eine Teilklasse von $A \times A$.

Definition 1. Eine Abbildung R ist eine *Relation* (oder eine *Beziehung*) *in* der Klasse A genau dann, wenn R eine binäre Relation in A ist; R ist eine *Relation* (oder eine *Beziehung*) genau dann, wenn es eine Klasse A gibt, so daß R eine Relation in A ist.

Man verabredet zur Vereinfachung der Schreibweise, für eine Relation R statt $[a, b] \in R$ auch kurz aRb zu schreiben.

Relationen sind nach Definition Abbildungen, und es lassen sich also alle Begriffsbildungen im Zusammenhang mit Abbildungen auf Relationen anwenden. Umgekehrt ist jede Abbildung eine Relation (nämlich in $\boldsymbol{E}$). Wann man von Abbildungen und wann man von Relationen spricht, ist eine rein psychologische Angelegenheit.

Im Hinblick auf die später (in Kapitel IV) zu behandelnden Ordnungsrelationen nennt man das volle Bild $\underset{x}{\boldsymbol{K}}(aRx)$ eines Dinges a bzgl. der Relation R auch den *Rest von a bzgl. R* und das Bildsystem Bs R von R auch das *Restsystem von R*.

Ist R eine Relation in A, so sagt man auch, R *regelt* A. Es ist in der Mengenlehre oft erforderlich, von dem Inbegriff einer Menge M und einer sie regelnden Relation R zu sprechen; dabei ist der Inbegriff von M und R anschaulich eine Zusammenfassung von M und R mit Berücksichtigung der Reihenfolge von M und R, da man doch den Inbegriff etwa von M_1 und R_1 genau dann als gleich mit dem Inbegriff etwa von M_2 und R_2 ansehen will, wenn $M_1 = M_2$ und $R_1 = R_2$ gilt. Der Inbegriff einer Menge M und einer sie regelnden Relation R ist also weiter nichts als das geordnete Paar $[M, R]$.

Definition 2. Ist M eine Menge und R eine Relation in M, so heißt das geordnete Paar $[M, R]$ die *durch die Relation R geregelte Menge M*. Eine Menge M^* ist eine *durch eine Relation geregelte Menge* oder ist *durch eine Relation geregelt* genau dann, wenn es eine Menge M und eine Relation R in M gibt mit $M^* = [M, R]$.

Zu jeder im Sinne von Definition 2 geregelten Menge M^* gibt es genau ein Paar $[M, R]$ mit $M^* = [M, R]$; ein geordnetes Paar $[M, R]$ von Elementen $M, R \in \boldsymbol{E}$ ist also genau dann eine geregelte Menge, wenn M eine Menge und R eine Relation in M ist.

Definition 3. Sind A, B Klassen, R eine Relation in A und S eine Relation in B, so ist eine Abbildung f eine *isomorphe* (oder *ähnliche*) *Abbildung* (oder ein *Isomorphismus*, eine *Ähnlichkeitsabbildung*) *von* $|A, R|$ *auf* $|B, S|$ oder auch ... *von A auf B bzgl. R, S* genau dann, wenn f eine umkehrbar eindeutige Abbildung von A auf B ist mit $\forall x \forall y\ (xRy \leftrightarrow f(x)Sf(y))$; $|A, R|$ und $|B, S|$ sind *isomorph* (oder *ähnlich*) oder A und B sind *isomorph* (oder *ähnlich*) *bzgl. R, S*, in

Zeichen: $|A, R| \backsimeq |B, S|$ (gelesen: A, R *isomorph* B, S), genau dann, wenn es eine isomorphe Abbildung von $|A, R|$ auf $|B, S|$ gibt. Sind M^*, N^* durch eine Relation geregelte Mengen mit $M^* = [M, R]$ und $N^* = [N, S]$, so ist eine Abbildung f eine *isomorphe* (oder *ähnliche*) *Abbildung* (oder ein *Isomorphismus*, eine *Ähnlichkeitsabbildung*) *von* M^* *auf* N^* genau dann, wenn f ein Isomorphismus von $|M, R|$ auf $|N, S|$ ist, und M^* und N^* sind *isomorph* (oder *ähnlich*), in Zeichen: $M^* \backsimeq N^*$ (gelesen: M^* *isomorph* N^*), genau dann, wenn $|M, R| \backsimeq |N, S|$ gilt.

Ist R eine Relation in A, S eine in B und f eine umkehrbar eindeutige Abbildung von A auf B, so heißt die Forderung

$$\forall x \forall y \,(xRy \leftrightarrow f(x)\, S f(y))$$

auch die *Relationstreue* von f bzgl. R, S.

Ist $|A, R| \backsimeq |B, S|$, so ist nach Definition 3 u. a. $A \backsim B$. Ist R eine Relation in A und $A \backsim B$, so erhält man, falls f eine umkehrbar eindeutige Abbildung von A auf B ist, eine Relation S in B mit $|A, R| \backsimeq |B, S|$ durch die Festsetzung: S ist diejenige Relation in B mit

$$\forall x \forall y \,(xSy \leftrightarrow f^{-1}(x)\, R\, f^{-1}(y)).$$

Ist $|A, R| \backsimeq |B, S|$, f eine isomorphe Abbildung von $|A, R|$ auf $|B, S|$ und $X \subseteq A$, so ist auch $|X, {}_X R_X| \backsimeq |f\langle X\rangle, {}_{f\langle X\rangle} S_{f\langle X\rangle}|$.

Es gilt trivial

$$|A, R| \backsimeq |B, S| \leftrightarrow |A, R^{-1}| \backsimeq |B, S^{-1}|.$$

Die Isomorphie etwa der geregelten Mengen $M^* = [M, R]$ und $N^* = [N, S]$ besagt anschaulich, daß M und N in bezug auf R und S dieselben strukturellen Eigenschaften besitzen oder, anders ausgedrückt, daß M^* und N^* von gleichem Strukturtyp sind. Diese anschauliche Strukturgleichheit, ganz allgemein für Klassen A, B und Relationen R in A, S in B, kommt dann in Sätzen wie etwa Satz 2 (s. u.) zum Ausdruck.

Satz 1. *Für Klassen A, B, C und Relationen R in A, S in B, T in C gilt:*

$$|A, R| \backsimeq |A, R| \quad (\textit{Reflexivität}),$$

$$|A, R| \backsimeq |B, S| \wedge |B, S| \backsimeq |C, T| \rightarrow |A, R| \backsimeq |C, T| \quad (\textit{Transitivität}),$$

$$|A, R| \backsimeq |B, S| \rightarrow |B, S| \backsimeq |A, R| \quad (\textit{Symmetrie}).$$

Beweis. Für jede Klasse A und jede Relation R in A ist die Identität $\mathfrak{J}_A$ ein Isomorphismus von $|A, R|$ auf $|A, R|$. Ist $|A, R| \backsimeq |B, S|$, $|B, S| \backsimeq |C, T|$, f ein Isomorphismus von $|A, R|$ auf $|B, S|$ und g ein Isomorphismus von $|B, S|$ auf $|C, T|$, so ist die Abbildung $h = g \circ f$ ein Isomorphismus von $|A, R|$ auf $|C, T|$. Ist $|A, R| \backsimeq |B, S|$ und f ein Isomorphismus von $|A, R|$ auf $|B, S|$, so ist die Abbildung f^{-1} ein Isomorphismus von $|B, S|$ auf $|A, R|$.

Aus Satz 1 folgt für durch eine Relation geregelte Mengen M^*, M_1^*, M_2^*, M_3^* sofort:

$$M^* \backsim M^* \qquad (\textit{Reflexivität}),$$

$$M_1^* \backsim M_2^* \wedge M_2^* \backsim M_3^* \to M_1^* \backsim M_3^* \qquad (\textit{Transitivität}),$$

$$M_1^* \backsim M_2^* \to M_2^* \backsim M_1^* \qquad (\textit{Symmetrie}).$$

2. Unter den Relationen besitzen die Äquivalenzrelationen wegen des mit ihnen verbundenen und in der Mathematik oft verwendeten Abstraktionsprinzips eine besondere Bedeutung.

Definition 4. Eine Relation R ist *reflexiv in* der Klasse A genau dann, wenn $R \subseteq A \times A$ und

$$\forall x\,(x \in A \to xRx)$$

gilt; R ist *transitiv* genau dann, wenn

$$\forall x\,\forall y\,\forall z\,(xRy \wedge yRz \to xRz)$$

gilt; R ist *symmetrisch* genau dann, wenn

$$\forall x\,\forall y\,(xRy \to yRx)$$

gilt; R ist eine *Äquivalenzrelation* (oder eine *Äquivalenz*) *in* A genau dann, wenn R reflexiv in A ist und wenn R transitiv und symmetrisch ist.

Ist R eine Äquvalenzrelation, so schreibt man für aRb auch

$$a \equiv b \ (\text{mod. } R) \quad (\text{gelesen: } \textit{a kongruent b modulo R}).$$

Für eine reflexive Relation R in A, also auch für eine Äquivalenzrelation R in A, gilt sofort:

$$\mathrm{Vb}\,R = \mathrm{Nb}\,R = \mathrm{Fd}\,R = A\,.$$

Zu jeder Relation R gibt es also höchstens eine Klasse A, so daß R reflexiv in A ist, nämlich $A = \mathrm{Vb}\,R$.

Ist R eine Äquivalenzrelation in A und $B \subseteq A$, so ist ${}_BR_B$, also die auf B vor- und nachbeschränkte Relation oder die durch R in B *induzierte Relation*, eine Äquivalenzrelation in B.

Beispiele für Äquivalenzrelationen:

Für jede Klasse A ist die Identität $\mathfrak{J}_A$ eine Äquivalenzrelation in A, wofür also gilt:

$$\forall x\,\forall y\,(x\,\mathfrak{J}_A\,y \leftrightarrow x, y \in A \wedge x = y);$$

ebenso ist die Klasse $R \subseteq A \times A$ mit

$$\forall x\,\forall y\,(xRy \leftrightarrow x, y \in A \wedge x \sqsubset\!\sqsupset y)$$

eine Äquivalenzrelation in A. Die Klasse $R \subseteq \boldsymbol{M} \times \boldsymbol{M}$ mit

$$\forall x \, \forall y \, (xRy \leftrightarrow x, y \in \boldsymbol{M} \wedge x \backsim y)$$

ist eine Äquivalenzrelation in $\boldsymbol{M}$. Ist M^* die Klasse aller durch eine Relation geregelten Mengen, so ist die Relation $R \subseteq M^* \times M^*$ mit

$$\forall x \, \forall y \, (xRy \leftrightarrow x, y \in M^* \wedge x \cong y)$$

eine Äquivalenzrelation in M^*. Ist F eine Funktion über A, so ist die Relation $R \subseteq A \times A$ mit

$$\forall x \, \forall y \, (xRy \leftrightarrow x, y \in A \wedge F(x) = F(y))$$

eine Äquivalenzrelation in A.

Satz 2. *Für Klassen A, B und Relationen R in A, S in B gilt:*

$$|A, R| \cong |B, S| \,.\!\rightarrow\!.\, R \text{ Äquivalenzrelation in } A \leftrightarrow S \text{ Äquivalenzrelation in } B.$$

Beweis. Es seien A, B Klassen, R eine Relation in A, S eine Relation in B und f eine isomorphe Abbildung von $|A, R|$ auf $|B, S|$. Dann ist f eine umkehrbar eindeutige Abbildung von A auf B mit $\forall x \, \forall y (xRy \leftrightarrow f(x) S f(y))$. Ist R eine Äquivalenzrelation in A und sind a, b, c beliebige Elemente aus B, so gilt

$$aSa \text{ wegen } f^{-1}(a) R f^{-1}(a),$$

$$aSb \wedge bSc \rightarrow aSc \text{ wegen } f^{-1}(a) R f^{-1}(b) \wedge f^{-1}(b) R f^{-1}(c) \rightarrow f^{-1}(a) R f^{-1}(c)$$

und schließlich

$$aSb \rightarrow bSa \text{ wegen } f^{-1}(a) \, R f^{-1}(b) \rightarrow f^{-1}(b) \, R f^{-1}(a);$$

also ist auch S eine Äquivalenzrelation in B. Ist umgekehrt S eine Äquivalenzrelation in B, so ist f^{-1} eine isomorphe Abbildung von $|B, S|$ auf $|A, R|$, und aus dem eben Bewiesenen folgt sofort, daß dann auch R eine Äquivalenzrelation in A ist.

Aus Satz 2 folgt speziell für Mengen M, N und Relationen R in M, S in N:

$$[M, R] \cong [N, S] \,.\!\rightarrow\!.\, R \text{ Äquivalenzrelation in } M \leftrightarrow S \text{ Äquivalenzrelation in } N.$$

Satz 3. *Für Klassen A und Relationen R gilt: R ist eine Äquivalenzrelation in A genau dann, wenn gilt:*

$$A = \operatorname{Vb} R, \qquad R \bigcirc R = R, \qquad R = R^{-1}.$$

Beweis. ($\rightarrow$) Ist R eine Äquivalenzrelation in A, so folgt aus der Reflexivität von $R: A = \operatorname{Vb} R$. Ist $[x, y] \in R \bigcirc R$, so gibt es ein z mit $xRz \wedge zRy$; aus der Transitivität von R folgt daraus xRy, also $[x, y] \in R$; damit ist $R \bigcirc R \subseteq R$. Ist umgekehrt $[x, y] \in R$, so folgt aus der Reflexivität von R: $xRx \wedge xRy$, also $[x, y] \in R \bigcirc R$; damit ist auch $R \subseteq R \bigcirc R$; also insgesamt $R \bigcirc R = R$. Es ist $[x, y] \in R \leftrightarrow [y, x] \in R^{-1}$ nach Definition der inversen Relation; es ist außerdem $[x, y] \in R \leftrightarrow [y, x] \in R$ wegen der Symmetrie von R; also $[x, y] \in R \leftrightarrow [x, y] \in R^{-1}$ und damit $R = R^{-1}$.

($\leftarrow$) Es sei A eine Klasse und R eine Relation mit den aufgeführten Eigenschaften. Ist xRy, so ist wegen $R = R^{-1}$ auch yRx, also $R \subseteq A \times A$ wegen $A = \mathrm{Vb}\,R$; ist $x \in A$, so gibt es wegen $A = \mathrm{Vb}\,R$ ein y mit xRy, also auch mit yRx wegen $R = R^{-1}$; aus $xRy \wedge yRx$ folgt schließlich xRx wegen $R \bigcirc R = R$; also ist R insgesamt reflexiv in A. Aus $R \bigcirc R = R$ folgt sofort die Transitivität von R und aus $R = R^{-1}$ die Symmetrie von R.

Satz 4. *Für Klassen A und Relationen R in A gilt: R ist eine Äquivalenzrelation in A genau dann, wenn gilt:*

$$\forall x\,(x \in A \rightarrow xRx) \quad (\textit{Reflexivität}),$$

$$\forall x \forall y \forall z\,(xRz \wedge yRz \rightarrow xRy) \quad (\textit{Drittengleichheit}).$$

Beweis. Ist R eine Äquivalenzrelation in A, so gilt das reflexive Gesetz; die Drittengleichheit erhält man aus der Transitivität und der Symmetrie folgendermaßen: Ist $xRz \wedge yRz$, so ist nach der Symmetrieeigenschaft auch $xRz \wedge zRy$, also nach der Transitivität auch xRy. Ist umgekehrt R eine Relation in A mit dem reflexiven Gesetz und der Drittengleichheit, so erhält man aus diesen beiden Gesetzen zunächst die Symmetrie; ist nämlich xRy, so ist nach dem reflexiven Gesetz auch $yRy \wedge xRy$, also nach der Drittengleichheit auch yRx. Aus der Symmetrie und der Drittengleichheit folgt die Transitivität; denn ist $xRy \wedge yRz$, so ist wegen der Symmetrieeigenschaft auch $xRy \wedge zRy$, also nach der Drittengleichheit schließlich xRz.

3. Definition 5. Ist R eine Äquivalenzrelation in A und $a \in A$, so heißt der Rest $R\langle\{a\}\rangle$ von a bzgl. R auch die ***Restklasse*** (oder ***Äquivalenzklasse***, ***Abstraktionsklasse***) *von a bzgl. R* (statt *bzgl. R* auch: *modulo R*); gilt $\forall x (x \in A \rightarrow R\langle\{x\}\rangle \in \mathbf{M})$, so heißt das Restsystem $\mathrm{Bs}\,R$ von R auch der *Quotient von A nach R*, bezeichnet mit: A/R (gelesen: *A nach R*). Ist R eine Äquivalenzrelation in A, so ist eine Klasse K eine ***Restklasse*** (oder ***Äquivalenzklasse***, ***Abstraktionsklasse***) *bzgl. R* (statt *bzgl. R* auch: *modulo R*) genau dann, wenn es ein $a \in A$ gibt, so daß K die Restklasse von a bzgl. R ist.

Eine erste Auskunft über die Struktur der Restklassen gibt folgender

Satz 5. *Für Klassen A, Äquivalenrelationen R in A und Elemente $a, b \in A$ gilt:*

$$aRb \leftrightarrow R\langle\{a\}\rangle = R\langle\{b\}\rangle$$
$$(\textit{Abstraktionsprinzip}).$$

Beweis. Es sei R eine Äquivalenzrelation in A, $a, b \in A$ und aRb. Ist dann $x \in R\langle\{a\}\rangle$, so gilt aRx; aus aRb und aRx folgt bRx über die Symmetrie und die Transitivität von R, also $x \in R\langle\{b\}\rangle$. Ist $x \in R\langle\{b\}\rangle$, so gilt bRx; aus aRb und bRx folgt aRx über die Transitivität von R, also $x \in R\langle\{a\}\rangle$; damit gilt insgesamt $R\langle\{a\}\rangle = R\langle\{b\}\rangle$ unter der Voraussetzung aRb. Ist umgekehrt $R\langle\{a\}\rangle = R\langle\{b\}\rangle$, so folgt zunächst $b \in R\langle\{b\}\rangle$ aus der Reflexivität von R, also ist auch $b \in R\langle\{a\}\rangle$ und damit aRb.

Für Äquivalenzrelationen R in A und Elemente $a, b \in A$ folgt aus Satz 5 wegen

$$b \in R\langle\{a\}\rangle \leftrightarrow aRb$$

sofort:

$$b \in R\langle\{a\}\rangle \leftrightarrow R\langle\{a\}\rangle = R\langle\{b\}\rangle.$$

Satz 5 bezeichnet man als das *Abstraktionsprinzip* oder das *Prinzip der Definition durch Abstraktion*, weil man mit seiner Hilfe in bezug auf eine Äquivalenzrelation R in A für jedes $a \in A$ ein solches abstraktes Gebilde $G(a)$ definieren kann, nämlich die Abstraktionsklasse $R\langle\{a\}\rangle$, so daß für Elemente $a, b \in A$ stets

$$aRb \leftrightarrow G(a) = G(b)$$

gilt; d. h. die Elementen a und b aus A zugeordneten Gebilde $G(a)$ und $G(b)$ abstrahieren genau davon, daß a und b in der Relation R stehen, sie *identifizieren* in der Relation R stehende Elemente aus A.

Mit dem Abstraktionsprinzip haben wir z. B. in § 4 in bezug auf die durch die Stufengleichbeziehung $\sqsubset\!\sqsupset$ in $\boldsymbol{E}$ erzeugte Äquivalenzrelation S den Stufenbegriff eingeführt: Wir definierten für ein Element $e \in \boldsymbol{E}$ in unserer jetzigen Terminologie als die Stufe $\boldsymbol{S}e$ von e die Restklasse $S\langle\{e\}\rangle$ und erhielten über das Abstraktionsprinzip, daß Stufen $\boldsymbol{S}e_1$ und $\boldsymbol{S}e_2$ genau dann gleich sind, wenn die Elemente e_1 und e_2 stufengleich sind. Die Stufen erwiesen sich als Mengen, und der Quotient $\boldsymbol{E}/S$ war die Klasse $\mathfrak{S}$ aller Stufen. Die Einführung des Stufenbegriffes ist ein typisches Anwendungsbeispiel für das Abstraktionsprinzip. Weitere Anwendungsbeispiele liefern später etwa die Definitionen der Kardinal- und Ordinalzahlen (§ 21, § 23) und der Aufbau des Zahlensystems (§ 25).

Satz 6. *Für Klassen A, Äquivalenzrelationen R in A und Elemente $a, b \in A$ gilt:*

$$a \in R\langle\{a\}\rangle \neq \emptyset,$$

$$R\langle\{a\}\rangle \neq R\langle\{b\}\rangle \leftrightarrow R\langle\{a\}\rangle \cap R\langle\{b\}\rangle = \emptyset,$$

$$aRb \leftrightarrow \exists x\,(a, b \in R\langle\{x\}\rangle).$$

Beweis. Es sei R eine Äquivalenzrelation in A und $a, b \in A$. $a \in R\langle\{a\}\rangle$ und damit $R\langle\{a\}\rangle \neq \emptyset$ folgt sofort aus der Reflexivität von R. Ist $R\langle\{a\}\rangle \cap R\langle\{b\}\rangle = \emptyset$, so muß $R\langle\{a\}\rangle \neq R\langle\{b\}\rangle$ sein, da die Restklassen nicht leer sind. Ist umgekehrt $R\langle\{a\}\rangle \neq R\langle\{b\}\rangle$ und etwa $x \in R\langle\{a\}\rangle \cap R\langle\{b\}\rangle$, so wäre $aRx \wedge bRx$, also aRb im Widerspruch zu $R\langle\{a\}\rangle \neq R\langle\{b\}\rangle$ und Satz 5. Also gilt auch die zweite Behauptung unseres Satzes. Ist aRb, so ist $a, b \in R\langle\{a\}\rangle$. Ist umgekehrt $a, b \in R\langle\{x\}\rangle$ für ein Ding x, so ist $x \in A$ und $xRa \wedge xRb$, also aRb.

4. Über Satz 6 stehen die Äquivalenzrelationen in engem Zusammenhang mit den Zerlegungen einer Klasse.

Definition 6. Ist A eine Klasse und M ein Mengensystem, so ist M eine *Überdeckung von A* genau dann, wenn $A \subseteq \bigcup M$ gilt; M ist eine *Unterdeckung von A*

genau dann, wenn $\bigcup M \subseteq A$ gilt; M ist eine *Zerlegung von A* oder eine (*disjunkte und erschöpfende*) *Klasseneinteilung von A* genau dann, wenn $\emptyset \notin M$, M disjunkt ist und $A = \bigcup M$ gilt. (Ist A eine Klasse und M ein Mengenkomplex über I, so ist M eine *allgemeine Überdeckung von A* genau dann, wenn $A \subseteq \bigcup_{i \in I} M_i$ gilt; M ist eine *allgemeine Unterdeckung von A* genau dann, wenn $\bigcup_{i \in I} M_i \subseteq A$ gilt; M ist eine *allgemeine Zerlegung von A* genau dann, wenn $\forall i (i \in I \rightarrow M_i \neq \emptyset)$, $(M_i)_{i \in I}$ disjunkt ist und $A = \bigcup_{i \in I} M_i$ gilt).

Ist A eine Klasse, so ist z. B. die Klasse aller Einermengen $\{x\}$ mit $x \in A$ eine Zerlegung von A; ist A eine nicht leere Menge, so ist $\{A\}$ eine Zerlegung von A; $\mathfrak{S}$ ist eine Zerlegung von $\boldsymbol{E}$.

Satz 7. a) *Für jede Äquivalenzrelation R in einer Klasse A mit $\forall x (x \in A \rightarrow R \langle\{x\}\rangle \in \boldsymbol{M})$ ist der Quotient A/R eine Zerlegung von A.*

b) *Zu jeder Zerlegung M einer Klasse A gibt es genau eine Äquivalenzrelation R in A mit $A/R = M$, nämlich diejenige Relation R in A mit*

$$\forall x \forall y (xRy \leftrightarrow \exists X (X \in M \wedge x, y \in X)).$$

Beweis. a) Es ist für eine Äquivalenzrelation R in A mit $\forall x (x \in A \rightarrow R\langle\{x\}\rangle \in \boldsymbol{M})$ trivial $\bigcup (A/R) \subseteq A$; wegen $x \in R \langle\{x\}\rangle$ für jedes $x \in A$ ist auch $A \subseteq \bigcup (A/R)$; also $A = \bigcup (A/R)$. Aus Satz 6 folgt weiterhin, daß $\emptyset \notin A/R$ und A/R disjunkt ist.

b) Ist M eine Zerlegung von A und R diejenige Relation in A mit

$$\forall x \forall y (xRy \leftrightarrow \exists X (X \in M \wedge x, y \in X)),$$

so ist sofort R eine Äquivalenzrelation in A mit $A/R = M$. Sind R_1, R_2 Äquivalenzrelationen in A mit

$$A/R_1 = A/R_2 = M$$

und ist xR_1y, so ist $x, y \in R_1\langle\{x\}\rangle$, also wegen $R_1\langle\{x\}\rangle \in M$ auch $x, y \in R_2\langle\{z\}\rangle$ für ein $z \in A$ und damit $zR_2x \wedge zR_2y$, also xR_2y; also ist $R_1 \subseteq R_2$; nach demselben Verfahren erhält man $R_2 \subseteq R_1$, also insgesamt $R_1 = R_2$.

Für Mengen A und Äquivalenzrelationen R in A ist natürlich die Bedingung $\forall x (x \in A \rightarrow R\langle\{x\}\rangle \in \boldsymbol{M})$ von selbst erfüllt und kann in Satz 7a) dann wegbleiben.

5. Ist R eine Äquivalenzrelation in A, $a \in A$ und $r \in R\langle\{a\}\rangle$, so heißt r ein *Repräsentant der Restklasse von a*, weil nach Satz 5 genau die Elemente $r \in R\langle\{a\}\rangle$ die gleiche Restklasse $R\langle\{r\}\rangle = R\langle\{a\}\rangle$ erzeugen; gilt $\forall x (x \in A \rightarrow R\langle\{x\}\rangle \in \boldsymbol{M})$, so heißt eine Auswahl von A/R ein *Repräsentantensystem von R* und die Funktion F von A auf A/R mit $\forall x (x \in A \rightarrow F(x) = R\langle\{x\}\rangle)$ die *kanonische Abbildung* (oder *kanonische Funktion*) *von A auf A/R*.

Sind R, S Äquivalenzrelationen in A, so ist R *feiner* als S oder S *gröber* als R genau dann, wenn gilt $\forall x \forall y (xRy \rightarrow xSy)$. Es gibt in einer Klasse A höchstens eine feinste Äquivalenzrelation, d. h. höchstens eine Äquivalenzrelation in A, die feiner als alle Äquivalenzrelationen in A ist; die Identität $\mathfrak{J}_A$ ist dann die feinste Äquivalenzrelation in A. Je feiner eine Äquivalenzrelation in A ist, um so „kleiner" sind ihre Restklassen; die Restklassen der Identität bestehen aus den kleinstmöglichen, nicht leeren Teilklassen von A, den Einermengen $\{x\}$ bei $x \in A$.

Es gibt in einer Klasse A höchstens eine gröbste Äquivalenzrelation, d. h. höchstens eine Äquivalenzrelation S in A derart, daß jede Äquivalenzrelation in A feiner als S ist; das Produkt $A \times A$ ist dann die gröbste Äquivalenzrelation in A. Die Äquivalenzrelation $A \times A$ besitzt (falls $A \neq \emptyset$) die Klasse A als einzige und größtmögliche Restklasse.

KAPITEL III

ENDLICHE MENGEN

In diesem Kapitel werden wir die wichtigsten elementaren Endlichkeitsdefinitionen für Klassen und deren Gleichwertigkeit behandeln; es ergibt sich dabei, daß jede endliche Klasse eine Menge ist. Anschließend werden die grundlegenden Sätze über endliche Mengen bewiesen. Später (§ 17, § 21, § 23) lernen wir noch nichtelementare Endlichkeitsdefinitionen kennen, die den Wohlordnungsbegriff und den Begriff der Kardinal- bzw. Ordinalzahl benutzen.

§ 11. Endlichkeitsdefinitionen

1. Die uns bisher bekannte Endlichkeitsdefinition — eine Klasse A ist endlich genau dann, wenn es keine echte Teilklasse $X \subset A$ gibt mit $X \backsim A$ — stammt von DEDEKIND; die Endlichkeit im DEDEKINDschen Sinne wird im folgenden auch als D-*Endlichkeit* bezeichnet. Weitere Endlichkeitsdefinitionen stammen von RUSSELL, SIERPIŃSKI, TARSKI und KURATOWSKI; die entsprechenden Endlichkeitsbegriffe werden im folgenden als bzw. R-, S-, T-, K-*Endlichkeit* bezeichnet.

Die RUSSELLsche Endlichkeitsdefinition geht aus von folgender anschaulicher Vorstellung über den induktiven Aufbau der endlichen Klassen:

(1) $\emptyset$ *endlich.*

(2) X *endlich* $\wedge\, x \in \boldsymbol{E} \to X \cup \{x\}$ *endlich.*

(3) *Jede endliche Klasse kann sukzessiv auf Grund von* (1) *und* (2) *erhalten werden.*

In exakter Umschreibung bedeuten (1), (2) und (3), daß eine Klasse A endlich ist genau dann, wenn A Element jedes Mengensystems M ist mit den Eigenschaften:

$$\emptyset \in M,$$

$$\forall X\, \forall x\, (X \in M \wedge x \in \boldsymbol{E} \to X \cup \{x\} \in M);$$

denn genau dann ist A Element des „Durchschnittes" D all dieser Mengensysteme M (d. h. Element der Klasse D aller Elemente, die in jedem der Mengensysteme M gelegen sind; d. h. Element des kleinsten Mengensystems D dieser Mengensysteme M), der ja wieder ein Mengensystem dieser Art ist und außerdem anschaulich gerade die Klasse aller endlichen Klassen bildet.

Endliche Klassen lassen sich also auch folgendermaßen definieren:

Definition 1. Eine Klasse A ist R-*endlich* genau dann, wenn gilt:

$$\forall M\, (M \subseteq \boldsymbol{M} \wedge \emptyset \in M \wedge \forall X \forall x\, (X \in M \wedge x \in \boldsymbol{E} \to X \cup \{x\} \in M) \to A \in M).$$

Man braucht auch nur zu verlangen, daß $X \cup \{x\} \in M$ für die Elemente $x \in A$ gilt:

Definition 2. Eine Klasse A ist R*-*endlich* genau dann, wenn gilt:

$$\forall M (M \subseteq \boldsymbol{M} \wedge \emptyset \in M \wedge \forall X \forall x (X \in M \wedge x \in A \to X \cup \{x\} \in M) \to A \in M).$$

Da z. B. $\boldsymbol{M}$ in beiden Definitionen ein Mengensystem M mit den in der Prämisse aufgeführten Eigenschaften ist, so muß jede R- bzw. R*-endliche Klasse ein Element von $\boldsymbol{M}$ sein; also ist jede R- bzw. R*-endliche Klasse eine Menge.

Satz 1. *Für jede Klasse A gilt:*

$$A \text{ R*-}\textit{endlich} \leftrightarrow A \text{ R-}\textit{endlich}.$$

Beweis. ($\to$) ist trivial. ($\leftarrow$) Es sei A R-endlich und M^* die Klasse aller R*-endlichen Mengen; es ist $A \in M^*$ zu zeigen. Für $A \in M^*$ genügt es nach Definition 1 zu zeigen, daß M^* ein Mengensystem ist mit den Eigenschaften:

(1) $\emptyset \in M^*$,

(2) $\forall X \forall x (X \in M^* \wedge x \in \boldsymbol{E} \to X \cup \{x\} \in M)$.

Nach Definition 2 ist trivial $\emptyset$ eine R*-endliche Menge, also gilt (1). Ist $X \in M^*$, so ist X Element eines Mengensystems M' mit

$$\text{(a)} \quad \begin{cases} \emptyset \in M', \\ \forall Y \forall y (Y \in M' \wedge y \in X \to Y \cup \{y\} \in M'); \end{cases}$$

ist dann $x \in \boldsymbol{E}$ und M ein Mengensystem mit

$$\text{(b)} \quad \begin{cases} \emptyset \in M, \\ \forall Y \forall y (Y \in M \wedge y \in X \cup \{x\} \to Y \cup \{y\} \in M), \end{cases}$$

so ist nach a) $X \in M$, also nach b) auch $X \cup \{x\} \in M$; damit ist $X \cup \{x\} \in M^*$. Also gilt auch (2).

2. Mit den Russellschen Definitionen verwandt sind die Sierpińskischen Endlichkeitsdefinitionen.

Definition 3. Eine Klasse A ist S-*endlich* genau dann, wenn gilt:

$$\forall M (M \subseteq \boldsymbol{M} \wedge \emptyset \in M \wedge \forall x (x \in \boldsymbol{E} \to \{x\} \in M) \\ \wedge \forall X \forall Y (X, Y \in M \to X \cup Y \in M) \to A \in M).$$

Definition 4. Eine Klasse A ist S*-*endlich* genau dann, wenn gilt:

$$\forall M (M \subseteq \boldsymbol{M} \wedge \emptyset \in M \wedge \forall x (x \in A \to \{x\} \in M) \\ \wedge \forall X \forall Y (X, Y \in M \to X \cup Y \in M) \to A \in M).$$

Da z. B. $\boldsymbol{M}$ in beiden Definitionen ein Mengensystem M mit den in der Prämisse aufgeführten Eigenschaften ist, so muß jede S- bzw. S*-endliche Klasse ein Element von $\boldsymbol{M}$ sein; also ist jede S- bzw. S*-endliche Klasse eine Menge.

Satz 2. *Für jede Klasse A gilt:*

$$A \text{ S*-}\mathit{endlich} \leftrightarrow A \text{ S-}\mathit{endlich}.$$

Beweis. (→) ist trivial. (←) Es sei A S-endlich und M^* die Klasse aller S*-endlichen Mengen; es ist $A \in M^*$ zu zeigen. Für $A \in M^*$ genügt es nach Definition 3 zu zeigen, daß M^* ein Mengensystem ist mit den Eigenschaften:

(1) $\emptyset \in \boldsymbol{M}^*$,

(2) $\forall x\,(x \in \boldsymbol{E} \rightarrow \{x\} \in \boldsymbol{M}^*)$,

(3) $\forall X \forall Y\,(X, Y \in \boldsymbol{M}^* \rightarrow X \cup Y \in \boldsymbol{M}^*)$.

Nach Definition 4 ist trivial $\emptyset$ eine S*-endliche Menge, also gilt (1); ebenso folgt aus Definition 4 sofort, daß für jedes $x \in \boldsymbol{E}$ die Einermenge $\{x\}$ S*-endlich ist, also gilt auch (2). Sind $X, Y \in \boldsymbol{M}^*$, so ist X Element jedes Mengensystems $\boldsymbol{M}'$ mit

$$(\mathrm{a}') \quad \begin{cases} \emptyset \in \boldsymbol{M}', \\ \forall z\,(z \in X \rightarrow \{z\} \in \boldsymbol{M}'), \\ \forall U \forall V\,(U, V \in \boldsymbol{M}' \rightarrow U \cup V \in \boldsymbol{M}') \end{cases}$$

und Y Element jedes Mengensystems $\boldsymbol{M}''$ mit

$$(\mathrm{a}'') \quad \begin{cases} \emptyset \in \boldsymbol{M}'', \\ \forall z\,(z \in Y \rightarrow \{z\} \in \boldsymbol{M}''), \\ \forall U \forall V\,(U, V \in \boldsymbol{M}'' \rightarrow U \cup V \in \boldsymbol{M}''); \end{cases}$$

ist dann $\boldsymbol{M}$ ein Mengensystem mit

$$(\mathrm{b}) \quad \begin{cases} \emptyset \in \boldsymbol{M}, \\ \forall z\,(z \in X \cup Y \rightarrow \{z\} \in \boldsymbol{M}), \\ \forall U \forall V\,(U, V \in \boldsymbol{M} \rightarrow U \cup V \in \boldsymbol{M}), \end{cases}$$

so ist nach (a') und (a'') $X, Y \in \boldsymbol{M}$, also nach b) auch $X \cup Y \in \boldsymbol{M}$; damit ist $X \cup Y \in \boldsymbol{M}^*$.

Satz 3. *Für jede Klasse A gilt:*

$$A \text{ S-}\mathit{endlich} \leftrightarrow A \text{ R-}\mathit{endlich}.$$

Beweis. ($\leftarrow$) ist trivial. ($\rightarrow$) Es sei A S-endlich und M^* die Klasse aller R-endlichen Mengen; es ist $A \in M^*$ zu zeigen. Für $A \in M^*$ genügt es nach Definition 3 zu zeigen, daß M^* ein Mengensystem ist mit den Eigenschaften:

(1) $\emptyset \in M^*$,

(2) $\forall x\, (x \in \boldsymbol{E} \rightarrow \{x\} \in M^*)$,

(3) $\forall X\, \forall Y\, (X, Y \in M^* \rightarrow X \cup Y \in M^*)$.

Nach Definition 1 ist trivial $\emptyset$ eine R-endliche Menge, also gilt (1); ebenso folgt aus Definition 1 sofort, daß für jedes $x \in \boldsymbol{E}$ die Einermenge $\{x\}$ R-endlich ist, also gilt auch (2). Nun zu (3). Es ist für R-endliche Mengen X, Y zu zeigen, daß $X \cup Y$ wieder eine R-endliche Menge ist. Dazu sei M' die Klasse aller R-endlichen Mengen Z mit $Z \cup Y \in M^*$; man muß also $X \in M'$ beweisen, wofür es zu zeigen genügt, daß M' ein Mengensystem ist mit

$$\emptyset \in M',$$

$$\forall Z\, \forall z\, (Z \in M' \wedge z \in \boldsymbol{E} \rightarrow Z \cup \{z\} \in M').$$

Trivial ist $\emptyset \in M'$. Für die zweite Behauptung genügt der Nachweis, daß für jedes $z \in \boldsymbol{E}$ und jede R-endliche Menge Z auch $Z \cup \{z\}$ R-endlich ist. Dies folgt aber sofort aus Definition 1.

3. Tarski verwendet für die Erklärung des Endlichkeitsbegriffes die minimalen und maximalen Elemente von Mengensystemen.

Definition 5. Ein Element A eines Mengensystems M ist ein *minimales Element von M* genau dann, wenn es kein $X \in M$ mit $X \subset A$ gibt; A ist ein *maximales Element von M* genau dann, wenn es kein $X \in M$ mit $A \subset X$ gibt.

A ist minimales bzw. maximales Element von M genau dann, wenn für jedes $X \in M$ gilt:

$$X \subseteq A \rightarrow X = A \quad \text{bzw.} \quad A \subseteq X \rightarrow A = X.$$

Für Mengensysteme M mit der Vergleichbarkeitseigenschaft

$$\forall X\, \forall Y\, (X, Y \in M \rightarrow X \subseteq Y \vee Y \subseteq X)$$

fallen die minimalen Elemente mit dem Minimum $\min M$ und die maximalen Elemente mit dem Maximum $\max M$ zusammen.

Definition 6. Eine Klasse A ist T_1-*endlich* genau dann, wenn gilt:

$$A \in \boldsymbol{M} \wedge \forall M\, (\emptyset \neq M \subseteq \boldsymbol{P}A \rightarrow \exists X\, (X \textit{ minimales Element von } M)).$$

Definition 7. Eine Klasse A ist T_2-*endlich* genau dann, wenn gilt:

$$A \in \boldsymbol{M} \wedge \forall M (\emptyset \neq M \subseteq \boldsymbol{P}A \rightarrow \exists X\, (X \textit{ maximales Element von } M)).$$

Satz 4. *Für jede Klasse A gilt:*

a) A R-*endlich* $\to A$ T_1-*endlich.*

b) A T_1-*endlich* $\to A$ T_2-*endlich.*

c) A T_2-*endlich* $\to A$ R-*endlich.*

Beweis. a) Es sei A R-endlich und M^* die Klasse aller T_1-endlichen Mengen; es ist $A \in M^*$ zu zeigen; es genügt also zu zeigen:

(1) $\emptyset \in M^*$,

(2) $\forall X \forall x (X \in M^* \wedge x \in \boldsymbol{E} \to X \cup \{x\} \in M^*)$.

(1) ist trivial wegen $\boldsymbol{P}\emptyset = \{\emptyset\}$; denn $\emptyset$ ist minimales Element von $\{\emptyset\}$. Für (2) ist zu zeigen, daß es für beliebige $X \in M^*$, $x \in \boldsymbol{E}$ und $\emptyset \neq M \subseteq \boldsymbol{P}(X \cup \{x\})$ ein minimales Element von M gibt. Dazu betrachten wir die Klasse

$$M' = \underset{Z}{\boldsymbol{K}} \exists Y (Y \in M \wedge Z = Y \setminus \{x\}).$$

Es ist $M' \neq \emptyset$ wegen $M \neq \emptyset$. Ist $Y \in M$, so ist $Y \subseteq X \cup \{x\}$, also $Z = Y \setminus \{x\} \subseteq X$; damit ist $M' \subseteq \boldsymbol{P}X$. Aus $X \in M^*$ und $\emptyset \neq M' \subseteq \boldsymbol{P}X$ folgt die Existenz eines minimalen Elementes Z_0 von M'. Wir unterscheiden nun die beiden Fälle $Z_0 \in M$ und $Z_0 \notin M$. Im Falle $Z_0 \in M$ ist Z_0 gleichzeitig minimales Element von M; denn wäre $Y \subset Z_0$ für ein $Y \in M$, so wäre wegen $x \notin Z_0$ auch $x \notin Y$ und damit $Y = Y \setminus \{x\} \in M'$, also wäre Z_0 kein minimales Element von M', Widerspruch. Im Falle $Z_0 \notin M$ mit etwa $Z_0 = Y \setminus \{x\}$ für ein $Y \in M$ muß $x \in Y$ gelten, da sonst $Z_0 = Y \setminus \{x\} = Y \in M$ wäre; dann ist also $Y = Z_0 \cup \{x\}$, also $Z_0 \cup \{x\} \in M$. $Z_0 \cup \{x\}$ ist ein minimales Element von M; denn wäre $Y \subset Z_0 \cup \{x\}$ für ein $Y \in M$, so wäre $Y \setminus \{x\} \in M'$ und wegen $Z_0 \notin M$ auch $Y \setminus \{x\} \subset Z_0$ (aus $Y \subset Z_0 \cup \{x\}$ folgt nämlich zunächst $Y \setminus \{x\} \subseteq Z_0$; wäre $Y \setminus \{x\} = Z_0$, so müßte $x \in Y$ gelten wegen $Z_0 \notin M$ und $Y \in M$, woraus mit $Y \subset Z_0 \cup \{x\}$ folgt, daß es ein $z \in Z_0$ gibt mit $z \notin Y \setminus \{x\}$ im Widerspruch zu $Y \setminus \{x\} = Z_0$) im Widerspruch dazu, daß Z_0 minimales Element von M' ist. Damit haben wir in beiden Fällen die Existenz eines minimalen Elementes von M nachgewiesen. Also gilt auch (2).

b) Es sei A T_1-endlich und $\emptyset \neq M \subseteq \boldsymbol{P}A$; behauptet wird, daß es ein maximales Element von M gibt. Dazu bilden wir die Klasse

$$M' = \underset{X}{\boldsymbol{K}} \exists Y (Y \in M \wedge X = A \setminus Y).$$

Wegen $M \neq \emptyset$ ist auch $M' \neq \emptyset$; außerdem ist $M' \subseteq \boldsymbol{P}A$. Also gibt es nach Voraussetzung ein minimales Element X_0 von M'. Dann ist $A \setminus X_0$ maximales Element von M. Dies folgt so: Zunächst ist $X_0 = A \setminus Y$ für ein $Y \in M$; daraus folgt wegen $Y \subseteq A$ sofort $Y = A \setminus X_0$, also $A \setminus X_0 \in M$. Wäre $A \setminus X_0 \subset Y$ für ein $Y \in M$, so wäre $A \setminus Y \in M'$ und wegen $Y \subseteq A$ auch $A \setminus Y \subset X_0$ (aus $A \setminus X_0 \subset Y$ folgt nämlich zunächst $A \setminus Y \subseteq X_0$; wegen $A \setminus X_0 \subset Y$ und $Y \subseteq A$ gibt es außerdem ein $y \in Y$ mit $y \in X_0$, dann ist aber auch $y \in X_0$ und $y \notin A \setminus Y$, also $A \setminus Y \subset X_0$) im Widerspruch dazu, daß X_0 minimales Element von M' ist.

c) Es sei A T_2-endlich und M die Klasse aller R-endlichen Teilmengen von A. Es ist $A \in M$ zu zeigen. Wegen $\emptyset \in M$ ist $\emptyset \neq M \subseteq \boldsymbol{P}A$; also gibt es nach Voraussetzung ein maximales Element X_0 von M. Es ist $X_0 = A$ und damit $A \in M$. Dies folgt so: Wäre $X_0 \neq A$, so wäre $X_0 \subset A$ wegen $X_0 \in M$ (und damit $X_0 \subseteq A$), also gibt es ein $x \in A \setminus X_0$. Es ist dann $X_0 \subset X_0 \cup \{x\} \in M$ im Widerspruch dazu, daß X_0 maximales Element von M ist.

4. Definition 4 hängt eng zusammen mit der Kuratowskischen Endlichkeitsdefinition.

Definition 8. Eine Klasse A ist K-*endlich* genau dann, wenn gilt:

$$A \in \boldsymbol{M} \wedge \exists!! M (M \subseteq \boldsymbol{P}A \wedge \emptyset \in M \wedge \forall x (x \in A \rightarrow \{x\} \in M) \wedge \forall X \forall Y (X, Y \in M \rightarrow X \cup Y \in M)).$$

Definition 8 besagt mit anderen Worten, daß für eine K-endliche Menge A die Potenzmenge $\boldsymbol{P}A$ das einzige Mengensystem M ist mit

$$M \subseteq \boldsymbol{P}A, \ \emptyset \in M, \ \forall x (x \in A \rightarrow \{x\} \in M), \ \forall X \forall Y (X, Y \in M \rightarrow X \cup Y \in M),$$

daß es also kein solches Mengensystem M gibt mit $M \subset \boldsymbol{P}A$.

Satz 5. *Für jede Klasse A gilt:*

$$A \text{ K-}endlich \leftrightarrow A \text{ S*-}endlich.$$

Beweis. ($\rightarrow$) Ist A K-endlich und wäre dabei A nicht S*-endlich, so gäbe es ein Mengensystem M mit

$$\emptyset \in M,$$
$$\forall x (x \in A \rightarrow \{x\} \in M),$$
$$\forall X \forall Y (X, Y \in M \rightarrow X \cup Y \in M),$$

in dem A nicht als Element enthalten ist. Dann ist aber $M^* = M \cap \boldsymbol{P}A$ ein Mengensystem mit $M^* \subset \boldsymbol{P}A$ und

$$\emptyset \in M^*,$$
$$\forall x (x \in A \rightarrow \{x\} \in M^*),$$
$$\forall X \forall Y (X, Y \in M^* \rightarrow X \cup Y \in M^*)$$

im Widerspruch zur K-Endlichkeit von A.

($\leftarrow$) Ist A S*-endlich und wäre M ein Mengensystem mit $M \subset \boldsymbol{P}A$ und

$$\emptyset \in M,$$
$$\forall x (x \in A \rightarrow \{x\} \in M),$$
$$\forall X \forall Y (X, Y \in M \rightarrow X \cup Y \in M),$$

so gäbe es eine Teilmenge $A^* \subseteq A$, die nicht Element von M ist. Man erhält hierzu einen Widerspruch und damit die K-Endlichkeit von A, wenn man zeigen kann, daß A^* ebenfalls S*-endlich ist (denn dann muß nach Definition 4 $A^* \in M$ gelten). Dafür genügt es wiederum zu zeigen, daß jede Teilmenge B einer T_1-endlichen Menge A ebenfalls T_1-endlich ist. Dies folgt aber wegen $\boldsymbol{P}B \subseteq \boldsymbol{P}A$ sofort aus Definition 6.

Analog kann man eine eng mit Definition 2 zusammenhängende K-Endlichkeit definieren.

5. Als letzte Endlichkeitsdefinition behandeln wir die uns schon aus § 1 bekannte Definition.

Definition 9. Eine Klasse A ist D-*endlich* genau dann, wenn gilt:

$$\sim \exists X\,(X \subset A \wedge X \backsim A).$$

Eine Klasse A ist also D-endlich genau dann, wenn sie endlich ist. Von Dedekind stammt noch eine zweite Endlichkeitsdefinition, die wir jedoch erst später (§ 25) behandeln.

Satz 6. *Für jede Klasse A gilt:*

$$A \text{ D-}\mathit{endlich} \rightarrow A \in \boldsymbol{M}.$$

Beweis. Wir zeigen, daß es zu jeder Unmenge U eine echte Teilklasse $T \subset U$ gibt mit $T \backsim U$. Ist U eine Unmenge, so gibt es für jede Stufe $X \in \mathfrak{S}$ eine Stufe $Y \in \mathfrak{S}$ mit $X \sqsubset Y$ und $Y \cap U \neq \emptyset$ (denn sonst gäbe es eine Stufe $X \in \mathfrak{S}$, so daß für jede Stufe Y mit $X \sqsubset Y$ der Durchschnitt $Y \cap U = \emptyset$ ist; also wäre jedes $x \in U$ Element einer Stufe Y mit $Y \sqsubseteq X$ und damit $x \sqsubset X$; also wäre $U \subseteq \boldsymbol{A}X$ und damit $U \in \boldsymbol{M}$). F sei dann diejenige Funktion von $\mathfrak{S}$ in $\mathfrak{S}$, die jedem $X \in \mathfrak{S}$ die in bezug auf $\sqsubseteq$ kleinste Stufe $Y \in \mathfrak{S}$ zuordnet mit $X \sqsubset Y$ und $Y \cap U \neq \emptyset$. X_0 sei die in bezug auf $\sqsubseteq$ kleinste Stufe $X \in \mathfrak{S}$ mit $X \cap U \neq \emptyset$. Man betrachte das Mengensystem

$$S = \underset{X}{\boldsymbol{K}}\,(X \in \mathfrak{S} \wedge X \cap U \neq \emptyset).$$

Es ist sofort

$$S \subseteq \mathfrak{S},\ X_0 \in S,\ \forall X\,(X \in S \rightarrow F(X) \in S),\ \forall X\,(X \in S \rightarrow X_0 \sqsubseteq X).$$

Außerdem gilt

$$X_1 \sqsubset X_2 \rightarrow F(X_1) \sqsubset F(X_2)$$

für beliebige Stufen $X_1, X_2 \in S$; denn wegen $X_1 \sqsubset X_2$ und $X_2 \cap U \neq \emptyset$ ist $F(X_1) \sqsubseteq X_2$, also $F(X_1) \sqsubset F(X_2)$ wegen $X_2 \sqsubset F(X_2)$. Es gilt somit auch

$$X_1 \neq X_2 \rightarrow F(X_1) \neq F(X_2)$$

für beliebige Stufen $X_1, X_2 \in S$; denn aus $X_1 \neq X_2$ folgt $X_1 \sqsubset X_2 \vee X_2 \sqsubset X_1$, also

$$F(X_1) \sqsubset F(X_2) \vee F(X_2) \sqsubset F(X_1),$$

also $F(X_1) \neq F(X_2)$. Die Einschränkung $\boldsymbol{F}_S$ der Funktion F auf S ist demnach eine umkehrbare Funktion von S in S. Dabei besitzt $\boldsymbol{F}_S$ für kein $X \in S$ den

Wert $F_S(X) = X_0$, weil stets $X_0 \sqsubset X \sqcap F_S(X)$ gilt. Man bilde weiterhin das Mengensystem

$$S^* = \underset{Y}{\mathbf{K}} \exists X (X \in S \wedge Y = X \cap U).$$

Dieses Mengensystem ist disjunkt und enthält die leere Menge nicht als Element. Es gibt also nach dem Auswahlaxiom eine Auswahl A von S^*; es ist $A \subseteq U$. f sei die umkehrbar eindeutige Abbildung von A auf S mit für jedes $x \in A$:

$$f(x) \cap A = \{x\};$$

f ordnet also jedem $x \in A$ das eindeutig bestimmte $X \in S$ zu mit $X \cap A = \{x\}$. Aus F_S und f bilde man schließlich die umkehrbar eindeutige Abbildung

$$g = f^{-1} \circ F_S \circ f,$$

also die umkehrbar eindeutige Abbildung von $A \subseteq U$ in A mit für jedes $x \in A$:

$$g(x) = f^{-1}(F_S(f(x))).$$

Ist $\{x_0\} = X_0 \cap A$, so ist für jedes $x \in A : F_S(f(x)) \neq X_0$, also $g(x) \neq x_0$. Damit haben wir in $g\langle A \rangle = \mathrm{Nb}\, g$ eine mit A gleichmächtige echte Teilklasse von A erhalten. Die Abbildung $g \cup \mathfrak{J}_{U \setminus A}$ ist dann eine eineindeutige Abbildung von U auf $T = g\langle A \rangle \cup (U \setminus A)$, also gilt insgesamt

$$T \subset U \wedge T \underset{\bullet}{\backsim} U.$$

Damit ist jede Unmenge U nicht D-endlich und somit jede D-endliche Klasse eine Menge.

Satz 7. *Für jede Klasse A gilt:*

$$A \text{ D-}\textit{endlich} \rightarrow A \text{ R-}\textit{endlich}.$$

Beweis. Wir zeigen, daß A nicht D-endlich sein kann, falls A nicht R-endlich ist. Für Unmengen A folgt dies bereits aus Satz 6. Es sei also jetzt A eine nicht R-endliche Menge, gesucht wird eine echte Teilmenge $B \subset A$ mit $B \backsim A$. Aus Definition 1 folgt sofort, daß $\varnothing$ R-endlich ist, ebenso $\{x\}$ für beliebige $x \in \mathbf{E}$ und mit einer Menge X auch $X \cup \{x\}$ für beliebiges $x \in \mathbf{E}$. Ist also eine Menge X nicht R-endlich, so ist auch $X \setminus \{x\}$ nicht R-endlich für beliebiges $x \in \mathbf{E}$; denn für $x \notin X$ ist

$$X \setminus \{x\} = X,$$

und für $x \in X$ ist

$$(X \setminus \{x\}) \cup \{x\} = X.$$

Nach dem Auswahlaxiom und Satz 5, § 8 gibt es eine Auswahlfunktion F von $\mathbf{P}A \setminus \{\varnothing\}$ mit also $F(X) \in X$ für jedes $\varnothing \neq X \subseteq A$. Man bilde den Durchschnitt D aller Mengensysteme M mit den Eigenschaften:

(1) $A \in \mathbf{M} \subseteq \mathbf{P}A \setminus \{\varnothing\}$,

(2) $\forall X\, (X \in \mathbf{M} \rightarrow X \setminus \{F(X)\} \in \mathbf{M})$;

d. h. die Klasse

$$D = \underset{Y}{\boldsymbol{K}} \forall M (A \in M \subseteq \boldsymbol{P}A \setminus \{\emptyset\} \wedge \forall X (X \in M \rightarrow X \setminus \{F(X)\} \in M) \rightarrow Y \in M).$$

(D existiert nach den Klassenbildungsaxiomen als die angegebene Klasse, da die Klasse der nicht R-endlichen Teilmengen von A solch ein Mengensystem M ist, so daß also durch die Bildungsvorschrift für D nur Elemente, nämlich Teilmengen von A, erfaßt werden). Nach Definition von D ist sofort

$$A \in D \subseteq \boldsymbol{P}A \setminus \{\emptyset\} \text{ und } \forall X (X \in D \rightarrow X \setminus \{F(X)\} \in D).$$

Es gilt zunächst:

$$\text{(a)} \quad \forall X \forall Y (X, Y \in D \rightarrow X \subseteq Y \vee Y \subseteq X).$$

Dazu bilden wir das Mengensystem

$$M = \underset{X}{\boldsymbol{K}} (X \in D \wedge \forall Y (Y \in D \rightarrow X \subseteq Y \vee Y \subseteq X)).$$

Es genügt zu zeigen, daß M ein in der Definition von D zugelassenes Mengensystem ist, daß also gilt:

$$\text{(1)} \quad A \in M \subseteq \boldsymbol{P}A \setminus \{\emptyset\},$$

$$\text{(2)} \quad \forall X (X \in M \rightarrow X \setminus \{F(X)\} \in M).$$

Wegen $Y \subseteq A$ für jedes $Y \in D$ und wegen $M \subseteq D$ ist (1) trivial erfüllt. Nun zu (2). Ist $X \in M$, d. h.

$$X \in D \text{ und } \forall Y (Y \in D \rightarrow X \subseteq Y \vee Y \subseteq X),$$

so ist zu zeigen:

$$X \setminus \{F(X)\} \in D \quad \text{und} \quad \forall Y (Y \in D \rightarrow X \setminus \{F(X)\} \subseteq Y \vee Y \subseteq X \setminus \{F(X)\}).$$

$X \setminus \{F(X)\} \in D$ ist trivial. Ist $X \subseteq Y$ für ein $Y \in D$, so ist auch $X \setminus \{F(X)\} \subseteq Y$. Für $Y \subset X$ zeigen wir $Y \subseteq X \setminus \{F(X)\}$. Dazu bilden wir das Mengensystem

$$M' = \underset{Y}{\boldsymbol{K}} (Y \in D \wedge \forall X (X \in M \wedge Y \subset X \rightarrow Y \subseteq X \setminus \{F(x)\})).$$

Es genügt zu zeigen, daß M' ein in der Definition von D zugelassenes Mengensystem ist, daß also gilt:

$$\text{(1')} \quad A \in M' \subseteq \boldsymbol{P}A \setminus \{\emptyset\},$$

$$\text{(2')} \quad \forall Y (Y \in M' \rightarrow Y \setminus \{F(Y)\} \in M').$$

Wegen $A \notin X$ für jedes $X \in M$ und wegen $M' \subseteq D$ ist (1') trivial erfüllt. Für (2') ist zu zeigen, daß für jedes $Y \in D$ unter der Voraussetzung

$$\forall X (X \in M \wedge Y \subset X \rightarrow Y \subseteq X \setminus \{F(X)\})$$

auch gilt:

$$Y \setminus \{F(Y)\} \in D$$

und

$$\forall X (X \in M \wedge Y \setminus \{F(Y)\} \subset X \rightarrow Y \setminus \{F(Y)\} \subseteq X \setminus \{F(X)\}).$$

$Y \setminus \{F(Y)\} \in D$ ist trivial. Ist $Y \in D$ und $X \in M$, so ist $X \subseteq Y \vee Y \subseteq X$. Für $X = Y$ gilt sofort

$$Y \setminus \{F(Y)\} \subseteq X \setminus \{F(X)\}.$$

$X \subset Y \wedge Y \setminus \{F(Y)\} \subset X$ führt im Falle $F(Y) \in X$ zum Widerspruch $Y \subseteq X$ und im Falle $F(Y) \notin X$ zum Widerspruch $X \subseteq Y \setminus \{F(Y)\}$. Für $Y \subset X$ folgt aus der Voraussetzung sofort $Y \subseteq X \setminus \{F(X)\}$, also auch

$$Y \setminus \{F(Y)\} \subseteq X \setminus \{F(X)\}.$$

Damit ist auch die Forderung (2′) erfüllt, also (2) und schließlich (a) bewiesen.

Es gilt weiterhin:

$$\text{(b)} \ \forall X \forall Y (X, Y \in D \wedge X \subset Y \rightarrow F(Y) \notin X).$$

Dies folgt wegen $D = M = M'$ sofort aus der Definition von M', wonach ja für $X, Y \in D$ mit $X \subset Y$ gilt: $X \subseteq Y \setminus \{F(Y)\}$.

(a) und (b) ergeben schließlich (über die Definition von F, wonach ja $F(X) \in X$ für jedes $X \in D$ gilt):

$$\text{(c)} \ \forall X \forall Y (X, Y \in D \wedge X \neq Y \rightarrow F(X) \neq F(Y)).$$

Aus (c) folgt, daß F_D, die auf D eingeschränkte Funktion F, eine umkehrbar eindeutige Abbildung von D in A ist. Die Funktion f von D in D mit für jedes $X \in D$:

$$f(X) = X \setminus \{F(X)\}$$

besitzt für kein $X \in D$ den Wert $f(X) = A$ wegen $F(X) \in X$ und damit $F(X) \notin X \setminus \{F(X)\}$ und $F(X) \in A$ für jedes $X \in D$; außerdem ist f umkehrbar eindeutig, was man folgendermaßen einsieht: Ist $X_1, X_2 \in D$ mit $X_1 \neq X_2$, so ist nach (a) $X_1 \subset X_2 \vee X_2 \subset X_1$, also zusätzlich nach (b) $F(X_2) \notin X_1 \vee F(X_1) \notin X_2$, also

$$X_1 \setminus \{F(X_1)\} \subset X_1 \subseteq X_2 \setminus \{F(X_2)\} \vee X_2 \setminus \{F(X_2)\} \subset X_2 \subseteq X_1 \setminus \{F(X_1)\},$$

also $f(X_1) \neq f(X_2)$. Aus F_D und f bilde man schließlich die umkehrbar eindeutige Abbildung

$$g = F_D \circ f \circ (F_D)^{-1},$$

also die umkehrbar eindeutige Abbildung g von $F\langle D\rangle = \mathrm{Nb}(F_D) \subseteq A$ in $F\langle D\rangle$ mit für jedes $x \in F\langle D\rangle$:

$$g(x) = F_D(f(F_D^{-1}(x))).$$

Ist $a = F_D(A)$, so ist für jedes $x \in F\langle D\rangle$ $f(F_D^{-1}(x)) \neq A$, also $g(x) \neq a$. Damit haben wir in $\mathrm{Nb}\, g$ eine mit $F\langle D\rangle$ gleichmächtige echte Teilklasse von $F\langle D\rangle$

erhalten. Die Abbildung $g \cup \mathfrak{J}_{A \setminus F\langle D\rangle}$ ist dann eine eineindeutige Abbildung von A auf $B = (\mathrm{Nb}\, g) \cup (A \setminus F\langle D\rangle)$, also gilt insgesamt:

$$B \subset A \wedge B \backsim A.$$

Damit ist die Menge A nicht D-endlich.

Satz 8. *Für jede Klasse A gilt:*

$$A\ \mathrm{T_1}\textit{-endlich} \rightarrow A\ \mathrm{D}\textit{-endlich}.$$

Beweis. Ist A $\mathrm{T_1}$-endlich, so ist A eine Menge, und jedes Mengensystem M mit $\emptyset \neq M \subseteq \boldsymbol{P}A$ besitzt ein minimales Element. Wir bilden das Mengensystem

$$M = \underset{Y}{\boldsymbol{K}}(Y \subseteq A \wedge \exists X\,(X \subset Y \wedge X \backsim Y))$$

und zeigen $M = \emptyset$. Es ist $M \subseteq \boldsymbol{P}A$. Wäre $M \neq \emptyset$, so gäbe es nach Voraussetzung ein minimales Element Y_0 von M. Es ist dann $Y_0 \subseteq A$; außerdem gibt es ein $X \subset Y_0$ mit $X \backsim Y_0$; F sei eine eineindeutige Abbildung von Y_0 auf X und $y \in Y_0 \setminus X$. Man erhält sofort:

$$Y_0 \setminus \{y\} \subseteq A, \quad X \setminus \{F(y)\} \subset Y_0 \setminus \{y\}, \quad X \setminus \{F(y)\} \backsim Y_0 \setminus \{y\};$$

also ist $Y_0 \setminus \{y\} \in M$; dies ist aber wegen $Y_0 \setminus \{y\} \subset Y_0$ ein Widerspruch dazu, daß Y_0 minimales Element von M ist. Also ist $M = \emptyset$.

6. Wir haben damit die Äquivalenz sämtlicher aufgeführten Endlichkeitsdefinitionen nachgewiesen. Die Definitionen 6, 7, 8 besitzen allerdings noch den Schönheitsfehler, daß in ihnen zusätzlich die Forderung $A \in M$ gestellt wird. Diese Forderung ist jedoch entbehrlich. Wir werden nämlich später (§ 22) zeigen, daß es zu jeder Unmenge U und Menge M eine Menge N gibt mit $N \subseteq U \wedge N \backsim M$: Hieraus, aus dem Unendlichkeitsaxiom und aus Satz 4, § 12 (s. u.) folgt, daß jede Unmenge eine unendliche Teilmenge enthält. Unter Vorwegnahme dieses Ergebnisses kann man leicht die Äquivalenz der folgenden drei Endlichkeitsdefinitionen mit den bisherigen Definitionen nachweisen.

Definition 10. Eine Klasse A ist T_1^*-*endlich* genau dann, wenn gilt:

$$\forall M\,(\emptyset \neq M \subseteq \boldsymbol{P}A \rightarrow \exists X\,(X \textit{ minimales Element von } M)).$$

Definition 11. Eine Klasse A ist T_2^*-*endlich* genau dann, wenn gilt:

$$\forall M\,(\emptyset \neq M \subseteq \boldsymbol{P}A \rightarrow \exists X\,(X \textit{ maximales Element von } M)).$$

Definition 12. Eine Klasse A ist K^*-*endlich* genau dann, wenn gilt:

$$\exists!!\, M\,(M \subseteq \boldsymbol{P}A \wedge \emptyset \in M \wedge \forall x\,(x \in A \rightarrow \{x\} \in M)$$
$$\wedge \forall X\, \forall Y\,(X, Y \in M \rightarrow X \cup Y \in M)).$$

Satz 9. *Für jede Klasse A gilt:*

$$A\ \mathrm{T}_1^*\text{-}endlich \leftrightarrow A\ \mathrm{T}_1\text{-}endlich,$$
$$A\ \mathrm{T}_2^*\text{-}endlich \leftrightarrow A\ \mathrm{T}_2\text{-}endlich,$$
$$A\ \mathrm{K}^*\text{-}endlich \leftrightarrow A\ \mathrm{K}\text{-}endlich.$$

Beweis. Die Behauptungen ($\leftarrow$) sind trivial. Für ($\rightarrow$) genügt es zu zeigen, daß eine Unmenge nicht bzw. T_1^*-, T_2^*-, K^*-endlich sein kann. Ist U eine Unmenge und $A \subseteq U$ eine unendliche Teilmenge von U, so ist A auch nicht T_1-endlich und nicht T_2-endlich; daraus folgt wegen $\boldsymbol{P}A \subseteq \boldsymbol{P}U$ über die Definitionen 6 und 10, daß U nicht T_1^*-endlich ist, und über die Definitionen 7 und 11, daß U nicht T_2^*-endlich ist. Ist U eine Unmenge und $A \subseteq U$ eine unendliche Teilmenge von U, so sind die Mengensysteme

$$\boldsymbol{M}_1 = \boldsymbol{P}U,$$
$$\boldsymbol{M}_2 = \underset{X}{\boldsymbol{K}}\ (X \in \boldsymbol{P}U \wedge X\ endlich)$$

Mengensysteme der in Definition 12 in bezug auf U zugelassenen Form. Wegen $A \in \boldsymbol{M}_1$ und $A \notin \boldsymbol{M}_2$ ist aber $\boldsymbol{M}_1 \neq \boldsymbol{M}_2$, also ist U nicht K^*-endlich.

§ 12. Sätze über endliche Mengen

1. Die zur Verfügung stehende reiche Auswahl an Endlichkeitsdefinitionen (Definitionen 1 bis 4 und 6 bis 9 aus § 11) erlaubt es uns, Sätze über endliche Mengen sehr einfach zu beweisen.

Die Definitionen 1 bis 4 aus § 11 gestatten dabei die Verwendung *induktiver Beweise* (*Beweise durch Induktion*) für Behauptungen über endliche Mengen. Darunter versteht man folgendes Beweisprinzip: Soll für eine endliche Menge A die Behauptung $\boldsymbol{B}$ bewiesen werden, so bilde man das Mengensystem $\boldsymbol{M}$ aller Mengen X, für welche die Behauptung $\boldsymbol{B}$ zutrifft und beweise eine der folgenden Gruppen (I) bis (IV) von Aussagen:

(I) (1) $\varnothing \in \boldsymbol{M}$,
(2) $\forall X \forall x\ (X \in \boldsymbol{M} \wedge x \in \boldsymbol{E} \rightarrow X \cup \{x\} \in \boldsymbol{M})$;

(II) (1) $\varnothing \in \boldsymbol{M}$,
(2) $\forall X \forall x\ (X \in \boldsymbol{M} \wedge x \in A \rightarrow X \cup \{x\} \in \boldsymbol{M})$;

(III) (1) $\varnothing \in \boldsymbol{M}$,
(2) $\forall x\ (x \in \boldsymbol{E} \rightarrow \{x\} \in \boldsymbol{M})$,
(3) $\forall X \forall Y\ (X, Y \in \boldsymbol{M} \rightarrow X \cup Y \in \boldsymbol{M})$;

(IV) (1) $\varnothing \in \boldsymbol{M}$,
(2) $\forall x\ (x \in A \rightarrow \{x\} \in \boldsymbol{M})$,
(3) $\forall X \forall Y\ (X, Y \in \boldsymbol{M} \rightarrow X \cup Y \in \boldsymbol{M})$.

Satz 1. *Für Klassen A und beliebige Elemente a gilt:*

$$\emptyset \text{ endlich},$$
$$A \text{ endlich} \rightarrow A \cup \{a\} \text{ endlich}.$$

Beweis. Die Behauptungen folgen unmittelbar aus Definition 1, § 11.

Aus Satz 1 folgt, daß für Elemente $a, b, c, \ldots$ die Mengen $\{a\}$, $\{a, b\}$, $\{a, b, c\}, \ldots$ endlich sind.

Satz 2. *Für Klassen A, B gilt:*

$$A \text{ endlich} \wedge A \supseteq B \rightarrow B \text{ endlich},$$
$$A \text{ unendlich} \wedge A \subseteq B \rightarrow B \text{ unendlich}.$$

Beweis. Wegen $\boldsymbol{P}B \subseteq \boldsymbol{P}A$ folgt für Klassen A, B mit $B \subseteq A$ aus Definition 6, § 11 sofort die erste Behauptung. Die zweite Behauptung folgt unmittelbar aus der ersten.

Aus Satz 2 folgt für Klassen A, B z. B.:

$$A \text{ endlich} \rightarrow A \cap B \text{ endlich},$$
$$A \text{ unendlich} \rightarrow A \cup B \text{ unendlich}.$$

Satz 3. *Für Klassen A, B gilt:*

$$A, B \text{ endlich} \leftrightarrow A \cup B \text{ endlich}.$$

Beweis. Die Behauptung folgt unmittelbar aus Definition 3, § 11 und Satz 2.

Satz 4. *Für Klassen A, B gilt:*

$$A \text{ endlich} \wedge A \backsim B \rightarrow B \text{ endlich},$$
$$A \text{ unendlich} \wedge A \backsim B \rightarrow B \text{ unendlich}.$$

Beweis. Ist A unendlich, so gibt es nach Definition 9, § 11 eine echte Teilklasse $X \subset A$ mit $X \backsim A$. Ist weiterhin $A \backsim B$, wobei etwa F eine umkehrbar eindeutige Abbildung von A auf B sei, so ist $F\langle X\rangle \subset B$ wegen $X \subset A$. Es ist auch $X \backsim F\langle X\rangle$ und also schließlich $F\langle X\rangle \backsim B$ wegen $X \backsim A \backsim B$; damit ist B unendlich und die zweite Behauptung von Satz 4 bewiesen. Die erste Behauptung folgt unmittelbar aus der zweiten.

Satz 5. *Für jede Klasse A gilt:*

$$A \text{ endlich} \leftrightarrow \boldsymbol{P}A \text{ endlich}.$$

Beweis. ($\rightarrow$) Man betrachte das Mengensystem

$$M = \underset{X}{\boldsymbol{K}} (X \in \boldsymbol{M} \wedge \boldsymbol{P}X \text{ endlich});$$

dann ist $A \in M$ zu zeigen für jede endliche Klasse A, wofür es nach Definition 1, § 11 zu beweisen genügt:

(1) $\emptyset \in \boldsymbol{M}$,

(2) $\forall X \forall x (X \in \boldsymbol{M} \wedge x \in \boldsymbol{E} \rightarrow X \cup \{x\} \in \boldsymbol{M})$.

Wegen $\boldsymbol{P}\emptyset = \{\emptyset\}$ ist (1) sofort erfüllt. Ist $X \in \boldsymbol{M}$, $x \in \boldsymbol{E}$ und $\boldsymbol{P}X$ endlich, so ist für (2) noch zu zeigen, daß dann $\boldsymbol{P}(X \cup \{x\})$ auch endlich ist. Ist $x \in X$, so ist $X \cup \{x\} = X$ und $\boldsymbol{P}(X \cup \{x\})$ damit endlich. Ist $x \notin X$, so ist die Funktion F über $\boldsymbol{P}X$ mit für jedes $Y \subseteq X$:

$$F(Y) = Y \cup \{x\}$$

eine umkehrbar eindeutige Abbildung von $\boldsymbol{P}X$ auf $\boldsymbol{P}(X \cup \{x\}) \setminus \boldsymbol{P}X$; also ist

$$\boldsymbol{P}X \backsim \boldsymbol{P}(X \cup \{x\}) \setminus \boldsymbol{P}X.$$

Da $\boldsymbol{P}X$ nach Voraussetzung endlich ist, so ist nach Satz 4 auch $\boldsymbol{P}(X \cup \{x\}) \setminus \boldsymbol{P}X$ endlich und damit nach Satz 3 schließlich auch

$$\boldsymbol{P}(X \cup \{x\}) = (\boldsymbol{P}(X \cup \{x\}) \setminus \boldsymbol{P}X) \cup \boldsymbol{P}X.$$

($\leftarrow$) Jede Klasse A ist gleichmächtig mit der Klasse X aller Einermengen $\{x\}$ für $x \in A$; wegen $X \subseteq \boldsymbol{P}A$ muß X nach Satz 2 endlich sein unter der Voraussetzung, daß $\boldsymbol{P}A$ endlich ist; wegen $A \backsim X$ ist dann also auch A endlich nach Satz 4.

2. Satz 6. *Für jedes Mengensystem M gilt:*

$$M \text{ endlich} \wedge \forall X (X \in M \rightarrow X \text{ endlich}) \leftrightarrow \bigcup M \text{ endlich}.$$

Beweis. ($\rightarrow$) Es sei M ein endliches Mengensystem mit endlichen Elementen. Man betrachte das Mengensystem

$$M^* = \underset{X}{\boldsymbol{K}} (X \subseteq \boldsymbol{M} \wedge X \in \boldsymbol{M} \wedge \bigcup X \text{ endlich});$$

dann ist $M \in M^*$ zu zeigen, wofür es nach Definition 2, § 11 zu beweisen genügt:

(1) $\emptyset \in M^*$,

(2) $\forall X \forall x (X \in M^* \wedge x \in M \rightarrow X \cup \{x\} \in M^*)$.

Wegen $\bigcup \emptyset = \emptyset$ ist (1) sofort erfüllt. Ist $X \subseteq \boldsymbol{M}$, $X \in \boldsymbol{M}$, $x \in M$ und $\bigcup X$ endlich, so ist für (2) noch zu zeigen, daß dann $\bigcup (X \cup \{x\})$ auch endlich ist. Es ist aber

$$\bigcup (X \cup \{x\}) = \bigcup X \cup \bigcup \{x\} = \bigcup X \cup x,$$

also ist $\bigcup (X \cup \{x\})$ nach Satz 3 endlich.

($\leftarrow$) Aus Satz 2 folgt zunächst für jedes Mengensystem M die Endlichkeit seiner Elemente $X \in M$ unter der Voraussetzung der Endlichkeit von $\bigcup M$. Ist $\bigcup M$ endlich, so ist nach Satz 5 auch $\boldsymbol{P} \bigcup M$ endlich, also wegen $M \subseteq \boldsymbol{P} \bigcup M$ nach Satz 2 auch M.

Satz 7. *Für jede Abbildung F mit $\forall x\, (x \in \mathrm{Vb}\, F \rightarrow F \langle\{x\}\rangle \in \boldsymbol{M})$ gilt:*

$$\mathrm{Vb}\, F \textit{ endlich} \rightarrow \mathrm{Bs}\, F \textit{ endlich}.$$

Beweis. F sei eine Abbildung mit endlichem Vorbereich; die vollen Bilder bzgl. F seien Mengen. Man betrachte die Abbildung g über $\mathrm{Bs}\, F$ mit für jedes $X \in \mathrm{Bs}\, F$:

$$g \langle\{X\}\rangle = \underset{x}{\boldsymbol{M}}\, (x \in \mathrm{Vb}\, F \wedge F \langle\{x\}\rangle = X).$$

Nach dem Auswahlaxiom und Satz 4, § 8 gibt es eine Auswahlfunktion* f von g, die jedem $X \in \mathrm{Bs}\, F$ genau ein $x = f(X)$ zuordnet mit $F\langle\{x\}\rangle = X$. f ist eine eineindeutige Abbildung von $\mathrm{Bs}\, F$ auf $\mathrm{Nb}\, f \subseteq \mathrm{Vb}\, F$. Es ist also $\mathrm{Bs}\, F \backsim \mathrm{Nb}\, f \subseteq \mathrm{Vb}\, F$ und damit $\mathrm{Bs}\, F$ endlich nach den Sätzen 2 und 4.

Aus den Sätzen 7 und 6 folgt sofort, daß wegen $\mathrm{Nb}\, F = \bigcup \mathrm{Bs}\, F$ der Nachbereich einer Abbildung F endlich ist unter der Voraussetzung, daß der Vorbereich endlich ist und die vollen Bilder bzgl. F endlich sind; der Nachbereich einer Funktion mit endlichem Vorbereich ist also stets endlich.

Aus den Sätzen 7 und 6 folgt dann weiterhin für Mengenkomplexe $(A_i)_{i \in I}$:

$$I \textit{ endlich} \wedge \forall i\, (i \in I \rightarrow A_i \textit{ endlich}) \rightarrow \bigcup_{i \in I} A_i \textit{ endlich};$$

denn es ist $\bigcup_{i \in I} A_i = \bigcup \mathrm{Nb}\, A$. Für einen Mengenkomplex $(A_i)_{i \in I}$ gilt nach Satz 2 sofort:

$$\bigcup_{i \in I} A_i \textit{ endlich} \rightarrow \forall i\, (i \in I \rightarrow A_i \textit{ endlich});$$

sind die Mengen des Komplexes noch zusätzlich paarweise verschieden, d. h. ist $\forall i\, \forall j\, (i, j \in I \wedge i \neq j \rightarrow A_i \neq A_j)$, so gilt dann auch:

$$\bigcup_{i \in I} A_i \textit{ endlich} \rightarrow I \textit{ endlich};$$

denn nach Satz 6 ist wegen $\bigcup_{i \in I} A_i = \bigcup \mathrm{Nb}\, A$ mit $\bigcup_{i \in I} A_i$ auch $\mathrm{Nb}\, A$ endlich, also nach Satz 4 wegen $I \backsim \mathrm{Nb}\, A$ auch I.

Satz 8. *Für Klassen A, B gilt:*

a) A, B *endlich* $\rightarrow A \times B$ *endlich.*

b) $A \times B \neq \emptyset \wedge A \times B$ *endlich* $\rightarrow A, B$ *endlich.*

Beweis. a) Sind A, B endlich, so auch $\boldsymbol{PP}\,(A \cup B)$, also auch $A \times B$ wegen $A \times B \subseteq \boldsymbol{PP}\,(A \cup B)$.

b) Sind A, B Klassen mit $A \times B \neq \emptyset$, so sind $A, B \neq \emptyset$. Es sei außerdem $A \times B$ endlich. Wäre dann A unendlich, so auch die Klasse P aller geordneten Paare $[x, b]$ für ein festes $b \in B$ und alle $x \in A$ wegen $P \backsim A$; es müßte also wegen $P \subseteq A \times B$ auch $A \times B$ unendlich sein im Widerspruch zur Voraussetzung. Ebenso führt die Annahme, B sei unendlich, zu einem Widerspruch zur Endlichkeit von $A \times B$.

Satz 9. *Für jedes Mengensystem $M \in \boldsymbol{M}$ gilt:*

$$\text{a) } M \textit{ endlich} \wedge \forall X\, (X \in M \rightarrow X \textit{ endlich}) \rightarrow \boldsymbol{\times} M \textit{ endlich.}$$

$$\text{b) } \boldsymbol{\times} M \neq \emptyset \wedge \boldsymbol{\times} M \textit{ endlich} \rightarrow \forall X\, (X \in M \rightarrow X \textit{ endlich}).$$

Beweis. a) Ist M ein endliches Mengensystem mit endlichen Elementen, so ist auch $\boldsymbol{P}(M \times \bigcup M)$ endlich, also auch $\boldsymbol{\times} M$ wegen $\boldsymbol{\times} M \subseteq \boldsymbol{P}(M \times \bigcup M)$.

b) Ist $M \in \boldsymbol{M}$ ein Mengensystem mit $\boldsymbol{\times} M \neq \emptyset$, so gibt es ein $F_0 \in \boldsymbol{\times} M$. Es sei außerdem $\boldsymbol{\times} M$ endlich. Wäre dann ein $X_0 \in M$ unendlich, so wäre auch die Klasse A aller Auswahlfunktionen F von M mit für jedes $X \in M$, $X \neq X_0$:

$$F(X) = F_0(X)$$

unendlich wegen $A \backsim X_0$; dies führt wegen $A \subseteq \boldsymbol{\times} M$ zur Unendlichkeit von $\boldsymbol{\times} M$ im Widerspruch zur Voraussetzung.

Ähnlich wie Satz 9 beweist man für Mengenkomplexe $(A_i)_{i \in I}$ mit $I \in \boldsymbol{M}$ unter Verwendung der im Anschluß an Satz 7 für $\bigcup_{i \in I} A_i$ gewonnenen Resultate:

$$I \textit{ endlich} \wedge \forall i\, (i \in I \rightarrow A_i \textit{ endlich}) \rightarrow \boldsymbol{\times}_{i \in I} A_i \textit{ endlich,}$$

$$\boldsymbol{\times}_{i \in I} A_i \neq \emptyset \wedge \boldsymbol{\times}_{i \in I} A_i \textit{ endlich} \rightarrow \forall i\, (i \in I \rightarrow A_i \textit{ endlich}).$$

Satz 10. *Für Klassen A und Mengen M gilt:*

$$A, M \textit{ endlich} \rightarrow A^M \textit{ endlich.}$$

Beweis. Für Klassen A und Mengen M ist $A^M \subseteq \boldsymbol{P}(M \times A)$, woraus unter der Voraussetzung der Endlichkeit von A und M die Endlichkeit von A^M folgt.

3. Das Auswahlaxiom, welches wir in § 3 für beliebige Mengensysteme (die disjunkt sind und die leere Menge nicht als Element enthalten) gefordert haben, läßt sich für endliche Mengensysteme beweisen; d. h. es läßt sich in bezug auf die Endlichkeitsdefinitionen 1 bis 4 und 6 bis 8 aus § 11 (deren Gleichwertigkeit ohne Auswahlaxiom nachgewiesen wurde) ein Beweis des Auswahlaxioms für endliche Mengensysteme angeben, in dem das Auswahlaxiom nicht verwendet wird. Wir beweisen in diesem Sinne in folgendem Satz das Auswahlaxiom für endliche Mengensysteme, indem wir etwa die RUSSELLsche Endlichkeitsdefinition zugrunde legen.

Satz 11.

$$\forall M \exists A (M \subseteq \boldsymbol{M} \wedge M \text{ R-}\mathit{endlich} \wedge M \mathit{\ disjunkt} \wedge \emptyset \notin M$$
$$\rightarrow A \subseteq \bigcup M \wedge \forall X (X \in M \rightarrow \exists!!\, x\, (x \in A \cap X))).$$

Beweis. Wir betrachten das Mengensystem

$$M^* = \underset{X}{\boldsymbol{K}} (X \in \boldsymbol{M} :\wedge: X \subseteq \boldsymbol{M} .\rightarrow. \sim X \mathit{\ disjunkt} \vee \emptyset \in X .\vee. X \mathit{\ disjunkt}$$
$$\wedge \emptyset \notin X \wedge \exists A (A \subseteq \bigcup X \wedge \forall Y (Y \in X \rightarrow \exists!!\, y (y \in A \cap Y))));$$

dann ist $M \in M^*$ zu zeigen für jede R-endliche Menge M, wofür es nach Definition 1, § 11 zu beweisen genügt:

$$(1)\ \emptyset \in M^*,$$

$$(2)\ \forall X \forall x (X \in M^* \wedge x \in \boldsymbol{E} \rightarrow X \cup \{x\} \in M^*).$$

Da $\emptyset$ eine Auswahl von $\emptyset$ ist, ist (1) sofort erfüllt. Nun zu (2). Ist $X \in M^*$ und $x \in \boldsymbol{E}$, so ist im Fall $X \not\subseteq \boldsymbol{M}$ auch $X \cup \{x\} \not\subseteq \boldsymbol{M}$, also $X \cup \{x\} \in M^*$. Ist $X \in M^*$, $X \subseteq \boldsymbol{M}$ und $x \in \boldsymbol{I}$, so ist $X \cup \{x\} \not\subseteq \boldsymbol{M}$, also $X \cup \{x\} \in M^*$. Ist $X \in M^*$, $X \subseteq \boldsymbol{M}$ und $x \in \boldsymbol{M}$, so ist im Falle, daß X nicht disjunkt ist, auch $X \cup \{x\}$ nicht disjunkt, also $X \cup \{x\} \in M^*$; im Fall $\emptyset \in X$ ist auch $\emptyset \in X \cup \{x\}$, also $X \cup \{x\} \in M^*$; im dritten Fall

$$X \mathit{\ disjunkt} \wedge \emptyset \notin X \wedge \exists A (A \subseteq \bigcup X \wedge \forall Y (Y \in X \rightarrow \exists!!\, y\, (y \in A \cap Y)))$$

dürfen wir noch annehmen:

$$X \cup \{x\} \mathit{\ disjunkt}, \quad \emptyset \notin X \cup \{x\}, \quad x \notin X,$$

da für diese Fälle trivial $X \cup \{x\} \in M^*$ gilt. Es sei in unserem dritten Fall — mit den zusätzlichen Annahmen — A eine Auswahl von X und $a \in x$; dann ist $A \cup \{a\}$ eine Auswahl von $X \cup \{x\}$, also insgesamt wieder $X \cup \{x\} \in M^*$. Damit ist auch (2) erfüllt.

Mit Satz 11 beenden wir unsere Betrachtungen über endliche Mengen.

KAPITEL IV

ORDNUNGSRELATIONEN

In diesem Kapitel werden die für die Mathematik grundlegenden Ordnungsbegriffe — Quasiordnungen, Halbordnungen, Ordnungen, Wohlordnungen — behandelt; die Wohlordnungen speziell führen uns später (§ 23) zum Begriff der Ordinalzahlen, welche, mit den Kardinalzahlen (§ 21) zusammen, das Kernstück der Allgemeinen Mengenlehre bilden. Ordinal- wie Kardinalzahlen liefern ein Fundament des mathematischen Zahlensystems (natürliche, ganze, rationale, reelle und komplexe Zahlen).

§ 13. Quasiordnungen

1. Der allgemeinste Ordnungsbegriff ist der Begriff der Quasiordnung.

Definition 1. Eine Relation R ist *irreflexiv* genau dann, wenn $\forall x\,(\sim xRx)$ gilt. Eine Relation R ist eine *reflexive Quasiordnung in* der Klasse A genau dann, wenn R reflexiv in A und R transitiv ist; R ist eine *irreflexive Quasiordnung* genau dann, wenn R irreflexiv und transitiv ist; R ist eine *irreflexive Quasiordnung in A* genau dann, wenn $R \subseteq A \times A$ und R eine irreflexive Quasiordnung ist; R ist eine *Quasiordnung in A* genau dann, wenn R eine reflexive oder irreflexive Quasiordnung in A ist.

Ist R eine (reflexive bzw. irreflexive) Quasiordnung in A und $B \subseteq A$, so ist die durch R in B induzierte Relation ${}_BR_B$ eine (reflexive bzw. irreflexive) Quasiordnung in B.

Beispiele für Quasiordnungen:

Ist A eine Klasse und S eine beliebige Relation in A, so ist die Relation $R_1 \subseteq A \times A$ mit

$$\forall x \forall y\,(xR_1y \leftrightarrow x, y \in A \wedge S\langle\{y\}\rangle \subseteq S\langle\{x\}\rangle)$$

eine reflexive Quasiordnung in A und die Relation $R_2 \subseteq A \times A$ mit

$$\forall x \forall y\,(xR_2y \leftrightarrow x, y \in A \wedge S\langle\{y\}\rangle \subset S\langle\{x\}\rangle)$$

eine irreflexive Quasiordnung in A.

Wir stellen zunächst einige einfache Sätze über reflexive, irreflexive und transitive Relationen zusammen.

Satz 1. *Für Klassen A und Relationen R gilt:*

$$R \text{ reflexiv in } A \to \mathrm{Vb}\, R = \mathrm{Nb}\, R = \mathrm{Fd}\, R = A,$$
$$R \text{ reflexiv in } A \leftrightarrow R \subseteq A \times A \wedge \mathfrak{J}_A \subseteq R,$$
$$R \text{ reflexiv in } A \leftrightarrow R^{-1} \text{ reflexiv in } A,$$
$$R \text{ irreflexiv} \leftrightarrow \mathfrak{J}_E \cap R = \emptyset,$$
$$R \text{ irreflexiv} \leftrightarrow R^{-1} \text{ irreflexiv},$$
$$R \text{ transitiv} \leftrightarrow R \circ R \subseteq R,$$
$$R \text{ transitiv} \leftrightarrow R^{-1} \text{ transitiv},$$
$$R \text{ symmetrisch} \leftrightarrow R = R^{-1},$$
$$R \text{ symmetrisch} \leftrightarrow R^{-1} \text{ symmetrisch},$$
$$R \text{ reflexive Quasiordnung in } A \leftrightarrow R^{-1} \text{ reflexive Quasiordnung in } A,$$
$$R \text{ irreflexive Quasiordnung (in } A) \leftrightarrow R^{-1} \text{ irreflexive Quasiordnung (in } A),$$
$$R \text{ Äquivalenzrelation in } A \leftrightarrow R^{-1} \text{ Äquivalenzrelation in } A.$$

Beweis. Die Behauptungen folgen unmittelbar aus den entsprechenden Definitionen.

Satz 2. *Für Klassen A und Relationen R gilt:*

$$R \text{ reflexiv in } A \to R \setminus \mathfrak{J}_A \subseteq A \times A \wedge R \setminus \mathfrak{J}_A \text{ irreflexiv},$$
$$R \subseteq A \times A \wedge R \text{ irreflexiv} \to R \cup \mathfrak{J}_A \text{ reflexiv in } A.$$

Beweis. Die Behauptungen folgen unmittelbar aus den entsprechenden Definitionen.

Satz 2 drückt eine gewisse Dualität zwischen reflexiven und irreflexiven Relationen aus: Ist R eine reflexive Relation in A, so ist die Relation R^* in A mit für jedes x, y:

$$xR^*y \leftrightarrow xRy \wedge x \neq y$$

eine irreflexive Relation; ist $R^* \subseteq A \times A$ eine irreflexive Relation, so ist die Relation R in A mit für jedes $x, y \in A$:

$$xRy \leftrightarrow xR^*y \vee x = y$$

eine reflexive Relation in A. Ist R_1 eine reflexive Relation in A, R^* die nach Satz 2 zugehörige irreflexive Relation und R_2 die wiederum zu R^* zugehörige reflexive Relation in A, so ist $R_2 = R_1$; ist $R_1^* \subseteq A \times A$ eine irreflexive Relation, R die nach Satz 2 zugehörige reflexive Relation in A und $R_2^* \subseteq A \times A$ die wiederum zu R zugehörige irreflexive Relation, so ist $R_2^* = R_1^*$.

Weitere Kriterien für Reflexivität, Irreflexivität und Transitivität liefern die nächsten Sätze.

Satz 3. *Für Klassen A und Relationen R gilt:*

a) $R \subseteq A \times A .\rightarrow. R$ *reflexiv in* $A \leftrightarrow \forall x \forall y (x, y \in A \wedge R \langle\{x\}\rangle \subseteq R \langle\{y\}\rangle \rightarrow x \in R \langle\{y\}\rangle)$.

b) R *irreflexiv* $\leftrightarrow \forall x \forall y (x, y \in \boldsymbol{E} \wedge R \langle\{x\}\rangle \subseteq R \langle\{y\}\rangle \rightarrow y \notin R \langle\{x\}\rangle)$.

Beweis. Die Behauptungen folgen unmittelbar aus den entsprechenden Definitionen.

Satz 4. *Für Klassen A und Relationen R gilt:*

a) $R \subseteq A \times A .\rightarrow. R$ *reflexiv in* $A \leftrightarrow \forall x (x \in A \rightarrow \underset{y}{\boldsymbol{K}}[y \in \boldsymbol{E} \wedge \forall X (\exists z (z \in A \wedge X = R \langle\{z\}\rangle) \wedge x \in X \rightarrow y \in X)] \subseteq R \langle\{x\}\rangle)$.

b) R *irreflexiv* $\leftrightarrow \forall x (x \in \boldsymbol{E} \rightarrow R \langle\{x\}\rangle \subseteq \underset{y}{\boldsymbol{K}} \exists X (\exists z (z \in \boldsymbol{E} \wedge X = R \langle\{z\}\rangle) \wedge x \notin X \wedge y \in X))$.

Beweis. a) R sei eine Relation in A. ($\rightarrow$) Ist R reflexiv in A, $x \in A$ und

$$\forall X (\exists z (z \in A \wedge X = R \langle\{z\}\rangle) \wedge x \in X \rightarrow y \in X),$$

so ist unter diesen Voraussetzungen wegen $x \in R\langle\{x\}\rangle$ auch $y \in R\langle\{x\}\rangle$. ($\leftarrow$) Gilt für jedes $x \in A$:

$$\underset{y}{\boldsymbol{K}}[y \in \boldsymbol{E} \wedge \forall X (\exists z (z \in A \wedge X = R \langle\{z\}\rangle) \wedge x \in X \rightarrow y \in X)] \subseteq R \langle\{x\}\rangle,$$

so ist wegen

$$x \in \underset{y}{\boldsymbol{K}} [y \in \boldsymbol{E} \wedge \forall X (\exists z (z \in A \wedge X = R \langle\{z\}\rangle) \wedge x \in X \rightarrow y \in X)]$$

auch $x \in R \langle\{x\}\rangle$, also R reflexiv in A.

b) R sei eine Relation. ($\rightarrow$) Ist R irreflexiv, $x \in \boldsymbol{E}$ und $y \in R\langle\{x\}\rangle$, so gilt unter diesen Voraussetzungen wegen $x \notin R \langle\{x\}\rangle$ auch

$$\exists X (\exists z (z \in \boldsymbol{E} \wedge X = R \langle\{z\}\rangle) \wedge x \notin X \wedge y \in X).$$

($\leftarrow$) Gilt für jedes $x \in \boldsymbol{E}$:

$$R \langle\{x\}\rangle \subseteq \underset{y}{\boldsymbol{K}} \exists X (\exists z (z \in \boldsymbol{E} \wedge X = R \langle\{z\}\rangle) \wedge x \notin X \wedge y \in X),$$

so ist wegen

$$x \notin \underset{y}{\boldsymbol{K}} \exists X (\exists z (z \in \boldsymbol{E} \wedge X = R \langle\{z\}\rangle) \wedge x \notin X \wedge y \in X)$$

auch $x \notin R \langle\{x\}\rangle$, also R irreflexiv.

Satz 5. *Für Klassen A und Relationen R mit* $\forall x\,(x \in \boldsymbol{E} \rightarrow R\,\langle\{x\}\rangle \in \boldsymbol{M})$ *gilt:*

a) $R \subseteq A \times A\ .\!\rightarrow\!.\ R$ *reflexiv in* $A \leftrightarrow \forall x\,(x \in A \rightarrow \bigcap_{\substack{X \in \mathrm{Bs}\,R \\ x \in X}} X \subseteq R\,\langle\{x\}\rangle)$.

b) R *irreflexiv* $\leftrightarrow \forall x\,(x \in \boldsymbol{E} \rightarrow R\,\langle\{x\}\rangle \subseteq \bigcup_{\substack{X \in \mathrm{Bs}\,R \\ x \notin X}} X)$.

Beweis. Die Behauptungen folgen unmittelbar aus Satz 4.

Satz 6. *Für Klassen A und Relationen R gilt:*

$$R \subseteq A \times A\ .\!\rightarrow\!.\ R \text{ transitiv} \leftrightarrow \forall x\,\forall y\,(x, y \in A \wedge x \in R\,\langle\{y\}\rangle \rightarrow R\,\langle\{x\}\rangle \subseteq R\,\langle\{y\}\rangle).$$

Beweis. Die Behauptung folgt unmittelbar aus den entsprechenden Definitionen.

Satz 7. *Für Klassen A und Relationen R gilt:*

$$R \subseteq A \times A\ .\!\rightarrow\!.\ R \text{ transitiv} \leftrightarrow \forall x\,(x \in A \rightarrow R\,\langle\{x\}\rangle \subseteq \underset{y}{\boldsymbol{K}}\,[y \in \boldsymbol{E} \wedge \forall X\,(\exists z\,(z \in A \wedge X = R\,\langle\{z\}\rangle) \wedge x \in X \rightarrow y \in X)]).$$

Beweis. R sei eine Relation in A. ($\rightarrow$) Ist R transitiv, $x \in A$ und $y \in R\,\langle\{x\}\rangle$, so ist unter diesen Voraussetzungen auch $y \in R\,\langle\{z\}\rangle$ für jedes $z \in A$ mit $x \in R\,\langle\{z\}\rangle$. ($\leftarrow$) Gilt für jedes $x \in A$:

$$R\,\langle\{x\}\rangle \subseteq \underset{y}{\boldsymbol{K}}\,[y \in \boldsymbol{E} \wedge \forall X\,(\exists z\,(z \in A \wedge X = R\,\langle\{z\}\rangle) \wedge x \in X \rightarrow y \in X)],$$

so ist also für $z \in R\,\langle\{y\}\rangle$:

$$z \in \underset{u}{\boldsymbol{K}}\,[u \in \boldsymbol{E} \wedge \forall Y\,(\exists x\,(x \in A \wedge Y = R\,\langle\{x\}\rangle) \wedge y \in Y \rightarrow u \in Y)];$$

hieraus folgt für $y \in R\,\langle\{x\}\rangle$, daß $z \in R\,\langle\{x\}\rangle$ gelten muß; insgesamt erhält man damit $xRy \wedge yRz \rightarrow xRz$, also ist R transitiv.

Satz 8. *Für Klassen A und Relationen R mit* $\forall x\,(x \in \boldsymbol{E} \rightarrow R\,\langle\{x\}\rangle \in \boldsymbol{M})$ *gilt:*

$$R \subseteq A \times A\ .\!\rightarrow\!.\ R \text{ transitiv} \leftrightarrow \forall x\,(x \in A \rightarrow R\,\langle\{x\}\rangle \subseteq \bigcap_{\substack{X \in \mathrm{Bs}\,R \\ x \in X}} X).$$

Beweis. Die Behauptung folgt unmittelbar aus Satz 7.

Die Sätze 6, 7, 8 charakterisieren mit den Sätzen 3a), 4a), 5a) die transitiven Relationen in einer Klasse A in gewissem Sinne als die Umkehrungen der reflexiven Relationen in A. In dieser Hinsicht sind die reflexiven Relationen vor den irreflexiven ausgezeichnet.

Aus den Sätzen 3a) und 6 bzw. 4a) und 7 bzw. 5a) und 8 folgen die drei Sätze:

Satz 9. *Für Klassen A und Relationen R in A gilt:*

$$R \text{ reflexive Quasiordnung in } A \leftrightarrow \forall x \forall y\, (x, y \in A \,.\!\to\!.\, x \in R\langle\{y\}\rangle \leftrightarrow R\langle\{x\}\rangle \subseteq R\langle\{y\}\rangle).$$

Beweis. Sätze 3a) und 6.

Satz 10. *Für Klassen A und Relationen R in A gilt:*

$$R \text{ reflexive Quasiordnung in } A \leftrightarrow \forall x\, (x \in A \to R\langle\{x\}\rangle = \underset{y}{\boldsymbol{K}}[y \in \boldsymbol{E} \wedge \forall X\, (\exists z\, (z \in A \wedge X = R\langle\{z\}\rangle) \wedge x \in X \to y \in X)]).$$

Beweis. Sätze 4a) und 7.

Satz 11. *Für Klassen A und Relationen R in A mit $\forall x\, (x \in A \to R\langle\{x\}\rangle \in \boldsymbol{M})$ gilt:*

$$R \text{ reflexive Quasiordung in } A \leftrightarrow \forall x\, (x \in A \to R\langle\{x\}\rangle = \bigcap_{\substack{X \in \mathrm{Bs}\, R \\ x \in X}} X).$$

Beweis. Sätze 5a) und 8.

Satz 11 besagt u. a., daß eine reflexive Quasiordnung R in A mit $\forall x\, (x \in A \to R\langle\{x\}\rangle \in \boldsymbol{M})$ eindeutig durch ihr Restsystem $\mathrm{Bs}\, R$ festgelegt ist; denn sind R_1, R_2 solche reflexiven Quasiordnungen in A mit $\mathrm{Bs}\, R_1 = \mathrm{Bs}\, R_2$, so folgt für jedes $x \in A$ aus Satz 11:

$$R_1\langle\{x\}\rangle = \bigcap_{\substack{X \in \mathrm{Bs}\, R_1 \\ x \in X}} X = \bigcap_{\substack{X \in \mathrm{Bs}\, R_2 \\ x \in X}} X = R_2\langle\{x\}\rangle$$

und damit $R_1 = R_2$. Für beliebige Relationen R gilt im allgemeinen nur, daß sie ihr Restsystem (falls es existiert) eindeutig bestimmen, aber nicht umgekehrt. Wir geben hierfür zwei Beispiele, die gleichzeitig zeigen, daß für die eindeutige Bestimmtheit einer Relation durch ihr Restsystem alleinige Reflexivität oder alleinige Irreflexivität und Transitivität nicht genügt: Es seien für das erste Beispiel a, b, c drei Elemente (also $a \neq b$, $a \neq c$, $b \neq c$) und $A = \{a, b, c\}$;

$$R_1 = \{[a, a], [a, b], [b, a], [b, b], [c, a], [c, b], [c, c]\},$$
$$R_2 = \{[a, a], [a, b], [b, a], [b, b], [b, c], [c, a], [c, b], [c, c]\}$$

sind dann reflexive Relationen in A mit $R_1 \neq R_2$; es ist aber

$$\mathrm{Bs}\, R_1 = \mathrm{Bs}\, R_2 = \{\{a, b\}, \{a, b, c\}\}.$$

Es seien für das zweite Beispiel wieder a, b, c drei Elemente und $A = \{a, b, c\}$;

$$R_1 = \{[a, c]\},$$
$$R_2 = \{[b, c]\}$$

sind dann irreflexive transitive Relationen in A mit $R_1 \neq R_2$; es ist aber

$$\mathrm{Bs}\, R_1 = \mathrm{Bs}\, R_2 = \{\{c\}\}.$$

2. Mit Hilfe von Satz 11 kann man eine notwendige und hinreichende Bedingung dafür aufstellen, daß ein Mengensystem M das Restsystem einer reflexiven Quasiordnung in einer Klasse A ist:

Satz 12. *Für Klassen A und Mengensysteme $M \subseteq \boldsymbol{P}A$ gilt:*

$$\exists R\,(R \textit{ reflexive Quasiordnung in } A \wedge M = \mathrm{Bs}\, R)$$
$$\leftrightarrow (1)\ \forall x\,(x \in A \rightarrow \bigcap_{\substack{X \in M \\ x \in X}} X \in M)$$
$$\wedge\ (2)\ \forall X_0\,(X_0 \in M \rightarrow \exists x_0\,(x_0 \in A \wedge X_0 = \bigcap_{\substack{X \in M \\ x_0 \in X}} X)).$$

Beweis. Es sei A eine Klasse und $M \subseteq \boldsymbol{P}A$.

($\rightarrow$) folgt sofort aus Satz 11.

($\leftarrow$) Es gelte (1) und (2); behauptet wird die Existenz einer reflexiven Quasiordnung R in A mit $M = \mathrm{Bs}\, R$. Nach Satz 11 kann es höchstens eine solche Quasiordnung in A geben, nämlich die Abbildung R über A mit

$$\forall x\,(x \in A \rightarrow R\langle\{x\}\rangle = \bigcap_{\substack{X \in M \\ x \in X}} X)$$

(für $x \in A$ ist wegen $x \in \bigcap_{\substack{X \in M \\ x \in X}} X$ stets $R\langle\{x\}\rangle \neq \emptyset$). Wir haben also noch zu zeigen, daß diese eben definierte Abbildung bzw. Relation R eine reflexive Quasiordnung in A ist mit $M = \mathrm{Bs}\, R$. Wegen $M \subseteq \boldsymbol{P}A$ und (1) ist zunächst

$$R \subseteq A \times A \quad \text{und} \quad \forall x\,(x \in A \rightarrow R\langle\{x\}\rangle \in M).$$

Nach Satz 11 brauchen wir dann nur noch zu zeigen: $M = \mathrm{Bs}\, R$. Wir beweisen zuerst $M \subseteq \mathrm{Bs}\, R$ und dann $\mathrm{Bs}\, R \subseteq M$, woraus insgesamt $M = \mathrm{Bs}\, R$ folgt. Ist $X_0 \in M$, so gibt es nach (2) ein $x_0 \in A = \mathrm{Vb}\, R$ mit $X_0 = \bigcap_{\substack{X \in M \\ x_0 \in X}} X$, also

$$X_0 = \bigcap_{\substack{X \in M \\ x_0 \in X}} X = R\langle\{x_0\}\rangle \in \mathrm{Bs}\, R.$$

Ist umgekehrt $X_0 \in \mathrm{Bs}\, R$, so gibt es ein $x_0 \in \mathrm{Vb}\, R = A$ mit $X_0 = R\langle\{x_0\}\rangle$; wegen (1) ist aber $\bigcap_{\substack{X \in M \\ x_0 \in X}} X \in M$, also insgesamt

$$X_0 = R\langle\{x_0\}\rangle = \bigcap_{\substack{X \in M \\ x_0 \in X}} X \in M.$$

Äquivalenzrelationen sind symmetrische reflexive Quasiordnungen und damit auch eindeutig durch ihr Restsystem (falls es existiert) bestimmt. Die Restsysteme von Äquivalenzrelationen lassen sich folgendermaßen charakterisieren:

Satz 13. *Für Klassen A und Mengensysteme $M \subseteq \boldsymbol{P} A$ gilt:*

$$\exists R\,(R \text{ Äquivalenzrelation in } A \wedge M = \operatorname{Bs} R)$$
$$\leftrightarrow (1)\ \forall x\,(x \in A \to \bigcap_{\substack{X \in M\\ x \in X}} X \in M)$$
$$\wedge (2)\ \forall X_0\,(X_0 \in M \to \exists x_0\,(x_0 \in A \wedge X_0 = \bigcap_{\substack{X \in M\\ x_0 \in X}} X))$$
$$\wedge (3)\ M \text{ disjunkt.}$$

Beweis. Es sei A eine Klasse und $M \subseteq \boldsymbol{P} A$.

($\to$) Ist R eine Äquivalenzrelation in A und $M = \operatorname{Bs} R$, so gilt nach Satz 12 sofort (1) und (2). Für (3) zeigen wir, daß aus der Annahme $X_1, X_2 \in M \wedge X_1 \cap X_2 \neq \emptyset$ folgt $X_1 = X_2$. Für $X_1, X_2 \in M$ gibt es zunächst Elemente $x_1, x_2 \in A$ mit $X_1 = R\langle\{x_1\}\rangle$ und $X_2 = R\langle\{x_2\}\rangle$; wegen $X_1 \cap X_2 \neq \emptyset$ gibt es ein $x^* \in X_1 \cap X_2$, also $x^* \in R\langle\{x_1\}\rangle$ und $x^* \in R\langle\{x_2\}\rangle$. Für ein Element $x \in X_1 = R\langle\{x_1\}\rangle$ gilt dann insgesamt $x_1 R x^*$, $x_2 R x^*$, $x_1 R x$. Die Symmetrie von R ergibt $x^* R x_1$ aus $x_1 R x^*$, die Transitivität $x^* R x$ aus $x^* R x_1$ und $x_1 R x$ und nochmals die Transitivität $x_2 R x$ aus $x_2 R x^*$ und $x^* R x$, also ist $x \in R\langle\{x_2\}\rangle = X_2$. Damit gilt $X_1 \subseteq X_2$; nach demselben Verfahren erhält man $X_2 \subseteq X_1$, also zusammen $X_1 = X_2$.

($\leftarrow$) Es gelte (1), (2) und (3); behauptet wird die Existenz einer Äquivalenzrelation R in A mit $M = \operatorname{Bs} R$. Nach Satz 11 ist wieder höchstens die Relation R in A mit

$$\forall x\,(x \in A \to R\langle\{x\}\rangle = \bigcap_{\substack{X \in M\\ x \in X}} X)$$

die gewünschte Äquivalenzrelation. Aus (1) und (2) folgt nach Satz 12, daß R eine reflexive Quasiordnung in A ist mit $M = \operatorname{Bs} R$. Es ist also nur noch die Symmetrie von R zu zeigen, also $x R y \to y R x$ für alle x, y. Ist aber $x R y$, so ist $y \in R\langle\{x\}\rangle$; wegen der Reflexivität von R ist auch $y \in R\langle\{y\}\rangle$; also gilt:

$$R\langle\{x\}\rangle, R\langle\{y\}\rangle \in \operatorname{Bs} R = M \quad \text{und} \quad R\langle\{x\}\rangle \cap R\langle\{y\}\rangle \neq \emptyset,$$

woraus wegen (3) folgt $R\langle\{x\}\rangle = R\langle\{y\}\rangle$; also ist $x \in R\langle\{y\}\rangle$ wegen $x \in R\langle\{x\}\rangle$ und damit schließlich $y R x$.

3. Bei reflexiven Quasiordnungen R in A gilt im allgemeinen, daß für gewisse Elemente $a, b \in A$ mit $a \neq b$ die vollen Bilder $R\langle\{a\}\rangle$ und $R\langle\{b\}\rangle$ gleich sind. Näheren Aufschluß hierüber gibt der folgende

Satz 14. *Für Klassen A, reflexive Quasiordnungen R in A und Elemente $a, b \in A$ gilt:*

$$R\langle\{a\}\rangle = R\langle\{b\}\rangle \leftrightarrow a R b \wedge b R a.$$

Beweis. Es sei R eine reflexive Quasiordnung in A und $a, b \in A$. ($\to$) Ist $R\langle\{a\}\rangle = R\langle\{b\}\rangle$, so folgt aus der Reflexivität von R: $a \in R\langle\{b\}\rangle$ und $b \in R\langle\{a\}\rangle$, also $b R a$ und $a R b$. ($\leftarrow$) Gilt $a R b \wedge b R a$ und ist $x \in R\langle\{a\}\rangle$, so ergibt die

Transitivität von R: $x \in R\langle\{b\}\rangle$ aus bRa und $x \in R\langle\{a\}\rangle$. Damit gilt $R\langle\{a\}\rangle \subseteq R\langle\{b\}\rangle$; nach demselben Verfahren erhält man $R\langle\{b\}\rangle \subseteq R\langle\{a\}\rangle$, also zusammen $R\langle\{a\}\rangle = R\langle\{b\}\rangle$.

Für Äquivalenzrelationen R gilt:

$$aRb \wedge bRa \leftrightarrow aRb,$$

und Satz 14 liefert damit als Spezialfall nochmals den Satz 5, § 10.

4. Definition 2. Ist M eine Menge und R eine (reflexive bzw. irreflexive) Quasiordnung in M, so heißt das geordnete Paar $[M, R]$ die *durch R (reflexiv bzw. irreflexiv) quasigeordnete Menge M*. Eine Menge M^* ist eine *(reflexiv bzw. irreflexiv) quasigeordnete Menge* oder ist *(reflexiv bzw. irreflexiv) quasigeordnet* genau dann, wenn es eine Menge M und eine (reflexive bzw. irreflexive) Quasiordnung R in M gibt mit $M^* = [M, R]$.

Eine (reflexiv bzw. irreflexiv) quasigeordnete Menge M^* ist also anschaulich der Inbegriff einer Menge M und einer sie regelnden (reflexiven bzw. irreflexiven) Quasiordnung R.

Ein geordnetes Paar $[M, R]$ von Elementen $M, R \in \mathbf{E}$ ist genau dann (reflexiv bzw. irreflexiv) quasigeordnet, wenn M eine Menge und R eine (reflexive bzw. irreflexive) Quasiordnung in M ist.

Satz 15. *Für Klassen A, B und Relationen R in A, S in B gilt:*

$$|A, R| \backsim |B, S| \;.\!\rightarrow\!.\; R \text{ reflexive Quasiordnung in } A$$
$$\leftrightarrow S \text{ reflexive Quasiordnung in } B$$
$$.\wedge.\; R \text{ irreflexive Quasiordnung in } A$$
$$\leftrightarrow S \text{ irreflexive Quasiordnung in } B.$$

Beweis. Es seien A, B Klassen, R eine Relation in A, S eine Relation in B und f eine isomorphe Abbildung von $|A, R|$ auf $|B, S|$. Dann ist f eine umkehrbar eindeutige Abbildung von A auf B mit

$$\forall x \forall y\, (xRy \leftrightarrow f(x)\, S f(y)).$$

Die Behauptungen von Satz 15 beweist man dann nach dem Muster des Beweises zu Satz 2, § 10.

Aus Satz 15 folgt speziell für Mengen M, N und Relationen R in M, S in N:

$$[M, R] \backsim [N, S] \;.\!\rightarrow\!.\; [M, R] \text{ reflexiv quasigeordnet}$$
$$\leftrightarrow [N, S] \text{ reflexiv quasigeordnet}$$
$$.\wedge.\; [M, R] \text{ irreflexiv quasigeordnet}$$
$$\leftrightarrow [N, S] \text{ irreflexiv quasigeordnet}.$$

Es folgen noch zwei Sätze über die Komposition quasigeordneter Mengen.

Satz 16. *Für disjunkte Mengenkomplexe* $(M_i)_{i\in I}$, *Mengenkomplexe* $(S_i)_{i\in I}$ *mit*

$$\forall i\,(i \in I \to [M_i, S_i] \text{ reflexiv quasigeordnet})$$

bzw.

$$\forall i\,(i \in I \to [M_i, S_i] \text{ irreflexiv quasigeordnet}),$$

$A = \bigcup_{i\in I} M_i$ *und irreflexive Quasiordnungen* T *in* I *gilt: Die Relation* R *in* A *mit für jedes* $x, y \in A$:

$$xRy \leftrightarrow \exists i \exists j\,(i, j \in I \wedge x \in M_i \wedge y \in M_j \;.\!\wedge.\; i \neq j \to iTj \;.\!\wedge.\; i = j \to xS_i y)$$

ist eine reflexive bzw. irreflexive Quasiordnung in A.

Beweis. Die Behauptungen folgen unmittelbar aus den entsprechenden Definitionen.

Satz 17. *Für Mengenkomplexe* $(M_i)_{i\in I}$, $(S_i)_{i\in I}$ *mit*

$$\forall i\,(i \in I \to [M_i, S_i] \text{ reflexiv quasigeordnet})$$

bzw.

$$\forall i\,(i \in I \to [M_i, S_i] \text{ irreflexiv quasigeordnet}),$$

mit

$$\forall i \forall j\,(i, j \in I \;.\!\to.\; M_i \subseteq M_j \wedge S_i = {}_{M_i}(S_j)_{M_i} \;.\!\vee.\; M_j \subseteq M_i \wedge S_j = {}_{M_j}(S_i)_{M_j})$$

und $A = \bigcup_{i\in I} M_i$, $R = \bigcup_{i\in I} S_i$ *gilt:*

$$\exists!!\, X\,(X \text{ Relation in } A \wedge \forall i\,(i \in I \to S_i = {}_{M_i}X_{M_i})),$$

$$R \text{ reflexive bzw. irreflexive Quasiordnung in } A \wedge \forall i\,(i \in I \to S_i = {}_{M_i}R_{M_i}).$$

Beweis. Unter den Voraussetzungen des Satzes sei X eine Relation in A mit $S_i = {}_{M_i}X_{M_i}$ für jedes $i \in I$. Dann ist also $S_i = (M_i \times M_i) \cap X \subseteq X$ für jedes $i \in I$, also $R = \bigcup_{i\in I} S_i \subseteq X$. Ist umgekehrt $x, y \in A$, so gibt es nach Voraussetzung einen Index $j \in I$ mit $x, y \in M_j$; ist dann noch $[x, y] \in X$, so ist

$$[x, y] \in (M_j \times M_j) \cap X = {}_{M_j}X_{M_j} = S_j;$$

also ist auch $X \subseteq \bigcup_{i\in I} S_i = R$, und somit ist höchstens R eine gewünschte Relation X in A mit $S_i = {}_{M_i}X_{M_i}$ für jedes $i \in I$. Daß R eine gewünschte Relation X ist, beweist man dadurch, daß man sogar zeigt, daß R eine reflexive bzw. irreflexive Quasiordnung in A ist mit $S_i = {}_{M_i}R_{M_i}$ für jedes $i \in I$; dies folgt ohne Schwierigkeiten aus den Voraussetzungen.

§ 14. Halbordnungen

1. Definition 1. Eine Relation R ist *antisymmetrisch* genau dann, wenn $\forall x \forall y\,(xRy \wedge yRx \to x = y)$ gilt, und *asymmetrisch* genau dann, wenn $\forall x \forall y\,(xRy \to \sim yRx)$ gilt. Eine Relation R ist eine *reflexive Halbordnung in*

der Klasse A genau dann, wenn R eine reflexive Quasiordnung in A und antisymmetrisch ist; R ist eine *irreflexive Halbordnung* genau dann, wenn R eine irreflexive Quasiordnung und asymmetrisch ist; R ist eine *irreflexive Halbordnung in A* genau dann, wenn $R \subseteq A \times A$ und R eine irreflexive Halbordnung ist; R ist eine *Halbordnung in A* genau dann, wenn R eine reflexive oder irreflexive Halbordnung in A ist.

Da eine transitive Relation genau dann irreflexiv ist, wenn sie asymmetrisch ist, ist also eine Relation R genau dann eine irreflexive Halbordnung, wenn R eine irreflexive Quasiordnung ist.

Ist R eine (reflexive bzw. irreflexive) Halbordnung in A und $B \subseteq A$, so ist die durch R in B induzierte Relation ${}_BR_B$ eine (reflexive bzw. irreflexive) Halbordnung in B.

Beispiele für Halbordnungen:

Ist M ein Mengensystem, so bezeichne man mit $\underset{M}{\subseteq}$ diejenige Relation R in M mit

$$\forall X \, \forall Y \, (X R Y \leftrightarrow X, Y \in M \wedge X \subseteq Y);$$

analoge Bedeutungen mögen $\underset{M}{\subset}$, $\underset{M}{\supseteq}$, $\underset{M}{\supset}$ haben. Dann sind für jedes Mengensystem M die Relationen $\underset{M}{\subseteq}$, $\underset{M}{\supseteq}$ reflexive Halbordnungen in M und die Relationen $\underset{M}{\subset}$, $\underset{M}{\supset}$ irreflexive Halbordnungen in M. Es sei S eine reflexive Quasiordnung in der Menge A und S^* diejenige Äquivalenzrelation in A mit

$$\forall x \, \forall y \, (x S^* y \leftrightarrow x S y \wedge y S x);$$

definiert man dann im Quotienten A/S^* von A nach S^* die Relation R mit

$$\forall X \, \forall Y \, [X R Y \leftrightarrow \exists x \, \exists y \, (x, y \in A \wedge X = S^* \langle\{x\}\rangle \wedge Y = S^* \langle\{y\}\rangle \wedge x S y)],$$

so ist R eine reflexive Halbordnung in A/S^*. Ist A eine Klasse, so ist $\mathfrak{J}_A$ eine reflexive Halbordnung in A und $\emptyset$ eine irreflexive Halbordnung in A.

Satz 1. *Für Klassen A und Relationen R gilt:*

$$R \text{ antisymmetrisch} \leftrightarrow R \cap R^{-1} \subseteq \mathfrak{J}_E,$$
$$R \text{ antisymmetrisch} \leftrightarrow R^{-1} \text{ antisymmetrisch},$$
$$R \text{ asymmetrisch} \leftrightarrow R \cap R^{-1} \doteq \emptyset,$$
$$R \text{ asymmetrisch} \leftrightarrow R^{-1} \text{ asymmetrisch},$$
$$R \text{ reflexive Halbordnung in } A \leftrightarrow R^{-1} \text{ reflexive Halbordnung in } A,$$
$$R \text{ irreflexive Halbordnung (in } A) \leftrightarrow R^{-1} \text{ irreflexive Halbordnung (in } A).$$

Beweis. Die Behauptungen folgen unmittelbar aus den entsprechenden Definitionen.

Satz 2. *Für Klassen A, reflexive Halbordnungen R in A und Elemente $a, b \in A$ gilt:*

$$R\langle\{a\}\rangle = R\langle\{b\}\rangle \leftrightarrow a = b.$$

Beweis. Die Behauptung folgt aus Satz 14, § 13 und der Antisymmetrie reflexiver Halbordnungen.

Satz 3. *Für Klassen A und Relationen R gilt:*

$$R \text{ reflexive Halbordnung in } A \rightarrow R \setminus \mathfrak{I}_A \text{ irreflexive Halbordnung in } A,$$

$$R \text{ irreflexive Halbordnung in } A \rightarrow R \cup \mathfrak{I}_A \text{ reflexive Halbordnung in } A.$$

Beweis. Die Behauptungen folgen unmittelbar aus den entsprechenden Definitionen.

Aus Satz 3 folgt sofort für Klassen A:

$$\exists R\,(R \text{ Halbordnung in } A) \leftrightarrow \exists R\,(R \text{ reflexive Halbordnung in } A)$$
$$\leftrightarrow \exists R\,(R \text{ irreflexive Halbordnung in } A).$$

Wir führen jetzt für Halbordnungsrelationen eine signifikante Bezeichnungsweise ein.

Definition 2. Ist R eine Halbordnung in einer Klasse und sind $a, b \in \boldsymbol{E}$, so ist $a \underset{R}{\leqq} b$ (gelesen: *a kleinergleich b bzgl. R*) oder $b \underset{R}{\geqq} a$ (gelesen: *b größergleich a bzgl. R*) genau dann, wenn $aRb \vee a = b$ gilt, und ist $a \underset{R}{<} b$ (gelesen: *a kleiner b bzgl. R*) oder $b \underset{R}{>} a$ (gelesen: *b größer a bzgl. R*) genau dann, wenn $aRb \wedge a \neq b$ gilt.

Sind keine Verwechslungen zu befürchten, so läßt man die Indexvariable (im Falle der Definition 2 also R) an den Zeichen $\leqq$, $\geqq$, $<$, $>$ auch weg.

Ist R eine reflexive Halbordnung in A, so gilt für beliebige Elemente $a, b \in A$:

$$a \leqq b \leftrightarrow aRb, \qquad a < b \leftrightarrow aRb \wedge a \neq b;$$

ist R eine irreflexive Halbordnung in A, so gilt für beliebige Elemente $a, b \in \boldsymbol{E}$:

$$a \leqq b \leftrightarrow aRb \vee a = b, \qquad a < b \leftrightarrow aRb.$$

Ist R eine Halbordnung in A, so bestätigt man weiterhin leicht für jedes $x, y \in A$:

$$x \underset{R}{\leqq} y \leftrightarrow y \underset{R^{-1}}{\leqq} x, \qquad x \underset{R}{<} y \leftrightarrow y \underset{R^{-1}}{<} x.$$

Satz 3 besagt in der neuen Schreibweise: Ist R eine reflexive Halbordnung in A, so ist die Relation R^* in A mit für jedes x, y:

$$xR^*y \leftrightarrow x \leqq y \wedge x \neq y$$

eine irreflexive Halbordnung in A; ist R^* eine irreflexive Halbordnung in A, so ist die Relation R in A mit für jedes $x, y \in A$:

$$xRy \leftrightarrow x < y \vee x = y$$

eine reflexive Halbordnung in A.

Ist R eine Halbordnung in A, $a, b \in A$ und $B \subseteq A$, so sagt man im Fall $a < b$ auch b *folgt auf* a (*bzgl.* R), im Fall $\forall x\,(x \in B \rightarrow x < b)$ auch b *folgt auf* B und im Fall $\forall x\,(x \in B \rightarrow a < x)$ auch B *folgt auf* a.

Mit der neuen Schreibweise gilt zusammenfassend der

Satz 4. *Für Klassen A, Halbordnungen R in A und beliebige Elemente $a, b, c \in A$ gilt:*

$$a \leqq b \leftrightarrow a < b \vee a = b, \qquad a < b \leftrightarrow a \leqq b \wedge a \neq b,$$

$$a \leqq a \qquad (\textit{Reflexivität}),$$

$$a \leqq b \wedge b \leqq c \rightarrow a \leqq c \qquad (\textit{Transitivität}),$$

$$a \leqq b \wedge b \leqq a \rightarrow a = b \qquad (\textit{Antisymmetrie}),$$

$$a \not< a \qquad (\textit{Irreflexivität}),$$

$$a < b \wedge b < c \rightarrow a < c \qquad (\textit{Transitivität}),$$

$$a < b \rightarrow b \not< a \qquad (\textit{Asymmetrie}),$$

$$a < b \wedge b \leqq c \rightarrow a < c,$$

$$a \leqq b \wedge b < c \rightarrow a < c.$$

Beweis. Die Behauptungen folgen unmittelbar aus der vereinbarten Bezeichnungsweise für Halbordnungen und der Definition der Halbordnungen.

2. Reflexive Halbordnungen sind spezielle reflexive Quasiordnungen und damit eindeutig durch ihr Restsystem (falls es existiert) bestimmt. Die Restsysteme reflexiver Halbordnungen lassen sich folgendermaßen charakterisieren:

Satz 5. *Für Klassen A und Mengensysteme $M \subseteq \boldsymbol{P}A$ gilt:*

$$\exists R\,(R \textit{ reflexive Halbordnung in } A \wedge M = \mathrm{Bs}\,R)$$

$$\leftrightarrow (1)\ \forall x\,\Big(x \in A \rightarrow \bigcap_{\substack{X \in M \\ x \in X}} X \in M\Big)$$

$$\wedge\ (2)\ \forall X_0\,\Big(X_0 \in M \rightarrow \exists!!\,x_0\,\Big(x_0 \in A \wedge X_0 = \bigcap_{\substack{X \in M \\ x_0 \in X}} X\Big)\Big).$$

Beweis. Es sei A eine Klasse und $M \subseteq \boldsymbol{P}A$.

($\rightarrow$) Ist R eine reflexive Halbordnung in A mit $M = \mathrm{Bs}\, R$, so brauchen wir nach Satz 12, § 13 für jedes $X_0 \in M$ nur noch zu zeigen:

$$\exists!\, x_0 \,(x_0 \in A \wedge X_0 = \bigcap_{\substack{X \in M \\ x_0 \in X}} X).$$

Sind aber $x_0, x_0' \in A$ und

$$X_0 = \bigcap_{\substack{X \in M \\ x_0 \in X}} X = \bigcap_{\substack{X \in M \\ x' \in X}} X,$$

so ist nach Satz 11, § 13

$$X_0 = R\,\langle\{x_0\}\rangle = R\,\langle\{x_0'\}\rangle,$$

woraus nach Satz 2 $x_0 = x_0'$ folgt.

($\leftarrow$) Es gelte (1) und (2); behauptet wird die Existenz einer reflexiven Halbordnung R in A mit $M = \mathrm{Bs}\, R$. Nach Satz 11, § 13 ist wieder höchstens die Relation R in A mit

$$\forall x \,(x \in A \rightarrow R\,\langle\{x\}\rangle = \bigcap_{\substack{X \in M \\ x \in X}} X)$$

die gewünschte Halbordnung. Aus (1) und (2) folgt nach Satz 12, § 13, daß R eine reflexive Quasiordnung in A ist mit $M = \mathrm{Bs}\, R$. Es ist also nur noch die Antisymmetrie von R zu zeigen, also

$$xRy \wedge yRx \rightarrow x = y \quad \text{für alle} \quad x, y \in A.$$

Nach Satz 14, § 13 genügt es hierfür zu zeigen:

$$R\,\langle\{x\}\rangle = R\,\langle\{y\}\rangle \rightarrow x = y \quad \text{für alle} \quad x, y \in A.$$

Für jedes $x, y \in A$ ist

$$R\,\langle\{x\}\rangle = \bigcap_{\substack{X \in M \\ x \in X}} X \in M, \qquad R\,\langle\{y\}\rangle = \bigcap_{\substack{X \in M \\ y \in X}} X \in M;$$

aus $R\,\langle\{x\}\rangle = R\,\langle\{y\}\rangle$ und (2) folgt dann sofort $x = y$.

3. Definition 3. Ist M eine Menge und R eine (reflexive bzw. irreflexive) Halbordnung in M, so heißt das geordnete Paar $[M, R]$ die *durch R (reflexiv* bzw. *irreflexiv) halbgeordnete Menge M*. Eine Menge M^* ist eine (*reflexiv* bzw. *irreflexiv*) *halbgeordnete Menge* oder ist (*reflexiv* bzw. *irreflexiv*) *halbgeordnet* genau dann, wenn es eine Menge M und eine (reflexive bzw. irreflexive) Halbordnung R in M gibt mit $M^* = [M, R]$.

Eine (reflexiv bzw. irreflexiv) halbgeordnete Menge M^* ist also anschaulich der Inbegriff einer Menge M und einer sie regelnden (reflexiven bzw. irreflexiven) Halbordnung R.

Ein geordnetes Paar $[M, R]$ von Elementen $M, R \in \boldsymbol{E}$ ist genau dann (reflexiv bzw. irreflexiv) halbgeordnet, wenn M eine Menge und R eine (reflexive bzw. irreflexive) Halbordnung in M ist.

Satz 6. *Für Klassen A, B und Relationen R in A, S in B gilt:*

$$|A, R| \backsim |B, S| \;.\!\to\!.\; R \text{ reflexive Halbordnung in } A$$
$$\leftrightarrow \; S \text{ reflexive Halbordnung in } B$$
$$.\wedge.\; R \text{ irreflexive Halbordnung in } A$$
$$\leftrightarrow \; S \text{ irreflexive Halbordnung in } B.$$

Beweis. Es seien A, B Klassen, R eine Relation in A, S eine Relation in B und f eine isomorphe Abbildung von $|A, R|$ auf $|B, S|$. Dann ist f eine umkehrbar eindeutige Abbildung von A auf B mit

$$\forall x \forall y \, (xRy \leftrightarrow f(x)\, S f(y)).$$

Die Behauptungen von Satz 6 beweist man dann unter Verwendung von Satz 15, § 13 nach dem Muster des Beweises zu Satz 2, § 10.

Aus Satz 6 folgt speziell für Mengen M, N und Relationen R in M, S in N:

$$[M, R] \backsim [N, S] \;.\!\to\!.\; [M, R] \text{ reflexiv halbgeordnet}$$
$$\leftrightarrow \; [N, S] \text{ reflexiv halbgeordnet}$$
$$.\wedge.\; [M, R] \text{ irreflexiv halbgeordnet}$$
$$\leftrightarrow \; [N, S] \text{ irreflexiv halbgeordnet}.$$

Es folgen zwei Sätze über die Komposition halbgeordneter Mengen.

Satz 7. *Für disjunkte Mengenkomplexe $(M_i)_{i\in I}$, Mengenkomplexe $(S_i)_{i\in I}$ mit*

$$\forall i \, (i \in I \to [M_i, S_i] \text{ reflexiv halbgeordnet})$$

bzw.

$$\forall i \, (i \in I \to [M_i, S_i] \text{ irreflexiv halbgeordnet}),$$

$A = \bigcup_{i\in I} M_i$ *und Halbordnungen T in I gilt: Die Relation R in A mit für jedes $x, y \in A$:*

$$xRy \leftrightarrow \exists i \exists j \, (i, j \in I \wedge x \in M_i \wedge y \in M_j \;.\wedge.\; i \neq j \to iTj \;.\wedge.\; i = j \to x S_i y)$$

ist eine reflexive bzw. irreflexive Halbordnung in A.

Beweis. Die Behauptungen folgen unter Verwendung von Satz 16, § 13 unmittelbar aus den entsprechenden Definitionen.

Satz 8. *Für Mengenkomplexe $(M_i)_{i\in I}$, $(S_i)_{i\in I}$ mit*

$$\forall i \, (i \in I \to [M_i, S_i] \text{ reflexiv halbgeordnet})$$

bzw.

$$\forall i \, (i \in I \to [M_i, S_i] \text{ irreflexiv halbgeordnet}),$$

mit

$$\forall i \forall j\, (i, j \in I \,.\!\rightarrow.\, M_i \subseteq M_j \wedge S_i = {}_{M_i}(S_j)_{M_i} \,.\!\vee.\, M_j \subseteq M_i \wedge S_j = {}_{M_j}(S_i)_{M_j})$$

und $A = \bigcup_{i \in I} M_i$, $R = \bigcup_{i \in I} S_i$ *gilt:*

$$\exists!!\, X\, (X \textit{ Relation in } A \wedge \forall i\, (i \in I \rightarrow S_i = {}_{M_i}X_{M_i})),$$

$$R \textit{ reflexive bzw. irreflexive Halbordnung in } A \wedge \forall i\, (i \in I \rightarrow S_i = {}_{M_i}R_{M_i}).$$

Beweis: Unter den Voraussetzungen des Satzes folgt aus Satz 17, § 13 sofort, daß es genau eine Relation X in A gibt mit

$$\forall i\, (i \in I \rightarrow S_i = {}_{M_i}X_{M_i})$$

und daß diese Relation die reflexive bzw. irreflexive Quasiordnung R in A ist. Ohne Schwierigkeiten zeigt man schließlich aus den Voraussetzungen, daß R auch antisymmetrisch bzw. asymmetrisch ist.

4. Satz 9 (Darstellungssatz für Halbordnungen). *Für Klassen A und Relationen R in A mit $\forall x\, (x \in A \rightarrow R\langle\{x\}\rangle \in \boldsymbol{M})$ gilt bei $R^* = R \cup \mathfrak{J}_A$:*

a) *R reflexive Halbordnung in $A \rightarrow |A, R| \backsim |\mathrm{Bs}\, R, \underset{\mathrm{Bs}\, R}{\supseteq}|$.*

b) *R irreflexive Halbordnung in $A \rightarrow |A, R| \backsim |\mathrm{Bs}\, R^*, \underset{\mathrm{Bs}\, R^*}{\supset}|$.*

Beweis. a) Es sei R eine reflexive Halbordnung in A mit $R\langle\{x\}\rangle \in \boldsymbol{M}$ für jedes $x \in A$. Nach Satz 2 ist die Funktion f über A mit für jedes $x \in A$:

$$f(x) = R\langle\{x\}\rangle$$

eine umkehrbar eindeutige Abbildung von A auf $\mathrm{Bs}\, R$. Nach Satz 9, § 13 gilt außerdem für jedes $x, y \in A$:

$$x R y \leftrightarrow R\langle\{y\}\rangle \subseteq R\langle\{x\}\rangle,$$

also

$$x R y \leftrightarrow f(x) \supseteq f(y);$$

f ist damit ein Isomorphismus von $|A, R|$ auf $|\mathrm{Bs}\, R, \underset{\mathrm{Bs}\, R}{\supseteq}|$, also gilt:

$$|A, R| \backsim |\mathrm{Bs}\, R, \underset{\mathrm{Bs}\, R}{\supseteq}|.$$

b) Ist R eine irreflexive Halbordnung in A mit $R\langle\{x\}\rangle \in \boldsymbol{M}$ für jedes $x \in A$ und $R^* = R \cup \mathfrak{J}_A$, so folgt aus a) über Satz 3:

$$|A, R^*| \backsim |\mathrm{Bs}\, R^*, \underset{\mathrm{Bs}\, R^*}{\supseteq}|$$

und daraus weiter über Satz 2:

$$|A, R| \backsim |\mathrm{Bs}\, R^*, \underset{\mathrm{Bs}\, R^*}{\supset}|.$$

Aus Satz 9 folgt speziell für reflexiv bzw. irreflexiv halbgeordnete Mengen $[M, R]$ bei $R^* = R \cup \mathfrak{J}_M$:

$$[M, R] \backsim [\mathrm{Bs}\, R, \underset{\mathrm{Bs}\, R}{\supseteq}] \quad \text{bzw.} \quad [M, R] \backsim [\mathrm{Bs}\, R^*, \underset{\mathrm{Bs}\, R^*}{\supset}].$$

Jede halbgeordnete Menge läßt sich also isomorph darstellen als ein halbgeordnetes Mengensystem, in dem die Halbordnung gerade durch die Teilmengenbeziehung $\supseteq$ bzw. $\supset$ gebildet wird.

Aus Satz 9 folgt für Klassen A und reflexive bzw. irreflexive Halbordnungen R in A mit $\forall x\, (x \in A \rightarrow R\, \langle\{x\}\rangle \in \boldsymbol{M})$ bei $R^* = R \cup \mathfrak{J}_A$:

$$|A, R^{-1}| \backsim |\mathrm{Bs}\, R, \underset{\mathrm{Bs}\, R}{\subseteq}| \quad \text{bzw.} \quad |A, R^{-1}| \backsim |\mathrm{Bs}\, R^*, \underset{\mathrm{Bs}\, R^*}{\subset}|,$$

also speziell für reflexiv bzw. irreflexiv halbgeordnete Mengen $[M, R]$ bei $R^* = R \cup \mathfrak{J}_M$:

$$[M, R^{-1}] \backsim [\mathrm{Bs}\, R, \underset{\mathrm{Bs}\, R}{\subseteq}] \quad \text{bzw.} \quad [M, R^{-1}] \backsim [\mathrm{Bs}\, R^*, \underset{\mathrm{Bs}\, R^*}{\subset}].$$

Es gilt dann auch für Klassen A und reflexive bzw. irreflexive Halbordnungen R in A mit $\forall x (x \in A \rightarrow R^{-1}\, \langle\{x\}\rangle \in \boldsymbol{M})$ bei $R^* = R \cup \mathfrak{J}_A$:

$$|A, R| \backsim |\mathrm{Bs}\, R^{-1}, \underset{\mathrm{Bs}\, R^{-1}}{\subseteq}| \quad \text{bzw.} \quad |A, R| \backsim |\mathrm{Bs}\, R^{*-1}, \underset{\mathrm{Bs}\, R^{*-1}}{\subset}|,$$

also speziell für reflexiv bzw. irreflexiv halbgeordnete Mengen $[M, R]$ bei $R^* = R \cup \mathfrak{J}_M$:

$$[M, R] \backsim [\mathrm{Bs}\, R^{-1}, \underset{\mathrm{Bs}\, R^{-1}}{\subseteq}] \quad \text{bzw.} \quad [M, R] \backsim [\mathrm{Bs}\, R^{*-1}, \underset{\mathrm{Bs}\, R^{*-1}}{\subset}].$$

Jede halbgeordnete Menge läßt sich also auch isomorph darstellen als ein halbgeordnetes Mengensystem, in dem die Halbordnung gerade durch die Teilmengenbeziehung $\subseteq$ bzw. $\subset$ gebildet wird.

5. Wir stellen jetzt weitere wichtige Begriffe für Halbordnungsrelationen zusammen.

Definition 4. Ist R eine Halbordnung in A und $a \in A$, so ist a ein *minimales Element von A bzgl. R* genau dann, wenn $\forall x\, (x \in A \rightarrow x \not< a)$ gilt; a ist ein *maximales Element von A bzgl. R* genau dann, wenn $\forall x\, (x \in A \rightarrow a \not< x)$ gilt; a ist ein *extremales Element von A bzgl. R* genau dann, wenn a minimales oder maximales Element von A bzgl. R ist.

Ist R eine reflexive bzw. irreflexive Halbordnung, in A, so ist $a \in A$ ein minimales (maximales) Element von A bzgl. R genau dann, wenn a ein minimales (maximales) Element von A bzgl. $R \setminus \mathfrak{J}_A$ bzw. $R \cup \mathfrak{J}_A$ ist. Derselbe Sachverhalt besteht — ohne, daß dies jedesmal erwähnt wird — bei allen übrigen Definitionen, in denen die in Definition 2 eingeführte Schreibweise $\underset{R}{\leqq}$ und $\underset{R}{<}$ in bezug auf Halbordnungen R verwendet wird.

Ist R eine Halbordnung in A und $a \in A$, so ist a minimales bzw. maximales Element von A bzgl. R genau dann, wenn

$$\forall x\,(x \in A \wedge x \leqq a \rightarrow x = a) \quad \text{bzw.} \quad \forall x\,(x \in A \wedge a \leqq x \rightarrow a = x)$$

gilt.

Ist M ein Mengensystem und $A \in M$, so ist A ein minimales bzw. maximales Element von M (im Sinne von Definition 5, § 11) genau dann, wenn A ein minimales bzw. maximales Element von M bzgl. $\underset{M}{\subseteq}$ (oder gleichwertig auch: von M bzgl. $\underset{M}{\subset}$) ist.

Ist R eine Halbordnung in A, so ist $a \in A$ ein minimales bzw. maximales Element von A bzgl. R genau dann, wenn a ein maximales bzw. minimales Element von A bzgl. R^{-1} ist.

Ist R eine Halbordnung in A, so gibt es auf Grund der Antisymmetrie von $\underset{R}{\leqq}$ höchstens ein Element $a \in A$ mit $a \leqq x$ für jedes $x \in A$; ebenso gibt es höchstens ein Element $a \in A$ mit $x \leqq a$ für jedes $x \in A$; wir definieren daher:

Definition 5. Ist R eine Halbordnung in A und gibt es ein Element $a \in A$, so daß $a \leqq x$ gilt für jedes $x \in A$, so heißt das dann eindeutig bestimmte Element $a \in A$ mit $a \leqq x$ für jedes $x \in A$ das *kleinste* (*erste*) *Element von A bzgl. R* oder das *Minimum von A bzgl. R*, bezeichnet mit: $\min_R A$ (gelesen: *Minimum A bzgl. R*). Ist R eine Halbordnung in A und gibt es ein Element $a \in A$, so daß $x \leqq a$ gilt für jedes $x \in A$, so heißt das dann eindeutig bestimmte Element $a \in A$ mit $x \leqq a$ für jedes $x \in A$ das *größte* (*letzte*) *Element von A bzgl. R* oder das *Maximum von A bzgl. R*, bezeichnet mit: $\max_R A$ (gelesen: *Maximum A bzgl. R*). Ist R eine Halbordnung in A, so ist ein Element $a \in A$ ein *Randelement von A bzgl. R* genau dann, wenn $a = \min_R A$ oder $a = \max_R A$ ist.

Sind keine Verwechslungen zu befürchten, so läßt man die Indexvariable (im Falle der Definition 5 also R) an den Zeichen „min" und „max" auch weg.

Ist M ein Mengensystem und $A \in M$, so ist $A = \min M$ bzw. $A = \max M$ (im Sinne von Definition 2, § 4) genau dann, wenn $A = \min_{\underset{M}{\subseteq}} M$ bzw. $A = \max_{\underset{M}{\subseteq}} M$ gilt (oder gleichwertig auch: wenn $A = \min_{\underset{M}{\subset}} M$ bzw. $A = \max_{\underset{M}{\subset}} M$ gilt).

Ist R eine Halbordnung in A, so ist $a \in A$ das Minimum bzw. Maximum von A bzgl. R genau dann, wenn a das Maximum bzw. Minimum von A bzgl. R^{-1} ist.

Ist R eine Halbordnung in A und ist $a = \min A$ bzw. $a = \max A$, so ist a das einzige minimale bzw. maximale Element von A bzgl. R. Umgekehrt folgt aus der Existenz minimaler bzw. maximaler Elemente von A bzgl. R nicht allgemein die Existenz von $\min A$ bzw. $\max A$; denn besteht z. B. A aus den drei Elementen a, b, c (also $a \neq b$, $a \neq c$, $b \neq c$) und ist R die aus den Paaren $[b, a]$, $[c, a]$ bestehende Halbordnung in A, so sind b, c zwar minimale Elemente, aber A besitzt kein Minimum; wählt man R^{-1} als zugrunde gelegte Halbordnung in A, so sind b, c maximale Elemente, aber A besitzt kein Maximum.

Definition 6. Ist R eine Halbordnung in A und $B \subseteq A$, so ist A *konfinal* mit B *bzgl.* R, in Zeichen: $A \underset{R}{\text{cf}} B$ (gelesen: A *konfinal* B *bzgl.* R), genau dann, wenn $\forall x \exists y (x \in A \rightarrow y \in B \wedge x \leqq y)$ gilt; A ist *koinitial* mit B *bzgl.* R genau dann, wenn $\forall x \exists y (x \in A \rightarrow x \in B \wedge y \leqq x)$ gilt.

Sind keine Verwechslungen zu befürchten, so läßt man die Indexvariable (im Falle der Definition 6 also R) an dem Zeichen „cf" auch weg.

Ist R eine Halbordnung in A und $B \subseteq A$, so ist A konfinal bzw. koinitial mit B bzgl. R genau dann, wenn A koinitial bzw. konfinal mit B bzgl. R^{-1} ist.

Ist R eine Halbordnung in A und besitzt A das Maximum bzw. Minimum $a \in A$, so ist $A \underset{R}{\text{cf}} \{a\}$ bzw. $A \underset{R^{-1}}{\text{cf}} \{a\}$.

Ist R eine Halbordnung in A, $C \subseteq B \subseteq A$ und ist $S = {}_B R_B$ die durch R in B induzierte Halbordnung, so gilt:

$$A \underset{R}{\text{cf}} A, \quad A \underset{R}{\text{cf}} B \wedge B \underset{S}{\text{cf}} C \rightarrow A \underset{R}{\text{cf}} C, \quad A \underset{R}{\text{cf}} B \wedge B \underset{S}{\text{cf}} A \rightarrow A = B;$$

ist also A eine Menge, so ist die Relation Q in $\boldsymbol{P}A$ mit für jedes $X, Y \subseteq A$:

$$X Q Y \leftrightarrow X \underset{{}_X R_X}{\text{cf}} Y$$

eine reflexive Halbordnung in $\boldsymbol{P}A$.

Anschaulich erwartet man von einer nicht leeren, endlichen, halbgeordneten Menge $[M, R]$, daß sie bzgl. R ein minimales und ein maximales Element besitzt, da es andernfalls zu jedem $x \in M$ ein $x > y \in M$ bzw. ein $x < y \in M$ gäbe und M somit im anschaulichen Sinne unendlich wäre. Dies gilt auch:

Satz 10. *Für endliche Mengen $M \neq \emptyset$ und Halbordnungen R in M gilt:*

$$\exists a \,(a \text{ minimales Element von } M \text{ bzgl. } R),$$

$$\exists a \,(a \text{ maximales Element von } M \text{ bzgl. } R).$$

Beweis. Es sei $M \neq \emptyset$ eine endliche Menge und R eine Halbordnung in M. Nach dem Darstellungssatz für Halbordnungen gibt es ein Mengensystem M^* mit

$$[M, R] \backsim [M^*, \underset{M^*}{\supseteq}] \quad \text{bzw.} \quad [M, R] \backsim [M^*, \underset{M^*}{\supset}],$$

wobei die Elemente von M^* endlich sind. Auf Grund dieser Isomorphiebeziehung genügt es zu zeigen, daß jeweils M^* ein maximales und minimales Element besitzt; dann besitzt M bzgl. R ein minimales und maximales Element. Da aber $M \neq \emptyset$ endlich ist, so ist wegen $M^* \backsim M$ auch $M^* \neq \emptyset$ endlich, also, da die Elemente von M^* endlich sind, auch $A = \bigcup M^*$ endlich, und es gilt $\emptyset \neq M^* \subseteq \boldsymbol{P}A$, womit nach den Definitionen 7 und 6 aus § 11 M^* schließlich ein maximales und ein minimales Element besitzt.

Aus Satz 10 folgt für Klassen A und Halbordnungen R in A, daß jede endliche, nicht leere Teilmenge $M \subseteq A$ *hinsichtlich* R (d. h. genauer: in bezug auf ${}_M R_M$) ein minimales und ein maximales Element besitzt.

Definition 7. Ist R eine Halbordnung in A, $B \subseteq A$ und $a \in A$, so ist a eine *untere Schranke* (oder eine *Minorante*) *von* B *bzgl.* A, R genau dann, wenn $\forall x\,(x \in B \to a \leqq x)$ gilt; a ist eine *obere Schranke* (oder eine *Majorante*) *von* B *bzgl.* A, R genau dann, wenn $\forall x\,(x \in B \to x \leqq a)$ gilt. Ist R eine Halbordnung in A und $B \subseteq A$, so ist B *nach unten beschränkt bzgl.* A, R bzw. *nach oben beschränkt bzgl.* A, R genau dann, wenn es eine untere bzw. obere Schranke von B bzgl. A, R gibt; B ist *beschränkt bzgl.* A, R genau dann, wenn B nach unten und nach oben bzgl. A, R beschränkt ist.

Ist R eine Halbordnung in A und $B \subseteq A$, so ist a eine untere bzw. obere Schranke von B bzgl. A, R genau dann, wenn a eine obere bzw. untere Schranke von B bzgl. A, R^{-1} ist.

Ist R eine Halbordnung in A und $B \subseteq A$, so ist $a \in A$ hinsichtlich R das Minimum bzw. Maximum von B genau dann, wenn a eine untere bzw. obere Schranke von B bzgl. A, R ist mit $a \in B$.

Ist R eine Halbordnung in A und F eine Abbildung mit $\mathrm{Nb}\,F \subseteq A$, so heißt F (*nach unten* bzw. *nach oben*) *beschränkt bzgl.* A, R genau dann, wenn $\mathrm{Nb}\,F$ bzgl. A, R (nach unten bzw. nach oben) beschränkt ist.

Definition 8. Es sei R eine Halbordnung in A, $B \subseteq A$, U die Klasse aller unteren Schranken von B bzgl. A, R und O die Klasse aller oberen Schranken von B bzgl. A, R; existiert dann das Maximum $\underline{G}$ von U bzgl. ${}_U R_U$, so heißt $\underline{G}$ die *untere Grenze von* B *bzgl.* A, R oder das *Infimum von* B *bzgl.* A, R, bezeichnet mit: $\inf\limits_{|A,R|} B$ (gelesen: *Infimum* B *bzgl.* A, R); existiert das Minimum $\overline{G}$ von O bzgl. ${}_O R_O$, so heißt $\overline{G}$ die *obere Grenze von* B *bzgl.* A, R oder das *Supremum von* B *bzgl.* A, R, bezeichnet mit: $\sup\limits_{|A,R|} B$ (gelesen: *Supremum* B *bzgl.* A, R).

Sind keine Verwechslungen zu befürchten, so läßt man die Indexvariablen (im Falle der Definition 8 also $|A, R|$) an den Zeichen „inf" und „sup" auch weg.

Ist R eine Halbordnung in A und $B \subseteq A$, so ist $a \in A$ das Infimum bzw. Supremum von B bzgl. A, R genau dann, wenn a das Supremum bzw. Infimum von B bzgl. A, R^{-1} ist.

Ist R eine Halbordnung in A, $B \subseteq A$ und existiert das Minimum bzw. Maximum a von B hinsichtlich R, so ist a gleichzeitig das Infimum bzw. Supremum von B bzgl. A, R.

Satz 11. *Für Klassen* A, *Halbordnungen* R *in* A *und Teilklassen* $B \subseteq A$, *welche eine untere und eine obere Grenze bzgl.* A, R *besitzen, gilt:*

$$B \neq \emptyset \to \inf B \leqq \sup B,$$

$$B = \emptyset \to \inf B = \max A \wedge \sup B = \min A,$$

$$B = A \to \inf B = \min A \wedge \sup B = \max A.$$

Beweis. Die Behauptungen folgen unmittelbar aus den entsprechenden Definitionen.

Satz 12. *Für Klassen A, Halbordnungen R in A und Teilklassen $B_1, B_2 \subseteq A$, welche beide eine untere bzw. obere Grenze bzgl. A, R besitzen, gilt:*

$$B_1 \subseteq B_2 \rightarrow \inf B_1 \geqq \inf B_2$$

bzw.

$$B_1 \subseteq B_2 \rightarrow \sup B_1 \leqq \sup B_2 .$$

Beweis. Die Behauptungen folgen unmittelbar aus den entsprechenden Definitionen.

Satz 13. *Für Klassen A, Halbordnungen R in A, Teilklassen $C \subseteq B \subseteq A$ und die induzierten Halbordnungen $S = {}_B R_B$ gilt:*

$$\exists x \exists y (x = \inf_{|A,R|} C \wedge y = \inf_{|B,S|} C) \rightarrow \inf_{|A,R|} C \geqq \inf_{|B,S|} C,$$

$$\exists x (x = \inf_{|A,R|} C \wedge x \in B) \rightarrow \inf_{|B,S|} C = \inf_{|A,R|} C,$$

$$\exists x \exists y (x = \sup_{|A,R|} C \wedge y = \sup_{|B,S|} C) \rightarrow \sup_{|A,R|} C \leqq \sup_{|B,S|} C,$$

$$\exists x (x = \sup_{|A,R|} C \wedge x \in B) \rightarrow \sup_{|B,S|} C = \sup_{|A,R|} C.$$

Beweis. Die Behauptungen folgen unmittelbar aus den entsprechenden Definitionen.

Satz 14. *Für Mengensysteme M und Teilklassen $B \subseteq M$ gilt:*

$$\bigcap B \in M \rightarrow \bigcap B = \inf_{|M, \underset{M}{\subseteq}|} B = \inf_{|M, \underset{M}{\subset}|} B,$$

$$\bigcup B \in M \rightarrow \bigcup B = \sup_{|M, \underset{M}{\subseteq}|} B = \sup_{|M, \underset{M}{\subset}|} B.$$

Beweis. Die Behauptungen folgen unmittelbar aus den entsprechenden Definitionen.

Aus Satz 14 und Satz 11 folgt speziell für eine Menge A, daß jede Teilmenge $B \subseteq \boldsymbol{P} A$ bzgl. $\subseteq$ bzw. $\subset$ eine untere und eine obere Grenze besitzt.

Ist R eine Halbordnung in A und F eine Abbildung mit $\mathrm{Nb}\, F \subseteq A$, so versteht man unter der *unteren* bzw. *oberen Grenze von F bzgl. A, R* die untere bzw. obere Grenze von $\mathrm{Nb}\, F$ bzgl. A, R.

Definition 9. Ist R eine Halbordnung in A und $B \subseteq A$, so ist B eine *Kette von A bzgl. R* genau dann, wenn $\forall x \forall y\, (x, y \in B \rightarrow x \leqq y \vee y \leqq x)$ gilt.

Ist R eine Halbordnung in A, so ist B eine Kette von A bzgl. R genau dann, wenn B eine Kette von A bzgl. R^{-1} ist.

Ist M ein Mengensystem, so ist eine Teilklasse $B \subseteq M$ eine *Mengenkette von M* oder kurz eine *Kette von M* genau dann, wenn B eine Kette von M bzgl. $\underset{M}{\subseteq}$ ist (oder gleichwertig auch: von M bzgl. $\underset{M}{\subset}$). Ein Mengensystem M ist eine *Mengenkette* oder kurz eine *Kette* genau dann, wenn M eine Kette von M ist.

Definition 10. Ist R eine Halbordnung in A, so ist A *linksinduktiv bzgl.* R genau dann, wenn für jede Kette K von A bzgl. R die untere Grenze $\inf_{|A,R|} K$ existiert; A ist *rechtsinduktiv bzgl.* R genau dann, wenn für jede Kette K von A bzgl. R die obere Grenze $\sup_{|A,R|} K$ existiert; A ist *vollständig bzgl.* R genau dann, wenn A links- und rechtsinduktiv bzgl. R ist.

Ist R eine Halbordnung in A, so ist A links- bzw. rechtsinduktiv bzgl. R genau dann, wenn A rechts- bzw. linksinduktiv bzgl. R^{-1} ist.

Ist A links- bzw. rechtsinduktiv bzgl. R, so existiert nach Satz 11 $\max A$ bzw. $\min A$, da $\emptyset$ eine Kette von A ist.

Ist M ein Mengensystem mit der Eigenschaft, daß für jede Kette $K \neq \emptyset$ von M der Durchschnitt $\bigcap K$ bzw. die Vereinigung $\bigcup K$ bzw. beides Element von M ist, dann ist M nach den Sätzen 14 und 11 links- bzw. rechtsinduktiv bzw. vollständig bzgl. $\underset{M}{\subseteq}$ (oder gleichwertig auch: bzgl. $\underset{M}{\subset}$), sofern für M zusätzlich $\max M$ bzw. $\min M$ bzw. beides existiert; insbesondere ist M rechtsinduktiv, falls für jede Kette K von M die Vereinigung $\bigcup K$ Element von M ist.

Definition 11. Sind A, B Klassen, R eine Halbordnung in A, S eine Halbordnung in B und F eine Funktion von A in B, so ist F *monoton wachsend* (oder *isoton*) *bzgl.* $|A, R|$, $|B, S|$ genau dann, wenn

$$\forall x \forall y (x, y \in A \wedge x < y \rightarrow F(x) \leqq F(y))$$

gilt; F ist *monoton fallend* (oder *antiton*) *bzgl.* $|A, R|$, $|B, S|$ genau dann, wenn

$$\forall x \forall y (x, y \in A \wedge x < y \rightarrow F(x) \geqq F(y))$$

gilt; F ist *monoton bzgl.* $|A, R|$, $|B, S|$ genau dann, wenn F bzgl. $|A, R|$, $|B, S|$ monoton wachsend oder fallend ist; F ist *echt monoton wachsend* (oder *streng isoton*) *bzgl.* $|A, R|$, $|B, S|$ genau dann, wenn

$$\forall x \forall y (x, y \in A \wedge x < y \rightarrow F(x) < F(y))$$

gilt; F ist *echt monoton fallend* (oder *streng antiton*) *bzgl.* $|A, R|$, $|B, S|$ genau dann, wenn

$$\forall x \forall y (x, y \in A \wedge x < y \rightarrow F(x) > F(y))$$

gilt; F ist *echt monoton bzgl.* $|A, R|$, $|B, S|$ genau dann, wenn F bzgl. $|A, R|$, $|B, S|$ echt monoton wachsend oder fallend ist.

Ist mit den Bezeichnungen von Definition 11 z. B. F eine konstante Funktion, so ist F bzgl. $|A, R|$, $|B, S|$ sowohl monoton wachsend als auch monoton fallend.

Satz 15. *Für Klassen A, B, Halbordnungen R in A, S in B und Funktionen F von A in B gilt:*

$$F \text{ umkehrbar} \wedge F \text{ monoton (wachsend bzw. fallend) bzgl. } |A, R|, |B, S| \\ \rightarrow F \text{ echt monoton (wachsend bzw. fallend) bzgl. } |A, R|, |B, S|.$$

Beweis. Die Behauptungen folgen unmittelbar aus den entsprechenden Definitionen.

Satz 16. *Für Klassen A, B, Halbordnungen R in A, S in B, wobei R und S beide reflexiv oder beide irreflexiv sind, und umkehrbare Funktionen F von A auf B gilt:*

$$F \text{ Isomorphismus von } |A, R| \text{ auf } |B, S|$$
$$\leftrightarrow F \text{ (echt) monoton wachsend bzgl. } |A, R|, |B, S|$$
$$\wedge F^{-1} \text{ (echt) monoton wachsend bzgl. } |B, S|, |A, R|.$$

Beweis. Die Behauptungen folgen unmittelbar aus den entsprechenden Definitionen.

Ist $(A_i)_{i \in I}$ ein Mengenkomplex und R eine Halbordnung im Indexbereich I, so nennt man $(A_i)_{i \in I}$ *monoton wachsend (isoton), monoton fallend (antiton), monoton, echt monoton wachsend (streng isoton), echt monoton fallend (streng antiton), echt monoton bzgl. R* genau dann, wenn diese Eigenschaften für A bzgl. $|I, R|$, $|\boldsymbol{M}, \subseteq_{\boldsymbol{M}}|$ gelten (oder gleichwertig auch: bzgl. $|I, R|$, $|\boldsymbol{M}, \subset_{\boldsymbol{M}}|$).

6. Tiefer liegende Sätze der Ordnungstheorie, die z. B. in der Algebra und Topologie Anwendung finden, sind der BOURBAKIsche Fixpunktsatz (auch: „BOURBAKI-KNESERscher Fixpunktsatz“) und das aus ihm folgende ZORNsche Lemma (auch: KURATOWSKI-ZORNsches Lemma“), denen wir uns in ihrer schwachen Formulierung bereits jetzt, als Abschluß dieses Paragraphen, zuwenden können. Der Beweis zu Satz 17 ist dem zweiten ZERMELOschen Beweis des Wohlordnungssatzes nachgebildet (Satz 1, § 18).

Satz 17 (Schwacher BOURBAKIscher Fixpunktsatz). *Für halbgeordnete Mengen $[A, R]$ und Funktionen F von A in A gilt:*

a) A *linksinduktiv bzgl.* $R \wedge \forall x\, (x \in A \rightarrow x \geqq F(x)) \rightarrow \exists y\, (y \in A \wedge F(y) = y)$.

b) A *rechtsinduktiv bzgl.* $R \wedge \forall x\, (x \in A \rightarrow x \leqq F(x)) \rightarrow \exists y\, (y \in A \wedge F(y) = y)$.

Beweis. Da offenbar unter Verwendung der inversen Relation R^{-1} a) genau dann gilt, wenn b) gilt, genügt es, etwa b) zu beweisen.

Anschaulich liegt dem Beweis von b) folgende Idee zugrunde: Unter den Voraussetzungen von b) sei a_0 das erste Element von A (bzgl. R); dieses a_0 existiert, da $\emptyset$ eine Kette von A ist, welche also nach der Rechtsinduktivität von A ein Supremum besitzt, das wiederum gleich dem Minimum von A ist. Ist $a_0 < F(a_0)$ (es ist ja $a_0 \leqq F(a_0)$, und im Falle $a_0 = F(a_0)$ wäre bereits a_0 ein Fixpunkt von F), so wähle man aus A als zweites Element $a_1 = F(a_0)$ aus; ist $a_1 < F(a_1)$, so wähle man aus A als drittes Element $a_2 = F(a_1)$ aus usw. Ist A_0 die Menge der unendlich vielen bisher aus A ausgewählten Elemente $a_0, a_1, a_2, \ldots$, so ist A_0 eine Kette, besitzt also ein Supremum a_ω. Ist $a_\omega < F(a_\omega)$, so wähle man als das auf alle Elemente von A_0 folgende Element von A das Element $a_{\omega,1} = F(a_\omega)$ aus usw. Nach diesem Bildungsprinzip fahre man so lange fort, wie es möglich ist; G^* sei die Menge aller Elemente von A, welche auf diese Weise der Reihe nach, von a_0 ausgehend, aus A ausgewählt werden. Da G^* anschaulich eine Kette ist, so besitzt G^* ein Supremum y, für welches aber $y = F(y)$ sein muß, da im Falle $y < F(y)$ unser Bildungsprinzips über G^* hinaus fortgesetzt werden könnte im Widerspruch dazu, daß G^* schon alle auf Grund unseres Bildungsprinzips aus A ausgewählten Elemente enthält. Damit beenden wir die einleitenden Betrachtungen und wenden uns nun dem Beweis von b) selbst zu.

Es sei A eine Menge, R eine Halbordnung in A und F eine Funktion von A in A; außerdem sei A rechtsinduktiv bzgl. R und es gelte $x \leqq F(x)$ für jedes $x \in A$; dann wird behauptet die Existenz eines Fixelementes $y \in A$ mit $F(y) = y$. Wir nennen eine Teilmenge $G \subseteq A$ *gesättigt* genau dann, wenn gilt:

$$(1)\ \forall x\,(x \in G \rightarrow F(x) \in G),$$

$$(2)\ \forall X\,(X \subseteq G \wedge \sup_{|A,R|} X \in A \rightarrow \sup_{|A,R|} X \in G).$$

Speziell ist A selbst gesättigt. In jeder gesättigten Menge G ist wegen $\emptyset \subseteq G$, $\sup \emptyset = \min A \in A$ und (2) sofort das Minimum von A als Element gelegen. G^* sei der Durchschnitt aller gesättigten Teilmengen von A, also die Menge

$$G^* = \underset{x}{M}\ \forall G\,(G \subseteq A \wedge G \textit{ gesättigt} \rightarrow x \in G).$$

Hilfssatz 1. G^* ist gesättigt.

Beweis. Da A gesättigt ist, ist $G^* \subseteq A$. Weiterhin trivial erfüllt sind die obigen Bedingungen (1) und (2) für G^*. Damit ist G^* gesättigt.

Wenn wir zeigen können, daß G^* eine Kette von A bzgl. R ist, so sind wir fertig. Denn wegen der Rechtsinduktivität von A bzgl. R existiert dann $\sup G^*$, wofür außerdem nach Voraussetzung gilt: $\sup G^* \leqq F(\sup G^*)$. Da G^* nach Hilfssatz 1 gesättigt ist, gilt nach (2) $\sup G^* \in G$ und damit nach (1) $F(\sup G^*) \in G^*$; also ist auch $F(\sup G^*) \leqq \sup G^*$. Damit folgt insgesamt $F(\sup G^*) = \sup G^*$ aus $\sup G^* \leqq F(\sup G^*)$ und $F(\sup G^*) \leqq \sup G^*$; $y = \sup G^*$ ist dann ein gesuchter Fixpunkt. Es genügt also, die Ketteneigenschaft von G^* nachzuweisen; d. h.

$$\forall x\,\forall y\,(x, y \in G^* \rightarrow x \leqq y \vee y \leqq x).$$

Dazu bilden wir die Menge

$$Y = \underset{y}{M}\,(y \in G^* \wedge \forall x\,(x \in G^* \wedge x < y \rightarrow F(x) \leqq y))$$

und außerdem für jedes $y \in Y$ die Menge

$$\langle y \rangle = \underset{x}{M}\,(x \in G^* \cdot\!\wedge\!\cdot\ x \leqq y \vee F(y) \leqq x).$$

Wenn wir zeigen können, daß Y gesättigt ist und für jedes $y \in Y$ auch $\langle y \rangle$ gesättigt ist, so ist G^* eine Kette von A bzgl. R. Denn sind $x, y \in G^*$, so gilt wegen $G^* = Y = \langle y \rangle$ sofort $x \leqq y \vee F(y) \leqq x$; wegen $y \leqq F(y)$ gilt also insgesamt $x \leqq y \vee y \leqq x$, womit G^* eine Kette ist. Wir brauchen somit nur noch die beiden folgenden Hilfssätze 2 und 3 zu beweisen.

Hilfssatz 2. Für jedes $y \in Y$ ist $\langle y \rangle$ gesättigt.

Beweis. Für jedes $y \in Y$ ist wegen $\langle y \rangle \subseteq G^*$ trivial $\langle y \rangle \subseteq A$. Es ist noch zu zeigen:

$$(1') \ \forall x \, (x \in \langle y \rangle \to F(x) \in \langle y \rangle),$$

$$(2') \ \forall X \, (X \subseteq \langle y \rangle \wedge \sup X \in A \to \sup X \in \langle y \rangle).$$

(1'): Aus $x \in \langle y \rangle$ folgt $x \in G^*$ und damit nach Hilfssatz 1 $F(x) \in G^*$; für $F(x) \in \langle y \rangle$ ist dann noch zu zeigen:

$$F(x) \leqq y \vee F(y) \leqq F(x).$$

Wegen $x \in \langle y \rangle$ ist aber $x \leqq y \vee F(y) \leqq x$. Gilt im Falle $x \leqq y$ die Identität $x = y$, so ist $F(y) = F(x)$, also $F(y) \leqq F(x)$; gilt $x < y$, so folgt $F(x) \leqq y$ aus $y \in Y$ und $x \in G^*$. Im Fall $F(y) \leqq x$ ist wegen $x \leqq F(x)$ sofort $F(y) \leqq F(x)$.
(2'): Es sei $X \subseteq \langle y \rangle$ und $\sup X \in A$; behauptet wird $\sup X \in \langle y \rangle$; d. h.

$$\sup X \in G^* \cdot\wedge\cdot \sup X \leqq y \vee F(y) \leqq \sup X.$$

Wegen $\langle y \rangle \subseteq G^*$ ist $X \subseteq G^*$, also $\sup X \in G^*$ nach Hilfssatz 1. Es ist weiterhin $x \in \langle y \rangle$ für jedes $x \in X$; d. h.

$$x \in G^* \cdot\wedge\cdot x \leqq y \vee F(y) \leqq x.$$

Gilt $x \leqq y$ für jedes $x \in X$, so ist $\sup X \leqq y$. Gibt es andererseits ein $x \in X$ mit $x \nleqq y$, so ist $F(y) \leqq x$, also wegen $x \leqq \sup X$ auch $F(y) \leqq \sup X$.

Hilfssatz 3. Y ist gesättigt.

Beweis. Wegen $Y \subseteq G^*$ ist sofort $Y \subseteq A$. Es ist noch zu zeigen:

$$(1'') \ \forall y \, (y \in Y \to F(y) \in Y),$$

$$(2'') \ \forall X \, (X \subseteq Y \wedge \sup X \in A \to \sup X \in Y).$$

(1''): Aus $y \in Y$ folgt $y \in G^*$ und damit nach Hilfssatz 1 $F(y) \in G^*$; für $F(y) \in Y$ ist dann noch zu zeigen:

$$\forall x \, (x \in G^* \wedge x < F(y) \to F(x) \leqq F(y)).$$

Es sei also $x \in G^*$ und $x < F(y)$; nach Hilfssatz 2 ist $\langle y \rangle$ gesättigt, also gilt $G^* \subseteq \langle y \rangle$; damit ist $x \in \langle y \rangle$, also $x \leqq y \vee F(y) \leqq x$. Wegen $x < F(y)$ kann der Fall $F(y) \leqq x$ nicht eintreten. Es ist demnach noch für die beiden Fälle $x < y$ und $x = y$ nachzuweisen, daß $F(x) \leqq F(y)$ gilt. Für $x = y$ ist dies trivial. Im Falle $x < y$ gilt $F(x) \leqq y$ wegen $x \in G^*$ und $y \in Y$; mit $y \leqq F(y)$ ergibt sich daher insgesamt $F(x) \leqq F(y)$.

(2''): Es sei $X \subseteq Y$ und $\sup X \in A$; behauptet wird $\sup X \in Y$. Wegen $Y \subseteq G^*$ ist $X \subseteq G^*$, also $\sup X \in G^*$ nach Hilfssatz 1. Für $\sup X \in Y$ ist dann noch zu zeigen:

$$\forall x \, (x \in G^* \wedge x < \sup X \to F(x) \leqq \sup X).$$

Für jedes $y \in X$ ist wegen $X \subseteq Y$ nach Hilfssatz 2 $\langle y \rangle$ gesättigt, also $G^* \subseteq \langle y \rangle$; damit gilt für jedes $x \in G^*$ und jedes $y \in X$: $x \leqq y \vee F(y) \leqq x$. Gibt es für festes $x \in G^*$ ein $y \in X$ mit $x < y$, so gilt $F(x) \leqq y$ wegen $y \in Y$; wegen $y \in X$ ist aber $y \leqq \sup X$ und damit $F(x) \leqq \sup X$. Gibt es kein $y \in X$ mit $x < y$, so gilt $x = y \vee F(y) \leqq x$ für jedes $y \in X$; mit $y \leqq F(y)$ zusammen folgt also $y \leqq x$ für jedes $y \in Y$; dann ist auch $\sup X \leqq x$ im Widerspruch zu $x < \sup X$.

Satz 18 (Schwaches ZORNsches Lemma). *Für halbgeordnete Mengen* $[A, R]$ *gilt:*

a) *A linksinduktiv bzgl.* $R \rightarrow \exists x$ (*x minimales Element von A bzgl. R*).

b) *A rechtsinduktiv bzgl.* $R \rightarrow \exists x$ (*x maximales Element von A bzgl. R*).

Beweis. Da offenbar unter Verwendung der inversen Relation R^{-1} a) genau dann gilt, wenn b) gilt, genügt es, etwa b) zu beweisen. Es sei also A eine Menge und R eine Halbordnung in A; außerdem sei A rechtsinduktiv bzgl. R; dann wird behauptet die Existenz eines maximalen Elementes von A bzgl. R. Wir nehmen an, die Behauptung sei falsch, es gelte also unter den aufgeführten Voraussetzungen

$$\forall x \exists y \, (x \in A \rightarrow y \in A \wedge x < y).$$

Man betrachte dann die Abbildung

$$G = \underset{z}{\mathbf{M}} \exists x \exists y \, (x, y \in A \wedge x < y \wedge z = [x, y]);$$

es ist $G \subseteq A \times A$ und $\mathrm{Vb}\, G = A$. Nach Satz 4, § 8 gibt es über das Auswahlaxiom eine Auswahlfunktion* F von G mit $F \subseteq G$ und $\mathrm{Vb}\, F = \mathrm{Vb}\, G = A$. Nach Konstruktion von G gilt außerdem $\forall x \, (x \in A \rightarrow x < F(x))$. A, R, F erfüllen dann die Voraussetzungen von Satz 17b); also gibt es einen Fixpunkt $y \in A$ mit $F(y) = y$ im Widerspruch zu $x < F(x)$ für jedes $x \in A$.

Während für den Beweis von Satz 17 das Auswahlaxiom nicht verwendet wurde, wird zum Beweis von Satz 18 das Auswahlaxiom für Mengensysteme $M \in \mathbf{M}$ gebraucht.

Als Spezialfall (Spezielles schwaches ZORNsches Lemma) folgt aus Satz 18 für Mengensysteme $M \in \mathbf{M}$ unter der Voraussetzung der Links- bzw. Rechtsinduktivität von M bzgl. $\underset{M}{\subseteq}$ $\left(\text{oder gleichwertig auch: bzgl } \underset{M}{\subset}\right)$, daß es dann in M ein minimales bzw. maximales Element gibt; insbesondere besitzt jedes Mengensystem $M \in \mathbf{M}$ ein maximales Element, falls die Vereinigung $\bigcup K$ jeder Kette K von M Element von M ist.

Aus dem Spezialfall von Satz 18 für Mengensysteme $M \in \mathbf{M}$ und die Teilmengenbeziehung $\underset{M}{\subseteq}$ folgt umgekehrt über den Darstellungssatz für Halbordnungen unmittelbar der Satz 18 selbst.

Als Folgerung von Satz 18 erhält man den

Satz 19. *Für halbgeordnete Mengen $[A, R]$ und Elemente $a \in A$ gilt:*

a) *A linksinduktiv bzgl.* $R \rightarrow \exists x$ (*x minimales Element von A bzgl.* $R \wedge x \leqq a$).

b) *A rechtsinduktiv bzgl.* $R \rightarrow \exists x$ (*x maximales Element von A bzgl.* $R \wedge a \leqq x$).

Beweis. Es sei R eine Halbordnung in der Menge A und $a \in A$. Ist dann A links- bzw. rechtsinduktiv bzgl. R, so ist auch die Menge B aller $x \in A$ mit $x \leqq a$ bzw. $a \leqq x$ links- bzw. rechtsinduktiv bzgl. ${}_BR_B$, besitzt also nach Satz 18 ein minimales bzw. maximales Element x_0 bzgl. ${}_BR_B$; x_0 ist gleichzeitig minimales bzw. maximales Element von A bzgl. R, und nach Konstruktion gilt $x_0 \leqq a$ bzw. $a \leqq x_0$.

Umgekehrt folgt trivial Satz 18 aus Satz 19, so daß also diese beiden Sätze gleichwertig sind.

Die Sätze 17, 18 und 19 sind jeweils gleichwertig mit den folgenden Sätzen 20, 21 und 22. Aus Satz 17 folgt der

Satz 20. *Für halbgeordnete Mengen* $[A, R]$ *mit* $A \neq \emptyset$ *und Funktionen* F *von* A *in* A *gilt:*

a) $\forall K$ (K *Kette von* A *bzgl.* $R \wedge K \neq \emptyset \to \inf K \in A$)

$$\wedge \forall x \; (x \in A \to x \geqq F(x)) \to \exists\, y\, (y \in A \wedge F(y) = y).$$

b) $\forall K$ (K *Kette von* A *bzgl.* $R \wedge K \neq \emptyset \to \sup K \in A$)

$$\wedge \forall x \; (x \in A \to x \leqq F(x)) \to \exists\, y\, (y \in A \wedge F(y) = y).$$

Beweis. Unter Verwendung der inversen Relation R^{-1} gilt a) genau dann, wenn b) gilt; es genügt also, etwa b) zu beweisen. Es sei A eine nicht leere Menge, R eine Halbordnung in A und F eine Funktion von A in A; außerdem existiere für jede nicht leere Kette K von A bzgl. R das Supremum $\sup K$ und es gelte $x \leqq F(x)$ für jedes $x \in A$; dann wird behauptet die Existenz eines Fixelementes $y \in A$ mit $F(y) = y$. Wir nehmen zur Menge A noch irgendein nicht in A enthaltenes Element hinzu, etwa A selbst, und bilden somit die Menge

$$A^* = A \cup \{A\}.$$

Ist R reflexiv, so sei

$$R^* = R \cup \underset{X}{\mathbf{M}} \exists\, x\, (x \in A^* \wedge X = [A, x]),$$

ist R irreflexiv, so sei

$$R^* = R \cup \underset{X}{\mathbf{M}} \exists\, x\, (x \in A \wedge X = [A, x]).$$

Dann ist R^* eine Halbordnung in A^* mit $R = {}_AR^*_A$, und A^* ist rechtsinduktiv bzgl. R^*. Es sei schließlich a irgendein Element von A und F^* die Funktion von A^* in A^* mit für jedes $x \in A^*$:

$$F^*(x) = \begin{cases} a, \text{ falls } x = A \\ F(x), \text{ falls } x \in A. \end{cases}$$

Für F^* gilt sofort $x \leqq F^*(x)$ für jedes $x \in A^*$. Damit erfüllen A^*, R^*, F^* die Voraussetzungen des Satzes 17b); also gibt es einen Fixpunkt $y \in A^*$ mit $F^*(y) = y$; wegen $A \neq F^*(A)$ muß $y \neq A$ sein, also ist y ein Fixpunkt $y \in A$ mit $F(y) = y$.

Umgekehrt folgt trivial Satz 17 aus Satz 20, so daß also diese beiden Sätze gleichwertig sind.

Aus Satz 18 folgt der

Satz 21. *Für halbgeordnete Mengen* $[A, R]$ *mit* $A \neq \emptyset$ *gilt:*

a) $\forall K$ (*K Kette von A bzgl.* $R \wedge K \neq \emptyset \rightarrow \inf K \in A$)
$\rightarrow \exists x$ (*x minimales Element von A bzgl. R*).

b) $\forall K$ (*K Kette von A bzgl.* $R \wedge K \neq \emptyset \rightarrow \sup K \in A$)
$\rightarrow \exists x$ (*x maximales Element von A bzgl. R*).

Beweis. Es genügt, b) zu beweisen. Man konstruiere wie im Beweise zu Satz 20 die Menge $A^* = A \cup \{A\}$ und die Halbordnung R^* in A^*. Es ist A^* rechtsinduktiv bzgl. R^*. Also gibt es nach Satz 18b) ein maximales Element x_0 von A^* bzgl. R^*. Da $A \neq \emptyset$ ist, gibt es ein $a \in A$, wofür dann $A < a$ gilt; also ist $x_0 \neq A$, und x_0 ist damit maximales Element von A bzgl. R.

Umgekehrt folgt trivial Satz 18 aus Satz 21, so daß also diese beiden Sätze gleichwertig sind.

Als Spezialfall ergibt Satz 21, daß jedes nicht leere Mengensystem $\emptyset \neq M \in M$ ein minimales bzw. maximales Element besitzt, falls der Durchschnitt $\bigcap K$ bzw. die Vereinigung $\bigcup K$ jeder nicht leeren Kette K von M Element von M ist. Aus diesem Spezialfall von Satz 21 folgt umgekehrt über den Darstellungssatz für Halbordnungen unmittelbar der Satz 21 selbst.

Aus Satz 19 folgt der

Satz 22. *Für halbgeordnete Mengen* $[A, R]$ *mit* $A \neq \emptyset$ *und Elemente* $a \in A$ gilt:

a) $\forall K$ (*K Kette von A bzgl.* $R \wedge K \neq \emptyset \rightarrow \inf K \in A$)
$\rightarrow \exists x$ (*x minimales Element von A bzgl.* $R \wedge x \leqq a$).

b) $\forall K$ (*K Kette von A bzgl.* $R \wedge K \neq \emptyset \rightarrow \sup K \in A$)
$\rightarrow \exists x$ (*x maximales Element von A bzgl.* $R \wedge a \leqq x$).

Beweis. Es genügt, b) zu beweisen. Man konstruiere wie im Beweise zu Satz 20 die Menge $A^* = A \cup \{A\}$ und die Halbordnung R^* in A^*. Es ist A^* rechtsinduktiv bzgl. R^*. Also gibt es nach Satz 19 b) ein maximales Element x_0 von A^* bzgl. R^* mit $a \leqq x_0$. Da $A < a$ gilt, ist $x_0 \neq A$, und x_0 ist damit maximales Element von A bzgl. R.

Umgekehrt folgt trivial Satz 19 aus Satz 22, so daß also diese beiden Sätze gleichwertig sind. Aus der Gleichwertigkeit der Sätze 18 und 19 folgt die Gleichwertigkeit der Sätze 21 und 22.

Wir werden später (§ 18) mit dem Wohlordnungsbegriff in den Sätzen 17 und 18 die Voraussetzung der Induktivität durch eine weit schwächere Bedingung ersetzen können und gelangen damit zum Bourbakischen Fixpunktsatz und Zornschen Lemma (in der starken Form), woraus dann die Sätze 17 und 18 als Spezialfälle unmittelbar folgen und dadurch mittels einer anderen Beweismethode ein zweites Mal bewiesen sind. Dasselbe gilt für Satz 19.

§ 15. Grundbegriffe der Verbandstheorie

1. Die Verbandstheorie, deren erste Anfänge schon von DEDEKIND entwickelt wurden, ist einer der jüngsten Zweige der Algebra und steht in einem besonders engen Zusammenhang zur Allgemeinen Mengenlehre; d. h. genauer zu den Operationen der Durchschnitts- und Vereinigungsbildung von Mengen und zu den halbgeordneten Mengen. Wir wollen in diesem Paragraphen deshalb die für diesen Zusammenhang grundlegenden Begriffsbildungen der Verbandstheorie studieren.

Zunächst treffen wir für zweistellige Operationen ähnliche Verabredungen wie für binäre Relationen.

Definition 1. Eine Funktion O ist eine *Operation* (oder eine *Verknüpfung*) *in* der Klasse A genau dann, wenn O eine zweistellige Operation in A ist; O ist eine *Operation* genau dann, wenn es eine Klasse A gibt, so daß O eine Operation in A ist.

Man verabredet zur Vereinfachung der Schreibewise für eine Operation O statt $O(a, b)$ auch kurz aOb zu schreiben. Sind O_1, O_2 Operationen in A, so sagt man auch, *O_1 und O_2 regeln A.*

Ähnlich wie in § 10 bei durch eine Relation geregelten Mengen ist der Inbegriff einer Menge M und etwa der Operationen O_1, O_2 in M weiter nichts als das Tripel $[M, O_1, O_2]$; denn man will doch den Inbegriff etwa von M_1 und O_{11}, O_{12} genau dann als gleich ansehen mit dem Inbegriff etwa von M_2 und O_{21}, O_{22}, wenn $M_1 = M_2$ und $O_{11} = O_{21}$, $O_{12} = O_{22}$ gilt.

Definition 2. Ist M eine Menge und sind O_1, O_2 Operationen in M, so heißt das Tripel $[M, O_1, O_2]$ die *durch die Operationen O_1, O_2 geregelte Menge M*. Eine Menge M^* ist eine *durch zwei Operationen geregelte Menge* oder ist *durch zwei Operationen geregelt* genau dann, wenn es eine Menge M und Operationen O_1, O_2 in M gibt mit $M^* = [M, O_1, O_2]$.

Zu jeder im Sinne von Definition 2 geregelten Menge M^* gibt es genau ein Tripel $[M, O_1, O_2]$ mit $M^* = [M, O_1, O_2]$; ein Tripel $[M, O_1, O_2]$ von Elementen $M, O_1, O_2 \in \boldsymbol{E}$ ist also genau dann eine geregelte Menge, wenn M eine Menge ist und O_1, O_2 Operationen in M sind.

Definition 3. Sind A, B Klassen, O_1, O_2 Operationen in A und P_1, P_2 Operationen in B, so ist eine Abbildung f eine *isomorphe* (oder *ähnliche*) *Abbildung* (oder ein *Isomorphismus*, eine *Ähnlichkeitsabbildung*) *von* $|A, O_1, O_2|$ *auf* $|B, P_1, P_2|$ oder auch ... *von A auf B bzgl. O_1, O_2, P_1, P_2* genau dann, wenn f eine umkehrbar eindeutige Abbildung von A auf B ist mit

$$\forall x \forall y (x, y \in A \rightarrow f(x O_1 y) = f(x) P_1 f(y) \wedge f(x O_2 y) = f(x) P_2 f(y));$$

$|A, O_1, O_2|$ und $|B, P_1, P_2|$ sind *isomorph* (oder *ähnlich*) oder A und B sind *isomorph* (oder *ähnlich*) *bzgl.* O_1, O_2, P_1, P_2, in Zeichen: $|A, O_1, O_2| \backsimeq |B, P_1, P_2|$ (gelesen: A, O_1, O_2 *isomorph* B, P_1, P_2), genau dann, wenn es eine isomorphe Abbildung von $|A, O_1, O_2|$ auf $|B, P_1, P_2|$ gibt. Sind M^*, N^* durch zwei Operationen geregelte Mengen mit $M^* = [M, O_1, O_2]$ und $N^* = [N, P_1, P_2]$, so ist eine Abbildung f eine *isomorphe* (oder *ähnliche*) *Abbildung* (oder ein *Isomorphismus*, eine *Ähnlichkeitsabbildung*) *von* M^* *auf* N^* genau dann, wenn f ein Isomorphismus von $|M, O_1, O_2|$ auf $|N, P_1, P_2|$ ist, und M^* und N^* sind *isomorph* (oder *ähnlich*), in Zeichen: $M^* \backsimeq N^*$ (gelesen: M^* *isomorph* N^*), genau dann, wenn $|M, O_1, O_2| \backsimeq |N, P_1, P_2|$ gilt.

Man achte auf den unterschiedlichen Gebrauch des Isomorphiezeichens $\backsimeq$, z. B. einmal bei durch eine Relation geregelten Mengen M^*, N^* und einmal bei durch zwei Operationen geregelten Mengen M^*, N^*; aus dem Zusammenhang der jeweiligen Betrachtungen wird jedoch stets hervorgehoben, welche Bedeutung dem Zeichen $\backsimeq$ beizumessen ist.

Sind O_1, O_2 Operationen in A, P_1, P_2 in B und ist f eine umkehrbar eindeutige Abbildung von A auf B, so heißt die Forderung

$$\forall x \forall y\, (x, y \in A \rightarrow f(xO_1y) = f(x)\, P_1 f(y) \wedge f(xO_2y) = f(x)\, P_2 f(y))$$

auch die *Operationstreue* von f bzgl. O_1, O_2, P_1, P_2

Ist $|A, O_1, O_2| \backsimeq |B, P_1, P_2|$, so ist nach Definition 3 u. a. $A \backsim B$. Sind O_1, O_2 Operationen in A und ist $A \backsim B$, so erhält man, falls f eine umkehrbar eindeutige Abbildung von A auf B ist, Operationen P_1, P_2 in B mit $|A, O_1, O_2| \backsimeq |B, P_1, P_2|$ durch die Festsetzung: P_1, P_2 sind diejenigen Operationen in B mit

$$\forall x \forall y\, (x, y \in B \rightarrow xP_1y = f(f^{-1}(x)\, O_1\, f^{-1}(y)))$$

und

$$\forall x \forall y\, (x, y \in B \rightarrow xP_2y = f(f^{-1}(x)\, O_2\, f^{-1}(y)))\,.$$

Ist $|A, O_1, O_2| \backsimeq |B, P_1, P_2|$, f eine isomorphe Abbildung von $|A, O_1, O_2|$ auf $|B, P_1, P_2|$ und $X \subseteq A$, so ist auch

$$|X, O_{1X\times X}, O_{2X\times X}| \backsimeq |f\langle X\rangle, P_{1f\langle X\rangle\times f\langle X\rangle}, P_{2f\langle X\rangle\times f\langle X\rangle}|\,.$$

Die Isomorphie etwa der geregelten Mengen $M^* = [M, O_1, O_2]$ und $N^* = [N, P_1, P_2]$ besagt anschaulich, daß M und N in bezug auf O_1, O_2 und P_1, P_2 dieselben strukturellen Eigenschaften besitzen, oder anders ausgedrückt, daß M^* und N^* von gleichem Strukturtyp sind. Diese anschauliche Strukturgleichheit kommt dann in Sätzen wie etwa Satz 2 (s. u.) zum Ausdruck.

Satz 1. *Für Klassen* A, B, C *und Operationen* O_1, O_2 *in* A, P_1, P_2 *in* B, Q_1, Q_2 *in* C *gilt:*

$$|A, O_1, O_2| \backsimeq |A, O_1, O_2| \qquad (\textit{Reflexivität}),$$

$$|A, O_1, O_2| \backsimeq |B, P_1, P_2| \wedge |B, P_1, P_2| \backsimeq |C, Q_1, Q_2| \rightarrow |A, O_1, O_2| \backsimeq |C, Q_1, Q_2| \qquad (\textit{Transitivität}),$$

$$|A, O_1, O_2| \backsimeq |B, P_1, P_2| \rightarrow |B, P_1 P_2| \backsimeq |A, O_1, O_2| \qquad (\textit{Symmetrie}).$$

Beweis. Für jede Klasse A und Operationen O_1, O_2 in A ist die Identität $\mathfrak{I}_A$ ein Isomorphismus von $|A, O_1, O_2|$ auf $|A, O_1, O_2|$. Ist $|A, O_1, O_2| \backsimeq |B, P_1, P_2|$, $|B, P_1, P_2| \backsimeq |C, Q_1, Q_2|$, f ein Isomorphismus von $|A, O_1, O_2|$ auf $|B, P_1, P_2|$

und g ein Isomorphismus von $|B, P_1, P_2|$ auf $|C, Q_1, Q_2|$, so ist die Abbildung $h = g \bigcirc f$ ein Isomorphismus von $|A, O_1, O_2|$ auf $|C, Q_1, Q_2|$. Ist $|A, O_1, O_2| \backsim |B, P_1, P_2|$ und f ein Isomorphismus von $|A, O_1, O_2|$ auf $|B, P_1, P_2|$, so ist die Abbildung f^{-1} ein Isomorphismus von $|B, P_1, P_2|$ auf $|A, O_1, O_2|$.

Aus Satz 1 folgt für durch zwei Operationen geregelte Mengen M^*, M_1^*, M_2^*, M_3^* sofort:

$$M^* \backsim M^* \qquad (\textit{Reflexivität}),$$

$$M_1^* \backsim M_2^* \wedge M_2^* \backsim M_3^* \rightarrow M_1^* \backsim M_3^* \qquad (\textit{Transitivität}),$$

$$M_1^* \backsim M_2^* \rightarrow M_2^* \backsim M_1^* \qquad (\textit{Symmetrie}).$$

Die Beziehung $\backsim$ erzeugt also in der Klasse aller durch zwei Operationen geregelten Mengen eine Äquivalenzrelation.

2. Da die Verbände Tripel $[M, O_1, O_2]$ sein werden, wo O_1, O_2 Operationen in M sind mit Eigenschaften, die den Gesetzen der Durchschnitts- und Vereinigungsbildung entnommen sind, verwenden wir in diesem Paragraphen zusätzlich die (evtl. noch mit Indizes versehenen) Zeichen

$$\cap \quad , \quad \cup$$
(gelesen: *geschnitten*, *vereinigt*)

als Dingvariable und benutzen sie vorwiegend für Verbandsoperationen. Wegen des Zusammenhanges der Verbände (speziell der Booleschen Verbände, s. u.) mit der Logik bevorzugt man in der Verbandstheorie die Durchschnittsbildung $\cap$ vor der mengentheoretisch einfacheren Vereinigungsbildung $\cup$. Außerdem verwenden wir in diesem Paragraphen zusätzlich die (evtl. noch mit Indizes versehene) Dingvariable

$$\leqq$$
(gelesen: *kleinergleich*)

und benutzen sie vorwiegend für reflexive Halbordnungen.

Definition 4. Eine Menge V ist ein *Verband* genau dann, wenn es eine Menge M und Operationen $\cap$, $\cup$ in M gibt, so daß $V = [M, \cap, \cup]$ ist und für beliebige $a, b, c \in M$ gilt:

(K) $a \cap b = b \cap a, \qquad a \cup b = b \cup a$
(*Kommutative Gesetze*),

(A) $(a \cap b) \cap c = a \cap (b \cap c), \qquad (a \cup b) \cup c = a \cup (b \cup c)$
(*Assoziative Gesetze*),

(V) $a \cap (a \cup b) = a, \qquad a \cup (a \cap b) = a$
(*Verschmelzungsgesetze*).

Die Forderungen (K), (A), (V) heißen auch die *Verbandsaxiome*.

Ein Verband V ist also anschaulich der Inbegriff einer Menge M und sie regelnder Operationen $\cap$, $\cup$, für welche die Verbandsaxiome gelten.

Zu jedem Verband V gibt es genau ein Tripel $[M, \cap, \cup]$ mit $V = [M, \cap, \cup]$; ein Tripel $[M, \cap, \cup]$ von Elementen $M, \cap, \cup \in \boldsymbol{E}$ ist also genau dann ein Verband, wenn M eine Menge ist und $\cap$, $\cup$ Operationen in M sind mit den oben aufgeführten Verbandsaxiomen.

Beispiele für Verbände:

Ist $\boldsymbol{M}$ ein Mengensystem mit

$$\forall X \forall Y (X, Y \in \boldsymbol{M} \rightarrow X \cap Y, X \cup Y \in \boldsymbol{M})$$

($\boldsymbol{M}$ ist *gegenüber Durchschnitts- und Vereinigungsbildung abgeschlossen*),

so bezeichne man mit $\underset{\boldsymbol{M}}{\cap}$ bzw. $\underset{\boldsymbol{M}}{\cup}$ diejenige Operation O_1 bzw. O_2 in $\boldsymbol{M}$, welche jeweils Elementen $X, Y \in \boldsymbol{M}$ deren Durchschnitt $X \cap Y$ bzw. deren Vereinigung $X \cup Y$ zugeordnet. Dann ist für jedes solche Mengensystem $\boldsymbol{M} \in \boldsymbol{M}$ $[\boldsymbol{M}, \underset{\boldsymbol{M}}{\cap}, \underset{\boldsymbol{M}}{\cup}]$ ein Verband. Ist also A eine Menge, so ist speziell $[\boldsymbol{P}A, \underset{\boldsymbol{P}A}{\cap}, \underset{\boldsymbol{P}A}{\cup}]$ ein Verband.

Satz 2. *Für Mengen M, N und Operationen $\underset{1}{\cap}, \underset{1}{\cup}$ in M, $\underset{2}{\cap}, \underset{2}{\cup}$ in N gilt:*

$$[M, \underset{1}{\cap}, \underset{1}{\cup}] \backsim [N, \underset{2}{\cap}, \underset{2}{\cup}] .\rightarrow. [M, \underset{1}{\cap}, \underset{1}{\cup}] \textit{ Verband} \leftrightarrow [N, \underset{2}{\cap}, \underset{2}{\cup}] \textit{ Verband}.$$

Beweis. Es seien $[M, \underset{1}{\cap}, \underset{1}{\cup}]$, $[N, \underset{2}{\cap}, \underset{2}{\cup}]$ durch zwei Operationen geregelte Mengen und f eine isomorphe Abbildung von $[M, \underset{1}{\cap}, \underset{1}{\cup}]$ auf $[N, \underset{2}{\cap}, \underset{2}{\cup}]$. Dann ist f eine umkehrbar eindeutige Abbildung von M auf N mit

$$\forall x \forall y \big(x, y \in M \rightarrow f(x \underset{1}{\cap} y) = f(x) \underset{2}{\cap} f(y) \wedge f(x \underset{1}{\cup} y) = f(x) \underset{2}{\cup} f(y)\big).$$

Ist $[M, \underset{1}{\cap}, \underset{1}{\cup}]$ ein Verband und sind a, b, c beliebige Elemente von N, so gilt:

$$a \underset{2}{\cap} b = f(f^{-1}(a)) \underset{2}{\cap} f(f^{-1}(b)) = f\big(f^{-1}(a) \underset{1}{\cap} f^{-1}(b)\big) =$$

$$f\big(f^{-1}(b) \underset{1}{\cap} f^{-1}(a)\big) = f(f^{-1}(b)) \underset{2}{\cap} f(f^{-1}(a)) = b \underset{2}{\cap} a;$$

ebenso erhält man $a \underset{2}{\cup} b = b \underset{2}{\cup} a$. Es gilt:

$$(a \underset{2}{\cap} b) \underset{2}{\cap} c = \big[f(f^{-1}(a)) \underset{2}{\cap} f(f^{-1}(b))\big] \underset{2}{\cap} f(f^{-1}(c)) = f\big(f^{-1}(a) \underset{1}{\cap} f^{-1}(b)\big) \underset{2}{\cap} f(f^{-1}(c)) =$$

$$f\big([f^{-1}(a) \underset{1}{\cap} f^{-1}(b)] \underset{1}{\cap} f^{-1}(c)\big) = f\big(f^{-1}(a) \underset{1}{\cap} [f^{-1}(b) \underset{1}{\cap} f^{-1}(c)]\big) = f(f^{-1}(a))$$

$$\underset{2}{\cap} f\big(f^{-1}(b) \underset{1}{\cap} f^{-1}(c)\big) = f(f^{-1}(a)) \underset{2}{\cap} \big[f(f^{-1}(b)) \underset{2}{\cap} f(f^{-1}(c))\big] = a \underset{2}{\cap} (b \underset{2}{\cap} c);$$

ebenso erhält man $(a \underset{2}{\cup} b) \underset{2}{\cup} c = a \underset{2}{\cup} (b \underset{2}{\cup} c)$. Es gilt:

$$a \underset{2}{\cap} (a \underset{2}{\cup} b) = f(f^{-1}(a)) \underset{2}{\cap} \left[f(f^{-1}(a)) \underset{2}{\cup} f(f^{-1}(b))\right] = f(f^{-1}(a)) \underset{2}{\cap} f\left(f^{-1}(a) \underset{1}{\cup} f^{-1}(b)\right) =$$

$$f\left(f^{-1}(a) \underset{1}{\cap} \left[f^{-1}(a) \underset{1}{\cup} f^{-1}(b)\right]\right) = f(f^{-1}(a)) = a;$$

ebenso erhält man $a \underset{2}{\cup} (a \underset{2}{\cap} b) = a$. Also ist auch $[N, \underset{2}{\cap}, \underset{2}{\cup}]$ ein Verband.

Ist umgekehrt $[N, \underset{2}{\cap}, \underset{2}{\cup}]$ ein Verband, so ist f^{-1} eine isomorphe Abbildung von $[N, \underset{2}{\cap}, \underset{2}{\cup}]$ auf $[M, \underset{1}{\cap}, \underset{1}{\cup}]$, und aus dem eben Bewiesenen folgt sofort, daß dann auch $[M, \underset{1}{\cap}, \underset{1}{\cup}]$ ein Verband ist.

Ist $V = [M, \cap, \cup]$ ein Verband und $M' \subseteq M$ eine Teilmenge von M mit

$\forall x \forall y \, (x, y \in M' \rightarrow x \cap y, \; x \cup y \in M')$ (M' ist *gegenüber* $\cap$, $\cup$ *abgeschlossen*),

so ist $V' = [M', \cap_{M' \times M'}, \cup_{M' \times M'}]$ wieder ein Verband, der durch V in M' *induzierte Verband.*

Definition 5. Ein Verband V ist ein *Mengenverband* genau dann, wenn es ein Mengensystem $M \in \boldsymbol{M}$ gibt mit

$$\forall X \forall Y \, (X, Y \in M \rightarrow X \cap Y, \; X \cup Y \in M) \text{ und } V = [M, \underset{M}{\cap}, \underset{M}{\cup}];$$

V ist ein *Potenzmengenverband* oder ist *vom Potenzmengentypus* genau dann, wenn es eine Menge A gibt mit $V = [\boldsymbol{P}A, \underset{\boldsymbol{P}A}{\cap}, \underset{\boldsymbol{P}A}{\cup}]$.

Ist $V = [M, \cap, \cup]$ ein Verband und $M' \subseteq M$ eine Teilmenge von M mit

$$\forall x \forall y \, (x, y \in M' \rightarrow x \cap y, \; x \cup y \in M'),$$

so heißt die Menge $V' = [M', \cap_{M' \times M'}, \cup_{M' \times M'}]$ ein *Teilverband von* V.

Ein Verband V ist genau dann ein Mengenverband, wenn V Teilverband eines Potenzmengenverbandes ist; denn ist $V = [M, \underset{M}{\cap}, \underset{M}{\cup}]$ ein Mengenverband, so ist auch $V = [M, \cap_{M \times M}, \cup_{M \times M}]$ bei $A = \bigcup M$, $M \subseteq \boldsymbol{P}A$, $\cap = \underset{\boldsymbol{P}A}{\cap}$, $\cup = \underset{\boldsymbol{P}A}{\cup}$.

3. Die Verbände lassen sich als spezielle halbgeordnete Mengen auffassen, wenn man in ihnen eine reflexive Halbordnung in der folgenden Weise einführt:

Definition 6. Ist $V = [M, \cap, \cup]$ ein Verband, so bezeichne man mit $\underset{V}{\leqq}$ ($\leqq$ ist hierbei nicht als Variable aufzufassen) diejenige Relation $\leqq$ in M mit $\forall x \forall y \, (x \leqq y \leftrightarrow x, y \in M \wedge x \cap y = x)$ und mit $\underset{V}{<}$ die Relation $\leqq \setminus \mathfrak{J}_M$.

Aus (V) folgt für beliebige Elemente $a, b \in M$ eines Verbandes $V = [M, \cap, \cup]$:

$$a \cap b = a \leftrightarrow a \cup b = b;$$

denn aus $a \cap b = a$, $b \cup (b \cap a) = b$ und (K) ergibt sich $a \cup b = (a \cap b) \cup b = b$, umgekehrt liefern $a \cup b = b$ und $a \cap (a \cup b) = a$ sofort $a \cap b = a \cap (a \cup b) = a$. Für $\underset{V}{\leqq}$ und beliebige Elemente $a, b \in M$ gilt also:

$$a \underset{V}{\leqq} b \leftrightarrow a \cap b = a,$$

$$a \underset{V}{\leqq} b \leftrightarrow a \cup b = b.$$

Ist $V = [M, \underset{M}{\cap}, \underset{M}{\cup}]$ ein Mengenverband, so gilt natürlich für beliebige Elemente $a, b \in M$:

$$a \underset{V}{\leqq} b \leftrightarrow a \subseteq b.$$

Aus (V) folgt für ein Element $a \in M$ wegen $a = a \cup (a \cap a)$ sofort:

$$a \cap a = a \cap (a \cup (a \cap a)) = a \cap (a \cup b) = a \quad \text{bei} \quad b = a \cap a;$$

somit ist $a \cap a = a$ und $a = a \cup (a \cap a) = a \cup a$. Damit gilt für beliebige Elemente $a \in M$ eines Verbandes $V = [M, \cap, \cup]$:

$$a \cap a = a, \qquad a \cup a = a$$

(*Idempotenz*).

Satz 3. *Für jeden Verband* $V = [M, \cap, \cup]$ *ist* $[M, \underset{V}{\leqq}]$ *reflexiv halbgeordnet, und es gilt außerdem für beliebige Elemente* $a, b \in M$:

$$\inf\{a, b\} = a \cap b, \quad \sup\{a, b\} = a \cup b.$$

Beweis. Es sei $V = [M, \cap, \cup]$ ein Verband. Um nachzuweisen, daß $\underset{V}{\leqq}$ eine reflexive Halbordnung in M ist, haben wir für jedes $a, b, c \in M$ zu zeigen:

$$a \underset{V}{\leqq} a, \quad a \underset{V}{\leqq} b \wedge b \underset{V}{\leqq} c \to a \underset{V}{\leqq} c, \quad a \underset{V}{\leqq} b \wedge b \underset{V}{\leqq} a \to a = b.$$

Dabei galt für beliebiges $x, y \in M$:

$$x \underset{V}{\leqq} y \leftrightarrow x \cap y = x \leftrightarrow x \cup y = y.$$

Für $a \underset{V}{\leqq} a$ ist also zu zeigen: $a \cap a = a$; dies folgt aus der Idempotenz von $\cap$. Für $a \underset{V}{\leqq} b \wedge b \underset{V}{\leqq} c \to a \underset{V}{\leqq} c$ ist zu zeigen: Wenn $a \cap b = a$ und $b \cap c = b$, so ist $a \cap c = a$; unter den Voraussetzungen ist aber nach (A):

$$a \cap c = (a \cap b) \cap c = a \cap (b \cap c) = a \cap b = a.$$

Für $a \underset{V}{\leqq} b \wedge b \underset{V}{\leqq} a \to a = b$ ist zu zeigen: Wenn $a \cap b = a$ und $b \cap a = b$, so ist $a = b$; dies folgt sofort aus (K). Nun zu den Bedingungen $\inf\{a, b\} = a \cap b$ und $\sup\{a, b\} = a \cup b$. Dazu ist für jedes $a, b, x \in M$ zu zeigen:

$$a \cap b \underset{V}{\leqq} a, b, \qquad a, b \underset{V}{\leqq} a \cup b,$$

$$x \underset{V}{\leqq} a, b \rightarrow x \underset{V}{\leqq} a \cap b, \qquad a, b \underset{V}{\leqq} x \rightarrow a \cup b \underset{V}{\leqq} x,$$

oder anders ausgedrückt:

$$(a \cap b) \cap a = a \cap b, \quad (a \cap b) \cap b = a \cap b, \quad a \cap (a \cup b) = a, \quad b \cap (a \cup b) = b;$$

$$x \cap a = x \wedge x \cap b = x \rightarrow x \cap (a \cap b) = x, \quad a \cup x = x \wedge b \cup x = x \rightarrow (a \cup b) \cup x = x.$$

Es ist aber

$$(a \cap b) \cap a = (b \cap a) \cap a = b \cap (a \cap a) = b \cap a = a \cap b,$$

$$(a \cap b) \cap b = a \cap (b \cap b) = a \cap b;$$

$a \cap (a \cup b) = a$ und $b \cap (a \cup b) = b$ folgt sofort aus (V), (K). Aus $x \cap a = x \wedge x \cap b = x$ folgt $(x \cap a) \cap b = x$, also $x \cap (a \cap b) = x$; aus $a \cup x = x \wedge b \cup x = x$ folgt $(a \cup x) \cup b = x$, also $(a \cup b) \cup x = x$.

Aus Satz 3 folgt, daß Verbände V_1, V_2 isomorph sind genau dann, wenn die ihnen zugehörigen halbgeordneten Mengen H_1, H_2 isomorph sind:

Satz 4. *Für Verbände* $V_1 = [M, \underset{1}{\cap}, \underset{1}{\cup}]$, $V_2 = [N, \underset{2}{\cap}, \underset{2}{\cup}]$ *gilt bei* $H_1 = [M, \underset{V_1}{\leqq}]$, $H_2 = [N, \underset{V_2}{\leqq}]$:

$$V_1 \cong V_2 \leftrightarrow H_1 \cong H_2.$$

Beweis. Ist unter den Voraussetzungen des Satzes f eine isomorphe Abbildung von V_1 auf V_2, so ist f eine umkehrbar eindeutige Abbildung von M auf N mit für jedes $a, b \in M$:

$$f(a \underset{1}{\cap} b) = f(a) \underset{2}{\cap} f(b), \qquad f(a \underset{1}{\cup} b) = f(a) \underset{2}{\cup} f(b).$$

Es gilt aber dann für jedes a, b:

$$a \underset{V_1}{\leqq} b \leftrightarrow a \underset{1}{\cap} b = a \leftrightarrow f(a \underset{1}{\cap} b) = f(a) \leftrightarrow f(a) \underset{2}{\cap} f(b) = f(a) \leftrightarrow f(a) \underset{V_2}{\leqq} f(b);$$

also ist f auch ein Isomorphismus von H_1 auf H_2. Ist umgekehrt f eine isomorphe Abbildung von H_1 auf H_2, so ist f eine umkehrbar eindeutige Abbildung von M auf N mit für jedes a, b:

$$a \underset{V_1}{\leqq} b \leftrightarrow f(a) \underset{V_2}{\leqq} f(b).$$

Es gilt aber dann für jedes $a, b \in M$:

$$f(a \underset{1}{\cap} b) = f(\inf_{|M, \underset{V_1}{\leqq}|} \{a, b\}) = \inf_{|N, \underset{V_2}{\leqq}|} \{f(a), f(b)\} = f(a) \underset{2}{\cap} f(b),$$

$$f(a \underset{1}{\cup} b) = f(\sup_{|M, \underset{V_1}{\leqq}|} \{a, b\}) = \sup_{|N, \underset{V_2}{\leqq}|} \{f(a), f(b)\} = f(a) \underset{2}{\cup} f(b);$$

also ist f auch ein Isomorphismus von V_1 auf V_2.

4. Reflexiv halbgeordnete Mengen, bei denen stets Elemente a, b eine untere und obere Grenze besitzen, lassen sich umgekehrt als Verbände auffassen, wenn man in ihnen die Verbandsoperationen in der folgenden Weise einführt:

Definition 7. Ist $H = [M, \leqq]$ eine reflexiv halbgeordnete Menge, wobei für Elemente $a, b \in M$ stets $\inf\{a, b\}$ und $\sup\{a, b\}$ existieren, so bezeichne man mit $\underset{H}{\cap}$ und $\underset{H}{\cup}$ ($\cap$ und $\cup$ sind hier nicht als Variable aufzufassen) diejenigen Operationen $\cap$ und $\cup$ in M mit

$$\forall x \forall y\, (x, y \in M \rightarrow x \cap y = \inf\{x, y\} \wedge x \cup y = \sup\{x, y\}).$$

Satz 5. *Für jede reflexiv halbgeordnete Menge* $H = [M, \leqq]$, *wobei für Elemente* $a, b \in M$ *stets* $\inf\{a, b\}$ *und* $\sup\{a, b\}$ *existieren, ist* $[M, \underset{H}{\cap}, \underset{H}{\cup}]$ *ein Verband.*

Beweis. Es sei $H = [M, \leqq]$ reflexiv halbgeordnet mit der Eigenschaft, daß stets für Elemente $a, b \in M$ $\inf\{a, b\}$ und $\sup\{a, b\}$ existieren. Um nachzuweisen, daß $[M, \underset{H}{\cap}, \underset{H}{\cup}]$ ein Verband ist, sind die Verbandsaxiome (K), (A), (V) für beliebige Elemente $a, b, c \in M$ zu beweisen, also:

(K) $a \underset{H}{\cap} b = b \underset{H}{\cap} a, \quad a \underset{H}{\cup} b = b \underset{H}{\cup} a,$

(A) $(a \underset{H}{\cap} b) \underset{H}{\cap} c = a \underset{H}{\cap} (b \underset{H}{\cap} c), \quad (a \underset{H}{\cup} b) \underset{H}{\cup} c = a \underset{H}{\cup} (b \underset{H}{\cup} c),$

(V) $a \underset{H}{\cap} (a \underset{H}{\cup} b) = a, \quad a \underset{H}{\cup} (a \underset{H}{\cap} b) = a.$

Dabei galt für beliebige $x, y \in M$:

$$x \underset{H}{\cap} y = \inf\{x, y\}, \qquad x \underset{H}{\cup} y = \sup\{x, y\}.$$

Für (K) ist also zu zeigen:

$$\inf\{a, b\} = \inf\{b, a\}, \qquad \sup\{a, b\} = \sup\{b, a\}.$$

Für (A) ist zu zeigen:

$$\inf\{\inf\{a, b\}, c\} = \inf\{a, \inf\{b, c\}\}, \qquad \sup\{\sup\{a, b\}, c\} = \sup\{a, \sup\{b, c\}\}.$$

Für (V) ist zu zeigen:

$$\inf\{a, \sup\{a, b\}\} = a, \quad \sup\{a, \inf\{a, b\}\} = a.$$

Alle diese für das Infimum und Supremum zweielementiger Mengen aufgeführten und noch zu beweisenden Gesetze beweist man leicht unmittelbar aus der Definition des Infimums und Supremums in einer halbgeordneten Menge.

Die Bedingung, daß bei einer reflexiv halbgeordneten Menge $[M, \leqq]$ zu beliebigen Elementen $a, b \in M$ das $\inf\{a, b\}$ und das $\sup\{a, b\}$ existiert, ist eine echte Einschränkung des Begriffes der reflexiv halbgeordneten Mengen. Man bilde z. B. eine aus drei Elementen a, b, c (also $a \neq b \wedge a \neq c \wedge b \neq c$) bestehende Menge M und definiere $\leqq$ als diejenige reflexive Halbordnung in M, die genau aus den Paaren $[b, a]$, $[c, a]$, $[a, a]$, $[b, b]$, $[c, c]$ besteht; dann existiert nicht $\inf\{b, c\}$; wählt man $\leqq^{-1}$ als zugrunde gelegte reflexive Halbordnung in M, dann existiert nicht $\sup\{b, c\}$. Die Existenz des Infimums und Supremums für Zweiermengen überträgt sich isomorph, was folgender Satz besagt.

Satz 6. *Für Klassen A, B und Relationen R in A, S in B gilt:*

$$\begin{aligned} |A, R| \simeq |B, S| \;.\!\rightarrow\!.\; & R \textit{ reflexive Halbordnung in } A \\ & \wedge \forall x \forall y\, (x, y \in A \rightarrow \inf\{x, y\}, \sup\{x, y\} \in A) \\ \leftrightarrow\; & S \textit{ reflexive Halbordnung in } B \\ & \wedge \forall x \forall y\, (x, y \in B \rightarrow \inf\{x, y\}, \sup\{x, y\} \in B) \\ \cdot\!\wedge\!\cdot\; & R \textit{ irreflexive Halbordnung in } A \\ & \wedge \forall x \forall y\, (x, y \in A \rightarrow \inf\{x, y\}, \sup\{x, y\} \in A) \\ \leftrightarrow\; & S \textit{ irreflexive Halbordnung in } B \\ & \wedge \forall x \forall y\, (x, y \in B \rightarrow \inf\{x, y\}, \sup\{x, y\} \in B). \end{aligned}$$

Beweis. Die Behauptungen folgen unter Verwendung von Satz 6, § 14 unmittelbar aus den entsprechenden Definitionen, aus denen man für eine isomorphe Abbildung f von $|A, R|$ auf $|B, S|$ und Elemente $a, b \in A$ zeigt:

$$f(\inf\{a, b\}) = \inf\{f(a), f(b)\}, \quad f(\sup\{a, b\}) = \sup\{f(a), f(b)\}.$$

Aus Satz 6 folgt speziell für Mengen M, N und Relationen R in M, S in N:

$$\begin{aligned} [M, R] \simeq [N, S] \;.\!\rightarrow\!.\; & [M, R] \textit{ reflexiv halbgeordnet} \\ & \wedge \forall x \forall y\, (x, y \in M \rightarrow \inf\{x, y\}, \sup\{x, y\} \in M) \\ \leftrightarrow\; & [N, S] \textit{ reflexiv halbgeordnet} \\ & \wedge \forall x \forall y\, (x, y \in N \rightarrow \inf\{x, y\}, \sup\{x, y\} \in N) \\ \cdot\!\wedge\!\cdot\; & [M, R] \textit{ irreflexiv halbgeordnet} \\ & \wedge \forall x \forall y\, (x, y \in M \rightarrow \inf\{x, y\}, \sup\{x, y\} \in M) \\ \leftrightarrow\; & [N, S] \textit{ irreflexiv halbgeordnet} \\ & \wedge \forall x \forall y\, (x, y \in N \rightarrow \inf\{x, y\}, \sup\{x, y\} \in N). \end{aligned}$$

5. Bildet man zu einem Verband $V = [M, \cap, \cup]$ die zugehörige halbgeordnete Menge $H = [M, \underset{V}{\leqq}]$ und zu H wieder den zugehörigen Verband $V' = [M, \underset{H}{\cap}, \underset{H}{\cup}]$, so zeigen wir im folgenden, daß dann $V' = V$ ist; bildet man ebenso zu einer reflexiv halbgeordneten Menge $H = [M, \leqq]$ mit der Eigenschaft, daß für beliebige Elemente $a, b \in M$ stets $\inf\{a, b\}$ und $\sup\{a, b\}$ existieren, den zugehörigen Verband $V = [M, \underset{H}{\cap}, \underset{H}{\cup}]$ und zu V wieder die zugehörige halbgeordnete Menge $H' = [M, \underset{V}{\leqq}]$, so ist $H' = H$.

Satz 7. a) *Für jeden Verband* $V = [M, \cap, \cup]$, $H = [M, \underset{V}{\leqq}]$ und $V' = [M, \underset{H}{\cap}, \underset{H}{\cup}]$ *ist* $V' = V$.

b) *Für jede reflexiv halbgeordnete Menge* $H = [M, \leqq]$, *wobei für Elemente* $a, b \in M$ *stets* $\inf\{a, b\}$ *und* $\sup\{a, b\}$ *existieren,* $V = [M, \underset{H}{\cap}, \underset{H}{\cup}]$ und $H' = [M, \underset{V}{\leqq}]$ *ist* $H' = H$.

Beweis. a) Mit den Bezeichnungen von a) ist zu zeigen: $\underset{H}{\cap} = \cap$ und $\underset{H}{\cup} = \cup$, also für jedes $a, b \in M$:

$$a \underset{H}{\cap} b = a \cap b \qquad \text{und} \qquad a \underset{H}{\cup} b = a \cup b.$$

Dies folgt aber sofort aus

$$a \underset{H}{\cap} b = \inf_{|M, \underset{V}{\leqq}|} \{a, b\} = a \cap b \qquad \text{und} \qquad a \cup b = \sup_{|M, \underset{V}{\leqq}|} \{a, b\} = a \cup b.$$

b) Mit den Bezeichnungen von b) ist zu zeigen: $\underset{V}{\leqq} = \leqq$, also für jedes $a, b \in M$:

$$a \underset{V}{\leqq} b \leftrightarrow a \leqq b.$$

Nun ist aber

$$a \underset{V}{\leqq} b \leftrightarrow a \underset{H}{\cap} b = a \qquad \text{und} \qquad a \underset{H}{\cap} b = \inf_{|M, \leqq|} \{a, b\};$$

also ist noch zu zeigen:

$$\inf_{|M, \leqq|} \{a, b\} = a \leftrightarrow a \leqq b;$$

dies folgt aber sofort aus der Definition des Infimums.

Für jeden Verband $V = [M, \cap, \cup]$, $H = [M, \underset{V}{\leqq}]$ und beliebige Elemente $a, b \in M$ gilt dann:

$$a \underset{V}{\leqq} b \leftrightarrow a \underset{H}{\cap} b = a \leftrightarrow a \underset{H}{\cup} b = b,$$

$$a \cap b = \inf_{|M, \underset{V}{\leqq}|} \{a, b\}, \quad a \cup b = \sup_{|M, \underset{V}{\leqq}|} \{a, b\}.$$

Ist A die Klasse aller Verbände und B die Klasse aller reflexiv halbgeordneten Mengen, für die das Infimum und das Supremum von Zweiermengen stets existieren, so ist die Funktion F über A mit für jedes $V = [M, \cap, \cup] \in A$:

$$F(V) = [M, \underset{V}{\leqq}]$$

eine umkehrbar eindeutige Abbildung von A auf B und die Funktion G über B mit für jedes $H = [M, \leqq] \in B$:

$$G(H) = [M, \underset{H}{\cap}, \underset{H}{\cup}]$$

eine umkehrbar eindeutige Abbildung von B auf A; es ist außerdem $F = G^{-1}$, $G = F^{-1}$. Im Sinne der eineindeutigen Abbildungen F und G sagt man, die Verbände fallen zusammen mit denjenigen reflexiv halbgeordneten Mengen, bei denen jeweils für Elemente a, b untere und obere Grenze existieren.

6. Wir studieren jetzt einzelne Eigenschaften von Verbänden.

Ist $V = [M, \underset{M}{\cap}, \underset{M}{\cup}]$ ein Mengenverband, so gelten in V die distributiven Gesetze, d. h. für beliebige Elemente $a, b, c \in M$ gilt:

$$a \cap (b \cup c) = (a \cap b) \cup (a \cap c), \qquad a \cup (b \cap c) = (a \cup b) \cap (a \cup c).$$

Für allgemeine Verbände gilt zunächst der

Satz 8. *Für jeden Verband* $[M, \cap, \cup]$ *gilt:*

$$\begin{aligned} &\forall x \forall y \forall z\, (x, y, z \in M \to x \cap (y \cup z) = (x \cap y) \cup (x \cap z)) \\ \leftrightarrow\ &\forall x \forall y \forall z\, (x, y, z \in M \to x \cup (y \cap z) = (x \cup y) \cap (x \cup z)). \end{aligned}$$

Beweis. Sei $[M, \cap, \cup]$ ein Verband und $x, y, z \in M$.

$$\begin{aligned} (\to)\ (x \cup y) \cap (x \cup z) &= ((x \cup y) \cap x) \cup ((x \cup y) \cap z) \\ &= x \cup ((x \cup y) \cap z) \\ &= x \cup ((x \cap z) \cup (y \cap z)) \\ &= (x \cup (x \cap z)) \cup (y \cap z) \\ &= x \cup (y \cap z). \end{aligned}$$

$$\begin{aligned} (\leftarrow)\ (x \cap y) \cup (x \cap z) &= ((x \cap y) \cup x) \cap ((x \cap y) \cup z) \\ &= x \cap ((x \cap y) \cup z) \\ &= x \cap ((x \cup z) \cap (y \cup z)) \\ &= (x \cap (x \cup z)) \cap (y \cup z) \\ &= x \cap (y \cup z). \end{aligned}$$

Es gibt Verbände, in denen keine distributiven Gesetze gelten. Dafür ein Beispiel: Man betrachte die Menge M aus den paarweise verschiedenen Elementen o, a, b, c, e; $\leqq$ sei die aus den Paaren

$$[o, a],\ [o, b],\ [o, c];\quad [a, e],\ [b, e],\ [c, e];\quad [o, e];$$
$$[o, o],\ [a, a],\ [b, b],\ [c, c],\ [e, e]$$

bestehende reflexive Halbordnung in M. In der reflexiv halbgeordneten Menge $H = [M, \leqq]$ besitzen stets Elemente $x, y \in M$ ein Infimum $\inf\{x, y\}$ und ein Supremum $\sup\{x, y\}$. Dann gelten in dem Verband $\left[M, \underset{H}{\cap}, \underset{H}{\cup}\right]$ nicht die distributiven Gesetze; denn es ist etwa

$$a \underset{H}{\cap} \left(b \underset{H}{\cup} c\right) = a \underset{H}{\cap} e = a$$

und

$$\left(a \underset{H}{\cap} b\right) \underset{H}{\cup} \left(a \underset{H}{\cap} c\right) = o \underset{H}{\cup} o = o.$$

Definition 8. Ein Verband $V = [M, \cap, \cup]$ ist *distributiv* genau dann, wenn

$$\forall x \forall y \forall z \left(x, y, z \in M \rightarrow x \cap (y \cup z) = (x \cap y) \cup (x \cap z)\right)$$

gilt.

In allgemeinen Verbänden gelten die Distributivgesetze nur in einer abgeschwächten Form (vgl. Satz 10).

Satz 9. *Für jeden Verband* $V = [M, \cap, \cup]$ *und beliebige Elemente* $a, b, c, d \in M$ *gilt:*

$$a \underset{V}{\leqq} b \rightarrow a \cap c \underset{V}{\leqq} b \cap c, \qquad a \underset{V}{\leqq} b \rightarrow a \cup c \underset{V}{\leqq} b \cup c,$$

$$a \underset{V}{\leqq} b \wedge c \underset{V}{\leqq} d \rightarrow a \cap c \underset{V}{\leqq} b \cap d, \qquad a \underset{V}{\leqq} b \wedge c \underset{V}{\leqq} d \rightarrow a \cup c \underset{V}{\leqq} b \cup d.$$

Beweis. Sei $V = [M, \cap, \cup]$ ein Verband und $a, b, c, d \in M$. Für jedes $x, y \in M$ galt:

$$x \underset{V}{\leqq} y \leftrightarrow x \cap y = x \leftrightarrow x \cup y = y.$$

Ist dann $a \underset{V}{\leqq} b$, so ist $a \cap b = a$, also

$$(a \cap c) \cap (b \cap c) = (a \cap b) \cap (c \cap c) = a \cap c,$$

also $a \cap c \underset{V}{\leqq} b \cap c$; ist ebenso $a \underset{V}{\leqq} b$, so ist $a \cup b = b$, also

$$(a \cup c) \cup (b \cup c) = (a \cup b) \cup (c \cup c) = b \cup c,$$

also $a \cup c \underset{V}{\leqq} b \cup c$. Ist $a \underset{V}{\leqq} b$ und $c \underset{V}{\leqq} d$, so gilt nach dem eben Bewiesenen

$$a \cap c \underset{V}{\leqq} b \cap c = c \cap b \underset{V}{\leqq} d \cap b = b \cap d$$

und

$$a \cup c \underset{V}{\leqq} b \cup c = c \cup b \underset{V}{\leqq} d \cup b = b \cup d.$$

Satz 10. *Für jeden Verband* $V = [M, \cap, \cup]$ *und beliebige Elemente* $a, b, c \in M$ *gilt:*

$$(a \cap b) \cup (a \cap c) \underset{V}{\leqq} a \cap (b \cup c),$$

$$a \cup (b \cap c) \underset{V}{\leqq} (a \cup b) \cap (a \cup c).$$

Beweis. Sei $V = [M, \cap, \cup]$ ein Verband und $a, b, c \in M$. Wegen (vgl. Satz 3)

$$(a \cap b) \underset{V}{\leqq} a, (b \cup c) \quad \text{und} \quad (a \cap c) \underset{V}{\leqq} a, (b \cup c)$$

ist nach Satz 9

$$(a \cap b) \cup (a \cap c) \underset{V}{\leqq} a, (b \cup c), \quad \text{also auch} \quad \underset{V}{\leqq} a \cap (b \cup c).$$

Wegen

$$b \cap c \underset{V}{\leqq} b, c$$

ist nach Satz 9

$$a \cup (b \cap c) \underset{V}{\leqq} (a \cup b), (a \cup c), \quad \text{also auch} \quad \underset{V}{\leqq} (a \cup b) \cap (a \cup c).$$

Ist A eine Menge, so besitzt der Verband $V = [\boldsymbol{P}A, \underset{\boldsymbol{P}A}{\cap}, \underset{\boldsymbol{P}A}{\cup}]$ vom Potenzmengentypus hinsichtlich seiner Halbordnungsrelation $\underset{V}{\leqq} = \underset{\boldsymbol{P}A}{\subseteq}$ das Minimum $\emptyset$ und das Maximum A; denn für jedes $X \in \boldsymbol{P}A$ ist ja $\emptyset \subseteq X \subseteq A$. Man zeigt in der Verbandstheorie, daß nicht jeder Verband ein Minimum bzw. Maximum hinsichtlich seiner Halbordnungsrelation besitzt, und definiert daher:

Definition 9. Ist $V = [M, \cap, \cup]$ ein Verband und existiert $\min_{\underset{V}{\leqq}} M$ bzw. $\max_{\underset{V}{\leqq}} M$, so heißt $\min_{\underset{V}{\leqq}} M$ bzw. $\max_{\underset{V}{\leqq}} M$ das *Nullelement von* V bzw. das *Einselement von* V, bezeichnet mit: $\underset{V}{\mathfrak{o}}$ (gelesen: *Nullelement bzgl.* V) bzw. $\underset{V}{\mathfrak{e}}$ (gelesen: *Einselement bzgl.* V).

In einem Verband $V = [M, \cap, \cup]$ mit Nullelement $\underset{V}{\mathfrak{o}}$ bzw. Einselement $\underset{V}{\mathfrak{e}}$ gilt sofort für jedes $a \in M$:

$$\underset{V}{\mathfrak{o}} \cap a = \underset{V}{\mathfrak{o}}, \quad \underset{V}{\mathfrak{o}} \cup a = a$$

bzw.

$$a \cap \underset{V}{\mathfrak{e}} = a, \quad a \cup \underset{V}{\mathfrak{e}} = \underset{V}{\mathfrak{e}}.$$

Endliche Verbände besitzen nach folgendem Satz stets ein Null- und ein Einselement.

Satz 11. *Für jeden Verband* $V = [M, \cap, \cup]$ *mit endlicher Menge* $M \neq \emptyset$ *existieren* $\underset{V}{\mathfrak{o}}$ *und* $\underset{V}{\mathfrak{e}}$.

Beweis. Es sei $V = [M, \cap, \cup]$ ein Verband, m ein minimales bzw. maximales Element von M bzgl. $\underset{V}{\leqq}$ und $x \in M$. Wegen $m \cap x \underset{V}{\leqq} m$ bzw. $m \underset{V}{\leqq} m \cup x$ ist (da m minimal bzw. maximal ist) $m \cap x = m$ bzw. $m = m \cup x$, also $m \underset{V}{\leqq} x$ bzw. $x \underset{V}{\leqq} m$; also ist $m = \min_{\underset{V}{\leqq}} M$ bzw. $m = \max_{\underset{V}{\leqq}} M$. Da es nach Satz 10, § 14 ein minimales und ein maximales Element von M bzgl. $\underset{V}{\leqq}$ gibt, falls $M \neq \emptyset$ endlich ist, ist damit die Existenz von $\underset{V}{\mathfrak{o}}$ und $\underset{V}{\mathfrak{e}}$ für endliche Verbände bewiesen.

Ist A eine Menge, so besitzt in dem Verband $\left[\boldsymbol{P}A, \underset{\boldsymbol{P}A}{\cap}, \underset{\boldsymbol{P}A}{\cup}\right]$ vom Potenzmengentypus jedes $X \in \boldsymbol{P}A$ das Komplement $Y = C_A X$, das auch charakterisiert ist durch die Bedingungen

$$X \cap Y = \emptyset, \quad X \cup Y = A.$$

Man zeigt in der Verbandstheorie, daß nicht jeder Verband $V = [M, \cap, \cup]$ mit $\underset{V}{\mathfrak{o}}$ und $\underset{V}{\mathfrak{e}}$ zu jedem $x \in M$ ein Komplement y mit $x \cap y = \underset{V}{\mathfrak{o}}$ und $x \cup y = \underset{V}{\mathfrak{e}}$ besitzt, und definiert daher:

Definition 10. Ist $V = [M, \cap, \cup]$ ein Verband mit Nullelement $\underset{V}{\mathfrak{o}}$ und Einselement $\underset{V}{\mathfrak{e}}$ und ist $a, b \in M$, so ist b ein *Komplement von a bzgl. V* genau dann, wenn $a \cap b = \underset{V}{\mathfrak{o}} \wedge a \cup b = \underset{V}{\mathfrak{e}}$ gilt. Ein Verband $V = [M, \cap, \cup]$ mit Null- und Einselement ist *komplementär* genau dann, wenn jedes $a \in M$ bzgl. V ein Komplement besitzt.

Im allgemeinen ist das Komplement in komplementären Verbänden nicht eindeutig bestimmt; es gilt aber der

Satz 12. *Für jeden distributiven Verband $V = [M, \cap, \cup]$ mit Nullelement $\underset{V}{\mathfrak{o}}$ und Einselement $\underset{V}{\mathfrak{e}}$ gilt:*

$$\forall x \exists ! y (x \in M \to y \textit{ Komplement von } x \textit{ bzgl. } V).$$

Beweis. Es sei $V = [M, \cap, \cup]$ ein distributiver Verband mit $\underset{V}{\mathfrak{o}}$ und $\underset{V}{\mathfrak{e}}$ und es sei $x \in M$. Wären $y_1, y_2 \in M$ Komplemente von x bzgl. V, so wäre

$$x \cap y_1 = \underset{V}{\mathfrak{o}}, \quad x \cup y_1 = \underset{V}{\mathfrak{e}},$$

$$x \cap y_2 = \underset{V}{\mathfrak{o}}, \quad x \cup y_2 = \underset{V}{\mathfrak{e}}.$$

Es ist aber

$$y_1 = y_1 \cap \underset{V}{\mathfrak{e}} = y_1 \cap (x \cup y_2) = (y_1 \cap x) \cup (y_1 \cap y_2) = \underset{V}{\mathfrak{o}} \cup (y_1 \cap y_2) = y_1 \cap y_2;$$

ebenso ist

$$y_2 = y_2 \cap \underset{V}{\mathfrak{e}} = y_2 \cap (x \cup y_1) = (y_2 \cap x) \cup (y_2 \cap y_1) = \underset{V}{\mathfrak{o}} \cup (y_2 \cap y_1) = y_2 \cap y_1;$$

also ist $y_1 = y_2$.

Nach Satz 12 gibt es also in einem distributiven komplementären Verband zu jedem Element genau ein Komplement.

Definition 11. Ist $V = [M, \cap, \cup]$ ein distributiver komplementärer Verband und $a \in M$, so bezeichnet man das Komplement von a bzgl. V mit $\underset{V}{C}\, a$ (gelesen: *Komplement a bzgl. V*).

Definition 12. Ein Verband V ist ein BOOLE*scher Verband* oder eine BOOLE*sche Algebra* genau dann, wenn V distributiv und komplementär ist.

Man beweist für BOOLEsche Verbände $V = [M, \cap, \cup]$ und Elemente $a, b \in M$ leicht, wobei wir an den Zeichen $\underset{V}{\leqq}$, $\underset{V}{\mathfrak{o}}$, $\underset{V}{\mathfrak{e}}$, $\underset{V}{C}$ der Einfachheit halber den Index V weglassen:

$$CCa = a, \quad C(a \cap b) = (Ca) \cup (Cb), \quad C(a \cup b) = (Ca) \cap (Cb),$$

$$C\mathfrak{o} = \mathfrak{e}, \quad C\mathfrak{e} = \mathfrak{o},$$

$$a \leqq b \leftrightarrow Cb \leqq Ca.$$

7. Die BOOLEschen Verbände spiegeln die Gesetze der $\wedge$- und $\vee$-Verknüpfungen und der Verneinung von Aussagen wider; in diesem Sinne einer Algebra der Logik wurden die distributiven komplementären Verbände zuerst von BOOLE in der Mitte des 19. Jahrhunderts behandelt. Der Zusammenhang der BOOLEschen Algebren mit der Aussagenlogik besteht in folgendem: Jede sinnvolle Aussage der (durch eventuelle Hinzunahme neuer abkürzender Symbole ergänzten) deutschen Schriftsprache ist entweder wahr oder falsch. Das *Wahre* bzw. das *Falsche* ist dann das allen wahren bzw. allen falschen Aussagen charakteristische Gemeinsame, also die Menge aller wahren bzw. falschen Aussagen; W bezeichne im folgenden das Wahre, F das Falsche. Jeder Aussage ist genau einer der beiden Wahrheitswerte W, F zugeordnet, je nachdem die betreffende Aussage wahr oder falsch ist. Der Wahrheitswert der Konjunktion $\boldsymbol{A} \wedge \boldsymbol{B}$, der Alternative $\boldsymbol{A} \vee \boldsymbol{B}$ und der Negation $\sim \boldsymbol{A}$ von Aussagen $\boldsymbol{A}$, $\boldsymbol{B}$ hängt nur von den Wahrheitswerten der Aussagen $\boldsymbol{A}$ und $\boldsymbol{B}$ ab und bestimmt sich nach folgenden Tabellen:

$\wedge$	W	F
W	W	F
F	F	F

$\vee$	W	F
W	W	W
F	W	F

$\sim$	
W	F
F	W

Definiert man nun in der Menge $\{W, F\}$ die beiden Operationen $\cap$ und $\cup$ zu:

$$\begin{array}{ll} W \cap W = W & W \cup W = W \\ F \cap W = F & F \cup W = W \\ W \cap F = F & W \cup F = W \\ F \cap F = F & F \cup F = F, \end{array}$$

so ist $[\{W, F\}, \cap, \cup]$ zunächst ein distributiver Verband mit dem Nullelement F und dem Einselement W; dieser Verband ist auch komplementär, wobei das Komplement eines Elementes aus $\{W, F\}$ gerade das durch die einstellige Operation $\mathbf{C}$ in $\{W, F\}$ mit

$$\mathbf{C}(W) = F$$

$$\mathbf{C}(F) = W$$

diesem Element zugeordnete Element ist. Wir haben damit das Ergebnis erhalten, daß die Wahrheitswerte hinsichtlich der Konjunktion und Alternative mit der Negation als Komplement eine BOOLEsche Algebra bilden. In diesem Sinne führt also jeder Satz über BOOLEsche Algebren zu einem Gesetz der Aussagenlogik.

8. Ist A eine Menge, so besitzt in dem Verband $[\boldsymbol{P}A, \underset{\boldsymbol{P}A}{\cap}, \underset{\boldsymbol{P}A}{\cup}]$ vom Potenzmengentypus jede Teilmenge $X \subseteq \boldsymbol{P}A$ in $A \cap \bigcap X$ und in $\bigcup X$ ein Infimum und ein Supremum bzgl. $\boldsymbol{P}A, \underset{\boldsymbol{P}A}{\subseteq}$. Außerdem gibt es zu jedem $\emptyset \neq X \in \boldsymbol{P}A$ ein Element $a \in A$ mit $\emptyset \subset \{a\} \subseteq X$, wobei es natürlich kein $Y \in \boldsymbol{P}A$ gibt mit $\emptyset \subset Y \subset \{a\}$.

Definition 13. Ein Verband $V = [M, \cap, \cup]$ ist *vollständig* genau dann, wenn zu jeder Teilmenge $X \subseteq M$ $\inf_{|M, \underset{V}{\leqq}|} X$ und $\sup_{|M, \underset{V}{\leqq}|} X$ existieren. Ist $V = [M, \cap, \cup]$ ein vollständiger Verband und $X \subseteq M$, so bezeichnet man das $\inf_{|M, \underset{V}{\leqq}|} X$ bzw. das $\sup_{|M, \underset{V}{\leqq}|} X$ auch mit $\bigcap_V X$ bzw. $\bigcup_V X$.

In einem vollständigen Verband $V = [M, \cap, \cup]$ gilt sofort für beliebige Elemente $a, b \in M$, wobei wir der Einfachheit halber an den Zeichen $\underset{V}{\mathfrak{o}}, \underset{V}{\mathfrak{e}}, \bigcap_V, \bigcup_V$ den Index V weglassen:

$$\bigcap \{a, b\} = a \cap b, \qquad \bigcup \{a, b\} = a \cup b,$$

$$\bigcap M = \bigcup \emptyset = \mathfrak{o}, \qquad \bigcup M = \bigcap \emptyset = \mathfrak{e}.$$

Vollständige Verbände besitzen also ein Null- und ein Einselement.

Definition 14. Ist $V = [M, \cap, \cup]$ ein Verband mit Nullelement $\underset{V}{\mathfrak{o}}$ und ist $a \in M$, so ist a ein *Atom von* V genau dann, wenn

$$a \neq \underset{V}{\mathfrak{o}} \wedge \sim \exists\, y\, (y \in M \wedge \underset{V}{\mathfrak{o}} \underset{V}{<} y \underset{V}{<} a)$$

gilt. Ein Verband $V = [M, \cap, \cup]$ mit Nullelement $\underset{V}{\mathfrak{o}}$ ist *atomar* genau dann, wenn

$$\forall x \exists a\, (x \in M \wedge x \neq \underset{V}{\mathfrak{o}} \to a \text{ Atom von } V \wedge a \underset{V}{\leqq} x)$$

gilt.

Jeder Potenzmengenverband ist eine vollständige atomare BOOLEsche Alegbra. Mit den Verbänden vom Potenzmengentypus beherrscht man aber auch umgekehrt, wie wir im folgenden sehen werden, strukturell alle vollständigen atomaren BOOLEschen Algebren; denn jede solche BOOLEsche Algebra ist isomorph einem Potenzmengenverband und besitzt demnach dessen Strukturtyp in bezug auf die zugrunde gelegten Verbandsoperationen.

Satz 13 (Darstellungssatz für vollständige atomare BOOLEsche Algebren). *Für jede vollständige atomare* BOOLE*sche Algebra* V *mit* $A = \underset{x}{M}$ *(*x *Atom von* V*) gilt:*

$$V \backsim [PA, \underset{PA}{\cap}, \underset{PA}{\cup}].$$

Beweis. Es sei $V = [M, \cap, \cup]$ eine vollständige atomare BOOLEsche Algebra und A die Menge aller Atome von V. Wir lassen in diesem Beweis der Einfachheit halber an den Zeichen $\underset{V}{\leqq}$, $\underset{V}{<}$, $\underset{V}{C}$, $\underset{V}{o}$, $\underset{V}{e}$, $\underset{V}{\bigcup}$ den Index V weg. Für beliebiges $a \in M$ sei

$$\langle a \rangle = \underset{x}{M}\,(x \in A \wedge x \leqq a).$$

Wir zeigen zunächst für jedes $a \in M$:

$$a = \bigcup \langle a \rangle.$$

Dies folgt so: a ist zunächst nach Definition von $\langle a \rangle$ eine obere Schranke von $\langle a \rangle$. Wäre a nicht die obere Grenze $\bigcup \langle a \rangle$ von $\langle a \rangle$, so gäbe es eine obere Schranke b von $\langle a \rangle$, so daß nicht $a \leqq b$ gilt; dann ist $c = a \cap b$ wegen $x \leqq a, b \rightarrow x \leqq a \cap b$ eine obere Schranke von $\langle a \rangle$; es ist $c < a$, da $c \leqq a$ ist und für $c = a$ dann $a \leqq b$ wäre wegen $a \cap b = a$. Es sei $d = a \cap Cc$. Wegen $c \cap Cc = o$ ist $c \cap d = o$. Wegen $c \leqq a$ ist $c \cup a = a$ und damit

$$c \cup d = c \cup (a \cap Cc) = (c \cup a) \cap (c \cup Cc) = a \cap e = a;$$

also ist $d \neq o$, da sonst $a = c \cup d = c \cup o = c$ wäre im Widerspruch zu $c < a$. Es existiert damit ein Atom $p \leqq d \leqq a$; es ist dann $p \in \langle a \rangle$, also auch $p \leqq c$. Aus $p \leqq c, d$ folgt $p \leqq c \cap d = o$; über $o \leqq p$ erhält man damit den Widerspruch $p = o$ zur Definition der Atome. Also ist $a = \bigcup \langle a \rangle$.

Als nächstes zeigen wir für jede Teilmenge $X \subseteq A$:

$$\langle \bigcup X \rangle = X.$$

Es ist also zu zeigen: $X = \underset{x}{M}\,(x \in A \wedge x \leqq \bigcup X)$. Trivial ist für jedes Element $x \in X$ auch $x \in A \wedge x \leqq \bigcup X$. Ist umgekehrt $x \in A \wedge x \leqq \bigcup X$ und wäre $x \notin X$, so ist $x \neq y$ für jedes $y \in X$.

Es gilt nun allgemein für Atome $p, q \in A$:

$$p \neq q \rightarrow q \leqq Cp;$$

wäre nämlich nicht $q \leqq Cp$, so wäre $q \cap Cp \neq q$ und $q \cup Cp \neq Cp$; wegen $o \leqq q \cap Cp \leqq q$ und $Cp \leqq q \cup Cp \leqq e$ kann dann nur $q \cap Cp = o$ und $q \cup Cp = e$

sein (denn da q Atom ist, gibt es kein $z \in M$ mit $\mathbf{o} < z < q$; da p Atom ist, gibt es ebenso kein $z \in M$ mit $\mathbf{o} < z < p$, also auch kein $z \in M$ mit $\mathbf{C}p < z < \mathbf{e}$, da sonst $\mathbf{o} < \mathbf{C}z < p$ wäre); also ist $q = \mathbf{C}\mathbf{C}p = p$ im Widerspruch zu $p \neq q$.

Damit gilt $y \leqq \mathbf{C}x$ für jedes $y \in X$, also $\bigcup X \leqq \mathbf{C}x$; wegen $x \leqq \bigcup X$ haben wir damit $x \leqq \mathbf{C}x$, also $x \cap \mathbf{C}x = x$, woraus $x = \mathbf{o}$ folgt im Widerspruch dazu, daß x als Atom von $\mathbf{o}$ verschieden ist. Also ist $\langle \bigcup X \rangle = X$.

Es gibt somit zu jeder Teilmenge $X \subseteq A$ ein Element $a \in M$ (nämlich $a = \bigcup X$) mit $\langle a \rangle = X$. Die Funktion f über M mit für jedes $a \in M$:

$$f(a) = \langle a \rangle$$

ist also eine eindeutige Abbildung von M auf $\boldsymbol{P}A$. f ist auch umkehrbar eindeutig; denn für beliebige Elemente $a, b \in M$ mit $\langle a \rangle = \langle b \rangle$ gilt ja $a = \bigcup \langle a \rangle = \bigcup \langle b \rangle = b$. Wir zeigen im folgenden, daß f sogar ein Isomorphismus von $[M, \cap, \cup]$ auf $[\boldsymbol{P}A, \underset{\boldsymbol{P}A}{\cap}, \underset{\boldsymbol{P}A}{\cup}]$ ist; d. h. für jedes $a, b \in M$ gilt noch:

$$\langle a \cap b \rangle = \langle a \rangle \cap \langle b \rangle,$$

$$\langle a \cup b \rangle = \langle a \rangle \cup \langle b \rangle.$$

Die Behauptung

$$\langle a \cap b \rangle = \langle a \rangle \cap \langle b \rangle$$

für beliebige $a, b \in M$ folgt einfach daraus, daß für jedes $x \in M$ gilt:

$$x \leqq a \cap b \leftrightarrow x \leqq a \wedge x \leqq b.$$

Die letzte Behauptung

$$\langle a \cup b \rangle = \langle a \rangle \cup \langle b \rangle$$

für alle $a, b \in M$ beweist man folgendermaßen: Es ist trivial

$$\langle a \rangle \cup \langle b \rangle \subseteq \langle a \cup b \rangle.$$

Wäre

$$\langle a \cup b \rangle \not\subseteq \langle a \rangle \cup \langle b \rangle,$$

so gäbe es ein Atom $p \in \langle a \cup b \rangle$ mit $p \notin \langle a \rangle$ und $p \notin \langle b \rangle$. Es ist dann unter Verwendung von $p \notin \langle a \rangle$ für jedes $q \in \langle a \rangle$ $p \neq q$, also (wie wir bereits oben bewiesen haben) $q \leqq \mathbf{C}p$, also $\langle a \rangle \subseteq \langle \mathbf{C}p \rangle$; damit ist

$$\langle a \cap \mathbf{C}p \rangle = \langle a \rangle \cap \langle \mathbf{C}p \rangle = \langle a \rangle,$$

also $a \cap \mathbf{C}p = a$, woraus schließlich $a \leqq \mathbf{C}p$ folgt; unter Verwendung von $p \notin \langle b \rangle$ erhält man mit derselben Methode $b \leqq \mathbf{C}p$, also insgesamt $a \cup b \leqq \mathbf{C}p$. Wegen $p \in \langle a \cup b \rangle$ ist $p \leqq a \cup b$, woraus mit $a \cup b \leqq \mathbf{C}p$ folgt $p \leqq \mathbf{C}p$, also $p \cap \mathbf{C}p = p$ im Widerspruch zu $p \neq \mathbf{o}$. Damit gilt auch $\langle a \cup b \rangle \subseteq \langle a \rangle \cup \langle b \rangle$, also ist $\langle a \cup b \rangle = \langle a \rangle \cup \langle b \rangle$.

Mit Satz 13 beschließen wir die verbandstheoretischen Betrachtungen.

§ 16. Ordnungen

1. Definition 1. Eine Relation R ist *linear in* der Klasse A (oder *die Elemente von A sind bzgl. R vergleichbar*) genau dann, wenn

$$R \subseteq A \times A \quad \text{und} \quad \forall x \forall y\, (x, y \in A \to xRy \vee yRx)$$

gilt, *konnex in A* genau dann, wenn

$$R \subseteq A \times A \quad \text{und} \quad \forall x \forall y\, (x, y \in A \to xRy \vee x = y \vee yRx)$$

gilt, und *trichotom in A* genau dann, wenn R konnex in A ist und für beliebige Elemente x, y von den Fällen xRy, $x = y$, yRx stets höchstens einer eintritt, d. h.

$$\forall x \forall y\, (xRy \to x \neq y \wedge \sim yRx \cdot\wedge\cdot\, x = y \to \sim xRy \wedge \sim yRx \cdot\wedge\cdot\, yRx \to \sim xRy \wedge x \neq y).$$

Eine Relation R ist eine *reflexive Ordnung in* der Klasse A genau dann, wenn R eine reflexive Halbordnung in A und linear in A ist; R ist eine *irreflexive Ordnung in A* genau dann, wenn R eine irreflexive Halbordnung und konnex in A ist; R ist eine *Ordnung in A* genau dann, wenn R eine reflexive oder irreflexive Ordnung in A ist.

Da eine in einer Klasse A lineare Relation automatisch reflexiv in A ist, ist bei einer reflexiven Ordnung R in A die Bedingung der Reflexivität entbehrlich. Eine irreflexive Ordnung R in A ist trichotom in A; dies folgt aus der Irreflexivität, der Asymmetrie und der Konnexität von R. Bei einer irreflexiven Ordnung R in A tritt also für Elemente $x, y \in A$ jeweils genau einer der drei Fälle xRy, $x = y$, yRx ein. Ist R eine Ordnung in A, so ist jede Teilklasse $B \subseteq A$ eine Kette von A bzgl. R.

Ist R eine (reflexive bzw. irreflexive) Ordnung in A und $B \subseteq A$, so ist die durch R in B induzierte Relation ${}_BR_B$ eine (reflexive bzw. irreflexive) Ordnung in B.

Beispiele für Ordnungen:

$\underset{\mathfrak{A}}{\subseteq}$, $\underset{\mathfrak{A}}{\supseteq}$ sind reflexive Ordnungen in $\mathfrak{A}$; $\underset{\mathfrak{A}}{\subset}$, $\underset{\mathfrak{A}}{\supset}$ sind irreflexive Ordnungen in $\mathfrak{A}$.

Die Relation $R_1 \subseteq \mathfrak{S} \times \mathfrak{S}$ mit

$$\forall X \forall Y\, (X R_1 Y \leftrightarrow X, Y \in \mathfrak{S} \wedge X \sqsubseteq Y)$$

ist eine reflexive Ordnung in $\mathfrak{S}$, die Relation $R_2 \subseteq \mathfrak{S} \times \mathfrak{S}$ mit

$$\forall X \forall Y\, (X R_2 Y \leftrightarrow X, Y \in \mathfrak{S} \wedge X \sqsubset Y)$$

ist eine irreflexive Ordnung in $\mathfrak{S}$.

Satz 1. *Für Klassen A und Relationen R gilt:*

$$R \text{ linear in } A \leftrightarrow R \cup R^{-1} = A \times A,$$
$$R \text{ linear in } A \leftrightarrow R^{-1} \text{ linear in } A,$$
$$R \text{ konnex in } A \leftrightarrow R^{-1} \cup \mathfrak{I}_A = A \times A,$$
$$R \text{ konnex in } A \leftrightarrow R^{-1} \text{ konnex in } A,$$
$$R \text{ trichotom in } A \leftrightarrow R^{-1} \text{ trichotom in } A,$$
$$R \text{ reflexive Ordnung in } A \leftrightarrow R^{-1} \text{ reflexive Ordnung in } A,$$
$$R \text{ irreflexive Ordnung in } A \leftrightarrow R^{-1} \text{ irreflexive Ordnung in } A.$$

Beweis. Die Behauptungen folgen unmittelbar aus den entsprechenden Definitionen und Satz 1, § 14.

Satz 2. *Für Klassen A und Relationen R gilt:*

$$R \text{ reflexive Ordnung in } A \rightarrow R \setminus \mathfrak{I}_A \text{ irreflexive Ordnung in } A,$$
$$R \text{ irreflexive Ordnung in } A \rightarrow R \cup \mathfrak{I}_A \text{ reflexive Ordnung in } A.$$

Beweis. Die Behauptungen folgen unmittelbar aus den entsprechenden Definitionen und Satz 3, § 14.

Aus Satz 2 folgt sofort für Klassen A:

$$\exists R\,(R \text{ Ordnung in } A) \leftrightarrow \exists R\,(R \text{ reflexive Ordnung in } A)$$
$$\leftrightarrow \exists R\,(R \text{ irreflexive Ordnung in } A).$$

Mit der für Halbordnungen R eingeführten Schreibweise $\underset{R}{\leqq}$ und $\underset{R}{<}$ (wobei man den Index R auch wegläßt) erhält man den

Satz 3. *Für Klassen A, Ordnungen R in A und beliebige Elemente $a, b, c \in A$ gilt:*

$$a \leqq b \leftrightarrow a < b \vee a = b, \qquad a < b \leftrightarrow a \leqq b \wedge a \neq b,$$
$$a \leqq a \qquad (\textit{Reflexivität}),$$
$$a \leqq b \wedge b \leqq c \rightarrow a \leqq c \qquad (\textit{Transitivität}),$$
$$a \leqq b \wedge b \leqq a \rightarrow a = b \qquad (\textit{Antisymmetrie}),$$
$$a \leqq b \vee b \leqq a \qquad (\textit{Linearität}),$$

$$a \not< a \qquad (\textit{Irreflexivität}),$$
$$a < b \wedge b < c \rightarrow a < c \qquad (\textit{Transitivität}),$$
$$a < b \rightarrow b \not< a \qquad (\textit{Asymmetrie}),$$
$$a < b \vee a = b \vee b < a \qquad (\textit{Konnexität}),$$

$$a < b \wedge b \leqq c \rightarrow a < c,$$

$$a \leqq b \wedge b < c \rightarrow a < c.$$

Beweis. Die Behauptungen folgen unmittelbar aus den entsprechenden Definitionen und Satz 4, § 14.

2. Reflexive Ordnungen sind spezielle reflexive Halbordnungen und damit eindeutig durch ihr Restsystem (falls es existiert) bestimmt. Doch auch die irreflexiven Ordnungen sind, im Gegensatz zu den irreflexiven Halbordnungen, eindeutig durch ihr Restsystem bestimmt. Man beweist nämlich ohne Schwierigkeiten in Analogie zu den Sätzen 10 und 11 aus § 13 für Klassen A und irreflexive Ordnungen R in A:

$$\forall x\,(x \in A \rightarrow R\,\langle\{x\}\rangle = \underset{y}{\boldsymbol{K}} \exists\, X(\exists\, z(z \in A \wedge X = R\,\langle\{z\}\rangle) \wedge x \notin X \wedge y \in X)),$$

woraus unter der zusätzlichen Voraussetzung $\forall x\,(x \in A \rightarrow R\,\langle\{x\}\rangle \in \boldsymbol{M})$ folgt:

$$\forall x\,(x \in A \rightarrow R\,\langle\{x\}\rangle = \bigcup_{\substack{X \in \mathrm{Bs}\,R \\ x \notin X}} X).$$

Die Restsysteme reflexiver Ordnungen lassen sich folgendermaßen charakterisieren:

Satz 4. *Für Klassen A und Mengensysteme $M \subseteq \boldsymbol{P}A$ gilt:*

$$\exists\, R\ (R \text{ reflexive Ordnung in } A \wedge M = \mathrm{Bs}\,R)$$

$$\leftrightarrow (1)\ \forall x\,(x \in A \rightarrow \bigcap_{\substack{X \in M \\ x \in X}} X \in M)$$

$$\wedge\ (2)\ \forall X_0\,(X_0 \in M \rightarrow \exists!!\, x_0\,(x_0 \in A \wedge X_0 = \bigcap_{\substack{X \in M \\ x_0 \in X}} X))$$

$$\wedge\ (3)\ \forall X_1 \forall X_2\,(X_1, X_2 \in M \rightarrow X_1 \cup X_2 \in M).$$

Beweis. Es sei A eine Klasse und $M \subseteq \boldsymbol{P}A$.

($\rightarrow$) Es existiere eine reflexive Ordnung R in A mit $M = \mathrm{Bs}\,R$; zu zeigen sind die Behauptungen (1), (2), (3). (1) und (2) folgen unmittelbar aus Satz 5, § 14; es ist also nur noch (3) zu beweisen; d. h. für jedes X_1, X_2:

$$X_1, X_2 \in \mathrm{Bs}\,R \rightarrow X_1 \cup X_2 \in \mathrm{Bs}\,R.$$

Dies folgt so: Ist $X_1, X_2 \in \mathrm{Bs}\,R$, so gibt es Elemente $x_1, x_2 \in A$ mit $X_1 = R\langle\{x_1\}\rangle$ und $X_2 = R\langle\{x_2\}\rangle$. Da R eine reflexive Ordnung in A ist, gilt $x_1\,R\,x_2 \vee x_2\,R\,x_1$, woraus

$$R\,\langle\{x_2\}\rangle \subseteq R\,\langle\{x_1\}\rangle \vee R\,\langle\{x_1\}\rangle \subseteq R\,\langle\{x_2\}\rangle$$

folgt (denn ist $x_1 R x_2$ und $z \in R\langle\{x_2\}\rangle$, so gilt $x_1 R x_2 \wedge x_2 R z$, also auf Grund der Transitivität von R: $x_1 R z$ und damit $z \in R\,\langle\{x_1\}\rangle$; analog folgt $z \in R\,\langle\{x_2\}\rangle$ aus $x_2\,R x_1$ und $z \in R\,\langle\{x_1\}\rangle$), also

$$X_2 \cup X_1 = X_1 \in \mathrm{Bs}\,R \vee X_1 \cup X_2 = X_2 \in \mathrm{Bs}\,R.$$

(←) Es gelte (1), (2) und (3); behauptet wird die Existenz einer reflexiven Ordnung R in A mit $M = \mathrm{Bs}\, R$. Aus (1) und (2) folgt nach dem Beweisverfahren zu Satz 5, § 14, daß die Relation R in A mit

$$\forall x \left(x \in A \to R\langle\{x\}\rangle = \bigcap_{\substack{X \in M \\ x \in X}} X\right)$$

eine reflexive Halbordnung in A ist mit $M = \mathrm{Bs}\, R$. Es ist also nur noch die Linearität dieser Relation R aus der Bedingung (3) zu zeigen. Dies folgt so: (3) ergibt

$$R\langle\{x\}\rangle \cup R\langle\{y\}\rangle \in \mathrm{Bs}\, R \text{ für jedes } x, y \in A.$$

Also gibt es für jedes $x, y \in A$ ein $z \in A$ mit $R\langle\{x\}\rangle \cup R\langle\{y\}\rangle = R\langle\{z\}\rangle$. Aus der Reflexivität von R folgt

$$x \in R\langle\{x\}\rangle \wedge y \in R\langle\{y\}\rangle \wedge z \in R\langle\{z\}\rangle,$$

also $zRx \wedge zRy$ und $xRz \vee yRz$; im Falle xRz erhält man über die Transitivität von R: xRy aus $xRz \wedge zRy$; im Falle yRz erhält man yRx aus $yRz \wedge zRx$.

3. Definition 2. Ist M eine Menge und R eine (reflexive bzw. irreflexive) Ordnung in M, so heißt das geordnete Paar $[M, R]$ die *durch R (reflexiv* bzw. *irreflexiv) geordnete Menge M*. Eine Menge M^* ist eine (*reflexiv* bzw. *irreflexiv*) *geordnete Menge* oder ist (*reflexiv* bzw. *irreflexiv*) *geordnet* genau dann, wenn es eine Menge M und eine (reflexive bzw. irreflexive) Ordnung R in M gibt mit $M^* = [M, R]$.

Eine (reflexiv bzw. irreflexiv) geordnete Menge M^* ist also anschaulich der Inbegriff einer Menge M und einer sie regelnden (reflexiven bzw. irreflexiven) Ordnung R.

Ein geordnetes Paar $[M, R]$ von Elementen $M, R \in \mathbf{E}$ ist genau dann (reflexiv bzw. irreflexiv) geordnet, wenn M eine Menge und R eine (reflexive bzw. irreflexive) Ordnung in M ist.

Ist R eine reflexive Ordnung in der Menge M und $H = [M, R]$, so ist $V = [M, \underset{H}{\cap}, \underset{H}{\cup}]$ nach Satz 5, § 15 ein Verband, da für beliebige Elemente $a, b \in M$ stets $\inf\{a, b\} = \min\{a, b\}$ und $\sup\{a, b\} = \max\{a, b\}$ existieren.

Satz 5. *Für Klassen A, B und Relationen R in A, S in B gilt:*

$$|A, R| \backsimeq |B, S| .\!\to\!. \; R \textit{ reflexive Ordnung in } A \leftrightarrow S \textit{ reflexive Ordnung in } B$$
$$\cdot\!\wedge\!\cdot \; R \textit{ irreflexive Ordnung in } A \leftrightarrow S \textit{ irreflexive Ordnung in } B.$$

Beweis. Es seien A, B Klassen, R eine Relation in A, S eine Relation in B und f eine isomorphe Abbildung von $|A, R|$ auf $|B, S|$. Dann ist f eine umkehrbar eindeutige Abbildung von A auf B mit

$$\forall x \forall y \left(xRy \leftrightarrow f(x)\, S f(y)\right).$$

Die Behauptungen von Satz 5 beweist man dann unter Verwendung von Satz 6 § 14 nach dem Muster des Beweises zu Satz 2, § 10.

Aus Satz 5 folgt speziell für Mengen M, N und Relationen R in M, S in N:

$$[M, R] \backsim [N, S] \;.\!\rightarrow\!.\; [M, R] \textit{ reflexiv geordnet} \leftrightarrow [N, S] \textit{ reflexiv geordnet}$$
$$\cdot\!\wedge\!\cdot\; [M, R] \textit{ irreflexiv geordnet} \leftrightarrow [N, S] \textit{ irreflexiv geordnet.}$$

Satz 6. *Für Klassen A, B, Ordnungen R in A und Halbordnungen S in B gilt: Jede echt monotone Funktion F bzgl. $|A, R|$, $|B, S|$ ist umkehrbar.*

Beweis. Ist unter den Voraussetzungen des Satzes $x, y \in A$ und $x \neq y$, so ist auf Grund der Konnexität von $\underset{R}{<}$: $x < y \vee y < x$, also $F(x) < F(y) \vee F(y) < F(x)$, also $F(x) \neq F(y)$. Damit ist F umkehrbar.

Satz 7. *Für Klassen A, B, Ordnungen R in A, Halbordnungen S in B, wobei R und S beide reflexiv oder beide irreflexiv sind, und Funktionen F von A auf B gilt:*

$$F \textit{ Isomorphismus von } |A, R| \textit{ auf } |B, S|$$
$$\leftrightarrow F \textit{ echt monoton wachsend bzgl. } |A, R|, |B, S|.$$

Beweis. Es sei R eine Ordnung in A, S eine Halbordnung in B, wobei R und S beide reflexiv oder beide irreflexiv sind, und F eine Funktion von A auf B. Ist F ein Isomorphismus von $|A, R|$ auf $|B, S|$, so ist F nach Satz 16, § 14 echt monoton wachsend bzgl. $|A, R|$, $|B, S|$. Ist umgekehrt F echt monoton wachsend bzgl. $|A, R|$, $|B, S|$, so ist F nach Satz 6 umkehrbar. Außerdem ist F^{-1} echt monoton wachsend bzgl. $|B, S|$, $|A, R|$; denn ist $F(x) < F(y)$ für $x, y \in A$, so muß auch $x < y$ gelten, da $y \leqq x$ nach Voraussetzung $F(y) \leqq F(x)$ ergibt im Gegensatz zu $F(x) < F(y)$. Damit ist also F nach Satz 16, § 14 ein Isomorphismus von $|A, R|$ auf $|B, S|$.

Aus Satz 7 folgt für Klassen A, B, Ordnungen R in A und Halbordnungen S in B, wobei R und S beide reflexiv oder beide irreflexiv sind:

$$|A, R| \backsim |B, S|$$
$$\leftrightarrow \exists F\,(F \textit{ eineindeutige Abbildung von } A \textit{ auf } B \wedge \forall x \forall y\,(xRy \rightarrow F(x)\, S\, F(y)));$$

sind speziell A und B die Mengen M und N, so gilt also:

$$[M, R] \backsim [N, S]$$
$$\leftrightarrow \exists F\,(F \textit{ eineindeutige Abbildung von } M \textit{ auf } N \wedge \forall x \forall y\,(xRy \rightarrow F(x)\, S\, F(y))).$$

Es folgen zwei Sätze über die Komposition geordneter Mengen.

Satz 8. *Für disjunkte Mengenkomplexe $(M_i)_{i \in I}$, Mengenkomplexe $(S_i)_{i \in I}$ mit*

$$\forall i\,(i \in I \rightarrow [M_i, S_i] \textit{ reflexiv geordnet})$$

bzw.

$$\forall i\,(i \in I \rightarrow [M_i, S_i] \textit{ irreflexiv geordnet}),$$

$A = \bigcup_{i \in I} M_i$ *und Ordnungen T in I gilt: Die Relation R in A mit für jedes $x, y \in A$:*

$$xRy \leftrightarrow \exists i \; \exists j \; (i, j \in I \wedge x \in M_i \wedge y \in M_j \cdot\wedge\cdot i \neq j \rightarrow iTj \cdot\wedge\cdot i = j \rightarrow xS_iy)$$

ist eine reflexive bzw. irreflexive Ordnung in A.

Beweis. Die Behauptungen folgen unter Verwendung von Satz 7, § 14 unmittelbar aus den entsprechenden Definitionen.

Satz 9. *Für Mengenkomplexe $(M_i)_{i \in I}$, $(S_i)_{i \in I}$ mit*

$$\forall i \, (i \in I \rightarrow [M_i, S_i] \text{ reflexiv geordnet})$$

bzw.

$$\forall i \, (i \in I \rightarrow [M_i, S_i] \text{ irreflexiv geordnet}).$$

mit

$$\forall i \, \forall j \, (i, j \in I \,.\!\rightarrow\!.\, M_i \subseteq M_j \wedge S_i = {}_{M_i}(S_j)_{M_i} \cdot\vee\cdot M_j \subseteq M_i \wedge S_j = {}_{M_j}(S_i)_{M_j})$$

und $A = \bigcup_{i \in I} M_i$, $R = \bigcup_{i \in I} S_i$ gilt:

$$\exists!!\, X \, (X \text{ Relation in } A \wedge \forall i \, (i \in I \rightarrow S_i = {}_{M_i}X_{M_i})),$$

$$R \text{ reflexive bzw. irreflexive Ordnung in } A \wedge \forall i \; (i \in I \rightarrow S_i = {}_{M_i}R_{M_i}).$$

Beweis. Unter den Voraussetzungen des Satzes folgt aus Satz 8, § 14 sofort, daß es genau eine Relation X in A gibt mit

$$\forall i \, (i \in I \rightarrow S_i = {}_{M_i}X_{M_i})$$

und daß diese Relation die reflexive bzw. irreflexive Halbordnung R in A ist. Ohne Schwierigkeiten zeigt man schließlich aus den Voraussetzungen, daß R auch linear bzw. konnex ist.

4. Ist R eine Ordnung in A und a ein minimales bzw. maximales Element von A bzgl. R, so ist $a = \min A$ bzw. $a = \max A$; in bezug auf eine Ordnung R in A fallen also die Begriffe eines minimalen bzw. maximalen Elementes von A und des Minimums bzw. Maximums von A zusammen.

Satz 10. *Für endliche Mengen $M \neq \emptyset$ und Ordnungen R in M gilt:*

$$\exists a \, (a = \min M),$$

$$\exists a \, (a = \max M).$$

Beweis. Die Behauptungen folgen unmittelbar aus Satz 10, § 14, da für Ordnungen die minimalen bzw. maximalen Elemente mit dem Minimum bzw. Maximum übereinstimmen.

Aus Satz 10 folgt für Klassen A und Ordnungen R in A, daß jede endliche, nicht leere Teilmenge $M \subseteq A$ hinsichtlich R ein (natürlich eindeutig bestimmtes) erstes und ein (natürlich eindeutig bestimmtes) letztes Element besitzt. Es gilt also für Klassen A und Ordnungen R in A:

$$\forall M\,(\emptyset \neq M \subseteq A \wedge M \textit{ endlich} \rightarrow \exists!!\,a\,(a \in M \wedge \forall x\,(x \in M \rightarrow a \leqq x))),$$

$$\forall M\,(\emptyset \neq M \subseteq A \wedge M \textit{ endlich} \rightarrow \exists!!\,a\,(a \in M \wedge \forall x\,(x \in M \rightarrow x \leqq a))).$$

Als Umkehrung hiervon erhält man den

Satz 11. *Für Klassen A und Relationen R in A gilt:*

$$\forall M\,(\emptyset \neq M \subseteq A \wedge M \textit{ endlich} \rightarrow \exists!!\,a\,(a \in M \wedge \forall x\,(x \in M \rightarrow aRx))) \rightarrow R \textit{ reflexive Ordnung in } A,$$

$$\forall M\,(\emptyset \neq M \subseteq A \wedge M \textit{ endlich} \rightarrow \exists!!\,a\,(a \in M \wedge \forall x\,(x \in M \rightarrow xRa))) \rightarrow R \textit{ reflexive Ordnung in } A.$$

Beweis. Die zweite Behauptung folgt aus der ersten durch Verwendung der Umkehrrelation R^{-1}, die ja genau dann eine reflexive Ordnung in A ist, wenn R eine reflexive Ordnung in A ist. Es genügt daher, die erste Behauptung zu beweisen. Es sei A eine Klasse, R eine Relation in A und jede nicht leere, endliche Teilmenge $M \subseteq A$ besitze genau ein Element $a \in M$ mit $\forall x\,(x \in M \rightarrow aRx)$. Wir zeigen zunächst, daß R linear und damit auch reflexiv in A ist. Sind x_1, $x_2 \in A$, so ist $\{x_1, x_2\}$ eine nicht leere, endliche Teilmenge von A; es gibt also ein $a \in \{x_1, x_2\}$ mit $\forall x\,(x \in \{x_1, x_2\} \rightarrow aRx)$. Ist $a = x_1$, so gilt dann x_1Rx_2, ist $a = x_2$, so gilt x_2Rx_1, also insgesamt $x_1Rx_2 \vee x_2Rx_1$; damit ist R linear in A und reflexiv in A. Als nächstes zeigen wir die Antisymmetrie von R. Sind x_1, $x_2 \in A$, so ist wieder $\{x_1, x_2\}$ eine nicht leere, endliche Teilmenge von A; es gibt also genau ein $a \in \{x_1, x_2\}$ mit $\forall x\,(x \in \{x_1, x_2\} \rightarrow aRx)$. Es ist zu zeigen $x_1Rx_2 \wedge x_2Rx_1 \rightarrow x_1 = x_2$. Ist aber x_1Rx_2, so ist wegen der Reflexivität von R: $a = x_1$; ebenso folgt $a = x_2$ aus x_2Rx_1; also gilt $x_1 = x_2$. Schließlich zeigen wir noch die Transitivität von R, womit dann R eine reflexive Ordnung in A ist. Sind $x_1, x_2, x_3 \in A$, so ist $\{x_1, x_2, x_3\}$ eine nicht leere, endliche Teilmenge von A; es gibt also ein $a \in \{x_1, x_2, x_3\}$ mit $\forall x\,(x \in \{x_1, x_2, x_3\} \rightarrow aRx)$. Es ist zu zeigen $x_1Rx_2 \wedge x_2Rx_3 \rightarrow x_1Rx_3$. Ist $a = x_1$, so gilt x_1Rx_3. Ist $a = x_2$, so gilt x_2Rx_1; mit x_1Rx_2 folgt dann $x_1 = x_2$ aus der Antisymmetrie von R; also gilt wegen x_2Rx_3 dann auch x_1Rx_3. Ist $a = x_3$, so gilt x_3Rx_2; mit x_2Rx_3 folgt dann $x_2 = x_3$ aus der Antisymmetrie von R; also gilt wegen x_1Rx_2 dann auch x_1Rx_3.

Mit Satz 11 erhält man folgende Charakterisierung der reflexiven Ordnungen: Ist R eine Relation in A, so gilt:

$$R \textit{ reflexive Ordnung in } A \leftrightarrow \forall M\,(\emptyset \neq M \subseteq A \wedge M \textit{ endlich} \rightarrow \exists!!\,a\,(a \in M \wedge \forall x\,(x \in M \rightarrow aRx))),$$

$$R \textit{ reflexive Ordnung in } A \leftrightarrow \forall M\,(\emptyset \neq M \subseteq A \wedge M \textit{ endlich} \rightarrow \exists!!\,a\,(a \in M \wedge \forall x\,(x \in M \rightarrow xRa))).$$

Satz 12. *Für Klassen A, Ordnungen R in A, Teilklassen $B \subseteq A$ und Elemente $a \in A$ gilt:*

$$a = \inf B \leftrightarrow a \text{ Minorante von } B \text{ bzgl. } A, R$$
$$\wedge \forall x \exists y (x \in A \wedge a < x \rightarrow y \in B \wedge a \leqq y < x),$$

$$a = \sup B \leftrightarrow a \text{ Majorante von } B \text{ bzgl. } A, R$$
$$\wedge \forall x \exists y (x \in A \wedge x < a \rightarrow y \in B \wedge x < y \leqq a).$$

Beweis. Die zweite Behauptung folgt aus der ersten durch Verwendung der Umkehrrelation R^{-1}. Es genügt daher, die erste Behauptung zu beweisen. Es sei $B \subseteq A$, R eine Ordnung in A und $a \in A$. Ist $a = \inf B$, so ist doch a das Maximum der unteren Schranken (Minoranten) von B; ist dann also $a < x$ für ein $x \in A$, so kann nicht $x \leqq y$ für alle $y \in B$ gelten, da sonst x eine größere untere Schranke von B als a wäre; es muß also auf Grund der Linearität von $\underset{R}{\leqq}$ ein $y \in B$ mit $a \leqq y < x$ geben. Ist umgekehrt a eine untere Schranke von B, so folgt aus

$$\forall x \exists y (x \in A \wedge a < x \rightarrow y \in B \wedge a \leqq y < x)$$

sofort, daß es keine größere untere Schranke von B als a geben kann; also ist $a = \inf B$.

5. Wir stellen jetzt noch einige wichtige Begriffe für Ordnungsrelationen zusammen.

Definition 3. Ist R eine Ordnung in A, so ist A *bzgl. R* (*nach links* oder *nach unten* bzw. *nach rechts* oder *nach oben*) *begrenzt* genau dann, wenn ($\min A$ bzw. $\max A$ existiert) $\min A$ und $\max A$ existieren; A ist *bzgl. R* (*nach links* oder *nach unten* bzw. *nach rechts* oder *nach oben*) *unbegrenzt* genau dann, wenn ($\min A$ bzw. $\max A$ nicht existiert) weder $\min A$ noch $\max A$ existieren.

Ist M eine nicht leere, endliche Menge und R eine Ordnung in M, so ist M bzgl. R begrenzt; ist K eine nicht leere Klasse, R eine Ordnung in K und ist K bzgl. R (nach links bzw. nach rechts) unbegrenzt, so ist K unendlich.

Definition 4. Ist R eine Halbordnung in A, so sind Elemente $a, b \in A$ *benachbarte* oder *konsekutive Elemente von A bzgl. R* genau dann, wenn gilt:

$$a < b \wedge \sim \exists x (x \in A \wedge a < x < b).$$

Sind a, b benachbarte Elemente von A bzgl. R, so heißt a ein (*unmittelbarer*) *Vorgänger von b bzgl. A, R* oder *vorderer Nachbar von b bzgl. A, R* und b ein (*unmittelbarer*) *Nachfolger von a bzgl. A, R* oder *hinterer Nachbar von a bzgl. A, R.*

Ist A eine Klasse und R eine Ordnung in A, so besitzt jedes Element $c \in A$ höchstens einen Vorgänger a und höchstens einen Nachfolger b; denn sind a_1, a_2 Vorgänger von c bzw. b_1, b_2 Nachfolger von c, so gilt ja

$$a_1 < c \wedge a_2 < c \quad \text{und} \quad \sim a_1 < a_2 < c \wedge \sim a_2 < a_1 < c$$

bzw.

$$c < b_1 \wedge c < b_2 \quad \text{und} \quad \sim c < b_2 < b_1 \wedge \sim c < b_1 < b_2;$$

also muß

$$a_1 \not< a_2 \wedge a_2 \not< a_1 \quad \text{bzw.} \quad b_2 \not< b_1 \wedge b_1 \not< b_2$$

gelten, woraus

$$a_2 \leqq a_1 \wedge a_1 \leqq a_2 \quad \text{bzw.} \quad b_1 \leqq b_2 \wedge b_2 \leqq b_1$$

folgt; also ist $a_1 = a_2$ bzw. $b_1 = b_2$. Ist R eine Ordnung in A und besitzt das Element $c \in A$ einen Vorgänger a bzw. einen Nachfolger b, so ist

$$a = \max \underset{x}{\boldsymbol{K}} (x \in A \wedge x < c) \quad \text{bzw.} \quad b = \min \underset{x}{\boldsymbol{K}} (x \in A \wedge c < x).$$

Definition 5. Ist R eine Halbordnung in A, so ist ein Element $a \in A$ ein *isoliertes Element von A bzgl. R* genau dann, wenn eine der folgenden vier Bedingungen erfüllt ist: (1) a ist ein minimales und ein maximales Element von A bzgl. R; (2) a ist ein minimales und kein maximales Element von A bzgl. R, und a besitzt einen Nachfolger bzgl. A, R; (3) a ist kein minimales und ein maximales Element von A bzgl. R, und a besitzt einen Vorgänger bzgl. A, R; (4) a ist kein minimales und kein maximales Element von A bzgl. R, und a besitzt einen Vorgänger und einen Nachfolger bzgl. A, R. Ist R eine Halbordnung in A, so ist ein Element $a \in A$ ein *Limeselement von A bzgl. R* genau dann, wenn a kein isoliertes Element von A bzgl. R ist.

Ist R eine Halbordnung in A, so ist ein Element $a \in A$ isoliertes Element von A bzgl. R genau dann, wenn erstens a minimales Element ist oder einen Vorgänger besitzt und wenn zweitens gleichzeitig a maximales Element ist oder einen Nachfolger besitzt; $a \in A$ ist Limeselement von A bzgl. R genau dann, wenn a kein minimales Element ist und keinen Vorgänger besitzt oder wenn a kein maximales Element ist und keinen Nachfolger besitzt. Ist R eine Ordnung in A, so ist ein Element $a \in A$ isoliertes Element von A bzgl. R genau dann, wenn erstens $a = \min A$ ist oder der Vorgänger von a existiert und wenn zweitens gleichzeitig $a = \max A$ ist oder der Nachfolger von a existiert; $a \in A$ ist Limeselement von A bzgl. R genau dann, wenn a weder $= \min A$ ist noch der Vorgänger von a existiert oder wenn a weder $= \max A$ ist noch der Nachfolger von a existiert.

Definition 6. Ist R eine Halbordnung in A, $a, b \in A$ und $a \leqq b$, so heißt die Klasse $\underset{x}{\boldsymbol{K}} (x \in A \wedge a \leqq x \leqq b)$ das *abgeschlossene Intervall von A bzgl. R mit den Endpunkten a, b*, bezeichnet mit: $\underset{|A,R|}{[a, b]}$ (gelesen: *Intervall* $a \leqq x \leqq b$ *bzgl.* A, R), die Klasse $\underset{x}{\boldsymbol{K}}(x \in A \wedge a < x < b)$ das *offene Intervall von A bzgl. R mit den Endpunkten a, b*, bezeichnet mit: $\underset{|A,R|}{]a, b[}$ (gelesen: *Intervall* $a < x < b$ *bzgl.* A, R), die Klasse $\underset{x}{\boldsymbol{K}} (x \in A \wedge a < x \leqq b)$ das *links-halboffene Intervall von A bzgl. R mit den Endpunkten a, b*, bezeichnet mit: $\underset{|A,R|}{]a, b]}$ (gelesen: *Intervall* $a < x \leqq b$ *bzgl.* A, R), und die Klasse $\underset{x}{\boldsymbol{K}} (x \in A \wedge a \leqq x < b)$ das *rechts-halb-*

offene Intervall von A bzgl. R mit den Endpunkten a, b, bezeichnet mit: $[a, b[_{|A,R|}$ (gelesen: *Intervall* $a \leqq x < b$ *bzgl. A, R*). Ist R eine Halbordnung in A und $I \subseteq A$, so ist I ein *Intervall von A bzgl. R* genau dann, wenn es Elemente $a, b \in A$ gibt mit $a \leqq b$ und

$$I = [a, b]_{|A,R|} \vee I =]a, b[_{|A,R|} \vee I =]a, b]_{|A,R|} \vee I = [a, b[_{|A,R|}.$$

Sind keine Verwechslungen zu befürchten, so läßt man die Indexvariablen (im Falle der Definition 6 also $|A, R|$) an den Zeichen $[,]$ auch weg.

Man zeigt leicht für eine Ordnung R in A und Intervalle I_1, I_2 von A bzgl. R, daß stets der Durchschnitt $I_1 \cap I_2$ wieder ein Intervall von A bzgl. R ist.

Definition 7. Ist R eine Halbordnung in A und $S \subseteq A$, so ist S ein *Stück von A bzgl. R* genau dann, wenn

$$\forall x \forall y \forall z (x, y \in S \wedge z \in A \wedge x < z < y \to z \in S)$$

gilt. Ein Stück S von A bzgl. R ist ein *Anfangsstück* (oder *Segment*) *von A bzgl. R* genau dann, wenn $S = \emptyset$ oder A koinitial mit S bzgl. R ist, ein *Endstück von A bzgl. R* genau dann, wenn $S = \emptyset$ oder A konfinal mit S bzgl. R ist, und ein *Mittelstück von A bzgl. R* genau dann, wenn S weder Anfangs- noch Endstück von A bzgl. R ist.

Ist R eine Halbordnung in A, so ist S ein Anfangs- bzw. Endstück von A bzgl. R genau dann, wenn S ein End- bzw. Anfangsstück von A bzgl. R^{-1} ist.

Ist R eine Halbordnung in A, so ist jedes Intervall von A bzgl. R ein Stück von A bzgl. R.

Ist R eine Halbordnung in A, so ist A Anfangs- und Endstück von A bzgl. R.

Ist S ein Anfangs- bzw. Endstück von A bzgl. R und T ein Anfangs- bzw. Endstück von S bzgl. ${}_SR_S$, so ist T auch ein Anfangs- bzw. Endstück von A bzgl. R.

Satz 13. *Für Klassen A, Ordnungen R in A und Teilklassen* $S \subseteq A$ *gilt:*

$$S \text{ Anfangsstück von } A \text{ bzgl. } R \leftrightarrow \forall x \forall y (x \in S \wedge y \in A \wedge y \leqq x \to y \in S),$$

$$S \text{ Endstück von } A \text{ bzgl. } R \leftrightarrow \forall x \forall y (x \in S \wedge y \in A \wedge x \leqq y \to y \in S).$$

Beweis. Die zweite Behauptung folgt sofort aus der ersten, da S Endstück von A bzgl. R ist genau dann, wenn S Anfangsstück von A bzgl. R^{-1} ist. Nun zur ersten Behauptung. Ist S ein Anfangsstück von A bzgl. der Ordnung R und $S = \emptyset$, so gilt trivial

$$\forall x \forall y (x \in S \wedge y \in A \wedge y \leqq x \to y \in S);$$

ist $S \neq \emptyset$, $x \in S$, $y \in A$ und $y \leqq x$, so gibt es zu y wegen der Koinitialität von A mit S ein $z \in S$ mit $z \leqq y$. Es ist dann $z \leqq y \leqq x$ bei $x, z \in S$; ist $y = z \vee y = x$, so ist sofort $y \in S$; ist $z < y < x$, so ist ebenfalls $y \in S$, da S ein Stück von A ist; also gilt stets $y \in S$. Gilt umgekehrt für eine Ordnung R in A und eine Teilklasse $S \subseteq A$:

$$\forall x \forall y \, (x \in S \wedge y \in A \wedge y \leqq x \rightarrow y \in S),$$

so ist S ein Stück von A bzgl. R. Ist $S = \emptyset$, so ist S bereits ein Anfangsstück von A bzgl. R. Ist $S \neq \emptyset$, so gibt es ein $x \in S$; für jedes $y \in A$ gilt dann $x \leqq y \vee y \leqq x$; in beiden Fällen gibt es aber ein $z \leqq y$ mit $z \in S$, nämlich $z = x$ im Falle $x \leqq y$ und $z = y$ im Falle $y \leqq x$; also ist A koinitial mit S und damit insgesamt Anfangsstück von A bzgl. R.

Ist R eine Ordnung in A und M ein Mengensystem von Anfangs- bzw. Endstücken von A bzgl. R, so ist nach Satz 13 sofort $\bigcup M$ wieder ein Anfangs- bzw. Endstück von A bzgl. R; ist $M \neq \emptyset$, so ist auch $\bigcap M$ wieder ein Anfangs- bzw. Endstück von A bzgl. R.

Satz 14. *Für Klassen A, Ordnungen R in A und Anfangs- bzw. Endstücke S_1, S_2 von A bzgl. R gilt:*

$$S_1 \textit{ Anfangsstück von } S_2 \textit{ bzgl. } {}_{S_2}R_{S_2} \vee S_2 \textit{ Anfangsstück von } S_1 \textit{ bzgl. } {}_{S_1}R_{S_1}$$

bzw.

$$S_1 \textit{ Endstück von } S_2 \textit{ bzgl. } {}_{S_2}R_{S_2} \vee S_2 \textit{ Endstück von } S_1 \textit{ bzgl. } {}_{S_1}R_{S_1}.$$

Beweis. Ist R eine Ordnung in A und sind S_1, S_2 Anfangs- bzw. Endstücke von A bzgl. R, so ist $S_1 \subseteq S_2 \vee S_2 \subseteq S_1$ zu zeigen oder: $S_1 \not\subseteq S_2 \rightarrow S_2 \subseteq S_1$. Ist $S_1 \not\subseteq S_2$, so gibt es ein $x \in S_1$ mit $x \notin S_2$; ist dann $y \in S_2$, so muß $y < x$ bzw. $x < y$ gelten, da x im Falle $x \leqq y$ bzw. $y \leqq x$ Element von S_2 wäre; aus $y < x$ bzw. $x < y$ folgt aber $y \in S_1$, also ist $S_2 \subseteq S_1$.

Definition 8. Ist R eine Halbordnung in A und $a \in A$, so heißt die Klasse $\underset{x}{\mathbf{K}}(x \in A \wedge x < a)$ der *Abschnitt von a bzgl. A, R*, bezeichnet mit: $\underset{|A,R|}{\mathrm{Ab}}\, a$ (gelesen: *Abschnitt a bzgl. A, R*), und die Klasse $\underset{x}{\mathbf{K}}(x \in A \wedge a < x)$ der *Rest von a bzgl. A, R*. Ist R eine Halbordnung in A, so ist eine Teilklasse $B \subseteq A$ ein *Abschnitt von A bzgl. R* bzw. ein *Rest von A bzgl. R* genau dann, wenn es ein $a \in A$ gibt, so daß B der Abschnitt bzw. Rest von a bzgl. A, R ist.

Sind keine Verwechslungen zu befürchten, so läßt man die Indexvariablen (im Falle der Definition 8 also $|A, R|$) an dem Zeichen „Ab" auch weg.

Ist R eine Halbordnung in A, so ist B ein Abschnitt bzw. Rest von A bzgl. R genau dann, wenn B ein Rest bzw. Abschnitt von A bzgl. R^{-1} ist. Ist R eine irreflexive Halbordnung in A und $a \in A$, so ist $R\langle\{a\}\rangle$ der Rest von a bzgl. A, R. Ist R eine Halbordnung in A, so ist A nie Abschnitt bzw. Rest von A bzgl. R, da es sonst ein $a \in A$ geben müßte mit $A = \underset{x}{\mathbf{K}}(x \in A \wedge x < a)$ bzw. $A = \underset{x}{\mathbf{K}}(x \in A \wedge a < x)$, also mit $a < a$. Ist R eine Ordnung in A, so ist jeder Abschnitt bzw. Rest von A bzgl. R nach Satz 13 ein Anfangs- bzw. Endstück von A bzgl. R. Ist R eine Ordnung in A, so ist

$$\bigcup_{x \in A} \mathrm{Ab}\, x = A,$$

falls alle Abschnitte Mengen sind und A kein größtes Element besitzt; es ist

$$\bigcup_{x \in A} \text{Ab}\, x = A \setminus \{a\},$$

falls alle Abschnitte Mengen sind und $a = \max A$ ist. Ebenso ist A die Vereinigung aller Reste, falls diese Mengen sind und A kein kleinstes Element besitzt; sonst ist die Vereinigung aller Reste gleich $A \setminus \{a\}$, falls diese Mengen sind und $a = \min A$ ist.

Ist B ein Abschnitt bzw. Rest von A bzgl. R und C ein Abschnitt bzw. Rest von B bzgl. ${}_BR_B$, so ist C auch ein Abschnitt bzw. Rest von A bzgl. R.

Satz 15. *Für Klassen A, Ordnungen R in A und Abschnitte bzw. Reste B_1, B_2 von A bzgl. R gilt:*

$$B_1 = B_2 \vee B_1 \textit{ Abschnitt von } B_2 \textit{ bzgl. } {}_{B_2}R_{B_2} \vee B_2 \textit{ Abschnitt von } B_1 \textit{ bzgl. } {}_{B_1}R_{B_1}$$

bzw.

$$B_1 = B_2 \vee B_1 \textit{ Rest von } B_2 \textit{ bzgl. } {}_{B_2}R_{B_2} \vee B_2 \textit{ Rest von } B_1 \textit{ bzgl. } {}_{B_1}R_{B_1}.$$

Beweis. Ist R eine Ordnung in A und sind B_1, B_2 Abschnitte bzw. Reste von A bzgl. R, so gibt es Elemente $a_1, a_2 \in A$ mit

$$B_1 = \text{Ab}\, a_1 \quad \text{und} \quad B_2 = \text{Ab}\, a_2$$

bzw.

$$B_1 = \underset{x}{\boldsymbol{K}} (x \in A \wedge a_1 < x) \quad \text{und} \quad B_2 = \underset{x}{\boldsymbol{K}} (x \in A \wedge a_2 < x).$$

Dann folgen aber die Behauptungen sofort aus $a_1 < a_2 \vee a_1 = a_2 \vee a_2 < a_1$.

Offensichtlich tritt von den in Satz 15 aufgeführten jeweils drei Fällen immer genau einer ein.

Satz 16. *Für Klassen A, Ordnungen R in A und Teilklassen $B \subseteq A$ gilt:*

$$B \textit{ Abschnitt von } A \textit{ bzgl. } R \leftrightarrow \exists !!\, a\, (a \in A \wedge B = \underset{x}{\boldsymbol{K}} (x \in A \wedge x < a)),$$

$$B \textit{ Rest von } A \textit{ bzgl. } R \leftrightarrow \exists !!\, a\, (a \in A \wedge B = \underset{x}{\boldsymbol{K}} (x \in A \wedge a < x)).$$

Beweis. Die zweite Behauptung folgt sofort aus der ersten, da B Rest von A bzgl. R ist genau dann, wenn B Abschnitt von A bzgl. R^{-1} ist. Nun zur ersten Behauptung. Ist R eine Ordnung in A, $B \subseteq A$ und gibt es genau ein $a \in A$ mit $B = \underset{x}{\boldsymbol{K}} (x \in A \wedge x < a)$, so ist B trivial ein Abschnitt von A bzgl. R. Ist umgekehrt B ein Abschnitt von A bzgl. der Ordnung R und sind $a_1, a_2 \in A$ mit $a_1 \neq a_2$ und

$$B = \underset{x}{\boldsymbol{K}} (x \in A \wedge x < a_1) = \underset{x}{\boldsymbol{K}} (x \in A \wedge x < a_2),$$

so wäre wegen

$$a_1 < a_2 \vee a_2 < a_1 \quad \text{und} \quad a_1 \not< a_1 \wedge a_2 \not< a_2$$

insgesamt

$$a_1 \notin B \wedge a_1 \in B \quad \text{oder} \quad a_2 \notin B \wedge a_2 \in B,$$

was ein Widerspruch ist; damit ist $a_1 = a_2$ und die Behauptung bewiesen.

Satz 17. *Für Klassen A und Ordnungen R in A mit*

$$\forall X \,(X \textit{ Abschnitt von } A \textit{ bzgl. } R \to X \in \boldsymbol{M}) \textit{ und } S_1 = \underset{X}{\boldsymbol{K}} (X \textit{ Abschnitt von } A \textit{ bzgl. } R)$$

bzw. mit

$$\forall X \,(X \textit{ Rest von } A \textit{ bzgl. } R \to X \in \boldsymbol{M}) \textit{ und } S_2 = \underset{X}{\boldsymbol{K}} (X \textit{ Rest von } A \textit{ bzgl. } R)$$

gilt:

$$R \textit{ reflexiv in } A \to |A, R| \backsimeq |S_1, \underset{S_1}{\subseteq}| \quad \textit{bzw.} \quad |A, R| \backsimeq |S_2, \underset{S_2}{\supseteq}|,$$

$$R \textit{ irreflexiv} \to |A, R| \backsimeq |S_1, \underset{S_1}{\subset}| \quad \textit{bzw.} \quad |A, R| \backsimeq |S_2, \underset{S_2}{\supset}|.$$

Beweis. Es sei R eine Ordnung in A, deren Abschnitte von A Mengen sind mit

$$S_1 = \underset{X}{\boldsymbol{K}} (X \textit{ Abschnitt von } A \textit{ bzgl. } R)$$

bzw. deren Reste von A Mengen sind mit

$$S_2 = \underset{X}{\boldsymbol{K}} (X \textit{ Rest von } A \textit{ bzgl. } R).$$

Nach Satz 16 ist die Funktion F_1 von A in S_1 bzw. F_2 von A in S_2 mit für jedes $x \in A$:

$$F_1(x) = \textit{Abschnitt von } x \textit{ bzgl. } A, R \quad \text{bzw.} \quad F_2(x) = \textit{Rest von } x \textit{ bzgl. } A, R$$

eine umkehrbar eindeutige Abbildung von A auf S_1 bzw. S_2. Außerdem gilt für Elemente $x, y \in A$:

$$x < y \to F_1(x) \subset F_1(y) \quad \text{bzw.} \quad x < y \to F_2(x) \supset F_2(y).$$

Denn trivial ist $F_1(x) \subseteq F_1(y)$ bzw. $F_2(x) \supseteq F_2(y)$ unter der Voraussetzung $x < y$; wegen $x \in F_1(y) \setminus F_1(x)$ bzw. $y \in F_2(x) \setminus F_2(y)$ ist aber $F_1(x) \subset F_1(y)$ bzw. $F_2(x) \supset F_2(y)$. Schließlich gilt auch umgekehrt für Elemente $x, y \in A$:

$$F_1(x) \subset F_1(y) \to x < y \quad \text{bzw.} \quad F_2(x) \supset F_2(y) \to x < y;$$

denn im Falle $y \leqq x$ wäre ja $F_1(y) \subseteq F_1(x)$ bzw. $F_2(y) \supseteq F_2(x)$. Damit ist im Falle der Reflexivität von R F_1 ein Isomorphismus von $|A, R|$ auf $|S_1, \underset{S_1}{\subseteq}|$ bzw. F_2 ein Isomorphismus von $|A, R|$ auf $|S_2, \underset{S_2}{\supseteq}|$ und im Falle der Irreflexivität von R F_1 ein Isomorphismus von $|A, R|$ auf $|S_1, \underset{S_1}{\subset}|$ bzw. F_2 ein Isomorphismus von $|A, R|$ auf $|S_2, \underset{S_2}{\supset}|$.

Aus Satz 17 folgt speziell für geordnete Mengen $[M, R]$ bei

$$S_1 = \underset{X}{M}\,(X \textit{ Abschnitt von } M \textit{ bzgl. } R) \quad \text{und} \quad S_2 = \underset{X}{M}\,(X \textit{ Rest von } M \textit{ bzgl. } R):$$

$$R \textit{ reflexiv in } M \rightarrow [M, R] \backsimeq [S_1, \underset{S_1}{\subseteq}] \wedge [M, R] \backsimeq [S_2, \underset{S_2}{\supseteq}],$$

$$R \textit{ irreflexiv} \rightarrow [M, R] \backsimeq [S_1, \underset{S_1}{\subset}] \wedge [M, R] \backsimeq [S_2, \underset{S_2}{\supset}].$$

§ 17. Wohlordnungen

1. Definition 1. Ist R eine Ordnung in A, so *erfüllt R die Minimalbedingung in A* genau dann, wenn

$$\forall X\,(X \subseteq A \wedge X \neq \emptyset \rightarrow \exists x\,(x \in X \wedge \forall y\,(y \in X \rightarrow x \leqq y)))$$

gilt. Eine Relation R ist eine *reflexive* bzw. *irreflexive Wohlordnung in* der Klasse A genau dann, wenn R eine reflexive bzw. irreflexive Ordnung in A ist und in A die Minimalbedingung erfüllt; R ist eine *Wohlordnung in A* genau dann, wenn R eine reflexive oder irreflexive Wohlordnung in A ist.

Ist R eine Wohlordnung in A, so folgt aus der Antisymmetrie von $\underset{R}{\leqq}$, daß es zu jeder nicht leeren Teilklasse $X \subseteq A$ (also speziell zu A selbst, falls $A \neq \emptyset$ ist) genau ein $x \in X$ gibt mit $\forall y\,(y \in X \rightarrow x \leqq y)$; dieses x ist dann das Minimum $\min X$ von X hinsichtlich R. Eine Wohlordnung R in A ist also eine Ordnung in A, bei der noch für jede nicht leere Teilklasse $X \subseteq A$ die Existenz eines ersten Elementes gefordert wird (die man bei bloßen Ordnungen nur für nicht leere endliche Teilmengen von A beweisen konnte).

Eine Ordnung R in A ist genau dann eine Wohlordnung in A, wenn für jedes $a \in A$ jede Klasse $\emptyset \neq X \subseteq \mathrm{Ab}\,a$ ein hinsichtlich R erstes Element $x \in X$ besitzt mit also $\forall y\,(y \in X \rightarrow x \leqq y)$, oder anders ausgedrückt, wenn für jedes $a \in A$ bei $B = \mathrm{Ab}\,a$ die in B induzierte Ordnung ${}_BR_B$ eine Wohlordnung in B ist. Denn ist R eine derartige Ordnung in A und $\emptyset \neq X \subseteq A$, so gibt es ein $a \in X$; ist $a \leqq y$ für alle $y \in X$, so ist a das erste Element von X; gibt es ein $y \in X$ mit $y < a$, so ist $\emptyset \neq X \cap \mathrm{Ab}\,a = X' \subseteq \mathrm{Ab}\,a$, also gibt es ein erstes Element von X', das aber dann gleichzeitig das erste Element von X ist; damit ist schließlich R eine Wohlordnung in A.

Ist R eine (reflexive bzw. irreflexive] Wohlordnung in A und $B \subseteq A$, so ist die durch R in B induzierte Relation ${}_BR_B$ eine (reflexive bzw. irreflexive) Wohlordnung in B.

Eine Relation R in A ist eine (reflexive bzw. irreflexive) Wohlordnung in A genau dann, wenn R^{-1} eine (reflexive bzw. irreflexive) Ordnung in A ist, bei der jede nicht leere Teilklasse $X \subseteq A$ ein letztes Element besitzt.

Man nennt eine Relation R in A auch eine (*reflexive* bzw. *irreflexive*) *Gegenwohlordnung in A* genau dann, wenn R^{-1} eine (reflexive bzw. irreflexive) Wohlordnung in A ist. Es ist eine Relation R in A genau dann eine (reflexive bzw. irreflexive) Wohlordnung in A, wenn R^{-1} eine (reflexive bzw. irreflexive) Gegenwohlordnung in A ist.

Beispiele für Wohlordnungen:

$\subseteq_{\mathfrak{A}}$ ist eine reflexive Wohlordnung in $\mathfrak{A}$ und $\subset_{\mathfrak{A}}$ eine irreflexive Wohlordnung in $\mathfrak{A}$. Die Relation $R_1 \subseteq \mathfrak{S} \times \mathfrak{S}$ mit

$$\forall X \forall Y (X R_1 Y \leftrightarrow X, Y \in \mathfrak{S} \wedge X \sqsubseteq Y)$$

ist eine reflexive Wohlordnung in $\mathfrak{S}$; die Relation $R_2 \subseteq \mathfrak{S} \times \mathfrak{S}$ mit

$$\forall X \forall Y (X R_2 Y \leftrightarrow X, Y \in \mathfrak{S} \wedge X \sqsubset Y)$$

ist eine irreflexive Wohlordnung in $\mathfrak{S}$. $\emptyset$ ist eine reflexive und irreflexive Wohlordnung in $\emptyset$; $\emptyset$ ist für jedes Element $a \in \boldsymbol{E}$ eine irreflexive Wohlordnung in $\{a\}$.

Satz 1. *Für Klassen A und Relationen R gilt:*

R reflexive Wohlordnung in $A \to R \setminus \mathfrak{J}_A$ irreflexive Wohlordnung in A,

R irreflexive Wohlordnung in $A \to R \cup \mathfrak{J}_A$ reflexive Wohlordnung in A.

Beweis. Die Behauptungen folgen unmittelbar aus den entsprechenden Definitionen und Satz 2, § 16.

Aus Satz 1 folgt sofort für Klassen A:

$$\exists R\,(R \text{ Wohlordnung in } A) \leftrightarrow \exists R\,(R \text{ reflexive Wohlordnung in } A)$$
$$\leftrightarrow \exists R\,(R \text{ irreflexive Wohlordnung in } A).$$

Mit der für Halbordnungen R eingeführten Schreibweise $\leqq_R$ und $<_R$ (wobei man den Index R auch wegläßt) erhält man den

Satz 2. *Für Klassen A, Wohlordnungen R in A und beliebige Elemente $a, b, c \in A$ gilt:*

$$a \leqq b \leftrightarrow a < b \vee a = b, \qquad a < b \leftrightarrow a \leqq b \wedge a \neq b,$$

$$a \leqq a \qquad (\textit{Reflexivität}),$$

$$a \leqq b \wedge b \leqq c \to a \leqq c \qquad (\textit{Transitivität}),$$

$$a \leqq b \wedge b \leqq a \to a = b \qquad (\textit{Antisymmetrie}),$$

$$a \leqq b \vee b \leqq a \qquad (\textit{Linearität}),$$

$$\forall X\,(X \subseteq A \wedge X \neq \emptyset \to \exists x\,(x \in X \wedge \forall y\,(y \in X \to x \leqq y))) \qquad (\textit{Minimalbedingung}),$$

$$a \nless a \qquad \text{(\textit{Irreflexivität})},$$

$$a < b \wedge b < c \rightarrow a < c \qquad \text{(\textit{Transitivität})},$$

$$a < b \rightarrow b \nless a \qquad \text{(\textit{Asymmetrie})},$$

$$a < b \vee a = b \vee b < a \qquad \text{(\textit{Konnexität})},$$

$$\forall X (X \subseteq A \wedge X \neq \emptyset \rightarrow \exists x (x \in X \wedge \forall y (y \in X \rightarrow x < y \vee x = y))) \qquad \text{(\textit{Minimalbedingung})},$$

$$a < b \wedge b \leqq c \rightarrow a < c,$$

$$a \leqq b \wedge b < c \rightarrow a < c.$$

Beweis. Die Behauptungen folgen unmittelbar aus den entsprechenden Definitionen und Satz 3, § 16.

Hinsichtlich einer Wohlordnung R in A besitzt jede nicht leere Teilklasse $X \subseteq A$ genau ein erstes Element. Als Umkehrung hiervon hat man den

Satz 3. *Für Klassen A und Relationen R in A gilt:*

$$\forall X (\emptyset \neq X \subseteq A \rightarrow \exists!!\, x (x \in X \wedge \forall y (y \in X \rightarrow xRy))) \rightarrow R \text{ \textit{reflexive Wohlordnung in} } A.$$

Beweis. Gilt für eine Relation R in A

$$\exists!!\, x (x \in X \wedge \forall y (y \in X \rightarrow xRy))$$

für jedes $\emptyset \neq X \subseteq A$, so folgt aus dieser Bedingung nach Satz 11, § 16, daß R eine reflexive Ordnung in A ist; also ist R dann nach Voraussetzung insgesamt eine reflexive Wohlordnung in A.

Für Klassen A und Relationen R in A gilt somit:

$$R \text{ \textit{reflexive Wohlordnung in} } A \leftrightarrow \forall X (\emptyset \neq X \subseteq A \rightarrow \exists!!\, x (x \in X \wedge \forall y (y \in X \rightarrow xRy))),$$

$$R \text{ \textit{reflexive Wohlordnung in} } A \leftrightarrow R \text{ \textit{antisymmetrisch}} \wedge \forall X (\emptyset \neq X \subseteq A \rightarrow \exists x (x \in X \wedge \forall y (y \in X \rightarrow xRy))).$$

2. Wir hatten früher gesehen, daß hinsichtlich einer Ordnung R in A jeder Abschnitt von A ein Anfangsstück von A ist; für Wohlordnungen gilt nun auch die Umkehrung (wenn man das Anfangsstück A ausschließt), und die Wohlordnungen lassen sich sogar unter den Ordnungen durch die Eigenschaft charakterisieren, daß jedes Anfangsstück $(\neq A)$ ein Abschnitt ist (Satz 5, s. u.).

Satz 4. *Für Klassen A, Wohlordnungen R in A und Teilklassen $S \subseteq A$ gilt:*

$$S \text{ \textit{Anfangsstück von} } A \text{ \textit{bzgl.} } R \wedge S \neq A \rightarrow S \text{ \textit{Abschnitt von} } A \text{ \textit{bzgl.} } R.$$

Beweis. Es sei R eine Wohlordnung in A und $S \subseteq A$ ein Anfangsstück von A bzgl. R mit $S \neq A$. Es ist dann $A \setminus S \neq \emptyset$; a sei das erste Element von $A \setminus S$ hinsichtlich R. Wir zeigen $S = \text{Ab}\, a$. Ist $x \in \text{Ab}\, a$, so ist $x \in A$ und $x < a$; wegen $x < a$ ist $x \notin A \setminus S$, da a das erste Element von $A \setminus S$ ist; also ist $x \in S$ und damit $\text{Ab}\, a \subseteq S$. Ist umgekehrt $x \in S$ und wäre $x \not< a$, so wäre $a \leqq x$, also nach Satz 13, § 16 $a \in S$ wegen $x \in S$ im Widerspruch zu $a \in A \setminus S$; also ist $x < a$, $x \in \text{Ab}\, a$ und damit $S \subseteq \text{Ab}\, a$. $\text{Ab}\, a \subseteq S$ und $S \subseteq \text{Ab}\, a$ ergibt schließlich $S = \text{Ab}\, a$.

Für Wohlordnungen R in A und Teilklassen $A \subseteq A$ gilt also:

$$S \textit{ Anfangsstück von } A \textit{ bzgl. } R \wedge S \neq A \leftrightarrow S \textit{ Abschnitt von } A \textit{ bzgl. } R.$$

Hieraus und aus der Tatsache, daß für Ordnungen R in A und Mengensysteme M von Anfangsstücken von A bzgl. R stets $\bigcup M$ und im Falle $M \neq \emptyset$ auch $\bigcap M$ wieder ein Anfangsstück von A ist, folgt für Wohlordnungen R in A und Mengensysteme M von Abschnitten von A bzgl. R, daß $\bigcup M$ entweder gleich A oder wieder ein Abschnitt von A ist und daß im Falle $M \neq \emptyset$ auch $\bigcap M$ wieder ein Abschnitt von A ist.

Satz 5. *Für Klassen A und Ordnungen R in A gilt:*

$$R \textit{ Wohlordnung in } A$$
$$\leftrightarrow \forall S\, (S \textit{ Anfangsstück von } A \textit{ bzgl. } R \wedge S \neq A \rightarrow S \textit{ Abschnitt von } A \textit{ bzgl. } R).$$

Beweis. ($\rightarrow$) folgt aus Satz 4. ($\leftarrow$) Es sei R eine Ordnung in A und jedes Anfangsstück S von A bzgl. R mit $S \neq A$ sei ein Abschnitt von A bzgl. R. Es ist zu zeigen, daß jede nicht leere Teilklasse $X \subseteq A$ ein erstes Element hinsichtlich R besitzt. Zu diesem Zwecke bilde man zu vorgegebenem $\emptyset \neq X \subseteq A$ die Klasse

$$S^* = \underset{y}{\mathbf{K}}\, (y \in A \wedge \forall x\, (x \in X \rightarrow y < x)).$$

Nach Satz 13, § 16 ist S^* sofort ein Anfangsstück von A; wegen $X \neq \emptyset$ ist $S^* \neq A$; nach Voraussetzung ist also S^* ein Abschnitt von A; es sei $S^* = \text{Ab}\, a$ für $a \in A$. Wir zeigen, daß a das erste Element von X ist. Zunächst ist $a \in X$. Denn aus $a \notin X$ folgt $a \neq x$ für alle $x \in X$, also $x < a \vee a < x$ für jedes $x \in X$; im Falle $\exists x\, (x \in X \wedge x < a)$ wäre $x \in X \wedge x \in \text{Ab}\, a = S^*$ für ein x, also $x < x$; im Falle $\forall x\, (x \in X \rightarrow a < x)$ wäre $a \in S^* = \text{Ab}\, a$, also $a < a$; damit gilt $a \in X$. Wäre $x < a$ für ein $x \in X$, so wäre auch $x \in \text{Ab}\, a = S^*$, also $x < x$; damit gilt $\forall x\, (x \in X \rightarrow a \leqq x)$. Also ist a das erste Element von X.

3. Ist R eine Wohlordnung in A, so besitzt wie bei Ordnungen jedes Element $a \in A$ höchstens einen Vorgänger bzgl. A, R und höchstens einen Nachfolger bzgl. A, R; jedes Element $a \in A$, das nicht das letzte Element von A bzgl. R ist, besitzt aber auch, wie wir sehen werden, mindestens einen Nachfolger.

Satz 6. *Für Klassen A, Wohlordnungen R in A und Elemente $a \in A$ gilt:*

$$\sim a = \max A \rightarrow \min \underset{x}{\mathbf{K}}\, (x \in A \wedge a < x) \textit{ Nachfolger von } a \textit{ bzgl. } A, R.$$

Beweis. Es sei R eine Wohlordnung in A und $a \in A$. Ist $\sim a = \max A$, so gibt es ein $x \in A$ mit $a < x$, also ist

$$\emptyset \neq \underset{x}{\boldsymbol{K}} (x \in A \wedge a < x) \subseteq A;$$

diese Klasse besitzt demnach ein erstes Element

$$b = \min \underset{x}{\boldsymbol{K}} (x \in A \wedge a < x) \text{ hinsichtlich } R.$$

Es ist dann sofort

$$a < b \wedge \sim \exists x (x \in A \wedge a < x < b);$$

also ist b der Nachfolger von a.

In bezug auf eine Wohlordnung R in A besitzt also jedes vom letzten Element verschiedene Element $a \in A$ genau einen Nachfolger.

Definition 2. Ist R eine Ordnung in A, $a \in A$, und besitzt a einen Nachfolger bzgl. A, R, so bezeichnet man mit $a^{\prime|A,R|}$ (gelesen: *Nachfolger a bzgl. A, R* oder einfach *a Strich bzgl. A, R*) den dann eindeutig bestimmten Nachfolger von a bzgl. A, R.

Sind keine Verwechslungen zu befürchten, so läßt man die Indexvariablen (im Falle der Definition 2 also $|A, R|$) an dem Zeichen $'$ auch weg und schreibt einfach a'.

In Verallgemeinerung von Satz 6 hat man den

Satz 7. *Für Klassen A, Wohlordnungen R in A und Teilklassen $B \subseteq A$ gilt:*

B nach oben beschränkt bzgl. A, R

$$\to \sup B = \min \underset{x}{\boldsymbol{K}} (x \text{ obere Schranke von } B \text{ bzgl. } A, R).$$

Beweis. Es sei R eine Wohlordnung in A und $B \subseteq A$. Ist B nach oben beschränkt, so gibt es eine obere Schranke x von B, also ist

$$\emptyset \neq \underset{x}{\boldsymbol{K}} (x \text{ obere Schranke von } B) \subseteq A;$$

diese Klasse besitzt demnach ein erstes Element

$$b = \min \underset{x}{\boldsymbol{K}} (x \text{ obere Schranke von } B) \text{ hinsichtlich } R.$$

Es ist sofort $b = \sup B$ nach Definition der oberen Grenze.

In bezug auf eine Wohlordnung R in A besitzt also jede nach oben beschränkte Teilklasse $B \subseteq A$ eine obere Grenze, welche im Falle, daß B kein letztes Element besitzt, als der „Nachfolger von B“ betrachtet werden kann.

Auf Grund der Sätze 6 und 7 liefert eine Wohlordnung R in einer Klasse A anschaulich eine Anordnung der Elemente von A im Sinne einer ins Transfinite fortgesetzten Abzählung der Elemente von A: Ist $A \neq \emptyset$, so existiert das erste Element a_0 von A (bzgl. R); ist $A \setminus \{a_0\} \neq \emptyset$, so existiert das zweite Element $a_1 = a_0'$ von A; ist $A \setminus \{a_0, a_1\} \neq \emptyset$, so existiert das dritte Element $a_2 = a_1'$ von A usw. Ist A_0 die Klasse all dieser unendlich vielen Elemente $a_0, a_1, a_2, \ldots$ und $A \setminus A_0 \neq \emptyset$, so ist anschaulich A_0 nach oben beschränkt; dann existiert das auf alle Elemente aus A_0 folgende Element $a_\omega = \sup A_0$ von A; ist $A \setminus (A_0 \cup \{a_\omega\}) \neq \emptyset$, so existiert das auf a_ω folgende Element $a_{\omega,1} = a_\omega'$ von A usw. Auf diese Weise liefert R anschaulich die Abzählung

$$a_0, a_1, a_2, \ldots, \quad a_\omega, a_{\omega,1}, \ldots$$

der Elemente von A.

Ist R eine Wohlordnung in A, so ist nach der Definition der isolierten Elemente und der Limeselemente ein Element $a \in A$ genau dann ein isoliertes Element von A bzgl. R, wenn $a = \min A$ ist oder wenn $a \neq \min A$ ist und der Vorgänger x von a bzgl. A, R existiert, also dasjenige $x \in A$ mit $x' = a$; $a \in A$ ist genau dann ein Limeselement von A bzgl. R, wenn $a \neq \min A$ ist und wenn a keinen Vorgänger bzgl. A, R besitzt.

4. Wohlordnungen sind spezielle Ordnungen und damit eindeutig durch ihr Restsystem (falls es existiert) bestimmt.

Die Restsysteme reflexiver Wohlordnungen lassen sich folgendermaßen charakterisieren:

Satz 8. *Für Klassen A und Mengensysteme $M \subseteq \mathbf{P}A$ gilt:*

$$\exists R\, (R \text{ reflexive Wohlordnung in } A \wedge M = \operatorname{Bs} R)$$

$$\leftrightarrow \quad (1)\ \forall x \Big(x \in A \rightarrow \bigcap_{\substack{X \in M \\ x \in X}} X \in M\Big)$$

$$\wedge \quad (2)\ \forall X_0 \Big(X_0 \in M \rightarrow \exists!!\, x_0 \Big(x_0 \in A \wedge X_0 = \bigcap_{\substack{X \in M \\ x_0 \in X}} X\Big)\Big)$$

$$\wedge \quad (3)\ \forall N\, (N \subseteq M \wedge N \neq \emptyset \rightarrow \bigcup N \in M).$$

Beweis. Es sei A eine Klasse und $M \subseteq \mathbf{P}A$.

($\rightarrow$) Es existiere eine reflexive Wohlordnung R in A mit $M = \operatorname{Bs} R$; zu zeigen sind die Behauptungen (1), (2), (3). (1) und (2) folgen unmittelbar aus Satz 4, § 16; es ist also nur noch (3) zu beweisen; d. h. für jedes N:

$$\emptyset \neq N \subseteq M \rightarrow \bigcup N \in M.$$

Dies folgt so: Man bilde für vorgegebenes $\emptyset \neq N \subseteq M$ die Klasse

$$B = \mathop{\mathbf{K}}_{x} (x \in A \wedge R\langle\{x\}\rangle \in N);$$

es ist dann $B \subseteq A$ und wegen $N \neq \emptyset$ auch $B \neq \emptyset$. Da R Wohlordnung in A ist, gibt es hinsichtlich R ein erstes Element b von B; es ist sofort $R\langle\{b\}\rangle \in N$, also $R\langle\{b\}\rangle \subseteq \bigcup N$, Für jedes $x \in B$ ist $b \leqq x$, also gilt stets $R\langle\{x\}\rangle \subseteq R\langle\{b\}\rangle$ für $x \in B$ (denn ist $x \leqq z$, so ist wegen $b \leqq x$ auch $b \leqq z$); für jedes

$X \in N \subseteq M = \text{Bs}\, R$ ist also $X \subseteq R\langle\{b\}\rangle$; damit ist $\bigcup N \subseteq R\langle\{b\}\rangle$, also insgesamt

$$\bigcup N = R\langle\{b\}\rangle \in \text{Bs}\, R = M.$$

(←) Es gelte (1), (2) und (3); behauptet wird die Existenz einer reflexiven Wohlordnung R in A mit $M = \text{Bs}\, R$. Aus (1), (2) und (3) folgt zunächst nach dem Beweisverfahren zu Satz 4, § 16, daß die Relation R in A mit

$$\forall x\, (x \in A \to R\langle\{x\}\rangle = \bigcap_{\substack{X \in M \\ x \in X}} X)$$

eine reflexive Ordnung in A ist mit $M = \text{Bs}\, R$. Es ist also nur noch die Minimalbedingung dieser Relation R zu zeigen; d. h. jede nicht leere Teilklasse $\emptyset \neq B \subseteq A$ besitzt ein erstes Element hinsichtlich R. Dies folgt so: Man bilde für vorgegebenes $\emptyset \neq B \subseteq A$ und die angegebene Relation R die Klasse

$$N = \underset{X}{\mathbf{K}}\, \exists x\, (x \in B \wedge X = R\langle\{x\}\rangle);$$

es ist dann $N \subseteq M$ und wegen $B \neq \emptyset$ auch $N \neq \emptyset$. Nach (3) gilt also $\bigcup N \in M = \text{Bs}\, R$; es gibt somit ein $b \in A$ mit $\bigcup N = R\langle\{b\}\rangle$. Wir zeigen, daß b erstes Element von B ist. Wegen $\bigcup N = R\langle\{b\}\rangle$ und der Reflexivität von R (also $b \in R\langle\{b\}\rangle$) ist $b \in \bigcup N$; d. h. es gibt ein $X \in N$ mit $b \in X$; es sei $X = R\langle\{x_0\}\rangle$ für ein $x_0 \in B$. Es gilt $R\langle\{b\}\rangle \subseteq R\langle\{x_0\}\rangle$ (denn ist $b \leqq z$, so ist wegen $x_0 \leqq b$ auch $x_0 \leqq z$); wegen $R\langle\{x_0\}\rangle \in N$ und $\bigcup N = R\langle\{b\}\rangle$ ist aber auch $R\langle\{x_0\}\rangle \subseteq R\langle\{b\}\rangle$; also gilt insgesamt $R\langle\{b\}\rangle = R\langle\{x_0\}\rangle$. Nach (2) folgt daraus $b = x_0 \in B$. Ist schließlich $x \in B$, so ist $R\langle\{x\}\rangle \in N$, also $R\langle\{x\}\rangle \subseteq R\langle\{b\}\rangle = \bigcup N$; wegen $x \leqq x$ ist dann auch $b \leqq x$; also ist b das erste Element von B hinsichtlich R.

5. Definition 3. Ist M eine Menge und R eine (reflexive bzw. irreflexive) Wohlordnung in M, so heißt das geordnete Paar $[M, R]$ die *durch R* (*reflexiv* bzw. *irreflexiv*) *wohlgeordnete Menge M*. Eine Menge M^* ist eine (*reflexiv* bzw. *irreflexiv*) *wohlgeordnete Menge* oder ist (*reflexiv* bzw. *irreflexiv*) *wohlgeordnet* genau dann, wenn es eine Menge M und eine (reflexive bzw. irreflexive) Wohlordnung R in M gibt mit $M^* = [M, R]$.

Eine (reflexiv bzw. irreflexiv) wohlgeordnete Menge M^* ist also anschaulich der Inbegriff einer Menge M und einer sie regelnden (reflexiven bzw. irreflexiven) Wohlordnung R.

Ein geordnetes Paar $[M, R]$ von Elementen $M, R \in \mathbf{E}$ ist genau dann (reflexiv bzw. irreflexiv) wohlgeordnet, wenn M eine Menge und R eine (reflexive bzw. irreflexive) Wohlordnung in M ist.

Man nennt eine geregelte Menge $[M, R]$, wobei R eine (reflexive bzw. irreflexive) Gegenwohlordnung in M ist, auch die *durch R* (*reflexiv* bzw. *irreflexiv*) *gegenwohlgeordnete Menge M* oder die *durch R* (*reflexiv* bzw. *irreflexiv*) *konvers wohlgeordnete Menge M*; eine Menge M^* ist schließlich eine (*reflexiv* bzw. *irreflexiv*) *gegenwohlgeordnete* (*konvers wohlgeordnete*) *Menge* oder ist (*reflexiv* bzw. *irreflexiv*) *gegenwohlgeordnet* (*konvers wohlgeordnet*) genau dann, wenn es eine Menge M und eine (reflexive bzw. irreflexive) Gegenwohlordnung R in M gibt mit $M^* = [M, R]$.

Satz 9. *Für Klassen A, B und Relationen R in A, S in B gilt:*

$$|A,R| \backsim |B,S| .\rightarrow. R \text{ reflexive Wohlordnung in } A \leftrightarrow S \text{ reflexive Wohlordnung in } B.$$
$$.\wedge. R \text{ irreflexive Wohlordnung in } A \leftrightarrow S \text{ irreflexive Wohlordnung in } B.$$

Beweis. Es seien A, B Klassen, R eine Relation in A, S eine Relation in B und f eine isomorphe Abbildung von $|A,R|$ auf $|B,S|$. Dann ist f eine umkehrbar eindeutige Abbildung von A auf B mit

$$\forall x \forall y (xRy \leftrightarrow f(x) S f(y)).$$

Die Behauptungen von Satz 9 beweist man dann unter Verwendung von Satz 5, § 16 nach dem Muster des Beweises zu Satz 2, § 10.

Aus Satz 9 folgt speziell für Mengen M, N und Relationen R in M, S in N:

$$[M,R] \backsim [N,S] .\rightarrow. [M,R] \text{ reflexiv wohlgeordnet} \leftrightarrow [N,S] \text{ reflexiv wohlgeordnet}$$
$$\cdot\wedge\cdot [M,R] \text{ irreflexiv wohlgeordnet} \leftrightarrow [N,S] \text{ irreflexiv wohlgeordnet}.$$

Es folgen zwei Sätze über die Komposition wohlgeordneter Mengen.

Satz 10. *Für disjunkte Mengenkomplexe $(M_i)_{i \in I}$, Mengenkomplexe $(S_i)_{i \in I}$ mit*

$$\forall i (i \in I \rightarrow [M_i, S_i] \text{ reflexiv wohlgeordnet})$$

bzw.

$$\forall i (i \in I \rightarrow [M_i, S_i] \text{ irreflexiv wohlgeordnet}),$$

$A = \bigcup_{i \in I} M_i$ *und Wohlordnungen T in I gilt: Die Relation R in A mit für jedes $x, y \in A$:*

$$xRy \leftrightarrow \exists i \exists j (i, j \in I \wedge x \in M_i \wedge y \in M_j \cdot\wedge\cdot i \neq j \rightarrow iTj \cdot\wedge\cdot i = j \rightarrow x S_i y)$$

ist eine reflexive bzw. irreflexive Wohlordnung in A.

Beweis. Die Behauptungen folgen unter Verwendung von Satz 8, § 16 unmittelbar aus den entsprechenden Definitionen.

Satz 11. *Für Mengenkomplexe $(M_i)_{i \in I}$, $(S_i)_{i \in I}$ mit*

$$\forall i (i \in I \rightarrow [M_i, S_i] \text{ reflexiv wohlgeordnet})$$

bzw.

$$\forall i (i \in I \rightarrow [M_i, S_i] \text{ irreflexiv wohlgeordnet}),$$

mit

$$\forall i \forall j (i, j \in I .\rightarrow. M_i \subseteq M_j \wedge S_i = {}_{M_i}(S_j)_{M_i} \wedge M_i \text{ Anfangsstück von } M_j \text{ bzgl. } S_j$$
$$\cdot\vee\cdot M_j \subseteq M_i \wedge S_j = {}_{M_j}(S_i)_{M_j} \wedge M_j \text{ Anfangsstück von } M_i \text{ bzgl. } S_i)$$

und $A = \bigcup_{i \in I} M_i$, $R = \bigcup_{i \in I} S_i$ *gilt:*

$$\exists!! X (X \text{ Relation in } A \wedge \forall i (i \in I \rightarrow S_i = {}_{M_i}X_{M_i})),$$

$$R \text{ reflexive bzw. irreflexive Wohlordnung in } A \wedge \forall i (i \in I \rightarrow S_i = {}_{M_i}R_{M_i}).$$

Beweis. Unter den Voraussetzungen des Satzes folgt aus Satz 9, § 16 sofort, daß es genau eine Relation X in A gibt mit

$$\forall i\,(i \in I \rightarrow S_i = {}_{M_i}X_{M_i})$$

und daß diese Relation die reflexive bzw. irreflexive Ordnung R in A ist. Es bleibt also nur noch die Minimalbedingung für R zu zeigen; d. h. jede nicht leere Teilklasse $B \subseteq A$ besitzt hinsichtlich R ein erstes Element. Ist aber $\emptyset \neq B \subseteq A$, so gibt es ein $i \in I$ mit $B \cap M_i \neq \emptyset$; es sei b das erste Element von $B \cap M_i$ hinsichtlich S_i. Dann ist b auch das erste Element von B hinsichtlich R. Denn ist $x \in B$ und wäre $x \underset{R}{<} b$, so gäbe es ein $j \in I$ mit $[x, b] \in S_j$ und $x \neq b$, also mit $x, b \in M_j$ und $x \underset{S_j}{<} b$; wegen

$$M_i \subseteq M_j \wedge S_i = {}_{M_i}(S_j)_{M_i} \wedge M_i \text{ Anfangsstück von } M_j \text{ bzgl. } S_j$$
$$\cdot\vee\cdot\ M_j \subseteq M_i \wedge S_j = {}_{M_j}(S_i)_{M_j} \wedge M_j \text{ Anfangsstück von } M_i \text{ bzgl. } S_i$$

gibt es einen Index $k \in I$ mit:

$$x,b \in B \cap M_k,\quad M_i \subseteq M_k,\quad S_i = {}_{M_i}(S_k)_{M_i},\quad M_i \text{ Anfangsstück von } M_k \text{ bzgl. } S_k,\quad x \underset{S_k}{<} b$$

(im Falle $M_i \subseteq M_j$ wähle man einfach $k = j$ und im Falle $M_j \subseteq M_i$ $k = i$); mit $x \underset{S_k}{<} b$ wäre aber $x \in M_i$, da M_i ein Anfangsstück von M_k bzgl. S_k ist und $b \in M_i$ gilt; also wäre auch $x \underset{S_i}{<} b$, was wegen $x \in B \cap M_i$ zum Widerspruch dazu führt, daß b das erste Element von $B \cap M_i$ hinsichtlich S_i ist; also ist $b \underset{R}{\leqq} x$ und damit b das erste Element von B hinsichtlich R.

6. Ist R eine Wohlordnung in A und wäre auch R^{-1} eine Wohlordnung in A, so besäße jede nicht leere Teilklasse $X \subseteq A$ auch ein letztes Element hinsichtlich R, jedes Element $a \in A$ mit $a \neq \min A$ (bzgl. R) einen Vorgänger bzgl. A, R und jede (bzgl. R) nach unten beschränkte Teilklasse $B \subseteq A$ eine untere Grenze bzgl. A, R. Im allgemeinen ist aber mit einer Wohlordnung R in A nicht auch R^{-1} wieder eine Wohlordnung in A; dies gilt lediglich für endliche Mengen A, und die endlichen Mengen lassen sich sogar auf diese Weise charakterisieren. Wir erhalten damit in den folgenden Sätzen weitere Definitionen für den Begriff der endlichen Klasse.

Definition 4. Eine Relation R ist eine *reflexive* bzw. *irreflexive Doppeltwohlordnung in* der Klasse A genau dann, wenn R eine reflexive bzw. irreflexive Wohlordnung in A ist und R^{-1} eine Wohlordnung in A ist; R ist eine *Doppeltwohlordnung in A* genau dann, wenn R eine reflexive oder irreflexive Doppeltwohlordnung in A ist. Ist M eine Menge und R eine (reflexive bzw. irreflexive) Doppeltwohlordnung in M, so heißt das geordnete Paar $[M, R]$ die *durch R* (*reflexiv* bzw. *irreflexiv*) *doppeltwohlgeordnete Menge M*. Eine Menge M^* ist eine (*reflexiv* bzw. *irreflexiv*) *doppeltwohlgeordnete Menge* oder ist (*reflexiv* bzw. *irreflexiv*) *doppeltwohlgeordnet* genau dann, wenn es eine Menge M und eine (reflexive bzw. irreflexive) Doppeltwohlordnung R in M gibt mit $M^* = [M, R]$.

Eine Wohlordnung R in A ist eine Doppeltwohlordnung in A genau dann, wenn jede nicht leere Klasse $X \subseteq A$ hinsichtlich R^{-1} ein erstes bzw. hinsichtlich R ein letztes Element besitzt; eine Wohlordnung R in A ist eine Gegenwohlordnung in A genau dann, wenn R eine Doppeltwohlordnung in A ist.

Ist R eine reflexive bzw. irreflexive Doppeltwohlordnung in A, so ist $R \setminus \mathfrak{I}_A$ eine irreflexive bzw. $R \cup \mathfrak{I}_A$ eine reflexive Doppeltwohlordnung in A. Es gilt also:

$$\exists R\,(R \textit{ Doppeltwohlordnung in } A) \leftrightarrow \exists R\,(R \textit{ reflexive Doppeltwohlordnung in } A)$$
$$\leftrightarrow \exists R\,(R \textit{ irreflexive Doppeltwohlordnung in } A).$$

Satz 12 (ZERMELOsche Endlichkeitsdefinition). *Für Klassen A gilt:*

$$A \textit{ endlich} \leftrightarrow \exists R\,(R \textit{ Doppeltwohlordnung in } A).$$

Beweis. Es sei A eine Klasse.

($\rightarrow$) Man bilde das Mengensystem

$$M = \underset{X}{\boldsymbol{K}}\,(X \in \boldsymbol{M} \wedge \exists R\,(R \textit{ Doppeltwohlordnung in } X)).$$

Es ist dann für jede endliche Menge A zu zeigen $A \in M$, wofür es nach Definition 1, § 11 zu zeigen genügt:

$$(1)\quad \emptyset \in \boldsymbol{M},$$
$$(2)\quad \forall X\, \forall x\,(X \in \boldsymbol{M} \wedge x \in \boldsymbol{E} \rightarrow X \cup \{x\} \in M).$$

Trivial ist (1) erfüllt, da $\emptyset$ eine Doppeltwohlordnung in $\emptyset$ ist. Ist $X \in \boldsymbol{M}$, R eine Doppeltwohlordnung in X und $x \in \boldsymbol{E}$, so ist im Falle $x \in X$ R auch eine Doppeltwohlordnung in $X \cup \{x\} = X$. Ist $x \notin X$, so ist die Relation

$$R^* = (R \setminus \mathfrak{I}_X) \cup (X \times \{x\})$$

eine irreflexive Doppeltwohlordnung in $X \cup \{x\}$. Also gilt auch (2).

($\leftarrow$) Ist R eine Doppeltwohlordnung in A, so ist zu zeigen, daß A eine endliche Menge ist. Zunächst gilt für jedes $x \in A$, daß Ab x endlich ist. Denn gäbe es ein $x \in A$, so daß Ab x unendlich wäre, wäre b das hinsichtlich R kleinste Element x von A, für welches Ab x unendlich ist, und wäre a der Vorgänger von b (es muß ja $b \neq \min A$ sein, da sonst Ab $b = \emptyset$ und $\emptyset$ nicht unendlich ist), so hätte man

$$\text{Ab}\, b = (\text{Ab}\, a) \cup \{a\},$$

wobei Ab a nach Konstruktion von a endlich ist; es müßte also auch Ab b endlich sein im Widerspruch zur Unendlichkeit von Ab b. Damit ist jeder Abschnitt Ab x von A endlich. Ist $A = \emptyset$, so ist trivial A endlich. Ist $A \neq \emptyset$ und a das letzte Element von A, so ist

$$A = (\text{Ab}\, a) \cup \{a\},$$

also A ebenfalls endlich, da Ab a endlich ist.

Satz 12 läßt sich noch zu folgenden beiden Sätzen verschärfen, zu deren Beweis der Wohlordnungssatz für Klassen verwendet wird, den wir im nächsten Paragraphen beweisen werden.

Satz 13. *Für Klassen A gilt:*

$$A \text{ endlich} \leftrightarrow \forall R\,(R \text{ Ordnung in } A \rightarrow R \text{ Doppeltwohlordnung in } A).$$

Beweis. ($\rightarrow$) Ist R eine Ordnung in der endlichen Menge A, so besitzt nach Satz 10, § 16 jede nicht leere Teilmenge $X \subseteq A$ ein erstes und letztes Element, also ist R eine Doppeltwohlordnung in A.

($\leftarrow$) Gilt für eine Klasse A, daß jede Ordnung R in A eine Doppeltwohlordnung in A ist, so gibt es eine Doppeltwohlordnung R in A, und A ist damit nach Satz 12 endlich, unter der Voraussetzung, daß es eine Ordnung R in A gibt. Dies letztere folgt aber sofort aus dem Wohlordnungssatz für Klassen (Satz 3, § 18).

Satz 14. *Für Klassen A gilt:*

$$A \text{ endlich} \leftrightarrow \forall R\,(R \text{ Ordnung in } A \rightarrow R \text{ Wohlordnung in } A).$$

Beweis. ($\rightarrow$) folgt trivial aus Satz 13. ($\leftarrow$) Gilt für eine Klasse A, daß jede Ordnung R in A eine Wohlordnung in A ist, dann sind auch für jede Ordnung R in A R und R^{-1} Wohlordnungen in A, also R eine Doppeltwohlordnung in A, woraus über Satz 13 die Endlichkeit von A folgt.

Unter Verwendung von Satz 2, § 16 und Satz 1 kann man natürlich in den Sätzen 12, 13, 14 „Doppeltwohlordnung", „Ordnung", „Wohlordnung" gleichwertig ersetzen durch „reflexive Doppeltwohlordnung", „reflexive Ordnung", „reflexive Wohlordnung" oder durch „irreflexive Doppeltwohlordnung", „irreflexive Ordnung", „irreflexive Wohlordnung".

Aus Satz 12 folgt für Funktionen noch der

Satz 15. *Für Klassen A, B, Wohlordnungen R in A, S in B und Funktionen F von A auf B gilt:*

a) *F monoton fallend bzgl. $|A, R|$, $|B, S| \rightarrow B$ endlich;*

b) *F echt monoton fallend bzgl. $|A, R|$, $|B, S| \rightarrow A, B, F$ endlich.*

Beweis. Es sei R eine Wohlordnung in A, S eine Wohlordnung in B und F eine Funktion von A auf B.

a) Ist F monoton fallend bzgl. $|A, R|$, $|B, S|$, so gilt für jedes $x_1, x_2 \in A$:

$$x_1 \underset{R}{<} x_2 \rightarrow F(x_1) \underset{S}{\geqq} F(x_2).$$

Es genügt nach Satz 12 zu zeigen, daß S^{-1} die Minimaleigenschaft in B besitzt; d. h. jede nicht leere Klasse $Y \subseteq B$ besitzt hinsichtlich S^{-1} ein erstes bzw. hinsichtlich S ein letztes Element. Ist aber $\emptyset \neq Y \subseteq B$ und $X \subseteq A$ die Klasse aller $x \in A$ mit $F(x) \in Y$, so ist $\emptyset \neq X \subseteq A$; somit gibt es in X hinsichtlich R ein erstes Element x_0 mit also $x_0 \underset{R}{\leqq} x$ für jedes $x \in X$. Dann gilt nach Voraussetzung $F(x_0) \underset{S}{\geqq} F(x)$ für jedes $x \in X$, also $y_0 \underset{S}{\geqq} y$ für $y_0 = F(x_0) \in Y$ und jedes $y \in Y$; also ist y_0 das letzte Element von Y hinsichtlich S oder $y_0 \underset{S^{-1}}{\leqq} y$.

b) Ist F echt monoton fallend bzgl. $|A, R|$, $|B, S|$, so ist B nach a) endlich, F nach Satz 6, § 16 umkehrbar, also wegen $A \backsim B$ auch A endlich und schließlich F endlich wegen $F \subseteq A \times B$.

7. Wir wenden uns jetzt am Ende dieses Paragraphen über Wohlordnungen den lexikographischen and antilexikographischen Ordnungsrelationen zu, deren Bezeichnung daher stammt, daß sie der alphabetischen Reihenfolge bzw. der entgegengesetzt alphabetischen Reihenfolge der Wörter in einem Lexikon nachgebildet sind.

Satz 16. *Für Mengen I, Ordnungen T in I, Mengenkomplexe $(M_i)_{i \in I}$, $(S_i)_{i \in I}$ mit $\forall i\, (i \in I \to [M_i, S_i]$ halbgeordnet) und $A = \bigtimes_{i \in I} M_i$ ist die Relation R in A mit für jedes $x, y \in A$:*

$$xRy \leftrightarrow \exists k\, (k \in I \wedge x_k < y_k \wedge \forall i\, (i \in I \wedge i < k \to x_i = y_i))$$

eine irreflexive Halbordnung in A.

Beweis. Unter den Voraussetzungen des Satzes ist trivial R irreflexiv. Ist xRy und yRz, so gibt es Indizes $k_1, k_2 \in I$ mit

$$x_{k_1} < y_{k_1} \wedge \forall i\, (i \in I \wedge i < k_1 \to x_i = y_i)$$

und

$$y_{k_2} < z_{k_2} \wedge \forall i\, (i \in I \wedge i < k_2 \to y_i = z_i).$$

Da T eine Ordnung in I ist, gilt $k_1 \leqq k_2 \vee k_2 \leqq k_1$; im Falle $k_1 \leqq k_2$ ist

$$x_k < z_k \wedge \forall i\, (i \in I \wedge i < k \to x_i = z_i) \text{ für } k = k_1,$$

im Falle $k_2 \leqq k_1$ gilt dies für $k = k_2$. Also ist R auch transitiv. Aus der Irreflexivität und Transitivität von R folgt schließlich die Asymmetrie von R, womit R eine irreflexive Halbordnung in A ist.

Der Index $k \in I$ für xRy in Satz 16 mit

$$x_k < y_k \wedge \forall i\, (i \in I \wedge i < k \to x_i = y_i)$$

ist eindeutig bestimmt, da T eine Ordnung in I ist; also gilt auch:

$$xRy \leftrightarrow \exists!!\, k\, (k \in I \wedge x_k < y_k \wedge \forall i\, (i \in I \wedge i < k \to x_i = y_i)).$$

Die Halbordnung R in A des Satzes 16 ändert sich offenbar nicht, wenn man T durch $T \cup \mathfrak{J}_A$ oder $T \setminus \mathfrak{J}_A$ und die S_i wahlweise durch $S_i \cup \mathfrak{J}_{M_i}$ oder $S_i \setminus \mathfrak{J}_{M_i}$ ersetzt.

Satz 17. *Für Mengen I, Ordnungen T in I, Mengenkomplexe $(M_i)_{i \in I}$, $(S_i)_{i \in I}$ mit $\forall i\,(i \in I \rightarrow [M_i, S_i]$ halbgeordnet), $A = \bigtimes_{i \in I} M_i$ und die Relation R in A mit für jedes $x, y \in A$:*

$$xRy \leftrightarrow \exists k\,(k \in I \wedge x_k < y_k \wedge \forall i\,(i \in I \wedge i < k \rightarrow x_i = y_i))$$

gilt:

a) *T Wohlordnung in $I \wedge \forall i\,(i \in I \rightarrow [M_i, S_i]$ geordnet) $\rightarrow R$ irreflexive Ordnung in A.*

b) *I endlich $\wedge \forall i\,(i \in I \rightarrow [M_i, S_i]$ wohlgeordnet) $\rightarrow R$ irreflexive Wohlordnung in A.*

Beweis. a) Nach Satz 16 ist unter den Voraussetzungen unseres Satzes R eine irreflexive Halbordnung in A. Ist zusätzlich noch T eine Wohlordnung in I und für $i \in I$ stets $[M_i, S_i]$ geordnet, so ist $xRy \vee x = y \vee yRx$ zu zeigen für jedes $x, y \in A$. Sind aber $x, y \in A$ mit $x \neq y$, so gibt es ein $i \in I$ mit $x_i \neq y_i$; es sei k das kleinste $i \in I$ mit $x_i \neq y_i$; dann gilt:

$$x_k < y_k \vee y_k < x_k \,.\wedge.\, \forall i\,(i \in I \wedge i < k \rightarrow x_i = y_i),$$

also $xRy \vee yRx$.

b) Nach Satz 14 und a) ist unter den Voraussetzungen unseres Satzes R eine irreflexive Ordnung in A, falls I endlich ist und $\forall i\,(i \in I \rightarrow [M_i, S_i]$ *wohlgeordnet*) gilt. Es ist noch für jede nicht leere Teilmenge $X \subseteq A$ die Existenz eines kleinsten Elementes hinsichtlich R nachzuweisen. Dies beweisen wir durch Induktion über I. Man bilde dazu das Mengensystem M^* aller Mengen I' mit der Eigenschaft:

Für Wohlordnungen T' in I', Mengenkomplexe $(M_i')_{i \in I'}$, $(S_i')_{i \in I'}$ mit $\forall i\,(i \in I' \rightarrow [M_i', S_i']$ *wohlgeordnet*), $A' = \bigtimes_{i \in I'} M_i'$ und die irreflexive Ordnung R' in A' mit für jedes $x, y \in A'$:

$$xR'y \leftrightarrow \exists k\,(k \in I' \wedge x_k < y_k \wedge \forall i\,(i \in I' \wedge i < k \rightarrow x_i = y_i))$$

besitzt stets jede nicht leere Teilmenge $X \subseteq A'$ hinsichtlich R' ein kleinstes Element.

Es ist $I \in M^*$ zu zeigen, wofür es nach Definition 1, § 11 zu zeigen genügt:

(1) $\emptyset \in M^*$,

(2) $\forall I'\,\forall i'\,(I' \in M^* \wedge i' \in \mathbf{E} \rightarrow I' \cup \{i'\} \in M^*)$.

Trivial ist (1) erfüllt, da im Falle $I' = \emptyset$ dann $A' = \{\emptyset\}$ und $R' = \emptyset$ ist und $\{\emptyset\}$ die einzige nicht leere Teilmenge von A' ist, welche natürlich das kleinste Element $\emptyset$ hinsichtlich R' besitzt. Nun zu (2). Es sei $I' \in M^*$ und $i' \in \mathbf{E}$; ist $i' \in I'$, so ist $I' \cup \{i'\} = I' \in M^*$. Es sei also $i' \notin I'$. Ist dann T' eine Wohlordnung in $I' \cup \{i'\}$, sind $(M_i')_{i \in I' \cup \{i'\}}$, $(S_i')_{i \in I' \cup \{i'\}}$ Mengenkomplexe mit

$$\forall i\,(i \in I' \cup \{i'\} \rightarrow [M_i, S_i] \textit{ wohlgeordnet}),$$

ist $A' = \mathop{\times}\limits_{i \in I' \cup \{i'\}} M'_i$ und ist R' die irreflexive Ordnung in A' mit für jedes $x, y \in A'$:

$$xR'y \leftrightarrow \exists k\,(k \in I' \cup \{i'\} \wedge x_k < y_k \wedge \forall i\,(i \in I' \cup \{i'\} \wedge i < k \to x_i = y_i)),$$

so ist zu zeigen, daß jede nicht leere Teilmenge $X \subseteq A'$ hinsichtlich R' ein kleinstes Element besitzt. Es ist ${}_{I'}T'_{I'}$ eine Wohlordnung in I', es sind $(M'_i)_{i \in I'}$, $(S'_i)_{i \in I'}$ Mengenkomplexe mit

$$\forall i\,(i \in I' \to [M'_i, S'_i] \textit{ wohlgeordnet})$$

und bei $A'' = \mathop{\times}\limits_{i \in I'} M'_i$ hat die Relation R'' in A'' mit für jedes $x, y \in A''$:

$$xR''y \leftrightarrow \exists k\,(k \in I' \wedge x_k < y_k \wedge \forall i\,(i \in I' \wedge i \dot{<} k \to x_i = y_i))$$

wegen $I' \in M^*$ die Eigenschaft, daß jede nicht leere Teilmenge $Y \subseteq A''$ hinsichtlich R'' ein kleinstes Element besitzt. Ist jetzt $\emptyset \neq X \subseteq A'$, so sei Y_1 die Menge derjenigen Elemente $f'' \in A''$, zu denen es ein $f' \in X$ gibt mit

$$\forall i\,(i \in I' \to f''(i) = f'(i)).$$

Es ist sofort $\emptyset \neq Y_1 \subseteq A''$, also besitzt Y_1 hinsichtlich R'' ein kleinstes Element f''_1. z_0 sei in $M'_{i'}$ hinsichtlich $S'_{i'}$ das kleinste der Elemente $z \in M'_{i'}$, für die es ein $f' \in X$ gibt mit

$$\forall i\,(i \in I' \wedge i < i' \to f'(i) = f''_1(i)) \quad \text{und} \quad f'(i') = z.$$

Schließlich sei Y_2 die Menge derjenigen Elemente $f'' \in A''$, zu denen es ein $f' \in X$ gibt mit

$$\forall i\,(i \in I' \to f''(i) = f'(i)) \text{ bei } \forall i\,(i \in I' \wedge i < i' \to f'(i) = f''_1(i)) \text{ und } f'(i') = z_0;$$

es ist $\emptyset \neq Y_2 \subseteq A''$, also beistzt Y_2 hinsichtlich R'' ein kleinstes Element f''_2. Dann ist die Funktion f'_0 über $I' \cup \{i'\}$ mit für jedes $i \in I' \cup \{i'\}$:

$$f'_0(i) = \begin{cases} f''_1(i), & \text{falls } i < i' \\ z_0, & \text{falls } i = i' \\ f''_2(i), & \text{falls } i > i' \end{cases}$$

das kleinste Element von X hinsichtlich R'. Nach Konstruktion von f'_0 ist zunächst $f'_0 \in X$. Ist $f' \in X$ und $f' \neq f'_0$, so gibt es einen hinsichtlich T' kleinsten Index $i_0 \in I' \cup \{i'\}$ mit $f'(i_0) \neq f'_0(i_0)$. In allen drei Fällen $i_0 < i'$, $i_0 = i'$, $i_0 > i'$ erhält man dann $f'_0(i_0) < f'(i_0)$ nach Konstruktion von f''_1, z_0, f''_2, womit also stets $f'_0 < f'$ gilt. Damit ist f'_0 das kleinste Element von X hinsichtlich R' und (2) bewiesen.

Von Satz 17 gilt noch folgende Umkehrung:

Satz 18. *Für Mengen I, Ordnungen T in I, Mengenkomplexe $(M_i)_{i \in I}$, $(S_i)_{i \in I}$ mit $\forall i\,(i \in I \to [M_i, S_i]$ halbgeordnet), $A = \mathop{\times}\limits_{i \in I} M_i$ und die Relation R in A mit für jedes $x, y \in A$:*

$$xRy \leftrightarrow \exists k\,(k \in I \wedge x_k < y_k \wedge \forall i\,(i \in I \wedge i < k \to x_i = y_i))$$

gilt:

a) $\forall i\,(i \in I \to \exists a\, \exists b\,(a, b \in M_i \wedge a \neq b)) \wedge R$ *irreflexive Ordnung in* A
$\to T$ *Wohlordnung in* $I \wedge \forall i\,(i \in I \to [M_i, S_i]$ *geordnet*).

b) $\forall i\,(i \in I \to \exists a\, \exists b\,(a, b \in M_i \wedge a < b \vee b < a)) \wedge R$ *irreflexive Wohlordnung in* A
$\to I$ *endlich* $\wedge \forall i\,(i \in I \to [M_i, S_i]$ *wohlgeordnet*).

Beweis. a) Besitzt unter den Voraussetzungen unseres Satzes jedes M_i mindestens zwei Elemente, so ist zunächst $\bigtimes_{i \in I} M_i \neq \emptyset$, also gibt es eine Funktion $f_1 \in \bigtimes_{i \in I} M_i$; dann ist auch

$$\bigtimes_{i \in I} (M_i \setminus \{f_1(i)\}) \neq \emptyset,$$

also gibt es eine Funktion $f_2 \in \bigtimes_{i \in I} M_i$ mit

$$\forall i\,(i \in I \to f_2(i) \neq f_1(i)).$$

Es sei weiterhin die vorausgesetzte Relation R eine irreflexive Ordnung in A. Ist $\emptyset \neq X \subseteq I$, so bilde man die beiden Funktionen $f, g \in \bigtimes_{i \in I} M_i$ mit $f = f_1$ und für jedes $i \in I$:

$$g(i) = \begin{cases} f_2(i) & \text{für } i \in X \\ f_1(i) & \text{für } i \in I \setminus X. \end{cases}$$

Da R eine Ordnung in A ist und $f \neq g$ ist (wegen $X \neq \emptyset$), so gilt $f < g \vee g < f$, woraus in beiden Fällen die Existenz eines Index $k \in I$ folgt mit

$$f(k) \neq g(k) \quad \text{und} \quad \forall i\,(i \in I \wedge i < k \to f(i) = g(i)).$$

Nach Konstruktion von f und g muß $k \in X$ gelten; außerdem muß $k \leqq i$ gelten für jedes $i \in X$, da im Falle eines $i \in X$ mit $i < k$ doch $f(i) = g(i)$ wäre im Widerspruch zur Konstruktion von f und g. Also ist k das kleinste Element von X hinsichtlich T, und T ist damit eine Wohlordnung in I. Sind weiterhin $a, b \in M_j$ für ein $j \in I$ mit $a \neq b$, so bilde man die Funktionen $f, g \in \bigtimes_{i \in I} M_i$ mit für jedes $i \in I$:

$$f(i) = \begin{cases} f_1(i) & \text{für } i \neq j \\ a & \text{für } i = j, \end{cases} \qquad g(i) = \begin{cases} f_1(i) & \text{für } i \neq j \\ b & \text{für } i = j. \end{cases}$$

Dann gilt $f < g \vee g < f$, da R als Ordnung in A vorausgesetzt ist; also ist nach Konstruktion von f und g: $a < b \vee b < a$. Damit ist $[M_j, S_j]$ geordnet; also gilt

$$\forall i\,(i \in I \to [M_i, S_i] \text{ geordnet}).$$

b) Besitzt unter den Voraussetzungen unseres Satzes jedes M_i mindestens zwei vergleichbare Elemente und ist die vorausgesetzte Relation R eine irreflexive Wohlordnung in A, so ist nach a) T eine Wohlordnung in I, und für jedes $i \in I$ ist $[M_i, S_i]$ geordnet. Es ist für jedes $i \in I$ die Menge N_i^1 aller $x \in M_i$, zu denen es ein $y \in M_i$ mit $x < y$ gibt, nicht leer, also ist $\mathop{\times}\limits_{i \in I} N_i^1 \neq \emptyset$, also existiert eine Funktion $f_1 \in \mathop{\times}\limits_{i \in I} N_i^1$; dann ist auch für jedes $i \in I$ die Menge N_i^2 aller $y \in M_i$ mit $f_1(i) < y$ nicht leer, also ist $\mathop{\times}\limits_{i \in I} N_i^2 \neq \emptyset$, also existiert eine Funktion $f_2 \in \mathop{\times}\limits_{i \in I} N_i^2$. f_1 und f_2 sind Funktionen aus $\mathop{\times}\limits_{i \in I} M_i$ mit

$$\forall i\,(i \in I \rightarrow f_1(i) < f_2(i)).$$

Nehmen wir an, es sei I unendlich, so gibt es eine nicht leere Teilmenge $X \subseteq I$, die hinsichtlich T kein letztes Element besitzt, da andernfalls T eine Doppeltwohlordnung in I wäre und I nach Satz 12 endlich wäre. Es ist dann ${}_X T_X$ eine Wohlordnung in X, wobei X bezüglich ${}_X T_X$ kein letztes Element besitzt; jedes $i \in X$ besitzt also in bezug auf ${}_X T_X$ einen Nachfolger i'. Y sei die Menge aller Funktionen $f \in \mathop{\times}\limits_{i \in I} M_i$, zu denen es einen Index $j \in X$ gibt mit für jedes $i \in I$:

$$f(i) = \begin{cases} f_1(i) & \text{für } i \leqq j \vee i \notin X \\ f_2(i) & \text{für } i > j \wedge i \in X. \end{cases}$$

Dann ist $\emptyset \neq Y \subseteq A$; aber zu jedem $f \in Y$ gibt es ein $g \in Y$ mit $g < f$; denn ist f etwa die zum Index $j \in X$ gehörige Funktion, so ist die zum Index $j' \in X$ gehörige Funktion g nach Konstruktion von der Eigenschaft $g < f$; also besitzt Y kein kleinstes Element hinsichtlich R im Widerspruch zur Voraussetzung, daß R eine Wohlordnung in A ist. Also ist I endlich. Es bleibt noch zu zeigen, daß für jedes $i \in I$ jede nicht leere Teilmenge $X \subseteq M_i$ hinsichtlich S_i ein kleinstes Element besitzt; dann ist $[M_i, S_i]$ wohlgeordnet. Ist für ein $j \in I$: $\emptyset \neq X \subseteq M_j$, so konstruiere man die Menge aller Funktionen $f \in \mathop{\times}\limits_{i \in I} M_i$, zu denen es ein $z \in X$ gibt mit für jedes $i \in I$:

$$f(i) = \begin{cases} f_1(i) & \text{für } i \neq j \\ z & \text{für } i = j. \end{cases}$$

Dann ist $\emptyset \neq Y \subseteq A$, und Y besitzt daher hinsichtlich R ein kleinstes Element f_0; nach Konstruktion ist $f_0(j)$ das kleinste Element von X hinsichtlich S_j.

Definition 5. Sind $(M_i)_{i \in I}$, $(S_i)_{i \in I}$ Mengenkomplexe und T eine Ordnung in I mit $I \in \boldsymbol{M}$ und $\forall i\,(i \in I \rightarrow [M_i, S_i]$ *halbgeordnet*) und ist $A = \mathop{\times}\limits_{i \in I} M_i$, so heißt die Relation R in A mit für jedes $x, y \in A$:

$$xRy \leftrightarrow \exists k\,(k \in I \wedge x_k < y_k \wedge \forall i\,(i \in I \wedge i < k \rightarrow x_i = y_i))$$

die *lexikographische Halbordnung* (oder *Halbordnung nach ersten Differenzstellen*) *in A bzgl. I, M, S, T* und das geordnete Paar $[A, R]$ das *bzgl. I, M, S, T lexikographisch halbgeordnete* (oder *nach ersten Differenzstellen halbgeordnete*) *Produkt A*. Der für Elementekomplexe $(x_i)_{i \in I}$, $(y_i)_{i \in I} \in A$ mit xRy eindeutig bestimmte Index $k \in I$ mit

$$x_k < y_k \wedge \forall i\,(i \in I \wedge i < k \rightarrow x_i = y_i)$$

heißt der *kritische Index von x, y bzgl. I, M, S, T*. Ist T eine Wohlordnung in I und $\forall i\,(i \in I \rightarrow [M_i, S_i]$ *geordnet*), so heißt R die *lexikographische Ordnung* (oder *Ordnung nach ersten Differenzstellen*) *in A bzgl. I, M, S, T* und das geordnete Paar $[A, R]$ das *bzgl. I, M, S, T lexikographisch geordnete* (oder *nach ersten Differenzstellen geordnete*) *Produkt A*. Ist I endlich und $\forall i\,(i \in I \rightarrow [M_i, S_i]$ *wohlgeordnet*), so heißt R die *lexikographische Wohlordnung* (oder *Wohlordnung nach ersten Differenzstellen*) *in A bzgl. I, M, S, T* und das geordnete Paar $[A, R]$ das *bzgl. I, M, S, T lexikographisch wohlgeordnete* (oder *nach ersten Differenzstellen wohlgeordnete*) *Produkt A*.

Bestimmt man die Relation R in Definition 5 durch

$$xRy \leftrightarrow \exists k\,(k \in I \wedge x_k < y_k \wedge \forall i\,(i \in I \wedge k < i \rightarrow x_i = y_i)),$$

so nennt man dann R die *antilexikographische Halbordnung* (oder *Halbordnung nach letzten Differenzstellen*) *in A bzgl. I, M, S, T* und $[A, R]$ das *bzgl. I, M, S, T antilexikographisch halbgeordnete* (oder *nach letzten Differenzstellen halbgeordnete*) *Produkt A*. Ebenso spricht man, falls T eine Gegenwohlordnung in T ist und $\forall i\,(i \in I \rightarrow [M_i, S_i]$ *geordnet*) gilt, von *antilexikographischer Ordnung* und, falls I endlich ist und $\forall i\,(i \in I \rightarrow [M_i, S_i]$ *wohlgeordnet*) gilt, von *antilexikographischer Wohlordnung*. Die antilexikographische Halbordnung, Ordnung bzw. Wohlordnung R in A bzgl. I, M, S, T ist also die lexikographische Halbordnung, Ordnung bzw. Wohlordnung R in A bzgl. I, M, S, T^{-1}.

§ 18. Verwandte Sätze zum Auswahlaxiom

1. Wir wenden uns zu Beginn dem Wohlordnungssatz zu, der zuerst von Zermelo mit Hilfe des Auswahlaxioms für Mengen (d. h. für Mengensysteme $M \in \boldsymbol{M}$) bewiesen wurde (erster Zermeloscher Beweis 1904, zweiter Zermeloscher Beweis 1908). Dieser Satz sagt aus, daß es in jeder Menge eine Wohlordnung gibt, daß man also anschaulich die Elemente einer jeden Menge transfinit abzählen kann. Weiterhin wird sich aus dem Wohlordnungssatz für Mengen und dem Auswahlaxiom für Klassen (d. h. für beliebige Mengensysteme M) der Wohlordnungssatz für Klassen ergeben, daß es nämlich auch in jeder Klasse eine Wohlordnung gibt. Mit dem Wohlordnungssatz für Mengen bzw. Klassen ist gleichzeitig die Frage im positiven Sinne entschieden, ob es in jeder Menge bzw. Klasse eine Ordnung gibt. Umgekehrt werden wir zeigen, daß aus dem Wohlordnungssatz für Mengen bzw. Klassen das Auswahlaxiom für Mengen bzw. Klassen folgt.

Cantor selbst anerkannte die Möglichkeit, eine Menge wohlzuordnen, als Denknotwendigkeit, indem er folgende Vorstellung entwickelte: Ist A eine Menge, so wähle man (falls $A \neq \emptyset$) irgendein Element $a_0 \in A$ als das erste Element von A in bezug auf die in A zu konstruierende Wohlordnung aus, dann wähle man (falls $A \setminus \{a_0\} \neq \emptyset$) irgendein Element $a_1 \in A \setminus \{a_0\}$ als das zweite Element aus, wähle (falls $A \setminus \{a_0, a_1\} \neq \emptyset$] irgendein Element $a_2 \in A \setminus \{a_0, a_1\}$ als das dritte Element aus usw. Ist die Menge A nach dieser sukzessiven Auswahl von unendlich vielen Elementen $a_0, a_1, a_2, \ldots,$ welche die Menge A_0 bilden mögen, noch nicht erschöpft, so wähle man wiederum irgendein Element $a_\omega \in A \setminus A_0$

aus, setze es hinter alle Elemente von A_0, wähle (falls $A \setminus (A_0 \cup \{a_\omega\}) \neq \emptyset$) irgendein Element $a_{\omega,1} \in A \setminus (A_0 \cup \{a_\omega\})$ aus, setze es hinter a_ω usw. Nach diesem Bildungsprinzip fahre man so lange fort, bis die Menge A ausgeschöpft ist, was auf Grund naiver Anschauung einmal eintreten muß; denn würde unser Bildungsprinzip die Menge A nur bis auf einen verbleibenden Rest $\emptyset \neq B \subseteq A$ ausschöpfen, so könnte man doch wieder ein Element $b \in B$ auswählen und hinter die Elemente von $A \setminus B$ setzen, womit also das verwendete Bildungsprinzip, im Widerspruch zur Annahme, nicht nur $B \setminus A$ ausschöpfte. Die von unserem Bildungsprinzip erzeugte Anordnung der Elemente von A ist dann anschaulich eine Wohlordnung in A.

Das Verdienst von ZERMELO ist es, den Wohlordnungssatz, der von CANTOR unbewiesen angenommen wurde, auf das Auswahlaxiom zurückgeführt zu haben, welches anschaulich viel einleuchtender ist als der Wohlordnungssatz.

Satz 1 (Wohlordnungssatz für Mengen oder Satz von ZERMELO).

$$\forall A \, \exists R \, (A \textit{ Menge} \rightarrow R \textit{ Wohlordnung in } A).$$

Beweis. Anschaulich liegt dem zweiten ZERMELOschen Beweis, den wir hier wiedergeben, folgende Idee zugrunde: Man wähle, wie es bereits oben geschildert wurde, aus der vorgegebenen Menge A (falls $A \neq \emptyset$) irgendein Element a_0 aus, welches das erste Element von A in bezug auf die in A zu konstruierende Wohlordnung R sein soll; dann wähle man (falls $A \setminus \{a_0\} \neq \emptyset$) irgendein Element $a_1 \in A \setminus \{a_0\}$ als das zweite Element von A aus, weiterhin (falls $A \setminus \{a_0, a_1\} \neq \emptyset$) irgendein Element $a_2 \in A \setminus \{a_0, a_1\}$ als das dritte Element von A aus usw. Ist A_0 die Menge der unendlich vielen bisher ausgewählten Elemente $a_0, a_1, a_2, \ldots$ und ist $A \setminus A_0 \neq \emptyset$, so wähle man irgendein Element $a_\omega \in A \setminus A_0$ als das auf alle Elemente von A_0 folgende Element von A aus, wähle (falls $A \setminus (A_0 \cup \{a_\omega\})$ $\neq \emptyset$) irgendein Element $a_{\omega,1} \in A \setminus (A_0 \cup \{a_\omega\})$ als das auf a_ω folgende Element von A aus usw. Man muß dann zeigen, daß die Menge der auf diese Weise aus A ausgewählten Elemente A selbst ist, und daß die auf Grund der sukzessiven Auswahl zwischen den Elementen von A erzeugte Anordnungsbeziehung eine Wohlordnung ist. Mit Hilfe des Auswahlaxioms führt man dabei die sukzessive Auswahl von Elementen aus A auf eine simultane Auswahl zurück und macht damit den eben geschilderten anschaulichen Gedankengang erst einer exakten Beweisführung zugänglich. Auf Grund des Auswahlaxioms gibt es über $\boldsymbol{P}A \setminus \{\emptyset\}$ eine Auswahlfunktion F'' mit also $F''(X) \in X$ für jedes $\emptyset \neq X \subseteq A$; F' sei dann im Falle $A \neq \emptyset$ bei fest ausgewähltem $a \in A$ diejenige Funktion über $\boldsymbol{P}A$ mit für jedes $X \subseteq A$:

$$F'(X) = \begin{cases} F''(X), & \text{falls } X \neq \emptyset \\ a, & \text{falls } X = \emptyset; \end{cases}$$

schließlich sei F diejenige Funktion über $\boldsymbol{P}A$ mit für jedes $X \subseteq A$:

$$F(X) = F'(A \setminus X).$$

Es ist dann stets $F(X) \notin X$ für $X \subset A$; F ordnet also jedem $X \subset A$ ein außerhalb X gelegenes Element von A zu. Es sei

$$F(\emptyset) = a_0$$
$$F(\{a_0\}) = a_1$$
$$F(\{a_0, a_1\}) = a_2$$
$$\vdots \quad ;$$

ist A_0 die Menge der $a_0, a_1, a_2, \ldots$, so sei

$$F(A_0) = a_\omega$$
$$F(A_0 \cup \{a_\omega\}) = a_{\omega,1}$$
$$\vdots$$

Für die Mengen

$$M_0 = \emptyset, \quad M_1 = \{a_0\}, \quad M_2 = \{a_0, a_1\}, \quad \ldots, \quad M_\omega = A_0, \quad M_{\omega,1} = A_0 \cup \{a_\omega\}, \quad \ldots$$

gilt dabei:

$$M_1 = M_0 \cup \{F(M_0)\}, \quad M_2 = M_1 \cup \{F(M_1)\}, \quad \ldots,$$
$$M_\omega = \text{Vereinigung aller } M_0, M_1, M_2, \ldots,$$
$$M_{\omega,1} = M_\omega \cup \{F(M_\omega)\}, \quad \ldots .$$

Der zweite ZERMELOsche Beweis des Wohlordnungssatzes besteht schließlich darin, von dem Mengensystem G^* der Mengen $M_0, M_1, M_2, \ldots, M_\omega, M_{\omega,1}, \ldots$ nachzuweisen, daß es in bezug auf $\subseteq_{G^*}$ wohlgeordnet ist und daß die Funktion $f = F_{G^* \setminus \{A\}}$ eine umkehrbar eindeutige Abbildung von $G^* \setminus \{A\}$ auf A ist; dann erzeugt die in G^* existierende Wohlordnung mittels f eine Wohlordnung in A, nämlich die transfinite Abzählung $a_0, a_1, a_2, \ldots, a_\omega, a_{\omega,1}, \ldots$ der Elemente von A (diese Abzählung läuft natürlich ohne Wiederholung nur bis unterhalb der ersten auf a_0 folgenden Stelle, von der ab lauter Elemente a stehen), und A läßt sich somit wohlordnen. Damit beenden wir die einführenden Betrachtungen und wenden uns nun dem Beweise selbst zu, in dem wir etwa reflexive Wohlordnungen gebrauchen.

Es sei A eine Menge. Ist $A = \emptyset$, so ist $\emptyset$ eine reflexive und irreflexive Wohlordnung in A. Es sei also von jetzt an $A \neq \emptyset$ und $a \in A$ ein fest herausgegriffenes Element von A. Nach dem Auswahlaxiom für Mengen und Satz 5, § 8 gibt es eine Auswahlfunktion F'' von $\boldsymbol{P}A \setminus \{\emptyset\}$ mit also $F''(X) \in X$ für jedes $\emptyset \neq X \subseteq A$. F' sei dann diejenige Funktion über $\boldsymbol{P}A$ mit für jedes $X \subseteq A$:

$$F'(X) = \begin{cases} F''(X), & \text{falls } X \neq \emptyset \\ a, & \text{falls } X = \emptyset \end{cases}$$

und F diejenige Funktion über $\boldsymbol{P}A$ mit für jedes $X \subseteq A$:

$$F(X) = F'(A \setminus X).$$

Es ist $F(X) \notin X$ für jedes $X \subset A$. Wir nennen eine Teilmenge $G \subseteq \boldsymbol{P}A$ *gesättigt* genau dann, wenn gilt:

$$(1)\ \forall X\,(X \in G \rightarrow X \cup \{F(X)\} \in G),$$

$$(2)\ \forall M\,(M \subseteq G \rightarrow \bigcup M \in G).$$

Speziell ist $\boldsymbol{P}A$ selbst gesättigt. In jeder gesättigten Menge G ist wegen $\emptyset \subseteq G$, $\bigcup \emptyset = \emptyset$ und (2) sofort $\emptyset$ als Element enthalten; ebenso gilt $A \in G$, da sonst wegen (2) $\bigcup G \neq A$ wäre, also $\bigcup G \subset A$, also $F(\bigcup G) \notin \bigcup G$, was im Widerspruch zu (1) steht, weil danach $\bigcup G \cup \{F(\bigcup G)\} \in G$ wäre, also $F(\bigcup G) \in \bigcup G$. G^* sei der Durchschnitt aller gesättigten Teilmengen von $\boldsymbol{P}A$, also die Menge

$$G^* = \underset{X}{M}\ \forall G\,(G \subseteq \boldsymbol{P}A \wedge G \textit{ gesättigt} \rightarrow X \in G).$$

Hilfssatz 1. G^* ist gesättigt.

Beweis. Da $\boldsymbol{P}A$ gesättigt ist, ist $G^* \subseteq \boldsymbol{P}A$. Weiterhin trivial erfüllt sind die Bedingungen (1) und (2) für G^*. Damit ist G^* gesättigt.

Wenn wir zeigen können, daß (a) G^* eine Kette ist (d. h. für jedes $X, Y \in G^*$ gilt $X \subseteq Y \vee Y \subseteq X$) und (b) für jedes $X, Y \in G^*$ gilt $X \subseteq Y \vee Y \cup \{F(Y)\} \subseteq X$, so erhält man auf folgende Weise eine Wohlordnung in A: Wegen (a) ist $\underset{G^*}{\subseteq}$ eine reflexive Ordnung in G^*. Diese Ordnung $\underset{G^*}{\subseteq}$ ist sogar eine reflexive Wohlordnung in G^*; die Existenz des kleinsten Elementes jeder nicht leeren Teilmenge $\emptyset \neq M \subseteq G^*$ folgt dabei so: Es sei N die Menge aller $X \in G^*$ mit $\forall Y\,(Y \in M \rightarrow X \subset Y)$; dann ist $N \subseteq G^*$, also $\bigcup N \in G^*$ nach Hilfssatz 1 und außerdem $\forall Y\,(Y \in M \rightarrow \bigcup N \subseteq Y)$. Ist $\bigcup N \in M$, so ist damit $\bigcup N$ das kleinste Element von M. Ist $\bigcup N \notin M$, so gilt $\forall Y\,(Y \in M \rightarrow \bigcup N \subset Y)$; wegen $\bigcup N \in G^*$ gilt nach b) $\forall Y\,(Y \in M \rightarrow \bigcup N \cup \{F(\bigcup N)\} \subseteq Y)$. Dann muß aber die Menge $\bigcup N \cup \{F(\bigcup N)\}$ Element von M und damit das kleinste Element von M sein; denn andernfalls wäre sie wegen $\bigcup N \cup \{F(\bigcup N)\} \in G^*$ Element von N, womit $F(\bigcup N) \in \bigcup N$ gälte, was ein Widerspruch zu $F(X) \notin X$ für jedes $X \subset A$ ist, da es wegen $M \neq \emptyset$ ein $Y \in M$ gibt mit also $\bigcup N \subset Y \subseteq A$. $\underset{G^*}{\subseteq}$ ist also eine reflexive Wohlordnung in G^*. Man erhält weiterhin, daß die Funktion $f = F_{G^* \setminus \{A\}}$ eine umkehrbar eindeutige Abbildung von $G^* \setminus \{A\}$ auf A ist. Zunächst ist f eine umkehrbar eindeutige Abbildung von $G^* \setminus \{A\}$ in A; denn für $A \supset X, Y \in G^*$ mit $X \neq Y$ gilt nach (a) $X \subset Y \vee Y \subset X$, also nach (b)

$$X \cup \{f(X)\} \subseteq Y \vee Y \cup \{f(Y)\} \subseteq X;$$

damit ist

$$f(X) \in Y \wedge f(Y) \notin Y \,.\!\vee\!.\, f(Y) \in X \wedge f(X) \notin X,$$

also insgesamt $f(X) \neq f(Y)$. Es gibt aber auch für jedes $x \in A$ ein $A \supset X \in G^*$ mit $f(X) = x$, womit dann f eine umkehrbar eindeutige Abbildung von $G^* \setminus \{A\}$ auf A ist. Dazu bilde man für $x \in A$ die Menge M aller $Y \in G^*$ mit $x \notin Y$; nach Hilfssatz 1 ist $X = \bigcup M \in G^*$ und wegen $x \notin X$ ist $X \subset A$. Dann ist $f(X) = x$, da sonst $x \notin X \cup \{f(X)\} \in G^*$, also $X \cup \{f(X)\} \in M$ und damit $X \cup \{f(X)\} \subseteq X$ im Widerspruch zu $f(X) \notin X$ wäre. Definiert man schließlich unter den Voraussetzungen (a) und (b) die Relation R in A mit für jedes $x, y \in A$:

$$x R y \leftrightarrow f^{-1}(x) \subseteq f^{-1}(y),$$

so ist f ein Isomorphismus von $[G^* \setminus \{A\}, \underset{G^* \setminus \{A\}}{\subseteq}]$ auf $[A, R]$, womit $[A, R]$ nach Satz 9, § 17 reflexiv wohlgeordnet ist.

Es genügt also in der Tat, (a) und (b) zu beweisen. Dazu bilden wir das Mengensystem

$$M^* = \underset{Y}{M} (Y \in G^* \wedge \forall X (X \in G^* \to X \subseteq Y \vee Y \subseteq X))$$

und außerdem für jedes $Y \in M^*$ das Mengensystem

$$\langle Y \rangle = \underset{X}{M} (X \in G^* . \wedge . X \subseteq Y \vee Y \cup \{F(Y)\} \subseteq X).$$

Wenn wir zeigen können, daß M^* gesättigt ist und für jedes $Y \in M^*$ auch $\langle Y \rangle$, so ist $G^* = M^* = \langle Y \rangle$, und die Behauptungen (a) und (b) sind bewiesen. Wir brauchen somit nur noch die beiden folgenden Hilfssätze 2 und 3 zu beweisen.

Hilfssatz 2. Für jedes $Y \in M^*$ ist $\langle Y \rangle$ gesättigt.

Beweis. Für jedes $Y \in M^*$ ist wegen $\langle Y \rangle \subseteq G^*$ trivial $\langle Y \rangle \subseteq \boldsymbol{P} A$. Es ist noch zu zeigen;

$$(1') \; \forall X \; (X \in \langle Y \rangle \to X \cup \{F(X)\} \in \langle Y \rangle),$$

$$(2') \; \forall M \; (M \subseteq \langle Y \rangle \to \bigcup M \in \langle Y \rangle).$$

(1'): Aus $X \in \langle Y \rangle$ folgt $X \in G^*$ und damit nach Hilfssatz 1 $X \cup \{F(X)\} \in G^*$; für $X \cup \{F(X)\} \in \langle Y \rangle$ ist dann noch zu zeigen:

$$X \cup \{F(X)\} \subseteq Y \vee Y \cup \{F(Y)\} \subseteq X \cup \{F(X)\}.$$

Wegen $X \in \langle Y \rangle$ ist aber

$$X \subseteq Y \vee Y \cup \{F(Y)\} \subseteq X.$$

Besteht im Falle $X \subseteq Y$ die Identität $X = Y$, so ist trivial

$$Y \cup \{F(Y)\} \subseteq X \cup \{F(X)\};$$

gilt $X \subset Y$, so folgt

$$X \cup \{F(X)\} \subseteq Y;$$

denn wegen $Y \in M^*$ ist

$$X \cup \{F(X)\} \subseteq Y \vee Y \subseteq X \cup \{F(X)\},$$

wäre aber $Y \subset X \cup \{F(X)\}$, so wäre insgesamt $X \subset Y \subset X \cup \{F(X)\}$, also besäße $X \cup \{F(X)\}$ mindestens zwei nicht in X enthaltene Elemente, was ein Widerspruch ist. Im Falle $Y \cup \{F(Y)\} \subseteq X$ ist sofort

$$Y \cup \{F(Y)\} \subseteq X \cup \{F(X)\}.$$

(2'): Aus $M \subseteq \langle Y \rangle$ folgt $M \subseteq G^*$ und damit nach Hilfssatz 1 $\bigcup M \in G^*$; für $\bigcup M \in \langle Y \rangle$ ist dann noch zu zeigen:

$$\bigcup M \subseteq Y \vee Y \cup \{F(Y)\} \subseteq \bigcup M.$$

Es gilt

$$X \subseteq Y \vee Y \cup \{F(Y)\} \subseteq X \text{ für jedes } X \in M;$$

ist $X \subseteq Y$ für jedes $X \in M$, so ist $\bigcup M \subseteq Y$, ist $Y \cup \{F(Y)\} \subseteq X$ für ein $X \in M$, so ist $Y \cup \{F(Y)\} \subseteq \bigcup M$.

Hilfssatz 3. M^* ist gesättigt.

Beweis. Wegen $M^* \subseteq G^*$ ist sofort $M^* \subseteq \boldsymbol{P}A$. Es ist noch zu zeigen:

$$(1'')\ \forall Y\,(Y \in M^* \to Y \cup \{F(Y)\} \in M^*),$$

$$(2'')\ \forall M\,(M \subseteq M^* \to \bigcup M \in M^*).$$

(1''): Aus $Y \in M^*$ folgt $Y \in G^*$ und damit nach Hilfssatz 1 $Y \cup \{F(Y)\} \in G^*$; für $Y \cup \{F(Y)\} \in M^*$ ist dann noch zu zeigen:

$$\forall X\,(X \in G^* \to X \subseteq Y \cup \{F(Y)\} \vee Y \cup \{F(Y)\} \subseteq X).$$

Wegen $Y \in M^*$ ist $\langle Y \rangle$ nach Hilfssatz 2 gesättigt, also gilt $G^* \subseteq \langle Y \rangle$; für $X \in G^*$ gilt damit

$$X \subseteq Y \vee Y \cup \{F(Y)\} \subseteq X,$$

woraus aber sofort

$$X \subseteq Y \cup \{F(Y)\} \vee Y \cup \{F(Y)\} \subseteq X$$

folgt. (2''): Aus $M \subseteq M^*$ folgt $M \subseteq G^*$ und damit nach Hilfssatz 1 $\bigcup M \in G^*$; für $\bigcup M \in M^*$ ist dann noch zu zeigen:

$$\forall X\,(X \in G^* \to X \subseteq \bigcup M \vee \bigcup M \subseteq X).$$

Für $X \in G^*$ gilt $X \subseteq Y \vee Y \subseteq X$ für jedes $Y \in M$; ist $X \subset Y$ für ein $Y \in M$, so ist $X \subseteq \bigcup M$; ist $Y \subseteq X$ für jedes $Y \in M$, so ist $\bigcup M \subseteq X$.

Wir werden später (§ 22) nach Behandlung des Vergleichsbarkeitssatzes für Wohlordnungen auch noch den ersten ZERMELOschen Beweis für den Wohlordnungssatz bringen, der im Gegensatz zum obigen zweiten ZERMELOschen Beweis eine umfassendere Kenntnis von Eigenschaften wohlgeordneter Mengen voraussetzt.

Der Wohlordnungssatz für Mengen wurde mit Hilfe des Auswahlaxioms für Mengen bewiesen. Umgekehrt folgt aber das Auswahlaxiom für Mengen auch aus dem Wohlordnungssatz für Mengen, so daß also beide Aussagen gleichwertig sind.

Satz 2.

$$\forall M \exists A (M \subseteq \boldsymbol{M} \wedge M \in \boldsymbol{M} \wedge M \textit{ disjunkt} \wedge \emptyset \notin M \rightarrow A \subseteq \bigcup M \wedge \forall X (X \in M \rightarrow \exists!!\, x (x \in A \cap X))).$$

Beweis. Es sei M ein disjunktes Mengensystem mit $\emptyset \notin M \in \boldsymbol{M}$. Nach Satz 1 gibt es eine Wohlordnung R in $\bigcup M$. Die Funktion F über M mit für jedes $X \in M$:

$$F(X) = \min X$$

ist dann eine Auswahlfunktion von M und $A = \mathrm{Nb}\, F$ eine Auswahl von M.

Aus dem Wohlordnungssatz für Mengen und dem Auswahlaxiom für Klassen folgt der

Satz 3 (Wohlordnungssatz für Klassen).

$$\forall A \exists R (A \textit{ Klasse} \rightarrow R \textit{ Wohlordnung in } A \wedge \forall x (x \in A \rightarrow \mathrm{Ab}\, x \in \boldsymbol{M})).$$

Beweis. Es sei A eine Klasse, I die disjunkte Klasse aller Stufen $i \in \mathfrak{S}$ mit $i \cap A \neq \emptyset$, T die durch die Stufenkleinergleichbeziehung $\sqsubset$ in I induzierte Wohlordnung und M diejenige Funktion über I mit für jedes $i \in I$:

$$M_i = i \cap A.$$

Nach Satz 1 gibt es in jedem M_i eine reflexive Wohlordnung. G sei die Abbildung über I mit für jedes $i \in I$:

$$G\langle\{i\}\rangle = \underset{x}{\boldsymbol{M}} (x \textit{ reflexive Wohlordnung in } M_i).$$

S sei schließlich eine nach Satz 4, § 8 und dem Auswahlaxiom für Klassen existierende Auswahlfunktion* von G. Insgesamt haben wir damit erhalten: $(M_i)_{i \in I}$ ist ein disjunkter Mengenkomplex, $(S_i)_{i \in I}$ ist ein Mengenkomplex, es gilt $\forall i (i \in I \rightarrow [M_i, S_i] \textit{ reflexiv wohlgeordnet})$, es ist $A = \bigcup_{i \in I} M_i$, und T ist eine Wohlordnung in I. Das sind genau die Voraussetzungen von Satz 10, § 17, wonach also dann die Relation R in A mit für jedes $x, y \in A$:

$$xRy \leftrightarrow \exists i \exists j (i, j \in I \wedge x \in M_i \wedge y \in M_j .\wedge.\, i \neq i \rightarrow iTj .\wedge.\, i = j \rightarrow xS_iy)$$

eine reflexive Wohlordnung in A ist. Ist weiterhin $x, y \in A$ und xRy bei $x \in M_i$, $y \in M_j$, so ist nach Konstruktion von R: $i \sqsubset j$, also $x \ulcorner M_i \sqsubset i \sqsubset j$ wegen $M_i \subseteq i$, also $x \ulcorner j$, also $x \sqsubset y$ wegen $y \in j \in \mathfrak{S}$; damit ist $\mathrm{Ab}\, y \subseteq \boldsymbol{A}y$, also $\mathrm{Ab}\, y \in \boldsymbol{M}$.

Unter Verwendung von Satz 1, § 17 gilt natürlich für jede Klasse A:

$$\exists R (R \textit{ Wohlordnung in } A \wedge \forall x (x \in A \rightarrow \mathrm{Ab}\, x \in \boldsymbol{M}))$$
$$\leftrightarrow \exists R (R \textit{ reflexive Wohlordnung in } A \wedge \forall x (x \in A \rightarrow \mathrm{Ab}\, x \in \boldsymbol{M}))$$
$$\leftrightarrow \exists R (R \textit{ irreflexive Wohlordnung in } A \wedge \forall x (x \in A \rightarrow \mathrm{Ab}\, x \in \boldsymbol{M})).$$

Aus dem Wohlordnungssatz für Klassen folgt wieder das Auswahlaxiom für Klassen, so daß diese beiden Aussagen gleichwertig sind.

Satz 4.

$$\forall M \exists A (M \subseteq \mathbf{M} \wedge M \textit{ disjunkt} \wedge \emptyset \notin M \rightarrow A \subseteq \bigcup M \wedge \forall X (X \in M \rightarrow \exists!!\, x\, (x \in A \cap X))).$$

Beweis. Es sei M ein disjunktes Mengensystem mit $\emptyset \notin M$. Nach Satz 3 gibt es eine Wohlordnung R in $\bigcup M$. Die Funktion F über M mit für jedes $X \in M$:

$$F(X) = \min X$$

ist dann eine Auswahlfunktion von M und $A = \operatorname{Nb} F$ eine Auswahl von M.

2. Mit dem Auswahlaxiom für Mengen und dem Wohlordnungssatz für Mengen hängen eine Reihe weiterer wichtiger Sätze der Ordnungstheorie zusammen, das Zornsche Lemma, das schwache Zornsche Lemma, der Teichmüller-Tukeysche Maximalmengensatz und der Hausdorff-Birkhoffsche Maximalkettensatz; diese Sätze sind alle gleichwertig mit dem Wohlordnungssatz für Mengen und damit auch mit dem Auswahlaxiom für Mengen.

Als erstes beweisen wir über den Bourbakischen Fixpunktsatz das Zornsche Lemma. Der Beweis zu Satz 5 ist dem ersten Zermeloschen Beweis des Wohlordnungssatzes (Satz 2, § 22) nachgebildet. Die Voraussetzung der Induktivität im schwachen Bourbakischen Fixpunktsatz und im schwachen Zornschen Lemma wird jetzt ersetzt durch die schwächere Forderung, daß jede konvers wohlgeordnete bzw. wohlgeordnete Teilmenge eine untere bzw. obere Schranke besitzt.

Satz 5 (Burbakischer Fixpunktsatz). *Für halbgeordnete Mengen* $[A, R]$ *und Funktionen* F *von* A *in* A *gilt:*

a) $\forall X \exists x (X \subseteq A \wedge [X, {}_X(R^{-1})_X]$ *wohlgeordnet* $\rightarrow x$ *untere Schranke von* X *bzgl.* $A, R) \wedge \forall x (x \in A \rightarrow x \geqq F(x)) \rightarrow \exists y (y \in A \wedge F(y) = y)$.

b) $\forall X \exists x (X \subseteq A \wedge [X, {}_X R_X]$ *wohlgeordnet* $\rightarrow x$ *obere Schranke von* X *bzgl.* $A, R) \wedge \forall x (x \in A \rightarrow x \leqq F(x)) \rightarrow \exists y (y \in A \wedge F(y) = y)$.

Beweis. Da offenbar unter Verwendung der inversen Relation R^{-1} a) genau dann gilt, wenn b) gilt, genügt es, etwa b) zu beweisen. Anschaulich liegt dem Beweis von b), in Verallgemeinerung der dem Beweis des schwachen Bourbakischen Fixpunktsatzes zugrunde liegenden Idee, folgende Idee zugrunde: Unter den Voraussetzungen von b) sei b_0 irgendein Element von A; solch ein b_0 existiert, da $\emptyset \subseteq A$ von R (d. h. genauer: durch ${}_\emptyset R_\emptyset$) wohlgeordnet wird, so daß es also eine obere Schranke von $\emptyset$ gibt, womit $A \neq \emptyset$ gilt. Es sei $a_0 = F(b_0)$. Ist $a_0 < F(a_0)$ (es ist ja $a_0 \leqq F(a_0)$, und im Falle $a_0 = F(a_0)$ wäre bereits a_0 ein Fixpunkt von F), so sei b_1 irgendeine obere Schranke der von R wohlgeordneten Menge $\{a_0\}$ und $a_1 = F(b_1)$; ist $a_1 < F(a_1)$, so sei b_2 irgendeine obere Schranke der von R wohlgeordneten Menge $\{a_0, a_1\}$ und $a_2 = F(b_2)$ usw. Ist A_0 die Menge der unendlich vielen bisher aus A ausgewählten Elemente $a_0, a_1, a_2, \ldots$, so wird A_0 von R wohlgeordnet; b_ω sei irgendeine obere Schranke von A_0 und $a_\omega = F(b_\omega)$. Ist $a_\omega < F(a_\omega)$, so sei $b_{\omega,1}$ irgendeine obere Schranke der von R wohlgeordneten Menge $A_0 \cup \{a_\omega\}$ und $a_{\omega,1} = F(b_{\omega,1})$ usw. Nach diesem Bildungsprinzip fahre man so lange fort, wie es möglich ist; N^* sei die Menge aller Elemente $a_0, a_1, a_2, \ldots, a_\omega, a_{\omega,1}, \ldots$ von A, welche auf diese Weise der Reihe nach, von a_0 ausgehend, aus A ausgewählt werden. Da anschaulich N^* von R wohlgeordnet wird, so existiert eine obere Schranke x von N^*; es sei $y = F(x)$; dann muß aber $y = F(y)$ sein, da im Falle $y < F(y)$ unser Bildungsprinzip über N^* hinaus fortgesetzt werden könnte im Widerspruch dazu, daß N^* schon alle auf Grund unseres Bildungsprinzips aus A ausgewählten Elemente $a_0, a_1, a_2, \ldots, a_\omega, a_{\omega,1}, \ldots$ enthält. Die sukzessive Auswahl der oberen Schranken $b_0, b_1, b_2, \ldots, b_\omega, b_{\omega,1}, \ldots$ führt man dabei mit Hilfe des Auswahlaxioms auf eine simultane Auswahl oberer Schranken zurück und macht damit den eben geschilderten anschaulichen Gedankengang erst einer exakten Beweisführung zugänglich. Auf Grund des Auswahlaxioms gibt es über der Menge aller Teilmengen $X \subseteq A$, die von R wohlgeordnet werden, eine Funktion f, welche jeder solchen Menge X eine ihrer oberen Schranken $f(X)$ zuordnet. Es sei dann

$$\begin{aligned} F(f(\emptyset)) &= a_0 \\ F(f(\{a_0\})) &= a_1 \\ F(f(\{a_0, a_1\})) &= a_2 \\ &\vdots \quad ; \end{aligned}$$

ist A_0 die Menge der $a_0, a_1, a_2, \ldots$, so sei

$$\begin{aligned} F(f(A_0)) &= a_\omega \\ F(f(A_0 \cup \{a_\omega\})) &= a_{\omega,1} \\ &\vdots \end{aligned}$$

Die Mengen

$$N_0 = \emptyset, \quad N_1 = \{a_0\}, \quad N_2 = \{a_0, a_1\}, \quad \ldots, \quad N_\omega = A_0, \quad N_{\omega,1} = A_0 \cup \{a_\omega\}, \quad \ldots$$

werden dabei einzeln von R wohlgeordnet und lassen sich stets folgendermaßen charakterisieren: Ist N irgendeine der angegebenen Mengen, so gilt

$$\forall x\,(x \in N \rightarrow F(f(\underset{|N,\, _N R_N|}{\mathrm{Ab}}\ x)) = x).$$

Die Vereinigung N^* all dieser Mengen N wird dann anschaulich von R wohlgeordnet und ist — unter der Annahme, daß es keinen Fixpunkt von F gibt — eine nach dem eingangs geschilderten Bildungsprinzip (jetzt nur in bezug auf die durch f von vornherein fest vorgegebene Auswahl der oberen Schranken $b_0, b_1, b_2, \ldots, b_\omega, b_{\omega,1}, \ldots$) konstruierte Menge, so daß also schließlich $F(f(N^*)) = F(F(f(N^*)))$ ist. Damit beenden wir die einleitenden Betrachtungen und wenden uns nun dem Beweis von b) selbst zu.

Es sei A eine Menge, R eine Halbordnung in A und F eine Funktion von A in A; außerdem besitze jede Teilmenge $X \subseteq A$, für die $[X, {}_XR_X]$ wohlgeordnet ist, eine obere Schranke bzgl. A, R und es gelte $x \leqq F(x)$ für jedes $x \in A$; dann wird behauptet die Existenz eines Fixelementes $y \in A$ mit $F(y) = y$. G sei diejenige Abbildung über der Menge aller Teilmengen $X \subseteq A$, für die $[X, {}_XR_X]$ wohlgeordnet ist, mit für jedes solche X:

$$G\langle\{X\}\rangle = \underset{x}{\mathbf{M}}\,(x \textit{ obere Schranke von } X \textit{ bzgl. } A, R)$$

Nach dem Auswahlaxiom für Mengen und Satz 4, § 8 gibt es eine Auswahlfunktion* f von G, die also jeder von R wohlgeordneten Teilmenge $X \subseteq A$ eine ihrer oberen Schranken $f(X)$ zuordnet. Wir nennen eine Teilmenge $N \subseteq A$ *normal* genau dann, wenn gilt:

$$[N, {}_NR_N] \textit{ wohlgeordnet} \wedge \forall x\,(x \in N \rightarrow F(f(\underset{|N, {}_NR_N|}{\mathrm{Ab}}\; x)) = x).$$

Das erste Element a_0 einer jeden nicht leeren normalen Teilmenge N ist $F(f(\underset{|N, {}_NR_N|}{\mathrm{Ab}}\; a_0)) = F(f(\emptyset))$.

Hilfssatz 1. Sind N_1, N_2 normal, so gilt:

$$N_1 = N_2 \vee \exists x\,(x \in N_2 \wedge N_1 = \underset{|N_2, {}_{N_2}R_{N_2}|}{\mathrm{Ab}}\; x) \vee \exists x\,(x \in N_1 \wedge N_2 = \underset{|N_1, {}_{N_1}R_{N_1}|}{\mathrm{Ab}}\; x).$$

Beweis. Es sei V die Vereinigung aller gemeinsamen Anfangsstücke von N_1 und N_2; d. h.

$$V = \bigcup \underset{X}{\mathbf{M}}\,(X \textit{ Anfangsstück von } N_1 \textit{ bzgl. } {}_{N_1}R_{N_1} \wedge X \textit{ Anfangsstück von } N_2 \textit{ bzgl. } {}_{N_2}R_{N_2}).$$

Es ist dann V selbst ein Anfangsstück von N_1 und ein Anfangsstück von N_2. Ist $V = N_1 \wedge V = N_2$, so ist $N_1 = N_2$; ist $V = N_1 \wedge V \neq N_2$ oder $V \neq N_1 \wedge V = N_2$, so ist nach Satz 4, § 17 N_1 ein Abschnitt von N_2 oder N_2 ein Abschnitt von N_1. Ist $V \neq N_1 \wedge V \neq N_2$, so ist nach Satz 4, § 17 V ein Abschnitt von N_1 und ein Abschnitt von N_2. Es gibt also Elemente $n_1 \in N_1$, $n_2 \in N_2$ mit

$$V = \underset{|N_1, {}_{N_1}R_{N_1}|}{\mathrm{Ab}}\; n_1 = \underset{|N_2, {}_{N_2}R_{N_2}|}{\mathrm{Ab}}\; n_2;$$

auf Grund der Normalität von N_1, N_2 ist dann

$$n_1 = F(f(\underset{|N_1, {}_{N_1}R_{N_1}|}{\mathrm{Ab}}\; n_1)) = F(f(V)) = F(f(\underset{|N_2, {}_{N_2}R_{N_2}|}{\mathrm{Ab}}\; n_2)) = n_2.$$

Damit ist V ein gemeinsamer Abschnitt von N_1 und N_2 mit $n \notin V$ bei $n = n_1 = n_2 \in N_1 \cap N_2$. $V \cup \{n\}$ ist schließlich ein gemeinsames Anfangsstück von N_1 und N_2; es muß also $V \cup \{n\} \subseteq V$ gelten (da V die Vereinigung aller gemeinsamen Anfangsstücke von N_1 und N_2 ist), was ein Widerspruch zu $n \notin V$ ist; der Fall $V \neq N_1 \wedge V \neq N_2$ kann also nicht eintreten.

Hilfssatz 2. Ist M ein Mengensystem normaler Mengen, so gilt für $V = \bigcup M$ und jedes $n \in N \in M$ stets:

$$\underset{|N,\,{}_N R_N|}{\text{Ab}}\; n = \underset{|V,\,{}_V R_V|}{\text{Ab}}\; n.$$

Beweis. Es ist trivial stets $\underset{|N,\,{}_N R_N|}{\text{Ab}}\; n \subseteq \underset{|V,\,{}_V R_V|}{\text{Ab}}\; n$. Wären diese beiden Mengen nicht für jedes $n \in N \in M$ identisch, so gäbe es ein $N \in M$, ein $n \in N$ und ein Element x mit

$$x < n, \quad x \in V, \quad x \notin N.$$

Für x gibt es wegen $x \in V$ ein $X \in M$ mit $x \in X$; dann gilt nach Hilfssatz 1 wegen $x \notin N$ und $x \in X$ für ein $y \in X$:

$$N = \underset{|X,\,{}_X R_X|}{\text{Ab}}\; y.$$

Wegen $n \in N$ und damit $n \in \underset{|X,\,{}_X R_X|}{\text{Ab}}\; y$ folgt hieraus

$$\underset{|N,\,{}_N R_N|}{\text{Ab}}\; n = \underset{|X,\,{}_X R_X|}{\text{Ab}}\; n.$$

Dies ist aber ein Widerspruch wegen $x \notin N$ und damit $x \notin \underset{|N,\,{}_N R_N|}{\text{Ab}}\; n$ und wegen $x \in X \wedge x < n$ und damit $x \in \underset{|X,\,{}_X R_X|}{\text{Ab}}\; n$.

Es sei nun

$$N^* = \bigcup_N M\,(N \subseteq A \wedge N \text{ normal}).$$

Wenn wir zeigen können, daß $[N^*, {}_{N^*}R_{N^*}]$ wohlgeordnet ist, sind wir fertig. Denn dann ist nach Hilfssatz 2 zunächst N^* normal, da es für jedes $x \in N^*$ eine normale Menge N gibt mit $x \in N$ und daher

$$F(f(\underset{|N^*,\,{}_{N^*}R_{N^*}|}{\text{Ab}}\; x)) = F(f(\underset{|N,\,{}_N R_N|}{\text{Ab}}\; x)) = x.$$

Ist weiterhin $y = F(f(N^*))$ und $y \notin N^*$, so ist $N^{**} = N^* \cup \{y\}$ normal. Denn mit $f(N^*)$ ist wegen $f(N^*) \leqq F(f(N^*)) = y$ auch y eine obere Schranke von N^*, und N^{**} wird somit von R wohlgeordnet; außerdem ist

$$F(f(\underset{|N^{**},\,{}_{N^{**}}R_{N^{**}}|}{\text{Ab}}\; y)) = F(f(N^*)) = y,$$

also ist mit N^* auch N^{**} normal. Aus der Normalität von N^{**} folgt $N^{**} \subseteq N^*$, also $y \in N^*$ im Widerspruch zu $y \notin N^*$. Es muß daher $y \in N^*$ gelten, woraus aber

$$y \leqq f(N^*) \leqq F(f(N^*)) = y$$

folgt, also

$$y = f(N^*) = F(f(N^*)),$$

also schließlich $F(y) = y$. y ist dann ein gesuchter Fixpunkt. Wir brauchen also nur noch den folgenden Hilfssatz 3 zu beweisen.

Hilfssatz 3. $[N^*, {}_{N^*}R_{N^*}]$ *ist wohlgeordnet.*

Beweis. Da R eine Halbordnung in A ist, ist $[N^*, {}_{N^*}R_{N^*}]$ halbgeordnet. Ist $x_1, x_2 \in N^*$, so gibt es normale Mengen $N_1, N_2 \subseteq A$ mit $x_1 \in N_1$ und $x_2 \in N_2$. Nach Hilfssatz 1 gilt $N_1 \subseteq N_2$ oder $N_2 \subseteq N_1$, also $x_1, x_2 \in N_2$ oder $x_1, x_2 \in N_1$. Für Elemente x_1, x_2 einer normalen Menge (in unserem Falle N_2 bzw. N_1) gilt aber $x_1 \leqq x_2 \vee x_2 \leqq x_1$; also ist $[N^*, {}_{N^*}R_{N^*}]$ geordnet. Es bleibt noch zu zeigen, daß jede nicht leere Teilmenge $X \subseteq N^*$ ein erstes Element hinsichtlich R besitzt. Ist aber $\emptyset \neq X \subseteq N^*$ und $n \in X$, so ist $n \in N^*$, also gibt es eine normale Menge $N \subseteq A$ mit $n \in N$. Nach Hilfssatz 2 ist

$$\underset{|N, {}_NR_N|}{\mathrm{Ab}}\; n = \underset{|N^*, {}_{N^*}R_{N^*}|}{\mathrm{Ab}}\; n;$$

außerdem ist trivial

$$\underset{|X, {}_XR_X|}{\mathrm{Ab}}\; n \subseteq \underset{|N^*, {}_{N^*}R_{N^*}|}{\mathrm{Ab}}\; n, \text{ also } \underset{|X, {}_XR_X|}{\mathrm{Ab}}\; n \subseteq \underset{|N, {}_NR_N|}{\mathrm{Ab}}\; n \subseteq N.$$

Damit besitzt $(\underset{|X, {}_XR_X|}{\mathrm{Ab}}\; n) \cup \{n\}$ als nicht leere Teilmenge der normalen Menge N hinsichtlich R ein erstes Element x_0, welches dann gleichzeitig das erste Element von X ist, da mit N^* auch X hinsichtlich R geordnet ist, so daß $x \leqq n \vee n < x$ für jedes $x \in X$ gilt.

Aus dem Bourbakischen Fixpunktsatz folgt unmittelbar der schwache Bourbakische Fixpunktsatz.

Satz 6 (Zornsches Lemma). *Für halbgeordnete Mengen* $[A, R]$ *gilt:*

a) $\forall X \exists x\, (X \subseteq A \wedge [X, {}_X(R^{-1})_X]$ *wohlgeordnet* $\rightarrow x$ *untere Schranke von* X *bzgl.* $A, R) \rightarrow \exists x\, (x$ *minimales Element von* A *bzgl.* $R)$.

b) $\forall X \exists x\, (X \subseteq A \wedge [X, {}_XR_X]$ *wohlgeordnet* $\rightarrow x$ *obere Schranke von* X *bzgl.* $A, R)$ $\rightarrow \exists x\, (x$ *maximales Element von* A *bzgl.* $R)$.

Beweis. Da offenbar unter Verwendung der inversen Relation R^{-1} a) genau dann gilt, wenn b) gilt, genügt es, etwa b) zu beweisen. Es sei also A eine Menge und R eine Halbordnung in A; außerdem besitze jede hinsichtlich R wohlgeordnete Teilmenge von A eine obere Schranke bzgl. A, R; dann wird behauptet die Existenz eines maximalen Elementes von A bzgl. R. Wir nehmen an, die Behauptung sei falsch, es gelte also unter den aufgeführten Voraussetzungen

$$\forall x \exists y\, (x \in A \rightarrow y \in A \wedge x < y).$$

Man betrachte dann die Abbildung

$$G = \underset{z}{\boldsymbol{M}}\, \exists x \exists y\, (x, y \in A \wedge x < y \wedge z = [x, y]);$$

es ist $G \subseteq A \times A$ und $\mathrm{Vb}\, G = A$. Nach Satz 4, § 8 gibt es über das Auswahlaxiom für Mengen eine Auswahlfunktion* F von G mit $F \subseteq G$ und $\mathrm{Vb}\, F = \mathrm{Vb}\, G$

$= A$. Nach Konstruktion von G gilt außerdem $\forall x\,(x \in A \rightarrow x < F(x))$. A, R, F erfüllen dann die Voraussetzungen von Satz 5b); also gibt es einen Fixpunkt $y \in A$ mit $F(y) = y$ im Widerspruch zu $x < F(x)$ für jedes $x \in A$.

Aus dem ZORNschen Lemma folgt unmittelbar das schwache ZORNsche Lemma. Als Spezialfall (Spezielles ZORNsches Lemma) folgt aus Satz 6 für Mengensysteme $M \in \boldsymbol{M}$ unter der Voraussetzung, daß jede hinsichtlich $\underset{M}{\subseteq}$ (oder gleichwertig auch: hinsichtlich $\underset{M}{\subset}$) konvers wohlgeordnete bzw. wohlgeordnete Teilmenge von M eine untere bzw. obere Schranke besitzt, daß es dann in M ein minimales bzw. maximales Element gibt. Aus diesem Spezialfall von Satz 6 folgt umgekehrt über den Darstellungssatz für Halbordnungen unmittelbar der Satz 6 selbst.

Als Folgerung von Satz 6 erhält man den

Satz 7. *Für halbgeordnete Mengen $[A, R]$ und Elemente $a \in A$ gilt:*

a) $\forall X \exists x\,(X \subseteq A \wedge [X, {}_X(R^{-1})_X]$ *wohlgeordnet* $\rightarrow x$ *untere Schranke von* X *bzgl.* $A, R) \rightarrow \exists x\,(x$ *minimales Element von* A *bzgl.* $R \wedge x \leqq a)$.

b) $\forall X \exists x\,(X \subseteq A \wedge [X, {}_XR_X]$ *wohlgeordnet* $\rightarrow x$ *obere Schranke von* X *bzgl.* $A, R)$ $\rightarrow \exists x\,(x$ *maximales Element von* A *bzgl.* $R \wedge a \leqq x)$.

Beweis. Es sei R eine Halbordnung in der Menge A und $a \in A$. Besitzt dann jede hinsichtlich R konvers wohlgeordnete bzw. wohlgeordnete Teilmenge von A eine untere bzw. obere Schranke bzgl. A, R, so besitzt auch jede hinsichtlich ${}_BR_B$ konvers wohlgeordnete bzw. wohlgeordnete Teilmenge der Menge B aller $x \in A$ mit $x \leqq a$ bzw. $a \leqq x$ eine untere bzw. obere Schranke bzgl. B, ${}_BR_B$. Nach Satz 6 existiert also ein minimales bzw. maximales Element x_0 von B bzgl. ${}_BR_B$; x_0 ist gleichzeitig minimales bzw. maximales Element von A bzgl. R, und nach Konstruktion gilt $x_0 \leqq a$ bzw. $a \leqq x_0$.

Umgekehrt folgt trivial Satz 6 aus Satz 7, so daß also diese beiden Sätze gleichwertig sind.

Aus Satz 7 folgt unmittelbar Satz 19, § 14.

Wir wenden uns nun dem TEICHMÜLLER-TUKEYschen Satz zu.

Satz 8 (TEICHMÜLLER-TUKEYscher Maximalmengensatz). *Für Mengen A, Mengensysteme $\emptyset \neq M \subseteq \boldsymbol{P}A$ und Elemente $B \in M$ mit für jedes $X \subseteq A$*

$$X \in M \leftrightarrow \forall Y\,(Y \subseteq X \wedge Y \text{ endlich} \rightarrow Y \in M)$$

gilt:

$$\exists X\,(X \text{ maximales Element von } M \wedge B \subseteq X).$$

Beweis. Es sei $A \in \boldsymbol{M}$, $B \in M \subseteq \boldsymbol{P}A$, und für jedes $X \subseteq A$ gelte $X \in M$ genau dann, wenn jede endliche Teilmenge Y von X Element von M ist. Um zu zeigen, daß unter diesen Voraussetzungen ein maximales Element X von M mit

$B \subseteq X$ existiert, genügt es nach Satz 19b), § 14 oder Satz 7b) zu zeigen, daß die Vereinigung $\bigcup K$ jeder Kette K von M Element von M ist. Ist K eine Kette von M, so ist $\bigcup K \subseteq A$. Für $\bigcup K \in M$ ist dann nach Voraussetzung noch zu zeigen:

$$\forall Y (Y \subseteq \bigcup K \wedge Y \textit{ endlich} \rightarrow Y \in M).$$

Ist $\emptyset = Y \subseteq \bigcup K$, so ist trivial $Y \in M$, da es wegen $M \neq \emptyset$ ein $X \in M$ gibt und $\emptyset$ als endliche Teilmengen von X Element von M sein muß. Ist $\emptyset \neq Y \subseteq \bigcup K$, so sei G die Abbildung von Y in K mit für jedes $x \in Y$:

$$G \langle \{x\} \rangle = \underset{X}{M} (X \in K \wedge x \in X).$$

F sei eine nach Satz 4, § 8 und dem Auswahlaxiom für Mengen existierende Auswahlfunktion* von G. $\emptyset \neq K^* = \text{Nb}\, F$ ist wegen $K^* \subseteq K$ eine Mengenkette; d. h. K^* wird durch $\underset{K^*}{\subseteq}$ geordnet. Wegen $\text{Vb}\, F = Y$ ist nach Satz 7, § 12 und den anschließenden Bemerkungen mit Y auch K^* endlich. Dann besitzt K^* nach Satz 10, § 16 ein letztes Element X, für welches nach Definition von F und K^* $Y \subseteq X$ gilt. Für endliches $\emptyset \neq Y \subseteq \bigcup K$ ist also wegen $X \in M$ schließlich ebenfalls $Y \in M$.

Ist A eine Menge, so kann man gemäß der anschaulichen Bedeutung des Mengenbegriffes jede Teilmenge $M \subseteq \boldsymbol{P}A$ als eine Eigenschaft der Teilmengen $X \subseteq A$ betrachten. Nennt man schließlich eine solche Eigenschaft M *von endlichem Charakter*, falls sie auf mindestens ein $X \subseteq A$ zutrifft und weiterhin auf eine Menge $X \subseteq A$ genau dann zutrifft, wenn sie auf jede endliche Teilmenge $Y \subseteq X$ zutrifft, so besagt Satz 8 in dieser Sprechweise, daß jede Menge $B \subseteq A$ mit der Eigenschaft M von endlichem Charakter zu einer sie umfassenden maximalen Menge $B \subseteq X \subseteq A$ mit der Eigenschaft M erweitert werden kann.

Aus Satz 8 folgt als Spezialfall trivial für Mengen A, Mengensysteme $\emptyset \neq M \subseteq \boldsymbol{P}A$ mit für jedes $X \subseteq A$

$$X \in M \leftrightarrow \forall Y (Y \subseteq X \wedge Y \textit{ endlich} \rightarrow Y \in M),$$

daß es ein maximales Element von M gibt; jede Menge A besitzt also in bezug auf eine Eigenschaft $M \subseteq \boldsymbol{P}A$ von endlichem Charakter eine maximale Teilmenge mit der Eigenschaft M.

Aus Satz 8 folgt der Satz von Hausdorff-Birkhoff.

Satz 9 (Hausdorff-Birkhoffscher Maximalkettensatz). *Für halbgeordnete Mengen* $[A, R]$, $M = \underset{X}{M} (X \subseteq A \wedge [X, {}_X R_X]$ *geordnet*) *und Elemente* $B \in M$ *gilt:*

$$\exists X (X \textit{ maximales Element von } M \wedge B \subseteq X).$$

Beweis. Es sei A eine Menge, R eine Halbordnung in A, M die Menge aller hinsichtlich R geordneten Teilmengen von A und $B \in M$. Dann ist $\emptyset \neq M \subseteq \boldsymbol{P}A$ (da z. B. auch $\emptyset \in M$ gilt). Ist $X \subseteq A$ und $X \in M$, so ist trivial $Y \in M$ für jedes $Y \subseteq X$, also auch für jedes endliche $Y \subseteq X$. Gilt umgekehrt für ein $X \subseteq A$, daß jedes endliche $Y \subseteq X$ Element von M ist, so gilt für Elemente

$x, y \in X$ doch, daß dann $\{x, y\} \in M$ ist, woraus $x \leqq y \vee y \leqq x$ folgt; also ist X hinsichtlich R geordnet und damit Element von M. Es sind also für M die Voraussetzungen des Satzes 8 erfüllt, woraus dann die Existenz eines maximalen Elementes X von M mit $B \subseteq X$ folgt.

Satz 9 besagt also, daß jede (hinsichtlich R) geordnete Teilmenge $B \subseteq A$ einer halbgeordneten Menge $[A, R]$ zu einer maximalen geordneten Teilmenge $B \subseteq X \subseteq A$, zu einer maximalen Kette, erweitert werden kann.

Aus Satz 9 folgt als Spezialfall trivial für halbgeordnete Mengen $[A, R]$ und $M = \underset{X}{M} (X \subseteq A \wedge [X, {}_XR_X]$ *geordnet*), daß es ein maximales Element von M gibt (denn es ist ja $M \neq \emptyset$ wegen $\emptyset \in M$); jede halbgeordnete Menge $[A, R]$ besitzt also eine maximale, (hinsichtlich R) geordnete Teilmenge, eine maximale Kette.[1])

Das Zornsche Lemma, das schwache Zornsche Lemma, der Teichmüller-Tukeysche Maximalmengensatz und der Hausdorff-Birkhoffsche Maximalkettensatz sind gleichwertig mit dem Wohlordnungssatz für Mengen und damit mit dem Auswahlaxiom für Mengen. Hierzu haben wir lediglich noch zu zeigen, daß aus dem schwachen Zornschen Lemma (welches ja aus dem Zornschen Lemma ohne Auswahlaxiom und ohne Wohlordnungssatz folgt) der Wohlordnungssatz für Mengen folgt und daß ebenso aus dem Hausdorff-Birkhoffschen Maximalkettensatz (welcher ja aus dem Teichmüller-Tukeyschen Maximalmengensatz ohne Auswahlaxiom und ohne Wohlordnungssatz folgt) der Wohlordnungssatz für Mengen folgt. Dabei sind auch die im Anschluß an die Sätze 8 und 9 aufgeführten Spezialfälle dieser Sätze mit dem Auswahlaxiom für Mengen und dem Wohlordnungssatz für Mengen gleichwertig, da wir im folgenden Beweis des Satzes 10 von Satz 9 nur den betreffenden Spezialfall verwenden, der wiederum aus dem Spezialfall des Satzes 8 nach dem Muster des Beweises zu Satz 9 folgt. Wir beweisen also in Satz 10 noch einmal den Wohlordnungssatz für Mengen, wobei sich der Beweis in zwei parallele Teile gabelt; ein Teil verwendet Satz 18, § 14; der andere Teil Satz 9.

Satz 10 (Wohlordnungssatz für Mengen oder Satz von Zermelo).

$$\forall A \exists R (A \textit{ Menge} \rightarrow R \textit{ Wohlordnung in } A).$$

Beweis. Es sei A eine Menge und M das Mengensystem

$$M = \underset{Z}{M} \exists X \exists R (X \subseteq A \wedge [X, R] \textit{ reflexiv wohlgeordnet} \wedge Z = [X, R]).$$

Es ist $M \neq \emptyset$ wegen $[\emptyset, \emptyset] \in M$. Wir führen jetzt in M die Relation R^* folgendermaßen ein: Für Teilmengen $X, Y \subseteq A$ und reflexive Wohlordnungen R in X, S in Y gelte

$$[X, R]\, R^*\, [Y, S] \leftrightarrow X \subseteq Y \wedge R = {}_XS_X \wedge X \textit{ Anfangsstück von } Y \textit{ bzgl. } S.$$

Dann ist R^* eine reflexive Halbordnung in M, was man ohne Schwierigkeiten bestätigt.

[1]) **Zusatz während der Korrektur: Die Sätze 5 bis 9 gelten bei sinngemäßer Formulierung auch für Klassen A.**

Von nun an gabelt sich der Beweis in zwei parallel verlaufende Beweise (a) und (b) wobei (a) das schwache ZORNsche Lemma und (b) den HAUSDORFF-BIRKHOFFschen Maximalkettensatz benutzt.

(a) Wir zeigen zunächst, daß M rechtsinduktiv bzgl. R^* ist; d. h. daß jede Kette K von M bzgl. R^* eine obere Grenze $\sup K \in M$ besitzt. Es sei K eine Kette von M bzgl. R^*,

$$X_0 = \bigcup \underset{X}{M} \exists R \, ([X, R] \in K),$$
$$R_0 = \bigcup \underset{R}{M} \exists X \, ([X, R] \in K),$$
$$Z_0 = [X_0, R_0].$$

Es ist trivial $X_0 \subseteq A$. $\overline{M}$ und $\overline{S}$ seien die Funktionen über K mit für jedes $i \in K$:

$$\overline{M}_i = \iota X \exists R \, ([X, R] = i),$$
$$\overline{S}_i = \iota R \exists X \, ([X, R] = i).$$

Es ist dann $X_0 = \bigcup_{i \in K} \overline{M}_i$ und $R_0 = \bigcup_{i \in K} \overline{S}_i$. Da K eine Kette von M bzgl. R^* ist, sind nach Konstruktion von R^* die Voraussetzungen von Satz 11, § 17 (für $I = K$, $M = \overline{M}$, $S = \overline{S}$) erfüllt; also ist R_0 eine reflexive Wohlordnung in X_0. Aus

$$X_0 \subseteq A \wedge [X_0, R_0] \textit{ reflexiv wohlgeordnet}$$

folgt $Z_0 \in M$. Es gilt schließlich $Z_0 = \sup K$, was man ohne Schwierigkeiten aus den Definitionen von R^*, X_0, R_0 bestätigt. Damit besitzt jede Kette K von M bzgl. R^* eine obere Grenze $\sup K \in M$; M ist also rechtsinduktiv bzgl. R^*. Nach Satz 18 b), § 14 gibt es daher ein maximales Element $Z = [X, R]$ von M bzgl. R^*. Wegen $Z \in M$ ist $X \subseteq A$. Wäre $X \subset A$, so sei $x \in A \setminus X$,

$$X' = X \cup \{x\} \quad \text{und} \quad R' = R \cup (X' \times \{x\}).$$

Es ist dann R' eine reflexive Wohlordnung in X', $Z' = [X', R'] \in M$ und $Z < Z'$ im Widerspruch dazu, daß Z maximales Element von M ist. Also ist $X = A$ und damit $[A, R] \in M$, womit schließlich R eine reflexive Wohlordnung in A ist.

(b) Nach Satz 9 gibt es eine maximale, hinsichtlich R^* geordnete Teilmenge $K \subseteq M$; es sei

$$X_0 = \bigcup \underset{X}{M} \exists R \, ([X, R] \in K),$$
$$R_0 = \bigcup \underset{R}{M} \exists X \, ([X, R] \in K),$$
$$Z_0 = [X_0, R_0].$$

Nach demselben Verfahren wie unter (a) zeigt man $Z_0 \in M$ und $Z \leqq Z_0$ für jedes $Z \in K$. Wegen $Z_0 \in M$ ist $X_0 \subseteq A$. Wäre $X_0 \subset A$, so sei $x \in A \setminus X_0$,

$$X' = X_0 \cup \{x\} \quad \text{und} \quad R' = R_0 \cup (X' \times \{x\}).$$

Es ist dann R' eine reflexive Wohlordnung in X', $Z' = [X', R'] \in M$ und $Z_0 < Z'$. Damit ist $Z < Z'$ für jedes $Z \in K$ wegen $Z \leqq Z_0$, also auch $Z' \notin K$. Die Menge $K' = K \cup \{Z'\}$ wäre somit eine hinsichtlich R^* geordnete, echte Obermenge von K im Widerspruch zur Maximalität von K. Also ist $X_0 = A$ und damit $[A, R_0] \in M$, womit schließlich R_0 eine reflexive Wohlordnung in A ist.

Als Abschluß dieses Paragraphen beweisen wir in Anwendung des Wohlordnungssatzes für Klassen den Satz, daß jede Klasse A in bezug auf eine Ordnung R in A mit einer wohlgeordneten Teilklasse konfinal ist.

Satz 11. *Für Klassen A und Ordnungen R in A gilt:*

$$\exists X\,(X \subseteq A \wedge {}_X R_X \text{ Wohlordnung in } X \wedge A \operatorname{cf} X).$$

Beweis. Es sei R eine Ordnung in der Klasse A, S eine nach dem Wohlordnungssatz für Klassen existierende Wohlordnung in A und

$$X = \underset{x}{\mathbf{K}}\,(x \in A \wedge \forall y\,(y \in A \wedge y \underset{S}{\leqq} x \rightarrow y \underset{R}{\leqq} x)).$$

Es ist dann X hinsichtlich R wohlgeordnet; denn X ist als Teilklasse von A trivial hinsichtlich R geordnet, und das hinsichtlich S kleinste Element x_0 einer nicht leeren Teilklasse $\emptyset \neq X_0 \subseteq X$ ist gleichzeitig das kleinste Element von X_0 hinsichtlich R, da nach Konstruktion von X für jedes $x \in X_0 \subseteq X$ gilt: $x_0 \underset{S}{\leqq} x \rightarrow x_0 \underset{R}{\leqq} x$. Schließlich gilt $A \underset{R}{\operatorname{cf}} X$. Denn sonst gibt es ein $y \in A$ mit $x \underset{R}{<} y$ für alle $x \in X$, also gibt es auch ein hinsichtlich S kleinstes $y_0 \in A$ mit $x \underset{R}{<} y_0$ für alle $x \in X$. Dann gilt aber

$$\forall y\,(y \in A \wedge y \underset{S}{\leqq} y_0 \rightarrow y \underset{R}{\leqq} y_0); \tag{+}$$

denn für ein $y \in A$ mit $y \underset{S}{\leqq} y_0$ und $y_0 \underset{R}{<} y$ wäre auch für alle $x \in X$ wegen $x \underset{R}{<} y_0 \underset{R}{<} y$ sofort $x \underset{R}{<} y$, womit also $y_0 \underset{S}{\leqq} y$ gelten muß gemäß der Minimaleigenschaft von y_0; $y \underset{S}{\leqq} y_0$ und $y_0 \underset{S}{\leqq} y$ liefert aber $y = y_0$ im Widerspruch zu $y_0 \underset{R}{<} y$. Aus (+) folgt $y_0 \in X$ im Widerspruch zu $x \underset{R}{<} y_0$ für alle $x \in X$. Damit ist $A \underset{R}{\operatorname{cf}} X$.

Aus Satz 11 folgt dual (unter Verwendung der inversen Relation) für Klassen A und Ordnungen R in A; daß es eine Teilklasse $X \subseteq A$ gibt, die hinsichtlich R konvers wohlgeordnet ist und mit der A koinitial ist.

§ 19. Induktionsprinzipien

1. In Verallgemeinerung der Methode der induktiven Beweise für Aussagen über endliche Mengen gilt das folgende Induktionsprinzip: Ist A eine Klasse, ist für beliebige Klassen X allgemein eine gewisse Eigenschaft „X ausgezeichnet" definiert und ist A Teilklasse jeder ausgezeichneten Klasse, so genügt es, um für die Elemente von A allgemein eine Behauptung $\boldsymbol{B}$ zu beweisen, von der Klasse B aller Elemente $a \in \boldsymbol{E}$, auf welche $\boldsymbol{B}$ zutrifft, oder auch nur von der Klasse B aller Elemente $a \in A$, auf welche $\boldsymbol{B}$ zutrifft, nachzuweisen, daß sie ausgezeichnet ist, da ja dann $A \subseteq B$ gilt, womit $\boldsymbol{B}$ auf alle Elemente von A zutrifft.

Ist dabei A selbst ausgezeichnet, so ist A die kleinste ausgezeichnete Klasse, nämlich der „Durchschnitt"

$$A = \underset{x}{\boldsymbol{K}} \forall X\, (X \textit{ ausgezeichnet} \to x \in X)$$

aller ausgezeichneten Klassen.

Beispiel: A sei die Klasse aller endlichen Mengen, und eine Klasse $\boldsymbol{M}$ heiße *ausgezeichnet* genau dann, wenn $\boldsymbol{M}$ ein Mengensystem ist mit

(1) $\emptyset \in \boldsymbol{M}$,

(2) $\forall X \forall x\, (X \in \boldsymbol{M} \wedge x \in \boldsymbol{E} \to X \cup \{x\} \in \boldsymbol{M})$;

dann ist A Teilklasse jeder ausgezeichneten Klasse; also genügt es, um für endliche Mengen allgemein eine Behauptung $\boldsymbol{B}$ zu beweisen, von der Klasse B aller Elemente $a \in \boldsymbol{E}$, auf welche $\boldsymbol{B}$ zutrifft (impliziert die Behauptung $\boldsymbol{B}$ für jedes $a \in \boldsymbol{E}$, auf welches $\boldsymbol{B}$ zutrifft, gleichzeit $a \in \boldsymbol{M}$, so ist dann B die Klasse aller Mengen $a \in \boldsymbol{M}$, auf welche $\boldsymbol{B}$ zutrifft), oder auch nur von der Klasse B aller endlichen Mengen $a \in A$, auf welche $\boldsymbol{B}$ zutrifft, nachzuweisen, daß sie ausgezeichnet ist, daß also B ein Mengensystem ist mit

(1) $\emptyset \in B$,

(2) $\forall X \forall x\, (X \in B \wedge x \in \boldsymbol{E} \to X \cup \{x\} \in B)$.

Dasselbe Prinzip läßt sich für Mengen folgendermaßen formulieren: Ist A eine Menge, ist für beliebige Klassen X allgemein eine gewisse Eigenschaft „X ausgezeichnet" definiert und ist A Teilmenge jeder ausgezeichneten Menge, so genügt es, um für die Elemente von A allgemein eine Behauptung $\boldsymbol{B}$ zu beweisen, von der Menge B aller Elemente $a \in A$, auf welche $\boldsymbol{B}$ zutrifft, nachzuweisen, daß sie ausgezeichnet ist, da ja dann $A \subseteq B$ gilt, womit $\boldsymbol{B}$ auf alle Elemente von A zutrifft.

Wegen $B \subseteq A$ ist sogar $A = B$. Ist dabei A selbst ausgezeichnet, so ist A die kleinste ausgezeichnete Menge, nämlich der Durchschnitt

$$A = \bigcap \underset{X}{\boldsymbol{K}} (X \in \boldsymbol{M} \wedge X \textit{ ausgezeichnet}).$$

2. Für Ordnungsrelationen hat man folgendes Induktionsprinzip:

Satz 1. *Für Klassen A, Ordnungen R in A, Teilklassen $B \subseteq A$ und Elemente $o \in A$ gilt unter der Voraussetzung*

$$\forall X\,(\emptyset \neq X \subseteq A \wedge X \text{ beschränkt bzgl. } A, R \rightarrow \inf X, \sup X \in A):$$

Wenn B den Bedingungen genügt

(1) $o \in B$,

(2) $\forall x\,(x \in A \,.\!\rightarrow\!.\, x < o \wedge \,]x, o] \subseteq B \rightarrow x \in B \,.\!\wedge\!.\, o < x \wedge [o, x[\, \subseteq B \rightarrow x \in B)$,

(3) $\forall x\,(x \in B \,.\!\rightarrow\!.\, \sim \min A = x \wedge x \leqq o \rightarrow \exists\, a\,(a \in A \wedge a < x \wedge \,]a, x] \subseteq B)$
$\qquad .\!\wedge\!.\, o \leqq x \wedge \sim x = \max A \rightarrow \exists\, b\,(b \in A \wedge x < b \wedge [x, b[\, \subseteq B))$,

dann ist $B = A$.

Beweis. Unter den Voraussetzungen des Satzes ist $A \subseteq B$ zu zeigen. Gäbe es ein $x \in A$ mit $x \notin B$, so ist $x \leqq o \vee o \leqq x$. Im Falle $x \leqq o$ sei X die Klasse aller $y \in A$ mit $x \leqq y \leqq o$ und $[y, o] \subseteq B$, und es sei $x_0 = \inf X$. Es ist $x \leqq x_0 \leqq o$. Wir zeigen $x_0 \in B$ und $x = x_0$, womit wir einen Widerspruch zu $x \notin B$ erhalten. Zunächst gilt $]x_0, o] \subseteq B$; denn wäre $y_0 \notin B$ für ein $y_0 \in A$ mit $x_0 < y_0 \leqq o$, so wäre $y_0 < y$ für jedes $y \in X$, also wäre y_0 eine untere Schranke von X, also müßte $y_0 \leqq x_0$ gelten im Widerspruch zu $x_0 < y_0$. Ist $x_0 = o$, so ist nach (1) trivial $x_0 \in B$; ist $x_0 < o$, so ist $]x_0, o] \subseteq B$, also nach (2) $x_0 \in B$; damit ist generell $x_0 \in B$. Wäre $x \neq x_0$, so wäre $x < x_0$. Es ist dann $\sim \min A = x_0$, also gibt es nach (3) ein $a \in A$ mit $a < x_0$ und $]a, x_0] \subseteq B$. Es kann dann nicht $a < x$ gelten, da sonst $x \in B$ wäre wegen $x \in \,]a, x_0] \subseteq B$. Also ist $x \leqq a < x_0 \leqq o$; dies führt über $]a, x_0] \subseteq B$ und $]x_0, o] \subseteq B$ zu $]a, o] \subseteq B$, also nach (2) zu $a \in B$, womit $[a, o] \subseteq B$ gilt, also $a \in X$ und damit $x_0 \leqq a$ im Widerspruch zu $a < x_0$. Es ist somit $x = x_0$, und damit gibt es schließlich kein $x \in A$ mit $x \leqq o$ und $x \notin B$.

Im Falle $x \in A$, $x \notin B$ und $o \leqq x$ verfährt man wie folgt analog zu dem eben behandelten Fall $x \leqq o$. Es sei X die Klasse aller $y \in A$ mit $o \leqq y \leqq x$ und $[o, y] \subseteq B$, und es sei $x_0 = \sup X$. Es ist $o \leqq x_0 \leqq x$. Wir zeigen wieder $x_0 \in B$ und $x = x_0$. Zunächst gilt $[o, x_0[\, \subseteq B$; denn wäre $y_0 \notin B$ für ein $y_0 \in A$ mit $o \leqq y_0 < x_0$, so wäre $y < y_0$ für jedes $y \in X$, also wäre y_0 eine obere Schranke von X, also müßte $x_0 \leqq y_0$ gelten im Widerspruch zu $y_0 < x_0$. Ist $x_0 = o$, so ist nach (1) trivial $x_0 \in B$; ist $o < x_0$, so ist $[o, x_0[\, \subseteq B$, also nach (2) $x_0 \in B$; damit ist generell $x_0 \in B$. Wäre $x \neq x_0$, so wäre $x_0 < x$. Es ist dann $\sim x_0 = \max A$, also gibt es nach (3) ein $b \in A$ mit $x_0 < b$ und $[x_0, b[\, \subseteq B$. Es kann dann nicht $x < b$ gelten, da sonst $x \in B$ wäre wegen $x \in [x_0, b[\, \subseteq B$. Also ist $o \leqq x_0 < b \leqq x$; dies führt über $[x_0, b[\, \subseteq B$ und $[o, x_0[\, \subseteq B$ zu $[o, b[\, \subseteq B$, also nach (2) zu $b \in B$, womit $[o, b] \subseteq B$ gilt, also $b \in X$ und damit $b \leqq x_0$ im Widerspruch zu $x_0 < b$. Es ist somit $x = x_0$, und damit gibt es schließlich auch kein $x \in A$ mit $o \leqq x$ und $x \notin B$.

Satz 1 besagt also: Ist in einer Klasse A eine Ordnung R vorgegeben und existiert für jede nicht leere, beschränkte Teilklasse X von A das Infimum und das Supremum, so genügt es, um eine Behauptung **B** für sämtliche Elemente

$x \in A$ zu beweisen, von der Klasse B aller Elemente $x \in A$, auf welche $\boldsymbol{B}$ zutrifft, nachzuweisen, daß es erstens überhaupt ein Element $o \in A$ gibt mit $o \in B$, daß zweitens für jedes $o > x \in A$ mit $]x, o] \subseteq B$ auch $x \in B$ gilt und für jedes $o < x \in A$ mit $[o, x[\subseteq B$ auch $x \in B$ gilt und daß drittens für jedes $x \in B$ gilt:

$$\sim \min A = x \wedge x \leqq o \rightarrow \exists a\,(a \in A \wedge a < x \wedge\,]a, x] \subseteq B)$$

und

$$o \leqq x \wedge \sim x = \max A \rightarrow \exists b\,(b \in A \wedge x < b \wedge [x, b[\, \subseteq B).$$

3. Die Induktionsprinzipien im engeren Sinne sind die in den folgenden Rechtfertigungssätzen 2, 4, 7, 8 zum Ausdruck kommenden Beweis- und Definitionsprinzipien.

Satz 2 (Rechtfertigungssatz für Beweise durch transfinite ordnungstheoretische Induktion). *Für Klassen A, Wohlordnungen R in A und Klassen B gilt:*

$$\forall x\,(x \in A \wedge \operatorname{Ab} x \subseteq B \rightarrow x \in B) \rightarrow A \subseteq B.$$

Beweis. Wäre unter den Voraussetzungen des Satzes $a \in A$ und $a \notin B$, so gäbe es ein hinsichtlich R erstes Element $a_0 \in A$ mit $a_0 \notin B$. Nach Konstruktion von a_0 wäre dann $\operatorname{Ab} a_0 \subseteq B$, also wäre nach Voraussetzung $a_0 \in B$ im Widerspruch zu $a_0 \notin B$.

Satz 2 besagt also: Ist in einer Klasse A eine Wohlordnung R vorgegeben, so genügt es, um eine Behauptung $\boldsymbol{B}$ für sämtliche Elemente $x \in A$ zu beweisen, von der Klasse B aller Elemente $x \in A$, auf welche $\boldsymbol{B}$ zutrifft, nachzuweisen, daß für jedes $x \in A$ gilt:

$$\operatorname{Ab} x \subseteq B \rightarrow x \in B.$$

In Satz 2 nennt man die Voraussetzung $\operatorname{Ab} x \subseteq B$ für ein $x \in A$ die *Induktionsvoraussetzung für x*, die Behauptung $x \in B$ die *Induktionsbehauptung für x* und den Beweis der Induktionsbehauptung für x aus der Induktionsvoraussetzung für x den *Induktionsschritt für x.*

Ist A eine Klasse, R eine Wohlordnung in A und nennt man eine Klasse X *ausgezeichnet* genau dann, wenn

$$\forall x\,(x \in A \wedge \operatorname{Ab} x \subseteq X \rightarrow x \in X)$$

gilt, so folgt aus Satz 2, daß A die kleinste ausgezeichnete Klasse ist, nämlich der „Durchschnitt"

$$A = \underset{x}{\boldsymbol{K}} \forall X\,(X \textit{ ausgezeichnet} \rightarrow x \in X)$$

aller ausgezeichneten Klassen; ist dabei A eine Menge, so ist

$$A = \bigcap \underset{X}{\boldsymbol{K}}\,(X \in \boldsymbol{M} \wedge X \textit{ ausgezeichnet}).$$

In jeder Klasse A ist eine Ordnung R genau dann eine Wohlordnung (gilt also genau dann die Minimalbedingung für R), wenn man in A in bezug auf R Beweise durch transfinite ordnungstheoretische Induktion führen kann:

Satz 3. a) *Für Klassen A und Ordnungen R in A gilt:*

$$\forall X(\emptyset \neq X \subseteq A \rightarrow \exists x(x \in X \wedge \forall y(y \in X \rightarrow x \leqq y)))$$
$$\leftrightarrow \forall X(X \textit{ Klasse} \wedge \forall x(x \in A \wedge \text{Ab}\, x \subseteq X \rightarrow x \in X) \rightarrow A \subseteq X).$$

b) *Für Mengen A und Ordnungen R in A gilt:*

$$\forall X(\emptyset \neq X \subseteq A \rightarrow \exists x(x \in X \wedge \forall y(y \in X \rightarrow x \leqq y)))$$
$$\leftrightarrow \forall X(X \textit{ Menge} \wedge \forall x(x \in A \wedge \text{Ab}\, x \subseteq X \rightarrow x \in X) \rightarrow A \subseteq X).$$

Beweis. a) Es sei R eine Ordnung in A. ($\rightarrow$) ist gerade Satz 2. ($\leftarrow$) Es gelte $A \subseteq X$ für jede Klasse X, für die mit $\text{Ab}\, x \subseteq X$ (bei $x \in A$) stets auch $x \in X$ ist. Es sei B die Klasse aller $x \in A$, für die

$$\forall X(\emptyset \neq X \subseteq \text{Ab}\, x \rightarrow \exists y(y \in X \wedge \forall z(z \in X \rightarrow y \leqq z)))$$

gilt; wir beweisen zunächst $A \subseteq B$, wofür es nach Voraussetzung für jedes $x \in A$ zu zeigen genügt: $\text{Ab}\, x \subseteq B \rightarrow x \in B$. Ist aber $\text{Ab}\, x \subseteq B$ für ein $x \in A$ und $\emptyset \neq X \subseteq \text{Ab}\, x$, so gibt es ein $x_0 \in X$ mit $x_0 < x$; ist dann $x_0 \leqq z$ für jedes $z \in X$, so ist $y = x_0$ das erste Element von X; gibt es ein $z \in X$ mit $z < x_0$, so ist die Klasse X' aller $z \in X$ mit $z < x_0$ nicht leer, also ist $\emptyset \neq X' \subseteq \text{Ab}\, x_0$, und wegen $x_0 \in \text{Ab}\, x \subseteq B$ ist $x_0 \in B$, woraus nach Konstruktion von B die Existenz eines ersten Elementes y von X' folgt, welches aber dann gleichzeitig erstes Element von X ist; damit ist $x \in B$. Es gilt also $A \subseteq B$; d. h. für jedes $x \in A$ besitzt jede nicht leere Teilklasse X von $\text{Ab}\, x$ ein erstes Element hinsichtlich R; daraus folgt sofort, daß die Ordnung R in A eine Wohlordnung in A ist und somit

$$\forall X(\emptyset \neq X \subseteq A \rightarrow \exists x(x \in X \wedge \forall y(y \in X \rightarrow x \leqq y)))$$

gilt.

b) Es sei R eine Ordnung in der Menge A. ($\rightarrow$) folgt aus Satz 2. Der Beweis zu ($\leftarrow$) verläuft wörtlich wie bei a), nur daß jetzt die Klasse B eine Menge ist.

Satz 4 (Rechtfertigungssatz für Beweise durch transfinite vollständige Induktion). *Für Klassen A, Wohlordnungen R in A,* $o = \min A$, $L = \underset{x}{\boldsymbol{K}}$ *(x Limeselement von A bzgl. R) und Klassen B gilt:*

$$o \in B \wedge L \subseteq B \wedge \forall x(x \in A \cap B \wedge \sim x = \max A \rightarrow x' \in B) \rightarrow A \subseteq B.$$

Beweis. Wäre unter den Voraussetzungen des Satzes $a \in A$ und $a \notin B$, so gäbe es ein hinsichtlich R erstes Element $a_0 \in A$ mit $a_0 \notin B$. Dann wäre $a_0 \neq o$ und $a_0 \notin L$ wegen $a_0 \notin B$, also wäre a_0 ein isoliertes Element von A bzgl. R mit $a_0 \neq \min A$; es existiert somit der Vorgänger x von a_0, für den $x \in B$ nach Konstruktion von a_0 gilt; es ist aber dann $x \in A \cap B \wedge \sim x = \max A$, also gilt nach Voraussetzung $a_0 = x' \in B$ im Widerspruch zu $a_0 \notin B$.

Satz 4 besagt also: Ist in einer Klasse A eine Wohlordnung R vorgegeben, so genügt es, um eine Behauptung $\boldsymbol{B}$ für sämtliche Elemente $x \in A$ zu beweisen, von der Klasse B aller Elemente $x \in A$, auf welche $\boldsymbol{B}$ zutrifft, nachzuweisen, daß B das erste Element von A und alle Limeselemente enthält und daß mit einem Element $x \in A \cap B$ mit $\sim x = \max A$ auch sein Nachfolger x' Element von B ist.

In Satz 4 nennt man die Voraussetzung $x \in B$ für ein $x \in A$ mit $\sim x = \max A$ die *Induktionsvoraussetzung für* x, die Behauptung $x' \in B$ die *Induktionsbehauptung für* x, den Beweis der Induktionsbehauptung für x aus der Induktionsvoraussetzung für x den (*eigentlichen*) *Induktionsschritt für* x und den Beweis von $o \in B \wedge L \subseteq B$ den *Anfangsschritt der Induktion.*

Ist A eine Klasse, R eine Wohlordnung in A, $o = \min A$, $L = \underset{x}{\boldsymbol{K}}$ (*x Limeselement von A bzgl. R*) und nennt man eine Klasse X *ausgezeichnet* genau dann, wenn

$$o \in X \wedge L \subseteq X \wedge \forall x\,(x \in A \cap X \wedge \sim x = \max A \rightarrow x' \in X)$$

gilt, so folgt aus Satz 4, daß A die kleinste ausgezeichnete Klasse ist, nämlich der „Durchschnitt"

$$A = \underset{x}{\boldsymbol{K}} \forall X\,(X \text{ ausgezeichnet} \rightarrow x \in X)$$

aller ausgezeichneten Klassen; ist dabei A eine Menge, so ist

$$A = \bigcap \underset{X}{\boldsymbol{K}}\,(X \in \boldsymbol{M} \wedge X \text{ ausgezeichnet}).$$

In jeder Klasse A ist eine Ordnung R genau dann eine Wohlordnung (gilt also genau dann die Minimalbedingung für R), wenn man in A in bezug auf R Beweise durch transfinite vollständige Induktion führen kann, wobei man allerdings voraussetzen muß, daß die Limeselemente hinsichtlich R wohlgeordnet sind und jedes nicht letzte Element einen Nachfolger besitzt:

Satz 5. a) *Für Klassen A, Ordnungen R in A, $o = \min A$* und $L = \underset{x}{\boldsymbol{K}}$ (*x Limeselement von A bzgl. R*) *gilt unter der Voraussetzung, daß ${}_L R_L$ eine Wohlordnung in L ist und für jedes* $x \in A$ mit $\sim x = \max A$ *der Nachfolger x' bzgl. A, R existiert:*

$$\begin{aligned}&\forall X\,(\emptyset \neq X \subseteq A \rightarrow \exists x\,(x \in X \wedge \forall y\,(y \in X \rightarrow x \leqq y)))\\ \leftrightarrow\ &\forall X\,(X \text{ Klasse} \wedge o \in X \wedge L \subseteq X \wedge \forall x\,(x \in A \cap X \wedge \sim x = \max A\\ &\qquad \rightarrow x' \in X) \rightarrow A \subseteq X).\end{aligned}$$

b) *Für Mengen A, Ordnungen R in A, $o = \min A$ und $L = \underset{x}{\boldsymbol{M}}$ (x Limeselement von A vzgl. R) gilt unter der Voraussetzung, daß ${}_L R_L$ eine Wohlordnung in L ist und für jedes* $x \in A$ mit $\sim x = \max A$ *der Nachfolger x' bzgl. A, R existiert:*

$$\begin{aligned}&\forall X\,(\emptyset \neq X \subseteq A \rightarrow \exists x\,(x \in X \wedge \forall y\,(y \in X \rightarrow x \leqq y)))\\ \leftrightarrow\ &\forall X\,(X \text{ Menge} \wedge o \in X \wedge L \subseteq X \wedge \forall x\,(x \in A \cap X \wedge \sim x = \max A\\ &\qquad \rightarrow x' \in X) \rightarrow A \subseteq X).\end{aligned}$$

Beweis. a) Es sei R eine Ordnung in A, o das erste Element von A bzgl. R und L die Klasse der Limeselemente von A; L sei hinsichtlich R wohlgeordnet, und jedes nicht letzte Element besitze einen Nachfolger. ($\rightarrow$) ist gerade Satz 4.

($\leftarrow$) Es gilt $A \subseteq X$ für jede Klasse X, für die $o \in X$, $L \subseteq X$ und mit $x \in A \cap X$ bei $\sim x = \max A$ auch $x' \in X$ gilt. Es sei B die Klasse aller $x \in A$, für die

$$\forall X (\emptyset \neq X \subseteq \mathrm{Ab}\, x \rightarrow \exists y\, (y \in X \wedge \forall z\, (z \in X \rightarrow y \leqq z)))$$

gilt; wir beweisen zunächst $A \subseteq B$, wofür es nach Voraussetzung zu zeigen genügt:

$$o \in B, \quad L \subseteq B, \quad \forall x\, (x \in A \cap B \wedge \sim x = \max A \rightarrow x' \in B).$$

Es ist trivial $o \in B$, da es wegen $\mathrm{Ab}\, o = \emptyset$ kein $\emptyset \neq X \subseteq \mathrm{Ab}\, o$ gibt. Ist $x \in B$ für ein $x \in A$ mit $\sim x = \max A$ und $\emptyset \neq X \subseteq \mathrm{Ab}\, x'$, so gibt es ein $x_0 \in X$ mit $x_0 \leqq x < x'$; ist dann $x_0 \leqq z$ für jedes $z \in X$, so ist $y = x_0$ das erste Element von X; gibt es ein $z \in X$ mit $z < x_0$, so ist die Klasse X' aller $z \in X$ mit $z < x_0$ nicht leer, also ist $\emptyset \neq X' \subseteq \mathrm{Ab}\, x$ bei $x \in B$, woraus nach Konstruktion von B die Existenz eines ersten Elementes y von X' folgt, welches aber dann gleichzeitig erstes Element von X ist; damit ist generell $x' \in B$. Nun zu $L \subseteq B$. Es ist für jedes $x \in L$ zu zeigen, daß jede nicht leere Teilklasse X von $\mathrm{Ab}\, x$ ein erstes Element besitzt. Es sei also $x \in L$ und $\emptyset \neq X \subseteq \mathrm{Ab}\, x$. Da L hinsichtlich R wohlgeordnet ist, gibt es ein kleinstes Limeselement $l \in L$ mit $X \cap \mathrm{Ab}\, l \neq \emptyset$. Es genügt zu zeigen, daß $X' = X \cap \mathrm{Ab}\, l$ ein erstes Element y besitzt, da dieses dann gleichzeitig erstes Element von X ist. Gibt es kein $x \in L$ mit $x < l$, so sei

$$N = \underset{x}{\boldsymbol{K}}\, (x \in A \wedge x < l);$$

da l Limeselement ist, ist z. B. $o \in N$. Gibt es ein $x \in L$ mit $x < l$, so besitzt l bzgl. L, ${}_LR_L$ einen Vorgänger k; denn gäbe es für jedes $x \in L$ mit $x < l$ ein $x' \in L$ mit $x < x' < l$, so bilde man die Klasse Y aller $y \in A$ mit

$$l \leqq y \vee \exists x\, (x \in L \wedge y \leqq x < l);$$

es ist sofort

$$o \in Y, \quad L \subseteq Y, \quad \forall y\, (y \in A \cap Y \wedge \sim y = \max A \rightarrow y' \in Y),$$

womit nach Voraussetzung $A \subseteq Y$ gilt im Widerspruch zu $\emptyset \neq X' \subseteq A$ und $X' \cap Y = \emptyset$, da ja für jedes $y \in X'$ und jedes $x \in L$ gilt: $x < l \rightarrow x < y$ (denn für jedes $x' \in L$ gilt $x' < l \rightarrow x' \leqq y$, und für jedes $x \in L$ mit $x < l$ gibt es ein $x' \in L$ mit $x < x' < l$). Im Fall, daß es ein $x \in L$ gibt mit $x < l$, sei

$$N = \underset{x}{\boldsymbol{K}}\, (x \in A \wedge k \leqq x < l),$$

wo k der Vorgänger von l bzgl. L, ${}_LR_L$ ist. Für beide Fälle der Definition von N ist $X' \subseteq N$, und wir brauchen nur noch zu zeigen, daß N hinsichtlich R wohlgeordnet ist, da dann X' ein erstes Element besitzt. Es ist ${}_NR_N$ bereits eine Ordnung in N; damit ${}_NR_N$ eine Wohlordnung in N ist, ist also nur noch zu zeigen, daß jede nicht leere Teilklasse $\emptyset \neq Z' \subseteq N$ hinsichtlich R ein erstes Element besitzt, wofür es wiederum zu zeigen genügt, daß für jedes $x \in N$ jede Klasse $\emptyset \neq Z \subseteq \underset{|N,{}_NR_N|}{\mathrm{Ab}}\ x$ ein erstes Element besitzt. Es sei C die Klasse aller $x \in A$ mit

$$x \notin N \mathbin{.\vee.} x \in N \wedge \forall Z\,(\emptyset \neq Z \subseteq \underset{|N,{}_NR_N|}{\mathrm{Ab}}\ x \to \exists y\,(y \in Z \wedge \forall z\,(z \in Z \to y \leqq z))).$$

Es ist $A \subseteq C$ zu zeigen, wofür es nach Voraussetzung zu zeigen genügt:

$$o \in C, \quad L \subseteq C, \quad \forall x\,(x \in A \cap C \wedge \sim x = \max A \to x' \in C).$$

Dies beweist man ohne Schwierigkeiten aus den Definitionen von N und C. Damit haben wir insgesamt $A \subseteq B$ bewiesen, d. h. für jedes $x \in A$ besitzt jede nicht leere Teilklasse X von $\mathrm{Ab}\, x$ ein erstes Element hinsichtlich R; daraus folgt sofort, daß die Ordnung R in A eine Wohlordnung in A ist und somit

$$\forall X\,(\emptyset \neq X \subseteq A \to \exists x\,(x \in X \wedge \forall y\,(y \in X \to x \leqq y)))$$

gilt.

b) Es sei R eine Ordnung in der Menge A, o das erste Element von A bzgl. R und L die Menge der Limeselemente von A; L sei hinsichtlich R wohlgeordnet, und jedes nicht letzte Element besitze einen Nachfolger. ($\to$) folgt aus Satz 4. Der Beweis zu ($\leftarrow$) verläuft wörtlich wie bei a), nur daß jetzt die Klassen B, Y, C Mengen sind.

Satz 2 liefert schließlich noch die folgende oft verwendete induktive Beweismethode:

Satz 6. *Für Klassen A, Wohlordnungen R in A, $o = \min A$, $L = \underset{x}{\mathbf{K}}$ (x Limeselement von A bzgl. R) und Klassen B gilt:*

$$o \in B \wedge \forall x\,(x \in A \cap B \wedge \sim x = \max A \to x' \in B)$$
$$\wedge \forall x\,(x \in L \wedge \underset{|A,R|}{\mathrm{Ab}}\ x \subseteq B \to x \in B) \to A \subseteq B.$$

Beweis. Unter den Voraussetzungen des Satzes gilt $\forall x\,(x \in A \wedge \mathrm{Ab}\, x \subseteq B \to x \in B)$, woraus nach Satz 2 $A \subseteq B$ folgt.

Den beiden Beweisprinzipien der transfiniten ordnungstheoretischen und transfiniten vollständigen Induktion stehen gegenüber die beiden Definitionsprinzipien der transfiniten ordnungstheoretischen und transfiniten vollständigen Induktion. Ist A eine Klasse und R eine Wohlordnung in A, so vermutet man anschaulich, analog zu den Beweisprinzipien der transfiniten Induktion und mit ihrer Hilfe, daß eine Funktion F über A dadurch vollständig und eindeutig definiert ist, daß man ein Verfahren T angibt, welches für jedes Element $a \in A$ gestattet, aus der Kenntnis von a und der Werte $F(x)$ für alle $x \in \mathrm{Ab}\, a$ (d. h. aus der Kenntnis der auf $\mathrm{Ab}\, a$ eingeschränkten Funktion F) den Wert $F(a)$ zu bestimmen (*Definition durch transfinite ordnungstheoretische Induktion*); ebenso vermutet man, daß eine Funktion F über A dadurch vollständig und eindeutig definiert ist, daß man die Werte von F für das erste Element o und alle Limeselemente angibt und noch ein Verfahren T angibt, welches für jedes Element $a \in A$ mit $\sim a = \max A$ gestattet, aus der Kenntnis von a und des Wertes $F(a)$ den Wert $F(a')$ zu bestimmen (*Definition durch transfinite vollständige Induktion*).

Satz 7 (Rechtfertigungssatz für Definitionen durch transfinite ordnungstheoretische Induktion). *Für Klassen A, B, Wohlordnungen R in A mit* $\forall x\,(x \in A \rightarrow \mathrm{Ab}\,x \in \boldsymbol{M})$, $G = \underset{g}{\boldsymbol{K}} \exists x\,(x \in A \wedge g$ *Funktion von* $\mathrm{Ab}\,x$ *in* $B)$ *und Funktionen T von G in B gilt:*

$$\exists!!\, F\,(F \text{ Funktion von } A \text{ in } B \wedge \forall x\,(x \in A \rightarrow F(x) = T(F_{\mathrm{Ab}\,x}))).$$

Beweis. Es sei R eine Wohlordnung in A mit $\forall x\,(x \in A \rightarrow \mathrm{Ab}\,x \in \boldsymbol{M})$ und B eine Klasse, G sei die Klasse aller Funktionen, die auf den Abschnitten von A definiert sind mit Werten aus B, und T sei schließlich eine eindeutige Abbildung von G in B. Dann gibt es zunächst höchstens eine Funktion F von A in B mit $F(x) = T(F_{\mathrm{Ab}\,x})$ für jedes $x \in A$; denn wären F_1, F_2 Funktionen von A in B mit für jedes $x \in A$:

$$F_1(x) = T(F_{1\,\mathrm{Ab}\,x}), \qquad F_2(x) = T(F_{2\,\mathrm{Ab}\,x})$$

und wäre $F_1 \neq F_2$, so gäbe es ein $x \in A$ mit $F_1(x) \neq F_2(x)$; ist dann x_0 das hinsichtlich R kleinste Element x von A mit $F_1(x) \neq F_2(x)$, so wäre

$$F_{1\,\mathrm{Ab}\,x_0} = F_{2\,\mathrm{Ab}\,x_0},$$

also

$$F_1(x_0) = T(F_{1\,\mathrm{Ab}\,x_0}) = T(F_{2\,\mathrm{Ab}\,x_0}) = F_2(x_0)$$

im Widerspruch zu $F_1(x_0) \neq F_2(x_0)$.

Nun zur Existenz einer Funktion F mit $F(x) = T(F_{\mathrm{Ab}\,x})$ für jedes $x \in A$. Wir beweisen, daß es für jedes $a \in A$ genau eine Funktion f von $\mathrm{Ab}\,a$ in B gibt mit $f(x) = T(f_{\mathrm{Ab}\,x})$ für jedes $x \in \mathrm{Ab}\,a$ und setzen dann die gesuchte Funktion F aus den abschnittsweise definierten Funktionen f zusammen. Zunächst gibt es für jedes $a \in A$ nach demselben Beweisverfahren, wie wir es eben für F durchgeführt haben, höchstens eine Funktion f von $\mathrm{Ab}\,a$ in B mit $f(x) = T(f_{\mathrm{Ab}\,x})$ für jedes $x \in \mathrm{Ab}\,a$; existiert für ein $a \in A$ eine solche Funktion f, so bezeichne man diese dann eindeutig bestimmte Funktion f mit $\langle a\rangle$. Existieren $\langle a\rangle$ und $\langle b\rangle$ für Elemente $a, b \in A$ mit $b \in \mathrm{Ab}\,a$, so ist $\langle b\rangle = \langle a\rangle_{\mathrm{Ab}\,b}$; denn für $f_1 = \langle b\rangle$, $f_2 = \langle a\rangle_{\mathrm{Ab}\,b}$ und jedes $x \in \mathrm{Ab}\,b$ ist

$$f_1(x) = T(f_{1\,\mathrm{Ab}\,x})$$

und

$$f_2(x) = \langle a\rangle_{\mathrm{Ab}\,b}(x) = \langle a\rangle(x) = T(\langle a\rangle_{\mathrm{Ab}\,x}) = T((\langle a\rangle_{\mathrm{Ab}\,b})_{\mathrm{Ab}\,x}) = T(f_{2\,\mathrm{Ab}\,x}),$$

da trivial $\langle a\rangle_{\mathrm{Ab}\,x} = (\langle a\rangle_{\mathrm{Ab}\,b})_{\mathrm{Ab}\,x}$ gilt; da es nur höchstens eine Funktion f von $\mathrm{Ab}\,b$ in B gibt mit $f(x) = T(f_{\mathrm{Ab}\,x})$ für jedes $x \in \mathrm{Ab}\,b$, ist $f_1 = f_2$, also $\langle b\rangle = \langle a\rangle_{\mathrm{Ab}\,b}$.

Nun zur Existenz der Funktionen $\langle a\rangle$ für jedes $a \in A$; wir führen den Nachweis induktiv über a. Man bilde die Klasse

$$B = \underset{a}{\boldsymbol{K}}(a \in A \wedge \exists f\,(f = \langle a\rangle));$$

es ist dann $A \subseteq B$ zu zeigen, wofür es nach dem Rechtfertigungssatz für Beweise durch transfinite ordnungstheoretische Induktion für jedes $a \in A$ zu zeigen genügt

$$\text{Ab}\, a \subseteq B \rightarrow a \in B.$$

Ist $a \in A$ und $\text{Ab}\, a \subseteq B$, so existiert $\langle x \rangle$ für jedes $x \in \text{Ab}\, a$. Die Funktion f von $\text{Ab}\, a$ in B mit für jedes $x \in \text{Ab}\, a$:

$$f(x) = T(\langle x \rangle)$$

erfüllt die Gleichung $f(x) = T(f_{\text{Ab}\, x})$ für jedes $x \in \text{Ab}\, a$; denn es ist für jedes $x \in \text{Ab}\, a$ und jedes $y \in \text{Ab}\, x$: $\langle y \rangle = \langle x \rangle_{\text{Ab}\, y}$, also

$$\langle x \rangle (y) = T(\langle x \rangle_{\text{Ab}\, y}) = T(\langle y \rangle) = f(y) = f_{\text{Ab}\, x}(y),$$

also $\langle x \rangle = f_{\text{Ab}\, x}$, also

$$f(x) = T(\langle x \rangle) = T(f_{\text{Ab}\, x}).$$

Damit ist $f = \langle a \rangle$, also gilt $a \in B$, und es existiert schließlich $\langle a \rangle$ für jedes $a \in A$.

F sei die Funktion von A in B mit für jedes $x \in A$:

$$F(x) = T(\langle x \rangle).$$

Es gilt $F(x) = T(F_{\text{Ab}\, x})$ für jedes $x \in A$; denn es ist, analog zu dem eben für f durchgeführten Schluß, für jedes $x \in A$ und jedes $y \in \text{Ab}\, x$: $\langle y \rangle = \langle x \rangle_{\text{Ab}\, y}$, also

$$\langle x \rangle (y) = T(\langle x \rangle_{\text{Ab}\, y}) = T(\langle y \rangle) = F(y) = F_{\text{Ab}\, y}(y),$$

also

$$\langle x \rangle = F_{\text{Ab}\, x},$$

also

$$F(x) = T(\langle x \rangle) = T(F_{\text{Ab}\, x}).$$

Damit ist F die eindeutig bestimmte Funktion von A in B mit $F(x) = T(F_{\text{Ab}\, x})$ für jedes $x \in A$.

In Umkehrung von Satz 7 kann auch jede beliebige Funktion F von A in B in bezug auf eine vorgegebene Wohlordnung R in A mit $\forall x\, (x \in A \rightarrow \text{Ab}\, x \in \boldsymbol{M})$ durch transfinite ordnungstheoretische Induktion definiert werden. Man ordne einfach jeder auf einem Abschnitt $\text{Ab}\, x$ definierten Funktion g mit Werten aus B das Element $T(g) = F(x)$ zu, womit dann sofort

$$F(x) = T(F_{\text{Ab}\, x})$$

für jedes $x \in A$ gilt.

Satz 8 (Rechtfertigungssatz für Definitionen durch transfinite vollständige Induktion). *Für Klassen A, B, Wohlordnungen R in A mit* $\forall x\, (x \in A \rightarrow \text{Ab}\, x \in \boldsymbol{M})$, $o = \min A$, $L = \underset{x}{\boldsymbol{K}}$ *(x Limeselement von A bzgl. R),*

Elemente $b \in B$ *und Funktionen* S *von* L *in* B *und* T *von* $A \times B$ *in* B, *falls* max A *nicht existiert, bzw.* T *von* $(A \setminus \{\max A\}) \times B$ *in* B, *falls* max A *existiert, gilt:*

$$\exists!!\, F\, (F \text{ Funktion von } A \text{ in } B$$
$$\wedge\, F(o) = b$$
$$\wedge\, \forall x\, (x \in L \to F(x) = S(x))$$
$$\wedge\, \forall x\, (x \in A \wedge \sim x = \max A \to F(x') = T(x, F(x)))).$$

Beweis. Unter den Voraussetzungen des Satzes gibt es zunächst höchstens eine Funktion F von A in B mit den aufgeführten Eigenschaften; denn wären F_1, F_2 derartige Funktionen von A in B und wäre $F_1 \neq F_2$, so gäbe es ein hinsichtlich R kleinstes Element $x_0 \in A$ mit $F_1(x_0) \neq F_2(x_0)$; es muß dann $x_0 \neq o$ und $x_0 \notin L$ sein, da ja

$$F_1(o) = b = F_2(o) \quad \text{und} \quad \forall x\, (x \in L \to F_1(x) = S(x) = F_2(x))$$

gilt; es kann dann x_0 nur noch ein von o verschiedenes isoliertes Element von A sein, so daß also x_0 einen Vorgänger x besitzt; nach Konstruktion von x_0 ist $F_1(x) = F_2(x)$, also auch nach Voraussetzung

$$F_1(x_0) = F_1(x') = T(x, F_1(x)) = T(x, F_2(x)) = F_2(x') = F_2(x_0)$$

im Widerspruch zu $F_1(x_0) \neq F_2(x_0)$.

Die Existenz einer gewünschten Funktion F beweisen wir mit Hilfe des Definitionsprinzips der transfiniten ordnungstheoretischen Induktion. Es sei G die Klasse aller Funktionen g, die auf den Abschnitten von A definiert sind mit Werten aus B, und T^* sei die eindeutige Abbildung von G in B mit für jedes $g \in G$:

$$T^*(g) = \begin{cases} b, \text{ falls } \mathrm{Vb}\, g = \mathrm{Ab}\, o = \emptyset \\ S(x), \text{ falls } x \in L \wedge \mathrm{Vb}\, g = \mathrm{Ab}\, x \\ T(x, g(x)), \text{ falls } x \in A \wedge \sim x = \max A \wedge \mathrm{Vb}\, g = \mathrm{Ab}\, x'. \end{cases}$$

Dann gibt es nach dem Rechtfertigungssatz für Definitionen durch transfinite ordnungstheoretische Induktion eine Funktion F von A in B mit für jedes $x \in A$:

$$F(x) = T^*(F_{\mathrm{Ab}\, x}),$$

also mit

$$F(o) = T^*(F_{\mathrm{Ab}\, o}) = b,$$
$$\forall x\, (x \in L \to F(x) = T^*(F_{\mathrm{Ab}\, x}) = S(x)),$$
$$\forall x\, (x \in A \wedge \sim x = \max A \to F(x') = T^*(F_{\mathrm{Ab}\, x'}) = T(x, F_{\mathrm{Ab}\, x'}(x)) = T(x, F(x))).$$

In Umkehrung von Satz 8 kann auch jede beliebige Funktion F von A in B in bezug auf eine vorgegebene Wohlordnung R in A mit $\forall x\, (x \in A \to \mathrm{Ab}\, x \in \boldsymbol{M})$, $o = \min A$ und $L = \underset{x}{\boldsymbol{K}}\, (x$ *Limeselement von* A *bzgl.* $R)$ durch transfinite vollständige Induktion definiert werden. Man setze einfach $b = F(o)$, ordne jedem

Limeselement $x \in L$ das Element $S(x) = F(x)$ zu und jedem geordneten Paar $[x, y]$ bei $x \in A$, $\sim x = \max A$, $y \in B$ das Element $T(x, y) = F(x')$, womit dann sofort

$$F(o) = b,$$

$$\forall x (x \in L \rightarrow F(x) = S(x)),$$

$$\forall x (x \in A \wedge \sim x = \max A \rightarrow F(x') = T(x, F(x)))$$

gilt.

Für Mengen A ist natürlich in den Sätzen 7, 8 die Forderung $\forall x (x \in A \rightarrow \mathrm{Ab}\, x \in \boldsymbol{M})$ von selbst erfüllt und ist dann also entbehrlich. Die Gleichungen $F(x) = T(F_{\mathrm{Ab}\, x})$ bzw. $F(x') = T(x, F(x))$ in den Sätzen 7, 8 nennt man *Rekursionsgleichungen* für die Funktion F, und die in diesen beiden Sätzen ausgedrückten Definitionsprinzipien der transfiniten ordnungstheoretischen und transfiniten vollständigen Induktion heißen auch die *transfiniten Rekursionsprinzipien.*

Satz 7 ergibt schließlich noch die folgende oft verwendete Methode der induktiven Definition von Funktionen:

Satz 9. *Für Klassen A, B, Wohlordnungen R in A mit* $\forall x (x \in A \rightarrow \mathrm{Ab}\, x \in \boldsymbol{M})$, $o = \min A$, $L = \underset{x}{\boldsymbol{K}}$ *(x Limeselement von A bzgl. R)*, $G = \underset{g}{\boldsymbol{K}} \exists x (x \in L \wedge g$ *Funktion von* $\underset{|A,R|}{\mathrm{Ab}\, x}$ *in B), Elemente $b \in B$, Funktionen T_1 von $A \times B$ in B, falls* $\max A$ *nicht existiert, bzw. T_1 von* $(A \setminus \{\max A\}) \times B$ *in B, falls* $\max A$ *existiert, und Funktionen T_2 von G in B gilt:*

$$\exists!!\, F \,(F \text{ Funktion von } A \text{ in } B$$
$$\wedge\, F(o) = b$$
$$\wedge\, \forall x (x \in A \wedge \sim x = \max A \rightarrow F(x') = T_1(x, F(x)))$$
$$\wedge\, \forall x (x \in L \rightarrow F(x) = T_2(F_{\underset{|A,R|}{\mathrm{Ab}\, x}}))).$$

Beweis. Unter den Voraussetzungen des Satzes gibt es zunächst höchstens eine Funktion F von A in B mit den aufgeführten Eigenschaften; denn wären F_1, F_2 derartige Funktionen von A in B und wäre $F_1 \neq F_2$, so gäbe es ein hinsichtlich R kleinstes Element $x_0 \in A$ mit $F_1(x_0) \neq F_2(x_0)$; es muß dann $x_0 \neq o$ sein, da ja $F_1(o) = b = F_2(o)$ gilt; ist also x_0 ein isoliertes Element, so besitzt es einen Vorgänger x, für den nach Konstruktion von x_0 $F_1(x) = F_2(x)$ gilt, also ist nach Voraussetzung

$$F_1(x_0) = F_1(x') = T_1(x, F_1(x)) = T_1(x, F_2(x)) = F_2(x') = F_2(x_0)$$

im Widerspruch zu $F_1(x_0) \neq F_2(x_0)$; ist schließlich $x_0 \in L$, so ist $F_{1\,\mathrm{Ab}\, x_0} = F_{2\,\mathrm{Ab}\, x_0}$, also nach Voraussetzung

$F_1(x_0) = T_2(F_{1\,\mathrm{Ab}\, x_0}) = T_2(F_{2\,\mathrm{Ab}\, x_0}) = F_2(x_0)$ im Widerspruch zu $F_1(x_0) \neq F_2(x_0)$.

Die Existenz einer gewünschten Funktion F beweisen wir mit Hilfe von Satz 7. Es sei G^* die Klasse aller Funktionen g, die auf den Abschnitten von A definiert sind mit Werten aus B, und T^* sei die eindeutige Abbildung von G^* in B mit für jedes $g \in G^*$:

$$T^*(g) = \begin{cases} b, \text{ falls } \mathrm{Vb}\, g = \mathrm{Ab}\, o = \emptyset \\ T_1(x, g(x)), \text{ falls } x \in A \wedge \sim x = \max A \wedge \mathrm{Vb}\, g = \mathrm{Ab}\, x' \\ T_2(g), \text{ falls } g \in G. \end{cases}$$

Dann gibt es nach Satz 7 eine Funktion F von A in B mit für jedes $x \in A$:

$$F(x) = T^*(F_{\mathrm{Ab}\, x}),$$

also mit

$$F(o) = T^*(F_{\mathrm{Ab}\, o}) = b,$$

$$\forall x(x \in A \wedge \sim x = \max A \rightarrow F(x') = T^*(F_{\mathrm{Ab}\, x'}) = T_1(x, F_{\mathrm{Ab}\, x'}(x)) = T_1(x, F(x))),$$

$$\forall x(x \in L \rightarrow F(x) = T^*(F_{\mathrm{Ab}\, x}) = T_2(F_{\mathrm{Ab}\, x})).$$

Werden induktive Beweise bzw. Definitionen in bezug auf eine Wohlordnung R in A durchgeführt, wobei A keine Limeselemente besitzt, so spricht man statt von transfiniter ordnungstheoretischer und transfiniter vollständiger Induktion einfach von *ordnungstheoretischer Induktion* und *vollständiger Induktion*, ebenso von *ordnungstheoretischer Rekursion* und *vollständiger Rekursion*.

Ist R eine Wohlordnung in A, so ist für jede Teilklasse $B \subseteq A$ ${}_BR_B$ eine Wohlordnung in B, und man kann also Beweise und Definitionen durch transfinite Induktion dann auch stets hinsichtlich R (d. h. genauer: in bezug auf ${}_BR_B$) in beliebigen Teilklassen $B \subseteq A$ führen.

In Anwendung der transfiniten ordnungstheoretischen Rekursion erhalten wir später (§ 29) noch die Erweiterung der transfiniten Rekursionsprinzipien auf transfinite simultane Rekursionsprinzipien.

KAPITEL V

KARDINALZAHLEN, ORDINALZAHLEN, ORDNUNGSTYPEN

In diesem Kapitel werden die Kardinal- und Ordinalzahlen und, in Verallgemeinerung der Ordinalzahlen, die Ordnungstypen eingeführt. Die Kardinal- und Ordinalzahlen und ihre in den weiteren Kapiteln entwickelte Theorie bilden das Kernstück der Allgemeinen Mengenlehre. Die Kardinal- und Ordinalzahlen sind das Fundament des mathematischen Zahlensystems der natürlichen, ganzen, rationalen, reellen und komplexen Zahlen, indem man die natürlichen Zahlen als spezielle (nämlich endliche) Kardinal- bzw. Ordinalzahlen erhält und die übrigen Zahlenarten der ganzen, rationalen, reellen und komplexen Zahlen mit Hilfe der natürlichen Zahlen im Rahmen der Mengenlehre definiert werden können.

Man unterscheidet bereits in der Umgangssprache die Grundzahlen von den Ordnungszahlen; z. B. ist die Zahl 100 in dem Satz „Dieses Buch hat 100 Seiten." eine Grundzahl, d. h. sie gibt die Anzahl der Buchseiten wieder; in dem Satz „Auf Seite 100 dieses Buches befindet sich ein Bild." ist die Zahl 100 eine Ordnungszahl, d. h. sie ist bei der Durchnumerierung, der Abzählung, der Wohlordnung der Buchseiten die Nummer der 100-sten Seite. So wie in diesem Beispiel einer endlichen Menge (nämlich den Seiten eines Buches) werden allgemein für beliebige Mengen die Kardinalzahlen (Grundzahlen) die Elementeanzahlen der betreffenden Mengen sein und werden allgemein für beliebige wohlgeordnete Mengen die Ordinalzahlen (Ordnungszahlen) die Durchnumerierungstypen (Abzähltypen, Wohlordnungstypen) der betreffenden wohlgeordneten Mengen sein (z. B. besitzen alle wohlgeordneten Mengen $[M, R]$, wobei M genau drei Elemente enthält, denselben Wohlordnungstyp; d. h. anschaulich, man muß bei der Abzählung der Elemente dieser Mengen M in bezug auf eine zugrunde gelegte Wohlordnung R stets gleich lange zählen). Es wird sich herausstellen, daß Kardinal- und Ordinalzahlen erst für unendliche Mengen wesentlich voneinander verschiedene Begriffe sind.

Wir verwenden von jetzt an zusätzlich die, eventuell mit Indizes versehenen, kleinen und großen deutschen Buchstaben

$$\mathfrak{a}, \mathfrak{b}, \mathfrak{c}, \ldots, \mathfrak{x}, \mathfrak{y}, \mathfrak{z}; \mathfrak{A}, \mathfrak{B}, \mathfrak{C}, \ldots, \mathfrak{X}, \mathfrak{Y}, \mathfrak{Z}$$

und die, eventuell mit Indizes versehenen, kleinen und großen griechischen Buchstaben

$$\alpha, \beta, \gamma, \ldots, \chi, \psi, \omega; A, B, \Gamma, \ldots, X, \Psi, \Omega$$

als Dingvariable.

Kardinalzahlen werden vorwiegend mit kleinen deutschen, Ordinalzahlen vorwiegend mit kleinen griechischen Buchstaben bezeichnet.

§ 20. Ordnung der Mengen nach ihrer Elementeanzahl

1. Bei einer sinnvollen Definition der Kardinalzahlen erwartet man unmittelbar — das liegt bereits anschaulich im Begriff „Zahl" begründet — eine Anordnung der Kardinalzahlen der Größe nach. Für diese Größenanordnung der Kardinalzahlen wollen wir zunächst durch die Ordnung der Mengen nach ihrer Elementeanzahl die Vorbereitungen treffen.

Die anschauliche Gleichzahligkeit von Klassen, d. h. der Begriff der gleichen Elementanzahl von Klassen A und B, wurde bereits früher (Definition 14, § 3) präzisiert durch die Forderung $A \backsim B$, d. h. durch die Forderung der Existenz einer eineindeutigen Abbildung von A auf B; Klassen A und B besitzen ja offenbar im anschaulichen Sinne gleich viel Elemente genau dann, wenn A und B gleichmächtig, äquivalent sind, wenn $A \backsim B$ gilt. Für Klassen A, B, C gilt stets (Satz 13, § 3):

$$A \backsim A,$$

$$A \backsim B \wedge B \backsim C \rightarrow A \backsim C,$$

$$A \backsim B \rightarrow B \backsim A,$$

so daß also $\backsim$ in $\boldsymbol{M}$ eine Äquivalenzrelation erzeugt.

Definition 1. Sind A, B Klassen, so ist $A \preceq B$ (gelesen: *A kleinergleich B*) oder $B \succeq A$ (gelesen: *B größergleich A*) genau dann, wenn $\exists X\,(A \backsim X \wedge X \subseteq B)$ gilt; es ist $A \prec B$ (gelesen: *A kleiner B*) oder $B \succ A$ (gelesen: *B größer A*) genau dann, wenn $A \preceq B \wedge A \not\backsim B$ gilt.

Ist z. B. F eine Abbildung mit $\forall x\,(x \in \mathrm{Vb}\,F \rightarrow F\langle\{x\}\rangle \in \boldsymbol{M})$, so ist $\mathrm{Vb}\,F \preceq F$; denn über das Auswahlaxiom und Satz 4, § 8 gibt es eine Funktion G über $\mathrm{Vb}\,F$ mit $G(x) \in F\langle\{x\}\rangle$ für jedes $x \in \mathrm{Vb}\,F$; es ist dann $\mathrm{Vb}\,F = \mathrm{Vb}\,G \backsim G \subseteq F$, also $\mathrm{Vb}\,F \preceq F$. Ist F eine Abbildung mit $\forall y\,(y \in \mathrm{Nb}\,F \rightarrow F^{-1}\langle\{y\}\rangle \in \boldsymbol{M})$, so gilt analog $\mathrm{Nb}\,F \preceq F$. Für Abbildungen $F \in \boldsymbol{M}$ ist stets $\mathrm{Vb}\,F$, $\mathrm{Nb}\,F \preceq F$.

Anschaulich bedeutet $A \preceq B$, daß A weniger Elemente als B oder gleichviel Elemente wie B hat, und $A \prec B$, daß A weniger Elemente als B hat. Man kann nicht etwa $A \prec B$ erklären als $\exists X\,(A \backsim X \wedge X \subset B)$, da ja bei unendlichen Klassen B dann trotzdem $A \backsim B$ sein kann, da $X \backsim B$ sein kann. Es gilt aber der

Satz 1. *Für Klassen A, B gilt:*

$$B \text{ endlich } .\rightarrow.\ A \prec B \leftrightarrow \exists X\,(A \backsim X \wedge X \subset B).$$

Beweis. Es seien A, B Klassen und B sei endlich.

($\rightarrow$) Ist $A \prec B$, so ist $A \not\backsim B$ und $\exists X\,(A \backsim X \wedge X \subseteq B)$; es kann dann nicht $X = B$ sein, da sonst $A \backsim B$ wäre entgegen $A \not\backsim B$; also $\exists X\,(A \backsim X \wedge X \subset B)$.

($\leftarrow$) Da B endlich ist, gibt es kein $X \subset B$ mit $X \backsim B$; gilt also $\exists X (A \backsim X \wedge X \subset B)$, so muß $A \not\backsim B$ gelten, da sonst $X \subset B \wedge X \backsim B$ wäre; aus $\exists X (A \backsim X \wedge X \subset B)$ folgt also $\exists X (A \backsim X \wedge X \subseteq B) \wedge A \not\backsim B$, also $A \prec B$.

Aus den Definitionen von $\preceq$ und $\prec$ folgt sofort für Klassen A, B:

$$A \preceq B \leftrightarrow A \prec B \vee A \backsim B,$$

$$A \prec B \leftrightarrow A \preceq B \wedge A \not\backsim B.$$

Ist speziell $A \subseteq B$ und $A \prec B$, so ist $B \setminus A \neq \emptyset$, da sonst $A = B$, also $A \backsim B$ und damit nicht $A \prec B$ wäre.

Satz 2. *Für Klassen A, B, A', B' gilt:*

$$A \preceq B \wedge A' \backsim A \wedge B' \backsim B \rightarrow A' \preceq B',$$

$$A \prec B \wedge A' \backsim A \wedge B' \backsim B \rightarrow A' \prec B'.$$

Beweis. Es seien A, B, A', B' Klassen. Ist $A \preceq B$, so gilt $\exists X (A \backsim X \wedge X \subseteq B)$; ist weiterhin $A' \backsim A$, so ist auch $A' \backsim X \wedge X \subseteq B$; ist schließlich noch $B' \backsim B$, so gibt es ein $X' \subseteq B'$ mit $X' \backsim X$, womit dann $A' \backsim X' \wedge X' \subseteq B'$ gilt, also $A' \preceq B'$. Ist $A \prec B$ und $A' \backsim A \wedge B' \backsim B$, so ist nach dem eben Bewiesenen $A' \preceq B'$; wäre $A' \backsim B'$, so wäre $A \backsim B$ im Widerspruch zu $A \prec B$; also ist $A' \prec B'$.

Für die $\preceq$-Beziehung liefern die folgenden beiden Sätze noch äquivalente Definitionen.

Satz 3. *Für Klassen A, B gilt:*

$$A \preceq B \leftrightarrow \exists f\ (f \text{ eineindeutige Abbildung von } A \text{ in } B).$$

Beweis. Es seien A, B Klassen

($\rightarrow$) Ist $A \preceq B$, so $\exists X (A \backsim X \wedge X \subseteq B)$, also

$$\exists f\ (f \text{ eineindeutige Abbildung von } A \text{ auf } X),$$

also

$$\exists f\ (f \text{ eineindeutige Abbildung von } A \text{ in } B)$$

wegen $X \subseteq B$.

($\leftarrow$) Aus

$$\exists f\ (\text{eineindeutige Abbildung von } A \text{ in } B)$$

folgt $\exists X (A \backsim X \wedge X \subseteq B)$, nämlich für $X = \operatorname{Nb} f$, also $A \preceq B$.

Satz 4. *Für Mengen A, B gilt:*

$$A \precsim B \leftrightarrow \exists f \ (f \text{ eindeutige Abbildung von } B \text{ auf } A) \vee A = \emptyset .$$

Beweis. Es seien A, B Mengen.

($\rightarrow$) Ist $A \precsim B$, so $\exists X \, (A \backsim X \wedge X \subseteq B)$, also

$$\exists f^* \ (f^* \text{ eineindeutige Abbildung von } X \text{ auf } A).$$

Ist außerdem $A \neq \emptyset$, so gibt es ein $x \in A$. Man definiere dann die Funktion f über B mit für jedes $y \in B$:

$$f(y) = \begin{cases} f^*(y), & \text{falls } y \in X \\ x, & \text{falls } y \in B \setminus X. \end{cases}$$

f ist schließlich eine eindeutige Abbildung von B auf A.

($\leftarrow$) Ist $A = \emptyset$, so gilt $A \precsim B$ für jede Menge B wegen $\emptyset \subseteq B$. Ist $A \neq \emptyset$, so ist $A \precsim B$ zu zeigen unter der Voraussetzung

$$\exists f \ (f \text{ eindeutige Abbildung von } B \text{ auf } A);$$

für $A \precsim B$ genügt es nach Satz 3 zu zeigen:

$$\exists g \ (g \text{ eineindeutige Abbildung von } A \text{ in } B).$$

Ist aber A eine beliebige Menge und f eine eindeutige Abbildung von B auf A, so ist f^{-1} eine voreindeutige Abbildung von A auf B. Nach dem Auswahlaxiom und Satz 4, § 8 gibt es eine Auswahlfunktion* g von f^{-1} mit also $g \subseteq f^{-1}$ und $\mathrm{Vb}\, g = \mathrm{Vb}\, f^{-1} = A$. Wegen $g \subseteq f^{-1}$ ist g eineindeutig; wegen $\mathrm{Vb}\, g = A$ und $\mathrm{Nb}\, g \subseteq \mathrm{Nb}\, f^{-1} = B$ ist g eine Abbildung von A in B; damit ist g insgesamt eine eineindeutige Abbildung von A in B, also gilt nach Satz 3 $A \precsim B$.

Dieser Satz gilt auch allgemein für Klassen A, B, wie wir später in § 22 sehen werden.

2. Wir stellen jetzt die grundlegenden Eigenschaften der $\precsim$- und $\prec$-Beziehung für Mengen zusammen; in § 22 werden wir diese Eigenschaften, soweit es sinngemäß ist, mühelos auf Klassen übertragen können.

Satz 5. *Für Mengen M, N, P gilt:*

$$M \precsim M,$$
$$M \precsim N \wedge N \precsim P \rightarrow M \precsim P.$$

Beweis. Für Mengen M gilt stets $M \backsim M \wedge M \subseteq M$, also $M \precsim M$. Ist $M \precsim N \wedge N \precsim P$ für Mengen M, N, P, so gibt es im Falle $M \neq \emptyset \wedge N \neq \emptyset$ nach Satz 4 eine eindeutige Abbildung f von P auf N und eine eindeutige Abbildung g von N auf M; dann ist $h = g \circ f$ eine eindeutige Abbildung von P

auf M, also gilt $M \precsim P$ nach Satz 4. Im Falle $M = \emptyset \vee N = \emptyset$ ist aber stets $M = \emptyset$ wegen $M \precsim N$; für $M = \emptyset$ gilt trivial $M \precsim P$.

Ein wichtiger Satz ist der CANTOR-BERNSTEINsche Äquivalenzsatz (auch: SCHRÖDER-BERNSTEINscher Satz).

Satz 6 (CANTOR-BERNSTEINscher Äquivalenzsatz). *Für Mengen M, N gilt:*

$$M \precsim N \wedge N \precsim M \rightarrow M \backsim N.$$

Beweis. Es seien M, N Mengen; für

$$(1)\quad M \precsim N \wedge N \precsim M \rightarrow M \backsim N$$

genügt es zu zeigen, daß für beliebige Mengen M_1, M_2, M gilt:

$$(2)\quad M_1 \subseteq M_2 \subseteq M \wedge M_1 \backsim M \rightarrow M_2 \backsim M.$$

Denn ist (2) bewiesen und ist $M \precsim N \wedge N \precsim M$, so gibt es Mengen X, Y mit $M \backsim X \subseteq N$ und $N \backsim Y \subseteq M$; wegen $X \subseteq N \backsim Y$ ist $X \backsim Z \subseteq Y$ für eine geeignete Menge Z, und wegen $Z \backsim X \backsim M$ ist $Z \backsim M$, also insgesamt $Z \subseteq Y \subseteq M \wedge Z \backsim M$, woraus nach (2) $Y \backsim M$ folgt, also schließlich $M \backsim N$ wegen $Y \backsim N$. Für (2) genügt es zu zeigen, daß für paarweise disjunkte Mengen A, B, C (d. h. genauer: $A \cap B = A \cap C = B \cap C = \emptyset$) gilt:

$$(3)\quad A \backsim A \cup B \cup C \rightarrow A \cup B \backsim A \cup B \cup C.$$

Denn ist (3) bewiesen und ist $M_1 \subseteq M_2 \subseteq M \wedge M_1 \backsim M$, so setze man $A = M_1$, $B = M_2 \setminus M_1$, $C = M \setminus M_2$; dann sind A, B, C paarweise disjunkt, und es ist $A = M_1 \backsim M = A \cup B \cup C$, woraus nach (3) $M_2 = A \cup B \backsim A \cup B \cup C = M$ folgt.

Wir brauchen nur noch (3) zu beweisen. Es seien A, B, C paarweise disjunkte Mengen und f eine eineindeutige Abbildung von $A \cup B \cup C$ auf A; zu zeigen ist unter diesen Voraussetzungen die Existenz einer eineindeutigen Abbildung g von $A \cup B \cup C$ auf $A \cup B$. Es ist zunächst $f\langle X\rangle \subseteq A$ für jedes $X \subseteq A \cup B \cup C$. Man bilde das Mengensystem

$$\mathfrak{X} = \underset{X}{\mathbf{M}}(C \subseteq X \subseteq A \cup B \cup C \wedge f\langle X\rangle \subseteq X).$$

Es ist dann

$$(a)\quad \mathfrak{X} \neq \emptyset,$$

da $A \cup B \cup C \in \mathfrak{X}$ gilt. Außerdem ist für jedes X:

$$(b)\quad X \in \mathfrak{X} \rightarrow C \cup f\langle X\rangle \in \mathfrak{X}.$$

Denn wenn $X \in \mathfrak{X}$, so ist $C \subseteq X \subseteq A \cup B \cup C \wedge f\langle X\rangle \subseteq X$, woraus

$$C \subseteq C \cup f\langle X\rangle \subseteq A \cup B \cup C \quad \text{und} \quad C \cup f\langle X\rangle \subseteq X$$

folgt; wegen $C \cup f\langle X\rangle \subseteq X$ ist

$$f\langle C \cup f\langle X\rangle\rangle \subseteq f\langle X\rangle \subseteq C \cup f\langle X\rangle;$$

also gilt insgesamt $C \cup f\langle X\rangle \in \mathfrak{X}$. Schließlich ist

$$\text{(c)} \quad \bigcap \mathfrak{X} \in \mathfrak{X};$$

denn es ist trivial $C \subseteq \bigcap \mathfrak{X} \subseteq A \cup B \cup C$ und $f\langle \bigcap \mathfrak{X}\rangle \subseteq \bigcap \mathfrak{X}$.

Es sei nun

$$A' = \bigcap \mathfrak{X}, \qquad A^* = f\langle A'\rangle.$$

Dann ist nach (c) $A' \in \mathfrak{X}$ und damit nach (b) $C \cup A^* \in \mathfrak{X}$. Wegen $A' = \bigcap \mathfrak{X}$ und $C \cup A^* \in \mathfrak{X}$ ist $A' \subseteq C \cup A^*$; wegen $A' \in \mathfrak{X}$ ist $C \subseteq A'$ und $f\langle A'\rangle \subseteq A'$, also $C \cup A^* = C \cup f\langle A'\rangle \subseteq A'$; also ist insgesamt $C \cup A^* = A'$ und damit $f\langle C \cup A^*\rangle = f\langle A'\rangle = A^* \subseteq A$. Man bilde nun die Funktion g über $A \cup B \cup C$ mit für jedes $x \in A \cup B \cup C$:

$$g(x) = \begin{cases} f(x), \text{ falls } x \in C \cup A^* \\ x, \text{ falls } x \notin C \cup A^*. \end{cases}$$

Wir zeigen, daß g eine eineindeutige Abbildung von $A \cup B \cup C$ auf $A \cup B$ ist. Trivial ist g eine eindeutige Abbildung von $A \cup B \cup C$ in $A \cup B$, da für $x \in C \cup A^*$ stets $f(x) \in A$ gilt und für $x \notin C \cup A^*$ stets $x \notin C$ und damit $x \in A \cup B$ gilt wegen $x \in A \cup B \cup C$. g ist auch eine Abbildung auf $A \cup B$. Denn ist $y \in A \cup B$ und $y \notin C \cup A^*$, so ist $g(y) = y$; ist $y \in A \cup B$ und $y \in C \cup A^*$, so ist $y \in A^* = f\langle C \cup A^*\rangle$ wegen $A \cap C = B \cap C = \emptyset$; also gibt es ein $x \in C \cup A^*$ mit $f(x) = y$ und damit ein x mit $g(x) = y$. Schließlich ist g auch voreindeutig. Denn für Elemente $x_1, x_2 \in A \cup B \cup C$ gilt ja im Falle $x_1, x_2 \in C \cup A^* \vee x_1, x_2 \notin C \cup A^*$:

$$g(x_1) = g(x_2) \to f(x_1) = f(x_2) \vee x_1 = x_2 \to x_1 = x_2,$$

da f umkehrbar eindeutig ist; ist $x_1, x_2 \in A \cup B \cup C$, $x_1 \in C \cup A^*$, $x_2 \notin C \cup A^*$, so ist

$$g(x_1) = f(x_1) \wedge g(x_2) = x_2,$$

wobei $f(x_1) \neq x_2$ ist, da $f(x_1) \in f\langle C \cup A^*\rangle = A^*$ und $x_2 \notin A^*$ gilt. Also ist g eine eineindeutige Abbildung von $A \cup B \cup C$ auf $A \cup B$ und damit $A \cup B \backsim A \cup B \cup C$.

Aus Satz 6 folgt umgekehrt für Mengen A, B, C:

$$A \backsim A \cup B \cup C \to A \cup B \backsim A \cup B \cup C;$$

denn es ist $A \cup B \preceq A \cup B \cup C$ wegen $A \cup B \subseteq A \cup B \cup C$, und unter der Voraussetzung $A \backsim A \cup B \cup C$ ist $A \cup B \cup C \preceq A \cup B$ wegen $A \cup B \cup C \backsim A \subseteq A \cup B$, woraus nach Satz 6 $A \cup B \backsim A \cup B \cup C$ folgt. Der Cantor-Bernsteinsche Äquivalenzsatz ist also mit jeder der drei Aussagen gleichwertig:

Für Mengen M_1, M_2, M *gilt:* $M_1 \subseteq M_2 \subseteq M \wedge M_1 \backsim M \rightarrow M_2 \backsim M$.

Für paarweise disjunkte Mengen A, B, C *gilt:* $A \backsim A \cup B \cup C \rightarrow A \cup B \backsim A \cup B \cup C$.

Für Mengen A, B, C *gilt:* $A \backsim A \cup B \cup C \rightarrow A \cup B \backsim A \cup B \cup C$.

Einen anderen Zugang zum CANTOR-BERNSTEINschen Äquivalenzsatz erhält man über einen Satz von BANACH:

Satz 7 (Satz von BANACH). *Für Mengen* M, N *und Funktionen* φ *von* $\mathbf{P}M$ in $\mathbf{P}N$ und ψ von $\mathbf{P}N$ *in* $\mathbf{P}M$ *mit*

$$\forall X \forall Y (X \subseteq Y \subseteq M \rightarrow \varphi(X) \subseteq \varphi(Y) \,.\wedge.\, X \subseteq Y \subseteq N \rightarrow \psi(X) \subseteq \psi(Y))$$

gibt es Mengen M_1, M_2, N_1, N_2 *mit:*

$$M = M_1 \cup M_2, \qquad N = N_1 \cup N_2,$$
$$M_1 \cap M_2 = \emptyset, \qquad N_1 \cap N_2 = \emptyset,$$
$$\varphi(M_1) = N_1, \qquad \psi(N_2) = M_2.$$

Beweis. Zunächst beweisen wir den folgenden

Hilfssatz. Es sei M *eine Menge und* f *eine Funktion von* $\mathbf{P}M$ *in* M *mit*

$$\forall X \forall Y (X \subseteq Y \subseteq M \rightarrow f(X) \subseteq f(Y)).$$

Existiert dann ein $X \subseteq M$ *mit* $f(X) \subseteq X$, *so gibt es ein* $Y \subseteq M$ *mit* $f(Y) = Y$.

Beweis. Unter den Voraussetzungen des Hilfssatzes sei $\mathfrak{X}$ die Menge aller $X \subseteq M$ mit $f(X) \subseteq X$; es ist $\mathfrak{X} \neq \emptyset$. Es sei $Y = \bigcap \mathfrak{X}$. Wir zeigen $f(Y) = Y$. Es ist $Y \subseteq M$, da $Y \subseteq X \in \mathfrak{X}$ für ein $X \in \mathfrak{X}$ ist; es ist $Y \subseteq X$ für jedes $X \in \mathfrak{X}$, also $f(Y) \subseteq f(X) \subseteq X$ für jedes $X \in \mathfrak{X}$ und damit $f(Y) \subseteq \bigcap \mathfrak{X} = Y$. Wegen $f(Y) \subseteq Y \subseteq M$ ist $f(f(Y)) \subseteq f(Y)$, also $f(Y) \in \mathfrak{X}$ und damit $Y = \bigcap \mathfrak{X} \subseteq f(Y)$. Insgesamt ist also $f(Y) = Y$.

Nun zum Beweis des BANACHschen Satzes. Unter den Voraussetzungen dieses Satzes sei f die Funktion über $\mathbf{P}M$ mit für jedes $X \subseteq M$:

$$f(X) = M \setminus \psi(N \setminus \varphi(X)).$$

f ist dann eine Funktion von $\mathbf{P}M$ in M mit stets $f(X) \subseteq M$, also speziell $f(M) \subseteq M$. Für $X, Y \subseteq M$ gilt:

$$X \subseteq Y \rightarrow \varphi(X) \subseteq \varphi(Y) \rightarrow N \setminus \varphi(X) \supseteq N \setminus \varphi(Y) \rightarrow \psi(N \setminus \varphi(X))$$
$$\supseteq \psi(N \setminus \varphi(Y)) \rightarrow M \setminus \psi(N \setminus \varphi(X)) \subseteq M \setminus \psi(N \setminus \varphi(Y)) \rightarrow f(X) \subseteq f(Y).$$

Damit erfüllt f die Voraussetzungen des Hilfssatzes, und es gibt eine Menge $M_1 \subseteq M$ mit $f(M_1) = M_1$, also mit

$$M \setminus \psi(N \setminus \varphi(M_1)) = M_1. \qquad (+)$$

Es sei $M_2 = M \setminus M_1$, $N_1 = \varphi(M_1)$, $N_2 = N \setminus N_1$. Dann ist $M = M_1 \cup M_2$, $N = N_1 \cup N_2$, $M_1 \cap M_2 = \emptyset$, $N_1 \cap N_2 = \emptyset$. Außerdem ist $\varphi(M_1) = N_1$. Es ist nur noch zu zeigen $\psi(N_2) = M_2$. Wegen $\varphi(M_1) = N_1$ ist aber $N \setminus \varphi(M_1) = N \setminus N_1 = N_2$, also nach $(+)$ $M \setminus \psi(N_2) = M_1$, woraus $\psi(N_2) = M \setminus M_1 = M_2$ folgt wegen $M_1, \psi(N_2) \subseteq M$.

Mit Hilfe des Satzes von Banach beweisen wir jetzt noch einmal Satz 6.

Satz 8 (Cantor-Bernsteinscher Äquivalenzsatz). *Für Mengen M, N gilt:*

$$M \lesssim N \wedge N \lesssim M \rightarrow M \backsim N.$$

Beweis. Es seien M, N Mengen, $M \backsim X \subseteq N$, $N \backsim Y \subseteq M$, f eine eineindeutige Abbildung von M auf X und g eine eineindeutige Abbildung von N auf Y; zu zeigen ist die Existenz einer eineindeutigen Abbildung F von M auf N. φ sei die Funktion von $\boldsymbol{P}M$ in $\boldsymbol{P}N$ mit für jedes $Z \subseteq M$:

$$\varphi(Z) = f\langle Z\rangle$$

und ψ die Funktion von $\boldsymbol{P}N$ in $\boldsymbol{P}M$ mit für jedes $Z \subseteq N$:

$$\psi(Z) = g\langle Z\rangle.$$

Es gilt

$$Z_1 \subseteq Z_2 \subseteq M \rightarrow \varphi(Z_1) = f\langle Z_1\rangle \subseteq f\langle Z_2\rangle = \varphi(Z_2)$$

und entsprechend

$$Z_1 \subseteq Z_2 \subseteq N \rightarrow \psi(Z_1) = g\langle Z_1\rangle \subseteq g\langle Z_2\rangle = \psi(Z_2).$$

Damit erfüllen φ, ψ die Voraussetzungen des Satzes von Banach, und es gibt nach diesem Satz Mengen M_1, M_2, N_1, N_2 mit:

$$\begin{aligned} M &= M_1 \cup M_2, & N &= N_1 \cup N_2,\\ M_1 \cap M_2 &= \emptyset, & N_1 \cap N_2 &= \emptyset,\\ \varphi(M_1) &= N_1, & \psi(N_2) &= M_2. \end{aligned}$$

Wegen $M_2 = \psi(N_2) = g\langle N_2\rangle \subseteq Y$ ist $M_2 \subseteq Y$; für jedes $x \in M_2$ existiert also $g^{-1}(x)$, da g eine umkehrbare Funktion auf Y ist. Man definiere die Funktion F über M mit für jedes $x \in M$:

$$F(X) = \begin{cases} f(x), & \text{falls } x \in M_1\\ g^{-1}(x), & \text{falls } x \in M_2. \end{cases}$$

F ist zunächst eine Funktion von M in N. F ist auch eine Funktion auf N; denn ist $y \in N$, so ist $y \in N_1$ oder $y \in N_2$, also gibt es im ersten Falle $y \in N_1$ wegen $N_1 = \varphi(M_1) = f\langle M_1\rangle$ ein $x \in M_1$ mit $f(x) = y$, also mit $F(x) = y$, und gibt es im zweiten Falle $y \in N_2$ wegen $\psi(N_2) = g\langle N_2\rangle = M_2$ ein $x \in M_2$ mit

$g(y) = x$ oder $g^{-1}(x) = y$, also mit $F(x) = y$. F ist schließlich umkehrbar eindeutig; denn für $x_1, x_2 \in M$ gilt:

$$x_1, x_2 \in M_1 .\rightarrow. F(x_1) = F(x_2) \rightarrow f(x_1) = f(x_2) \rightarrow x_1 = x_2,$$

da f eineindeutig ist,

$$x_1, x_2 \in M_2 .\rightarrow. F(x_1) = F(x_2) \rightarrow g^{-1}(x_1) = g^{-1}(x_2) \rightarrow x_1 = x_2,$$

da g eineindeutig ist,

$$x_1 \in M_1, x_2 \in M_2 .\rightarrow. F(x_1) = f(x_1) \neq g^{-1}(x_2) = F(x_2),$$

da $f(x_1) \in f\langle M_1\rangle = \varphi(M_1) = N_1$, $x_2 \in M_2 = \psi(N_2) = g\langle N_2\rangle$, also $g^{-1}(x_2) \in N_2$, und $N_1 \cap N_2 = \emptyset$ gilt. Damit ist F eine eineindeutige Abbildung von M auf N.

Satz 9 (Vergleichbarkeitssatz). *Für Mengen M, N gilt:*

$$M \leq N \vee N \leq M.$$

Beweis. Es seien M, N Mengen. Wir zeigen

$$\sim M \leq N \rightarrow N \leq M,$$

also nach Satz 3:

$$\sim \exists f \; (f \textit{ eineindeutige Abbildung von } M \textit{ in } N)$$
$$\rightarrow \exists f \; (f \textit{ eineindeutige Abbildung von } N \textit{ in } M).$$

Dazu sei

$$\mathfrak{F} = \underset{f}{M} \; (f \textit{ eineindeutige Abbildung aus } N \textit{ in } M).$$

Wir wollen auf das Mengensystem $\mathfrak{F}$ das (schwache) ZORNsche Lemma anwenden und zeigen zu diesem Zwecke zunächst (vgl. Satz 18, § 14 und die anschließenden Bemerkungen):

$$\forall K \; (\textit{Kette von } \mathfrak{F} \rightarrow \bigcup K \in \mathfrak{F}).$$

Ist $K \subseteq \mathfrak{F}$ eine Kette von $\mathfrak{F}$, so gilt $f_1 \subseteq f_2 \vee f_2 \subseteq f_1$ für beliebige $f_1, f_2 \in K$; für $\bigcup K \in \mathfrak{F}$ ist zu zeigen, daß $\bigcup K$ eine eineindeutige Abbildung aus N in M ist. Trivial ist $\bigcup K \subseteq N \times M$, also $\bigcup K$ eine Abbildung aus N in M. Ist $[x, y_1], [x, y_2] \in \bigcup K$, so gibt es eineindeutige Abbildungen $f_1, f_2 \in K$ mit $[x, y_1] \in f_1$, $[x, y_2] \in f_2$; wegen $f_1 \subseteq f_2 \vee f_2 \subseteq f_1$ ist dann $[x, y_1], [x, y_2] \in f_2$ oder $[x, y_1], [x, y_2] \in f_1$, also $y_1 = y_2$; damit ist $\bigcup K$ eindeutig. Nach demselben Verfahren erhält man, daß $\bigcup K$ voreindeutig ist. Also ist $\bigcup K$ insgesamt eine eineindeutige Abbildung aus N in M, womit $\bigcup K \in \mathfrak{F}$ für jede Kette K von $\mathfrak{F}$ gilt. Nach dem (schwachen) ZORNschen Lemma existiert unter dieser Bedingung ein maximales Element f von $\mathfrak{F}$; d. h. ein $f \in \mathfrak{F}$ mit $f \not\subset g$ für jedes $g \in \mathfrak{F}$. Ein solches maximales f ist wegen $f \in \mathfrak{F}$ trivial eine eineindeutige Abbildung aus N in M. Wir zeigen jetzt, daß jedes maximale Element f von $\mathfrak{F}$ unter der Voraussetzung, daß es keine eineindeutige Abbildung von M in N

gibt, eine Abbildung von N in M ist, womit dann unser Satz bewiesen ist. Für jedes $f \in \mathfrak{F}$ ist zunächst $\operatorname{Vb} f \subseteq N$ und $\operatorname{Nb} f \subseteq M$. Wäre $\operatorname{Nb} f = M$, so wäre $\operatorname{Vb} f^{-1} = M$, $\operatorname{Nb} f^{-1} \subseteq N$ und f^{-1} natürlich umkehrbar eindeutig; also wäre f^{-1} eine eineindeutige Abbildung von M in N entgegen der Voraussetzung, daß es keine eineindeutige Abbildung von M in N gibt. Es ist also $\operatorname{Nb} f \subset M$. Wäre nun $\operatorname{Vb} f \subset N$, so gäbe es insgesamt ein $x \in N \setminus \operatorname{Vb} f$ und ein $y \in M \setminus \operatorname{Nb} f$; dann wäre $f \cup \{[x, y]\}$ eine eineindeutige Abbildung aus N in M, d. h. $f \cup \{[x, y]\} \in \mathfrak{F}$ mit $f \subset f \cup \{[x, y]\}$, was ein Widerspruch ist, falls f maximales Element von $\mathfrak{F}$ ist. Also gilt für maximales $f \in \mathfrak{F}$ unter der Voraussetzung, daß es keine eineindeutige Abbildung von M in N gibt, $\operatorname{Vb} f = N$, womit f eine eineindeutige Abbildung von N in M ist.

Die bisherigen Sätze über die $\precsim$-Beziehung überträgt man auf die $\prec$-Beziehung:

Satz 10. *Für Mengen M, N, P gilt:*

$$M \not\prec M,$$
$$M \prec N \wedge N \prec P \rightarrow M \prec P,$$
$$M \prec N \rightarrow N \not\prec M,$$
$$M \prec N \vee M \backsim N \vee N \prec M.$$

Beweis. Es seien M, N, P Mengen. Wegen $M \backsim M$ kann nicht $M \prec M$ gelten. Ist $M \prec N \wedge N \prec P$, so ist nach Satz 5 $M \precsim P$; wäre $M \backsim P$, so wäre nach Satz 2 $M \prec N \wedge N \prec M$, also auch $M \precsim N \wedge N \precsim M$, woraus nach Satz 6 $M \backsim N$ folgt im Widerspruch zu $M \prec N$; also ist insgesamt $M \precsim P \wedge M \not\backsim P$ und damit $M \prec P$. Ist $M \prec N$ und wäre $N \prec M$, so wäre nach dem eben Bewiesenen $M \prec M$ im Widerspruch zu $M \not\prec M$. Nach Satz 9 gilt $M \precsim N \vee N \precsim M$, woraus sofort $M \prec N \vee M \backsim N \vee N \prec M$ folgt.

Die Fälle

$$M \prec N, \quad M \backsim N, \quad N \prec M$$

schließen sich auf Grund der Definition von $\prec$ und wegen $M \prec N \rightarrow N \not\prec M$ gegenseitig aus, so daß also für beliebige Mengen M, N stets genau einer dieser drei Fälle eintritt.

Für Mengen M, N, P gilt auch nach Satz 2 und Satz 10:

$$M \prec N \wedge N \precsim P \rightarrow M \prec P,$$
$$M \precsim N \wedge N \prec P \rightarrow M \prec P.$$

3. Für die weiteren Eigenschaften der Anordnungsbeziehung zwischen Mengen zunächst folgender

Satz 11. *Für Mengen M, N und Relationen R in M gilt:*

$$[M, R] \text{ wohlgeordnet} \wedge N \prec M \rightarrow \exists\, m (m \in M \wedge N \backsim \operatorname{Ab} m).$$

Beweis. Es genügt, für Mengen M, N und Relationen R in M zu beweisen:

$$[M, R] \textit{ wohlgeordnet } \wedge N \prec M \wedge N \subseteq M \rightarrow \exists\, m(m \in M \wedge N \backsim \operatorname{Ab} m). \qquad (+)$$

Denn ist (+) bewiesen, sind M, N Mengen und ist R eine Relation in M, so daß $[M, R]$ wohlgeordnet ist und $N \prec M$ gilt, so gibt es eine Menge N^* mit $N \backsim N^* \subseteq M \wedge N \not\backsim M$, also mit $N^* \subseteq M \wedge N^* \not\backsim M$, also mit $N^* \prec M \wedge N^* \subseteq M$; aus (+) folgt dann $\exists\, m(m \in M \wedge N^* \backsim \operatorname{Ab} m)$, woraus sich wegen $N \backsim N^*$ schließlich $\exists\, m\,(m \in M \wedge N \backsim \operatorname{Ab} m)$ ergibt.

Nun zum Beweis von (+), dem folgende Anschauung zugrunde liegt: Ist $[M, R]$ wohlgeordnet, $N \prec M$ und $N \subseteq M$, so bilde man die Funktion F^*, welche dem ersten Element von M das erste Element von N zuordnet (falls $N \neq \emptyset$), dem zweiten Element von M das zweite Element von N (falls N mindestens zwei Elemente enthält) usw. in transfiniter Fortsetzung dieses Zuordnungsverfahrens, bis alle Elemente von N verbraucht sind. F^* ist dann anschaulich eine eineindeutige Abbildung, so daß es wegen $N \not\backsim M$ noch Elemente von M gibt, denen durch F^* kein Element von N zugeordnet wird. Ist m das kleinste derartige Element von M, so vermutet man $N \backsim \operatorname{Ab} m$; d. h. F^* ist eine eineindeutige Abbildung von $\operatorname{Ab} m$ auf N. Diesen anschaulichen Gedankengang präzisieren wir jetzt durch exakte Definition der Funktion F^* mittels transfiniter Induktion; von F^* beweisen wir dann, daß es eine eineindeutige Abbildung von $\operatorname{Ab} m$ auf N ist.

Es sei also $[M, R]$ wohlgeordnet, $N \prec M$, $N \subseteq M$ und $y_0 \in M \setminus N$; ein solches y_0 existiert, da $N \subset M$ ist wegen $M \not\backsim N \subseteq M$. G sei die Menge aller Funktionen g, zu deren jeder es ein $x \in M$ gibt, so daß g eine Funktion von $\operatorname{Ab} x$ in M ist, und T diejenige Funktion von G in M mit für jedes $g \in G$:

$$(1)\quad T(g) = \begin{cases} \textit{erstes Element von } N \setminus \operatorname{Nb} g, & \text{falls } \operatorname{Nb} g \subset N \\ y_0 \text{ sonst.} \end{cases}$$

Nach dem Rechtfertigungssatz für Definitionen durch transfinite ordnungstheoretische Induktion (Satz 7, § 19) gibt es dann eine Funktion F von M in M mit für jedes $x \in M$:

$$(2)\quad F(x) = T(F_{\operatorname{Ab} x}).$$

Es gilt zunächst für jedes $x, y \in M$:

$$(3)\quad F(x) \in N \,.\!\rightarrow\!.\, y < x \rightarrow F(y) < F(x).$$

Dies beweisen wir durch transfinite ordnungstheoretische Induktion über y. B sei bei festem $x \in M$ die Menge aller $y \in M$, für die (3) gültig ist; zu zeigen ist $M \subseteq B$, wofür es nach dem Rechtfertigungssatz für Beweise durch transfinite ordnungstheoretische Induktion (Satz 2, § 19) zu zeigen genügt:

$$\forall\, y(y \in M \wedge \operatorname{Ab} y \subseteq B \rightarrow y \in B).$$

Als Voraussetzungen haben wir also bei festem $x, y \in M$:

$$(4)\quad \forall\, y'(y' \in \operatorname{Ab} y \,:\!\rightarrow\!:\, F(x) \in N \,.\!\rightarrow\!.\, y' < x \rightarrow F(y') < F(x)),\ \ F(x) \in N, y < x,$$

die Behauptung lautet:

$$F(y) < F(x).$$

Diese Behauptung folgt so: Wegen $F(x) \in N$ und (2) ist $T(F_{\mathrm{Ab}\,x}) \in N$, also wegen (1) $\mathrm{Nb}(F_{\mathrm{Ab}\,x}) \subset N$; daraus folgt wegen $y < x$, d. h. $y \in \mathrm{Ab}\,x$, auch $F(y) \in N$. $F(x), F(y) \in N$, (2) und (1) ergeben dann, daß $F(x)$ das erste Element von $N \setminus \mathrm{Nb}(F_{\mathrm{Ab}\,x})$ und $F(y)$ das erste Element von $N \setminus \mathrm{Nb}(F_{\mathrm{Ab}\,y})$ ist, wobei $\mathrm{Nb}(F_{\mathrm{Ab}\,x})$, $\mathrm{Nb}(F_{\mathrm{Ab}\,y}) \subset N$ gilt. Wäre nun $F(y) \not< F(x)$, so wäre $F(x) \leqq F(y)$. Im Fall $F(x) = F(y)$ wäre $F(y) \in \mathrm{Nb}(F_{\mathrm{Ab}\,x})$ wegen $y < x$, also $F(y) \notin N \setminus \mathrm{Nb}(F_{\mathrm{Ab}\,x})$ im Widerspruch zu $F(y) = F(x) \in N \setminus \mathrm{Nb}(F_{\mathrm{Ab}\,x})$. Im Fall $F(x) < F(y)$ wäre $F(x) \in \mathrm{Nb}(F_{\mathrm{Ab}\,y})$, da sonst $F(x)$ ein kleineres Element von $N \setminus \mathrm{Nb}(F_{\mathrm{Ab}\,y})$ wäre als $F(y)$; also gibt es ein $y' \in \mathrm{Ab}\,y$ mit $F(y') = F(x)$ im Widerspruch zu den Voraussetzungen (4). Damit gilt $F(y) < F(x)$, und (3) ist bewiesen.

Wir bilden jetzt die Menge

$$M^* = \underset{x}{M}(x \in M \wedge F(x) = y_0).$$

Es ist $M^* \neq \emptyset$; dies folgt so: Wäre $M^* = \emptyset$, so wäre $F(x) \neq y_0$ für jedes $x \in M$; also wäre F nach (2) und (1) eine eindeutige Abbildung von M in N. F ist aber dann auch voreindeutig; denn für beliebige $x, y \in M$ mit $x \neq y$ gilt $x < y \vee y < x$; im Fall $x < y$ ist wegen $F(y) \in N$ und (3) $F(x) < F(y)$, im Fall $y < x$ ist wegen $F(x) \in N$ und (3) $F(y) < F(x)$, also gilt stets $x \neq y \rightarrow F(x) \neq F(y)$. Damit ist F eine eineindeutige Abbildung von M in N, woraus nach Satz 3 $M \preceq N$ folgt im Widerspruch zur Voraussetzung $N \prec M$; also ist $M^* \neq \emptyset$. m sei das erste Element von $M^* \subseteq M$ hinsichtlich R. Dann gilt $F(x) \in N$ für jedes $x \in \mathrm{Ab}\,m$; $F^* = F_{\mathrm{Ab}\,m}$ ist also eine eindeutige Abbildung von $\mathrm{Ab}\,m$ in N. Über (3) erhält man wie bei dem eben für $M^* \neq \emptyset$ durchgeführten Beweisverfahren, daß F^* auch voreindeutig ist und damit eine eineindeutige Abbildung von $\mathrm{Ab}\,m$ in N ist. Es bleibt noch zu zeigen $\mathrm{Nb}\,F^* = N$. Gäbe es ein $z \in N$ mit $F^*(x) \neq z$ für jedes $x \in \mathrm{Ab}\,m$, so sei z_0 das kleinste derartige $z \in N$ und x_0 das kleinste $x \in M$ mit

$$\forall y (y \in \mathrm{Ab}\,m \wedge F^*(y) < z_0 \rightarrow y < x);$$

es ist z. B. $y < m$ für jedes $y \in \mathrm{Ab}\,m$ mit $F^*(y) < z_0$, also ist $x_0 \leqq m$. Wegen $x_0 \leqq m$ ist $\mathrm{Ab}\,x_0 \subseteq \mathrm{Ab}\,m$, also $\mathrm{Nb}(F_{\mathrm{Ab}\,x_0}) \subseteq \mathrm{Nb}(F_{\mathrm{Ab}\,m}) \subseteq N$; im Fall $\mathrm{Nb}\,F^* = \mathrm{Nb}(F_{\mathrm{Ab}\,m}) = N$ sind wir fertig; im Fall $\mathrm{Nb}\,F^* \subset N$ ist auch $\mathrm{Nb}(F_{\mathrm{Ab}\,x_0}) \subset N$, also nach (2) und (1)

$$F(x_0) = T(F_{\mathrm{Ab}\,x_0}) = \textit{erstes Element von } N \setminus \mathrm{Nb}(F_{\mathrm{Ab}\,x_0}).$$

Wegen $F(x_0) \in N$, $x_0 \leqq m$ und $F(m) = y_0$ ist $x_0 \in \mathrm{Ab}\,m$, also $F(x_0) = F^*(x_0)$. Außerdem ist das erste Element von $N \setminus \mathrm{Nb}(F_{\mathrm{Ab}\,x_0})$ gerade z_0; denn zunächst ist $z_0 \in N$ und $z_0 \notin \mathrm{Nb}(F_{\mathrm{Ab}\,x_0})$, da es überhaupt kein $x \in \mathrm{Ab}\,m$ gibt mit $F^*(x) = z_0$, also ist $z_0 \in N \setminus \mathrm{Nb}(F_{\mathrm{Ab}\,x_0})$; ist $z \in N \setminus \mathrm{Nb}(F_{\mathrm{Ab}\,x_0})$ und $z < z_0$, so gibt es nach Konstruktion von z_0 ein $y \in \mathrm{Ab}\,m$ mit $F^*(y) = z < z_0$, womit $y < x_0$ gilt nach Konstruktion von x_0, also ist $y \in \mathrm{Ab}\,x_0$, $z = F^*(y) \in \mathrm{Nb}(F_{\mathrm{Ab}\,x_0})$ und damit $z \notin N \setminus \mathrm{Nb}(F_{\mathrm{Ab}\,x_0})$, Widerspruch; also ist z_0 das erste Element von $N \setminus \mathrm{Nb}(F_{\mathrm{Ab}\,x_0})$. Insgesamt gilt somit $F^*(x_0) = z_0$ im Widerspruch dazu, daß z_0

ein Element von N ist mit $F^*(x) \neq z_0$ für jedes $x \in \mathrm{Ab}\, m$; also gibt es kein $z \in N$ mit $F^*(x) \neq z$ für jedes $x \in \mathrm{Ab}\, m$, womit $\mathrm{Nb}\, F^* = N$ ist, so daß schließlich F^* eine eineindeutige Abbildung von $\mathrm{Ab}\, m$ auf N ist. Damit ist (+) und unser Satz bewiesen.

Satz 12. *Für Mengensysteme* $\mathfrak{M}$ *gilt:*

$$\mathfrak{M} \neq \emptyset \rightarrow \exists X_0 (X_0 \in \mathfrak{M} \wedge \forall X (X \in \mathfrak{M} \rightarrow X_0 \lesssim X)).$$

Beweis. Es sei $\mathfrak{M}$ ein nicht leeres Mengensystem, $M \in \mathfrak{M}$ und R eine nach dem Wohlordnungssatz existierende Wohlordnung in M. Man betrachte die Abbildung

$$H = \underset{Y}{\boldsymbol{K}} \exists m \exists X (m \in M \wedge X \in \mathfrak{M} \wedge X \backsim \mathrm{Ab}\, m \wedge Y = [m, X]).$$

Es sei $N = \mathrm{Vb}\, H$; es ist $N \subseteq M$. Wir unterscheiden die beiden Fälle $N = \emptyset$ und $N \neq \emptyset$. Ist $N = \emptyset$, so gilt $M \lesssim X$ für jedes $X \in \mathfrak{M}$; denn für ein $X \in \mathfrak{M}$ mit $X \prec M$ liefert Satz 11 die Existenz eines $m \in M$ mit $X \backsim \mathrm{Ab}\, m$, womit dann $m \in N$ wäre, also wäre $N \neq \emptyset$ im Gegensatz zur Annahme $N = \emptyset$. Ist $N \neq \emptyset$, so sei p das erste Element von N hinsichtlich R. Wegen $p \in \mathrm{Vb}\, H$ gibt es ein $X_0 \in \mathfrak{M}$ mit $X_0 \backsim \mathrm{Ab}\, p$. Dann gilt $X_0 \lesssim X$ für jedes $X \in \mathfrak{M}$. Denn für ein $X \in \mathfrak{M}$ mit $X \prec X_0$ hätte man $X \prec X_0 \backsim \mathrm{Ab}\, p$, also $X \prec \mathrm{Ab}\, p$; wegen $\mathrm{Ab}\, p \subseteq M$ wird $\mathrm{Ab}\, p$ hinsichtlich R wohlgeordnet, und Satz 11 ergibt die Existenz eines $q \in \mathrm{Ab}\, p$ mit $X \backsim \mathrm{Ab}\, q$; dann ist $q \in M$, $X \in \mathfrak{M}$, $X \backsim \mathrm{Ab}\, q$, also $q \in N$, was wegen $q < p$ ein Widerspruch dazu ist, daß p kleinstes Element von N ist. In beiden Fällen ($N = \emptyset$, $N \neq \emptyset$) ergibt sich damit die Existenz eines $X_0 \in \mathfrak{M}$ mit $X_0 \lesssim X$ für jedes $X \in \mathfrak{M}$, womit der Satz bewiesen ist.

Satz 13 (Satz von CANTOR).

$$\forall M \exists N (M \in \boldsymbol{M} \rightarrow N \in \boldsymbol{M} \wedge M \prec N).$$

Beweis. Es sei M eine Menge. Wir zeigen $M \prec \boldsymbol{P}M$. Zunächst ist $M \lesssim \boldsymbol{P}M$; denn M ist gleichmächtig der Menge $X \subseteq \boldsymbol{P}M$ aller Einermengen $\{x\}$ mit $x \in M$. Für $M \prec \boldsymbol{P}M$ ist noch zu zeigen $M \not\backsim \boldsymbol{P}M$. Gäbe es eine eineindeutige Abbildung F von M auf $\boldsymbol{P}M$, so sei

$$N = \underset{x}{\boldsymbol{M}} (x \in M \wedge x \notin F(x)).$$

Es ist $N \subseteq M$, also $N \in \boldsymbol{P}M$; dann gibt es ein $x \in M$ mit $N = F(x)$. Wir unterscheiden die beiden Fälle $x \in N$ und $x \notin N$. Ist $x \in N$, so ist $x \notin F(x) = N$ nach Definition von N; also kann der Fall $x \in N$ nicht eintreten. Ist $x \notin N$, so ist $x \in N$ wegen $x \in M \wedge x \notin F(x) = N$; der Fall $x \notin N$ kann somit auch nicht eintreten. Dies ist ein Widerspruch zur Annahme der Existenz einer eineindeutigen Abbildung F von M auf $\boldsymbol{P}M$. Also ist $M \not\backsim \boldsymbol{P}M$ und damit $M \prec \boldsymbol{P}M$.

Aus dem Beweis zu Satz 13 entnimmt man für Mengen M:

$$M \prec \boldsymbol{P}M.$$

Aus dem zweiten Teil des Beweises zu Satz 13 entnimmt man den

Satz 14 (Diagonalsatz). *Für Klassen A, Funktionen F von A in $\boldsymbol{P}A$ und die Klasse $B = \underset{x}{\boldsymbol{K}}(x \in A \wedge x \notin F(x))$ gilt $B \notin \mathrm{Nb}\, F$.*

Beweis. Wäre unter den Voraussetzungen des Satzes $B \in \mathrm{Nb}\, F$, so gäbe es ein $x \in A$ mit $B = F(x)$. Die Fallunterscheidung $x \in B$ und $x \notin B$ führt dann wie beim Beweise zu Satz 13 zum Widerspruch.

Aus dem Diagonalsatz folgt natürlich der Satz von Cantor; denn ist M eine Menge und wäre F eine eineindeutige Abbildung von M auf $\boldsymbol{P}M$, so müßte auch $N \in \mathrm{Nb}\, F$ gelten für die Menge $N = \underset{x}{\boldsymbol{M}}(x \in M \wedge x \notin F(x))$ im Widerspruch zum Diagonalsatz, also ist $M \not\sim \boldsymbol{P}M$ und damit $M \prec \boldsymbol{P}M$.

Satz 14 heißt aus folgendem Grunde Diagonalsatz: Ist F eine Funktion von A in $\boldsymbol{P}A$, so kann man unter Zugrundelegung einer nach dem Wohlordnungssatz existierenden Wohlordnung R in A eine Tabelle

	$F(a_0)$	$F(a_1)$	$F(a_2)$	$F(a_3)$	...
a_0		*		*	
a_1					
a_2			*		
a_3	*				
$\vdots$					

anlegen, wobei $a_0, a_1, a_2, a_3, \ldots$ die Aufeinanderfolge der Elemente von A gemäß R ist; versieht man ein Kästchen der Tabelle genau dann mit einem Kreuz, wenn das dieses Kästchen bestimmende Element a ein Element des dieses Kästchen bestimmenden Funktionswertes $F(b)$ ist, so besagt Satz 14 gerade, daß die Klasse B aller Elemente $a \in A$, bei denen kein Kreuz in dem ihrer Tabellenzeile zugehörigen (schraffierten) Diagonalkästchen steht, kein Wert von F sein kann.

Man erhält den Satz von Cantor auch durch den folgenden, von Cantor mittels seines berühmten *Cantorschen Diagonalverfahrens* bewiesenen Satz.

Satz 15. *Für Mengen M und Klassen N mit $\exists x \,\exists y\, (x, y \in N \wedge x \neq y)$ gilt:*

$$M \prec N^M.$$

Beweis. Es sei M eine Menge und N eine Klasse, die mindestens zwei Elemente enthält. N^M ist dann die Klasse aller Funktionen von M in N. Für $M \prec N^M$ ist zu zeigen $M \preceq N^M$ und $M \not\sim N^M$. Es seien $a, b \in N$ mit $a \neq b$. F sei die Funktion von M in N^M, die jedem $x \in M$ die Funktion f von M in N zuordnet mit für jedes $y \in M$:

$$f(y) = \begin{cases} a, \text{ falls } y = x \\ b, \text{ falls } y \neq x. \end{cases}$$

F ist eine eineindeutige Abbildung von M auf $\operatorname{Nb} F \subseteq N^M$, also ist $M \lesssim N^M$. Gäbe es eine eineindeutige Abbildung F von M auf N^M, so ist jedem $x \in M$ ein $F(x) = F_x \in N^M$ zugeordnet, und umgekehrt gehört zu jeder Funktion $f \in N^M$ ein $x \in M$ mit $F_x = f$. Wir erhalten einen Widerspruch zu $M \not\backsim N^M$, also zur Existenz von F, wenn wir ein $f \in N^M$ konstruieren können, zu dem es kein $x \in M$ gibt mit $F_x = f$. Diese Konstruktion geschieht mit Hilfe des CANTORschen Diagonalverfahrens bei festen $a, b \in N$ mit $a \neq b$ so: f sei diejenige Funktion von M in N mit für jedes $x \in M$:

$$f(x) = \begin{cases} b, \text{ falls } F_x(x) = a \\ a, \text{ falls } F_x(x) \neq a. \end{cases}$$

Dann gibt es in der Tat kein $x \in M$ mit $F_x = f$, denn für ein solches x müßte sonst $F_x(x) = f(x)$ gelten im Widerspruch zur Konstruktion von f, aus der $F_x(x) \neq f(x)$ für jedes $x \in M$ folgt. Also gilt insgesamt $M \lesssim N^M \wedge M \not\backsim N^M$ und damit $M \prec N^M$.

Wählt man in Satz 15 N als Menge, so ist N^M ebenfalls eine Menge, und es ergibt sich sofort Satz 13. Nach Satz 11, § 7 gilt $\mathbf{P}M \backsim \{a, b\}^M$ für Mengen M und Elemente $a \neq b$; mit Satz 15 zusammen folgt also nochmals für Mengen M:

$$M \prec \mathbf{P}M.$$

Aus dem Satz von CANTOR erhielt man das erste Mal die CANTOR*sche Antinomie* der Menge aller Mengen; d.h. einen Widerspruch zur Annahme, die Klasse $\mathbf{M}$ aller Mengen sei eine Menge. Wäre nämlich $\mathbf{M}$ eine Menge, so wäre nach Satz 13 $\mathbf{M} \prec N$ für eine Menge N im Widerspruch zu $N \lesssim \mathbf{M}$ wegen $N \backsim \underset{X}{\mathbf{M}} \exists x(x \in N \wedge X = \{x\}) \subseteq \mathbf{M}$.

Satz 13 läßt sich noch verallgemeinern zu

Satz 16. *Für jedes Mengensystem* $\mathfrak{M}$ *gilt:*

$$\mathfrak{M} \in \mathbf{M} \rightarrow \exists N(N \in \mathbf{M} \wedge \forall X(X \in \mathfrak{M} \rightarrow X \prec N)).$$

Beweis. Ist $\mathfrak{M} \in \mathbf{M}$ ein Mengensystem, so ist $X \subseteq \bigcup \mathfrak{M}$ für jedes $X \in \mathfrak{M}$, also nach Satz 13 $X \lesssim \bigcup \mathfrak{M} \prec N$ für eine sicher existierende Menge N mit $\bigcup \mathfrak{M} \prec N$.

Die Tatsache, daß $M \prec \mathbf{P}M$ für jede Menge M gilt, führt schließlich noch zu folgendem

Satz 17. *Für Allmengen* A, B *gilt:*

$$A \lesssim B \leftrightarrow A \subseteq B \leftrightarrow A \sqsubseteq B,$$

$$A \prec B \leftrightarrow A \subset B \leftrightarrow A \sqsubset B,$$

$$A \backsim B \leftrightarrow A = B \leftrightarrow A \sqsubset\!\!\sqsupset B.$$

Beweis. Nach den Sätzen 5 und 6 aus § 4 und den Sätzen über die Beziehungen $\precsim$, $\prec$ genügt es offenbar, für Allmengen A, B zu zeigen:

$$A \precsim B \leftrightarrow A \subseteq B.$$

Ist $A \subseteq B$, so ist trivial $A \precsim B$. Ist $A \precsim B$ und wäre $B \subset A$, so wäre $B \sqsubset A$, also auch $X \sqsubset A$ und damit $X \in A$ für jedes $X \subseteq B$ wegen $X \sqsubseteq B$, also $\boldsymbol{P}B \subseteq A$, also $B \prec \boldsymbol{P}B \precsim A$ im Widerspruch zu $A \precsim B$; somit ist $A \subseteq B$.

§ 21. Kardinalzahlen

1. Die Kardinalzahl einer Menge soll anschaulich die Elementeanzahl dieser Menge sein. Mit dem Begriff der Gleichmächigkeit (Gleichzahligkeit) von Mengen M, N, der ohne den Begriff der Elementeanzahl einfach als die Möglichkeit der umkehrbar eindeutigen Abbildbarkeit von M auf N definiert war ($M \backsim N$), läßt sich offenbar der Begriff der Elementeanzahl, Kardinalzahl, einer Menge M präzisieren als das charakteristische Gemeinsame, d. h. die Klasse, aller Mengen X, welche dieselbe Elementeanzahl wie M haben, für die also $X \backsim M$ gilt. Damit erhält man die Kardinalzahlen als die Abstraktionsklassen der Gleichmächtigkeitsrelation $\backsim$ in $\boldsymbol{M}$. Die auf diese Weise definierten Kardinalzahlen sind aber im allgemeinen Unmengen; denn ist M eine Menge und A eine Allmenge, so ist die Menge X aller geordneten Paare $[x, A]$ mit $x \in M$ gleichmächtig mit M, also Element der Kardinalzahl K von M; wegen

$$A \sqsubset [x, A] \sqsubset X \sqsubset K$$

ist im Falle $M \neq \emptyset$ für jede Allmenge $A : A \sqsubset K$; wäre dann K eine Menge, so wäre auch $\boldsymbol{A}K \sqsubset K$ im Widerspruch zu $K \sqsubset \boldsymbol{A}K$. Unmengen als Kardinalzahlen sind jedoch für die Theorie der Kardinalzahlen nicht zweckmäßig, da man Kardinalzahlen zu Mengen zusammenfassen möchte und auch die Klasse aller Kardinalzahlen bilden möchte. Mit Hilfe der Allmengen läßt sich aber der Begriff der Kardinalzahl anschaulich befriedigend auch so fassen, daß die Kardinalzahl einer Menge wieder eine Menge ist. Man relativiert einfach den bisherigen Begriff der Kardinalzahl einer Menge M auf die (in bezug auf $\subseteq$) kleinste Allmenge A, in der mit M gleichmächtige Mengen X als Teilmengen $X \subseteq A$ enthalten sind (bei der bisherigen Definition wurde auf die Allklasse $\boldsymbol{E}$ relativiert); d. h. man definiert die Kardinalzahl einer Menge M als die Menge aller mit M gleichmächtigen Mengen X, welche als Teilmengen in der kleinsten Allmenge enthalten sind, die überhaupt eine mit M gleichmächtige Teilmenge enthält. Zu jeder Menge M gibt es dabei natürlich eine Allmenge (also auch eine kleinste derartige), die eine mit M gleichmächtige Teilmenge X enthält, z. B. die Allmenge $\boldsymbol{A}M$, in der M selbst als Teilmenge enthalten ist. Der Begriff der Kardinalzahl einer Unmenge U ist sinnlos, da die Klasse aller mit U äquivalenten Klassen nicht existiert (sie würde ja U als Element enthalten) und es nach dem Ersetzungsaxiom keine mit U äquivalente Menge gibt, so daß also auch eine Relativierung des Kardinalzahlbegriffes für Unmengen auf Allmengen unmöglich ist.

Definition 1. Ist M eine Menge und A die (in bezug auf $\subseteq$) kleinste Allmenge, für die es eine Teilmenge $X \subseteq A$ mit $X \backsim M$ gibt, so ist die *Kardinalzahl* oder *Mächtigkeit* (*Anzahl*) *von* M, bezeichnet mit: $\overline{\overline{M}}$ (gelesen: *Kardinalzahl* M), die Menge aller Mengen X mit $X \subseteq A$ und $X \backsim M$. Eine Menge $\mathfrak{m}$ ist eine *Kardinalzahl* genau dann, wenn es eine Menge M gibt mit $\mathfrak{m} = \overline{\overline{M}}$. Eine Menge M *repräsentiert* die Kardinalzahl $\mathfrak{m}$, ist ein *Repräsentant von* $\mathfrak{m}$ oder *besitzt* $\mathfrak{m}$ *Elemente* genau dann, wenn $\overline{\overline{M}} = \mathfrak{m}$ gilt. Mit $\boldsymbol{K}$ bezeichne man die Klasse aller Kardinalzahlen.

Ist M eine Menge und A die kleinste Allmenge, für die es eine Teilmenge $X \subseteq A$ mit $X \backsim M$ gibt, so ist $\overline{\overline{M}} \subseteq \boldsymbol{P}A$.

Satz 1. *Für Mengen* M, N *und Kardinalzahlen* $\mathfrak{m}$, $\mathfrak{n}$ *gilt:*

$$M \in \overline{\overline{N}} \rightarrow M \backsim N,$$

$$\overline{\overline{M}} = \overline{\overline{N}} \leftrightarrow M \backsim N,$$

$$\mathfrak{m} = \mathfrak{n} \leftrightarrow \forall X\,(X \in \mathfrak{m} \leftrightarrow X \in \mathfrak{n}),$$

$$\mathfrak{m} = \mathfrak{n} \leftrightarrow \exists X\,(X \in \mathfrak{m} \wedge X \in \mathfrak{n}),$$

$$\mathfrak{m} = \mathfrak{n} \leftrightarrow \forall X \,\forall Y\,(\overline{\overline{X}} = \mathfrak{m} \wedge \overline{\overline{Y}} = \mathfrak{n} \rightarrow X \backsim Y),$$

$$\mathfrak{m} = \mathfrak{n} \leftrightarrow \exists X \,\exists Y\,(\overline{\overline{X}} = \mathfrak{m} \wedge \overline{\overline{Y}} = \mathfrak{n} \wedge X \backsim Y).$$

Beweis. Die Behauptungen folgen unmittelbar aus den entsprechenden Definitionen.

2. Mit der Ordnungsbeziehung für Mengen nach ihrer Elementeanzahl läßt sich jetzt eine Ordnungsbeziehung für Kardinalzahlen einführen, welche auf Grund der für sie geltenden Gesetze (vgl. Satz 2) die Präzisierung der anschaulich erwarteten Anordnung der Kardinalzahlen der Größe nach ist.

Definition 2. Sind $\mathfrak{m}$, $\mathfrak{n}$ Kardinalzahlen, so ist $\mathfrak{m}$ *kleiner als* $\mathfrak{n}$ *oder gleich* $\mathfrak{n}$, in Zeichen: $\mathfrak{m} \leqq \mathfrak{n}$ (gelesen: $\mathfrak{m}$ *kleinergleich* $\mathfrak{n}$) oder $\mathfrak{n}$ *größer als* $\mathfrak{m}$ *oder gleich* $\mathfrak{m}$, in Zeichen: $\mathfrak{n} \geqq \mathfrak{m}$ (gelesen: $\mathfrak{n}$ *größergleich* $\mathfrak{m}$), genau dann, wenn

$$\exists M \,\exists N\,(\overline{\overline{M}} = \mathfrak{m} \wedge \overline{\overline{N}} = \mathfrak{n} \wedge M \preceq N)$$

gilt; es ist $\mathfrak{m}$ *kleiner* als $\mathfrak{n}$, in Zeichen: $\mathfrak{m} < \mathfrak{n}$ (gelesen: $\mathfrak{m}$ *kleiner* $\mathfrak{n}$), oder $\mathfrak{n}$ *größer* als $\mathfrak{m}$, in Zeichen: $\mathfrak{n} > \mathfrak{m}$ (gelesen: $\mathfrak{n}$ *größer* $\mathfrak{m}$), genau dann, wenn

$$\exists M \,\exists N\,(\overline{\overline{M}} = \mathfrak{n} \wedge \overline{\overline{N}} = \mathfrak{n} \wedge M \prec N)$$

gilt. Mit bzw. $\underset{\boldsymbol{K}}{\leqq}$, $\underset{\boldsymbol{K}}{\geqq}$, $\underset{\boldsymbol{K}}{<}$, $\underset{\boldsymbol{K}}{>}$ bezeichne man die durch bzw. $\leqq$, $\geqq$, $<$, $>$ in $\boldsymbol{K}$ erzeugten Relationen.

Sind keine Verwechslungen zu befürchten, so läßt man den Index $\boldsymbol{K}$ an den Zeichen $\leqq$, $\geqq$, $<$, $>$ auch weg.

Definition 2 ist eine sinnvolle Definition, denn sie ist unabhängig von den Repräsentanten M, N von $\mathfrak{m}, \mathfrak{n}$; ist nämlich $\overline{\overline{M_1}} = \overline{\overline{M_2}} = \mathfrak{m}$ und $\overline{\overline{N_1}} = \overline{\overline{N_2}} = \mathfrak{n}$, so ist nach Satz 2, § 20

$$M_1 \lesssim N_1 \leftrightarrow M_2 \lesssim N_2 \quad \text{und} \quad M_1 \prec N_1 \leftrightarrow M_2 \prec N_2,$$

da ja $M_1 \backsim M_2$ und $N_1 \backsim N_2$ gilt. Es ist also auch für Kardinalzahlen $\mathfrak{m}, \mathfrak{n}$:

$$\mathfrak{m} \leqq \mathfrak{n} \leftrightarrow \forall M \forall N (\overline{\overline{M}} = \mathfrak{m} \wedge \overline{\overline{N}} = \mathfrak{n} \rightarrow M \lesssim N),$$

$$\mathfrak{m} < \mathfrak{n} \leftrightarrow \forall M \forall N (\overline{\overline{M}} = \mathfrak{m} \wedge \overline{\overline{N}} = \mathfrak{n} \rightarrow M \prec N).$$

Ist $\overline{\overline{M}} = \mathfrak{m}$, $N \subseteq M$ und $\overline{\overline{N}} = \mathfrak{n}$, so ist $\mathfrak{n} \leqq \mathfrak{m}$; je nachdem, ob N nicht mit M äquivalent ist oder mit M äquivalent ist, gilt $\mathfrak{n} < \mathfrak{m}$ oder $\mathfrak{n} = \mathfrak{m}$.

Ist $F \in \boldsymbol{M}$ eine Abbildung, so ist $\overline{\overline{\mathrm{Vb}\, F}}, \overline{\overline{\mathrm{Nb}\, F}} \leqq \overline{\overline{F}}$; ist $F \in \boldsymbol{M}$ eine Funktion, so ist wegen $\overline{\overline{\mathrm{Vb}\, F}} = \overline{\overline{F}}$ dann $\overline{\overline{\mathrm{Nb}\, F}} \leqq \overline{\overline{\mathrm{Vb}\, F}}$.

Satz 2. *Für Kardinalzahlen* $\mathfrak{m}, \mathfrak{n}, \mathfrak{p}$ *gilt:*

$$\mathfrak{m} \leqq \mathfrak{n} \leftrightarrow \mathfrak{m} < \mathfrak{n} \vee \mathfrak{m} = \mathfrak{n}, \qquad \mathfrak{m} < \mathfrak{n} \leftrightarrow \mathfrak{m} \leqq \mathfrak{n} \wedge \mathfrak{m} \neq \mathfrak{n},$$

$$\begin{aligned}
&\mathfrak{m} \leqq \mathfrak{m},\\
&\mathfrak{m} \leqq \mathfrak{n} \wedge \mathfrak{n} \leqq \mathfrak{p} \rightarrow \mathfrak{m} \leqq \mathfrak{p},\\
&\mathfrak{m} \leqq \mathfrak{n} \wedge \mathfrak{n} \leqq \mathfrak{m} \rightarrow \mathfrak{m} = \mathfrak{n},\\
&\mathfrak{m} \leqq \mathfrak{n} \vee \mathfrak{n} \leqq \mathfrak{m},
\end{aligned}$$

$$\begin{aligned}
&\mathfrak{m} \not< \mathfrak{m},\\
&\mathfrak{m} < \mathfrak{n} \wedge \mathfrak{n} < \mathfrak{p} \rightarrow \mathfrak{m} < \mathfrak{p},\\
&\mathfrak{m} < \mathfrak{n} \rightarrow \mathfrak{n} \not< \mathfrak{m},\\
&\mathfrak{m} < \mathfrak{n} \vee \mathfrak{m} = \mathfrak{n} \vee \mathfrak{n} < \mathfrak{m},
\end{aligned}$$

$$\begin{aligned}
&\mathfrak{m} < \mathfrak{n} \wedge \mathfrak{n} \leqq \mathfrak{p} \rightarrow \mathfrak{m} < \mathfrak{p},\\
&\mathfrak{m} \leqq \mathfrak{n} \wedge \mathfrak{n} < \mathfrak{p} \rightarrow \mathfrak{m} < \mathfrak{p},
\end{aligned}$$

$$\forall X (X \subseteq \boldsymbol{K} \wedge X \neq \varnothing \rightarrow \exists \mathfrak{x} (\mathfrak{x} \in X \wedge \forall \mathfrak{y} (\mathfrak{y} \in X \rightarrow \mathfrak{x} \leqq \mathfrak{y}))),$$

$$\exists \mathfrak{x} (\mathfrak{x} \in \boldsymbol{K} \wedge \mathfrak{m} < \mathfrak{x}),$$

$$\forall X (X \subseteq \boldsymbol{K} \wedge X \in \boldsymbol{M} \rightarrow \exists \mathfrak{x} (\mathfrak{x} \in \boldsymbol{K} \wedge \forall \mathfrak{y} (\mathfrak{y} \in X \rightarrow \mathfrak{y} < \mathfrak{x}))).$$

Beweis. Die Behauptungen folgen repräsentantenweise unmittelbar aus der Definition der Kardinalzahlen und den in § 20 aufgeführten Sätzen über die Ordnungsbeziehung für Mengen, wobei man für die drittletzte und letzte Behauptung eine über das Auswahlaxiom und Satz 5, § 8 existierende Auswahlfunktion F von X betrachtet (die also jeder Kardinalzahl $\mathfrak{x} \in X$ einen ihrer Repräsentanten $F(\mathfrak{x}) \in \mathfrak{x}$ zuordnet) und auf deren Nachbereich den jeweils entsprechenden Satz aus § 20 anwendet.

Aus dem letzten Gesetz des Satzes 2 erhält man die BURALI-FORTIsche *Antinomie* der Menge aller Kardinalzahlen; d. h. einen Widerspruch zur Annahme, die Klasse $\boldsymbol{K}$ aller Kardinalzahlen sei eine Menge. Wäre nämlich $\boldsymbol{K}$ eine Menge, so gäbe es eine Kardinalzahl $\mathfrak{x} \in \boldsymbol{K}$ mit $\mathfrak{y} < \mathfrak{x}$ für jedes $\mathfrak{y} \in \boldsymbol{K}$ im Widerspruch zu $\mathfrak{x} \not< \mathfrak{x}$, $\boldsymbol{K}$ ist also eine Unmenge.

Satz 2 besagt u. a., daß die Ordnungsrelation $\underset{\boldsymbol{K}}{\leqq}$ bzw. $\underset{\boldsymbol{K}}{<}$ für Kardinalzahlen in $\boldsymbol{K}$ eine reflexive bzw. irreflexive Wohlordnung ist, bei der es kein letztes Element von $\boldsymbol{K}$ gibt und bei der jede Teilmenge von $\boldsymbol{K}$ nach oben beschränkt ist. Es ist für die weiteren Betrachtungen völlig gleichgültig, welche der beiden Wohlordnungen in $\boldsymbol{K}$, die reflexive oder irreflexive, wir zugrunde legen; wir entscheiden uns etwa für die reflexive Wohlordnung $\underset{\boldsymbol{K}}{\leqq}$ und beziehen auf dieselbe, sofern nichts Gegenteiliges vereinbart wird, alle Begriffe, die mit Hilfe einer Wohlordnung in $\boldsymbol{K}$ oder auch nur einer Ordnung oder Halbordnung in $\boldsymbol{K}$ definiert sind.

Nach den Sätzen 6 und 7 aus § 17 existiert für jedes $\mathfrak{x} \in \boldsymbol{K}$ der Nachfolger $\mathfrak{x}'$ und für jede Menge $X \subseteq \boldsymbol{K}$ die obere Grenze $\sup X$. Für die Abschnitte von $\boldsymbol{K}$ gilt der

Satz 3.

$$\forall \mathfrak{x}\,(\mathfrak{x} \in \boldsymbol{K} \rightarrow \operatorname{Ab} \mathfrak{x} \in \boldsymbol{M}).$$

Beweis. Es sei $\mathfrak{x} \in \boldsymbol{K}$ und $\overline{\overline{X}} = \mathfrak{x}$. Ist dann $\mathfrak{y} \in \operatorname{Ab} \mathfrak{x}$ und $\overline{\overline{Y}} = \mathfrak{y}$, so ist $Y < X$ wegen $\mathfrak{y} < \mathfrak{x}$, also erst recht $Y \lesssim X$, womit es eine Menge Z^* gibt mit $Y \backsim Z^* \subseteq X \subseteq \boldsymbol{A}X$. Da jedes $Z \in \mathfrak{y}$ Teilmenge der kleinsten Allmenge A ist, die eine mit Y gleichmächtige Teilmenge enthält, und $\boldsymbol{A}X$ eine mit Y gleichmächtige Teilmenge enthält, nämlich Z^*, ist $A \subseteq \boldsymbol{A}X$, also $Z \subseteq \boldsymbol{A}X$. Damit ist $\mathfrak{y} \subseteq \boldsymbol{PA}X$, also $\operatorname{Ab} \mathfrak{x} \subseteq \boldsymbol{PPA}X$, also $\operatorname{Ab} \mathfrak{x} \in \boldsymbol{M}$.

Da die Abschnitte von $\boldsymbol{K}$ Mengen sind, kann man in $\boldsymbol{K}$ neben den Beweisen auch Definitionen durch transfinite ordnungstheoretische und transfinite vollständige Induktion durchführen.

3. Wir wenden uns nun speziell den endlichen Kardinalzahlen zu.

Definition 3. Eine Kardinalzahl $\mathfrak{m}$ ist eine *isolierte Kardinalzahl* genau dann, wenn $\mathfrak{m}$ isoliertes Element von $\boldsymbol{K}$ ist; $\mathfrak{m}$ ist eine *kardinale Limeszahl* genau dann, wenn $\mathfrak{m}$ Limeselement von $\boldsymbol{K}$ ist. Eine Kardinalzahl $\mathfrak{m}$ ist *endlich* oder *finit* genau dann, wenn es keine kardinale Limeszahl $\mathfrak{l}$ mit $\mathfrak{l} \leqq \mathfrak{m}$ gibt; $\mathfrak{m}$ ist *unendlich* oder *transfinit* genau dann, wenn $\mathfrak{m}$ nicht endlich ist. Mit $\mathfrak{N}$ bezeichne man die Klasse aller endlichen Kardinalzahlen.

Man beachte die mehrfache Bedeutung der Begriffe „endlich“ und „unendlich“ (endliche bzw. unendliche Klasse und endliche bzw. unendliche Kardinalzahl); aus dem Zusammenhang der jeweiligen Betrachtungen wird jedoch stets hervorgehen, welche Bedeutung gemeint ist.

Eine Kardinalzahl $\mathfrak{m}$ ist genau dann isoliert, wenn $\mathfrak{m} = \min \boldsymbol{K}$ oder wenn der Vorgänger von $\mathfrak{m}$ existiert; d. h. diejenige Kardinalzahl $\mathfrak{x} \in \boldsymbol{K}$ mit $\mathfrak{x}' = \mathfrak{m}$. Eine Kardinalzahl $\mathfrak{m}$ ist genau dann eine Limeszahl, wenn $\mathfrak{m} \neq \min \boldsymbol{K}$ und $\mathfrak{m}$ keinen Vorgänger besitzt. Eine Kardinalzahl $\mathfrak{m} \neq \min \boldsymbol{K}$ ist genau dann eine Limeszahl, wenn Ab $\mathfrak{m}$ kein letztes Element besitzt.

Satz 4. *Für Kardinalzahlen* $\mathfrak{m}$ *gilt:*

$$\mathfrak{m} \textit{ endlich} \leftrightarrow \exists\, M\, (\overline{\overline{M}} = \mathfrak{m} \wedge M \textit{ endlich}),$$

$$\mathfrak{m} \textit{ unendlich} \leftrightarrow \exists\, M\, (\overline{\overline{M}} = \mathfrak{m} \wedge M \textit{ unendlich}).$$

Beweis. Es genügt offenbar, etwa die zweite Behauptung zu beweisen.

($\rightarrow$) Es sei $\mathfrak{m} \in \boldsymbol{K}$, $\mathfrak{n}$ eine kardinale Limeszahl mit $\mathfrak{n} \leqq \mathfrak{m}$ und $\overline{\overline{M}} = \mathfrak{m}$, $\overline{\overline{N}} = \mathfrak{n}$. Ist $\mathfrak{x} \in \text{Ab}\, \mathfrak{n}$, so auch $\mathfrak{x}' \in \text{Ab}\, \mathfrak{n}$; denn es ist $\mathfrak{x} < \mathfrak{n}$, also $\mathfrak{x}' \leqq \mathfrak{n}$, woraus $\mathfrak{x}' < \mathfrak{n}$ folgt, da sonst $\mathfrak{n}$ keine Limeszahl wäre. Man bilde das Mengensystem $\mathfrak{M}$ aller Mengen X, für die es ein $\mathfrak{x} \in \text{Ab}\, \mathfrak{n}$ gibt mit $\mathfrak{x} = \overline{\overline{X}}$. Es ist dann $\emptyset \in \mathfrak{M}$, weil $\emptyset \precsim N$ und damit $\overline{\overline{\emptyset}} < \mathfrak{n}$ gilt wegen $N \neq \emptyset$ (im Falle $N = \emptyset$ wäre ja $\mathfrak{n} = \overline{\overline{\emptyset}} = \min \boldsymbol{K}$, also $\mathfrak{n}$ keine Limeszahl). Ist außerdem $X \in \mathfrak{M}$ und $x \in \boldsymbol{E}$, so ist $X \cup \{x\} \in \mathfrak{M}$; denn wir zeigen für Mengen X, Elemente x und $\mathfrak{x} = \overline{\overline{X}}$: $\overline{\overline{X \cup \{x\}}} = \mathfrak{x} \vee \overline{\overline{X \cup \{x\}}} = \mathfrak{x}'$, womit dann $X \cup \{x\}$ für $X \in \mathfrak{M}$ und $x \in \boldsymbol{E}$ wieder Element von $\mathfrak{M}$ ist. Für Mengen X, Elemente x und $\mathfrak{x} = \overline{\overline{X}}$, $\mathfrak{y} = \overline{\overline{X \cup \{x\}}}$ gilt $X \precsim X \cup \{x\}$ wegen $X \subseteq X \cup \{x\}$, also $\mathfrak{x} \leqq \mathfrak{y}$. Im Falle der Unendlichkeit von $X \cup \{x\}$ gibt es eine Menge Y mit $X \cup \{x\} \backsim Y \subset X \cup \{x\}$, woraus man ohne Schwierigkeit durch die Fallunterscheidung $x \in X \vee x \notin X$ die Existenz einer Menge Y' mit $X \cup \{x\} \backsim Y' \subseteq X$ erhält, so daß also $X \cup \{x\} \precsim X$ gilt, was zusammen mit $X \precsim X \cup \{x\}$ schließlich $X \backsim X \cup \{x\}$ ergibt, also $\mathfrak{x} = \mathfrak{y}$ und damit $\overline{\overline{X \cup \{x\}}} = \mathfrak{x}$. Im Falle der Endlichkeit von $X \cup \{x\}$ ist auch X endlich. Dann gibt es aber keine Menge Y mit $X \prec Y \prec X \cup \{x\}$; denn sonst gäbe es nach Satz 1, § 20 Mengen Z_1, Z_2 mit

$$X \backsim Z_1 \subset Y \backsim Z_2 \subset X \cup \{x\},$$

also gäbe es eine Menge Z mit

$$X \backsim Z \subset Z_2 \subset X \cup \{x\},$$

woraus man ohne Schwierigkeit die Gleichmächtigkeit von X mit einer echten Teilmenge von X erhält im Widerspruch zur Endlichkeit von X. Damit ist $\mathfrak{x} \leqq \mathfrak{y} \leqq \mathfrak{x}'$, also $\overline{\overline{X \cup \{x\}}} = \mathfrak{x} \vee \overline{\overline{X \cup \{x\}}} = \mathfrak{x}'$. Das Mengensystem $\mathfrak{M}$ enthält schließlich N nicht als Element, da es sonst ein $\mathfrak{x} \in \text{Ab}\, \mathfrak{n}$ geben müßte mit $\mathfrak{x} = \overline{\overline{N}}$

im Widerspruch zu $\mathfrak{x} < \mathfrak{n} = \overline{\overline{N}}$ für jedes $\mathfrak{x} \in \text{Ab}\,\mathfrak{n}$. Es muß also auf Grund der Eigenschaften von $\mathfrak{M}$ die Menge N nach der RUSSELLschen Endlichkeitsdefinition (Definition 1, § 11) unendlich sein; dann ist aber weiterhin $N \precsim M$ wegen $\mathfrak{n} \leqq \mathfrak{m}$, also gibt es eine Menge P mit $N \backsim P \subseteq M$, so daß auch M als Obermenge der unendlichen Menge P unendlich ist.

($\leftarrow$) Es sei $\mathfrak{m} = \overline{\overline{M}}$, M eine unendliche Menge und R eine nach dem Wohlordnungssatz existierende Wohlordnung in M. $\mathfrak{N}$ sei die Menge aller Teilmengen $X \subseteq M$, für die gilt:

$$\min M \in X \wedge \forall x\,(x \in X \wedge \sim x = \max M \rightarrow x' \in X),$$

wobei das Minimum $\min M$, das Maximum $\max M$ und der Nachfolger x' in bezug auf R gebildet sind; schließlich sei $N = \bigcap \mathfrak{N}$. Es ist $M \supseteq N \in \mathfrak{N}$, und für jedes $x \in N$ sei $\text{Ab}\,x$ der hinsichtlich R gebildete Abschnitt von x in N. Dann ist $\text{Ab}\,x = \underset{|M,R|}{\text{Ab}}\,x$ für jedes $x \in N$; denn ist A die Menge aller $x \in N$, für die $\text{Ab}\,x = \underset{|M,R|}{\text{Ab}}\,x$ ist, so ist

$$\min M \in A \wedge \forall x\,(x \in A \wedge \sim x = \max M \rightarrow x' \in A),$$

da $\text{Ab}\min M = \emptyset = \underset{|M,R|}{\text{Ab}}\min M$ und für $x \in A$ mit $\sim x = \max M$ stets

$$\text{Ab}\,x' = (\text{Ab}\,x) \cup \{x\} = (\underset{|M,R|}{\text{Ab}}\,x) \cup \{x\} = \underset{|M,R|}{\text{Ab}}\,x'$$

ist; damit ist $A \in \mathfrak{N}$, also $N \subseteq A$, also $A = N$. Weiterhin ist $\text{Ab}\,x$ für jedes $x \in N$ eine endliche Menge; denn ist B die Menge aller $x \in N$, für die $\text{Ab}\,x$ endlich ist, so ist

$$\min M \in B \wedge \forall x\,(x \in B \wedge \sim x = \max M \rightarrow x' \in B),$$

da $\text{Ab}\min M = \emptyset$ und für $x \in B$ mit $\sim x = \max M$ stets $\text{Ab}\,x' = (\text{Ab}\,x) \cup \{x\}$ gilt, so daß mit $\text{Ab}\,x$ auch $\text{Ab}\,x'$ endlich ist; damit ist $B \in \mathfrak{N}$, also $N \subseteq B$, also $B = N$. Für jedes $x \in N$ ist dann $x' \in N$; denn wäre $x = \max M$ für ein $x \in N$, so wäre

$$M = (\underset{|M,R|}{\text{Ab}}\,x) \cup \{x\} = (\text{Ab}\,x) \cup \{x\},$$

also M eine endliche Menge, da $\text{Ab}\,x$ endlich ist, im Widerspruch zur Unendlichkeit von M. Da jeder Abschnitt von N endlich ist und jedes $x \in N$ den Nachfolger $x' \in N$ besitzt, gilt für jedes $x \in N$:

$$\text{Ab}\,x \prec \text{Ab}\,x';$$

denn wegen $\text{Ab}\,x \subset \text{Ab}\,x'$ ist $\text{Ab}\,x \backsim \text{Ab}\,x \subset \text{Ab}\,x'$, woraus nach Satz 1, § 20 $\text{Ab}\,x \prec \text{Ab}\,x'$ folgt. Ist nun $\mathfrak{n} = \overline{\overline{N}}$, so ist $\mathfrak{n} \leqq \mathfrak{m}$ wegen $N \precsim M$. Für jedes $x \in N$ ist $\text{Ab}\,x \prec \text{Ab}\,x' \precsim N$, also $\overline{\overline{\text{Ab}\,x}} < \overline{\overline{\text{Ab}\,x'}} \leqq \mathfrak{n}$. Ist $\mathfrak{x}$ eine beliebige Kardinalzahl und wäre $\mathfrak{x}$ der Vorgänger von $\mathfrak{n}$, so wäre $\mathfrak{x} < \mathfrak{n}$, also nach Satz 11, § 20 $\mathfrak{x} = \overline{\overline{\text{Ab}\,x}}$ für ein $x \in N$; dann wäre aber $\mathfrak{x} < \overline{\overline{\text{Ab}\,x'}} < \overline{\overline{\text{Ab}\,x''}} \leqq \mathfrak{n}$ im

Widerspruch dazu, daß $\mathfrak{x}$ der Vorgänger von $\mathfrak{n}$ ist. $\mathfrak{n}$ besitzt also keinen Vorgänger und ist wegen $\mathfrak{n} \neq \min \boldsymbol{K}$ (weil etwa $\emptyset \prec N$ und somit $\overline{\overline{\emptyset}} < \mathfrak{n}$ gilt wegen $N \neq \emptyset$) damit eine Limeszahl $\leqq \mathfrak{m}$; also ist $\mathfrak{m}$ unendlich.

Da jede mit einer endlichen bzw. unendlichen Menge M gleichmächtige Menge N wieder endlich bzw. unendlich ist, folgt aus Satz 4 für Kardinalzahlen $\mathfrak{m}$ auch:

$$\mathfrak{m} \textit{ endlich} \leftrightarrow \forall M\, (\overline{\overline{M}} = \mathfrak{m} \rightarrow M \textit{ endlich}),$$

$$\mathfrak{m} \textit{ unendlich} \leftrightarrow \forall M\, (\overline{\overline{M}} = \mathfrak{m} \rightarrow M \textit{ unendlich}).$$

Da es nach dem Unendlichkeitsaxiom eine unendliche Menge M gibt (nämlich $\boldsymbol{I}$), so gibt es für dieses M nach Satz 4 eine kardinale Limeszahl $\mathfrak{l} \leqq \overline{\overline{M}}$; dann ist aber $\mathfrak{N} \subseteq \mathrm{Ab}\,\mathfrak{l}$ nach Definition der endlichen Kardinalzahlen, also $\mathfrak{N} \in \boldsymbol{M}$ nach Satz 3. Die Klasse $\mathfrak{N}$ aller endlichen Kardinalzahlen ist somit eine Menge, und diese Aussage beruht wesentlich auf dem Unendlichkeitsaxiom, das die Existenz unendlicher Kardinalzahlen sichert.

Wie wir eben bemerkt haben, braucht man für den bloßen Nachweis der Existenz der Menge der endlichen Kardinalzahlen nur, daß es überhaupt eine unendliche Menge M gibt; man braucht aber trotzdem das Unendlichkeitsaxiom in der Form, daß $\boldsymbol{I}$ unendlich ist, da man doch anschaulich wünscht, daß die endlichen Kardinalzahlen $\mathfrak{n}$ Repräsentanten $X \subseteq \boldsymbol{I}$ besitzen (ist N eine endliche Menge und $\boldsymbol{I}$ unendlich, so kann nicht $\boldsymbol{I} \preceq N$ sein, also ist $N \preceq \boldsymbol{I}$, also gibt es eine Menge $N \backsim X \subseteq \boldsymbol{I}$).

$\mathfrak{N}$ enthält nach Definition der endlichen Kardinalzahlen keine Limeszahlen. Für jedes $\mathfrak{n} \in \mathfrak{N}$ ist der Abschnitt von $\mathfrak{n}$ in $\mathfrak{N}$ gleich dem Abschnitt von $\mathfrak{n}$ in $\boldsymbol{K}$.

Satz 5. *Für Kardinalzahlen* $\mathfrak{m}$, *Mengen* M *und Elemente* $x \notin M$ *gilt:*

a) $\mathfrak{m}$ *endlich* $\wedge\ \overline{\overline{M}} = \mathfrak{m} \rightarrow \overline{\overline{M \cup \{x\}}} = \mathfrak{m}'$.

b) $\mathfrak{m}$ *unendlich* $\wedge\ \overline{\overline{M}} = \mathfrak{m} \rightarrow \overline{\overline{M \cup \{x\}}} = \mathfrak{m}$.

Beweis. a) Ist $\mathfrak{m} \in \mathfrak{N}$ und $\overline{\overline{M}} = \mathfrak{m}$, so ist M nach Satz 4 eine endliche Menge, also auch $M \cup \{x\}$ für beliebiges $x \in \boldsymbol{E} \setminus M$. Es ist $M \subset M \cup \{x\}$, also nach Satz 1, § 20 $M \prec M \cup \{x\}$ und damit $\mathfrak{m} < \overline{\overline{M \cup \{x\}}}$. Es gibt keine Menge X mit $M \prec X \prec M \cup \{x\}$; denn sonst gäbe es (wie im Beweise zu Satz 4) Mengen Y_1, Y_2 mit

$$M \backsim Y_1 \subset X \backsim Y_2 \subset M \cup \{x\},$$

also gäbe es eine Menge Y mit

$$M \backsim Y \subset Y_2 \subset M \cup \{x\},$$

woraus man ohne Schwierigkeit die Gleichmächtigkeit von M mit einer echten Teilmenge von M erhält im Widerspruch zur Endlichkeit von M. Damit gibt es keine Kardinalzahl $\mathfrak{x}$ mit $\mathfrak{m} < \mathfrak{x} < \overline{\overline{M \cup \{x\}}}$; also ist insgesamt $\overline{\overline{M \cup \{x\}}} = \mathfrak{m}'$.

b) Ist $\mathfrak{m}$ eine unendliche Kardinalzahl und $\overline{\overline{M}} = \mathfrak{m}$, so ist M nach Satz 4 eine unendliche Menge, also auch $M \cup \{x\}$ für beliebiges $x \in \boldsymbol{E} \setminus M$. Es ist $M \subseteq M \cup \{x\}$, also $M \leq M \cup \{x\}$ und damit $\mathfrak{m} \leqq \overline{\overline{M \cup \{x\}}}$. Da $M \cup \{x\}$ unendlich ist, gibt es eine Menge X mit $M \cup \{x\} \backsim X \subset M \cup \{x\}$, woraus man (wie im Beweise zu Satz 4) ohne Schwierigkeit die Existenz einer Menge X' mit $M \cup \{x\} \backsim X' \subseteq M$ erhält, so daß also $M \cup \{x\} \leq M$ und damit $\overline{\overline{M \cup \{x\}}} \leqq \mathfrak{m}$ gilt. Insgesamt ist hiermit $\overline{\overline{M \cup \{x\}}} = \mathfrak{m}$.

Definition 4. Mit $\underset{\cdot}{0}$ (gelesen: *null Punkt*) bezeichne man $\min \boldsymbol{K}$ und mit $\underset{\cdot}{1}, \underset{\cdot}{2}, \underset{\cdot}{3}, \ldots$ (gelesen: *eins Punkt, zwei Punkt, drei Punkt, ...*) die sukzessiven Nachfolger $\underset{\cdot}{0}', \underset{\cdot}{0}'', \underset{\cdot}{0}''', \ldots$ von $\underset{\cdot}{0}$.

Es ist

$$\underset{\cdot}{0} = \overline{\overline{\varnothing}};$$

denn nach Definition ist $\underset{\cdot}{0} = \min \boldsymbol{K}$, und für jede beliebige Kardinalzahl $\mathfrak{x}$ gilt $\overline{\overline{\varnothing}} \leqq \mathfrak{x}$, da bei $\overline{\overline{X}} = \mathfrak{x}$ doch stets $\varnothing \leq X$ ist; also ist $\min \boldsymbol{K} = \overline{\overline{\varnothing}}$. $\underset{\cdot}{1}$ ist dann nach Satz 5 die Kardinalzahl aller Einermengen, $\underset{\cdot}{2}$ die Kardinalzahl aller Zweiermengen mit verschiedenen Elementen, $\underset{\cdot}{3}$ die Kardinalzahl aller Dreiermengen mit paarweise verschiedenen Elementen usw.

Satz 6 (PEANOsches Axiomensystem in bezug auf $\mathfrak{N}, \underset{\cdot}{0}, '$). *Für Kardinalzahlen* $\mathfrak{n}, \mathfrak{m}$ *und Mengen* M *gilt:*

(1) $\underset{\cdot}{0} \in \boldsymbol{\mathfrak{N}}$,

(2) $\mathfrak{n} \in \boldsymbol{\mathfrak{N}} \rightarrow \mathfrak{n}' \in \boldsymbol{\mathfrak{N}}$,

(3) $\mathfrak{n} \in \boldsymbol{\mathfrak{N}} \rightarrow \underset{\cdot}{0} \neq \mathfrak{n}'$,

(4) $\mathfrak{n}, \mathfrak{m} \in \boldsymbol{\mathfrak{N}} \wedge \mathfrak{n}' = \mathfrak{m}' \rightarrow \mathfrak{n} = \mathfrak{m}$,

(5) $\underset{\cdot}{0} \in M \wedge \forall \mathfrak{x} (\mathfrak{x} \in \boldsymbol{\mathfrak{N}} \cap M \rightarrow \mathfrak{x}' \in M) \rightarrow \boldsymbol{\mathfrak{N}} \subseteq M$.

Beweis. (1) und (2) folgen sofort aus der Definition der endlichen Kardinalzahlen. (3) Für jede Kardinalzahl $\mathfrak{n}$ ist $\underset{\cdot}{0} \leqq \mathfrak{n} < \mathfrak{n}'$, also $\underset{\cdot}{0} \neq \mathfrak{n}'$. (4) Sind $\mathfrak{n}, \mathfrak{m}$ beliebige Kardinalzahlen, so folgt $\mathfrak{n} = \mathfrak{m}$ aus $\mathfrak{n}' = \mathfrak{m}'$, da jede Kardinalzahl höchstens einen Vorgänger hat. (5) ist gerade das Beweisprinzip der vollständigen Induktion für $\boldsymbol{\mathfrak{N}}$, welches unmittelbar aus dem Rechtfertigungssatz für Beweise durch transfinite vollständige Induktion (Satz 4, § 19) folgt, da $\boldsymbol{\mathfrak{N}}$ keine Limeselemente und kein letztes Element besitzt.

Da $\boldsymbol{\mathfrak{N}}$ selbst eine Menge ist mit den Eigenschaften

$$\underset{\cdot}{0} \in \boldsymbol{\mathfrak{N}} \wedge \forall \mathfrak{x} (\mathfrak{x} \in \boldsymbol{\mathfrak{N}} \rightarrow \mathfrak{x}' \in \boldsymbol{\mathfrak{N}}),$$

so ist nach Satz 6 (5)

$$\boldsymbol{\mathfrak{N}} = \bigcap \mathfrak{M},$$

wo $\mathfrak{M}$ das Mengensystem aller Mengen M ist mit der Eigenschaft

$$\underset{\cdot}{0} \in M \wedge \forall \mathfrak{x} (\mathfrak{x} \in \boldsymbol{\mathfrak{N}} \cap M \rightarrow \mathfrak{x}' \in M).$$

Satz 6 (5) besagt, daß die anschaulich gebildete Menge M der endlichen Kardinalzahlen $\underset{\cdot}{0}, \underset{\cdot}{1}, \underset{\cdot}{2}, \underset{\cdot}{3}, \ldots$ die Menge $\mathfrak{N}$ aller endlichen Kardinalzahlen ist.

4. Zum Abschluß dieses Paragraphen betrachten wir die Mächtigkeit von $\mathfrak{N}$. Es ist $\mathfrak{N}$ eine unendliche Menge; denn sonst würde $\mathfrak{N}$ nach Satz 13, § 17 durch die kardinale $\leqq$-Beziehung doppeltwohlgeordnet, besäße also wegen $\mathfrak{N} \neq \emptyset$ ein letztes Element im Widerspruch dazu, daß für jedes $\mathfrak{n} \in \mathfrak{N}$ stets $\mathfrak{n} < \mathfrak{n}' \in \mathfrak{N}$ ist. Damit ist $\mathfrak{n} < \overline{\overline{\mathfrak{N}}}$ für jedes $\mathfrak{n} \in \mathfrak{N}$, da es nach Satz 4 eine Limeszahl $\mathfrak{l} \leqq \overline{\overline{\mathfrak{N}}}$ gibt; für jede endliche Menge M ist also $\overline{\overline{M}} < \overline{\overline{\mathfrak{N}}}$, also $M \prec \mathfrak{N}$. Wir erhalten jetzt eine weitere Definition des Begriffes einer endlichen Klasse.

Satz 7. *Für Klassen A gilt:*

$$A \textit{ endlich} \leftrightarrow \exists\, \mathfrak{n}\, (\mathfrak{n} \in \mathfrak{N} \wedge A \backsim \mathrm{Ab}\, \mathfrak{n}).$$

Beweis. ($\rightarrow$) Ist A eine endliche Menge, so ist $A \prec \mathfrak{N}$, also nach Satz 11, § 20 $\exists\, \mathfrak{n}\, (\mathfrak{n} \in \mathfrak{N} \wedge A \backsim \mathrm{Ab}\, \mathfrak{n})$. ($\leftarrow$) Es genügt zu zeigen, daß für jedes $\mathfrak{n} \in \mathfrak{N}$ der Abschnitt $\mathrm{Ab}\, \mathfrak{n}$ eine endliche Menge ist. Ist hierzu M die Menge aller $\mathfrak{n} \in \mathfrak{N}$, für die $\mathrm{Ab}\, \mathfrak{n}$ endlich ist, so gilt sofort

$$\underset{\cdot}{0} \in M \wedge \forall\, \mathfrak{n}\, (\mathfrak{n} \in M \rightarrow \mathfrak{n}' \in M),$$

da $\mathrm{Ab}\, \underset{\cdot}{0} = \emptyset$ und $\mathrm{Ab}\, \mathfrak{n}' = (\mathrm{Ab}\, \mathfrak{n}) \cup \{\mathfrak{n}\}$ für jedes $\mathfrak{n} \in \mathfrak{N}$ gilt. Also ist nach Satz 6 (5) $\mathfrak{N} \subseteq M$ und damit $M = \mathfrak{N}$.

Während wir bisher $M \prec \mathfrak{N}$ für endliche Mengen erhalten haben, ergibt sich nun mit Satz 7 auch, daß jede Menge M mit $M \prec \mathfrak{N}$ endlich ist; denn ist $M \prec \mathfrak{N}$, so folgt nach Satz 11, § 20 $\exists\, \mathfrak{n}\, (\mathfrak{n} \in \mathfrak{N} \wedge M \backsim \mathrm{Ab}\, \mathfrak{n})$, also ist M nach Satz 7 endlich. Damit gilt für Mengen M:

$$M \textit{ endlich} \leftrightarrow M \prec \mathfrak{N},$$

$$M \textit{ unendlich} \leftrightarrow \mathfrak{N} \preceq M.$$

Definition 5. Mit $\mathfrak{a}$ bezeichne man die Kardinalzahl $\overline{\overline{\mathfrak{N}}}$. Eine Menge M ist *abzählbar* genau dann, wenn $\overline{\overline{M}} = \mathfrak{a}$ ist, *höchstens abzählbar* genau dann, wenn $\overline{\overline{M}} \leqq \mathfrak{a}$ ist, *mindestens abzählbar* genau dann, wenn $\mathfrak{a} \leqq \overline{\overline{M}}$ ist, und *überabzählbar* genau dann, wenn $\mathfrak{a} < \overline{\overline{M}}$ ist.

Für Kardinalzahlen $\mathfrak{m}$ gilt dann:

$$\mathfrak{m} \textit{ endlich} \leftrightarrow \mathfrak{m} < \mathfrak{a},$$

$$\mathfrak{m} \textit{ unendlich} \leftrightarrow \mathfrak{a} \leqq \mathfrak{m}.$$

Damit wird

$$\mathfrak{N} = \mathrm{Ab}\, \mathfrak{a}.$$

$\mathfrak{a}$ ist also die kleinste unendliche Mächtigkeit und die kleinste Limeszahl. Es gibt größere Mächtigkeiten als $\mathfrak{a}$, z. B. $\mathfrak{a}'$; es ist also nicht jede unendliche Menge abzählbar, wie man vielleicht zunächst annehmen möchte. Jede unendliche Menge M besitzt eine abzählbare Teilmenge; denn es ist $\mathfrak{N} \lesssim M$, also gibt es eine Menge X mit $\mathfrak{N} \backsim X \subseteq M$. Umgekehrt ist natürlich jede Menge mit einer abzählbaren Teilmenge unendlich, so daß also die Eigenschaft einer Menge M, eine abzählbare Teilmenge zu besitzen, gleichwertig damit ist, daß M unendlich ist.

§ 22. Ordnung der wohlgeordneten Mengen nach ihrem Wohlordnungstyp

1. Bei einer sinnvollen Definition der Ordinalzahlen erwartet man unmittelbar — das liegt bereits anschaulich im Begriff „Zahl" begründet — eine Anordnung der Ordinalzahlen der Größe nach. Für diese Größenanordnung der Ordinalzahlen wollen wir zunächst durch die Ordnung der wohlgeordneten Mengen nach ihrem Wohlordnungstyp die Vorbereitungen treffen. Die Betrachtungen lassen sich dabei nicht nur für wohlgeordnete Mengen durchführen, sondern gleich allgemein für Klassen mit einer sie regelnden Wohlordnung, und in dieser allgemeineren Form werden wir unsere Sätze beweisen.

Sind A, B Klassen, R eine Wohlordnung in A, S eine Wohlordnung in B, wobei R, S beide reflexiv oder beide irreflexiv sind, so ist der anschauliche Begriff des gleichen Durchnumerierungstyps, Abzähltyps, Wohlordnungstyps von $|A, R|$, $|B, S|$ (man muß bei der Abzählung der Elemente von A gemäß R und von B gemäß S gleich lange zählen) bereits früher (Definition 3, § 10) präzisiert worden durch die Forderung $|A, R| \backsimeq |B, S|$, d. h. durch die Forderung der Existenz einer isomorphen (ähnlichen) Abbildung von $|A, R|$ auf $|B, S|$; die Klassen A und B lassen sich ja offenbar im anschaulichen Sinne in bezug auf R und S in gleich langer Zeit abzählen genau dann, wenn $|A, R|$, $|B, S|$ isomorph (ähnlich) sind, wenn $|A, R| \backsimeq |B, S|$ gilt. Für Klassen A, B, C und Wohlordnungen R in A, S in B, T in C, welche gemeinsam reflexiv oder gemeinsam irreflexiv sind, gilt stets (Satz 1, § 10):

$$|A, R| \backsimeq |A, R|,$$

$$|A, R| \backsimeq |B, S| \wedge |B, S| \backsimeq |C, T| \rightarrow |A, R| \backsimeq |C, T|,$$

$$|A, R| \backsimeq |B, S| \rightarrow |B, S| \backsimeq |A, R|,$$

so daß also $\backsimeq$ in der Klasse aller reflexiv wohlgeordneten Mengen $[M, R]$ und in der Klasse aller irreflexiv wohlgeordneten Mengen $[M, R]$ eine Äquivalenzrelation erzeugt.

Sind A, B Klassen, R eine Relation in A, S eine Relation in B, so ist $|A, R| \backsimeq |B, S|$, falls es eine ähnliche (isomorphe) Abbildung F von $|A, R|$ auf $|B, S|$ gibt, also

$$|A, R| \backsimeq |B, S| \leftrightarrow \exists F \,(F \textit{ eineindeutige Abbildung von } A \textit{ auf } B \wedge \forall x \,\forall y\, (xRy \leftrightarrow F(x)\, S\, F(y))).$$

Daraus folgt sofort:

$$|A, R| \backsimeq |B, S| \rightarrow A \backsim B.$$

Sind R, S beides reflexive oder beides irreflexive Wohlordnungen, so gilt (vgl. die Folgerung aus Satz 7, § 16):

$$|A, R| \backsim\!\!\backsim |B, S| \leftrightarrow \exists F\,(F \text{ eineindeutige Abbildung von } A \text{ auf } B \wedge \forall x \,\forall y\,(xRy \rightarrow F(x)\,S\,F(y))).$$

Ist R eine Wohlordnung in A, so gilt für Klassen B (vgl. die Bemerkungen im Anschluß an Definition 3, § 10):

$$A \backsim B \rightarrow \exists S\,(S \text{ Wohlordnung in } B \wedge |A, R| \backsim\!\!\backsim |B, S|).$$

Satz 1. *Für reflexiv bzw. irreflexiv geordnete Mengen $[M, R]$, $[N, S]$ mit endlichen Mengen M, N gilt:*

$$M \backsim N \rightarrow [M, R] \backsim\!\!\backsim [N, S].$$

Beweis. Wir führen den Beweis durch vollständige Induktion über die Kardinalzahl $\overline{\overline{M}}$ von M, die ja mit M endlich ist. Ist B die Menge aller endlichen Kardinalzahlen $\mathfrak{m} \in \mathfrak{N}$, für die für jede reflexiv bzw. irreflexiv geordnete Menge $[N, S]$ mit endlichem N und für jede reflexiv bzw. irreflexiv geordnete Menge $[M, R]$ mit $\overline{\overline{M}} = \mathfrak{m}$ gilt:

$$M \backsim N \rightarrow [M, R] \backsim\!\!\backsim [N, S],$$

so ist nach Satz 6 (5), § 21 zu zeigen:

$$\dot{0} \in B \wedge \forall \mathfrak{m}\,(\mathfrak{m} \in B \rightarrow \mathfrak{m}' \in B); \qquad (+)$$

denn dann ist $\mathfrak{N} \subseteq B$, also $B = \mathfrak{N}$. Es ist zunächst $\dot{0} \in B$; denn ist $\overline{\overline{M}} = \dot{0}$, $M \backsim N$, R eine Relation in M und S eine Relation in N, so ist $M = N = \emptyset$, also auch $R = S = \emptyset$ und damit $[M, R] = [\emptyset, \emptyset] \backsim\!\!\backsim [\emptyset, \emptyset] = [N, S]$. Es sei jetzt $\mathfrak{m} \in B$, behauptet wird $\mathfrak{m}' \in B$. Ist $\overline{\overline{M}} = \mathfrak{m}'$, so ist $M \neq \emptyset$ wegen $\mathfrak{m}' \neq \dot{0}$, und M ist endlich wegen $\mathfrak{m}' \in \mathfrak{N}$; also besitzt M in bezug auf eine Ordnung R in M nach Satz 10, § 16 ein letztes Element x. Ist N eine endliche Menge mit $M \backsim N$, so ist auch $N \neq \emptyset$, und N besitzt in bezug auf eine Ordnung S in N ein letztes Element y. R und S seien beide reflexiv oder beide irreflexiv. Nach Satz 5, § 21 ist $\overline{\overline{M \setminus \{x\}}}$ der Vorgänger von $\overline{\overline{M}} = \mathfrak{m}'$, also $\overline{\overline{M \setminus \{x\}}} = \mathfrak{m}$; mit $M \backsim N$ erhält man ebenso $\overline{\overline{N \setminus \{y\}}} = m$; nach Voraussetzung ist $\mathfrak{m} \in B$, also gilt bei $R^* = {}_{M \setminus \{x\}}R_{M \setminus \{x\}}$, $S^* = {}_{N \setminus \{x\}}S_{N \setminus \{x\}}$:

$$[M \setminus \{x\}, R^*] \backsim\!\!\backsim [N \setminus \{y\}, S^*].$$

Es gibt somit eine eineindeutige Abbildung F^* von $M \setminus \{x\}$ auf $N \setminus \{y\}$ mit

$$u\,R^*\,v \leftrightarrow F^*(u)\,S^*\,F^*(v)$$

für jedes $u, v \in M \setminus \{x\}$. Man bilde nun die Funktion F über M mit für jedes $z \in M$:

$$F(z) = \begin{cases} F^*(z), & \text{falls } z \in M \setminus \{x\} \\ y, & \text{falls } z = x. \end{cases}$$

F ist dann eine isomorphe Abbildung von $[M, R]$ auf $[N, S]$, so daß also $[M, R] \backsim [N, S]$ gilt. Damit ist mit $\mathfrak{m} \in B$ auch $\mathfrak{m}' \in B$ und (+) bewiesen.

Aus Satz 1 folgt für reflexiv bzw. irreflexiv geordnete Mengen $[M, R]$, $[N, S]$ bei endlichen M, N:

$$M \backsim N \leftrightarrow [M, R] \backsim [N, S].$$

2. Wir wenden uns nun dem für die Wohlordnungstheorie grundlegenden ZERMELOschen Lemma und seinen Folgerungen zu.

Satz 2 (ZERMELOsches Lemma). *Für Klassen A, B mit $B \subseteq A$, Wohlordnungen R in A, ähnliche Abbildungen F von $|A, R|$ auf $|B, {}_BR_B|$ und Elemente $a \in A$ gilt:*

$$a \leqq F(a).$$

Beweis. Gäbe es unter den Voraussetzungen des Satzes ein $x \in A$ mit $F(x) < x$. so sei

$$K = \underset{x}{\mathbf{K}}\,(x \in A \wedge F(x) < x).$$

Es ist dann $\emptyset \neq K \subseteq A$, also gibt es hinsichtlich R ein erstes Element x_0 von K. Für x_0 gilt $F(x_0) < x_0$ wegen $x_0 \in K$. Da F ein Isomorphismus ist und $F(x_0) \in A$ gilt wegen $B \subseteq A$, ist weiterhin $F(F(x_0)) < F(x_0)$, also $F(x_0) \in K$, was über $F(x_0) < x_0$ zum Widerspruch dazu führt, daß x_0 kleinstes Element von K ist. Damit gilt $a \leqq F(a)$ für jedes $a \in A$.

Aus dem ZERMELOschen Lemma folgt der

Satz 3. *Für Klassen A, B mit $B \subseteq A$, Wohlordnungen R in A und ähnliche Abbildungen F von $|A, R|$ auf $|B, {}_BR_B|$ gilt:*

a) $\forall x\,(x \in A \rightarrow x = F(x)) \leftrightarrow B = A$.

b) $\forall x\,(x \in A \rightarrow x = F(x)) \leftrightarrow B$ *Anfangsstück von A bzgl. R.*

Beweis. Ist unter den Voraussetzungen des Satzes $x = F(x)$ für jedes $x \in A$, so ist $A \subseteq B$, was mit $B \subseteq A$ schließlich $B = A$ ergibt; B ist dann auch trivial ein Anfangsstück von A. Ist umgekehrt B ein Anfangsstück von A, so gilt für jedes $y \in B$ und jedes $x \in A$:

$$x \leqq y \rightarrow x \in B.$$

Da aber nach dem ZERMELOschen Lemma stets $x \leqq F(x) \in B$ für $x \in A$ gilt, ist also $x \in B$ für jedes $x \in A$, also $A \subseteq B$; $A \subseteq B$ und $B \subseteq A$ ergeben schließlich $B = A$. Es bleibt noch zu zeigen, daß aus $B = A$ für jedes $x \in A$ folgt $x = F(x)$. Es ist F^{-1} eine ähnliche Abbildung von $|B, {}_BR_B|$ auf $|A, R|$, also für $B = A$ eine ähnliche Abbildung von $|A, R|$ auf $|A, R|$; das ZERMELOsche Lemma liefert dann $x \leqq F^{-1}(x)$ für jedes $x \in A$. Da F ein Isomorphismus ist, gilt weiterhin $F(x) \leqq F(F^{-1}(x)) = x$ für jedes $x \in A$; das ZERMELOsche Lemma liefert außerdem $x \leqq F(x)$, so daß also schließlich $x = F(x)$ für jedes $x \in A$ gilt.

Satz 4. *Für Klassen A, B und Wohlordnungen R in A, S in B gilt:*

$$\exists!\, F\,(F \text{ ähnliche Abbildung von } |A, R| \text{ auf } |B, S|).$$

Beweis. Wären unter den Voraussetzungen des Satzes F und G zwei ähnliche Abbildungen von $|A, R|$ auf $|B, S|$, so wäre die Abbildung $H = G^{-1} \circ F$ eine ähnliche Abbildung von $|A, R|$ auf $|A, R|$, woraus nach Satz 3a) $x = H(x)$ für jedes $x \in A$ folgt. Aus $x = H(x) = G^{-1}(F(x))$ folgt aber $G(x) = G(G^{-1}(F(x))) = F(x)$; also ist $G = F$ im Widerspruch zu $G \neq F$.

Da für jede Klasse A und Wohlordnung R in A die Identität $\mathfrak{I}_A$ eine ähnliche Abbildung von $|A, R|$ auf sich ist, folgt aus Satz 4 für Klassen A und Wohlordnungen R in A:

$$\exists!!\, F\ (F \textit{ ähnliche Abbildung von } |A, R| \textit{ auf } |A, R|).$$

Die eindeutig bestimmte ähnliche Abbildung von $|A, R|$ auf sich ist dann gerade die Identität $\mathfrak{I}_A$. Für Klassen A, B und Wohlordnungen R in A, S in B folgt aus Satz 4:

$$|A, R| \backsim |B, S| \rightarrow \exists!!\, F\ (F \textit{ ähnliche Abbildung von } |A, R| \textit{ auf } |B, S|).$$

Satz 5. *Für Klassen A und Wohlordnungen R in A gilt:*

$$\sim \exists a \exists B\, (a \in A \wedge B \subseteq \mathrm{Ab}\, a \wedge |A, R| \backsim |B, {}_BR_B|).$$

Beweis. Wäre unter den Voraussetzungen des Satzes $B \subseteq \mathrm{Ab}\, a$ und F eine ähnliche Abbildung von $|A, R|$ auf $|B, {}_BR_B|$, so wäre nach dem Zermeloschen Lemma $a \leqq F(a)$ im Widerspruch zu $F(a) < a$ wegen $F(a) \in B \subseteq \mathrm{Ab}\, a$.

Speziell folgt aus Satz 5 für Klassen A und Wohlordnungen R in A:

$$\sim \exists a\, (a \in A \wedge |A, R| \backsim |\mathrm{Ab}\, a, {}_{\mathrm{Ab}\, a}R_{\mathrm{Ab}\, a}|;$$

A ist also nie mit einem seiner Abschnitte ähnlich.

Aus Satz 5 folgt der

Satz 6. *Für Klassen A, Wohlordnungen R in A und Abschnitte K_1, K_2 von A bzgl. R gilt:*

$$K_1 = K_2 \leftrightarrow |K_1, {}_{K_1}R_{K_1}| \backsim |K_2, {}_{K_2}R_{K_2}|.$$

Beweis. ($\rightarrow$) ist trivial. ($\leftarrow$) Ist unter den Voraussetzungen des Satzes

$$|K_1, {}_{K_1}R_{K_1}| \backsim |K_2, {}_{K_2}R_{K_2}|,\ a_1, a_2 \in A,\ K_1 = \mathrm{Ab}\, a_1,\ K_2 = \mathrm{Ab}\, a_2$$

und wäre $K_1 \neq K_2$, so wäre $a_1 \neq a_2$, also $a_1 < a_2 \vee a_2 < a_1$. Dann ist im Falle $a_1 < a_2$ K_1 ein Abschnitt von K_2, der wegen

$${}_{K_1}({}_{K_2}R_{K_2})_{K_1} = {}_{K_1}R_{K_1} \quad \text{und} \quad |K_1, {}_{K_1}R_{K_1}| \backsim |K_2, {}_{K_2}R_{K_2}|$$

mit K_2 ähnlich ist im Widerspruch zu Satz 5; im Falle $a_2 < a_1$ ist analog K_2 ein Abschnitt von K_1, der wegen

$${}_{K_2}({}_{K_1}R_{K_1})_{K_2} = {}_{K_2}R_{K_2} \quad \text{und} \quad |K_2, {}_{K_2}R_{K_2}| \backsim |K_1, {}_{K_1}R_{K_1}|$$

mit K_1 ähnlich ist im Widerspruch zu Satz 5. Damit gilt $K_1 = K_2$.

Satz 7. *Für Klassen A, B, Wohlordnungen R in A, S in B, ähnliche Abbildungen F von $|A, R|$ auf $|B, S|$ und Klassen K gilt:*

a) *K Anfangsstück von A bzgl. $R \rightarrow F\langle K\rangle$ Anfangsstück von B bzgl. S.*

b) *K Abschnitt von A bzgl. $R \rightarrow F\langle K\rangle$ Abschnitt von B bzgl. S.*

Beweis. Unter den Voraussetzungen des Satzes sei K ein Anfangsstück von A. Damit $F\langle K\rangle$ ein Anfangsstück von B ist, ist für jedes $y_0 \in F\langle K\rangle$ und jedes $y \in B$ zu zeigen:

$$y \leqq y_0 \rightarrow y \in F\langle K\rangle.$$

Ist $y_0 \in F\langle K\rangle$, so gibt es ein $x_0 \in K$ mit $y_0 = F(x_0)$; ist $y \in B$, so gibt es ein $x \in A$ mit $y = F(x)$. Da mit F auch F^{-1} ein Isomorphismus ist, gilt mit $y \leqq y_0$ auch

$$x = F^{-1}(y) \leqq F^{-1}(y_0) = x_0,$$

also $x \leqq x_0$. Da schließlich K ein Anfangsstück ist und $x_0 \in K$, $x \in A$ gilt, ist auch $x \in K$, also $y = F(x) \in F\langle K\rangle$. Damit ist $F\langle K\rangle$ ein Anfangsstück von B. Ist K ein Abschnitt von A, so ist K ein Anfangsstück von A mit $K \neq A$, also ist $F\langle K\rangle$ nach dem eben Bewiesenen zunächst ein Anfangsstück von B. Es ist aber auch $F\langle K\rangle \neq B$ und damit $F\langle K\rangle$ nach Satz 4, § 17 ein Abschnitt von B, da F eine eineindeutige Abbildung von A auf B ist und somit $K = A$ aus $F\langle K\rangle = B$ folgen würde im Gegensatz zu $K \neq A$.

3. Nach Behandlung des Problemkreises um das Zermelosche Lemma führen wir jetzt eine Ordnungsbeziehung zwischen wohlgeordneten Mengen ein; wir formulieren diese Beziehung gleich allgemein für Klassen A und Wohlordnungen R in A.

Definition 1. Sind A, B Klassen, R eine Wohlordnung in A und S eine Wohlordnung in B, wobei R, S beide reflexiv oder beide irreflexiv sind, so ist $|A, R| \preceq |B, S|$ (gelesen: *A, R kleinergleich B, S*) oder $|B, S| \succeq |A, R|$ (gelesen: *B, S größergleich A, R*) genau dann, wenn $\exists K$ (*K Anfangsstück von B bzgl. S* $\wedge |A, R| \backsimeq |K, {}_K S_K|$) gilt; es ist $|A, R| \prec |B, S|$ (gelesen: *A, R kleiner B, S*) oder $|B, S| \succ |A, R|$ (gelesen: *B, S größer A, R*) genau dann, wenn $|A, R| \preceq |B, S| \wedge |A, R| \not\backsimeq |B, S|$ gilt. Sind $M^* = [M, R]$, $N^* = [N, S]$ reflexiv bzw. irreflexiv wohlgeordnete Mengen, so ist $M^* \preceq N^*$ (gelesen: *M^* kleinergleich N^**) oder $N^* \succeq M^*$ (gelesen: *N^* größergleich M^**) genau dann, wenn $|M, R| \preceq |N, S|$ gilt; es ist $M^* \prec N^*$ (gelesen: *M^* kleiner N^**) oder $N^* \succ M^*$ (gelesen: *N^* größer M^**) genau dann, wenn $|M, R| \prec |N, S|$ gilt.

Man beachte die mehrfache Bedeutung der Zeichen $\preceq, \succeq, \prec, \succ$ (Definition 1, § 20 und obige Definition 1); aus dem Zusammenhang der jeweiligen Betrachtungen wird jedoch stets hervorgehen, welche Bedeutung gemeint ist.

Anschaulich bedeutet $|A, R| \preceq |B, S|$, daß man bei der Abzählung der Elemente von A gemäß R und von B gemäß S mit der Abzählung von A eher fertig ist als mit der Abzählung von B oder daß man bei A und B gleich lange zählen muß; $|A, R| \prec |B, S|$ bedeutet, daß man mit der Abzählung von A eher fertig ist als mit der Abzählung von B.

Satz 8. *Für Klassen A, B, Wohlordnungen R in A und S in B, wobei R, S beide reflexiv oder beide irreflexiv sind, gilt:*

$$|A, R| \prec |B, S| \leftrightarrow \exists K\ (K \text{ Abschnitt von } B \text{ bzgl. } S \wedge |A, R| \backsim |K, {}_K S_K|).$$

Beweis. ($\rightarrow$) Unter den Voraussetzungen des Satzes sei $|A, R| \prec |B, S|$. Dann ist $|A, R| \preceq |B, S| \wedge |A, R| \not\backsim |B, S|$; d. h. es gibt eine Klasse K mit

$$K \text{ Anfangsstück von } B \text{ bzgl. } S \wedge |A, R| \backsim |K, {}_K S_K| \wedge |A, R| \not\backsim |B, S|.$$

Wegen $|A, R| \backsim |K, {}_K S_K|$ und $|A, R| \not\backsim |B, S|$ kann nicht $K = B$ gelten, also ist K ein Anfangsstück von B mit $K \neq B$ und damit nach Satz 4, § 17 ein Abschnitt von B.

($\leftarrow$) Ist umgekehrt K ein Abschnitt von B bzgl. S mit $|A, R| \backsim |K, {}_K S_K|$, so ist zunächst $|A, R| \preceq |B, S|$, da K ein Anfangsstück von B ist. Es kann aber auch nicht $|A, R| \backsim |B, S|$ gelten, da sonst $|B, S| \backsim |K, {}_K S_K|$ wäre im Widerspruch zu Satz 5. Also ist insgesamt $|A, R| \preceq |B, S|$ und $|A, R| \not\backsim |B, S|$, also $|A, R| \prec |B, S|$.

In Satz 8 ist im Falle $|A, R| \prec |B, S|$ nach Satz 6 natürlich der Abschnitt K, mit dem A ähnlich ist, eindeutig bestimmt.

Aus den Definitionen von $\preceq$ und $\prec$ folgt sofort für Klassen A, B und reflexive bzw. irreflexive Wohlordnungen R in A, S in B:

$$|A, R| \preceq |B, S| \leftrightarrow |A, R| \prec |B, S| \vee |A, R| \backsim |B, S|,$$

$$|A, R| \prec |B, S| \leftrightarrow |A, R| \preceq |B, S| \wedge |A, R| \not\backsim |B, S|.$$

Satz 9. *Für Klassen A, B, A', B', Wohlordnungen R in A, S in B, R' in A' und S' in B', wobei R, S, R', S' gemeinsam reflexiv oder gemeinsam irreflexiv sind, gilt:*

$$|A, R| \preceq |B, S| \wedge |A', R'| \backsim |A, R| \wedge |B', S'| \backsim |B, S| \rightarrow |A', R'| \preceq |B', S'|,$$

$$|A, R| \prec |B, S| \wedge |A', R'| \backsim |A, R| \wedge |B', S'| \backsim |B, S| \rightarrow |A', R'| \prec |B', S'|.$$

Beweis. Ist unter den Voraussetzungen des Satzes

$$|A', R'| \backsim |A, R| \preceq |B, S| \backsim |B', S'|,$$

so gibt es ein Anfangsstück K von B mit $|A, R| \backsim |K, {}_K S_K|$ und eine ähnliche Abbildung F von $|B, S|$ auf $|B', S'|$. Nach Satz 7 ist $F\langle K\rangle$ ein Anfangsstück von B'; außerdem ist

$$|K, {}_K S_K| \backsim |F\langle K\rangle, {}_{F\langle K\rangle} S'_{F\langle K\rangle}|.$$

Also gilt insgesamt

$$|A', R'| \backsim |F\langle K\rangle, {}_{F\langle K\rangle} S'_{F\langle K\rangle}|,$$

wo $F\langle K\rangle$ ein Anfangsstück von B' ist; also ist $|A', R'| \preceq |B', S'|$.

Ist

$$|A', R'| \backsim |A, R| \prec |B, S| \backsim |B', S'|,$$

so ist nach dem eben Bewiesenen $|A', R'| \leq |B', S'|$; wäre $|A', R'| \backsim |B', S'|$, so wäre $|A, R| \backsim |B, S|$ im Widerspruch zu $|A, R| < |B, S|$; also ist $|A', R'| < |B', S'|$.

Satz 10. *Für Klassen A, B, C, Wohlordnungen R in A, S in B und T in C, wobei R, S, T gemeinsam reflexiv oder gemeinsam irreflexiv sind, gilt:*

$$|A, R| \leq |A, R|,$$

$$|A, R| \leq |B, S| \wedge |B, S| \leq |C, T| \rightarrow |A, R| \leq |C, T|.$$

Beweis. Unter den Voraussetzungen des Satzes ist $|A, R| \leq |A, R|$, da A ein Anfangsstück von sich selbst ist und $|A, R| \backsim |A, R|$ gilt. Ist $|A, R| \leq |B, S|$ und $|B, S| \leq |C, T|$, so gibt es ein Anfangsstück K_1 von B und ein Anfangsstück K_2 von C mit

$$|A, R| \backsim |K_1, {}_{K_1}S_{K_1}|, \qquad |B, S| \backsim |K_2, {}_{K_2}T_{K_2}|.$$

Ist dann F eine ähnliche Abbildung von $|B, S|$ auf $|K_2, {}_{K_2}T_{K_2}|$, so ist nach Satz 7 $F\langle K_1\rangle$ ein Anfangsstück von K_2 bzgl. ${}_{K_2}T_{K_2}$, und es gilt:

$$|K_1, {}_{K_1}S_{K_1}| \backsim |F\langle K_1\rangle, {}_{F\langle K_1\rangle}({}_{K_2}T_{K_2})_{F\langle K_1\rangle}|.$$

Wegen

$${}_{F\langle K_1\rangle}({}_{K_2}T_{K_2})_{F\langle K_1\rangle} = {}_{F\langle K_1\rangle}T_{F\langle K_1\rangle}$$

ist schließlich

$$|K_1, {}_{K_1}S_{K_1}| \backsim |F\langle K_1\rangle, {}_{F\langle K_1\rangle}T_{F\langle K_1\rangle}|,$$

also auch

$$|A, R| \backsim |F\langle K_1\rangle, {}_{F\langle K_1\rangle}T_{F\langle K_1\rangle}|,$$

wobei $F\langle K_1\rangle$ ein Anfangsstück von C ist. Damit ist $|A, R| \leq |C, T|$.

Satz 11. *Für Klassen A, B, Wohlordnungen R in A und S in B, wobei R, S beide reflexiv oder beide irreflexiv sind, gilt:*

$$|A, R| \leq |B, S| \wedge |B, S| \leq |A, R| \rightarrow |A, R| \backsim |B, S|.$$

Beweis. Ist unter den Voraussetzungen des Satzes $|A, R| \leq |B, S|$ und $|B, S| \leq |A, R|$, so gibt es ein Anfangsstück K_1 von B und ein Anfangsstück K_2 von A mit

$$|A, R| \backsim |K_1, {}_{K_1}S_{K_1}|, \qquad |B, S| \backsim |K_2, {}_{K_2}R_{K_2}|.$$

Ist dann F eine ähnliche Abbildung von $|B, S|$ auf $|K_2, {}_{K_2}R_{K_2}|$, so ist nach Satz 7 $F\langle K\rangle$ ein Anfangsstück von K_2 bzgl. ${}_{K_2}R_{K_2}$, und es gilt:

$$|K_1, {}_{K_1}S_{K_1}| \backsim |F\langle K_1\rangle, {}_{F\langle K_1\rangle}({}_{K_2}R_{K_2})_{F\langle K_1\rangle}|.$$

Wegen

$${}_{F\langle K_1\rangle}({}_{K_2}R_{K_2})_{F\langle K_1\rangle} = {}_{F\langle K_1\rangle}R_{F\langle K_1\rangle}$$

ist schließlich

$$|K_1, {}_{K_1}S_{K_1}| \backsim |F\langle K_1\rangle, {}_{F\langle K_1\rangle}R_{F\langle K_1\rangle}|,$$

also auch $\quad |A, R| \backsimeq |F\langle K_1\rangle, {}_{F\langle K_1\rangle}R_{F\langle K_1\rangle}|,$

wobei $F\langle K_1\rangle$ ein Anfangsstück von A ist. Nach Satz 4, § 17 und Satz 5 muß $F\langle K_1\rangle = A$ gelten, also auch $K_2 = A$ wegen $F\langle K_1\rangle \subseteq K_2 \subseteq A$. Aus $|B, S| \backsimeq |K_2, {}_{K_2}R_{K_2}|$ folgt damit schließlich $|B, S| \backsimeq |A, R|$.

4. Satz 12 (**Vergleichbarkeitssatz** oder **Hauptsatz der Wohlordnungstheorie**). *Für Klassen A, B, Wohlordnungen R in A und S in B, wobei R, S beide reflexiv oder beide irreflexiv sind, gilt unter der Voraussetzung, daß die Abschnitte von A bzgl. R Mengen sind:*

$$|A, R| \lesssim |B, S| \vee |B, S| \lesssim |A, R|.$$ [1])

Beweis. Dem Beweis des Hauptsatzes liegt folgende Anschauung zugrunde: Unter den Voraussetzungen des Satzes bilde man die Funktion F^*, welche dem ersten Element von A (falls $A \neq \emptyset$) das erste Element von B (falls $B \neq \emptyset$) zuordnet, dem zweiten Element von A (falls A mindestens zwei Elemente enthält) das zweite Element von B (falls B mindestens zwei Elemente enthält) usw. in transfiniter Fortsetzung dieses Zuordnungsverfahrens, bis alle Elemente von A oder alle Elemente von B verbraucht sind. Ist $A^* = \mathrm{Vb}\, F^*$ und $B^* = \mathrm{Nb}\, F^*$, so ist F^* anschaulich eine ähnliche Abbildung von $|A^*, {}_{A^*}R_{A^*}|$ auf $|B^*, {}_{B^*}S_{B^*}|$, und A^* ist ein Anfangsstück von A und B^* ein Anfangsstück von B. Im Fall $A^* = A$ ist also $|A, R| \lesssim |B, S|$; im Fall $A^* \neq A$ ist $A^* \subset A$, also anschaulich $B^* = B$ und damit $|B, S| \lesssim |A, R|$. Diesen anschaulichen Gedankengang präzisieren wir jetzt durch exakte Definition der Funktion F^* mittels transfiniter Induktion und beweisen dann die entsprechenden Vermutungen über F^*, A^*, B^*.

Es seien also A, B Klassen, R eine Wohlordnung in A und S eine Wohlordnung in B, wobei R, S beide reflexiv oder beide irreflexiv sind; die Abschnitte von A seien Mengen. Ist $B = \emptyset$, so ist auch $S = \emptyset$ und

$$|B, S| \backsimeq |\emptyset, \emptyset| \backsimeq |\emptyset, {}_{\emptyset}R_{\emptyset}|,$$

wobei $\emptyset$ ein Anfangsstück von A ist; also ist dann $|B, S| \lesssim |A, R|$. Wir dürfen daher von jetzt an $B \neq \emptyset$ voraussetzen; es sei $y_0 \in B$. G sei die Klasse aller Funktionen g, zu deren jeder es ein $x \in A$ gibt, so daß g eine Funktion von $\mathrm{Ab}\, x$ in B ist, und T diejenige Funktion von G in B mit für jedes $g \in G$:

$$(1)\quad T(g) = \begin{cases} \textit{erstes Element von } B \setminus \mathrm{Nb}\, g, \text{ falls } \mathrm{Nb}\, g \subset B, \\ y_0 \text{ sonst.} \end{cases}$$

Nach dem Rechtfertigungssatz für Definitionen durch transfinite ordnungstheoretische Induktion (Satz 7, § 19) gibt es dann eine Funktion F von A in B mit für jedes $x \in A$:

$$(2)\quad F(x) = T(F_{\mathrm{Ab}\, x}).$$

Es sei A^* die Klasse aller $x \in A$ mit $\mathrm{Nb}\,(F_{\mathrm{Ab}\, x}) \subset B$, $F^* = F_{A^*}$ und $B^* = F\langle A^*\rangle = \mathrm{Nb}\, F^*$. Wir zeigen zunächst für jedes $x, y \in A^*$:

$$(3)\quad x < y \to F(x) < F(y).$$

[1]) Zusatz während der Korrektur: Satz 12 gilt auch ohne die Voraussetzung, daß die Abschnitte von A Mengen sind.

Nach Definition von A^* und nach (2), (1) ist für jedes $x, y \in A^*$:

$$F(x) = T(F_{\text{Ab}\,x}) = \textit{erstes Element von } B \setminus \text{Nb}\,(F_{\text{Ab}\,x}),$$

$$F(y) = T(F_{\text{Ab}\,y}) = \textit{erstes Element von } B \setminus \text{Nb}\,(F_{\text{Ab}\,y}).$$

Ist nun $x < y$, so ist $\text{Ab}\,x \subseteq \text{Ab}\,y$, also

$$B \setminus \text{Nb}\,(F_{\text{Ab}\,y}) \subseteq B \setminus \text{Nb}\,(F_{\text{Ab}\,x}),$$

also $F(x) \leqq F(y)$; wäre $F(x) = F(y)$, so wäre mit $F(y)$ auch $F(x)$ Element von $B \setminus \text{Nb}\,(F_{\text{Ab}\,y})$ im Widerspruch zu $F(x) \in \text{Nb}\,(F_{\text{Ab}\,y})$ wegen $x < y$; damit ist $F(x) < F(y)$. Aus (3) folgt sofort, daß F^* eine eineindeutige Abbildung von A^* auf B^* und auch eine ähnliche Abbildung von $|A^*, {}_{A^*}R_{A^*}|$ auf $|B^*, {}_{B^*}S_{B^*}|$ ist. Es genügt, noch zu zeigen:

(4) $A^* \neq A \rightarrow B^* = B$,

(5) $A^* = A \rightarrow B^*$ *Anfangsstück von* B,

(6) A^* *Anfangsstück von* A;

denn dann gilt wegen $|A^*, {}_{A^*}R_{A^*}| \backsim |B^*, {}_{B^*}S_{B^*}|$ offenbar

$$|A, R| \lesssim |B, S| \vee |B, S| \lesssim |A, R|.$$

Die Behauptungen (4), (5), (6) beweist man folgendermaßen: Ist $A^* \neq A$, so ist $A^* \subset A$, also gibt es ein kleinstes $x \in A$ mit $x \notin A^*$, d. h. mit $\text{Nb}\,(F_{\text{Ab}\,x}) = B$; wegen $\text{Ab}\,x \subseteq A^*$ ist

$$B = \text{Nb}\,(F_{\text{Ab}\,x}) = \text{Nb}\,(F^*_{\text{Ab}\,x}) \subseteq \text{Nb}\,F^* = B^*;$$

$B \subseteq B^*$ liefert mit $B^* \subseteq B$ schließlich $B^* = B$, womit (4) bewiesen ist. Ist $A^* = A$, so ist dafür, daß B^* ein Anfangsstück von B ist, für jedes $u, v \in B$ zu zeigen:

$$u \in B^* \wedge v \leqq u \rightarrow v \in B^*;$$

d. h. gibt es ein $x \in A = A^*$ mit $F(x) = u$ und ist $v \leqq u$, so muß es auch ein $y \in A$ mit $F(y) = v$ geben. Es sei y das kleinste Element $z \in A$ mit $v \leqq F(z)$; wegen $v \leqq u$ und $u \in B^*$ gibt es überhaupt ein $z \in A$ mit $v \leqq F(z)$. Dann ist $F(y) = v$; denn nach (2), (1) und $A^* = A$ ist $F(y)$ das erste Element von $B \setminus \text{Nb}\,(F_{\text{Ab}\,y})$, wegen $F(z) < v$ für jedes $z < y$ ist $v \notin \text{Nb}\,(F_{\text{Ab}\,y})$ und damit $v \in B \setminus \text{Nb}\,(F_{\text{Ab}\,y})$, woraus $F(y) \leqq v$ folgt, was schließlich mit $v \leqq F(y)$ zusammen $F(y) = v$ ergibt. Damit ist (5) bewiesen. Dafür, daß A^* ein Anfangsstück von A ist, ist für jedes $x, y \in A$ zu zeigen:

$$x \in A^* \wedge y \leqq x \rightarrow y \in A^*;$$

d. h. ist $\text{Nb}\,(F_{\text{Ab}\,x}) \subset B$ und $y \leqq x$, so muß auch $\text{Nb}\,(F_{\text{Ab}\,y}) \subset B$ sein. Dies gilt jedoch trivial wegen $\text{Nb}\,(F_{\text{Ab}\,y}) \subseteq \text{Nb}\,(F_{\text{Ab}\,x})$. Damit ist auch (6) bewiesen.

Satz 12 liefert speziell für reflexiv bzw. irreflexiv wohlgeordnete Mengen $[M, R]$, $[N, S]$:

$$[M, R] \preceq [N, S] \vee [N, S] \preceq [M, R].$$

Die bisherigen Sätze über die $\preceq$-Beziehung übertragen sich folgendermaßen auf die $\prec$-Beziehung:

Satz 13. *Für Klassen A, B, C, Wohlordnungen R in A, S in B und T in C, wobei R, S, T gemeinsam reflexiv oder gemeinsam irreflexiv sind, gilt:*

$$|A, R| \nprec |A, R|,$$

$$|A, R| \prec |B, S| \wedge |B, S| \prec |C, T| \rightarrow |A, R| \prec |C, T|,$$

$$|A, R| \prec |B, S| \rightarrow |B, S| \nprec |A, R|,$$

$$\forall x\, (x \in A \rightarrow \mathrm{Ab}\, x \in M) \rightarrow |A,R| \prec |B,S| \vee |A,R| \backsim |B,S| \vee |B,S| \prec |A,R|.$$

Beweis. Es seien A, B, C Klassen, R eine Wohlordnung in A, S eine Wohlordnung in B und T eine Wohlordnung in C, wobei R, S, T zusammen reflexiv oder zusammen irreflexiv sind. Wegen $|A,R| \backsim |A,R|$ kann nicht $|A,R| \prec |A,R|$ gelten. Ist $|A,R| \prec |B,S| \wedge |B,S| \prec |C,T|$, so ist nach Satz 10 $|A,R| \preceq |C,T|$; wäre $|A, R| \backsim |C, T|$, so wäre nach Satz 9 $|A, R| \prec |B, S| \wedge |B, S| \prec |A, R|$, also auch $|A,R| \preceq |B,S| \wedge |B,S| \preceq |A,R|$, woraus nach Satz 11 $|A,R| \backsim |B,S|$ folgt im Widerspruch zu $|A, R| \prec |B, S|$; also ist insgesamt $|A, R| \preceq |C,T| \wedge |A, R| \not\backsim |C, T|$ und damit $|A, R| \prec |C, T|$. Ist $|A, R| \prec |B, S|$ und wäre $|B, S| \prec |A, R|$, so wäre nach dem eben Bewiesenen $|A, R| \prec |A, R|$ im Widerspruch zu $|A, R| \nprec |A, R|$. Sind die Abschnitte von A Mengen, so gilt nach dem Hauptsatz der Wohlordnungstheorie $|A, R| \preceq |B, S| \vee |B, S| \preceq |A, R|$, woraus unmittelbar $|A, R| \prec |B, S| \vee |A, R| \backsim |B, S| \vee |B, S| \prec |A, R|$ folgt.

Die Fälle

$$|A, R| \prec |B, S|, \quad |A, R| \backsim |B, S|, \quad |B, S| \prec |A, R|$$

schließen sich auf Grund der Definition von $\prec$ und wegen $|A, R| \prec |B, S| \rightarrow |B, S| \nprec |A, R|$ gegenseitig aus, so daß also für beliebige Klassen A, B und reflexive bzw. irreflexive Wohlordnungen R in A, S in B, wobei die Abschnitte von A Mengen sind, stets genau einer dieser drei Fälle eintritt. Klassen A, B mit reflexiven bzw. irreflexiven Wohlordnungen R in A, S in B, wobei die eine Klasse A als Abschnitte nur Mengen hat, sind also entweder ähnlich, oder die eine ist einem Abschnitt der anderen ähnlich.

Unter den Voraussetzungen von Satz 13 gilt auch nach Satz 9 und Satz 13:

$$|A, R| \prec |B, S| \wedge |B, S| \preceq |C, T| \rightarrow |A, R| \prec |C, T|,$$

$$|A, R| \preceq |B, S| \wedge |B, S| \prec |C, T| \rightarrow |A, R| \prec |C, T|.$$

Satz 14. *Für Klassen A, B mit $B \subseteq A$ und Wohlordnungen R in A gilt unter der Voraussetzung, daß die Abschnitte von A bzgl. R Mengen sind:*

$$|B, {}_BR_B| \backsim |A, R| \vee \exists K \text{ (} K \textit{ Abschnitt von } A \textit{ bzgl. } R \wedge |B, {}_BR_B| \backsim |K, {}_KR_K|).$$

Beweis. Unter den Voraussetzungen des Satzes bestehen nach dem Hauptsatz der Wohlordnungstheorie folgende drei Möglichkeiten:

$$|B, {}_BR_B| \backsim |A, R|,$$

$$\exists K \text{ (} K \textit{ Abschnitt von } A \textit{ bzgl. } R \wedge |B, {}_BR_B| \backsim |K, {}_KR_K|),$$

$$\exists K \text{ (} K \textit{ Abschnitt von } B \textit{ bzgl. } R \wedge |A, R| \backsim |K, {}_KR_K|).$$

Der dritte Fall kann aber nicht eintreten, da sonst A ähnlich der Teilklasse K eines Abschnittes von A wäre im Widerspruch zu Satz 5.

Ist A eine Klasse und R eine Wohlordnung in A, wobei die Abschnitte von A Mengen sind, so gilt also für jede Teilklasse $B \subseteq A$, daß B mit einem Anfangsstück von A, d. h. entweder mit A oder (vgl. Satz 6) mit genau einem Abschnitt von A ähnlich ist; denn A ist nie mit einem Abschnitt von sich selbst ähnlich, so daß also der Fall nicht eintreten kann, daß B mit A und mit einem Abschnitt von A ähnlich ist.

Aus Satz 14 folgt unmittelbar für Klassen A, B und reflexive bzw. irreflexive Wohlordnungen R in A, S in B, wobei die Abschnitte von B Mengen sind:

$$|A, R| \lesssim |B, S| \leftrightarrow \exists X (X \subseteq B \wedge |A, R| \backsim |X, {}_XS_X|).$$

Denn jede Teilklasse $X \subseteq B$ ist nach Satz 14 ähnlich mit B oder mit einem Abschnitt von B, also insgesamt mit einem Anfangsstück von B; damit ist auch $|A, R|$ unter der Voraussetzung $|A, R| \backsim |X, {}_XS_X|$ ähnlich mit einem Anfangsstück von B, also gilt $|A, R| \lesssim |B, S|$.

In Erweiterung von Satz 11 besteht dann der

Satz 15. *Für Klassen A, B, Wohlordnungen R in A und S in B, wobei R, S beide reflexiv oder beide irreflexiv sind, gilt unter der Voraussetzung, daß die Abschnitte von A bzgl. R und von B bzgl. S Mengen sind:*

$$\exists X \exists Y (X \subseteq B \wedge Y \subseteq A \wedge |A, R| \backsim |X, {}_XS_X| \wedge |B, S| \backsim |Y, {}_YR_Y|)$$
$$\rightarrow |A, R| \backsim |B, S|.$$

Beweis. Ist unter den Voraussetzungen des Satzes $|A, R| \backsim |X, {}_XS_X|$ und $|B, S| \backsim |Y, {}_YR_Y|$ bei $X \subseteq B$ und $Y \subseteq A$, so ist $|A, R| \lesssim |B, S|$ und $|B, S| \lesssim |A, R|$, also nach Satz 11 $|A, R| \backsim |B, S|$.

5. Wir wenden uns jetzt den Folgerungen zu, welche der Hauptsatz der Wohlordnungstheorie für die Ordnung der Mengen und Klassen hinsichtlich ihrer Elementeanzahl nach sich zieht.

Satz 16. *Für Unmengen U, V und Klassen A gilt:*

$$U \backsim V,$$

$$A \in \boldsymbol{M} \leftrightarrow A \prec U,$$

$$\emptyset \preceq A \preceq U.$$

Beweis. Nach dem Wohlordnungssatz für Klassen gibt es zu jeder Klasse A eine Wohlordnung R in A, so daß die Abschnitte von A bzgl. R Mengen sind. Sind dann A, B Klassen, R eine Wohlordnung in A und S eine Wohlordnung in B, wobei R, S beide reflexiv oder beide irreflexiv sind und die Abschnitte von A und von B Mengen sind, so gilt nach dem Hauptsatz der Wohlordnungstheorie:

$$|A, R| \preceq |B, S| \vee |B, S| \preceq |A, R|,$$

also auch

$$A \preceq B \vee B \preceq A$$

(woraus nochmals der Vergleichbarkeitssatz aus § 20 folgt). Sind dabei A und B beide Unmengen, so kann nicht $|A, R| \prec |B, S|$ und nicht $|B, S| \prec |A, R|$ gelten, da sonst A gleichmächtig einem Abschnitt $K \in \boldsymbol{M}$ von B oder B gleichmächtig einem Abschnitt $K \in \boldsymbol{M}$ von A wäre im Widerspruch zum Ersetzungsaxiom; also ist $|A, R| \simeq |B, S|$ und damit $A \backsim B$. Ist A eine Menge und B eine Unmenge, so kann nicht $B \preceq A$ gelten, da sonst B gleichmächtig einer Teilmenge von A wäre im Widerspruch zum Ersetzungsaxiom; also ist $A \prec B$. Ist B eine Unmenge und $A \prec B$, so ist A wegen $|A, R| \prec |B, S|$ (im Falle $|B, S| \preceq |A, R|$ wäre ja B einem Abschnitt $K \in \boldsymbol{M}$ von A gleichmächtig oder $B \backsim A$) einem Abschnitt $K \in \boldsymbol{M}$ von B ähnlich, woraus $A \in \boldsymbol{M}$ folgt. Trivial ist $\emptyset \preceq A$, und aus $A \prec B$ im Falle, daß A eine Menge und B eine Unmenge ist, und aus $A \backsim B$ im Falle, daß A und B beide Unmengen sind, folgt insgesamt $\emptyset \preceq A \preceq B$ für Klassen A und Unmengen B.

Die Unmengen haben also die größtmögliche „Elementeanzahl", größer als die Elementeanzahl jeder Menge. Eine Unmenge enthält stets für jede beliebige Menge eine mit dieser gleichmächtige Teilmenge.

Aus dem Beweis von Satz 16 entnimmt man, daß der Vergleichbarkeitssatz aus § 20 auch unmittelbar aus dem Hauptsatz der Wohlordnungstheorie folgt. Aus dem Hauptsatz folgt auch nochmals der Satz 11, § 20; denn ist $[M, R]$ eine wohlgeordnete Menge und $N \prec M$, so gibt es zunächst nach dem Wohlordnungssatz eine Wohlordnung S in N, so daß R, S beide reflexiv oder beide irreflexiv sind; der Hauptsatz liefert dann $[N, S] \preceq [M, R] \vee [M, R] \preceq [N, S]$, also $[N, S] \prec [M, R]$ wegen $N \prec M$; also gibt es ein $m \in M$ mit $[N, S] \simeq [\mathrm{Ab}\, m\ {}_{\mathrm{Ab}\, m}R_{\mathrm{Ab}\, m}]$, also mit $N \backsim \mathrm{Ab}\, m$. Satz 4, § 20 läßt sich jetzt auch für Klassen aussprechen; es gilt für Klassen A, B:

$$A \preceq B \leftrightarrow \exists f\, (f \textit{ eindeutige Abbildung von } B \textit{ auf } A) \vee A = \emptyset.$$

Die Beweisrichtung ($\rightarrow$) folgt aus dem Beweis zu Satz 4, § 20. Die andere Richtung ($\leftarrow$) erhält man so: Sind A, B Mengen, so gilt die Behauptung nach Satz 4,

§ 20; ist B eine Unmenge, so gilt $A \precsim B$ nach Satz 16; ist A eine Unmenge und f eine eindeutige Abbildung von B auf A, so muß auch B eine Unmenge sein (denn wäre $B \in \boldsymbol{M}$, so auch $A \in \boldsymbol{M}$ wegen $\mathrm{Vb}\, f \in \boldsymbol{M} \leftrightarrow f \in \boldsymbol{M}$), also ist nach Satz 16 $A \backsim B$.

Satz 17. *Für Klassen A, B, C gilt:*

$$A \precsim A, \qquad A \not\prec A,$$
$$A \precsim B \wedge B \precsim C \rightarrow A \precsim C, \qquad A \prec B \wedge B \prec C \rightarrow A \prec C,$$
$$A \precsim B \wedge B \precsim A \rightarrow A \backsim B, \qquad A \prec B \rightarrow B \not\prec A,$$
$$A \precsim B \vee B \precsim A, \qquad A \prec B \vee A \backsim B \vee B \prec A.$$

Beweis. Die Behauptungen folgen unmittelbar aus den entsprechenden Definitionen, den entsprechenden Sätzen über Mengen aus § 20, Satz 16, dem Ersetzungsaxiom und dem Aussonderungssatz.

Es gilt dann auch für Klassen A, B, C:

$$A \prec B \wedge B \precsim C \rightarrow A \prec C,$$
$$A \precsim B \wedge B \prec C \rightarrow A \prec C.$$

Für Klassen A, B und reflexive bzw. irreflexive Wohlordnungen R in A, S in B gilt auf Grund der Definition von $\precsim$:

$$|A, R| \precsim |B, S| \rightarrow A \precsim B;$$

hieraus folgt jetzt über den Hauptsatz der Wohlordnungstheorie, falls die Abschnitte von A oder von B Mengen sind:

$$A \prec B \rightarrow |A, R| \prec |B, S|.$$

Aus Satz 1 folgt dann für reflexiv bzw. irreflexiv wohlgeordnete Mengen $[M, R]$, $[N, S]$ mit endlichen Mengen M, N:

$$M \precsim N \leftrightarrow [M, R] \precsim [N, S],$$
$$M \prec N \leftrightarrow [M, R] \prec [N, S].$$

Ein Analogon zu Satz 16 für den Fall, daß man U, V, A noch wohlordnet, erhält man in folgendem

Satz 18. *Für Unmengen U, V, Klassen A, Wohlordnungen S in U, T in V und R in A, wobei R, S, T gemeinsam reflexiv oder gemeinsam irreflexiv sind, gilt:*

$$\forall x \forall y\, (x \in U,\ y \in V \rightarrow \mathrm{Ab}\, x,\ \mathrm{Ab}\, y \in \boldsymbol{M}) \rightarrow |U, S| \dot{\backsim} |V, T|,$$
$$\forall x\, (x \in U \rightarrow \mathrm{Ab}\, x \in \boldsymbol{M}) .\!\rightarrow\!.\ A \in \boldsymbol{M} \leftrightarrow |A, R| \prec |U, S|,$$
$$\forall x\, (x \in A \rightarrow \mathrm{Ab}\, x \in \boldsymbol{M}) \rightarrow |\emptyset, \emptyset| \precsim |A, R| \precsim |U, S|.$$

Beweis. Die Behauptungen folgen unmittelbar aus den entsprechenden Definitionen, Satz 8, dem Hauptsatz der Wohlordnungstheorie und dem Ersetzungsaxiom.

6. Für die Anordnung der wohlgeordneten Mengen nach ihrem Wohlordnungstyp erhält man noch die folgenden vier Sätze.

Satz 19. *Für Mengensysteme $\mathfrak{M}$ reflexiv bzw. irreflexiv wohlgeordneter Mengen gilt:*

$$\mathfrak{M} \neq \emptyset \rightarrow \exists M_0 \exists R_0 ([M_0, R_0] \in \mathfrak{M} \wedge \forall M \forall R ([M, R] \in \mathfrak{M} \rightarrow [M_0, R_0] \prec [M, R])).$$

Beweis. Ist $\mathfrak{M}$ ein nicht leeres Mengensystem reflexiv bzw. irreflexiv wohlgeordneter Mengen, so gibt es ein Paar $[N, S] \in \mathfrak{M}$. Gilt $[M, R] \prec [N, S]$ für kein $[M, R] \in \mathfrak{M}$, so ist $[N, S] \preceq [M, R]$ für jedes $[M, R] \in \mathfrak{M}$ und die Behauptung bewiesen. Gibt es ein $[M, R] \in \mathfrak{M}$ mit $[M, R] \prec [N, S]$, so sei

$$N^* = \underset{x}{M} (x \in N \wedge \exists M \exists R ([M, R] \in \mathfrak{M} \wedge [M, R] \backsim [\mathrm{Ab}\, x, {}_{\mathrm{Ab}\, x}S_{\mathrm{Ab}\, x}])).$$

Es ist dann $\emptyset \neq N^* \subseteq N$; also existiert das erste Element p von N^*. Wegen $p \in N^* \subseteq N$ gibt es ein $[M_0, N_0] \in \mathfrak{M}$ mit

$$[M_0, R_0] \backsim [\mathrm{Ab}\, p, {}_{\mathrm{Ab}\, p}S_{\mathrm{Ab}\, p}].$$

Wir zeigen abschließend $[M_0, R_0] \preceq [M, R]$ für jedes $[M, R] \in \mathfrak{M}$. Wäre $[M, R] \prec [M_0, R_0]$ für ein $[M, R] \in \mathfrak{M}$, so gäbe es ein $y \in M_0$ mit

$$[M, R] \backsim [\mathrm{Ab}\, y, {}_{\mathrm{Ab}\, y}R_{0\, \mathrm{Ab}\, y}];$$

wegen

$$[M_0, R_0] \backsim [\mathrm{Ab}\, p, {}_{\mathrm{Ab}\, p}S_{\mathrm{Ab}\, p}]$$

gibt es dann nach Satz 7 auch ein $x \in \mathrm{Ab}\, p \subseteq N$ mit

$$[\mathrm{Ab}\, y, {}_{\mathrm{Ab}\, y}R_{0\,\mathrm{Ab}\, y}] \backsim [\mathrm{Ab}\, x, {}_{\mathrm{Ab}\, x}S_{\mathrm{Ab}\, x}],$$

also mit

$$[M, R] \backsim [\mathrm{Ab}\, x, {}_{\mathrm{Ab}\, x}S_{\mathrm{Ab}\, x}];$$

dies ist aber wegen $x < p$ ein Widerspruch dazu, daß p das erste Element von N^* ist. Damit ist unser Satz bewiesen.

Aus Satz 19 folgt nochmals Satz 12, § 20; denn ist $\mathfrak{M}$ ein nicht leeres Mengensystem, so ordne man jedem $M \in \mathfrak{M}$ über das Auswahlaxiom und Satz 4, § 8 eindeutig eine reflexive Wohlordnung R in M zu; auf das System $\mathfrak{M}^*$ aller Paare $[M, R]$ wende man dann Satz 19 an, woraus sofort die Existenz eines $X_0 \in \mathfrak{M}$ folgt mit $X_0 \preceq X$ für jedes $X \in \mathfrak{M}$.

Satz 20.

$$\forall M \forall R \exists N \exists S ([M, R] \textit{ wohlgeordnet} \rightarrow [N, S] \textit{ wohlgeordnet} \wedge [M, R] \prec [N, S]).$$

Beweis. Es sei $[M, R]$ wohlgeordnet, N eine nach dem Satz von CANTOR existierende Menge mit $M \prec N$ und S eine Wohlordnung in N, so daß R, S beide reflexiv oder beide irreflexiv sind. Dann ist $[M, R] \prec [N, S]$ wegen $M \prec N$.

Satz 20 läßt sich noch verallgemeinern zu dem

Satz 21. *Für jedes Mengensystem $\mathfrak{M}$ reflexiv bzw. irreflexiv wohlgeordneter Mengen gilt:*

$$\mathfrak{M} \in \boldsymbol{M} \to \exists N \exists S \,([N, S] \text{ wohlgeordnet} \wedge \forall M \,\forall R\, ([M,R] \in \mathfrak{M} \to [M, R] \prec [N, S])).$$

Beweis. Ist $\mathfrak{M} \in \boldsymbol{M}$ ein Mengensystem reflexiv bzw. irreflexiv wohlgeordneter Mengen $[M, R]$, V die Vereinigung aller Mengen M, für die es ein R gibt mit $[M, R] \in \mathfrak{M}$, N eine nach dem Satz von CANTOR existierende Menge mit $V \prec N$ und S eine Wohlordnung in N, so daß S und die Wohlordnungen aus $\mathfrak{M}$ zusammen reflexiv oder zusammen irreflexiv sind, so gilt $[M, R] \prec [N, S]$ für jedes $[M, R] \in \mathfrak{M}$, da für ein $[M, R] \in \mathfrak{M}$ mit $[N, S] \preceq [M, R]$ doch $N \preceq M$ wäre im Widerspruch zu $M \preceq V \prec N$ wegen $M \subseteq V$.

Satz 22. *Für Klassen A, Wohlordnungen R in A, wobei die Abschnitte von A bzgl. R Mengen sind, die Klasse $\mathfrak{A}$ aller Abschnitte von A bzgl. R und die Relationen* $\mathfrak{S}_1$, $\mathfrak{S}_2$ in $\mathfrak{A}$ mit für jedes $A_1, A_2 \in \mathfrak{A}$

$$A_1 \,\mathfrak{S}_1\, A_2 \leftrightarrow [A_1, {}_{A_1}R_{A_1}] \preceq [A_2, {}_{A_2}R_{A_2}],$$
$$A_1 \,\mathfrak{S}_2\, A_2 \leftrightarrow [A_1, {}_{A_1}R_{A_1}] \prec [A_2, {}_{A_2}R_{A_2}]$$

gilt:

$$\mathfrak{S}_1 \text{ reflexive Wohlordnung in } \mathfrak{A} \wedge |A, R \cup \mathfrak{I}_A| \backsim |\mathfrak{A}, \mathfrak{S}_1|,$$
$$\mathfrak{S}_2 \text{ irreflexive Wohlordnung in } \mathfrak{A} \wedge |A, R \setminus \mathfrak{I}_A| \backsim |\mathfrak{A}, \mathfrak{S}_2|.$$

Beweis. Unter den Voraussetzungen des Satzes ist eine Menge $A_0 \subseteq A$ ein Abschnitt von A bzgl. R genau dann, wenn A_0 ein Abschnitt von A bzgl. $R \cup \mathfrak{I}_A$ ist, und genau dann, wenn A_0 ein Abschnitt von A bzgl. $R \setminus \mathfrak{I}_A$ ist. Nach Satz 17, § 16 gilt dann

$$|A, R \cup \mathfrak{I}_A| \backsim |\mathfrak{A}, \underset{\mathfrak{A}}{\subseteq}|,$$
$$|A, R \setminus \mathfrak{I}_A| \backsim |\mathfrak{A}, \underset{\mathfrak{A}}{\subset}|,$$

so daß also die Abschnitte von A nach Satz 5, § 16 in bezug auf $\subseteq$ bzw. $\subset$ reflexiv bzw. irreflexiv wohlgeordnet sind. Es ist noch zu zeigen für Abschnitte $A_1, A_2 \in \mathfrak{A}$:

$$A_1 \subseteq A_2 \leftrightarrow [A_1, {}_{A_1}R_{A_1}] \preceq [A_2, {}_{A_2}R_{A_2}],$$
$$A_1 \subset A_2 \leftrightarrow [A_1, {}_{A_1}R_{A_1}] \prec [A_2, {}_{A_2}R_{A_2}]. \qquad (+)$$

Ist $A_1 = A_2$, so ist trivial $[A_1, {}_{A_1}R_{A_1}] \backsim [A_2, {}_{A_2}R_{A_2}]$, Ist $A_1 \subset A_2$, so ist A_1 ein Abschnitt von A_2, also $[A_1, {}_{A_1}R_{A_1}] \prec [A_2, {}_{A_2}R_{A_2}]$. Damit gilt (+), da stets $A_1 \subseteq A_2 \vee A_2 \subset A_1$ gilt.

Die Beziehungen $\preceq, \prec$ wohlordnen also die Abschnitte einer Klasse A in bezug auf eine vorgegebene Wohlordnung R in A, bei der die Abschnitte von A Mengen sind.

7. Als Abschluß dieses Paragraphen und als weitere Anwendung des Hauptsatzes der Wohlordnungstheorie bringen wir den ersten ZERMELOschen Beweis für den Wohlordnungssatz.

Satz 23. (Wohlordnungssatz für Mengen oder Satz von ZERMELO).

$$\forall A \,\exists R\, (A \textit{ Menge} \rightarrow R \textit{ Wohlordnung in } A).$$

Beweis. Anschaulich liegt dem ersten ZERMELOschen Beweis folgende Idee zugrunde: Man wähle aus der vorgegebenen Menge A (falls $A \neq \emptyset$) irgendein Element a_0 aus, welches das erste Element von A in bezug auf die in A zu konstruierende Wohlordnung R sein soll; dann wähle man (falls $A \setminus \{a_0\} \neq \emptyset$) irgendein Element $a_1 \in A \setminus \{a_0\}$ als das zweite Element von A aus, weiterhin (falls $A \setminus \{a_0, a_1\} \neq \emptyset$) irgendein Element $a_2 \in A \setminus \{a_0, a_1\}$ als das dritte Element von A aus usw. Ist A_0 die Menge der unendlich vielen bisher ausgewählten Elemente $a_0, a_1, a_2, \ldots$ und ist $A \setminus A_0 \neq \emptyset$, so wähle man irgendein Element $a_\omega \in A \setminus A_0$ als das auf alle Elemente von A_0 folgende Element von A aus, wähle (falls $A \setminus (A_0 \cup \{a_\omega\}) \neq \emptyset$) irgendein Element $a_{\omega,1} \in A \setminus (A_0 \cup \{a_\omega\})$ als das auf a_ω folgende Element von A aus usw. Man muß dann zeigen, daß die Menge der auf diese Weise aus A ausgewählten Elemente A selbst ist und daß die auf Grund der sukzessiven Auswahl zwischen den Elementen von A erzeugte Anordnungsbeziehung eine Wohlordnung ist. Mit Hilfe des Auswahlaxioms führt man dabei die sukzessive Auswahl von Elementen aus A auf eine simultane Auswahl zurück und macht damit den eben geschilderten anschaulichen Gedankengang erst einer exakten Beweisführung zugänglich. Auf Grund des Auswahlaxioms gibt es über $\boldsymbol{P}A \setminus \{\emptyset\}$ eine Auswahlfunktion F' mit also $F'(X) \in X$ für jedes $\emptyset \neq X \subseteq A$; F sei dann im Falle $A \neq \emptyset$ bei fest ausgewähltem $a \in A$ diejenige Funktion über $\boldsymbol{P}A$ mit für jedes $X \subseteq A$:

$$F(X) = \begin{cases} F'(X), & \text{falls } X \neq \emptyset \\ a, & \text{falls } X = \emptyset. \end{cases}$$

Es ist stets $F(X) \in X$ für $\emptyset \neq X \subseteq A$; F ordnet also jedem $\emptyset \neq X \subseteq A$ ein Element von X zu. Es sei

$$\begin{aligned} F(A) &= a_0 \\ F(A \setminus \{a_0\}) &= a_1 \\ F(A \setminus \{a_0, a_1\}) &= a_2 \\ &\vdots \quad ; \end{aligned}$$

ist A_0 die Menge der $a_0, a_1, a_2, \ldots$, so sei

$$\begin{aligned} F(A \setminus A_0) &= a_\omega \\ F(A \setminus (A_0 \cup \{a_\omega\})) &= a_{\omega,1} \\ &\vdots \quad . \end{aligned}$$

Die Mengen

$$N_0 = \emptyset, \quad N_1 = \{a_0\}, \quad N_2 = \{a_0, a_1\}, \ldots, N_\omega = A_0, \quad N_{\omega,1} = A_0 \cup \{a_\omega\}, \ldots$$

sind dabei in bezug auf die angegebene Reihenfolge ihrer Elemente wohlgeordnet, und diese Wohlordnung läßt sich stets folgendermaßen charakterisieren: Ist N irgendeine der angegebenen Mengen und S die betreffende Wohlordnung in N, so gilt:

$$\forall x\,(x \in N \to F\,(A \setminus \underset{|N,S|}{\mathrm{Ab}}\; x) = x).$$

Der erste Zermelosche Beweis des Wohlordnungssatzes besteht schließlich aus dem Nachweis dafür, daß A die Vereinigung N^* aller oben angegebenen Mengen N ist und daß die Vereinigung R aller zu diesen Mengen N zugehörigen Wohlordnungen S eine Wohlordnung in A ist, nämlich die transfinite Abzählung $a_0, a_1, a_2, \ldots, a_\omega, a_{\omega,1}, \ldots$ der Elemente von A (diese Abzählung läuft natürlich ohne Wiederholung nur bis unterhalb der ersten auf a_0 folgenden Stelle, von der ab lauter Elemente a stehen). Damit beenden wir die einführenden Betrachtungen und wenden uns nun dem Beweise selbst zu, in dem wir etwa reflexive Wohlordnungen gebrauchen.

Es sei A eine Menge. Ist $A = \emptyset$, so ist $\emptyset$ eine reflexive und irreflexive Wohlordnung in A. Es sei also von jetzt an $A \neq \emptyset$ und $a \in A$ ein fest herausgegriffenes Element von A. Nach dem Auswahlaxiom für Mengen und Satz 5, § 8 gibt es eine Auswahlfunktion F' von $\boldsymbol{P}A \setminus \{\emptyset\}$ mit also $F'(X) \in X$ für jedes $\emptyset \neq X \subseteq A$. F sei dann diejenige Funktion über $\boldsymbol{P}A$ mit für jedes $X \subseteq A$:

$$F(X) = \begin{cases} F'(X), & \text{falls } X \neq \emptyset \\ a, & \text{falls } X = \emptyset. \end{cases}$$

Es ist $F(X) \in X$ für jedes $\emptyset \neq X \subseteq A$. Ist $N \subseteq A$ und S eine Relation in N, so heißt die geregelte Menge $[N, S]$ *normal* genau dann, wenn gilt:

$$[N, S] \textit{ reflexiv wohlgeordnet} \wedge \forall x\,(x \in N \to F\,(A \setminus \underset{|N,S|}{\mathrm{Ab}}\; x) = x).$$

Das erste Element a_0 einer jeden nicht leeren normalen geregelten Menge $[N, S]$ ist $F\,(A \setminus \underset{|N,S|}{\mathrm{Ab}}\; a_0) = F(A \setminus \emptyset) = F(A)$.

Hilfssatz 1. Sind $[N_1, S_1]$, $[N_2, S_2]$ *normal, so gilt:*

$$\begin{aligned} &[N_1, S_1] = [N_2, S_2] \\ &\vee \exists x\,(x \in N_2 \wedge [N_1, S_1] = [\underset{|N_2,S_2|}{\mathrm{Ab}}\; x, {}_{\mathrm{Ab}\,x}S_{2\,\mathrm{Ab}\,x}]) \\ &\vee \exists x\,(x \in N_1 \wedge [N_2, S_2] = [\underset{|N_1,S_1|}{\mathrm{Ab}}\; x, {}_{\mathrm{Ab}\,x}S_{1\,\mathrm{Ab}\,x}]). \end{aligned}$$

Beweis. Nach dem Hauptsatz der Wohlordnungstheorie gilt die Behauptung des Hilfssatzes, falls man überall „=" durch „$\backsim$" ersetzt. Es ist also nur noch zu zeigen, daß eine ähnliche Abbildung f von $[N_1, S_1]$ auf $[N_2, S_2]$ die Identität ist und daß ebenso eine ähnliche Abbildung f_1 von $[N_1, S_1]$ auf $[\underset{|N_2, S_2|}{\mathrm{Ab}}\ x, {}_{\mathrm{Ab}\,x}S_{2\,\mathrm{Ab}\,x}]$ und eine ähnliche Abbildung f_2 von $[N_2, S_2]$ auf $[\underset{|N_1, S_1|}{\mathrm{Ab}}\ x, {}_{\mathrm{Ab}\,x}S_{1\,\mathrm{Ab}\,x}]$ stets die Identität ist. Wäre $f(y) \neq y$ für ein $y \in N_1$, so ist die Menge aller $y \in N_1$ mit $f(y) \neq y$ nicht leer, besitzt also ein erstes Element y_0 bzgl. S_1. Dann ist aber $\underset{|N_1, S_1|}{\mathrm{Ab}}\ y_0 = \underset{|N_2, S_2|}{\mathrm{Ab}}\ f(y_0)$; denn es ist $y < y_0 \leftrightarrow f(y) < f(y_0)$, also $y < y_0 \leftrightarrow y < f(y_0)$ wegen $f(y) = y$ für $y < y_0$. Also ist schließlich

$$y_0 = F(A \setminus \underset{|N_1, S_1|}{\mathrm{Ab}}\ y_0) = F(A \setminus \underset{|N_2, S_2|}{\mathrm{Ab}}\ f(y_0)) = f(y_0)$$

im Widerspruch zu $f(y_0) \neq y_0$. Damit ist $f = \mathfrak{J}_{N_1}$, also $N_2 = N_1$ und $S_2 = S_1$, also

$$[N_1, S_1] = [N_2, S_2].$$

Genau so beweist man $f_1 = \mathfrak{J}_{N_1}$ und $f_2 = \mathfrak{J}_{N_2}$, also

$$[N_1, S_1] = [\underset{|N_2, S_2|}{\mathrm{Ab}}\ x, {}_{\mathrm{Ab}\,x}S_{2\,\mathrm{Ab}\,x}] \text{ und } [N_2, S_2] = [\underset{|N_1, S_1|}{\mathrm{Ab}}\ x, {}_{\mathrm{Ab}\,x}S_{1\,\mathrm{Ab}\,x}].$$

Es sei nun

$$N^* = \bigcup \underset{N}{M} \exists\, S\, (N \subseteq A \wedge [N, S]\ \textit{normal}),$$

$$R \ = \bigcup \underset{S}{M} \exists\, N\, (N \subseteq A \wedge [N, S]\ \textit{normal}).$$

Dann gilt der

Hilfssatz 2. $[N^*, R]$ *ist normal.*

Beweis. Es sei I die Menge aller normalen geregelten Mengen $[N, S]$, M^* die Funktion über I, welche jedem geordneten Paar $[N, S] \in I$ sein erstes Element N zuordnet, und S^* die Funktion über I, welche jedem geordneten Paar $[N, S] \in I$ sein zweites Element S zuordnet. Dann erfüllen die Mengenkomplexe $(M_i^*)_{i \in I}$, $(S_i^*)_{i \in I}$ nach Hilfssatz 1 die Voraussetzungen von Satz 11, § 17, woraus nach diesem Satz folgt, daß $R = \bigcup_{i \in I} S_i^*$ eine reflexive Wohlordnung in $N^* = \bigcup_{i \in I} M_i^*$ ist. Damit ist also $N^* \subseteq A$ und $[N^*, R]$ reflexiv wohlgeordnet. Für die Normalität von $[N^*, R]$ ist noch zu zeigen:

$$\forall x\, (x \in N^* \rightarrow F(A \setminus \underset{|N^*, R|}{\mathrm{Ab}}\ x) = x),$$

wofür es zu zeigen genügt für jede normale geregelte Menge $[N, S]$ und jedes $n \in N$:

$$\underset{|N, S|}{\mathrm{Ab}}\ n = \underset{|N^*, R|}{\mathrm{Ab}}\ n.$$

Trivial ist $\underset{|N,S|}{\mathrm{Ab}}\, n \subseteq \underset{|N^*,R|}{\mathrm{Ab}}\, n$. Ist $x \in N^*$ und $x \underset{R}{\leq} n$, wobei etwa $[P, T]$ eine normale geregelte Menge ist mit $x, n \in P$ und $x \underset{T}{\leq} n$, so gilt nach Hilfssatz 1:

$$[P, T] = [N, S]$$
$$\vee \exists y \,(y \in N \wedge [P, T] = [\underset{|N,S|}{\mathrm{Ab}}\, y, {}_{\mathrm{Ab}_y}S_{\mathrm{Ab}_y}])$$
$$\vee \exists y \,(y \in P \wedge [N, S] = [\underset{|P,T|}{\mathrm{Ab}}\, y, {}_{\mathrm{Ab}_y}T_{\mathrm{Ab}_y}]).$$

Im Fall $[P, T] = [N, S]$ ist dann mit $x, n \in P$ und $x \underset{T}{\leq} n$ auch $x, n \in N$ und $x \underset{S}{\leq} n$; im Fall $[P, T] = [\underset{|N,S|}{\mathrm{Ab}}\, y, {}_{\mathrm{Ab}_y}S_{\mathrm{Ab}_y}]$ ist ebenfalls $x, n \in N$ und $x \underset{S}{\leq} n$; im Fall $[N, S] = [\underset{|P,T|}{\mathrm{Ab}}\, y, {}_{\mathrm{Ab}_y}T_{\mathrm{Ab}_y}]$ ist $n \in \underset{|P,T|}{\mathrm{Ab}}\, y$ wegen $n \in N$, also auch $x \in \underset{|P,T|}{\mathrm{Ab}}\, y$ wegen $x \underset{T}{\leq} n$, damit ist schließlich $x \underset{S}{\leq} n$ wegen $S = {}_{\mathrm{Ab}_y}T_{\mathrm{Ab}_y}$. Wir haben somit in allen drei Fällen $x \underset{S}{\leq} n$ erhalten unter der Voraussetzung $x \underset{R}{\leq} n$; also gilt auch $\underset{|N^*,R|}{\mathrm{Ab}}\, n \subseteq \underset{|N,S|}{\mathrm{Ab}}\, n$, also insgesamt $\underset{|N,S|}{\mathrm{Ab}}\, n = \underset{|N^*,R|}{\mathrm{Ab}}\, n$.

Hilfssatz 3. $N^* = A$.

Beweis. Es ist trivial $N^* \subseteq A$. Wäre $N^* \subset A$, so wäre $A \setminus N^* \neq \emptyset$, also $y \in A \setminus N^*$ für $y = F(A \setminus N^*)$. Es sei $N^{**} = N^* \cup \{y\}$ und R^{**} die Relation $R^{**} = R \cup (N^{**} \times \{y\})$. Ohne Schwierigkeiten erhält man aus Hilfssatz 2, daß $[N^{**}, R^{**}]$ normal ist. Damit wäre dann $N^* \cup \{y\} = N^{**} \subseteq N^*$ im Widerspruch zu $y \notin N^*$. Also ist $N^* = A$.

Die Hilfssätze 2, 3 ergeben schließlich, daß $[A, R]$ wohlgeordnet ist, womit der Wohlordnungssatz für Mengen bewiesen ist.

§ 23. Ordinalzahlen

1. Für die Einführung der Ordinalzahlen ist es völlig gleichgültig, auf welche Art wohlgeordneter Mengen man sich stützt, auf reflexiv wohlgeordnete oder irreflexiv wohlgeordnete Mengen. Wir entscheiden uns etwa für reflexiv wohlgeordnete Mengen.

Die Ordinalzahl einer reflexiv wohlgeordneten Menge soll anschaulich der Durchnumerierungstyp, Abzähltyp, Wohlordnungstyp dieser Menge sein. Mit dem Begriff der Isomorphie (Strukturgleichheit) geregelter Mengen $[M, R]$, $[N, S]$, der als die Möglichkeit der umkehrbar eindeutigen relationstreuen Abbildbarkeit von M auf N definiert war ($[M, R] \backsim [N, S]$), läßt sich offenbar der Begriff des Wohlordnungstyps, der Ordinalzahl einer reflexiv wohlgeordneten Menge $[M, R]$ präzisieren als das charakteristische Gemeinsame, d. h. die Klasse, aller reflexiv wohlgeordneten Mengen $[X, S]$, welche denselben Wohlordnungstyp wie $[M, R]$ haben, für die also $[X, S] \backsim [M, R]$ gilt. Damit erhält man die Ordinalzahlen als die Abstraktionsklassen der Isomorphierelation $\backsim$ in der Klasse aller reflexiv wohlgeordneten Mengen. Die auf diese Weise definierten Ordinalzahlen sind aber im allgemeinen Unmengen; denn ist $[M, R]$ eine reflexiv wohlgeordnete

Menge und A eine Allmenge, so ist die Menge X aller geordneten Paare $[x, A]$ mit $x \in M$ gleichmächtig mit M, so daß es also in X eine Wohlordnung S gibt mit $[X, S] \simeq [M, R]$, weshalb dann $[X, S]$ Element der Ordinalzahl O von $[M, R]$ ist; wegen

$$A \mathrel{\ulcorner\!\!-} [x, A] \mathrel{\ulcorner\!\!-} X \mathrel{\ulcorner\!\!-} [X, S] \mathrel{\ulcorner\!\!-} O$$

ist im Falle $M \neq \emptyset$ für jede Allmenge A: $A \mathrel{\ulcorner\!\!-} O$; wäre dann O eine Menge, so wäre auch $\boldsymbol{A}\,O \mathrel{\ulcorner\!\!-} O$ im Widerspruch zu $O \mathrel{\ulcorner\!\!-} \boldsymbol{A}\,O$. Unmengen als Ordinalzahlen sind jedoch für die Theorie der Ordinalzahlen nicht zweckmäßig, da man Ordinalzahlen zu Mengen zusammenfassen möchte und auch die Klasse aller Ordinalzahlen bilden möchte. Mit Hilfe der Allmengen läßt sich aber der Begriff der Ordinalzahl anschaulich befriedigend auch so fassen, daß die Ordinalzahl einer reflexiv wohlgeordneten Menge wieder eine Menge ist. Man relativiert einfach den bisherigen Begriff der Ordinalzahl einer reflexiv wohlgeordneten Menge $[M, R]$ auf die (in bezug auf $\subseteq$) kleinste Allmenge A, in der mit M gleichmächtige Mengen X als Teilmengen $X \subseteq A$ enthalten sind (bei der bisherigen Definition wurde auf die Allklasse $\boldsymbol{E}$ relativiert); d. h. man definiert die Ordinalzahl einer reflexiv wohlgeordneten Menge $[M, R]$ als die Menge aller mit $[M, R]$ ähnlichen, reflexiv wohlgeordneten Mengen $[X, S]$, wobei X Teilmenge der kleinsten Allmenge ist, die eine mit M gleichmächtige Teilmenge enthält. Zu jeder reflexiv wohlgeordneten Menge $[M, R]$ gibt es dabei natürlich eine Allmenge (also auch eine kleinste derartige), die eine mit M gleichmächtige Teilmenge X enthält, z. B. die Allmenge $\boldsymbol{A}\,M$, in der M selbst als Teilmenge enthalten ist; in jeder mit M gleichmächtigen Menge X gibt es außerdem trivial eine Wohlordnung S mit $[X, S] \simeq [M, R]$.

Definition 1. Ist $M^* = [M, R]$ eine reflexiv wohlgeordnete Menge und A die (in bezug auf $\subseteq$) kleinste Allmenge, für die es eine Teilmenge $X \subseteq A$ mit $X \sim M$ gibt, so ist die *Ordinalzahl* (*Ordnungszahl*) *von* M^*, bezeichnet mit: $\overline{M^*}$ (gelesen: *Ordinalzahl* M^*), die Menge aller reflexiv wohlgeordneten Mengen $[X, S]$ mit $X \subseteq A$ und $[X, S] \simeq [M, R]$. Eine Menge α ist eine *Ordinalzahl* (*Ordnungszahl*) genau dann, wenn es eine reflexiv wohlgeordnete Menge M^* gibt mit $\alpha = \overline{M^*}$. Eine reflexiv wohlgeordnete Menge M^* *repräsentiert* die Ordinalzahl α oder ist ein *Repräsentant von* α genau dann, wenn $\overline{M^*} = \alpha$ gilt. Mit $\boldsymbol{O}$ bezeichne man die Klasse aller Ordinalzahlen.

Ist $M^* = [M, R]$ eine reflexiv wohlgeordnete Menge und A die kleinste Allmenge, für die es eine Teilmenge $X \subseteq A$ mit $X \sim M$ gibt, so ist $\overline{M^*} \subseteq \boldsymbol{P}A \times \boldsymbol{P}(A \times A)$.

Die Bezeichnungen $\overline{\overline{M}}$ und $\overline{M^*}$ für die Kardinalzahl der Menge M bzw. für die Ordinalzahl der reflexiv wohlgeordneten Menge M^* stammen von Cantor. Durch die einmalige Überstreichung von $M^* = [M, R]$ wird angedeutet, daß ein Abstraktionsprozeß durchgeführt wurde, der von allen Eigenschaften von M abstrahiert außer von dem Anordnungstyp der Elemente von M gemäß R; durch die zweimalige Überstreichung von M wird angedeutet, daß zweimal abstrahiert wurde, einmal von allen Eigenschaften von M außer dem Anordnungstyp gemäß einer reflexiven Wohlordnung R in M und dann auch noch von diesem Anordnungstyp.

Satz 1. *Für reflexiv wohlgeordnete Mengen M^*, N^* und Ordinalzahlen α, β gilt:*

$$M^* \in \overline{N^*} \rightarrow M^* \simeq N^*,$$

$$\overline{M^*} = \overline{N^*} \leftrightarrow M^* \simeq N^*,$$

$$\alpha = \beta \leftrightarrow \forall X\,(X \in \alpha \leftrightarrow X \in \beta),$$

$$\alpha = \beta \leftrightarrow \exists X\,(X \in \alpha \wedge X \in \beta),$$

$$\alpha = \beta \leftrightarrow \forall X\,\forall Y\,(\overline{X} = \alpha \wedge \overline{Y} = \beta \rightarrow X \simeq Y),$$

$$\alpha = \beta \leftrightarrow \exists X\,\exists Y\,(\overline{X} = \alpha \wedge \overline{Y} = \beta \wedge X \simeq Y).$$

Beweis. Die Behauptungen folgen unmittelbar aus den entsprechenden Definitionen.

Für reflexiv wohlgeordnete Mengen $M^* = [M, R]$, $N^* = [N, S]$ gilt sofort:

$$\overline{M^*} = \overline{N^*} \rightarrow \overline{\overline{M}} = \overline{\overline{N}}.$$

2. Mit der Ordnungsbeziehung für wohlgeordnete Mengen hinsichtlich ihres Wohlordnungstyps läßt sich jetzt eine Ordnungsbeziehung für Ordinalzahlen einführen, welche auf Grund der für sie geltenden Gesetze (vgl. Satz 2) die Präzisierung der anschaulich erwarteten Anordnung der Ordinalzahlen der Größe nach ist.

Definition 2. Sind α, β Ordinalzahlen, so ist α *kleiner als* β *oder gleich* β, in Zeichen: $\alpha \leqq \beta$ (gelesen: α *kleinergleich* β), oder β *größer als* α *oder gleich* α, in Zeichen: $\beta \geqq \alpha$ (gelesen: β *größergleich* α), genau dann, wenn

$$\exists M^*\,\exists N^*\,(\overline{M^*} = \alpha \wedge \overline{N^*} = \beta \wedge M^* \preceq N^*)$$

gilt; es ist α *kleiner* als β, in Zeichen: $\alpha < \beta$ (gelesen: α *kleiner* β), oder β *größer* als α, in Zeichen: $\beta > \alpha$ (gelesen: β *größer* α), genau dann, wenn

$$\exists M^*\,\exists N^*\,(\overline{M^*} = \alpha \wedge \overline{N^*} = \beta \wedge M^* \prec N^*)$$

gilt. Mit bzw. $\underset{O}{\leqq}$, $\underset{O}{\geqq}$, $\underset{O}{<}$, $\underset{O}{>}$ bezeichne man die durch bzw. $\leqq$, $\geqq$, $<$, $>$ in $\boldsymbol{O}$ erzeugten Relationen.

Sind keine Verwechslungen zu befürchten, so läßt man den Index $\boldsymbol{O}$ an den Zeichen $\leqq$, $\geqq$, $<$, $>$ auch weg. Man beachte die mehrfache Bedeutung der Zeichen $\leqq$, $\geqq$, $<$, $>$ (Definition 2, § 21 und obige Definition 2); aus dem Zusammenhang der jeweiligen Betrachtungen wird jedoch stets hervorgehen, welche Bedeutung gemeint ist.

Definition 2 ist eine sinnvolle Definition, denn sie ist unabhängig von den Repräsentanten M^*, N^* von α, β; ist nämlich $\overline{M_1^*} = \overline{M_2^*} = \alpha$ und $\overline{N_1^*} = \overline{N_2^*} = \beta$, so ist nach Satz 9, § 22

$$M_1^* \preceq N_1^* \leftrightarrow M_2^* \preceq N_2^* \quad \text{und} \quad M_1^* \prec N_1^* \leftrightarrow M_2^* \prec N_2^*,$$

da ja $M_1^* \backsim M_2^*$ und $N_1^* \backsim N_2^*$ gilt. Es ist also auch für Ordinalzahlen α, β:

$$\alpha \leqq \beta \leftrightarrow \forall M^* \forall N^* (\overline{\overline{M^*}} = \alpha \wedge \overline{\overline{N^*}} = \beta \rightarrow M^* \preceq N^*),$$

$$\alpha < \beta \leftrightarrow \forall M^* \forall N^* (\overline{\overline{M^*}} = \alpha \wedge \overline{\overline{N^*}} = \beta \rightarrow M^* \prec N^*).$$

Ist $\overline{\overline{[M, R]}} = \alpha$, $N \subseteq M$ und $\overline{\overline{[N, {}_N R_N]}} = \beta$, so ist nach Satz 14, § 22 $\beta \leqq \alpha$; ist dabei N einem Abschnitt von M ähnlich, so ist $\beta < \alpha$, ist N mit M ähnlich, so ist $\beta = \alpha$.

Aus Definition 2 folgt für reflexiv wohlgeordnete Mengen $M^* = [M, R]$, $N^* = [N, S]$ sofort:

$$\overline{\overline{M^*}} \leqq \overline{\overline{N^*}} \rightarrow \overline{\overline{M}} \leqq \overline{\overline{N}},$$

$$\overline{\overline{M}} < \overline{\overline{N}} \rightarrow \overline{\overline{M^*}} < \overline{\overline{N^*}}.$$

Satz 2. *Für Ordinalzahlen* α, β, γ *gilt:*

$$\alpha \leqq \beta \leftrightarrow \alpha < \beta \vee \alpha = \beta, \qquad \alpha < \beta \leftrightarrow \alpha \leqq \beta \wedge \alpha \neq \beta,$$

$$\alpha \leqq \alpha,$$
$$\alpha \leqq \beta \wedge \beta \leqq \gamma \rightarrow \alpha \leqq \gamma,$$
$$\alpha \leqq \beta \wedge \beta \leqq \alpha \rightarrow \alpha = \beta,$$
$$\alpha \leqq \beta \vee \beta \leqq \alpha,$$

$$\alpha \nless \alpha,$$
$$\alpha < \beta \wedge \beta < \gamma \rightarrow \alpha < \gamma,$$
$$\alpha < \beta \rightarrow \beta \nless \alpha,$$
$$\alpha < \beta \vee \alpha = \beta \vee \beta < \alpha,$$

$$\alpha < \beta \wedge \beta \leqq \gamma \rightarrow \alpha < \gamma,$$
$$\alpha \leqq \beta \wedge \beta < \gamma \rightarrow \alpha < \beta,$$

$$\forall X (X \subseteq \boldsymbol{O} \wedge X \neq \emptyset \rightarrow \exists \xi (\xi \in X \wedge \forall \eta (\eta \in X \rightarrow \xi \leqq \eta))),$$
$$\exists \xi (\xi \in \boldsymbol{O} \wedge \alpha < \xi),$$
$$\forall X (X \subseteq \boldsymbol{O} \wedge X \in \boldsymbol{M} \rightarrow \exists \xi (\xi \in \boldsymbol{O} \wedge \forall \eta (\eta \in X \rightarrow \eta < \xi))).$$

Beweis. Die Behauptungen folgen repräsentantenweise unmittelbar aus der Definition der Ordinalzahlen und den in § 22 aufgeführten Sätzen über die Ordnungsbeziehung für wohlgeordnete Mengen, wobei man für die drittletzte und letzte Behauptung eine über das Auswahlaxiom und Satz 5, § 8 existierende Auswahlfunktion F von X betrachtet (die also jeder Ordinalzahl $\xi \in X$ einen ihrer

Repräsentanten $F(\xi) \in \xi$ zuordnet) und auf deren Nachbereich den jeweils entsprechenden Satz aus § 22 anwendet.

Aus dem letzten Gesetz des Satzes 2 erhält man die BURALI-FORTI*sche Antinomie* der Menge aller Ordinalzahlen; d. h. einen Widerspruch zur Annahme, die Klasse $\boldsymbol{O}$ aller Ordinalzahlen sei eine Menge. Wäre nämlich $\boldsymbol{O}$ eine Menge, so gäbe es eine Ordinalzahl $\xi \in \boldsymbol{O}$ mit $\eta < \xi$ für jedes $\eta \in \boldsymbol{O}$ im Widerspruch zu $\xi \nless \xi$. $\boldsymbol{O}$ ist also eine Unmenge.

Satz 2 besagt u. a., daß die Ordnungsrelation $\underset{\boldsymbol{O}}{\leqq}$ bzw. $\underset{\boldsymbol{O}}{<}$ für Ordinalzahlen in $\boldsymbol{O}$ eine reflexive bzw. irreflexive Wohlordnung erzeugt, bei der es kein letztes Element von $\boldsymbol{O}$ gibt und bei der jede Teilmenge von $\boldsymbol{O}$ nach oben beschränkt ist. Es ist für die weiteren Betrachtungen völlig gleichgültig, welche der beiden Wohlordnungen in $\boldsymbol{O}$, die reflexive oder irreflexive, wir zugrunde legen; wir entscheiden uns etwa für die reflexive Wohlordnung in $\boldsymbol{O}$ und beziehen auf dieselbe, sofern nichts Gegenteiliges vereinbart wird, alle Begriffe, die mit Hilfe einer Wohlordnung in $\boldsymbol{O}$ oder auch nur einer Ordnung oder Halbordnung in $\boldsymbol{O}$ definiert sind.

Nach den Sätzen 6 und 7 aus § 17 existiert für jedes $\xi \in \boldsymbol{O}$ der Nachfolger ξ' und für jede Menge $X \subseteq \boldsymbol{O}$ die obere Grenze sup X. Für die Abschnitte von $\boldsymbol{O}$ gilt der

Satz 3.

$$\forall \xi\, (\xi \in \boldsymbol{O} \to \mathrm{Ab}\, \xi \in \boldsymbol{M}).$$

Beweis. Es sei $\xi \in \boldsymbol{O}$ und $\overline{[X, R]} = \xi$. Ist dann $\eta \in \mathrm{Ab}\, \xi$ und $\overline{[Y, S]} = \eta$, so ist $[Y, S] \prec [X, R]$ wegen $\eta < \xi$, also erst recht $[Y, S] \preceq [X, R]$ und damit $Y \preceq X$; es gibt also eine Menge Z^* mit $Y \backsim Z^* \subseteq X \subseteq \boldsymbol{A}X$. Da für jedes $[Z, T] \in \eta$ die Menge Z Teilmenge der kleinsten Allmenge A ist, die eine mit Y gleichmächtige Teilmenge enthält, und $\boldsymbol{A}X$ eine mit Y gleichmächtige Teilmenge enthält, nämlich Z^*, ist $A \subseteq \boldsymbol{A}X$, also $Z \subseteq \boldsymbol{A}X$. Aus $Z \subseteq \boldsymbol{A}X$ folgt $T \subseteq Z \times Z \subseteq (\boldsymbol{A}X) \times (\boldsymbol{A}X)$, also insgesamt $Z \in A_1 = \boldsymbol{P}\boldsymbol{A}X$, $T \in A_2 = \boldsymbol{P}\,((\boldsymbol{A}X) \times (\boldsymbol{A}X))$ und $[Z, T] \in A_1 \times A_2$; damit ist $\eta \subseteq A_1 \times A_2$, also $\mathrm{Ab}\, \xi \subseteq \boldsymbol{P}\,(A_1 \times A_2)$, also $\mathrm{Ab}\, \xi \in \boldsymbol{M}$.

Da die Abschnitte von $\boldsymbol{O}$ Mengen sind, kann man in $\boldsymbol{O}$ neben den Beweisen auch Definitionen durch transfinite ordnungstheoretische und transfinite vollständige Induktion durchführen.

Jede Teilklasse $A \subseteq \boldsymbol{O}$, mit der $\boldsymbol{O}$ konfinal ist, ist eine Unmenge; denn es ist

$$\boldsymbol{O} = \bigcup_{\alpha \in A} (\underset{|\boldsymbol{O}, \leqq|}{\mathrm{Ab}}\, \alpha);$$

wäre also $A \in \boldsymbol{M}$, so auch $\boldsymbol{O} \in \boldsymbol{M}$ im Widerspruch dazu, daß $\boldsymbol{O}$ eine Unmenge ist. Ist umgekehrt $A \subseteq \boldsymbol{O}$ eine Unmenge, so muß $\boldsymbol{O}$ mit A konfinal sein, da sonst A Teilklasse eines Abschnittes von $\boldsymbol{O}$ und somit nach Satz 3 eine Menge wäre. Eine Teilklasse $A \subseteq \boldsymbol{O}$ ist also genau dann eine Unmenge, wenn $\boldsymbol{O}$ mit ihr konfinal ist. Da nach Satz 3 die Abschnitte von $\boldsymbol{O}$ und damit auch die Abschnitte jeder Teilklasse $A \subseteq \boldsymbol{O}$ Mengen sind, folgt aus Satz 18, § 22, daß jede Teilklasse $A \subseteq \boldsymbol{O}$, mit der $\boldsymbol{O}$ konfinal ist (und die somit eine Unmenge ist), ähnlich mit $\boldsymbol{O}$ ist. Umgekehrt ist jede mit $\boldsymbol{O}$ ähnliche Teilklasse $A \subseteq \boldsymbol{O}$ eine Unmenge, also ist

$\boldsymbol{O}$ mit A konfinal. Eine Teilklasse $A \subseteq \boldsymbol{O}$ ist also genau dann mit $\boldsymbol{O}$ ähnlich, wenn $\boldsymbol{O}$ mit ihr konfinal ist. Dieselben Überlegungen lassen sich unter Verwendung von Satz 3, § 21 für Teilklassen A der Klasse $\boldsymbol{K}$ aller Kardinalzahlen anstellen.

Satz 4. *Für Ordinalzahlen* α, *reflexiv wohlgeordnete Mengen* $[M, R]$, *Elemente* $x \notin M$ *und* $R^* = R \cup \underset{z}{M} \exists y \, (y \in M \cup \{x\} \wedge z = [y, x])$ *gilt:*

$$\overline{[M, R]} = \alpha \to \overline{[M \cup \{x\}, R^*]} = \alpha'.$$

Beweis. Ist unter den Voraussetzungen des Satzes $\alpha = \overline{[M, R]}$ und $\beta = \overline{[M \cup \{x\}, R^*]}$, so ist $\alpha < \beta$. Gäbe es ein $\xi \in \boldsymbol{O}$ mit $\alpha < \xi < \beta$ und $\xi = \overline{[N, S]}$, so wäre N einem Abschnitt von $M \cup \{x\}$ ähnlich (in bezug auf die zugehörigen Wohlordnungen) und M einem Abschnitt von N; also wäre M einem Abschnitt von M ähnlich im Widerspruch zu Satz 5, § 22.

Definition 3. Ist $\alpha \in \boldsymbol{O}$, so bezeichne man mit $\boldsymbol{O}(\alpha)$ den Abschnitt $\mathrm{Ab}\,\alpha$ von $\boldsymbol{O}$ und mit $\boldsymbol{O}^*(\alpha)$ den reflexiv wohlgeordneten Abschnitt $\left[\mathrm{Ab}\,\alpha, {}_{\mathrm{Ab}\,\alpha}{\leqq}_{\mathrm{Ab}\,\alpha}\right]$.

Satz 5. *Für jede Ordinalzahl* α *gilt:*

$$\alpha = \overline{\boldsymbol{O}^*(\alpha)}.$$

Beweis. Es sei α eine Ordinalzahl mit $\alpha = \overline{[M, R]}$, $\mathfrak{A}$ die Menge aller Abschnitte von M bzgl. R und $\mathfrak{S}$ die durch die ordinale $\leq$-Beziehung in $\mathfrak{A}$ erzeugte Relation; d. h. für jedes $A_1, A_2 \in \mathfrak{A}$ gilt:

$$A_1 \mathfrak{S} A_2 \leftrightarrow [A_1, {}_{A_1}R_{A_1}] \leq [A_2, {}_{A_2}R_{A_2}].$$

Dann weist man ohne Schwierigkeiten nach, daß die Funktion F über $\boldsymbol{O}(\alpha)$, die (unter Verwendung von Satz 6, § 22) jedem $\xi \in \boldsymbol{O}(\alpha)$ denjenigen Abschnitt A von M zuordnet mit

$$\xi = \overline{[A, {}_A R_A]},$$

eine ähnliche Abbildung von $\boldsymbol{O}^*(\alpha)$ auf $[\mathfrak{A}, \mathfrak{S}]$ ist. Damit gilt also $[\mathfrak{A}, \mathfrak{S}] \backsim \boldsymbol{O}^*(\alpha)$. Nach Satz 22, § 22 ist aber auch $[M, R] \backsim [\mathfrak{A}, \mathfrak{S}]$, also gilt insgesamt $[M, R] \backsim \boldsymbol{O}^*(\alpha)$ und damit $\alpha = \overline{\boldsymbol{O}^*(\alpha)}$.

Nach Satz 5 ist jede reflexiv wohlgeordnete Menge $[M, R]$ bei $\alpha = \overline{[M, R]}$ ähnlich zu $\boldsymbol{O}^*(\alpha)$. Die wohlgeordneten Abschnitte $\boldsymbol{O}^*(\alpha)$ liefern also Repräsentanten aller überhaupt existierenden Ordinalzahlen. Für die Ordinalzahl ξ einer jeden (im Sinne von $\underset{\boldsymbol{O}}{\leqq}$ wohlgeordneten) Teilmenge von $\boldsymbol{O}(\alpha)$ gilt $\xi \leqq \alpha$.

3. Wir wenden uns nun speziell den endlichen Ordinalzahlen zu.

Definition 4. Eine Ordinalzahl α ist eine *isolierte Ordinalzahl* genau dann, wenn α isoliertes Element von $\boldsymbol{O}$ ist; α ist eine *ordinale Limeszahl* genau dann, wenn α Limeselement von $\boldsymbol{O}$ ist; α ist eine *Ordinalzahl* 1. *Art* genau dann, wenn α eine von $\min \boldsymbol{O}$ verschiedene isolierte Ordinalzahl ist; α ist eine *Ordinalzahl* 2. *Art* genau dann, wenn α eine ordinale Limeszahl oder gleich $\min \boldsymbol{O}$ ist. Eine Ordinalzahl α ist *endlich* oder *finit* genau dann, wenn es keine ordinale Limeszahl λ mit $\lambda \leqq \alpha$ gibt; α ist *unendlich* oder *transfinit* genau dann, wenn α nicht endlich ist. Mit $\boldsymbol{N}$ bezeichne man die Klasse aller endlichen Ordinalzahlen.

Man beachte die mehrfache Bedeutung der Begriffe „endlich“ und „unendlich“ (endliche bzw. unendliche Klasse, endliche bzw. unendliche Kardinalzahl und endliche bzw. unendliche Ordinalzahl); aus dem Zusammenhang der jeweiligen Betrachtungen wird jedoch stets hervorgehen, welche Bedeutung gemeint ist. Transfinite Kardinal- und transfinite Ordinalzahlen zusammen nennt man auch kurz *Transfinite Zahlen*.

Eine Ordinalzahl α ist genau dann isoliert, wenn $\alpha = \min \boldsymbol{O}$ oder wenn der Vorgänger von α existiert; d. h. diejenige Ordinalzahl $\xi \in \boldsymbol{O}$ mit $\xi' = \alpha$. Eine Ordinalzahl α ist genau dann eine Limeszahl, wenn $\alpha \neq \min \boldsymbol{O}$ und α keinen Vorgänger besitzt. Eine Ordinalzahl $\alpha \neq \min \boldsymbol{O}$ ist genau dann eine Limeszahl, wenn $\boldsymbol{O}(\alpha)$ kein letztes Element besitzt, also nach Satz 5 auch genau dann eine Limeszahl, wenn für jedes M, R mit $\alpha = \overline{[M, R]}$ die Menge M kein letztes Element bzgl. R besitzt.

Satz 6. *Für Ordinalzahlen α gilt:*

$$\alpha \textit{ endlich} \leftrightarrow \exists\, M \exists\, R\, (\overline{[M, R]} = \alpha \wedge M \textit{ endlich}),$$

$$\alpha \textit{ unendlich} \leftrightarrow \exists\, M \exists\, R\, (\overline{[M, R]} = \alpha \wedge M \textit{ unendlich}).$$

Beweis. Es genügt offenbar, etwa die zweite Behauptung zu beweisen.

($\rightarrow$) Es sei $\alpha \in \boldsymbol{O}$, $\lambda \leqq \alpha$ eine ordinale Limeszahl und $\overline{[M, R]} = \alpha$, $\overline{[N, S]} = \lambda$. Ist $\xi \in \boldsymbol{O}(\lambda)$, so auch $\xi' \in \boldsymbol{O}(\lambda)$; denn es ist $\xi < \lambda$ also $\xi' \leqq \lambda$, woraus $\xi' < \lambda$ folgt, da sonst λ keine Limeszahl wäre. Man bilde das Mengensystem $\mathfrak{M}$ aller Mengen X, für die es zu jeder reflexiven Wohlordnung T in X ein $\xi \in \boldsymbol{O}(\lambda)$ gibt mit $\xi = \overline{[X, T]}$. Es ist dann $\emptyset \in \mathfrak{M}$, weil $[\emptyset, \emptyset] \prec [N, S]$ gilt wegen $N \neq \emptyset$ (im Falle $N = \emptyset$ wäre ja $\lambda = \overline{[\emptyset, \emptyset]} = \min \boldsymbol{O}$, also λ keine Limeszahl). Ist außerdem $X \in \mathfrak{M}$ und $x \in \boldsymbol{E}$, so ist $X \cup \{x\} \in \mathfrak{M}$. Dies folgt so: Ist $X \in \mathfrak{M}$, X unendlich und $x \in \boldsymbol{E}$, so ist nach Satz 5, § 21 $X \cup \{x\} \backsim X$; ist dann T irgendeine reflexive Wohlordnung in $X \cup \{x\}$, so gibt es wegen $X \cup \{x\} \backsim X$ trivial in X eine reflexive Wohlordnung T^* mit $[X \cup \{x\}, T] \backsimeq [X, T^*]$; wegen $X \in \mathfrak{M}$ gibt es ein $\xi \in \boldsymbol{O}(\lambda)$ mit $\xi = \overline{[X, T^*]}$, also auch mit $\xi = \overline{[X \cup \{x\}, T]}$, womit $X \cup \{x\} \in \mathfrak{M}$ ist. Ist $X \in \mathfrak{M}$, X endlich und $x \in \boldsymbol{E}$, so ist im Fall $x \in X$ trivial $X \cup \{x\} \in \mathfrak{M}$; im Falle $x \notin X$ sei T^* eine reflexive Wohlordnung in X und $\overline{[X, T^*]} = \xi \in \boldsymbol{O}(\lambda)$; dann gibt es nach Satz 4 eine reflexive Wohlordnung T_0 in $X \cup \{x\}$ mit $\overline{[X \cup \{x\}, T_0]} = \xi'$; wegen $\xi \in \boldsymbol{O}(\lambda)$ ist auch $\xi' \in \boldsymbol{O}(\lambda)$, und nach Satz 1, § 22 gilt für jede reflexive Wohlordnung T in $X \cup \{x\}$: $[X \cup \{x\}, T] \backsimeq [X \cup \{x\}, T_0]$, also $\overline{[X \cup \{x\}, T]} = \xi'$, womit $X \cup \{x\} \in \mathfrak{M}$ ist. Damit ist allgemein $X \cup \{x\} \in \mathfrak{M}$ gezeigt unter der Voraussetzung $X \in \mathfrak{M}$, $x \in \boldsymbol{E}$. Das Mengensystem $\mathfrak{M}$ enthält schließlich N nicht als Element, da es sonst ein $\xi \in \boldsymbol{O}(\lambda)$ geben müßte mit $\xi = \overline{[N, S]}$ im Widerspruch zu $\xi < \lambda = \overline{[N, S]}$ für jedes $\xi \in \boldsymbol{O}(\lambda)$. Es muß also auf Grund der Eigenschaften von $\mathfrak{M}$ die Menge N nach der Russellschen Endlichkeitsdefinition (Definition 1, § 11) unendlich sein;

dann ist aber weiterhin $\overline{[N, S]} \leq [M, R]$ wegen $\lambda \leqq \alpha$, also $N \leq M$, womit auch M unendlich ist.

($\leftarrow$) Es sei $\alpha = \overline{[M, R]}$ und M eine unendliche Menge. Wie im Beweise zu Satz 4, § 21 sei $\mathfrak{N}$ die Menge aller Teilmengen $X \subseteq M$, für die gilt:

$$\min M \in X \wedge \forall x\,(x \in X \wedge \sim x = \max M \rightarrow x' \in X),$$

wobei das Minimum $\min M$, das Maximum $\max M$ und der Nachfolger x' in bezug auf R gebildet sind; schließlich sei $N = \bigcap \mathfrak{N}$. Es ist $M \supseteq N \in \mathfrak{N}$, und für jedes $x \in N$ sei $\operatorname{Ab} x$ der hinsichtlich R gebildete Abschnitt von x in N. Dann ist $\operatorname{Ab} x = \underset{|M,R|}{\operatorname{Ab}}\, x$ für jedes $x \in N$; denn ist A die Menge aller $x \in N$, für die $\operatorname{Ab} x = \underset{|M,R|}{\operatorname{Ab}}\, x$ ist, so ist

$$\min M \in A \wedge \forall x\,(x \in A \wedge \sim x = \max M \rightarrow x' \in A),$$

da $\operatorname{Ab} \min M = \emptyset = \underset{|M,R|}{\operatorname{Ab}} \min M$ und für $x \in A$ mit $\sim x = \max M$ stets

$$\operatorname{Ab} x' = (\operatorname{Ab} x) \cup \{x\} = (\underset{|M,R|}{\operatorname{Ab}}\, x) \cup \{x\} = \underset{|M,R|}{\operatorname{Ab}}\, x'$$

ist; damit ist $A \in \mathfrak{N}$, also $N \subseteq A$, also $A = N$. Aus $\operatorname{Ab} x = \underset{|M,R|}{\operatorname{Ab}}\, x$ für jedes $x \in N$ folgt sofort, daß N ein Anfangsstück von M bzgl. R ist. Weiterhin ist $\operatorname{Ab} x$ für jedes $x \in N$ eine endliche Menge; denn ist B die Menge aller $x \in N$, für die $\operatorname{Ab} x$ endlich ist, so ist

$$\min M \in B \wedge \forall x\,(x \in B \wedge \sim x = \max M \rightarrow x' \in B),$$

da $\operatorname{Ab} \min M = \emptyset$ und für $x \in B$ mit $\sim x = \max M$ stets $\operatorname{Ab} x' = (\operatorname{Ab} x) \cup \{x\}$ gilt, so daß mit $\operatorname{Ab} x$ auch $\operatorname{Ab} x'$ endlich ist; damit ist $B \in \mathfrak{N}$, also $N \subseteq B$, also $B = N$. Für jedes $x \in N$ ist dann $x' \in N$; denn wäre $x = \max M$ für ein $x \in N$, so wäre

$$M = (\underset{|M,R|}{\operatorname{Ab}}\, x) \cup \{x\} = (\operatorname{Ab} x) \cup \{x\},$$

also M eine endliche Menge, da $\operatorname{Ab} x$ endlich ist, im Widerspruch zur Unendlichkeit von M. Da mit $x \in N$ auch $x' \in N$ gilt; ist stets

$$[\operatorname{Ab} x, {}_{\operatorname{Ab} x}R_{\operatorname{Ab} x}] < [\operatorname{Ab} x', {}_{\operatorname{Ab} x'}R_{\operatorname{Ab} x'}]$$

wegen ${}_{\operatorname{Ab} x}R_{\operatorname{Ab} x} = {}_{\operatorname{Ab} x}({}_{\operatorname{Ab} x'}R_{\operatorname{Ab} x'})_{\operatorname{Ab} x}$, und für jedes $x \in N$ ist

$$[\operatorname{Ab} x, {}_{\operatorname{Ab} x}R_{\operatorname{Ab} x}] < [N, {}_N R_N]$$

wegen ${}_{\operatorname{Ab} x}R_{\operatorname{Ab} x} = {}_{\operatorname{Ab} x}({}_N R_N)_{\operatorname{Ab} x}$. Ist jetzt $\lambda = \overline{[N, {}_N R_N]}$, so ist $\lambda \leqq \alpha$, da N ein Anfangsstück von M ist. Ist ξ eine beliebige Ordinalzahl und wäre ξ der Vorgänger von λ, so wäre $\xi < \lambda$, also

$$\xi = \overline{[\operatorname{Ab} x, {}_{\operatorname{Ab} x}R_{\operatorname{Ab} x}]} \text{ für ein } x \in N;$$

dann wäre aber

$$\xi < \overline{[\text{Ab}\, x', {}_{\text{Ab}\, x'}R_{\text{Ab}\, x'}]} < \lambda$$

im Widerspruch dazu, daß ξ der Vorgänger von λ ist. λ besitzt also keinen Vorgänger und ist wegen $\lambda \neq \min \boldsymbol{O}$ (weil etwa $[\emptyset, \emptyset] \prec [N, {}_N R_N]$ und somit $\overline{[\emptyset, \emptyset]} < \lambda$ gilt wegen $N \neq \emptyset$) damit eine Limeszahl $\leqq \alpha$; also ist α unendlich.

Da jede mit einer endlichen bzw. unendlichen Menge M gleichmächtige Menge N wieder endlich bzw. unendlich ist, folgt aus Satz 6 für Ordinalzahlen α auch:

$$\alpha \textit{ endlich} \leftrightarrow \forall M \, \forall R \, (\overline{[M, R]} = \alpha \rightarrow M \textit{ endlich}),$$

$$\alpha \textit{ unendlich} \leftrightarrow \forall M \, \forall R \, (\overline{[M, R]} = \alpha \rightarrow M \textit{ unendlich}).$$

Da es nach dem Unendlichkeitsaxiom eine unendliche Menge M gibt (nämlich $\boldsymbol{I}$) und nach dem Wohlordnungssatz eine reflexive Wohlordnung R in M, so gibt es für M, R nach Satz 6 eine ordinale Limeszahl $\lambda \leqq \overline{[M, R]}$; dann ist aber $\boldsymbol{N} \subseteq \boldsymbol{O}(\lambda)$ nach Definition der endlichen Ordinalzahlen, also $\boldsymbol{N} \in \boldsymbol{M}$ nach Satz 3. Die Klasse $\boldsymbol{N}$ aller endlichen Ordinalzahlen ist somit eine Menge, und diese Aussage beruht wesentlich auf dem Unendlichkeitsaxiom, das die Existenz unendlicher Ordinalzahlen sichert.

Wie wir eben bemerkt haben, braucht man für den bloßen Nachweis der Existenz der Menge der endlichen Ordinalzahlen nur, daß es überhaupt eine unendliche Menge M gibt; man braucht aber trotzdem das Unendlichkeitsaxiom in der Form, daß $\boldsymbol{I}$ unendlich ist, da man doch anschaulich wünscht, daß die endlichen Ordinalzahlen ν Repräsentanten $[X, S]$ bei $X \subseteq \boldsymbol{I}$ besitzen (ist N eine endliche Menge und $\boldsymbol{I}$ unendlich, so kann nicht $\boldsymbol{I} \preceq N$ sein, also ist $N \preceq \boldsymbol{I}$, also gibt es eine Menge $N \backsim X \subseteq \boldsymbol{I}$ und damit auch zu einer reflexiven Wohlordnung R in N eine reflexive Wohlordnung S in X mit $[N, R] \backsimeq [X, S]$).

$\boldsymbol{N}$ enthält nach Definition der endlichen Ordinalzahlen keine Limeszahlen. Für jedes $\nu \in \boldsymbol{N}$ ist der Abschnitt von ν in $\boldsymbol{N}$ gleich dem Abschnitt von ν in $\boldsymbol{O}$.

Definition 5. Mit **0** (gelesen: *null*) bezeichne man $\min \boldsymbol{O}$ und mit **1**, **2**, **3** ... (gelesen: *eins*, *zwei*, *drei*, ...) die sukzessiven Nachfolger $\mathbf{0}'$, $\mathbf{0}''$, $\mathbf{0}'''$, ... von **0**.

Es ist

$$\mathbf{0} = \overline{[\emptyset, \emptyset]};$$

denn nach Definition ist $\mathbf{0} = \min \boldsymbol{O}$, und für jede beliebige Ordinalzahl ξ gilt $\overline{[\emptyset, \emptyset]} \leqq \xi$, da bei $\overline{[X, R]} = \xi$ doch stets $[\emptyset, \emptyset] \preceq [X, R]$ ist; also ist $\min \boldsymbol{O} = \overline{[\emptyset, \emptyset]}$. **1** ist dann nach Satz 4 und Satz 1, § 22 die Ordinalzahl aller reflexiv wohlgeordneten Einermengen, **2** die Ordinalzahl aller reflexiv wohlgeordneteten Zweiermengen mit verschiedenen Elementen, **3** die Ordinalzahl aller reflexiv wohlgeordneten Dreiermengen mit paarweise verschiedenen Elementen usw.

Satz 7 (Peanosches Axiomensystem in bezug auf $\boldsymbol{N}$, 0, $'$). *Für Ordinalzahlen ν, μ und Mengen M gilt:*

(1) $0 \in \boldsymbol{N}$,

(2) $\nu \in \boldsymbol{N} \rightarrow \nu' \in \boldsymbol{N}$,

(3) $\nu \in \boldsymbol{N} \rightarrow 0 \neq \nu'$,

(4) $\nu, \mu \in \boldsymbol{N} \wedge \nu' = \mu' \rightarrow \nu = \mu$,

(5) $0 \in M \wedge \forall\, \xi(\xi \in \boldsymbol{N} \cap M \rightarrow \xi' \in M) \rightarrow \boldsymbol{N} \subseteq M$.

Beweis. (1) und (2) folgen sofort aus der Definition der endlichen Ordinalzahlen. (3) Für jede Ordinalzahl ν ist $0 \leqq \nu < \nu'$, also $0 \neq \nu'$. (4) Sind ν, μ beliebige Ordinalzahlen, so folgt $\nu = \mu$ aus $\nu' = \mu'$, da jede Ordinalzahl höchstens einen Vorgänger hat. (5) ist gerade das Beweisprinzip der vollständigen Induktion für $\boldsymbol{N}$, welches unmittelbar aus dem Rechtfertigungssatz für Beweise durch transfinite vollständige Induktion (Satz 4, § 19) folgt, da $\boldsymbol{N}$ keine Limeselemente und kein letztes Element besitzt.

Da $\boldsymbol{N}$ selbst eine Menge ist mit den Eigenschaften

$$0 \in \boldsymbol{N} \wedge \forall\, \xi\ (\xi \in \boldsymbol{N} \rightarrow \xi' \in \boldsymbol{N}),$$

so ist nach Satz 7 (5)

$$\boldsymbol{N} = \bigcap \mathfrak{M},$$

wo $\mathfrak{M}$ das Mengensystem aller Mengen M ist mit der Eigenschaft

$$0 \in M \wedge \forall\, \xi\ (\xi \in \boldsymbol{N} \cap M \rightarrow \xi' \in M).$$

Satz 7 (5) besagt, daß die anschaulich gebildete Menge M der endlichen Ordinalzahlen $0, 1, 2, 3, \ldots$ die Menge $\boldsymbol{N}$ aller endlichen Ordinalzahlen ist.

4. Wir betrachten jetzt die Ordinalzahl von $[\boldsymbol{N}, {}_{\boldsymbol{N}}{\leqq}_{\boldsymbol{N}}]$. Es ist $\boldsymbol{N}$ eine unendliche Menge; denn sonst würde $\boldsymbol{N}$ nach Satz 13, § 17 durch die ordinale $\leqq$-Beziehung doppeltwohlgeordnet, besäße also wegen $\boldsymbol{N} \neq \emptyset$ ein letztes Element im Widerspruch dazu, daß für jedes $\nu \in \boldsymbol{N}$ stets $\nu < \nu' \in \boldsymbol{N}$ ist. Damit ist $\nu < \overline{[\boldsymbol{N}, {}_{\boldsymbol{N}}{\leqq}_{\boldsymbol{N}}]}$ für jedes $\nu \in \boldsymbol{N}$, da es nach Satz 6 eine Limeszahl $\lambda \leqq \overline{[\boldsymbol{N}, {}_{\boldsymbol{N}}{\leqq}_{\boldsymbol{N}}]}$ gibt; für jede endliche reflexiv wohlgeordnete Menge $[M, R]$ (d. h. genauer: für jede reflexiv wohlgeordnete Menge $[M, R]$ mit endlichem M) ist also $\overline{[M, R]} < \overline{[\boldsymbol{N}, {}_{\boldsymbol{N}}{\leqq}_{\boldsymbol{N}}]}$, also $[M, R] \prec [\boldsymbol{N}, {}_{\boldsymbol{N}}{\leqq}_{\boldsymbol{N}}]$. Wir erhalten jetzt eine weitere Definition des Begriffes einer endlichen Klasse.

Satz 8. *Für Klassen A gilt:*

$$A \text{ endlich} \leftrightarrow \exists\, \nu(\nu \in \boldsymbol{N} \wedge A \backsim \operatorname{Ab} \nu).$$

Beweis. ($\rightarrow$) Ist A eine endliche Menge und R eine nach dem Wohlordnungssatz existierende reflexive Wohlordnung in A, so ist $[A, R] \prec [\boldsymbol{N}, {}_{\boldsymbol{N}}{\leqq}_{\boldsymbol{N}}]$, also nach Satz 8, § 22 $\exists\, \nu\ (\nu \in \boldsymbol{N} \wedge A \backsim \operatorname{Ab} \nu)$. ($\leftarrow$) Für jede Ordinalzahl ν gilt nach

Satz 5 $\nu = \overline{\overline{\boldsymbol{O}^*(\nu)}}$; ist dann $\nu \in \boldsymbol{N}$, so ist nach Satz 6 $\boldsymbol{O}(\nu)$ endlich; es ist aber $\boldsymbol{O}(\nu) = \mathrm{Ab}\,\nu$ für jedes $\nu \in \boldsymbol{N}$, womit also die Abschnitte von $\boldsymbol{N}$ endliche Mengen sind; hieraus folgt schließlich, daß jede mit einem Abschnitt von $\boldsymbol{N}$ gleichmächtige Klasse A endlich ist.

Während wir bisher $[M, R] \prec [\boldsymbol{N}, {}_{\boldsymbol{N}}{\leqq}_{\boldsymbol{N}}]$ für endliche reflexiv wohlgeordnete Mengen $[M, R]$ erhalten haben, ergibt sich nun mit Satz 8 auch, daß jede reflexiv wohlgeordnete Menge $[M, R]$ mit $[M, R] \prec [\boldsymbol{N}, {}_{\boldsymbol{N}}{\leqq}_{\boldsymbol{N}}]$ endlich ist; denn ist $[M, R] \prec [\boldsymbol{N}, {}_{\boldsymbol{N}}{\leqq}_{\boldsymbol{N}}]$, so ist $[M, R]$ einem Abschnitt von $\boldsymbol{N}$ ähnlich, also M gleichmächtig mit einem Abschnitt von $\boldsymbol{N}$, womit M nach Satz 8 endlich ist. Damit gilt für reflexiv wohlgeordnete Mengen $[M, R]$:

$$M \text{ endlich} \leftrightarrow [M, R] \prec [\boldsymbol{N}, {}_{\boldsymbol{N}}{\leqq}_{\boldsymbol{N}}],$$

$$M \text{ unendlich} \leftrightarrow [\boldsymbol{N}, {}_{\boldsymbol{N}}{\leqq}_{\boldsymbol{N}}] \preceq [M, R].$$

Definition 6. Mit $\boldsymbol{\omega}$ bezeichne man die Ordinalzahl $\overline{\overline{[\boldsymbol{N}, {}_{\boldsymbol{N}}{\leqq}_{\boldsymbol{N}}]}}$.

Für Ordinalzahlen α gilt dann:

$$\alpha \text{ endlich} \leftrightarrow \alpha < \boldsymbol{\omega},$$

$$\alpha \text{ unendlich} \leftrightarrow \boldsymbol{\omega} \leqq \alpha.$$

Damit wird

$$\boldsymbol{N} = \boldsymbol{O}(\boldsymbol{\omega}), \quad [\boldsymbol{N}, {}_{\boldsymbol{N}}{\leqq}_{\boldsymbol{N}}] = \boldsymbol{O}^*(\boldsymbol{\omega}).$$

$\boldsymbol{\omega}$ ist also die kleinste unendliche Ordinalzahl und die kleinste Limeszahl. Es gibt größere Ordinalzahlen als $\boldsymbol{\omega}$ z. B. $\boldsymbol{\omega}'$. Es ist $\overline{\overline{\boldsymbol{N}}} = \mathfrak{a}$; denn wäre M eine unendliche Menge mit $M \prec \boldsymbol{N}$ und R eine reflexive Wohlordnung in M, so wäre $[M, R] \prec [\boldsymbol{N}, {}_{\boldsymbol{N}}{\leqq}_{\boldsymbol{N}}]$ im Widerspruch dazu, daß dann M endlich ist. Jede unendliche reflexiv wohlgeordnete Menge $[M, R]$ besitzt ein abzählbares Anfangsstück; denn es ist $\boldsymbol{O}^*(\boldsymbol{\omega}) \preceq [M, R]$ und $\overline{\overline{\boldsymbol{O}(\boldsymbol{\omega})}} = \mathfrak{a}$.

Wegen $\overline{\overline{\boldsymbol{N}}} = \mathfrak{a}$ gilt: Eine Menge M ist bzw. endlich, unendlich, abzählbar, höchstens abzählbar, mindestens abzählbar, überabzählbar genau dann, wenn bzw. $M \prec \boldsymbol{N}$, $\boldsymbol{N} \preceq M$, $M \backsim \boldsymbol{N}$, $M \preceq \boldsymbol{N}$, $\boldsymbol{N} \preceq M$, $\boldsymbol{N} \prec M$ gilt.

5. Als Abschluß dieses Paragraphen behandeln wir noch einige elementare Begriffe für Kardinal- und Ordinalzahlen.

Definition 7. Ist α eine Ordinalzahl, so bezeichne man mit $|\alpha|$ (gelesen: *Kardinalzahl* α) diejenige Kardinalzahl $\mathfrak{x}$ mit

$$\forall X \, \forall R \, (\overline{\overline{[X, R]}} = \alpha \rightarrow \overline{\overline{X}} = \mathfrak{x}).$$

Ist $\mathfrak{m}$ eine Kardinalzahl, so ist die *Zahlklasse von* $\mathfrak{m}$, bezeichnet mit: $\boldsymbol{Z}(\mathfrak{m})$ (gelesen: *Zahlklasse* $\mathfrak{m}$), die Klasse aller Ordinalzahlen ξ mit $|\xi| = \mathfrak{m}$. Eine Klasse Z ist eine *Zahlklasse* genau dann, wenn es eine Kardinalzahl $\mathfrak{m}$ gibt mit $Z = \boldsymbol{Z}(\mathfrak{m})$.

Aus Definition 7, Satz 4 und Satz 5, § 21 folgt sofort für Ordinalzahlen α, β:

$$\alpha \leqq \beta \to |\alpha| \leqq |\beta|, \qquad |\alpha| < |\beta| \to \alpha < \beta,$$

$$\alpha \textit{ endlich} \leftrightarrow |\alpha| \textit{ endlich},$$

$$\alpha \textit{ unendlich} \leftrightarrow |\alpha| \textit{ unendlich},$$

$$\alpha \textit{ endlich} \to |\alpha'| = |\alpha|',$$

$$|0| = \underset{\cdot}{0}, \quad |1| = \underset{\cdot}{1}, \quad |2| = \underset{\cdot}{2}, \quad |3| = \underset{\cdot}{3}, \ldots, \quad |\boldsymbol{\omega}| = \mathfrak{a}.$$

Die Zahlklassen sind Mengen; denn ist $\mathfrak{m}$ eine Kardinalzahl, $\overline{\overline{M}} = \mathfrak{m}'$, R eine reflexive Wohlordnung in M, $\alpha = \overline{[M, R]}$, $\xi \in \boldsymbol{Z}(\mathfrak{m})$ und $\overline{[N, S]} = \xi$, so ist

$$\overline{\overline{N}} = |\xi| = \mathfrak{m} < \mathfrak{m}' = |\alpha| = \overline{\overline{M}},$$

also $N \prec M$, also $[N, S] \prec [M, R]$, also $\xi < \alpha$; damit ist $\boldsymbol{Z}(\mathfrak{m}) \subseteq \boldsymbol{O}(\alpha)$, also $\boldsymbol{Z}(\mathfrak{m}) \in \boldsymbol{M}$.

Jede Ordinalzahl liegt in genau einer Zahlklasse, so daß also $\boldsymbol{O}$ disjunkt und erschöpfend in die Zahlklassen zerfällt; d. h. das Mengensystem aller Zahlklassen ist eine Zerlegung von $\boldsymbol{O}$.

Für jede Ordinalzahl α gilt nach Satz 5:

$$|\alpha| = \overline{\overline{\boldsymbol{O}(\alpha)}}.$$

Für jede Menge M und jede Ordinalzahl $\alpha \in \boldsymbol{Z}(\overline{\overline{M}})$ gibt es eine reflexive Wohlordnung R in M mit $\overline{[M, R]} = \alpha$; denn es ist $\overline{\overline{M}} = \overline{\overline{\boldsymbol{O}(\alpha)}}$, woraus trivial die Existenz einer reflexiven Wohlordnung R in M mit $[M, R] \backsimeq \boldsymbol{O}^*(\alpha)$ folgt, also mit $\overline{[M, R]} = \overline{\boldsymbol{O}^*(\alpha)} = \alpha$.

Die endlichen Kardinalzahlen lassen sich dadurch kennzeichnen, daß ihre Zahlklassen aus genau einem Element bestehen:

Satz 9. *Für Kardinalzahlen* $\mathfrak{n}$ *gilt:*

$$\mathfrak{n} \textit{ endlich} \leftrightarrow \overline{\overline{\boldsymbol{Z}(\mathfrak{n})}} = \underset{\cdot}{1}.$$

Beweis. ($\to$) Ist $\mathfrak{n} \in \mathfrak{N}$, $\xi_1, \xi_2 \in \boldsymbol{Z}(\mathfrak{n})$, $\xi_1 = \overline{[X_1, R_1]}$, $\xi_2 = \overline{[X_2, R_2]}$, so sind X_1, X_2 endliche Mengen mit $X_1 \backsim X_2$ wegen $\mathfrak{n} = \overline{\overline{X_1}} = \overline{\overline{X_2}}$, also ist nach Satz 1, § 22 $[X_1, R_1] \backsimeq [X_2, R_2]$ und damit $\xi_1 = \xi_2$. Also ist $\boldsymbol{Z}(\mathfrak{n})$ eine Einermenge wegen $\boldsymbol{Z}(\mathfrak{n}) \neq \emptyset$, also $\overline{\overline{\boldsymbol{Z}(\mathfrak{n})}} = \underset{\cdot}{1}$. ($\leftarrow$) Für eine unendliche Kardinalzahl $\mathfrak{n}$ ist $\boldsymbol{Z}(\mathfrak{n}) > \underset{\cdot}{1}$; denn ist $\xi \in \boldsymbol{Z}(\mathfrak{n})$, $\xi = \overline{[X, R]}$, $x \in \boldsymbol{E} \setminus X$ und nach Satz 4 $\xi' = \overline{[X \cup \{x\}, R^*]}$, so ist nach Satz 5, § 21 $|\xi'| = \overline{\overline{X \cup \{x\}}} = \overline{\overline{X}} = |\xi| = \mathfrak{n}$, also insgesamt $\xi, \xi' \in \boldsymbol{Z}(\mathfrak{n})$ bei $\xi \neq \xi'$ und damit $\overline{\overline{\boldsymbol{Z}(\mathfrak{n})}} \geq \underset{\cdot}{2} > \underset{\cdot}{1}$.

Wir werden später (§ 40) $\boldsymbol{Z}(\mathfrak{n})$ auch für unendliche Kardinalzahlen $\mathfrak{n}$ bestimmen.

Die Klasse $\mathfrak{A}$ aller Allmengen wird durch $\subseteq$ wohlgeordnet, und ihre Abschnitte sind Mengen (Sätze 6, 8 aus § 4); die Klasse $\mathfrak{S}$ aller Stufen wird durch $\sqsubset$ wohlgeordnet (Satz 11, § 4), und ihre Abschnitte sind Mengen, da für jedes $S \in \mathfrak{S}$ trivial $\mathrm{Ab}\, S \subseteq \boldsymbol{A} S$ gilt; die Klasse $\boldsymbol{K}$ aller Kardinalzahlen wird durch $\underset{\boldsymbol{K}}{\leqq}$ wohlgeordnet, und ihre Abschnitte sind Mengen (Sätze 2, 3 aus § 21); schließlich wird die Klasse $\boldsymbol{O}$ aller Ordinalzahlen durch $\underset{\boldsymbol{O}}{\leqq}$ wohlgeordnet, und ihre Abschnitte sind Mengen (Sätze 2, 3). Da $\mathfrak{A}, \mathfrak{S}, \boldsymbol{K}, \boldsymbol{O}$ Unmengen sind, sind die Klassen $\mathfrak{A}, \mathfrak{S}, \boldsymbol{K}$ nach Satz 18, § 22 sämtlich der Klasse $\boldsymbol{O}$ aller Ordinalzahlen ähnlich (in bezug auf die zugehörigen Wohlordnungen).

Ist F^* die ähnliche Abbildung von $\boldsymbol{O}$ auf $\boldsymbol{K}$ und $F = F^*_{\boldsymbol{N}}$, so folgt $\mathrm{Nb}\, F = \mathfrak{N}$ aus den Definitionen der endlichen Kardinal- und Ordinalzahlen und der Isomorphieeigenschaft von F^*; also ist F eine ähnliche Abbildung von $\boldsymbol{N}$ auf $\mathfrak{N}$, womit auch $\boldsymbol{N}$ und $\mathfrak{N}$ einander ähnlich sind.

Satz 10. *Die Funktion F über $\boldsymbol{N}$ mit für jedes $\nu \in \boldsymbol{N}$:*

$$F(\nu) = |\nu|$$

ist eine (und damit die eindeutig bestimmte) ähnliche Abbildung von $\boldsymbol{N}$ auf $\mathfrak{N}$.

Beweis. Wir müssen zeigen, daß die angegebene Funktion F über $\boldsymbol{N}$ ein Isomorphismus von $\boldsymbol{N}$ auf $\mathfrak{N}$ ist. F ist zunächst eine Funktion von $\boldsymbol{N}$ auf $\mathfrak{N}$; denn ist $\mathfrak{n} \in \mathfrak{N}$, $\overline{\overline{N}} = \mathfrak{n}$ und R eine reflexive Wohlordnung in N, so ist nach den Sätzen 4, § 21 und 6 $\nu = \overline{[N, R]} \in \boldsymbol{N}$ mit $F(\nu) = |\nu| = \mathfrak{n}$. F ist auch umkehrbar eindeutig; denn ist $\nu_1, \nu_2 \in \boldsymbol{N}$, $\nu_1 = \overline{[N_1, R_1]}$, $\nu_2 = \overline{[N_2, R_2]}$ und etwa $\nu_1 < \nu_2$, so ist $[N_1, R_1] \prec [N_2, R_2]$, also gibt es eine Menge X mit $N_1 \backsim X \subset N_2$, woraus nach Satz 1, § 20 $N_1 \prec N_2$ folgt, also $F(\nu_1) = |\nu_1| = \overline{\overline{N_1}} < \overline{\overline{N_2}} = |\nu_2| = F(\nu_2)$; damit ist die umkehrbare Eindeutigkeit und gleichzeitig die Isomorphie von F gezeigt.

Satz 10, aus dem nochmals die Teilbehauptung $\mathfrak{n}$ *endlich* $\rightarrow \overline{\overline{\overline{\boldsymbol{Z}(\mathfrak{n})}}} = \underset{\cdot}{1}$ von Satz 9 folgt, ist der Grund dafür, daß sich beim praktischen Gebrauch, wie wir im Verlaufe der Theorie sehen werden, die endlichen Kardinal- und Ordinalzahlen nicht voneinander unterscheiden; bei den unendlichen Kardinal- und Ordinalzahlen werden die Verhältnisse anders liegen.

Die aus der Anschauung her bekannten natürlichen Zahlen erscheinen in unserer Theorie einmal als Grundzahlen, als endliche Kardinalzahlen, und einmal als Ordnungszahlen, als endliche Ordinalzahlen. Für die exakte Definition der natürlichen Zahlen können wir also eine dieser beiden Zahlenarten verwenden. Nach Satz 10 ist es dabei für den praktischen Gebrauch der natürlichen Zahlen vollkommen gleichgültig, ob wir sie als endliche Kardinal- oder endliche Ordinalzahlen definieren. Entwicklungsgeschichtlich gesehen, bilden die Ordinalzahlen den ursprünglicheren Begriff vor den Kardinalzahlen; denn die Anzahl der Elemente einer endlichen Menge wurde zunächst durch Abzählen der Elemente bestimmt und nicht durch bloßes abstraktes eineindeutiges Abbilden auf eine vorgegebene Menge mit bekannter Anzahl (etwa auf die Menge der Finger einer Hand). Theoretisch gesehen haben jedoch die Kardinalzahlen auf Grund ihrer logisch einfacheren Struktur den Vorrang vor den Ordinalzahlen. Wir schließen uns dem entwicklungsgeschichtlichen Standpunkt an und definieren die natürlichen Zahlen als endliche Ordinalzahlen.

Definition 8. Eine Ordinalzahl n ist eine *natürliche Zahl* genau dann, wenn n eine endliche Ordinalzahl ist. Es sei n eine natürliche Zahl; eine Menge M *besitzt n Elemente* genau dann, wenn $\overline{\overline{M}} = |n|$ gilt.

Ist also n eine natürliche Zahl, so hat eine Menge n Elemente genau dann, wenn sie sich eineindeutig auf $\boldsymbol{O}(n)$ (oder wegen $|n| = \overline{\overline{\boldsymbol{O}(n)}} = \overline{\overline{\mathrm{Ab}\,|n|}}$ auch auf $\mathrm{Ab}\,|n|$) abbilden läßt. Eine Menge M ist endlich genau dann, wenn es ein $n \in \boldsymbol{N}$ gibt, so daß M n Elemente besitzt. $\emptyset$ besitzt $\mathbf{0}$ Elemente, jede Einermenge besitzt $\mathbf{1}$ Element, jede Zweiermenge mit verschiedenen Elementen besitzt $\mathbf{2}$ Elemente, jede Dreiermenge mit paarweise verschiedenen Elementen besitzt $\mathbf{3}$ Elemente usw.

Da für natürliche Zahlen n, m nach Satz 10 gilt:

$$n = m \leftrightarrow |n| = |m|,$$

$$n < m \leftrightarrow |n| < |m|,$$

$$|n'| = |n|',$$

$$|\mathbf{0}| = \underset{\cdot}{0},$$

unterscheiden sich die natürlichen Zahlen beim Operieren mit $=$, $<$, $'$, $\mathbf{0}$ nicht von den endlichen Kardinalzahlen. Ähnliche Regeln werden wir später (Satz 19, § 25) für die eingeführten Rechenoperationen feststellen, so daß also insgesamt das Operieren mit natürlichen Zahlen isomorph dem Operieren mit endlichen Kardinalzahlen ist und die natürlichen Zahlen stets im Sinne von „M besitzt n Elemente" aus Definition 8 stellvertretend für die endlichen Kardinalzahlen verwendet werden dürfen.

Die Klasse U aller unendlichen Kardinalzahlen wird als Teilklasse von $\boldsymbol{K}$ durch ${}_U\!\leqq_U$ wohlgeordnet, und ihre Abschnitte sind Mengen, da dies für $\boldsymbol{K}$ gilt. U ist eine Unmenge, da sonst $\mathfrak{N} \cup U = \boldsymbol{K}$ eine Menge wäre. Also ist U nach Satz 18, § 22 der Klasse $\boldsymbol{O}$ aller Ordinalzahlen ähnlich.

Definition 9. Eine Kardinalzahl $\mathfrak{m}$ ist ein *Aleph* genau dann, wenn $\mathfrak{m}$ eine unendliche Kardinalzahl ist. Mit $\aleph$ (gelesen: *Aleph*) bezeichne man die eindeutig bestimmte ähnliche Abbildung von $\boldsymbol{O}$ auf die Klasse aller Alephs (in bezug auf die zugehörigen Wohlordnungen).

(Aleph ist der erste Buchstabe des hebräischen Alphabets.)

Die Funktion $\aleph$ indiziert also die Alephs mit Ordinalzahlindizes. Für Ordinalzahlen α, β gilt stets:

$$\alpha = \beta \leftrightarrow \aleph_\alpha = \aleph_\beta,$$

$$\alpha < \beta \leftrightarrow \aleph_\alpha < \aleph_\beta,$$

$$\mathfrak{a} = \aleph_0 \leqq \aleph_\alpha;$$

es ist dann u. a.

$$(\aleph_\alpha)' = \aleph_{\alpha'}.$$

Jede Zahlklasse besitzt als nicht leere Teilmenge von $\boldsymbol{O}$ ein erstes Element. Ist Ω die Klasse aller ersten Elemente von Zahlklassen $\boldsymbol{Z}(\mathfrak{m})$, wo $\mathfrak{m}$ ein Aleph ist, so wird Ω als Teilklasse von $\boldsymbol{O}$ durch ${}_{\Omega}{\leqq}_{\Omega}$ wohlgeordnet, und jeder Abschnitt von Ω ist eine Menge, da dies für $\boldsymbol{O}$ gilt. Ω ist auch eine Unmenge; denn ist F die Funktion über Ω, welche jedem $\omega \in \Omega$ diejenige Zahlklasse Z zuordnet, von der ω erstes Element ist, so ist F eine eineindeutige Abbildung von Ω auf die Klasse $\mathfrak{Z}$ aller Zahlklassen $\boldsymbol{Z}(\mathfrak{m})$ von Alephs; wäre dann Ω eine Menge, so auch $\mathfrak{Z}$, also auch $\boldsymbol{N} \cup \bigcup \mathfrak{Z} = \boldsymbol{O}$. Also ist Ω nach Satz 18, § 22 der Klasse $\boldsymbol{O}$ aller Ordinalzahlen ähnlich.

Definition 10. Ist $\mathfrak{m}$ ein Aleph, so ist die *Anfangszahl von* $\boldsymbol{Z}(\mathfrak{m})$ die kleinste Ordinalzahl aus $\boldsymbol{Z}(\mathfrak{m})$. Eine Ordinalzahl Ω ist eine *Anfangszahl* genau dann, wenn es ein Aleph $\mathfrak{m}$ gibt, so daß Ω die Anfangszahl von $\boldsymbol{Z}(\mathfrak{m})$ ist. Mit $\boldsymbol{\Omega}$ bezeichne man die eindeutig bestimmte ähnliche Abbildung von $\boldsymbol{O}$ auf die Klasse aller Anfangszahlen (in bezug auf die zugehörigen Wohlordnungen).

Die Funktion $\boldsymbol{\Omega}$ indiziert also die Anfangszahlen mit Ordinalzahlindizes. Für Ordinalzahlen α, β gilt stets:

$$\alpha = \beta \leftrightarrow \boldsymbol{\Omega}_\alpha = \boldsymbol{\Omega}_\beta,$$

$$\alpha < \beta \leftrightarrow \boldsymbol{\Omega}_\alpha < \boldsymbol{\Omega}_\beta,$$

$$\boldsymbol{\omega} = \boldsymbol{\Omega}_0 \leqq \boldsymbol{\Omega}_\alpha.$$

Jede Anfangszahl Ω ist eine Limeszahl; denn es ist zunächst $\Omega \neq 0$, da Ω eine unendliche Ordinalzahl ist, und wäre $\xi' = \Omega$, so wäre nach Satz 4 und Satz 5, § 21 $|\xi| = |\Omega|$, womit dann aber Ω nicht die kleinste Ordinalzahl der betreffenden Zahlklasse wäre.

Satz 11. *Für Ordinalzahlen* α *gilt:*

$$|\boldsymbol{\Omega}_\alpha| = \aleph_\alpha.$$

Beweis. Der Beweis wird induktiv über α geführt. Es sei α eine Ordinalzahl mit der Eigenschaft $|\boldsymbol{\Omega}_\xi| = \aleph_\xi$ für jedes $\xi < \alpha$; dann ist nach dem Rechtfertigungssatz für Beweise durch transfinite ordnungstheoretische Induktion (Satz 2, § 19) aus dieser Voraussetzung $|\boldsymbol{\Omega}_\alpha| = \aleph_\alpha$ abzuleiten. Für jedes $\xi < \alpha$ ist $\boldsymbol{\Omega}_\xi < \boldsymbol{\Omega}_\alpha$, also $|\boldsymbol{\Omega}_\xi| \leqq |\boldsymbol{\Omega}_\alpha|$; es kann aber nie $|\boldsymbol{\Omega}_\xi| = |\boldsymbol{\Omega}_\alpha|$ sein, da sonst die Zahlklasse $\boldsymbol{Z}(|\boldsymbol{\Omega}_\alpha|)$ die beiden ersten Elemente $\boldsymbol{\Omega}_\xi$ und $\boldsymbol{\Omega}_\alpha$ hätte; also gilt $|\boldsymbol{\Omega}_\xi| < |\boldsymbol{\Omega}_\alpha|$ für jedes $\xi < \alpha$. $|\boldsymbol{\Omega}_\alpha|$ ist damit ein Aleph, das größer als alle Kardinalzahlen $|\boldsymbol{\Omega}_\xi|$ für $\xi < \alpha$ ist. $|\boldsymbol{\Omega}_\alpha|$ ist aber auch das kleinste derartige Aleph; denn wäre für eine unendliche Kardinalzahl $\mathfrak{m}$ $|\boldsymbol{\Omega}_\xi| < \mathfrak{m} < |\boldsymbol{\Omega}_\alpha|$ für jedes $\xi < \alpha$ und wäre $\boldsymbol{\Omega}_\mu$ die Anfangszahl der Zahlklasse $\boldsymbol{Z}(\mathfrak{m})$, so wäre $\boldsymbol{\Omega}_\mu < \boldsymbol{\Omega}_\alpha$ wegen $\mathfrak{m} < |\boldsymbol{\Omega}_\alpha|$, also $\mu < \alpha$ im Widerspruch dann zu $|\boldsymbol{\Omega}_\mu| < \mathfrak{m} = |\boldsymbol{\Omega}_\mu|$. Also ist $|\boldsymbol{\Omega}_\alpha|$ das kleinste Aleph, das größer als alle $|\boldsymbol{\Omega}_\xi|$ für $\xi < \alpha$ ist. Nach der Induktionsvoraussetzung $|\boldsymbol{\Omega}_\xi| = \aleph_\xi$ für alle $\xi < \alpha$ ist dann $|\boldsymbol{\Omega}_\alpha|$ auch das kleinste Aleph, das größer als alle $\aleph_\xi$ für $\xi < \alpha$ ist; diese Kardinalzahl ist aber gerade $\aleph_\alpha$, womit schließlich $|\boldsymbol{\Omega}_\alpha| = \aleph_\alpha$ gilt.

Nach Satz 11 ist also für jede Ordinalzahl α $\boldsymbol{\Omega}_\alpha$ die Anfangszahl der Zahlklasse $\boldsymbol{Z}(\aleph_\alpha)$. Für jede Ordinalzahl α ist $\boldsymbol{Z}(\aleph_\alpha)$ die Menge aller Ordinalzahlen ξ mit $\boldsymbol{\Omega}_\alpha \leqq \xi < \boldsymbol{\Omega}_{\alpha'}$, also die Menge

$$\boldsymbol{Z}(\aleph_\alpha) = [\boldsymbol{\Omega}_\alpha, \boldsymbol{\Omega}_{\alpha'}[= \boldsymbol{O}(\boldsymbol{\Omega}_{\alpha'}) \setminus \boldsymbol{O}(\boldsymbol{\Omega}_\alpha);$$

es ist

$$\boldsymbol{O}(\boldsymbol{\Omega}_{\alpha'}) = \boldsymbol{O}(\boldsymbol{\Omega}_\alpha) \cup \boldsymbol{Z}(\aleph_\alpha).$$

Da für Ordinalzahlen α, ξ stets

$$\xi < \boldsymbol{\Omega}_\alpha \leftrightarrow |\xi| < \aleph_\alpha$$

gilt, ist für jedes $\alpha \in \boldsymbol{O}$:

$$\boldsymbol{O}(\boldsymbol{\Omega}_\alpha) = \boldsymbol{O}(\boldsymbol{\omega}) \cup \bigcup_{\nu \in \boldsymbol{O}(\alpha)} \boldsymbol{Z}(\aleph_\nu) = \boldsymbol{N} \cup \bigcup_{\nu \in \boldsymbol{O}(\alpha)} \boldsymbol{Z}(\aleph_\nu).$$

Definition 11. Die Menge $\boldsymbol{N}$ der natürlichen Zahlen heißt auch die *erste Zahlklasse*, bezeichnet mit $\boldsymbol{Z}_1$, die Zahlklasse $\boldsymbol{Z}(\aleph_0)$ heißt auch die *zweite Zahlklasse*, bezeichnet mit $\boldsymbol{Z}_2$; mit $\boldsymbol{Z}$ bezeichne man die Vereinigung $\boldsymbol{Z}_1 \cup \boldsymbol{Z}_2$.

Die erste und zweite Zahlklasse finden besonders in der Analysis (speziell in der Theorie der Punktmengen) Anwendung. Es ist

$$\boldsymbol{Z}_2 = \boldsymbol{O}(\boldsymbol{\Omega}_1) \setminus \boldsymbol{O}(\boldsymbol{\omega}) = \boldsymbol{O}(\boldsymbol{\Omega}_1) \setminus \boldsymbol{Z}_1,$$

$$\boldsymbol{Z} = \boldsymbol{Z}_1 \cup \boldsymbol{Z}_2 = \boldsymbol{O}(\boldsymbol{\Omega}_1).$$

Die Ordinalzahlen ermöglichen die exakte Definition des Folgenbegriffes:

Definition 12. Ist α eine Ordinalzahl, so ist eine Funktion F eine *Folge vom Typ* α genau dann, wenn F eine Funktion über $\boldsymbol{O}(\alpha)$ ist. Ist F eine Folge vom Typ α, so bezeichnet man F auch mit: $(F(\xi))_{\xi<\alpha}$ und verwendet dann auch mit dieser Schreibweise „$\xi < \alpha$" (statt „$\xi \in \boldsymbol{O}(\alpha)$") sämtliche für Elemente- und Mengenkomplexe in § 9 (Abschnitt 4) vereinbarten Abkürzungen. Eine Funktion F ist eine *abzählbare Folge* genau dann, wenn F eine Folge vom Typ $\boldsymbol{\omega}$ ist. Eine Funktion F ist eine *Folge vom Typ α von Ordinalzahlen* bzw. eine *Folge vom Typ α von Kardinalzahlen* genau dann, wenn F eine Folge vom Typ α mit Werten aus $\boldsymbol{O}$ bzw. aus $\boldsymbol{K}$ ist. Eine Folge F vom Typ λ von Ordinalzahlen bzw. von Kardinalzahlen ist eine *Fundamentalfolge vom Typ λ von Ordinalzahlen* bzw. eine *Fundamentalfolge vom Typ λ von Kardinalzahlen* genau dann, wenn λ eine Limeszahl ist und F echt monoton wächst (vgl. Definition 11, § 14). Ist F eine Folge vom Typ α von Ordinal- bzw. Kardinalzahlen, so ist der *Grenzwert von F* oder der *Limes von F*, bezeichnet mit: $\lim\limits_{\xi<\alpha} F(\xi)$ (gelesen: *Limes $F(\xi)$ für $\xi < \alpha$*), das Supremum sup Nb F. Für die Schreibweise „$\lim\limits_{\xi<\alpha} F(\xi)$" verwendet man analoge Abkürzungsverfahren, wie sie früher in § 9 (Abschnitt 4) etwa für die Vereinigung $\bigcup\limits_{x\in I} F(x)$ von Mengenkomplexen $(F(x))_{x\in I}$ vereinbart wurden. Die Bezeichnungen $(F(\xi))_{\xi<\alpha}$, $\lim\limits_{\xi<\alpha} F(\xi)$ werden analog verwendet für jede andere (in unserem Falle von den Variablen F, α verschiedene) Dingvariable statt ξ.

Man beachte die doppelte Bedeutung des „lim"-Zeichens (einmal als Limes einer Folge von Ordinalzahlen, einmal als Limes einer Folge von Kardinalzahlen); aus dem Zusammenhang der jeweiligen Betrachtungen wird jedoch stets hervorgehoben, welche Bedeutung gemeint ist.

Die in der Mathematik am häufigsten auftretenden Folgen sind die abzählbaren Folgen, also die Funktionen über $\boldsymbol{N}$.

Für jede Folge F vom Typ α von Ordinal- bzw. Kardinalzahlen existiert nach Satz 2 und Satz 2, § 21 (jeweils nach deren letzten Behauptungen) der $\lim\limits_{\xi<\alpha} F(\xi)$, da mit $\operatorname{Vb} F = \boldsymbol{O}(\alpha)$ auch $\operatorname{Nb} F$ eine Menge ist.

Für Ordinalzahlen α gilt:

$$\alpha \textit{ Limeszahl} \to \lim_{\xi<\alpha} \xi = \alpha,$$

$$\alpha \textit{ isolierte Zahl} \to \lim_{\xi<\alpha'} \xi = \alpha.$$

Die Beziehung $\lim\limits_{\xi<\alpha} \xi = \alpha$ für Limeszahlen α rechtfertigt die Bezeichnung „Limeszahl".

Ist $(\alpha_\xi)_{\xi<\lambda}$ eine Fundamentalfolge vom Typ λ von Ordinalzahlen, so ist $(\aleph_{\alpha_\xi})_{\xi<\lambda}$ eine Fundamentalfolge vom Typ λ von Alephs; ist umgekehrt $(\mathfrak{m}_\xi)_{\xi<\lambda}$ eine Fundamentalfolge vom Typ λ von Alephs und $\mathfrak{m}_\xi = \aleph_{\alpha_\xi}$ für jedes $\xi < \lambda$, so ist $(\alpha_\xi)_{\xi<\lambda}$ eine Fundamentalfolge vom Typ λ von Ordinalzahlen.

Sind $(\alpha_\xi)_{\xi<\gamma}$, $(\beta_\eta)_{\eta<\delta}$ Folgen der Typen γ, δ von Ordinal- bzw. Kardinalzahlen, so gilt:

$$\forall \xi \exists \eta (\xi < \gamma \to \eta < \delta \wedge \alpha_\xi \leqq \beta_\eta) \to \lim_{\xi<\gamma} \alpha_\xi \leqq \lim_{\eta<\delta} \beta_\eta,$$

$$\forall \xi \exists \eta (\xi < \gamma \to \eta < \delta \wedge \alpha_\xi \leqq \beta_\eta) \wedge \forall \eta \exists \xi (\eta < \delta \to \xi < \gamma \wedge \beta_\eta \leqq \alpha_\xi)$$
$$\to \lim_{\xi<\gamma} \alpha_\xi = \lim_{\eta<\delta} \beta_\eta.$$

Sind $(\alpha_\xi)_{\xi<\lambda}$, $(\beta_\eta)_{\eta<\mu}$ Fundamentalfolgen der Typen λ, μ von Ordinal- bzw. Kardinalzahlen, so gilt

$$\lim_{\xi<\lambda} \alpha_\xi = \lim_{\eta<\mu} \beta_\eta$$

genau dann, wenn es zu jedem α_ξ ein β_η mit $\alpha_\xi < \beta_\eta$ und zu jedem β_η ein α_ξ mit $\beta_\eta < \alpha_\xi$ gibt. Zum Beispiel gilt für ordinale Limeszahlen λ:

$$\lim_{\xi<\lambda} \xi = \lim_{\xi<\lambda} (\xi') = \lambda.$$

Ist $(\alpha_\xi)_{\xi<\lambda}$ eine Fundamentalfolge vom Typ λ von Ordinal- bzw. Kardinalzahlen, so ist $\mu = \lim\limits_{\xi<\lambda} \alpha_\xi$ eine Limeszahl. Denn es ist trivial $\mu \neq 0$ bzw. $\mu \neq \underset{\cdot}{0}$; besäße μ einen Vorgänger ν mit also $\nu' = \mu$, so gäbe es wegen $\nu < \mu$ ein $\xi_0 < \lambda$ mit $\nu < \alpha_{\xi_0}$, also mit $\mu = \nu' \leqq \alpha_{\xi_0} \leqq \mu$, woraus $\alpha_{\xi_0} = \mu$ und $\mu < \alpha_{\xi_0'}$ folgt im Widerspruch zu $\alpha_\xi \leqq \mu$ für alle $\xi < \lambda$; damit ist μ Limeszahl.

Nach demselben Verfahren zeigt man ohne Schwierigkeiten noch allgemeiner: Ist $(\alpha_\xi)_{\xi<\beta}$ eine monoton wachsende Folge vom Typ $\beta \neq 0$ von Ordinal- bzw.

Kardinalzahlen und gibt es zu jeder Ordinalzahl $\xi < \beta$ eine Ordinalzahl $\eta < \beta$ mit $\xi < \eta$ und $\alpha_\xi < \alpha_\eta$, so sind β und $\lim\limits_{\xi<\beta} \alpha_\xi$ Limeszahlen.

Für Fundamentalfolgen $(\alpha_\xi)_{\xi<\lambda}$ vom Typ λ von Ordinalzahlen mit $\mu = \lim\limits_{\xi<\lambda} \alpha_\xi$ gilt sofort

$$\lim_{\xi<\lambda} \aleph_{\alpha_\xi} = \aleph_{\lim\limits_{\xi<\lambda} \alpha_\xi} = \aleph_\mu;$$

speziell gilt also für ordinale Limeszahlen λ:

$$\lim_{\xi<\lambda} \aleph_\xi = \aleph_\lambda.$$

Jede Fundamentalfolge F ist eine ähnliche Abbildung von Vb F auf Nb F.

Satz 12. *Für Ordinalzahlen α und Folgen F vom Typ α von Ordinal- bzw. Kardinalzahlen gilt:*

$$F \text{ monoton fallend} \rightarrow \text{Nb } F \text{ endlich},$$

$$F \text{ echt monoton fallend} \rightarrow \boldsymbol{O}(\alpha), \text{Nb } F, \alpha \text{ endlich}.$$

Beweis. Die Behauptungen folgen unmittelbar aus Satz 15, § 17.

§ 24. Ordnungstypen

1. Nach demselben Muster, nach dem im vorigen Paragraphen die Ordinalzahlen durch einen Abstraktionsprozeß aus den einander ähnlichen reflexiv wohlgeordneten Mengen gewonnen wurden, kann man allgemein für eine durch eine Relation geregelte Menge $M^* = [M, R]$ den Relationstyp von M^* zunächst als die Klasse aller mit M^* ähnlichen geregelten Mengen definieren. Wie bei der Einführung der Ordinalzahlen erhält man aber, daß diese Klassen im allgemeinen Unmengen sind, womit sich wiederum die Notwendigkeit einer Relativierung der Begriffsbildung auf geeignete Allmengen ergibt, damit die definierten Gebilde Mengen sind. Man definiert also:

Definition 1. Ist $M^* = [M, R]$ eine durch eine Relation geregelte Menge und A die kleinste Allmenge, für die es eine Teilmenge $X \subseteq A$ mit $X \backsim M$ gibt, so ist der *Relationstyp von M^** die Menge aller durch eine Relation geregelten Mengen $[X, S]$ mit $X \subseteq A$ und $[X, S] \backsimeq [M, R]$.

Ist $M^* = [M, R]$ eine durch eine Relation geregelte Menge und A die kleinste Allmenge, für die es eine Teilmenge $X \subseteq A$ mit $X \backsim M$ gibt, so ist der Relationstyp von M^* Teilmenge von $\boldsymbol{P}A \times \boldsymbol{P}(A \times A)$.

Es ist jedoch für unsere Belange unzweckmäßig, Relationstypen derart allgemeiner Natur zu untersuchen, da man auf Grund ihres hohen Allgemeinheitsgrades nur wenige konkrete Aussagen über sie machen könnte. Neben den Relationstypen der reflexiv wohlgeordneten Mengen, den Ordinalzahlen, verlohnt es sich vor allem, die Relationstypen der geordneten Mengen, die sogenannten Ordnungstypen, zu betrachten und eine entsprechende Theorie zu entwickeln.

Ob wir den Ordnungstypen dabei reflexiv geordnete oder irreflexiv geordnete Mengen zugrunde legen, ist wieder völlig gleichgültig; wir entscheiden uns in Anlehnung an die Einführung der Ordinalzahlen etwa für reflexiv geordnete Mengen.

Definition 2. Ist $M^* = [M, R]$ eine reflexiv geordnete Menge und A die kleinste Allmenge, für die es eine Teilmenge $X \subseteq A$ mit $X \backsim M$ gibt, so ist der *Ordnungstyp von* M^*, bezeichnet mit: $\overline{M^*}$ (gelesen: *Ordnungstyp* M^*), die Menge aller reflexiv geordneten Mengen $[X, S]$ mit $X \subseteq A$ und $[X, S] \backsimeq [M, R]$. Eine Menge α ist ein *Ordnungstyp* genau dann, wenn es eine reflexiv geordnete Menge M^* gibt mit $\alpha = \overline{M^*}$. Eine reflexiv geordnete Menge M^* *repräsentiert* den Ordnunungstyp α oder ist ein *Repräsentant von* α genau dann, wenn $\overline{M^*} = \alpha$ gilt. Mit $\boldsymbol{Ot}$ bezeichne man die Klasse aller Ordnungstypen.

Man beachte die doppelte Bedeutung der Bezeichnung $\overline{M^*}$, einmal als Ordinalzahl, einmal als Ordnungstyp; aus dem Zusammenhang der jeweiligen Betrachtungen wird jedoch stets hervorgehen, welche Bedeutung gemeint ist.

Ist $M^* = [M, R]$ eine reflexiv geordnete Menge und A die kleinste Allmenge, für die es eine Teilmenge $X \subseteq A$ mit $X \backsim M$ gibt, so ist $\overline{M^*} \subseteq \boldsymbol{P}A \times \boldsymbol{P}(A \times A)$. Die Ordnungstypen sind die Relationstypen der reflexiv geordneten Mengen, die Ordinalzahlen sind die Relationstypen und die Ordnungstypen der reflexiv wohlgeordneten Mengen. Für reflexiv wohlgeordnete Mengen M^* fallen also Ordnungstyp (d. h. $\overline{M^*}$ im Sinne obiger Definition 2) und Ordinalzahl (d. h. $\overline{M^*}$ im Sinne von Definition 1, § 23) zusammen; die Bezeichnung $\overline{M^*}$ auch für den Relationstyp reflexiv geordneter Mengen M^* ist daher besonders sinnvoll.

Wegen $\boldsymbol{O} \subseteq \boldsymbol{Ot}$ ist $\boldsymbol{Ot}$ eine Unmenge.

Satz 1. *Für reflexiv geordnete Mengen* M^*, N^* *und Ordnungstypen* α, β *gilt:*

$$M^* \in \overline{N^*} \rightarrow M^* \backsimeq N^*,$$

$$\overline{M^*} = \overline{N^*} \leftrightarrow M^* \backsimeq N^*,$$

$$\alpha = \beta \leftrightarrow \forall X\, (X \in \alpha \leftrightarrow X \in \beta),$$

$$\alpha = \beta \leftrightarrow \exists X\, (X \in \alpha \wedge X \in \beta),$$

$$\alpha = \beta \leftrightarrow \forall X \forall Y\, (\overline{\overline{X}} = \alpha \wedge \overline{\overline{Y}} = \beta \rightarrow X \backsimeq Y),$$

$$\alpha = \beta \leftrightarrow \exists X \exists Y\, (\overline{\overline{X}} = \alpha \wedge \overline{\overline{Y}} = \beta \wedge X \backsimeq Y).$$

Beweis. Die Behauptungen folgen unmittelbar aus den entsprechenden Definitionen.

Für reflexiv geordnete Mengen $M^* = [M, R]$, $N^* = [N, S]$ gilt sofort:

$$\overline{M^*} = \overline{N^*} \rightarrow \overline{\overline{M}} = \overline{\overline{N}}.$$

Definition 3. Ein Ordnungstyp α ist *endlich* oder *finit* genau dann, wenn es eine reflexiv geordnete Menge $[M, R]$ mit endlicher Menge M und $\overline{[M, R]} = \alpha$ gibt; α ist *unendlich* oder *transfinit* genau dann, wenn es eine reflexiv geordnete Menge $[M, R]$ mit unendlicher Menge M und $\overline{[M, R]} = \alpha$ gibt.

Man beachte die mehrfache Bedeutung der Begriffe „endlich" und „unendlich"; aus dem Zusammenhang der jeweiligen Betrachtungen wird jedoch stets hervorgehen, welche Bedeutung gemeint ist.

Da jede mit einer endlichen bzw. unendlichen Menge M gleichmächtige Menge N wieder endlich bzw. unendlich ist, folgt aus Definition 3 für Ordnungstypen α insgesamt:

$$\alpha \textit{ endlich} \leftrightarrow \exists M \; \exists R \, (\overline{[M, R]} = \alpha \wedge M \textit{ endlich}),$$

$$\alpha \textit{ endlich} \leftrightarrow \forall M \, \forall R \, (\overline{[M, R]} = \alpha \to M \textit{ endlich}),$$

$$\alpha \textit{ unendlich} \leftrightarrow \exists M \; \exists R \, (\overline{[M, R]} = \alpha \wedge M \textit{ unendlich}),$$

$$\alpha \textit{ unendlich} \leftrightarrow \forall M \, \forall R \, (\overline{[M, R]} = \alpha \to M \textit{ unendlich}).$$

Da jede endliche geordnete Menge nach Satz 13, § 17 gleichzeitig wohlgeordnet ist, fallen die endlichen Ordnungstypen zusammen mit den endlichen Ordinalzahlen; für reflexiv geordnete Mengen $[M, R]$ bei endlichem M ist also $\overline{[M, R]}$ im Sinne von Definition 2 identisch mit $\overline{[M, R]}$ im Sinne von Definition 1, § 23.

Definition 4. Ist α ein Ordnungstyp, so bezeichne man mit $|\alpha|$ (gelesen: *Kardinalzahl* α) diejenige Kardinalzahl $\mathfrak{x}$ mit

$$\forall X \, \forall R \, (\overline{[X, R]} = \alpha \to \overline{\overline{X}} = \mathfrak{x}).$$

Ist $\mathfrak{m}$ eine Kardinalzahl, so ist die *Typenklasse von* $\mathfrak{m}$, bezeichnet mit: $\boldsymbol{T}(\mathfrak{m})$ (gelesen: *Typenklasse* $\mathfrak{m}$), die Klasse aller Ordnungstypen ξ mit $|\xi| = \mathfrak{m}$. Eine Klasse T ist eine *Typenklasse* genau dann, wenn es eine Kardinalzahl $\mathfrak{m}$ gibt mit $T = \boldsymbol{T}(\mathfrak{m})$.

Man beachte die doppelte Bedeutung der Bezeichnung $|\alpha|$, einmal als Kardinalzahl einer Ordinalzahl, einmal als Kardinalzahl eines Ordnungstyps; aus dem Zusammenhang der jeweiligen Betrachtungen wird jedoch stets hervorgehen, welche Bedeutung gemeint ist. Für Ordinalzahlen α fallen außerdem die beiden Bedeutungen von $|\alpha|$ zusammen; die Bezeichnung $|\alpha|$ auch für die Kardinalzahl von Ordnungstypen α ist daher besonders sinnvoll.

Aus Definition 4 folgt sofort für Ordnungstypen α:

$$\alpha \textit{ endlich} \leftrightarrow |\alpha| \textit{ endlich},$$

$$\alpha \textit{ unendlich} \leftrightarrow |\alpha| \textit{ unendlich}.$$

Satz 2.

$$\forall \mathfrak{x} \, (\mathfrak{x} \in \boldsymbol{K} \to \boldsymbol{T}(\mathfrak{x}) \in \boldsymbol{M}).$$

Beweis. Es sei $\mathfrak{x} \in \boldsymbol{K}$ und A die kleinste Allmenge, die eine Teilmenge der Mächtigkeit $\mathfrak{x}$ besitzt. Ist dann $\xi \in \boldsymbol{T}(\mathfrak{x})$, so ist ξ eine Menge geregelter Mengen $[X, R]$ mit $X \subseteq A$. Für jede geregelte Menge $[X, R]$ mit $X \subseteq A$ gilt aber $R \subseteq X \times X \subseteq A \times A$, also $X \in A_1 = \boldsymbol{P}A$, $R \in A_2 = \boldsymbol{P}(A \times A)$ und $[X, R] \in A_1 \times A_2$; damit ist $\xi \subseteq A_1 \times A_2$, also $\boldsymbol{T}(\mathfrak{x}) \subseteq \boldsymbol{P}(A_1 \times A_2)$, also $\boldsymbol{T}(\mathfrak{x}) \in \boldsymbol{M}$.

Für jede Kardinalzahl $\mathfrak{m}$ folgt aus Satz 2 wegen $\boldsymbol{Z}(\mathfrak{m}) \subseteq \boldsymbol{T}(\mathfrak{m})$ nochmals, daß $\boldsymbol{Z}(\mathfrak{m})$ eine Menge ist. Für Kardinalzahlen $\mathfrak{n}$ gilt nach Satz 9, § 23:

$$\mathfrak{n} \textit{ endlich} \leftrightarrow \overline{\overline{\boldsymbol{T}(\mathfrak{n})}} = \underset{\cdot}{1},$$

da für endliche Kardinalzahlen $\mathfrak{n}$ $\boldsymbol{T}(\mathfrak{n}) = \boldsymbol{Z}(\mathfrak{n})$ ist und für beliebige Kardinalzahlen $\mathfrak{n}$ $\boldsymbol{Z}(\mathfrak{n}) \subseteq \boldsymbol{T}(\mathfrak{n})$ ist.

Definition 5. Ist α ein Ordnungstyp, so ist der zu α *entgegengesetzte* (oder *inverse, konverse, reziproke*) *Ordnungstyp*, bezeichnet mit: α^*, derjenige Ordnungstyp ξ mit

$$\exists M \exists R \, (\overline{[M, R]} = \alpha \wedge \overline{[M, R^{-1}]} = \xi).$$

Definition 5 ist eine sinnvolle Definition, denn sie ist unabhängig von den Repräsentanten $[M, R]$ von α; ist nämlich $\overline{[M_1, R_1]} = \overline{[M_2, R_2]} = \alpha$, so ist $[M_1, R_1] \backsim [M_2, R_2]$, also auch $[M_1, R_1^{-1}] \backsim [M_2, R_2^{-1}]$ und damit $\overline{[M_1, R_1^{-1}]} = \overline{[M_2, R_2^{-1}]}$. Es gilt also auch

$$\forall M \forall R \, (\overline{[M, R]} = \alpha \rightarrow \overline{[M, R^{-1}]} = \alpha^*).$$

Für Ordnungstypen α ist stets

$$|\alpha^*| = |\alpha|.$$

Für endliche Ordnungstypen ν ist wegen $\boldsymbol{T}(|\nu|) = \underset{\cdot}{1}$:

$$\nu^* = \nu.$$

Den inversen Ordnungstyp $\boldsymbol{\omega}^*$ zu $\boldsymbol{\omega}$, dem Ordnungstyp der natürlichen Zahlen, erhält man z. B. als $\boldsymbol{\omega}^* = \overline{[\boldsymbol{N}, {}_{\boldsymbol{N}}{\geqq}_{\boldsymbol{N}}]}$, also durch die Anordnung der natürlichen Zahlen nach folgender Ordnungsrelation R in $\boldsymbol{N}$:

$$\cdots \underset{R}{<} 3 \underset{R}{<} 2 \underset{R}{<} 1 \underset{R}{<} 0.$$

2. $\boldsymbol{\omega}^*$ ermöglicht eine weitere Charakterisierung der Wohlordnungen:

Satz 3. *Für Klassen K und reflexive Ordnungen R in K gilt:*

$$R \textit{ Wohlordnung in } K \leftrightarrow \sim \exists X \, (X \subseteq K \wedge \overline{[X, {}_X R_X]} = \boldsymbol{\omega}^*).$$

Beweis. Es sei R eine reflexive Ordnung in K.

($\rightarrow$) Ist R eine Wohlordnung in K, so kann es keine Teilmenge $X \subseteq K$ mit $\overline{[X, {}_X R_X]} = \boldsymbol{\omega}^*$ geben, da eine derartige Menge kein erstes Element besitzt.

($\leftarrow$) Gibt es keine Menge $X \subseteq K$ mit $\overline{[X, {}_X R_X]} = \boldsymbol{\omega}^*$, so zeigen wir, daß es dann keine nicht leere Teilklasse $Z \subseteq K$ geben kann, die kein erstes Element besitzt. Wäre nämlich $\emptyset \neq Z \subseteq K$ und besäße Z kein erstes Element bzgl. R, so gibt es zu jedem $x \in Z$ ein $y \in Z$ mit $y \underset{R}{<} x$. Nach Satz 11, § 18 gibt es eine Klasse $Y \subseteq Z$, so daß ${}_Y R_Y = {}_Y({}_Z R_Z)_Y$ eine Gegenwohlordnung in Y ist und Z koinitial mit Y ist. Es ist dann Y unendlich, da sonst Y als nicht leere endliche Menge ein erstes Element y_0 bzgl. ${}_Y R_Y$ besitzt; wegen $y_0 \in Z$ gibt es ein $z \in Z$ mit $z \underset{R}{<} y_0$, also wäre Z nicht koinitial mit Y, da es kein $y \in Y$ mit $y \underset{R}{\leqq} z$ gibt. Ist Y eine Unmenge, so gilt nach Satz 18, § 22

$$|\boldsymbol{O}(\boldsymbol{\omega}), {}_{\boldsymbol{O}(\boldsymbol{\omega})}{\leqq}_{\boldsymbol{O}(\boldsymbol{\omega})}| \preceq |Y, {}_Y(R^{-1})_Y|;$$

ist Y eine Menge, so ist

$$\boldsymbol{O}^*(\boldsymbol{\omega}) \preceq |Y, {}_Y(R^{-1})_Y|$$

wegen $\boldsymbol{\omega} \leqq [Y, {}_Y(R^{-1})_Y]$, in beiden Fällen gibt es also eine Teilmenge $X \subseteq Y$ mit

$$\boldsymbol{O}^*(\boldsymbol{\omega}) \backsimeq [X, {}_X(R^{-1})_X],$$

also mit $[X, {}_X R_X] = \boldsymbol{\omega}^*$ im Widerspruch zur Voraussetzung. Damit besitzt jede nicht leere Klasse $Z \subseteq K$ ein erstes Element, und R ist eine Wohlordnung in K.

Satz 3 besagt mit anderem Wortlaut, daß für Klassen K und (reflexive oder irreflexive) Ordnungen R in K genau dann R eine Wohlordnung in K ist, wenn es keine echt monoton fallende, abzählbare Folge von Elementen aus K gibt. Diese letzte Bedingung läßt sich noch weiter umformen: Nennt man eine abzählbare Folge $(a_i)_{i<\omega}$ *stationär*, falls es eine natürliche Zahl n gibt mit $a_i = a_n$ für alle $i \geqq n$, so ist die Ordnung R in K eine Wohlordnung in K genau dann, wenn jede monoton fallende, abzählbare Folge von Elementen aus K stationär ist. Ist nämlich jede monoton fallende, abzählbare Folge von Elementen aus K stationär, so gibt es trivial keine echt monoton fallende, abzählbare Folge von Elementen aus K. Gibt es umgekehrt keine echt monoton fallende, abzählbare Folge von Elementen aus K, so muß jede monoton fallende, abzählbare Folge $(a_i)_{i<\omega}$ von Elementen aus K stationär sein. Denn gäbe es für jedes $n \in \boldsymbol{N}$ ein $i > n$ mit $a_i < a_n$, so erhält man mittels Definition durch vollständige Induktion folgendermaßen eine echt monoton fallende, abzählbare Folge $(b_i)_{i<\omega}$ von Elementen aus K: f sei eine Auswahlfunktion* der Abbildung G über $\boldsymbol{N}$ mit für jedes $n \in \boldsymbol{N}$:

$$G\langle\{n\}\rangle = \underset{x}{\boldsymbol{M}}\,(x \in \boldsymbol{N} \wedge n < x \wedge a_n > a_x).$$

Es ist sofort $n < f(n)$ und $a_n > a_{f(n)}$ für jedes $n \in \boldsymbol{N}$. T sei die Funktion von $\boldsymbol{N} \times \boldsymbol{N}$ in $\boldsymbol{N}$ mit für jedes $[x, y] \in \boldsymbol{N} \times \boldsymbol{N}$:

$$T(x, y) = f(y).$$

Dann gibt es nach Satz 8, § 19 eine Funktion g von $\boldsymbol{N}$ in $\boldsymbol{N}$ mit:

$$g(0) = 0 \wedge \forall x\,(x \in \boldsymbol{N} \to g(x') = f(g(x))).$$

Setzt man schließlich $b = a \circ g$, so ist $(b_i)_{i<\omega}$ eine echt monoton fallende, abzählbare Folge von Elementen aus K. Denn für jedes $i \in \boldsymbol{N}$ ist

$$b_i = a_{g(i)} > a_{f(g(i))} = a_{g(i')} = b_{i'};$$

dann zeigt man durch vollständige Induktion über j für jedes $i, j \in \boldsymbol{N}$:

$$i < j \to b_i > b_j;$$

diese Behauptung gilt trivial für $j = 0$ und beliebige $i \in \boldsymbol{N}$; gilt die Behauptung für j und beliebige $i \in \boldsymbol{N}$, so ist im Falle $i < j'$: $i \leqq j$, also $b_i \geqq b_j > b_{j'}$; also gilt die Behauptung auch für j' und beliebige $i \in \boldsymbol{N}$, womit sie allgemein für alle $i, j \in \boldsymbol{N}$ gilt.

3. Wir wenden uns nun der Anordnung der Ordnungstypen zu. Für reflexiv bzw. irreflexiv wohlgeordnete Mengen $[M, R]$, $[N, S]$ definierten wir die $\lesssim$-Beziehung zu:

$$[M, R] \lesssim [N, S] \leftrightarrow \exists A\ (A\ \textit{Anfangsstück von}\ N\ \textit{bzgl.}\ S \wedge [M, R] \backsimeq [A, {}_AS_A]);$$

$\lesssim$ läßt sich dann auch (vgl. Satz 14, § 22 und die anschließende Bemerkung) beschreiben durch:

$$[M, R] \lesssim [N, S] \leftrightarrow \exists X\,(X \subseteq N \wedge [M, R] \backsimeq [X, {}_XS_X]).$$

Diese letzte Beschreibung eignet sich auf Grund ihrer Symmetrie (es wird durch die Teilmenge X keine derartige für geordnete Mengen ungerechtfertigte einseitige Gerichtetheit wie durch das Anfangsstück A ausgedrückt) zur Übertragung auf geordnete Mengen.

Definition 6. Sind α, β Ordnungstypen, so ist $\alpha \leqq \beta$ oder $\beta \geqq \alpha$ (gelesen: *α kleinergleich β* oder *β größergleich α*) genau dann, wenn

$$\exists M \exists N \exists R \exists S\,(\overline{[M, R]} = \alpha \wedge \overline{[N, S]} = \beta \wedge \exists X\,(X \subseteq N \wedge [M, R] \backsimeq [X, {}_XS_X]))$$

gilt.

Man beachte die mehrfache Bedeutung der Zeichen $\leqq$, $\geqq$ (Definitionen 2, § 21; 2, § 23; 6); aus dem Zusammenhang der jeweiligen Betrachtungen wird jedoch stets hervorgehen, welche Bedeutung gemeint ist.

Definition 6 ist eine sinnvolle Definition, denn sie ist unabhängig von den Repräsentanten $[M, R]$, $[N, S]$ von α, β; ist nämlich

$$\overline{[M_1, R_1]} = \overline{[M_2, R_2]} = \alpha \quad \text{und} \quad \overline{[N_1, S_1]} = \overline{[N_2, S_2]} = \beta,$$

so gibt es wegen

$$[M_1, R_1] \backsimeq [M_2, R_2] \quad \text{und} \quad [N_1, S_1] \backsimeq [N_2, S_2]$$

eine Menge $X \subseteq N_1$ mit $[M_1, R_1] \backsim [X, {}_X S_{1X}]$ genau dann, wenn es eine Menge $X \subseteq N_2$ gibt mit $[M_2, R_2] \backsim [X, {}_X S_{2X}]$. Es ist also auch für Ordnungstypen α, β

$$\alpha \leqq \beta \leftrightarrow \forall M \forall N \forall R \forall S (\overline{[M, R]} = \alpha \wedge \overline{[N, S]} = \beta \rightarrow \exists X (X \subseteq N \wedge [M, R] \backsim [X, {}_X S_X])).$$

Für Ordinalzahlen fällt der in Definition 6 eingeführte Ordnungsbegriff mit der üblichen reflexiven Wohlordnung in $\boldsymbol{O}$ zusammen.

Satz 4. *Für Ordnungstypen α, β, γ gilt:*

$$\alpha \leqq \alpha,$$
$$\alpha \leqq \beta \wedge \beta \leqq \gamma \rightarrow \alpha \leqq \gamma,$$
$$\exists \xi \exists \eta (\xi, \eta \in \boldsymbol{Ot} \wedge \xi \leqq \eta \wedge \eta \leqq \xi \wedge \xi \neq \eta),$$
$$\exists \xi \exists \eta (\xi, \eta \in \boldsymbol{Ot} \wedge \xi \nleqq \eta \wedge \eta \nleqq \xi).$$

Beweis. Die beiden ersten Behauptungen folgen unmittelbar aus Definition 6. Die letzte Behauptung folgt aus $\boldsymbol{\omega}^* \nleqq \boldsymbol{\omega} \wedge \boldsymbol{\omega} \nleqq \boldsymbol{\omega}^*$; ist nämlich $\boldsymbol{\omega}^* = \overline{[M, R]}$ und $\boldsymbol{\omega} = \overline{[N, S]}$, so besitzt M kein erstes Element und N kein letztes Element, aber jede nicht leere Teilmenge von N besitzt ein erstes Element und jede nicht leere Teilmenge von M ein letztes Element, also ist $\boldsymbol{\omega}^* \nleqq \boldsymbol{\omega}$ und $\boldsymbol{\omega} \nleqq \boldsymbol{\omega}^*$. Nun zur vorletzten Behauptung. Es sei $M = \{0, 1\}^{\boldsymbol{N}} = \bigtimes_{i \in \boldsymbol{N}} \{0, 1\}$ und R' die lexikographische Ordnung in M (vgl. Definition 5, § 17), so daß also für jedes $x, y \in M$ gilt:

$$x R' y \leftrightarrow \exists k (k \in \boldsymbol{N} \wedge x_k = \boldsymbol{0} \wedge y_k = \boldsymbol{1} \wedge \forall i (i \in \boldsymbol{N} \wedge i < k \rightarrow x_i = y_i));$$

weiterhin sei $N = M \setminus \{(\boldsymbol{1})_{i \in \boldsymbol{N}}\}$, $R = R' \cup \mathfrak{J}_M$, $S = {}_N R_N$ und $\xi = \overline{[M, R]}$, $\eta = \overline{[N, S]}$. Da M das letzte Element $(\boldsymbol{1})_{i \in \boldsymbol{N}}$ besitzt, aber N kein letztes Element hat, so kann nicht $[M, R] \backsim [N, S]$ sein, also ist $\xi \neq \eta$. Trivial ist $\eta \leqq \xi$. Es bleibt noch zu zeigen $\xi \leqq \eta$. Dazu sei X die Menge aller $x \in M$ mit $x_{\boldsymbol{0}} = \boldsymbol{0}$; es ist sofort $X \subseteq N$. F sei diejenige Funktion über M, welche jedem $x \in M$ das Element $y \in X$ zuordnet mit für jedes $i \in \boldsymbol{N}$:

$$y_i = \begin{cases} \boldsymbol{0}, \text{ falls } i = \boldsymbol{0} \\ x_j, \text{ falls } i \neq \boldsymbol{0} \text{ und } j \text{ der Vorgänger von } i \text{ ist.} \end{cases}$$

Dann ist F eine ähnliche Abbildung von $[M, R]$ auf $[X, {}_X R_X] = [X, {}_X S_X]$, also ist $[M, R] \backsim [X, {}_X S_X]$ und damit $\xi \leqq \eta$.

Die $\leqq$-Beziehung in $\boldsymbol{Ot}$ ist also eine reflexive Quasiordnung in $\boldsymbol{Ot}$. Daß Ordnungstypen nach Satz 4 nicht vergleichbar sind, ist der Grund dafür, daß man bei ihnen nicht von Zahlen spricht.

Einen anderen Ordnungsbegriff führte Fraissé ein:

Definition 7. Sind α, β Ordnungstypen, so ist $\alpha < \beta$ oder $\beta > \alpha$ (gelesen: α *kleiner* β oder β *größer* α) genau dann, wenn $\alpha \leqq \beta \wedge \beta \nleqq \alpha$ gilt.

Man beachte die mehrfache Bedeutung der Zeichen $<$, $>$ (Definitionen 2, § 21; 2, § 23; 7); aus dem Zusammenhang der jeweiligen Betrachtungen wird jedoch stets hervorgehen, welche Bedeutung gemeint ist.

Da für Ordinalzahlen α, β stets $\alpha < \beta \leftrightarrow \alpha \leqq \beta \wedge \beta \nleqq \alpha$ gilt, so fällt für Ordinalzahlen der in Definition 7 eingeführte Ordnungsbegriff mit der üblichen irreflexiven Wohlordnung in $\boldsymbol{O}$ zusammen, und es gilt dann $\alpha < \beta \leftrightarrow \alpha \leqq \beta \wedge \alpha \neq \beta$. Für Ordnungstypen α, β gilt aber nicht allgemein $\alpha < \beta \leftrightarrow \alpha \leqq \beta \wedge \alpha \neq \beta$, da es nach Satz 4 Ordnungstypen $\alpha, \beta \in \boldsymbol{Ot}$ gibt mit $\alpha \leqq \beta \wedge \beta \leqq \alpha \wedge \alpha \neq \beta$. Die in Definition 7 eingeführte $<$-Beziehung ist also nicht einfach die zur in Definition 6 eingeführten $\leqq$-Beziehung zugehörige irreflexive Relation.

Satz 5. *Für Ordnungstypen* α, β, γ *gilt:*

$$\alpha < \beta \vee \alpha = \beta \rightarrow \alpha \leqq \beta, \quad \alpha < \beta \rightarrow \alpha \leqq \beta \wedge \alpha \neq \beta,$$

$$\alpha \nless \alpha,$$

$$\alpha < \beta \wedge \beta < \gamma \rightarrow \alpha < \gamma,$$

$$\alpha < \beta \rightarrow \beta \nless \alpha,$$

$$\exists \xi \; \exists \eta \, (\xi, \eta \in \boldsymbol{Ot} \wedge \xi \nless \eta \wedge \xi \neq \eta \wedge \eta \nless \xi),$$

$$\alpha < \beta \wedge \beta \leqq \gamma \rightarrow \alpha < \gamma,$$

$$\alpha \leqq \beta \wedge \beta < \gamma \rightarrow \alpha < \gamma.$$

Beweis. Die Behauptungen folgen unmittelbar aus den entsprechenden Definitionen und Satz 4.

Die $<$-Beziehung in $\boldsymbol{Ot}$ ist also eine irreflexive Quasi- bzw. Halbordnung in $\boldsymbol{Ot}$. Ersetzt man in den ersten beiden „wenn-so"-Aussagen von Satz 5 die Identität $\alpha = \beta$ durch $\alpha \leqq \beta \wedge \beta \leqq \alpha$, so erhält man „genau-dann-wenn"-Aussagen. Wir definieren daher:

Definition 8. Sind α, β Ordnungstypen, so ist α *äquivalent* mit β, in Zeichen: $\alpha \backsimeq \beta$ (gelesen: α *äquivalent* β), genau dann, wenn $\alpha \leqq \beta \wedge \beta \leqq \alpha$ gilt; α ist *unvergleichbar* mit β, in Zeichen: $\alpha \parallel \beta$ (gelesen: α *unvergleichbar* β), genau dann, wenn $\alpha \nleqq \beta \wedge \beta \nleqq \alpha$ gilt.

Nach dem Beweis von Satz 4 ist

$$\boldsymbol{\omega} \parallel \boldsymbol{\omega}^*.$$

Satz 6. *Für Ordnungstypen* α, β, γ *gilt:*

$$\alpha \backsimeq \alpha,$$

$$\alpha \backsimeq \beta \wedge \beta \backsimeq \gamma \rightarrow \alpha \backsimeq \gamma,$$

$$\alpha \backsimeq \beta \rightarrow \beta \backsimeq \alpha,$$

$$\alpha \leqq \beta \leftrightarrow \alpha < \beta \vee \alpha \backsimeq \beta, \quad \alpha < \beta \leftrightarrow \alpha \leqq \beta \wedge \alpha \not\backsimeq \beta,$$

$$\alpha \leqq \beta \wedge \beta \leqq \alpha \rightarrow \alpha \backsimeq \beta,$$

$$\alpha < \beta \vee \alpha \backsimeq \beta \vee \beta < \alpha \vee \alpha \parallel \beta,$$

$$\alpha \leqq \beta \wedge \beta \backsimeq \gamma \rightarrow \alpha \leqq \gamma,$$

$$\alpha \backsimeq \beta \wedge \beta \leqq \gamma \rightarrow \alpha \leqq \gamma,$$

$$\alpha < \beta \wedge \beta \backsimeq \gamma \rightarrow \alpha < \gamma,$$

$$\alpha \backsimeq \beta \wedge \beta < \gamma \rightarrow \alpha < \gamma.$$

Beweis. Die Behauptungen folgen unmittelbar aus den entsprechenden Definitionen und den Sätzen 4, 5.

Die $\backsimeq$-Beziehung ist also eine Äquivalenzrelation in $\boldsymbol{Ot}$. Die vier Fälle

$$\alpha < \beta, \quad \alpha \backsimeq \beta, \quad \beta < \alpha, \quad \alpha \parallel \beta$$

schließen sich gegenseitig aus, so daß jeweils genau einer dieser Fälle eintritt. Für Ordnungstypen α, β gilt sofort

$$\alpha \leqq \beta \rightarrow |\alpha| \leqq |\beta|,$$

$$\alpha \backsimeq \beta \rightarrow |\alpha| = |\beta|.$$

Für die entgegengesetzten Ordnungstypen gilt der

Satz 7. *Für Ordnungstypen α, β gilt:*

$$(\alpha^*)^* = \alpha,$$

$$\alpha = \beta \leftrightarrow \alpha^* = \beta^*,$$

$$\alpha \leqq \beta \leftrightarrow \alpha^* \leqq \beta^*,$$

$$\alpha < \beta \leftrightarrow \alpha^* < \beta^*,$$

$$\alpha \backsimeq \beta \leftrightarrow \alpha^* \backsimeq \beta^*.$$

Beweis. Die Behauptungen folgen unmittelbar aus den entsprechenden Definitionen und der Tatsache, daß für geregelte Mengen $[M, R]$ und $[N, S]$ gilt:

$$[M, R] \backsim [N, S] \leftrightarrow [M, R^{-1}] \backsim [N, S^{-1}].$$

Satz 8. *Für Ordnungstypen α gilt:*

a) *α endlich* $\rightarrow \boldsymbol{\omega}^* > \alpha \wedge \alpha < \boldsymbol{\omega}$.

b) *α unendlich* $\rightarrow \alpha \geqq \boldsymbol{\omega}^* \vee \boldsymbol{\omega} \leqq \alpha$.

Beweis. a) Ist α ein endlicher Ordnungstyp, so ist $\alpha \in \boldsymbol{O}$, also $\alpha < \boldsymbol{\omega}$ und damit nach Satz 7 auch $\alpha = \alpha^* < \boldsymbol{\omega}^*$.

b) Es sei α ein unendlicher Ordnungstyp und $\overline{\overline{[M, R]}} = \alpha$. Besitzt jede unendliche Teilmenge von M ein letztes Element bzgl. R, so ist R eine Gegenwohlordnung in M, also $\alpha^* \in \boldsymbol{O}$ und damit $\boldsymbol{\omega} \leqq \alpha^*$ und $\boldsymbol{\omega}^* \leqq (\alpha^*)^* = \alpha$. Gibt es eine unendliche Teilmenge $Y \subseteq M$, die kein letztes Element besitzt, so gibt es zu jedem $x \in Y$ ein $y \in Y$ mit $x < y$. Nach Satz 11, § 18 gibt es eine Menge $X \subseteq Y$, so daß ${}_XR_X = {}_X({}_YR_Y)_X$ eine Wohlordnung in X ist und Y mit X konfinal ist. Es ist dann X unendlich, da sonst X als nicht leere endliche Menge ein letztes Element x_0 bzgl. ${}_XR_X$ besitzt; wegen $x_0 \in Y$ gibt es ein $y \in Y$ mit $x_0 < y$, also wäre Y nicht konfinal mit X, da es kein $x \in X$ mit $y \leqq x$ gibt. Es ist also

$$\boldsymbol{\omega} \leqq \overline{\overline{[X, {}_XR_X]}} \leqq \overline{\overline{[M, R]}} = \alpha.$$

Damit gilt insgesamt $\alpha \geqq \boldsymbol{\omega}^* \vee \boldsymbol{\omega} \leqq \alpha$.

Aus Satz 8 und Satz 5 folgt für Ordnungstypen α:

$$\alpha \textit{ endlich} \leftrightarrow \boldsymbol{\omega}^* > \alpha \wedge \alpha < \boldsymbol{\omega}.$$

Sind α, β Ordnungstypen, so gilt:

$$\beta \in \boldsymbol{O} \wedge \alpha \leqq \beta \rightarrow \alpha \in \boldsymbol{O};$$

denn ist $\overline{\overline{[M, R]}} = \alpha$ und $\overline{\overline{[N, S]}} = \beta$, so gibt es im Falle $\alpha \leqq \beta$ eine Teilmenge $X \subseteq N$ mit $[M, R] \backsimeq [X, {}_XS_X]$, womit also R eine Wohlordnung in M ist und $\alpha \in \boldsymbol{O}$ gilt. Ist dann $\alpha < \boldsymbol{\omega}$, so ist mit $\boldsymbol{\omega}$ auch α eine Ordinalzahl und wegen $\alpha < \boldsymbol{\omega}$ sogar eine endliche Ordinalzahl; ist $\alpha < \boldsymbol{\omega}^*$, so ist $\alpha^* < (\boldsymbol{\omega}^*)^* = \boldsymbol{\omega}$, also ist α^* endlich und damit auch α. Man erhält somit schließlich für Ordnungstypen α auch:

$$\alpha \textit{ endlich} \leftrightarrow \boldsymbol{\omega}^* > \alpha \leftrightarrow \alpha < \boldsymbol{\omega}.$$

4. Als Abschluß wenden wir uns noch dem Konfinalitätsbegriff für Ordnungstypen zu, der mit Hilfe des Konfinalitätsbegriffes für halbgeordnete Mengen definiert wird (vgl. Definition 6, § 14).

Definition 9. Sind α, β Ordnungstypen, so ist α *konfinal* mit β, in Zeichen: $\alpha \operatorname{cf} \beta$ (gelesen: α *konfinal* β), genau dann, wenn

$$\exists M \,\exists R \,\exists N \,(\overline{\overline{[M, R]}} = \alpha \wedge N \subseteq M \wedge \overline{\overline{[N, {}_NR_N]}} = \beta \wedge M \underset{R}{\operatorname{cf}} N)$$

gilt; α ist *koinitial* mit β genau dann, wenn

$$\exists M \,\exists R \,\exists N \,(\overline{\overline{[M, R]}} = \alpha \wedge N \subseteq M \wedge \overline{\overline{[N, {}_NR_N]}} = \beta \wedge M \underset{R^{-1}}{\operatorname{cf}} N)$$

gilt.

Aus Definition 9 folgt unmittelbar für Ordnungstypen α, β:

$$\alpha \text{ } \textit{konfinal mit } \beta \leftrightarrow \forall M \forall R \exists N (\overline{[M,R]} = \alpha \rightarrow N \subseteq M \wedge \overline{[N, {}_N R_N]} = \beta \wedge M \underset{R}{\mathrm{cf}} N),$$

$$\alpha \text{ } \textit{koinitial mit } \beta \leftrightarrow \forall M \forall R \exists N (\overline{[M,R]} = \alpha \rightarrow N \subseteq M \wedge \overline{[N, {}_N R_N]} = \beta \wedge M \underset{R^{-1}}{\mathrm{cf}} N),$$

$$\alpha \text{ } \textit{konfinal mit } \beta \leftrightarrow \alpha^* \text{ } \textit{koinitial mit } \beta^*,$$

$$\alpha \text{ } \textit{koinital mit } \beta \leftrightarrow \alpha^* \text{ } \textit{konfinal mit } \beta^*.$$

Ein Ordnungstyp α ist genau dann mit **0** konfinal, wenn $\alpha = \mathbf{0}$ ist; α ist genau dann mit **1** konfinal, wenn für jedes $[M, R]$ mit $\alpha = \overline{[M, R]}$ die Menge M ein Maximum in bezug auf R besitzt. Eine Ordinalzahl α ist also genau dann mit **1** konfinal, wenn sie von 1. Art ist.

Aus den entsprechenden Eigenschaften der Konfinalität von Mengen folgt, daß „cf" in $\boldsymbol{Ot}$ eine reflexive Quasiordnung erzeugt; d. h. für Ordnungstypen α, β, γ gilt:

$$\alpha \text{ cf } \alpha, \qquad \alpha \text{ cf } \beta \wedge \beta \text{ cf } \gamma \rightarrow \alpha \text{ cf } \gamma.$$

„cf" erzeugt in $\boldsymbol{O}$ eine reflexive Halbordnung; denn für Ordinalzahlen α, β gilt auch

$$\alpha \text{ cf } \beta \wedge \beta \text{ cf } \alpha \rightarrow \alpha = \beta.$$

Ist nämlich $\alpha \text{ cf } \beta$ bei $\alpha, \beta \in \boldsymbol{O}$ und $\alpha = \overline{[M, R]}$, $\beta = \overline{[N, {}_N R_N]}$ bei $N \subseteq M$, so ist $[M, R] \succeq [N, {}_N R_N]$ (vgl. Satz 14, § 22), also $\alpha \geqq \beta$; damit gilt für $\alpha, \beta \in \boldsymbol{O}$:

$$\alpha \text{ cf } \beta \wedge \beta \text{ cf } \alpha \rightarrow \alpha \geqq \beta \wedge \beta \geqq \alpha \rightarrow \alpha = \beta.$$

Wir entnehmen aus der Beweisführung noch für Ordinalzahlen α, β:

$$\alpha \text{ cf } \beta \rightarrow \alpha \geqq \beta.$$

Satz 9. *Für Ordinalzahlen $\alpha, \beta \in \boldsymbol{O}$ gilt $\alpha \text{ cf } \beta$ genau dann, wenn es eine echt monoton wachsende Folge $(\xi_\nu)_{\nu<\beta}$ von Typ β von Ordinalzahlen gibt mit für jedes $\gamma \in \boldsymbol{O}$:*

$$\beta \text{ } \textit{Ordinalzahl 2. Art} \rightarrow \alpha = \lim_{\nu<\beta} \xi_\nu,$$

$$\beta \text{ } \textit{Ordinalzahl 1. Art} \wedge \gamma' = \beta \rightarrow \alpha = (\lim_{\nu<\beta} \xi_\nu)' = (\xi_\gamma)'.$$

Beweis. ($\rightarrow$) Ist α, $\beta \in \boldsymbol{O}$ und $\alpha \text{ cf } \beta$, so gibt es wegen $\alpha = \overline{\boldsymbol{O}^*(\alpha)}$ eine Teilmenge $N \subseteq \boldsymbol{O}(\alpha)$ mit $\beta = \overline{[N, {}_N{\leqq}_N]}$ und $\boldsymbol{O}(\alpha) \text{ cf } N$. Mit $\alpha \text{ cf } \beta$ ist $\alpha \geqq \beta$, also $[N, {}_N{\leqq}_N] \preceq \boldsymbol{O}^*(\alpha)$; damit ist N einem Anfangsstück A von $\boldsymbol{O}(\alpha)$ ähnlich. Es gibt also eine ähnliche Abbildung ξ von A auf N. Da A entweder ein Abschnitt von $\boldsymbol{O}(\alpha)$ oder gleich $\boldsymbol{O}(\alpha)$ ist, gibt es eine Ordinalzahl $\eta \leqq \alpha$ mit $A = \boldsymbol{O}(\eta)$. Da A und N ähnlich sind, ist $\beta = \overline{\boldsymbol{O}^*(\eta)} = \eta$; also ist ξ eine echt monoton wachsende Folge vom Typ β von Ordinalzahlen mit $\mathrm{Nb}\, \xi = N$. Wegen $N \subseteq \boldsymbol{O}(\alpha)$ ist $\xi_\nu < \alpha$ für jede Ordinalzahl $\nu < \beta$, also $\lim_{\nu<\beta} \xi_\nu \leqq \alpha$. Aus der

Konfinalität von $\boldsymbol{O}(\alpha)$ mit N folgt schließlich unmittelbar $\alpha = \lim_{\nu<\beta} \xi_\nu$ im Falle, daß β eine Ordinalzahl 2. Art ist, und $\alpha = (\lim_{\nu<\beta} \xi_\nu)' = (\xi_\gamma)'$ im Falle, daß β eine Ordinalzahl 1. Art ist bei $\gamma' = \beta$.

($\leftarrow$) folgt unmittelbar aus $\alpha = \overline{\boldsymbol{O}^*(\alpha)}$, $\beta = \overline{[\mathrm{Nb}\,\xi,\ _{\mathrm{Nb}\,\xi} \leqq {}_{\mathrm{Nb}\,\xi}]}$ und Definition 9.

Satz 9 besagt in zusammengefaßter Form, daß α cf β für Ordinalzahlen α, β genau dann gilt, wenn α für eine echt monoton wachsende Folge $(\xi_\nu)_{\nu<\beta}$ vom Typ β von Ordinalzahlen die kleinste Ordinalzahl ist, welche auf Nbξ folgt. Aus Satz 9 folgt für Ordinalzahlen α, β:

$$\alpha \text{ cf } \beta \;.\!\rightarrow\!.\; \alpha \textit{ Ordinalzahl } 1.\ \textit{Art} \leftrightarrow \beta \textit{ Ordinalzahl } 1.\ \textit{Art},$$

$$\alpha \text{ cf } \beta \;.\!\rightarrow\!.\; \alpha \textit{ Ordinalzahl } 2.\ \textit{Art} \leftrightarrow \beta \textit{ Ordinalzahl } 2.\ \text{Art}.$$

0 ist nur konfinal mit **0**; **1** ist nur konfinal mit **1**. Jede Ordinalzahl α 1. Art ist konfinal mit jeder Ordinalzahl $\mathbf{1} \leqq \beta \leqq \alpha$ 1. Art. Denn die identische Abbildung ξ' über $\boldsymbol{O}(\beta)$ ist eine echt monoton wachsende Folge von Typ β von Ordinalzahlen; bildet man dann aus ξ' die Folge ξ vom Typ β, indem man in ξ' das letzte Glied durch den Vorgänger von α ersetzt, so ergibt Satz 9 über die Folge ξ die Konfinalität von α mit β.

§ 25. Darstellung der Mathematik im Rahmen der Mengenlehre

Es soll in diesem Paragraphen die in der Einleitung aufgestellte Erfahrungstatsache erhärtet werden, daß sich jeder derzeitige mathematische Begriff als mengentheoretischer Begriff erklären läßt und daß damit die heutige Mathematik mit der Mengenlehre zusammenfällt. Wir geben zu diesem Zweck einige Beispiele dafür, wie grundlegende mathematische Begriffe (u. a. die verschiedenen Zahlbegriffe) exakt mengentheoretisch definiert werden. Der Leser wird dann nach den behandelten Beispielen und auf Grund der Sorgfalt, mit der generell in diesem Buche Begriffsbildungen vorgenommen werden, stets in der Lage sein, jeden sinnvollen mathematischen Begriff exakt mengentheoretisch zu erklären, vorausgesetzt, er hat den betreffenden Begriff vollkommen verstanden.

Wie man bereits aus dem Wortlaut dieser einführenden Sätze entnimmt, werden in dem vorliegenden § 25 ausnahmsweise „Mathematik" und „Mengenlehre" nicht als synonyme Begriffe verwendet; denn die These der Übereinstimmung von Mathematik und Mengenlehre soll ja hier gerade erst bestätigt werden.

1. Die fundamentalen mathematischen Begriffe „Menge", „Funktion", „Abbildung" und „Folge" sind schon exakt mengentheoretisch definiert worden. Ein weiterer wichtiger mathematischer Begriff ist der Zahlbegriff, dem wir uns zunächst zuwenden. Kardinal- und Ordinalzahlen sind bereits definiert, ebenso der Begriff der natürlichen Zahl. Auf den natürlichen Zahlen baut sich nun das gesamte Zahlensystem der ganzen, rationalen, reellen und komplexen Zahlen auf. Oft werden die natürlichen Zahlen, falls man keinen exakten Aufbau der Mengenlehre zur Verfügung hat (wie z. B. in den mathematischen Anfängervorlesungen), als nicht definierbarer Grundbegriff vorausgesetzt, wobei außerdem die Mengenlehre im naiven Sinne verwendet wird. Von den natürlichen Zahlen wird bei diesem Standpunkt lediglich das PEANOsche Axiomensystem gefordert, welches man aus der Anschauung entnimmt. Man setzt also voraus, es gibt eine Menge N (anschaulich die Menge der natürlichen Zahlen), ein Element o (anschaulich die Null) und eine Funktion f über N (anschaulich die Nachfolgerfunktion, welche jeder natürlichen Zahl ihren Nachfolger zuordnet), so daß in bezug auf N, o, f die PEANOschen Axiome gelten in derselben Weise, wie sie für $\boldsymbol{N}$, $\boldsymbol{0}$, $'$ nach Satz 7, § 23 oder für $\mathfrak{N}$, $\dot{0}$, $'$ nach Satz 6, § 21 gelten (vgl. die folgende Definition 1). Da man dann natürlich nur rein logische Schlußfolgerungen aus diesem Axiomensystem zuläßt, betreibt man damit ganz allgemein eine Theorie, für die nicht wesentlich ist, daß gerade natürliche Zahlen der Betrachtung zugrunde liegen, sondern für die nur die PEANOschen Axiome wesentlich sind. Das ist ein grundlegender Gesichtspunkt auch für die exakte Behandlung der natürlichen Zahlen innerhalb unserer axiomatisierten Mengenlehre. Wenn wir nämlich allgemein eine Theorie der eben beschriebenen Strukturen $P = [N, o, f]$ entwickeln, so gilt diese Theorie nicht nur für die natürlichen Zahlen, also für das von $\boldsymbol{N}$, $\boldsymbol{0}$, $'$ gebildete System P, sondern auch für jedes andere solche System P, etwa für die endlichen Kardinalzahlen, also für das von $\mathfrak{N}$, $\dot{0}$, $'$ gebildete System P. Wir wollen aus diesen Erwägungen heraus im folgenden dem Aufbau des Zahlensystems das PEANOsche Axiomensystem zugrunde legen, welches wir ja für natürliche Zahlen bewiesen haben. Die selbstverständlich innerhalb unseres exakten Aufbaues der Mengenlehre stattfindenden Betrachtungen über PEANO-Systeme liefern automatisch auch einen Aufbau des Zahlensystems für den eben erwähnten Standpunkt der axiomatischen Einführung der natürlichen Zahlen bei naiver Verwendung der Mengelehre.

Definition 1. Eine Menge P ist ein PEANO-*System* genau dann, wenn es eine Menge N, ein Element o und eine Funktion f über N gibt, so daß $P = [N, o, f]$ ist und für beliebige Elemente n, m und beliebige Mengen M gilt:

$$(1)\ o \in N,$$

$$(2)\ n \in N \rightarrow f(n) \in N,$$

$$(3)\ n \in N \rightarrow o \neq f(n),$$

$$(4)\ n, m \in N \wedge f(n) = f(m) \rightarrow n = m,$$

$$(5)\ o \in M \wedge \forall x\, (x \in N \cap M \rightarrow f(x) \in M) \rightarrow N \subseteq M.$$

Ist $P = [N, o, f]$ ein PEANO-System, so heißen die Elemente von N die *natürlichen Zahlen bzgl. P*, o heißt die *Null bzgl. P* und f die *Nachfolgerfunktion bzgl. P*.

Die Forderungen (1) bis (5) heißen die PEANO*schen Axiome*, die Forderung (5) speziell das *Induktionsaxiom*.

Ist f_1 die Funktion über $\boldsymbol{N}$ mit $f_1(x) = x'$ für jedes $x \in \boldsymbol{N}$ und f_2 die Funktion über $\mathfrak{N}$ mit $f_2(x) = x'$ für jedes $x \in \mathfrak{N}$, so sind nach den Sätzen 7, § 23 und 6, § 21 $[\boldsymbol{N}, \boldsymbol{0}, f_1]$ und $[\mathfrak{N}, \dot{0}, f_2]$ PEANO-Systeme, die wir mit $\boldsymbol{P}_1$ und $\boldsymbol{P}_2$ bezeichnen wollen, also $\boldsymbol{P}_1 = [\boldsymbol{N}, \boldsymbol{0}, f_1]$, $\boldsymbol{P}_2 = [\mathfrak{N}, \dot{0}, f_2]$.

Man definiert in PEANO-Systemen $P = [N, o, f]$ die Zahlenreihe (was wir aber im folgenden nicht brauchen) $\underset{P}{\mathbf{0}}, \underset{P}{\mathbf{1}}, \underset{P}{\mathbf{2}}, \underset{P}{\mathbf{3}}, \ldots$ sukzessiv zu: $o, f(o), f(f(o)), f(f(f(o))), \ldots$. Speziell ist also

$$\underset{P_1}{\mathbf{0}} = 0, \quad \underset{P_1}{\mathbf{1}} = 1, \quad \underset{P_1}{\mathbf{2}} = 2, \quad \underset{P_1}{\mathbf{3}} = 3, \ldots;$$

$$\underset{P_2}{\mathbf{0}} = \underset{\cdot}{0}, \quad \underset{P_2}{\mathbf{1}} = \underset{\cdot}{1}, \quad \underset{P_2}{\mathbf{2}} = \underset{\cdot}{2}, \quad \underset{P_2}{\mathbf{3}} = \underset{\cdot}{3}, \ldots.$$

Das Induktionsaxiom besagt dann gerade, daß die anschaulich gebildete Menge M der natürlichen Zahlen $\underset{P}{\mathbf{0}}, \underset{P}{\mathbf{1}}, \underset{P}{\mathbf{2}}, \underset{P}{\mathbf{3}}, \ldots$ bzgl. P die Menge N aller natürlichen Zahlen bzgl. P ist.

Das Induktionsaxiom erlaubt in PEANO-Systemen $P = [N, o, f]$ *Beweise durch vollständige Induktion*, wie wir sie bisher nur bei Zugrundelegung einer Wohlordnung kennengelernt haben. Ist nämlich eine Behauptung $\boldsymbol{B}$ über natürliche Zahlen bzgl. P zu beweisen, so braucht man von der Menge M aller $x \in N$, auf die $\boldsymbol{B}$ zutrifft, nach (5) nur zu zeigen, daß $o \in M$ und $f(x) \in M$ für jedes $x \in M$ gilt, daß also $\boldsymbol{B}$ auf o zutrifft und auf $f(x)$ unter der Voraussetzung, daß $\boldsymbol{B}$ auf x zutrifft. Es gilt für PEANO-Systeme auch das Prinzip der *Definition durch vollständige Induktion*, dem wir uns jedoch erst später nach Einführung der Addition zuwenden können.

Satz 1. *Für jedes* PEANO-*System* $[N, o, f]$ *und jedes* $a \in N$ *gilt:*

$$a \neq o \rightarrow \exists x\,[x \in N \wedge f(x) = a).$$

Beweis. Es sei $[N, o, f]$ ein PEANO-System. Der Beweis der Behauptung unseres Satzes wird durch vollständige Induktion über a geführt. M sei die Menge aller $a \in N$, für die die Behauptung gilt. Dann ist trivial $o \in M$; ist $a \in M$, so ist ebenso trivial $f(a) \in M$. Also gilt nach dem Induktionsaxiom $N \subseteq M$ und damit $M = N$, womit die Behauptung für alle $a \in N$ gilt.

Aus Satz 1 folgt über Axiom (4) (vgl. Definition 1), daß es für jedes $o \neq a \in N$ sogar genau ein $x \in N$ mit $f(x) = a$ gibt.

Satz 2. *Für jedes* PEANO-*System* $[N, o, f]$ *gibt es genau eine Operation* O *in* N *mit für jedes* $a, n \in N$:

$$a O o = a,$$

$$a O f(n) = f(a O n).$$

Beweis. Es sei $[N, o, f]$ ein PEANO-System. Dann gibt es zunächst höchstens eine Operation O in N mit für jedes $a, n \in N$:

$$a O o = a,$$

$$a O f(n) = f(a O n).$$

Sind nämlich O_1, O_2 derartige Operationen in N, $a \in N$ und M die Menge aller $n \in N$ mit

$$a O_1 n = a O_2 n,$$

so ist $o \in M$ wegen $aO_1o = a = aO_2o$; ist $n \in M$, so ist also $aO_1n = aO_2n$ und damit

$$aO_1f(n) = f(aO_1n) = f(aO_2n) = aO_2f(n),$$

also auch $f(n) \in M$. Nach dem Induktionsaxiom ist also $M = N$, womit für jedes $a, n \in N$ $aO_1n = aO_2n$ gilt und damit schließlich $O_1 = O_2$.

Nun zur Existenz einer Operation O in N mit für jedes $a, n \in N$:

$$aOo = a,$$
$$aOf(n) = f(aOn).$$

Für jedes $a \in N$ gibt es genau eine Funktion F von N in N mit für jedes $n \in N$:

$$F(o) = a,$$
$$F(f(n)) = f(F(n)).$$

Zunächst gibt es für jedes $a \in N$ höchstens eine derartige Funktion F, was man wieder durch vollständige Induktion über n beweist. Es gibt aber auch für jedes $a \in N$ mindestens eine derartige Funktion F. Dazu sei M die Menge aller $a \in N$, für die es eine derartige Funktion F gibt. Es ist $o \in M$; denn für $a = o$ definiere man F einfach zu

$$F(n) = n.$$

Ist $a \in M$, so gibt es also eine Funktion F von N in N mit für jedes $n \in N$:

$$F(o) = a,$$
$$F(f(n)) = f(F(n));$$

dann ist die Funktion F' von N in N mit für jedes $n \in N$:

$$F'(n) = f(F(n))$$

eine gewünschte Funktion für $f(a)$, womit auch $f(a) \in M$ ist. Nach dem Induktionsaxiom gilt somit $M = N$, womit es schließlich für jedes $a \in N$ eine und nur eine gewünschte Funktion F gibt, die mit $\langle a \rangle$ bezeichnet werde.

Die Operation O in N mit für jedes $a, n \in N$:

$$aOn = \langle a \rangle (n)$$

genügt schließlich den Bedingungen

$$aOo = a,$$
$$aOf(n) = f(aOn).$$

Damit ist der Satz vollständig bewiesen.

Definition 2. Ist $P = [N, o, f]$ ein Peano-System, so ist die *Addition bzgl. P*, bezeichnet mit: $\underset{P}{+}$ (gelesen: *plus bzgl. P*), diejenige Operation O in N mit für jedes $a, n \in N$:

$$aOo = a,$$

$$aOf(n) = f(aOn).$$

Sind keine Verwechslungen zu befürchten, so läßt man die Indexvariable (im Falle der Definition 2 also P) an dem Zeichen + auch weg.

In jedem Peano-System $[N, o, f]$ gilt also für beliebige $a, n \in N$:

$$a + o = a,$$

$$a + f(n) = f(a + n);$$

speziell ist

$$a + f(o) = f(a).$$

Im Peano-System $\boldsymbol{P}_1$ gilt somit für jedes $a, n \in \boldsymbol{N}$:

$$a + \mathbf{0} = a,$$

$$a + n' = (a + n)';$$

diese Addition ist dann die aus der Anschauung über natürliche Zahlen entnommene Zusammenzählung natürlicher Zahlen; speziell ist

$$a + \mathbf{1} = a'.$$

In der Schulzeit auswendig gelernte Rechenregeln wie

$$\mathbf{1} + \mathbf{1} = \mathbf{2}, \quad \mathbf{1} + \mathbf{2} = \mathbf{3}, \quad \mathbf{2} + \mathbf{5} = \mathbf{7}, \quad \mathbf{9} + \mathbf{8} = \mathbf{17}, \quad \ldots$$

lassen sich jetzt auf Grund der Definitionen 5, § 23 und 2 beweisen.

Satz 3. *Für jedes Peano-System $[N, o, f]$ und beliebige $a, b, c \in N$ gilt:*

$$(a + b) + c = a + (b + c) \quad (\textit{Assoziativität}).$$

Beweis. Es sei $[N, o, f]$ ein Peano-System. Der Beweis der Behauptung wird durch vollständige Induktion über c geführt. M sei die Menge aller $c \in N$, für die bei vorgegebenen $a, b \in N$ die Behauptung gilt. Dann ist trivial $o \in M$. Ist $c \in M$, so ist also $(a + b) + c = a + (b + c)$; dann gilt aber auch

$$(a + b) + f(c) = f[(a + b) + c] = f[a + (b + c)] = a + f(b + c) = a + (b + f(c)),$$

also ist auch $f(c) \in M$, Damit ist nach dem Induktionsaxiom $M = N$, und die Behauptung gilt für alle $a, b, c \in N$.

Satz 4. *Für jedes* PEANO-*System* $[N, o, f]$ *und beliebige* $a, b \in N$ *gilt:*

$$a + b = b + a \quad (\textit{Kommutativität}).$$

Beweis. Es sei $[N, o, f]$ ein PEANO-System. Wir zeigen zunächst durch vollständige Induktion über a:

$$a + o = o + a.$$

M sei die Menge aller $a \in M$, für die diese Behauptung gilt. Es ist trivial $o \in M$. Ist $a \in M$, so ist also $a + o = o + a$; dann gilt aber auch

$$f(a) + o = f(a) = a + f(o) = f(a + o) = o + f(a),$$

also ist auch $f(a) \in M$. Damit ist nach dem Induktionsaxiom $M = N$ und $a + o = o + a$ gilt für alle $a \in N$. Jetzt zeigen wir durch vollständige Induktion über a:

$$a + f(o) = f(o) + a.$$

M sei die Menge aller $a \in N$, für die diese Behauptung gilt. Es ist nach dem eben Bewiesenen trivial $o \in M$. Ist $a \in M$, so ist also $a + f(o) = f(o) + a$; dann gilt aber auch nach Satz 3:

$$\begin{aligned} f(a) + f(o) &= (a + f(o)) + f(o) = (f(o) + a) + f(o) = f(o) + (a + f(o)) \\ &= f(o) + f(a), \end{aligned}$$

also ist auch $f(a) \in M$. Damit ist nach dem Induktionsaxiom $M = N$, und $a + f(o) = f(o) + a$ gilt für alle $a \in N$. Wir zeigen schließlich durch vollständige Induktion über b, daß stets

$$a + b = b + a$$

gilt. M sei die Menge aller $b \in N$, für die bei vorgegebenem $a \in N$ die Behauptung $a + b = b + a$ gilt. Es ist nach dem eben Bewiesenen trivial $o \in M$. Ist $b \in M$, so ist also $a + b = b + a$; dann gilt aber auch nach Satz 3 und dem eben Bewiesenen:

$$\begin{aligned} a + f(b) &= f(a + b) = f(b + a) = b + f(a) = b + (a + f(o)) = b + (f(o) + a) \\ &= (b + f(o)) + a = f(b) + a, \end{aligned}$$

also ist auch $f(b) \in M$. Damit ist nach dem Induktionsaxiom $M = N$, und $a + b = b + a$ gilt für alle $a, b \in N$.

Satz 5. *Für jedes* PEANO-System $[N, o, f]$ und beliebige $a, b \in N$ *gilt:*

$$a + b = a \rightarrow b = o.$$

Beweis. Es sei $[N, o, f]$ ein PEANO-System. Der Beweis der Behauptung wird durch vollständige Induktion über a geführt. M sei die Menge aller $a \in N$, für die bei vorgegebenem $b \in N$ die Behauptung gilt. Es ist trivial $o \in M$, da aus

$o + b = o$ wegen $o + b = b$ $b = o$ folgt. Ist $a \in M$, so gilt also $a + b = a \to b = o$; dann gilt aber auch nach dem vierten PEANOschen Axiom:

$$f(a) + b = f(a) \to f(a + b) = f(a) \to a + b = a \to b = o,$$

also auch $f(a) \in M$. Damit ist nach dem Induktionsaxiom $M = N$, und die Behauptung gilt für alle $a, b \in N$.

Satz 6. *Für jedes* PEANO-*System* $[N, o, f]$ *und beliebige* $a, b \in N$ *gilt:*

$$\exists x\, (x \in N \wedge a + x = b) \vee \exists x\, (x \in N \wedge b + x = a).$$

Beweis. Es sei $[N, o, f]$ ein PEANO-System. Der Beweis der Behauptung wird durch vollständige Induktion über a geführt. M sei die Menge aller $a \in N$, für die bei vorgegebenem $b \in N$ die Behauptung gilt. Es ist $o \in M$; denn $o + b = b$. Ist $a \in N$, so gibt es also ein $x \in N$ mit $a + x = b$ oder ein $x \in N$ mit $b + x = a$. Im Fall $a + x = b$ und $x = o$ ist $a = b$, also $b + f(o) = a + f(o) = f(a)$ und damit $f(a) \in M$; im Fall $a + x = b$ und $x \neq o$ gibt es nach Satz 1 ein $y \in N$ mit $f(y) = x$, womit dann

$$f(a) + y = f(y + a) = f(a + y) = a + f(y) = a + x = b$$

ist und damit $f(a) \in M$; im Fall $b + x = a$ ist

$$b + f(x) = (b + x) + f(o) = a + f(o) = f(a)$$

und damit $f(a) \in M$. Es folgt also stets $f(a) \in M$ unter der Voraussetzung $a \in M$, Damit ist nach dem Induktionsaxiom $M = N$, und unser Satz gilt für alle $a, b \in N$.

Die bisherigen Sätze ermöglichen die Einführung einer Wohlordnung in PEANO-Systemen:

Definition 3. Ist $P = [N, o, f]$ ein PEANO-System und $a, b \in N$, so ist $a \underset{P}{\leqq} b$ oder $b \underset{P}{\geqq} a$ (gelesen: *a kleinergleich b bzgl. P* oder *b größergleich a bzgl. P*) genau dann, wenn es ein $x \in N$ gibt mit $a \underset{P}{+} x = b$; es ist $a \underset{P}{<} b$ oder $b \underset{P}{>} a$ (gelesen: *a kleiner b bzgl. P* oder *b größer a bzgl. P*) genau dann, wenn es ein $o \neq x \in N$ gibt mit $a \underset{P}{+} x = b$. Mit bzw. $\underset{P}{\leqq}, \underset{P}{\geqq}, \underset{P}{<}, \underset{P}{>}$ bezeichne man gleichzeitig die betreffenden in N erzeugten Relationen.

Sind keine Verwechslungen zu befürchten, so läßt man die Indexvariable (im Falle der Definition 3 also P) an den Zeichen $\leqq, \geqq, <, >$ auch weg. Man verwechsle $\underset{P}{\leqq}, \underset{P}{\geqq}, \underset{P}{<}, \underset{P}{>}$ für PEANO-Systeme P nicht mit $\underset{R}{\leqq}, \underset{R}{\geqq}, \underset{R}{<}, \underset{R}{>}$ für Halbordnungen R!

Für jedes PEANO-System $[N, o, f]$ und beliebige $a \in N$ ist wegen $o + a = a$:

$$o \leqq a.$$

Satz 7. *Für jedes* Peano-*System* $[N, o, f]$ *und beliebige* $a, b, c \in N$ *gilt:*

$$a \leqq b \leftrightarrow a < b \vee a = b, \quad a < b \leftrightarrow a \leqq b \wedge a \neq b,$$

$$a \leqq a,$$

$$a \leqq b \wedge b \leqq c \rightarrow a \leqq c,$$

$$a \leqq b \wedge b \leqq a \rightarrow a = b,$$

$$a \leqq b \vee b \leqq a,$$

$$\forall X (X \subseteq N \wedge X \neq \varnothing \rightarrow \exists x (x \in X \wedge \forall y (y \in X \rightarrow x \leqq y))),$$

$$a \not< a,$$

$$a < b \wedge b < c \rightarrow a < c,$$

$$a < b \rightarrow b \not< a,$$

$$a < b \vee a = b \vee b < a,$$

$$\forall X (X \subseteq N \wedge X \neq \varnothing \rightarrow \exists x (x \in X \wedge \forall y (y \in X \rightarrow x < y \vee x = y))),$$

$$a < b \wedge b \leqq c \rightarrow a < c,$$

$$a \leqq b \wedge b < c \rightarrow a < c.$$

Beweis. Es sei $[N, o, f]$ ein Peano-System und $a, b, c \in N$.

a) Es ist

$$a \leqq b \leftrightarrow \exists x (x \in N \wedge a + x = b), \quad a < b \leftrightarrow \exists x (o \neq x \in N \wedge a + x = b).$$

Hieraus folgt über Satz 5 sofort

$$a \leqq b \leftrightarrow a < b \vee a = b, \quad a < b \leftrightarrow a \leqq b \wedge a \neq b.$$

b) Es ist $a \leqq a$ wegen $a + o = a$.

c) Ist $a \leqq b$ und $b \leqq c$, so gibt es Elemente $x, y \in N$ mit $a + x = b$ und $b + y = c$; dann ist aber $(a + x) + y = b + y = c$, also $a + (x + y) = c$ und damit $a \leqq c$.

d) Ist $a \leqq b$ und $b \leqq a$, so gibt es Elemente $x, y \in N$ mit $a + x = b$ und $b + y = a$; dann ist aber $(a + x) + y = b + y = a$, also $a + (x + y) = a$, also nach Satz 5 $x + y = o$; aus $x + y = o$ folgt $x = o$, denn wäre $x \neq o$, so gäbe es nach Satz 1 ein $z \in N$ mit $f(z) = x$, woraus der Widerspruch $o = x + y = f(z) + y = f(z + y) \neq o$ folgt; wegen $x = o$ ist schließlich $b = a + x = a + o = a$.

e) $a \leqq b \vee b \leqq a$ folgt unmittelbar aus Satz 6.

f) Ist X eine nicht leere Teilmenge von N und M die Menge aller $a \in N$ mit $a \leqq y$ für jedes $y \in X$, so ist trivial $o \in M$. Es ist $M \neq N$; denn ist $y_0 \in X$, so ist $y_0 + f(o) = f(y_0)$, also $y_0 < f(y_0)$ und damit $f(y_0) \notin M$, da sonst $f(y_0) \leqq y_0 < f(y_0)$ wäre, also $f(y_0) < f(y_0)$ im Widerspruch zu $f(y_0) \not< f(y_0)$. Wegen $M \neq N$ gibt es nach dem Induktionsaxiom ein $x \in M$ mit $f(x) \notin M$. Aus $x \in M$ folgt $x \leqq y$ für alle $y \in X$. Es ist noch $x \in X$ zu zeigen. Wäre aber $x \notin X$, so wäre $x < y$ für alle $y \in X$, es gäbe also für jedes $y \in X$ ein $z \neq o$ mit $x + z = y$; wegen $z \neq o$ gibt es ein $w \in N$ mit $f(w) = z$; dann wäre

$$y = x + z = x + f(w) = x + (w + f(o)) = (x + f(o)) + w = f(x) + w,$$

also $f(x) \leqq y$; es wäre damit $f(x) \leqq y$ für alle $y \in X$ und damit $f(x) \in M$ im Widerspruch zu $f(x) \notin M$. Also ist insgesamt $x \in X \wedge \forall y\, (y \in X \rightarrow x \leqq y)$.

g) Die übrigen Behauptungen des Satzes folgen unmittelbar aus dem bisher Bewiesenen.

In jedem Peano-System $P = [N, o, f]$ ist nach Satz 7 $\underset{P}{\leqq}$ eine reflexive Wohlordnung in N und $\underset{P}{<}$ eine irreflexive Wohlordnung in N; das erste Element von N ist dabei o. Wir legen den weiteren Betrachtungen etwa stets die reflexive Wohlordnung $\underset{P}{\leqq}$ zugrunde. Man erhält nun, daß der Nachfolger a' eines Elementes $a \in N$ (in bezug auf $\underset{P}{\leqq}$) zusammenfällt mit dem Wert $f(a)$ der Nachfolgerfunktion an der Stelle a:

Satz 8. *Für jedes* Peano-*System* $[N, o, f]$ *und beliebige* $a \in N$ *gilt:*

$$a' = f(a).$$

Beweis. Es sei $[N, o, f]$ ein Peano-System und $a \in N$. Dann ist $f(a) = a + f(o)$, also $a < f(a)$ wegen $f(o) \neq o$. Es ist für $f(a) = a'$ noch zu zeigen, daß es kein $x \in N$ gibt mit $a < x < f(a)$. Wäre aber $a < x < f(a)$ für ein $x \in N$, so gäbe es von o verschiedene Elemente $y_1, y_2 \in N$ mit $a + y_1 = x$ und $x + y_2 = f(a)$, also mit $a + (y_1 + y_2) = f(a)$; wegen $y_1, y_2 \neq o$ gibt es Elemente $x_1, x_2 \in N$ mit $f(x_1) = y_1$ und $f(x_2) = y_2$; damit ist dann insgesamt

$$a + f(o) = f(a) = a + (y_1 + y_2) = (a + f(x_1)) + f(x_2) = (a + (x_1 + f(o)))$$
$$+ f(x_2) = (a + f(o)) + (x_1 + f(x_2)) = (a + f(o)) + f(x_1 + x_2),$$

woraus nach Satz 5 der Widerspruch $f(x_1 + x_2) = o$ folgt. Es gibt also kein $x \in N$ mit $a < x < f(a)$, und damit ist $f(a) = a'$.

Satz 9. *Für jedes* Peano-*System* $[N, o, f]$ *gilt:*

$$\exists!!\, R\, (R \textit{ reflexive Wohlordnung in } N \wedge \forall x\, (x \in N \rightarrow x' = f(x))),$$

wobei x' *der Nachfolger von* x *bzgl.* R *ist.*

Beweis. Es sei $[N, o, f]$ ein Peano-System. Daß es mindestens eine derartige Wohlordnung R in N gibt, folgt aus den Sätzen 7 und 8. Es ist noch zu zeigen, daß es auch höchstens eine derartige Wohlordnung in N geben kann. Zu diesem Zwecke seien R_1, R_2 reflexive Wohlordnungen in N mit für jedes $x \in N$:

$$x' = f(x), \qquad x^* = f(x),$$

wobei x' den Nachfolger von x in bezug auf R_1 und x^* den Nachfolger von x in bezug auf R_2 bezeichne. Wir zeigen für jedes $a, b \in N$:

$$a R_1 b \leftrightarrow a R_2 b.$$

Zunächst beweisen wir durch vollständige Induktion über b:

$$o R_1 b \leftrightarrow o R_2 b.$$

M sei die Menge aller $b \in N$ mit $o R_1 b \leftrightarrow o R_2 b$. Es ist wegen der Reflexivität von R_1, R_2 trivial $o \in M$. Ist $b \in M$, so gilt also $o R_1 b \leftrightarrow o R_2 b$; dann folgt aber auf Grund der Ordnungseigenschaften von R_1, R_2 und wegen $o \neq f(b) = b' = b^*$:

$$o R_1 f(b) \leftrightarrow o R_1 b' \leftrightarrow o R_1 b \leftrightarrow o R_2 b \leftrightarrow o R_2 b^* \leftrightarrow o R_2 f(b),$$

also ist auch $f(b) \in M$, womit nach dem Induktionsaxiom $M = N$ ist, so daß $o R_1 b \leftrightarrow o R_2 b$ für alle $b \in N$ gilt. Jetzt zeigen wir

$$a R_1 b \leftrightarrow a R_2 b$$

durch vollständige Induktion über a. M sei für vorgegebenes $b \in N$ die Menge aller $a \in N$ mit $a R_1 b \leftrightarrow a R_2 b$, Nach dem eben Bewiesenen ist trivial $o \in M$. Ist $a \in M$, so gilt also $a R_1 b \leftrightarrow a R_2 b$; dann folgt aber auf Grund der Ordnungseigenschaften von R_1, R_2 und wegen $f(a) = a' = a^*$ zunächst trivial

$$f(a) R_1 b \leftrightarrow a' R_1 b \leftrightarrow a^* R_2 b \leftrightarrow f(a) R_2 b$$

für den Fall $a = b$, da ja $\sim a' R_1 a$ und $\sim a^* R_2 a$ gilt; weiterhin folgt für den Fall $a \neq b$:

$$f(a) R_1 b \leftrightarrow a' R_1 b \leftrightarrow a R_1 b \leftrightarrow a R_2 b \leftrightarrow a^* R_2 b \leftrightarrow f(a) R_2 b,$$

also ist stets auch $f(a) \in M$, womit nach dem Induktionsaxiom $M = N$ ist, so daß $a R_1 b \leftrightarrow a R_2 b$ für alle $a, b \in N$ gilt. Damit ist aber $R_1 = R_2$, so daß es schließlich höchstens eine reflexive Wohlordnung in N gibt, deren Nachfolger x' jeweils mit $f(x)$ übereinstimmt.

Aus Satz 9 folgt speziell für das von $\boldsymbol{N}$, $\mathbf{0}$, $'$ gebildete Peano-System $\boldsymbol{P}_1$ und das von $\mathfrak{N}$, $\underset{\bullet}{0}$, $'$ gebildete Peano-System $\boldsymbol{P}_2$:

$$\underset{\boldsymbol{P}_1}{\leqq} = {}_{\boldsymbol{N}}\left(\underset{\boldsymbol{O}}{\leqq}\right)_{\boldsymbol{N}}, \qquad \underset{\boldsymbol{P}_2}{\leqq} = {}_{\mathfrak{N}}\left(\underset{\boldsymbol{K}}{\leqq}\right)_{\mathfrak{N}}$$

Aus Satz 8, Satz 1 und den Peanoschen Axiomen folgt für Peano-Systeme $P = [N, o, f]$, daß N (in bezug auf die Wohlordnung $\underset{P}{\leqq}$) kein letztes Element und keine Limeselemente besitzt. Damit ergibt sich der

Satz 10 (Rechtfertigungssatz für Definitionen durch vollständige Induktion). *Für* PEANO-*Systeme* $[N, o, f]$, *Mengen* B, *Elemente* $b \in B$ *und Funktionen* T *von* $N \times B$ *in* B *gilt:*

$$\exists !! F\,(F \text{ Funktion von } N \text{ in } B \wedge F(o) = b \wedge \forall x\,(x \in N \rightarrow F(f(x)) = T(x, F(x)))).$$

Beweis. Die Behauptung folgt nach den obigen Bemerkungen unmittelbar aus Satz 8, § 19.

In jedem PEANO-System $P = [N, o, f]$ lassen sich (in bezug auf $\underset{P}{\leqq}$) nach den Sätzen 2 und 7 aus § 19 auch *Beweise und Definitionen durch ordnungstheoretische Induktion* durchführen.

In Anwendung des Prinzips der Definition durch vollständige Induktion beweist man den

Satz 11. *Für jedes* PEANO-*System* $[N, o, f]$ *gibt es genau eine Operation* O *in* N *mit für jedes* $a, n \in N$:

$$aOo = o,$$

$$aOf(n) = (aOn) + a.$$

Beweis. Es sei $[N, o, f]$ ein PEANO-System. Dann gibt es zunächst höchstens eine Operation O in N mit für jedes $a, n \in N$:

$$aOo = o,$$

$$aOf(n) = (aOn) + a.$$

Sind nämlich O_1, O_2 derartige Operationen in N, $a \in N$ und M die Menge aller $n \in N$ mit

$$aO_1n = aO_2n,$$

so ist $o \in M$ wegen $aO_1o = o = aO_2o$; ist $n \in M$, so ist also $aO_1n = aO_2n$ und damit

$$aO_1f(n) = (aO_1n) + a = (aO_2n) + a = aO_2f(n),$$

also auch $f(n) \in M$. Nach dem Induktionsaxiom ist also $M = N$, womit für jedes $a, n \in N$ $aO_1n = aO_2n$ gilt und damit schließlich $O_1 = O_2$.

Nun zur Existenz einer Operation O in N mit für jedes $a, n \in N$:

$$aOo = o,$$

$$aOf(n) = (aOn) + a.$$

Für jedes $a \in N$ gibt es genau eine Funktion F von N in N mit für jedes $n \in N$:

$$F(o) = o,$$

$$F(f(n)) = F(n) + a;$$

dies folgt unmittelbar aus Satz 10, wenn man dort $B = N$ und $b = o$ setzt und T definiert als diejenige Funktion von $N \times N$ in N mit für jedes $x, y \in N$:

$$T(x, y) = y + a.$$

Diese für jedes $a \in N$ eindeutig existierende Funktion F werde mit $\langle a \rangle$ bezeichnet.

Die Operation O in N mit für jedes $a, n \in N$:

$$a O n = \langle a \rangle (n)$$

genügt schließlich den Bedingungen

$$a O o = o,$$

$$a O f(n) = (a O n) + a.$$

Damit ist der Satz vollständig bewiesen.

Definition 4. Ist $P = [N, o, f]$ ein PEANO-System, so ist die *Multiplikation bzgl. P*, bezeichnet mit: $\underset{P}{\cdot}$ (gelesen: *mal bzgl. P*), diejenige Operation O in N mit für jedes $a, n \in N$:

$$a O o = o,$$

$$a O f(n) = (a O n) + a.$$

Sind keine Verwechslungen zu befürchten, so läßt man die Indexvariable (im Falle der Definition 4 also P) an dem Zeichen $\cdot$ auch weg.

In jedem PEANO-System $[N, o, f]$ gilt also für beliebige $a, n \in N$:

$$a \cdot o = o,$$

$$a \cdot f(n) = (a \cdot n) + a;$$

speziell ist

$$a \cdot f(o) = a.$$

Im PEANO-System $\boldsymbol{P}_1$ gilt somit für jedes $a, n \in \boldsymbol{N}$:

$$a \cdot \mathbf{0} = \mathbf{0},$$

$$a \cdot n' = (a \cdot n) + a;$$

diese Multiplikation ist dann das aus der Anschauung über natürliche Zahlen entnommene Malnehmen natürlicher Zahlen; speziell ist

$$a \cdot \mathbf{1} = a.$$

In der Schulzeit auswendig gelernte Rechenregeln wie

$$\mathbf{1} \cdot \mathbf{1} = \mathbf{1}, \quad \mathbf{1} \cdot \mathbf{2} = \mathbf{2}, \quad \mathbf{2} \cdot \mathbf{5} = \mathbf{10}, \quad \mathbf{9} \cdot \mathbf{8} = \mathbf{72}, \quad \ldots$$

lassen sich jetzt auf Grund der Definitionen 5, § 23 und 4 beweisen.

Satz 12. *Für jedes* PEANO-*System* $[N, o, f]$ *und beliebige* $a, b, c \in N$ *gilt:*

$$(a + b) \cdot c = (a \cdot c) + (b \cdot c) \quad (\textit{Rechtsseitige Distributivität}).$$

Beweis. Es sei $[N, o, f]$ ein PEANO-System. Wir beweisen die Behauptung durch vollständige Induktion über c. M sei die Menge aller $c \in N$, für die bei vorgegebenen $a, b \in N$ die Behauptung gilt. Es ist trivial $o \in M$. Ist $c \in M$, so ist also $(a + b) \cdot c = (a \cdot c) + (b \cdot c)$; dann gilt aber auch

$$\begin{aligned}(a + b) \cdot f(c) &= [(a + b) \cdot c] + (a + b) = [(a \cdot c) + (b \cdot c)] + (a + b) \\ &= [(a \cdot c) + a] + [(b \cdot c) + b] = (a \cdot f(c)) + (b \cdot f(c)),\end{aligned}$$

also ist auch $f(c) \in M$. Damit ist nach dem Induktionsaxiom $M = N$, und die Behauptung gilt für alle $a, b, c \in N$.

Satz 13. *Für jedes* PEANO-*System* $[N, o, f]$ *und beliebige* $a, b \in N$ *gilt:*

$$a \cdot b = b \cdot a \quad (\textit{Kommutativität}).$$

Beweis. Es sei $[N, o, f]$ ein PEANO-System. Zunächst zeigen wir durch vollständige Induktion über b:

$$o \cdot b = b \cdot o.$$

M sei die Menge aller $b \in N$, für die diese Behauptung gilt. Es ist trivial $o \in M$. Ist $b \in M$, so ist also $o \cdot b = b \cdot o$; dann gilt aber auch

$$o \cdot f(b) = (o \cdot b) + o = (b \cdot o) + o = o + o = o = f(b) \cdot o,$$

also ist auch $f(b) \in M$. Damit ist nach dem Induktionsaxiom $M = N$, und $o \cdot b = b \cdot o$ gilt für alle $b \in N$. Jetzt zeigen wir durch vollständige Induktion über b:

$$f(o) \cdot b = b \cdot f(o).$$

M sei die Menge aller $b \in N$, für die diese Behauptung gilt. Es ist nach dem eben Bewiesenen trivial $o \in M$. Ist $b \in M$, so ist also $f(o) \cdot b = b \cdot f(o)$; dann gilt aber auch

$$f(o) \cdot f(b) = (f(o) \cdot b) + f(o) = (b \cdot f(o)) + f(o) = b + f(o) = f(b) = f(b) \cdot f(o),$$

also ist auch $f(b) \in M$. Damit ist nach dem Induktionsaxiom $M = N$, und $f(o) \cdot b = b \cdot f(o)$ gilt für alle $b \in N$. Wir zeigen schließlich durch vollständige Induktion über a, daß stets

$$a \cdot b = b \cdot a$$

gilt. M sei die Menge aller $a \in N$, für die bei vorgegebenem $b \in N$ die Behauptung $a \cdot b = b \cdot a$ gilt. Es ist nach dem eben Bewiesenen trivial $o \in M$. Ist $a \in M$, so ist also $a \cdot b = b \cdot a$; dann gilt aber auch nach Satz 12 und dem eben Bewiesenen:

$$\begin{aligned}f(a) \cdot b &= (a + f(o)) \cdot b = (a \cdot b) + (f(o) \cdot b) = (b \cdot a) + (b \cdot f(o)) \\ &= (b \cdot a) + b = b \cdot f(a),\end{aligned}$$

also ist auch $f(a) \in M$. Damit ist nach dem Induktionsaxiom $M = N$, und $a \cdot b = b \cdot a$ gilt für alle $a, b \in N$.

Satz 14. *Für jedes* PEANO-*System* $[N, o, f]$ *und beliebige* $a, b, c \in N$ *gilt:*

$$a \cdot (b + c) = (a \cdot b) + (a \cdot c) \text{ (\textit{Linksseitige Distributivität})}.$$

Beweis. Die Behauptung folgt unmittelbar aus den Sätzen 12 und 13.

Satz 15. *Für jedes* PEANO-*System* $[N, o, f]$ *und beliebige* $a, b, c \in N$ *gilt:*

$$(a \cdot b) \cdot c = a \cdot (b \cdot c) \quad \text{(\textit{Assoziativität})}.$$

Beweis. Es sei $[N, o, f]$ ein PEANO-System. Der Beweis der Behauptung wird durch vollständige Induktion über c geführt. M sei die Menge aller $c \in N$, für die bei vorgegebenen $a, b \in N$ die Behauptung gilt. Dann ist trivial $o \in M$. Ist $c \in M$, so ist also $(a \cdot b) \cdot c = a \cdot (b \cdot c)$; dann gilt aber auch nach Satz 14:

$$(a \cdot b) \cdot f(c) = [(a \cdot b) \cdot c] + (a \cdot b) = [a \cdot (b \cdot c)] + (a \cdot b) = a \cdot [(b \cdot c) + b] \\ = a \cdot (b \cdot f(c)),$$

also ist auch $f(c) \in M$. Damit ist nach dem Induktionsaxiom $M = N$, und die Behauptung gilt für alle $a, b, c \in N$.

Satz 16. *Für jedes* PEANO-*System* $[N, o, f]$ *und beliebige* $a, b \in N$ *gilt:*

$$a \cdot b = o \rightarrow a = o \vee b = o.$$

Beweis. Es sei $[N, o, f]$ ein PEANO-System und $a, b \in N$ mit $a \cdot b = o$. Wäre $a \neq o$ und $b \neq o$, so gäbe es Elemente $x, y \in N$ mit $f(x) = a$ und $f(y) = b$. Dann wäre aber

$$a \cdot b = f(x) \cdot f(y) = (x + f(o)) \cdot (y + f(o)) = (x \cdot y) + (f(o) \cdot y) + (x \cdot f(o)) \\ + (f(o) \cdot f(o)) = z + (f(o) \cdot f(o)) = z + f(o) = f(z) \neq o$$

im Widerspruch zu $a \cdot b = o$ (dabei ist $z = (x \cdot y) + (f(o) \cdot y) + (x \cdot f(o))$).

Schließlich gilt noch der

Satz 17. *Für jedes* PEANO-*System* $[N, o, f]$ *und beliebige* $a, b, c \in N$ *gilt:*

$$a < b \rightarrow a + c < b + c,$$

$$c \neq o \wedge a < b \rightarrow a \cdot c < b \cdot c$$

(*Monotonie*).

Beweis. Es sei $[N, o, f]$ ein PEANO-System und $a, b, c \in N$. Ist $a < b$, so gibt es ein $x \in N$ mit $x \neq o$ und $a + x = b$; dann ist $(a + x) + c = b + c$, also $(a + c) + x = b + c$ und damit $a + c < b + c$; es ist weiterhin $(a + x) \cdot c = b \cdot c$, also $(a \cdot c) + (x \cdot c) = b \cdot c$, woraus im Falle $c \neq o$ nach Satz 16 $x \cdot c \neq o$ und damit $a \cdot c < b \cdot c$ folgt.

Aus Satz 17 folgt sofort für PEANO-Systeme $[N, o, f]$ und Elemente $a, b, c, d \in N$:

$$a < b \leftrightarrow a + c < b + c,$$

$$c \neq o . \rightarrow . a < b \leftrightarrow a \cdot c < b \cdot c,$$

$$a < b \wedge c < d \rightarrow a + c < b + d \wedge a \cdot c < b \cdot d.$$

Wäre nämlich $a + c < b + c$ und $a \not< b$, so wäre $b < a \vee b = a$, was aber zu dem Widerspruch $b + c < a + c \vee b + c = a + c$ führt; analog erhält man $a < b$ aus $a \cdot c < b \cdot c$ im Falle $c \neq o$; ist $a < b \wedge c < d$, so ist $a + c < b + c < b + d$ und wegen $b \neq o$ $a \cdot c \leqq b \cdot c < b \cdot d$.

Sämtliche PEANO-Systeme haben dieselben strukturellen Eigenschaften, da sie, wie wir gleich sehen werden, isomorph aufeinander abgebildet werden können. Es existiert sogar zwischen zwei PEANO-Systemen genau eine isomorphe Abbildung.

Definition 5. Sind $P_1 = [N_1, o_1, f_1]$ und $P_2 = [N_2, o_2, f_2]$ PEANO-Systeme, so ist eine Abbildung F eine *isomorphe* (oder *ähnliche*) *Abbildung* (oder ein *Isomorphismus*, eine *Ähnlichkeitsabbildung*) *von* P_1 *auf* P_2 genau dann, wenn F eine umkehrbar eindeutige Abbildung von N_1 auf N_2 ist mit $F(o_1) = o_2$ und $\forall x\, (x \in N_1 \rightarrow F(f_1(x)) = f_2(F(x)))$; P_1 und P_2 sind *isomorph* (oder *ähnlich*), in Zeichen: $P_1 \backsimeq P_2$ (gelesen: P_1 *isomorph* P_2), genau dann, wenn es eine isomorphe Abbildung von P_1 auf P_2 gibt.

Man beachte die mehrfache Bedeutung des Zeichens $\backsimeq$ (Definitionen 3, § 10; 3, § 15; 5); aus dem Zusammenhang der jeweiligen Betrachtungen wird jedoch stets hervorgehen, welche Bedeutung gemeint ist.

Ist $[N_1, o_1, f_1] \backsimeq [N_2, o_2, f_2]$, so ist nach Definition 5 u. a. $N_1 \backsim N_2$.

Satz 18 (Isomorphie der PEANO-Systeme). *Für* PEANO-*Systeme* P_1 *und* P_2 *gilt:*

$$\exists!!\, F\, (F \textit{ Isomorphismus von } P_1 \textit{ auf } P_2).$$

Beweis. Es seien $P_1 = [N_1, o_1, f_1]$ und $P_2 = [N_2, o_2, f_2]$ PEANO-Systeme. Nach Satz 10 existiert genau eine Funktion F von N_1 in N_2 mit für jedes $x \in N_1$:

$$F(o_1) = o_2, \qquad F(f_1(x)) = f_2(F(x));$$

man braucht in Satz 10 nur $[N, o, f] = P_1$, $B = N_2$ und $b = o_2$ zu setzen und T als diejenige Funktion von $N_1 \times N_2$ in N_2 zu definieren mit für jedes $[x, y] \in N_1 \times N_2$:

$$T(x, y) = f_2(y).$$

Es ist noch zu zeigen, daß F eine Abbildung auf N_2 und umkehrbar eindeutig ist. Gäbe es ein $y \in N_2$ mit $F(x) \neq y$ für jedes $x \in N_1$, so ist die Menge M aller

$y \in N_2$ mit $\forall x(x \in N_1 \to F(x) \neq y)$ nicht leer, besitzt also ein erstes Element y_0. Es ist $y_0 \neq o_2$ wegen $F(o_1) = o_2$; es gibt also ein $y_1 \in N_2$ mit $f_2(y_1) = y_0$; wegen $y_1 < y_0$ gibt es ein $x \in N_1$ mit $F(x) = y_1$; dann ist aber

$$F(f_1(x)) = f_2(F(x)) = f_2(y_1) = y_0$$

im Widerspruch zu $y_0 \in M$. Also gibt es für jedes $y \in N_2$ ein $x \in N_1$ mit $F(x) = y$, und F ist damit eine Abbildung auf N_2. F ist auch umkehrbar eindeutig; denn ist $x, y \in N_1$ und $x < y$, so zeigen wir induktiv $F(x) < F(y)$. M sei für vorgegebenes $x \in N_1$ die Menge aller $y \in N_1$ mit $x < y \to F(x) < F(y)$. Es ist trivial $o_1 \in M$ wegen $o_1 \leqq x$. Ist $y \in M$, so ist also $x < y \to F(x) < F(y)$; dann gilt aber auch

$$x < f_1(y) \to x \leqq y \to F(x) \leqq F(y) < f_2(F(y)) = F(f_1(y)),$$

also ist auch $f_1(y) \in M$, womit nach dem Induktionsaxiom $M = N_1$ ist und $x < y \to F(x) < F(y)$ für alle $x, y \in N_1$ gilt. Also ist F umkehrbar eindeutig, da für $x, y \in N_1$ mit $x \neq y$ stets $x < y$ oder $y < x$ gilt, also $F(x) < F(y)$ oder $F(y) < F(x)$, also $F(x) \neq F(y)$.

Die isomorphe Abbildung zwischen zwei PEANO-Systemen ist gleichzeitig eine Isomorphie auch in bezug auf die Additionen, die Multiplikationen und die Wohlordnungen in diesen Systemen:

Satz 19. *Für* PEANO-*Systeme* $P_1 = [N_1, o_1, f_1]$, $P_2 = [N_2, o_2, f_2]$, *die isomorphe Abbildung* F *von* P_1 *auf* P_2 *und beliebige Elemente* $a, b \in N_1$ *gilt:*

$$F(a + b) = F(a) + F(b),$$
$$F(a \cdot b) = F(a) \cdot F(b),$$
$$a < b \leftrightarrow F(a) < F(b).$$

Beweis. Es seien $P_1 = [N_1, o_1, f_1]$, $P_2 = [N_2, o_2, f_2]$ PEANO-Systeme, und F sei die isomorphe Abbildung von P_1 auf P_2. Wir zeigen die ersten beiden Behauptungen durch vollständige Induktion über b. M sei bei vorgegebenem $a \in N_1$ die Menge aller $b \in N_1$ mit $F(a + b) = F(a) + F(b)$. Es ist trivial $o_1 \in M$. Ist $b \in M$, so ist also $F(a + b) = F(a) + F(b)$; dann gilt aber auch

$$F(a+f_1(b)) = F(f_1(a+b)) = f_2(F(a+b)) = f_2(F(a)+F(b)) = F(a)+f_2(F(b))$$
$$= F(a)+F(f_1(b)),$$

also ist auch $f_1(b) \in M$. Damit ist nach dem Induktionsaxiom $M = N_1$ und $F(a + b) = F(a) + F(b)$ gilt für alle $a, b \in N_1$, M sei analog bei vorgegebenem $a \in N_1$ die Menge aller $b \in N_1$ mit $F(a \cdot b) = F(a) \cdot F(b)$. Es ist trivial $o_1 \in M$. Ist $b \in M$, so ist also $F(a \cdot b) = F(a) \cdot F(b)$; dann gilt aber auch

$$F(a \cdot f_1(b)) = F((a \cdot b) + a) = F(a \cdot b) + F(a) = (F(a) \cdot F(b)) + F(a)$$
$$= F(a) \cdot f_2(F(b)) = F(a) \cdot F(f_1(b)),$$

also ist auch $f_1(b) \in M$. Damit ist nach dem Induktionsaxiom $M = N_1$ und $F(a \cdot b) = F(a) \cdot F(b)$ gilt für alle $a, b \in N_1$. Ist schließlich $a, b \in N_1$ und $a < b$, so gibt es ein $x \in N_1$ mit $x \neq o_1$ und $a + x = b$; dann ist aber $F(a + x) = F(b)$, also $F(a) + F(x) = F(b)$, also $F(a) < F(b)$ wegen $F(x) \neq o_2$. Ist umgekehrt $F(a) < F(b)$, so führt $a \nless b$ zum Widerspruch $F(b) \leqq F(a)$ wegen $b \leqq a$.

Für die von $\boldsymbol{N}$, $\boldsymbol{0}$, $'$ und $\mathfrak{N}$, $\underset{\cdot}{0}$, $'$ gebildeten Peano-Systeme $\boldsymbol{P}_1$, $\boldsymbol{P}_2$ ist der Isomorphismus von $\boldsymbol{P}_1$ auf $\boldsymbol{P}_2$ gerade diejenige Funktion F von $\boldsymbol{N}$ in $\mathfrak{N}$ mit für jedes $n \in \boldsymbol{N}$:

$$F(n) = |n|;$$

denn $|\ |$ war ja eine umkehrbar eindeutige Abbildung von $\boldsymbol{N}$ auf $\mathfrak{N}$ mit

$$|0| = \underset{\cdot}{0}, \qquad \forall n (n \in \boldsymbol{N} \rightarrow |n'| = |n|').$$

Aus Satz 19 folgt dann für natürliche Zahlen n, m:

$$|n + m| = |n| + |m|,$$
$$|n \cdot m| = |n| \cdot |m|,$$
$$n < m \leftrightarrow |n| < |m|.$$

Das Rechnen mit natürlichen Zahlen ist also isomorph dem Rechnen mit endlichen Kardinalzahlen; natürliche Zahlen und endliche Kardinalzahlen unterscheiden sich beim praktischen Rechnen nicht voneinander.

Aus den Sätzen 18, 19 folgt für jedes Peano-System $P = [N, o, f]$: $\mathfrak{a} = \overline{\overline{N}}$ und $\boldsymbol{\omega} = \overline{[N, \underset{P}{\leqq}]}$; denn es ist $P \simeq \boldsymbol{P}_1$. Definiert man eine Klasse A als *endlich bzgl.* eines Peano-Systems $P = [N, o, f]$, falls A gleichmächtig einem Abschnitt von N (bzgl. $\underset{P}{\leqq}$) ist, und als *unendlich bzgl.* P, falls A nicht endlich bzgl. P ist, so erhält man auf Grund der Sätze 18; 7, § 22; 8, § 23, daß eine Klasse A endlich bzw. unendlich ist genau dann, wenn A bzgl. eines oder auch bzgl. jedes Peano-Systems P endlich bzw. unendlich ist; denn jedes Peano-System P ist ähnlich dem Peano-System $\boldsymbol{P}_1$. Ist $P = [N, o, f]$ ein Peano-System, $n \in N$ und M eine Menge, so sagt man, *M besitzt n Elemente bzgl. P*, falls M gleichmächtig dem durch n bestimmten Abschnitt von N (bzgl. $\underset{P}{\leqq}$) ist; sind dann $P_1 = [N_1, o_1, f_1]$ und $P_2 = [N_2, o_2, f_2]$ Peano-Systeme, ist F die isomorphe Abbildung von P_1 auf P_2 und $n \in N_1$, so besitzt eine Menge M n Elemente bzgl. P_1 genau dann, wenn M $F(n)$ Elemente bzgl. P_2 besitzt; ist hierbei speziell $P_2 = \boldsymbol{P}_1$ oder $P_2 = \boldsymbol{P}_2$, so besitzt M n Elemente bzgl. P_1 genau dann, wenn M $F(n)$ Elemente besitzt (vgl. Definitionen 8, § 23; 1, § 21).

2. Damit beenden wir unsere Betrachtungen über natürliche Zahlen in Peano-Systemen und skizzieren jetzt den Aufbau des Zahlensystems auf der Grundlage der natürlichen Zahlen in Peano-Systemen. Wir führen im folgenden keine Beweise und geben keine anschaulichen Einführungen der einzelnen Zahlenarten,

da der detaillierte Aufbau des Zahlensystems (einschließlich des detaillierten Studiums der natürlichen Zahlen) nicht in den Rahmen der Allgemeinen Mengenlehre fällt; es soll lediglich angedeutet werden, wie die verschiedenen Zahlenarten exakt mengentheoretisch zu definieren sind.

Es sei $P = [N, o, f]$ ein PEANO-System. Die *natürlichen Zahlen bzgl. P* waren einfach die Elemente von N.

Man definiert in $N \times N$ die Relation *Differenzengleichheit*, in Zeichen: $\underset{D}{=}$, mit für jedes $[n, m], [p, q] \in N \times N$:

$$[n, m] \underset{D}{=} [p, q] \leftrightarrow n + q = p + m .$$

$\underset{D}{=}$ ist eine Äquivalenzrelation in $N \times N$, deren Äquivalenzklassen die *ganzen Zahlen bzgl. P* sind. $\boldsymbol{G}_P$ sei die Menge aller ganzen Zahlen bzgl. P. Addition, Multiplikation und die Ordnungsbeziehung ganzer Zahlen werden repräsentantenweise erklärt: Sind $g_1, g_2 \in \boldsymbol{G}_P$ mit $[n_1, m_2] \in g_1$ und $[n_2, m_2] \in g_2$, so ist ihre Summe $g_1 + g_2$ bzw. ihr Produkt $g_1 \cdot g_2$ diejenige ganze Zahl $g \in \boldsymbol{G}_P$, für die

$$[n_1 + n_2, m_1 + m_2] \in g \quad \text{bzw.} \quad [(n_1 \cdot n_2) + (m_1 \cdot m_2), (n_1 \cdot m_2) + (n_2 \cdot m_1)] \in g$$

gilt; es ist $g_1 \leqq g_2$ genau dann, wenn $n_1 + m_2 \leqq n_2 + m_1$ gilt, und $g_1 < g_2$ genau dann, wenn $g_1 \leqq g_2$ und $g_1 \neq g_2$ gilt. Sämtliche Definitionen sind unabhängig von den Repräsentanten. Die Differenz $g_1 - g_2$ ganzer Zahlen $g_1, g_2 \in \boldsymbol{G}_P$ ist diejenige ganze Zahl $g \in \boldsymbol{G}_P$ mit $g_2 + g = g_1$. Die ganze Zahl 0 ist dasjenige Element $g \in \boldsymbol{G}_P$ mit $[o, o] \in g$; die ganze Zahl 1 ist dasjenige Element $g \in \boldsymbol{G}_P$ mit $[f(o), o] \in g$. Diejenigen ganzen Zahlen $g \in \boldsymbol{G}_P$, für die es ein Paar $[n, o]$ gibt mit $[n, o] \in g$, heißen die *natürlichen ganzen Zahlen bzgl. P*. Die Menge N der natürlichen Zahlen bzgl. P und die Menge der natürlichen ganzen Zahlen bzgl. P sind in bezug auf die in ihnen erklärten Additionen, Multiplikationen und Ordnungsbeziehungen isomorph, so daß sich das Rechnen mit natürlichen ganzen Zahlen nicht unterscheidet vom Rechnen mit natürlichen Zahlen; der betreffende Isomorphismus zwischen beiden Mengen ist diejenige Funktion F über N, welche jedem $n \in N$ die ganze Zahl g mit $[n, o] \in g$ zuordnet.

Man definiert in der Menge aller geordneten Paare $[g, h] \in \boldsymbol{G}_P \times \boldsymbol{G}_P$ mit $h \neq 0$ die Relation *Quotientengleichheit*, in Zeichen: $\underset{Q}{=}$, mit für jedes $[g, h]$, $[e, f] \in \boldsymbol{G}_P \times \boldsymbol{G}_P$ bei $h \neq 0$, $f \neq 0$:

$$[g, h] \underset{Q}{=} [e, f] \leftrightarrow g \cdot f = e \cdot h .$$

$\underset{Q}{=}$ ist eine Äquivalenzrelation in der Menge aller geordneten Paare $[g, h] \in \boldsymbol{G}_P \times \boldsymbol{G}_P$ mit $h \neq 0$, deren Äquivalenzklassen die *rationalen Zahlen bzgl. P* sind. $\boldsymbol{R}_P$ sei die Menge aller rationalen Zahlen bzgl. P. Addition, Multiplikation und die Ordnungsbeziehung rationaler Zahlen werden repräsentantenweise erklärt: Sind $r_1, r_2 \in \boldsymbol{R}_P$ mit $[g_1, h_1] \in r_1$ und $[g_2, h_2] \in r_2$, so ist ihre Summe $r_1 + r_2$ bzw. ihr Produkt $r_1 \cdot r_2$ diejenige rationale Zahl $r \in \boldsymbol{R}_P$, für die

$$[(g_1 \cdot h_2) + (g_2 \cdot h_1), h_1 \cdot h_2] \in r \quad \text{bzw.} \quad [g_1 \cdot g_2, h_1 \cdot h_2] \in r$$

gilt; es ist $r_1 \leqq r_2$ genau dann, wenn

$$((g_2 \cdot h_1) - (g_1 \cdot h_2)) \cdot (h_1 \cdot h_2) \geqq 0$$

gilt, und $r_1 < r_2$ genau dann, wenn $r_1 \leqq r_2$ und $r_1 \neq r_2$ gilt. Sämtliche Definitionen sind unabhängig von den Repräsentanten. Die Differenz $r_1 - r_2$ rationaler Zahlen $r_1, r_2 \in \boldsymbol{R_P}$ ist diejenige rationale Zahl $r \in \boldsymbol{R_P}$ mit $r_2 + r = r_1$. Die rationale Zahl 0 ist dasjenige Element $r \in \boldsymbol{R_P}$ mit $[0, 1] \in r$. Der Betrag $|r|$ einer rationalen Zahl $r \in \boldsymbol{R_P}$ ist erklärt zu $|r| = r$ für $r \geqq 0$ und $|r| = 0 - r$ für $r < 0$. Diejenigen rationalen Zahlen $r \in \boldsymbol{R_P}$, für die es ein Paar $[g, 1]$ gibt mit $[g, 1] \in r$, heißen die *ganzen rationalen Zahlen bzgl. P*. Die Menge $\boldsymbol{G_P}$ der ganzen Zahlen bzgl. P und die Menge der ganzen rationalen Zahlen bzgl. P sind in bezug auf die in ihnen erklärten Additionen, Multiplikationen und Ordnungsbeziehungen isomorph, so daß sich das Rechnen mit ganzen rationalen Zahlen nicht unterscheidet vom Rechnen mit ganzen Zahlen; der betreffende Isomorphismus zwischen beiden Mengen ist diejenige Funktion F über $\boldsymbol{G_P}$, welche jedem $g \in \boldsymbol{G_P}$ die rationale Zahl r mit $[g, 1] \in r$ zuordnet. Mit $\boldsymbol{G_P}$ ist dann auch N isomorph in $\boldsymbol{R_P}$ enthalten, da N isomorph in $\boldsymbol{G_P}$ enthalten ist.

Eine Funktion f von N in $\boldsymbol{R_P}$ heißt eine *Fundamentalfolge* (oder CAUCHY-*Folge*) *rationaler Zahlen bzgl. P*, falls es zu jeder rationalen Zahl $\varepsilon > 0$ eine natürliche Zahl $m \in N$ gibt, so daß $|f_{n_1} - f_{n_2}| < \varepsilon$ für alle $n_1, n_2 \in N$ mit $n_1, n_2 \geqq m$ gilt. Man definiert in der Menge aller Fundamentalfolgen die Relation *Grenzwertgleichheit*, in Zeichen: $\underset{G}{=}$, mit für beliebige Fundamentalfolgen r, s:

$$r \underset{G}{=} s \leftrightarrow \forall \varepsilon \, \exists m \, (\varepsilon \in \boldsymbol{R_P} \wedge \varepsilon > 0 \rightarrow m \in N \\ \wedge \forall n \, (n \in N \wedge n \geqq m \rightarrow |r_n - s_n| < \varepsilon)).$$

$\underset{G}{=}$ ist eine Äquivalenzrelation in der Menge aller Fundamentalfolgen, deren Äquivalenzklassen die *reellen Zahlen bzgl. P* sind. $\boldsymbol{C_P}$ sei die Menge aller reellen Zahlen bzgl. P. Addition, Multiplikation und die Ordnungsbeziehung reeller Zahlen werden repräsentantenweise erklärt: Sind $x, y \in \boldsymbol{C_P}$ mit $r \in x$ und $s \in y$, so ist ihre Summe $x + y$ bzw. ihr Produkt $x \cdot y$ diejenige reelle Zahl $z \in \boldsymbol{C_P}$, für die

$$(x_n + y_n)_{n \in N} \in z \quad \text{bzw.} \quad (x_n \cdot y_n)_{n \in N} \in z$$

gilt; es ist $x < y$ genau dann, wenn es ein $d \in \boldsymbol{R_P}$ mit $d > 0$ und ein $m \in N$ gibt mit $s_n - r_n \geqq d$ für alle $n \in N$ mit $n \geqq m$, und $x \leqq y$ genau dann, wenn $x < y$ oder $x = y$ gilt. Sämtliche Definitionen sind unabhängig von den Repräsentanten. Die Differenz $x - y$ reeller Zahlen $x, y \in \boldsymbol{C_P}$ ist diejenige reelle Zahl $z \in \boldsymbol{C_P}$ mit $y + z = x$. Die reelle Zahl 0 ist dasjenige Element $x \in \boldsymbol{C_P}$ mit $(0)_{n \in N} \in x$. Diejenigen reellen Zahlen $x \in \boldsymbol{C_P}$, für die es eine rationale Zahl $r \in \boldsymbol{R_P}$ gibt mit $(r)_{n \in N} \in x$, heißen die *rationalen reellen Zahlen bzgl. P*, alle anderen reellen Zahlen die *irrationalen Zahlen bzgl. P*. Die Menge $\boldsymbol{R_P}$ der rationalen Zahlen bzgl. P und die Menge der rationalen reellen Zahlen bzgl. P sind in bezug auf die in ihnen erklärten Additionen, Multiplikationen und Ordnungsbeziehungen isomorph, so daß sich das Rechnen mit rationalen reellen Zahlen nicht unterscheidet vom Rechnen mit rationalen Zahlen; der betreffende Isomorphismus zwischen beiden Mengen ist diejenige Funktion F über $\boldsymbol{R_P}$, welche jedem $r \in \boldsymbol{R}_P$ die reelle Zahl x mit $(r)_{n \in N} \in x$ zuordnet. Mit $\boldsymbol{R}_P$ sind dann auch $\boldsymbol{G}_P$ und N isomorph in $\boldsymbol{C}_P$ enthalten, da N isomorph in $\boldsymbol{G}_P$ und $\boldsymbol{G}_P$ isomorph in $\boldsymbol{R}_P$ enthalten ist.

Die *komplexen Zahlen bzgl. P* sind die geordneten Paare reeller Zahlen bzgl. P. $\mathfrak{K}_P$ sei die Menge aller komplexen Zahlen bzgl. P; es ist dann $\mathfrak{K}_P = \boldsymbol{C}_P \times \boldsymbol{C}_P$. Addition und Multiplikation komplexer Zahlen werden folgendermaßen erklärt: Sind $k_1, k_2 \in \mathfrak{K}_P$ mit $k_1 = [x_1, y_1]$ und $k_2 = [x_2, y_2]$, so ist ihre Summe $k_1 + k_2$ bzw. ihr Produkt $k_1 \cdot k_2$ die komplexe Zahl

$$k = [x_1 + x_2, y_1 + y_2] \quad \text{bzw.} \quad k = [(x_1 \cdot x_2) - (y_1 \cdot y_2), (x_1 \cdot y_2) + (x_2 \cdot y_1)].$$

Diejenigen komplexen Zahlen $k \in \mathfrak{K}_P$ mit $k = [x, 0]$ heißen die *reellen komplexen Zahlen bzgl. P*; die komplexen Zahlen $k \in \mathfrak{K}_P$ mit $k = [0, x]$ die *imaginären Zahlen bzgl. P*. Die Menge $\boldsymbol{C}_P$ der reellen Zahlen bzgl. P und die Menge der reellen komplexen Zahlen bzgl. P sind in bezug auf die in ihnen erklärten Additionen und Multiplikationen isomorph, so daß sich das Rechnen mit reellen komplexen Zahlen nicht unterscheidet vom Rechnen mit reellen Zahlen; der betreffende Isomorphismus zwischen beiden Mengen ist diejenige Funktion F über $\boldsymbol{C}_P$, welche jedem $x \in \boldsymbol{C}_P$ die komplexe Zahl $k = [x, 0]$ zuordnet. Mit $\boldsymbol{C}_P$ sind dann auch $\boldsymbol{R}_P$, $\boldsymbol{G}_P$ und N isomorph in $\mathfrak{K}_P$ enthalten (in bezug auf die Additionen und Multiplikationen), da N isomorph in $\boldsymbol{G}_P$, $\boldsymbol{G}_P$ isomorph in $\boldsymbol{R}_P$ und $\boldsymbol{R}_P$ isomorph in $\boldsymbol{C}_P$ enthalten ist.

Beim detaillierten Aufbau des Zahlensystems zeigt man, daß die in den Mengen $\boldsymbol{G}_P$, $\boldsymbol{R}_P$, $\boldsymbol{C}_P$ eingeführten Ordnungsbeziehungen reflexive bzw. irreflexive Ordnungen sind. Den (für alle Peano-Systeme gleichen) Ordnungstyp der reflexiv geordneten Menge aller rationalen Zahlen bezeichnet man dabei mit $\boldsymbol{\eta}$, den (für alle Peano-Systeme gleichen) Ordnungstyp der reflexiv geordneten Menge aller reellen Zahlen mit $\boldsymbol{\lambda}$.

Damit ist allgemein für Peano-Systeme der exakte mengentheoretische Aufbau des Zahlensystems durchgeführt. Dieser Aufbau eignet sich gleichzeitig, wie schon einmal erwähnt, auch für den naiven Standpunkt, daß man keine axiomatisierte Mengenlehre zur Verfügung hat und die natürlichen Zahlen lediglich als nicht definierte Grundbegriffe mit den in den Peano-Axiomen geforderten Eigenschaften voraussetzt. In unserer axiomatisierten Mengenlehre können wir jedoch die einzelnen Zahlbegriffe absolut festlegen und brauchen sie nicht jeweils auf irgendein Peano-System zu relativieren: Wir definieren ein für allemal die *natürlichen Zahlen* als die natürlichen Zahlen bzgl. $\boldsymbol{P}_1$ (wie bereits bekannt), die *ganzen Zahlen* als die ganzen Zahlen bzgl. $\boldsymbol{P}_1$, die *rationalen Zahlen* als die rationalen Zahlen bzgl. $\boldsymbol{P}_1$, die *reellen Zahlen* als die reellen Zahlen bzgl. $\boldsymbol{P}_1$ und die *komplexen Zahlen* als die komplexen Zahlen bzgl. $\boldsymbol{P}_1$. Die entsprechenden Zahlenmengen bezeichne man mit $\boldsymbol{N}$ (wie bereits bekannt), $\boldsymbol{G}$, $\boldsymbol{R}$, $\boldsymbol{C}$, $\mathfrak{K}$.

Für die natürlichen Zahlen liefern dabei die Sätze 2, 4, 7, 8 aus § 19 die folgenden Induktionsprinzipien:

Satz 20 (Rechtfertigungssatz für Beweise durch ordnungstheoretische Induktion). *Für Mengen $N \subseteq \boldsymbol{N}$ und Klassen B gilt:*

$$\forall x (x \in N \wedge \operatorname{Ab} x \subseteq B \rightarrow x \in B) \rightarrow N \subseteq B,$$

wobei Ab x *der Abschnitt von x in bezug auf N, ${}_N{\leqq}_N$ ist.*

Beweis. Die Behauptung folgt unmittelbar aus Satz 2, § 19.

Satz 21 (Rechtfertigungssatz für Beweise durch vollständige Induktion. *Für Mengen* $N \subseteq \mathbf{N}$, *Klassen* B *und* $o = \min N$ *gilt:*

$$o \in B \wedge \forall x\,(x \in N \cap B \wedge \sim x = \max N \rightarrow x' \in B) \rightarrow N \subseteq B,$$

wobei x' *der Nachfolger von* x *in bezug auf* N, ${}_N\!\leqq_N$ *ist.*

Beweis. Die Behauptung folgt unmittelbar aus Satz 4, § 19, da N bzgl. ${}_N\!\leqq_N$ keine Limeselemente besitzt; denn für jedes $x \in N$ ist ja der Abschnitt von x in N endlich und besitzt daher bei $o < x$ ein letztes Element, welches aber dann der Vorgänger von x in N ist.

Satz 22 (Rechtfertigungssatz für Definitionen durch ordnungstheoretische Induktion.) *Für Mengen* $N \subseteq \mathbf{N}$, *Klassen* B, $G = \underset{g}{\mathbf{K}} \exists x\,(x \in N \wedge g$ *Funktion von* $\mathrm{Ab}\,x$ *in* $B)$ *und Funktionen* T *von* G *in* B *gilt:*

$$\exists!!\,F\,(F \text{ Funktion von } N \text{ in } B \wedge \forall x\,(x \in N \rightarrow F(x) = T(F_{\mathrm{Ab}\,x}))),$$

wobei $\mathrm{Ab}\,x$ *der Abschnitt von* x *in bezug auf* N, ${}_N\!\leqq_N$ *ist.*

Beweis. Die Behauptung folgt unmittelbar aus Satz 7, § 19.

Satz 23 (Rechtfertigungssatz für Definitionen durch vollständige Induktion). *Für Mengen* $N \subseteq \mathbf{N}$, *Klassen* B, $o = \min N$, *Elemente* $b \in B$ *und Funktionen* T *von* $N \times B$ *in* B, *falls* $\max N$ *nicht existiert, bzw.* T *von* $(N \setminus \{\max N\}) \times B$ *in* B, *falls* $\max N$ *existiert, gilt:*

$$\exists!!\,F\,(F \text{ Funktion von } N \text{ in } B \wedge F(o) = b$$
$$\wedge \forall x (x \in N \wedge \sim x = \max N \rightarrow F(x') = T(x, F(x)))),$$

wobei x' *der Nachfolger von* x *in bezug auf* N, ${}_N\!\leqq_N$ *ist.*

Beweis. Die Behauptung folgt unmittelbar aus Satz 8, § 19, da N bzgl. ${}_N\!\leqq_N$ keine Limeselemente besitzt.

Im Bereich der natürlichen Zahlen spricht man statt vom Beweisprinzip der vollständigen bzw. ordnungstheoretischen Induktion auch vom *Schluß von* n *auf* $n + 1$ bzw. vom *Schluß von* $0, 1, \ldots, n$ *auf* $n + 1$.

In Anwendung des Satzes 23 für $N = \mathbf{N}$ erhält man eine zweite Dedekindsche Endlichkeitsdefinition:

Satz 24 (Zweite Dedekindsche Endlichkeitsdefinition). *Für Klassen* A *gilt:*

$$A \text{ endlich} \leftrightarrow \exists F\,(F \text{ Funktion von } A \text{ in } A \wedge \sim \exists X\,(\emptyset \neq X \subset A \wedge F\langle X\rangle \subseteq X)).$$

Beweis. ($\rightarrow$) Es sei A eine endliche Menge, n diejenige natürliche Zahl mit $A \backsim \boldsymbol{O}(n)$, f eine eineindeutige Abbildung von $\boldsymbol{O}(n)$ auf A und g die Funktion von $\boldsymbol{O}(n)$ in $\boldsymbol{O}(n)$ mit für jedes $m \in \boldsymbol{O}(n)$:

$$g(m) = \begin{cases} m', & \text{falls } m' < n \\ \mathbf{0}, & \text{falls } m' = n. \end{cases}$$

Dann hat die Funktion

$$F = f \circ g \circ f^{-1}$$

von A in A die Eigenschaft $\sim \exists X (\emptyset \neq X \subset A \wedge F\langle X \rangle \subseteq X)$. Denn ist $\emptyset \neq X \subset A$, m_1 das kleinste $m \in \boldsymbol{O}(n)$ mit $f(m) \notin X$ und m_2 das größte $m \in \boldsymbol{O}(n)$ mit $f(m) \in X$, so sind die drei Fälle $\mathbf{0} < m_1$, $m_2' < n$, $\mathbf{0} = m_1 \wedge m_2' = n$ möglich. Ist $\mathbf{0} < m_1$ und $p' = m_1$, so ist $x = f(p) \in X$ wegen $p < m_1$, aber

$$F(x) = f(g(f^{-1}(x))) = f(g(p)) = f(p') = f(m_1) \notin X,$$

also nicht $F\langle X \rangle \subseteq X$. Ist $m_2' < n$, so ist $x = f(m_2) \in X$, aber

$$F(x) = f(g(f^{-1}(x))) = f(g(m_2)) = f(m_2') \notin X$$

wegen $m_2 < m_2'$, also nicht $F\langle X \rangle \subseteq X$. Ist $\mathbf{0} = m_1 \wedge m_2' = n$, so ist $x = f(m_2) \in X$, aber

$$F(x) = f(g(f^{-1}(x))) = f(g(m_2)) = f(\mathbf{0}) = f(m_1) \notin X,$$

also nicht $F\langle X \rangle \subseteq X$.

Für ($\leftarrow$) zeigen wir, daß es für jede unendliche Klasse A und jede Funktion F von A in A eine Teilklasse $\emptyset \neq X \subset A$ gibt mit $F\langle X \rangle \subseteq X$. Ist A eine unendliche Klasse, $a \in A$, F eine Funktion von A in A und T die Funktion von $\boldsymbol{N} \times A$ in A mit für jedes $[n, x] \in \boldsymbol{N} \times A$:

$$T(n, x) = F(x),$$

so gibt es nach Satz 23 eine Funktion f von $\boldsymbol{N}$ in A mit

$$f(\mathbf{0}) = a \wedge \forall n (n \in \boldsymbol{N} \rightarrow f(n') = F(f(n))).$$

Gibt es ein $\mathbf{0} < n \in \boldsymbol{N}$ mit $f(n) = a$, so sei $X = \mathrm{Nb}(f_{\boldsymbol{O}(n)})$. Es ist dann $\emptyset \neq X \subset A$, da $a = f(\mathbf{0}) \in X$ und $\overline{\overline{X}} \leqq \boldsymbol{O}(n)$ gilt; denn somit ist $\emptyset \neq X \subseteq A$ und X endlich und damit verschieden von der unendlichen Klasse A. Außerdem ist $F\langle X \rangle \subseteq X$. Denn für jedes $x \in X$ gibt es ein m mit $n > m \in \boldsymbol{N}$ und $f(m) = x$; dann ist $F(x) = F(f(m)) = f(m')$; wegen $m' \leqq n$ ist schließlich $F(x) = f(m') \in X$. Gibt es kein $\mathbf{0} < n \in \boldsymbol{N}$ mit $f(n) = a$, so sei $X = \mathrm{Nb}$ $(f \setminus \{[\mathbf{0}, a]\})$. Es ist dann $\emptyset \neq X \subset A$ wegen $a \notin X$. Außerdem ist $F\langle X \rangle \subseteq X$. Denn für jedes $x \in X$ gibt es ein $\mathbf{0} < m \in \boldsymbol{N}$ mit $f(m) = x$; dann ist $F(x) = F(f(m)) = f(m') \in X$ wegen $\mathbf{0} < m'$. Damit gibt es für F stets eine Teilklasse $\emptyset \neq X \subset A$ mit $F\langle X \rangle \subseteq X$, und unser Satz ist bewiesen.

Aus dem Beweis zu Satz 24 entnimmt man noch, daß man in der Formulierung von Satz 24 die Klasse X auch als Menge voraussetzen darf.

3. Mit Hilfe des Definitionsprinzips der vollständigen Induktion sollen jetzt weitere wichtige mathematische Begriffe exakt definiert werden.

Sind n, m natürliche Zahlen (also $n, m \in \boldsymbol{N}$), ist $n \leqq m$ und ist F eine Funktion über der Menge $I = [n, m]$ aller $i \in \boldsymbol{N}$ mit $n \leqq i \leqq m$, so schreibt man

$$\text{statt } (F_i)_{i \in I} \text{ auch } (F_i)_{n \leqq i \leqq m};$$

analoge Bedeutungen haben

$$(F_i)_{n < i < m}, \quad (F_i)_{n \leqq i < m}, \quad (F_i)_{n < i \leqq m}.$$

Ist $n \geqq 1$ eine natürliche Zahl, $(a_i)_{1 \leqq i \leqq n}$ ein Elementekomplex über der Menge $[1, n]$ aller $i \in \boldsymbol{N}$ mit $1 \leqq i \leqq n$ und T_1 die Funktion von $[1, n[\times \boldsymbol{M}$ in $\boldsymbol{M}$ mit für jedes $[i, M] \in [1, n[\times \boldsymbol{M}$:

$$T_1(i, M) = M \cup \{a_{i'}\},$$

so gibt es nach Satz 23 genau eine Funktion F_1 von $[1, n]$ in $\boldsymbol{M}$ mit

$$F_1(1) = \{a_1\} \wedge \forall i \, (1 \leqq i < n \rightarrow F_1(i') = T_1(i, F_1(i)) = F_1(i) \cup \{a_{i'}\});$$

ebenso gibt es für die Funktion T_2 von $[1, n[\times \boldsymbol{E}$ in $\boldsymbol{E}$ mit

$$T_2(i, E) = [E, a_{i'}]$$

genau eine Funktion F_2 von $[1, n]$ in $\boldsymbol{E}$ mit

$$F_2(1) = a_1 \wedge \forall i \, (1 \leqq i < n \rightarrow F_2(i') = T_2(i, F_2(i)) = [F_2(i), a_{i'}]).$$

Definition 6. Ist $1 \leqq n \in \boldsymbol{N}$, $(a_i)_{1 \leqq i \leqq n}$ ein Elementekomplex über $[1, n]$ und F diejenige Funktion von $[1, n]$ in $\boldsymbol{M}$ mit

$$F(1) = \{a_1\} \wedge \forall i \, (1 \leqq i < n \rightarrow F(i') = F(i) \cup \{a_{i'}\}),$$

so ist die *n-er-Menge von a_1 bis a_n*, bezeichnet mit: $\{a_1, \ldots, a_n\}$ (gelesen: *n-er-Menge a_1 bis a_n*), der Wert $F(n)$. Ein Ding A ist eine *n-er-Menge* genau dann, wenn es einen Elementekomplex $(a_i)_{1 \leqq i \leqq n}$ gibt mit $A = \{a_1, \ldots, a_n\}$.

Definition 7. Ist $1 \leqq n \in \boldsymbol{N}$, $(a_i)_{1 \leqq i \leqq n}$ ein Elementekomplex über $[1, n]$ und F diejenige Funktion von $[1, n]$ in $\boldsymbol{E}$ mit

$$F(1) = a_1 \wedge \forall i \, (1 \leqq i < n \rightarrow F(i') = [F(i), a_{i'}]),$$

so ist das *n-Tupel von a_1 bis a_n*, bezeichnet mit: $[a_1, \ldots, a_n]$ (gelesen: *n-Tupel a_1 bis a_n*), der Wert $F(n)$. Ein Ding A ist ein *n-Tupel* genau dann, wenn es einen Elementekomplex $(a_i)_{1 \leqq i \leqq n}$ gibt mit $A = [a_1, \ldots, a_n]$.

Ist $1 \leqq m \leqq n$ $(m, n \in \boldsymbol{N})$, $(a_i)_{1 \leqq i \leqq n}$ ein Elementekomplex über $[1, n]$ und $a' = a_{[1, m]}$, so ist $a' = (a'_i)_{1 \leqq i \leqq m}$ ein Elementekomplex über $[1, m]$, und man schreibt natürlich einfach

$$\{a_1, \ldots, a_m\}, \qquad [a_1, \ldots, a_m]$$

für

$$\{a'_1, \ldots, a'_m\}, \qquad [a'_1, \ldots, a'_m].$$

Satz 25. *Für natürliche Zahlen* $1 \leqq n \in \boldsymbol{N}$ *und Elementekomplexe* $(a_i)_{1 \leqq i \leqq n'}$ *gilt:*

$$\{a_1, \ldots, a_{n'}\} = \{a_1, \ldots, a_n\} \cup \{a_{n'}\},$$

$$[a_1, \ldots, a_{n'}] = [[a_1, \ldots, a_n], a_{n'}].$$

Beweis. Ist $(a_i)_{1 \leqq i \leqq n'}$ bei $1 \leqq n \in \boldsymbol{N}$ ein Elementekomplex über $[1, n']$ und F diejenige Funktion von $[1, n']$ in $\boldsymbol{M}$ mit

$$F(1) = \{a_1\} \wedge \forall i \, (1 \leqq i < n' \rightarrow F(i') = F(i) \cup \{a_{i'}\}),$$

so ist $F_{[1, n'[}$ diejenige Funktion F' von $[1, n]$ in $\boldsymbol{M}$ mit

$$F'(1) = \{a_1\} \wedge \forall i \, (1 \leqq i < n \rightarrow F'(i') = F'(i) \cup \{a_{i'}\});$$

nach Definition 6 ist dann

$$\{a_1, \ldots, a_{n'}\} = F(n') = F(n) \cup \{a_{n'}\} = F'(n) \cup \{a_{n'}\} = \{a_1, \ldots, a_n\} \cup \{a_{n'}\}.$$

Nach demselben Verfahren erhält man unter Verwendung von Definition 7 $[a_1, \ldots, a_{n'}] = [[a_1, \ldots, a_n], a_{n'}]$.

Aus Satz 25 folgt für Elementekomplexe $(a_i)_{1 \leqq i \leqq n}$, wenn man für n der Reihe nach $1, 2, 3, \ldots$ setzt:

$$\{a_1, \ldots, a_1\} = \{a_1\}, \quad \{a_1, \ldots, a_2\} = \{a_1, a_2\}, \quad \{a_1, \ldots, a_3\} = \{a_1, a_2, a_3\}, \ldots;$$

$$[a_1, \ldots, a_1] = a_1, \quad [a_1, \ldots, a_2] = [a_1, a_2], \quad [a_1, \ldots, a_3] = [a_1, a_2, a_3], \ldots.$$

Jede 1-er-Menge, 2-er-Menge, 3-er-Menge, ... im Sinne von Definition 6 ist also eine Einermenge, Zweiermenge, Dreiermenge, ... im Sinne von § 5; umgekehrt ist trivial jede Einermenge, Zweiermenge, Dreiermenge, ... im Sinne von § 5 eine 1-er-Menge, 2-er-Menge, 3-er-Menge, ... im Sinne von Definition 6, man braucht ja nur die Elemente der ersteren den Zahlen eines entsprechenden Abschnittes von $\boldsymbol{N} \setminus \{0\}$ der Reihe nach zuzuordnen. Genauso fallen die 2-Tupel, 3-Tupel, ... im Sinne von Definition 7 zusammen mit den 2-Tupeln, 3-Tupeln, ... im Sinne von § 5. Definiert man für jedes Element $e \in \boldsymbol{E}$ noch das 1-Tupel $[e]$ einfach als e selbst, so fallen dann auch die 1-Tupel im Sinne von Definition 7 mit diesen 1-Tupeln $[e]$ zusammen.

Sätze, die wir früher nur sukzessiv für Einermengen, Zweiermengen, Dreiermengen, ... bzw. 2-Tupel, 3-Tupel, ... beweisen konnten, können wir jetzt — was im folgenden auch geschehen soll — ganz allgemein für n-er-Mengen bzw. n-Tupel beweisen.

Satz 26. *Für natürliche Zahlen* $1 \leqq n \in \boldsymbol{N}$, *Elementekomplexe* $(a_i)_{1 \leqq i \leqq n}$ und Elemente b gilt:

$$b \in \{a_1, \ldots, a_n\} \leftrightarrow \exists \, i \, (1 \leqq i \leqq n \wedge a_i = b),$$

$$\{a_1, \ldots, a_n\} = \mathrm{Nb}\, a.$$

Beweis. Die zweite Behauptung ist eine unmittelbare Folge der ersten. Der Beweis der ersten Behauptung wird durch vollständige Induktion über n geführt. M sei die Menge aller $1 \leqq n \in \boldsymbol{N}$, für die für jeden Elementekomplex $(a_i)_{1 \leqq i \leqq n}$ und jedes Element b die Behauptung gilt. Es ist trivial $1 \in M$ wegen $\{a_1, \ldots, a_1\} = \{a_1\}$. Ist $n \in M$, so gilt also für jeden Elementekomplex $(a_i)_{1 \leqq i \leqq n}$ und jedes Element b:

$$b \in \{a_1, \ldots, a_n\} \leftrightarrow \exists\, i\, (1 \leqq i \leqq n \wedge a_i = b);$$

dann gilt aber auch nach Satz 25 für jeden Elementekomplex $(a_i)_{1 \leqq i \leqq n'}$ und jedes Element b:

$$b \in \{a_1, \ldots, a_{n'}\} \leftrightarrow b \in \{a_1, \ldots, a_n\} \cup \{a_{n'}\} \leftrightarrow b \in \{a_1, \ldots, a_n\} \vee b = a_{n'}$$
$$\leftrightarrow \exists\, i\, (1 \leqq i \leqq n \wedge a_i = b) \vee b = a_{n'} \leftrightarrow \exists\, i\, (1 \leqq i \leqq n' \wedge a_i = b),$$

also ist auch $n' \in M$. Damit ist nach Satz 21 $M = \boldsymbol{N} \setminus \{0\}$, und die Behauptung gilt für alle $1 \leqq n \in \boldsymbol{N}$.

Aus Satz 26 folgt unmittelbar für natürliche Zahlen $1 \leqq n \in \boldsymbol{N}$, Elementekomplexe $(a_i)_{1 \leqq i \leqq n}$, Elemente b und Permutationen p von $[1, n]$:

$$\forall\, i\, (1 \leqq i \leqq n \rightarrow a_i = b) \rightarrow \{a_1, \ldots, a_n\} = \{b\},$$
$$\{a_1, \ldots, a_n\} = \{a_{p(1)}, \ldots, a_{p(n)}\}.$$

Satz 27. *Jede n-er-Menge mit paarweise verschiedenen Elementen besitzt n Elemente. Eine Menge ist endlich genau dann, wenn sie leer ist oder für ein $1 \leqq n \in \boldsymbol{N}$ eine n-er-Menge ist.*

Beweis. Ist $(a_i)_{1 \leqq i \leqq n}$ für $1 \leqq n \in \boldsymbol{N}$ ein Elementekomplex mit paarweise verschiedenen Elementen, so ist a eine umkehrbar eindeutige Abbildung, also ist $\{a_1, \ldots, a_n\}$ nach Satz 26 als Nb a gleichmächtig mit $[1, n]$; $[1, n]$ ist aber gleichmächtig dem Abschnitt $\boldsymbol{O}(n)$ von n in $\boldsymbol{N}$, was man ohne Schwierigkeit mit Hilfe einer geeigneten eineindeutigen Abbildung nachweist; es ist schließlich $\overline{\overline{\boldsymbol{O}(n)}} = |n|$, also besitzt $\{a_1, \ldots, a_n\}$ n Elemente. Eine nicht leere endliche Menge M ist gleichmächtig einem Abschnitt $\boldsymbol{O}(n)$ in $\boldsymbol{N}$ mit $n \geqq 1$, also auch gleichmächtig mit $[1, n]$; ist dann a eine umkehrbar eindeutige Abbildung von $[1, n]$ auf M, so ist nach Satz 26 $M = \text{Nb}\, a = \{a_1, \ldots, a_n\}$, also ist M eine n-er-Menge. Umgekehrt ist nach Satz 26 trivial jede n-er-Menge $\{a_1, \ldots, a_n\}$ endlich, da $[1, n]$ endlich ist.

Satz 28. *Für natürliche Zahlen $1 \leqq n \in \boldsymbol{N}$ und Elementekomplexe $(a_i)_{1 \leqq i \leqq n}$, $(b_i)_{1 \leqq i \leqq n}$ gilt:*

$$[a_1, \ldots, a_n] = [b_1, \ldots, b_n] \leftrightarrow \forall\, i\, (1 \leqq i \leqq n \rightarrow a_i = b_i).$$

Beweis. Der Beweis der Behauptung wird durch vollständige Induktion über n geführt. M sei die Menge aller $1 \leqq n \in \boldsymbol{N}$, für die für beliebige Elementekomplexe $(a_i)_{1 \leqq i \leqq n}$, $(b_i)_{1 \leqq i \leqq n}$ die Behauptung gilt. Es ist trivial $1 \in M$ wegen $[a_1, \ldots, a_1]$

$= a_1$, $[b_1, \ldots, b_1] = b_1$. Ist $n \in M$, so gilt also für beliebige Elementekomplexe $(a_i)_{1 \leq i \leq n}$, $(b_i)_{1 \leq i \leq n}$:

$$[a_1, \ldots, a_n] = [b_1, \ldots, b_n] \leftrightarrow \forall i\,(1 \leq i \leq n \rightarrow a_i = b_i);$$

dann gilt aber auch nach Satz 25 für beliebige Elementekomplexe $(a_i)_{1 \leq i \leq n'}$, $(b_i)_{1 \leq i \leq n'}$:

$$[a_1, \ldots, a_{n'}] = [b_1, \ldots, b_{n'}] \leftrightarrow [[a_1, \ldots, a_n], a_{n'}] = [[b_1, \ldots, b_n], b_{n'}]$$

$$\leftrightarrow [a_1, \ldots, a_n] = [b_1, \ldots, b_n] \wedge a_{n'} = b_{n'}$$

$$\leftrightarrow \forall i\,(1 \leq i \leq n \rightarrow a_i = b_i) \wedge a_{n'} = b_{n'} \leftrightarrow \forall i\,(1 \leq i \leq n' \rightarrow a_i = b_i),$$

also ist auch $n' \in M$. Damit ist nach Satz 21 $M = \boldsymbol{N} \setminus \{0\}$, und die Behauptung gilt für alle $1 \leq n \in \boldsymbol{N}$.

Aus Satz 28 folgt, daß es zu jedem n-Tupel A genau einen Elementekomplex $(a_i)_{1 \leq i \leq n}$ gibt mit $A = [a_1, \ldots, a_n]$. Für jedes n-Tupel $[a_1, \ldots, a_n]$ und jedes $i \in [1, n]$ nennt man a_i das *i-te Element von* $[a_1, \ldots, a_n]$.

In Verallgemeinerung der Definitionen 6, 7 definiert man noch:

Definition 8. Ist $n, m \in \boldsymbol{N}$, $n \leq m$, $(a_i)_{n \leq i \leq m}$ ein Elementekomplex über $[n, m]$, p die eindeutig bestimmte natürliche Zahl, für die $[n, m]$ und $[1, p]$ ähnlich sind, und f die ähnliche Abbildung von $[1, p]$ auf $[n, m]$, so ist die *p-er-Menge von a_n bis a_m*, bezeichnet mit: $\{a_n, \ldots, a_m\}$ (gelesen: *p-er-Menge a_n bis a_m*), die p-er-Menge $\{a_{f(1)}, \ldots, a_{f(p)}\}$ und das *p-Tupel von a_n bis a_m*, bezeichnet mit: $[a_n, \ldots, a_m]$ (gelesen: *p-Tupel a_n bis a_m*), daß p-Tupel $[a_{f(1)}, \ldots, a_{f(p)}]$.

Sind n, m natürliche Zahlen mit $1 \leq m < n$, ist $(a_i)_{1 \leq i \leq n}$ ein Elementekomplex und sind b, c Elemente, so verstehen sich Schreibweisen wie

$$[a_1, \ldots, a_n, b], \quad [b, c; a_1, \ldots, a_n], \quad [a_1, \ldots, a_m, b, a_{m+1}, \ldots, a_n]$$

von selbst; definiert man nämlich die Elementekomplexe

$$(x_i)_{1 \leq i \leq n'}, \quad (y_i)_{1 \leq i \leq n''}, \quad (z_i)_{1 \leq i \leq n'}$$

zu:

$$x_i = \begin{cases} a_i \text{ für } i \leq n \\ b \text{ für } i = n', \end{cases}$$

$$y_i = \begin{cases} b \text{ für } i = 1 \\ c \text{ für } i = 2 \\ a_{j(i)} \text{ für } i > 2 \text{ bei } j(i)'' = i, \end{cases}$$

$$z_i = \begin{cases} a_i \text{ für } i \leq m \\ b \text{ für } i = m' \\ a_{j(i)} \text{ für } i > m' \text{ bei } j(i)' = i, \end{cases}$$

so ist natürlich gemeint:

$$\begin{aligned}
[a_1, \ldots, a_n, b] &= [x_1, \ldots, x_{n'}],\\
[b, c; a_1, \ldots, a_n] &= [y_1, \ldots, y_{n''}],\\
[a_1, \ldots, a_m, b, a_{m+1}, \ldots, a_n] &= [z_1, \ldots, z_{n'}].
\end{aligned}$$

Ähnliche abkürzende Schreibweisen verwendet man bei n-er-Mengen $\{a_1, \ldots, a_n\}$ und im folgenden bei Vereinigungen $A_1 \cup \ldots \cup A_n$, Durchschnitten $A_1 \cap \ldots \cap A_n$ und Produkten $A_1 \times \ldots \times A_n$.

Wir wenden uns nun der verallgemeinerten Vereinigungs- und Durchschnittsbildung zu. Ist $n \geqq 1$ eine natürliche Zahl, $(A_i)_{1 \leqq i \leqq n}$ ein Mengenkomplex über $[1, n]$ und T_1 die Funktion von $[1, n[\times \boldsymbol{M}$ in $\boldsymbol{M}$ mit für jedes $[i, M] \in [1, n[\times \boldsymbol{M}$:

$$T_1(i, M) = M \cup A_{i'},$$

so gibt es nach Satz 23 genau eine Funktion F_1 von $[1, n]$ in $\boldsymbol{M}$ mit

$$F_1(1) = A_1 \wedge \forall i\, (1 \leqq i < n \to F_1(i') = T_1(i, F_1(i)) = F_1(i) \cup A_{i'});$$

ebenso gibt es für die Funktion T_2 von $[1, n[\times \boldsymbol{M}$ in $\boldsymbol{M}$ mit

$$T_2(i, M) = M \cap A_{i'}$$

genau eine Funktion F_2 von $[1, n]$ in $\boldsymbol{M}$ mit

$$F_2(1) = A_1 \wedge \forall i\, (1 \leqq i < n \to F_2(i') = T_2(i, F_2(i)) = F_2(i) \cap A_{i'}).$$

Definition 9. Ist $1 \leqq n \in \boldsymbol{N}$, $(A_i)_{1 \leqq i \leqq n}$ ein Mengenkomplex über $[1, n]$ und sind F_1 und F_2 diejenigen Funktionen von $[1, n]$ in $\boldsymbol{M}$ mit

$$\begin{aligned}
F_1(1) &= A_1 \wedge \forall i\, (1 \leqq i < n \to F_1(i') = F_1(i) \cup A_{i'}),\\
F_2(1) &= A_1 \wedge \forall i\, (1 \leqq i < n \to F_2(i') = F_2(i) \cap A_{i'}),
\end{aligned}$$

so ist die *Vereinigung von A_1 bis A_n*, bezeichnet mit: $\bigcup\limits_{1 \leqq i \leqq n} A_i$ (gelesen: *Vereinigung aller A_i mit $1 \leqq i \leqq n$*) oder $\bigcup\limits_{i=1}^{n} A_i$ (gelesen: *Vereinigung aller A_i von i gleich* 1 *bis n*) oder $A_1 \cup \ldots \cup A_n$ (gelesen: *Vereinigung A_1 bis A_n*), der Wert $F_1(n)$; der *Durchschnitt von A_1 bis A_n*, bezeichnet mit: $\bigcap\limits_{1 \leqq i \leqq n} A_i$ (gelesen: *Durchschnitt aller A_i mit $1 \leqq i \leqq n$*) oder $\bigcap\limits_{i=1}^{n} A_i$ (gelesen: *Durchschnitt aller A_i von i gleich* 1 *bis n*) oder $A_1 \cap \ldots \cap A_n$ (gelesen: *Durschchnitt A_1 bis A_n*), ist der Wert $F_2(n)$.

Ist $1 \leqq m \leqq n$ $(m, n \in \boldsymbol{N})$, $(A_i)_{1 \leqq i \leqq n}$ ein Mengenkomplex über $[1, n]$ und $A' = A_{[1, n]}$, so ist $A' = (A'_i)_{1 \leqq i \leqq m}$ ein Mengenkomplex über $[1, m]$, und man schreibt natürlich einfach

$$\bigcup_{1 \leqq i \leqq m} A_i, \quad \bigcup_{i=1}^{m} A_i, \quad A_1 \cup \ldots \cup A_m; \quad \bigcap_{1 \leqq i \leqq m} A_i, \quad \bigcap_{i=1}^{m} A_i, \quad A_1 \cap \ldots \cap A_m,$$

für

$$\bigcup_{1 \leq i \leq m} A'_i, \quad \bigcup_{i=1}^{m} A'_i, \quad A'_1 \cup \ldots \cup A'_m; \qquad \bigcap_{1 \leq i \leq m} A'_i, \quad \bigcap_{i=1}^{m} A'_i, \quad A'_1 \cap \ldots \cap A'_m.$$

Satz 29. *Für natürliche Zahlen* $1 \leqq n \in \boldsymbol{N}$ *und Mengenkomplexe* $(A_i)_{1 \leqq i \leqq n'}$ *gilt:*

$$\bigcup_{i=1}^{n'} A_i = (\bigcup_{i=1}^{n} A_i) \cup A_{n'}, \qquad \bigcap_{i=1}^{n'} A_i = (\bigcap_{i=1}^{n} A_i) \cap A_{n'}.$$

Beweis. Die Behauptungen beweist man nach demselben Verfahren wie bei Satz 25.

Aus Satz 29 folgt für Mengenkomplexe $(A_i)_{1 \leqq i \leqq n}$, wenn man für n der Reihe nach 1, 2, 3, ... setzt:

$$\bigcup_{i=1}^{1} A_i = A_1, \qquad \bigcup_{i=1}^{2} A_i = A_1 \cup A_2, \qquad \bigcup_{i=1}^{3} A_i = A_1 \cup A_2 \cup A_3, \ldots;$$

$$\bigcap_{i=1}^{1} A_i = A_1, \qquad \bigcap_{i=1}^{2} A_i = A_1 \cap A_2, \qquad \bigcap_{i=1}^{3} A_i = A_1 \cap A_2 \cap A_3, \ldots.$$

Die allgemeine Vereinigungs- und Durchschnittsbildung gemäß Definition 9 fällt also sukzessiv mit der früher in § 5 eingeführten mehrgliedrigen Vereinigung und dem mehrgliedrigen Durchschnitt zusammen.

Satz 30. *Für natürliche Zahlen* $1 \leqq n \in \boldsymbol{N}$, *Mengenkomplexe* $(A_i)_{1 \leqq i \leqq n}$ *und beliebige Elemente* a *gilt:*

$$a \in \bigcup_{i=1}^{n} A_i \leftrightarrow \exists i \, (1 \leqq i \leqq n \wedge a \in A_i), \qquad a \in \bigcap_{i=1}^{n} A_i \leftrightarrow \forall i \, (1 \leqq i \leqq n \rightarrow a \in A_i);$$

$$\bigcup_{i=1}^{n} A_i = \bigcup_{i \in [1,n]} A_i = \bigcup \mathrm{Nb}\, A, \qquad \bigcap_{i=1}^{n} A_i = \bigcap_{i \in [1,n]} A_i = \bigcap \mathrm{Nb}\, A.$$

Beweis. Es genügt offenbar, die beiden ersten Behauptungen zu beweisen. Der Beweis wird durch vollständige Induktion über n geführt. M sei die Menge aller $1 \leqq n \in \boldsymbol{N}$, für die für jeden Mengenkomplex $(A_i)_{1 \leqq i \leqq n}$ und jedes Element a die beiden ersten Behauptungen unseres Satzes gelten. Es ist trivial $1 \in M$ wegen $\bigcup_{i=1}^{1} A_i = A_1$, $\bigcap_{i=1}^{1} A_i = A_1$. Ist $n \in M$, so gilt also für jeden Mengenkomplex $(A_i)_{1 \leqq i \leqq n}$ und jedes Element a:

$$a \in \bigcup_{i=1}^{n} A_i \leftrightarrow \exists i \, (1 \leqq i \leqq n \wedge a \in A_i) \text{ und } a \in \bigcap_{i=1}^{n} A_i \leftrightarrow \forall i \, (1 \leqq i \leqq n \rightarrow a \in A_i);$$

dann gilt aber auch nach Satz 29 für jeden Mengenkomplex $(A_i)_{1 \leqq i \leqq n'}$ und jedes Element a:

$$\begin{aligned} a \in \bigcup_{i=1}^{n'} A_i \leftrightarrow a \in (\bigcup_{i=1}^{n} A_i) \cup A_{n'} &\leftrightarrow \exists i \, (1 \leqq i \leqq n \wedge a \in A_i) \vee a \in A_{n'} \\ &\leftrightarrow \exists i \, (1 \leqq i \leqq n' \wedge a \in A_i) \end{aligned}$$

und

$$a \in \bigcap_{i=1}^{n'} A_i \leftrightarrow a \in (\bigcap_{i=1}^{n} A_i) \cap A_{n'} \leftrightarrow \forall i\,(1 \leqq i \leqq n \rightarrow a \in A_i) \wedge a \in A_{n'}$$
$$\leftrightarrow \forall i\,(1 \leqq i \leqq n' \rightarrow a \in A_i),$$

also ist auch $n' \in M$. Damit ist nach Satz 21 $M = N \setminus \{0\}$, und die Behauptung gilt für alle $1 \leqq n \in N$.

Unser allgemeiner Vereinigungs- und Durchschnittsbegriff $\bigcup_{i=1}^{n} A_i$, $\bigcap_{i=1}^{n} A_i$ deckt sich nach Satz 30 mit dem in Definition 3, § 9 eingeführten Begriff der allgemeinen Vereinigung und des allgemeinen Durchschnittes $\bigcup_{i \in [1,n]} A_i$, $\bigcap_{i \in [1,n]} A_i$.
In Verallgemeinerung von Definition 9 definiert man noch:

Definition 10. Ist $n, m \in N$, $n \leqq m$, $(A_i)_{n \leqq i \leqq m}$ ein Mengenkomplex über $[n, m]$, p die eindeutig bestimmte natürliche Zahl, für die $[n, m]$ und $[1, p]$ ähnlich sind, und f die ähnliche Abbildung von $[1, p]$ auf $[n, m]$, so ist die *Vereinigung von A_n bis A_m*, bezeichnet mit: $\bigcup_{n \leqq i \leqq m} A_i$ (gelesen: *Vereinigung aller A_i mit $n \leqq i \leqq m$*) oder $\bigcup_{i=n}^{m} A_i$ (gelesen: *Vereinigung aller A_i von i gleich n bis m*) oder $A_n \cup \ldots \cup A_m$ (gelesen: *Vereinigung A_n bis A_m*), gleich $\bigcup_{i=1}^{p} A_{f(i)}$ und der *Durchschnitt von A_n bis A_m*, bezeichnet mit: $\bigcap_{n \leqq i \leqq m} A_i$ (gelesen: *Durchschnitt aller A_i mit $n \leqq i \leqq m$*) oder $\bigcap_{i=n}^{m} A_i$ (gelesen: *Durchschnitt aller A_i von i gleich n bis m*) oder $A_n \cap \ldots \cap A_m$ (gelesen: *Durchschnitt A_n bis A_m*), gleich $\bigcap_{i=1}^{p} A_{f(i)}$.

Sätze, die wir bisher (vgl. § 5) nur sukzessiv für zweigliedrige, dreigliedrige, ... Vereinigungen und Durchschnitte beweisen konnten, können wir jetzt allgemein für n-gliedrige Vereinigungen und Durchschnitte beweisen. Wir greifen als Beispiele das allgemeine assoziative, kommutative und distributive Gesetz heraus und beweisen diese Gesetze mit Hilfe vollständiger Induktion, um gleichzeitig zu demonstrieren, wie induktiv Sätze über induktiv verallgemeinerte Operationen bewiesen werden. Einfachere Beweise erhält man in unserem Falle, wo die betrachteten induktiv verallgemeinerten Operationen speziell die mengentheoretische Vereinigungs- und Durchschnittsbildung $\bigcup_{i=1}^{n} A_i$, $\bigcap_{i=1}^{n} A_i$ sind, direkt über Satz 30.

Satz 31. *Für natürliche Zahlen $1 \leqq n, m \in N$, Mengenkomplexe $(A_i)_{1 \leqq i \leqq n}$ und Funktionen k von $[1, m']$ in $[0, n]$ mit $k_1 = 0$, $k_{m'} = n$* und $\forall j\,(1 \leqq j \leqq m \rightarrow k_j < k_{j'})$ *gilt:*

$$\bigcup_{i=1}^{n} A_i = \bigcup_{j=1}^{m} (\bigcup_{i=k_j'}^{k_{j'}} A_i), \qquad \bigcap_{i=1}^{n} A_i = \bigcap_{j=1}^{m} (\bigcap_{i=k_j'}^{k_{j'}} A_i)$$

(*Assoziativität*).

Beweis. Wir zeigen nur das assoziative Gesetz für die Vereinigung; das assoziative Gesetz für den Durchschnitt beweist sich dann analog. Zunächst beweisen wir für natürliche Zahlen $n, k \in \boldsymbol{N}$ mit $1 \leqq k < n$ und Mengenkomplexe $(A_i)_{1 \leqq i \leqq n}$ durch vollständige Induktion über n:

$$\bigcup_{i=1}^{n} A_i = \left(\bigcup_{i=1}^{k} A_i\right) \cup \left(\bigcup_{i=k'}^{n} A_i\right).$$

M sei die Menge aller $1 \leqq n \in \boldsymbol{N}$, für die diese Behauptung für beliebige Mengenkomplexe $(A_i)_{1 \leqq i \leqq n}$ und beliebige natürliche Zahlen $1 \leqq k < n$ gilt. Es ist trivial $1 \in M$. Ist $n \in M$, so gilt aber nach Satz 29 und Definition 10 für Mengenkomplexe $(A_i)_{1 \leqq i \leqq n'}$ und natürliche Zahlen $1 \leqq k < n'$:

$$k = n \rightarrow \bigcup_{i=1}^{n'} A_i = \left(\bigcup_{i=1}^{n} A_i\right) \cup A_{n'} = \left(\bigcup_{i=1}^{k} A_i\right) \cup A_{n'} = \left(\bigcup_{i=1}^{k} A_i\right) \cup \left(\bigcup_{i=k'}^{n'} A_i\right),$$

$$k < n \rightarrow \bigcup_{i=1}^{n'} A_i = \left(\bigcup_{i=1}^{n} A_i\right) \cup A_{n'} = \left[\left(\bigcup_{i=1}^{k} A_i\right) \cup \left(\bigcup_{i=k'}^{n} A_i\right)\right] \cup A_{n'}$$

$$= \left(\bigcup_{i=1}^{k} A_i\right) \cup \left[\left(\bigcup_{i=k'}^{n} A_i\right) \cup A_{n'}\right] = \left(\bigcup_{i=1}^{k} A_i\right) \cup \left(\bigcup_{i=k'}^{n'} A_i\right),$$

also ist auch $n' \in M$. Damit ist $M = \boldsymbol{N} \setminus \{0\}$, und die Behauptung gilt für alle $1 \leqq n \in \boldsymbol{N}$.

Nun zum assoziativen Gesetz, welches wir durch vollständige Induktion über m beweisen. M sei die Menge aller natürlichen Zahlen $1 \leqq m \in \boldsymbol{N}$, für die für jedes $1 \leqq n \in \boldsymbol{N}$, jeden Mengenkomplex $(A_i)_{1 \leqq i \leqq n}$ und jede Funktion k von $[1, m']$ in $[0, n]$ mit $k_1 = 0$, $k_{m'} = n$, $\forall j\, (1 \leqq j \leqq m \rightarrow k_j < k_{j'})$ gilt:

$$\bigcup_{i=1}^{n} A_i = \bigcup_{j=1}^{m} \left(\bigcup_{i=k_j'}^{k_{j'}} A_i\right).$$

Es ist trivial $1 \in M$. Ist $m \in M$, so gilt aber nach dem eben Bewiesenen für jedes $1 \leqq n \in \boldsymbol{N}$, für Mengenkomplexe $(A_i)_{1 \leqq i \leqq n}$ und beliebige Funktionen k von $[1, m'']$ in $[0, n]$ mit $k_1 = 0$, $k_{m''} = n$, $\forall j\, (1 \leqq j \leqq m' \rightarrow k_j < k_{j'})$:

$$\bigcup_{i=1}^{n} A_i = \left(\bigcup_{i=1}^{k_{m'}} A_i\right) \cup \left(\bigcup_{i=(k_{m'})'}^{n} A_i\right) = \left[\bigcup_{j=1}^{m} \left(\bigcup_{i=k_j'}^{k_{j'}} A_i\right)\right] \cup \left(\bigcup_{i=(k_{m'})'}^{n} A_i\right) = \bigcup_{j=1}^{m'} \left(\bigcup_{i=k_j'}^{k_{j'}} A_i\right),$$

also ist auch $m' \in M$. Damit ist $M = \boldsymbol{N} \setminus \{0\}$, und das assoziative Gesetz gilt für alle $1 \leqq m \in \boldsymbol{N}$.

Satz 32. *Für natürliche Zahlen* $1 \leqq n \in \boldsymbol{N}$, *Mengenkomplexe* $(A_i)_{1 \leqq i \leqq n}$ *und Permutationen* p *von* $[1, n]$ *gilt:*

$$\bigcup_{i=1}^{n} A_i = \bigcup_{i=1}^{n} A_{p(i)}, \qquad \bigcap_{i=1}^{n} A_i = \bigcap_{i=1}^{n} A_{p(i)}$$

(*Kommutativität*).

Beweis. Wir zeigen nur das kommutative Gesetz für die Vereinigung; das kommutative Gesetz für den Durchschnitt beweist sich dann analog. Der Beweis erfolgt durch vollständige Induktion über n. M sei die Menge aller $1 \leqq n \in \boldsymbol{N}$, für die für beliebige Mengenkomplexe $(A_i)_{1 \leqq i \leqq n}$ und beliebige Permutationen p von $[1, n]$ gilt:

$$\bigcup_{i=1}^{n} A_i = \bigcup_{i=1}^{n} A_{p(i)}.$$

Es ist trivial $1 \in M$. Ist $n \in M$, so gilt aber über Satz 31 für jeden Mengenkomplex $(A_i)_{1 \leqq i \leqq n'}$ und beliebige Permutationen p von $[1, n']$ bei $p(r) = n'$:

$$r = n' \rightarrow \bigcup_{i=1}^{n'} A_{p(i)} = (\bigcup_{i=1}^{n} A_{p(i)}) \cup A_{p(n')} = (\bigcup_{i=1}^{n} A_i) \cup A_{n'} = \bigcup_{i=1}^{n'} A_i,$$

$$1 = r < n' \rightarrow \bigcup_{i=1}^{n'} A_{p(i)} = (\bigcup_{i=1}^{1} A_{p(i)}) \cup (\bigcup_{i=2}^{n'} A_{p(i)}) = A_{p(1)} \cup \bigcup_{i=1}^{n} A_{q(i)}$$

$$= A_{n'} \cup \bigcup_{i=1}^{n} A_i = \bigcup_{i=1}^{n'} A_i,$$

wobei q die Permutation von $[1, n]$ ist mit für jedes $1 \leqq i \leqq n$:

$$q(i) = p(i'),$$

$$1 < r < n' \wedge s' = r \rightarrow \bigcup_{i=1}^{n'} A_{p(i)} = (\bigcup_{i=1}^{s} A_{p(i)}) \cup A_{p(r)} \cup (\bigcup_{i=r'}^{n'} A_{p(i)})$$

$$= [(\bigcup_{i=1}^{s} A_{p(i)}) \cup (\bigcup_{i=r'}^{n'} A_{p(i)})] \cup A_{n'} = [(\bigcup_{i=1}^{s} A_{p(i)}) \cup (\bigcup_{i=r}^{n} A_{p(i')})] \cup A_{n'}$$

$$= (\bigcup_{i=1}^{n} A_{q(i)}) \cup A_{n'} = (\bigcup_{i=1}^{n} A_i) \cup A_{n'} = \bigcup_{i=1}^{n'} A_i,$$

wobei q die Permutation von $[1, n]$ ist mit für jedes $1 \leqq i \leqq n$:

$$q(i) = \begin{cases} p(i) & \text{für } i < r \\ p(i') & \text{für } i \geqq r; \end{cases}$$

also ist stets auch $n' \in M$. Damit ist $M = \boldsymbol{N} \setminus \{0\}$, und das kommutative Gesetz gilt für alle $1 \leqq n \in \boldsymbol{N}$.

Die Sätze 31, 32 liefern bei Vereinigungs- oder Durchschnittsbildung endlich vieler Mengen $A, B, C, \ldots$ noch einmal (vgl. § 5) ganz allgemein die Unabhängigkeit des Ergebnisses von der Reihenfolge und der Zusammenfassung (Klammerung) der Mengen $A, B, C, \ldots$; stets erhält man dasselbe Resultat $A \cup B \cup C \cup \ldots$ bzw. $A \cap B \cap C \cap \ldots$. Zum Beispiel erhält man die Gleichheit von

$$[(C \cup B) \cup ((D \cup A) \cup E)] \cup (G \cup F)$$

mit

$$A \cup B \cup C \cup D \cup E \cup F \cup G$$

unter Verwendung des Mengenkomplexes $(X_i)_{1 \leqq i \leqq 7}$ mit

$$X_1 = A, \quad X_2 = B, \quad X_3 = C, \quad X_4 = D, \quad X_5 = E, \quad X_6 = F, \quad X_7 = G$$

in folgenden Schritten:

$$A \cup B \cup C \cup D \cup E \cup F \cup G,$$
$$C \cup B \cup D \cup A \cup E \cup G \cup F,$$
$$[C \cup B \cup D \cup A \cup E] \cup (G \cup F),$$
$$[(C \cup B) \cup (D \cup A \cup E)] \cup (G \cup F),$$
$$[(C \cup B) \cup ((D \cup A) \cup E)] \cup (G \cup F).$$

Satz 33. *Für natürliche Zahlen* $1 \leqq n, m \in N$ *und Mengenkomplexe* $(A_i)_{1 \leqq i \leqq n}$, $(B_j)_{1 \leqq j \leqq m}$ *gilt:*

$$(\bigcup_{i=1}^{n} A_i) \cap (\bigcup_{j=1}^{m} B_j) = \bigcup_{i=1}^{n} (\bigcup_{j=1}^{m} (A_i \cap B_j)), \quad (\bigcap_{i=1}^{n} A_i) \cup (\bigcap_{j=1}^{m} B_j) = \bigcap_{i=1}^{n} (\bigcap_{j=1}^{m} (A_i \cup B_j))$$

(*Distributivität*).

Beweis. Wir zeigen nur das erste distributive Gesetz; das zweite distributive Gesetz beweist sich dann analog. Zunächst beweisen wir für natürliche Zahlen $1 \leqq n \in N$, Mengenkomplexe $(A_i)_{1 \leqq i \leqq n}$ und Mengen B durch vollständige Induktion über n:

$$(\bigcup_{i=1}^{n} A_i) \cap B = \bigcup_{i=1}^{n} (A_i \cap B).$$

Diese Behauptung gilt trivial für $n = 1$. Gilt sie für $n \geqq 1$, so ist aber für Mengenkomplexe $(A_i)_{1 \leqq i \leqq n'}$ und Mengen B:

$$(\bigcup_{i=1}^{n'} A_i) \cap B = [(\bigcup_{i=1}^{n} A_i) \cup A_{n'}] \cap B = [(\bigcup_{i=1}^{n} A_i) \cap B] \cup [A_{n'} \cap B]$$
$$= [\bigcup_{i=1}^{n} (A_i \cap B)] \cup [A_{n'} \cap B] = \bigcup_{i=1}^{n'} (A_i \cap B),$$

also gilt die Behauptung dann auch für n', womit sie für jedes $1 \leqq n \in N$ gilt.

Nun zur Behauptung

$$(\bigcup_{i=1}^{n} A_i) \cap (\bigcup_{j=1}^{m} B_j) = \bigcup_{i=1}^{n} (\bigcup_{j=1}^{m} (A_i \cap B_j)),$$

die wir durch vollständige Induktion über n beweisen. Diese Behauptung gilt nach dem eben Bewiesenen trivial für $n = 1$. Gilt sie für $n \geqq 1$, so ist aber

$$(\bigcup_{i=1}^{n'} A_i) \cap (\bigcup_{j=1}^{m} B_j) = [(\bigcup_{i=1}^{n} A_i) \cup A_{n'}] \cap \bigcup_{j=1}^{m} B_j = [(\bigcup_{i=1}^{n} A_i) \cap (\bigcup_{j=1}^{m} B_j)] \cup [A_{n'} \cap \bigcup_{j=1}^{m} B_j]$$
$$= [\bigcup_{i=1}^{n} (\bigcup_{j=1}^{m} (A_i \cap B_j))] \cup [\bigcup_{j=1}^{m} (A_{n'} \cap B_j)] = \bigcup_{i=1}^{n'} (\bigcup_{j=1}^{m} (A_i \cap B_j)),$$

also gilt die Behauptung dann auch für n', womit sie für jedes $1 \leqq n \in N$ gilt.

Durch vollständige Induktion über n zeigt man ohne Schwierigkeiten für Mengenkomplexe $(A_i)_{1 \leqq i \leqq n}$, $(B_i)_{1 \leqq i \leqq n}$:

$$\forall i (1 \leqq i \leqq n \to A_i \subseteq B_i) \to \bigcup_{i=1}^{n} A_i \subseteq \bigcup_{i=1}^{n} B_i \wedge \bigcap_{i=1}^{n} A_i \subseteq \bigcap_{i=1}^{n} B_i .$$

Wir wenden uns nun dem allgemeinen Produkt zu. Ist $n \geqq 1$ eine natürliche Zahl, $(A_i)_{1 \leqq i \leqq n}$ ein Mengenkomplex über $[1, n]$ und T die Funktion von $[1, n[\times M$ in M mit für jedes $[i, M] \in [1, n[\times M$:

$$T(i, M) = \underset{\cdot}{M} \times A_{i'},$$

so gibt es nach Satz 23 genau eine Funktion F von $[1, n]$ in M mit

$$F(1) = A_1 \wedge \forall i (1 \leqq i < n \to F(i') = T(i, F(i)) = F(i) \times A_{i'}).$$

Definition 11. *Ist* $1 \leqq n \in N$, $(A_i)_{1 \leqq i \leqq n}$ *ein Mengenkomplex über* $[1, n]$ *und* F *diejenige Funktion von* $[1, n]$ *in* M *mit*

$$F(1) = A_1 \wedge \forall i (1 \leqq i < n \to F(i') = F(i) \times A_{i'}),$$

so ist das *Produkt von* A_1 *bis* A_n, bezeichnet mit: $\bigtimes_{1 \leqq i \leqq n} A_i$ (gelesen: *Produkt aller* A_i *mit* $1 \leqq i \leqq n$) oder $\bigtimes_{i=1}^{n} A_i$ (gelesen: *Produkt aller* A_i *von* i *gleich* 1 *bis* n) oder $A_1 \times \ldots \times A_n$ (gelesen: *Produkt* A_1 *bis* A_n), der Wert $F(n)$. Die Mengen A_i $(1 \leqq i \leqq n)$ heißen die *Komponenten von* $\bigtimes_{1 \leqq i \leqq n} A_i$.

Ist $1 \leqq m \leqq n$ $(m, n \in N)$, $(A_i)_{1 \leqq i \leqq n}$ ein Mengenkomplex über $[1, n]$ und $A' = A_{[1,m]}$, so ist $A' = (A'_i)_{1 \leqq i \leqq m}$ ein Mengenkomplex über $[1, m]$, und man schreibt natürlich einfach

$$\bigtimes_{1 \leqq i \leqq m} A_i, \quad \bigtimes_{i=1}^{m} A_i, \quad A_1 \times \ldots \times A_m$$

für

$$\bigtimes_{1 \leqq i \leqq m} A'_i, \quad \bigtimes_{i=1}^{m} A'_i, \quad A'_1 \times \ldots \times A'_m .$$

Satz 34. *Für natürliche Zahlen* $1 \leqq n \in N$ *und Mengenkomplexe* $(A_i)_{1 \leqq i \leqq n'}$ *gilt:*

$$\bigtimes_{i=1}^{n'} A_i = (\bigtimes_{i=1}^{n} A_i) \times A_{n'} .$$

Beweis. Die Behauptung beweist man nach demselben Verfahren wie bei Satz 25.

Aus Satz 34 folgt für Mengenkomplexe $(A_i)_{1 \leqq i \leqq n}$, wenn man für n der Reihe nach 1, 2, 3, ... setzt:

$$\bigtimes_{i=1}^{1} A_i = A_1, \quad \bigtimes_{i=1}^{2} A_i = A_1 \times A_2, \quad \bigtimes_{i=1}^{3} A_i = A_1 \times A_2 \times A_3, \ldots .$$

Die allgemeine Produktbildung gemäß Definition 11 fällt also sukzessiv mit dem früher in § 5 eingeführten mehrgliedrigen Produkt zusammen.

Der Produktbegriff $\bigtimes_{i=1}^{n} A_i$ deckt sich offensichtlich nicht mit dem in Definition 2, § 9 eingeführten Begriff $\bigtimes_{i \in [1,n]} A_i$.

Satz 35. *Für natürliche Zahlen* $1 \leqq n \in \boldsymbol{N}$, *Mengenkomplexe* $(A_i)_{1 \leqq i \leqq n}$ *und Elemente b gilt:*

$$b \in \bigtimes_{i=1}^{n} A_i \leftrightarrow \exists\, a\,(b = [a_1, \ldots, a_n] \wedge \forall\, i\,(1 \leqq i \leqq n \rightarrow a_i \in A_i)).$$

Beweis. Der Beweis wird durch vollständige Induktion über n geführt. Die Behauptung unseres Satzes gilt trivial für $n = 1$. Gilt sie für $n \geqq 1$, so ist nach Satz 34 und Satz 25:

$$\begin{aligned} b \in \bigtimes_{i=1}^{n'} A_i \leftrightarrow b \in \Big(\bigtimes_{i=1}^{n} A_i\Big) \times A_{n'} &\leftrightarrow \exists x\, \exists y\, \Big(x \in \bigtimes_{i=1}^{n} A_i \wedge y \in A_{n'} \wedge b = [x, y]\Big) \\ &\leftrightarrow \exists x\, \exists y\, (\exists\, a\, (x = [a_1, \ldots, a_n] \wedge \forall\, i\, (1 \leqq i \leqq n \rightarrow a_i \in A_i)) \\ &\qquad \wedge y \in A_{n'} \wedge b = [x, y]) \\ &\leftrightarrow \exists\, a\, (b = [a_1, \ldots, a_n] \wedge \forall\, i\, (1 \leqq i \leqq n' \rightarrow a_i \in A_i)), \end{aligned}$$

also gilt die Behauptung dann auch für n', womit sie für jedes $1 \leqq n \in \boldsymbol{N}$ gilt.

Für natürliche Zahlen $1 \leqq n \in \boldsymbol{N}$ und Mengenkomplexe $(A_i)_{1 \leqq i \leqq n}$ nennt man bei $1 \leqq j \leqq n$ die Funktion P über $\bigtimes_{i=1}^{n} A_i$ mit für jedes n-Tupel $[a_1, \ldots, a_n] \in \bigtimes_{i=1}^{n} A_i$:

$$P([a_1, \ldots, a_n]) = a_j$$

die *Projektion(sfunktion) von* $\bigtimes_{i=1}^{n} A_i$ *auf* A_j oder die *j-te Projektion(sfunktion) von* $\bigtimes_{i=1}^{n} A_i$. Für $\bigtimes_{i=1}^{n} M$, d. h. für $\bigtimes_{i=1}^{n} A_i$ mit $\forall\, i\, (1 \leqq i \leqq n \rightarrow A_i = M)$ schreibt man auch abkürzend $M^{(n)}$ (gelesen: *M hoch n*). Ist M eine Menge, so nennt man die Elemente von $M^{(n)}$ $(1 \leqq n \in \boldsymbol{N})$ auch *n-Tupel von Elementen aus M*. In Verallgemeinerung hiervon bezeichnet man für Klassen K und natürliche Zahlen $1 \leqq n \in \boldsymbol{N}$ mit $K^{(n)}$ die Klasse aller n-Tupel von Elementen aus K.

Satz 36. *Für natürliche Zahlen* $1 \leqq n \in \boldsymbol{N}$, *Mengenkomplexe* $(A_i)_{1 \leqq i \leqq n}$, $(B_i)_{1 \leqq i \leqq n}$, *Elementekomplexe* $(a_i)_{1 \leqq i \leqq n}$ *und Mengen M gilt:*

$$\bigtimes_{i=1}^{n} A_i = \emptyset \leftrightarrow \exists\, i\, (1 \leqq i \leqq n \wedge A_i = \emptyset),$$

$$\bigtimes_{i=1}^{n} A_i \subseteq \bigtimes_{i=1}^{n} B_i \leftrightarrow \forall\, i\, (1 \leqq i \leqq n \rightarrow A_i \subseteq B_i) \vee \bigtimes_{i=1}^{n} A_i = \emptyset,$$

$$\bigtimes_{i=1}^{n} A_i = \bigtimes_{i=1}^{n} B_i \leftrightarrow \forall i\,(1 \leqq i \leqq n \to A_i = B_i) \vee \bigtimes_{i=1}^{n} A_i = \bigtimes_{i=1}^{n} B_i = \emptyset,$$

$$\bigcup_{i=1}^{n} A_i \subseteq M \to \bigtimes_{i=1}^{n} A_i \subseteq M^{(n)},$$

$$\bigtimes_{i=1}^{n} M = M^{(n)},$$

$$\bigtimes_{i=1}^{n} \{a_i\} = \{[a_1, \ldots, a_n]\}.$$

Beweis. Die Behauptungen folgen ohne Schwierigkeiten aus den entsprechenden Definitionen und Satz 35 (vgl. den Beweis zu Satz 3, § 9).

Welchen der beiden Produktbegriffe $\bigtimes_{i=1}^{n} A_i$ (gemäß Definition 11) und $\bigtimes_{i \in [1,n]} A_i$ (gemäß Definition 2, § 9) man für mathematische Untersuchungen wählt, ist für das praktische Arbeiten belanglos; es gelten ja für beide dieselben bzw. ähnliche Gesetze. Der Produktbegriff $\bigtimes_{i=1}^{n} A_i$ ist gegebenenfalls vorzuziehen, da er gegenüber $\bigtimes_{i \in [1,n]} A_i$ die näherliegende Verallgemeinerung des Kreuzproduktes $A \times B$ von Mengen A, B ist. Unter demselben Gesichtspunkt der näherliegenden Verallgemeinerung des geordneten Paares sind für Klassen K gegebenenfalls die Elemente von $K^{(n)}$ $(1 \leqq n \in \boldsymbol{N})$, also die n-Tupel von Elementen aus K, den Elementen von $K^{[1,n]}$ vorzuziehen, obwohl beide Arten geordneter Zusammenfassungen von Elementen aus K für das praktische Arbeiten dieselbe grundlegende Eigenschaft besitzen, daß nämlich jeweils geordnete Zusammenfassungen gleich sind genau dann, wenn sie elementweise übereinstimmen.

In Verallgemeinerung von Definition 11 definiert man noch:

Definition 12. Ist $n, m \in \boldsymbol{N}$, $n \leqq m$, $(A_i)_{n \leqq i \leqq m}$ ein Mengenkomplex über $[n, m]$, p die eindeutig bestimmte natürliche Zahl, für die $[n, m]$ und $[1, p]$ ähnlich sind, und f die ähnliche Abbildung von $[1, p]$ auf $[n, m]$, so ist das *Produkt von* A_n *bis* A_m, bezeichnet mit: $\bigtimes_{n \leqq i \leqq m} A_i$ (gelesen: *Produkt aller* A_i *mit* $n \leqq i \leqq m$) oder $\bigtimes_{i=n}^{m} A_i$ (gelesen: *Produkt aller* A_i *von* $i = n$ *bis* m) oder $A_n \times \ldots \times A_m$ (gelesen: *Produkt* A_n *bis* A_m), gleich $\bigtimes_{i=1}^{p} A_{f(i)}$.

Mit dem Produktbegriff $A^{(n)}$ erklärt man leicht die folgenden Begriffe, die wir früher (§ 6, § 7) nur sukzessiv für $n = 1, 2, 3, \ldots$ erklären konnten: Ist $1 \leqq n \in \boldsymbol{N}$ und A eine Klasse, so ist eine Abbildung f *n-stellig in* A genau dann, wenn $\text{Vb}\, F \subseteq A^{(n)}$ gilt; eine n-stellige Abbildung bzw. Funktion in A nennt man auch eine *Abbildung* bzw. *Funktion von n Variablen* (*Veränderlichen*) *in* A. Ist F eine n-stellige Funktion, so schreibt man für $F([a_1, \ldots, a_n])$ auch einfach $F(a_1, \ldots, a_n)$. Eine Abbildung R ist eine *n-stellige Relation* (*n-stellige Beziehung*) *in* der Klasse A genau dann, wenn $R \subseteq A^{(n)}$ gilt. Ist R eine n-stellige Relation und $[a_1, \ldots, a_n] \in R$, so sagt man auch, die *Relation R trifft auf* $[a_1, \ldots, a_n]$ *zu* oder $a_1, \ldots, a_n$ *stehen in der Relation R.* Eine Funktion F ist eine *n-stellige Operation* (*n-stellige Verknüpfung*) *in* der Klasse A genau dann, wenn F eine Funktion von $A^{(n)}$ in A ist.

Jede n-stellige Operation F in A ist gleichzeitig eine n'-stellige Relation R in A mit für jeden Elementekomplex $(a_i)_{1 \leqq i \leqq n'}$:

$$[a_1, \ldots, a_{n'}] \in R \leftrightarrow F(a_1, \ldots, a_n) = a_{n'}.$$

Umgekehrt ist jede n'-stellige Relation R in A mit

$$\forall x \exists!! y ([x_1, \ldots, x_n] \in A^{(n)} \to [x_1, \ldots, x_n, y] \in R)$$

gleichzeitig eine n-stellige Operation F in A mit für jeden Elementekomplex $(a_i)_{1 \leqq i \leqq n'}$:

$$F(a_1, \ldots, a_n) = a_{n'} \leftrightarrow [a_1, \ldots, a_{n'}] \in R.$$

Über den in Satz 35 ausgedrückten Zusammenhang des Produktbegriffes $\mathop{\times}\limits_{i=1}^{n} A_i$ mit dem Begriff des n-Tupels läßt sich Satz 28 zu dem folgenden Satz 37 erweitern. Sind n- und m-Tupel gleich, so muß nicht $n = m$ sein, wie etwa das folgende Beispiel zeigt: Für Elemente a, b, c und $A = [a, b]$ ist $[A, c] = [a, b, c]$. Es gilt aber in Erweiterung von Satz 28 der

Satz 37. *Für natürliche Zahlen* $1 \leqq n, m \in N$, *Klassen* A *mit* $\forall x (1 < x \in N \to A \cap A^{(x)} = \emptyset)$ *und Tupel* $[a_1, \ldots, a_n] \in A^{(n)}$, $[b_1, \ldots, b_m] \in A^{(m)}$ *gilt:*

$$[a_1, \ldots, a_n] = [b_1, \ldots, b_m] \leftrightarrow n = m \wedge \forall i (1 \leqq i \leqq n \to a_i = b_i).$$

Beweis. Unter den Voraussetzungen des Satzes ist nach Satz 28 nur noch zu zeigen:

$$[a_1, \ldots, a_n] = [b_1, \ldots, b_m] \to n = m.$$

Dies beweisen wir durch vollständige Induktion über n. M sei die Menge aller natürlichen Zahlen $n \geqq 1$, für die bei beliebigem $[a_1, \ldots, a_n] \in A^{(n)}$ für jedes $1 \leqq m \in N$ und jedes $[b_1, \ldots, b_m] \in A^{(m)}$ gilt:

$$[a_1, \ldots, a_n] = [b_1, \ldots, b_m] \to n = m.$$

Es ist $1 \in M$; denn ist $a_1 = [a_1, \ldots, a_1] = [b_1, \ldots, b_m]$, so muß $m = 1 = n$ gelten, da sonst $a_1 = [b_1, \ldots, b_m] \in A$ bei $m > 1$ wäre im Widerspruch zu $A \cap A^{(m)} = \emptyset$. Ist $n \in M$, so gilt aber für beliebiges $[a_1, \ldots, a_{n'}] \in A^{(n')}$, für jedes $1 \leqq m \in N$ und jedes $[b_1, \ldots, b_m] \in A^{(m)}$:

$$[a_1, \ldots, a_{n'}] = [b_1, \ldots, b_m] \to [[a_1, \ldots, a_n], a_{n'}] = [b_1, \ldots, b_m];$$

es kann dann nicht $m = 1$ sein, da sonst $b_1 = [a_1, \ldots, a_{n'}] \in A^{(n')}$ wäre im Widerspruch zu $A \cap A^{(n')} = \emptyset$, es muß also $1 < m$ sein; ist dann $1 \leqq p \in N$ mit $p' = m$, so ist $[b_1, \ldots, b_m] = [[b_1, \ldots, b_p], b_m]$, also gilt

$$[a_1, \ldots, a_{n'}] = [b_1, \ldots, b_m] \to [[a_1, \ldots, a_n], a_{n'}] = [[b_1, \ldots, b_p], b_m]$$
$$\to [a_1, \ldots, a_n] = [b_1, \ldots, b_p] \to n = p \to n' = p' = m;$$

also ist auch $n' \in M$, und damit gilt die Behauptung für alle $1 \leqq n \in N$.

Mengen, welche nur untereinander gleichstufige Elemente enthalten, sind offenbar derartige in Satz 37 vorausgesetzte Klassen A mit $A \cap A^{(n')} = \emptyset$ für jedes $1 \leqq n \in \boldsymbol{N}$; denn wäre $b = [a_1, \ldots, a_{n'}] \in A \cap A^{(n')}$ bei $1 \leqq n \in \boldsymbol{N}$, so wäre

$$a_{n'} \ulcorner [[a_1, \ldots, a_n], a_{n'}] = [a_1, \ldots, a_{n'}] = b \in A,$$

also insgesamt $a_{n'}, b \in A$ und $a_{n'} \ulcorner b$ im Widerspruch zur Gleichstufigkeit der Elemente von A.

Definition 13. Eine Menge H ist *homogen* genau dann, wenn

$$\forall x \, \forall y \, (x, y \in H \rightarrow x \sqsubset\!\sqsupset y)$$

gilt; H ist *inhomogen* genau dann, wenn H nicht homogen ist.

Eine Menge ist also homogen genau dann, wenn sie Teilmenge einer Stufe $S \in \mathfrak{S}$ ist. Mit einer homogenen Menge H ist auch $\boldsymbol{P}H \setminus \{\emptyset\}$ homogen; d. h. alle nicht leeren Teilmengen von H sind untereinander gleichstufig. Ist nämlich $\emptyset \neq X \subseteq H$ und $x \in X$, so ist $x \ulcorner X \sqsubset H$, also gilt $y \sqsubset\!\sqsupset x \ulcorner X \sqsubset H$ für jedes $y \in H$, also $y \ulcorner X \sqsubset H$, was im Falle $X \ulcorner H$ zum Widerspruch zu Stufenaxiom I 5. führt; also ist $X \sqsubset\!\sqsupset H$, und alle nicht leeren Teilmengen von H sind damit gleichstufig. Mit homogenen Mengen H_1, H_2 ist auch $H_1 \times H_2$ homogen; d. h. alle geordneten Paare $[x_1, x_2] \in H_1 \times H_2$ sind untereinander gleichstufig. Sind nämlich x_1, x_2, y_1, y_2 irgendwelche Elemente mit $x_1 \sqsubset\!\sqsupset y_1$ und $x_2 \sqsubset\!\sqsupset y_2$, so ist $\{x_1, x_2\} \sqsubset\!\sqsupset \{y_1, y_2\}$; denn wäre etwa $\{x_1, x_2\} \ulcorner \{y_1, y_2\}$, so wäre wegen $x_1, x_2 \ulcorner \{x_1, x_2\}$ auch $y_1, y_2 \ulcorner \{x_1, x_2\} \ulcorner \{y_1, y_2\}$ im Widerspruch zu Stufenaxiom I 5.; damit ist auch $\{x_2\} \sqsubset\!\sqsupset \{y_2\}$ für Elemente $x_2 \sqsubset\!\sqsupset y_2$ wegen

$$\{x_2\} = \{x_2, x_2\} \sqsubset\!\sqsupset \{y_2, y_2\} = \{y_2\};$$

es folgt schließlich insgesamt

$$[x_1, x_2] = \{\{x_1, x_2\}, \{x_2\}\} \sqsubset\!\sqsupset \{\{y_1, y_2\}, \{y_2\}\} = [y_1, y_2]$$

für $[x_1, x_2], [y_1, y_2] \in H_1 \times H_2$.

Da der Individuenbereich $\boldsymbol{I}$ nach dem Unendlichkeitsaxiom unendlich ist, gilt $\mathfrak{a} \leqq \overline{\overline{\boldsymbol{I}}}$ und damit $\mathfrak{n} \leqq \overline{\overline{\boldsymbol{I}}}$ für jede Kardinalzahl $\mathfrak{n}$ höchstens abzählbarer Mengen M. Zu jeder höchstens abzählbaren Menge M gibt es also eine mit ihr gleichmächtige Teilmenge der kleinstmöglichen Allmenge $\boldsymbol{I}$. Damit ist nach der Definition der Kardinalzahlen jede Kardinalzahl $\mathfrak{n} \leqq \mathfrak{a}$ nicht leere Teilmenge von $\boldsymbol{PI}$, also $\mathfrak{N} \cup \{\mathfrak{a}\} \subseteq \boldsymbol{PPI} \setminus \{\emptyset\}$; $\mathfrak{N} \cup \{\mathfrak{a}\}$ ist somit homogen, da mit $\boldsymbol{I}$ wegen $\emptyset \sqsubset\!\sqsupset \boldsymbol{I}$ die gesamte Potenzmenge $\boldsymbol{PI}$ homogen ist. Ebenso erhält man, daß $\boldsymbol{Z} \setminus \{0\}$ homogen ist; denn jede Ordinalzahl $0 < \alpha < \boldsymbol{\Omega}_1$ besitzt einen Repräsentanten $[M, R]$ mit $\emptyset \neq M \subseteq \boldsymbol{I}$, womit jede solche Ordinalzahl α nach der Definition der Ordinalzahlen eine nicht leere Teilmenge von

$$P = (\boldsymbol{PI} \setminus \{\emptyset\}) \times (\boldsymbol{P}(\boldsymbol{I} \times \boldsymbol{I}) \setminus \{\emptyset\})$$

ist, so daß also $\boldsymbol{Z} \setminus \{0\} \subseteq \boldsymbol{P}P \setminus \{\emptyset\}$ gilt.

Solche Klassen A, wie sie in Satz 37 vorausgesetzt werden, sind auch die Menge $\boldsymbol{N}$ der natürlichen Zahlen, die Menge $\boldsymbol{G}$ der ganzen Zahlen, die Menge $\boldsymbol{R}$ der rationalen Zahlen, die Menge $\boldsymbol{C}$ der reellen Zahlen und die Menge $\mathfrak{K}$ der komplexen Zahlen, was man folgendermaßen einsieht:

Wäre für ein $\mathbf{1} \leqq n \in \boldsymbol{N}$ $y = [x_1, \ldots, x_{n'}] \in \boldsymbol{N} \cap \boldsymbol{N}^{(n')}$, so wäre $y = [[x_1, \ldots, x_n], x_{n'}] = \{\{[x_1, \ldots, x_n], x_{n'}\}, \{x_{n'}\}\}$, also $\{x_{n'}\} \in y$; es gäbe damit natürliche Zahlen $a, b \in \boldsymbol{N}$ mit $\{a\} \in b$. Keine natürliche Zahl $b \neq \mathbf{0}$ besitzt aber Einermengen als Elemente; denn ist $b \neq \mathbf{0}$, so gilt $\emptyset \neq M \subseteq \boldsymbol{I}$ für alle $[M, R] \in b$; dann ist $[M, R] = \{\{M, R\}, \{R\}\}$ bei $\{M, R\} \neq \{R\}$, da sonst $M = R \subseteq M \times M$ wäre und es für ein $x \in M$ Elemente $y, z \in M$ gäbe mit $x = [y, z]$ im Widerspruch zu $x \sqsupset y \sqsubset [y, z]$; also ist $[M, R]$ keine Einermenge. Aus $\{a\} \in b$ folgt damit $b = \mathbf{0}$. Im Falle $b = \mathbf{0}$ ist schließlich $\{a\} \in \mathbf{0} = \{\{\{\emptyset\}\}\}$, also $a = \{\emptyset\}$, also $\emptyset \in a$ im Gegensatz zu $\emptyset \notin a$. Somit haben wir die Annahme $\boldsymbol{N} \cap \boldsymbol{N}^{(n')} \neq \emptyset$ zum Widerspruch geführt.

Für die Menge $\boldsymbol{G}$ der ganzen Zahlen erhält man im Falle $\boldsymbol{G} \cap \boldsymbol{G}^{(n')} \neq \emptyset$ (für ein $\mathbf{1} \leqq n \in \boldsymbol{N}$) wie oben bei $\boldsymbol{N}$ die Existenz zweier ganzer Zahlen g, h mit $\{g\} \in h$. Ist aber $\{g\} \in h$, so gibt es ein Paar $[a, b]$ natürlicher Zahlen mit $\{g\} = [a, b] = \{\{a, b\}, \{b\}\}$, also wäre $g = \{b\}$ im Widerspruch dazu, daß jede ganze Zahl g mindestens zwei Repräsentanten besitzt (ist nämlich $[x, y] \in g$, so auch $[x', y'] \in g$). Also ist stets $\boldsymbol{G} \cap \boldsymbol{G}^{(n')} = \emptyset$. Ebenso erhält man für die Menge $\boldsymbol{R}$ der rationalen Zahlen im Fall $\boldsymbol{R} \cap \boldsymbol{R}^{(n')} \neq \emptyset$ die Existenz zweier rationaler Zahlen r, s mit $\{r\} \in s$. Aus $\{r\} \in s$ ergibt sich wieder $\{r\} = [g, h] = \{\{g, h\}, \{h\}\}$ für gewisse ganze Zahlen g, h, also wäre $r = \{h\}$ im Widerspruch dazu, daß jede rationale Zahl r mindestens zwei Repräsentanten besitzt (ist nämlich $[x, y] \in r$, so auch $[x + x, y + y] \in r$, wie man beim detaillierten Aufbau des Zahlensystems nachweisen kann). Also ist stets $\boldsymbol{R} \cap \boldsymbol{R}^{(n')} = \emptyset$. Für die Menge $\boldsymbol{C}$ der reellen Zahlen führt im Falle $\boldsymbol{C} \cap \boldsymbol{C}^{(n')} \neq \emptyset$ die Existenz reeller Zahlen x, y mit $\{x\} \in y$ sofort zum Widerspruch, da die Repräsentanten jeder reellen Zahl y rationale Fundamentalfolgen sind, die aber gleichmächtig mit ihrem Definitionsbereich $\boldsymbol{N}$ sind, die also unendlich sind und daher keine Einermengen sein können. Also ist stets $\boldsymbol{C} \cap \boldsymbol{C}^{(n')} = \emptyset$. Für die Menge $\mathfrak{K}$ der komplexen Zahlen schließlich führt im Falle $\mathfrak{K} \cap \mathfrak{K}^{(n')} \neq \emptyset$ die Existenz komplexer Zahlen k, l mit $\{k\} \in l$ zu $\{[x, y]\} \in [u, v]$ für gewisse reelle Zahlen x, y, u, v, also zu $\{[x, y]\} \in \{\{u, v\}, \{v\}\}$ und ergibt damit den Widerspruch $[x, y] = v$ zu $\boldsymbol{C} \cap \boldsymbol{C}^{(2)} = \emptyset$. Also ist stets $\mathfrak{K} \cap \mathfrak{K}^{(n')} = \emptyset$.

Aus den eben durchgeführten Betrachtungen entnimmt man allgemein, daß jede Klasse A, die keine Elemente a, b enthält mit $\{a\} \in b$, eine Klasse mit $A \cap A^{(n')} = \emptyset$ für jedes $\mathbf{1} \leqq n \in \boldsymbol{N}$ ist. Ist A eine Klasse, die keine Elemente a, b, c enthält mit $a = [b, c]$, so ist $B = A \times A$ eine Klasse mit $B \cap B^{(n')} = \emptyset$ für jedes $\mathbf{1} \leqq n \in \boldsymbol{N}$.

4. Eine letzte Gruppe fundamentaler mathematischer Begriffe, die wir hier behandeln wollen, sind die Strukturbegriffe. An Strukturen haben wir bisher kennengelernt die quasigeordneten Mengen, die halbgeordneten Mengen, die geordneten Mengen, die wohlgeordneten Mengen, die Verbände und die PEANO-Systeme. Mit Hilfe des Begriffes des geordneten Paares oder des Tripels konnten diese Strukturen definiert werden, hinter denen anschaulich der Inbegriff einer Menge M und einer gewissen Relation R in M bzw. der Inbegriff einer Menge M

und zweier Operationen $\cap$, $\cup$ in M bzw. der Inbegriff einer Menge N, eines Elementes o und einer Funktion f über N steckt. Nach demselben Verfahren der Verwendung gewisser n-Tupel zur Definition der eben aufgeführten Strukturen lassen sich noch viele andere mathematische Strukturbegriffe auf Grund der anschaulichen Bedeutung des Tupelbegriffes erklären.

Eine Gruppe z. B. ist der Inbegriff einer Menge M und einer Operation $\cdot$ (wenn wir $\cdot$ als zusätzliche Dingvariable verwenden) in M mit gewissen Eigenschaften, den Gruppenaxiomen; eine Gruppe ist also ein geordnetes Paar $[M, \cdot]$, wo $\cdot$ eine Operation in M mit den Gruppenaxiomen ist. Die genaue Definition einer Gruppe lautet schließlich:

Definition 14. Eine Menge G ist eine *Gruppe* genau dann, wenn es eine Menge M und eine Operation $\cdot$ in M gibt, so daß $G = [M, \cdot]$ ist und für beliebige $a, b, c \in M$ gilt:

$$(1)\ (a \cdot b) \cdot c = a \cdot (b \cdot c),$$

$$(2)\ \exists x\, (x \in M \wedge a \cdot x = b), \quad \exists y\, (y \in M \wedge y \cdot a = b).$$

Die Forderungen (1), (2) heißen die *Gruppenaxiome.*

Ein Körper ist der Inbegriff einer Menge M und zweier Operationen $+, \cdot$ (wenn wir $+$ und $\cdot$ als zusätzliche Dingvariable verwenden) in M mit gewissen Eigenschaften, den Körperaxiomen; ein Körper ist also ein Tripel $[M, +, \cdot]$, wo $+, \cdot$ Operationen in M mit den Körperaxiomen sind. Die genaue Definition eines Körpers lautet schließlich:

Definition 15. Eine Menge K ist ein *Körper* genau dann, wenn es eine Menge M und Operationen $+, \cdot$ in M gibt, so daß $K = [M, +, \cdot]$ ist, M wenigstens zwei Elemente besitzt und für beliebige $a, b, c \in M$ gilt:

$$(1)\quad (a + b) + c = a + (b + c),$$

$$(2)\quad a + b = b + a,$$

$$(3)\quad \exists x (x \in M \wedge a + x = b),$$

$$(4)\quad (a \cdot b) \cdot c = a \cdot (b \cdot c),$$

$$(5)\quad a \cdot b = b \cdot a,$$

$$(6)\quad a \neq \iota x\, (x \in M \wedge \forall y\, (y \in M \to y + x = y)) \to \exists x\, (x \in M \wedge a \cdot x = b),$$

$$(7)\quad a \cdot (b + c) = (a \cdot b) + (a \cdot c).$$

Die Forderungen (1) bis (7) heißen die *Körperaxiome.*

Es brauchen die Strukturen nicht nur mittels in einer Menge gegebener Operationen erklärt zu sein; man kann zusätzlich zu den (evtl. auch mehr als zwei) Operationen etwa noch eine oder mehrere Relationen in M fordern mit gewissen Eigenschaften. So ist z. B. eine Menge K ein *geordneter Körper,* falls $K = [M, +, \cdot, <]$ $(+, \cdot, <$ werden als zusätzliche Dingvariable verwendet) ist, wobei $[M, +, \cdot]$ ein Körper ist und $<$ eine irreflexive Ordnung in M mit den weiteren Eigenschaften:

$$a < b \to a + c < b + c,$$

$$c > o \wedge a < b \to a \cdot c < b \cdot c,$$

$$c < o \wedge a < b \to a \cdot c > b \cdot c$$

bei $o = \iota\, x\, (x \in M \wedge \forall y\, (y \in M \to y + x = y))$.

Eine Menge K ist ein *angeordneter Körper*, falls $K = [M, +, \cdot, P]$ ist, wobei $[M, +, \cdot]$ ein Körper ist, $P \subseteq M$ (P ist anschaulich die Eigenschaft „positiv“) und für beliebige Elemente $a, b \in M$ bei $o = \iota\, x (x \in M \wedge \forall y (y \in M \to y + x = y))$ und $-a = \iota\, x\, (x \in M \wedge a + x = o)$ gilt:

Es besteht genau einer der Fälle: $a = o,\ a \in P,\ -a \in P$;

$$a \in P \wedge b \in P \to a + b \in P \wedge a \cdot b \in P.$$

Neben den bisher behandelten algebraischen Strukturbeispielen lassen sich topologische Strukturen, wie etwa ein topologischer Raum oder ein metrischer Raum folgendermaßen exakt definieren:

Definition 16. Eine Menge R ist ein *topologischer Raum* genau dann, wenn es eine Menge E und ein Mengensystem $O \subseteq \boldsymbol{P}E$ gibt, so daß $R = [E, O]$ ist und für beliebige Mengensysteme $M \subseteq \boldsymbol{P}E$ und beliebige Teilmengen $G_1, G_2 \subseteq E$ gilt:

(1) $M \subseteq O \to \bigcup M \in O,$

(2) $G_1, G_2 \in O \to G_1 \cap G_2 \in O,$

(3) $\emptyset, E \in O.$

Die Forderungen (1), (2), (3) heißen die *Axiome des topologischen Raumes*.

In einem topologischen Raum $R = [E, O]$ gilt für endliche Mengensysteme $M \subseteq \boldsymbol{P}E$:

$$\emptyset \neq M \subseteq O \to \bigcap M \in O.$$

Dies beweist man induktiv: Jede endliche Menge M ist einem Abschnitt von $\boldsymbol{N}$ gleichmächtig, ist also der Wertebereich einer Folge G von Typ n, wo n eine natürliche Zahl ist. Ist zusätzlich $M \neq \emptyset$, so ist M gleichmächtig einem Intervall $[1, n] \subseteq \boldsymbol{N}$. Es ist dann für unsere Behauptung zu zeigen: Ist $(G_i)_{1 \leqq i \leqq n}$ ein Mengenkomplex und $G_i \in O$ für jedes $1 \leqq i \leqq n$, so ist $\bigcap \operatorname{Nb} G = \bigcap_{i=1}^{n} G_i \in O$. Diese Behauptung zeigen wir durch vollständige Induktion über n. Die Behauptung gilt trivial für $n = 1$. Gilt sie für $n \geqq 1$, so ist aber nach Axiom (2)

$$\bigcap_{i=1}^{n'} G_i = \left(\bigcap_{i=1}^{n} G_i\right) \cap G_{n'} \in O,$$

also gilt die Behauptung dann auch für n' und damit für alle $1 \leqq n \in \boldsymbol{N}$.

Definition 17. Eine Menge R ist ein *metrischer Raum* genau dann, wenn es eine Menge E und eine Funktion ϱ von $E \times E$ in die Menge $\boldsymbol{C}$ der reellen Zahlen gibt, so daß $R = [E, \varrho]$ ist und für beliebige $a, b, c \in E$ gilt:

(1) $\varrho(a, b) = 0 \leftrightarrow a = b$,

(2) $\varrho(a, b) = \varrho(b, a)$,

(3) $\varrho(a, b) + \varrho(b, c) \geqq \varrho(a, c)$.

Die Forderungen (1), (2), (3) heißen die *Axiome des metrischen Raumes.*

Strukturen, die Untersuchungsobjekte der sogenannten *axiomatischen Methode der Mathematik*, werden studiert erstens aus dem Grunde, weil man (wie etwa bei den PEANO-Systemen) durch die allgemeinen Untersuchungen an den betreffenden Strukturen gleichzeitig gültige Aussagen für jede spezielle dieser Strukturen gewinnt (wie etwa bei PEANO-Systemen für $\boldsymbol{P}_1$ und $\boldsymbol{P}_2$), und zweitens aus dem Grunde, weil man gewisse gedachte oder in der Realität vorhandene Begriffe (wie etwa den Punktbegriff) nicht mathematisch definieren kann und für eine mathematische Theorie über solche Begriffe dann nur die betreffenden Dinge (etwa die Punkte des uns umgebenden Raumes) in der Form einer Menge von Dingen mit gewissen aus der Realität entnommenen oder abstrahierten, mathematisch (etwa durch Operationen oder Relationen) zu beschreibenden strukturellen Eigenschaften (den Axiomen der betreffenden Struktur) behandeln kann. (So behandelt man etwa die Abstandsbeziehungen zwischen Punkten des uns umgebenden Raumes innerhalb einer allgemeinen Theorie der metrischen Räume $[E, \varrho]$, worunter dann anschaulich auch die Menge $E = E_0$ der Punkte des uns umgebenden Raumes enthalten ist, und man deshalb die Ergebnisse der Theorie der metrischen Räume speziell auf E_0 anwenden darf.) Bei der strukturellen (axiomatischen) Behandlung nicht mathematisch definierbarer Dinge ist es natürlich nicht erforderlich, mathematisch zu beweisen, daß es eine derartige Struktur S (etwa einen metrischen Raum) gibt; denn die Theorie solcher Strukturen S verläuft doch stets in der Form „Wenn S eine derartige Struktur ist, so gilt ....“; gibt es also keine der betrachteten Strukturen S, so ist die gesamte Theorie über die Strukturen S trivial richtig (aber natürlich sinnlos). Läßt sich andrerseits die Existenz von Strukturen S eines gewissen Typs (etwa von metrischen Räumen) mathematisch beweisen, so erhält man durch die allgemeine Untersuchung der Strukturen S gleichzeitig wieder gültige Aussagen für jede spezielle dieser Strukturen.

Mit den aufgeführten algebraischen und topologischen Strukturen beenden wir die Beispiele für exakt mengentheoretische Definitionen mathematischer Begriffe.

Zwei Bemerkungen wollen wir noch zum Abstraktionsprinzip und zum Gleichungsbegriff machen.

Soll ein mathematischer Begriff mittels Definition durch Abstraktion in bezug auf eine Äquivalenzrelation R in einer Klasse A eingeführt werden (wie z. B. der Begriff „Ganze Zahl“ mittels Definition durch Abstraktion in bezug auf die Äquivalenzrelation der Differenzengleichheit in der Menge aller geordneten Paare natürlicher Zahlen), so sind die durch diesen Begriff erfaßten Dinge (also die Äquivalenzklassen bzgl. R) im Falle, daß A eine Menge ist, wieder Mengen, und man kann sie zu neuen Klassen zusammenfassen. Ist aber A nur eine Klasse und sind die Äquivalenzklassen bzgl. R im allgemeinen Unmengen (wie z. B. die Äquivalenzklassen der Gleichmächtigkeitsrelation in der Klasse aller Mengen), so relativiert man, falls man die mit dem Abstraktionsprinzip definierten Objekte wieder zu Klassen zusammenfassen können möchte, den einzuführenden Begriff (z. B. den Begriff der Kardinalzahl) zweckmäßig auf eine dem jeweiligen Rahmen angepaßte kleinstmögliche Allmenge.

Jede mathematische Gleichung (algebraische Gleichung, Differentialgleichung usw.) ist eine Zeichenreihe, läßt sich somit erfahrungsgemäß nicht als mathematischer Begriff in unserem streng mengentheoretischen Sinn erklären; mittels Gleichungen werden lediglich Aussagen über mathematische Dinge formuliert. Selbstverständlich ist jedoch jede mathematische Gleichungstheorie (z. B. die Theorie der algebraischen Gleichungen, die Theorie der Differentialgleichungen) auch in unserem streng mengentheoretischen Sinne eine mathematische Theorie, da man zwar nicht den Gleichungsbegriff, aber sämtliche Redewendungen über Gleichungen exakt definieren kann. So bedeutet z. B. die Aussage „Jede Gleichung ersten Grades mit reellen, von Null verschiedenen Koeffizienten hat genau eine reelle Wurzel." exakt: „Für beliebige $a, b \in \boldsymbol{C}$ mit $a, b \neq 0$ gibt es genau ein $x \in \boldsymbol{C}$ mit $(a \cdot x) + b = 0$." An diesem einfachen Beispiel erkennt man, wie auch gleichungstheoretische Aussagen streng mengentheoretisch formuliert werden können.

Es werde abschließend besonders betont, daß zwar die Darstellbarkeit der Mathematik im Rahmen der Mengenlehre ein wesentliches Hilfsmittel für das Verstehen und die Weiterentwicklung der Mathematik ist, daß aber von erstrangiger Bedeutung für das Verstehen und die Weiterentwicklung der Mathematik allein das inhaltliche Erkennen der hinter den mathematischen Sätzen stehenden Zusammenhänge der Dinge ist.

§ 26. Abzählbare Mengen. Die erste und zweite Zahlklasse

In diesem Paragraphen werden die wichtigsten Sätze über abzählbare Mengen, die der Anschauung am einfachsten zugängliche Sorte unendlicher Mengen, und die Zahlklassen $\boldsymbol{Z}_1$, $\boldsymbol{Z}_2$ zusammengestellt.

1. Wir haben früher für jede Kardinalzahl $\mathfrak{n}$ bewiesen:

$$\mathfrak{n} < \mathfrak{a} \leftrightarrow \mathfrak{n} \textit{ endlich}.$$

Daraus folgt unmittelbar:

Jede unendliche Menge enthält eine abzählbare Teilmenge.
Jede Teilmenge einer abzählbaren Menge ist endlich oder abzählbar.

Da jeder Abschnitt von $\boldsymbol{N}$ endlich ist, ist für jedes $n \in \boldsymbol{N}$ die Menge aller natürlichen Zahlen x mit $n \leqq x$, also die Menge $\boldsymbol{N} \setminus \boldsymbol{O}(n)$ abzählbar (da sonst $\boldsymbol{O}(n) \cup (\boldsymbol{N} \setminus \boldsymbol{O}(n)) = \boldsymbol{N}$ endlich wäre.) Wegen der aus Satz 14, § 22 folgenden Isomorphie von $\boldsymbol{N}$ mit $\boldsymbol{N} \setminus \boldsymbol{O}(n)$ für jedes $n \in \boldsymbol{N}$ (hinsichtlich $\underset{\boldsymbol{O}}{\leqq}$) gibt es für jedes $n \in \boldsymbol{N}$ und jede endliche Menge M genau ein $m \in \boldsymbol{N} \setminus \boldsymbol{O}(n)$, so daß M gleichmächtig dem Abschnitt von m in $\boldsymbol{N} \setminus \boldsymbol{O}(n)$ ist.

Satz 1.

$$N \times N \backsim N.$$

Beweis. Es sei K die Funktion über N mit für jedes $n \in N$:

$$K(n) = \underset{z}{M} \exists x \exists y (x, y \in N \wedge x, y \leqq n \wedge z = [x, y]).$$

Durch vollständige Induktion über n zeigen wir, daß stets $K(n)$ endlich ist. Es ist $K(0) = \{[0, 0]\}$, also ist $K(0)$ endlich. Ist $K(n)$ endlich, so ist

$$K(n') = K(n) \cup K_1 \cup K_2$$

bei

$$K_1 = \underset{z}{M} \exists x (x \in N \wedge x \leqq n' \wedge z = [x, n']),$$

$$K_2 = \underset{z}{M} \exists y [y \in N \wedge y \leqq n' \wedge z = [n', y]).$$

Es ist aber dann $K_1 \backsim O(n'')$ und $K_2 \backsim O(n'')$, also sind K_1, K_2 endlich und damit auch $K(n')$ als Vereinigung der endlichen Mengen $K(n)$, K_1, K_2. Also gilt nach Satz 21, § 25 für alle $n \in N$, daß $K(n)$ endlich ist. Da die offenbar abzählbare Menge $N \times \{0\}$ Teilmenge von $N \times N$ ist, ist $N \precsim N \times N$. Nach dem Cantor-Bernsteinschen Äquivalenzsatz ist für $N \times N \backsim N$ noch $N \times N \precsim N$ zu zeigen oder $\bigcup_{n \in N} K(n) \precsim N$ wegen $N \times N = \bigcup_{n \in N} K(n)$. Zu diesem Zwecke sei T die Funktion von $N \times N$ in N mit für jedes $x, y \in N$:

$$T(x, y) = \iota z (z \in N \wedge K(x) \backsim [y, z[\,).$$

Satz 23, § 25 liefert über T die Existenz einer Funktion f von N in N mit

$$f(0) = 0 \wedge \forall n (n \in N \rightarrow f(n') = \iota m (m \in N \wedge K(n) \backsim [f(n), m[\,)).$$

Nach Konstruktion von f gilt $f(n) < f(n')$ und $K(n) \backsim [f(n), f(n')[$ für jedes $n \in N$; durch vollständige Induktion über m zeigt man ohne Schwierigkeit $n < m \rightarrow f(n) < f(m)$ für jedes $n, m \in N$. Damit gilt:

$$[f(n), f(n')[\cap [f(m), f(m')[= \emptyset$$

für jedes $n, m \in N$ mit $n \neq m$ (denn ist etwa $n < m$, so ist $n' \leqq m$, also $f(n') \leqq f(m)$). M sei das Mengensystem aller Mengen X, für die es ein $n \in N$ gibt, so daß X die Menge aller eineindeutigen Abbildungen von $[f(n), f(n')[$ auf $K(n)$ ist. Es ist $\emptyset \notin M$, und M ist disjunkt. Nach dem Auswahlaxiom gibt es also eine Auswahl A von M. Es ist dann $F = \bigcup A$ eine Funktion aus N auf $\bigcup_{n \in N} K(n)$. Ist schließlich X die Menge aller $x \in N$, für die es ein $Y \in \bigcup_{n \in N} K(n)$ gibt, so daß x die kleinste natürliche Zahl y mit $[y, Y] \in F$ ist, so ist F_X eine umkehrbar eindeutige Abbildung von $X \subseteq N$ auf $\bigcup_{n \in N} K(n)$, woraus $\bigcup_{n \in N} K(n) \precsim N$ folgt.

Satz 2. *Für jedes höchstens abzählbare Mengensystem M höchstens abzählbarer Mengen gilt:*

$$\bigcup M \textit{ höchstens abzählbar},$$

$$\bigcup M \textit{ abzählbar} \leftrightarrow M \textit{ abzählbar} \vee \exists X\, (X \in M \wedge X \textit{ abzählbar}).$$

Beweis. M sei ein höchstens abzählbares Mengensystem höchstens abzählbarer Mengen. Dann gibt es eine Ordinalzahl $\mu \leqq \boldsymbol{\omega}$ mit $M \backsim \boldsymbol{O}(\mu)$, eine eineindeutige Abbildung f von $\boldsymbol{O}(\mu)$ auf M, eine Funktion ν über M mit für jedes $X \in M$:

$$\nu(X) = \iota\, \xi\, (\xi \in \boldsymbol{O} \wedge \xi \leqq \boldsymbol{\omega} \wedge X \backsim \boldsymbol{O}(\xi))$$

und über das Auswahlaxiom und Satz 4, § 8 eine Funktion g über M mit für jedes $X \in M$:

$$g(X) \textit{ eineindeutige Abbildung von } \boldsymbol{O}(\nu(X)) \textit{ auf } X.$$

Es sei x die Funktion über $\boldsymbol{N} \times \boldsymbol{N}$ mit für jedes $i, k \in \boldsymbol{N}$:

$$x_{i,k} = \begin{cases} g(f(i))\,(k), & \text{falls } i < \mu \wedge k < \nu\,(f(i)) \\ M & \text{sonst.} \end{cases}$$

Dann ist $\bigcup M \subseteq \mathrm{Nb}\, x$ und nach Satz 1 wegen

$$\overline{\overline{\mathrm{Nb}\, x}} \leqq \overline{\overline{\mathrm{Vb}\, x}} = \overline{\overline{\boldsymbol{N} \times \boldsymbol{N}}} = \overline{\overline{\boldsymbol{N}}}$$

schließlich $\overline{\overline{\bigcup M}} \leqq \mathfrak{a}$, so daß also $\bigcup M$ höchstens abzählbar ist. Aus $\overline{\overline{\bigcup M}} \leqq \mathfrak{a}$ und Satz 6, § 12 folgt sofort unter den Voraussetzungen unseres Satzes:

$$\bigcup M \textit{ abzählbar} \leftrightarrow M \textit{ abzählbar} \vee \exists X\, (X \in M \wedge X \textit{ abzählbar}).$$

Dem Beweis zu der Behauptung von Satz 2, daß $\bigcup M$ höchstens abzählbar ist, liegt anschaulich das Cauchy*sche Diagonalverfahren* als Idee zugrunde: Ist M ein abzählbares Mengensystem abzählbarer Mengen $X_0, X_1, X_2, \ldots$, wobei die Mengen X_n $(n = 0, 1, 2, \ldots)$ etwa aus den Elementen $x_{n0}, x_{n1}, x_{n2}, \ldots$ bestehen, so bilde man aus dem Elementeschema

$$\begin{array}{l} x_{00}, x_{01}, x_{02}, \ldots \\ x_{10}, x_{11}, x_{12}, \ldots \\ x_{20}, x_{21}, x_{22}, \ldots \\ \ldots\ldots\ldots\ldots\ldots \end{array}$$

sämtlicher Elemente von $\bigcup M$ die abzählbare Folge

$$x_{00};\ x_{10}, x_{01};\ x_{20}, x_{11}, x_{02};\ \ldots . \qquad (+)$$

Läßt man in der Folge $(+)$ jedes wiederholt auftretende Element an allen Stellen seines wiederholten Auftretens (beim Durchschreiten der Folge von links nach rechts) weg, so erhält man eine abzählbare Teilfolge von $(+)$ mit paarweise verschiedenen Elementen, deren Elemente genau die Elemente von $\bigcup M$ sind, so daß also $\bigcup M$ abzählbar ist wegen $\bigcup M \backsim N$.

Aus Satz 2 folgt für Mengenkomplexe $(A_i)_{i \in I}$ mit höchstens abzählbarem I und höchstens abzählbaren $A_i (i \in I)$:

$$\bigcup_{i \in I} A_i \textit{ höchstens abzählbar};$$

denn es ist $\bigcup_{i \in I} A_i = \bigcup \mathrm{Nb}\, A$ und $\overline{\overline{\mathrm{Nb}\, A}} \leq \overline{\overline{\mathrm{Vb}\, A}} = \overline{\overline{I}} \leq \mathfrak{a}$. Außerdem gilt für solche Mengenkomplexe $(A_i)_{i \in I}$:

$$(1)\quad \bigcup_{i \in I} A_i \textit{ abzählbar} \rightarrow I \textit{ abzählbar} \vee \exists\, i\, (i \in I \wedge A_i \textit{ abzählbar}),$$

da im Falle der Endlichkeit von I und aller $A_i (i \in I)$ auch $\bigcup_{i \in I} A_i$ endlich wäre (vgl. § 12);

$$(2)\quad \exists\, i\, (i \in I \wedge A_i \textit{ abzählbar}) \rightarrow \bigcup_{i \in I} A_i \textit{ abzählbar},$$

da stets $A_j \subseteq \bigcup_{i \in I} A_i$ gilt $(j \in I)$;

$$(3)\quad \forall i\, \forall j\, (i, j \in I \wedge i \neq j \rightarrow A_i \neq A_j) \;.\!\!\rightarrow\!.\; I \textit{ abzählbar} \rightarrow \bigcup_{i \in I} A_i \textit{ abzählbar},$$

da im Falle der Endlichkeit von $\bigcup_{i \in I} A_i$ auch I endlich wäre (vgl. § 12).

Satz 3. *Für Mengen M, N gilt:*

a) M *unendlich* $\rightarrow \exists\, X\, (X \subseteq M \wedge X$ *abzählbar* $\wedge\, M \setminus X$ *unendlich*),

b) $N \subseteq M$, $M \setminus N$ *unendlich*, N *höchstens abzählbar* $\rightarrow M \setminus N \backsim M$,

c) $N \subseteq M$, M *überabzählbar*, N *höchstens abzählbar* $\rightarrow M \setminus N \backsim M$,

d) M *unendlich*, N *höchstens abzählbar* $\rightarrow M \cup N \backsim M$,

e) M *unendlich* $\rightarrow \exists\, X\, (X \subseteq M \wedge X \backsim M \wedge M \setminus X$ *unendlich*).

Beweis. a) Ist M eine unendliche Menge, so besitzt M eine abzählbare Teilmenge X. Ist F eine umkehrbar eindeutige Abbildung von N auf X und sind f_1, f_2 die nach Satz 23, § 25 existierenden Funktionen von N in N mit

$$f_1(0) = 0 \wedge \forall n\, (n \in N \rightarrow f_1(n') = f_1(n)''),$$
$$f_2(0) = 1 \wedge \forall n\, (n \in N \rightarrow f_2(n') = f_2(n)''),$$

so zeigt man zunächst ohne Schwierigkeiten durch vollständige Induktion über m, daß für jedes $n, m \in N$

$$n < m \rightarrow f_1(n) < f_1(m) \wedge f_2(n) < f_2(m) \qquad (+)$$

gilt, und durch vollständige Induktion über n, daß für jedes $n \in N$

$$f_1(n)' = f_2(n) \qquad (++)$$

gilt. Aus (+) folgt die Eindeutigkeit von f_1, f_2, so daß also $\mathrm{Nb}\, f_1$ und $\mathrm{Nb}\, f_2$ abzählbare Mengen sind. Aus (++) ergibt sich $(\mathrm{Nb}\, f_1) \cap (\mathrm{Nb}\, f_2) = \emptyset$; denn gäbe es natürliche Zahlen $n, m \in \boldsymbol{N}$ mit $f_1(n) = f_2(m)$, so wäre im Falle $n \leqq m$

$$f_1(n) \leqq f_1(m) < f_1(m)' = f_2(m)$$

im Widerspruch zu $f_1(n) = f_2(m)$; im Falle $m < n$ ist

$$f_2(m) < f_2(m') \leqq f_2(n) = f_1(n)',$$

also

$$f_2(m) < f_2(m') < f_1(n)' \text{ für } m' < n$$

und damit $f_2(m) \neq f_1(n)$; für $m' = n$ ist

$$f_1(n) = f_1(m') = f_1(m)'' = f_2(m)' \neq f_2(m);$$

also ist $(\mathrm{Nb}\, f_1) \cap (\mathrm{Nb}\, f_2) = \emptyset$. Schränken wir jetzt F auf $X_1 = \mathrm{Nb}\, f_1$ bzw. auf $X_2 = \mathrm{Nb}\, f_2$ ein, so ist $\mathrm{Nb}\,(F_{X_1}) \subseteq X \subseteq M$, $\mathrm{Nb}\,(F_{X_1})$ abzählbar,

$$\mathrm{Nb}\,(F_{X_2}) \subseteq X \setminus \mathrm{Nb}\,(F_{X_1}) \subseteq M \setminus \mathrm{Nb}\,(F_{X_1})$$

und $\mathrm{Nb}\,(F_{X_2})$ abzählbar, womit $M \setminus \mathrm{Nb}\,(F_{X_1})$ unendlich ist.

b) Ist $N \subseteq M$, $M \setminus N$ unendlich und N höchstens abzählbar, so gibt es eine abzählbare Teilmenge $X \subseteq M \setminus N$; es sei $Y = (M \setminus N) \setminus X$. Dann ist

$$M \setminus N = X \cup Y, \qquad M = (N \cup X) \cup Y.$$

Nach Satz 2 ist $X \backsim N \cup X$, woraus wegen $X \cap Y = \emptyset$ und $(N \cup X) \cap Y = \emptyset$ folgt $M \setminus N \backsim M$; ist nämlich F eine umkehrbar eindeutige Abbildung von X auf $N \cup X$, so ist $F \cup \mathfrak{J}_Y$ eine umkehrbar eindeutige Abbildung von $M \setminus N$ auf M.

c) Ist $N \subseteq M$, M überabzählbar und N höchstens abzählbar, so ist $M \setminus N$ überabzählbar, da sonst nach Satz 2 aus $M = (M \setminus N) \cup N$ höchstens Abzählbarkeit von M folgt. $M \setminus N$ ist also unendlich, woraus nach b) $M \setminus N \backsim M$ folgt.

d) Ist M unendlich und N höchstens abzählbar, so ist im Falle der Abzählbarkeit von M nach Satz 2 auch $M \cup N$ abzählbar, also $M \cup N \backsim M$. Ist M überabzählbar und $N_1 = N \setminus (M \cap N)$, so ist N_1 höchstens abzählbar wegen $N_1 \subseteq N$, $M \cup N_1$ überabzählbar wegen $M \subseteq M \cup N_1$ und somit nach c) $(M \cup N_1) \setminus N_1 \backsim M \cup N_1$, woraus $M \backsim M \cup N$ folgt wegen $(M \cup N_1) \setminus N_1 = M$ und $M \cup N_1 = M \cup N$.

e) Ist M eine abzählbare Menge, so gibt es nach a) eine abzählbare Teilmenge $X \subseteq M$ mit unendlichem Komplement $M \setminus X$, also eine Menge $X \subseteq M$ mit $X \backsim M$ und unendlichem $M \setminus X$. Ist M überabzählbar und X eine abzählbare Teilmenge von M, so ist nach c) $X_1 = M \setminus X \backsim M$, also $X_1 \subseteq M$, $X_1 \backsim M$ und $M \setminus X_1 = X$ unendlich.

Satz 4. *Für jeden Mengenkomplex $(A_i)_{i \in I}$ mit endlichem I und höchstens abzählbaren Mengen $A_i (i \in I)$ gilt:*

$$\bigtimes_{i \in I} A_i \textit{ höchstens abzählbar,}$$

$$\bigtimes_{i \in I} A_i \neq \emptyset \;.\!\rightarrow\!.\; \bigtimes_{i \in I} A_i \textit{ abzählbar} \leftrightarrow \exists\, i\, (i \in I \wedge A_i \textit{ abzählbar}).$$

Beweis. Der Beweis wird durch vollständige Induktion über die Elementeanzahl von I geführt. Es sei M die Menge aller natürlichen Zahlen $n \in N$, für die für jeden Mengenkomplex $(A_i)_{i \in I}$ gilt: Wenn I n Elemente besitzt und die $A_i (i \in I)$ höchstens abzählbar sind, so ist $\bigtimes_{i \in I} A_i$ höchstens abzählbar. Dann ist trivial $0 \in M$ wegen $\bigtimes_{i \in \emptyset} A_i = \{\emptyset\}$. Ist $n \in M$, ist I' ein Indexbereich mit n' Elementen und etwa $I' = I \cup \{j\}$, wo I n Elemente besitzt und somit $j \notin I$ ist und ist $(A_i)_{i \in I'}$ ein Mengenkomplex über I' mit höchstens abzählbaren $A_i (i \in I')$ so gilt:

$$\bigtimes_{i \in I'} A_i = \bigcup_{x \in A_j} \Big(\bigtimes_{i \in I'} B_{i,x}\Big) \text{ bei } B_{i,x} = \begin{cases} A_i \text{ für } i \neq j \\ \{x\} \text{ für } i = j. \end{cases}$$

Für $n' \in M$ ist nach Satz 2 und seinen Folgerungen nur noch zu zeigen, daß für jedes $x \in A_j$

$$\bigtimes_{i \in I'} B_i \text{ bei } B_i = \begin{cases} A_i \text{ für } i \neq j \\ \{x\} \text{ für } i = j \end{cases}$$

höchstens abzählbar ist. Dies gilt aber sofort wegen $\bigtimes_{i \in I'} B_i \backsim \bigtimes_{i \in I} A_i$. Damit ist auch $n' \in M$, und $\bigtimes_{i \in I} A_i$ ist stets höchstens abzählbar. Aus $\overline{\overline{\bigtimes_{i \in I} A_i}} \leqq \mathfrak{a}$ und Satz 9, § 12 mit seinen Folgerungen erhält man schließlich unter den Voraussetzungen unseres Satzes:

$$\bigtimes_{i \in I} A_i \neq \emptyset \;.\!\rightarrow\!.\; \bigtimes_{i \in I} A_i \textit{ abzählbar} \leftrightarrow \exists\, i\, (i \in I \wedge A_i \textit{ abzählbar}).$$

In Ergänzung zu Satz 4 erhält man für Mengenkomplexe $(A_i)_{i \in I}$ über der Menge I mit Mengen $A_i (i \in I)$, welche mindestens zwei Elemente besitzen:

$$\overline{\overline{I}} < \overline{\overline{\bigtimes_{i \in I} A_i}}.$$

Es ist zunächst $\overline{\overline{I}} \leqq \overline{\overline{\bigtimes_{i \in I} A_i}}$. Dazu seien $(a_i)_{i \in I}$ und $(b_i)_{i \in I}$ zwei Elementekomplexe mit $a_i, b_i \in A_i$ und $a_i \neq b_i$ für jedes $i \in I$; die Funktion F von I in $\bigtimes_{i \in I} A_i$ mit für jedes $j \in I$:

$$F(j) = (c_i)_{i \in I} \text{ bei } c_i = \begin{cases} a_i \text{ für } i \neq j \\ b_i \text{ für } i = j \end{cases}$$

ist umkehrbar eindeutig; also ist $I \backsim \mathrm{Nb}\, F \subseteq \bigtimes_{i \in I} A_i$ und damit $\overline{\overline{I}} \leqq \overline{\overline{\bigtimes_{i \in I} A_i}}$.

$I \not\backsim \bigtimes_{i \in I} A_i$ und damit $\overline{\overline{I}} < \overline{\overline{\bigtimes_{i \in I} A_i}}$ zeigt man mit Hilfe des Cantorschen *Diagonalverfahrens*. Wäre $I \backsim \bigtimes_{i \in I} A_i$, F eine umkehrbar eindeutige Abbildung von I auf $\bigtimes_{i \in I} A_i$, $(a_i)_{i \in I} = (F_i(i))_{i \in I}$ und $(b_i)_{i \in I}$ ein Elementekomplex mit $b_i \in A_i$ und $a_i \neq b_i$ für jedes $i \in I$, so gibt es keinen Index $j \in I$ mit $F_j = (b_i)_{i \in I}$ wegen $F_j(j) = a_j \neq b_j = F_j(j)$; also gibt es keine umkehrbar eindeutige Abbildung von I auf $\bigtimes_{i \in I} A_i$, also ist $I \not\backsim \bigtimes_{i \in I} A_i$ und damit $\overline{\overline{I}} < \overline{\overline{\bigtimes_{i \in I} A_i}}$.

Aus $\overline{\overline{I}} < \overline{\overline{\bigtimes_{i \in I} A_i}}$ folgt speziell für unendliche Indexbereiche $I \in M$ und Mengenkomplexe $(A_i)_{i \in I}$ mit Mengen $A_i (i \in I)$, die mindestens zwei Elemente enthalten, daß $\bigtimes_{i \in I} A_i$ überabzählbar ist.

Aus Satz 4 folgt für endliche Mengen I und höchstens abzählbare Mengen M:

$$M^I \textit{ höchstens abzählbar},$$

$$I \neq \emptyset \;.\!\rightarrow.\; M^I \textit{ abzählbar} \leftrightarrow M \textit{ abzählbar}.$$

Für unendliche Indexbereiche I und Mengen M mit mindestens zwei Elementen ist M^I überabzählbar (vgl. auch Satz 15, § 20).

Ist also M eine abzählbare Menge und $1 \leqq n \in N$, so ist $M^{O(n)}$ abzählbar; dann ist auch die Menge aller endlichen Folgen aus M (d. h. die Vereinigung $\bigcup_{1 \leqq n \in N} M^{O(n)}$) abzählbar; aber M^N, d. h. die Menge aller Folgen von Typ ω aus M, ist überabzählbar.

Ist $1 \leqq n \in N$ und $(A_i)_{1 \leqq i \leqq n}$ ein Mengenkomplex, so ist offenbar

$$\bigtimes_{i \in [1,n]} A_i \backsim \bigtimes_{i=1}^{n} A_i,$$

also folgt dann aus Satz 4 unter der Voraussetzung, daß die $A_i (1 \leqq i \leqq n)$ höchstens abzählbar sind:

$$\bigtimes_{i=1}^{n} A_i \textit{ höchstens abzählbar},$$

$$\bigtimes_{i=1}^{n} A_i \neq \emptyset \;.\!\rightarrow.\; \bigtimes_{i=1}^{n} A_i \textit{ abzählbar} \leftrightarrow \exists\, i (1 \leqq i \leqq n \wedge A_i \textit{ abzählbar}).$$

Für natürliche Zahlen $1 \leqq n \in N$ und höchstens abzählbare Mengen A ergibt sich speziell:

$$A^{(n)} \textit{ höchstens abzählbar},$$

$$A^{(n)} \textit{ abzählbar} \leftrightarrow A \textit{ abzählbar}.$$

Daraus folgt für natürliche Zahlen $1 \leqq n \in \boldsymbol{N}$ und Mengen A:

$$A \textit{ endlich} \leftrightarrow A^{(n)} \textit{ endlich};$$

denn ist A endlich, so ist $A^{(n)}$ höchstens abzählbar und sogar endlich, da sonst A abzählbar wäre; ist $A^{(n)}$ endlich, so ist wegen $\overline{\overline{A}} \leqq \overline{\overline{A^{(n)}}}$ auch A endlich (ist $A = \emptyset$, so ist trivial $\overline{\overline{A}} \leqq \overline{\overline{A^{(n)}}}$; ist $A \neq \emptyset$, so gibt es ein $[a_1, \ldots, a_n] \in A^{(n)}$, womit dann A gleichmächtig der Menge $X \subseteq A^{(n)}$ aller $[x, a_2, \ldots, a_n] \in A^{(n)}$ ist, wo x alle Elemente von A durchläuft, also ist $\overline{\overline{A}} \leqq \overline{\overline{A^{(n)}}}$).

Ist also M eine abzählbare Menge und $1 \leqq n \in \boldsymbol{N}$, so ist $M^{(n)}$ abzählbar; dann ist auch die Menge aller Tupel aus M (d. h. die Vereinigung $\bigcup\limits_{1 \leqq n \in \boldsymbol{N}} M^{(n)}$) abzählbar. Wegen $M^{(n)} \backsim M^{[1,n]}$ ist ebenso die Vereinigung $V = \bigcup\limits_{1 \leqq n \in \boldsymbol{N}} M^{[1,n]}$ abzählbar. Die Menge $\mathfrak{E}'$ aller nicht leeren endlichen Teilmengen von M läßt sich umkehrbar eindeutig auf eine Teilmenge $T \subseteq V$ abbilden, indem man jedem $X \in \mathfrak{E}'$ nach Satz 27, § 25 und dem Auswahlaxiom genau ein $x \in V$ zuordnet mit $X = \mathrm{Nb}\, x$. Also ist $\overline{\overline{\mathfrak{E}'}} \leqq \overline{\overline{V}} = \mathfrak{a}$ und damit $\overline{\overline{\mathfrak{E}}} \leqq \mathfrak{a}$ bei $\mathfrak{E} = \mathfrak{E}' \cup \{\emptyset\}$; wegen $\overline{\overline{M}} \leqq \overline{\overline{\mathfrak{E}}}$ (man ordne jedem $x \in M$ die Einermenge $\{x\}$ zu) ist schließlich $\overline{\overline{\mathfrak{E}}} = \mathfrak{a}$. Jede abzählbare Menge besitzt somit abzählbar viele endliche Teilmengen und weiterhin wegen der Überabzählbarkeit von $\boldsymbol{P}M$ ($\overline{\overline{M}} < \overline{\overline{\boldsymbol{P}M}}$) und Satz 3 c) überabzählbar viele, nämlich $\overline{\overline{\boldsymbol{P}M}}$ viele, unendliche Teilmengen.

2. Da für jede abzählbare Menge M und jede natürliche Zahl $1 \leqq n \in \boldsymbol{N}$ $M^{(n)}$ abzählbar ist, ist speziell $\boldsymbol{N}^{(2)}$ abzählbar. Ist dann A eine Auswahl des Mengensystems $\boldsymbol{G}$ der ganzen Zahlen, so ist $\boldsymbol{G} \backsim A \subseteq \boldsymbol{N}^{(2)}$, also $\overline{\overline{\boldsymbol{G}}} \leqq \mathfrak{a}$; da speziell diejenigen ganzen Zahlen g, die einen Repräsentanten $[n, 0]$ $(n \in \boldsymbol{N})$ besitzen, paarweise verschieden sind, ist $\mathfrak{a} = \overline{\overline{\boldsymbol{N}}} \leqq \overline{\overline{\boldsymbol{G}}}$; also ist $\overline{\overline{\boldsymbol{G}}} = \mathfrak{a}$, und die Menge $\boldsymbol{G}$ der ganzen Zahlen ist abzählbar. Dann ist auch $G' = \boldsymbol{G} \times (\boldsymbol{G} \setminus \{0\})$ abzählbar (wo 0 die ganze Zahl 0 bedeutet). Ist A eine Auswahl des Mengensystems $\boldsymbol{R}$ der rationalen Zahlen, so ist $\boldsymbol{R} \backsim A \subseteq G'$, also $\overline{\overline{\boldsymbol{R}}} \leqq \mathfrak{a}$; da speziell diejenigen rationalen Zahlen r, die einen Repräsentanten $[g, 1]$ ($g \in \boldsymbol{G}$, 1 bedeutet die ganze Zahl 1) besitzen, paarweise verschieden sind, ist $\mathfrak{a} = \overline{\overline{\boldsymbol{G}}} \leqq \overline{\overline{\boldsymbol{R}}}$; also ist $\overline{\overline{\boldsymbol{R}}} = \mathfrak{a}$, und die Menge $\boldsymbol{R}$ der rationalen Zahlen ist abzählbar.

Beim detaillierten Aufbau des Zahlensystems zeigt man über die Dualbruchentwicklung der reellen Zahlen, daß die Menge $\boldsymbol{C}$ der reellen Zahlen gleichmächtig der Menge $\{0, 1\}^{\boldsymbol{N}}$ aller Folgen vom Typ ω mit den einzigen Elementen 0, 1 ist. Aus $\overline{\overline{\boldsymbol{N}}} < \overline{\overline{\{0, 1\}^{\boldsymbol{N}}}}$ folgt die Überabzählbarkeit von $\boldsymbol{C}$ und wegen $\overline{\overline{\boldsymbol{C}}} \leqq \overline{\overline{\boldsymbol{C} \times \boldsymbol{C}}}$ damit auch die Überabzählbarkeit der Menge $\mathfrak{K}$ der komplexen Zahlen. Wegen $\{0, 1\}^{\boldsymbol{N}} \backsim \boldsymbol{P}\boldsymbol{N}$ ist die Mächtigkeit von $\boldsymbol{C}$ auch gleich der Mächtigkeit der Menge aller Teilmengen von $\boldsymbol{N}$. Da man die Menge der reellen Zahlen wegen ihres stetigen Zusammenhanges auch das *Kontinuum* nennt, heißt die Mächtigkeit von $\boldsymbol{P}\boldsymbol{N}$ auch die ***Mächtigkeit des Kontinuums***, bezeichnet mit: $\mathfrak{c}$, also

$$\mathfrak{c} = \overline{\overline{\boldsymbol{P}\boldsymbol{N}}}.$$

Aus der Überabzählbarkeit von $\boldsymbol{P}\boldsymbol{N}$ folgt sofort

$$\aleph_1 \leqq \mathfrak{c}.$$

Das *Kontinuumproblem*, d. h. die Frage ob $\aleph_1 = \mathfrak{c}$ oder $\aleph_1 < \mathfrak{c}$ ist, ist bis heute noch nicht gelöst. Man vermutet $\aleph_1 = \mathfrak{c}$, die *Kontinuumhypothese*, da diese Lösung des Kontinuumproblems die einfachere ist und man keine anderen Anhaltspunkte zur Bevorzugung einer der beiden Lösungen hat. Im Falle $\aleph_1 = \mathfrak{c}$ gäbe es also zwischen den beiden Mächtigkeiten $\mathfrak{a}$ und $\mathfrak{c}$ der Menge der natürlichen Zahlen und der Menge der reellen Zahlen keine weitereMächtigkeit. Es ist durchaus möglich, daß das Kontinuumproblem ein solches Problem ist, welches im Rahmen unserer axiomatischen Mengenlehre nicht gelöst werden kann und man gegebenenfalls die Kontinuumhypothese, oder gleich ihre Verallgemeinerung (§ 36), als neues Axiom zu den bisher zugelassenen Axiomen hinzunimmt.

3. Wir wenden uns nun der ersten und zweiten Zahlklasse $\boldsymbol{Z}_1$, $\boldsymbol{Z}_2$ zu. Es ist $\boldsymbol{Z}_2 = \boldsymbol{Z}(\aleph_0)$, also gilt für jede Ordinalzahl α:

$$\alpha \in \boldsymbol{Z}_2 \leftrightarrow \boldsymbol{\omega} \leqq \alpha < \boldsymbol{\Omega}_1.$$

Es ist $\boldsymbol{Z}_1 = \boldsymbol{N}$, also

$$\boldsymbol{Z} = \boldsymbol{Z}_1 \cup \boldsymbol{Z}_2 = \boldsymbol{O}(\boldsymbol{\Omega}_1).$$

Wegen $\overline{\overline{\boldsymbol{O}(\boldsymbol{\Omega}_1)}} = |\boldsymbol{\Omega}_1| = \aleph_1$, $\overline{\overline{\boldsymbol{N}}} = \aleph_0$ und $\boldsymbol{Z}_2 = \boldsymbol{O}(\boldsymbol{\Omega}_1) \setminus \boldsymbol{N}$ ist nach Satz 3 c)

$$\overline{\overline{\boldsymbol{Z}_2}} = \aleph_1.$$

Es gibt also überzählbar viele, nämlich $\aleph_1$ viele, Ordinalzahlen α mit $|\alpha| = \aleph_0$. Ebenso ist nach Satz 3 c) für jedes $\alpha \in \boldsymbol{O}(\boldsymbol{\Omega}_1)$ das Intervall $[\alpha, \boldsymbol{\Omega}_1[$ überabzählbar wegen

$$\overline{\overline{[\alpha, \boldsymbol{\Omega}_1[}} = \aleph_1.$$

Ist M eine überabzählbare Teilmenge von $\boldsymbol{O}(\boldsymbol{\Omega}_1)$, so sind nach Satz 14, § 22 M und $\boldsymbol{O}(\boldsymbol{\Omega}_1)$ ähnlich, da $\boldsymbol{O}(\boldsymbol{\Omega}_1)$ nur abzählbare Abschnitte besitzt. Insbesondere ist also $\boldsymbol{Z}_2$ mit $\boldsymbol{Z}$ ähnlich, womit $\boldsymbol{\Omega}_1$ auch der Wohlordnungstyp von $\boldsymbol{Z}_2$ ist. Ebenso ist für jedes $\alpha \in \boldsymbol{O}(\boldsymbol{\Omega}_1)$ das Intervall $[\alpha, \boldsymbol{\Omega}_1[$ mit $\boldsymbol{Z}$ ähnlich, womit es wegen $\boldsymbol{\omega} \in \boldsymbol{Z}$ für jedes $\alpha \in \boldsymbol{O}(\boldsymbol{\Omega}_1)$ eine Limeszahl $\alpha < \lambda \in \boldsymbol{Z}_2$ gibt. Für jedes $\alpha \in \boldsymbol{Z}_2$ ist auch $\alpha' \in \boldsymbol{Z}_2$, da sonst $\boldsymbol{\Omega}_1$ keine Limeszahl wäre.

Satz 5. *Für jede höchstens abzählbare Menge* $\emptyset \neq M \subseteq \boldsymbol{Z}_2$ *ist* $\sup M \in \boldsymbol{Z}_2$.

Beweis. Es sei $\emptyset \neq M \subseteq \boldsymbol{Z}_2$ und M höchstens abzählbar. Dann ist aber

$$\boldsymbol{O}(\sup M) = \bigcup_{\xi \in M} \boldsymbol{O}(\xi).$$

Denn trivial ist $\bigcup_{\xi \in M} \boldsymbol{O}(\xi) \subseteq \boldsymbol{O}(\sup M)$; ist umgekehrt $\eta < \sup M$, so kann nicht $\xi \leqq \eta$ für jedes $\xi \in M$ gelten, da sonst η eine kleinere obere Schranke von M als $\sup M$ wäre, also gibt es ein $\xi \in M$ mit $\eta < \xi$, womit dann $\eta \in \boldsymbol{O}(\xi)$

ist; also ist auch $O(\sup M) \subseteq \bigcup_{\xi \in M} O(\xi)$. Da M nicht leer und höchstens abzählbar ist, ist $\bigcup_{\xi \in M} O(\xi)$ und damit auch $O(\sup M)$ nach Satz 2 abzählbar. Nach Satz 5, § 23 ist $\sup M = \overline{O^*(\sup M)}$; also $|\sup M| = \overline{\overline{O(\sup M)}} = \aleph_0$, womit $\sup M \in Z_2$ gilt.

Aus Satz 5 folgt ein weiteres Mal die Überabzählbarkeit von Z_2; wäre nämlich Z_2 höchstens abzählbar, so wäre $\sup Z_2 \in Z_2$, also auch $(\sup Z_2)' \in Z_2$ im Gegensatz zu $(\sup Z_2)' > \sup Z_2$, also zu $(\sup Z_2)' \notin Z_2$. Satz 5 ergibt auch die Überabzählbarkeit der Mengen I, L aller isolierten Zahlen $i \in Z_2$ bzw. aller Limeszahlen $\lambda \in Z_2$; sonst wäre $\sup I \in Z_2$ bzw. $\sup L \in Z_2$, womit $(\sup I)'$ nicht Element von I wäre bzw. die Limeszahlen $\lambda \in Z_2$ mit $\sup L < \lambda$ nicht Elemente von L wären. Da I, L überabzählbar sind, sind I, L mit Z ähnlich.

Satz 6. *Zu jeder Limeszahl $\lambda \in Z_2$ gibt es eine abzählbare Fundamentalfolge $(\alpha_n)_{n<\omega}$ von Ordinalzahlen mit*

$$\lambda = \lim_{n<\omega} \alpha_n.$$

Beweis. Es sei $\lambda \in Z_2$ eine Limeszahl. Wegen $\lambda = \overline{O^*(\lambda)}$ ist $O(\lambda)$ abzählbar; außerdem gibt es in $O(\lambda)$ keine größte Zahl, da mit $\xi < \lambda$ auch $\xi < \xi' < \lambda$ gilt (da sonst λ keine Limeszahl wäre). Es sei f eine umkehrbar eindeutige Abbildung von N auf $O(\lambda)$. Für jedes $m \in N$ gibt es dann ein $x \in N$ mit $x > m$ und $f(x) > f(m)$; denn sonst wäre für ein $m \in N$ und jedes $x \in N : f(x) \leqq \max \mathrm{Nb}(f_{[0,m]})$, womit es eine größte Zahl in $O(\lambda)$ gäbe. Nach Satz 23, § 25 gibt es eine Funktion g von N in N mit

$$g(0) = 0 \wedge \forall n \big(n \in N \to g(n') = \min \underset{x}{M} \{x \in N \wedge x > g(n) \wedge f(x) > f(g(n))\}\big).$$

Ist schließlich $\alpha = f \circ g$, so zeigen wir, daß $(\alpha_n)_{n<\omega}$ eine Fundamentalfolge ist mit $\lambda = \lim_{n<\omega} \alpha_n$. Man zeigt zunächst ohne Schwierigkeiten durch vollständige Induktion über m, daß für jedes $n, m \in N$

$$n < m \to g(n) < g(m) \wedge \alpha_n < \alpha_m, \qquad \exists\, x(g(x) \leqq m < g(x'))$$

gilt. Also ist u. a. $(\alpha_n)_{n<\omega}$ eine Fundamentalfolge vom Typ ω von Ordinalzahlen aus Z. Für $\lambda = \lim_{n<\omega} \alpha_n = \sup \mathrm{Nb}\, \alpha$ ist wegen $\alpha_n < \lambda$ für jedes $n \in N$ nur noch zu zeigen, daß es keine Ordinalzahl $\xi < \lambda$ gibt mit $\alpha_n \leqq \xi$ für jedes $n \in N$. Gäbe es aber ein solches ξ, so gäbe es wegen $\xi \in O(\lambda)$ ein $m \in N$ mit $\xi = f(m)$; ist dann x eine natürliche Zahl mit $g(x) \leqq m < g(x')$, so ist nach Definition von g:

$$\xi = f(m) \leqq f(g(x)) = \alpha_x < \alpha_{x'}$$

(im Falle $g(x) = m$ ist trivial $f(m) \leqq f(g(x))$; im Falle $g(x) < m$ kann aber nicht $f(g(x)) < f(m)$ gelten, da sonst m wegen $m < g(x')$ eine kleinere natürliche Zahl y als $g(x')$ wäre mit $y > g(x) \wedge f(y) > f(g(x))$ im Widerspruch zur Definition von g), im Widerspruch zu $\alpha_n \leqq \xi$ für alle $n \in N$. Damit ist $\lambda = \sup \mathrm{Nb}\, \alpha = \lim_{n<\omega} \alpha_n$.

Satz 7. *Für jede Ordinalzahl* λ *gilt:*

$$\lambda \text{ Limeszahl} \wedge \lambda \in \boldsymbol{Z}_2$$
$$\leftrightarrow \exists\, \alpha\, (\alpha \text{ abzählbare Fundamentalfolge} \wedge \forall n (n \in \boldsymbol{N} \to \alpha_n \in \boldsymbol{Z}) \wedge \lambda = \lim_{n<\omega} \alpha_n).$$

Beweis. ($\rightarrow$) folgt aus Satz 6. ($\leftarrow$) folgt aus Satz 5, wonach zunächst $\lambda < \boldsymbol{\Omega}_1$ gilt. Es ist aber λ als Grenzwert einer Fundamentalfolge auch eine Limeszahl. Also ist λ eine Limeszahl mit $\lambda \in \boldsymbol{Z}_2$.

Mit Hilfe des Konfinalitätsbegriffes (vgl. Definitionen 6, § 14; 9, § 24) erhält man aus den Sätzen 5, 6:

$\boldsymbol{Z}$ ist mit keiner höchstens abzählbaren Teilmenge $M \subseteq \boldsymbol{Z}$ konfinal.
Eine Teilmenge $M \subseteq \boldsymbol{Z}$ ist genau dann überabzählbar, wenn $\boldsymbol{Z}$ konfinal mit M ist.
$\boldsymbol{\Omega}_1$ ist mit keiner kleineren Ordinalzahl konfinal.
Jede Limeszahl $\lambda \in \boldsymbol{Z}_2$ ist mit ω konfinal.

Satz 6 gestattet für $\boldsymbol{Z}$ Beweise durch transfinite vollständige Induktion in der folgenden Form:

Satz 8. *Für Klassen* B *gilt:*

$$0 \in B \wedge \forall x (x \in \boldsymbol{Z} \cap B \to x' \in B)$$
$$\wedge \forall \alpha (\alpha \text{ abzählbare Fundamentalfolge} \wedge \forall n (n \in \boldsymbol{N} \to \alpha_n \in \boldsymbol{Z} \cap B) \to \lim_{n<\omega} \alpha_n \in B)$$
$$\to \boldsymbol{Z} \subseteq B.$$

Beweis. Wäre unter den Voraussetzungen des Satzes nicht $\boldsymbol{Z} \subseteq B$ und μ die kleinste Ordinalzahl aus $\boldsymbol{Z}$ mit $\mu \notin B$, so kann μ nicht gleich 0 sein wegen $0 \in B$; ist μ von erster Art mit $\nu' = \mu$, so ist $\nu < \mu$, also $\nu \in B$ und damit auch $\mu = \nu' \in B$; es kann also μ nur noch Limeszahl sein; dann ist aber nach Satz 6 $\mu = \lim_{n<\omega} \alpha_n$ für eine abzählbare Fundamentalfolge, also wiederum $\mu \in B$. Damit gilt $\boldsymbol{Z} \subseteq B$.

KAPITEL VI

ARITHMETIK DER ORDINALZAHLEN

Zur Gewinnung weiterer Erkenntnisse über Ordinalzahlen führt man in Verallgemeinerung der Rechenoperationen für natürliche Zahlen und gemäß der anschaulichen Vorstellungen über Ordinalzahlen Rechenoperationen für Ordinalzahlen ein und studiert die Eigenschaften der Ordinalzahlen in bezug auf diese Operationen.

§ 27. Die elementaren arithmetischen Operationen und ihre Verallgemeinerung

1. Sind α, β Ordinalzahlen mit etwa $\alpha = \overline{[M', R']}$, $\beta = \overline{[N', S']}$, so gibt es Repräsentanten $[M, R]$, $[N, S]$ von α, β mit $M \cap N = \emptyset$. Man wähle etwa mittels *Indizierung* mit **0** bzw. **1** als M die Menge $M' \times \{0\}$ aller Paare $[x, 0]$ bei $x \in M'$ und als N die Menge $N' \times \{1\}$ aller Paare $[x, 1]$ bei $x \in N'$; dann ist $M \backsim M'$ und $N \backsim N'$, also gibt es auch reflexive Wohlordnungen R in M und S in N mit $[M, R] \backsimeq [M', R']$ und $[N, S] \backsimeq [N', S']$; damit gilt schließlich:

$$\alpha = \overline{[M, R]}, \quad \beta = \overline{[N, S]}, \quad M \cap N = \emptyset.$$

Sind α, β Ordinalzahlen mit $\alpha = \overline{[M, R]}$, $\beta = \overline{[N, S]}$ und $M \cap N = \emptyset$, so ist die Relation $R^* = R \cup S \cup (M \times N)$ eine reflexive Wohlordnung in $M \cup N$, welche anschaulich jedes Element von M vor jedes Element von N setzt und die Elemente aus M ebenso wie die Elemente aus N in ihrer ursprünglichen Wohlordnung R bzw. S beläßt. $[M \cup N, R^*]$ ist dann also eine reflexiv wohlgeordnete Menge, welche anschaulich durch rechtsseitiges Anheften von $[N, S]$ an $[M, R]$ entstanden ist.

Sind schließlich α, β Ordinalzahlen mit

$$\alpha = \overline{[M_1, R_1]} = \overline{[M_2, R_2]}, \quad \beta = \overline{[N_1, S_1]} = \overline{[N_2, S_2]},$$

$$M_1 \cap N_1 = M_2 \cap N_2 = \emptyset$$

und mit

$$R_1^* = R_1 \cup S_1 \cup (M_1 \times N_1), \; R_2^* = R_2 \cup S_2 \cup (M_2 \times N_2),$$

so zeigt man unter Verwendung der eindeutig bestimmten ähnlichen Abbildungen f von $[M_1, R_1]$ auf $[M_2, R_2]$ und g von $[N_1, S_1]$ auf $[N_2, S_2]$ ohne Schwierigkeiten

$$[M_1 \cup N_1, R_1^*] \backsimeq [M_2 \cup N_2, R_2^*].$$

Damit sind wir zu folgender Definition berechtigt:

Definition 1. Sind α, β Ordinalzahlen, ist $\alpha = \overline{[M, R]}$, $\beta = \overline{[N, S]}$, $M \cap N = \emptyset$ und $R^* = R \cup S \cup (M \times N)$, so ist die Ordinalzahl $\gamma = \overline{[M \cup N, R^*]}$ die *Summe von* α, β. Ist γ die Summe von α, β, so sind α und β *Summanden von* γ; speziell ist α ein *Augend von* γ oder ein *erster Summand von* γ und β ein *Addend von* γ oder ein *zweiter Summand von* γ. Diejenige Operation O in $\boldsymbol{O}$, die jedem Paar $[\alpha, \beta] \in \boldsymbol{O}^{(2)}$ die Summe von α, β zuordnet, ist die *Addition in* $\boldsymbol{O}$, bezeichnet mit: $\underset{\boldsymbol{O}}{+}$ (gelesen: *plus bzgl.* $\boldsymbol{O}$).

Sind keine Verwechslungen zu befürchten, so läßt man den Index $\boldsymbol{O}$ an dem Zeichen $+$ auch weg.

Für Ordinalzahlen α, β gilt dann bei beliebigen M, N, R, S mit

$$\alpha = \overline{[M, R]},\quad \beta = \overline{[N, S]},\quad M \cap N = \emptyset,\quad R^* = R \cup S \cup (M \times N):$$

$$\alpha + \beta = \overline{[M \cup N, R^*]}.$$

Satz 1. *Für Ordinalzahlen* α, β, λ *gilt:*

$$(1) \qquad \alpha + 0 = \alpha,$$

$$(2) \qquad \alpha + \beta' = (\alpha + \beta)',$$

$$(3) \qquad \lambda \textit{ Limeszahl} \rightarrow \alpha + \lambda = \lim_{\xi < \lambda} (\alpha + \xi).$$

Beweis. (1) Ist α eine Ordinalzahl mit $\alpha = \overline{[M, R]}$, so ist wegen $0 = \overline{[\emptyset, \emptyset]}$

$$\alpha + 0 = \overline{[M \cup \emptyset, R \cup \emptyset \cup (M \times \emptyset)]} = \overline{[M, R]} = \alpha.$$

(2) Sind α, β Ordinalzahlen mit $\alpha = \overline{[M, R]}$, $\beta = \overline{[N, S]}$, $M \cap N = \emptyset$ und ist x ein Element mit $x \notin M \cup N$, so ist nach Satz 4, § 23:

$$\beta' = \overline{[N \cup \{x\},\ S \cup (N \times \{x\}) \cup \{[x, x]\}]},$$

$$\alpha + \beta' = \overline{[M \cup (N \cup \{x\}),\ R \cup (S \cup (N \times \{x\}) \cup \{[x, x]\}) \cup (M \times (N \cup \{x\}))]},$$

$$(\alpha + \beta)' = \overline{[(M \cup N) \cup \{x\},\ (R \cup S \cup (M \times N)) \cup ((M \cup N) \times \{x\}) \cup \{[x, x]\}]},$$

also

$$\alpha + \beta' = (\alpha + \beta)'.$$

(3) Sind α, ξ_1, ξ_2 Ordinalzahlen mit

$$\alpha = \overline{[M, R]},\ \xi_1 = \overline{[X_1, S_1]},\ \xi_2 = \overline{[X_2, S_2]},\ M \cap X_1 = M \cap X_2 = \emptyset$$

(solche disjunkten Repräsentanten erhält man, indem man für vorgegebene Repräsentanten $[M', R']$ von α, $[X_1', S_1']$ von ξ_1 und $[X_2', S_2']$ von ξ_2 die Mengen $M = M' \times \{0\}$, $X_1 = X_1' \times \{1\}$, $X_2 = X_2' \times \{2\}$ an Stelle von M', X_1', X'

und Relationen R in M, S_1 in X_1 und S_2 in X_2 mit $[M, R] \backsim [M', R']$, $[X_1, S_1] \backsim [X_1', S_1']$ und $[X_2, S_2] \backsim [X_2', S_2']$ an Stelle von R', S_1', S_2' verwendet), ist

$$R_1^* = R \cup S_1 \cup (M \times X_1), \quad R_2^* = R \cup S_2 \cup (M \times X_2)$$

und ist $\xi_1 < \xi_2$, so gibt es einen Abschnitt von X_2 bzgl. S_2, mit dem $[X_1, S_1]$ ähnlich ist; dann gibt es aber auch einen Abschnitt von $M \cup X_2$ bzgl. R_2^*, mit dem $[M \cup X_1, R_1^*]$ ähnlich ist, so daß also $\alpha + \xi_1 < \alpha + \xi_2$ gilt.

Damit gilt für Ordinalzahlen α, ξ_1, ξ_2 stets:

$$\xi_1 < \xi_2 \rightarrow \alpha + \xi_1 < \alpha + \xi_2.$$

Die Behauptung

$$\alpha + \lambda = \lim_{\xi < \lambda} (\alpha + \xi)$$

für Ordinalzahlen α und ordinale Limeszahlen λ beweisen wir nun folgendermaßen: Wegen $\alpha + \xi < \alpha + \lambda$ für jedes $\xi < \lambda$ ist

$$\lim_{\xi < \lambda} (\alpha + \xi) \leqq \alpha + \lambda.$$

Wäre

$$\lim_{\xi < \lambda} (\alpha + \xi) = \gamma < \alpha + \lambda$$

und $\alpha = \overline{\overline{[M, R]}}$, $\lambda = \overline{\overline{[N, S]}}$, $\gamma = \overline{\overline{[Y, Q]}}$ mit $M \cap N = \emptyset$ und $R^* = R \cup S \cup (M \times N)$, so wäre $[Y, Q] \prec [M \cup N, R^*]$. Es gibt dann ein $y \in M \cup N$, so daß $[Y, Q]$ mit dem Abschnitt A von y in $M \cup N$ ähnlich ist. Da λ Limeszahl ist, ist $N \neq \emptyset$, und N besitzt bzgl. S kein letztes Element. Es gibt somit ein $x \in N$ mit $y \underset{R^*}{<} x$, so daß für den Abschnitt B von x in $M \cup N$ gilt: $[A, {}_AR_A^*] \prec [B, {}_BR_B^*]$. Ist schließlich X der Abschnitt von x in N, $T = {}_XS_X$ und $\xi_0 = \overline{\overline{[X, T]}}$, so ist $\xi_0 < \lambda$ und

$$\gamma = \overline{\overline{[A, {}_AR_A^*]}} < \overline{\overline{[B, {}_BR_B^*]}} = \alpha + \xi_0$$

im Widerspruch zur Voraussetzung $\lim_{\xi < \lambda} (\alpha + \xi) = \gamma$ und damit $\alpha + \xi_0 \leqq \gamma$. Es ist also $\lim_{\xi < \lambda} (\alpha + \xi) = \alpha + \lambda$.

Nach Satz 6, § 19 beweist man mit Satz 1 induktiv über α für Ordinalzahlen α:

$$0 + \alpha = \alpha;$$

es ist $0 + 0 = 0$, ist $0 + \alpha = \alpha$, so ist $0 + \alpha' = (0 + \alpha)' = \alpha'$, und ist α eine Limeszahl mit $0 + \xi = \xi$ für jedes $\xi < \alpha$, so ist $0 + \alpha = \lim_{\xi < \alpha} (0 + \xi) = \lim_{\xi < \alpha} \xi = \alpha$. Also gilt insgesamt für Ordinalzahlen α:

$$\alpha + 0 = 0 + \alpha = \alpha.$$

Satz 1 ergibt weiterhin für Ordinalzahlen α:

$$\alpha' = \alpha + 1;$$

denn es ist $\alpha + 1 = \alpha + 0' = (\alpha + 0)' = \alpha'$.

Da für ordinale Limeszahlen λ gilt $\lambda = \lim_{\xi<\lambda} \xi$, so läßt sich Satz 1 (3) auch schreiben:

$$\lambda \text{ Limeszahl} \to \alpha + \lim_{\xi<\lambda} \xi = \lim_{\xi<\lambda} (\alpha + \xi);$$

man kann also in diesem Sinne Addition und Limesbildung miteinander vertauschen.

Da man durch vollständige Induktion über β leicht für Ordinalzahlen α, β zeigt:

$$\alpha, \beta \in \boldsymbol{N} \to \alpha + \beta \in \boldsymbol{N},$$

folgt aus Satz 1 und Satz 2, § 25 unmittelbar, daß $(\underset{O}{+})_{N\times N}$ gleichzeitig die Addition des von $\boldsymbol{N}$, 0, $'$ gebildeten PEANO-Systems $\boldsymbol{P}_1$ der natürlichen Zahlen ist, oder anders ausgedrückt: $\underset{O}{+}$ stimmt in $\boldsymbol{N}$ mit der für PEANO-Systeme definierten Addition überein; $\underset{O}{+}$ ist eine Verallgemeinerung der natürlichzahligen Addition auf Ordinalzahlen.

Satz 2. *Es gibt genau eine Operation O in* $\boldsymbol{O}$ *mit für jedes* $\alpha, \beta, \lambda \in \boldsymbol{O}$:

$$(1) \qquad \alpha O\, 0 = \alpha,$$

$$(2) \qquad \alpha O \beta' = (\alpha O \beta)',$$

$$(3)\ \lambda \text{ Limeszahl} \to \alpha O \lambda = \lim_{\xi<\lambda} (\alpha O \xi).$$

Beweis. Es gibt zunächst höchstens eine derartige Operation in $\boldsymbol{O}$. Sind nämlich O_1, O_2 derartige Operationen in $\boldsymbol{O}$, ist $\alpha \in \boldsymbol{O}$, L die Klasse aller ordinalen Limeszahlen und B die Klasse aller $\beta \in \boldsymbol{O}$ mit

$$\alpha\, O_1\, \beta = \alpha\, O_2\, \beta,$$

so ist zu zeigen $B = \boldsymbol{O}$, da dann offenbar $O_1 = O_2$ gilt. Für $B = \boldsymbol{O}$ genügt es nach Satz 6, § 19 zu zeigen:

$$0 \in B \wedge \forall \beta(\beta \in B \to \beta' \in B) \wedge \forall \lambda(\lambda \in L \wedge \boldsymbol{O}(\lambda) \subseteq B \to \lambda \in B).$$

Diese Eigenschaften von B folgen aber trivial aus den Voraussetzungen (1), (2), (3) für O_1, O_2.

Nun zur Existenz einer Operation O in $\boldsymbol{O}$ mit den Eigenschaften (1), (2), (3), wobei die Existenz unabhängig von der bereits definierten Addition nachgewiesen werden soll. Ist α eine vorgegebene Ordinalzahl, L die Klasse aller ordinalen Limeszahlen, G die Klasse aller Funktionen g, für deren jede es ein $\lambda \in L$ gibt, so daß g eine Funktion von $\boldsymbol{O}(\lambda)$ in $\boldsymbol{O}$ ist, T_1 die Funktion von $\boldsymbol{O} \times \boldsymbol{O}$ in $\boldsymbol{O}$ mit für jedes $\beta, \gamma \in \boldsymbol{O}$:

$$T_1(\beta, \gamma) = \gamma'$$

und T_2 die Funktion von G in $\boldsymbol{O}$ mit für jedes $g \in G$:

$$\mathrm{Vb}\, g = \boldsymbol{O}(\lambda) \to T_2(g) = \lim_{\xi<\lambda} g(\xi),$$

so gibt es nach Satz 9, § 19 genau eine Funktion F von $\boldsymbol{O}$ in $\boldsymbol{O}$ mit

$$F(0) = \alpha,$$
$$\forall\beta(\beta \in \boldsymbol{O} \to F(\beta') = T_1(\beta, F(\beta)) = F(\beta)'),$$
$$\forall\lambda(\lambda \in L \to F(\lambda) = T_2(F_{\boldsymbol{O}(\lambda)}) = \lim_{\xi<\lambda} F_{\boldsymbol{O}(\lambda)}(\xi) = \lim_{\xi<\lambda} F(\xi));$$

diese für jedes $\alpha \in \boldsymbol{O}$ eindeutig bestimmte Funktion F werde mit $\langle\alpha\rangle$ bezeichnet.

Die Operation O in $\boldsymbol{O}$ mit für jedes $\alpha, \beta \in \boldsymbol{O}$:

$$\alpha O \beta = \langle\alpha\rangle(\beta)$$

erfüllt dann die Bedingungen (1), (2), (3).

Aus den Sätzen 1, 2 folgt, daß $\underset{O}{+}$ die eindeutig bestimmte Operation O in $\boldsymbol{O}$ ist mit für jedes $\alpha, \beta, \lambda \in \boldsymbol{O}$:

$$(1) \qquad \alpha O 0 = \alpha,$$
$$(2) \qquad \alpha O \beta' = (\alpha O \beta)',$$
$$(3) \quad \lambda \textit{ Limeszahl} \to \alpha O \lambda = \lim_{\xi<\lambda} (\alpha O \xi).$$

$\underset{O}{+}$ kann also auch rekursiv — ohne Verwendung der repräsentantenweisen Definition 1 — definiert werden als diejenige Operation O in $\boldsymbol{O}$, welche den Bedingungen (1), (2), (3) genügt.

2. Definition 1 läßt sich auf Summen beliebig vieler Summanden verallgemeinern.

Ist $(\alpha_\xi)_{\xi<\beta}$ eine Folge vom Typ β von Ordinalzahlen, so gibt es Mengenkomplexe $(\boldsymbol{M}_\xi)_{\xi<\beta}$ und $(R_\xi)_{\xi<\beta}$ mit für jedes $\xi, \eta < \beta$:

$$\alpha_\xi = \overline{[\boldsymbol{M}_\xi, R_\xi]}, \qquad \xi \neq \eta \to \boldsymbol{M}_\xi \cap \boldsymbol{M}_\eta = \emptyset.$$

Es ist ja $\xi = \overline{\boldsymbol{O}^*(\xi)} = \overline{[\boldsymbol{O}(\xi), {}_{\boldsymbol{O}(\xi)}\!\leqq_{\boldsymbol{O}(\xi)}]}$ für jedes $\xi < \beta$; definiert man dann für jedes $\xi < \beta$ mittels *Indizierung* mit ξ:

$$\boldsymbol{M}_\xi = \boldsymbol{O}(\xi) \times \{\xi\}$$

und R_ξ als diejenige Relation in $\boldsymbol{M}_\xi$ mit für jedes $x, y < \xi$:

$$[x, \xi]\, R_\xi [y, \xi] \leftrightarrow x \leqq y,$$

so ist stets

$$\alpha_\xi = \overline{[\boldsymbol{M}_\xi, R_\xi]}, \qquad \xi \neq \eta \to \boldsymbol{M}_\xi \cap \boldsymbol{M}_\eta = \emptyset.$$

Ist $(\alpha_\xi)_{\xi<\beta}$ eine Folge vom Typ β von Ordinalzahlen und sind $(\boldsymbol{M}_\xi)_{\xi<\beta}$, $(R_\xi)_{\xi<\beta}$ Mengenkomplexe mit für jedes $\xi, \eta < \beta$:

$$\alpha_\xi = \overline{[\boldsymbol{M}_\xi, R_\xi]}, \qquad \xi \neq \eta \to \boldsymbol{M}_\xi \cap \boldsymbol{M}_\eta = \emptyset,$$

so ist die Relation

$$R^* = \bigcup_{\xi<\beta} R_\xi \cup \bigcup_{\xi<\eta<\beta} (M_\xi \times M_\eta)$$

eine reflexive Wohlordnung in $\bigcup_{\xi<\beta} M_\xi$ (vgl. Satz 10, § 17), welche anschaulich jedes Element einer Menge M_ξ vor jedes Element einer Menge M_η mit $\xi < \eta$ setzt und die Elemente der einzelnen Mengen M_ξ in ihrer ursprünglichen Wohlordnung R_ξ beläßt. $[\bigcup_{\xi<\beta} M_\xi, R^*]$ ist dann also eine reflexiv wohlgeordnete Menge, welche anschaulich durch transfinites sukzessives rechtsseitiges Anheften der $[M_\xi, R_\xi]$ im Sinne der Wohlordnung der Indizes $\xi < \beta$ entstanden ist.

Ist schließlich $(\alpha_\xi)_{\xi<\beta}$ eine Folge vom Typ β von Ordinalzahlen und sind $(M_\xi^1)_{\xi<\beta}$, $(M_\xi^2)_{\xi<\beta}$, $(R_\xi^1)_{\xi<\beta}$, $(R_\xi^2)_{\xi<\beta}$ Mengenkomplexe mit für jedes $\xi, \eta < \beta$:

$$\alpha_\xi = \overline{[M_\xi^1, R_\xi^1]} = \overline{[M_\xi^2, R_\xi^2]}, \quad \xi \neq \eta \rightarrow M_\xi^1 \cap M_\eta^1 = M_\xi^2 \cap M_\eta^2 = \emptyset$$

und mit

$$R_1^* = \bigcup_{\xi<\beta} R_\xi^1 \cup \bigcup_{\xi<\eta<\beta} (M_\xi^1 \times M_\eta^1), \quad R_2^* = \bigcup_{\xi<\beta} R_\xi^2 \cup \bigcup_{\xi<\eta<\beta} (M_\xi^2 \times M_\eta^2),$$

so zeigt man unter Verwendung der für jedes $\xi < \beta$ eindeutig bestimmten ähnlichen Abbildung f_ξ von $[M_\xi^1, R_\xi^1]$ auf $[M_\xi^2, R_\xi^2]$ ohne Schwierigkeiten

$$[\bigcup_{\xi<\beta} M_\xi^1, R_1^*] \backsimeq [\bigcup_{\xi<\beta} M_\xi^2, R_2^*].$$

Damit sind wir zu folgender Definition berechtigt:

Definition 2. Ist $(\alpha_\xi)_{\xi<\beta}$ eine Folge vom Typ β von Ordinalzahlen, sind $(M_\xi)_{\xi<\beta}$, $(R_\xi)_{\xi<\beta}$ Mengenkomplexe mit für jedes $\xi, \eta < \beta$:

$$\alpha_\xi = \overline{[M_\xi, R_\xi]}, \quad \xi \neq \eta \rightarrow M_\xi \cap M_\eta = \emptyset$$

und ist $R^* = \bigcup_{\xi<\beta} R_\xi \cup \bigcup_{\xi<\eta<\beta} (M_\xi \times M_\eta)$, so ist die Ordinalzahl $\gamma = \overline{[\bigcup_{\xi<\beta} M_\xi, R^*]}$ die *allgemeine Summe von* $(\alpha_\xi)_{\xi<\beta}$, bezeichnet mit: $\sum_{\xi<\beta} \alpha_\xi$ (gelesen: *Summe aller* α_ξ *mit* $\xi < \beta$); diese Abkürzung wird analog verwendet für jede andere (in unserem Falle von den Variablen α und β verschiedene) Dingvariable statt ξ.

Für Folgen $(\alpha_\xi)_{\xi<\beta}$ vom Typ β von Ordinalzahlen gilt dann bei beliebigen Mengenkomplexen $(M_\xi)_{\xi<\beta}$, $(R_\xi)_{\xi<\beta}$ mit für jedes $\xi, \eta < \beta$:

$$\alpha_\xi = \overline{[M_\xi, R_\xi]}, \quad \xi \neq \eta \rightarrow M_\xi \cap M_\eta = \emptyset$$

und mit $R^* = \bigcup_{\xi<\beta} R_\xi \cup \bigcup_{\xi<\eta<\beta} (M_\xi \times M_\eta)$:

$$\sum_{\xi<\beta} \alpha_\xi = \overline{[\bigcup_{\xi<\beta} M_\xi, R^*]}.$$

Ist $(\alpha_\xi)_{\xi<\beta}$ eine Folge vom Typ β von Ordinalzahlen, $\gamma \leqq \beta$ und $\alpha' = \alpha_{O(\gamma)}$, so schreibt man natürlich

$$\text{für } \sum_{\xi<\gamma} \alpha'_\xi \quad \text{einfach} \quad \sum_{\xi<\gamma} \alpha_\xi.$$

Satz 3. *Für Folgen $(\alpha_\xi)_{\xi<\beta}$ vom Typ β von Ordinalzahlen und Ordinalzahlen γ gilt:*

$$(1) \qquad \beta = 0 \to \sum_{\xi<\beta} \alpha_\xi = 0,$$

$$(2) \qquad \gamma' = \beta \to \sum_{\xi<\beta} \alpha_\xi = \Big(\sum_{\xi<\gamma} \alpha_\xi\Big) + \alpha_\gamma,$$

$$(3)\ \beta \textit{ Limeszahl} \to \sum_{\xi<\beta} \alpha_\xi = \lim_{\nu<\beta} \sum_{\xi<\nu} \alpha_\xi .$$

Beweis. Es sei $(\alpha_\xi)_{\xi<\beta}$ eine Folge vom Typ β von Ordinalzahlen und $(M_\xi)_{\xi<\beta}$, $(R_\xi)_{\xi<\beta}$ seien Mengenkomplexe mit für jedes $\xi, \eta < \beta$:

$$\alpha_\xi = \overline{[M_\xi, R_\xi]}, \qquad \xi \neq \eta \to M_\xi \cap M_\eta = \emptyset .$$

(1) folgt unmittelbar aus der Definition der allgemeinen Summe.

(2) Ist $\gamma' = \beta$, so ist

$$\sum_{\xi<\gamma'} \alpha_\xi = \overline{\Big[\bigcup_{\xi<\gamma'} M_\xi, \bigcup_{\xi<\gamma'} R_\xi \cup \bigcup_{\xi<\eta<\gamma'} (M_\xi \times M_\eta)\Big]},$$

$$\sum_{\xi<\gamma} \alpha_\xi = \overline{\Big[\bigcup_{\xi<\gamma} M_\xi, \bigcup_{\xi<\gamma} R_\xi \cup \bigcup_{\xi<\eta<\gamma} (M_\xi \times M_\eta)\Big]},$$

$$\Big(\sum_{\xi<\gamma} \alpha_\xi\Big) + \alpha_\gamma = \overline{\Big[\bigcup_{\xi<\gamma} M_\xi \cup M_\gamma, \Big(\bigcup_{\xi<\gamma} R_\xi \cup \bigcup_{\xi<\eta<\gamma} (M_\xi \times M_\eta)\Big) \cup R_\gamma \cup \Big(\bigcup_{\xi<\gamma} M_\xi \times M_\gamma\Big)\Big]},$$

also

$$\sum_{\xi<\beta} \alpha_\xi = \sum_{\xi<\gamma'} \alpha_\xi = \Big(\sum_{\xi<\gamma} \alpha_\xi\Big) + \alpha_\gamma .$$

(3) Ist $\nu < \beta$, so ist

$$\sum_{\xi<\nu} \alpha_\xi \leqq \sum_{\xi<\beta} \alpha_\xi ; \qquad (+)$$

denn es ist bei

$$R^* = \bigcup_{\xi<\beta} R_\xi \cup \bigcup_{\xi<\eta<\beta} (M_\xi \times M_\eta), \qquad R^{**} = \bigcup_{\xi<\nu} R_\xi \cup \bigcup_{\xi<\eta<\nu} (M_\xi \times M_\eta):$$

$$\sum_{\xi<\beta} \alpha_\xi = \overline{\Big[\bigcup_{\xi<\beta} M_\xi, R^*\Big]}, \qquad \sum_{\xi<\nu} \alpha_\xi = \overline{\Big[\bigcup_{\xi<\nu} M_\xi, R^{**}\Big]};$$

im Falle $\bigcup_{\xi\in[\nu,\beta[} M_\xi \neq \emptyset$ folgt für das erste Element x von $\bigcup_{\xi\in[\nu,\beta[} M_\xi$ hinsichtlich R^* und den Abschnitt A von x in $\bigcup_{\xi<\beta} M_\xi$:

$$\Big[\bigcup_{\xi<\nu} M_\xi, R^{**}\Big] = [A, {}_A R^*_A]$$

und im Falle $\bigcup_{\xi\in[\nu,\beta[} M_\xi = \emptyset$:

$$\Big[\bigcup_{\xi<\nu} M_\xi, R^{**}\Big] = \Big[\bigcup_{\xi<\beta} M_\xi, R^*\Big];$$

also ist $\bigcup_{\xi<\nu} M_\xi$ stets einem Anfangsstück von $\bigcup_{\xi<\beta} M_\xi$ ähnlich, womit (+) gilt. Aus (+) folgt:

$$\lim_{\nu<\beta} \sum_{\xi<\nu} \alpha_\xi \leqq \sum_{\xi<\beta} \alpha_\xi .$$

Wäre im Falle, daß β Limeszahl ist,

$$\lim_{\nu<\beta} \sum_{\xi<\nu} \alpha_\xi = \delta < \sum_{\xi<\beta} \alpha_\xi$$

und $\delta = \overline{[X, S]}$, so wäre $[X, S] < [\bigcup_{\xi<\beta} M_\xi, R^*]$. Es gibt dann ein $x \in \bigcup_{\xi<\beta} M_\xi$, so daß $[X, S]$ mit dem Abschnitt A von x in $\bigcup_{\xi<\beta} M_\xi$ ähnlich ist. Ist dabei $x \in M_{\nu_0}$ bei $\nu_0 < \beta$, so ist $\nu_0' < \beta$, da β Limeszahl ist, und

$$\delta = \overline{[A, {}_A R_A^*]} < \overline{[\bigcup_{\xi<\nu_0'} M_\xi, {}_{\cup M_\xi} R^*{}_{\cup M_\xi}]} = \sum_{\xi<\nu_0'} \alpha_\xi$$

im Widerspruch zur Voraussetzung $\lim_{\nu<\beta} \sum_{\xi<\nu} \alpha_\xi = \delta$ und damit $\sum_{\xi<\nu_0'} \alpha_\xi \leqq \delta$. Es ist also $\lim_{\nu<\beta} \sum_{\xi<\nu} \alpha_\xi = \sum_{\xi<\beta} \alpha_\xi$.

Satz 3 (3) läßt sich wieder schreiben in der Form:

$$\beta \textit{ Limeszahl} \to \sum_{\xi < \lim_{\nu<\beta} \nu} \alpha_\xi = \lim_{\nu<\beta} \sum_{\xi<\nu} \alpha_\xi .$$

Aus Satz 3 folgt:

$$\sum_{\xi<2} \alpha_\xi = (\sum_{\xi<1} \alpha_\xi) + \alpha_1 = ((\sum_{\xi<0} \alpha_\xi) + \alpha_0) + \alpha_1 = (0 + \alpha_0) + \alpha_1 = \alpha_0 + \alpha_1 ,$$

so daß also die Summe im Sinne von Definition 1 ein Spezialfall der allgemeinen Summe im Sinne von Definition 2 ist. Ebenso erhält man sukzessiv:

$$\sum_{\xi<3} \alpha_\xi = (\alpha_0 + \alpha_1) + \alpha_2 , \quad \sum_{\xi<4} \alpha_\xi = ((a_0 + \alpha_1) + \alpha_2) + \alpha_3 , \; \ldots .$$

Satz 4. *Für jede Folge $(\alpha_\xi)_{\xi<\beta}$ vom Typ β von Ordinalzahlen gibt es genau eine Funktion F von $[0, \beta]$ in O mit für jedes $\gamma, \lambda \leqq \beta$:*

(1) $F(0) = 0,$

(2) $\gamma \neq \beta \to F(\gamma') = F(\gamma) + \alpha_\gamma ,$

(3) λ *Limeszahl* $\to F(\lambda) = \lim_{\nu<\lambda} F(\nu)$.

Beweis. Es sei $(\alpha_\xi)_{\xi<\beta}$ eine Folge vom Typ β von Ordinalzahlen, L die Menge aller Limeszahlen aus $[0, \beta]$, G die Klasse aller Funktionen g, für deren jede es ein $\lambda \in L$ gibt, so daß g eine Funktion von $O(\lambda)$ in O ist, T_1 diejenige Funktion von $[0, \beta[\times O$ in O mit für jedes $[\gamma, \eta] \in [0, \beta[\times O$:

$$T_1(\gamma, \eta) = \eta + \alpha_\gamma$$

und T_2 diejenige Funktion von G in $\boldsymbol{O}$ mit für jedes $g \in G$:

$$\text{Vb}\, g = \boldsymbol{O}(\lambda) \rightarrow T_2(g) = \lim_{\nu < \lambda} g(\nu).$$

Dann gibt es nach Satz 9, § 19 genau eine Funktion F von $[0, \beta]$ in $\boldsymbol{O}$ mit für jedes $\gamma, \lambda \leqq \beta$:

$$F(0) = 0,$$

$$\gamma \neq \beta \rightarrow F(\gamma') = T_1(\gamma, F(\gamma)) = F(\gamma) + \alpha_\gamma,$$

$$\lambda \; \textit{Limeszahl} \rightarrow F(\lambda) = T_2(F_{\boldsymbol{O}(\lambda)}) = \lim_{\nu < \lambda} F_{\boldsymbol{O}(\lambda)}(\nu) = \lim_{\nu < \lambda} F(\nu).$$

Satz 3 ergibt für Folgen $(\alpha_\xi)_{\xi < \beta}$ vom Typ β von Ordinalzahlen für jedes $\gamma, \lambda \leqq \beta$:

$$\sum_{\xi < 0} \alpha_\xi = 0,$$

$$\gamma \neq \beta \rightarrow \sum_{\xi < \gamma'} \alpha_\xi = \Big(\sum_{\xi < \gamma} \alpha_\xi\Big) + \alpha_\gamma,$$

$$\lambda \; \textit{Limeszahl} \rightarrow \sum_{\xi < \lambda} \alpha_\xi = \lim_{\nu < \lambda} \sum_{\xi < \nu} \alpha_\xi;$$

also ist die Funktion F über $[0, \beta]$ mit für jedes $\gamma \leqq \beta$:

$$F(\gamma) = \sum_{\xi < \gamma} \alpha_\xi$$

die im Sinne von Satz 4 eindeutig bestimmte Funktion F, und $\sum_{\xi < \beta} \alpha_\xi$ kann somit auch rekursiv — ohne Verwendung der repräsentantenweisen Definition 2 — definiert werden als der Wert $F(\beta)$ derjenigen Funktion F von $[0, \beta]$ in $\boldsymbol{O}$ mit den Bedingungen (1), (2), (3) aus Satz 4.

Ist speziell $(a_i)_{i < m}$ eine Folge vom Typ $m \in \boldsymbol{N}$ von natürlichen Zahlen, so ist $\sum_{i < m} a_i$ gleich $F(m) \in \boldsymbol{N}$, wo F die eindeutig bestimmte Funktion von $[0, m]$ in $\boldsymbol{N}$ ist mit für jedes $n \leqq m$:

$$F(0) = 0,$$

$$n \neq m \rightarrow F(n') = F(n) + a_n.$$

3. Wir wenden uns nun dem Produkt von Ordinalzahlen zu. Sind α, β Ordinalzahlen mit $\alpha = \overline{[M, R]}$, $\beta = \overline{[N, S]}$, so ist die *antilexikographische Anordnung in* $M \times N$ *bzgl.* R, S, d. h. in Analogie zu Definition 5, § 17 die Relation R^* in $M \times N$ mit für jedes $[a, b], [c, d] \in M \times N$:

$$[a, b]\, R^*\, [c, d] \leftrightarrow b \underset{S}{<} d \cdot\vee\cdot b = d \wedge a \underset{R}{\leqq} c,$$

eine reflexive Wohlordnung in $M \times N$, welche die Paare $[x, y] \in M \times N$ folgendermaßen anordnet, wobei etwa $x_0, x_1, x_2, \ldots$ die Elemente von M in der

Reihenfolge von R und $y_0, y_1, y_2, \ldots$ die Elemente von N in der Reihenfolge von S sind:

$$\begin{matrix} [x_0, y_0], & [x_1, y_0], & [x_2, y_0], & \ldots \\ [x_0, y_1], & [x_1, y_1], & [x_2, y_1], & \ldots \\ [x_0, y_2], & [x_1, y_2], & [x_2, y_2], & \ldots \\ \cdot & \cdot & \cdot & \\ \cdot & \cdot & \cdot & \\ \cdot & \cdot & \cdot & \end{matrix}$$

$[M \times N, R^*]$ ist dann also eine reflexiv wohlgeordnete Menge, welche durch die eben beschriebene antilexikographische Anordnung der Elemente von $M \times N$ entstanden ist; d. h. durch β-maliges Aneinanderfügen von mit $[M, R]$ ähnlichen wohlgeordneten Mengen (denn jede Zeile des obigen Schemas ist ähnlich mit $[M, R]$ und die Menge der Zeilen ähnlich mit $[N, S]$).

Sind schließlich α, β Ordinalzahlen mit

$$\alpha = \overline{[M_1, R_1]} = \overline{[M_2, R_2]}, \quad \beta = \overline{[N_1, S_1]} = \overline{[N_2, S_2]}$$

und ist R_1^* die antilexikographische Anordnung in $M_1 \times N_1$ bzgl. R_1, S_1 und R_2^* die antilexikographische Anordnung in $M_2 \times N_2$ bzgl. R_2, S_2, so zeigt man unter Verwendung der eindeutig bestimmten ähnlichen Abbildungen f von $[M_1, R_1]$ auf $[M_2, R_2]$ und g von $[N_1, S_1]$ auf $[N_2, S_2]$ ohne Schwierigkeiten

$$[M_1 \times N_1, R_1^*] \backsim [M_2 \times N_2, R_2^*].$$

Damit sind wir zu folgender Definition berechtigt:

Definition 3. Sind α, β Ordinalzahlen, ist $\alpha = \overline{[M, R]}$, $\beta = \overline{[N, S]}$ und R^* die antilexikographische Anordnung in $M \times N$ bzgl. R, S (d. h. die Relation R^* in $M \times N$ mit für jedes $[a, b], [c, d] \in M \times N$:

$$[a, b]\, R^*\, [c, d] \leftrightarrow b \underset{S}{<} d \cdot\vee\cdot b = d \wedge a \underset{R}{\leqq} c),$$

so ist die Ordinalzahl $\gamma = \overline{[M \times N, R^*]}$ das *Produkt von* α, β. Ist γ das Produkt von α, β, so sind α und β *Faktoren von* γ; speziell ist α ein *Multiplikand von* γ oder ein *erster Faktor von* γ und β ein *Multiplikator von* γ oder ein *zweiter Faktor von* γ. Diejenige Operation O in $\boldsymbol{O}$, die jedem Paar $[\alpha, \beta] \in \boldsymbol{O}^{(2)}$ das Produkt von α, β zuordnet, ist die *Multiplikation in* $\boldsymbol{O}$, bezeichnet mit: $\underset{\boldsymbol{O}}{\cdot}$ (gelesen: *mal bzgl.* $\boldsymbol{O}$).

Sind keine Verwechslungen zu befürchten, so läßt man den Index $\boldsymbol{O}$ an dem Zeichen $\cdot$ auch weg.

Für Ordinalzahlen α, β gilt dann bei beliebigen M, N, R, S mit $\alpha = \overline{[M, R]}$, $\beta = \overline{[N, S]}$ und R^* als antilexikographischer Anordnung in $M \times N$ bzgl. R, S:

$$\alpha \cdot \beta = \overline{[M \times N, R^*]}.$$

Satz 5. *Für Ordinalzahlen α, β, λ gilt:*

$$(1) \qquad \alpha \cdot 0 = 0,$$

$$(2) \qquad \alpha \cdot \beta' = (\alpha \cdot \beta) + \alpha,$$

$$(3)\ \lambda \text{ Limeszahl} \rightarrow \alpha \cdot \lambda = \lim_{\xi < \lambda} (\alpha \cdot \xi).$$

Beweis. (1) Ist α eine Ordinalzahl mit $\alpha = \overline{[M, R]}$, so ist wegen $0 = \overline{[\emptyset, \emptyset]}$

$$\alpha \cdot 0 = \overline{[M \times \emptyset, \emptyset]} = \overline{[\emptyset, \emptyset]} = 0.$$

(2) Sind α, β Ordinalzahlen mit $\alpha = \overline{[M, R]}$, $\beta = \overline{[N, S]}$ und ist x ein Element mit $x \notin N$, so ist

$$\alpha = \overline{[M \times \{x\}, R']},$$

wobei R' die reflexive Wohlordnung in $M \times \{x\}$ ist mit für jedes $y, z \in M$:

$$[y, x]\, R' [z, x] \leftrightarrow y R z,$$

und ist nach Satz 4, § 23:

$$\beta' = \overline{[N \cup \{x\}, S']} \quad \text{bei} \quad S' = S \cup (N \times \{x\}) \cup \{[x, x]\}.$$

Ist dann R^* die antilexikographische Anordnung in $M \times N$ bzgl. R, S, R^{**} die antilexikographische Anordnung in $M \times (N \cup \{x\})$ bzgl. R, S', so ist

$$\alpha \cdot \beta' = \overline{[M \times (N \cup \{x\}), R^{**}]},$$

$$(\alpha \cdot \beta) + \alpha = \overline{[(M \times N) \cup (M \times \{x\}), R^* \cup R' \cup ((M \times N) \times (M \times \{x\}))]},$$

also

$$\alpha \cdot \beta' = (\alpha \cdot \beta) + \alpha.$$

(3) Sind α, ξ_1, ξ_2 Ordinalzahlen mit

$$\alpha = \overline{[M, R]}, \quad \xi_1 = \overline{[X_1, S_1]}, \quad \xi_2 = \overline{[X_2, S_2]},$$

ist R_1^* die antilexikographische Anordnung in $M \times X_1$ bzgl. R, S_1 und R_2^* die antilexikographische Anordnung in $M \times X_2$ bzgl. R, S_2 und ist $\xi_1 < \xi_2$, so gibt es einen Abschnitt von X_2 bzgl. S_2, mit dem $[X_1, S_1]$ ähnlich ist; dann gibt es im Falle $\alpha \neq 0$ einen Abschnitt von $M \times X_2$ bzgl. R_2^*, mit dem $[M \times X_1, R_1^*]$ ähnlich ist, so daß also $\alpha \cdot \xi_1 < \alpha \cdot \xi_2$ gilt; im Falle $\alpha = 0$ ist $\alpha \cdot \xi_1 = \alpha \cdot \xi_2 = 0$. Damit gilt für Ordinalzahlen α, ξ_1, ξ_2 stets:

$$\xi_1 < \xi_2 \rightarrow \alpha \cdot \xi_1 \leqq \alpha \cdot \xi_2.$$

Die Behauptung

$$\alpha \cdot \lambda = \lim_{\xi < \lambda} (\alpha \cdot \xi)$$

für Ordinalzahlen α und ordinale Limeszahlen λ beweisen wir nun folgendermaßen: Wegen $\alpha \cdot \xi \leqq \alpha \cdot \lambda$ für jede Ordinalzahl $\xi < \lambda$ ist

$$\lim_{\xi < \lambda} (\alpha \cdot \xi) \leqq \alpha \cdot \lambda .$$

Wäre

$$\lim_{\xi < \lambda} (\alpha \cdot \xi) = \gamma < \alpha \cdot \lambda$$

und $\alpha = \overline{\overline{[M, R]}}$, $\lambda = \overline{\overline{[N, S]}}$, $\gamma = \overline{\overline{[Y, Q]}}$ und R^* die antilexikographische Anordnung in $M \times N$ bzgl. R, S, so wäre $[Y, Q] \prec [M \times N, R^*]$, woraus u. a. $M \neq \emptyset$ folgt. Es gibt dann ein $y \in M \times N$, so daß $[Y, Q]$ mit dem Abschnitt A von y in $M \times N$ ähnlich ist. Da λ Limeszahl ist, ist $N \neq \emptyset$, und N besitzt bzgl. S kein letztes Element. Es gibt somit ein $x \in N$ mit $y \underset{R^*}{<} [\min M, x]$, so daß für den Abschnitt X von $[\min M, x]$ in $M \times N$ und für $T = {}_X R^*_X$ gilt $[A, {}_A R^*_A] \prec [X, T]$. Ist schließlich $\xi_0 = \overline{\overline{[\mathrm{Ab}\, x \; {}_{\mathrm{Ab}\, x} S_{\mathrm{Ab}\, x}]}}_{|N, S|}$, so ist $\xi_0 < \lambda$ und

$$\gamma = \overline{\overline{[A, {}_A R^*_A]}} < \overline{\overline{[X, T]}} = \alpha \cdot \xi_0$$

im Widerspruch zur Voraussetzung $\lim\limits_{\xi < \lambda} (\alpha \cdot \xi) = \gamma$ und damit $\alpha \cdot \xi_0 \leqq \gamma$. Es ist also $\lim\limits_{\xi < \lambda} (\alpha \cdot \xi) = \alpha \cdot \lambda$.

Satz 5 ergibt sofort für Ordinalzahlen α:

$$\alpha \cdot \mathbf{1} = \alpha ;$$

denn es ist $\alpha \cdot \mathbf{1} = \alpha \cdot \mathbf{0}' = (\alpha \cdot \mathbf{0}) + \alpha = \mathbf{0} + \alpha = \alpha$.
Nach Satz 6, § 19 beweist man mit Satz 5 induktiv über α für Ordinalzahlen α:

$$\mathbf{0} \cdot \alpha = \mathbf{0}, \quad \mathbf{1} \cdot \alpha = \alpha ;$$

es ist $\mathbf{0} \cdot \mathbf{0} = \mathbf{0}$ und $\mathbf{1} \cdot \mathbf{0} = \mathbf{0}$, ist $\mathbf{0} \cdot \alpha = \mathbf{0}$ und $\mathbf{1} \cdot \alpha = \alpha$, so ist $\mathbf{0} \cdot \alpha' = (\mathbf{0} \cdot \alpha) + \mathbf{0} = \mathbf{0} + \mathbf{0} = \mathbf{0}$ und $\mathbf{1} \cdot \alpha' = (\mathbf{1} \cdot \alpha) + \mathbf{1} = \alpha + \mathbf{1} = \alpha'$, und ist α eine Limeszahl mit $\mathbf{0} \cdot \xi = \mathbf{0}$ und $\mathbf{1} \cdot \xi = \xi$ für jedes $\xi < \alpha$, so ist $\mathbf{0} \cdot \alpha = \lim\limits_{\xi < \alpha} (\mathbf{0} \cdot \xi) = \lim\limits_{\xi < \alpha} \mathbf{0} = \mathbf{0}$ und $\mathbf{1} \cdot \alpha = \lim\limits_{\xi < \alpha} (\mathbf{1} \cdot \xi) = \lim\limits_{\xi < \alpha} \xi = \alpha$. Also gilt insgesamt für Ordinalzahlen α:

$$\alpha \cdot \mathbf{0} = \mathbf{0} \cdot \alpha = \mathbf{0}, \quad \alpha \cdot \mathbf{1} = \mathbf{1} \cdot \alpha = \alpha .$$

Da für ordinale Limeszahlen λ gilt $\lambda = \lim\limits_{\xi < \lambda} \xi$, so läßt sich Satz 5 (3) auch schreiben:

$$\lambda \text{ } \mathit{Limeszahl} \rightarrow \alpha \cdot \lim_{\xi < \lambda} \xi = \lim_{\xi < \lambda} (\alpha \cdot \xi);$$

man kann also in diesem Sinne Multiplikation und Limesbildung miteinander vertauschen.

Da man durch vollständige Induktion über β leicht für Ordinalzahlen α, β zeigt:

$$\alpha, \beta \in \boldsymbol{N} \rightarrow \alpha \cdot \beta \in \boldsymbol{N},$$

folgt aus Satz 5 und Satz 11, § 25 unmittelbar, daß $(\overset{\cdot}{O})_{N \times N}$ gleichzeitig die Multiplikation des von $\boldsymbol{N}, \mathbf{0}, {}'$ gebildeten PEANO-Systems $\boldsymbol{P}_1$ der natürlichen Zahlen ist, oder anders ausgedrückt: $\overset{\cdot}{O}$ stimmt in $\boldsymbol{N}$ mit der für PEANO-Systeme definierten Multiplikation überein; $\overset{\cdot}{O}$ ist eine Verallgemeinerung der natürlichzahligen Multiplikation auf Ordinalzahlen.

Satz 6. *Es gibt genau eine Operation O in $\boldsymbol{O}$ mit für jedes* $\alpha, \beta, \lambda \in \boldsymbol{O}$:

$$
\begin{array}{lrl}
(1) & \alpha O \mathbf{0} & = \mathbf{0}, \\
(2) & \alpha O \beta' & = (\alpha O \beta) + \alpha, \\
(3)\ \lambda \textit{ Limeszahl} \rightarrow & \alpha O \lambda & = \lim\limits_{\xi < \lambda} (\alpha O \xi).
\end{array}
$$

Beweis. Es gibt zunächst höchstens eine derartige Operation in $\boldsymbol{O}$. Sind nämlich O_1, O_2 derartige Operationen in $\boldsymbol{O}$, ist $\alpha \in \boldsymbol{O}$, L die Klasse aller ordinalen Limeszahlen und B die Klasse aller $\beta \in \boldsymbol{O}$ mit

$$\alpha O_1 \beta = \alpha O_2 \beta,$$

so ist zu zeigen $B = \boldsymbol{O}$, da dann offenbar $O_1 = O_2$ gilt. Für $B = \boldsymbol{O}$ genügt es nach Satz 6, § 19 zu zeigen:

$$\mathbf{0} \in B \wedge \forall \beta (\beta \in B \rightarrow \beta' \in B) \wedge \forall \lambda (\lambda \in L \wedge \boldsymbol{O}(\lambda) \subseteq B \rightarrow \lambda \in B).$$

Diese Eigenschaften von B folgen aber trivial aus den Voraussetzungen (1), (2), (3) für O_1, O_2.

Nun zur Existenz einer Operation O in $\boldsymbol{O}$ mit den Eigenschaften (1), (2), (3), wobei die Existenz unabhängig von der bereits definierten Multiplikation nachgewiesen werden soll. Ist α eine vorgebene Ordinalzahl, L die Klasse aller ordinalen Limeszahlen, G die Klasse aller Funktionen g, für deren jede es ein $\lambda \in L$ gibt, so daß g eine Funktion von $\boldsymbol{O}(\lambda)$ in $\boldsymbol{O}$ ist, T_1 die Funktion von $\boldsymbol{O} \times \boldsymbol{O}$ in $\boldsymbol{O}$ mit für jedes $\beta, \gamma \in \boldsymbol{O}$:

$$T_1(\beta, \gamma) = \gamma + \alpha$$

und T_2 die Funktion von G in $\boldsymbol{O}$ mit für jedes $g \in G$:

$$\operatorname{Vb} g = \boldsymbol{O}(\lambda) \rightarrow T_2(g) = \lim_{\xi < \lambda} g(\xi),$$

so gibt es nach Satz 9, § 19 genau eine Funktion F von $\boldsymbol{O}$ in $\boldsymbol{O}$ mit

$$
\begin{gathered}
F(0) = \mathbf{0}, \\
\forall \beta (\beta \in \boldsymbol{O} \rightarrow F(\beta') = T_1(\beta, F(\beta)) = F(\beta) + \alpha), \\
\forall \lambda (\lambda \in L \rightarrow F(\lambda) = T_2(F_{\boldsymbol{O}(\lambda)}) = \lim_{\xi < \lambda} F_{\boldsymbol{O}(\lambda)}(\xi) = \lim_{\xi < \lambda} F(\xi));
\end{gathered}
$$

diese für jedes $\alpha \in \boldsymbol{O}$ eindeutig bestimmte Funktion F werde mit $\langle \alpha \rangle$ bezeichnet.

Die Operation O in $\boldsymbol{O}$ mit für jedes $\alpha, \beta \in \boldsymbol{O}$:

$$\alpha O \beta = \langle\alpha\rangle(\beta)$$

erfüllt dann die Bedingungen (1), (2), (3).

Aus den Sätzen 5, 6 folgt, daß $\dot{O}$ die eindeutig bestimmte Operation O in $\boldsymbol{O}$ ist mit für jedes $\alpha, \beta, \lambda \in \boldsymbol{O}$:

$$\begin{array}{ll} (1) & \alpha O 0 = 0, \\ (2) & \alpha O \beta' = (\alpha O \beta) + \alpha, \\ (3)\ \lambda\ \textit{Limeszahl} \rightarrow \alpha O \lambda & = \lim\limits_{\xi < \lambda} (\alpha O \xi). \end{array}$$

$\dot{O}$ kann also auch rekursiv — ohne Verwendung der repräsentantenweisen Definition 3 — definiert werden als diejenige Operation O in $\boldsymbol{O}$, welche den Bedingungen (1), (2), (3) genügt.

4. Definition 3 läßt sich auf Produkte beliebig vieler Faktoren verallgemeinern. Wir wollen uns zunächst den Begriff des allgemeinen Produkts anschaulich klarmachen. Hat man etwa drei Ordinalzahlen α, β, γ mit $\alpha = \overline{[M, R]}$, $\beta = \overline{[N, S]}$, $\gamma = \overline{[P, T]}$ und der antilexikographischen Anordnung R^* in $M \times N$ bzgl. R, S, so soll doch $\alpha \cdot \beta \cdot \gamma$ anschaulich diejenige Ordinalzahl δ sein, welche einen Repräsentanten besitzt, der durch γ-maliges Aneinanderfügen von mit $[M \times N, R^*]$ ähnlichen wohlgeordneten Mengen entstanden ist (d. h. $\alpha \cdot \beta \cdot \gamma = (\alpha \cdot \beta) \cdot \gamma$). Ein solcher Repräsentant ist dann die Menge $M \times N \times P$ in der folgenden antilexikographischen Anordnung ihrer Elemente, wobei etwa $x_0, x_1, x_2, \ldots$ die Elemente von M in der Reihenfolge von R, $y_0, y_1, y_2, \ldots$ die Elemente von N in der Reihenfolge von S und $z_0, z_1, z_2, \ldots$ die Elemente von P in der Reihenfolge von T sind:

$$\begin{array}{l}
[x_0, y_0, z_0],\ [x_1, y_0, z_0],\ [x_2, y_0, z_0],\ \ldots \\
[x_0, y_1, z_0],\ [x_1, y_1, z_0],\ [x_2, y_1, z_0],\ \ldots \\
[x_0, y_2, z_0],\ [x_1, y_2, z_0],\ [x_2, y_2, z_0],\ \ldots \\
\cdots\cdots\cdots\cdots\cdots\cdots \\
\\
[x_0, y_0, z_1],\ [x_1, y_0, z_1],\ [x_2, y_0, z_1],\ \ldots \\
[x_0, y_1, z_1],\ [x_1, y_1, z_1],\ [x_2, y_1, z_1],\ \ldots \\
[x_0, y_2, z_1],\ [x_1, y_2, z_1],\ [x_2, y_2, z_1],\ \ldots \\
\cdots\cdots\cdots\cdots\cdots\cdots \\
\\
[x_0, y_0, z_2],\ [x_1, y_0, z_2],\ [x_2, y_0, z_2],\ \ldots \\
[x_0, y_1, z_2],\ [x_1, y_1, z_2],\ [x_2, y_1, z_2],\ \ldots \\
[x_0, y_2, z_2],\ [x_1, y_2, z_2],\ [x_2, y_2, z_2],\ \ldots \\
\cdots\cdots\cdots\cdots\cdots\cdots \\
\cdots\cdots\cdots\cdots\cdots\cdots \\
\cdots\cdots\cdots\cdots\cdots\cdots
\end{array}$$

Hat man eine abzählbare Folge $(\alpha_n)_{n<\omega}$ von Ordinalzahlen mit $\alpha_n = \overline{[M_n, R_n]}$, so erhält man in anschaulicher Fortsetzung der Produktbildungen $\alpha \cdot \beta$, $\alpha \cdot \beta \cdot \gamma$, ... für das Produkt aller α_n $(n \in \boldsymbol{N})$ als einen Repräsentanten die folgende Menge $P \subseteq \bigtimes_{n \in \boldsymbol{N}} M_n$ in der folgenden antilexikographischen Anordnung R^* ihrer Elemente, wobei etwa $x_0^n, x_1^n, x_2^n, \ldots$ die Elemente von M_n in der Reihenfolge von R_n sind und eine in Klammern gesetzte Zeile wie $(x_2^0\, x_1^1\, x_0^2\, x_0^3 \ldots x_0^n \ldots)$ die abzählbare Folge f bedeutet mit $f(0) = x_2^0$, $f(1) = x_1^1$, $f(2) = x_0^2$ und $f(n) = x_0^n$ für $n \geqq 3$:

$$
\begin{array}{cccccccc}
(x_0^0 & x_0^1 & x_0^2 & x_0^3 & \ldots & x_0^n & \ldots) \\
(x_1^0 & x_0^1 & x_0^2 & x_0^3 & \ldots & x_0^n & \ldots) \\
(x_2^0 & x_0^1 & x_0^2 & x_0^3 & \ldots & x_0^n & \ldots) \\
\ldots & \ldots & \ldots & \ldots & \ldots & \ldots & \ldots \\
(x_0^0 & x_1^1 & x_0^2 & x_0^3 & \ldots & x_0^n & \ldots) \\
(x_1^0 & x_1^1 & x_0^2 & x_0^3 & \ldots & x_0^n & \ldots) \\
(x_2^0 & x_1^1 & x_0^2 & x_0^3 & \ldots & x_0^n & \ldots) \\
\ldots & \ldots & \ldots & \ldots & \ldots & \ldots & \ldots \\
(x_0^0 & x_2^1 & x_0^2 & x_0^3 & \ldots & x_0^n & \ldots) \\
(x_1^0 & x_2^1 & x_0^2 & x_0^3 & \ldots & x_0^n & \ldots) \\
(x_2^0 & x_2^1 & x_0^2 & x_0^3 & \ldots & x_0^n & \ldots) \\
\ldots & \ldots & \ldots & \ldots & \ldots & \ldots & \ldots \\
\ldots & \ldots & \ldots & \ldots & \ldots & \ldots & \ldots \\
(x_0^0 & x_0^1 & x_1^2 & x_0^3 & \ldots & x_0^n & \ldots) \\
(x_1^0 & x_0^1 & x_1^2 & x_0^3 & \ldots & x_0^n & \ldots) \\
(x_2^0 & x_0^1 & x_1^2 & x_0^3 & \ldots & x_0^n & \ldots) \\
\ldots & \ldots & \ldots & \ldots & \ldots & \ldots & \ldots \\
(x_0^0 & x_1^1 & x_1^2 & x_0^3 & \ldots & x_0^n & \ldots) \\
(x_1^0 & x_1^1 & x_1^2 & x_0^3 & \ldots & x_0^n & \ldots) \\
(x_2^0 & x_1^1 & x_1^2 & x_0^3 & \ldots & x_0^n & \ldots) \\
\ldots & \ldots & \ldots & \ldots & \ldots & \ldots & \ldots \\
(x_0^0 & x_2^1 & x_1^2 & x_0^3 & \ldots & x_0^n & \ldots) \\
(x_1^0 & x_2^1 & x_1^2 & x_0^3 & \ldots & x_0^n & \ldots) \\
(x_2^0 & x_2^1 & x_1^2 & x_0^3 & \ldots & x_0^n & \ldots) \\
\ldots & \ldots & \ldots & \ldots & \ldots & \ldots & \ldots \\
\ldots & \ldots & \ldots & \ldots & \ldots & \ldots & \ldots
\end{array}
$$

$$
\begin{array}{llllllll}
(x_0^0 & x_0^1 & x_2^2 & x_0^3 & \ldots & x_0^n & \ldots) \\
(x_1^0 & x_0^1 & x_2^2 & x_0^3 & \ldots & x_0^n & \ldots) \\
(x_2^0 & x_0^1 & x_2^2 & x_0^3 & \ldots & x_0^n & \ldots) \\
\cdots & \cdots & \cdots & \cdots & \cdots & \cdots & \cdots \\
(x_0^0 & x_1^1 & x_2^2 & x_0^3 & \ldots & x_0^n & \ldots) \\
(x_1^0 & x_1^1 & x_2^2 & x_0^3 & \ldots & x_0^n & \ldots) \\
(x_2^0 & x_1^1 & x_2^2 & x_0^3 & \ldots & x_0^n & \ldots) \\
\cdots & \cdots & \cdots & \cdots & \cdots & \cdots & \cdots \\
(x_0^0 & x_2^1 & x_2^2 & x_0^3 & \ldots & x_0^n & \ldots) \\
(x_1^0 & x_2^1 & x_2^2 & x_0^3 & \ldots & x_0^n & \ldots) \\
(x_2^0 & x_2^1 & x_2^2 & x_0^3 & \ldots & x_0^n & \ldots) \\
\cdots & \cdots & \cdots & \cdots & \cdots & \cdots & \cdots \\
\cdots & \cdots & \cdots & \cdots & \cdots & \cdots & \cdots \\
\cdots & \cdots & \cdots & \cdots & \cdots & \cdots & \cdots
\end{array}
$$

Die Menge P ist also die Menge aller abzählbaren Folgen f mit $f(n) \in M_n$, so daß $f(n) \neq x_0^n$ für höchstens endlich viele Argumente n gilt; die antilexikographische Anordnung R^* in P ist diejenige Relation R^* in P mit für jedes $x, y \in P$:

$$x R^* y \leftrightarrow x = y \cdot\vee\cdot x \neq y \wedge x_p \underset{R_p}{<} y_p,$$

wobei p die größte Ordinalzahl $n < \omega$ (also die größte natürliche Zahl n) ist mit $x_n \neq y_n$.

In derselben Form wie für abzählbare Folgen $(\alpha_n)_{n<\omega}$ von Ordinalzahlen kann man auch für solche Folgen wie $(\alpha_\xi)_{\xi<\omega+1}$, $(\alpha_\xi)_{\xi<\omega+2}$, $(\alpha_\xi)_{\xi<\omega+\omega}$ anschaulich einen Repräsentanten des Produktes aller α_ξ finden, so daß man vermutet, mit der für abzählbare Folgen $(\alpha_n)_{n<\omega}$ von Ordinalzahlen verwendeten Methode allgemein für beliebige Folgen $(\alpha_\xi)_{\xi<\beta}$ vom Typ β von Ordinalzahlen (die endlichen Folgen $(\alpha_n)_{n<m}$ von Ordinalzahlen, also $m \in \boldsymbol{N}$, fallen trivial unter diese Methode) repräsentantenweise ein sinnvolles Produkt aller α_ξ definieren zu können; d. h. ein allgemeines Produkt von $(\alpha_\xi)_{\xi<\beta}$, für welches brauchbare Rechengesetze gelten. Dies geht in der Tat, und wir wenden uns in diesem Sinne der exakten Definition des allgemeinen Produktes zu.

Ist $(\alpha_\xi)_{\xi<\beta}$ eine Folge vom Typ β von Ordinalzahlen, so gibt es Mengenkomplexe $(M_\xi)_{\xi<\beta}$ und $(R_\xi)_{\xi<\beta}$ mit für jedes $\xi, \eta < \beta$:

$$\alpha_\xi = \overline{[M_\xi, R_\xi]}.$$

Ist P die *antilexikographische Menge bzgl.* $(M_\xi)_{\xi<\beta}$, $(R_\xi)_{\xi<\beta}$, d. h. die Menge aller $x \in \bigtimes_{\xi<\beta} M_\xi$, für die $x_\xi \neq \min M_\xi$ für höchstens endlich viele $\xi < \beta$ gilt, so ist die *antilexikographische Anordnung in P*, d. h. in Analogie zu Definition 5, § 17 die Relation R^* in P mit für jedes $x, y \in P$:

$$x R^* y \leftrightarrow x = y \cdot\vee\cdot x \neq y \wedge x_p \underset{R_p}{<} y_p,$$

wobei p die größte Ordinalzahl $\xi < \beta$ ist mit $x_\xi \neq y_\xi$, eine reflexive Wohlordnung in P, so daß dann $[P, R^*]$ eine reflexiv wohlgeordnete Menge ist. Bis auf die Minimalbedingung folgen alle Wohlordnungseigenschaften von R^* leicht aus seiner Definition. Für die Minimalbedingung beweisen wir (vgl. Satz 3, § 24) durch transfinite ordnungstheoretische Induktion über β, daß es keine echt monoton fallende, abzählbare Folge von Elementen aus P gibt. Dazu sei B die Klasse aller Ordinalzahlen β, für die für beliebige Mengenkomplexe $(M_\xi)_{\xi<\beta}$, $(R_\xi)_{\xi<\beta}$, wobei stets R_ξ reflexive Wohlordnung in M_ξ ist, gilt: Es gibt keine echt monoton fallende, abzählbare Folge von Elementen der antilexikographischen Menge P bzgl. $(M_\xi)_{\xi<\beta}$, $(R_\xi)_{\xi<\beta}$ (in bezug auf die antilexikographische Anordnung R^* in P). Nach Satz 2, § 19 ist für $B = \boldsymbol{O}$ zu zeigen für jede Ordinalzahl β: $\boldsymbol{O}(\beta) \subseteq B \rightarrow \beta \in B$. Es sei also $\beta \in \boldsymbol{O}$, $(M_\xi)_{\xi<\beta}$, $(R_\xi)_{\xi<\beta}$ seien Mengenkomplexe, so daß R_ξ stets eine reflexive Wohlordnung in M_ξ ist, P sei die antilexikographische Menge bzgl. $(M_\xi)_{\xi<\beta}$, $(R_\xi)_{\xi<\beta}$ und R^* die antilexikographische Anordnung in P. Wäre F eine echt monoton fallende, abzählbare Folge von Elementen aus P, so wäre

$$F(0) \underset{R^*}{>} F(1) \underset{R^*}{>} F(2) \underset{R^*}{>} \cdots .$$

Setzen wir $a = F(0)$, so gibt es wegen $a > F(1)$ Indizes $\xi < \beta$ mit $a_\xi \neq \min M_\xi$, also gibt es einen größten Index γ mit $a_\gamma \neq \min M_\gamma$. Aus der Monotonie von F folgt dann für jedes $n \in \boldsymbol{N}$ und jedes $\xi < \beta$ mit $\gamma < \xi$:

$$F(n)_\xi = \min M_\xi .$$

Die Menge X aller Elemente x aus M_γ, für deren jedes es ein $n \in \boldsymbol{N}$ gibt mit $F(n)_\gamma = x$, ist endlich, da man andernfalls mittels Definition durch Induktion eine echt monoton fallende, abzählbare Folge f von Elementen aus M_γ (in bezug auf R_γ) erhält (es ist ja F echt monoton fallend und $F(n)_\xi = \min M_\xi$ für alle $\gamma < \xi < \beta$) im Widerspruch zu Satz 3, § 24. Es gibt also ein $x_0 \in X$, welches in der Folge $(F(n)_\gamma)_{n<\omega}$ an unendlich vielen Stellen n auftritt. Mittels Definition durch Induktion erhält man dann die echt monoton fallende, abzählbare Teilfolge F' von F mit $F'(n)_\gamma = x_0$ für jedes $n \in \boldsymbol{N}$. Die abzählbare Folge F^* schließlich von Elementen aus $\bigtimes_{\xi<\gamma} M_\xi$ mit $F^*(n) = F'(n)_{\boldsymbol{O}(\gamma)}$ für jedes $n \in \boldsymbol{N}$ ist eine echt monoton fallende, abzählbare Folge aus der antilexikographischen Menge Q bzgl. $(M_\xi)_{\xi<\gamma}$, $(R_\xi)_{\xi<\gamma}$ (in bezug auf die antilexikographische Anordnung S^* in Q). Da $\gamma < \beta$ ist, haben wir damit bewiesen: $\boldsymbol{O}(\beta) \subseteq B \rightarrow \beta \in B$. Die antilexikographische Anordnung R^* einer jeden antilexikographischen Menge P ist also eine reflexive Wohlordnung.

Ist schließlich $(\alpha_\xi)_{\xi<\beta}$ eine Folge vom Typ β von Ordinalzahlen, sind $(M_\xi^1)_{\xi<\beta}$, $(M_\xi^2)_{\xi<\beta}$, $(R_\xi^1)_{\xi<\beta}$, $(R_\xi^2)_{\xi<\beta}$ Mengenkomplexe mit für jedes $\xi < \beta$:

$$\alpha_\xi = \overline{\overline{[M_\xi^1, R_\xi^1]}} = \overline{\overline{[M_\xi^2, R_\xi^2]}}$$

und ist P_1 die antilexikographische Menge bzgl. $(M_\xi^1)_{\xi<\beta}$, $(R_\xi^1)_{\xi<\beta}$, P_2 die antilexikographische Menge bzgl. $(M_\xi^2)_{\xi<\beta}$, $(R_\xi^2)_{\xi<\beta}$, R_1^* die antilexikographische Anordnung in P_1 und R_2^* die antilexikographische Anordnung in P_2, so zeigt man unter Verwendung der für jedes $\xi < \beta$ eindeutig bestimmten ähnlichen Abbildung f_ξ von $[M_\xi^1, R_\xi^1]$ auf $[M_\xi^2, R_\xi^2]$ ohne Schwierigkeiten

$$[P_1, R_1^*] \backsim [P_2, R_2^*].$$

Damit sind wir zu folgender Definition berechtigt:

Definition 4. Ist $(\alpha_\xi)_{\xi<\beta}$ eine Folge vom Typ β von Ordinalzahlen, sind $(M_\xi)_{\xi<\beta}$, $(R_\xi)_{\xi<\beta}$ Mengenkomplexe mit für jedes $\xi < \beta$:

$$\alpha_\xi = \overline{[M_\xi, R_\xi]}$$

und ist P die antilexikographische Menge bzgl. $(M_\xi)_{\xi<\beta}$, $(R_\xi)_{\xi<\beta}$ (d. h. die Menge aller $x \in \bigtimes_{\xi<\beta} M_\xi$, für die $x_\xi \neq \min M_\xi$ für höchstens endlich viele $\xi < \beta$ gilt) und R^* die antilexikographische Anordnung in P (d. h. die Relation R^* in P mit für jedes $x, y \in P$:

$$x R^* y \leftrightarrow x = y \cdot\vee\cdot x \neq y \wedge x_p \underset{R_p}{<} y_p,$$

wobei p die größte Ordinalzahl $\xi < \beta$ ist mit $x_\xi \neq y_\xi$), so ist die Ordinalzahl $\gamma = \overline{[P, R^*]}$ das *allgemeine Produkt von* $(\alpha_\xi)_{\xi<\beta}$, bezeichnet mit: $\prod_{\xi<\beta} \alpha_\xi$ (gelesen: *Produkt aller* α_ξ *mit* $\xi < \beta$); diese Abkürzung wird analog verwendet für jede andere (in unserem Falle von den Variablen α und β verschiedene) Dingvariable statt ξ.

Für Folgen $(\alpha_\xi)_{\xi<\beta}$ vom Typ β von Ordinalzahlen gilt dann bei beliebigen Mengenkomplexen $(M_\xi)_{\xi<\beta}$, $(R_\xi)_{\xi<\beta}$ mit für jedes $\xi < \beta$:

$$\alpha_\xi = \overline{[M_\xi, R_\xi]}$$

und für die antilexikographische Menge P bzgl. $(M_\xi)_{\xi<\beta}$, $(R_\xi)_{\xi<\beta}$ und die antilexikographische Anordnung R^* in P:

$$\prod_{\xi<\beta} \alpha_\xi = \overline{[P, R^*]}.$$

Ist $(\alpha_\xi)_{\xi<\beta}$ eine Folge vom Typ β von Ordinalzahlen, $\gamma \leqq \beta$ und $\alpha' = \alpha_{O(\gamma)}$, so schreibt man natürlich

$$\text{für } \prod_{\xi<\gamma} \alpha'_\xi \quad \text{einfach } \prod_{\xi<\gamma} \alpha_\xi.$$

Satz 7. *Für Folgen $(\alpha_\xi)_{\xi<\beta}$ vom Typ β von Ordinalzahlen und Ordinalzahlen γ gilt:*

(1) $$\beta = 0 \rightarrow \prod_{\xi<\beta} \alpha_\xi = 1,$$

(2) $$\gamma' = \beta \rightarrow \prod_{\xi<\beta} \alpha_\xi = (\prod_{\xi<\gamma} \alpha_\xi) \cdot \alpha_\gamma,$$

(3) $$\beta \text{ Limeszahl} \rightarrow \prod_{\xi<\beta} \alpha_\xi = \begin{cases} 0, \text{ falls } \alpha_\xi = 0 \text{ für ein } \xi < \beta \\ \lim\limits_{\nu<\beta} \prod\limits_{\xi<\nu} \alpha_\xi, \text{ falls } \alpha_\xi \neq 0 \text{ für jedes } \xi < \beta. \end{cases}$$

Beweis. Es sei $(\alpha_\xi)_{\xi<\beta}$ eine Folge vom Typ β von Ordinalzahlen und $(M_\xi)_{\xi<\beta}$, $(R_\xi)_{\xi<\beta}$ seien Mengenkomplexe mit für jedes $\xi < \beta$:

$$\alpha_\xi = \overline{[M_\xi, R_\xi]}.$$

(1) folgt unmittelbar aus der Definition des allgemeinen Produktes, wonach ja

$$\prod_{\xi<0} \alpha_\xi = \overline{[\{\emptyset\}, \{[\emptyset, \emptyset]\}]} = 1$$

ist.

(2) Ist $\gamma' = \beta$, P die antilexikographische Menge bzgl. $(M_\xi)_{\xi<\gamma'}$, $(R_\xi)_{\xi<\gamma'}$, Q die antilexikographische Menge bzgl. $(M_\xi)_{\xi<\gamma}$, $(R_\xi)_{\xi<\gamma}$, R^* die antilexikographische Anordnung in P, S^* die antilexikographische Anordnung in Q und T^* die antilexikographische Anordnung in $Q \times M_\gamma$ bzgl. S^*, R_γ, so ist

$$\prod_{\xi<\gamma'} \alpha_\xi = \overline{[P, R^*]}, \quad \prod_{\xi<\gamma} \alpha_\xi = \overline{[Q, S^*]}, \quad (\prod_{\xi<\gamma} \alpha_\xi) \cdot \alpha_\gamma = \overline{[Q \times M_\gamma, T^*]},$$

woraus wegen

$$[P, R^*] \backsim [Q \times M_\gamma, T^*]$$

folgt

$$\prod_{\xi<\beta} \alpha_\xi = \prod_{\xi<\gamma'} \alpha_\xi = (\prod_{\xi<\gamma} \alpha_\xi) \cdot \alpha_\gamma.$$

(3) Ist $\alpha_\eta = 0$ für ein $\eta < \beta$, so ist sofort $\prod_{\xi<\beta} \alpha_\xi = 0$ wegen $\alpha_\eta = \overline{[\emptyset, \emptyset]}$. Es sei also von nun an $\alpha_\xi \neq 0$ für jedes $\xi < \beta$. Ist $\nu < \beta$, so ist

$$\prod_{\xi<\nu} \alpha_\xi \leqq \prod_{\xi<\beta} \alpha_\xi; \tag{+}$$

denn ist P die antilexikographische Menge bzgl. $(M_\xi)_{\xi<\beta}$, $(R_\xi)_{\xi<\beta}$, Q die antilexikographische Menge bzgl. $(M_\xi)_{\xi<\nu}$, $(R_\xi)_{\xi<\nu}$, R^* die antilexikographische Anordnung in P, S^* die antilexikographische Anordnung in Q und X die Menge aller Elemente $x \in P$ mit $x_\xi = \min M_\xi$ für jedes ξ mit $\nu \leqq \xi < \beta$, so ist X ein Anfangsstück von P, und es gilt

$$[Q, S^*] \backsim [X, {}_X R^*_X],$$

also ist

$$\prod_{\xi<\nu} \alpha_\xi = \overline{[Q, S^*]} \leqq \overline{[P, R^*]} = \prod_{\xi<\beta} \alpha_\xi .$$

Aus (+) folgt

$$\lim_{\nu<\beta} \prod_{\xi<\nu} \alpha_\xi \leqq \prod_{\xi<\beta} \alpha_\xi .$$

Wäre im Falle, daß β Limeszahl ist,

$$\lim_{\nu<\beta} \prod_{\xi<\nu} \alpha_\xi = \delta < \prod_{\xi<\beta} \alpha_\xi$$

und $\delta = \overline{[X, S]}$, so wäre $[X, S] \prec [P, R^*]$ (P ist die antilexikographische Menge bzgl. $(M_\xi)_{\xi<\beta}$, $(R_\xi)_{\xi<\beta}$ und R^* die antilexikographische Anordnung in P). Es gibt dann ein $x \in P$, so daß $[X, S]$ mit dem Abschnitt A von x in P ähnlich ist. Gibt es dabei kein $\xi < \beta$ mit $x_\xi \neq \min M_\xi$ und ist $\nu_0 < \beta$, so ist A der leere Abschnitt von P, der dann ähnlich mit dem leeren Abschnitt der antilexikographischen Menge Q bzgl. $(M_\xi)_{\xi<\nu_0}$, $(R_\xi)_{\xi<\nu_0}$ ist, so daß also $\delta = \overline{[A, {}_A R_A^*]} < \prod_{\xi<\nu_0} \alpha_\xi$ wäre im Widerspruch zur Voraussetzung $\lim_{\nu<\beta} \prod_{\xi<\nu} \alpha_\xi = \delta$ und damit $\prod_{\xi<\nu_0} \alpha_\xi \leqq \delta$. Gibt es ein $\xi < \beta$ mit $x_\xi \neq \min M_\xi$ und ist ν_0 der größte derartige Index ξ, so ist A ähnlich dem durch $x_{Q(\nu_0')}$ bestimmten Abschnitt in der antilexikographischen Menge Q bzgl. $(M_\xi)_{\xi<\nu_0'}$, $(R_\xi)_{\xi<\nu_0'}$ (es ist ja $y_\xi = \min M_\xi$ für jedes $y \in A$ und jedes $\xi \geqq \nu_0'$), so daß also $\delta = \overline{[A, {}_A R_A^*]} < \prod_{\xi<\nu_0'} \alpha_\xi$ wäre im Widerspruch zur Voraussetzung $\lim_{\nu<\beta} \prod_{\xi<\nu} \alpha_\xi = \delta$ und damit $\prod_{\xi<\nu_0'} \alpha_\xi \leqq \delta$. Es ist also $\lim_{\nu<\beta} \prod_{\xi<\nu} \alpha_\xi = \prod_{\xi<\beta} \alpha_\xi$.

Satz 7 (3) läßt sich bei $\alpha_\xi \neq 0$ für alle $\xi < \beta$ wieder schreiben in der Form:

$$\beta \textit{ Limeszahl} \rightarrow \prod_{\xi < \lim_{\nu<\beta} \nu} \alpha_\xi = \lim_{\nu<\beta} \prod_{\xi<\nu} \alpha_\xi .$$

Aus Satz 7 folgt:

$$\prod_{\xi<2} \alpha_\xi = (\prod_{\xi<1} \alpha_\xi) \cdot \alpha_1 = ((\prod_{\xi<0} \alpha_\xi) \cdot \alpha_0) \cdot \alpha_1 = (1 \cdot \alpha_0) \cdot \alpha_1 = \alpha_0 \cdot \alpha_1 ,$$

so daß also das Produkt im Sinne von Definition 3 ein Spezialfall des allgemeinen Produktes im Sinne von Definition 4 ist. Ebenso erhält man sukzessiv:

$$\prod_{\xi<3} \alpha_\xi = (\alpha_0 \cdot \alpha_1) \cdot \alpha_2, \quad \prod_{\xi<4} \alpha_\xi = ((\alpha_0 \cdot \alpha_1) \cdot \alpha_2) \cdot \alpha_3, \ldots .$$

Satz 8. *Für jede Folge* $(\alpha_\xi)_{\xi<\beta}$ *vom Typ* β *von Ordinalzahlen gibt es genau eine Funktion* F *von* $[0, \beta]$ *in* $\mathbf{O}$ *mit für jedes* $\gamma, \lambda \leqq \beta$:

(1) $$F(0) = 1,$$

(2) $$\gamma \neq \beta \rightarrow F(\gamma') = F(\gamma) \cdot \alpha_\gamma ,$$

(3) $$\lambda \textit{ Limeszahl} \rightarrow F(\lambda) = \begin{cases} 0, \textit{ falls } \alpha_\xi = 0 \textit{ für ein } \xi < \lambda \\ \lim_{\nu<\lambda} F(\nu), \textit{ falls } \alpha_\xi \neq 0 \textit{ für jedes } \xi < \lambda . \end{cases}$$

Beweis. Es sei $(\alpha_\xi)_{\xi<\beta}$ eine Folge vom Typ β von Ordinalzahlen, L die Menge aller Limeszahlen aus $[0, \beta]$, G die Klasse aller Funktionen g, für deren jede es ein $\lambda \in L$ gibt, so daß g eine Funktion von $\boldsymbol{O}(\lambda)$ in $\boldsymbol{O}$ ist, T_1 diejenige Funktion von $[0, \beta[\times \boldsymbol{O}$ in $\boldsymbol{O}$ mit für jedes $[\gamma, \eta] \in [0, \beta[\times \boldsymbol{O}$:

$$T_1(\gamma, \eta) = \eta \cdot \alpha_\gamma$$

und T_2 diejenige Funktion von G in $\boldsymbol{O}$ mit für jedes $g \in G$:

$$\mathrm{Vb}\, g = \boldsymbol{O}(\lambda) \to T_2(g) = \begin{cases} 0, \text{ falls } \alpha_\xi = 0 \text{ für ein } \xi < \lambda \\ \lim\limits_{\nu<\lambda} g(\nu), \text{ falls } \alpha_\xi \neq 0 \text{ für jedes } \xi < \lambda. \end{cases}$$

Dann gibt es nach Satz 9, § 19 genau eine Funktion F von $[0, \beta]$ in $\boldsymbol{O}$ mit für jedes $\gamma, \lambda \leqq \beta$:

$$F(0) = 1,$$

$$\gamma \neq \beta \to F(\gamma') = T_1(\gamma, F(\gamma)) = F(\gamma) \cdot \alpha_\gamma,$$

$$\lambda \textit{ Limeszahl} \to F(\lambda) = T_2(F_{\boldsymbol{O}(\lambda)}) = \begin{cases} 0, \text{ falls } \alpha_\xi = 0 \text{ für ein } \xi < \lambda \\ \lim\limits_{\nu<\lambda} F_{\boldsymbol{O}(\lambda)}(\nu) = \lim\limits_{\nu<\lambda} F(\nu), \text{ falls } \alpha_\xi \neq 0 \\ \qquad \text{für jedes } \xi < \lambda. \end{cases}$$

Satz 7 ergibt für Folgen $(\alpha_\xi)_{\xi<\beta}$ vom Typ β von Ordinalzahlen für jedes $\gamma, \lambda \leqq \beta$:

$$\prod_{\xi<0} \alpha_\xi = 1,$$

$$\gamma \neq \beta \to \prod_{\xi<\gamma'} \alpha_\xi = \Big(\prod_{\xi<\gamma} \alpha_\xi\Big) \cdot \alpha_\gamma,$$

$$\lambda \textit{ Limeszahl} \to \prod_{\xi<\lambda} \alpha_\xi = \begin{cases} 0, \text{ falls } \alpha_\xi = 0 \text{ für ein } \xi < \lambda \\ \lim\limits_{\nu<\lambda} \prod\limits_{\xi<\nu} \alpha_\xi, \text{ falls } \alpha_\xi \neq 0 \text{ für jedes } \xi < \lambda, \end{cases}$$

also ist die Funktion F über $[0, \beta]$ mit für jedes $\gamma \leqq \beta$:

$$F(\gamma) = \prod_{\xi<\gamma} \alpha_\xi$$

die im Sinne von Satz 8 eindeutig bestimmte Funktion F, und $\prod\limits_{\xi<\beta} \alpha_\xi$ kann somit auch rekursiv — ohne Verwendung der repräsentantenweisen Definition 4 — definiert werden als der Wert $F(\beta)$ derjenigen Funktion F von $[0, \beta]$ in $\boldsymbol{O}$ mit den Bedingungen (1), (2), (3) aus Satz 8.

Ist speziell $(a_i)_{i<m}$ eine Folge vom Typ $m \in \boldsymbol{N}$ von natürlichen Zahlen, so ist $\prod\limits_{i<m} \alpha_i$ gleich $F(m) \in \boldsymbol{N}$, wo F die eindeutig bestimmte Funktion von $[0, m]$ in $\boldsymbol{N}$ ist mit für jedes $n \leqq m$:

$$F(0) = 1,$$

$$n \neq m \to F(n') = F(n) \cdot a_n.$$

5. Eine weitere wichtige arithmetische Operation für Ordinalzahlen ist das Potenzieren. Das Potenzieren einer Ordinalzahl α mit einer Ordinalzahl β soll anschaulich die β-malige Multiplikation von α sein, derjenige Spezialfall also des allgemeinen Produktes $\prod_{\xi<\beta} \gamma_\xi$ mit $\gamma_\xi = \alpha$ für jedes $\xi < \beta$. Wir definieren daher:

Definition 5. Sind α, β Ordinalzahlen, ist $\alpha = \overline{[M, R]}$, P die antilexikographische Menge bzgl. der Mengenkomplexe $(M)_{\xi<\beta}$, $(R)_{\xi<\beta}$ (d. h. die Menge aller $x \in M^{O(\beta)}$, für die $x_\xi \neq \min M$ für höchstens endlich viele $\xi < \beta$ gilt) und R^* die antilexikographische Anordnung in P (d. h. die Relation R^* in P mit für jedes $x, y \in P$:

$$xR^*y \leftrightarrow x = y \cdot\vee\cdot x \neq y \wedge x_p \underset{R_p}{<} y_p,$$

wobei p die größte Ordinalzahl $\xi < \beta$ ist mit $x_\xi \neq y_\xi$), so ist die Ordinalzahl $\gamma = \overline{[P, R^*]}$ die *Potenz von* α, β, bezeichnet mit: α^β (gelesen: α *hoch* β). Ist $\gamma = \alpha^\beta$, so ist α eine *Basis von* γ und β ein *Exponent von* γ. Diejenige Operation O in $\boldsymbol{O}$, die jedem $[\alpha, \beta] \in \boldsymbol{O}^{(2)}$ die Potenz α^β zuordnet, ist die *Potenzierung in* $\boldsymbol{O}$.

Man beachte die mehrfache Bedeutung der Hochschreibweise α^β (als Mengenpotenz und Ordinalzahlpotenz).

α^2 nennt man auch das *Quadrat von* α und liest „α^2" als „α Quadrat".

Für Ordinalzahlen α, β gilt dann bei beliebigen M, R mit $\alpha = \overline{[M, R]}$ und für die antilexikographische Menge P bzgl. $(M)_{\xi<\beta}$, $(R)_{\xi<\beta}$ und die antilexikographische Anordnung R^* in P:

$$\alpha^\beta = \overline{[P, R^*]}.$$

Satz 9. *Für Ordinalzahlen* α, β, λ *gilt:*

$$(1) \qquad \alpha^{\mathbf{0}} = \mathbf{1},$$

$$(2) \qquad \alpha^{\beta'} = (\alpha^\beta) \cdot \alpha,$$

$$(3) \quad \lambda \textit{ Limeszahl} \rightarrow \alpha^\lambda = \begin{cases} \mathbf{0}, \textit{ falls } \alpha = \mathbf{0} \\ \lim\limits_{\xi<\lambda} (\alpha^\xi), \textit{ falls } \alpha \neq \mathbf{0}. \end{cases}$$

Beweis. Nach Definition der Potenz gilt für Ordinalzahlen α, β:

$$\alpha^\beta = \prod_{\xi<\beta} \alpha = \prod_{\xi<\beta} \gamma_\xi,$$

wobei $(\gamma_\xi)_{\xi<\beta}$ die Folge vom Typ β von Ordinalzahlen ist mit $\gamma_\xi = \alpha$ für jedes $\xi < \beta$. Dann folgen die Behauptungen (1), (2), (3) aber unmittelbar aus Satz 7.

Aus Satz 9 folgt für Ordinalzahlen α:

$$\alpha^1 = \alpha;$$

denn es ist $\alpha^1 = \alpha^{\mathbf{0}'} = (\alpha^{\mathbf{0}}) \cdot \alpha = \mathbf{1} \cdot \alpha = \alpha$.

Nach Satz 6, § 19 beweist man mit Satz 9 induktiv über β für Ordinalzahlen β:

$$\beta \geqq 1 \rightarrow 0^\beta = 0, \qquad 1^\beta = 1;$$

es ist $0^1 = 0$, ist $0^\beta = 0$ bei $\beta \geqq 1$, so ist $0^{\beta'} = (0^\beta) \cdot 0 = 0$, ist β Limeszahl, so ist $0^\beta = 0$; es ist $1^0 = 1$, ist $1^\beta = 1$, so ist $1^{\beta'} = (1^\beta) \cdot 1 = 1 \cdot 1 = 1$, ist β Limeszahl und $1^\xi = 1$ für alle $\xi < \beta$, so ist $1^\beta = \lim\limits_{\xi<\beta} (1^\xi) = \lim\limits_{\xi<\beta} 1 = 1$.

Da für ordinale Limeszahlen λ gilt $\lambda = \lim\limits_{\xi<\lambda} \xi$, so läßt sich Satz 9 (3) bei $\alpha \neq 0$ auch schreiben:

$$\lambda \textit{ Limeszahl} \rightarrow \alpha^{\left(\lim\limits_{\xi<\lambda} \xi\right)} = \lim_{\xi<\lambda} (\alpha^\xi);$$

man kann also in diesem Sinne Potenzierung und Limesbildung miteinander vertauschen.

Genauso wie Satz 11, § 25 erhält man für PEANO-Systeme $P = [N, o, f]$ die eindeutige Existenz einer Operation O in N mit für jedes $a, n \in N$:

$$a O o = f(o),$$

$$a O f(n) = (a O n) \cdot a.$$

Nennt man diese Operation die *Potenzierung bzgl. P*, so fällt also nach Satz 9 die auf $\boldsymbol{N}$ eingeschränkte Potenzierung in $\boldsymbol{O}$ mit der Potenzierung bzgl. des von $\boldsymbol{N}$, 0, $'$ gebildeten PEANO-Systems $\boldsymbol{P}_1$ zusammen; denn man zeigt leicht durch vollständige Induktion über β für Ordinalzahlen α, β:

$$\alpha, \beta \in \boldsymbol{N} \rightarrow \alpha^\beta \in \boldsymbol{N}.$$

Satz 10. *Es gibt genau eine Operation O in $\boldsymbol{O}$ mit für jedes $\alpha, \beta, \lambda \in \boldsymbol{O}$:*

(1) $\alpha O 0 = 1$,

(2) $\alpha O \beta' = (\alpha O \beta) \cdot \alpha$,

(3) $\lambda \textit{ Limeszahl} \rightarrow \alpha O \lambda = \begin{cases} 0 \textit{ falls } \alpha = 0 \\ \lim\limits_{\xi<\lambda} (\alpha O \xi), \textit{ falls } \alpha \neq 0. \end{cases}$

Beweis. Es gibt zunächst höchstens eine derartige Operation in $\boldsymbol{O}$. Sind nämlich O_1, O_2 derartige Operationen in $\boldsymbol{O}$, ist $\alpha \in \boldsymbol{O}$, L die Klasse aller ordinalen Limeszahlen und B die Klasse aller $\beta \in \boldsymbol{O}$ mit

$$\alpha O_1 \beta = \alpha O_2 \beta,$$

so ist zu zeigen $B = \boldsymbol{O}$, da dann offenbar $O_1 = O_2$ gilt. Für $B = \boldsymbol{O}$ genügt es nach Satz 6, § 19 zu zeigen:

$$0 \in B \wedge \forall \beta (\beta \in B \rightarrow \beta' \in B) \wedge \forall \lambda (\lambda \in L \wedge \boldsymbol{O}(\lambda) \subseteq B \rightarrow \lambda \in B).$$

Diese Eigenschaften von B folgen aber trivial aus den Voraussetzungen (1), (2), (3) für O_1, O_2.

Nun zur Existenz einer Operation O in $\boldsymbol{O}$ mit den Eigenschaften (1), (2), (3), wobei die Existenz unabhängig von der bereits definierten Potenzierung nachgewiesen werden soll. Ist α eine vorgegebene Ordinalzahl, L die Klasse aller ordinalen Limeszahlen, G die Klasse aller Funktionen g, für deren jede es ein $\lambda \in L$ gibt, so daß g eine Funktion von $\boldsymbol{O}(\lambda)$ in $\boldsymbol{O}$ ist, T_1 die Funktion von $\boldsymbol{O} \times \boldsymbol{O}$ in $\boldsymbol{O}$ mit für jedes $\beta, \gamma \in \boldsymbol{O}$:

$$T_1(\beta, \gamma) = \gamma \cdot \alpha$$

und T_2 die Funktion von G in $\boldsymbol{O}$ mit für jedes $g \in G$:

$$\text{Vb}\, g = \boldsymbol{O}(\lambda) \to T_2(g) = \begin{cases} 0, \text{ falls } \alpha = 0 \\ \lim\limits_{\xi < \lambda} g(\xi), \text{ falls } \alpha \neq 0, \end{cases}$$

so gibt es nach Satz 9, § 19 genau eine Funktion F von $\boldsymbol{O}$ in $\boldsymbol{O}$ mit

$$F(0) = 1,$$

$$\forall \beta\, (\beta \in \boldsymbol{O} \to F(\beta') = T_1(\beta, F(\beta)) = F(\beta) \cdot \alpha),$$

$$\forall \lambda \left(\lambda \in L \to F(\lambda) = T_2(F_{\boldsymbol{O}(\lambda)}) = \begin{cases} 0, \text{ falls } \alpha = 0 \\ \lim\limits_{\xi < \lambda} F_{\boldsymbol{O}(\lambda)}(\xi) = \lim\limits_{\xi < \lambda} F(\xi), \text{ falls } \alpha \neq 0 \end{cases}\right);$$

diese für jedes $\alpha \in \boldsymbol{O}$ eindeutig bestimmte Funktion F werde mit $\langle\alpha\rangle$ bezeichnet.

Die Operation O in $\boldsymbol{O}$ mit für jedes $\alpha, \beta \in \boldsymbol{O}$:

$$\alpha\, O\, \beta = \langle\alpha\rangle\,(\beta)$$

erfüllt die Bedingungen (1), (2), (3).

Aus den Sätzen 9, 10 folgt, daß die Potenzierung die eindeutig bestimmte Operation O in $\boldsymbol{O}$ ist mit für jedes $\alpha, \beta, \lambda \in \boldsymbol{O}$:

$$(1) \qquad \alpha\, O\, 0 = 1,$$

$$(2) \qquad \alpha\, O\, \beta' = (\alpha\, O\, \beta) \cdot \alpha,$$

$$(3) \quad \lambda \textit{ Limeszahl} \to \alpha\, O\, \lambda = \begin{cases} 0, \text{ falls } \alpha = 0 \\ \lim\limits_{\xi < \lambda} (\alpha\, O\, \xi), \text{ falls } \alpha \neq 0. \end{cases}$$

Die Potenzierung kann also auch rekursiv — ohne Verwendung der repräsentantenweisen Definition 5 — definiert werden als diejenige Operation O in $\boldsymbol{O}$, welche den Bedingungen (1), (2), (3) genügt.

Addition, Multiplikation und Potenzierung in $\boldsymbol{O}$ heißen gemeinsam die *elementaren arithmetischen Operationen in* $\boldsymbol{O}$.

§ 28. Rechengesetze

1. Die elementaren arithmetischen Operationen besitzen gewisse Stetigkeitseigenschaften, für deren Behandlung wir folgende Begriffe einführen:

Definition 1. Ist F eine Funktion von einem Anfangsstück von $\boldsymbol{O}$ in $\boldsymbol{O}$ und $\lambda \in \mathrm{Vb}\, F$ eine ordinale Limeszahl, so ist F *an der Stelle* λ *stetig* genau dann, wenn $F(\lambda) = \lim\limits_{\xi < \lambda} F(\xi)$ gilt; F ist *an der Stelle* λ *unstetig* genau dann, wenn $F(\lambda) \neq \lim\limits_{\xi < \lambda} F(\xi)$ gilt. Eine Funktion F von einem Anfangsstück von $\boldsymbol{O}$ in $\boldsymbol{O}$ ist stetig genau dann, wenn F an jeder Stelle λ stetig ist, wo $\lambda \in \mathrm{Vb}\, F$ eine ordinale Limeszahl ist; F ist eine *Halbnormalfunktion* genau dann, wenn F stetig und monoton wachsend ist; F ist eine *Normalfunktion* genau dann, wenn F stetig und echt monoton wachsend ist. Eine Klasse B von Ordinalzahlen ist ein *Band* genau dann, wenn B der Wertebereich einer Normalfunktion ist.

Die Definitionsbereiche der stetigen, Halbnormal- und Normalfunktionen sind also Abschnitte von $\boldsymbol{O}$ — man spricht dann auch von *stetigen, Halbnormal-* und *Normalfolgen* — oder $\boldsymbol{O}$ selbst. Jede Normalfunktion F ist eine ähnliche Abbildung von $\mathrm{Vb}\, F$ auf $\mathrm{Nb}\, F$.

Die ähnliche Abbildung $\boldsymbol{\Omega}$ von $\boldsymbol{O}$ auf die Klassen aller Anfangszahlen ist z. B. eine Normalfunktion. Es ist zunächst $\boldsymbol{\Omega}$ echt monoton wachsend. $\boldsymbol{\Omega}$ ist auch stetig; denn ist λ eine ordinale Limeszahl, so ist $\lim\limits_{\xi < \lambda} \boldsymbol{\Omega}_\xi \leqq \boldsymbol{\Omega}_\lambda$ wegen $\boldsymbol{\Omega}_\xi < \boldsymbol{\Omega}_\lambda$ für jedes $\xi < \lambda$; gäbe es eine Ordinalzahl μ mit $\boldsymbol{\Omega}_\xi \leqq \mu < \boldsymbol{\Omega}_\lambda$ für jedes $\xi < \lambda$, so wäre $|\mu| < |\boldsymbol{\Omega}_\lambda|$, also nach Satz 11, § 23 $\aleph_{\xi_0} < \aleph_\lambda$ bei $|\mu| = \aleph_{\xi_0} < \aleph_{\xi_0'}$, also $\mu < \boldsymbol{\Omega}_{\xi_0'}$ im Widerspruch zu $\xi_0' < \lambda$ (wegen $\xi_0 < \lambda$) und damit $\boldsymbol{\Omega}_{\xi_0'} \leqq \mu$; also ist $\boldsymbol{\Omega}$ stetig.

Die Klasse L aller ordinalen Limeszahlen ist eine Unmenge, da es für jedes $\alpha \in \boldsymbol{O}$ ein $\lambda \in L$ gibt mit $\alpha \leqq \lambda$ (es ist nämlich $\boldsymbol{O} \setminus \boldsymbol{O}(\alpha)$ eine Unmenge, also ähnlich mit $\boldsymbol{O}$, so daß für die ähnliche Abbildung f von $\boldsymbol{O}$ auf $\boldsymbol{O} \setminus \boldsymbol{O}(\alpha)$ $f(\boldsymbol{\omega})$ eine Limeszahl λ mit $\alpha < \lambda$ ist); also ist L mit $\boldsymbol{O}$ ähnlich. Die ähnliche Abbildung F von $\boldsymbol{O}$ auf L ist dann eine Normalfunktion. Es ist zunächst F echt monoton wachsend. F ist auch stetig; denn ist λ eine ordinale Limeszahl, so ist $\lim\limits_{\xi < \lambda} F(\xi) \leqq F(\lambda)$ wegen $F(\xi) < F(\lambda)$ für jedes $\xi < \lambda$; gäbe es eine Ordinalzahl μ mit $F(\xi) \leqq \mu < F(\lambda)$ für jedes $\xi < \lambda$ und wäre μ_0 die kleinste derartige Ordinalzahl μ, so wäre auch $F(\xi) \leqq \mu_0 < F(\lambda)$ für jedes $\xi < \lambda$ und sogar $F(\xi) < \mu_0 < F(\lambda)$ für jedes $\xi < \lambda$ (da F echt monoton wachsend und λ Limeszahl ist), womit μ_0 keinen Vorgänger ν besitzt (mit also $\nu' = \mu_0$), da sonst stets $F(\xi) \leqq \nu < F(\lambda)$ wäre im Widerspruch zur Definition von μ_0; μ_0 ist also Limeszahl, womit es einen Index ξ_0 gibt mit $\mu_0 = F(\xi_0)$; wegen $\mu_0 < F(\lambda)$ ist $\xi_0 < \lambda$, was den Widerspruch $\mu_0 = F(\xi_0) < \mu_0$ ergibt wegen $F(\xi) < \mu_0$ für jedes $\xi < \lambda$; also ist F stetig.

Satz 1. *Ist F eine echt monoton wachsende Funktion von einem Anfangsstück A von $\boldsymbol{O}$ in $\boldsymbol{O}$, so gilt für jedes $\xi \in A$:*

$$\xi \leqq F(\xi).$$

Beweis. Unter den Voraussetzungen des Satzes sei $\eta \in A$ und für jedes $\xi < \eta$ gelte $\xi \leqq F(\xi)$. Dann ist auch $\eta \leqq F(\eta)$; denn wäre $F(\eta) < \eta$, so wäre $F(\eta) \leqq F(F(\eta))$ im Widerspruch zur Monotonie von F, wonach $F(F(\eta)) < F(\eta)$ gilt. Nach dem Beweisprinzip der transfiniten ordnungstheoretischen Induktion gilt somit $\xi \leqq F(\xi)$ für jedes $\xi \in A$.

Nach Satz 1 gilt u. a. für Normalfunktionen F stets $\xi \leqq F(\xi)$ für jedes $\xi \in \mathrm{Vb}\, F$.

Der nächste Satz drückt ein *Rekursionsprinzip für Halbnormalfunktionen* aus.

Satz 2. *Für jede Funktion G von $\boldsymbol{O}$ in $\boldsymbol{O}$ mit $\xi \leqq G(\xi)$ bzw. $\xi < G(\xi)$ für alle $\xi \in \boldsymbol{O}$ und für jedes $\alpha \in \boldsymbol{O}$ gibt es genau eine Halbnormalfunktion bzw. Normalfunktion F über $\boldsymbol{O}$ mit*

$$F(0) = \alpha \wedge \forall \xi (\xi \in \boldsymbol{O} \rightarrow F(\xi') = G(F(\xi))).$$

Beweis. G sei eine Funktion von $\boldsymbol{O}$ in $\boldsymbol{O}$ mit $\xi \leqq G(\xi)$ bzw. $\xi < G(\xi)$ für jedes $\xi \in \boldsymbol{O}$; α sei eine beliebige Ordinalzahl. Ist dann L die Klasse aller ordinalen Limeszahlen, G^* die Klasse aller Funktionen g, für deren jede es ein $\lambda \in L$ gibt, so daß g eine Funktion von $\boldsymbol{O}(\lambda)$ in $\boldsymbol{O}$ ist, T_1 diejenige Funktion von $\boldsymbol{O} \times \boldsymbol{O}$ in $\boldsymbol{O}$ mit für jedes $[\xi, \eta] \in \boldsymbol{O}^{(2)}$:

$$T_1(\xi, \eta) = G(\eta)$$

und T_2 diejenige Funktion von G^* in $\boldsymbol{O}$ mit für jedes $g \in G^*$:

$$\mathrm{Vb}\, g = \boldsymbol{O}(\lambda) \rightarrow T_2(g) = \lim_{\xi < \lambda} g(\xi),$$

so gibt es nach Satz 9, § 19 genau eine Funktion F von $\boldsymbol{O}$ in $\boldsymbol{O}$ mit

$$F(0) = \alpha,$$

$$\forall \xi (\xi \in \boldsymbol{O} \rightarrow F(\xi') = T_1(\xi, F(\xi)) = G(F(\xi))),$$

$$\forall \lambda (\lambda \in L \rightarrow F(\lambda) = T_2(F_{\boldsymbol{O}(\lambda)}) = \lim_{\xi < \lambda} F_{\boldsymbol{O}(\lambda)}(\xi) = \lim_{\xi < \lambda} F(\xi)).$$

Auf Grund der letzten Zeile ist F stetig, so daß also F die eindeutig bestimmte stetige Funktion über $\boldsymbol{O}$ ist mit

$$F(0) = \alpha \wedge \forall \xi (\xi \in \boldsymbol{O} \rightarrow F(\xi') = G(F(\xi))).$$

Es genügt, noch zu zeigen, daß F monoton bzw. echt monoton wächst. Wir zeigen hierzu nach Satz 6, § 19 durch transfinitie Induktion über η für jedes $\xi, \eta \in \boldsymbol{O}$:

$$\xi < \eta \rightarrow F(\xi) \leqq F(\eta) \quad \text{bzw.} \quad \xi < \eta \rightarrow F(\xi) < F(\eta).$$

Die Behauptung gilt trivial für $\eta = 0$ und jedes $\xi \in \boldsymbol{O}$. Gilt sie für η und jedes $\xi \in \boldsymbol{O}$, so auch für η' und jedes $\xi \in \boldsymbol{O}$; denn ist $\xi < \eta'$, so ist $\xi \leqq \eta$, woraus

$$F(\xi) \leqq F(\eta) \leqq G(F(\eta)) = F(\eta')$$

bzw.

$$F(\xi) \leqq F(\eta) < G(F(\eta)) = F(\eta')$$

folgt. Schließlich gilt die Behauptung auch für eine beliebige Limeszahl η und jedes $\xi \in \boldsymbol{O}$ unter der Voraussetzung, daß sie jeweils für alle $\nu < \eta$ und jedes $\xi \in \boldsymbol{O}$ gilt; denn dann ist

$$\xi < \eta \rightarrow F(\xi) \leqq \lim_{\nu < \eta} F(\nu) = F(\eta)$$

bzw.

$$\xi < \eta \rightarrow F(\xi) < \lim_{\nu < \eta} F(\nu) = F(\eta).$$

Also wächst F monoton bzw. echt monoton.

Weitere wichtige Eigenschaften der Halbnormalfunktionen besagen folgende beiden Sätze:

Satz 3. *Für jede Halbnormalfunktion F und jedes $\alpha \in \boldsymbol{O}$ mit*

$$\exists\, \xi \,\exists\, \eta\, (\xi, \eta \in \mathrm{Vb}\, F \wedge F(\xi) \leqq \alpha < F(\eta))$$

gibt es genau ein $\xi \in \mathrm{Vb}\, F$ mit $\xi' \in \mathrm{Vb}\, F$ und

$$F(\xi) \leqq \alpha < F(\xi').$$

Beweis. Unter den Voraussetzungen des Satzes gibt es zunächst höchstens ein gewünschtes $\xi \in \mathrm{Vb}\, F$; denn wäre

$$F(\xi_1) \leqq \alpha < F(\xi_1') \quad \text{und} \quad F(\xi_2) \leqq \alpha < F(\xi_2')$$

bei etwa $\xi_1 < \xi_2$, so wäre $\xi_1' \leqq \xi_2$, also $\alpha < F(\xi_1') \leqq F(\xi_2) \leqq \alpha$ im Widerspruch zu $\alpha \not< \alpha$.

Nun zur Existenz eines gewünschten ξ. Es sei η die kleinste Ordinalzahl ξ aus $\mathrm{Vb}\, F$ mit $\alpha < F(\xi)$. Es ist $\eta \neq 0$, da es sonst kein $\xi \in \mathrm{Vb}\, F$ gibt mit $F(\xi) \leqq \alpha$ (weil sonst $\alpha < F(0) \leqq F(\xi) \leqq \alpha$ wäre). Ist η eine isolierte Zahl, so gibt es also ein $\xi \in \mathrm{Vb}\, F$ mit $\xi' = \eta$ und damit $F(\xi) \leqq \alpha < F(\xi')$. Ist η eine Limeszahl, so ist $\alpha < F(\eta) = \lim_{\xi < \eta} F(\xi)$ im Widerspruch zu $F(\xi) \leqq \alpha$ für jedes $\xi < \eta$ und damit $F(\eta) = \lim_{\xi < \eta} F(\xi) \leqq \alpha$. Der Fall, daß η Limeszahl ist, kann also nicht eintreten.

Die eindeutig bestimmte Zahl ξ in Satz 3 ist dann die größte Ordinalzahl ξ mit $F(\xi) \leqq \alpha$.

Satz 4. *Für Halbnormalfunktionen F über A, Ordinalzahlen $\beta \neq 0$ und monoton wachsende Folgen $(\alpha_\xi)_{\xi < \beta}$ vom Typ β von Ordinalzahlen mit $\lim_{\xi < \beta} \alpha_\xi \in A$ gilt:*

$$F(\lim_{\xi < \beta} \alpha_\xi) = \lim_{\xi < \beta} F(\alpha_\xi).$$

Beweis. Es sei F eine Halbnormalfunktion über A, $0 \neq \beta \in \boldsymbol{O}$ und $(\alpha_\xi)_{\xi < \beta}$ eine monoton wachsende Folge vom Typ β von Ordinalzahlen mit $\lim_{\xi < \beta} \alpha_\xi \in A$. Gibt es ein $\xi_0 < \beta$ mit $\alpha_\xi = \alpha_{\xi_0}$ für alle $\xi_0 \leqq \xi < \beta$, so ist $\lim_{\xi < \beta} \alpha_\xi = \alpha_{\xi_0}$ und

$\lim_{\xi<\beta} F(\alpha_\xi) = F(\alpha_{\xi_0})$, womit die Behauptung gilt. Gibt es kein $\xi_0 < \beta$ mit $\alpha_\xi = \alpha_{\xi_0}$ für alle $\xi_0 \leqq \xi < \beta$, so gibt es zu jedem $\xi_0 < \beta$ ein $\xi < \beta$ mit $\xi_0 < \xi < \beta$ und $\alpha_{\xi_0} < \alpha_\xi$. Dann ist $\mu = \lim_{\xi<\beta} \alpha_\xi$ eine Limeszahl. Es ist trivial $\lim_{\xi<\beta} F(\alpha_\xi) \leqq F(\mu)$, da $F(\alpha_\xi) \leqq F(\mu)$ für jedes $\xi < \beta$ wegen $\alpha_\xi \leqq \mu$ gilt. Wegen $F(\mu) = \lim_{\xi<\mu} F(\xi)$ ist jetzt noch zu zeigen:

$$\lim_{\xi<\beta} F(\alpha_\xi) \not< \lim_{\xi<\mu} F(\xi).$$

Wäre aber $\lim_{\xi<\beta} F(\alpha_\xi) < \lim_{\xi<\mu} F(\xi)$, so gäbe es ein $\xi_0 < \mu$ mit $\lim_{\xi<\beta} F(\alpha_\xi) < F(\xi_0)$. Aus $\xi_0 < \mu = \lim_{\xi<\beta} \alpha_\xi$ folgt die Existenz eines $\xi_1 < \beta$ mit $\xi_0 < \alpha_{\xi_1}$ und damit schließlich der Widerspruch $\lim_{\xi<\beta} F(\alpha_\xi) < F(\xi_0) \leqq F(\alpha_{\xi_1})$.

Definition 2. Ist F eine Normalfunktion, so ist eine Ordinalzahl $\xi \in \mathrm{Vb}\, F$ eine *kritische Zahl von* F genau dann, wenn $F(\xi) = \xi$ gilt.

Ist F eine Normalfunktion über dem Anfangsstück $A_0 = \mathrm{Vb}\, F$ von $\boldsymbol{O}$ und K die Klasse aller kritischen Zahlen von F, so ist K als Teilklasse von A_0 genau einem Anfangsstück A von A_0 und damit auch genau einem Anfangsstück A von $\boldsymbol{O}$ ähnlich. Die kritischen Zahlen einer Normalfunktion bilden dann, ihrer Größe nach geordnet, wieder eine Normalfunktion:

Satz 5. *Für jede Normalfunktion F, die Klasse K der kritischen Zahlen von F und das mit K ähnliche Anfangsstück A von $\boldsymbol{O}$ ist die ähnliche Abbildung k von A auf K eine Normalfunktion.*

Beweis. Unter den Voraussetzungen des Satzes ist zunächst k echt monoton wachsend. k ist aber auch stetig. Denn ist $\lambda \in A$ eine Limeszahl und $\mu = \lim_{\xi<\lambda} k_\xi$, so ist $k_\xi < \mu$ für jedes $\xi < \lambda$ und $\mu \leqq k_\lambda$. Wäre $\mu < k_\lambda$, so gäbe es wegen $F(k_\xi) = k_\xi$ für jedes $\xi \in A$ nach Satz 3 ein $\xi_0 \in \mathrm{Vb}\, F$ mit $F(\xi_0) \leqq \mu < F(\xi_0')$; es ist $\xi_0 \leqq F(\xi_0) \leqq \mu$. Ist $\xi_0 < \mu$, so gibt es ein $k_\xi (\xi < \lambda)$ mit

$$\xi_0 < k_\xi < \mu < F(\xi_0') \leqq F(k_\xi) = k_\xi$$

im Widerspruch zu $k_\xi \not< k_\xi$. Ist $\xi_0 = \mu$, so ist $F(\xi_0) = \xi_0$ wegen $\xi_0 \leqq F(\xi_0) \leqq \mu$; damit gibt es ein $\xi \in A$ mit $\xi_0 = k_\xi$; wegen $k_\xi = \xi_0 = \mu < k_\lambda$ ist $\xi < \lambda$, woraus schließlich $k_\xi < \mu$ folgt im Widerspruch zu $k_\xi = \xi_0 = \mu$. Also ist $\mu = k_\lambda$, also $\lim_{\xi<\lambda} k_\xi = k_\lambda$ und somit k stetig.

Satz 6. *Für Normalfunktionen F über $\boldsymbol{O}$ und Ordinalzahlen α gilt:*

$$\exists\, \xi\, (\xi \text{ kritische Zahl von } F \wedge \alpha \leqq \xi).$$

Beweis. Es sei F eine Normalfunktion über $\boldsymbol{O}$ und $\alpha \in \boldsymbol{O}$. Durch vollständige Induktion bilde man die Funktion f von $\boldsymbol{N}$ in $\boldsymbol{O}$ mit für jedes $n \in \boldsymbol{N}$:

$$f(0) = \alpha \wedge f(n') = F(f(n)).$$

Man zeigt leicht durch vollständige Induktion über $m: n < m \to f(n) \leqq f(m)$ unter Verwendung der Eigenschaft $\xi \leqq F(\xi)$ für jedes $\xi \in \boldsymbol{O}$. f ist also eine monoton wachsende, abzählbare Folge von Ordinalzahlen. Dann gilt nach Satz 4 für $\xi = \lim\limits_{n<\omega} f(n)$:

$$F(\xi) = \lim_{n<\omega} F(f(n)) = \lim_{n<\omega} f(n') = \lim_{n<\omega} f(n) = \xi.$$

Also ist ξ eine kritische Zahl von F mit $\alpha = f(0) \leqq \xi$.

Nach Satz 6 ist die Klasse K aller kritischen Zahlen einer Normalfunktion F über $\boldsymbol{O}$ eine Unmenge und daher mit $\boldsymbol{O}$ ähnlich. Die Ähnlichkeitsabbildung von $\boldsymbol{O}$ auf K ist nach Satz 5 eine Normalfunktion.

2. Wir stellen jetzt die Rechengesetze für die einzelnen Operationen zusammen. Für Ordinalzahlen α, β haben wir bereits die Spezialfälle bewiesen:

$$\alpha + 0 = 0 + \alpha = \alpha, \qquad \alpha' = \alpha + 1,$$

$$\alpha \cdot 0 = 0 \cdot \alpha = 0, \qquad \alpha \cdot 1 = 1 \cdot \alpha = \alpha,$$

$$\alpha^0 = 1, \quad \alpha^1 = \alpha, \quad \beta \geqq 1 \to 0^\beta = 0, \quad 1^\beta = 1.$$

Satz 7. *Für Ordinalzahlen α, β, γ gilt:*

(1) $\beta < \gamma \to \alpha + \beta < \alpha + \gamma, \qquad \alpha < \gamma \to \alpha + \beta \leqq \gamma + \beta,$

(2) $\alpha \geqq 1 .\to. \beta < \gamma \to \alpha \cdot \beta < \alpha \cdot \gamma, \qquad \alpha < \gamma \to \alpha \cdot \beta \leqq \gamma \cdot \beta,$

(3) $\alpha \geqq 2 .\to. \beta < \gamma \to \alpha^\beta < \alpha^\gamma, \qquad \alpha < \gamma \to \alpha^\beta \leqq \gamma^\beta$

(*Monotonie*).

Beweis. Die Behauptungen werden induktiv über γ bzw. β bewiesen unter Verwendung der Sätze 1, 5, 9 aus § 27 und Satz 6, § 19.

(1) Es sei $\alpha, \beta \in \boldsymbol{O}$. Dann gilt für $\gamma = 0$ trivial $\beta < \gamma \to \alpha + \beta < \alpha + \gamma$. Gilt für ein $\gamma \in \boldsymbol{O}$ $\beta < \gamma \to \alpha + \beta < \alpha + \gamma$, so gilt auch

$$\beta < \gamma' \to \beta \leqq \gamma \to \alpha + \beta \leqq \alpha + \gamma < (\alpha + \gamma)' = \alpha + \gamma'.$$

Ist γ eine ordinale Limeszahl und gilt $\beta < \xi \to \alpha + \beta < \alpha + \xi$ für beliebige $\xi < \gamma$, so gilt auch $\beta < \gamma \to \alpha + \beta < \alpha + \gamma$; denn ist $\beta < \gamma$, so gibt es ein ξ_0 mit $\beta < \xi_0 < \gamma$ (etwa $\xi_0 = \beta'$), wofür dann gilt

$$\alpha + \beta < \alpha + \xi_0 \leqq \lim_{\xi<\gamma} (\alpha + \xi) = \alpha + \gamma.$$

Damit gilt das erste Gesetz (1).

Es sei α, $\gamma \in \boldsymbol{O}$. Dann gilt für $\beta = 0$ trivial $\alpha < \gamma \to \alpha + \beta \leqq \gamma + \beta$. Gilt für ein $\beta \in \boldsymbol{O}$ $\alpha < \gamma \to \alpha + \beta \leqq \gamma + \beta$, so gilt auch

$$\alpha < \gamma \to \alpha + \beta' = (\alpha + \beta)' \leqq (\gamma + \beta)' = \gamma + \beta'.$$

Ist β eine ordinale Limeszahl und gilt $\alpha < \gamma \to \alpha + \xi \leqq \gamma + \xi$ für beliebige $\xi < \beta$, so gilt auch

$$\alpha < \gamma \to \alpha + \beta = \lim_{\xi < \beta} (\alpha + \xi) \leqq \lim_{\xi < \beta} (\gamma + \xi) = \gamma + \beta .$$

Damit gilt das zweite Gesetz von (1).

(2) Trivial gilt $\beta < 0 \to \alpha \cdot \beta < \alpha \cdot 0$. Gilt $\alpha \geqq 1$ und $\beta < \gamma \to \alpha \cdot \beta < \alpha \cdot \gamma$, so gilt auch

$$\beta < \gamma' \to \beta \leqq \gamma \to \alpha \cdot \beta \leqq (\alpha \cdot \gamma) + 0 < (\alpha \cdot \gamma) + \alpha = \alpha \cdot \gamma' .$$

Ist $\alpha \geqq 1$ und γ eine Limeszahl, so gibt es im Falle $\beta < \gamma$ ein $\beta < \xi_0 < \gamma$, wofür dann nach Induktionsvoraussetzung

$$\alpha \cdot \beta < \alpha \cdot \xi_0 \leqq \lim_{\xi < \gamma} (\alpha \cdot \xi) = \alpha \cdot \gamma$$

gilt. Damit gilt das erste Gesetz von (2).

Trivial gilt $\alpha \cdot 0 \leqq \gamma \cdot 0$. Gilt $\alpha < \gamma \to \alpha \cdot \beta \leqq \gamma \cdot \beta$, so gilt auch

$$\alpha < \gamma \to \alpha \cdot \beta' = (\alpha \cdot \beta) + \alpha \leqq (\gamma \cdot \beta) + \alpha \leqq (\gamma \cdot \beta) + \gamma = \gamma \cdot \beta' .$$

Ist β eine Limeszahl, so gilt nach Induktionsvoraussetzung auch

$$\alpha < \gamma \to \alpha \cdot \beta = \lim_{\xi < \beta} (\alpha \cdot \xi) \leqq \lim_{\xi < \beta} (\gamma \cdot \xi) = \gamma \cdot \beta .$$

Damit gilt das zweite Gesetz von (2).

(3) Trivial gilt $\beta < 0 \to \alpha^\beta < \alpha^0$. Gilt $\alpha \geqq 2$ und $\beta < \gamma \to \alpha^\beta < \alpha^\gamma$, so gilt auch

$$\beta < \gamma' \to \beta \leqq \gamma \to \alpha^\beta \leqq \alpha^\gamma \cdot 1 < \alpha^\gamma \cdot \alpha = \alpha^{\gamma'} ;$$

denn man zeigt induktiv über γ, daß für $\alpha \neq 0$ stets $\alpha^\gamma \neq 0$ ist. Ist $\alpha \geqq 2$ und γ eine Limeszahl, so gibt es im Falle $\beta < \gamma$ ein $\beta < \xi_0 < \gamma$, wofür dann nach Induktionsvoraussetzung

$$\alpha^\beta < \alpha^{\xi_0} \leqq \lim_{\xi < \gamma} (\alpha^\xi) = \alpha^\gamma$$

gilt. Damit gilt das erste Gesetz von (3).

Trivial gilt $\alpha^0 \leqq \gamma^0$. Gilt $\alpha < \gamma \to \alpha^\beta \leqq \gamma^\beta$, so gilt auch

$$\alpha < \gamma \to \alpha^{\beta'} = \alpha^\beta \cdot \alpha \leqq \gamma^\beta \cdot \alpha \leqq \gamma^\beta \cdot \gamma = \gamma^{\beta'} .$$

Ist β eine Limeszahl, so gilt nach Induktionsvoraussetzung auch

$$\alpha < \gamma \to \alpha^\beta = \lim_{\xi < \beta} (\alpha^\xi) \leqq \lim_{\xi < \beta} (\gamma^\xi) = \gamma^\beta$$

im Falle $\alpha \neq 0$; für $\alpha = 0$ ist $\alpha^\beta = 0 \leqq \gamma^\beta$. Damit gilt das zweite Gesetz von (3).

Wir werden nach Satz 8 einsehen, daß in Satz 7 für $\leqq$ nicht $<$ gesetzt werden kann.

Über die Trichotomie von $<$ folgt aus Satz 7 für Ordinalzahlen α, β, γ:

$$\beta < \gamma \leftrightarrow \alpha + \beta < \alpha + \gamma, \qquad \alpha \leqq \gamma \rightarrow \alpha + \beta \leqq \gamma + \beta,$$
$$\beta = \gamma \leftrightarrow \alpha + \beta = \alpha + \gamma, \qquad \alpha + \beta < \gamma + \beta \rightarrow \alpha < \gamma,$$
$$\beta \leqq \gamma \leftrightarrow \alpha + \beta \leqq \alpha + \gamma,$$
$$\alpha \geqq 1 .\rightarrow. \beta < \gamma \leftrightarrow \alpha \cdot \beta < \alpha \cdot \gamma, \qquad \alpha \leqq \gamma \rightarrow \alpha \cdot \beta \leqq \gamma \cdot \beta,$$
$$\alpha \geqq 1 .\rightarrow. \beta = \gamma \leftrightarrow \alpha \cdot \beta = \alpha \cdot \gamma, \qquad \alpha \cdot \beta < \gamma \cdot \beta \rightarrow \alpha < \gamma,$$
$$\alpha \geqq 1 .\rightarrow. \beta \leqq \gamma \leftrightarrow \alpha \cdot \beta \leqq \alpha \cdot \gamma,$$
$$\alpha \geqq 2 .\rightarrow. \beta < \gamma \leftrightarrow \alpha^\beta < \alpha^\gamma, \qquad \alpha \leqq \gamma \rightarrow \alpha^\beta \leqq \gamma^\beta,$$
$$\alpha \geqq 2 .\rightarrow. \beta = \gamma \leftrightarrow \alpha^\beta = \alpha^\gamma, \qquad \alpha^\beta < \gamma^\beta \rightarrow \alpha < \gamma,$$
$$\alpha \geqq 2 .\rightarrow. \beta \leqq \gamma \leftrightarrow \alpha^\beta \leqq \alpha^\gamma.$$

Man erhält weiter unmittelbar aus Satz 7 für Ordinalzahlen $\alpha_1, \alpha_2, \beta_1, \beta_2$:

$$\alpha_1 < \alpha_2 \wedge \beta_1 < \beta_2 \rightarrow \alpha_1 + \beta_1 < \alpha_2 + \beta_2 \wedge \alpha_1 \cdot \beta_1 < \alpha_2 \cdot \beta_2,$$
$$\alpha_1 \leqq \alpha_2 \wedge \beta_1 \leqq \beta_2 \rightarrow \alpha_1 + \beta_1 \leqq \alpha_2 + \beta_2 \wedge \alpha_1 \cdot \beta_1 \leqq \alpha_2 \cdot \beta_2,$$
$$\alpha_1 < \alpha_2 \geqq 2 \wedge \beta_1 < \beta_2 \rightarrow \alpha_1^{\beta_1} < \alpha_2^{\beta_2},$$
$$\alpha_1 \leqq \alpha_2 \geqq 1 \wedge \beta_1 \leqq \beta_2 \rightarrow \alpha_1^{\beta_1} \leqq \alpha_2^{\beta_2}.$$

Wegen $\alpha = \alpha + 0 \leqq \alpha + \beta$ und $\beta = 0 + \beta \leqq \alpha + \beta$ gilt für Ordinalzahlen α, β:

$$\alpha, \beta \leqq \alpha + \beta.$$

Hieraus erhält man sofort für Ordinalzahlen α, β:

$$\alpha + \beta = 0 \leftrightarrow \alpha = \beta = 0;$$

denn ist $\alpha + \beta = 0$, so ist $\alpha, \beta \leqq \alpha + \beta = 0$, also $\alpha = \beta = 0$.

Weiterhin gilt für Ordinalzahlen α, β:

$$\alpha \cdot \beta = 0 \leftrightarrow \alpha = 0 \vee \beta = 0, \qquad \alpha \cdot \beta = 1 \leftrightarrow \alpha = \beta = 1.$$

Denn ist $\alpha \cdot \beta = 0$, und wäre $\alpha \neq 0$, $\beta \neq 0$, so wäre $0 = 0 \cdot 0 < \alpha \cdot \beta = 0$. Ist $\alpha \cdot \beta = 1$, so muß $\alpha, \beta \geqq 1$ sein; es kann außerdem nicht einer der Faktoren α, β gleich 1 und der andere größer als 1 sein; schließlich kann auch nicht $1 < \alpha, \beta$ gelten wegen $1 = 1 \cdot 1 < \alpha \cdot \beta = 1$.

Für Ordinalzahlen α, β gilt:

$$\alpha + \beta = \alpha \leftrightarrow \beta = 0, \qquad \alpha \geqq 1 .\rightarrow. \alpha \cdot \beta = \alpha \leftrightarrow \beta = 1;$$

denn es ist

$$\alpha + \beta = \alpha \leftrightarrow \alpha + \beta = \alpha + 0 \leftrightarrow \beta = 0,$$

und für $\alpha \geqq 1$ gilt

$$\alpha \cdot \beta = \alpha \leftrightarrow \alpha \cdot \beta = \alpha \cdot 1 \leftrightarrow \beta = 1.$$

Satz 8. *Für Ordinalzahlen α, β gilt:*

$$\alpha \geqq 2 \wedge \beta \geqq 2 \rightarrow \alpha + \beta \leqq \alpha \cdot \beta \leqq \alpha^{\beta}.$$

Beweis. Es sei $2 \leqq \alpha \in \boldsymbol{O}$. Dann ist trivial

$$\alpha + 2 \leqq \alpha + \alpha = (\alpha \cdot 1) + \alpha = \alpha \cdot 1' = \alpha \cdot 2 \leqq \alpha \cdot \alpha = (\alpha^1) \cdot \alpha = \alpha^{1'} = \alpha^2.$$

Ist $\alpha + \beta \leqq \alpha \cdot \beta \leqq \alpha^{\beta}$ bei $\beta \geqq 2$, so ist

$$\alpha + \beta' = (\alpha + \beta)' \leqq (\alpha \cdot \beta)' = (\alpha \cdot \beta) + 1 \leqq (\alpha \cdot \beta) + \alpha = \alpha \cdot \beta';$$

außerdem ist

$$\alpha \cdot \beta' = (\alpha \cdot \beta) + \alpha \leqq (\alpha^{\beta}) + (\alpha^1) \leqq (\alpha^{\beta}) + (\alpha^{\beta}) = (\alpha^{\beta}) \cdot 2 \leqq (\alpha^{\beta}) \cdot \alpha = \alpha^{\beta'}.$$

Ist β eine Limeszahl und gilt $\alpha + \xi \leqq \alpha \cdot \xi \leqq \alpha^{\xi}$ für jedes $2 \leqq \xi < \beta$, so ist trivial

$$\alpha + \beta = \lim_{\xi < \beta} (\alpha + \xi) \leqq \lim_{\xi < \beta} (\alpha \cdot \xi) = \alpha \cdot \beta$$

und

$$\alpha \cdot \beta = \lim_{\xi < \beta} (\alpha \cdot \xi) \leqq \lim_{\xi < \beta} (\alpha^{\xi}) = \alpha^{\beta}.$$

Damit haben wir nun nach Satz 6, § 19 induktiv $\alpha + \beta \leqq \alpha \cdot \beta \leqq \alpha^{\beta}$ für beliebige Ordinalzahlen $\alpha, \beta \geqq 2$ bewiesen.

Aus Satz 8 folgt speziell für Ordinalzahlen α, β:

$$\alpha \geqq 2 \rightarrow \alpha^{\beta} \geqq \beta, \qquad \beta \geqq 1 \rightarrow \alpha^{\beta} \geqq \alpha,$$
$$\alpha \neq 0 \rightarrow \alpha^{\beta} \neq 0;$$

denn es ist stets $\alpha, \beta \leqq \alpha + \beta$.

In den Ungleichungen von Satz 7 kann $\leqq$ nicht durch $<$ ersetzt werden. Es ist nämlich für beliebige natürliche Zahlen n:

$$n + \omega = \omega, \quad n \geqq 1 \rightarrow n \cdot \omega = \omega, \quad n \geqq 2 \rightarrow n^{\omega} = \omega.$$

Das sieht man folgendermaßen ein: Es ist für natürliche Zahlen n

$$n + \omega = \lim_{\xi < \omega} (n + \xi), \quad n \cdot \omega = \lim_{\xi < \omega} (n \cdot \xi), \quad n \neq 0 \rightarrow n^{\omega} = \lim_{\xi < \omega} (n^{\xi}),$$

also

$$n + \omega \leqq \omega, \quad n \cdot \omega \leqq \omega, \quad n^{\omega} \leqq \omega;$$

andererseits gilt aber auch für natürliche Zahlen n:

$$\omega = 0 + \omega \leqq n + \omega, \quad n \geqq 1 \rightarrow \omega = 1 \cdot \omega \leqq n \cdot \omega, \quad n \geqq 2 \rightarrow \omega \leqq n^{\omega},$$

womit die obigen Gleichheiten bewiesen sind. Man hat dann schließlich für $2 \leqq n, m \in \boldsymbol{N}$:

$$n < m \rightarrow n + \omega = m + \omega = n \cdot \omega = m \cdot \omega = n^{\omega} = m^{\omega} = \omega.$$

Man beweist aber leicht durch vollständige Induktion über n, daß für Ordinalzahlen α, γ und natürliche Zahlen n gilt:

$$\alpha < \gamma \rightarrow \alpha + n < \gamma + n,$$

$$n \geqq 1 . \rightarrow . \alpha < \gamma \rightarrow \alpha \cdot n < \gamma \cdot n,$$

$$n \geqq 1 . \rightarrow . \alpha < \gamma \rightarrow \alpha^n < \gamma^n.$$

Aus den Sätzen 1, 5, 9 aus § 27 und Satz 7 folgt, daß für jedes $\alpha \in \boldsymbol{O}$ die Funktion F_1 über $\boldsymbol{O}$ mit für jedes $\xi \in \boldsymbol{O}$:

$$F_1(\xi) = \alpha + \xi$$

eine Normalfunktion ist; ebenso ist für jedes $1 \leqq \alpha \in \boldsymbol{O}$ die Funktion F_2 über $\boldsymbol{O}$ mit für jedes $\xi \in \boldsymbol{O}$:

$$F_2(\xi) = \alpha \cdot \xi$$

eine Normalfunktion; schließlich ist für jedes $2 \leqq \alpha \in \boldsymbol{O}$ die Funktion F_3 über $\boldsymbol{O}$ mit für jedes $\xi \in \boldsymbol{O}$:

$$F_3(\xi) = \alpha^{\xi}$$

eine Normalfunktion. Für jedes $\beta \in \boldsymbol{O}$ sind die Funktionen H_1, H_2, H_3 über $\boldsymbol{O}$ mit für jedes $\xi \in \boldsymbol{O}$:

$$H_1(\xi) = \xi + \beta, \qquad H_2(\xi) = \xi \cdot \beta, \qquad H_3(\xi) = \xi^{\beta}$$

monoton wachsend. Diese Funktionen sind aber im allgemeinen unstetig; z. B. gilt für $\beta = 2$:

$$H_1(\lim_{\xi < \omega} \xi) = H_1(\omega) = \omega + 2 \neq \omega = \lim_{\xi < \omega} (\xi + 2) = \lim_{\xi < \omega} H_1(\xi),$$

$$H_2(\lim_{\xi < \omega} \xi) = H_2(\omega) = \omega \cdot 2 \neq \omega = \lim_{\xi < \omega} (\xi \cdot 2) = \lim_{\xi < \omega} H_2(\xi),$$

$$H_3(\lim_{\xi < \omega} \xi) = H_3(\omega) = \omega^2 \neq \omega = \lim_{\xi < \omega} (\xi^2) = \lim_{\xi < \omega} H_3(\xi).$$

Aus Satz 3 folgt dann für Ordinalzahlen α, ξ:

$$\alpha \leqq \xi \rightarrow \exists!! \, \beta (\alpha + \beta \leqq \xi < \alpha + \beta'),$$

$$\alpha \geqq 1 \rightarrow \exists!! \, \beta (\alpha \cdot \beta \leqq \xi < \alpha \cdot \beta'),$$

$$\alpha \geqq 2 \wedge \xi \geqq 1 \rightarrow \exists!! \, \beta (\alpha^{\beta} \leqq \xi < \alpha^{\beta'});$$

denn ist $\alpha \leqq \xi$, so ist

$$\alpha + 0 \leqq \xi \leqq \alpha + \xi < (\alpha + \xi)' = \alpha + \xi',$$

ist $\alpha \geqq 1$, so ist

$$\alpha \cdot 0 \leqq \xi \leqq \alpha \cdot \xi < \alpha \cdot \xi + \alpha = \alpha \cdot \xi',$$

ist $\alpha \geqq 2 \wedge \xi \geqq 1$, so ist

$$\alpha^0 \leqq \xi \leqq \alpha^\xi < (\alpha^\xi) \cdot \alpha = \alpha^{\xi'},$$

womit die Voraussetzungen von Satz 3 erfüllt sind.

Ist weiterhin $\alpha \in \boldsymbol{O}$, λ eine ordinale Limeszahl und $(\beta_\xi)_{\xi<\lambda}$ eine monoton wachsende Folge vom Typ λ von Ordinalzahlen, so gilt nach Satz 4:

$$\lim_{\xi<\lambda} (\alpha + \beta_\xi) = \alpha + \lim_{\xi<\lambda} \beta_\xi,$$

$$\lim_{\xi<\lambda} (\alpha \cdot \beta_\xi) = \alpha \cdot \lim_{\xi<\lambda} \beta_\xi,$$

$$\alpha \neq 0 \to \lim_{\xi<\lambda} (\alpha^{\beta_\xi}) = \alpha^{\left(\lim_{\xi<\lambda} \beta_\xi\right)}.$$

Dabei gilt die vorletzte Gleichung zunächst unter der Voraussetzung $\alpha \geqq 1$, die man jedoch trivial weglassen kann; ebenso gilt die letzte Gleichung zunächst nur unter der Voraussetzung $\alpha \geqq 2$, die man aber trivial zu $\alpha \neq 0$ abschwächen kann; auch $\alpha \neq 0$ kann man in der letzten Gleichung weglassen, sofern $\beta_0 \neq 0$ ist.

Mit Hilfe dieser Limessätze beweisen wir nun induktiv den

Satz 9. *Für Ordinalzahlen* α, β, γ *gilt:*

a) $$(\alpha + \beta) + \gamma = \alpha + (\beta + \gamma), \qquad (\alpha \cdot \beta) \cdot \gamma = \alpha \cdot (\beta \cdot \gamma)$$
(*Assoziativität*),

b) $$\alpha \cdot (\beta + \gamma) = (\alpha \cdot \beta) + (\alpha \cdot \gamma)$$
(*Linksseitige Distributivität*),

c) $$(\alpha^\beta) \cdot (\alpha^\gamma) = \alpha^{\beta+\gamma}, \qquad (\alpha^\beta)^\gamma = \alpha^{\beta \cdot \gamma}.$$

Beweis. Wir beweisen die Behauptungen induktiv über γ in folgender Reihenfolge: Das erste Gesetz von a); b); das zweite Gesetz von a); c).

Das erste Gesetz von a). Es sei $\alpha, \beta \in \boldsymbol{O}$. Dann ist trivial $(\alpha + \beta) + 0 = \alpha + (\beta + 0)$. Ist $(\alpha + \beta) + \gamma = \alpha + (\beta + \gamma)$, so ist

$$(\alpha + \beta) + \gamma' = ((\alpha + \beta) + \gamma)' = (\alpha + (\beta + \gamma))' = \alpha + (\beta + \gamma)' = \alpha + (\beta + \gamma').$$

Ist γ eine Limeszahl mit $(\alpha + \beta) + \xi = \alpha + (\beta + \xi)$ für jedes $\xi < \gamma$, so ist

$$(\alpha + \beta) + \gamma = \lim_{\xi<\gamma} ((\alpha + \beta) + \xi) = \lim_{\xi<\gamma} (\alpha + (\beta + \xi)) = \alpha + \lim_{\xi<\gamma} (\beta + \xi) = \alpha + (\beta + \gamma).$$

b) Es sei $\alpha, \beta \in \boldsymbol{O}$. Dann ist trivial $\alpha \cdot (\beta + 0) = (\alpha \cdot \beta) + (\alpha \cdot 0)$. Ist $\alpha \cdot (\beta + \gamma) = (\alpha \cdot \beta) + (\alpha \cdot \gamma)$, so ist

$$\begin{aligned}\alpha \cdot (\beta + \gamma') &= \alpha \cdot (\beta + \gamma)' = (\alpha \cdot (\beta + \gamma)) + \alpha = ((\alpha \cdot \beta) + (\alpha \cdot \gamma)) + \alpha \\ &= (\alpha \cdot \beta) + ((\alpha \cdot \gamma) + \alpha) = (\alpha \cdot \beta) + (\alpha \cdot \gamma').\end{aligned}$$

Ist γ eine Limeszahl mit $\alpha \cdot (\beta + \xi) = (\alpha \cdot \beta) + (\alpha \cdot \xi)$ für jedes $\xi < \gamma$, so ist

$$\begin{aligned} \alpha \cdot (\beta + \gamma) &= \alpha \cdot \lim_{\xi < \gamma} (\beta + \xi) = \lim_{\xi < \gamma} (\alpha \cdot (\beta + \xi)) = \lim_{\xi < \gamma} ((\alpha \cdot \beta) + (\alpha \cdot \xi)) \\ &= (\alpha \cdot \beta) + \lim_{\xi < \gamma} (\alpha \cdot \xi) = (\alpha \cdot \beta) + (\alpha \cdot \gamma). \end{aligned}$$

Das zweite Gesetz von a). Es sei $\alpha, \beta \in \boldsymbol{O}$. Dann ist trivial $(\alpha \cdot \beta) \cdot 0 = \alpha \cdot (\beta \cdot 0)$. Ist $(\alpha \cdot \beta) \cdot \gamma = \alpha \cdot (\beta \cdot \gamma)$, so ist

$$(\alpha \cdot \beta) \cdot \gamma' = ((\alpha \cdot \beta) \cdot \gamma) + (\alpha \cdot \beta) = (\alpha \cdot (\beta \cdot \gamma)) + (\alpha \cdot \beta) = \alpha \cdot ((\beta \cdot \gamma) + \beta) = \alpha \cdot (\beta \cdot \gamma').$$

Ist γ eine Limeszahl mit $(\alpha \cdot \beta) \cdot \xi = \alpha \cdot (\beta \cdot \xi)$ für jedes $\xi < \gamma$, so ist

$$(\alpha \cdot \beta) \cdot \gamma = \lim_{\xi < \gamma} ((\alpha \cdot \beta) \cdot \xi) = \lim_{\xi < \gamma} (\alpha \cdot (\beta \cdot \xi)) = \alpha \cdot \lim_{\xi < \gamma} (\beta \cdot \xi) = \alpha \cdot (\beta \cdot \gamma).$$

c) Es sei $\alpha, \beta \in \boldsymbol{O}$. Für $\alpha = 0$ gilt trivial $(\alpha^\beta) \cdot (\alpha^\gamma) = \alpha^{\beta + \gamma}$ und $(\alpha^\beta)^\gamma = \alpha^{\beta \cdot \gamma}$; wir setzen also von jetzt ab $\alpha \neq 0$ voraus. Dann ist trivial $(\alpha^\beta) \cdot (\alpha^0) = \alpha^{\beta + 0}$. Ist $(\alpha^\beta) \cdot (\alpha^\gamma) = \alpha^{\beta + \gamma}$, so ist

$$(\alpha^\beta) \cdot (\alpha^{\gamma'}) = (\alpha^\beta) \cdot ((\alpha^\gamma) \cdot \alpha) = ((\alpha^\beta) \cdot (\alpha^\gamma)) \cdot \alpha = (\alpha^{\beta + \gamma}) \cdot \alpha = \alpha^{(\beta + \gamma)'} = \alpha^{\beta + \gamma'}.$$

Ist γ eine Limeszahl mit $(\alpha^\beta) \cdot (\alpha^\xi) = \alpha^{\beta + \xi}$ für jedes $\xi < \gamma$, so ist

$$(\alpha^\beta) \cdot (\alpha^\gamma) = (\alpha^\beta) \cdot \lim_{\xi < \gamma} (\alpha^\xi) = \lim_{\xi < \gamma} ((\alpha^\beta) \cdot (\alpha^\xi)) = \lim_{\xi < \gamma} (\alpha^{\beta + \xi}) = \alpha^{\left(\lim\limits_{\xi < \gamma} (\beta + \xi)\right)} = \alpha^{\beta + \gamma}.$$

Ebenso ist trivial $(\alpha^\beta)^0 = \alpha^{\beta \cdot 0}$. Ist $(\alpha^\beta)^\gamma = \alpha^{\beta \cdot \gamma}$, so ist

$$(\alpha^\beta)^{\gamma'} = ((\alpha^\beta)^\gamma) \cdot (\alpha^\beta) = (\alpha^{\beta \cdot \gamma}) \cdot (\alpha^\beta) = \alpha^{(\beta \cdot \gamma) + \beta} = \alpha^{\beta \cdot \gamma'}.$$

Ist γ eine Limeszahl mit $(\alpha^\beta)^\xi = \alpha^{\beta \cdot \xi}$ für jedes $\xi < \gamma$, so ist

$$(\alpha^\beta)^\gamma = \lim_{\xi < \gamma} ((\alpha^\beta)^\xi) = \lim_{\xi < \gamma} (\alpha^{\beta \cdot \xi}) = \alpha^{\left(\lim\limits_{\xi < \gamma} (\beta \cdot \xi)\right)} = \alpha^{\beta \cdot \gamma}.$$

Auf Grund der Gültigkeit der assoziativen Gesetze ist folgende klammersparende Vereinbarung zweckmäßig: Sind $\alpha, \beta, \gamma, \delta, \varepsilon, \ldots$ Ordinalzahlen, so haben die klammerfreien Schreibweisen

$$\begin{array}{lll} \alpha + \beta + \gamma, & \alpha + \beta + \gamma + \delta, & \alpha + \beta + \gamma + \delta + \varepsilon, \ \ldots; \\ \alpha \cdot \beta \cdot \gamma, & \alpha \cdot \beta \cdot \gamma \cdot \delta, & \alpha \cdot \beta \cdot \gamma \cdot \delta \cdot \varepsilon, \ \ldots \end{array}$$

die Bedeutung:

$$\begin{array}{lll} (\alpha + \beta) + \gamma, & (\alpha + \beta + \gamma) + \delta, & (\alpha + \beta + \gamma + \delta) + \varepsilon, \ \ldots; \\ (\alpha \cdot \beta) \cdot \gamma, & (\alpha \cdot \beta \cdot \gamma) \cdot \delta, & (\alpha \cdot \beta \cdot \gamma \cdot \delta) \cdot \varepsilon, \ \ldots . \end{array}$$

Zur weiteren Vereinfachung der Schreibweise (Klammereinsparung) vereinbaren wir noch, daß die Operationen Potenzierung, Multiplikation und Addition in dieser Reihenfolge immer stärker trennen, so daß also etwa

$$\alpha + \beta \cdot \gamma^{\delta} \qquad \text{bedeutet:} \qquad \alpha + (\beta \cdot (\gamma^{\delta})).$$

$$\alpha + \beta', \quad \alpha \cdot \beta', \quad \alpha^{\beta'}, \quad \alpha^{\beta + \gamma}, \quad \alpha^{\beta \cdot \gamma}$$

bedeuten natürlich (wie es teilweise bereits verwendet wurde):

$$\alpha + (\beta'), \quad \alpha \cdot (\beta'), \quad \alpha^{(\beta')}, \quad \alpha^{(\beta + \gamma)}, \quad \alpha^{(\beta \cdot \gamma)}.$$

Den Multiplikationspunkt $\cdot$ läßt man auch oft weg, schreibt also

$$\text{für } \alpha \cdot \beta \text{ auch einfach } \alpha\beta.$$

Es gelten nicht allgemein für beliebige Ordinalzahlen α, β die innerhalb $\boldsymbol{N}$ bestehenden Kommutativgesetze der Addition $(\alpha + \beta = \beta + \alpha)$ und Multiplikation $(\alpha \cdot \beta = \beta \cdot \alpha)$; z. B. ist für natürliche Zahlen n:

$$n > 0 \rightarrow n + \omega = \omega < \omega + n, \qquad n > 1 \rightarrow n \cdot \omega = \omega < \omega \cdot n.$$

Ebenso gilt nicht allgemein das rechtsseitige Distributivgesetz $((\alpha + \beta) \cdot \gamma = \alpha \cdot \gamma + \beta \cdot \gamma)$; z. B. ist

$$(1 + 1) \cdot \omega = 2 \cdot \omega = \omega < \omega + \omega = 1 \cdot \omega + 1 \cdot \omega.$$

Innerhalb $\boldsymbol{N}$ kann man das folgende Potenzgesetz durch vollständige Induktion über n beweisen:

$$(a \cdot b)^n = a^n \cdot b^n;$$

dieses Gesetz gilt nicht allgemein für beliebige Ordinalzahlen; z. B. ist

$$(2 \cdot 2)^{\omega} = 4^{\omega} = \omega < \omega \cdot \omega = 2^{\omega} \cdot 2^{\omega}.$$

Zu den aufgeführten Unterscheidungsmerkmalen zwischen transfiniter und finiter Arithmetik kommt noch als weiteres grundlegendes Merkmal hinzu die Absorptionseigenschaft von Addition, Multiplikation und Potenzierung; d. h. es gibt Ordinalzahlen α, β mit $\alpha \neq 0$ und $\alpha + \beta = \beta$, es gibt Ordinalzahlen α, β mit $\alpha \geqq 2$, $\beta \neq 0$ und $\alpha \cdot \beta = \beta$, und es gibt Ordinalzahlen α, β mit $\alpha \geqq 2$ und $\alpha^{\beta} = \beta$. Zum Beispiel gilt ja für jede natürliche Zahl $n \geqq 2$: $n + \omega = n \cdot \omega = n^{\omega} = \omega$; vgl. auch Satz 6. Innerhalb $\boldsymbol{N}$ bestehen solche Absorptionen nicht, was für die Addition und Multiplikation in $\boldsymbol{N}$ aus der auf Grund der Kommutativität geltenden beiderseitigen echten Monotonie folgt und was man für die Potenzierung in $\boldsymbol{N}$ durch vollständige Induktion über β beweist.

Wir werden später (Satz 10, § 31) noch für Ordinalzahlen α, β, γ zeigen:

$$(\alpha + \beta) \cdot \gamma \leqq \alpha \cdot \gamma + \beta \cdot \gamma.$$

Dagegen gilt nicht allgemein $(\alpha \cdot \beta)^{\gamma} \leqq \alpha^{\gamma} \cdot \beta^{\gamma}$, wie das Beispiel

$$(2 \cdot (\omega + 1))^2 > 2^2 \cdot (\omega + 1)^2$$

zeigt; dies sieht man folgendermaßen ein: Es ist zu zeigen

$$2 \cdot 2(\omega + 1) \cdot (\omega + 1) < 2(\omega + 1) \cdot 2(\omega + 1),$$

wofür es der Reihe nach zu zeigen genügt:

$$2(\omega + 1)(\omega + 1) < (\omega + 1) \cdot 2(\omega + 1),$$

$$(2\omega + 2)(\omega + 1) < (\omega + 1)(2\omega + 2),$$

$$(\omega + 2)(\omega + 1) < (\omega + 1)(\omega + 2),$$

$$(\omega + \omega)(\omega + 1) < (\omega + 1)\omega + (\omega + 1) \cdot 2,$$

$$\omega \cdot 2(\omega + 1) < \omega\omega + (\omega + 1) \cdot 2,$$

$$\omega \cdot 2\omega + \omega \cdot 2 < \omega^2 + \omega + 1 + \omega + 1,$$

$$\omega\omega + \omega \cdot 2 < \omega^2 + \omega + \omega + 1,$$

$$\omega^2 + \omega \cdot 2 < \omega^2 + \omega \cdot 2 + 1,$$

$$0 < 1;$$

die letzte Ungleichung ist aber trivial erfüllt.

Wir wenden uns nun den verallgemeinerten Operationen zu.

Sind β, γ Ordinalzahlen mit $\beta \leqq \gamma$ und ist F eine Funktion über der Menge $I = [\beta, \gamma]$ aller $i \in \boldsymbol{O}$ mit $\beta \leqq i \leqq \gamma$, so schreibt man

$$\text{statt } (F_i)_{i \in I} \quad \text{auch} \quad (F_i)_{\beta \leqq i \leqq \gamma};$$

analoge Bedeutung haben

$$(F_i)_{\beta < i \leqq \gamma}, \qquad (F_i)_{\beta \leqq i < \gamma}, \qquad (F_i)_{\beta < i < \gamma};$$

für $(F_i)_{0 \leqq i \leqq \gamma}$ schreibt man einfach $(F_i)_{i \leqq \gamma}$.

Mit diesen Schreibweisen „$\beta \leqq i \leqq \gamma$" (statt „$i \in [\beta, \gamma]$"), „$\beta < i \leqq \gamma$" (statt „$i \in]\beta, \gamma]$") usw. verwendet man dann auch sämtliche für Elemente- und Mengenkomplexe in § 9 (Abschnitt 4) vereinbarten Abkürzungen.

Definition 3. Ist $\beta, \gamma \in \boldsymbol{O}$, $\beta \leqq \gamma$, $(\alpha_\xi)_{\beta \leqq \xi \leqq \gamma}$ ein Elementekomplex über $[\beta, \gamma]$ mit $\alpha_\xi \in \boldsymbol{O}$ für jedes $\beta \leqq \xi \leqq \gamma$, π die eindeutig bestimmte Ordinalzahl, für die $[\beta, \gamma]$ und $\boldsymbol{O}(\pi)$ ähnlich sind, und f die ähnliche Abbildung von $\boldsymbol{O}(\pi)$ auf $[\beta, \gamma]$, so ist die *allgemeine Summe von* $(\alpha_\xi)_{\beta \leqq \xi \leqq \gamma}$, bezeichnet mit: $\sum_{\beta \leqq \xi \leqq \gamma} \alpha_\xi$ (gelesen: *Summe aller* α_ξ *mit* $\beta \leqq \xi \leqq \gamma$), die allgemeine Summe $\sum_{\xi < \pi} \alpha_{f(\xi)}$ und das *allgemeine Produkt von* $(\alpha_\xi)_{\beta \leqq \xi \leqq \gamma}$, bezeichnet mit: $\prod_{\beta \leqq \xi \leqq \gamma} \alpha_\xi$ (gelesen: *Produkt aller* α_ξ *mit* $\beta \leqq \xi \leqq \gamma$), das allgemeine Produkt $\prod_{\xi < \pi} \alpha_{f(\xi)}$. Analog werden die allgemeine Summe und das allgemeine Produkt über Intervallen $]\beta, \gamma]$, $[\beta, \gamma[$, $]\beta, \gamma[$ erklärt.

Für $\sum\limits_{0 \leq \xi \leq \gamma} \alpha_\xi$, $\prod\limits_{0 \leq \xi \leq \gamma} \alpha_\xi$ schreibt man einfach $\sum\limits_{\xi \leq \gamma} \alpha_\xi$, $\prod\limits_{\xi \leq \gamma} \alpha_\xi$. Für $\sum\limits_{\beta \leq \xi \leq \gamma} \alpha_\xi$, $\prod\limits_{\beta \leq \xi \leq \gamma} \alpha_\xi$ schreibt man auch

$$\alpha_\beta + \cdots + \alpha_\gamma, \quad \sum_{\xi=\beta}^{\gamma} \alpha_\xi; \qquad \alpha_\beta \cdot \cdots \cdot \alpha_\gamma, \quad \prod_{\xi=\beta}^{\gamma} \alpha_\xi .$$

Zur Vereinfachung der Schreibweise (Klammereinsparung) vereinbart man noch, daß $+$ und $\cdot$ stärker trennen als $\sum$ und $\prod$, so daß also etwa

$$\sum_{\xi<\gamma} \alpha_\xi + \delta, \qquad \sum_{\beta<\xi\leq\gamma} \alpha_\xi \cdot \delta, \qquad \prod_{\xi<\gamma} \alpha_\xi + \delta, \qquad \prod_{\beta\leq\xi<\gamma} \alpha_\xi \cdot \delta$$

bedeuten:

$$\Big(\sum_{\xi<\gamma} \alpha_\xi\Big) + \delta, \qquad \Big(\sum_{\beta<\xi\leq\gamma} \alpha_\xi\Big) \cdot \delta, \qquad \Big(\prod_{\xi<\gamma} \alpha_\xi\Big) + \delta, \qquad \Big(\prod_{\beta\leq\xi<\gamma} \alpha_\xi\Big) \cdot \delta .$$

Gemäß der anschaulichen Bedeutung von Summe, Produkt und Potenz erhalten wir zunächst folgende Iterationsaussagen:

Satz 10. *Für Ordinalzahlen* α, β *gilt:*

$$\alpha = \sum_{\xi<\alpha} \mathbf{1}, \qquad \alpha \cdot \beta = \sum_{\xi<\beta} \alpha, \qquad \alpha^\beta = \prod_{\xi<\beta} \alpha .$$

Beweis. Die Behauptungen werden induktiv über α bzw. β bewiesen.
$\mathbf{0} = \sum\limits_{\xi<\mathbf{0}} \mathbf{1}$; ist $\alpha = \sum\limits_{\xi<\alpha} \mathbf{1}$, so ist

$$\alpha' = \alpha + \mathbf{1} = \sum_{\xi<\alpha} \mathbf{1} + \mathbf{1} = \sum_{\xi<\alpha'} \mathbf{1};$$

ist α eine Limeszahl und gilt $\nu = \sum\limits_{\xi<\nu} \mathbf{1}$ für alle $\nu < \alpha$, so ist

$$\alpha = \lim_{\nu<\alpha} \nu = \lim_{\nu<\alpha} \sum_{\xi<\nu} \mathbf{1} = \sum_{\xi<\alpha} \mathbf{1};$$

damit gilt allgemein $\alpha = \sum\limits_{\xi<\alpha} \mathbf{1}$.

Es ist für vorgegebenes $\alpha \in \boldsymbol{O}$ trivial $\alpha \cdot \mathbf{0} = \sum\limits_{\xi<\mathbf{0}} \alpha$ und $\alpha^{\mathbf{0}} = \prod\limits_{\xi<\mathbf{0}} \alpha$; ist $\alpha \cdot \beta = \sum\limits_{\xi<\beta} \alpha$ und $\alpha^\beta = \prod\limits_{\xi<\beta} \alpha$, so ist

$$\alpha \cdot \beta' = \alpha \cdot \beta + \alpha = \sum_{\xi<\beta} \alpha + \alpha = \sum_{\xi<\beta'} \alpha$$

und

$$\alpha^{\beta'} = \alpha^\beta \cdot \alpha = \prod_{\xi<\beta} \alpha \cdot \alpha = \prod_{\xi<\beta'} \alpha;$$

ist β eine Limeszahl und gilt $\alpha \cdot \nu = \sum\limits_{\xi<\nu} \alpha$ und $\alpha^\nu = \prod\limits_{\xi<\nu} \alpha$ für alle $\nu < \beta$, so ist

$$\alpha \cdot \beta = \lim_{\nu<\beta} (\alpha \cdot \nu) = \lim_{\nu<\beta} \sum_{\xi<\nu} \alpha = \sum_{\xi<\beta} \alpha$$

und $\alpha^\beta = \prod_{\xi<\beta} \alpha = 0$ für $\alpha = 0$ und

$$\alpha^\beta = \lim_{\nu<\beta} \alpha^\nu = \lim_{\nu<\beta} \prod_{\xi<\nu} \alpha = \prod_{\xi<\beta} \alpha$$

für $\alpha \neq 0$; damit gilt allgemein $\alpha \cdot \beta = \sum_{\xi<\beta} \alpha$ und $\alpha^\beta = \prod_{\xi<\beta} \alpha$.

Jede Ordinalzahl α erhält man also durch α-malige Addition von 1 bzw. Nachfolgerbildung; $\alpha \cdot \beta$ erhält man durch β-malige Addition von α und α^β durch β-malige Multiplikation von α. $\alpha = \sum_{\xi<\alpha} 1$ folgt natürlich sofort aus $\beta \cdot \alpha = \sum_{\xi<\alpha} \beta$, indem man hier $\beta = 1$ setzt.

Man zeigt leicht für jede Folge $(\alpha_\xi)_{\xi<\beta}$ vom Typ β von Ordinalzahlen induktiv über β:

$$\sum_{\xi<\beta} \alpha_\xi = 0 \leftrightarrow \forall\, \xi(\xi < \beta \rightarrow \alpha_\xi = 0),$$

$$\prod_{\xi<\beta} \alpha_\xi = 0 \leftrightarrow \exists\, \xi(\xi < \beta \wedge \alpha_\xi = 0),$$

$$\prod_{\xi<\beta} \alpha_\xi = 1 \leftrightarrow \forall\, \xi(\xi < \beta \rightarrow \alpha_\xi = 1).$$

Satz 11. *Für Folgen $(\alpha_\xi)_{\xi<\beta}$, $(\alpha'_\xi)_{\xi<\beta}$ vom Typ β von Ordinalzahlen und Ordinalzahlen γ gilt:*

a) $\forall\, \xi(\xi < \beta \rightarrow \alpha_\xi \leqq \alpha'_\xi) \rightarrow \sum_{\xi<\beta} \alpha_\xi \leqq \sum_{\xi<\beta} \alpha'_\xi \wedge \prod_{\xi<\beta} \alpha_\xi \leqq \prod_{\xi<\beta} \alpha'_\xi$,

b) $\gamma \leqq \beta \rightarrow \sum_{\xi<\gamma} \alpha_\xi \leqq \sum_{\xi<\beta} \alpha_\xi$, $\quad \prod_{\xi<\beta} \alpha_\xi \neq 0 .\!\rightarrow\!. \gamma \leqq \beta \rightarrow \prod_{\xi<\gamma} \alpha_\xi \leqq \prod_{\xi<\beta} \alpha_\xi$

(*Monotonie*).

Beweis. Die Behauptungen werden induktiv über β bewiesen. Es seien $(\alpha_\xi)_{\xi<\beta}$, $(\alpha'_\xi)_{\xi<\beta}$ Folgen vom Typ β von Ordinalzahlen und γ sei eine Ordinalzahl.

a) Es seien alle $\alpha_\xi \leqq \alpha'_\xi$. Trivial ist $\sum_{\xi<\beta} \alpha_\xi \leqq \sum_{\xi<\beta} \alpha'_\xi$ und $\prod_{\xi<\beta} \alpha_\xi \leqq \prod_{\xi<\beta} \alpha'_\xi$ für $\beta = 0$; ist $\sum_{\xi<\delta} \alpha_\xi \leqq \sum_{\xi<\delta} \alpha'_\xi$ und $\prod_{\xi<\delta} \alpha_\xi \leqq \prod_{\xi<\delta} \alpha'_\xi$ für $\delta' = \beta$, so ist

$$\sum_{\xi<\beta} \alpha_\xi = \sum_{\xi<\delta} \alpha_\xi + \alpha_\delta \leqq \sum_{\xi<\delta} \alpha'_\xi + \alpha_\delta \leqq \sum_{\xi<\delta} \alpha'_\xi + \alpha'_\delta = \sum_{\xi<\beta} \alpha'_\xi$$

und

$$\prod_{\xi<\beta} \alpha_\xi = \prod_{\xi<\delta} \alpha_\xi \cdot \alpha_\delta \leqq \prod_{\xi<\delta} \alpha'_\xi \cdot \alpha_\delta \leqq \prod_{\xi<\delta} \alpha'_\xi \cdot \alpha'_\delta = \prod_{\xi<\beta} \alpha'_\xi;$$

ist β eine Limeszahl und gilt $\sum_{\xi<\nu} \alpha_\xi \leqq \sum_{\xi<\nu} \alpha'_\xi$ und $\prod_{\xi<\nu} \alpha_\xi \leqq \prod_{\xi<\nu} \alpha'_\xi$ für alle $\nu < \beta$, so ist

$$\sum_{\xi<\beta} \alpha_\xi = \lim_{\nu<\beta} \sum_{\xi<\nu} \alpha_\xi \leqq \lim_{\nu<\beta} \sum_{\xi<\nu} \alpha'_\xi = \sum_{\xi<\beta} \alpha'_\xi$$

und $0 = \prod_{\xi<\beta} \alpha_\xi \leqq \prod_{\xi<\beta} \alpha'_\xi$, falls ein $\alpha_\xi = 0$ ist, und

$$\prod_{\xi<\beta} \alpha_\xi = \lim_{\nu<\beta} \prod_{\xi<\nu} \alpha_\xi \leqq \lim_{\nu<\beta} \prod_{\xi<\nu} \alpha'_\xi = \prod_{\xi<\beta} \alpha'_\xi,$$

falls alle $\alpha_\xi \neq 0$ sind. Damit gilt a).

b) Für $\gamma = \beta$ gelten die Behauptungen trivial; wir setzen also im folgenden $\gamma < \beta$ voraus. Trivial gilt $\gamma < \beta \to \sum_{\xi<\gamma} \alpha_\xi \leqq \sum_{\xi<\beta} \alpha_\xi$ für $\beta = 0$; gilt $\sum_{\xi<\gamma} \alpha_\xi \leqq \sum_{\xi<\delta} \alpha_\xi$ unter der Voraussetzung $\gamma < \delta$ bei $\delta' = \beta$, so ist $\gamma \leqq \delta$ für $\gamma < \beta$, also

$$\sum_{\xi<\gamma} \alpha_\xi \leqq \sum_{\xi<\delta} \alpha_\xi \leqq \sum_{\xi<\delta} \alpha_\xi + \alpha_\delta = \sum_{\xi<\beta} \alpha_\xi;$$

ist β eine Limeszahl und gilt $\gamma < \nu \to \sum_{\xi<\gamma} \alpha_\xi \leqq \sum_{\xi<\nu} \alpha_\xi$ für alle $\nu < \beta$, so gibt es im Falle $\gamma < \beta$ ein ν_0 mit $\gamma < \nu_0 < \beta$, so daß dann gilt:

$$\sum_{\xi<\gamma} \alpha_\xi \leqq \sum_{\xi<\nu_0} \alpha_\xi \leqq \lim_{\nu<\beta} \sum_{\xi<\nu} \alpha_\xi = \sum_{\xi<\beta} \alpha_\xi.$$

Damit gilt die erste Behauptung von b).

Trivial gilt $\gamma < \beta \to \prod_{\xi<\gamma} \alpha_\xi \leqq \prod_{\xi<\beta} \alpha_\xi$ für $\beta = 0$; gilt $\prod_{\xi<\gamma} \alpha_\xi \leqq \prod_{\xi<\delta} \alpha_\xi$ unter den Voraussetzungen $\prod_{\xi<\delta} \alpha_\xi \neq 0$ und $\gamma < \delta$ bei $\delta' = \beta$, so ist im Falle $\gamma < \beta$ und $\prod_{\xi<\beta} \alpha_\xi \neq 0$ also

$$\prod_{\xi<\gamma} \alpha_\xi \leqq \prod_{\xi<\delta} \alpha_\xi \leqq \prod_{\xi<\delta} \alpha_\xi \cdot \alpha_\delta = \prod_{\xi<\beta} \alpha_\xi;$$

ist β eine Limeszahl und gilt

$$\prod_{\xi<\nu} \alpha_\xi \neq 0 \wedge \gamma < \nu \to \prod_{\xi<\gamma} \alpha_\xi \leqq \prod_{\xi<\nu} \alpha_\xi \quad \text{für alle } \nu < \beta,$$

so gibt es im Fall $\gamma < \beta$ ein ν_0 mit $\gamma < \nu_0 < \beta$, so daß dann unter der weiteren Voraussetzung $\prod_{\xi<\beta} \alpha_\xi \neq 0$ gilt:

$$\prod_{\xi<\gamma} \alpha_\xi \leqq \prod_{\xi<\nu_0} \alpha_\xi \leqq \lim_{\nu<\beta} \prod_{\xi<\nu} \alpha_\xi = \prod_{\xi<\beta} \alpha_\xi.$$

Damit gilt auch die zweite Behauptung von b).

Man zeigt ohne Schwierigkeiten induktiv über β für Folgen $(\alpha_\xi)_{\xi<\beta}$ vom Typ β von Ordinalzahlen, die Menge I aller $\xi < \beta$ mit $\alpha_\xi \neq 0$ bzw. $\alpha_\xi \neq 1$, die Ordinalzahl $\gamma \leqq \beta$, für die $\boldsymbol{O}(\gamma)$ ähnlich mit I ist, und die ähnliche Abbildung f von $\boldsymbol{O}(\gamma)$ auf I:

$$\sum_{\xi<\beta} \alpha_\xi = \sum_{\xi<\gamma} \alpha_{f(\xi)} \qquad \text{bzw.} \qquad \prod_{\xi<\beta} \alpha_\xi = \prod_{\xi<\gamma} \alpha_{f(\xi)}.$$

Mit Satz 11a) folgt hieraus sofort für jede Folge $(\alpha_\xi)_{\xi<\beta}$ vom Typ β von Ordinalzahlen und jedes $\xi_0 < \beta$:

$$\alpha_{\xi_0} \leqq \sum_{\xi<\beta} \alpha_\xi, \quad \prod_{\xi<\beta} \alpha_\xi \neq 0 \to \alpha_{\xi_0} \leqq \prod_{\xi<\beta} \alpha_\xi.$$

Satz 12. *Für Folgen* $(\alpha_\xi)_{\xi<\lambda}$, $(\beta_\eta)_{\eta<\mu}$ *vom Typ* λ *bzw.* μ *von Ordinalzahlen mit* $\lambda = \sum_{\eta<\mu} \beta_\eta$ *und die Folge* $(\sigma_\nu)_{\nu\leqq\mu}$ *mit* $\sigma_\nu = \sum_{\eta<\nu} \beta_\eta$ *für jedes* $\nu \leqq \mu$ *gilt:*

$$\sum_{\xi<\lambda} \alpha_\xi = \sum_{\nu<\mu} \Big(\sum_{\sigma_\nu \leqq \xi < \sigma_{\nu'}} \alpha_\xi \Big), \quad \prod_{\xi<\lambda} \alpha_\xi = \prod_{\nu<\mu} \Big(\prod_{\sigma_\nu \leqq \xi < \sigma_{\nu'}} \alpha_\xi \Big)$$

(*Assoziativität*).

Beweis. Wir zeigen zunächst das assoziative Gesetz für die allgemeine Summe. Hierzu den

Hilfssatz 1. Für Folgen $(\alpha_\xi)_{\xi<\beta}$ *vom Typ* β *von Ordinalzahlen und Ordinalzahlen* γ *gilt:*

$$\gamma \leqq \beta \to \sum_{\xi<\beta} \alpha_\xi = \sum_{\xi<\gamma} \alpha_\xi + \sum_{\gamma \leqq \xi < \beta} \alpha_\xi .$$

Beweis. Hilfsatz 1 gilt trivial für $\gamma = \beta$; wir setzen also im folgenden $\gamma < \beta$ voraus. Die Behauptung für $\gamma < \beta$ wird dann induktiv über β bewiesen. Die Behauptung gilt trivial für $\beta = 0$. Gilt sie für δ bei $\delta' = \beta$ und ist $\gamma < \beta$, so ist $\gamma \leqq \delta$, also

$$\sum_{\xi<\beta} \alpha_\xi = \sum_{\xi<\delta} \alpha_\xi + \alpha_\delta = \sum_{\xi<\gamma} \alpha_\xi + \sum_{\gamma\leqq\xi<\delta} \alpha_\xi + \alpha_\delta = \sum_{\xi<\gamma} \alpha_\xi + \sum_{\gamma\leqq\xi<\beta} \alpha_\xi .$$

Ist β eine Limeszahl, gilt die Behauptung für alle $\nu < \beta$ und ist $\gamma < \beta$, so ist nach Satz 11b):

$$\sum_{\xi<\beta} \alpha_\xi = \lim_{\nu<\beta} \sum_{\xi<\nu} \alpha_\xi = \sup \mathrm{Nb} \Big(\sum_{\xi<\nu} \alpha_\xi \Big)_{\gamma\leqq\nu<\beta} = \sup \mathrm{Nb} \Big(\sum_{\xi<\gamma} \alpha_\xi + \sum_{\gamma\leqq\xi<\nu} \alpha_\xi \Big)_{\gamma\leqq\nu<\beta}$$

$$= \sum_{\xi<\gamma} \alpha_\xi + \sup \mathrm{Nb} \Big(\sum_{\gamma\leqq\xi<\nu} \alpha_\xi \Big)_{\gamma\leqq\nu<\beta} = \sum_{\xi<\gamma} \alpha_\xi + \sum_{\gamma\leqq\xi<\beta} \alpha_\xi ,$$

wobei die vorletzte Gleichung aus Satz 4 folgt, wenn man $[\gamma, \beta[$ ähnlich auf einen Abschnitt $\boldsymbol{O}(\beta')$ abbildet. Damit ist Hilfssatz 1 bewiesen.

Nun zum Beweis des assoziativen Gesetzes für die allgemeine Summe unter den Voraussetzungen und mit den Bezeichnungen unseres Satzes. Der Beweis wird induktiv über μ geführt. Die Behauptung gilt trivial für $\mu = 0$, da dann auch $\lambda = 0$ ist. Gilt die Behauptung für δ bei $\delta' = \mu$, so ist nach Hilfssatz 1:

$$\sum_{\xi<\lambda} \alpha_\xi = \sum_{\xi<\sigma_\delta} \alpha_\xi + \sum_{\sigma_\delta\leqq\xi<\sigma_\mu} \alpha_\xi = \sum_{\nu<\delta} \Big(\sum_{\sigma_\nu\leqq\xi<\sigma_{\nu'}} \alpha_\xi \Big) + \sum_{\sigma_\delta\leqq\xi<\sigma_\mu} \alpha_\xi = \sum_{\nu<\mu} \Big(\sum_{\sigma_\nu\leqq\xi<\sigma_{\nu'}} \alpha_\xi \Big).$$

Ist μ eine Limeszahl und gilt die Behauptung für alle $\nu < \mu$, so ist zu zeigen

$$\sum_{\xi < \lim_{\nu<\mu} \sigma_\nu} \alpha_\xi = \lim_{\nu<\mu} \sum_{\tau<\nu} \Big(\sum_{\sigma_\tau\leqq\xi<\sigma_{\tau'}} \alpha_\xi \Big),$$

also nach Induktionsvoraussetzung:

$$\sum_{\xi < \lim_{\nu<\mu} \sigma_\nu} \alpha_\xi = \lim_{\nu<\mu} \sum_{\xi<\sigma_\nu} \alpha_\xi . \qquad (+)$$

Betrachten wir hierzu $\lambda = \lim_{\nu<\mu} \sigma_\nu = \sum_{\eta<\mu} \beta_\eta$. Gibt es ein $\nu_0 < \mu$ mit $\beta_\eta = 0$ für alle $\nu_0 \leqq \eta < \mu$, so gilt nach Hilfssatz 1

$$\sigma_\nu = \sigma_{\nu_0} + \sum_{\nu_0 \leqq \eta < \nu} \beta_\eta = \sigma_{\nu_0} + 0 = \sigma_{\nu_0} \text{ für alle } \nu_0 \leqq \nu < \mu.$$

Da die σ_ν nach Satz 11b) monoton wachsen, gilt also $\lim_{\nu<\mu} \sigma_\nu = \sigma_{\nu_0}$ und schließlich auch $\lim_{\nu<\mu} \sum_{\xi<\sigma_\nu} \alpha_\xi = \sum_{\xi<\sigma_{\nu_0}} \alpha_\xi$, womit (+) erfüllt ist. Gibt es kein $\nu_0 < \mu$ mit $\beta_\eta = 0$ für alle $\nu_0 \leqq \eta < \mu$, so gibt es zu jedem $\nu_0 < \mu$ ein $\nu_0 < \eta < \mu$ mit $\beta_\eta \neq 0$, woraus man über Hilfssatz 1 erhält, daß die Folge $(\sigma_\nu)_{\nu<\mu}$ (genauer: Nb σ) kein größtes Element besitzt, so daß $\lambda = \lim_{\nu<\mu} \sigma_\nu$ eine Limeszahl ist. Damit ist für (+) noch zu zeigen:

$$\lim_{\eta < \lim\limits_{\nu<\mu} \sigma_\nu} \sum_{\xi<\eta} \alpha_\xi = \lim_{\nu<\mu} \sum_{\xi<\sigma_\nu} \alpha_\xi .$$

Dies gilt aber sofort; denn die Ungleichung $\geqq$ gilt trivial, und die Ungleichung $\leqq$ erhält man über die Bemerkung, daß für jedes $\eta < \lambda$ es ein σ_ν gibt mit $\eta \leqq \sigma_\nu < \lambda$, womit dann nach Satz 11b) $\sum_{\xi<\eta} \alpha_\xi \leqq \sum_{\xi<\sigma_\nu} \alpha_\xi$ ist. Also gilt das assoziative Gesetz für die allgemeine Summe.

Nun zum assoziativen Gesetz für das allgemeine Produkt. Da die Funktion $(\sigma_\nu)_{\nu\leqq\mu}$ eine Halbnormalfunktion ist, gibt es nach Satz 3 für jedes $\sigma_0 = 0 \leqq \xi < \lambda = \sigma_\mu$ ein $\nu < \mu$ mit $\sigma_\nu \leqq \xi < \sigma_{\nu'}$, womit dann das assoziative Gesetz für das allgemeine Produkt trivial für den Fall $\prod_{\xi<\lambda} \alpha_\xi = 0$ gilt. Man darf also für den weiteren Beweis dieses Gesetzes $\prod_{\xi<\lambda} \alpha_\xi \neq 0$ und damit $\alpha_\xi \neq 0$ für jedes $\xi < \lambda$ voraussetzen. Analog wie Hilfssatz 1 beweist man den

Hilfssatz 2. Für Folgen $(\alpha_\xi)_{\xi<\beta}$ vom Typ β von Ordinalzahlen und Ordinalzahlen γ gilt:

$$\prod_{\xi<\beta} \alpha_\xi \neq 0 \,.\!\rightarrow\!.\, \gamma \leqq \beta \rightarrow \prod_{\xi<\beta} \alpha_\xi = \prod_{\xi<\gamma} \alpha_\xi \cdot \prod_{\gamma\leqq\xi<\beta} \alpha_\xi .$$

Dann verläuft der weitere Beweis des assoziativen Gesetzes für das allgemeine Produkt analog zu dem für das assoziative Gesetz der allgemeinen Summe geführten Beweis (immer unter der Voraussetzung $\prod_{\xi<\lambda} \alpha_\xi \neq 0$).

Aus Satz 12 folgt als Spezialfall das assoziative Gesetz für drei Summanden bzw. drei Faktoren; setzt man nämlich in Satz 12 $\lambda = 3 = 2 + 1 = 1 + 2$, so ergibt sich:

$$\sum_{\xi<3} \alpha_\xi = (\alpha_0 + \alpha_1) + \alpha_2 = \alpha_0 + (\alpha_1 + \alpha_2), \quad \prod_{\xi<3} \alpha_\xi = (\alpha_0 \cdot \alpha_1) \cdot \alpha_2 = \alpha_0 \cdot (\alpha_1 \cdot \alpha_2).$$

Satz 13. *Für Ordinalzahlen α und Folgen $(\beta_\eta)_{\eta<\mu}$ vom Typ μ von Ordinalzahlen gilt:*

$$\alpha \cdot \sum_{\eta<\mu} \beta_\eta = \sum_{\eta<\mu} (\alpha \cdot \beta_\eta)$$

(*Distributivität*).

Beweis. Unter den Voraussetzungen des Satzes wird die Behauptung induktiv über μ bewiesen. Die Behauptung gilt trivial für $\mu = 0$. Gilt die Behauptung für ν bei $\nu' = \mu$, so ist

$$\alpha \cdot \sum_{\eta<\mu} \beta_\eta = \alpha \cdot \left(\sum_{\eta<\nu} \beta_\eta + \beta_\nu \right) = \alpha \cdot \sum_{\eta<\nu} \beta_\eta + \alpha \cdot \beta_\nu = \sum_{\eta<\nu} (\alpha \cdot \beta_\eta) + \alpha \cdot \beta_\nu = \sum_{\eta<\mu} (\alpha \cdot \beta_\eta).$$

Ist μ eine Limeszahl und gilt die Behauptung für alle $\nu < \mu$, so ist

$$\alpha \cdot \sum_{\eta<\mu} \beta_\eta = \alpha \cdot \lim_{\nu<\mu} \sum_{\eta<\nu} \beta_\eta = \lim_{\nu<\mu} \left(\alpha \cdot \sum_{\eta<\nu} \beta_\eta\right) = \lim_{\nu<\mu} \sum_{\eta<\nu} (\alpha \cdot \beta_\eta) = \sum_{\eta<\mu} (\alpha \cdot \beta_\eta).$$

Aus Satz 13 folgt als Spezialfall das distributive Gesetz für zwei Summanden; setzt man nämlich in Satz 13 $\mu = 2$, so ergibt sich:

$$\alpha \cdot (\beta_0 + \beta_1) = \alpha \cdot \beta_0 + \alpha \cdot \beta_1 .$$

Für natürliche Zahlen besteht auch die Kommutativität der allgemeinen Summe und des allgemeinen Produktes: Ist $(a_i)_{1 \leqq i \leqq n}$ ein Komplex natürlicher Zahlen über $[1, n]$ bei $1 \leqq n \in \boldsymbol{N}$ und p eine Permutation von $[1, n]$, so gilt:

$$\sum_{1 \leqq i \leqq n} a_i = \sum_{1 \leqq i \leqq n} a_{p(i)}, \qquad \prod_{1 \leqq i \leqq n} a_i = \prod_{1 \leqq i \leqq n} a_{p(i)};$$

die Behauptungen beweist man nach demselben Verfahren wie bei Satz 32, § 25. Es gilt dann natürlich auch für Folgen $(a_i)_{i<m}$ vom Typ $m \in \boldsymbol{N}$ von natürlichen Zahlen und Permutationen p von $\boldsymbol{O}(m)$:

$$\sum_{i<m} a_i = \sum_{i<m} a_{p(i)}, \quad \prod_{i<m} a_i = \prod_{i<m} a_{p(i)}.$$

Ebenso gilt innerhalb $\boldsymbol{N}$ für die allgemeine Summe beiderseitige Distributivität.

3. Mit Hilfe der bisherigen Rechenregeln für die elementaren arithmetischen Operationen und ihre Verallgemeinerungen (allgemeine Summe, allgemeines Produkt) können wir uns jetzt einen Überblick verschaffen über die Aufeinanderfolge der Ordinalzahlen am Anfang der ersten und zweiten Zahlklasse $\boldsymbol{Z}$ und uns damit die Vorstellung Cantors noch einmal vor Augen führen, wie der Zählprozeß über das Endliche hinaus ins Transfinite fortzusetzen ist.

Zunächst einige Rechenbeispiele für Ordinalzahlen mit Hilfe des Limesbegriffes.

Es ist

$$\sum_{\nu<\omega} \nu = \boldsymbol{\omega}, \qquad \prod_{\nu<\omega} (\nu + 1) = \boldsymbol{\omega}.$$

Für jedes $n \in \boldsymbol{N}$ sind ja $\sum_{\nu<n} \nu$ und $\prod_{\nu<n} (\nu + 1)$ natürliche Zahlen; dann ist also

$$\sum_{\nu<\omega} \nu = \lim_{n<\omega} \sum_{\nu<n} \nu \leqq \boldsymbol{\omega}, \qquad \prod_{\nu<\omega} (\nu + 1) = \lim_{n<\omega} \prod_{\nu<n} (\nu + 1) \leqq \boldsymbol{\omega};$$

für jedes $n \in \boldsymbol{N}$ ist weiterhin

$$\sum_{\nu<n'} \nu = \sum_{\nu<n} \nu + n \geqq n, \quad \prod_{\nu<n'} (\nu + 1) = \prod_{\nu<n} (\nu + 1) \cdot (n + 1) \geqq n + 1 \geqq n,$$

womit schließlich auch

$$\omega = \lim_{n<\omega} n \leqq \sum_{\nu<\omega} \nu, \qquad \omega = \lim_{n<\omega} n \leqq \prod_{\nu<\omega} (\nu + 1)$$

gilt.

Es ist

$$\sum_{\nu<\omega} \omega^\nu = \omega^\omega.$$

Hierfür ist zu zeigen

$$\lim_{n<\omega} \sum_{\nu<n} \omega^\nu = \lim_{n<\omega} \omega^n.$$

Man zeigt zunächst durch vollständige Induktion über n, daß für jede natürliche Zahl n gilt:

$$\sum_{\nu \leqq n} \omega^\nu = \omega^n$$

$$\Big(\sum_{\nu\leqq 0} \omega^\nu = \omega^0 \text{ und } \sum_{\nu\leqq n'} \omega^\nu = \sum_{\nu\leqq n} \omega^\nu + \omega^{n'} = \omega^n + \omega^{n+1} = \omega^n(1+\omega)$$
$$= \omega^n\omega = \omega^{n'}\Big);$$

damit ist

$$\lim_{n<\omega} \sum_{\nu<n} \omega^\nu \leqq \lim_{n<\omega} \omega^n;$$

$$\lim_{n<\omega} \omega^n \leqq \lim_{n<\omega} \sum_{\nu<n} \omega^\nu$$

folgt aus $\omega^n \leqq \sum_{\nu<n} \omega^\nu + \omega^n = \sum_{\nu\leqq n} \omega^\nu$.

Es ist für natürliche Zahlen n

$$(\omega + n)^\omega = \omega^\omega.$$

Hierfür ist zu zeigen:

$$\lim_{\nu<\omega} (\omega + n)^\nu = \lim_{\nu<\omega} \omega^\nu;$$

dies folgt aber sofort aus $\omega^\nu \leqq (\omega + n)^\nu$ und $(\omega + n)^\nu \leqq (\omega \cdot 2)^\nu \leqq (\omega^2)^\nu = \omega^{2\nu}$.

Definiert man mittels vollständiger Induktion die Funktion f über $\boldsymbol{N}$ mit für jedes $n \in \boldsymbol{N}$:

$$f(0) = \omega, \qquad f(n+1) = f(n)^\omega,$$

so erhält man in f anschaulich die Folge

$$\omega, \quad \omega^\omega, \quad (\omega^\omega)^\omega, \quad ((\omega^\omega)^\omega)^\omega, \quad \ldots,$$

und es gilt für jedes $n \in \boldsymbol{N}$:

$$f(n) = \omega^{(\omega^n)}$$

$$\big(f(0) = \omega^{(\omega^0)} \text{ und } f(n+1) = f(n)^\omega = (\omega^{(\omega^n)})^\omega = \omega^{(\omega^n \cdot \omega)} = \omega^{(\omega^{n+1})}\big).$$

f ist eine abzählbare Fundamentalfolge (es gilt ja $n < m \to \omega^{(\omega^n)} < \omega^{(\omega^m)}$), deren Elemente als Grenzwerte abzählbarer Fundamentalfolgen Limeszahlen sind ($f(0) = \omega$ ist Limeszahl und $f(n+1) = f(n)^\omega = \lim\limits_{\nu<\omega} f(n)^\nu$ ist Limeszahl). Es ist dann

$$\lim_{n<\omega} f(n) = \omega^{\left(\lim\limits_{n<\omega}(\omega^n)\right)} = \omega^{(\omega^\omega)}.$$

Definiert man mittels vollständiger Induktion die Funktion g über $\boldsymbol{N}$ mit für jedes $n \in \boldsymbol{N}$:

$$g(0) = \omega, \qquad g(n+1) = \omega^{g(n)},$$

so erhält man in g anschaulich die Folge

$$\omega, \quad \omega^\omega, \quad \omega^{(\omega^\omega)}, \quad \omega^{(\omega^{(\omega^\omega)})}, \quad \ldots .$$

g ist eine abzählbare Fundamentalfolge (man zeigt durch vollständige Induktion über n: $g(n) < g(n+1)$ und dann durch vollständige Induktion über m: $n < m \to g(n) < g(m)$), deren Elemente Limeszahlen sind ($g(0) = \omega$ ist Limeszahl und $g(n+1) = \omega^{g(n)} = \lim\limits_{\nu<g(n)} \omega^\nu$ ist Limeszahl).

Definition 4. Ist g die Funktion über $\boldsymbol{N}$ mit für jedes $n \in \boldsymbol{N}$:

$$g(0) = \omega, \quad g(n+1) = \omega^{g(n)},$$

so bezeichnet man mit ϵ_1 den Grenzwert $\lim\limits_{n<\omega} g(n)$ der Folge g.

ϵ_1 ist als Grenzwert einer abzählbaren Fundamentalfolge eine Limeszahl. Es gilt

$$\omega^{\epsilon_1} = \epsilon_1;$$

denn $\omega^{\epsilon_1} = \omega^{\left(\lim\limits_{n<\omega} g(n)\right)} = \lim\limits_{n<\omega} \omega^{g(n)} = \lim\limits_{n<\omega} g(n) = \epsilon_1$. Wir werden später (§ 32) zeigen, daß ϵ_1 die kleinste Zahl ξ mit $\omega^\xi = \xi$ ist.

ϵ_1 ist trotz seiner beträchtlichen Größe immer noch in $\boldsymbol{Z}_2$ gelegen; d. h. ist die Ordinalzahl einer abzählbaren wohlgeordneten Menge. Hierzu zeigt man zunächst, daß $\boldsymbol{Z}$ gegenüber Addition, Multiplikation und Potenzierung abgeschlossen ist; d. h. für Ordinalzahlen $\alpha, \beta \in \boldsymbol{Z}$ sind auch

$$\alpha + \beta, \quad \alpha \cdot \beta, \quad \alpha^\beta$$

Elemente aus $\boldsymbol{Z}$. Diese Behauptungen werden mit dem in Satz 8, § 26 für $\boldsymbol{Z}$ ausgesprochenen Induktionsprinzip induktiv über β bewiesen. Wir beweisen als Beispiel die Abgeschlossenheit von $\boldsymbol{Z}$ gegenüber der Addition. Es sei $\alpha \in \boldsymbol{Z}$ und B die Menge aller $\beta \in \boldsymbol{Z}$ mit $\alpha + \beta \in \boldsymbol{Z}$. Dann ist trivial $0 \in B$ wegen $\alpha + 0 = \alpha \in B$; ist $\beta \in B$, so ist $\alpha + \beta' = (\alpha + \beta)' \in B$; ist schließlich $(\gamma_n)_{n<\omega}$ eine abzählbare Fundamentalfolge von Ordinalzahlen aus B und $\lambda = \lim\limits_{n<\omega} \gamma_n$, so ist nach Satz 5, § 26

$$\alpha + \lambda = \alpha + \lim_{n<\omega} \gamma_n = \lim_{n<\omega} (\alpha + \gamma_n) \in \boldsymbol{Z};$$

damit ist $B = \boldsymbol{Z}$ und $\alpha + \beta \in \boldsymbol{Z}$ gilt für alle $\alpha, \beta \in \boldsymbol{Z}$. Nach demselben Muster verlaufen die Beweise für die Abgeschlossenheit von $\boldsymbol{Z}$ gegenüber der Multiplikation und der Potenzierung.

Indem $\alpha^\beta \in \boldsymbol{Z}$ für jedes $\alpha, \beta \in \boldsymbol{Z}$ gilt, zeigt man leicht $g(n) \in \boldsymbol{Z}$ durch vollständige Induktion über n für die in Definition 4 erklärte Fundamentalfolge g; wegen $\boldsymbol{\omega} = g(0) \leqq g(n)$ ist dann sogar $g(n) \in \boldsymbol{Z}_2$. Nach Satz 5, § 26 ist schließlich $\boldsymbol{\epsilon}_1 = \lim\limits_{n<\omega} g(n) \in \boldsymbol{Z}_2$, womit also $\boldsymbol{\epsilon}_1$ die Ordinalzahl einer abzählbaren wohlgeordneten Menge ist.

Wir verschaffen uns jetzt einen Überblick über die Aufeinanderfolge der Ordinalzahlen bis zu $\boldsymbol{\epsilon}_1$.

Die natürlichen Zahlen

$$0,\ 1,\ 2,\ \ldots,$$

also alle Zahlen $n \in \boldsymbol{N}$, bilden den Anfang. Die auf alle natürlichen Zahlen n unmittelbar folgende Zahl ist

$$\lim_{n<\omega} n = \boldsymbol{\omega}.$$

Die natürlichen Zahlen sind alle Ordinalzahlen unterhalb $\boldsymbol{\omega}$, da jede Ordinalzahl ξ mit $\xi < \boldsymbol{\omega}$ eine natürliche Zahl ist. Von $\boldsymbol{\omega}$ aus folgen die Zahlen

$$\boldsymbol{\omega},\quad \boldsymbol{\omega} + 1,\quad \boldsymbol{\omega} + 2,\quad \ldots,$$

also alle Zahlen der Form $\boldsymbol{\omega} + n$ mit $n \in \boldsymbol{N}$. Die auf alle Zahlen $\boldsymbol{\omega} + n$ unmittelbar folgende Zahl ist

$$\lim_{n<\omega} (\boldsymbol{\omega} + n) = \boldsymbol{\omega} + \boldsymbol{\omega} = \boldsymbol{\omega} \cdot 2.$$

Die Zahlen $\boldsymbol{\omega} + n$ sind auch alle Ordinalzahlen ξ mit $\boldsymbol{\omega} \leqq \xi < \boldsymbol{\omega} \cdot 2$; denn $(\boldsymbol{\omega} + n)_{n \leqq \omega}$ ist eine Normalfunktion, so daß es nach Satz 3 für jedes $\boldsymbol{\omega} + 0 = \boldsymbol{\omega} \leqq \xi < \boldsymbol{\omega} \cdot 2 = \boldsymbol{\omega} + \boldsymbol{\omega}$ ein $n_0 \in \boldsymbol{N}$ gibt mit $\boldsymbol{\omega} + n_0 \leqq \xi < \boldsymbol{\omega} + n_0' = (\boldsymbol{\omega} + n_0)'$, woraus $\boldsymbol{\omega} + n_0 = \xi$ folgt. Von $\boldsymbol{\omega} \cdot 2$ aus folgen die Zahlen

$$\boldsymbol{\omega} \cdot 2,\quad \boldsymbol{\omega} \cdot 2 + 1,\quad \boldsymbol{\omega} \cdot 2 + 2,\quad \ldots,$$

also alle Zahlen der Form $\boldsymbol{\omega} \cdot 2 + n$ mit $n \in \boldsymbol{N}$. Die auf alle Zahlen $\boldsymbol{\omega} \cdot 2 + n$ unmittelbar folgende Zahl ist

$$\lim_{n<\omega} (\boldsymbol{\omega} \cdot 2 + n) = \boldsymbol{\omega} \cdot 2 + \boldsymbol{\omega} = \boldsymbol{\omega} \cdot 3.$$

Man erhält wieder, daß die Zahlen $\boldsymbol{\omega} \cdot 2 + n$ auch alle Zahlen ξ mit $\boldsymbol{\omega} \cdot 2 \leqq \xi < \boldsymbol{\omega} \cdot 3$ sind. Fährt man so fort, so erhält man die Zahlen

$$\boldsymbol{\omega} \cdot 3,\quad \boldsymbol{\omega} \cdot 3 + 1,\quad \boldsymbol{\omega} \cdot 3 + 2,\quad \ldots,$$

$$\boldsymbol{\omega} \cdot 4,\quad \boldsymbol{\omega} \cdot 4 + 1,\quad \boldsymbol{\omega} \cdot 4 + 2,\quad \ldots,$$

Alle bisher aufgeführten Zahlen sind von der Form $\omega \cdot m + n$ mit $m, n \in N$. Die auf alle Zahlen $\omega \cdot m + n$ unmittelbar folgende Zahl ist wegen

$$\omega \cdot m + n < \omega \cdot m + \omega = \omega \cdot m'$$

offenbar

$$\lim_{m<\omega} (\omega \cdot m) = \omega \cdot \omega = \omega^2.$$

Die Zahlen $\omega \cdot m + n$ sind auch alle Ordinalzahlen ξ mit $\xi < \omega^2$; denn $(\omega \cdot m)_{m \leqq \omega}$ ist eine Normalfunktion, so daß es nach Satz 3 für jedes $\omega \cdot 0 = 0 \leqq \xi < \omega^2 = \omega \cdot \omega$ ein $m_0 \in N$ gibt mit $\omega \cdot m_0 \leqq \xi < \omega \cdot m_0' = \omega \cdot m_0 + \omega$, außerdem ist $(\omega \cdot m_0 + n)_{n \leqq \omega}$ eine Normalfunktion, so daß es ein $n_0 \in N$ gibt mit $\omega \cdot m_0 + n_0 \leqq \xi < \omega \cdot m_0 + n_0' = (\omega \cdot m_0 + n_0)'$, woraus $\omega \cdot m_0 + n_0 = \xi$ folgt. Von ω^2 aus folgen die Zahlen

$$\omega^2 + \omega \cdot m + n$$

mit $m, n \in N$. Die auf alle Zahlen $\omega^2 + \omega \cdot m + n$ unmittelbar folgende Zahl ist wegen $\omega^2 + \omega \cdot m + n < \omega^2 + \omega \cdot m'$ offenbar

$$\lim_{m<\omega} (\omega^2 + \omega \cdot m) = \omega^2 + \omega \cdot \omega = \omega^2 + \omega^2 = \omega^2 \cdot 2.$$

Man erhält wieder, daß die Zahlen $\omega^2 + \omega \cdot m + n$ auch alle Ordinalzahlen ξ mit $\omega^2 \leqq \xi < \omega^2 \cdot 2$ sind. Fährt man so fort, so erhält man die Zahlen

$$\begin{gathered} \omega^2 \cdot 2 + \omega \cdot m + n, \\ \omega^2 \cdot 3 + \omega \cdot m + n, \\ \dots\dots\dots\dots \end{gathered}$$

mit $m, n \in N$.

Alle bisher aufgeführten Zahlen sind von der Form $\omega^2 \cdot l + \omega \cdot m + n$ mit $l, m, n \in N$. Die auf alle Zahlen $\omega^2 \cdot l + \omega \cdot m + n$ unmittelbar folgende Zahl ist wegen

$$\omega^2 \cdot l + \omega \cdot m + n < \omega^2 \cdot l + \omega \cdot m' < \omega^2 \cdot l + \omega \cdot \omega = \omega^2 \cdot l'$$

offenbar

$$\lim_{l<\omega} (\omega^2 \cdot l) = \omega^2 \cdot \omega = \omega^3,$$

und die Ordinalzahlen $\omega^2 \cdot l + \omega \cdot m + n$ sind alle Ordinalzahlen ξ mit $\xi < \omega^3$. Von ω^3 aus folgen die Zahlen

$$\begin{gathered} \omega^3 \quad + \omega^2 \cdot l + \omega \cdot m + n, \\ \omega^3 \cdot 2 + \omega^2 \cdot l + \omega \cdot m + n, \\ \omega^3 \cdot 3 + \omega^2 \cdot l + \omega \cdot m + n, \\ \dots\dots\dots\dots\dots \end{gathered}$$

mit $l, m, n \in N$.

Alle bisherigen Zahlen sind von der Form $\omega^3 \cdot k + \omega^2 \cdot l + \omega \cdot m + n$ mit $k, l, m, n \in \boldsymbol{N}$, auf die unmittelbar $\lim_{k<\omega} (\omega^3 \cdot k) = \omega^4$ folgt, und die Zahlen $\omega^3 \cdot k + \omega^2 \cdot l + \omega \cdot m + n$ sind alle Ordinalzahlen ξ mit $\xi < \omega^4$. Von ω^4 aus folgen die Zahlen

$$\begin{aligned}
&\omega^4 \quad + \omega^3 \cdot k + \omega^2 \cdot l + \omega \cdot m + n, \\
&\omega^4 \cdot 2 + \omega^3 \cdot k + \omega^2 \cdot l + \omega \cdot m + n, \\
&\omega^4 \cdot 3 + \omega^3 \cdot k + \omega^2 \cdot l + \omega \cdot m + n, \\
&\ldots\ldots\ldots\ldots\ldots\ldots\ldots\ldots
\end{aligned}$$

mit $k, l, m, n \in \boldsymbol{N}$,

$$\begin{aligned}
&\omega^5 \quad + \omega^4 \cdot i + \omega^3 \cdot k + \omega^2 \cdot l + \omega \cdot m + n, \\
&\omega^5 \cdot 2 + \omega^4 \cdot i + \omega^3 \cdot k + \omega^2 \cdot l + \omega \cdot m + n, \\
&\omega^5 \cdot 3 + \omega^4 \cdot i + \omega^3 \cdot k + \omega^2 \cdot l + \omega \cdot m + n, \\
&\ldots\ldots\ldots\ldots\ldots\ldots\ldots\ldots\ldots\ldots
\end{aligned}$$

mit $i, k, l, m, n \in \boldsymbol{N}$,

$$\omega^6, \ldots, \quad \omega^7, \ldots, \quad \omega^8, \ldots .$$

Alle bisher aufgeführten Zahlen sind von der Form

$$\sum_{\varkappa \leqq k} \omega^{\nu_\varkappa} n_\varkappa = \sum_{\varkappa \leqq k} (\omega^{\nu_\varkappa} \cdot n_\varkappa),$$

wo $[n_0, \ldots, n_k]$ ein $(k+1)$-Tupel natürlicher Zahlen ist und ν die ähnliche Abbildung von $[[0, k], {}_{[0,k]}{\leqq}_{[0,k]}]$ auf $[[0, k], ({}_{[0,k]}{\leqq}_{[0,k]})^{-1}]$ ist, also $\nu_0 = k, \ldots, \nu_k = 0$ (unter Verwendung von Definition 1, § 29 wird $\nu_\varkappa = k - \varkappa$ für $\varkappa \leqq k$). Die auf alle Zahlen $\sum_{\varkappa \leqq k} \omega^{\nu_\varkappa} n_\varkappa$ unmittelbar folgende Zahl ist wegen $\sum_{\varkappa \leqq k} \omega^{\nu_\varkappa} n_\varkappa < \omega^{k+1}$ (was man durch vollständige Induktion über k beweist) offenbar

$$\lim_{k<\omega} (\omega^k) = \omega^\omega.$$

Durch vollständige Induktion über k (unter Verwendung von Satz 3 und des Subtraktionssatzes (s. u.)) zeigt man, daß es zu jeder Ordinalzahl ξ mit $\xi \leqq \omega^k$ $(k \in \boldsymbol{N})$ eine Darstellung der obigen Form $\xi = \sum_{\varkappa \leqq k} \omega^{\nu_\varkappa} n_\varkappa$ gibt. Damit sind dann wieder die Zahlen $\sum_{\varkappa \leqq k} \omega^{\nu_\varkappa} n_\varkappa$ alle Ordinalzahlen $\xi < \omega^\omega$. Von ω^ω aus folgen schließlich mit den entsprechenden Zwischenzahlen die Zahlen (bei $2 \leqq n \in \boldsymbol{N}$):

$\omega^\omega, \omega^\omega + 1, \omega^\omega + 2 \ldots \omega^\omega + n \ldots \omega^\omega + \omega \ldots \omega^\omega + \omega \cdot 2 \ldots \omega^\omega + \omega \cdot n \ldots \omega^\omega + \omega^2 \ldots \omega^\omega + \omega^n \ldots \omega^\omega \cdot 2 \ldots \omega^\omega \cdot n \ldots \omega^{\omega+1} \ldots \omega^{\omega+2} \ldots \omega^{\omega+n} \ldots \omega^{\omega \cdot 2} \ldots \omega^{\omega \cdot n} \ldots \omega^{(\omega^2)} \ldots \omega^{(\omega^n)} \ldots \omega^{(\omega^\omega)} \ldots \omega^{(\omega^{(\omega^\omega)})} \ldots \epsilon_1$.

Alle von uns aufgeführten Zahlen sind wegen $\epsilon_1 \in \boldsymbol{Z}_2$ ebenfalls Zahlen der ersten oder zweiten Zahlklasse.

§ 29. Umkehrung elementarer Operationen

Ordinalzahlen lassen sich nach einer Seite subtrahieren und dividieren, was wir im folgenden beweisen wollen.

1. Satz 1 (Subtraktionssatz). *Für Ordinalzahlen* α, β *gilt:*

$$\alpha \leqq \beta \leftrightarrow \exists \gamma (\gamma \in \boldsymbol{O} \wedge \alpha + \gamma = \beta) \leftrightarrow \exists!! \gamma (\gamma \in \boldsymbol{O} \wedge \alpha + \gamma = \beta).$$

Beweis. ($\rightarrow$) Sind α, β Ordinalzahlen mit $\alpha \leqq \beta$, so gibt es höchstens ein $\gamma \in \boldsymbol{O}$ mit $\alpha + \gamma = \beta$; denn ist $\alpha + \gamma_1 = \alpha + \gamma_2 = \beta$, so ist ja $\gamma_1 = \gamma_2$. Die Existenz eines $\gamma \in \boldsymbol{O}$ mit $\alpha + \beta = \gamma$ kann man induktiv über β beweisen; man beweist sie aber am einfachsten repräsentantenweise. Ist $\alpha = \overline{[M, R]}$, $\beta = \overline{[N, S]}$ und $\alpha \leqq \beta$, so gibt es ein Anfangsstück A von N mit $[M, R] \backsim [A, {}_A S_A]$; ist $X = N \setminus A$ und $\gamma = \overline{[X, {}_X S_X]}$, so ist sofort $\alpha + \gamma = \beta$.

($\leftarrow$) Ist umgekehrt $\alpha + \gamma = \beta$, so ist $\alpha = \alpha + \boldsymbol{0} \leqq \alpha + \gamma = \beta$, also $\alpha \leqq \beta$.

Aus Satz 1 folgt unmittelbar für Ordinalzahlen α, β:

$$\alpha < \beta \leftrightarrow \exists \gamma (\boldsymbol{0} \neq \gamma \in \boldsymbol{O} \wedge \alpha + \gamma = \beta) \leftrightarrow \exists!! \gamma (\boldsymbol{0} \neq \gamma \in \boldsymbol{O} \wedge \alpha + \gamma = \beta).$$

Ist $\alpha \leqq \beta$ und $\alpha + \gamma = \beta$, so ist γ dadurch aus β entstanden, daß man von β von links α subtrahiert hat. Satz 1 drückt also die Möglichkeit linksseitiger Subtraktion aus. Dagegen ist rechtsseitige Subtraktion nicht immer oder nicht immer eindeutig möglich, wie die Beispiele $\alpha = \boldsymbol{1}$, $\beta = \boldsymbol{\omega}$ und $\alpha = \beta = \boldsymbol{\omega}$ zeigen: Es ist $\alpha \leqq \beta$, und es gibt im ersten Beispiel kein $\gamma \in \boldsymbol{O}$ mit $\gamma + \alpha = \beta$ wegen $\gamma + \boldsymbol{1} \neq \boldsymbol{\omega}$ ($\gamma + \boldsymbol{1}$ ist isoliert, $\boldsymbol{\omega}$ Limeszahl), und im zweiten Beispiel gilt $\gamma + \alpha = \beta$ für alle $\gamma \in \boldsymbol{N}$.

Innerhalb $\boldsymbol{N}$, wo das kommutative Gesetz der Addition gilt, ist auch rechtsseitige Subtraktion möglich, die dann mit der linksseitigen übereinstimmt wegen $\alpha + \gamma = \gamma + \alpha = \beta$.

Definition 1. Sind α, β Ordinalzahlen mit $\alpha \leqq \beta$, so ist die Ordinalzahl γ mit $\alpha + \gamma = \beta$ die *linksseitige Differenz von* α, β, bezeichnet mit: $-\alpha + \beta$ (gelesen: *minus* α *plus* β). Ist $\gamma = -\alpha + \beta$, so ist β ein *Minuend von* γ und α ein *Subtrahend von* γ. Die Funktion f über der Klasse A aller geordneten Paare $[\alpha, \beta]$ von Ordinalzahlen mit $\alpha \leqq \beta$, die jedem $[\alpha, \beta] \in A$ die linksseitige Differenz $-\alpha + \beta$ von α, β zuordnet, ist die *Subtraktion in* $\boldsymbol{O}$. Sind α, β Ordinalzahlen mit $\alpha \leqq \beta$ und gibt es eine Ordinalzahl γ mit $\gamma + \alpha = \beta$, so ist die kleinste derartige Ordinalzahl γ die *rechtsseitige Differenz von* α, β, bezeichnet mit: $\beta - \alpha$ (gelesen: β *minus* α).

Im Bereich der natürlichen Zahlen fallen links- und rechtsseitige Differenzen zusammen, und man spricht einfach von der *Differenz*.

Ist $\gamma + \alpha = \beta$ und $\alpha \geqq \boldsymbol{\omega}$ bei etwa $\boldsymbol{\omega} + \delta = \alpha$, so ist für jedes $n \in \boldsymbol{N}$:

$$(\gamma + n) + \alpha = \gamma + (n + \boldsymbol{\omega}) + \delta = \gamma + (\boldsymbol{\omega} + \delta) = \gamma + \alpha = \beta,$$

also besitzt dann die Gleichung $\gamma + \alpha = \beta$ für festes α, β unendlich viele Lösungen γ.

Ist $\gamma + n = \beta$ bei $n \in \boldsymbol{N}$, so besitzt diese Gleichung höchstens eine Lösung γ; denn ist $\gamma_1 + n = \gamma_2 + n = \beta$, so führt etwa $\gamma_1 < \gamma_2$ zu dem Widerspruch $\beta = \gamma_1 + n < \gamma_2 + n = \beta$.

Für jede Ordinalzahl β von 1. Art existiert $\beta - 1$ als der Vorgänger von β. Für jede Ordinalzahl $\beta = \lambda + n$, wo λ von 2. Art und $n \in \boldsymbol{N}$ ist, und jede natürliche Zahl $m \leqq n$ existiert $\beta - m$; denn es existiert ja $n - m$, dann ist $\beta - m = \lambda + (n - m)$ wegen $\lambda + (n - m) + m = \lambda + n = \beta$.

Ist $\alpha_1 \leqq \alpha_2 \leqq \beta$, so ist $-\alpha_1 + \beta \geqq -\alpha_2 + \beta$. Ist $\alpha_1 < \alpha_2 \leqq \beta$ und existieren $\beta - \alpha_1$, $\beta - \alpha_2$, so ist $\beta - \alpha_1 > \beta - \alpha_2$.

Sind a, b, c, d natürliche Zahlen mit $a \leqq b$, $c \leqq d$ und $[a, b] \backsim [c, d]$ (also sind dann $[a, b]$, $[c, d]$ auch ähnlich), so ist $b - a = d - c$, $b = a + (d - c)$, $d = c + (b - a)$, die Funktion f über $[a, b]$ mit $f(i) = c + (i - a)$ für $a \leqq i \leqq b$ ist die ähnliche Abbildung von $[[a, b], {}_{[a,b]}\!\leqq_{[a,b]}]$ auf $[[c, d], {}_{[c,d]}\!\leqq_{[c,d]}]$, und die Funktion g über $[a, b]$ mit $g(i) = d - (i - a)$ für $a \leqq i \leqq b$ ist die ähnliche Abbildung von $[[a, b], {}_{[a,b]}\!\leqq_{[a,b]}]$ auf $[[c, d], ({}_{[c,d]}\!\leqq_{[c,d]})^{-1}]$.

Aus Satz 1 folgt für Ordinalzahlen n, α:

$$n < \omega \leqq \alpha \rightarrow n + \alpha = \alpha;$$

denn es gibt ein β mit $\omega + \beta = \alpha$, also $n + \alpha = n + \omega + \beta = \omega + \beta = \alpha$.

Aus den allgemeinen assoziativen Gesetzen (Satz 12, § 28) und dem Subtraktionssatz ergibt sich etwa für Folgen $(\alpha_\xi)_{\xi < \beta}$ vom Typ β von Ordinalzahlen und Ordinalzahlen $\gamma \leqq \delta \leqq \beta$:

$$\sum_{\xi < \beta} \alpha_\xi = \sum_{\xi < \gamma} \alpha_\xi + \sum_{\gamma \leqq \xi < \delta} \alpha_\xi + \sum_{\delta \leqq \xi < \beta} \alpha_\xi, \quad \prod_{\xi < \beta} \alpha_\xi = \prod_{\xi < \gamma} \alpha_\xi \cdot \prod_{\gamma \leqq \xi < \delta} \alpha_\xi \cdot \prod_{\delta \leqq \xi < \beta} \alpha_\xi;$$

denn es gibt ja Zahlen η_1, η_2 mit $\gamma + \eta_1 = \delta$, $\delta + \eta_2 = \beta$ und $\gamma + \eta_1 + \eta_2 = \beta$.

Definition 2. Ist $A \neq \emptyset$ ein Anfangsstück von $\boldsymbol{O}$ ohne Maximum und $(\alpha_\xi)_{\xi \in A}$ eine monoton wachsende Funktion von A in $\boldsymbol{O}$, so ist die Funktion $(\delta_\xi)_{\xi \in A}$ von A in $\boldsymbol{O}$ mit für jedes $\xi \in A$:

$$\alpha_\xi + \delta_\xi = \alpha_{\xi + 1}$$

die *Differenzenfunktion von* $(\alpha_\xi)_{\xi \in A}$.

Ein Anfangsstück $A \neq \emptyset$ von $\boldsymbol{O}$ ohne Maximum ist also ein durch eine Limeszahl bestimmter Abschnitt von $\boldsymbol{O}$ oder $\boldsymbol{O}$ selbst. Ist $A \neq \boldsymbol{O}$, so spricht man auch von *Differenzenfolgen* statt „Differenzenfunktionen".

Satz 2. *Ist* $A \neq \emptyset$ *ein Anfangsstück von* $\boldsymbol{O}$ *ohne Maximum,* $(\alpha_\xi)_{\xi \in A}$ *eine Halbnormalfunktion über* A *und* $(\delta_\xi)_{\xi \in A}$ *die Differenzenfunktion von* $(\alpha_\xi)_{\xi \in A}$, *so gilt für jedes* $\eta \in A$:

$$\alpha_\eta = \alpha_0 + \sum_{\xi < \eta} \delta_\xi.$$

Beweis. Der Beweis wird induktiv über η geführt. Unter den Voraussetzungen des Satzes gilt $\alpha_0 = \alpha_0 + \sum_{\xi < 0} \delta_\xi$. Gilt die Behauptung für $\zeta \in A$ bei $\zeta' = \eta$, so ist

$$\alpha_\eta = \alpha_\zeta + \delta_\zeta = \alpha_0 + \sum_{\xi < \zeta} \delta_\xi + \delta_\zeta = \alpha_0 + \sum_{\xi < \zeta'} \delta_\xi = \alpha_0 + \sum_{\xi < \eta} \delta_\xi.$$

Ist $\eta \in A$ eine Limeszahl und gilt die Behauptung für alle $\zeta < \eta$, so ist

$$\alpha_\eta = \lim_{\zeta<\eta} \alpha_\zeta = \lim_{\zeta<\eta} (\alpha_0 + \sum_{\xi<\zeta} \delta_\xi) = \alpha_0 + \lim_{\zeta<\eta} \sum_{\xi<\zeta} \delta_\xi = \alpha_0 + \sum_{\xi<\eta} \delta_\xi .$$

Damit gilt die Behauptung für alle $\eta \in A$.

Satz 2 besagt u. a., daß jede Halbnormalfunktion $(\alpha_\xi)_{\xi\in A}$ durch ihren Anfangswert α_0 und ihre Differenzenfunktion $(\delta_\xi)_{\xi\in A}$ eindeutig festgelegt ist. Satz 2 ermöglicht die gegenseitige Verwandelbarkeit der Limites von Halbnormalfolgen $(\alpha_\xi)_{\xi<\lambda}$ vom Limeszahltyp λ in allgemeine Summen $\sum_{\xi<\lambda} \beta_\xi$; denn es ist doch

$$\lim_{\xi<\lambda} \alpha_\xi = \lim_{\xi<\lambda} (\alpha_0 + \sum_{\zeta<\xi} \delta_\zeta) = \alpha_0 + \lim_{\xi<\lambda} \sum_{\zeta<\xi} \delta_\zeta = \alpha_0 + \sum_{\xi<\lambda} \delta_\xi$$

und

$$\sum_{\xi<\lambda} \beta_\xi = \lim_{\xi<\lambda} \sum_{\zeta<\xi} \beta_\zeta .$$

Satz 3. *Ist* $(\alpha_\xi)_{\xi\in O}$ *eine Normalfunktion über* O *mit für jedes* $\xi \in O$:

$$\alpha_\xi + \alpha_{\xi+1} = \alpha_{\xi+1},$$

ist $\eta \in O$, $(\beta_\xi)_{\xi<\lambda}$ *eine Fundamentalfolge vom Typ* λ *von Ordinalzahlen und* $\gamma = \lim_{\xi<\lambda} \beta_\xi$, *so gilt:*

a) $\eta \neq 0 \rightarrow \sum_{\xi<\eta} \alpha_{\xi+1} = \alpha_\eta .$

b) $\sum_{\xi<\lambda} \alpha_{\beta_\xi} = \alpha_\gamma .$

Beweis. a) unter den Voraussetzungen des Satzes gilt $\delta_\xi = \alpha_{\xi+1}$ für die Differenzenfunktion $(\delta_\xi)_{\xi\in O}$ von $(\alpha_\xi)_{\xi\in O}$. Dann gilt nach Satz 2 für jedes $\eta \in O$:

$$\alpha_\eta = \alpha_0 + \sum_{\xi<\eta} \alpha_{\xi+1},$$

also für $\eta \neq 0$:

$$\alpha_\eta = \alpha_0 + \alpha_1 + \sum_{1\leq\xi<\eta} \alpha_{\xi+1} = \alpha_1 + \sum_{1\leq\xi<\eta} \alpha_{\xi+1} = \sum_{\xi<\eta} \alpha_{\xi+1} .$$

b) Nach den Sätzen 3, § 27 und 4, § 28 gilt unter den Voraussetzungen unseres Satzes:

$$\sum_{\xi<\lambda} \alpha_{\beta_\xi} = \lim_{\zeta<\lambda} \sum_{\xi<\zeta} \alpha_{\beta_\xi}, \quad \lim_{\zeta<\lambda} \alpha_{\beta_\zeta} = \alpha_\gamma .$$

Es ist also noch zu zeigen:

$$\lim_{\zeta<\lambda} \sum_{\xi<\zeta} \alpha_{\beta_\xi} = \lim_{\zeta<\lambda} \alpha_{\beta_\zeta} .$$

Wegen $\alpha_{\beta_\zeta} \leq \sum_{\xi<\zeta+1} \alpha_{\beta_\xi}$ für jedes $\zeta < \lambda$ ist sofort

$$\lim_{\zeta<\lambda} \alpha_{\beta_\zeta} \leq \lim_{\zeta<\lambda} \sum_{\xi<\zeta} \alpha_{\beta_\xi} .$$

Für

$$\lim_{\zeta<\lambda} \sum_{\xi<\zeta} \alpha_{\beta_\xi} \leqq \lim_{\zeta<\lambda} \alpha_{\beta_\zeta}$$

zeigen wir induktiv über $\zeta < \lambda$:

$$\sum_{\xi<\zeta} \alpha_{\beta_\xi} \leqq \alpha_{\beta_\zeta}. \tag{+}$$

Die Behauptung (+) gilt trivial für $\zeta = 0$. Gilt (+) für ν bei $\nu' = \zeta < \lambda$, so ist im Falle $\beta_\nu \neq 0$ nach a):

$$\sum_{\xi<\zeta} \alpha_{\beta_\xi} = \sum_{\xi<\nu} \alpha_{\beta_\xi} + \alpha_{\beta_\nu} \leqq \alpha_{\beta_\nu} + \alpha_{\beta_\nu} \leqq \sum_{\xi<\beta_\nu} \alpha_{\xi+1} + \sum_{\beta_\nu \leqq \xi < \beta_\zeta} \alpha_{\xi+1} = \sum_{\xi<\beta_\zeta} \alpha_{\xi+1} = \alpha_{\beta_\zeta},$$

und im Falle $\beta_\nu = 0$ ist auch $\nu = 0$, also trivial

$$\sum_{\xi<\zeta} \alpha_{\beta_\xi} = \alpha_0 \leqq \alpha_{\beta_\zeta}.$$

Ist $\zeta < \lambda$ eine Limeszahl und gilt (+) für alle $\nu < \zeta$, so ist

$$\sum_{\xi<\zeta} \alpha_{\beta_\xi} = \lim_{\nu<\zeta} \sum_{\xi<\nu} \alpha_{\beta_\xi} \leqq \lim_{\nu<\zeta} \alpha_{\beta_\nu} \leqq \alpha_{\beta_\zeta}.$$

Damit gilt (+) allgemein und b) ist bewiesen.

Die Behauptung

$$\eta \neq 0 \rightarrow \sum_{\xi<\eta} \alpha_{\xi+1} = \alpha_\eta$$

aus Satz 3 läßt sich auch so aussprechen: Es ist

$$\sum_{\xi<\eta} \alpha_\xi = \alpha_\eta \text{ für Limeszahlen } \eta,$$

$$\sum_{\xi\leqq\eta} \alpha_\xi = \alpha_\eta \text{ für isolierte Zahlen } \eta.$$

Man zeigt nämlich unter den Voraussetzungen von Satz 3 induktiv über η:

$$\eta \textit{ Limeszahl} \rightarrow \sum_{\xi<\eta} \alpha_\xi = \sum_{\xi<\eta} \alpha_{\xi+1},$$

$$\eta \textit{ von 1. Art} \rightarrow \sum_{\xi\leqq\eta} \alpha_\xi = \sum_{\xi<\eta} \alpha_{\xi+1}.$$

Diese Behauptung gilt trivial für $\eta = 0$; gilt sie für ν bei $\nu' = \eta$, so gilt

$$\sum_{\xi\leqq\eta} \alpha_\xi = \sum_{\xi\leqq\nu} \alpha_\xi + \alpha_\eta = \alpha_0 + \alpha_\eta = \sum_{\xi<\eta} \alpha_{\xi+1}, \text{ falls } \nu = 0 \text{ ist,}$$

$$\sum_{\xi\leqq\eta} \alpha_\xi = \sum_{\xi\leqq\nu} \alpha_\xi + \alpha_\eta = \sum_{\xi<\nu} \alpha_{\xi+1} + \alpha_\eta = \sum_{\xi<\eta} \alpha_{\xi+1}, \text{ falls } \nu \text{ von 1. Art ist,}$$

$$\sum_{\xi\leqq\eta} \alpha_\xi = \sum_{\xi<\nu} \alpha_\xi + \alpha_\nu + \alpha_\eta = \sum_{\xi<\nu} \alpha_{\xi+1} + \alpha_\eta = \sum_{\xi<\eta} \alpha_{\xi+1}, \text{ falls } \nu \text{ Limeszahl ist;}$$

ist schließlich η Limeszahl, so ist zu zeigen

$$\lim_{\nu<\eta} \sum_{\xi<\nu} \alpha_\xi = \lim_{\nu<\eta} \sum_{\xi<\nu} \alpha_{\xi+1},$$

was aber sofort folgt aus

$$\sum_{\xi<\nu} \alpha_\xi \leqq \sum_{\xi<\nu} \alpha_{\xi+1} \quad \text{für alle } \nu < \eta,$$

$$\sum_{\xi<\nu} \alpha_{\xi+1} = \alpha_\nu \leqq \sum_{\xi<\nu'} \alpha_\xi \quad \text{für alle } 0 \neq \nu < \eta.$$

Als Spezialfall von Satz 3 erhält man den

Satz 4. *Für Ordinalzahlen* $\alpha \geqq \omega$, $\eta \in O$ *und Fundamentalfolgen* $(\beta_\xi)_{\xi<\lambda}$ *vom Typ* λ *von Ordinalzahlen mit* $\gamma = \lim\limits_{\xi<\lambda} \beta_\xi$ *gilt:*

a) $\eta \neq 0 \to \alpha^\eta = \sum\limits_{\xi<\eta} \alpha^{\xi+1}$; d. h. $\alpha^\eta = \sum\limits_{\xi<\eta} \alpha^\xi$ *für Limeszahlen* η *und* $\alpha^\eta = \sum\limits_{\xi\leqq\eta} \alpha^\xi$ *für isolierte Zahlen* η.

b) $\alpha^\gamma = \sum\limits_{\xi<\lambda} \alpha^{\beta_\xi}$.

Beweis. Für Ordinalzahlen $\alpha \geqq \omega$ und $\xi \in O$ ist

$$\alpha^\xi + \alpha^{\xi+1} = \alpha^\xi (1 + \alpha) = \alpha^\xi \cdot \alpha = \alpha^{\xi+1};$$

dann folgen die Behauptungen unmittelbar aus Satz 3 und der anschließenden Bemerkung.

Aus Satz 4a) folgt nochmals, was wir schon früher bewiesen hatten:

$$\sum_{\nu<\omega} \omega^\nu = \omega^\omega.$$

2. Satz 5 (Divisionssatz). *Für Ordinalzahlen* α, β *mit* $\alpha \neq 0$ *gibt es genau ein Paar* $[\gamma, \varrho]$ *von Ordinalzahlen mit*

$$\beta = \alpha \cdot \gamma + \varrho \quad \textit{bei} \quad \varrho < \alpha.$$

Beweis. Sind α, β Ordinalzahlen, so gibt es höchstens ein solches Paar $[\gamma, \varrho]$ von Ordinalzahlen mit $\beta = \alpha \cdot \gamma + \varrho$ bei $\varrho < \alpha$. Denn ist

$$\beta = \alpha \cdot \gamma_1 + \varrho_1 = \alpha \cdot \gamma_2 + \varrho_2 \quad \text{bei} \quad \varrho_1, \varrho_2 < \alpha$$

und wäre $\gamma_1 \neq \gamma_2$, etwa $\gamma_1 < \gamma_2$, so wäre $\gamma_1 + 1 \leqq \gamma_2$, also

$$\alpha \cdot \gamma_1 + \varrho_1 = \alpha \cdot \gamma_2 + \varrho_2 \geqq \alpha \cdot (\gamma_1 + 1) + \varrho_2 = \alpha \cdot \gamma_1 + \alpha + \varrho_2,$$

woraus $\varrho_1 \geqq \alpha + \varrho_2 \geqq \alpha$ folgt im Widerspruch zu $\varrho_1 < \alpha$; der Fall $\gamma_2 < \gamma_1$ erledigt sich analog; damit ist $\gamma_1 = \gamma_2$, also $\alpha \cdot \gamma_1 = \alpha \cdot \gamma_2$, also auch $\varrho_1 = \varrho_2$, und es gibt höchstens ein gewünschtes Paar $[\gamma, \varrho]$ für α, β.

Nun zur Existenz eines Paares $[\gamma, \varrho]$ für α, β bei $\alpha \neq \mathbf{0}$. Nach Satz 3, § 28 gibt es ein $\gamma \in \boldsymbol{O}$ mit $\alpha \cdot \gamma \leqq \beta < \alpha \cdot \gamma'$. Aus dem Subtraktionssatz folgt wegen $\alpha \cdot \gamma \leqq \beta$ weiterhin die Existenz eines $\varrho \in \boldsymbol{O}$ mit $\alpha \cdot \gamma + \varrho = \beta$. Dabei ist $\varrho < \alpha$; denn wäre $\alpha \leqq \varrho$, so wäre

$$\alpha \cdot \gamma' = \alpha \cdot \gamma + \alpha \leqq \alpha \cdot \gamma + \varrho = \beta$$

im Widerspruch zu $\beta < \alpha \cdot \gamma'$. Damit ist die Existenz eines Paares $[\gamma, \varrho]$ mit $\beta = \alpha \cdot \gamma + \varrho$ und $\varrho < \alpha$ gezeigt.

Wir wollen für den Divisionssatz noch einen zweiten in der Literatur verbreiteten Beweis geben, der nicht von Satz 3, § 28 Gebrauch macht, sondern Repräsentanten von α und β' verwendet. Es sei $\xi = \beta + \mathbf{1}$, also

$$\alpha \cdot \xi = \alpha \cdot (\beta + \mathbf{1}) \geqq \beta + \mathbf{1} > \beta.$$

Es ist

$$\alpha = \overline{\boldsymbol{O}^*(\alpha)}, \quad \xi = \overline{\boldsymbol{O}^*(\xi)} \quad \text{und} \quad \alpha \cdot \xi = \overline{[\boldsymbol{O}(\alpha) \times \boldsymbol{O}(\xi), R^*]},$$

wo R^* die antilexikographische Anordnung in $\boldsymbol{O}(\alpha) \times \boldsymbol{O}(\xi)$ bzgl. ${}_{\boldsymbol{O}(\alpha)}{\leqq}_{\boldsymbol{O}(\alpha)}$, ${}_{\boldsymbol{O}(\xi)}{\leqq}_{\boldsymbol{O}(\xi)}$ ist. Wegen $\beta < \alpha \cdot \xi$ gibt es ein Paar $[\varrho, \gamma] \in \boldsymbol{O}(\alpha) \times \boldsymbol{O}(\xi)$, so daß β die Ordinalzahl des von $[\varrho, \gamma]$ bestimmten Abschnittes A in $\boldsymbol{O}(\alpha) \times \boldsymbol{O}(\xi)$ ist, also $\beta = \overline{[A, {}_A R^*{}_A]}$. Für jedes $[\zeta, \eta] \in \boldsymbol{O}(\alpha) \times \boldsymbol{O}(\xi)$ gilt nun:

$$[\zeta, \eta] \underset{R^*}{<} [\varrho, \gamma] \leftrightarrow \eta < \gamma \cdot\vee\cdot \eta = \gamma \wedge \zeta < \varrho.$$

Die Paare $[\zeta, \eta]$ mit $\eta < \gamma$ bilden in ihrer antilexikographischen Anordnung offenbar einen Repräsentanten von $\alpha \cdot \gamma$ und die Paare $[\zeta, \eta]$ mit $\eta = \gamma$ und $\zeta < \varrho$ offenbar einen Repräsentanten von $\varrho < \alpha$. Der gesamte Abschnitt A ist dann die Vereinigung dieser beiden Mengen von Paaren $[\zeta, \eta]$, wobei die antilexikographische Anordnung in A gerade durch Aneinanderfügen der antilexikographischen Anordnungen der beiden Mengen von Paaren $[\zeta, \eta]$ entsteht. Also ist $\beta = \alpha \cdot \gamma + \varrho$ bei $\varrho < \alpha$.

Ist $\beta = \alpha \cdot \gamma + \varrho$ bei $\varrho < \alpha$, so ist $\gamma \leqq \beta$ wegen $\gamma \leqq \alpha \cdot \gamma \leqq \alpha \cdot \gamma + \varrho = \beta$.

Ist $\beta = \alpha \cdot \gamma + \varrho$ bei $\varrho < \alpha$, so ist γ dadurch aus β entstanden, daß man β von links durch α mit Rest ϱ dividiert hat. Satz 5 drückt also die Möglichkeit linksseitiger Division aus. Dagegen ist rechtsseitige Division nicht immer oder nicht immer eindeutig möglich wie die Beispiele $\alpha = \mathbf{2}$, $\beta = \boldsymbol{\omega}$ und $\alpha = \beta = \boldsymbol{\omega}$ zeigen: Es ist $\alpha \neq \mathbf{0}$, und es gibt im ersten Beispiel kein γ, ϱ mit $\beta = \gamma \cdot \alpha + \varrho$ bei $\varrho < \alpha$ (es kann nicht $\boldsymbol{\omega} = \gamma \cdot \mathbf{2} + \mathbf{1}$ sein, da sonst $\boldsymbol{\omega}$ den Vorgänger $\gamma \cdot \mathbf{2}$ hätte; es kann nicht $\boldsymbol{\omega} = \gamma \cdot \mathbf{2} + \mathbf{0}$ sein, da sonst $\mathbf{0} \neq \gamma < \gamma \cdot \mathbf{2} = \boldsymbol{\omega}$ wäre, also auch $\gamma \cdot \mathbf{2} < \boldsymbol{\omega}$), und im zweiten Beispiel gilt $\beta = \gamma \cdot \alpha$ für alle $\mathbf{0} \neq \gamma \in \boldsymbol{N}$.

Innerhalb $\boldsymbol{N}$, wo das kommutative Gesetz der Multiplikation gilt, ist auch rechtsseitige Division möglich, die dann mit der linksseitigen übereinstimmt wegen $\alpha \cdot \gamma + \varrho = \gamma \cdot \alpha + \varrho = \beta$.

Satz 5 führt in seiner mehrmaligen Anwendung zum Euklid*ischen Algorithmus*, dem Verfahren der, von festen Zahlen α_0, α_1 mit $\alpha_1 \neq \mathbf{0}$ ausgehenden, fortwährenden Division von α_0 durch α_1, von α_1 durch den verbliebenen Rest α_2 (bei der Division von α_0 durch α_1), von α_2 durch den verbliebenen Rest α_3 (bei der Division von α_1 durch α_2) usw., bis die Division einmal aufgeht, d. h. kein von 0 verschiedener Rest mehr verbleibt:

$$\begin{aligned}
\alpha_0 &= \alpha_1 \cdot \gamma_1 + \alpha_2, & 0 &< \alpha_2 < \alpha_1 \\
\alpha_1 &= \alpha_2 \cdot \gamma_2 + \alpha_3, & 0 &< \alpha_3 < \alpha_2 \\
\alpha_2 &= \alpha_3 \cdot \gamma_3 + \alpha_4, & 0 &< \alpha_4 < \alpha_3 \\
&\vdots \\
\alpha_n &= \alpha_{n+1} \cdot \gamma_{n+1}.
\end{aligned}$$

Das Verfahren bricht auch wirklich einmal ab (d. h. die Division geht einmal auf). Denn man kann durch vollständige Induktion die Funktion f von $\boldsymbol{N}$ in $\boldsymbol{O} \times (\boldsymbol{O} \setminus \{0\})$ definieren mit

$$f(0) = [\alpha_0, \alpha_1]$$

und für jedes $n \in \boldsymbol{N}$:

$$f(n+1) = \begin{cases} [\xi, \eta], \text{ falls } f(n) = [\xi, \eta] \text{ und } \xi = \eta \cdot \gamma \text{ für ein } \gamma \\ [\eta, \varrho], \text{ falls } f(n) = [\xi, \eta] \text{ und } \xi = \eta \cdot \gamma + \varrho \text{ für ein } \gamma, \varrho \text{ mit} \\ \qquad\qquad 0 < \varrho < \eta. \end{cases}$$

Gäbe es keinen Index n mit $f(m) = f(n)$ für $m \geqq n$ (d. h. anschaulich, das Verfahren bricht nicht ab), so gibt es kein n mit $\xi = \eta \cdot \gamma$ bei $f(n) = [\xi, \eta]$, also wäre für jedes n: $\xi = \eta \cdot \gamma + \varrho$ mit $0 < \varrho < \eta$ bei $f(n) = [\xi, \eta]$; dann zeigt man aber leicht durch vollständige Induktion über m: $n < m \rightarrow f_2(m) < f_2(n)$ für die Folge f_2 der zweiten Elemente der geordneten Paare $f(n)$, womit f_2 eine echt monoton fallende, abzählbare Folge von Ordinalzahlen wäre im Widerspruch dazu, daß nach Satz 12, § 23 jede echt monoton fallende Folge von Ordinalzahlen endlich ist. Also gibt es ein n mit $f(m) = f(n)$ für $m \geqq n$ und damit ein kleinstes derartiges n, bezeichnet mit n_0; dann ist $\xi = \eta \cdot \gamma$ für $f(n_0) = [\xi, \eta]$, und für jedes kleinere n als n_0 ist $\xi = \eta \cdot \gamma + \varrho$ mit $0 < \varrho < \eta$ bei $f(n) = [\xi, \eta]$.

Satz 6. *Für Ordinalzahlen λ gilt:*

$$\lambda \textit{ von 2. Art} \leftrightarrow \exists\, \gamma\, (\gamma \in \boldsymbol{O} \wedge \lambda = \boldsymbol{\omega} \cdot \gamma) \leftrightarrow \exists!!\, \gamma\, (\gamma \in \boldsymbol{O} \wedge \lambda = \boldsymbol{\omega} \cdot \gamma).$$

Beweis. ($\rightarrow$) Nach Satz 5 gibt es für jede Ordinalzahl λ ein Paar $[\gamma, n]$ von Ordinalzahlen mit $\lambda = \boldsymbol{\omega} \cdot \gamma + n$ bei $n < \boldsymbol{\omega}$. Ist dann λ von 2. Art, so ist $\lambda = 0$, oder λ ist Limeszahl; $n \neq 0$ ergibt somit bei $m' = n$ den Widerspruch $\lambda = (\boldsymbol{\omega} \cdot \gamma + m)'$; also ist $\lambda = \boldsymbol{\omega} \cdot \gamma$. Aus $\lambda = \boldsymbol{\omega} \cdot \gamma_1 = \boldsymbol{\omega} \cdot \gamma_2$ folgt $\gamma_1 = \gamma_2$, also gibt es insgesamt genau ein γ mit $\lambda = \boldsymbol{\omega} \cdot \gamma$.

($\leftarrow$) Ist $\lambda = \boldsymbol{\omega} \cdot \gamma$ für ein $\gamma \in \boldsymbol{O}$, so beweist man durch Fallunterscheidung, daß λ von 2. Art ist: Für $\gamma = 0$ ist $\lambda = 0$; ist $\delta' = \gamma$, so ist $\lambda = \boldsymbol{\omega} \cdot \delta + \boldsymbol{\omega}$ $= \lim\limits_{n < \omega} (\boldsymbol{\omega} \cdot \delta + n)$ als Grenzwert einer Fundamentalfolge eine Limeszahl; ist γ eine Limeszahl, so ist $\lambda = \lim\limits_{\xi < \gamma} (\boldsymbol{\omega} \cdot \xi)$ als Grenzwert einer Fundamentalfolge eine Limeszahl.

Speziell folgt aus Satz 6 für Ordinalzahlen λ:

$$\lambda \textit{ Limeszahl} \leftrightarrow \exists\, \gamma\, (0 \neq \gamma \in \boldsymbol{O} \wedge \lambda = \boldsymbol{\omega} \cdot \gamma) \leftrightarrow \exists!!\, \gamma\, (0 \neq \gamma \in \boldsymbol{O} \wedge \gamma = \boldsymbol{\omega} \cdot \gamma).$$

Sämtliche Potenzen $\boldsymbol{\omega}^\xi$ für $\xi \neq 0$ sind z. B. nach Satz 6 Limeszahlen; denn wegen $1 \leqq \xi$ gibt es ein η mit $1 + \eta = \xi$, also mit $\boldsymbol{\omega}^\xi = \boldsymbol{\omega}^{1+\eta} = \boldsymbol{\omega} \cdot \boldsymbol{\omega}^\eta$.

Für ordinale Limeszahlen λ und Ordinalzahlen ξ gilt:

$$\xi + \lambda \textit{ Limeszahl},$$

$$\xi \geqq 1 \rightarrow \xi \cdot \lambda,\ \lambda \cdot \xi \textit{ Limeszahl},$$

$$\xi \geqq 2 \rightarrow \xi^\lambda \textit{ Limeszahl}, \qquad \xi \geqq 1 \rightarrow \lambda^\xi \textit{ Limeszahl}.$$

Denn unter den jeweiligen Voraussetzungen für ξ ist

$$\xi + \lambda = \lim_{\eta < \lambda} (\xi + \eta), \qquad \xi \cdot \lambda = \lim_{\eta < \lambda} (\xi \cdot \lambda), \qquad \xi^\lambda = \lim_{\eta < \lambda} (\xi^\eta),$$

so daß also $\xi + \lambda$, $\xi \cdot \lambda$ und ξ^λ als Limites von Fundamentalfolgen Limeszahlen sind. Ist nach Satz 6 $\lambda = \boldsymbol{\omega} \cdot \gamma$, so ist $\lambda \cdot \xi = \boldsymbol{\omega} \cdot \gamma \cdot \xi$ wieder eine Limeszahl; ist ξ Limeszahl, so ist λ^ξ Limeszahl wegen $\lambda \geqq 2$; ist ξ von 1. Art und $\eta' = \xi$, so ist $\lambda^\xi = \lambda^{\eta+1} = \lambda^\eta \cdot \lambda$ wegen $\lambda^\eta \geqq 1$ eine Limeszahl.

Satz 7. *Für jede Ordinalzahl α gibt es genau ein Paar $[\lambda, n]$ von Ordinalzahlen mit:*

$$\alpha = \lambda + n, \qquad \lambda \textit{ von 2. Art}, \qquad n \in \boldsymbol{N}.$$

Beweis. Nach Satz 5 gibt es für jede Ordinalzahl α genau ein Paar $[\gamma, n]$ von Ordinalzahlen mit $\alpha = \boldsymbol{\omega} \cdot \gamma + n$ bei $n < \boldsymbol{\omega}$; hieraus folgt die Behauptung unmittelbar über Satz 6.

Als weitere Anwendung von Satz 6 zeigt man für Ordinalzahlen λ von 2. Art, Ordinalzahlen $\alpha \neq 0$ und natürliche Zahlen n:

$$\alpha \cdot \lambda = (\alpha + n) \cdot \lambda.$$

Den Nachweis dieser Behauptung führt man durch die Fallunterscheidung (1) $\lambda = 0$, (2) $\lambda = \boldsymbol{\omega}$, $\alpha < \boldsymbol{\omega}$, (3) $\lambda = \boldsymbol{\omega}$, $\alpha \geqq \boldsymbol{\omega}$, (4) $\lambda \geqq \boldsymbol{\omega}$. Fall (1) ist trivial. (2) Es ist $\alpha \cdot \boldsymbol{\omega} = \boldsymbol{\omega}$ und $(\alpha + n) \cdot \boldsymbol{\omega} = \boldsymbol{\omega}$, also $\alpha \cdot \boldsymbol{\omega} = (\alpha + n) \cdot \boldsymbol{\omega}$. (3) Es ist zu zeigen $\lim_{m < \boldsymbol{\omega}} (\alpha \cdot m) = \lim_{m < \boldsymbol{\omega}} ((\alpha + n) \cdot m)$; dies gilt aber sofort wegen $\alpha \cdot m \leqq (\alpha + n) \cdot m$ und $(\alpha + n) \cdot m \leqq (\alpha + \alpha) \cdot m = \alpha \cdot 2 \cdot m$. (4) Nach Satz 6 ist $\lambda = \boldsymbol{\omega} \cdot \gamma$, also nach (2), (3) $\alpha \cdot \lambda = (\alpha \cdot \boldsymbol{\omega}) \cdot \gamma = (\alpha + n) \cdot \boldsymbol{\omega} \cdot \gamma = (\alpha + n) \cdot \lambda$.

3. Eine letzte und wichtige Anwendung des Divisionssatzes besteht in der Teilbarkeit (mit Rest) der Ordinalzahlen durch natürliche Zahlen und dem damit ermöglichten Definitionsprinzip der transfiniten simultanen Induktion.

Nach Satz 5 gibt es für jede Ordinalzahl α und jede natürliche Zahl $n \neq 0$ genau ein Paar $[\gamma, m]$ von Ordinalzahlen mit

$$\alpha = n \cdot \gamma + m \quad \text{bei} \quad m < n.$$

Jede Ordinalzahl α besitzt also bei Division durch $0 \neq n \in \boldsymbol{N}$ einen eindeutig bestimmten Rest $m < n$. Für festes $0 \neq n \in \boldsymbol{N}$ ist die Relation $\boldsymbol{R}$ in $\boldsymbol{O}$ mit für jedes $\alpha, \beta \in \boldsymbol{O}$:

$$\alpha \boldsymbol{R} \beta \leftrightarrow \exists m \exists \gamma_1 \exists \gamma_2 (m < n \wedge \alpha = n \cdot \gamma_1 + m \wedge \beta = n \cdot \gamma_2 + m)$$

eine Äquivalenzrelation in $\boldsymbol{O}$, so daß also $\boldsymbol{O}$ disjunkt und erschöpfend in die Äquivalenzklassen bzgl. R zerfällt, also in die Klassen jeweils aller Ordinalzahlen, welche bei der Division durch n denselben Rest m besitzen. Für Ordinalzahlen λ 2. Art gilt dabei stets bei $0 \neq n \in \boldsymbol{N}$:

$$\lambda = n \cdot \lambda$$

wegen $\lambda = \boldsymbol{\omega} \cdot \xi = (n \cdot \boldsymbol{\omega}) \cdot \xi = n \cdot (\boldsymbol{\omega} \cdot \xi) = n \cdot \lambda$ nach Satz 6; jede Ordinalzahl 2. Art ist also durch jede natürliche Zahl $n \neq 0$ ohne Rest teilbar.

Definition 3. Eine Ordinalzahl α ist *gerade* genau dann, wenn es eine Ordinalzahl γ gibt mit $\alpha = 2 \cdot \gamma$, *ungerade* genau dann, wenn es eine Ordinalzahl γ gibt mit $\alpha = 2 \cdot \gamma + 1$.

Die Ordinalzahlen zerfallen dann disjunkt und erschöpfend in gerade und ungerade Zahlen; jede Ordinalzahl 2. Art ist gerade.

Die Teilbarkeit der Ordinalzahlen durch natürliche Zahlen $n \neq 0$ mit Rest $m < n$ ermöglicht *Definitionen durch transfinite simultane Induktion* oder *transfinite simultane Rekursionen*.

Satz 8 (Rechtfertigungssatz für Definitionen durch transfinite simultane ordnungstheoretische Induktion). *Für Anfangsstücke A von $\boldsymbol{O}$, Klassen B, die Klasse $G = \underset{g}{\boldsymbol{K}} \exists x\, (x \in A \wedge g$ Funktion von $\boldsymbol{O}(x)$ in $B)$, natürliche Zahlen $n \neq 0$ und n-Tupel $[T_1, \ldots, T_n]$ von Funktionen, wobei T_i für jedes $1 \leqq i \leqq n$ eine Funktion von $G^{(n)}$ in B ist, gibt es genau ein n-Tupel $[F_1, \ldots, F_n]$ von Funktionen mit für jedes $1 \leqq i \leqq n$:*

$$F_i \text{ Funktion von } A \text{ in } B \wedge \forall x\, (x \in A \rightarrow F_i(x) = T_i\, (F_{1\,\boldsymbol{O}(x)}, \ldots, F_{n\,\boldsymbol{O}(x)})).$$

Beweis. Ist unter den Voraussetzungen des Satzes $A = \boldsymbol{O}$, so sei $A^* = \boldsymbol{O}$, ist $A = \boldsymbol{O}(\alpha)$ für ein $\alpha \in \boldsymbol{O}$, so sei $A^* = \boldsymbol{O}(n \cdot \alpha)$. G^* sei die Klasse aller Funktionen g, die auf den Abschnitten von A^* definiert sind mit Werten aus B. Man definiere die Funktion T^* von G^* in B folgendermaßen: Ist $g \in G^*$, $\operatorname{Vb} g = \boldsymbol{O}(x)$, $x = n \cdot \gamma + m$ bei $m < n$ (dann ist im Falle $A = \boldsymbol{O}(\alpha)$ $n \cdot \gamma \leqq n \cdot \gamma + m = x < n \cdot \alpha$, also $\gamma < \alpha$, womit stets $\gamma \in A$ gilt), g^*_{i+1} für jedes $i < n$ die Funktion von $\boldsymbol{O}(\gamma)$ in B mit für jedes $\xi < \gamma$: $g^*_{i+1}(\xi) = g(n \cdot \xi + i)$ (ist $\xi < \gamma$, so ist $n \cdot \xi + i < n \cdot \xi' \leqq n \cdot \gamma + m = x$), so sei

$$T^*(g) = T_{m+1}\, (g^*_1, \ldots, g^*_n).$$

Nach dem Rechtfertigungssatz für Definitionen durch transfinite ordnungstheoretische Induktion (Satz 7, § 19) gibt es dann eine Funktion F^* von A^* in B mit für jedes $x \in A^*$:

$$F^*(x) = T^*(F^*_{\boldsymbol{O}(x)}). \qquad (+)$$

Definiert man jetzt für jedes $m < n$ die Funktion F_{m+1} von A in B mit für jedes $\gamma \in A$:

$$F_{m+1}(\gamma) = F^*(n \cdot \gamma + m)$$

(im Falle $A = \boldsymbol{O}(\alpha)$ ist $n \cdot \gamma + m < n \cdot \gamma' \leqq n \cdot \alpha$, also gilt stets $n \cdot \gamma + m \in A^*$), so gilt für jedes $m < n$ und jedes $\gamma \in A$ wegen (+) und der Definition von T^*:

$$F_{m+1}(\gamma) = T_{m+1}(F_1 \upharpoonright \boldsymbol{O}(\gamma), \ldots, F_n \upharpoonright \boldsymbol{O}(\gamma)),$$

also für jedes $1 \leqq i \leqq n$:

$$F_i \textit{ Funktion von } A \textit{ in } B \wedge \forall x (x \in A \to F_i(x) = T_i(F_1 \upharpoonright \boldsymbol{O}(x), \ldots, F_n \upharpoonright \boldsymbol{O}(x))).$$

Damit ist die Existenz gewünschter Funktionen F_i nachgewiesen.

Wären schließlich $[F_1, \ldots, F_n]$, $[G_1, \ldots, G_n]$ zwei n-Tupel von Funktionen mit für jedes $1 \leqq i \leqq n$:

$$F_i \textit{ Funktion von } A \textit{ in } B \wedge \forall x (x \in A \to F_i(x) = T_i(F_1 \upharpoonright \boldsymbol{O}(x), \ldots, F_n \upharpoonright \boldsymbol{O}(x))),$$

$$G_i \textit{ Funktion von } A \textit{ in } B \wedge \forall x (x \in A \to G_i(x) = T_i(G_1 \upharpoonright \boldsymbol{O}(x), \ldots, G_n \upharpoonright \boldsymbol{O}(x))),$$

so zeigt man durch transfinite ordnungstheoretische Induktion über x leicht für alle $x \in A$ und jedes $1 \leqq i \leqq n$:

$$F_i(x) = G_i(x),$$

womit es insgesamt genau ein gewünschtes n-Tupel $[F_1, \ldots, F_n]$ von Funktionen gibt.

Ist in Satz 8 speziell $A = \boldsymbol{Z}$ und $n = 2$, so erhält man die eindeutige Existenz eines Paares $[F_1, F_2]$ von Funktionen von $\boldsymbol{Z}$ in B mit für jedes $\alpha \in \boldsymbol{Z}$:

$$F_1(\alpha) = T_1(F_1 \upharpoonright \boldsymbol{O}(\alpha), F_2 \upharpoonright \boldsymbol{O}(\alpha)), \qquad F_2(\alpha) = T_2(F_1 \upharpoonright \boldsymbol{O}(\alpha), F_2 \upharpoonright \boldsymbol{O}(\alpha)).$$

Aus Satz 8 erhält man noch die folgenden beiden Definitionsprinzipien:

Satz 9 (Rechtfertigungssatz für Definitionen durch transfinite simultane vollständige Induktion). *Für Anfangsstücke* $A \neq \varnothing$ *von* $\boldsymbol{O}$, *Klassen* B, *die Klasse* $L = \underset{x}{\boldsymbol{K}}$ *(x Limeszahl von A), natürliche Zahlen* $n \neq 0$, *n-Tupel* $[b_1, \ldots, b_n] \in B^{(n)}$ *und n-Tupel* $[S_1, \ldots, S_n]$ *von Funktionen* S_i $(1 \leqq i \leqq n)$ *von L in B und n-Tupel* $[T_1, \ldots, T_n]$ *von Funktionen* T_i $(1 \leqq i \leqq n)$ *von* $A \times B^{(n)}$ *in B, falls* max A *nicht existiert, bzw.* T_i *von* $(A \setminus \{\max A\}) \times B^{(n)}$ *in B, falls* max A *existiert, gibt es genau ein n-Tupel* $[F_1, \ldots, F_n]$ *von Funktionen mit für jedes* $1 \leqq i \leqq n$:

$$F_i \textit{ Funktion von } A \textit{ in } B,$$

$$F_i(0) = b_i,$$

$$\forall x (x \in L \to F_i(x) = S_i(x)),$$

$$\forall x (x \in A \wedge \sim x = \max A \to F_i(x') = T_i(x, F_1(x), \ldots, F_n(x))).$$

Beweis. Unter den Voraussetzungen des Satzes beweist man für n-Tupel $[F_1, \ldots, F_n]$, $[G_1, \ldots, G_n]$ von Funktionen mit den gewünschten Eigenschaften leicht durch transfinite vollständige Induktion über x, daß für alle $x \in A$ und jedes $1 \leqq i \leqq n$ gilt:

$$F_i(x) = G_i(x),$$

womit es also höchstens ein gewünschtes n-Tupel $[F_1, \ldots, F_n]$ von Funktionen geben kann.

Die Existenz eines gewünschten n-Tupels $[F_1, \ldots, F_n]$ von Funktionen beweisen wir mit Hilfe des Definitionsprinzips der transfiniten simultanen ordnungstheoretischen Induktion. Es sei G die Klasse aller Funktionen g, die auf den Abschnitten von A definiert sind mit Werten aus B, $a \in B$, und T_i^* sei für $1 \leqq i \leqq n$ die Funktion von $G^{(n)}$ in B mit für jedes $[g_1, \ldots, g_n] \in G^{(n)}$:

$$T_i^*(g_1, \ldots, g_n) = \begin{cases} a, \text{ falls } \exists j \exists k\, (j, k \leqq n \wedge \mathrm{Vb}\, g_j \neq \mathrm{Vb}\, g_k) \\ b_i, \text{ falls } \forall j\, (j \leqq n \to \mathrm{Vb}\, g_j = \boldsymbol{O}\,(0) = \emptyset) \\ S_i(x), \text{ falls } x \in L \wedge \forall j\, (j \leqq n \to \mathrm{Vb}\, g_j = \boldsymbol{O}(x)) \\ T_i(x, g_1(x), \ldots, g_n(x)), \text{ falls } x \in A \wedge \sim x = \max A \\ \qquad \wedge \forall j\, (j \leqq n \to \mathrm{Vb}\, g_j = \boldsymbol{O}(x')). \end{cases}$$

Dann gibt es nach Satz 8 ein n-Tupel $[F_1, \ldots, F_n]$ von Funktionen F_i von A in B $(1 \leqq i \leqq n)$ mit für jedes $x \in A$:

$$F_i(x) = T_i^*\,(F_{1\,\boldsymbol{O}(x)}, \ldots, F_{n\,\boldsymbol{O}(x)}),$$

also mit

$$F_i\,(0) = b_i,$$

$$\forall x\,(x \in L \to F_i(x) = S_i(x)),$$

$$\forall x\,(x \in A \wedge \sim x = \max A \to F_i(x') = T_i(x, F_1(x), \ldots, F_n(x))).$$

Satz 10. *Für Anfangsstücke* $A \neq \emptyset$ *von* $\boldsymbol{O}$, *Klassen* B, *die Klasse* $L = \underset{x}{\boldsymbol{K}}$ (x *Limeszahl von* A), $G = \underset{g}{\boldsymbol{K}} \exists x\, (x \in L \wedge g$ *Funktion von* $\boldsymbol{O}(x)$ *in* B), *natürliche Zahlen* $n \neq 0$, *n-Tupel* $[b_1, \ldots, b_n] \in B^{(n)}$, *n-Tupel* $[T_1', \ldots, T_n')$ *von Funktionen* T_i' $(1 \leqq i \leqq n)$ *von* $A \times B^{(n)}$ *in* B, *falls* $\max A$ *nicht existiert, bzw.* T_i' *von* $(A \setminus \{\max A\}) \times B^{(n)}$ *in* B, *falls* $\max A$ *existiert, und n-Tupel* $[T_1'', \ldots, T_n'']$ *von Funktionen* T_i'' $(1 \leqq i \leqq n)$ *von* $G^{(n)}$ *in* B *gibt es genau ein n-Tupel* $[F_1, \ldots, F_n]$ *von Funktionen mit für jedes* $1 \leqq i \leqq n$:

F_i *Funktion von* A *in* B,

$$F_i\,(0) = b_i,$$

$$\forall x\,(x \in A \wedge \sim x = \max A \to F_i(x') = T_i'(x, F_1(x), \ldots, F_n(x))),$$

$$\forall x\,(x \in L \to F_i(x) = T_i''(F_{1\,\boldsymbol{O}(x)}, \ldots, F_{n\,\boldsymbol{O}(x)})).$$

Beweis. Unter den Voraussetzungen des Satzes beweist man für n-Tupel $[F_1, \ldots, F_n]$, $[G_1, \ldots, G_n]$ von Funktionen mit den gewünschten Eigenschaften leicht über Satz 6, § 19 für jedes $x \in A$ und jedes $1 \leqq i \leqq n$:

$$F_i(x) = G_i(x),$$

womit es also höchstens ein gewünschtes n-Tupel $[F_1, \ldots, F_n]$ von Funktionen geben kann.

Die Existenz eines gewünschten n-Tupels $[F_1, \ldots, F_n]$ von Funktionen beweisen wir mit Hilfe des Definitionsprinzips der transfiniten simultanen ordnungstheoretischen Induktion. Es sei G^* die Klasse aller Funktionen g, die auf den Abschnitten von A definiert sind mit Werten aus B, $a \in B$, und T_i^* sei für $1 \leqq i \leqq n$ die Funktion von $G^{*(n)}$ in B mit für jedes $[g_1, \ldots, g_n] \in G^{*(n)}$:

$$T_i^*(g_1, \ldots, g_n) = \begin{cases} a, \text{ falls } \exists j \,\exists k\, (j, k \leqq n \wedge \mathrm{Vb}\, g_j \neq \mathrm{Vb}\, g_k) \wedge [g_1, \ldots, g_n] \notin G^{(n)} \\ b_i, \text{ falls } \forall j\, (j \leqq n \rightarrow \mathrm{Vb}\, g_j = \boldsymbol{O}(0) = \emptyset) \\ T_i'(x, g_1(x), \ldots, g_n(x)), \text{ falls } x \in A \wedge \sim x = \max A \\ \qquad\qquad \wedge \forall j\, (j \leqq n \rightarrow \mathrm{Vb}\, g_j = \boldsymbol{O}(x')) \\ T_i''(g_1, \ldots, g_n), \text{ falls } [g_1, \ldots, g_n] \in G^{(n)}. \end{cases}$$

Dann gibt es nach Satz 8 ein n-Tupel $[F_1, \ldots, F_n]$ von Funktionen F_i von A in B $(1 \leqq i \leqq n)$ mit für jedes $x \in A$:

$$F_i(x) = T_i^*(F_{1\,\boldsymbol{O}(x)}, \ldots, F_{n\,\boldsymbol{O}(x)}),$$

also mit:

$$F_i(0) = b_i,$$

$$\forall x\,(x \in A \wedge \sim x = \max A \rightarrow F_i(x') = T_i'(x, F_1(x), \ldots, F_n(x))),$$

$$\forall x\,(x \in L \rightarrow F_i(x) = T_i''(F_{1\,\boldsymbol{O}(x)}, \ldots, F_{n\,\boldsymbol{O}(x)})).$$

Ist in den Sätzen 8, 9, 10 $A \subseteq \boldsymbol{N}$, so spricht man statt von Definitionen durch transfinite simultane Induktion oder von transfiniten simultanen Rekursionen einfach von *Definitionen durch simultane Induktion* oder von *simultanen Rekursionen*.

Die Sätze 8, 9, 10 verallgemeinert man unmittelbar zu dem

Satz 11 (Allgemeine transfinite simultane Rekursionsprinzipien).

a) *Für Klassen A, B, Wohlordnungen R in A mit* $\forall x\,(x \in A \rightarrow \mathrm{Ab}\, x \in \boldsymbol{M})$, $G = \underset{g}{\boldsymbol{K}}\, \exists x\,(x \in A \wedge g$ *Funktion von* $\mathrm{Ab}\, x$ *in* $B)$, *natürliche Zahlen* $n \neq 0$ *und n-Tupel* $[T_1, \ldots, T_n]$ *von Funktionen, wobei T_i für jedes* $1 \leqq i \leqq n$ *eine Funktion von $G^{(n)}$ in B ist, gibt es genau ein n-Tupel* $[F_1, \ldots, F_n]$ *von Funktionen mit für jedes* $1 \leqq i \leqq n$:

$$F_i \textit{ Funktion von } A \textit{ in } B \wedge \forall x\,(x \in A \rightarrow F_i(x) = T_i(F_{1\,\mathrm{Ab}\,x}, \ldots, F_{n\,\mathrm{Ab}\,x})).$$

b) *Für Klassen A, B, Wohlordnungen R in A mit* $\forall x (x \in A \rightarrow \mathrm{Ab}\, x \in \boldsymbol{M})$, $o = \min A$, $L = \underset{x}{\boldsymbol{K}}$ *(x Limeselement von A bzgl. R), natürliche Zahlen* $n \neq 0$, *n-Tupel* $[b_1, \ldots, b_n] \in B^{(n)}$ *und n-Tupel* $[S_1, \ldots, S_n]$ *von Funktionen* $S_i (1 \leqq i \leqq n)$ *von L in B und n-Tupel* $[T_1, \ldots, T_n]$ *von Funktionen* $T_i (1 \leqq i \leqq n)$ *von* $A \times B^{(n)}$ *in B, falls* $\max A$ *nicht existiert, bzw. T_i von* $(A \setminus \{\max A\}) \times B^{(n)}$ *in B, falls*

$\max A$ *existiert, gibt es genau ein n-Tupel* $[F_1, \ldots, F_n]$ *von Funktionen mit für jedes* $1 \leqq i \leqq n$:

$$F_i \text{ Funktion von } A \text{ in } B,$$

$$F_i(o) = b_i,$$

$$\forall x\,(x \in L \rightarrow F_i(x) = S_i(x)),$$

$$\forall x\,(x \in A \wedge \sim x = \max A \rightarrow F_i(x') = T_i(x, F_1(x), \ldots, F_n(x))).$$

c) *Für Klassen* A, B, *Wohlordnungen* R *in* A *mit* $\forall x\,(x \in A \rightarrow \mathrm{Ab}\, x \in \boldsymbol{M})$, $o = \min A$, $L = \underset{x}{\boldsymbol{K}}$ (x *Limeselement von* A *bzgl.* R), $G = \underset{g}{\boldsymbol{K}} \exists x\,(x \in L \wedge g$ *Funktion von* $\underset{|A,R|}{\mathrm{Ab}\, x}$ *in* B), *natürliche Zahlen* $n \neq 0$, *n-Tupel* $[b_1, \ldots b_n] \in B^{(n)}$, *n-Tupel* $[T_1', \ldots, T_n']$ *von Funktionen* $T_i'(1 \leqq i \leqq n)$ *von* $A \times B^{(n)}$ *in* B, *falls* $\max A$ *nicht existiert, bzw.* T_i' *von* $(A \setminus \{\max A\}) \times B^{(n)}$ *in* B, *falls* $\max A$ *existiert, und n-Tupel* $[T_1'', \ldots, T_n'']$ *von Funktionen* $T_i''(1 \leqq i \leqq n)$ *von* $G^{(n)}$ *in* B *gibt es genau ein n-Tupel* $[F_1, \ldots, F_n]$ *von Funktionen mit für jedes* $1 \leqq i \leqq n$:

$$F_i \text{ Funktion von } A \text{ in } B,$$

$$F_i(o) = b_i,$$

$$\forall x\,(x \in A \wedge \sim x = \max A \rightarrow F_i(x') = T_i'(x, F_1(x), \ldots, F_n(x))),$$

$$\forall x\,(x \in L \rightarrow F_i(x) = T_i''(F_1 \underset{|A,R|}{\mathrm{Ab}\, x}, \ldots, F_n \underset{|A,R|}{\mathrm{Ab}\, x})).$$

Beweis. Unter den Voraussetzungen von a), b), c) ist A in bezug auf $R \cup \mathfrak{J}_A$ einem Anfangsstück $\overline{A}$ von $\boldsymbol{O}$ ähnlich; f sei die ähnliche Abbildung von $\overline{A}$ auf A. Mittels f entsprechen den in bezug auf A vorausgesetzten Klassen G, L und Funktionen T_i, S_i, T_i', T_i'' $(1 \leqq i \leqq n)$ eindeutig zugehörige Klassen bzw. Funktionen $\overline{G}$, $\overline{L}$, $\overline{T}_i$, $\overline{S}_i$, $\overline{T_i'}$, $\overline{T_i''}$ in bezug auf $\overline{A}$. Aus den Sätzen 8, 9, 10 folgt dann die eindeutige Existenz von Funktionen $\overline{F}_i$ in bezug auf $\overline{A}$, welche mittels f schließlich eindeutig bestimmte gewünschte Funktion F_i in bezug auf A liefern.

Satz 11 enthält für $n = 1$ als Spezialfälle die Sätze 7, 8, 9 aus § 19.

§ 30. Arithmetische Operationen für Ordnungstypen

In Verallgemeinerung der in § 27 behandelten arithmetischen Operationen für Ordinalzahlen lassen sich auch für Ordnungstypen derartige Operationen definieren und einige brauchbare Eigenschaften darüber beweisen. Diesem Problemkreis wollen wir uns jetzt zuwenden.

1. Sind α, β Ordnungstypen mit etwa $\alpha = \overline{[M', R']}$, $\beta = \overline{[N', S']}$, so gibt es Repräsentanten $[M, R]$, $[N, S]$ von α, β mit $M \cap N = \emptyset$; man wähle etwa mittels *Indizierung* mit $\mathbf{0}$ bzw. $\mathbf{1}$ als M die Menge $M' \times \{0\}$ und als N die Menge

$N' \times \{1\}$; dann ist $M \backsim M'$ und $N \backsim N'$, also gibt es auch reflexive Ordnungen R in M und S in N mit $[M, R] \cong [M', R']$ und $[N, S] \cong [N', S']$; damit gilt schließlich:

$$\alpha = \overline{[M, R]}, \qquad \beta = \overline{[N, S]}, \qquad M \cap N = \emptyset .$$

Sind α, β Ordnungstypen mit $\alpha = \overline{[M, R]}$, $\beta = \overline{[N, S]}$ und $M \cap N = \emptyset$, so ist die Relation $R^* = R \cup S \cup (M \times N)$ eine reflexive Ordnung in $M \cup N$, welche anschaulich jedes Element von M vor jedes Element von N setzt und die Elemente aus M ebenso wie die Elemente aus N in ihrer ursprünglichen Ordnung R bzw. S beläßt. $[M \cup N, R^*]$ ist dann also eine reflexiv geordnete Menge, welche anschaulich durch rechtsseitiges Anheften von $[N, S]$ an $[M, R]$ entstanden ist.

Sind schließlich α, β Ordnungstypen mit

$$\alpha = \overline{[M_1, R_1]} = \overline{[M_2, R_2]}, \quad \beta = \overline{[N_1, S_1]} = \overline{[N_2, S_2]}, \quad M_1 \cap N_1 = M_2 \cap N_2 = \emptyset$$

und

$$R_1^* = R_1 \cup S_1 \cup (M_1 \times N_1), \qquad R_2^* = R_2 \cup S_2 \cup (M_2 \times N_2),$$

so zeigt man unter Verwendung ähnlicher Abbildungen f von $[M_1, R_1]$ auf $[M_2, R_2]$ und g von $[N_1, S_1]$ auf $[N_2, S_2]$ ohne Schwierigkeiten

$$[M_1 \cup N_1, R_1^*] \cong [M_2 \cup N_2, R_2^*] .$$

Damit sind wir zu folgender Definition berechtigt:

Definition 1. Sind α, β Ordnungstypen, ist $\alpha = \overline{[M, R]}$, $\beta = \overline{[N, S]}$, $M \cap N = \emptyset$ und $R^* = R \cup S \cup (M \times N)$, so ist der Ordnungstyp $\gamma = \overline{[M \cup N, R^*]}$ die *Summe von* α, β. Ist γ die Summe von α, β, so sind α und β *Summanden von* γ; speziell ist α ein *Augend von* γ oder ein *erster Summand von* γ und β ein *Addend von* γ oder ein *zweiter Summand von* γ. Diejenige Operation O in $\boldsymbol{Ot}$, die jedem Paar $[\alpha. \beta] \in \boldsymbol{Ot}^{(2)}$ die Summe von α, β zugeordnet, ist die *Addition in* $\boldsymbol{Ot}$, bezeichnet mit: $\underset{\boldsymbol{Ot}}{+}$ (gelesen: *plus bzgl.* $\boldsymbol{Ot}$).

Sind keine Verwechslungen zu befürchten, so läßt man den Index $\boldsymbol{Ot}$ an dem Zeichen $+$ auch weg.

Für Ordnungstypen α, β gilt dann bei beliebigen M, N, R, S mit

$$\alpha = \overline{[M, R]}, \quad \beta = \overline{[N, S]}, \quad M \cap N = \emptyset, \quad R^* = R \cup S \cup (M \times N):$$

$$\alpha + \beta = \overline{[M \cup N, R^*]}.$$

Für Ordinalzahlen α, β ist natürlich

$$\alpha \underset{\boldsymbol{Ot}}{+} \beta = \alpha \underset{\boldsymbol{O}}{+} \beta .$$

Ist α ein Ordnungstyp, so gilt für die Ordinalzahl **0** nach Definition 1:

$$\alpha + \mathbf{0} = \mathbf{0} + \alpha = \alpha .$$

2. Definition 1 läßt sich auf Summen beliebig vieler Summanden verallgemeinern.

Ist $(\alpha_i)_{i\in I}$ ein Komplex von Ordnungstypen über der Klasse I, so gibt es Mengenkomplexe $(M_i)_{i\in I}$, $(R_i)_{i\in I}$ mit für jedes $i, j \in I$:

$$\alpha_i = \overline{[M_i, R_i]}, \quad i \neq j \rightarrow M_i \cap M_j = \emptyset .$$

Es sei nämlich nach dem Auswahlaxiom und Satz 4, § 8 F eine Auswahlfunktion* der Abbildung G über I mit $G\langle\{i\}\rangle = \alpha_i$ für jedes $i \in I$, und mittels *Indizierung* mit den Elementen von I wähle man als M_i für jedes $i \in I$ die Menge $F_1(i) \times \{i\}$, wobei $F(i) = [F_1(i), F_2(i)]$ mit $\overline{F(i)} = \alpha_i$ sei nach Definition von F; wählt man dann als R_i diejenige Relation in M_i mit für jedes $x, y \in F_1(i)$:

$$[x, i]\, R_i [y, i] \leftrightarrow x F_2(i) y ,$$

so ist stets $\alpha_i = \overline{[M_i, R_i]}$ und $M_i \cap M_j = \emptyset$ für $i \neq j$.

Ist $(\alpha_i)_{i\in I}$ ein Komplex von Ordnungstypen und sind $(M_i)_{i\in I}$, $(R_i)_{i\in I}$ Mengenkomplexe mit für jedes $i, j \in I$:

$$\alpha_i = \overline{[M_i, R_i]}, \quad i \neq j \rightarrow M_i \cap M_j = \emptyset ,$$

so ist für jede Ordnung T in I die Relation

$$R^* = \bigcup_{i\in I} R_i \cup \bigcup_{\substack{i,j\in I\\ i<j}} (M_i \times M_j)$$

eine reflexive Ordnung in $\bigcup_{i\in I} M_i$ (vgl. Satz 8, § 16), welche anschaulich jedes Element einer Menge M_i vor jedes Element einer Menge M_j mit $i < j$ setzt und die Elemente der einzelnen Mengen M_i in ihrer ursprünglichen Ordnung R_i beläßt. $[\bigcup_{i\in I} M_i, R^*]$ ist dann also bei $I \in \mathbf{M}$ eine reflexiv geordnete Menge, welche anschaulich durch Anheften der $[M_i, R_i]$ im Sinne der Ordnung T der Indizes $i \in I$ entstanden ist. R^* ändert sich offenbar nicht, wenn man die Ordnung T in I durch $T \cup \mathfrak{J}_I$ oder $T \setminus \mathfrak{J}_I$ ersetzt.

Ist schließlich $(\alpha_i)_{i\in I}$ ein Komplex von Ordnungstypen, T eine Ordnung in I und sind $(M_i^1)_{i\in I}$, $(M_i^2)_{i\in I}$, $(R_i^1)_{i\in I}$, $(R_i^2)_{i\in I}$ Mengenkomplexe mit für jedes $i, j \in I$:

$$\alpha_i = \overline{[M_i^1, R_i^1]} = \overline{[M_i^2, R_i^2]}, \quad i \neq j \rightarrow M_i^1 \cap M_j^1 = M_i^2 \cap M_j^2 = \emptyset$$

und mit (in bezug auf T)

$$R_1^* = \bigcup_{i\in I} R_i^1 \cup \bigcup_{\substack{i,j\in I\\ i<j}} (M_i^1 \times M_j^1), \qquad R_2^* = \bigcup_{i\in I} R_i^2 \cup \bigcup_{\substack{i,j\in I\\ i<j}} (M_i^2 \times M_j^2),$$

so zeigt man unter Verwendung ähnlicher Abbildungen f_i von $[M_i^1, R_i^1]$ auf $[M_i^2, R_i^2]$ (die Funktion f existiert nach dem Auswahlaxiom und Satz 4, § 8) ohne Schwierigkeiten

$$|\bigcup_{i \in I} M_i^1, R_1^*| \backsim |\bigcup_{i \in I} M_i^2, R_2^*|.$$

Damit sind wir zu folgender Definition berechtigt:

Definition 2. Ist $(\alpha_i)_{i \in I}$ ein Komplex von Ordnungstypen über der Menge I, T eine Ordnung in I, sind $(M_i)_{i \in I}$, $(R_i)_{i \in I}$ Mengenkomplexe mit für jedes $i, j \in I$:

$$\alpha_i = \overline{[M_i, R_i]}, \quad i \neq j \to M_i \cap M_j = \emptyset$$

und ist $R^* = \bigcup_{i \in I} R_i \cup \bigcup_{\substack{i,j \in I \\ i < j}} (M_i \times M_j)$, so ist der Ordnungstyp $\gamma = \overline{[\bigcup_{i \in I} M_i, R^*]}$ die *allgemeine Summe von* $(\alpha_i)_{i \in I}$ *bzgl.* T, bezeichnet mit $\sum_{i \in I(T)} \alpha_i$ (gelesen: *Summe aller* α_i *mit* $i \in I$ *bzgl.* T); diese Abkürzung wird analog verwendet für jede andere (in unserem Falle von den Variablen α, I, T verschiedene) Dingvariable statt i.

Sind keine Verwechslungen zu befürchten, so läßt man den Index (T) unter dem Summenzeichen auch weg.

Für Komplexe $(\alpha_i)_{i \in I}$ von Ordnungstypen mit $I \in \boldsymbol{M}$ und Ordnungen T in I gilt dann bei beliebigen Mengenkomplexen $(M_i)_{i \in I}$, $(R_i)_{i \in I}$ mit für jedes $i, j \in I$:

$$\alpha_i = \overline{[M_i, R_i]}, \quad i \neq j \to M_i \cap M_j = \emptyset$$

und mit $R^* = \bigcup_{i \in I} R_i \cup \bigcup_{\substack{i,j \in I \\ i < j}} (M_i \times M_j)$:

$$\sum_{i \in I} \alpha_i = \overline{[\bigcup_{i \in I} M_i, R^*]}.$$

Ist $(\alpha_\xi)_{\xi < \beta}$ eine Folge vom Typ β von Ordinalzahlen, so fallen der allgemeine Summenbegriff $\sum_{\xi < \beta} \alpha_\xi$ für Ordinalzahlen und der allgemeine Summenbegriff $\sum_{i \in I(T)} \alpha_i$ für Ordnungstypen zusammen, falls man $I = \boldsymbol{O}(\beta)$ und $T = {}_I(\underset{\boldsymbol{O}}{\leqq})_I$ wählt.

Ist $(\alpha_\xi)_{\xi < \beta}$ eine Folge von Typ β von Ordnungstypen, $I = \boldsymbol{O}(\beta)$ und $T = {}_I(\underset{\boldsymbol{O}}{\leqq})_I$, so schreibt man auch

$$\text{für} \quad \sum_{i \in I(T)} \alpha_i \quad \text{einfach} \quad \sum_{\xi < \beta} \alpha_\xi;$$

analoge Bedeutung haben für Ordinalzahlen $\gamma \leqq \beta$

$$\sum_{\xi \leqq \beta} \alpha_\xi, \quad \sum_{\gamma < \xi < \beta} \alpha_\xi, \quad \sum_{\gamma \leqq \xi \leqq \beta} \alpha_\xi, \quad \sum_{\gamma < \xi \leqq \beta} \alpha_\xi, \quad \sum_{\gamma \leqq \xi < \beta} \alpha_\xi,$$

wobei also jedesmal I ein entsprechendes Intervall von Ordinalzahlen ist und T die reflexive Wohlordnung ${}_I(\underset{\boldsymbol{O}}{\leqq})_I$ in I.

Ist $(\alpha_i)_{i\in I}$ ein Komplex von Ordnungstypen mit $I \in \boldsymbol{M}$, T eine Ordnung in I, $I' \subseteq I$ und $\alpha' = \alpha_{I'}$, so schreibt man natürlich

$$\text{für} \sum_{i\in I'({}_{I'}T_{I'})} \alpha'_i \quad \text{einfach} \sum_{i\in I'(T)} \alpha_i \quad \text{bzw.} \quad \sum_{i\in I'} \alpha_i .$$

Satz 1. *Ist $(\alpha_i)_{i\in I}$ ein Komplex von Ordnungstypen mit $I \in \boldsymbol{M}$, T eine Ordnung in I und $k \in I$ das erste bzw. letzte Element von I bzgl. T, so ist*

$$\sum_{i\in I} \alpha_i = \alpha_k + (\sum_{i\in I\setminus\{k\}} \alpha_i) \quad \textit{bzw.} \quad \sum_{i\in I} \alpha_i = (\sum_{i\in I\setminus\{k\}} \alpha_i) + \alpha_k .$$

Beweis. Ist unter den Voraussetzungen des Satzes $\alpha_i = \overline{[M_i, R_i]}$ mit $M_i \cap M_j = \emptyset$ für $i \neq j$, $R^* = \bigcup_{i\in I} R_i \cup \bigcup_{\substack{i,j\in I\\ i<j}} (M_i \times M_j)$, k das erste bzw. letzte Element von I bzgl. T, $I' = I \setminus \{k\}$ und $S^* = \bigcup_{i\in I'} R_i \cup \bigcup_{\substack{i,j\in I'\\ i<j}} (M_i \times M_j)$, so ist

$$\sum_{i\in I} \alpha_i = \overline{[\bigcup_{i\in I} M_i, R^*]}$$

bei

$$\bigcup_{i\in I} M_i = M_k \cup \bigcup_{i\in I'} M_i = \bigcup_{i\in I'} M_i \cup M_k$$

und im Falle, daß k erstes Element ist

$$R^* = R_k \cup S^* \cup (M_k \times \bigcup_{i\in I'} M_i),$$

also

$$\sum_{i\in I} \alpha_i = \alpha_k + (\sum_{i\in I'} \alpha_i),$$

und im Falle, daß k letztes Element ist

$$R^* = S^* \cup R_k \cup (\bigcup_{i\in I'} M_i \times M_k),$$

also

$$\sum_{i\in I} \alpha_i = (\sum_{i\in I'} \alpha_i) + \alpha_k .$$

Für Komplexe $(\alpha_i)_{i\in\emptyset}$ von Ordnungstypen ist trivial

$$\sum_{i\in\emptyset} \alpha_i = \mathbf{0} .$$

Ist $(\alpha_i)_{i\in\{0,1\}}$ ein Komplex von Ordnungstypen mit der Ordnung $T = \{[0,1]\}$ in $\{0,1\}$, so gilt nach Satz 1:

$$\sum_{i\in\{0,1\}} \alpha_i = (\sum_{i\in\{0\}} \alpha_i) + \alpha_1 = ((\sum_{i\in\emptyset} \alpha_i) + \alpha_0) + \alpha_1 = (\mathbf{0} + \alpha_0) + \alpha_1 = \alpha_0 + \alpha_1 ,$$

so daß also die Summe im Sinne von Definition 1 ein Spezialfall der allgemeinen Summe im Sinne von Definition 2 ist. Analog erhält man aus Satz 1 sukzessiv:

$$\sum_{i \in \{0,1,2\}} \alpha_i = (\alpha_0 + \alpha_1) + \alpha_2, \quad \sum_{i \in \{0,1,2,3\}} \alpha_i = ((\alpha_0 + \alpha_1) + \alpha_2) + \alpha_3, \quad \ldots .$$

Ist $(\alpha_i)_{i \in I_1}$ ein Komplex von Ordnungstypen über $I_1 \in \boldsymbol{M}$, T_1 eine Ordnung in I_1, $[I_1, T_1] \backsim [I_2, T_2]$ und f eine isomorphe Abbildung von $[I_2, T_2]$ auf $[I_1, T_1]$, so zeigt man leicht:

$$\sum_{i \in I_1(T_1)} \alpha_i = \sum_{i \in I_2(T_2)} \alpha_{f(i)}.$$

Insbesondere folgt daraus für Ordnungstypen α und geordnete Mengen $[I_1, T_1] \backsim [I_2, T_2]$:

$$\sum_{i \in I_1(T_1)} \alpha = \sum_{i \in I_2(T_2)} \alpha.$$

Eine allgemeine Summe $\sum_{i \in I(T)} \gamma_i = \sum_{i \in I(T)} \alpha$ von gleichen Summanden $\gamma_i = \alpha \in \boldsymbol{Ot}$ ist also (außer von α) nur abhängig von dem Ordnungstyp von $[I, T \cup \mathfrak{J}_I]$.

Speziell erhält man für Ordnungstypen $\alpha = \overline{[I, T]}$:

$$\alpha = \sum_{i \in I(T)} \mathbf{1};$$

denn es ist

$$\sum_{i \in I(T)} \mathbf{1} = \overline{[\bigcup_{x \in I} \{x\}, \ \bigcup_{x \in I} \{[x, x]\} \cup \bigcup_{\substack{x, y \in I \\ x < y}} \{[x, y]\}]} = \overline{[I, T]} = \alpha.$$

3. Wir wenden uns nun dem Produkt von Ordnungstypen zu. Sind α, β Ordnungstypen mit $\alpha = \overline{[M, R]}$, $\beta = \overline{[N, S]}$, so ist die *antilexikographische Anordnung in* $M \times N$ *bzgl.* R, S, d. h. in Analogie zu Definition 5, § 17 die Relation R^* in $M \times N$ mit für jedes $[a, b], [c, d] \in M \times N$:

$$[a, b]\, R^* [c, d] \leftrightarrow b \underset{S}{<} d \cdot\vee\cdot b = d \wedge a \underset{R}{\leqq} c,$$

eine reflexive Ordnung in $M \times N$. $[M \times N, R^*]$ ist dann also eine reflexiv geordnete Menge.

Sind schließlich α, β Ordnungstypen mit

$$\alpha = \overline{[M_1, R_1]} = \overline{[M_2, R_2]}, \qquad \beta = \overline{[N_1, S_1]} = \overline{[N_2, S_2]}$$

und ist R_1^* die antilexikographische Anordnung in $M_1 \times N_1$ bzgl. R_1, S_1 und R_2^* die antilexikographische Anordnung in $M_2 \times N_2$ bzgl. R_2, S_2, so zeigt man unter Verwendung ähnlicher Abbildungen f von $[M_1, R_1]$ auf $[M_2, R_2]$ und g von $[N_1, S_1]$ auf $[N_2, S_2]$ ohne Schwierigkeiten

$$[M_1 \times N_1, R_1^*] \backsim [M_2 \times N_2, R_2^*].$$

Damit sind wir zu folgender Definition berechtigt:

Definition 3. Sind α, β Ordnungstypen, ist $\alpha = \overline{[M, R]}$, $\beta = \overline{[N, S]}$ und R^* die antilexikographische Anordnung in $M \times N$ bzgl. R, S (d. h. die Relation R^* in $M \times N$ mit für jedes $[a, b], [c, d] \in M \times N$:

$$[a, b]\, R^* [c, d] \leftrightarrow b \underset{S}{<} d \cdot\vee\cdot b = d \wedge a \underset{R}{\leqq} c),$$

so ist der Ordnungstyp $\gamma = \overline{[M \times N, R^*]}$ das *Produkt von* α, β. Ist γ das Produkt von α, β, so sind α, β *Faktoren von* γ; speziell ist α ein *Multiplikand von* γ oder ein *erster Faktor von* γ und β ein *Multiplikator von* γ oder ein *zweiter Faktor von* γ. Diejenige Operation O in $\boldsymbol{Ot}$, die jedem Paar $[\alpha, \beta] \in \boldsymbol{Ot}^{(2)}$ das Produkt von α, β zugeordnet, ist die *Multiplikation in* $\boldsymbol{Ot}$, bezeichnet mit: $\underset{\boldsymbol{Ot}}{\cdot}$ (gelesen: *mal bzgl.* $\boldsymbol{Ot}$).

Sind keine Verwechslungen zu befürchten, so läßt man den Index $\boldsymbol{Ot}$ an dem Zeichen $\cdot$ auch weg.

Für Ordnungstypen α, β gilt dann bei beliebigen M, N, R, S mit $\alpha = \overline{[M, R]}$, $\beta = \overline{[N, S]}$ und R^* als antilexikographischer Anordnung in $M \times N$ bzgl. R, S:

$$\alpha \cdot \beta = \overline{[M \times N,\, R^*]}.$$

Für Ordinalzahlen α, β ist natürlich

$$\alpha \underset{\boldsymbol{Ot}}{\cdot} \beta = \alpha \underset{\boldsymbol{O}}{\cdot} \beta.$$

Ist α ein Ordnungstyp, so gilt nach Definition 3 für die Ordinalzahlen $\mathbf{0}, \mathbf{1}$:

$$\alpha \cdot \mathbf{0} = \mathbf{0} \cdot \alpha = \mathbf{0}, \qquad \alpha \cdot \mathbf{1} = \mathbf{1} \cdot \alpha = \alpha.$$

Für Ordnungstypen α, β mit $\beta = \overline{[I, T]}$ gilt:

$$\alpha \cdot \beta = \sum_{i \in I(T)} \alpha.$$

Denn ist $\alpha = \overline{[M, R]}$ und sind $(M_i')_{i \in I}$, $(R_i')_{i \in I}$ Mengenkomplexe mit für jedes $i, j \in I$:

$$\alpha_i = \overline{[M_i', R_i']}, \qquad i \neq j \rightarrow M_i' \cap M_j' = \emptyset,$$

so ist

$$\sum_{i \in I(T)} \alpha = \overline{[\bigcup_{i \in I} M_i',\, R_1^*]} = \overline{[M \times I,\, R_2^*]} = \alpha \cdot \beta,$$

wobei $R_1^* = \bigcup_{i \in I} R_i' \cup \bigcup_{\substack{i, j \in I \\ i < j}} (M_i' \times M_j')$ und R_2^* die antilexikographische Anordnung in $M \times I$ bzgl. R, T ist; man erhält nämlich eine ähnliche Abbildung F von $[\bigcup_{i \in I} M_i', R_1^*]$ auf $[M \times I, R_2^*]$ in der Funktion F über $\bigcup_{i \in I} M_i'$ mit für jedes $i \in I$ und jedes $x \in M_i'$:

$$F(x) = [f_i(x), i],$$

wobei $(f_i)_{i \in I}$ ein Funktionenkomplex ist, dessen Glieder f_i ähnliche Abbildungen von $[M_i', R_i']$ auf $[M, R]$ sind.

4. Für Ordnungstypen erhält man ein sinnvolles und brauchbares allgemeines Produkt nur für den Fall endlich vieler Faktoren, den wir deshalb ausschließlich betrachten. Ist $(\alpha_i)_{i\in I}$ ein Komplex von Ordnungstypen über der endlichen Menge I, T eine Ordnung in I (die dann also gleichzeitig Doppeltwohlordnung in I ist), sind $(M_i)_{i\in I}$, $(R_i)_{i\in I}$ nach dem Auswahlaxiom und Satz 4, § 8 existierende Mengenkomplexe mit $\alpha_i = \overline{[M_i, R_i]}$ für jedes $i \in I$, ist $P = \bigtimes_{i\in I} M_i$, R^{**} die antilexikographische Ordnung in P bzgl. I, M, R, T (vgl. Definition 5, § 17) und $R^* = R^{**} \cup \mathfrak{J}_P$ die *antilexikographische Anordnung in P bzgl. R, T*, so ist nach Satz 17, § 17 $[P, R^*]$ eine reflexiv geordnete Menge. Dabei gilt für Elemente $x, y \in P$:

$$xR^*y \leftrightarrow x = y \vee \exists k\,(k \in I \wedge x_k < y_k \wedge \forall i\,(i \in I \wedge k < i \rightarrow x_i = y_i)).$$

Die antilexikographische Anordnung R^* in P bzgl. R, T ist offenbar gleich der antilexikographischen Anordnung in P bzgl. $R, T \cup \mathfrak{J}_P$ und gleich der antilexikographischen Anordnung in P bzgl. $R, T \setminus \mathfrak{J}_P$.

Ist schließlich $(\alpha_i)_{i\in I}$ ein Komplex von Ordnungstypen über der endlichen Menge I, T eine Ordnung in I, sind $(M_i^1)_{i\in I}$, $(M_i^2)_{i\in I}$, $(R_i^1)_{i\in I}$, $(R_i^2)_{i\in I}$ Mengenkomplexe mit für jedes $i \in I$:

$$\alpha_i = \overline{[M_i^1, R_i^1]} = \overline{[M_i^2, R_i^2]}$$

und ist $P_1 = \bigtimes_{i\in I} M_i^1$, $P_2 = \bigtimes_{i\in I} M_i^2$, R_1^* die antilexikographische Anordnung in P_1 bzgl. R^1, T und R_2^* die antilexikographische Anordnung in P_2 bzgl. R^2, T, so zeigt man unter Verwendung ähnlicher Abbildungen f_i von $[M_i^1, R_i^1]$ auf $[M_i^2, R_i^2]$ (die Funktion f existiert nach dem Auswahlaxiom und Satz 4, § 8) ohne Schwierigkeiten

$$[P_1, R_1^*] \backsimeq [P_2, R_2^*].$$

Damit sind wir zu folgender Definition berechtigt:

Definition 4. Ist $(\alpha_i)_{i\in I}$ ein Komplex von Ordnungstypen über der endlichen Menge I, T eine Ordnung in I, sind $(M_i)_{i\in I}$, $(R_i)_{i\in I}$ Mengenkomplexe mit für jedes $i \in I$:

$$\alpha_i = \overline{[M_i, R_i]}$$

und ist $P = \bigtimes_{i\in I} M_i$ und R^* die antilexikographische Anordnung in P bzgl. R, T (d. h. die Relation R^* in P mit für jedes $x, y \in P$:

$$xR^*y \leftrightarrow x = y \vee \exists k\,(k \in I \wedge x_k < y_k \wedge \forall i\,(i \in I \wedge k < i \rightarrow x_i = y_i))),$$

so ist der Ordnungstyp $\gamma = \overline{[P, R^*]}$ das *allgemeine Produkt von $(\alpha_i)_{i\in I}$ bzgl. T*, bezeichnet mit: $\prod_{i\in I(T)} \alpha_i$ (gelesen: *Produkt aller α_i mit $i \in I$ bzgl. T*); diese Abkürzung wird analog verwendet für jede andere (in unserem Falle von den Variablen α, I, T verschiedene) Dingvariable statt i.

Sind keine Verwechslungen zu befürchten, so läßt man den Index (T) unter dem Produktzeichen auch weg.

Für Komplexe $(\alpha_i)_{i \in I}$ von Ordnungstypen mit endlichem I und Ordnungen T in I gilt dann bei beliebigen Mengenkomplexen $(M_i)_{i \in I}$, $(R_i)_{i \in I}$ mit für jedes $i \in I$:

$$\alpha_i = \overline{[M_i, R_i]}$$

und für $P = \bigtimes_{i \in I} M_i$ und die antilexikographische Anordnung R^* in P bzgl. R, T:

$$\prod_{i \in I} \alpha_i = \overline{[P, R^*]}.$$

Ist $(\alpha_\nu)_{\nu < n}$ eine endliche Folge vom Typ $n \in \boldsymbol{N}$ von Ordinalzahlen, so fallen der allgemeine Produktbegriff $\prod_{\nu < n} \alpha_\nu$ für Ordinalzahlen und der allgemeine Produktbegriff $\prod_{i \in I(T)} \alpha_i$ für Ordnungstypen zusammen, falls man $I = \boldsymbol{O}(n)$ und $T = {}_I(\underset{O}{\leqq})_I$ wählt.

Ist $(\alpha_\nu)_{\nu < n}$ eine Folge vom Typ $n \in \boldsymbol{N}$ von Ordnungstypen, $I = \boldsymbol{O}(n)$ und $T = {}_I(\underset{O}{\leqq})_I$, so schreibt man auch

$$\text{für} \prod_{i \in I(T)} \alpha_i \quad \text{einfach} \quad \prod_{\nu < n} \alpha_\nu;$$

analoge Bedeutung haben für natürliche Zahlen $m \leqq n$

$$\prod_{\nu \leqq n} \alpha_\nu, \quad \prod_{m < \nu < n} \alpha_\nu, \quad \prod_{m \leqq \nu \leqq n} \alpha_\nu, \quad \prod_{m < \nu \leqq n} \alpha_\nu, \quad \prod_{m \leqq \nu < n} \alpha_\nu,$$

wobei also jedesmal I ein entsprechendes Intervall von natürlichen Zahlen ist und T die reflexive Wohlordnung ${}_I(\underset{O}{\leqq})_I$ in I.

Ist $(\alpha_i)_{i \in I}$ ein Komplex von Ordnungstypen mit endlichem I, T eine Ordnung in I, $I' \subseteq I$ und $\alpha' = \alpha_{I'}$, so schreibt man natürlich

$$\text{für} \prod_{i \in I'({}_{I'}T_{I'})} \alpha'_i \quad \text{einfach} \prod_{i \in I'(T)} \alpha_i \quad \text{bzw.} \quad \prod_{i \in I'} \alpha_i.$$

Satz 2. *Ist $(\alpha_i)_{i \in I}$ ein Komplex von Ordnungstypen mit endlichem I, T eine Ordnung in I und $k \in I$ das erste bzw. letzte Element von I bzgl. T, so ist*

$$\prod_{i \in I} \alpha_i = \alpha_k \cdot \Big(\prod_{i \in I \setminus \{k\}} \alpha_i\Big) \quad \textit{bzw.} \quad \prod_{i \in I} \alpha_i = \Big(\prod_{i \in I \setminus \{k\}} \alpha_i\Big) \cdot \alpha_k.$$

Beweis. Ist unter den Voraussetzungen des Satzes $\alpha_i = \overline{[M_i, R_i]}$, R^* die antilexikographische Anordnung in $P = \bigtimes_{i \in I} M_i$ bzgl. R, T, k das erste bzw. letzte Element von I bzgl. T, $I' = I \setminus \{k\}$, $Q = \bigtimes_{i \in I'} M_i$, S^* die antilexikographische Anordnung in Q bzgl. $R_{I'}$, ${}_{I'}T_{I'}$ und nach Definition 3 R_1^* die antilexikographische Anordnung in $M_k \times Q$ bzgl. R_k, S^* (falls k erstes Element ist) bzw. R_2^* die antilexikographische Anordnung in $Q \times M_k$ bzgl. S^*, R_k (falls k letztes Element ist), so zeigt man leicht für den Fall, daß k erstes Element ist:

$$[P, R^*] \backsim [M_k \times Q, R_1^*],$$

also

$$\prod_{i \in I} \alpha_i = \alpha_k \cdot (\prod_{i \in I'} \alpha_i),$$

und für den Fall, daß k letztes Element ist:

$$[P, R^*] \backsim [Q \times M_k, R_2^*],$$

also

$$\prod_{i \in I} \alpha_i = (\prod_{i \in I'} \alpha_i) \cdot \alpha_k.$$

Für Komplexe $(\alpha_i)_{i \in \varnothing}$ von Ordnungstypen ist trivial

$$\prod_{i \in \varnothing} \alpha_i = 1.$$

Ist $(\alpha_i)_{i \in \{0,1\}}$ ein Komplex von Ordnungstypen mit der Ordnung $T = \{[0,1]\}$ in $\{0,1\}$, so gilt nach Satz 2:

$$\prod_{i \in \{0,1\}} \alpha_i = (\prod_{i \in \{0\}} \alpha_i) \cdot \alpha_1 = ((\prod_{i \in \varnothing} \alpha_i) \cdot \alpha_0) \cdot \alpha_1 = (1 \cdot \alpha_0) \cdot \alpha_1 = \alpha_0 \cdot \alpha_1,$$

so daß also das Produkt im Sinne von Definition 3 ein Spezialfall des allgemeinen Produktes im Sinne von Definition 4 ist. Analog erhält man aus Satz 2 sukzessiv:

$$\prod_{i \in \{0,1,2\}} \alpha_i = (\alpha_0 \cdot \alpha_1) \cdot \alpha_2, \quad \prod_{i \in \{0,1,2,3\}} \alpha_i = ((\alpha_0 \cdot \alpha_1) \cdot \alpha_2) \cdot \alpha_3, \quad \ldots.$$

Da das allgemeine Produkt von Ordnungstypen nur für endlich viele Faktoren erklärt ist, erhält man über Satz 2 auch eine induktive Definition. Ist $(\alpha_i)_{i \in I}$ ein Komplex von Ordnungstypen mit endlichem $I \neq \varnothing$ und T eine Ordnung (also auch Wohlordnung) in I, so existiert mittels vollständiger Induktion die Funktion F von I in $\boldsymbol{Ot}$ mit

$$F(o) = \alpha_o,$$

$$F(i') = F(i) \cdot \alpha_i$$

bei $o = \min I$ und $\max I \neq i \in I$. Man definiere dann $\prod_{i \in I(T)} \alpha_i$ als $F(\max I)$. Durch vollständige Induktion über die (endliche) Kardinalzahl von I erhält man unter Verwendung von Satz 2 die Gleichwertigkeit dieser Produktdefinition mit der von Definition 4 für den Fall $I \neq \varnothing$. Setzt man noch $\prod_{i \in \varnothing(T)} \alpha_i = 1$, so hat man insgesamt eine gleichwertige Definition für das in Definition 4 erklärte allgemeine Produkt.

Ist $(\alpha_i)_{i \in I_1}$ ein Komplex von Ordnungstypen über der endlichen Menge I, T_1 eine Ordnung in I_1, $[I_1, T_1] \backsim [I_2, T_2]$ und f eine isomorphe Abbildung von $[I_2, T_2]$ auf $[I_1, T_1]$, so zeigt man leicht:

$$\prod_{i \in I_1(T_1)} \alpha_i = \prod_{i \in I_2(T_2)} \alpha_{f(i)} .$$

Insbesondere folgt daraus für Ordnungstypen α und endliche geordnete Mengen $[I_1, T_1] \backsim [I_2, T_2]$:

$$\prod_{i \in I_1(T_1)} \alpha = \prod_{i \in I_2(T_2)} \alpha .$$

Da außerdem gleichmächtige endliche Mengen I_1, I_2 (vgl. Satz 1, § 22) auch ähnlich sind in bezug auf in ihnen gegebene reflexive Ordnungen T_1, T_2, so ist also ein allgemeines Produkt $\prod_{i \in I(T)} \gamma_i = \prod_{i \in I(T)} \alpha$ von gleichen Faktoren $\gamma_i = \alpha \in \boldsymbol{Ot}$ (außer von α) nur abhängig von der Mächtigkeit $\overline{\overline{I}}$.

5. Aus dem allgemeinen Produkt $\prod_{i \in I} \gamma_i$ endlich vieler Ordnungstypen erhält man das Potenzieren eines Ordnungstyps α mit einem endlichen Ordnungstyp n, also mit einer natürlichen Zahl n, als ein Produkt $\prod_{i \in I} \gamma_i = \prod_{i \in I} \alpha$ mit $\gamma_i = \alpha$ für jedes $i \in I$ bei $\overline{\overline{I}} = n$ und beliebiger Ordnung T in I. Nach den obigen Ausführungen ist in diesem Spezialfall eines Produktes gleicher Faktoren das Produkt unabhängig von der speziellen Wahl von I und der Ordnung T in I. Wir sind damit zu folgender Definition berechtigt:

Definition 5. Ist α ein Ordnungstyp, n eine natürliche Zahl, $\alpha = \overline{[M, R]}$, $n = \overline{[I, T]}$, $P = \bigtimes_{i \in I} M$ und R^* die antilexikographische Anordnung in P bzgl. $(R)_{i \in I}$, T (d. h. die Relation R^* in P mit für jedes $x, y \in P$:

$$xR^*y \leftrightarrow x = y \vee \exists\, k\, (k \in I \wedge x_k < y_k \wedge \forall\, i\, (i \in I \wedge k < i \rightarrow x_i = y_i))),$$

so ist der Ordnungtyp $\gamma = \overline{[P, R^*]}$ die *Potenz von* α, n, bezeichnet mit: α^n (gelesen: α *hoch* n). Ist $\gamma = \alpha^n$, so ist α eine *Basis von* γ und n ein *Exponent von* γ. Diejenige Funktion O über $\boldsymbol{Ot} \times \boldsymbol{N}$, die jedem $[\alpha, n] \in \boldsymbol{Ot} \times \boldsymbol{N}$ die Potenz α^n zuordnet, ist die *Potenzierung in* $\boldsymbol{Ot}$.

Man beachte die mehrfache Bedeutung der Hochschreibweise α^n (als Mengenpotenz, Ordinalzahlpotenz und Potenz von Ordnungstypen).

α^2 nennt man auch das *Quadrat von* α und liest „α^2" als „α Quadrat".

Für Ordnungstypen α und natürliche Zahlen n gilt dann bei beliebigen M, R, I, T mit $\alpha = \overline{[M, R]}$, $n = \overline{[I, T]}$, bei $P = \bigtimes_{i \in I} M$ und R^* als antilexikographischer Anordnung in P bzgl. $(R)_{i \in I}$, T:

$$\alpha^n = \overline{[P, R^*]} .$$

Für Ordinalzahlen α und natürliche Zahlen n fällt der Potenzbegriff α^n für Ordinalzahlen und der Potenzbegriff α^n für Ordnungstypen zusammen.

Aus Definition 5 folgt für Ordnungstypen α, natürliche Zahlen n, Mengen I von n Elementen und Ordnungen T in I:

$$\alpha^n = \prod_{i \in I} \alpha .$$

Ist α ein Ordnungstyp, so gilt für die Ordinalzahlen $\mathbf{0}$, $\mathbf{1}$:

$$\alpha^{\mathbf{0}} = \mathbf{1}, \qquad \alpha^{\mathbf{1}} = \alpha .$$

6. Da die arithmetischen Operationen für Ordinalzahlen Spezialfälle der arithmetischen Operationen für Ordnungstypen sind, gelten alle solchen Rechengesetze, die nicht für Ordinalzahlen gelten, auch nicht für Ordnungstypen; z. B. die kommutativen Gesetze. An Rechengesetzen kennen wir bereits für Ordnungstypen α:

$$\alpha + \mathbf{0} = \mathbf{0} + \alpha = \alpha, \quad \alpha \cdot \mathbf{0} = \mathbf{0} \cdot \alpha = \mathbf{0}, \quad \alpha \cdot \mathbf{1} = \mathbf{1} \cdot \alpha = \alpha, \quad \alpha^{\mathbf{0}} = \mathbf{1}, \quad \alpha^{\mathbf{1}} = \alpha .$$

Weiterhin gilt der

Satz 3. *Für Ordnungstypen α, β, γ und natürliche Zahlen n, m gilt:*

a) $$(\alpha + \beta) + \gamma = \alpha + (\beta + \gamma), \qquad (\alpha \cdot \beta) \cdot \gamma = \alpha \cdot (\beta \cdot \gamma)$$
(*Assoziativität*),

b) $$\alpha \cdot (\beta + \gamma) = (\alpha \cdot \beta) + (\alpha \cdot \gamma)$$
(*Linksseitige Distributivität*),

c) $$(\alpha^n) \cdot (\alpha^m) = \alpha^{n+m}, \qquad (\alpha^n)^m = \alpha^{n \cdot m} .$$

Beweis. a) Es seien α, β, γ Ordnungstypen mit

$$\alpha = \overline{[M, R]}, \quad \beta = \overline{[N, S]}, \quad \gamma = \overline{[P, T]}$$

bei paarweise disjunkten Mengen M, N, P. Dann ist

$$\alpha + \beta = \overline{[M \cup N, R_1^*]}, \quad \beta + \gamma = \overline{[N \cup P, R_2^*]}$$

bei

$$R_1^* = R \cup S \cup (M \times N), \quad R_2^* = S \cup T \cup (N \times P),$$

also

$$(\alpha + \beta) + \gamma = \overline{[(M \cup N) \cup P, R_1^* \cup T \cup ((M \cup N) \times P)]},$$

$$\alpha + (\beta + \gamma) = \overline{[M \cup (N \cup P), R \cup R_2^* \cup (M \times (N \cup P))]},$$

also

$$(\alpha + \beta) + \gamma = \alpha + (\beta + \gamma).$$

Es ist

$$\alpha \cdot \beta = \overline{[M \times N, S_1^*]}, \quad \beta \cdot \gamma = \overline{[N \times P, S_2^*]},$$

wobei S_1^* die antilexikographische Anordnung in $M \times N$ bzgl. R, S ist und S_2^* die antilexikographische Anordnung in $N \times P$ bzgl. S, T. Also gilt

$$(\alpha \cdot \beta) \cdot \gamma = \overline{[(M \times N) \times P, T_1^*]}, \qquad \alpha \cdot (\beta \cdot \gamma) = \overline{[M \times (N \times P), T_2^*]},$$

wobei T_1^* die antilexikographische Anordnung in $(M \times N) \times P$ bzgl. S_1^*, T ist und T_2^* die antilexikographische Anordnung in $M \times (N \times P)$ bzgl. R, S_2^*, also ist

$$(\alpha \cdot \beta) \cdot \gamma = \alpha \cdot (\beta \cdot \gamma)$$

wegen

$$[(M \times N) \times P, T_1^*] \backsim [M \times (N \times P), T_2^*].$$

b) Es seien α, β, γ Ordnungstypen mit

$$\alpha = \overline{[M, R]}, \qquad \beta = \overline{[N, S]}, \qquad \gamma = \overline{[P, T]}, \qquad N \cap P = \emptyset.$$

Dann ist

$$\beta + \gamma = \overline{[N \cup P, R_1^*]} \text{ bei } R_1^* = S \cup T \cup (N \times P)$$

und

$$\alpha \cdot \beta = \overline{[M \times N, S_1^*]}, \qquad \alpha \cdot \gamma = \overline{[M \times P, S_2^*]},$$

wobei S_1^* die antilexikographische Anordnung in $M \times N$ bzgl. R, S ist und S_2^* die antilexikographische Anordnung in $M \times P$ bzgl. R, T. Also gilt

$$\alpha \cdot (\beta + \gamma) = \overline{[M \times (N \cup P), S_3^*]},$$

$$(\alpha \cdot \beta) + (\alpha \cdot \gamma) = \overline{[(M \times N) \cup (M \times P), R_2^*]},$$

wobei S_3^* die antilexikographische Anordnung in $M \times (N \cup P)$ bzgl. R, R_1^* und $R_2^* = S_1^* \cup S_2^* \cup ((M \times N) \times (M \times P))$ ist; also ist

$$\alpha \cdot (\beta + \gamma) = (\alpha \cdot \beta) + (\alpha \cdot \gamma).$$

c) Ist $\alpha = \overline{[M, R]}$ ein Ordnungstyp, sind $n = \overline{[I_1, T_1]}$, $m = \overline{[I_2, T_2]}$ natürliche Zahlen bei $I_1 \cap I_2 = \emptyset$, ist $P_1 = \mathop{\times}\limits_{i \in I_1} M$, $P_2 = \mathop{\times}\limits_{i \in I_2} M$, R_1^* die antilexikographische Anordnung in P_1 bzgl. $(R)_{i \in I_1}, T_1$ und R_2^* die antilexikographische Anordnung in P_2 bzgl. $(R)_{i \in I_2}, T_2$, so ist

$$\alpha^n = \overline{[P_1, R_1^*]}, \qquad \alpha^m = \overline{[P_2, R_2^*]}.$$

Also gilt

$$(\alpha^n) \cdot (\alpha^m) = \overline{[P_1 \times P_2, S^*]}, \qquad \alpha^{n+m} = \overline{[P, R^*]},$$

wobei S^* die antilexikographische Anordnung in $P_1 \times P_2$ bzgl. R_1^*, R_2^* ist und

$$P = \mathop{\times}\limits_{i \in I_1 \cup I_2} M, \qquad T = T_1 \cup T_2 \cup (I_1 \times I_2)$$

und R^* die antilexikographische Anordnung in P bzgl. $(R)_{i \in I_1 \cup I_2}$, T ist; also ist

$$(\alpha^n) \cdot (\alpha^m) = \alpha^{n+m}$$

wegen

$$[P_1 \times P_2, S^*] \backsim [P, R^*].$$

Ist $\alpha = \overline{[M, R]}$ ein Ordnungstyp, sind $n = \overline{[I_1, T_1]}$, $m = \overline{[I_2, T_2]}$ natürliche Zahlen, ist $P_1 = \underset{i \in I_1}{\mathsf{X}} M$, R_1^* die antilexikographische Anordnung in P_1 bzgl. $(R)_{i \in I_1}$, T_1, $P_2 = \underset{i \in I_2}{\mathsf{X}} P_1$, R_2^* die antilexikographische Anordnung in P_2 bzgl. $(R_1^*)_{i \in I_2}$, T_2, $P = \underset{i \in I_1 \times I_2}{\mathsf{X}} M$ und R^* die antilexikographische Anordnung in P bzgl. $(R)_{i \in I_1 \times I_2}$, I, wobei T die antilexikographische Anordnung in $I_1 \times I_2$ bzgl. T_1, T_2 ist, so ist $\alpha^n = \overline{[P_1, R_1^*]}$ und

$$(\alpha^n)^m = \overline{[P_2, R_2^*]}, \qquad \alpha^{n \cdot m} = \overline{[P, R^*]},$$

also

$$(\alpha^n)^m = \alpha^{n \cdot m}$$

wegen

$$[P_2, R_2^*] \backsim [P, R^*].$$

Auf Grund der Gültigkeit der assoziativen Gesetze ist folgende klammersparende Vereinbarung zweckmäßig: Sind $\alpha, \beta, \gamma, \delta, \varepsilon, \ldots$ Ordnungstypen, so haben die klammerfreien Schreibweisen

$$\alpha + \beta + \gamma, \qquad \alpha + \beta + \gamma + \delta, \qquad \alpha + \beta + \gamma + \delta + \varepsilon, \qquad \ldots;$$

$$\alpha \cdot \beta \cdot \gamma, \qquad \alpha \cdot \beta \cdot \gamma \cdot \delta, \qquad \alpha \cdot \beta \cdot \gamma \cdot \delta \cdot \varepsilon, \qquad \ldots$$

die Bedeutung:

$$(\alpha + \beta) + \gamma, \qquad (\alpha + \beta + \gamma) + \delta, \qquad (\alpha + \beta + \gamma + \delta) + \varepsilon \qquad \ldots;$$

$$(\alpha \cdot \beta) \cdot \gamma, \qquad (\alpha \cdot \beta \cdot \gamma) \cdot \delta, \qquad (\alpha \cdot \beta \cdot \gamma \cdot \delta) \cdot \varepsilon, \qquad \ldots.$$

Zur weiteren Vereinfachung der Schreibweise (Klammereinsparung) vereinbaren wir noch, daß die Operationen Potenzierung, Multiplikation und Addition in dieser Reihenfolge immer stärker trennen, so daß also etwa

$$\alpha + \beta \cdot \gamma^\delta \quad \text{bedeutet:} \quad \alpha + (\beta \cdot (\gamma^\delta)).$$

$$\alpha + \beta', \quad \alpha \cdot \beta', \quad \alpha^{n'}, \quad \alpha + \beta^*, \quad \alpha \cdot \beta^*, \quad \alpha^{n^*}, \quad \alpha^{n+m}, \quad \alpha^{n \cdot m}$$

bedeuten natürlich (wie es teilweise bereits verwendet wurde):

$$\alpha + (\beta'), \quad \alpha \cdot (\beta'), \quad \alpha^{(n')}, \quad \alpha + (\beta^*), \quad \alpha \cdot (\beta^*), \quad \alpha^{(n^*)}, \quad \alpha^{n+m}, \quad \alpha^{n \cdot m}.$$

Den Multiplikationspunkt $\cdot$ läßt man auch oft weg, schreibt also

$$\text{für } \alpha \cdot \beta \text{ auch einfach } \alpha\beta.$$

Schließlich sollen $+$ und $\cdot$ stärker trennen als $\sum$ und $\prod$, so daß also etwa

$$\sum_{i\in I}\alpha_i+\beta,\quad \sum_{i\in I}\alpha_i\cdot\beta,\quad \prod_{i\in I}\alpha_i+\beta,\quad \prod_{i\in I}\alpha_i\cdot\beta$$

bedeuten:

$$(\sum_{i\in I}\alpha_i)+\beta,\quad (\sum_{i\in I}\alpha_i)\cdot\beta,\quad (\prod_{i\in I}\alpha_i)+\beta,\quad (\prod_{i\in I}\alpha_i)\cdot\beta.$$

Man zeigt leicht repräsentantenweise für Ordnungstypen α, β:

$$\alpha+\beta=0\leftrightarrow\alpha=0\wedge\beta=0,\qquad \alpha\cdot\beta=0\leftrightarrow\alpha=0\vee\beta=0,$$
$$\alpha\cdot\beta=1\leftrightarrow\alpha=1\wedge\beta=1.$$

Sind α, β Ordnungstypen mit

$$\alpha=\overline{[M,R]},\qquad \beta=\overline{[N,S]},\qquad M\cap N=\emptyset,$$

ist $T_1=R\cup S\cup(M\times N)$ und T_2 die antilexikographische Anordnung in $M\times N$ bzgl. R, S, so ist

$$\alpha+\beta=\overline{[M\cup N,T_1]},\qquad \alpha\cdot\beta=\overline{[M\times N,T_2]}.$$

Dann wird

$$(\alpha+\beta)^*=\overline{[M\cup N,T_1^{-1}]}\text{ bei }T_1^{-1}=R^{-1}\cup S^{-1}\cup(M\times N)^{-1}=S^{-1}\cup R^{-1}\cup(N\times M),$$

also

$$(\alpha+\beta)^*=\beta^*+\alpha^*.$$

Es wird

$$(\alpha\cdot\beta)^*=\overline{[M\times N,T_2^{-1}]},$$

wobei T_2^{-1} gleichzeitig die antilexikographische Anordnung in $M\times N$ bzgl. R^{-1}, S^{-1} ist, also

$$(\alpha\cdot\beta)^*=\alpha^*\cdot\beta^*.$$

Als Anwendung hiervon gilt etwa für natürliche Zahlen n, m:

$$\omega^*+n=\omega^*$$

wegen $\omega^*+n=\omega^*+n^*=(n+\omega)^*=\omega^*$,

$$n\neq m\to n+\omega^*\neq m+\omega^*$$

wegen $n\neq m\to\omega+n\neq\omega+m\to(\omega+n)^*\neq(\omega+m)^*\to n+\omega^*\neq m+\omega^*$ und

$$\omega^*+n+\omega=\omega^*+\omega$$

wegen $\omega^*+n+\omega=(\omega^*+n)+\omega=\omega^*+\omega$.

Für allgemeine Summen und Produkte von Ordnungstypen wissen wir bereits

$$\sum_{i \in \emptyset} \alpha_i = 0, \qquad \prod_{i \in \emptyset} \alpha_i = 1,$$

$$\sum_{i \in \{k\}} \alpha_i = \alpha_k, \qquad \prod_{i \in \{k\}} \alpha_i = \alpha_k.$$

Man zeigt leicht repräsentantenweise für Komplexe $(\alpha_i)_{i \in I}$ von Ordnungstypen bei $I \in \boldsymbol{M}$ und Ordnungen T in I:

$$\sum_{i \in I} \alpha_i = 0 \leftrightarrow \forall i \, (i \in I \rightarrow \alpha_i = 0);$$

ist zusätzlich I endlich, so erhält man

$$\prod_{i \in I} \alpha_i = 0 \leftrightarrow \exists i \, (i \in I \wedge \alpha_i = 0), \qquad \prod_{i \in I} \alpha_i = 1 \leftrightarrow \forall i \, (i \in I \rightarrow \alpha_i = 1).$$

Ist $(\alpha_i)_{i \in I}$ ein Komplex von Ordnungstypen bei $I \in \boldsymbol{M}$, T eine Ordnung in I und $I' \subseteq I$ die Menge aller $i \in I$ mit $\alpha_i \neq 0$, so gilt

$$\sum_{i \in I} \alpha_i = \sum_{i \in I'} \alpha_i;$$

ist I endlich und $I' \subseteq I$ die Menge aller $i \in I$ mit $\alpha_i \neq 1$, so ist

$$\prod_{i \in I} \alpha_i = \prod_{i \in I'} \alpha_i.$$

Ist $(\alpha_i)_{i \in I}$ ein Komplex von Ordnungstypen bei $I \in \boldsymbol{M}$ und T eine Ordnung in I, so ist

$$\Big(\sum_{i \in I(T)} \alpha_i\Big)^* = \sum_{i \in I(T^{-1})} \alpha_i^*;$$

ist zusätzlich I endlich, so erhält man

$$\Big(\prod_{i \in I(T)} \alpha_i\Big)^* = \prod_{i \in I(T)} \alpha_i^*;$$

speziell gilt also für Ordnungstypen α und natürliche Zahlen n

$$(\alpha^n)^* = (\alpha^*)^n.$$

Satz 4. *Für geordnete Mengen $[K, S]$, disjunkte Mengenkomplexe $(I_k)_{k \in K}$, Mengenkomplexe $(T_k)_{k \in K}$, so daß alle $[I_k, T_k]$ reflexiv bzw. irreflexiv geordnet sind, $I^* = \bigcup_{k \in K} I_k$, die Ordnung $T^* = \bigcup_{k \in K} T_k \cup \bigcup_{\substack{k, l \in K \\ k < l}} (I_k \times I_l)$ in I^* und Komplexe $(\alpha_i)_{i \in I^*}$ von Ordnungstypen gilt:*

$$\sum_{i \in I^*} \alpha_i = \sum_{k \in K} \Big(\sum_{i \in I_k} \alpha_i\Big),$$

$$I^*, K \text{ endlich} \rightarrow \prod_{i \in I^*} \alpha_i = \prod_{k \in K} \Big(\prod_{i \in I_k} \alpha_i\Big)$$

(*Assoziativität*).

Beweis. Ist unter den Voraussetzungen des Satzes

$$\alpha_i = \overline{[M_i, R_i]}, \quad i \neq j \rightarrow M_i \cap M_j = \emptyset,$$

so ist

$$\sum_{i \in I^*} \alpha_i = \overline{[\bigcup_{i \in I^*} M_i, \quad \bigcup_{i \in I^*} R_i \cup \bigcup_{\substack{i,j \in I^* \\ i<j}} (M_i \times M_j)]},$$

$$\sum_{i \in I_k} \alpha_i = \overline{[\bigcup_{i \in I_k} M_i, \quad \bigcup_{i \in I_k} R_i \cup \bigcup_{\substack{i,j \in I_k \\ i<j}} (M_i \times M_j)]},$$

$$\sum_{k \in K} (\sum_{i \in I_k} \alpha_i) = \overline{[\bigcup_{k \in K} (\bigcup_{i \in I_k} M_i), \ \bigcup_{k \in K} (\bigcup_{i \in I_k} R_i \cup \bigcup_{\substack{i,j \in I_k \\ i<j}} (M_i \times M_j)) \cup \bigcup_{\substack{k,l \in K \\ k<l}} (\bigcup_{i \in I_k} M_i \times \bigcup_{i \in I_l} M_i)]},$$

also

$$\sum_{i \in I^*} \alpha_i = \sum_{k \in K} (\sum_{i \in I_k} \alpha_i).$$

Sind zusätzlich I^*, K endlich, so ist

$$\prod_{i \in I^*} \alpha_i = \overline{[\bigtimes_{i \in I^*} M_i, R_1^*]}, \quad \prod_{i \in I_k} \alpha_i = \overline{[\bigtimes_{i \in I_k} M_i, R_k^*]},$$

$$\prod_{k \in K} (\prod_{i \in I_k} \alpha_i) = \overline{[\bigtimes_{k \in K} (\bigtimes_{i \in I_k} M_i), R_2^*]},$$

wobei R_1^* die antilexikographische Anordnung in $\bigtimes_{i \in I^*} M_i$ bzgl. $(R_i)_{i \in I^*}$, T^* ist, R_k^* die antilexikographische Anordnung in $\bigtimes_{i \in I_k} M_i$ bzgl. $(R_i)_{i \in I_k}$, T_k und R_2^* die antilexikographische Anordnung in $\bigtimes_{k \in K} (\bigtimes_{i \in I_k} M_i)$ bzgl. $(R_k^*)_{k \in K}$, S. Also gilt

$$\prod_{i \in I^*} \alpha_i = \prod_{k \in K} (\prod_{i \in I_k} \alpha_i)$$

wegen

$$[\bigtimes_{i \in I^*} M_i, R_1^*] \backsim [\bigtimes_{k \in K} (\bigtimes_{i \in I_k} M_i), R_2^*].$$

Die assoziativen Gesetze aus Satz 3 sind Spezialfälle von Satz 4.

Satz 5. *Für Ordnungstypen α, Komplexe $(\beta_i)_{i \in I}$ von Ordnungstypen mit $I \in M$ und Ordnungen T in I gilt:*

$$\alpha \cdot \sum_{i \in I} \beta_i = \sum_{i \in I} (\alpha \cdot \beta_i) \qquad (\textit{Distributivität}).$$

Beweis. Ist unter den Voraussetzungen des Satzes

$$\alpha = \overline{[M, R]}, \quad \beta_i = \overline{[N_i, S_i]}, \quad i \neq j \rightarrow N_i \cap N_j = \emptyset,$$

so ist

$$\alpha \cdot \beta_i = \overline{[M \times N_i, S_i^*]},$$

wobei S_i^* die antilexikographische Anordnung in $M \times N_i$ bzgl. R, S_i ist,

$$\sum_{i\in I}(\alpha\cdot\beta_i) = \overline{[\bigcup_{i\in I}(M\times N_i),\ \bigcup_{i\in I} S_i^* \cup \bigcup_{\substack{i,j\in I\\ i<j}}((M\times N_i)\times(M\times N_j))]},$$

$$\sum_{i\in I}\beta_i = \overline{[\bigcup_{i\in I} N_i,\ \bigcup_{i\in I} S_i \cup \bigcup_{\substack{i,j\in I\\ i<j}}(N_i\times N_j)]},$$

$$\alpha\cdot\sum_{i\in I}\beta_i = \overline{[M\times\bigcup_{i\in I} N_i,\ R^*]},$$

wobei R^* die antilexikographische Anordnung in $M\times\bigcup_{i\in I} N_i$ bzgl. R, $\bigcup_{i\in I} S_i \cup \bigcup_{\substack{i,i\in I\\ i<j}}$ $(N_i\times N_j)$ ist. Also gilt

$$\alpha\cdot\sum_{i\in I}\beta_i = \sum_{i\in I}(\alpha\cdot\beta_i).$$

Das distributive Gesetz aus Satz 3 ist ein Spezialfall von Satz 5.

Mit den für Ordnungstypen bewiesenen Rechengesetzen sind die entsprechenden Rechengesetze für Ordinalzahlen, die wir früher induktiv bewiesen haben, ein zweites Mal repräsentantenweise bewiesen worden.

7. Wir wollen als Abschluß und Anwendung der arithmetischen Operationen für Ordnungstypen den Satz beweisen, daß sich jeder Ordnungstyp α eindeutig als Summe $\alpha = \beta + \gamma$ darstellen läßt, wobei β eine Ordinalzahl und γ ein Ordnungstyp ist, dessen Repräsentanten kein erstes Element besitzen. Hierfür zunächst folgenden

Satz 6. *Sind $\alpha_1, \beta_1, \alpha_2, \beta_2$ Ordnungstypen mit $\alpha_1 + \beta_1 = \alpha_2 + \beta_2$, so existiert ein Ordnungstyp γ mit*

$$\alpha_2 = \alpha_1 + \gamma \wedge \beta_1 = \gamma + \beta_2 \cdot\vee\cdot \alpha_1 = \alpha_2 + \gamma \wedge \beta_2 = \gamma + \beta_1 .$$

Beweis. Sind $\alpha_1, \beta_1, \alpha_2, \beta_2$ Ordnungstypen mit

$$\alpha_1 + \beta_1 = \alpha_2 + \beta_2 = \overline{[M, R]}$$

und

$$\alpha_1 = \overline{[M_1', R_1']},\quad \alpha_2 = \overline{[M_2', R_2']},\quad \beta_1 = \overline{[N_1', S_1']},\quad \beta_2 = \overline{[N_2', S_2']},$$
$$M_1' \cap N_1' = M_2' \cap N_2' = \emptyset,$$

so gibt es wegen

$$[M, R] \backsim [M_1' \cup N_1', R_1' \cup S_1' \cup (M_1' \times N_1')] \backsim [M_2' \cup N_2', R_2' \cup S_2' \cup (M_2' \times N_2')]$$

Mengen M_1, M_2, N_1, N_2 und Relationen R_1, R_2, S_1, S_2 mit

$$\alpha_1 = \overline{[M_1, R_1]},\quad \alpha_2 = \overline{[M_2, R_2]},\quad \beta_1 = \overline{[N_1, S_1]},\quad \beta_2 = \overline{[N_2, S_2]}$$

bei

$$M_1 \cap N_1 = M_2 \cap N_2 = \emptyset,\qquad M_1 \cup N_1 = M_2 \cup N_2 = M,$$
$$R = R_1 \cup S_1 \cup (M_1 \times N_1) = R_2 \cup S_2 \cup (M_2 \times N_2)$$

und

$$R_1 = {}_{M_1}R_{M_1}, \quad R_2 = {}_{M_2}R_{M_2}, \quad S_1 = {}_{N_1}R_{N_1}, \quad S_2 = {}_{N_2}R_{N_2}.$$

Dann gilt

$$M_1 \subseteq M_2 \wedge N_2 \subseteq N_1 \qquad \text{oder} \qquad M_2 \subseteq M_1 \wedge N_1 \subseteq N_2.$$

Denn ist $M_1 \nsubseteq M_2$ und etwa $x \in M_1$, $x \notin M_2$, so ist $x \in M_1$, $x \in N_2$; wäre $y \in M_2$ und $y \in N_1$, so wäre $x \underset{R}{<} y$ wegen $x \in M_1$, $y \in N_1$ im Widerspruch zu $y \underset{R}{<} x$ wegen $y \in M_2$, $x \in N_2$; also gilt $M_2 \subseteq M_1$ und ebenso $N_1 \subseteq N_2$; analog erhält man $M_2 \subseteq M_1$ und $N_1 \subseteq N_2$ aus $N_2 \nsubseteq N_1$.

Im Falle $M_1 \subseteq M_2 \wedge N_2 \subseteq N_1$ ist

$$M_2 = M_1 \cup (M_2 \setminus M_1) \qquad \text{und} \qquad N_1 = (M_2 \setminus M_1) \cup N_2$$

wegen $M_2 \setminus M_1 = N_1 \setminus N_2$, und es gilt

$$\alpha_2 = \alpha_1 + \gamma, \quad \beta_1 = \gamma + \beta_2$$

für $\gamma = \overline{[M_2 \setminus M_1, S]}$ bei $S = {}_{M_2 \setminus M_1}R_{M_2 \setminus M_1}$. Im Falle $M_2 \subseteq M_1 \wedge N_1 \subseteq N_2$ ist

$$M_1 = M_2 \cup (M_1 \setminus M_2) \qquad \text{und} \qquad N_2 = (M_1 \setminus M_2) \cup N_1$$

wegen $M_1 \setminus M_2 = N_2 \setminus N_1$, und es gilt

$$\alpha_1 = \alpha_2 + \gamma, \quad \beta_2 = \gamma + \beta_1$$

für $\gamma = \overline{[M_1 \setminus M_2, S]}$ bei $S = {}_{M_1 \setminus M_2}R_{M_1 \setminus M_2}$.

Satz 7. *Für jeden Ordnungstyp α gibt es genau ein Paar $[\beta, \gamma]$ von Ordnungstypen mit*

$$\alpha = \beta + \gamma,$$

wobei β eine Ordinalzahl ist und γ ein Ordnungstyp, dessen Repräsentanten kein erstes Element besitzen.

Beweis. Ist α ein Ordnungstyp und wären

$$\alpha = \beta_1 + \gamma_1 = \beta_2 + \gamma_2$$

zwei solche Summendarstellungen, so gibt es nach Satz 6 einen Ordnungstyp φ mit

$$\beta_2 = \beta_1 + \varphi \wedge \gamma_1 = \varphi + \gamma_2 \cdot\vee\cdot \beta_1 = \beta_2 + \varphi \wedge \gamma_2 = \varphi + \gamma_1.$$

Es kann dann nicht $\varphi = 0$ sein, da sonst $\beta_1 = \beta_2$ und $\gamma_1 = \gamma_2$ wäre. Die Repräsentanten von φ besitzen kein erstes Element, da die Repräsentanten von γ_1 und γ_2 kein erstes Element besitzen und $\gamma_1 = \varphi + \gamma_2$ oder $\gamma_2 = \varphi + \gamma_1$ gilt. Das ist ein Widerspruch dazu, daß β_1, β_2 Ordinalzahlen sind, $\varphi \neq 0$ ist und $\beta_2 = \beta_1 + \varphi$ oder $\beta_1 = \beta_2 + \varphi$ gilt, woraus ja die Existenz eines ersten Elementes jedes Repräsentanten von φ folgt. Damit ist die Eindeutigkeit einer gewünschten Darstellung von α bewiesen.

Nun zur Existenz einer derartigen Darstellung. Es sei $\alpha = \overline{[M, R]}$ ein Ordnungstyp, A die Menge aller $x \in M$, für die Ab x von R wohlgeordnet wird, und $B = M \setminus A$. Für Elemente $a \in A$, $b \in B$ gilt stets $a < b$, da im Falle $b \leqq a$ doch Ab $b \subseteq$ Ab a und somit $b \in A$ wäre wegen $a \in A$. Definiert man also die Ordnungstypen

$$\beta = \overline{[A, {}_AR_A]}, \qquad \gamma = \overline{[B, {}_BR_B]}$$

so ist

$$\alpha = \beta + \gamma.$$

β ist dabei eine Ordinalzahl; denn ${}_AR_A$ ist eine Wohlordnung in A, weil die Abschnitte von A in bezug auf die Ordnung ${}_AR_A$ wohlgeordnet sind. Schließlich ist γ ein Ordnungstyp, dessen Repräsentanten kein erstes Element besitzen; denn besäße B bzgl. ${}_BR_B$ das erste Element b, so wäre $A =$ Ab b innerhalb M, also $b \in A$, da A wohlgeordnet ist. Also ist $\alpha = \beta + \gamma$ eine gewünschte Summendarstellung von α.

§ 31. Polynomdarstellung der Ordinalzahlen

1. Die von 0 verschiedenen Ordinalzahlen α lassen sich in bezug auf jede Ordinalzahl $\gamma \geqq 2$ eindeutig als Polynom in γ darstellen, d. h. als Summe

$$\alpha = \sum_{i \leqq m} \gamma^{\sigma_i} \nu_i = \sum_{i \leqq m} \gamma^{\sigma_i} \cdot \nu_i = \sum_{i \leqq m} (\gamma^{\sigma_i} \cdot \nu_i),$$

wobei $m \in \boldsymbol{N}$, $1 \leqq \nu_i < \gamma$ und $\sigma_0 > \sigma_1 > \ldots > \sigma_m$ gilt und diese m, ν_i, σ_i eindeutig bestimmt sind. Das wollen wir jetzt beweisen.

Satz 1 (Polynomdarstellung der Ordinalzahlen). *Für jede Ordinalzahl $\alpha \neq 0$ und jede Ordinalzahl $\gamma \geqq 2$ gibt es genau ein Tripel $[m, \sigma, \nu]$ von Elementen mit:*

$m \in \boldsymbol{N}$,

σ Funktion von $[0, m]$ in $\boldsymbol{O}$ mit $\sigma_i > \sigma_j$ für jedes $i < j \leqq m$,

ν Funktion von $[0, m]$ in $\boldsymbol{O}$ mit $1 \leqq \nu_i < \gamma$ für jedes $i \leqq m$,

$$\alpha = \sum_{i \leqq m} \gamma^{\sigma_i} \cdot \nu_i.$$

Beweis. Wir zeigen als erstes die Existenz einer gewünschten Darstellung von α und dafür zunächst folgenden

Hilfssatz 1. Für Ordinalzahlen $\alpha \neq 0$ und Ordinalzahlen $\gamma \geqq 2$ gibt es genau ein Tripel $[\sigma, \nu, \varrho]$ von Ordinalzahlen mit

$$\alpha = \gamma^\sigma \cdot \nu + \varrho \quad \textit{bei} \quad 1 \leqq \nu < \gamma, \ \varrho < \gamma^\sigma.$$

Beweis. Es sei $\alpha, \gamma \in \boldsymbol{O}$, $\alpha \neq 0, \gamma \geqq 2$. Nach Satz 3, § 28 gibt es ein $\sigma \in \boldsymbol{O}$ mit $\gamma^\sigma \leqq \alpha < \gamma^{\sigma+1}$; nach dem Divisionssatz gibt es weiterhin Zahlen $\nu, \varrho \in \boldsymbol{O}$ mit

$\alpha = \gamma^\sigma \cdot \nu + \varrho$ bei $\varrho < \gamma^\sigma$; es kann dabei nicht $\nu = 0$ sein, da sonst $\alpha = \varrho < \gamma^\sigma \leqq \alpha$ wäre; schließlich ist $\nu < \gamma$, da $\gamma \leqq \nu$ den Widerspruch

$$\gamma^{\sigma+1} \leqq \gamma^{\sigma+1} + \varrho = \gamma^\sigma \cdot \gamma + \varrho \leqq \gamma^\sigma \cdot \nu + \varrho = \alpha < \gamma^{\sigma+1}$$

ergibt; also gibt es eine gewünschte Darstellung $\alpha = \gamma^\sigma \cdot \nu + \varrho$ mit $1 \leqq \nu < \gamma$ und $\varrho < \gamma^\sigma$.

Nun zur Eindeutigkeit dieser Darstellung. Wäre

$$\alpha = \gamma^{\sigma_1} \cdot \nu_1 + \varrho_1 = \gamma^{\sigma_2} \cdot \nu_2 + \varrho_2 \quad \text{bei} \quad 1 \leqq \nu_1, \nu_2 < \gamma \quad \text{und} \quad \varrho_1 < \gamma^{\sigma_1},\ \varrho_2 < \gamma^{\sigma_2},$$

so muß zunächst $\sigma_1 = \sigma_2$ sein; denn wäre etwa $\sigma_1 < \sigma_2$ (der Fall $\sigma_2 < \sigma_1$ erledigt sich dual), so wäre

$$\gamma^{\sigma_1} \cdot \nu_1 + \varrho_1 < \gamma^{\sigma_1} \cdot \nu_1 + \gamma^{\sigma_1} = \gamma^{\sigma_1}(\nu_1 + 1) \leqq \gamma^{\sigma_1} \cdot \gamma = \gamma^{\sigma_1+1} \leqq \gamma^{\sigma_2} \leqq \gamma^{\sigma_2} \cdot \nu_2 + \varrho_2.$$

Aus $\sigma_1 = \sigma_2$ folgt $\gamma^{\sigma_1} = \gamma^{\sigma_2}$ und weiter $\nu_1 = \nu_2$; denn wäre etwa $\nu_1 < \nu_2$ (der Fall $\nu_2 < \nu_1$ erledigt sich dual), so wäre

$$\gamma^{\sigma_1} \cdot \nu_1 + \varrho_1 < \gamma^{\sigma_1} \cdot \nu_1 + \gamma^{\sigma_1} = \gamma^{\sigma_1} \cdot (\nu_1 + 1) \leqq \gamma^{\sigma_1} \cdot \nu_2 = \gamma^{\sigma_2} \cdot \nu_2 \leqq \gamma^{\sigma_2} \cdot \nu_2 + \varrho_2.$$

Aus $\sigma_1 = \sigma_2$ und $\nu_1 = \nu_2$ folgt schließlich $\varrho_1 = \varrho_2$. Damit ist Hilfssatz 1 bewiesen.

Der Nachweis der Existenz einer gewünschten Darstellung von $\alpha \neq 0$ in bezug auf $\gamma \geqq 2$ in der Form

$$\alpha = \sum_{i \leqq m} \gamma^{\sigma_i} \cdot \nu_i$$

beruht anschaulich auf folgendem Prinzip: Es sei nach Hilfssatz 1 $\alpha = \gamma^{\sigma_0} \cdot \nu_0 + \varrho_0$; ist $\varrho_0 = 0$, so sind wir fertig wegen $\alpha = \gamma^{\sigma_0} \cdot \nu_0$; ist $\varrho_0 \neq 0$, so sei nach Hilfssatz 1 $\varrho_0 = \gamma^{\sigma_1} \cdot \nu_1 + \varrho_1$; ist $\varrho_1 = 0$, so sind wir fertig wegen $\alpha = \gamma^{\sigma_0} \cdot \nu_0 + \gamma^{\sigma_1} \cdot \nu_1$ und $\sigma_0 > \sigma_1$ (wäre nämlich $\sigma_0 \leqq \sigma_1$, so wäre $\varrho_0 < \gamma^{\sigma_0} \leqq \gamma^{\sigma_1} \cdot \nu_1 + \varrho_1 = \varrho_0$); ist $\varrho_1 \neq 0$, so sei nach Hilfssatz 1 $\varrho_1 = \gamma^{\sigma_2} \cdot \nu_2 + \varrho_2$; ist $\varrho_2 = 0$, so sind wir fertig wegen $\alpha = \gamma^{\sigma_0} \cdot \nu_0 + \gamma^{\sigma_1} \cdot \nu_1 + \gamma^{\sigma_2} \cdot \nu_2$ und $\sigma_0 > \sigma_1 > \sigma_2$ (wäre nämlich $\sigma_1 \leqq \sigma_2$, so wäre $\varrho_1 < \gamma^{\sigma_1} \leqq \gamma^{\sigma_2} \cdot \nu_2 + \varrho_2 = \varrho_1$). Fährt man nach diesem Verfahren fort und bricht das Verfahren nicht ab, d. h. kommt man zu keinem Rest $\varrho_i = 0$, so erhält man eine echt monoton fallende, abzählbare Folge $\sigma_0 > \sigma_1 > \sigma_2 > \ldots$ von Ordinalzahlen im Widerspruch dazu, daß jede echt monoton fallende Folge von Ordinalzahlen endlich ist. Denselben Widerspruch erhält man auch über die echt monoton fallende, abzählbare Folge $\varrho_0 > \varrho_1 > \varrho_2 > \ldots$ (es ist ja $\varrho_1 < \gamma^{\sigma_1} \leqq \gamma^{\sigma_1} \cdot \nu_1 + \varrho_1 = \varrho_0$, $\varrho_2 < \gamma^{\sigma_2} \leqq \gamma^{\sigma_2} \cdot \nu_2 + \varrho_2 = \varrho_1, \ldots$). Also bricht das Verfahren einmal ab, und α läßt sich in bezug auf γ in der gewünschten Form darstellen. Dieses anschauliche Beweisprinzip führen wir jetzt mit Hilfe vollständiger Induktion exakt durch.

Es seien α, γ Ordinalzahlen mit $\alpha \neq 0$, $\gamma \geqq 2$, und nach Hilfssatz 1 sei $\alpha = \gamma^{\sigma_0} \cdot \nu_0 + \varrho_0$. Man definiere durch vollständige Induktion die Funktion ϱ von $\boldsymbol{N}$ in $\boldsymbol{O}$ mit für jedes $i \in \boldsymbol{N}$:

$$\varrho_0 = \varrho_0,$$

$$\varrho_{i+1} = \begin{cases} 0, \text{ falls } \varrho_i = 0 \\ \varrho', \text{ falls } \varrho_i \neq 0 \text{ und } \varrho_i = \gamma^{\sigma'} \cdot \nu' + \varrho' \text{ (nach Hilfssatz 1).} \end{cases}$$

Gibt es kein $i \in \boldsymbol{N}$ mit $\varrho_i = 0$, so zeigt man leicht durch vollständige Induktion über j für jedes $i, j \in \boldsymbol{N}$: $i < j \to \varrho_i > \varrho_j$ (wobei man verwende, daß in der Darstellung $\varrho_i = \gamma^{\sigma'} \cdot \nu' + \varrho'$ stets $\varrho' < \varrho_i$ ist wegen $\varrho' < \gamma^{\sigma'} \leqq \gamma^{\sigma'} \cdot \nu' + \varrho' = \varrho_i$). ϱ ist dann also eine echt monoton fallende, abzählbare Folge von Ordinalzahlen im Widerspruch zu Satz 12, § 23, wonach jede echt monoton fallende Folge von Ordinalzahlen endlich ist. Damit gibt es ein $i \in \boldsymbol{N}$ mit $\varrho_i = 0$; m sei das kleinste derartige i. Über $[0, m]$ definiere man schließlich die Funktionen σ und ν mit für jedes $i < m$ (gemäß Hilfssatz 1):

$$\sigma_0 = \sigma_0, \qquad \nu_0 = \nu_0,$$

$$\sigma_{i+1} = \sigma', \text{ falls } \varrho_i = \gamma^{\sigma'} \cdot \nu' + \varrho' \qquad \nu_{i+1} = \nu', \text{ falls } \varrho_i = \gamma^{\sigma'} \cdot \nu' + \varrho'.$$

Mit den eingeführten Funktionen ϱ, σ, ν zeigt man leicht durch vollständige Induktion über k, daß für jedes $k \leqq m$

$$\alpha = \sum_{i \leqq k} \gamma^{\sigma_i} \cdot \nu_i + \varrho_k$$

gilt: Es ist trivial $\alpha = \gamma^{\sigma_0} \cdot \nu_0 + \varrho_0$; ist $\alpha = \sum_{i \leqq k} \gamma^{\sigma_i} \cdot \nu_i + \varrho_k$ bei $k < m$, so ist aber nach Definition von σ, ν: $\varrho_k = \gamma^{\sigma_{k+1}} \cdot \nu_{k+1} + \varrho_{k+1}$, also $\alpha = \sum_{i \leqq k+1} \gamma^{\sigma_i} \cdot \nu_i + \varrho_{k+1}$. Für $k = m$ erhält man somit wegen $\varrho_m = 0$:

$$\alpha = \sum_{i \leqq m} \gamma^{\sigma_i} \cdot \nu_i .$$

Nach Konstruktion von ν ist sofort $1 \leqq \nu_i < \gamma$ für jedes $i \leqq m$. Weiterhin gilt für jedes $j < m$:

$$\sigma_j > \sigma_{j+1};$$

denn wäre $\sigma_j \leqq \sigma_{j+1}$ für ein $j < m$, so wäre

$$\gamma^{\sigma_j} \leqq \gamma^{\sigma_{j+1}} \cdot \nu_{j+1} + \varrho_{j+1} = \varrho_j$$

im Widerspruch zu $\varrho_j < \gamma^{\sigma_j}$. Aus $\sigma_j > \sigma_{j+1}$ für jedes $j < m$ folgt schließlich durch vollständige Induktion über j:

$$i < j \leqq m \to \sigma_i > \sigma_j .$$

Damit ist die Existenz einer gewünschten Polynomdarstellung von α in bezug auf γ vollständig bewiesen.

Nun zur Eindeutigkeit der Darstellung, wofür wir vorerst beweisen den

Hilfssatz 2. Für Ordinalzahlen $\gamma \geqq 2$, *natürliche Zahlen* m, *Funktionen* σ *von* $[0, m]$ *in* $\boldsymbol{O}$ *mit* $\sigma_i > \sigma_j$ *für* $i < j \leqq m$ *und Funktionen* ν *von* $[0, m]$ *in* $\boldsymbol{O}$ *mit* $1 \leqq \nu_i < \gamma$ *für* $i \leqq m$ *gilt:*

$$\sigma_0 \leqq \gamma^{\sigma_0} \leqq \gamma^{\sigma_0} \cdot \nu_0 \leqq \sum_{i \leqq m} \gamma^{\sigma_i} \cdot \nu_i < \gamma^{\sigma_0} \cdot (\nu_0 + 1) \leqq \gamma^{\sigma_0 + 1}.$$

Beweis. Unter den Voraussetzungen von Hilfssatz 2 beweisen wir die Behauptung durch vollständige Induktion über m. Für $m = 0$ ist trivial

$$\sigma_0 \leqq \gamma^{\sigma_0} \leqq \gamma^{\sigma_0} \cdot \nu_0 = \sum_{i \leqq m} \gamma^{\sigma_i} \cdot \nu_i = \gamma^{\sigma_0} \cdot \nu_0 < \gamma^{\sigma_0} \cdot (\nu_0 + 1) \leqq \gamma^{\sigma_0} \cdot \gamma = \gamma^{\sigma_0 + 1}.$$

Gilt die Behauptung für n mit $n' = m$, so ist

$$\sigma_0 \leqq \gamma^{\sigma_0} \leqq \gamma^{\sigma_0} \cdot \nu_0 \leqq \gamma^{\sigma_0} \cdot \nu_0 + \sum_{1 \leqq i \leqq m} \gamma^{\sigma_i} \cdot \nu_i = \sum_{i \leqq m} \gamma^{\sigma_i} \cdot \nu_i$$

und

$$\sum_{i \leqq m} \gamma^{\sigma_i} \cdot \nu_i = \gamma^{\sigma_0} \cdot \nu_0 + \sum_{1 \leqq i \leqq m} \gamma^{\sigma_i} \cdot \nu_i < \gamma^{\sigma_0} \cdot \nu_0 + \gamma^{\sigma_1 + 1} \leqq \gamma^{\sigma_0} \cdot \nu_0 + \gamma^{\sigma_0} =$$

$$\gamma^{\sigma_0} \cdot (\nu_0 + 1) \leqq \gamma^{\sigma_0} \cdot \gamma = \gamma^{\sigma_0 + 1}.$$

Damit ist Hilfssatz 2 bewiesen.

Wäre nun für $\alpha \neq 0$ und $\gamma \geqq 2$

$$\alpha = \sum_{i \leqq m} \gamma^{\sigma_i} \cdot \nu_i = \sum_{i \leqq n} \gamma^{\tau_i} \cdot \mu_i$$

mit $m, n \in \boldsymbol{N}$, $1 \leqq \nu_i, \mu_i < \gamma$ und $\sigma_i > \sigma_j$ für $i < j \leqq m$, $\tau_i > \tau_j$ für $i < j \leqq n$ und wäre $m \leqq n$ (der Fall $n \leqq m$ erledigt sich dual), so zeigt man durch ordnungstheoretische Induktion über k, daß

$$\forall k \, (k \leqq m \rightarrow \sigma_k = \tau_k \wedge \nu_k = \mu_k)$$

gilt: Ist $k \leqq m$ und $\sigma_i = \tau_i \wedge \nu_i = \mu_i$ für alle $i < k$, so ist zu zeigen $\sigma_k = \tau_k \wedge \nu_k = \mu_k$. Es ist aber dann

$$\sum_{i \leqq m} \gamma^{\sigma_i} \cdot \nu_i = \sum_{i < k} \gamma^{\sigma_i} \cdot \nu_i + \sum_{k \leqq i \leqq m} \gamma^{\sigma_i} \cdot \nu_i = \sum_{i < k} \gamma^{\tau_i} \cdot \mu_i + \sum_{k \leqq i \leqq n} \gamma^{\tau_i} \cdot \mu_i = \sum_{i \leqq n} \gamma^{\tau_i} \cdot \mu_i,$$

also wegen

$$\sum_{i < k} \gamma^{\sigma_i} \cdot \nu_i = \sum_{i < k} \gamma^{\tau_i} \cdot \mu_i$$

schließlich

$$\sum_{k \leqq i \leqq m} \gamma^{\sigma_i} \cdot \nu_i = \sum_{k \leqq i \leqq n} \gamma^{\tau_i} \cdot \mu_i. \tag{+}$$

Nach Hilfssatz 2 ist

$$\gamma^{\sigma_k} \leqq \sum_{k \leqq i \leqq m} \gamma^{\sigma_i} \cdot \nu_i < \gamma^{\sigma_k + 1}, \qquad \gamma^{\tau_k} \leqq \sum_{k \leqq i \leqq n} \gamma^{\tau_i} \cdot \mu_i < \gamma^{\tau_k + 1},$$

woraus wegen (+) über Satz 3, § 28 folgt:

$$\sigma_k = \tau_k.$$

Wäre $\nu_k \neq \mu_k$, etwa $\nu_k < \mu_k$ (der Fall $\mu_k < \nu_k$ erledigt sich dual), so wäre

$$\gamma^{\sigma_k} \cdot (\nu_k + 1) \leqq \gamma^{\tau_k} \cdot \mu_k$$

im Widerspruch zu Hilfssatz 2 und (+). Damit ist insgesamt $\sigma_k = \tau_k \wedge \nu_k = \mu_k$, womit für alle $i \leqq m$ die σ_i und die ν_i mit den τ_i und den μ_i übereinstimmen. Es ist dann

$$\alpha = \sum_{i \leqq m} \gamma^{\sigma_i} \cdot \nu_i = \sum_{i \leqq n} \gamma^{\tau_i} \cdot \mu_i = \sum_{i \leqq m} \gamma^{\tau_i} \cdot \mu_i + \sum_{m < i \leqq n} \gamma^{\tau_i} \cdot \mu_i = \alpha + \sum_{m < i \leqq n} \gamma^{\tau_i} \cdot \mu_i,$$

woraus

$$\sum_{m < i \leqq n} \gamma^{\tau_i} \cdot \mu_i = 0$$

folgt, also

$$m = n,$$

da für $m < n$ doch nach Hilfssatz 2

$$0 \neq \gamma^{\tau_{m+1}} \leqq \sum_{m < i \leqq n} \gamma^{\tau_i} \cdot \mu_i$$

wäre. Damit ist auch die Eindeutigkeit der gewünschten Polynomdarstellung von α in bezug auf γ bewiesen.

In einer Darstellung $\alpha = \sum_{i \leqq m} \gamma^{\sigma_i} \cdot \nu_i$ von $\alpha \neq 0$ in bezug auf $\gamma \geqq 2$ gemäß Satz 1 ist stets $\alpha \geqq \sigma_0$ wegen $\sigma_0 \leqq \gamma^{\sigma_0} \leqq \alpha$; es ist $\sigma_m \geqq 0$. Der Fall $\alpha = \sigma_0$ kann auch wirklich eintreten, wie die Beispiele $\alpha = 2^{\omega} = \omega$ und $\alpha = \omega^{\epsilon_1} = \epsilon_1$ zeigen.

Speziell läßt sich nach Satz 1 jede Ordinalzahl $\alpha \neq 0$ darstellen in den Formen

$$\alpha = \sum_{i \leqq m} 2^{\sigma_i} = 2^{\sigma_0} + \cdots + 2^{\sigma_m},$$

$$\alpha = \sum_{i \leqq m} 10^{\sigma_i} \cdot \nu_i = 10^{\sigma_0} \cdot \nu_0 + \cdots + 10^{\sigma_m} \cdot \nu_m \quad \text{mit} \quad 1 \leqq \nu_i \leqq 9,$$

$$\alpha = \sum_{i \leqq m} \omega^{\sigma_i} \cdot \nu_i = \omega^{\sigma_0} \cdot \nu_0 + \cdots + \omega^{\sigma_m} \cdot \nu_m \quad \text{mit} \quad 1 \leqq \nu_i \in \boldsymbol{N}.$$

Die Darstellung zur Basis 10 liefert die Grundlage der Dezimalschreibweise für natürliche Zahlen α; dann sind ja wegen $\alpha \geqq \sigma_0$ auch die σ_i natürliche Zahlen. Die Darstellung zur Basis ω ist allgemein für Ordinalzahlen die wichtigste Darstellung, da ihre Koeffizienten ν_i gerade die (von 0 verschiedenen) natürlichen Zahlen sind, mit denen man vorteilhaft operieren kann.

Definition 1. Sind α, γ Ordinalzahlen mit $\alpha \neq 0$, $\gamma \geqq 2$, so heißt das Elementetripel $[m, \sigma, \nu]$, für welches gilt:

$m \in \boldsymbol{N}$,

σ *Funktion von* $[0, m]$ *in* $\boldsymbol{O}$ mit $\sigma_i > \sigma_j$ für jedes $i < j \leqq m$,

ν *Funktion von* $[0, m]$ *in* $\boldsymbol{O}$ mit $1 \leqq \nu_i < \gamma$ für jedes $i \leqq m$,

$$\alpha = \sum_{i \leqq m} \gamma^{\sigma_i} \cdot \nu_i,$$

die *γ-Entwicklung von α* oder die *γ-Darstellung von α*, die *Polynomdarstellung von α zur Basis γ* und heißen für $i \leqq m$ die γ^{σ_i}, σ_i, ν_i, $\gamma^{\sigma_i} \cdot \nu_i$ bzw. die *Potenzen, Exponenten, Koeffizienten, Summanden (Glieder, Komponenten) der γ-Entwicklung von α*. Ist $0 \neq \alpha \in \boldsymbol{O}$, so heißt die $\boldsymbol{\omega}$-Entwicklung von α auch die *Cantorsche Normalform von α*.

2. Wir beschäftigen uns im folgenden nur noch mit Cantorschen Normalformen.

Definition 2. Ist $[m, \sigma, a]$ die Cantorsche Normalform von $0 \neq \alpha \in \boldsymbol{O}$, so heißt σ_0 der *Grad von α*. Mit $\boldsymbol{g}$ bezeichne man diejenige Funktion über $\boldsymbol{O} \setminus \{0\}$, welche jeder Ordinalzahl $\alpha \neq 0$ ihren Grad zuordnet.

Satz 2. *Für Ordinalzahlen $\alpha \neq 0$ und ihre Cantorsche Normalform $[m, \sigma, a]$ gilt:*

a) $\boldsymbol{g}(\alpha) \leqq \boldsymbol{\omega}^{\boldsymbol{g}(\alpha)} \leqq \boldsymbol{\omega}^{\boldsymbol{g}(\alpha)} \cdot a_0 \leqq \alpha < \boldsymbol{\omega}^{\boldsymbol{g}(\alpha)} \cdot (a_0 + 1) < \boldsymbol{\omega}^{\boldsymbol{g}(\alpha)+1}$,

b) *α endlich $\leftrightarrow$ $\boldsymbol{g}(\alpha) = 0$, α unendlich $\leftrightarrow$ $\boldsymbol{g}(\alpha) \neq 0$,*

c) *α isoliert $\leftrightarrow$ $\sigma_m = 0$, α Limeszahl $\leftrightarrow$ $\sigma_m \neq 0$.*

Beweis. Es sei $0 \neq \alpha \in \boldsymbol{O}$ und $[m, \sigma, a]$ die Cantorsche Normalform von α.

a) folgt unmittelbar aus dem innerhalb des Beweises zu Satz 1 bewiesenen Hilfssatz 2. Es ist dabei $\boldsymbol{\omega}^{\boldsymbol{g}(\alpha)} \cdot (a_0 + 1) < \boldsymbol{\omega}^{\boldsymbol{g}(\alpha)+1}$, da $a_0 + 1 < \boldsymbol{\omega}$ ist.

b) Ist $\boldsymbol{g}(\alpha) = 0$, so ist auch $m = 0$, also $\alpha = a_m \in \boldsymbol{N}$; ist $\boldsymbol{g}(\alpha) \neq 0$, so ist $\boldsymbol{\omega} \leqq \boldsymbol{\omega}^{\boldsymbol{g}(\alpha)} \leqq \alpha \notin \boldsymbol{N}$.

c) Ist $\sigma_m = 0$ und $b' = a_m$, so ist

$$\alpha = \sum_{i<m} \boldsymbol{\omega}^{\sigma_i} \cdot a_i + b' = \Big(\sum_{i<m} \boldsymbol{\omega}^{\sigma_i} \cdot a_i + b\Big)',$$

also ist α isoliert. Ist $\sigma_m \neq 0$ und $1 + \tau = \sigma_m$, $b' = a_m$, so ist

$$\alpha = \sum_{i<m} \boldsymbol{\omega}^{\sigma_i} \cdot a_i + \boldsymbol{\omega}^{\sigma_m} \cdot b + \boldsymbol{\omega} \cdot \boldsymbol{\omega}^{\tau},$$

also

$$\alpha = \beta + \lambda \quad \text{für} \quad \beta = \sum_{i<m} \boldsymbol{\omega}^{\sigma_i} \cdot a_i + \boldsymbol{\omega}^{\sigma_m} \cdot b \quad \text{und} \quad \lambda = \boldsymbol{\omega} \cdot \boldsymbol{\omega}^{\tau},$$

wobei λ nach Satz 6, § 29 eine Limeszahl ist; also ist α wegen $\alpha = \beta + \lambda$ eine Limeszahl.

Aus Satz 2a) folgt, daß für jede Ordinalzahl $\alpha \neq 0$ ihr Grad $\boldsymbol{g}(\alpha)$ die größte Ordinalzahl ξ mit $\boldsymbol{\omega}^{\xi} \leqq \alpha$ ist.

Wir wollen jetzt aus der Kenntnis der Cantorschen Normalformen der Ordinalzahlen α, β die Cantorschen Normalformen von $\alpha + \beta$, $\alpha \cdot \beta$, α^{β} bestimmen. Dazu brauchen wir einige Hilfssätze, die wir zunächst beweisen.

Satz 3. *Für Ordinalzahlen β, σ gilt:*

$$\beta < \omega^\sigma \to \beta + \omega^\sigma = \omega^\sigma.$$

Beweis. Es seien $\beta, \sigma \in O$ und $\beta < \omega^\sigma$. Für $\beta = 0$ gilt trivial $\beta + \omega^\sigma = \omega^\sigma$. Für $\beta \neq 0$ sei $[m, \tau, b]$ die CANTORsche Normalform von β. Dann ist

$$\omega^{\tau_0} \cdot b_0 \leqq \beta < \omega^{\tau_0} \cdot (b_0 + 1),$$

woraus $\tau_0 < \sigma$ folgt, da sonst $\beta < \omega^\sigma \leqq \omega^{\tau_0} \cdot b_0 \leqq \beta$ wäre. Es sei $\tau_0 + \xi = \sigma$ für ein $0 \neq \xi \in O$. Dann gilt:

$$\omega^\sigma \leqq \beta + \omega^\sigma \leqq \omega^{\tau_0} \cdot (b_0 + 1) + \omega^\sigma = \omega^{\tau_0} \cdot (b_0 + 1 + \omega^\xi) = \omega^{\tau_0} \cdot \omega^\xi = \omega^\sigma,$$

also

$$\beta + \omega^\sigma = \omega^\sigma.$$

Aus Satz 3 folgt für Ordinalzahlen $\alpha \neq 0$ und ihre CANTORsche Normalform $[m, \sigma, a]$:

$$\alpha = \omega^{\sigma_0} \cdot a_0 + \varrho \to \varrho + \omega^{\sigma_0} \cdot a_0 = \omega^{\sigma_0} \cdot a_0.$$

Denn es ist $\varrho = \sum_{0 < i \leqq m} \omega^{\sigma_i} \cdot a_i$, also nach Satz 2a):

$$\varrho < \omega^{\sigma_1 + 1} \leqq \omega^{\sigma_0} \quad \text{für} \quad \varrho \neq 0;$$

für $\varrho = 0$ ist trivial $\varrho < \omega^{\sigma_0}$; daraus folgt nach Satz 3 bei $1 + b = a_0$:

$$\varrho + \omega^{\sigma_0} \cdot a_0 = \varrho + \omega^{\sigma_0} + \omega^{\sigma_0} \cdot b = \omega^{\sigma_0} + \omega^{\sigma_0} \cdot b = \omega^{\sigma_0} \cdot a_0.$$

Definition 3. Mit $\mathbf{\delta}$ bezeichne man diejenige Funktion über O mit für jedes $\alpha \in O$:

$$\mathbf{\delta}(\alpha) = \begin{cases} 0, & \text{falls } \alpha \text{ von 2. Art} \\ 1, & \text{falls } \alpha \text{ von 1. Art.} \end{cases}$$

Satz 4. *Für Ordinalzahlen α, β, γ gilt:*

a) $\beta + \alpha = \alpha \to (\alpha + \beta) \cdot \gamma = \alpha \cdot \gamma + \beta \cdot \mathbf{\delta}(\gamma)$,

b) $\beta \cdot \alpha = \alpha \to (\alpha \cdot \beta)^\gamma = \alpha^\gamma \cdot \beta^{\mathbf{\delta}(\gamma)}$.

Beweis. Die Behauptungen werden induktiv über γ bewiesen.

a) Es seien $\alpha, \beta \in O$ mit $\beta + \alpha = \alpha$. Dann ist trivial $(\alpha + \beta) \cdot 0 = 0 = \alpha \cdot 0 + \beta \cdot \mathbf{\delta}(0)$. Ist $(\alpha + \beta) \cdot \gamma = \alpha \cdot \gamma + \beta \cdot \mathbf{\delta}(\gamma)$, so gilt wegen $\beta \cdot \mathbf{\delta}(\gamma) + \alpha = \alpha$:

$$\begin{aligned}(\alpha + \beta) \cdot \gamma' = (\alpha + \beta) \cdot \gamma + \alpha + \beta = \alpha \cdot \gamma + \beta \cdot \mathbf{\delta}(\gamma) + \alpha + \beta = \alpha \cdot \gamma + \alpha + \beta \\ = \alpha \cdot \gamma' + \beta = \alpha \cdot \gamma' + \beta \cdot \mathbf{\delta}(\gamma').\end{aligned}$$

Ist γ eine Limeszahl und ist $(\alpha+\beta)\cdot\xi = \alpha\cdot\xi + \beta\cdot\mathbf{\delta}(\xi)$ für jedes $\xi<\gamma$, so gilt wegen

$$\alpha\cdot\xi+\beta\cdot\mathbf{\delta}(\xi) \leqq \alpha\cdot\xi+\beta \leqq \alpha\cdot\xi+\alpha = \alpha\cdot(\xi+1) \text{ und } \alpha\cdot\xi \leqq \alpha\cdot\xi+\beta\cdot\mathbf{\delta}(\xi):$$

$$(\alpha+\beta)\cdot\gamma = \lim_{\xi<\gamma}((\alpha+\beta)\cdot\xi) = \lim_{\xi<\gamma}(\alpha\cdot\xi+\beta\cdot\mathbf{\delta}(\xi)) = \lim_{\xi<\gamma}(\alpha\cdot\xi)$$

$$= \alpha\cdot\gamma = \alpha\cdot\gamma+\beta\cdot\mathbf{\delta}(\gamma).$$

b) Es seien $\alpha,\beta\in\boldsymbol{O}$ mit $\beta\cdot\alpha=\alpha$. Es gilt $(\alpha\cdot\beta)^\gamma = \alpha^\gamma\cdot\beta^{\mathbf{\delta}(\gamma)}$ für die beiden Fälle $\alpha=0$ und $\beta=0$. Wir setzen also von nun an $\alpha\neq 0$ und $\beta\neq 0$ voraus. Dann ist trivial $(\alpha\cdot\beta)^0 = 1 = \alpha^0\cdot\beta^{\mathbf{\delta}(0)}$. Ist $(\alpha\cdot\beta)^\gamma = \alpha^\gamma\cdot\beta^{\mathbf{\delta}(\gamma)}$, so gilt wegen $\beta^{\mathbf{\delta}(\gamma)}\cdot\alpha = \alpha$:

$$(\alpha\cdot\beta)^{\gamma'} = (\alpha\cdot\beta)^\gamma\cdot\alpha\cdot\beta = \alpha^\gamma\cdot\beta^{\mathbf{\delta}(\gamma)}\cdot\alpha\cdot\beta = \alpha^\gamma\cdot\alpha\cdot\beta = \alpha^{\gamma'}\cdot\beta = \alpha^{\gamma'}\cdot\beta^{\mathbf{\delta}(\gamma')}.$$

Ist γ eine Limeszahl und ist $(\alpha\cdot\beta)^\xi = \alpha^\xi\cdot\beta^{\mathbf{\delta}(\xi)}$ für jedes $\xi<\gamma$, so gilt wegen

$$\alpha^\xi\cdot\beta^{\mathbf{\delta}(\xi)} \leqq \alpha^\xi\cdot\beta \leqq \alpha^\xi\cdot\alpha = \alpha^{\xi+1} \quad\text{und}\quad \alpha^\xi \leqq \alpha^\xi\cdot\beta^{\mathbf{\delta}(\xi)}:$$

$$(\alpha\cdot\beta^\gamma) = \lim_{\xi<\gamma}(\alpha\cdot\beta)^\xi = \lim_{\xi<\gamma}(\alpha^\xi\cdot\beta^{\mathbf{\delta}(\xi)}) = \lim_{\xi<\gamma}(\alpha^\xi) = \alpha^\gamma = \alpha^\gamma\cdot\beta^{\mathbf{\delta}(\gamma)}.$$

Satz 5 (Binomischer Satz für Ordinalzahlen). *Für Ordinalzahlen* α,β,γ, *Ordinalzahlen 2. Art* λ *und natürliche Zahlen* n *mit* $\beta+\alpha=\alpha$ *und* $\gamma=\lambda+n$, *für die ähnliche Abbildung* ν *von* $[[0,n],\ {}_{[0,n]}\!\leqq_{[0,n]}]$ *auf* $[[0,n],\ ({}_{[0,n]}\!\leqq_{[0,n]})^{-1}]$ *und die Ordinalzahl* $\Delta(n)$ *mit*

$$\Delta(n) = \begin{cases} 0 \textit{ für } n=0, \\ \beta \textit{ für } n=1, \\ \alpha^{\nu_1}\cdot\beta+\mathbf{\delta}(\beta)\cdot\sum\limits_{2\leqq i\leqq n}(\alpha^{\nu_i}\cdot\beta) \quad \text{für} \quad n\geqq 2 \end{cases}$$

gilt:

$$(\alpha+\beta)^\gamma = \alpha^\gamma+\alpha^\lambda\cdot\Delta(n), \qquad \Delta(n)+\alpha^n = \alpha^n.$$

Beweis. (Unter Verwendung von Definition 1, § 29 gilt $\nu_i = n-i$ für die Funktion ν und jedes $0\leqq i\leqq n$; also $\nu_0 = n,\ldots,\nu_n = 0$.) Unter den Voraussetzungen des Satzes zeigen wir zunächst $\Delta(n)+\alpha^n=\alpha^n$, dann $(\alpha+\beta)^\gamma = \alpha^\gamma+\alpha^\lambda\cdot\Delta(n)$.

$$\Delta(n)+\alpha^n = \alpha^n \tag{1}$$

wird bei fest vorgegebenen α, β mit $\beta+\alpha=\alpha$ durch vollständige Induktion über n bewiesen. Für $n=0$ und $n=1$ gilt die Behauptung trivial. Ist $\Delta(n)+\alpha^n=\alpha^n$ bei $n\geqq 1$, so gilt wegen

$$\Delta(n') = \alpha^n\cdot\beta+\mathbf{\delta}(\beta)\cdot\Delta(n):$$

$$\Delta(n')+\alpha^{n'} = \alpha^n\cdot\beta+\mathbf{\delta}(\beta)\cdot\Delta(n)+\alpha^{n'} = \alpha^n\cdot\beta+\alpha^{n'} = \alpha^n\cdot(\beta+\alpha)$$

$$= \alpha^n\cdot\alpha = \alpha^{n'}$$

(denn es ist $\alpha^n \leqq \alpha^{n'}$ wegen $n \geqq 1$, also $\alpha^n + \xi = \alpha^{n'}$ für ein $\xi \in \boldsymbol{O}$; dann ist $\Delta(n) + \alpha^{n'} = \Delta(n) + \alpha^n + \xi = \alpha^n + \xi = \alpha^{n'}$). Damit ist $\Delta(n) + \alpha^n = \alpha^n$ bewiesen.

$$(\alpha + \beta)^n = \alpha^n + \Delta(n) \tag{2}$$

wird für alle natürlichen Zahlen n durch vollständige Induktion über n bewiesen. Für $n = 0$ gilt die Behauptung trivial. Ist $(\alpha + \beta)^n = \alpha^n + \Delta(n)$ bei $n \geqq 0$, so gilt nach (1), Satz 4a) und wegen $\Delta(n') = \alpha^n \cdot \beta + \boldsymbol{\delta}(\beta) \cdot \Delta(n)$:

$$\begin{aligned}(\alpha + \beta)^{n'} &= (\alpha + \beta)^n \cdot (\alpha + \beta) = (\alpha^n + \Delta(n)) \cdot (\alpha + \beta) = (\alpha^n + \Delta(n)) \cdot \alpha \\ &+ (\alpha^n + \Delta(n)) \cdot \beta = \alpha^{n'} + \Delta(n) \cdot \boldsymbol{\delta}(\alpha) + \alpha^n \cdot \beta + \Delta(n) \cdot \boldsymbol{\delta}(\beta) \\ &= \alpha^{n'} + \alpha^n \cdot \beta + \Delta(n) \cdot \boldsymbol{\delta}(\beta) = \alpha^{n'} + \Delta(n')\end{aligned}$$

(denn für $\beta = 0$ ist auch $\Delta(n) = 0$, also $\Delta(n) \cdot \boldsymbol{\delta}(\alpha) + \alpha^n \cdot \beta = \alpha^n \cdot \beta$; für $\beta \neq 0$ ist $\alpha^n \leqq \alpha^n \cdot \beta$, also $\alpha^n + \xi = \alpha^n \cdot \beta$ für ein $\xi \in \boldsymbol{O}$; dann ist $\Delta(n) + \alpha^n \cdot \beta = \Delta(n) + \alpha^n + \xi = \alpha^n + \xi = \alpha^n \cdot \beta$). Damit ist $(\alpha + \beta)^n = \alpha^n + \Delta(n)$ bewiesen.

$$(\alpha + \beta)^\omega = \alpha^\omega \tag{3}$$

gilt wegen $\beta + \alpha = \alpha$ trivial für $\alpha = 0$ und $\alpha = 1$. Aus (1) folgt $\Delta(n) \leqq \alpha^n$, also $\alpha^n + \Delta(n) \leqq \alpha^n \cdot 2 \leqq \alpha^{n+1}$ für $\alpha \geqq 2$; außerdem ist $\alpha^n \leqq \alpha^n + \Delta(n)$; damit gilt für $\alpha \geqq 2$ nach (2):

$$(\alpha + \beta)^\omega = \lim_{n<\omega} (\alpha + \beta)^n = \lim_{n<\omega} (\alpha^n + \Delta(n)) = \lim_{n<\omega} (\alpha^n) = \alpha^\omega,$$

womit $(\alpha + \beta)^\omega = \alpha^\omega$ bewiesen ist.

Für $\gamma = \lambda + n$ und $\lambda = \boldsymbol{\omega} \cdot \xi$ ist schließlich nach (2) und (3):

$$\begin{aligned}(\alpha + \beta)^\gamma &= (\alpha + \beta)^\lambda \cdot (\alpha + \beta)^n = (\alpha + \beta)^{\omega \cdot \xi} \cdot (\alpha^n + \Delta(n)) \\ &= ((\alpha + \beta)^\omega)^\xi \cdot (\alpha^n + \Delta(n)) = (\alpha^\omega)^\xi \cdot (\alpha^n + \Delta(n)) = \alpha^\gamma + \alpha^\lambda \cdot \Delta(n).\end{aligned}$$

Damit ist der binomische Satz vollständig bewiesen.

Aus Satz 5 folgt bei $\beta + \alpha = \alpha$ speziell für $\gamma = n \in \boldsymbol{N}$:

$$(\alpha + \beta)^n = \alpha^n + \Delta(n)$$

und speziell für $\gamma = \lambda$, wo λ von 2. Art ist:

$$(\alpha + \beta)^\lambda = \alpha^\lambda.$$

Nach diesen vorbereitenden Sätzen können wir die Cantorschen Normalformen von $\alpha + \beta$, $\alpha \cdot \beta$, α^β aus den Normalformen von α, β bestimmen bzw. bei α^β wenigstens die Bestimmung der Normalform auf die Bestimmung von Normalformen für gewisse Summen und Produkte zurückführen.

Satz 6. *Für Ordinalzahlen* $\alpha \neq 0$, $\beta \neq 0$ *mit den* CANTOR*schen Normalformen* $[m, \sigma, a]$, $[n, \tau, b]$ *gilt:*

a) $\boldsymbol{g}(\alpha) < \boldsymbol{g}(\beta) \rightarrow \alpha + \beta = \beta$;

b) $\boldsymbol{g}(\alpha) \geqq \boldsymbol{g}(\beta) \rightarrow \alpha + \beta = \sum_{i \leqq i_0} \omega^{\sigma_i} \cdot a_i + \beta$, *wo* i_0 *die größte natürliche Zahl* $i \leqq m$ *ist mit* $\sigma_i \geqq \tau_0$.

Beweis. (a) Ist unter den Voraussetzungen des Satzes $\boldsymbol{g}(\alpha) < \boldsymbol{g}(\beta)$, so ist nach Satz 2a) $\alpha < \omega^{\sigma_0+1} \leqq \omega^{\tau_0}$. Ist also $1 + c = b_0$ und $\beta = \omega^{\tau_0} \cdot b_0 + \varrho$ (d. h. $\varrho = \sum_{0<i \leqq n} \omega^{\tau_i} \cdot b_i$), so gilt nach Satz 3:

$$\alpha + \beta = \alpha + \omega^{\tau_0} + \omega^{\tau_0} \cdot c + \varrho = \omega^{\tau_0} + \omega^{\tau_0} \cdot c + \varrho = \omega^{\tau_0} \cdot b_0 + \varrho = \beta.$$

b) Ist $\boldsymbol{g}(\alpha) \geqq \boldsymbol{g}(\beta)$, so gibt es eine größte natürliche Zahl $i_0 \leqq m$ mit $\sigma_{i_0} \geqq \tau_0$. Ist dann $\alpha = \sum_{i \leqq i_0} \omega^{\sigma_i} \cdot a_i + \varrho_1$, so ist $\varrho_1 < \omega^{\sigma_{i_0+1}+1} \leqq \omega^{\tau_0}$ im Falle $\varrho_1 \neq 0$; ist also $1 + c = b_0$ und $\beta = \omega^{\tau_0} \cdot b_0 + \varrho_2$, so gilt:

$$\begin{aligned}\alpha + \beta &= \sum_{i \leqq i_0} \omega^{\sigma_i} \cdot a_i + \varrho_1 + \omega^{\tau_0} + \omega^{\tau_0} \cdot c + \varrho_2 \\ &= \sum_{i \leqq i_0} \omega^{\sigma_i} \cdot a_i + \omega^{\tau_0} + \omega^{\tau_0} \cdot c + \varrho_2 = \sum_{i \leqq i_0} \omega^{\sigma_i} \cdot a_i + \beta.\end{aligned}$$

Im Falle $\varrho_1 = 0$ ist trivial $\alpha + \beta = \sum_{i \leqq i_0} \omega^{\sigma_i} \cdot a_i + \beta$.

Satz 7. *Für Ordinalzahlen* $\alpha \neq 0$, $\beta \neq 0$ *mit den* CANTOR*schen Normalformen* $[m, \sigma, a]$, $[n, \tau, b]$ *gilt:*

a) β *Limeszahl* $\rightarrow \alpha \cdot \beta = \omega^{\sigma_0} \cdot \beta$;

b) β *von* 1. *Art* $\rightarrow \alpha \cdot \beta = \sum_{i<n} \omega^{\sigma_0+\tau_i} \cdot b_i + \omega^{\sigma_0} \cdot a_0 b_n + \sum_{0<i \leqq m} \omega^{\sigma_i} \cdot a_i$.

Beweis. a) Ist unter den Voraussetzungen des Satzes $\alpha = \omega^{\sigma_0} \cdot a_0 + \varrho$, so ist $\varrho + \omega^{\sigma_0} \cdot a_0 = \omega^{\sigma_0} \cdot a_0$. Dann gilt für $0 \neq \xi \in \boldsymbol{O}$ nach Satz 4a):

$$\alpha \cdot \omega^{\xi} = (\omega^{\sigma_0} \cdot a_0 + \varrho) \cdot \omega^{\xi} = \omega^{\sigma_0} \cdot a_0 \cdot \omega^{\xi} + \varrho \cdot 0 = \omega^{\sigma_0+\xi}.$$

Ist jetzt β eine Limeszahl, so ist nach Satz 2c) $\tau_i \neq 0$ für jedes $i \leqq n$, also:

$$\alpha \cdot \beta = \sum_{i \leqq n} \alpha \cdot \omega^{\tau_i} \cdot b_i = \sum_{i \leqq n} \omega^{\sigma_0+\tau_i} \cdot b_i = \omega^{\sigma_0} \cdot \beta.$$

b) Es sei $\alpha = \omega^{\sigma_0} \cdot a_0 + \varrho_1$, wobei dann $\varrho_1 + \omega^{\sigma_0} \cdot a_0 = \omega^{\sigma_0} \cdot a_0$ gilt. Ist β von 1. Art, so ist nach Satz 2c) $\beta = \varrho_2 + b_n$ bei $\varrho_2 = \sum_{i<n} \omega^{\tau_i} \cdot b_i$; dabei ist ϱ_2 von 2. Art und $0 \neq b_n \in \boldsymbol{N}$. Nach Satz 4a) ergibt sich:

$$\alpha \cdot b_n = (\omega^{\sigma_0} \cdot a_0 + \varrho_1) \cdot b_n = \omega^{\sigma_0} \cdot a_0 b_n + \varrho_1,$$

also weiter nach a):

$$\alpha \cdot \beta = \alpha \cdot (\varrho_2 + b_n) = \alpha \cdot \varrho_2 + \alpha \cdot b_n = \sum_{i<n} \omega^{\sigma_0 + \tau_i} \cdot b_i + \omega^{\sigma_0} \cdot a_0 b_n + \sum_{0<i\leqq m} \omega^{\sigma_i} \cdot a_i .$$

Satz 8. *Für Ordinalzahlen* $\alpha \neq 0$, $\beta \neq 0$ *mit den* CANTORschen *Normalformen* $[m, \sigma, a]$, $[n, \tau, b]$ *gilt:*

a) β *Limeszahl*, $\alpha \geqq \omega \rightarrow \alpha^\beta = \omega^{\sigma_0 \cdot \beta}$;

b) β *von* 1. *Art*, $\alpha \geqq \omega$ *von* 1. *Art*, $\beta = \lambda + p$, *wo* λ *von* 2. *Art und* $p \in N$ *ist*, $\alpha = \omega^{\sigma_0} \cdot a_0 + \varrho$, ν *ähnliche Abbildung von* $[[0, p], {}_{[0,p]}{\leqq}_{[0,p]}]$ auf $[[0, p], ({}_{[0,p]}{\leqq}_{[0,p]})^{-1}] . \rightarrow .$

$$p = 1 \rightarrow \alpha^\beta = \omega^{\sigma_0 \cdot \beta} \cdot a_0 + \omega^{\sigma_0 \cdot \lambda} \cdot \varrho ,$$

$$p \geqq 2 \rightarrow \alpha^\beta = \omega^{\sigma_0 \cdot \beta} \cdot a_0 + \sum_{1 \leqq i < p} (\omega^{\sigma_0 (\lambda + \nu_i)} \cdot a_0 \cdot \varrho) + \omega^{\sigma_0 \cdot \lambda} \cdot \varrho ;$$

c) β *von* 1. *Art*, α *Limeszahl*, $\gamma' = \beta$, $\alpha = \omega^{\sigma_0} \cdot a_0 + \varrho \rightarrow$

$$\alpha^\beta = \omega^{\sigma_0 \cdot \beta} \cdot a_0 + \omega^{\sigma_0 \cdot \gamma} \cdot \varrho ;$$

d) β *Limeszahl*, $\alpha < \omega$, $\beta = \omega \cdot \xi \rightarrow$

$$\alpha^\beta = \omega^\xi ;$$

e) β *von* 1. *Art*, $\alpha < \omega$, $\beta = \omega \cdot \xi + b_n \rightarrow$

$$\alpha^\beta = \omega^\xi \cdot \alpha^{b_n} .$$

Beweis. Für Ordinalzahlen $\sigma \neq 0$, ξ und $0 \neq a \in N$ gilt zunächst nach Satz 4b):

$$\xi \text{ von 2. Art} \rightarrow (\omega^\sigma \cdot a)^\xi = \omega^{\sigma \cdot \xi} ,$$

$$\xi \text{ von 1. Art} \rightarrow (\omega^\sigma \cdot a)^\xi = \omega^{\sigma \cdot \xi} \cdot a .$$

Hieraus und aus Satz 5 folgen dann unter den Voraussetzungen unseres Satzes unmittelbar die Behauptungen a), b), c), indem man verwendet: $\alpha^\beta = (\omega^{\sigma_0} \cdot a_0 + \varrho)^\beta$ und bei c) berücksichtigt: $a_0 \cdot \varrho = \varrho$.

d) Es ist $\alpha^\beta = \alpha^{\omega \cdot \xi} = (\alpha^\omega)^\xi = \omega^\xi$ wegen $1 \leqq \alpha < \omega$.

e) Es ist $\alpha^\beta = (\alpha^\omega)^\xi \cdot \alpha^{b_n} = \omega^\xi \cdot \alpha^{b_n}$ wegen $1 \leqq \alpha < \omega$.

Satz 9. *Für Ordinalzahlen* $\alpha \neq 0$, $\beta \neq 0$ *gilt:*

$$\boldsymbol{g}(\alpha) < \boldsymbol{g}(\beta) \rightarrow \alpha < \beta ,$$

$$\boldsymbol{g}(\alpha + \beta) = \max \{\boldsymbol{g}(\alpha), \boldsymbol{g}(\beta)\} = \boldsymbol{g}(\max \{\alpha, \beta\}) ,$$

$$\boldsymbol{g}(\alpha \cdot \beta) = \boldsymbol{g}(\alpha) + \boldsymbol{g}(\beta) ,$$

$$\alpha \geqq \omega \rightarrow \boldsymbol{g}(\alpha^\beta) = \boldsymbol{g}(\alpha) \cdot \beta .$$

Beweis. Die Behauptungen folgen unmittelbar aus den Sätzen 2 a), 6, 7, 8.

Als Anwendung der CANTORschen Normalform beweisen wir den

Satz 10. *Für Ordinalzahlen* α, β, γ *gilt:*

$$(\alpha + \beta) \cdot \gamma \leqq \alpha \cdot \gamma + \beta \cdot \gamma.$$

Beweis. Es seien α, β, γ Ordinalzahlen. Für die drei Fälle $\alpha = 0$, $\beta = 0$, $\gamma = 0$ gilt trivial $(\alpha + \beta) \cdot \gamma \leqq \alpha \cdot \gamma + \beta \cdot \gamma$. Wir setzen also von jetzt ab $\alpha \neq 0$, $\beta \neq 0$, $\gamma \neq 0$ voraus; $[m, \sigma, a]$ und $[n, \tau, b]$ seien die CANTORschen Normalformen von α und β. Ist $\boldsymbol{g}(\alpha) < \boldsymbol{g}(\beta)$, so ist nach Satz 6a) $\alpha + \beta = \beta$, also:

$$(\alpha + \beta) \cdot \gamma = \beta \cdot \gamma \leqq \alpha \cdot \gamma + \beta \cdot \gamma.$$

Ist $\boldsymbol{g}(\beta) < \boldsymbol{g}(\alpha)$, so ist $\beta + \alpha = \alpha$, also nach Satz 4a):

$$(\alpha + \beta) \cdot \gamma = \alpha \cdot \gamma + \beta \cdot \boldsymbol{\delta}(\gamma) \leqq \alpha \cdot \gamma + \beta \cdot \gamma.$$

Es sei schließlich $\boldsymbol{g}(\alpha) = \boldsymbol{g}(\beta)$. Ist γ eine Limeszahl, so ist nach den Sätzen 7 a), 9:

$$(\alpha + \beta) \cdot \gamma = \boldsymbol{\omega}^{\sigma_0} \cdot \gamma = \alpha \cdot \gamma \leqq \alpha \cdot \gamma + \beta \cdot \gamma.$$

Ist γ von 1. Art mit etwa $\gamma = \lambda + p$, wo λ von 2. Art und $0 \neq p \in \boldsymbol{N}$ ist, so gilt nach den Sätzen 6 b), 7:

$$\begin{aligned}(\alpha + \beta) \cdot \gamma &= (\alpha + \beta) \cdot \lambda + (\alpha + \beta) \cdot p = \boldsymbol{\omega}^{\sigma_0} \cdot \lambda + (\boldsymbol{\omega}^{\sigma_0} \cdot a_0 + \beta) \cdot p \\ &= \boldsymbol{\omega}^{\sigma_0} \cdot \lambda + \boldsymbol{\omega}^{\sigma_0} \cdot (a_0 + b_0) \cdot p + \sum_{0 < i \leqq n} \boldsymbol{\omega}^{\tau_i} \cdot b_i \\ &= \boldsymbol{\omega}^{\sigma_0} \cdot \lambda + \boldsymbol{\omega}^{\sigma_0} \cdot a_0\, p + \boldsymbol{\omega}^{\sigma_0} \cdot b_0\, p + \sum_{0 < i \leqq n} \boldsymbol{\omega}^{\tau_i} \cdot b_i \\ &= \boldsymbol{\omega}^{\sigma_0} \cdot \lambda + \boldsymbol{\omega}^{\sigma_0} \cdot a_0\, p + \beta \cdot p \\ &\leqq (\boldsymbol{\omega}^{\sigma_0} \cdot \lambda + \alpha \cdot p) + (\boldsymbol{\omega}^{\tau_0} \cdot \lambda + \beta \cdot p) = (\alpha \cdot \lambda + \alpha \cdot p) + (\beta \cdot \lambda + \beta \cdot p) \\ &= \alpha \cdot (\lambda + p) + \beta \cdot (\lambda + p) = \alpha \cdot \gamma + \beta \cdot \gamma.\end{aligned}$$

3. Mit Hilfe der CANTORschen Normalform hat HESSENBERG sogenannte natürliche Operationen für Ordinalzahlen eingeführt, eine natürliche Addition und eine natürliche Multiplikation. Diese Operationen sind u. a. kommutativ und absorptionsfrei und besitzen damit weitgehende Ähnlichkeit mit der Addition und Multiplikation natürlicher Zahlen, der Grund, weshalb man nach ihnen gesucht hat und sie „natürliche Operationen" nennt. Wir werden später (Satz 1, § 38) die natürliche Addition verwenden.

Satz 11. a) *Für Ordinalzahlen* $\alpha \neq 0$, $\beta \neq 0$ *gibt es genau ein Quadrupel* $[m, \sigma, a, b]$ *von Elementen mit:*

$m \in \boldsymbol{N}$,

σ *Funktion von* $[0, m]$ in $\boldsymbol{O}$ *mit* $\sigma_i > \sigma_j$ *für jedes* $i < j \leqq m$,

a, b *Funktionen von* $[0, m]$ *in* $\boldsymbol{O}$ *mit* $a_i, b_i \in \boldsymbol{N}$ *und* $a_i + b_i \neq 0$ *für jedes* $i \leqq m$,

$$\alpha = \sum_{i \leqq m} \boldsymbol{\omega}^{\sigma_i} \cdot a_i, \qquad \beta = \sum_{i \leqq m} \boldsymbol{\omega}^{\sigma_i} \cdot b_i.$$

b) *Sind* $\alpha \neq 0$, $\beta \neq 0$ *Ordinalzahlen, ist* E *die Menge aller Ordinalzahlen* ξ, *welche als Exponenten in der* CANTORschen *Normalform von* α *oder in der* CANTORschen *Normalform von* β *auftreten, ist* m *diejenige natürliche Zahl mit* $[0, m] \backsim E$, σ *die ähnliche Abbildung von* $[[0, m], {}_{[0,m]}\leqq_{[0,m]}]$ *auf* $[E, ({}_E\leqq_E)^{-1}]$ *und sind* a, b *die Funktionen über* $[0, m]$ *mit für jedes* $i \leqq m$:

$$a_i = \begin{cases} 0, & \text{falls } \sigma_i \text{ nicht als Exponent in der CANTORschen Normalform von } \alpha \text{ auftritt} \\ k, & \text{falls } \omega^{\sigma_i} \cdot k \text{ als Summand in der CANTORschen Normalform von } \alpha \text{ auftritt,} \end{cases}$$

$$b_i = \begin{cases} 0, & \text{falls } \sigma_i \text{ nicht als Exponent in der CANTORschen Normalform von } \beta \text{ auftritt} \\ k, & \text{falls } \omega^{\sigma_i} \cdot k \text{ als Summand in der CANTORschen Normalform von } \beta \text{ auftritt,} \end{cases}$$

so ist $[m, \sigma, a, b]$ *das nach* a) *eindeutig bestimmte Quadrupel.*

Beweis. Sind $\alpha \neq 0$, $\beta \neq 0$ Ordinalzahlen und $[p, \mu, c]$, $[q, \nu, d]$ ihre CANTORschen Normalformen, so zeigt man, daß es ein gewünschtes Quadrupel $[m, \sigma, a, b]$ für α, β gibt, indem man, anschaulich gesprochen, einfach die Summen $\sum_{i \leqq p} \omega^{\mu_i} \cdot c_i$ und $\sum_{i \leqq q} \omega^{\nu_i} \cdot d_i$ durch entsprechende Komponenten mit dem Koeffizienten 0 ergänzt. Hierzu sei E die Menge aller Ordinalzahlen ξ, für die es ein $i \leqq p$ mit $\xi = \mu_i$ oder ein $i \leqq q$ mit $\xi = \nu_i$ gibt, m diejenige natürliche Zahl mit $[0, m] \backsim E$, σ die ähnliche Abbildung von $[[0, m], {}_{[0,m]}\leqq_{[0,m]}]$ auf $[E, ({}_E\leqq_E)^{-1}]$ und seien a, b die Funktionen über $[0, m]$ mit für jedes $i \leqq m$:

$$a_i = \begin{cases} 0, & \text{falls } \sigma_i \text{ nicht als Exponent in der CANTORschen Normalform von } \alpha \text{ auftritt} \\ k, & \text{falls } \omega^{\sigma_i} \cdot k \text{ als Summand in der CANTORschen Normalform von } \alpha \text{ auftritt,} \end{cases}$$

$$b_i = \begin{cases} 0, & \text{falls } \sigma_i \text{ nicht als Exponent in der CANTORschen Normalform von } \beta \text{ auftritt} \\ k, & \text{falls } \omega^{\sigma_i} \cdot k \text{ als Summand in der CANTORschen Normalform von } \beta \text{ auftritt.} \end{cases}$$

Es ist dann sofort nach Konstruktion der m, σ, a, b:

$$\alpha = \sum_{i \leqq m} \omega^{\sigma_i} \cdot a_i, \qquad \beta = \sum_{i \leqq m} \omega^{\sigma_i} \cdot b_i;$$

denn läßt man in diesen Summen die Glieder mit dem Koeffizienten 0 weg, so bleibt gerade die CANTORsche Normalform von α bzw. β übrig. Damit ist die Existenz eines gewünschten Quadrupels $[m, \sigma, a, b]$ bewiesen, und $[m, \sigma, a, b]$ erhält man, wie es in b) behauptet wird.

Nun zur Eindeutigkeit des Quadrupels $[m, \sigma, a, b]$. Man zeigt zunächst (ähnlich dem Beweis zu Hilfssatz 2 innerhalb des Beweises zu Satz 1) durch ordnungstheoretische Induktion über m, daß für natürliche Zahlen m, Funktionen σ von $[0, m]$ in $\boldsymbol{O}$ mit $\sigma_i > \sigma_j$ für $i < j \leqq m$, Funktionen a von $[0, m]$ in $\boldsymbol{O}$ mit $a_i \in \boldsymbol{N}$ für $i \leqq m$ und $a_i \neq 0$ für mindestens ein $i \leqq m$ und für die kleinste natürliche Zahl $k \leqq m$ mit $a_k \neq 0$ gilt:

$$\sigma_k \leqq \omega^{\sigma_k} \leqq \omega^{\sigma_k} \cdot a_k \leqq \sum_{i \leqq m} \omega^{\sigma_i} \cdot a_i < \omega^{\sigma_k} \cdot (a_k + 1) < \omega^{\sigma_k + 1} \leqq \omega^{\sigma_0 + 1}.$$

Mit diesem Hilfssatz zeigt man schließlich nach dem Muster des Eindeutigkeitsbeweises zu Satz 1 durch ordnungstheoretische Induktion über k: Sind $[m, \sigma, a, b]$ und $[n, \tau, c, d]$ zwei gewünschte Quadrupel für α, β mit also

$$\alpha = \sum_{i \leqq m} \omega^{\sigma_i} \cdot a_i = \sum_{i \leqq n} \omega^{\tau_i} \cdot c_i,$$

$$\beta = \sum_{i \leqq m} \omega^{\sigma_i} \cdot b_i = \sum_{i \leqq n} \omega^{\tau_i} \cdot d_i,$$

so gilt im Falle $m \leqq n$ (der Fall $n \leqq m$ erledigt sich dual):

$$\forall k \, (k \leqq m \rightarrow \sigma_k = \tau_k \wedge a_k = c_k \wedge b_k = d_k).$$

Daraus folgt dann auch $m = n$, so daß insgesamt die eindeutige Darstellbarkeit von α, β durch ein gewünschtes Quadrupel $[m, \sigma, a, b]$ bewiesen ist.

Definition 4. Sind α, β Ordinalzahlen mit $\alpha \neq 0$, $\beta \neq 0$, so heißt das Elementequadrupel $[m, \sigma, a, b]$, für welches gilt:

$m \in \boldsymbol{N}$,

σ *Funktion von* $[0, m]$ *in* $\boldsymbol{O}$ *mit* $\sigma_i > \sigma_j$ für jedes $i < j \leqq m$,

a, b *Funktionen von* $[0, m]$ *in* $\boldsymbol{O}$ *mit* $a_i, b_i \in \boldsymbol{N}$ und $a_i + b_i \neq 0$ für jedes $i \leqq m$,

$$\alpha = \sum_{i \leqq m} \omega^{\sigma_i} \cdot a_i, \qquad \beta = \sum_{i \leqq m} \omega^{\sigma_i} \cdot b_i$$

die *gemeinsame Normalform von* α, β.

Satz 12. *Für Ordinalzahlen* $\alpha \neq 0$, $\beta \neq 0$ *und ihre gemeinsame Normalform* $[m, \sigma, a, b]$ *gilt:*

$$\alpha < \beta \leftrightarrow \exists k \, (k \leqq m \wedge a_k < b_k \wedge \forall i \, (i < k \rightarrow a_i = b_i)).$$

Beweis. Es seien $\alpha \neq 0$, $\beta \neq 0$ Ordinalzahlen und $[m, \sigma, a, b]$ ihre gemeinsame Normalform.

($\leftarrow$) Gibt es ein $k \leqq m$ mit $a_k < b_k$ und $a_i = b_i$ für $i < k$, so ist

$$\alpha = \sum_{i<k} \omega^{\sigma_i} \cdot a_i + \omega^{\sigma_k} \cdot a_k + \sum_{k<i \leqq m} \omega^{\sigma_i} \cdot a_i < \sum_{i<k} \omega^{\sigma_i} \cdot a_i + \omega^{\sigma_k} \cdot (a_k + 1)$$
$$\leqq \sum_{i<k} \omega^{\sigma_i} \cdot b_i + \omega^{\sigma_k} \cdot b_k + \sum_{k<i \leqq m} \omega^{\sigma_i} \cdot b_i = \beta.$$

(→) Ist

$$\alpha = \sum_{i \leq m} \omega^{\sigma_i} \cdot a_i < \sum_{i \leq m} \omega^{\sigma_i} \cdot b_i = \beta,$$

so gibt es einen ersten Index $k \leq m$ mit $a_k \neq b_k$. Nach dem eben Bewiesenen muß dann $a_k < b_k$ sein.

Der Index k in Satz 12 ist natürlich eindeutig bestimmt.

Definition 5. Sind α, β Ordinalzahlen, so ist die *natürliche Summe von* α, β diejenige Ordinalzahl γ mit:

$$\gamma = \begin{cases} \alpha, \text{ falls } \beta = 0 \\ \beta, \text{ falls } \alpha = 0 \\ \sum_{i \leq m} \omega^{\sigma_i} \cdot (a_i + b_i), \text{ falls } \alpha, \beta \neq 0 \text{ und } [m, \sigma, a, b] \text{ die gemeinsame} \\ \text{Normalform von } \alpha, \beta \text{ ist.} \end{cases}$$

Diejenige Operation O in $\boldsymbol{O}$, die jedem Paar $[\alpha, \beta] \in \boldsymbol{O}^{(2)}$ die natürliche Summe von α, β zuordnet, ist die *natürliche Addition in* $\boldsymbol{O}$, bezeichnet mit: $\oplus$ (gelesen: *plus natürlich*).

Setzt man in Definition 5 $s_i = a_i + b_i$ für $i \leq m$, so ist $[m, \sigma, s]$ wegen $a_i + b_i \neq 0$ die Cantorsche Normalform von γ.

Für natürliche Zahlen a, b fällt offenbar $a \oplus b$ mit $a + b$ zusammen, da $a = \omega^0 \cdot a$, $b = \omega^0 \cdot b$, also $a \oplus b = \omega^0 \cdot (a + b) = a + b$ ist. Im allgemeinen ist aber $\alpha \oplus \beta$ von $\alpha + \beta$ und $\beta + \alpha$ verschieden, wie das Beispiel $\alpha = \omega$, $\beta = \omega^2 + 1$ zeigt:

$$\alpha \oplus \beta = \omega^2 + \omega + 1, \quad \alpha + \beta = \omega^2 + 1, \quad \beta + \alpha = \omega^2 + \omega.$$

Satz 13. *Für Ordinalzahlen* α, β, γ *gilt:*

(1) $\alpha \oplus \beta = \beta \oplus \alpha$ (*Kommutativität*),

(2) $(\alpha \oplus \beta) \oplus \gamma = \alpha \oplus (\beta \oplus \gamma)$ (*Assoziativität*),

(3) $\beta < \gamma \rightarrow \alpha \oplus \beta < \alpha \oplus \gamma$ (*Monotonie*).

Beweis. (1) Für $\alpha = 0$ oder $\beta = 0$ gilt trivial $\alpha \oplus \beta = \beta \oplus a$. Ist $\alpha, \beta \neq 0$ mit der gemeinsamen Normalform $[m, \sigma, a, b]$, so ist

$$\alpha \oplus \beta = \sum_{i \leq m} \omega^{\sigma_i} \cdot (a_i + b_i) = \sum_{i \leq m} \omega^{\sigma_i} \cdot (b_i + a_i) = \beta \oplus \alpha.$$

(2) Für $\alpha = 0$ oder $\beta = 0$ oder $\gamma = 0$ gilt trivial $(\alpha \oplus \beta) \oplus \gamma = a \oplus (\beta \oplus \gamma)$. Ist $\alpha, \beta, \gamma \neq 0$, ist E die Menge aller in den einzelnen Cantorschen Normalformen von α, β, γ auftretenden Exponenten, $m \in \boldsymbol{N}$, σ die eineindeutige Ab-

bildung von $[0, m]$ auf E mit $\sigma_i > \sigma_j$ für jedes $i < j \leqq m$ und sind a, b, c die Funktionen über $[0, m]$ mit für jedes $i \leqq m$:

$$a_i = \begin{cases} 0, & \text{falls } \sigma_i \text{ nicht als Exponent in der Cantorschen Normalform von } \alpha \text{ auftritt} \\ d, & \text{falls } \omega^{\sigma_i} \cdot d \text{ als Summand in der Cantorschen Normalform von } \alpha \text{ auftritt,} \end{cases}$$

$$b_i = \begin{cases} 0, & \text{falls } \sigma_i \text{ nicht als Exponent in der Cantorschen Normalform von } \beta \text{ auftritt} \\ d, & \text{falls } \omega^{\sigma_i} \cdot d \text{ als Summand in der Cantorschen Normalform von } \beta \text{ auftritt,} \end{cases}$$

$$c_i = \begin{cases} 0, & \text{falls } \sigma_i \text{ nicht als Exponent in der Cantorschen Normalform von } \gamma \text{ auftritt} \\ d, & \text{falls } \omega^{\sigma_i} \cdot d \text{ als Summand in der Cantorschen Normalform von } \gamma \text{ auftritt,} \end{cases}$$

so ist in Cantorscher Normalform

$$(\alpha \oplus \beta) \oplus \gamma = \sum_{i \leqq m} \omega^{\sigma_i} \cdot ((a_i + b_i) + c_i), \quad \alpha \oplus (\beta \oplus \gamma) = \sum_{i \leqq m} \omega^{\sigma_i} \cdot (a_i + (b_i + c_i)),$$

so daß also wegen

$$(a_i + b_i) + c_i = a_i + (b_i + c_i)$$

die Behauptung

$$(\alpha \oplus \beta) \oplus \gamma = \alpha \oplus (\beta \oplus \gamma)$$

gilt.

(3) Für $\beta = 0$ ist zu zeigen $0 < \gamma \to \alpha < \alpha \oplus \gamma$. Dies gilt trivial für $\alpha = 0$. Ist $\alpha \neq 0$ und $[m, \sigma, a, c]$ die gemeinsame Normalform von α, γ, so ist $[m, \sigma, a, s]$ für $s_i = a_i + c_i$ die gemeinsame Normalform von $\alpha, \alpha \oplus \gamma$, also

$$\alpha = \sum_{i \leqq m} \omega^{\sigma_i} \cdot a_i, \qquad \alpha \oplus \gamma = \sum_{i \leqq m} \omega^{\sigma_i} \cdot (a_i + c_i).$$

Wegen $\gamma \neq 0$ ist $c_i \neq 0$ für mindestens ein $i \leqq m$; dann gibt es ein kleinstes $k \leqq m$ mit $a_k \neq a_k + c_k$, also mit $a_k < a_k + c_k$ und $a_i = a_i + c_i$ für alle $i < k$, womit nach Satz 12 $\alpha < \alpha \oplus \gamma$ gilt. Es ist noch zu zeigen $\alpha \oplus \beta < \alpha \oplus \gamma$ für $0 \neq \beta < \gamma$. Diese Behauptung gilt trivial für $\alpha = 0$; wir dürfen also insgesamt $\alpha, \beta, \gamma \neq 0$ voraussetzen und $\beta < \gamma$. Es sei E die Menge aller in den einzelnen Cantorschen Normalformen von α, β, γ auftretenden Exponenten, $m \in \boldsymbol{N}$, σ die eineindeutige Abbildung von $[0, m]$ auf E mit $\sigma_i > \sigma_j$ für jedes $i < j \leqq m$, und a, b, c seien die Funktionen über $[0, m]$ mit für jedes $i \leqq m$:

$$a_i = \begin{cases} 0, & \text{falls } \sigma_i \text{ nicht als Exponent in der Cantorschen Normalform von } \alpha \text{ auftritt} \\ d, & \text{falls } \omega^{\sigma_i} \cdot d \text{ als Summand in der Cantorschen Normalform von } \alpha \text{ auftritt,} \end{cases}$$

$$b_i = \begin{cases} 0, & \text{falls } \sigma_i \text{ nicht als Exponent in der Cantorschen Normalform von } \beta \text{ auftritt} \\ d, & \text{falls } \omega^{\sigma_i} \cdot d \text{ als Summand in der Cantorschen Normalform von } \beta \text{ auftritt,} \end{cases}$$

$$c_i = \begin{cases} 0, & \text{falls } \sigma_i \text{ nicht als Exponent in der Cantorschen Normalform von } \gamma \text{ auftritt} \\ d, & \text{falls } \omega^{\sigma_i} \cdot d \text{ als Summand in der Cantorschen Normalform von } \gamma \text{ auftritt.} \end{cases}$$

Dann ist

$$\alpha \oplus \beta = \sum_{i \leqq m} \omega^{\sigma_i} \cdot (a_i + b_i), \qquad \alpha \oplus \gamma = \sum_{i \leqq m} \omega^{\sigma_i} \cdot (a_i + c_i),$$

wobei

$$[m, \sigma, s, t] \quad \text{für} \quad s_i = a_i + b_i \quad \text{und} \quad t_i = a_i + c_i$$

die gemeinsame Normalform von $\alpha \oplus \beta$, $\alpha \oplus \gamma$ ist. Wegen $\beta < \gamma$ gibt es schließlich über Satz 12 ein $k \leqq m$ mit $b_k < c_k$ und $b_i = c_i$ für alle $i < k$, also mit $a_k + b_k < a_k + c_k$ und $a_i + b_i = a_i + c_i$ für $i < k$, womit die Behauptung

$$\beta < \gamma \rightarrow \alpha \oplus \beta < \alpha \oplus \gamma$$

gilt.

Aus Satz 13 folgt, daß die natürliche Addition absorptionsfrei ist; es gibt keine Ordinalzahlen α, β mit $\alpha \neq 0$ und $\alpha \oplus \beta = \beta$; denn es ist ja $\beta = 0 \oplus \beta < \alpha \oplus \beta$.

Aus Satz 6 und der Definition der natürlichen Summe erhält man für Ordinalzahlen α, β:

$$\alpha + \beta \leqq \alpha \oplus \beta.$$

Satz 14. *Für jede Ordinalzahl γ gibt es nur endlich viele Paare $[\alpha, \beta]$ von Ordinalzahlen mit*

$$\alpha \oplus \beta = \gamma.$$

Beweis. Ist $\gamma = 0$, so ist nur $0 \oplus 0 = \gamma$. Ist $\gamma \neq 0$, so ist zunächst $0 \oplus \gamma = \gamma$ und $\gamma \oplus 0 = \gamma$. Sind $\alpha, \beta \neq 0$, $\alpha \oplus \beta = \gamma$, ist $[m, \sigma, s]$ die Cantorsche Normalform von γ und $[m, \sigma, a, b]$ die gemeinsame Normalform von α, β, so ist

$$\gamma = \sum_{i \leqq m} \omega^{\sigma_i} \cdot s_i = \sum_{i \leqq m} \omega^{\sigma_i} \cdot (a_i + b_i).$$

Für jedes Paar $[\alpha, \beta]$ von Ordinalzahlen mit $\alpha, \beta \neq 0$ und $\alpha \oplus \beta = \gamma$ muß also $a_i + b_i = s_i$ gelten, wobei $[m, \sigma, a, b]$ die gemeinsame Normalform von α, β ist. Da $s_i \in \boldsymbol{N}$ für jedes $i \leqq m$, gibt es nach Satz 8 a), § 12 für jedes $i \leqq m$ nur endlich viele Paare $[x, y]$ natürlicher Zahlen mit $x + y = s_i$ wegen $x, y \leqq s_i$. Bildet man also für jedes $i \leqq m$ die Menge M_i aller Paare $[x, y]$ mit $x + y = s_i$, so ist $\underset{i \in [0,m]}{\times} M_i$ endlich (vgl. § 12); außerdem ist die Menge aller Paare $[\alpha, \beta]$ mit $\alpha, \beta \neq 0$ und $\alpha \oplus \beta = \gamma$ gleichmächtig einer Teilmenge von $\underset{i \in [0,m]}{\times} M_i$. Damit gibt es insgesamt bei vorgebenem γ nur endlich viele Paare $[\alpha, \beta]$ mit $\alpha \oplus \beta = \gamma$.

Das natürliche Produkt von Ordinalzahlen $\alpha \neq 0$, $\beta \neq 0$ erklärt man als diejenige Ordinalzahl γ, welche man durch formales Ausmultiplizieren der CANTORschen Normalformen von α, β erhält, wobei man bei der Addition der Exponenten die natürliche Addition verwendet und die entstehenden Potenzen nach fallenden Exponenten addiert (und die Potenzen mit gleichem Exponenten additiv zusammenfaßt). So soll z. B. das natürliche Produkt γ von

$$\alpha = \boldsymbol{\omega}^3 \cdot 2 + \boldsymbol{\omega} \cdot 3 \quad \text{und} \quad \beta = \boldsymbol{\omega}^{\boldsymbol{\omega}} + \boldsymbol{\omega}^5 \cdot 6 + \boldsymbol{\omega}^4 + \boldsymbol{\omega}^2$$

werden:

$$(\boldsymbol{\omega}^3 \cdot 2 + \boldsymbol{\omega} \cdot 3) \cdot \boldsymbol{\omega}^{\boldsymbol{\omega}} + (\boldsymbol{\omega}^3 \cdot 2 + \boldsymbol{\omega} \cdot 3) \cdot \boldsymbol{\omega}^5 \cdot 6$$
$$+ (\boldsymbol{\omega}^3 \cdot 2 + \boldsymbol{\omega} \cdot 3) \cdot \boldsymbol{\omega}^4 + (\boldsymbol{\omega}^3 \cdot 2 + \boldsymbol{\omega} \cdot 3) \cdot \boldsymbol{\omega}^2,$$

$$\boldsymbol{\omega}^{3 \oplus \boldsymbol{\omega}} \cdot 2 + \boldsymbol{\omega}^{1 \oplus \boldsymbol{\omega}} \cdot 3 + \boldsymbol{\omega}^8 \cdot 12 + \boldsymbol{\omega}^6 \cdot 18 + \boldsymbol{\omega}^7 \cdot 2 + \boldsymbol{\omega}^5 \cdot 3 + \boldsymbol{\omega}^5 \cdot 2 + \boldsymbol{\omega}^3 \cdot 3,$$

$$\gamma = \boldsymbol{\omega}^{3 \oplus \boldsymbol{\omega}} \cdot 2 + \boldsymbol{\omega}^{1 \oplus \boldsymbol{\omega}} \cdot 3 + \boldsymbol{\omega}^8 \cdot 12 + \boldsymbol{\omega}^7 \cdot 2 + \boldsymbol{\omega}^6 \cdot 18 + \boldsymbol{\omega}^5 \cdot 5 + \boldsymbol{\omega}^3 \cdot 3.$$

Definition 6. Sind α, β Ordinalzahlen, so ist das *natürliche Produkt von* α, β diejenige Ordinalzahl γ mit:

$$\gamma = \begin{cases} 0, \text{ falls } \alpha = 0 \vee \beta = 0 \\ \sum_{k \leqq p} \boldsymbol{\omega}^{\varrho_k} \cdot c_k, \text{ falls } \alpha, \beta \neq 0 \text{ gilt, } [m, \sigma, a] \text{ die CANTORsche Normal-} \\ \text{form von } \alpha \text{ und } [n, \tau, b] \text{ die CANTORsche Normalform von } \beta \text{ ist,} \\ \text{falls } E \text{ die Menge aller Ordinalzahlen } \xi \text{ ist, für die es ein } i \leqq m \text{ und} \\ \text{ein } j \leqq n \text{ gibt mit } \xi = \sigma_i \oplus \tau_j, \ p \text{ diejenige natürliche Zahl ist} \\ \text{mit } [0, p] \backsim E, \ \varrho \text{ die ähnliche Abbildung von } [[0, p], {}_{[0,p]}{\leqq}_{[0,p]}] \\ \text{auf } [E, ({}_E{\leqq}_E)^{-1}] \text{ ist und } c_k \text{ für jedes } k \leqq p \text{ die Summe aller Pro-} \\ \text{dukte } a_i \cdot b_j \text{ ist mit } i \leqq m, \ j \leqq n \text{ und } \sigma_i \oplus \tau_j = \varrho_k \text{ (diese Summe} \\ \text{von Produkten } a_i \cdot b_j \text{ ist unabhängig von der Reihenfolge der Sum-} \\ \text{manden, da die Summanden } a_i \cdot b_j \text{ natürliche Zahlen sind.} \end{cases}$$

Diejenige Operation O in $\boldsymbol{O}$, die jedem Paar $[\alpha, \beta] \in \boldsymbol{O}^{(2)}$ das natürliche Produkt von α, β zuordnet, ist die *natürliche Multiplikation in* $\boldsymbol{O}$, bezeichnet mit: $\odot$ (gelesen: *mal natürlich*).

In Definition 6 ist wegen $c_k \neq 0$ für jedes $k \leqq p$ $[p, \varrho, c]$ die CANTORsche Normalform von γ.

Für natürliche Zahlen a, b fällt offenbar $a \odot b$ mit $a \cdot b$ zusammen, da $a = \boldsymbol{\omega}^0 \cdot a, b = \boldsymbol{\omega}^0 \cdot b$, also $a \odot b = \boldsymbol{\omega}^0 \cdot a \cdot b = a \cdot b$ ist.

Satz 15. *Für Ordinalzahlen* α, β, γ *gilt:*

(1) $\alpha \odot \beta = \beta \odot \alpha$ (*Kommutativität*),

(2) $(\alpha \odot \beta) \odot \gamma = \alpha \odot (\beta \odot \gamma)$ (*Assoziativität*),

(3) $\alpha \odot (\beta \oplus \gamma) = (\alpha \odot \beta) \oplus (\alpha \odot \gamma)$ (*Distributivität*),

(4) $\alpha \neq 0 \wedge \beta < \gamma \rightarrow \alpha \odot \beta < \alpha \odot \gamma$ (*Monotonie*).

Beweis. (1) Für $\alpha = 0$ oder $\beta = 0$ ist trivial $\alpha \odot \beta = \beta \odot \alpha$. Ist $\alpha, \beta \neq 0$ mit den Cantorschen Normalformen $[m, \sigma, a]$, $[n, \tau, b]$, so folgt $\alpha \odot \beta = \beta \odot \alpha$ unmittelbar aus der Definition des natürlichen Produktes, der Kommutativität der natürlichen Addition und der Kommutativität der Multiplikation innerhalb $\boldsymbol{N}$.

(2) Für $\alpha = 0$ oder $\beta = 0$ oder $\gamma = 0$ gilt trivial $(\alpha \odot \beta) \odot \gamma = \alpha \odot (\beta \odot \gamma)$. Ist $\alpha, \beta, \gamma \neq 0$ mit den Cantorschen Normalformen $[m, \sigma, a]$, $[n, \tau, b]$, $[p, \varrho, c]$, ist E die Menge aller Ordinalzahlen ξ, für die es ein $i \leqq m$, ein $j \leqq n$ und ein $k \leqq p$ gibt mit $\xi = (\sigma_i \oplus \tau_j) \oplus \varrho_k$, q diejenige natürliche Zahl mit $[0, q] \backsim E$, φ die ähnliche Abbildung von $[[0, q], {}_{[0,q]}{\leqq}_{[0,q]}]$ auf $[E, ({}_E{\leqq}_E)^{-1}]$ und d_l für jedes $l \leqq q$ die Summe aller Produkte $(a_i \cdot b_j) \cdot c_k$ mit $i \leqq m$, $j \leqq n$, $k \leqq p$ und $(\sigma_i \oplus \tau_j) \oplus \varrho_k = \varphi_l$, so ist

$$(\alpha \odot \beta) \odot \gamma = \sum_{l \leqq q} \omega^{\varphi_l} \cdot d_l$$

und wegen der Assoziativität der natürlichen Addition und der Assoziativität der Multiplikation innerhalb $\boldsymbol{N}$ dann auch

$$\alpha \odot (\beta \odot \gamma) = \sum_{l \leqq q} \omega^{\varphi_l} \cdot d_l .$$

(3) Für $\alpha = 0$ oder $\beta = 0$ oder $\gamma = 0$ ist trivial $\alpha \odot (\beta \oplus \gamma) = (\alpha \odot \beta) \oplus (\alpha \odot \gamma)$. Ist $\alpha, \beta, \gamma \neq 0$ mit der Cantorschen Normalform $[m, \sigma, a]$ von α und der gemeinsamen Normalform $[n, \tau, b, c]$ von β, γ, E die Menge aller Ordinalzahlen ξ, für die es ein $i \leqq m$ und ein $j \leqq n$ mit $\xi = \sigma_i \oplus \tau_j$ gibt, p diejenige natürliche Zahl mit $[0, p] \backsim E$, ϱ die ähnliche Abbildung von $[[0, p], {}_{[0,p]}{\leqq}_{[0,p]}]$ auf $[E\ ({}_E{\leqq}_E)^{-1}]$ und c_k für jedes $k \leqq p$ die Summe aller Produkte $a_i \cdot (b_j + c_j)$ mit $i \leqq m$, $j \leqq n$ und $\sigma_i \oplus \tau_j = \varrho_k$, so ist

$$\alpha \odot (\beta \oplus \gamma) = \sum_{k \leqq p} \omega^{\varrho_k} \cdot c_k$$

und wegen der Distributivität innerhalb $\boldsymbol{N}$ dann auch

$$(\alpha \odot \beta) \oplus (\alpha \odot \gamma) = \sum_{k \leqq p} \omega^{\varrho_k} \cdot c_k .$$

(4) Ist $\alpha \neq 0$ und $0 < \gamma$, so ist trivial $\alpha \odot 0 < \alpha \odot \gamma$. Ist $\alpha \neq 0$, $\beta \neq 0$, $\beta < \gamma$, $[m, \sigma, a]$ die Cantorsche Normalform von α und $[n, \tau, b, c]$ die gemeinsame Normalform von β, γ, so ist also

$$\alpha = \sum_{i \leqq m} \omega^{\sigma_i} \cdot a_i, \qquad \beta = \sum_{i \leqq n} \omega^{\tau_i} \cdot b_i, \qquad \gamma = \sum_{i \leqq n} \omega^{\tau_i} \cdot c_i .$$

Dann ist auch (wie man leicht durch vollständige Induktion über m beweist)

$$\alpha = \sum_{i \leqq m}^{*} \omega^{\sigma_i} \cdot a_i,$$

wo $\sum^*$ die Summation in bezug auf $\oplus$ statt $+$ bedeutet (die allgemeine Summe $\sum\limits_{i \leqq m}^* \xi_i$ führt man dabei für natürliche Zahlen m induktiv entsprechend der allgemeinen Summe $\sum$ ein; ist also $(\xi_i)_{i<m}$ ein Komplex von Ordinalzahlen über $[0, m[$ bei $m \in \boldsymbol{N}$, so ist $\sum\limits_{i<0}^* \xi_i = 0$ und $\sum\limits_{i<n+1}^* \xi_i = (\sum\limits_{i<n}^* \xi_i) \oplus \xi_n$ für $n+1 < m$). Über (3) folgt

$$\beta \odot \alpha = \sum_{i \leqq m}^{*} \beta \odot (\omega^{\sigma_i} \cdot a_i), \qquad \gamma \odot \alpha = \sum_{i \leqq m}^{*} \gamma \odot (\omega^{\sigma_i} \cdot a_i).$$

Für

$$\beta \odot \alpha = \alpha \odot \beta < \alpha \odot \gamma = \gamma \odot \alpha$$

genügt es nach Satz 13 (3) für jedes $i \leqq m$ zu zeigen:

$$\beta \odot (\omega^{\sigma_i} \cdot a_i) < \gamma \odot (\omega^{\sigma_i} \cdot a_i).$$

Definiert man für jedes $j \leqq n$ (bei festem $i \leqq m$):

$$\varrho_j = \tau_j \oplus \sigma_i, \qquad d_j = b_j \cdot a_i, \qquad e_j = c_j \cdot a_i,$$

so ist $[n, \varrho, d, e]$ die gemeinsame Normalform von $\beta \odot (\omega^{\sigma_i} \cdot a_i)$, $\gamma \odot (\omega^{\sigma_i} \cdot a_i)$. Wegen $\beta < \gamma$ gibt es dann über Satz 12 einen Index $k \leqq n$ mit $d_k < e_k$ und $d_j = e_j$ für jedes $j < k$, womit schließlich $\beta \odot (\omega^{\sigma_i} \cdot a_i) < \gamma \odot (\omega^{\sigma_i} \cdot a_i)$ gilt.

Aus Satz 15 (4) folgt, daß die natürliche Multiplikation absorptionsfrei ist; es gibt keine Ordinalzahlen α, β mit $\alpha \geqq 2$, $\beta \neq 0$ und $\alpha \odot \beta = \beta$; denn es ist ja $\beta = 1 \odot \beta < \alpha \odot \beta$.

Für Ordinalzahlen α, β gilt stets

$$\alpha \cdot \beta \leqq \alpha \odot \beta.$$

Denn für $\alpha = 0$ oder $\beta = 0$ gilt dies trivial, und sind $\alpha, \beta \neq 0$ mit den Cantorschen Normalformen $[m, \sigma, a]$, $[n, \tau, b]$, so ist

$$\alpha \cdot \beta = \alpha \cdot \sum_{j \leqq n} \omega^{\tau_j} \cdot b_j = \sum_{j \leqq n} \alpha \cdot (\omega^{\tau_j} \cdot b_j),$$

$$\alpha \odot \beta = \alpha \odot \sum_{j \leqq n}^{*} \omega^{\tau_j} \cdot b_j = \sum_{j \leqq n}^{*} \alpha \odot (\omega^{\tau_j} \cdot b_j).$$

($\sum^*$ bedeutet dabei die im Beweis zu Satz 15 (4) eingeführte allgemeine Summation in bezug auf $\oplus$); nach Satz 7 a) ist

$$\alpha \cdot (\omega^{\tau_j} \cdot b_j) = \omega^{\sigma_0} \cdot \omega^{\tau_j} \cdot b_j = \omega^{\sigma_0 + \tau_j} \cdot b_j \leqq \omega^{\sigma_0 \oplus \tau_j} \cdot b_j$$

und nach Definition des natürlichen Produktes

$$\alpha \odot (\omega^{\tau_j} \cdot b_j) = \sum_{i \leqq m} (\omega^{\sigma_i \oplus \tau_j} \cdot a_i \cdot b_j),$$

also

$$\alpha \cdot (\omega^{\tau_j} \cdot b_j) \leqq \alpha \odot (\omega^{\tau_j} \cdot b_j);$$

dann ist schließlich

$$\alpha \cdot \beta = \sum_{j \leqq n} \alpha \cdot (\omega^{\tau_j} \cdot b_j) \leqq \sum_{j \leqq n} \alpha \odot (\omega^{\tau_j} \cdot b_j) \leqq \sum_{j \leqq n}{}^{*} \alpha \odot (\omega^{\tau_j} \cdot b_j) = \alpha \odot \beta.$$

Satz 16. *Für jede Ordinalzahl* $\gamma \neq 0$ *gibt es nur endlich viele Paare* $[\alpha, \beta]$ *von Ordinalzahlen mit*

$$\alpha \odot \beta = \gamma.$$

Beweis. Ist $\gamma \neq 0$ und $\alpha \odot \beta = \gamma$, so ist auch $\alpha, \beta \neq 0$. Die CANTORschen Normalformen von α, β, γ seien $[m, \sigma, a]$, $[n, \tau, b]$, $[p, \varrho, c]$, also

$$\alpha = \sum_{i \leqq m} \omega^{\sigma_i} \cdot a_i, \qquad \beta = \sum_{j \leqq n} \omega^{\tau_j} \cdot b_j, \qquad \gamma = \sum_{k \leqq p} \omega^{\varrho_k} \cdot c_k.$$

Wegen $\alpha \odot \beta = \gamma$ muß $m \leqq p$ und $n \leqq p$ gelten, da es sonst nach Definition des natürlichen Produktes mehr als $p + 1$ verschiedene Exponenten in der CANTORschen Normalform von γ gäbe. Es gibt dabei nur endlich viele Paare $[m, n]$ mit $m, n \leqq p$. Für jedes solche Paar $[m, n]$ gibt es nach Satz 14 für jedes $i \leqq m$ nur endlich viele Ordinalzahlen ξ und für jedes $j \leqq n$ nur endlich viele Ordinalzahlen η, die als i-te bzw. j-te Exponenten in den CANTORschen Normalformen von α bzw. β in Frage kommen, da ja $\xi \oplus \eta = \varrho_k$ für ein $k \leqq p$ gelten muß. Für jedes solche Paar $[m, n]$ gibt es für jedes $i \leqq m$ auch nur endliche viele natürliche Zahlen x und für jedes $j \leqq m$ nur endlich viele natürliche Zahlen y, die als i-te bzw. j-te Koeffizienten in den CANTORschen Normalformen von α bzw. β in Frage kommen, da es zu jedem solchen Koeffizienten z ein $k \leqq p$ gibt mit $z \leqq c_k$. Für jedes Paar $[m, n]$ mit $m, n \leqq p$ gibt es also insgesamt nur eine endliche Menge E von Ordinalzahlen, die als Exponenten in den CANTORschen Normalformen von α, β auftreten können, und gibt es ebenso nur eine endliche Menge K von natürlichen Zahlen, die als Koeffizienten in den CANTORschen Normalformen von α, β auftreten können; mit E und K lassen sich aber nur endlich viele CANTORsche Normalformen bilden mit Exponenten aus E und Koeffizienten aus K; also gibt es für jedes solche Paar $[m, n]$, und damit generell, nur endlich viele Paare $[\alpha, \beta]$ von Ordinalzahlen mit $\alpha \odot \beta = \gamma$.

§ 32. Hauptzahlen

1. Die elementaren arithmetischen Operationen in $\boldsymbol{O}$ besitzen Absorptionseigenschaften. So gilt z. B. für Ordinalzahlen ξ:

$$0 \leqq \xi < \omega \rightarrow \xi + \omega = \omega,$$

$$1 \leqq \xi < \omega \rightarrow \xi \cdot \omega = \omega,$$

$$2 \leqq \xi < \omega \rightarrow \xi^{\omega} = \omega.$$

Definition 1. Ist F eine der drei elementaren arithmetischen Operationen in $\boldsymbol{O}$, so ist eine Ordinalzahl β genau dann eine *Hauptzahl von F*, wenn es eine Ordinalzahl $\alpha < \beta$ gibt mit für jedes $\xi \in \boldsymbol{O}$:

$$\alpha \leqq \xi < \beta \rightarrow F(\xi, \beta) = \beta .$$

Eine Hauptzahl von F ist *eigentliche Hauptzahl von F* genau dann, wenn sie Limeszahl ist, sonst ist sie eine *uneigentliche Hauptzahl von F*. Die Hauptzahlen der Addition in $\boldsymbol{O}$ heißen *γ-Zahlen*, die der Multiplikation in $\boldsymbol{O}$ *δ-Zahlen* und die der Potenzierung in $\boldsymbol{O}$ *ε-Zahlen*.

Satz 1. *Ist F eine der drei elementaren arithmetischen Operationen in $\boldsymbol{O}$ und β eine Ordinalzahl, so ist β eine eigentliche Hauptzahl von F genau dann, wenn es eine Fundamentalfolge $(\alpha_\xi)_{\xi<\lambda}$ vom Typ λ von Ordinalzahlen gibt mit:*

$$\lim_{\xi<\lambda} \alpha_\xi = \beta \quad \text{und} \quad F(\alpha_\xi, \beta) = \beta \ \textit{für alle} \ \xi < \lambda .$$

Beweis. ($\rightarrow$) Ist F eine elementare arithmetische Operation in $\boldsymbol{O}$ und β eine eigentliche Hauptzahl von F, so gibt es ein $\alpha < \beta$ mit $F(\xi, \beta) = \beta$ für alle $\alpha \leqq \xi < \beta$. Dann ist aber auch $F(\xi, \beta) = \beta$ für alle $2 \leqq \xi < \alpha$; denn für solche ξ gilt

$$\beta \leqq F(\xi, \beta) \leqq F(\alpha, \beta) = \beta, \quad \text{also} \quad F(\xi, \beta) = \beta .$$

Für die Fundamentalfolge $(\xi + 2)_{\xi<\beta}$ gilt dann

$$\lim_{\xi<\beta} (\xi + 2) = \beta \quad \text{und} \quad F(\xi + 2, \beta) = \beta \quad \text{für alle} \quad \xi < \beta .$$

($\leftarrow$) Ist für eine Fundamentalfolge $(\alpha_\xi)_{\xi<\lambda}$:

$$\lim_{\xi<\lambda} \alpha_\xi = \beta \quad \text{und} \quad F(\alpha_\xi, \beta) = \beta \quad \text{für alle} \quad \xi < \lambda ,$$

so ist β Limeszahl; ist $\alpha_{\xi_0} \leqq \eta < \beta$, so gibt es ein α_{ξ_1} mit $\eta < \alpha_{\xi_1}$; dann ist

$$\beta = F(\alpha_{\xi_0}, \beta) \leqq F(\eta, \beta) \leqq F(\alpha_{\xi_1}, \beta) = \beta ,$$

also $F(\eta, \beta) = \beta$, womit schließlich β eine eigentliche Hauptzahl von F ist.

Aus dem Beweis zu Satz 1 entnimmt man für elementare arithmetische Operationen F in $\boldsymbol{O}$ und Hauptzahlen β von F:

$$\forall \xi \, (2 \leqq \xi < \beta \rightarrow F(\xi, \beta) = \beta) .$$

Satz 2. *Ist F eine der drei elementaren arithmetischen Operationen in $\boldsymbol{O}$, so sind alle transfiniten Hauptzahlen von F eigentliche Hauptzahlen von F.*

Beweis. Es sei F eine elementare arithmetische Operation in $\boldsymbol{O}$ und $\beta \geqq \boldsymbol{\omega}$ eine Hauptzahl von F. Wäre β isoliert mit etwa $\gamma' = \beta$, so ist $\gamma \geqq \boldsymbol{\omega}$ und

$$F(\gamma, \beta) > F(\gamma, \gamma) > \gamma, \quad \text{also} \quad F(\gamma, \beta) > \beta ,$$

womit β keine Hauptzahl von F wäre. Also ist β Limeszahl.

Satz 3. *Ist F eine der drei elementaren arithmetischen Operationen in $\boldsymbol{O}$, $2 \leqq \alpha \in \boldsymbol{O}$ und $(\gamma_n)_{n<\omega}$ die abzählbare Folge von Ordinalzahlen mit für jedes $n < \omega$:*

$$\gamma_0 = \alpha, \qquad \gamma_{n+1} = F(\gamma_n, \gamma_n),$$

so ist $\omega \leqq \beta = \lim\limits_{n<\omega} \gamma_n$ die kleinste Hauptzahl ξ von F mit $\alpha < \xi$.

Beweis. Unter den Voraussetzungen des Satzes zeigt man durch vollständige Induktion über m für natürliche Zahlen n, m: $n < m \to \gamma_n < \gamma_m$. Also ist $(\gamma_n)_{n<\omega}$ eine Fundamentalfolge und damit β eine Limeszahl, also auch $\beta \geqq \omega$. Für jedes $2 \leqq \nu < \beta$ gibt es ein n_0 mit $\nu < \gamma_{n_0}$, woraus weiter folgt:

$$\beta \leqq F(\nu, \beta) = \lim_{n<\omega} F(\nu, \gamma_n) \leqq \lim_{n<\omega} F(\gamma_{n_0}, \gamma_n) \leqq \lim_{n<\omega} F(\gamma_n, \gamma_n) = \lim_{n<\omega} \gamma_{n+1} = \beta,$$

also $F(\nu, \beta) = \beta$, womit β eine Hauptzahl von F ist; trivial ist $\alpha < \beta$. Es bleibt noch zu zeigen, daß es keine Hauptzahl von F zwischen α und β gibt. Ist $2 \leqq \alpha < \xi$ eine Hauptzahl von F, so ist $F(\eta, \xi) = \xi$ für alle $2 \leqq \eta < \xi$; dann zeigt man $\gamma_n < \xi$ durch vollständige Induktion über n: $\gamma_0 = \alpha < \xi$; ist $\gamma_n < \xi$, so ist $\gamma_{n+1} = F(\gamma_n, \gamma_n) < F(\gamma_n, \xi) = \xi$. Damit ist $\beta = \lim\limits_{n<\omega} \gamma_n \leqq \xi$.

Für die elementaren arithmetischen Operationen in $\boldsymbol{O}$ verbleiben nach den Sätzen 2, 3 nur 1, 2 als uneigentliche Hauptzahlen. 1 ist die einzige uneigentliche γ-Zahl und 2 die einzige uneigentliche δ-Zahl; uneigentliche ε-Zahlen gibt es nicht.
Es gilt dann für Ordinalzahlen β:

$$\beta \ \gamma\text{-}Zahl \leftrightarrow \beta \geqq 1 \wedge \forall \xi\,(0 \leqq \xi < \beta \to \xi + \beta = \beta),$$

$$\beta \ \delta\text{-}Zahl \leftrightarrow \beta \geqq 2 \wedge \forall \xi\,(1 \leqq \xi < \beta \to \xi \cdot \beta = \beta),$$

$$\beta \ \varepsilon\text{-}Zahl \leftrightarrow \beta \geqq \omega \wedge \forall \xi\,(2 \leqq \xi < \beta \to \xi^\beta = \beta).$$

Nach Satz 3 ist für jede elementare arithmetische Operation F in $\boldsymbol{O}$ die Klasse H aller Hauptzahlen von F eine Unmenge, weil $\boldsymbol{O}$ mit H konfinal ist. $\boldsymbol{O}$ und H sind damit ähnlich.

Satz 4. *Ist F eine der drei elementaren arithmetischen Operationen in $\boldsymbol{O}$, H die Klasse der Hauptzahlen von F und f die ähnliche Abbildung von $|\boldsymbol{O}, \leqq|$ auf $|H, {}_H{\leqq}_H|$, so ist f eine Normalfunktion.*

Beweis. Unter den Voraussetzungen des Satzes ist zu zeigen, daß f echt monoton wächst und stetig ist. Trivial ist f als Ähnlichkeitsabbildung von $\boldsymbol{O}$ auf H echt monoton wachsend. Ist λ eine ordinale Limeszahl, so ist für die Stetigkeit von f zu zeigen:

$$\lim_{\xi<\lambda} f(\xi) = f(\lambda).$$

Wegen $f(\xi) < f(\lambda)$ für jedes $\xi < \lambda$ ist $\lim\limits_{\xi<\lambda} f(\xi) \leqq f(\lambda)$; wäre $\lim\limits_{\xi<\lambda} f(\xi) < f(\lambda)$ und $\lim\limits_{\xi<\lambda} f(\xi) = f(\mu)$ für ein $\mu \in \boldsymbol{O}$, so wäre $\mu < \lambda$, woraus der Widerspruch

$f(\mu) < \lim\limits_{\xi<\lambda} f(\xi) = f(\mu)$ folgt. Für die Stetigkeit von f ist also nur noch zu zeigen, daß $\lim\limits_{\xi<\lambda} f(\xi)$ wieder eine Hauptzahl von F ist. Da die $f(\xi)$ Hauptzahlen von F sind, gilt

$$F(\eta, f(\xi)) = f(\xi) \text{ für alle } \xi < \lambda \text{ und alle } 2 \leqq \eta < f(\xi).$$

Ist $2 \leqq \eta' < \lim\limits_{\xi<\lambda} f(\xi)$, so gibt es einen Index $\xi_0 < \lambda$ mit $\eta' < f(\xi_0)$, also ist dann $\eta' < f(\xi)$ für alle $\xi_0 \leqq \xi < \lambda$; damit gilt $F(\eta', f(\xi)) = f(\xi)$ für alle $\xi_0 \leqq \xi < \lambda$, also schließlich über Satz 4, § 28:

$$\lim_{\xi<\lambda} f(\xi) = \lim_{\xi<\lambda} F(\eta', f(\xi)) = F(\eta', \lim_{\xi<\lambda} f(\xi)),$$

womit $\lim\limits_{\xi<\lambda} f(\xi)$ eine Hauptzahl von F ist.

Satz 5. *Jede ε-Zahl ist eine δ-Zahl; jede eigentliche δ-Zahl ist eine γ-Zahl.*

Beweis. Ist β eine ε-Zahl, so gilt $\xi^\beta = \beta$ für alle $2 \leqq \xi < \beta$; für dieselben ξ ist aber $\beta \leqq \xi \cdot \beta$ und nach Satz 8, § 28 $\xi \cdot \beta \leqq \xi^\beta = \beta$, also $\xi \cdot \beta = \beta$. Ist β eine eigentliche δ-Zahl, so gilt $\xi \cdot \beta = \beta$ für alle $2 \leqq \xi < \beta$; für dieselben ξ ist aber $\beta \leqq \xi + \beta$ und nach Satz 8, § 28 $\xi + \beta \leqq \xi \cdot \beta = \beta$, also $\xi + \beta = \beta$.

2. Die bisher allgemein entwickelten Sätze über Hauptzahlen wenden wir nun speziell auf die einzelnen elementaren arithmetischen Operationen an.

Satz 6. *Für jede Ordinalzahl $\alpha \geqq 1$ ist $\alpha \cdot \boldsymbol{\omega}$ die kleinste γ-Zahl ξ mit $\alpha < \xi$.*

Beweis. Ist $2 \leqq \alpha \in \boldsymbol{O}$ und $(\gamma_n)_{n<\omega}$ die abzählbare Folge von Ordinalzahlen mit $\gamma_0 = \alpha$, $\gamma_{n+1} = \gamma_n + \gamma_n = \gamma_n \cdot 2$, so ist nach Satz 3 $\lim\limits_{n<\omega} \gamma_n$ die kleinste γ-Zahl ξ mit $\alpha < \xi$. Man zeigt leicht $\gamma_n = \alpha \cdot 2^n$ durch vollständige Induktion über n; also ist

$$\lim_{n<\omega} \gamma_n = \lim_{n<\omega} (\alpha \cdot 2^n) = \alpha \cdot \lim_{n<\omega} 2^n = \alpha \cdot 2^\omega = \alpha \cdot \boldsymbol{\omega}.$$

Damit ist $\alpha \cdot \boldsymbol{\omega}$ die kleinste γ-Zahl oberhalb α bei $2 \leqq \alpha$; für $\alpha = 1$ ist aber $1 \cdot \boldsymbol{\omega}$ die kleinste γ-Zahl oberhalb 1, da 2 keine γ-Zahl ist und $2 \cdot \boldsymbol{\omega} = 1 \cdot \boldsymbol{\omega}$ die kleinste γ-Zahl oberhalb 2 ist.

Satz 7. *Eine Ordinalzahl γ ist eine γ-Zahl genau dann, wenn es ein $\xi \in \boldsymbol{O}$ gibt mit*

$$\gamma = \boldsymbol{\omega}^\xi.$$

Beweis. f sei die ähnliche Abbildung von $\boldsymbol{O}$ auf die Klasse H aller γ-Zahlen. Es ist $f(0) = 1 = \boldsymbol{\omega}^0$; ist $f(\xi) = \boldsymbol{\omega}^\xi$, so ist nach Satz 6

$$f(\xi + 1) = f(\xi) \cdot \boldsymbol{\omega} = \boldsymbol{\omega}^\xi \cdot \boldsymbol{\omega} = \boldsymbol{\omega}^{\xi+1};$$

ist λ Limeszahl und $f(\xi) = \boldsymbol{\omega}^{\xi}$ für $\xi < \lambda$, so ist nach Satz 4

$$f(\lambda) = \lim_{\xi<\lambda} f(\xi) = \lim_{\xi<\lambda} \boldsymbol{\omega}^{\xi} = \boldsymbol{\omega}^{\lambda}.$$

Damit ist $f(\xi) = \boldsymbol{\omega}^{\xi}$ induktiv über ξ gezeigt.

Aus Satz 7 folgt, daß für jede γ-Zahl γ auch γ^{ξ} eine γ-Zahl ist bei beliebigem ξ; denn es ist $\gamma = \boldsymbol{\omega}^{\eta}$, also $\gamma^{\xi} = \boldsymbol{\omega}^{\eta\cdot\xi}$.

Für ordinale Limeszahlen λ und beliebige Ordinalzahlen $\alpha \neq \mathbf{0}$ ist α^{λ} eine γ-Zahl. Denn für $\alpha = \mathbf{1}$ gilt dies trivial und ist $\alpha \geqq \mathbf{2}$ und $\eta < \alpha^{\lambda}$, so ist $\eta < \alpha^{\xi_0}$ für ein $\xi_0 < \lambda$ wegen $\alpha^{\lambda} = \lim\limits_{\xi<\lambda} \alpha^{\xi}$, also

$$\eta + \alpha^{\xi} \leqq \alpha^{\xi_0} + \alpha^{\xi} \leqq \alpha^{\max\{\xi_0,\xi\}} \cdot \mathbf{2} \leqq \alpha^{\max\{\xi_0,\xi\}+1}$$

für jedes $\xi < \lambda$; damit ist

$$\eta + \alpha^{\lambda} = \eta + \lim_{\xi<\lambda} \alpha^{\xi} = \lim_{\xi<\lambda} (\eta + \alpha^{\xi}) = \lim_{\xi<\lambda} \alpha^{\xi} = \alpha^{\lambda}$$

und α^{λ} eine γ-Zahl.

Ist $\alpha \cdot \beta$ eine γ-Zahl, so auch β; denn gäbe es ein $\xi < \beta$ mit $\xi + \beta > \beta$, so wäre

$$\alpha \cdot \beta < \alpha \cdot (\xi + \beta) = \alpha \cdot \xi + \alpha \cdot \beta \quad \text{bei} \quad \alpha \cdot \xi < \alpha \cdot \beta,$$

womit $\alpha \cdot \beta$ keine γ-Zahl wäre; also ist β eine γ-Zahl.

Ist γ eine γ-Zahl und $\mathbf{1} \leqq \alpha \leqq \gamma$, so gibt es eine γ-Zahl ξ mit $\gamma = \alpha \cdot \xi$. Denn es ist nach dem Divisionssatz $\gamma = \alpha \cdot \xi + \varrho$ bei $\varrho < \alpha \leqq \gamma$; dann muß aber $\varrho = \mathbf{0}$ sein, da sonst $\alpha \cdot \xi < \gamma$ ist, also $\gamma = \alpha \cdot \xi + \varrho < \alpha \cdot \xi + \gamma = \gamma$ wäre; damit ist $\gamma = \alpha \cdot \xi$, woraus weiterhin folgt, daß ξ eine γ-Zahl ist.

Ist γ eine eigentliche γ-Zahl und $\alpha \neq \mathbf{0}$, so ist $\alpha \cdot \gamma$ eine γ-Zahl. Denn ist $\xi < \alpha \cdot \gamma$, so gibt es nach dem Divisionssatz eine Darstellung $\xi = \alpha \cdot \eta + \varrho$ bei $\varrho < \alpha$, woraus $\alpha \cdot \eta < \alpha \cdot \gamma$ folgt wegen $\xi < \alpha \cdot \gamma$, also $\eta < \gamma$; dann ist wegen $\eta, \mathbf{1} < \gamma$:

$$\xi + \alpha \cdot \gamma = \alpha \cdot \eta + \varrho + \alpha \cdot \gamma \leqq \alpha \cdot (\eta + \mathbf{1} + \gamma) = \alpha \cdot (\eta + \gamma) = \alpha \cdot \gamma,$$

was mit $\alpha \cdot \gamma \leqq \xi + \alpha \cdot \gamma$ zusammen $\xi + \alpha \cdot \gamma = \alpha \cdot \gamma$ ergibt; also ist $\alpha \cdot \gamma$ eine γ-Zahl.

Satz 8. *Für jede Ordinalzahl $\alpha \geqq \mathbf{2}$ ist α^{ω} die kleinste δ-Zahl ξ mit $\alpha < \xi$.*

Beweis. Ist $\mathbf{2} \leqq \alpha \in \boldsymbol{O}$ und $(\gamma_n)_{n<\omega}$ die abzählbare Folge von Ordinalzahlen mit $\gamma_0 = \alpha$, $\gamma_{n+1} = \gamma_n \cdot \gamma_n = \gamma_n^2$, so ist nach Satz 3 $\lim\limits_{n<\omega} \gamma_n$ die kleinste δ-Zahl ξ mit $\alpha < \xi$. Man zeigt leicht $\gamma_n = \alpha^{(2^n)}$ durch vollständige Induktion über n; also ist

$$\lim_{n<\omega} \gamma_n = \lim_{n<\omega} \alpha^{(2^n)} = \alpha^{\left(\lim\limits_{n<\omega} 2^n\right)} = \alpha^{\omega}.$$

Satz 9. *Eine Ordinalzahl δ ist eine δ-Zahl genau dann, wenn $\delta = \mathbf{2}$ ist oder es ein $\xi \in \boldsymbol{O}$ gibt mit*

$$\delta = \boldsymbol{\omega}^{(\omega^{\xi})}.$$

Beweis. f sei die ähnliche Abbildung von O auf die Klasse H aller δ-Zahlen und g die ähnliche Abbildung von O auf $H \setminus \{2\}$, also $g(\xi) = f(\xi + 1)$ für $\xi < \omega$ und $g(\xi) = f(\xi)$ für $\xi \geqq \omega$. Über Satz 4 ist dann auch g eine Normalfunktion. Es ist nach Satz 8

$$g(0) = 2^{\omega} = \omega = \omega^{(\omega^0)};$$

ist $g(\xi) = \omega^{(\omega^\xi)}$, so ist nach Satz 8

$$g(\xi + 1) = g(\xi)^{\omega} = \omega^{(\omega^\xi)\cdot\omega} = \omega^{(\omega^{\xi+1})};$$

ist λ eine Limeszahl und $g(\xi) = \omega^{(\omega^\xi)}$ für $\xi < \lambda$, so ist

$$g(\lambda) = \lim_{\xi<\lambda} g(\xi) = \lim_{\xi<\lambda} \omega^{(\omega^\xi)} = \omega^{\left(\lim\limits_{\xi<\lambda} \omega^\xi\right)} = \omega^{(\omega^\lambda)}.$$

Damit ist $g(\xi) = \omega^{(\omega^\xi)}$ induktiv über ξ bewiesen.

Aus den Sätzen 9, 7 folgt sofort für δ-Zahlen δ und γ-Zahlen γ, daß δ^γ wieder eine δ-Zahl ist.

Satz 10. *Für Ordinalzahlen α, β gilt:*

$$\alpha \geqq 2 \wedge \alpha^\beta = \beta \rightarrow \beta \ \varepsilon\text{-}Zahl.$$

Beweis. (1) Es sei $2^\beta = \beta$. Dann ist zunächst β eine Limeszahl; denn wäre $\beta = \gamma + 1$, so kann nicht $\gamma = 0$ sein, da sonst $2^\beta = 2^1 = 2 > 1 = \beta$ wäre, also ist $\gamma \geqq 1$, also $1 < 2^\gamma$; dann ist schließlich

$$2^\beta = 2^{\gamma+1} = 2^\gamma \cdot 2 = 2^\gamma + 2^\gamma > \gamma + 1 = \beta$$

im Widerspruch zu $2^\beta = \beta$. Damit ist β Limeszahl; es gibt also ein $\xi \in O$ mit $\beta = \omega \cdot \xi$, und es ist $\lim\limits_{\zeta<\beta} 2^\zeta = 2^\beta = \beta$. Weiterhin gilt

$$\beta = 2^\beta = 2^{\omega\cdot\xi} = (2^\omega)^\xi = \omega^\xi,$$

also ist β nach Satz 7 eine γ-Zahl. Für $\zeta < \beta$ gilt dann

$$2^\zeta \cdot \beta = 2^\zeta \cdot 2^\beta = 2^{\zeta+\beta} = 2^\beta = \beta,$$

womit β nach Satz 1 eine δ-Zahl ist. Für $1 \leqq \zeta < \beta$ gilt dann

$$(2^\zeta)^\beta = 2^{\zeta\cdot\beta} = 2^\beta = \beta,$$

womit schließlich β nach Satz 1 eine ε-Zahl ist; man nehme dabei als β approximierende Fundamentalfolge statt $(2^\zeta)_{\zeta<\beta}$ die Folge $(\alpha_\zeta)_{\zeta<\beta}$ mit:

$$\zeta < \omega \rightarrow \alpha_\zeta = 2^{\zeta+1}, \quad \zeta \geqq \omega \rightarrow \alpha_\zeta = 2^\zeta.$$

(2) Ist $2 \leqq \alpha$ und $\alpha^\beta = \beta$, so ist

$$\beta = \alpha^\beta \geqq 2^\beta \geqq \beta,$$

also $2^\beta = \beta$, womit β nach (1) eine ε-Zahl ist.

Man erhält auf Grund von Satz 10 die ε-Zahlen als die kritischen Zahlen der Normalfunktionen F über O mit $F(\xi) = \alpha^\xi$ bei $2 \leqq \alpha < \omega$ und die ε-Zahlen $> \omega$ als die kritischen Zahlen der Normalfunktion F über O mit $F(\xi) = \omega^\xi$:

Satz 11. a) *Ist α eine Ordinalzahl mit $2 \leqq \alpha < \omega$, so ist eine Ordinalzahl ε eine ε-Zahl genau dann, wenn $\alpha^\varepsilon = \varepsilon$ gilt.*

b) *Eine Ordinalzahl ε ist eine ε-Zahl $> \omega$ genau dann, wenn $\omega^\varepsilon = \varepsilon$ gilt.*

Beweis. Die Behauptungen folgen unmittelbar aus Satz 10 und $\xi^\varepsilon = \varepsilon$ für jede ε-Zahl ε und jedes $2 \leqq \xi < \varepsilon$.

Satz 12. *Für jede Ordinalzahl $\alpha \geqq \omega$ ist $\lim\limits_{n<\omega} g(n)$ die kleinste ε-Zahl ξ mit $\alpha < \xi$, wobei g die abzählbare Folge von Ordinalzahlen ist mit $g(0) = \alpha + 1$, $g(n+1) = \omega^{g(n)}$.*

Beweis. Ist $\omega \leqq \alpha \in O$ und $(\gamma_n)_{n<\omega}$ die abzählbare Folge von Ordinalzahlen mit $\gamma_0 = \alpha$, $\gamma_{n+1} = \gamma_n^{\gamma_n}$, so ist nach Satz 3 $\lim\limits_{n<\omega} \gamma_n$ die kleinste ε-Zahl ξ mit $\alpha < \xi$. Da $(\gamma_n)_{n<\omega}$ echt monoton wächst, ist sicher $\omega \leqq \gamma_n$ für jedes $n < \omega$. Dann zeigt man unter den Voraussetzungen unseres Satzes leicht $g(n) \leqq \gamma_{n+1}$ durch vollständige Induktion über n. Also ist $\lim\limits_{n<\omega} g(n) \leqq \lim\limits_{n<\omega} \gamma_n$. Wegen $\alpha < \alpha + 1 = g(0) \leqq \lim\limits_{n<\omega} g(n)$ genügt es für $\lim\limits_{n<\omega} g(n) = \lim\limits_{n<\omega} \gamma_n$ zu zeigen, daß $\lim\limits_{n<\omega} g(n)$ eine ε-Zahl ist, wofür nach Satz 10 wiederum

$$\omega^{\left(\lim\limits_{n<\omega} g(n)\right)} = \lim_{n<\omega} g(n)$$

zu zeigen genügt. Man beweist zunächst $g(n) < g(n+1)$ durch vollständige Induktion über n (im Anfangsschritt ist $\alpha + 1 < \omega^{\alpha+1}$, da $\alpha + 1 \leqq \omega^{\alpha+1}$, $\alpha + 1$ isolierte Zahl und $\omega^{\alpha+1}$ Limeszahl ist) und dann durch vollständige Induktion über m: $n < m \to g(n) < g(m)$; damit ist $g(n)$ eine abzählbare Fundamentalfolge von Ordinalzahlen. Es gilt dann sofort:

$$\omega^{\left(\lim\limits_{n<\omega} (g)n\right)} = \lim_{n<\omega} \omega^{g(n)} = \lim_{n<\omega} g(n).$$

Nach Satz 12 ist die kleinste ε-Zahl $\xi > \omega$ der $\lim\limits_{n<\omega} g(n)$ bei $g(0) = \omega + 1$, $g(n+1) = \omega^{g(n)}$. Definiert man die abzählbare Folge $g'(n)$ zu $g'(0) = \omega$,

$g'(n+1) = \boldsymbol{\omega}^{g'(n)}$, so zeigt man leicht durch vollständige Induktion über n: $g'(n) < g(n)$ und $g(n) < g'(n+1)$, womit (vgl. Definition 4, § 28)

$$\boldsymbol{\epsilon}_1 = \lim_{n<\omega} g'(n) = \lim_{n<\omega} g(n)$$

gilt. $\boldsymbol{\epsilon}_1$ ist also die kleinste ε-Zahl oberhalb $\boldsymbol{\omega}$, also nach Satz 11b) die kleinste Zahl ξ mit $\boldsymbol{\omega}^{\xi} = \xi$. Bezeichnet man mit $\boldsymbol{\epsilon}$ die ähnliche Abbildung von $\boldsymbol{O}$ auf die Klasse H aller ε-Zahlen, so ist $\boldsymbol{\epsilon}$ nach Satz 4 eine Normalfunktion, und es gilt $\boldsymbol{\epsilon}_0 = \boldsymbol{\omega}$, $\boldsymbol{\epsilon}_1 = \boldsymbol{\epsilon}_1$.

§ 33. Zerlegung von Ordinalzahlen

Man kann die Ordinalzahlen als endliche Summen von in bezug auf die Addition unzerlegbaren Zahlen und ebenso als endliche Produkte von in bezug auf die Multiplikation unzerlegbaren Zahlen darstellen.

1. Definition 1. Sind α, β Ordinalzahlen, so ist β ein *Abschnitt von* α bzw. ein *Rest von* α genau dann, wenn $\beta \neq 0$ ist und es eine Ordinalzahl ξ gibt mit $\alpha = \beta + \xi$ bzw. mit $\alpha = \xi + \beta$.

Ist β ein Abschnitt bzw. Rest von α, so ist $0 < \beta \leqq \alpha$. Jede Ordinalzahl $\alpha \neq 0$ besitzt den Abschnitt und Rest α.

Definition 2. Eine Ordinalzahl α ist *additiv zerlegbar* genau dann, wenn es Ordinalzahlen ξ, η gibt mit $\alpha = \xi + \eta$ und $\xi, \eta < \alpha$; α ist *additiv unzerlegbar* genau dann, wenn α nicht additiv zerlegbar ist.

Eine Ordinalzahl α ist also genau dann additiv zerlegbar, wenn α einen Rest $\beta < \alpha$ besitzt; α ist genau dann additiv unzerlegbar, wenn α allen seinen Resten gleich ist.

0, 1 sind die einzigen endlichen additiv unzerlegbaren Ordinalzahlen; $\boldsymbol{\omega}$ ist unzerlegbar; $\boldsymbol{\omega} + n$ bei $0 < n \in \boldsymbol{N}$ ist zerlegbar.

Satz 1. *Jede Ordinalzahl besitzt nur endlich viele Reste.*

Beweis. Ist $\alpha \in \boldsymbol{O}$ und sind β_1, β_2 Reste von α mit etwa

$$\alpha = \xi_1 + \beta_1 = \xi_2 + \beta_2,$$

so ist $\xi_2 < \xi_1$ im Falle $\beta_1 < \beta_2$. Es sei nun R die Menge aller Reste von α, γ die Ordinalzahl, für die $\boldsymbol{O}(\gamma)$ und R ähnlich sind, f die ähnliche Abbildung von $\boldsymbol{O}(\gamma)$ auf R und g die Funktion über $\boldsymbol{O}(\gamma)$, welche jedem $\eta < \gamma$ das kleinste $\xi \leqq \alpha$ zuordnet mit $\alpha = \xi + f(\eta)$. Es gilt dann

$$f(\eta_1) < f(\eta_2) \quad \text{für} \quad \eta_1 < \eta_2 < \gamma,$$

also

$$g(\eta_2) < g(\eta_1) \quad \text{für} \quad \eta_1 < \eta_2 < \gamma$$

wegen

$$\alpha = g(\eta_1) + f(\eta_1) = g(\eta_2) + f(\eta_2).$$

Damit ist g eine echt monoton fallende Folge vom Typ γ von Ordinalzahlen, womit nach Satz 12, § 23 Nb g endlich ist. Wegen $R \backsim \mathrm{Nb}\, g$ ist also auch R endlich.

Satz 2. a) *Sind* $\beta_1 < \beta_2$ *Reste von* α, *so ist auch* β_1 *Rest von* β_2.

b) *Der kleinste Rest einer jeden Ordinalzahl* $\alpha \neq 0$ *ist der einzige additiv unzerlegbare Rest von* α.

Beweis. a) Ist $\alpha = \xi_1 + \beta_1 = \xi_2 + \beta_2$ bei $0 < \beta_1 < \beta_2$, so ist $\xi_2 < \xi_1$, also etwa $\xi_2 + \delta = \xi_1$ bei $\delta > 0$; dann ist $\xi_2 + \delta + \beta_1 = \xi_2 + \beta_2$, also $\beta_2 = \delta + \beta_1$, womit β_1 Rest von β_2 ist.

b) Ist $0 < \alpha \in \boldsymbol{O}$, β der kleinste Rest von α mit etwa $\alpha = \xi + \beta$ und wäre $\beta = \xi_1 + \eta$ bei $\xi_1, \eta < \beta$, so wäre auch

$$\alpha = \xi + (\xi_1 + \eta) = (\xi + \xi_1) + \eta \quad \text{bei} \quad 0 < \eta < \beta;$$

also wäre β nicht der kleinste Rest von α. Damit ist β additiv unzerlegbar. Gäbe es einen weiteren additiv unzerlegbaren Rest $\beta_1 > \beta$ von α, so wäre nach a) β Rest von β_1, also $\beta_1 = \xi + \beta$ bei $\xi, \beta < \beta_1$ (wegen $\beta > 0$), womit aber β_1 additiv zerlegbar wäre.

Satz 3. *Für jede Ordinalzahl* $\alpha \neq 0$ *gilt:*

$$\alpha \text{ additiv unzerlegbar} \leftrightarrow \alpha \ \gamma\text{-Zahl}.$$

Beweis. Eine Ordinalzahl $\alpha \neq 0$ ist genau dann eine γ-Zahl, wenn $\xi + \alpha = \alpha$ für jedes $\xi < \alpha$ gilt. Ist $\alpha \neq 0$ additiv unzerlegbar und $\xi < \alpha$, so gibt es ein $\eta \in \boldsymbol{O}$ mit $\xi + \eta = \alpha$, woraus aber $\eta = \alpha$ folgt, also $\xi + \alpha = \alpha$; damit ist α eine γ-Zahl. Ist umgekehrt α eine γ-Zahl und wäre $\alpha = \xi + \eta$ bei $\xi, \eta < \alpha$, so wäre

$$\alpha = \xi + \eta < \xi + \alpha = \alpha;$$

also ist γ additiv unzerlegbar.

Nach Satz 3 und Satz 7, § 32 sind die additiv unzerlegbaren Zahlen die Zahl 0 und alle γ-Zahlen; d. h. die Zahl 0 und alle Potenzen $\boldsymbol{\omega}^{\xi}$.

Satz 4. *Für jede Ordinalzahl* $\alpha \neq 0$ *gibt es genau ein Paar* $[n, \varrho]$ *von Elementen mit*

$n \in \boldsymbol{N}$,

ϱ *Funktion von* $[0, n]$ *in* $\boldsymbol{O}$, *deren Werte* $\varrho_i (i \leqq n)$ γ-*Zahlen sind mit* $\varrho_i \geqq \varrho_j$ *für jedes* $i < j \leqq n$,

$\alpha = \sum_{i \leqq n} \varrho_i.$

Beweis. Wir zeigen zunächst die Existenz einer gewünschten Darstellung von $\alpha \neq 0$. Man definiere durch vollständige Induktion die Funktion f von N in $O^{(2)}$ mit für jedes $i \in N$:

$f_0 = [\xi_0, \varrho_0]$, wo ϱ_0 der kleinste Rest von α und ξ_0 die kleinste Zahl mit $\alpha = \xi_0 + \varrho_0$ ist,

$$f_{i+1} = \begin{cases} [0, 0], \text{ falls } f_i = [\xi', \varrho'] \text{ mit } \xi' = 0 \\ [\xi, \varrho], \text{ falls } f_i = [\xi', \varrho'] \text{ mit } \xi' \neq 0 \text{ und wobei } \varrho \text{ der kleinste Rest} \\ \qquad \text{von } \xi' \text{ und } \xi \text{ die kleinste Zahl mit } \xi' = \xi + \varrho \text{ ist.} \end{cases}$$

ξ und ϱ seien die Funktionen über N mit für jedes $i \in N$:

$$f_i = [\xi_i, \varrho_i].$$

Gibt es kein $i \in N$ mit $\xi_i = 0$, so ist stets $\xi_i > \xi_{i+1}$, woraus man durch vollständige Induktion über j für jedes $i, j \in N$ erhält: $i < j \rightarrow \xi_i > \xi_j$; es wäre dann ξ eine echt monoton fallende, abzählbare Folge von Ordinalzahlen im Widerspruch dazu, daß jede echt monoton fallende Folge von Ordinalzahlen endlich ist. Also gibt es ein kleinstes $n \in N$ mit $\xi_n = 0$. Für $i < j \leqq n$ ist $\xi_i > \xi_j$, und für $i \leqq n$ sind die ϱ_i als kleinste Reste nach Satz 2b) additiv unzerlegbare Zahlen $\neq 0$, also nach Satz 3 γ-Zahlen. Für $i < j \leqq n$ gilt $\varrho_i \leqq \varrho_j$, was man durch vollständige Induktion über j beweist unter Verwendung von $\varrho_j \leqq \varrho_{j+1}$ für $j < n$; die letzte Behauptung folgt so: Wäre $\varrho_{j+1} < \varrho_j$, so wäre

$$\xi_j + \varrho_j = (\xi_{j+1} + \varrho_{j+1}) + \varrho_j = \xi_{j+1} + (\varrho_{j+1} + \varrho_j) = \xi_{j+1} + \varrho_j,$$

also wäre ξ_j wegen $\xi_{j+1} < \xi_j$ nicht die kleinste Zahl ξ mit $\xi + \varrho_j = \xi_j + \varrho_j$. Schließlich zeigen wir noch:

$$\alpha = \sum_{i \leqq n} \varrho_{n-i},$$

womit dann die Existenz einer gewünschten Darstellung von α bewiesen ist. Man zeigt aber leicht durch vollständige Induktion über k, daß

$$\alpha = \xi_k + \sum_{i \leqq k} \varrho_{k-i} \quad \text{für jedes} \quad k \leqq n$$

gilt, wobei man verwendet $\xi_k = \xi_{k+1} + \varrho_{k+1}$ für $k < n$. Für $k = n$ erhält man somit wegen $\xi_n = 0$: $\alpha = \sum_{i \leqq n} \varrho_{n-i}$.

Nun zur Eindeutigkeit der Darstellung von $\alpha \neq 0$. Ist $\alpha = \sum_{i \leqq n} \varrho_i$ eine gewünschte Darstellung von α, so ist ϱ_0 die größte γ-Zahl $\leqq \alpha$; denn wäre γ eine γ-Zahl mit $\varrho_0 < \gamma \leqq \alpha$, so wäre (was man durch vollständige Induktion über k beweist)

$$\gamma = \sum_{i \leqq k} \varrho_i + \gamma \quad \text{für} \quad k \leqq n$$

wegen $\gamma = \varrho_i + \gamma$ für jedes $i \leqq n$, also speziell für $k = n$:

$$\alpha \geqq \gamma = \sum_{i \leqq n} \varrho_i + \gamma = \alpha + \gamma > \alpha;$$

damit ist ϱ_0 die größte γ-Zahl $\leqq \alpha$. Sind jetzt

$$\alpha = \sum_{i \leqq n} \varrho_i = \sum_{i \leqq n'} \varrho_i'$$

gewünschte Darstellungen für α und ist $n \leqq n'$ (der Fall $n' \leqq n$ erledigt sich dual), so zeigt man durch vollständige Induktion über i: $\varrho_i = \varrho_i'$ für alle $i \leqq n$. Wäre dann $n < n'$, so wäre

$$\alpha = \sum_{i \leqq n} \varrho_i = \sum_{i \leqq n'} \varrho_i' = \sum_{i \leqq n} \varrho_i' + \sum_{n < i \leqq n'} \varrho_i' > \sum_{i \leqq n} \varrho_i' = \alpha,$$

also ist auch $n = n'$, und die gewünschte Darstellung von $\alpha \neq 0$ als endliche Summe monoton fallender γ-Zahlen ist eindeutig.

Aus dem Beweis zu Satz 4 entnimmt man, daß in der eindeutigen Darstellung $\alpha = \sum_{i \leqq n} \varrho_i$ von $\alpha \neq 0$ als endliche Summe monoton fallender γ-Zahlen ϱ_0 die größte γ-Zahl $\leqq \alpha$ und ϱ_n der kleinste Rest von α ist. Daraus folgt weiterhin, daß für jede Ordinalzahl α die Menge aller γ-Zahlen $\leqq \alpha$ ein größtes Element besitzt. Für die Darstellung $\alpha = \sum_{i \leqq n} \varrho_i$ für $\alpha \neq 0$ gilt außerdem, daß die Summen

$$r_k = \sum_{k \leqq i \leqq n} \varrho_i$$

für $k \leqq n$ genau die Reste von α sind. Denn diese Summen r_k sind zunächst trivial Reste von α. Ist β ein Rest von α mit $\beta \neq r_k$ für alle $k \leqq n$, so ist

$$r_n = \varrho_n \leqq \beta \leqq \alpha = r_0,$$

also

$$r_n < \beta < r_0;$$

dann gibt es ein $k_0 < n$ mit

$$r_{k_0+1} < \beta < r_{k_0} = \varrho_{k_0} + r_{k_0+1},$$

womit β nach Satz 2a) ein Rest von $\varrho_{k_0} + r_{k_0+1}$ wäre, also

$$\varrho_{k_0} + r_{k_0+1} = \xi + \beta;$$

wegen $r_{k_0+1} < \beta$ folgt hieraus $\xi < \varrho_{k_0}$, also $\varrho_{k_0} = \xi + \delta$ bei $\delta \neq 0$ und damit

$$\xi + \delta + r_{k_0+1} = \xi + \beta,$$

also

$$\beta = \delta + r_{k_0+1},$$

wo δ ein Rest von ϱ_{k_0} ist; da aber ϱ_{k_0} eine additiv unzerlegbare Zahl ist, ist $\delta = \varrho_{k_0}$, also

$$\beta = \varrho_{k_0} + r_{k_0+1} = r_{k_0}$$

im Widerspruch zu $\beta < r_{k_0}$.

Satz 4 kann auch unter Verwendung der Cantorschen Normalform von $\alpha \neq 0$ bewiesen werden. Ist nämlich in Cantorscher Normalform

$$\alpha = \sum_{i \leqq m} \omega^{\sigma_i} \cdot a_i,$$

so ist jede Potenz ω^{σ_i} eine γ-Zahl, und man erhält eine gewünschte Darstellung von α für $n = \sum_{i \leqq m} a_i$ als endliche Summe $\sum_{i \leqq n-1} \varrho_i$ von monoton fallenden γ-Zahlen, wenn man in $\sum_{i \leqq m} \omega^{\sigma_i} \cdot a_i$ jedes Glied $\omega^{\sigma_i} \cdot a_i$ als Summe von a_i Summanden ω^{σ_i} schreibt und dann $\sum_{i \leqq m} \omega^{\sigma_i} \cdot a_i$ auf diese Weise in eine Summe aus Summanden ω^{σ_i} umwandelt, wobei jetzt jeder Summand ω^{σ_i} im allgemeinen mehrmals auftritt.

Umgekehrt erhält man aus der Darstellung

$$\alpha = \sum_{i \leqq n} \varrho_i$$

von $\alpha \neq 0$ im Sinne von Satz 4 die Cantorsche Normalform $\alpha = \sum_{i \leqq m} \omega^{\sigma_i} \cdot a_i$ von α, wenn man gleiche Summanden ϱ_i zu Gliedern $\varrho_i \cdot a_i$ zusammenfaßt, wo $1 \leqq a_i \in \boldsymbol{N}$ ist und ϱ_i als γ-Zahl die Form ω^{σ_i} besitzt.

2. Wir wenden uns nun der multiplikativen Zerlegung der Ordinalzahlen zu.

Definition 3. Sind α, β Ordinalzahlen, so ist β ein *Linksteiler von* α bzw. ein *Rechtsteiler von* α genau dann, wenn $\beta > 1$ ist und es eine Ordinalzahl ξ gibt mit $\alpha = \beta \cdot \xi$ bzw. mit $\alpha = \xi \cdot \beta$.

Ist β ein Links- bzw. Rechtsteiler von $\alpha \neq 0$, so ist $1 < \beta \leqq \alpha$. Jede Ordinalzahl $\alpha > 1$ besitzt den Links- und Rechtsteiler α.

Definition 4. Eine Ordinalzahl α ist *multiplikativ zerlegbar* genau dann, wenn es Ordinalzahlen ξ, η gibt mit $\alpha = \xi \cdot \eta$ und $\xi, \eta < \alpha$; α ist *multiplikativ unzerlegbar* genau dann, wenn α nicht multiplikativ zerlegbar ist.

Eine Ordinalzahl $\alpha \neq 0$ ist also genau dann multiplikativ zerlegbar, wenn α einen Rechtsteiler $\beta < \alpha$ besitzt; $\alpha \neq 0$ ist genau dann multiplikativ unzerlegbar, wenn α allen seinen Rechtsteilern gleich ist.

0, 1 sind multiplikativ unzerlegbar. Eine natürliche Zahl $n > 1$ ist genau dann multiplikativ unzerlegbar, wenn sie eine Primzahl ist (d. h. wenn sie nur durch 1 und sich selbst teilbar ist). ω ist multiplikativ unzerlegbar, ebenso $\omega + 1$. Ist λ eine ordinale Limeszahl und $2 \leqq n \in \boldsymbol{N}$; so ist $\lambda + n$ multiplikativ zerlegbar; denn ist $\lambda = \omega \cdot \xi$, so ist

$$\lambda + n = \omega \cdot \xi + n = n \cdot \omega \cdot \xi + n = n \cdot (\omega \cdot \xi + 1) = n \cdot (\lambda + 1).$$

Satz 5. *Jede Ordinalzahl* $\alpha \neq 0$ *besitzt nur endlich viele Rechtsteiler.*

Beweis. Ist $0 \neq \alpha \in \boldsymbol{O}$ und sind β_1, β_2 Rechtsteiler von α mit etwa

$$\alpha = \xi_1 \cdot \beta_1 = \xi_2 \cdot \beta_2,$$

so ist $\xi_2 < \xi_1$ im Falle $\beta_1 < \beta_2$. Es sei nun R die Menge aller Rechtsteiler von α, γ die Ordinalzahl, für die $\boldsymbol{O}(\gamma)$ und R ähnlich sind, f die ähnliche Abbildung von $\boldsymbol{O}(\gamma)$ auf R und g die Funktion über $\boldsymbol{O}(\gamma)$, welche jedem $\eta < \gamma$ das kleinste $\xi \leqq \alpha$ zuordnet mit $\alpha = \xi \cdot f(\eta)$. Es gilt dann

$$f(\eta_1) < f(\eta_2) \quad \text{für} \quad \eta_1 < \eta_2 < \gamma,$$

also

$$g(\eta_2) < g(\eta_1) \quad \text{für} \quad \eta_1 < \eta_2 < \gamma$$

wegen

$$\alpha = g(\eta_1) \cdot f(\eta_1) = g(\eta_2) \cdot f(\eta_2).$$

Damit ist g eine echt monoton fallende Folge vom Typ γ von Ordinalzahlen, womit nach Satz 12, § 23 Nb g endlich ist. Wegen $R \backsim$ Nb g ist also auch R endlich.

Satz 6. *Der kleinste Rechtsteiler einer jeden Ordinalzahl* $\alpha > 1$ *ist multiplikativ unzerlegbar.*

Beweis. Wäre $1 < \alpha = \xi \cdot \beta$ bei $1 < \beta$ und $\beta = \eta \cdot \zeta$ bei $\eta, \zeta < \beta$, so wäre $\alpha = (\xi \cdot \eta) \cdot \zeta$ bei $1 < \zeta < \beta$, womit β nicht der kleinste Rechtsteiler von α wäre.

Das Beispiel $12 = 6 \cdot 2 = 4 \cdot 3$ zeigt, daß die weiteren Behauptungen von Satz 2 nicht ins Multiplikative übertragen werden können.

Satz 7. *Für jede Ordinalzahl* $\alpha > 1$ *gibt es ein Paar* $[n, \varrho]$ *von Elementen mit:*

$n \in \boldsymbol{N}$,

ϱ *Funktion von* $[0, n]$ *in* $\boldsymbol{O}$, *deren Werte* ϱ_i $(i \leqq n)$ *multiplikativ unzerlegbare Ordinalzahlen* > 1 *sind,*

$\alpha = \prod_{i \leqq n} \varrho_i$.

Beweis. Es sei $1 < \alpha \in \boldsymbol{O}$. Man definiere durch vollständige Induktion die Funktion f von $\boldsymbol{N}$ in $\boldsymbol{O}^{(2)}$ mit für jedes $i \in \boldsymbol{N}$:

$f_0 = [\xi_0, \varrho_0]$, wo ϱ_0 der kleinste Rechtsteiler von α und ξ_0 die kleinste Zahl mit $\alpha = \xi_0 \cdot \varrho_0$ ist,

$$f_{i+1} = \begin{cases} [1, 1], & \text{falls } f_i = [\xi', \varrho'] \text{ mit } \xi' \leqq 1 \\ [\xi, \varrho], & \text{falls } f_i = [\xi', \varrho'] \text{ mit } \xi' > 1 \text{ und wobei } \varrho \text{ der kleinste Rechts-} \\ & \text{teiler von } \xi' \text{ und } \xi \text{ die kleinste Zahl mit } \xi' = \xi \cdot \varrho \text{ ist.} \end{cases}$$

ξ und ϱ seien die Funktionen über N mit für jedes $i \in N$:

$$f_i = [\xi_i, \varrho_i].$$

Es ist trivial stets $\xi_i \neq 0$. Gibt es kein $i \in N$ mit $\xi_i = 1$, so ist stets $\xi_i > \xi_{i+1}$, woraus man durch vollständige Induktion über j für jedes $i, j \in N$ erhält: $i < j \rightarrow \xi_i > \xi_j$; es wäre dann ξ eine echt monoton fallende, abzählbare Folge von Ordinalzahlen im Widerspruch dazu, daß jede echt monoton fallende Folge von Ordinalzahlen endlich ist. Also gibt es ein kleinstes $n \in N$, mit $\xi_n = 1$. Für $i \leqq n$ sind die ϱ_i als kleinste Rechtsteiler nach Satz 6 multiplikativ unzerlegbare Zahlen > 1. Schließlich zeigen wir noch

$$\alpha = \prod_{i \leqq n} \varrho_{n-i},$$

womit dann die Existenz einer gewünschten Darstellung von α bewiesen ist. Man zeigt aber leicht durch vollständige Induktion über k, daß

$$\alpha = \xi_k \cdot \prod_{i \leqq k} \varrho_{k-i} \quad \text{für jedes} \quad k \leqq n$$

gilt, wobei man verwendet $\xi_k = \xi_{k+1} \cdot \varrho_{k+1}$ für $k < n$. Für $k = n$ erhält man somit wegen $\xi_n = 1$: $\alpha = \prod_{i \leqq n} \varrho_{n-i}$.

Die Zerlegung einer Ordinalzahl $\alpha > 1$ in multiplikativ unzerlegbare Zahlen > 1 ist im allgemeinen nicht eindeutig, wie das Beispiel $\alpha = \omega \cdot \omega = (\omega + 1) \cdot \omega$ zeigt. Das Beispiel $\alpha = \omega \cdot (\omega + 1)$ zeigt, daß das Beweisverfahren von Satz 7 nicht notwendig zu einer Produktdarstellung von α mit monoton fallenden Faktoren führen muß.

Satz 8. *Die multiplikativ unzerlegbaren Ordinalzahlen sind genau die multiplikativ unzerlegbaren natürlichen Zahlen, die δ-Zahlen und die Zahlen $\omega^\xi + 1$ für beliebiges $\xi \in O$.*

Beweis. Jede δ-Zahl ist multiplikativ unzerlegbar. Denn ist α eine δ-Zahl, so ist $2 \leqq \alpha$ und $\xi \cdot \alpha = \alpha$ für jedes $1 \leqq \xi < \alpha$; wäre dann α multiplikativ zerlegbar, so wäre $\alpha = \xi \cdot \eta$ bei $\xi, \eta < \alpha$, also $\alpha = \xi \cdot \eta < \xi \cdot \alpha = \alpha$; also ist α multiplikativ unzerlegbar. Jede Zahl $\omega^\xi + 1$ ist multiplikativ unzerlegbar. Denn ist $\omega^\xi + 1 = \zeta \cdot \eta$ bei $\zeta, \eta < \omega^\xi + 1$, so sind ζ, η von 1. Art (da $\omega^\xi + 1$ von 1. Art ist) bei $1 < \zeta, \eta$, also $\zeta = \zeta' + 1$, $\eta = \eta' + 1$, also

$$\omega^\xi + 1 = \zeta \cdot \eta = \zeta \cdot \eta' + \zeta = \zeta \cdot \eta' + \zeta' + 1,$$

also

$$\omega^\xi = \zeta \cdot \eta' + \zeta'$$

bei $\zeta' < \omega^\xi$ wegen $\zeta' + 1 = \zeta < \omega^\xi + 1$ und bei $\zeta \cdot \eta' < \omega^\xi$ wegen

$$\zeta \cdot \eta' < \zeta \cdot \eta' + 1 < \zeta \cdot \eta' + \zeta = \zeta \cdot \eta = \omega^\xi + 1;$$

damit wäre ω^ξ additiv zerlegbar im Widerspruch zur additiven Unzerlegbarkeit von ω^ξ nach Satz 3. Es ist noch zu zeigen, daß jede transfinite multiplikativ unzerlegbare Zahl eine δ-Zahl oder von der Form $\omega^{\xi}+1$ ist. Dazu genügt es offenbar, den folgenden Hilfssatz zu beweisen:

Hilfssatz. Jede multiplikativ unzerlegbare ordinale Limeszahl ist eine δ-Zahl; jede transfinite multiplikativ unzerlegbare isolierte Ordinalzahl ist von der Form $\omega^{\xi}+1$ bei $1 \leqq \xi \in \boldsymbol{O}$.

Beweis. Für diesen Hilfssatz genügt es zu beweisen, daß jede transfinite multiplikativ unzerlegbare Ordinalzahl $\alpha \geqq \omega$ eine δ-Zahl oder von der Form $\omega^{\xi}+1$ ist; denn eine ordinale Limeszahl kann nicht gleich einer isolierten Zahl $\omega^{\xi}+1$ sein, und eine transfinite isolierte Ordinalzahl kann nicht gleich einer transfiniten δ-Zahl sein, da diese Limeszahl ist.

Es sei also $\omega \leqq \alpha \in \boldsymbol{O}$ eine transfinite multiplikativ unzerlegbare Ordinalzahl und $[m, \sigma, a]$ die CANTORsche Normalform von α. Dann ist

$$\alpha = \omega^{\sigma_0} \cdot a_0 + \varrho \quad \text{bei} \quad 1 \leqq \sigma_0, \quad 1 \leqq a_0 \in \boldsymbol{N}, \quad \varrho < \omega^{\sigma_0},$$

also nach Satz 4a), § 31

$$\alpha = (\omega^{\sigma_0} + \varrho) \cdot a_0 .$$

Es ist dabei $a_0 < \alpha$; also muß

$$\alpha = \omega^{\sigma_0} + \varrho$$

sein, da sonst auch $\omega^{\sigma_0} + \varrho < \alpha$ wäre und α multiplikativ zerlegbar wäre. Ist $\varrho = 0$ so ist $\alpha = \omega^{\sigma_0}$. Dann muß aber σ_0 additiv unzerlegbar sein, da sonst $\sigma_0 = \xi + \eta$ mit $\xi, \eta < \sigma_0$ wäre, also $\alpha = \omega^{\xi} \cdot \omega^{\eta}$, womit α multiplikativ zerlegbar wäre. Da $1 \leqq \sigma_0$ additiv unzerlegbar ist, ist $\sigma_0 = \omega^{\xi}$ für ein $\xi \in \boldsymbol{O}$; also ist $\alpha = \omega^{(\omega^{\xi})}$ eine δ-Zahl. Ist $\varrho > 0$, so ist $\varrho = 1$ und damit $\alpha = \omega^{\sigma_0} + 1$. Denn wäre $\varrho > 1$, so wäre nach Satz 7a), § 31 wegen $\boldsymbol{g}(\varrho) = \sigma_1$:

$$\alpha = \omega^{\sigma_0} + \varrho = \varrho \cdot \omega^{-\sigma_1 + \sigma_0} + \varrho = \varrho \cdot (\omega^{-\sigma_1 + \sigma_0} + 1),$$

wobei $\varrho < \alpha$ und wegen $1 < \varrho$ auch

$$\omega^{-\sigma_1 + \sigma_0} + 1 \leqq \omega^{\sigma_0} + 1 < \omega^{\sigma_0} + \varrho = \alpha$$

wäre und somit α multiplikativ zerlegbar wäre.

§ 34. Vertauschbare Ordinalzahlen

1. Die Arithmetik der transfiniten Ordinalzahlen unterscheidet sich vor allem deshalb von der Arithmetik der natürlichen Zahlen, daß für transfinite Ordinalzahlen α, β im allgemeinen nicht die kommutativen Gesetze

$$\alpha + \beta = \beta + \alpha, \qquad \alpha \cdot \beta = \beta \cdot \alpha$$

gelten. Es soll jetzt untersucht werden, in welchen Spezialfällen Ordinalzahlen α, β kommutativ (vertauschbar) in bezug auf die Addition, die Multiplikation oder die Potenzierung sind.

Definition 1. Sind α, β Ordinalzahlen, so sind α und β *additiv vertauschbar* genau dann, wenn $\alpha + \beta = \beta + \alpha$ gilt, *multiplikativ vertauschbar* genau dann, wenn $\alpha \cdot \beta = \beta \cdot \alpha$ gilt, und *exponentiell vertauschbar* genau dann, wenn $\alpha^\beta = \beta^\alpha$ gilt.

Ist α mit β und mit γ additiv bzw. multiplikativ vertauschbar, so ist α auch mit $\beta + \gamma$ additiv bzw. mit $\beta \cdot \gamma$ multiplikativ vertauschbar; denn ist $\alpha + \beta = \beta + \alpha$ und $\alpha + \gamma = \gamma + \alpha$, so ist $\alpha + (\beta + \gamma) = \beta + \alpha + \gamma = (\beta + \gamma) + \alpha$ und ist $\alpha \cdot \beta = \beta \cdot \alpha$ und $\alpha \cdot \gamma = \gamma \cdot \alpha$, so ist $\alpha \cdot (\beta \cdot \gamma) = \beta \cdot \alpha \cdot \gamma = (\beta \cdot \gamma) \cdot \alpha$.

2. Wir behandeln zunächst die additive Vertauschbarkeit und suchen zu einer vorgegebenen Ordinalzahl α alle mit α additiv vertauschbaren Zahlen β. Für $\alpha = 0$ sind trivial alle Ordinalzahlen β mit α additiv vertauschbar. Für jedes α ist $\beta = \alpha$ mit α additiv vertauschbar.

Satz 1. *Für Ordinalzahlen* $\alpha > 0$ *und die kleinste Ordinalzahl* $\bar{\alpha} > 0$ *mit* $\alpha + \bar{\alpha} = \bar{\alpha} + \alpha$ *sind genau die Zahlen* $\bar{\alpha} \cdot n$ *bei beliebiger natürlicher Zahl* n *alle mit* α *additiv vertauschbaren Ordinalzahlen.*

Beweis. Ist $\alpha > 0$ eine Ordinalzahl und $\bar{\alpha}$ die kleinste von 0 verschiedene, mit α additiv vertauschbare Ordinalzahl, so zeigt man leicht durch vollständige Induktion über n, daß für jede natürliche Zahl n gilt:

$$\alpha + (\bar{\alpha} \cdot n) = (\bar{\alpha} \cdot n) + \alpha.$$

Die Zahlen $\bar{\alpha} \cdot n$ sind aber auch die einzigen mit α additiv vertauschbaren Zahlen β. Ist $\beta = 0$, so ist trivial $\beta = \bar{\alpha} \cdot 0$. Ist $\beta > 0$ mit α additiv vertauschbar und

$$\alpha = \omega^\sigma \cdot a + \varrho_1, \quad \beta = \omega^\tau \cdot b + \varrho_2$$
$$\text{bei} \quad 0 < a, b < \omega, \quad 0 \leqq \varrho_1 < \omega^\sigma, \quad 0 \leqq \varrho_2 < \omega^\tau$$

(was man aus den Cantorschen Normalformen von α, β oder auch unmittelbar aus dem innerhalb des Beweises zu Satz 1, § 31 bewiesenen Hilfssatz 1 erhält), so gilt $\sigma = \tau$, da im Falle $\sigma < \tau \vee \tau < \sigma$ nach Satz 6a), § 31 $\alpha + \beta = \beta \vee \beta + \alpha = \alpha$ wäre im Widerspruch zu $\alpha + \beta = \beta + \alpha$ und $\alpha, \beta > 0$. Aus $\alpha + \beta = \beta + \alpha$ folgt jetzt (im Falle $\sigma = 0$ ist auch $\varrho_1 = \varrho_2 = 0$):

$$\omega^\sigma \cdot a + \varrho_1 + \omega^\sigma \cdot b + \varrho_2 = \omega^\sigma \cdot b + \varrho_2 + \omega^\sigma \cdot a + \varrho_1,$$

also

$$\omega^\sigma \cdot (a + b) + \varrho_2 = \omega^\sigma \cdot (b + a) + \varrho_1,$$

also

$$\varrho_1 = \varrho_2$$

und damit insgesamt

$$\beta = \omega^\sigma \cdot b + \varrho_1.$$

Es gilt also auch

$$\bar{\alpha} = \omega^\sigma \cdot c + \varrho_1$$

für ein $0 < c < \omega$, woraus

$$\bar{\alpha} = \omega^\sigma + \varrho_1$$

folgt, da $\omega^\sigma + \varrho_1 < \omega^\sigma \cdot c + \varrho_1$ für jedes $1 < c < \omega$ ist und man leicht

$$\alpha + (\omega^\sigma + \varrho_1) = (\omega^\sigma + \varrho_1) + \alpha$$

bestätigt, d. h.

$$\omega^\sigma \cdot a + \varrho_1 + \omega^\sigma + \varrho_1 = \omega^\sigma + \varrho_1 + \omega^\sigma \cdot a + \varrho_1 .$$

Aus $\beta = \omega^\sigma \cdot b + \varrho_1$ und $\bar{\alpha} = \omega^\sigma + \varrho_1$ folgt schließlich nach Satz 4a), § 31 $\beta = \bar{\alpha} \cdot b$.

Aus dem Beweis zu Satz 1 entnimmt man noch, daß für jede Ordinalzahl $\alpha > 0$ mit der CANTORschen Normalform $[m, \sigma, a]$ die kleinste von 0 verschiedene, mit α additiv vertauschbare Ordinalzahl $\bar{\alpha}$ die Zahl

$$\bar{\alpha} = \omega^{\sigma_0} + \omega^{\sigma_1} \cdot a_1 + \cdots + \omega^{\sigma_m} \cdot a_m$$

ist. Es ist dann also $\alpha = \bar{\alpha} \cdot a_0$ und die sämtlichen mit α additiv vertauschbaren Ordinalzahlen β sind 0 und die Zahlen

$$\beta = \omega^{\sigma_0} \cdot b + \omega^{\sigma_1} \cdot a_1 + \cdots + \omega^{\sigma_m} \cdot a_m$$

bei beliebigem $0 < b < \omega$. Zum Beispiel sind alle mit ω additiv vertauschbaren Zahlen die Zahlen $\omega \cdot n$ für beliebiges $n \in N$; alle mit $\omega + 1$ additiv vertauschbaren Zahlen sind 0 und die Zahlen $\omega \cdot n + 1$ für beliebiges $0 < n < \omega$.

Aus Satz 1 ergeben sich folgende Sätze:

Satz 2. *Ordinalzahlen α, β sind additiv vertauschbar genau dann, wenn es eine Ordinalzahl γ und natürliche Zahlen n, m gibt mit:*

$$\alpha = \gamma \cdot n, \qquad \beta = \gamma \cdot m .$$

Beweis. Ist $\alpha = \gamma \cdot n$ und $\beta = \gamma \cdot m$, so ist

$$\alpha + \beta = \gamma \cdot (n + m) = \gamma \cdot (m + n) = \beta + \alpha .$$

Ist umgekehrt $\alpha + \beta = \beta + \alpha$ und $\alpha = 0$, so ist $\alpha = \beta \cdot 0$ und $\beta = \beta \cdot 1$. Ist $\alpha + \beta = \beta + \alpha$, $\alpha > 0$ und $\bar{\alpha}$ die kleinste von 0 verschiedene, mit α additiv vertauschbare Zahl, so gibt es nach Satz 1 natürliche Zahlen n, m mit

$$\alpha = \bar{\alpha} \cdot n, \qquad \beta = \bar{\alpha} \cdot m .$$

Satz 3. *Für Ordinalzahlen α, β, γ gilt:*

$$\alpha + \alpha = \alpha + \alpha ,$$

$$\beta > 0 . \rightarrow . \alpha + \beta = \beta + \alpha \wedge \beta + \gamma = \gamma + \beta \rightarrow \alpha + \gamma = \gamma + \alpha ,$$

$$\alpha + \beta = \beta + \alpha \rightarrow \beta + \alpha = \alpha + \beta ;$$

d. h. die Beziehung der additiven Vertauschbarkeit ist eine Äquivalenzrelation in der Klasse aller von 0 verschiedenen Ordinalzahlen.

Beweis. Es ist noch die zweite Behauptung zu beweisen. Sind α und γ mit $\beta > 0$ additiv vertauschbar und ist $\bar{\beta}$ die kleinste von 0 verschiedene, mit β additiv vertauschbare Zahl, so ist nach Satz 1

$$\alpha = \bar{\beta} \cdot n, \qquad \gamma = \bar{\beta} \cdot m$$

für gewisse natürliche Zahlen n, m, also:

$$\alpha + \gamma = \bar{\beta} \cdot (n + m) = \bar{\beta} \cdot (m + n) = \gamma + \alpha.$$

Die Abstraktionsklassen der durch die additive Vertauschbarkeitsbeziehung in $\boldsymbol{O} \setminus \{0\}$ induzierten Äquivalenzrelation sind nach Satz 1 abzählbar.

Satz 4. *Ordinalzahlen* $\alpha > 0$, $\beta > 0$ *sind additiv vertauschbar genau dann, wenn es natürliche Zahlen* $n > 0$, $m > 0$ *gibt mit:*

$$\alpha \cdot n = \beta \cdot m.$$

Beweis. Ist $\alpha \cdot n = \beta \cdot m$, so ist α mit $\beta \cdot m$ additiv vertauschbar, da α mit $\alpha \cdot n$ additiv vertauschbar ist; es ist β mit $\beta \cdot m$ additiv vertauschbar, also nach Satz 3 schließlich α mit β additiv vertauschbar. Ist umgekehrt $\alpha + \beta = \beta + \alpha$, so gibt es nach Satz 2 ein γ und natürliche Zahlen n, m mit $\alpha = \gamma \cdot m$, $\beta = \gamma \cdot n$, also ist $\alpha \cdot n = \beta \cdot m$.

3. Die Ordinalzahlen $\alpha = 0$ und $\alpha = 1$ sind trivial mit jeder Ordinalzahl β multiplikativ vertauschbar. Für jedes α ist $\beta = \alpha$ mit α multiplikativ vertauschbar. Für jede Ordinalzahl $\alpha > 1$ ist α^n für beliebiges natürliches n multiplikativ mit α vertauschbar. Ist $\alpha > 1$ und $\bar{\alpha}$ die kleinste mit α multiplikativ vertauschbare Zahl > 1, so sind alle Zahlen $\bar{\alpha}^n$ für beliebiges natürliches n mit α multiplikativ vertauschbar, was man durch vollständige Induktion über n beweist. Diese Zahlen $\bar{\alpha}^n$ sind aber im allgemeinen nicht alle mit α multiplikativ vertauschbaren Zahlen, wie wir im folgenden sehen werden.

Satz 5. *Für natürliche Zahlen* $1 < \alpha < \boldsymbol{\omega}$ *sind die mit* α *multiplikativ vertauschbaren Ordinalzahlen genau die natürlichen Zahlen.*

Beweis. Ist $1 < \alpha < \boldsymbol{\omega}$, so gilt $\alpha \cdot \beta = \beta \cdot \alpha$ für jedes $\beta < \boldsymbol{\omega}$; ist $\beta \geqq \boldsymbol{\omega}$ bei

$$\beta = \boldsymbol{\omega}^\tau \cdot b + \varrho, \qquad 0 < b < \boldsymbol{\omega}, \qquad 0 \leqq \varrho < \boldsymbol{\omega}^\tau,$$

so ist wegen $\tau > 0$ und $b + 1 \leqq b \cdot \alpha$:

$$\alpha \cdot \beta = \alpha \cdot (\boldsymbol{\omega}^\tau \cdot b + \varrho) = \boldsymbol{\omega}^\tau \cdot b + \alpha \cdot \varrho < \boldsymbol{\omega}^\tau \cdot (b + 1) \leqq \boldsymbol{\omega}^\tau \cdot b \cdot \alpha + \varrho = \beta \cdot \alpha,$$

also β nicht mit α multiplikativ vertauschbar.

Wir dürfen also auf Grund von Satz 5 jetzt $\alpha \geqq \boldsymbol{\omega}$ voraussetzen für die Frage, welche Zahlen β mit α multiplikativ vertauschbar sind. Ist $\alpha \geqq \boldsymbol{\omega}$, so ist natürlich im Falle $\beta > 1$ und $\alpha \cdot \beta = \beta \cdot \alpha$ nach Satz 5 auch $\beta \geqq \boldsymbol{\omega}$.

Satz 6. *Für multiplikativ vertauschbare Ordinalzahlen* $\alpha \geqq \omega$, $\beta \geqq \omega$ *gilt:*

$$\alpha \text{ isolierte Zahl} \leftrightarrow \beta \text{ isolierte Zahl},$$
$$\alpha \text{ Limeszahl} \leftrightarrow \beta \text{ Limeszahl}.$$

Beweis. Sind $\alpha, \beta \geqq \omega$, $\alpha \cdot \beta = \beta \cdot \alpha$ mit den CANTORschen Normalformen $[m, \sigma, a]$, $[n, \tau, b]$, so ist also

$$\alpha = \sum_{i \leqq m} \omega^{\sigma_i} \cdot a_i, \qquad \beta = \sum_{i \leqq n} \omega^{\tau_i} \cdot b_i.$$

Wäre α isoliert und β Limeszahl, so wäre nach Satz 7, § 31

$$\alpha \cdot \beta = \omega^{\sigma_0} \cdot \sum_{i \leqq n} \omega^{\tau_i} \cdot b_i$$

und

$$\beta \cdot \alpha = \sum_{i < m} \omega^{\tau_0 + \sigma_i} \cdot a_i + \omega^{\tau_0} \cdot b_0 a_n + \sum_{0 < i \leqq n} \omega^{\tau_i} \cdot b_i.$$

Wegen $\alpha \cdot \beta = \beta \cdot \alpha$ müßten u. a. die Anzahlen der Summanden in den CANTORschen Normalformen von $\alpha \cdot \beta$ und $\beta \cdot \alpha$ übereinstimmen; d. h. es müßte

$$n + 1 = m + 1 + n = m + n + 1$$

sein, also $m = 0$ im Widerspruch dann zu $\sigma_0 = 0$ (da α isoliert) und $\alpha \geqq \omega$.

Satz 7 (Satz von JACOBSTHAL). *Für isolierte Ordinalzahlen* $\alpha \geqq \omega$ *und die kleinste Ordinalzahl* $\bar{\alpha} > 1$ *mit* $\alpha \cdot \bar{\alpha} = \bar{\alpha} \cdot \alpha$ *gibt es zu jeder mit* α *multiplikativ vertauschbaren Ordinalzahl* $\beta \neq 0$ *eine natürliche Zahl* n *mit* $\beta = (\bar{\alpha})^n$.

Beweis. Für den Beweis zunächst zwei Hilfssätze.

Hilfssatz 1. Für multiplikativ vertauschbare isolierte Ordinalzahlen $\alpha > \beta \geqq \omega$ *gibt es eine Ordinalzahl* γ *mit:*

$$\alpha = \beta \cdot \gamma = \gamma \cdot \beta \quad \text{und} \quad \alpha \cdot \gamma = \gamma \cdot \alpha.$$

Beweis. Unter den Voraussetzungen von Hilfssatz 1 sei in CANTORscher Normalform

$$\alpha = \sum_{i \leqq m} \omega^{\sigma_i} \cdot a_i, \qquad \beta = \sum_{i \leqq n} \omega^{\tau_i} \cdot b_i;$$

es gilt dabei $m, n \neq 0$, da sonst α, β nicht gleichzeitig transfinit und isoliert wären; außerdem ist $\sigma_m = \tau_n = 0$. Nach Satz 7b), § 31 ist dann in CANTORscher Normalform

$$\alpha \cdot \beta = \sum_{i < n} \omega^{\sigma_0 + \tau_i} \cdot b_i + \omega^{\sigma_0} \cdot a_0 b_n + \sum_{0 < i \leqq m} \omega^{\sigma_i} \cdot a_i,$$

$$\beta \cdot \alpha = \sum_{i < m} \omega^{\tau_0 + \sigma_i} \cdot a_i + \omega^{\tau_0} \cdot b_0 a_m + \sum_{0 < i \leqq n} \omega^{\tau_i} \cdot b_i.$$

Aus $\alpha \cdot \beta = \beta \cdot \alpha$ und der Eindeutigkeit der Cantorschen Normalform folgt unter der Voraussetzung $\sigma_0 = \tau_0$ für alle $i < n, m$:

$$a_i = b_i \quad \text{und} \quad \tau_0 + \sigma_i = \sigma_0 + \tau_i, \quad \text{also} \quad \sigma_i = \tau_i.$$

Unter der Voraussetzung $\sigma_0 = \tau_0$ muß auch $m = n$ gelten; denn im Falle $m < n$ müßte $\sigma_0 + \tau_m = \tau_0$ sein, also $\tau_0 + \tau_m = \tau_0$, also $\tau_m = 0$ im Widerspruch zu $m < n$; im Fall $n < m$ müßte $\tau_0 + \sigma_n = \sigma_0$ sein, also $\sigma_0 + \sigma_n = \sigma_0$, also $\sigma_n = 0$ im Widerspruch zu $n < m$. Schließlich folgt $a_m = b_m$ und $\sigma_m = \tau_m$ aus $\sigma_0 = \tau_0$, denn wegen $m \neq 0$ ist

$$\sum_{0<i\leqq m} \omega^{\sigma_i} \cdot a_i = \sum_{0<i<m} \omega^{\sigma_i} \cdot a_i + \omega^{\sigma_m} \cdot a_m \text{ und } \sum_{0<i\leqq m} \omega^{\tau_i} \cdot b_i = \sum_{0<i<m} \omega^{\tau_i} \cdot b_i + \omega^{\tau_m} \cdot b_m,$$

also $a_m = b_m$ und $\sigma_m = \tau_m$. Aus $\sigma_0 = \tau_0$ folgt somit insgesamt $m = n$ und $a_i = b_i$, $\sigma_i = \tau_i$ für alle $i \leqq m$ und damit $\alpha = \beta$ im Widerspruch zu $\alpha > \beta$. Also ist $\sigma_0 \neq \tau_0$. Aus $\alpha > \beta$ und $\sigma_0 \neq \tau_0$ folgt $\sigma_0 > \tau_0$. Betrachtet man die beiden gleichen Cantorschen Normalformen von $\alpha \cdot \beta = \beta \cdot \alpha$, so muß es wegen $\sigma_0 > \tau_0$ ein $i_0 < m$ geben mit

$$\omega^{\tau_0 + \sigma_{i_0}} \cdot a_{i_0} = \omega^{\sigma_0} \cdot a_0 \, b_n.$$

Es ist dann

$$\omega^{\sigma_1} \cdot a_1 = \omega^{\tau_0 + \sigma_{i_1}} \cdot a_{i_1} \quad \text{für ein} \quad i_1 < m \quad \text{oder} \quad \omega^{\sigma_1} \cdot a_1 = \omega^{\tau_0} \cdot b_0 \, a_m,$$

woraus

$$\sum_{0<i\leqq m} \omega^{\sigma_i} \cdot a_i = \omega^{\tau_0} \cdot (\delta + b_0 \, a_m) + \sum_{0<i\leqq n} \omega^{\tau_i} \cdot b_i \tag{+}$$

folgt für eine Ordinalzahl δ 2. Art, nämlich für $\delta = 0$ im Falle $\omega^{\sigma_1} \cdot a_1 = \omega^{\tau_0} \cdot b_0 \, a_m$ und für $\delta = \sum_{i_1 \leqq i < m} \omega^{\sigma_i} \cdot a_i$ im Falle $\omega^{\sigma_1} \cdot a_1 = \omega^{\tau_0 + \sigma_{i_1}} \cdot a_{i_1}$. Man setze nun

$$\gamma = \omega^{-\tau_0 + \sigma_0} \cdot a_0 + \delta + a_m.$$

Aus Satz 7a), § 31 folgt dann

$$\beta \cdot \gamma = \omega^{\sigma_0} \cdot a_0 + \beta \cdot (\delta + a_m).$$

Da δ von 2. Art ist, folgt aus Satz 7, § 31:

$$\beta \cdot \delta = \omega^{\tau_0} \cdot \delta \quad \text{und} \quad \beta \cdot a_m = \omega^{\tau_0} \cdot b_0 \, a_m + \sum_{0<i\leqq n} \omega^{\tau_i} \cdot b_i,$$

also

$$\beta \cdot (\delta + a_m) = \omega^{\tau_0} \cdot (\delta + b_0 \, a_m) + \sum_{0<i\leqq n} \omega^{\tau_i} \cdot b_i,$$

also nach (+)

$$\beta \cdot (\delta + a_m) = \sum_{0<i\leqq m} \omega^{\sigma_i} \cdot a_i,$$

also

$$\beta \cdot \gamma = \omega^{\sigma_0} \cdot a_0 + \beta \cdot (\delta + a_m) = \sum_{i\leqq m} \omega^{\sigma_i} \cdot a_i = \alpha.$$

Wegen $\alpha \cdot \beta = \beta \cdot \alpha$ gilt weiterhin $(\beta \cdot \gamma) \cdot \beta = \alpha \cdot \beta = \beta \cdot \alpha$, also $\beta \cdot (\gamma \cdot \beta) = \beta \cdot \alpha$, also $\gamma \cdot \beta = \alpha$; damit gilt $\alpha = \beta \cdot \gamma = \gamma \cdot \beta$. Schließlich ist $\alpha \cdot \gamma = (\gamma \cdot \beta) \cdot \gamma = \gamma \cdot (\beta \cdot \gamma) = \gamma \cdot \alpha$, also gilt auch $\alpha \cdot \gamma = \gamma \cdot \alpha$, womit Hilfssatz 1 bewiesen ist.

Hilfssatz 2. Für multiplikativ vertauschbare isolierte Ordinalzahlen α, β und α, γ mit $\alpha > \beta > \gamma \geqq \omega$ gibt es eine Ordinalzahl δ mit:

$$\delta < \beta, \qquad \beta = \gamma \cdot \delta, \qquad \alpha \cdot \delta = \delta \cdot \alpha.$$

Beweis. Unter den Voraussetzungen von Hilfssatz 2 existiert nach Hilfssatz 1 (in bezug auf α, β) eine Ordinalzahl δ_0 mit $\alpha = \beta \cdot \delta_0 = \delta_0 \cdot \beta$ und $\alpha \cdot \delta_0 = \delta_0 \cdot \alpha$. Es ist $\delta_0 > 1$; denn wäre $\delta_0 \leqq 1$, so wäre $\delta_0 = 0$ oder $\delta_0 = 1$, d. h. $\alpha = 0$ oder $\alpha = \beta$ im Widerspruch zu $\alpha > \beta > \omega$. Es muß dann nach Satz 5 und der anschließenden Bemerkung $\delta_0 \geqq \omega$ gelten. Schließlich ist nach Satz 6 δ_0 isoliert. Man setze nun $\delta_1 = \delta_0 \cdot \gamma$. Wegen $\delta_0 > 1$ und $\gamma \geqq \omega$ ist $\delta_1 \geqq \omega$. Da δ_0 und γ isoliert sind, ist nach Satz 7b), § 31 auch δ_1 isoliert. Wegen $\gamma < \beta$ ist $\delta_1 = \delta_0 \cdot \gamma < \delta_0 \cdot \beta = \alpha$, also $\delta_1 < \alpha$; wegen

$$\alpha \cdot \delta_1 = \alpha \cdot \delta_0 \cdot \gamma = \delta_0 \cdot \alpha \cdot \gamma = \delta_0 \cdot \gamma \cdot \alpha = \delta_1 \cdot \alpha$$

ist $\alpha \cdot \delta_1 = \delta_1 \cdot \alpha$. Nach Hilfssatz 1 (in bezug auf α, δ_1) gibt es eine Ordinalzahl δ mit $\alpha = \delta_1 \cdot \delta = \delta \cdot \delta_1$ und $\alpha \cdot \delta = \delta \cdot \alpha$. Es gilt

$$\delta_0 \cdot \beta = \alpha = \delta_1 \cdot \delta = \delta_0 \cdot \gamma \cdot \delta,$$

also $\beta = \gamma \cdot \delta$. Es bleibt noch zu zeigen $\delta < \beta$. Wäre $\delta = \beta$, so wäre $\beta = \gamma \cdot \beta$, also

$$\beta' + 1 = \gamma \cdot (\beta' + 1) = \gamma \cdot \beta' + \gamma \geqq \beta' + \gamma$$

bei $\beta = \beta' + 1$, also $\beta' + 1 \geqq \beta' + \gamma$, also $\gamma \leqq 1$ im Widerspruch zu $\gamma \geqq \omega$. Damit ist $\delta \neq \beta$, also $\delta < \beta$ wegen $\delta \leqq \gamma \cdot \delta = \beta$. Damit ist Hilfssatz 2 bewiesen.

Wir wenden uns nun unter Verwendung der beiden Hilfssätze dem Beweis des Jacobsthalschen Satzes zu. Es sei $\alpha \geqq \omega$ eine isolierte Ordinalzahl und $\bar{\alpha}$ die kleinste Ordinalzahl $\xi > 1$ mit $\alpha \cdot \xi = \xi \cdot \alpha$. Nach Satz 5 und der anschließenden Bemerkung ist $\bar{\alpha} \geqq \omega$; außerdem ist $\bar{\alpha}$ nach Satz 6 isoliert. Als erstes zeigen wir die Existenz einer natürlichen Zahl n mit $\alpha = (\bar{\alpha})^n$.

Es sei a die abzählbare Folge mit für jedes $n \in \boldsymbol{N}$:

$a_0 = \alpha$,

$a_{n+1} = \begin{cases} \text{die kleinste nach Hilfssatz 1 existierende Ordinalzahl } \gamma \text{ mit } a_n = \bar{\alpha} \cdot \gamma \\ = \gamma \cdot \bar{\alpha} \text{ und } a_n \cdot \gamma = \gamma \cdot a_n, \text{ falls } a_n > \bar{\alpha} \text{ eine mit } \bar{\alpha} \text{ multiplikativ} \\ \text{vertauschbare isolierte Ordinalzahl ist} \\ \bar{\alpha} \text{ sonst.} \end{cases}$

Gäbe es kein $n \in \boldsymbol{N}$ mit $a_n = \bar{\alpha}$, so wäre nach Definition von a stets $a_n > a_{n+1}$ wegen $a_n = a_{n+1} \cdot \bar{\alpha} > a_{n+1}$, also a eine echt monoton fallende Folge von Ordinalzahlen, die dann endlich sein müßte im Widerspruch zur Abzählbarkeit von a. Also gibt es einen kleinsten Index n mit $a_n = \bar{\alpha}$. Für jedes $m < n$ ist

$a_m > \bar{\alpha}$ eine mit $\bar{\alpha}$ multiplikativ vertauschbare isolierte Ordinalzahl. Dies folgt so: Es ist $a_0 \cdot \alpha = \alpha \cdot a_0$; ist $m + 1 < n$ und $a_m \cdot \alpha = \alpha \cdot a_m$, so ist

$$\bar{\alpha} \cdot a_{m+1} \cdot \alpha = \alpha \cdot \bar{\alpha} \cdot a_{m+1} = \bar{\alpha} \cdot \alpha \cdot a_{m+1}$$

wegen $a_m = \bar{\alpha} \cdot a_{m+1}$, also $a_{m+1} \cdot \alpha = \alpha \cdot a_{m+1}$; damit ist durch vollständige Induktion $a_m \cdot \alpha = \alpha \cdot a_m$ für $m < n$ bewiesen, also $a_m \geqq \bar{\alpha}$ (da $a_m > 1$ ist), also $a_m > \bar{\alpha}$ wegen $m < n$. Trivial nach Definition von a ist a_m für $m < n$ mit $\bar{\alpha}$ multiplikativ vertauschbar; wegen $\bar{\alpha} \geqq \omega$ und $a_m > 1$ ist nach Satz 5 und der anschließenden Bemerkung $a_m \geqq \omega$, also a_m nach Satz 6 mit $\bar{\alpha}$ isoliert. Es ist somit $a_m > \bar{\alpha}$ für jedes $m < n$ eine mit $\bar{\alpha}$ multiplikativ vertauschbare isolierte Ordinalzahl. Daraus folgt nach Definition von a: $a_m = a_{m+1} \cdot \bar{\alpha}$ für jedes $m < n$, woraus man schließlich durch vollständige Induktion

$$\alpha = a_m \cdot (\bar{\alpha})^m$$

für jedes $m \leqq n$ erhält, also speziell $\alpha = a_n \cdot (\bar{\alpha})^n = (\bar{\alpha})^{n+1}$. Es existiert damit für jede isolierte Ordinalzahl $\alpha \geqq \omega$ und die zugehörige kleinste mit α multiplikativ vertauschbare Zahl $\bar{\alpha} > 1$ stets eine natürliche Zahl n mit $\alpha = (\bar{\alpha})^n$.

Es sei nun $\beta \neq 0$ eine mit α multiplikativ vertauschbare Ordinalzahl (unter den bisherigen Voraussetzungen über α). Ist $\beta = 1$, so ist $\beta = (\bar{\alpha})^0$. Ist $1 < \beta < \alpha$, so ist $\beta \geqq \omega$ isoliert und $\beta \geqq \bar{\alpha}$. Es sei b die abzählbare Folge mit für jedes $n \in \boldsymbol{N}$:

$$b_0 = \beta,$$

$$b_{n+1} = \begin{cases} \text{die kleinste nach Hilfssatz 2 existierende Ordinalzahl } \delta \text{ mit } \delta < b_n, \\ b_n = \bar{\alpha} \cdot \delta, \quad \alpha \cdot \delta = \delta \cdot \alpha, \quad \text{falls } b_n \text{ isoliert ist und } \alpha \cdot b_n = b_n \cdot \alpha, \\ \alpha > b_n > \bar{\alpha} \text{ gilt} \\ \bar{\alpha} \text{ sonst.} \end{cases}$$

Gäbe es kein $n \in \boldsymbol{N}$ mit $b_n = \bar{\alpha}$, so wäre nach Definition von b stets $b_{n+1} < b_n$, also b eine echt monoton fallende Folge von Ordinalzahlen, die dann endlich sein müßte im Widerspruch zur Abzählbarkeit von b. Also gibt es einen kleinsten Index n mit $b_n = \bar{\alpha}$. Für jedes $m < n$ ist b_m isoliert und $\alpha \cdot b_m = b_m \cdot \alpha$, $\alpha > b_m > \bar{\alpha}$. Dies folgt so: Die Behauptung gilt trivial für $m = 0$; gilt sie für m und ist $m + 1 < n$, so ist

$$b_{m+1} < b_m, \qquad b_m = \bar{\alpha} \cdot b_{m+1}, \qquad \alpha \cdot b_{m+1} = b_{m+1} \cdot \alpha,$$

also (da $b_{m+1} > 1$ ist) $b_{m+1} \geqq \bar{\alpha}$, also $b_{m+1} > \bar{\alpha}$ wegen $m + 1 < n$, also $\alpha > b_{m+1} > \bar{\alpha}$ wegen $\alpha > b_m > b_{m+1}$; schließlich ist b_{m+1} isoliert, da $b_{m+1} \geqq \omega$ und mit α multiplikativ vertauschbar ist; damit ist die Behauptung durch vollständige Induktion bewiesen. Daraus folgt nach Definition von b: $b_m = \bar{\alpha} \cdot b_{m+1}$ für jedes $m < n$, woraus man schließlich durch vollständige Induktion

$$\beta = (\bar{\alpha})^m \cdot b_m$$

für jedes $m \leqq n$ erhält, also speziell $\beta = (\bar{\alpha})^n \cdot b_n = (\bar{\alpha})^{n+1}$. Damit existiert für jedes multiplikativ mit α vertauschbare $1 < \beta < \alpha$ eine natürliche Zahl n mit $\beta = (\bar{\alpha})^n$.

Ist $\beta \geqq \alpha$ eine mit α multiplikativ vertauschbare Ordinalzahl, so sei c die abzählbare Folge mit für jedes $n \in \boldsymbol{N}$:

$$c_0 = \beta,$$

$$c_{n+1} = \begin{cases} \text{die kleinste nach Hilfssatz 1 existierende Ordinalzahl } \gamma \text{ mit } c_n = \alpha \cdot \gamma \\ = \gamma \cdot \alpha \text{ und } c_n \cdot \gamma = \gamma \cdot c_n, \text{ falls } c_n > \alpha \text{ eine mit } \alpha \text{ multiplikativ} \\ \text{vertauschbare isolierte Ordinalzahl ist} \\ \alpha \text{ sonst.} \end{cases}$$

Gäbe es kein $n \in \boldsymbol{N}$ mit $c_n = \alpha$, so wäre nach Definition von c stets $c_n > c_{n+1}$ wegen $c_n = c_{n+1} \cdot \alpha > c_{n+1}$, also c eine echt monoton fallende Folge von Ordinalzahlen, die dann endlich sein müßte im Widerspruch zur Abzählbarkeit von c. Also gibt es einen kleinsten Index n mit $c_n \leqq \alpha$. Für jedes $m < n$ ist dann $c_m > \alpha$ eine mit α multiplikativ vertauschbare isolierte Ordinalzahl. Daraus folgt nach Definition von c: $c_m = \alpha \cdot c_{m+1}$ für jedes $m < n$, woraus man weiter durch vollständige Induktion

$$\beta = \alpha^m \cdot c_m$$

für jedes $m \leqq n$ erhält, also speziell $\beta = \alpha^n \cdot c_n$ bei $c_n \leqq \alpha$ und $\alpha \cdot c_n = c_n \cdot \alpha$. Wegen $\beta \neq 0$ ist $c_n \neq 0$. Es sei $\alpha = (\bar{\alpha})^p$ für die natürliche Zahl p. Ist $c_n = 1$, so ist

$$\beta = \alpha^n = (\bar{\alpha})^{p \cdot n}.$$

Ist $1 < c_n < \alpha$, so gilt, wie wir bereits für diesen Fall bewiesen haben, $c_n = (\bar{\alpha})^q$ für eine natürliche Zahl q, also

$$\beta = \alpha^n \cdot c_n = (\bar{\alpha})^{p \cdot n} \cdot (\bar{\alpha})^q = (\bar{\alpha})^{p \cdot n + q}.$$

Ist $c_n = \alpha$, so ist

$$\beta = \alpha^{n+1} = (\bar{\alpha})^{p \cdot (n+1)}.$$

Also existiert auch für jedes mit α multiplikativ vertauschbare $\beta \geqq \alpha$ eine natürliche Zahl n mit $\beta = (\bar{\alpha})^n$, womit der Satz von Jacobsthal vollständig bewiesen ist.

Aus Satz 7 folgt der

Satz 8. *Für isolierte Ordinalzahlen* $\alpha \geqq \omega$ *und die kleinste Ordinalzahl* $\bar{\alpha} > 1$ *mit* $\alpha \cdot \bar{\alpha} = \bar{\alpha} \cdot \alpha$ *sind die Zahlen* $(\bar{\alpha})^n$ *bei* $n \in \boldsymbol{N}$ *genau die mit* α *multiplikativ vertauschbaren Ordinalzahlen* > 0.

Beweis. Durch vollständige Induktion über n erhält man $\alpha \cdot (\bar{\alpha})^n = (\bar{\alpha})^n \cdot \alpha$, woraus mit Satz 7 die Behauptung folgt.

Satz 9. *Für ordinale Limeszahlen* $\alpha \geqq \omega$, *die kleinste Ordinalzahl* $\bar{\alpha} > 1$ *mit* $\alpha \cdot \bar{\alpha} = \bar{\alpha} \cdot \alpha$ *und die kleinste mit* $\mathfrak{g}(\alpha)$ *additiv vertauschbare Ordinalzahl* $\pi > 0$ *sind die Zahlen* $\omega^{\pi \cdot n} \cdot \bar{\alpha}$ bei $n \in \boldsymbol{N}$ *genau die mit* α *multiplikativ vertauschbaren Ordinalzahlen* > 1.

Beweis. Unter den Voraussetzungen des Satzes sei in CANTORscher Normalform

$$\alpha = \sum_{i \leqq m} \omega^{\sigma_i} \cdot a_i, \qquad \text{also} \qquad g(\alpha) = \sigma_0 \neq 0.$$

Nach Satz 1 gibt es eine natürliche Zahl p mit $\sigma_0 = \pi \cdot p$. Es ist $\bar{\alpha} \geqq \omega$ nach Satz 6 eine Limeszahl, ebenso $\omega^{\pi \cdot n}$ bei $0 < n \in N$. Für $n = 0$ ist

$$\alpha \cdot \omega^{\pi \cdot n} \cdot \bar{\alpha} = \alpha \cdot \bar{\alpha} = \bar{\alpha} \cdot \alpha = \omega^{\pi \cdot n} \cdot \bar{\alpha} \cdot \alpha,$$

also $\omega^{\pi \cdot n} \cdot \bar{\alpha}$ mit α multiplikativ vertauschbar. Für $0 < n \in N$ gilt nach Satz 7 a), § 31

$$(\alpha \cdot \omega^{\pi \cdot n}) \cdot \bar{\alpha} = \omega^{\pi \cdot p} \cdot \omega^{\pi \cdot n} \cdot \bar{\alpha} = \omega^{\pi \cdot (p+n)} \cdot \bar{\alpha},$$

$$(\omega^{\pi \cdot n} \cdot \bar{\alpha}) \cdot \alpha = (\omega^{\pi \cdot n} \cdot \alpha) \cdot \bar{\alpha} = \Big(\sum_{i \leqq m} \omega^{\pi \cdot n + \sigma_i} \cdot a_i\Big) \cdot \bar{\alpha} = \omega^{\pi \cdot (n+p)} \cdot \alpha.$$

Also ist insgesamt $\omega^{\pi \cdot n} \cdot \bar{\alpha} > 1$ für jedes $n \in N$ multiplikativ mit α vertauschbar.

Ist umgekehrt $\beta > 1$ eine mit α multiplikativ vertauschbare Ordinalzahl, so ist $\beta \geqq \omega$ nach Satz 6 eine Limeszahl; es sei in CANTORscher Normalform

$$\beta = \sum_{i \leqq m_1} \omega^{\tau_i} \cdot b_i.$$

Nach Satz 7 a), § 31 gilt:

$$\alpha \cdot \beta = \omega^{\sigma_0} \cdot \beta = \omega^{\sigma_0 + \tau_0} \cdot b_0 + \omega^{\sigma_0} \cdot \sum_{0 < i \leqq m_1} \omega^{\tau_i} \cdot b_i,$$

$$\beta \cdot \alpha = \omega^{\tau_0} \cdot \alpha = \omega^{\tau_0 + \sigma_0} \cdot a_0 + \omega^{\tau_0} \cdot \sum_{0 < i \leqq m} \omega^{\sigma_i} \cdot a_i,$$

also wegen $\alpha \cdot \beta = \beta \cdot \alpha$:

$$\sigma_0 + \tau_0 = \tau_0 + \sigma_0, \quad a_0 = b_0, \quad m = m_1,$$

$$a_i = b_i \quad \text{und} \quad \sigma_0 + \tau_i = \tau_0 + \sigma_i \quad \text{für} \quad 0 < i \leqq m.$$

Nach Satz 1 gibt es eine natürliche Zahl q mit $\tau_0 = \pi \cdot q$, da τ_0 mit σ_0 additiv vertauschbar ist. β hat also in CANTORscher Normalform die Gestalt

$$\beta = \omega^{\pi \cdot q} \cdot a_0 + \sum_{0 < i \leqq m} \omega^{\tau_i} \cdot a_i \quad \text{bei} \quad \sigma_0 + \tau_i = \tau_0 + \sigma_i \quad \text{für} \quad 0 < i \leqq m.$$

Da speziell $\bar{\alpha}$ mit α multiplikativ vertauschbar ist, hat $\bar{\alpha}$ für eine natürliche Zahl r in CANTORscher Normalform die Gestalt

$$\bar{\alpha} = \omega^{\pi \cdot r} \cdot a_0 + \sum_{0 < i \leqq m} \omega^{\varrho_i} \cdot a_i \quad \text{bei} \quad \sigma_0 + \varrho_i = \varrho_0 + \sigma_i \quad \text{für} \quad 0 < i \leqq m,$$

wobei in CANTORscher Normalform $\bar{\alpha} = \sum_{i \leqq m_2} \omega^{\sigma_i} \cdot c_i$ und $\varrho_0 = \pi \cdot r$ ist. Wegen $\bar{\alpha} \leqq \beta$ ist $r \leqq q$; es sei n die natürliche Zahl mit $r + n = q$. Wie wir eingangs bewiesen haben, ist dann auch $\omega^{\pi\cdot n}\cdot\bar{\alpha}$ multiplikativ mit α vertauschbar, so daß also gilt:

$$\omega^{\pi\cdot n}\cdot\bar{\alpha}=\omega^{\pi\cdot q}\cdot a_0+\sum_{0<i\leqq m}\omega^{\pi\cdot n+\varrho_i}\cdot a_i$$

$$\text{bei}\quad \sigma_0+(\pi\cdot n+\varrho_i)=(\pi\cdot n+\varrho_0)+\sigma_i\quad\text{für}\quad 0<i\leqq m.$$

Aus $r+n=q$ folgt $\pi\cdot n+\pi\cdot r=\pi\cdot q$, also $\pi\cdot n+\varrho_0=\tau_0$, so daß aus $\sigma_0+\tau_i=\tau_0+\sigma_i$ und $\sigma_0+(\pi\cdot n+\varrho_i)=(\pi\cdot n+\varrho_0)+\sigma_i$ für $0<i\leqq m$ folgt:

$$\sigma_0+\tau_i=\tau_0+\sigma_i=(\pi\cdot n+\varrho_0)+\sigma_i=\sigma_0+(\pi\cdot n+\varrho_i)\ \text{für}\ 0<i\leqq m,$$

also

$$\tau_i=\pi\cdot n+\varrho_i\quad\text{für}\quad 0<i\leqq m$$

und damit

$$\omega^{\pi\cdot n}\cdot\bar{\alpha}=\beta.$$

Aus den bisherigen Sätzen erhält man weiterhin:

Satz 10. *Isolierte Ordinalzahlen* $\alpha\geqq\omega$, $\beta\geqq\omega$ *sind multiplikativ vertauschbar genau dann, wenn es eine Ordinalzahl* γ *und natürliche Zahlen* n, m *gibt mit*

$$\alpha=\gamma^n,\qquad \beta=\gamma^m.$$

Beweis. Ist $\alpha=\gamma^n$ und $\beta=\gamma^m$, so ist

$$\alpha\cdot\beta=\gamma^n\cdot\gamma^m=\gamma^{n+m}=\gamma^{m+n}=\gamma^m\cdot\gamma^n=\beta\cdot\alpha.$$

Ist umgekehrt $\alpha\cdot\beta=\beta\cdot\alpha$ für isolierte Ordinalzahlen $\alpha,\beta\geqq\omega$ und $\bar{\alpha}$ die kleinste multiplikativ mit α vertauschbare Ordinalzahl >1, so gibt es nach Satz 7 natürliche Zahlen n, m, mit

$$\alpha=(\bar{\alpha})^n,\qquad \beta=(\bar{\alpha})^m.$$

Satz 11. *Für Ordinalzahlen* α,β,γ *gilt:*

$$\alpha\cdot\alpha=\alpha\cdot\alpha,$$

$$\beta>1\ .\!\rightarrow.\ \alpha\cdot\beta=\beta\cdot\alpha\wedge\beta\cdot\gamma=\gamma\cdot\beta\rightarrow\alpha\cdot\gamma=\gamma\cdot\alpha,$$

$$\alpha\cdot\beta=\beta\cdot\alpha\rightarrow\beta\cdot\alpha=\alpha\cdot\beta;$$

d. h. die Beziehung der multiplikativen Vertauschbarkeit ist eine Äquivalenzrelation in der Klasse aller von 0, 1 *verschiedenen Ordinalzahlen.*

Beweis. Es ist nur noch die zweite Behauptung zu beweisen. Ist $\beta>1$ eine natürliche Zahl und sind α,γ multiplikativ mit β vertauschbar, so sind nach Satz 5 auch α,γ natürliche Zahlen, also $\alpha\cdot\gamma=\gamma\cdot\alpha$. Ist $\beta\geqq\omega$ isoliert, sind α,γ multiplikativ mit β vertauschbar und ist $\bar{\beta}$ die kleinste mit β multiplikativ vertauschbare Ordinalzahl >1, so gibt es im Falle $\alpha,\gamma>0$ nach Satz 7 natürliche Zahlen n, m mit

$$\alpha=(\bar{\beta})^n,\qquad \gamma=(\bar{\beta})^m,$$

woraus folgt:

$$\alpha \cdot \gamma = (\bar{\beta})^{n+m} = (\bar{\beta})^{m+n} = \gamma \cdot \alpha .$$

Für $\alpha = 0$ oder $\gamma = 0$ ist trivial $\alpha \cdot \gamma = \gamma \cdot \alpha$. Ist $\beta \geqq \boldsymbol{\omega}$ Limeszahl, sind α, γ multiplikativ mit β vertauschbar und ist $\bar{\beta}$ die kleinste mit β multiplikativ vertauschbare Ordinalzahl > 1 und π die kleinste mit $\boldsymbol{g}(\beta)$ additiv vertauschbare Ordinalzahl > 0, so gibt es im Falle $\alpha, \gamma > 1$ nach Satz 9 natürliche Zahlen n, m mit

$$\alpha = \boldsymbol{\omega}^{\pi \cdot n} \cdot \bar{\beta}, \qquad \gamma = \boldsymbol{\omega}^{\pi \cdot m} \cdot \bar{\beta},$$

und aus dem Beweis zu Satz 9 entnimmt man $\boldsymbol{g}(\bar{\beta}) = \pi \cdot r$ für eine natürliche Zahl r. Daraus folgt nach Satz 7 a), § 31:

$$\begin{aligned}\alpha \cdot \gamma &= \boldsymbol{\omega}^{\pi \cdot n} \cdot \bar{\beta} \cdot \boldsymbol{\omega}^{\pi \cdot m} \cdot \bar{\beta} = \boldsymbol{\omega}^{\pi \cdot (n+r)} \cdot \boldsymbol{\omega}^{\pi \cdot m} \cdot \bar{\beta} = \boldsymbol{\omega}^{\pi \cdot (n+r+m)} \cdot \bar{\beta} \\ &= \boldsymbol{\omega}^{\pi \cdot (m+r+n)} \cdot \bar{\beta} = \boldsymbol{\omega}^{\pi \cdot (m+r)} \cdot \boldsymbol{\omega}^{\pi \cdot n} \cdot \bar{\beta} = \boldsymbol{\omega}^{\pi \cdot m} \cdot \bar{\beta} \cdot \boldsymbol{\omega}^{\pi \cdot n} \cdot \bar{\beta} = \gamma \cdot \alpha .\end{aligned}$$

Für $\alpha \leqq 1$ oder $\gamma \leqq 1$ ist trivial $\alpha \cdot \gamma = \gamma \cdot \alpha$.

Die Abstraktionsklassen der durch die multiplikative Vertauschbarkeitsbeziehung in $\boldsymbol{O} \setminus \{0, 1\}$ induzierten Äquivalenzrelation sind nach den Sätzen 5, 8, 9 abzählbar, da u. a. für jede Ordinalzahl $\alpha > 1$ und die kleinste mit α multiplikativ vertauschbare Ordinalzahl $\bar{\alpha} > 1$ alle Zahlen $(\bar{\alpha})^n$ bei $n \in \boldsymbol{N}$ multiplikativ mit α vertauschbar sind.

Satz 12. *Ordinalzahlen* $\alpha \geqq \boldsymbol{\omega}$, $\beta \geqq \boldsymbol{\omega}$ *sind multiplikativ vertauschbar genau dann, wenn es natürliche Zahlen* $n > 0$, $m > 0$ *gibt mit:*

$$\alpha^n = \beta^m .$$

Beweis. Ist unter den Voraussetzungen des Satzes $\alpha^n = \beta^m$, so ist α mit β^m multiplikativ vertauschbar, da α mit α^n multiplikativ vertauschbar ist; es ist β^m mit β multiplikativ vertauschbar, also nach Satz 11 schließlich α mit β multiplikativ vertauschbar. Ist umgekehrt $\alpha \cdot \beta = \beta \cdot \alpha$ und sind α, β isoliert, so gibt es nach Satz 10 eine Ordinalzahl γ und natürliche Zahlen n, m mit

$$\alpha = \gamma^m, \qquad \beta = \gamma^n,$$

also ist $\alpha^n = \beta^m$ bei $n, m > 0$. Ist $\alpha \cdot \beta = \beta \cdot \alpha$ und sind α, β Limeszahlen mit den Cantorschen Normalformen

$$\alpha = \sum_{i \leqq k} \boldsymbol{\omega}^{\sigma_i} \cdot a_i, \qquad \beta = \sum_{i \leqq l} \boldsymbol{\omega}^{\tau_i} \cdot b_i,$$

so entnimmt man aus dem Beweis zu Satz 9 für gewisse natürliche Zahlen $n, m > 0$:

$$\begin{aligned}\alpha &= \boldsymbol{\omega}^{\pi \cdot m} \cdot a_0 + \sum_{0 < i \leqq k} \boldsymbol{\omega}^{\sigma_i} \cdot a_i \quad \text{bei} \quad \pi \cdot m = \sigma_0, \\ \beta &= \boldsymbol{\omega}^{\pi \cdot n} \cdot a_0 + \sum_{0 < i \leqq k} \boldsymbol{\omega}^{\tau_i} \cdot a_i \quad \text{bei} \quad \pi \cdot n = \tau_0, \\ &\qquad \sigma_0 + \tau_i = \tau_0 + \sigma_i \quad \text{für} \quad 0 < i \leqq k .\end{aligned}$$

Nach Satz 8 c), § 31 ist dann

$$\alpha^n = \omega^{\pi \cdot mn} \cdot a_0 + \omega^{\pi \cdot m(n-1)} \cdot \sum_{0 < i \leqq k} \omega^{\sigma_i} \cdot a_i,$$

$$\beta^m = \omega^{\pi \cdot nm} \cdot a_0 + \omega^{\pi \cdot n(m-1)} \cdot \sum_{0 < i \leqq k} \omega^{\tau_i} \cdot a_i.$$

Für $\alpha^n = \beta^m$ ist noch zu zeigen

$$\pi \cdot m(n-1) + \sigma_i = \pi \cdot n(m-1) + \tau_i \quad \text{für} \quad 0 < i \leqq k$$

oder

$$\sigma_0 \cdot (n-1) + \sigma_i = \tau_0 \cdot (m-1) + \tau_i \quad \text{für} \quad 0 < i \leqq k.$$

Wegen $\sigma_0 = \pi \cdot m$, $\tau_0 = \pi \cdot n$ ist $\sigma_0 \cdot n = \tau_0 \cdot m$, was mit $\sigma_0 + \tau_i = \tau_0 + \sigma_i$ für $0 < i \leqq k$ ergibt:

$$\sigma_0 \cdot n + \tau_0 + \sigma_i = \tau_0 \cdot m + \sigma_0 + \tau_i. \qquad (+)$$

Induktiv zeigt man leicht für additiv vertauschbare Ordinalzahlen ξ, η und natürliche Zahlen r: $\xi \cdot r + \eta = \eta + \xi \cdot r$. Da $\sigma_0 + \tau_0 = \tau_0 + \sigma_0$ gilt, folgt also

$$\sigma_0 \cdot n + \tau_0 = \sigma_0 + \sigma_0 \cdot (n-1) + \tau_0 = \sigma_0 + \tau_0 + \sigma_0 \cdot (n-1),$$

$$\tau_0 \cdot m + \sigma_0 = \tau_0 + \tau_0 \cdot (m-1) + \sigma_0 = \tau_0 + \sigma_0 + \tau_0 \cdot (m-1).$$

Damit erhält man aus (+)

$$\sigma_0 + \tau_0 + \sigma_0 \cdot (n-1) + \sigma_i = \tau_0 + \sigma_0 + \tau_0 \cdot (m-1) + \tau_i \quad \text{für} \quad 0 < i \leqq k,$$

also

$$\sigma_0 \cdot (n-1) + \sigma_i = \tau_0 \cdot (m-1) + \tau_i \quad \text{für} \quad 0 < i \leqq k.$$

4. Satz 13. *Ordinalzahlen α, β mit*

$$\alpha^\beta = \beta^\alpha$$

sind entweder beide endlich oder beide unendlich.

Beweis. Es sei etwa $\alpha < \omega$ und $\beta \geqq \omega$. Ist $\alpha \leqq 1$, so kann nicht $\alpha^\beta = \beta^\alpha$ gelten. Ist $\alpha > 1$ und β isoliert mit etwa $\beta = \omega \cdot \xi + n$ bei $\xi > 0$ und $0 < n \in \boldsymbol{N}$, so ist

$$\alpha^\beta = \alpha^{\omega \cdot \xi} \cdot \alpha^n = (\alpha^\omega)^\xi \cdot \alpha^n = \omega^\xi \cdot \alpha^n.$$

Also ist α^β eine Limeszahl; aber β^α ist isoliert, da β isoliert ist (und man daraus mit Satz 7b), § 31 durch vollständige Induktion über $\alpha \in \boldsymbol{N}$ beweist, daß auch β^α isoliert ist). Also kann nicht $\alpha^\beta = \beta^\alpha$ gelten. Ist $\alpha > 1$ und β Limeszahl mit etwa $\beta = \omega \cdot \xi$ bei $\xi > 0$ und $\tau_0 = \boldsymbol{g}(\beta)$, so ist $\alpha^\beta = \alpha^{\omega \cdot \xi} = \omega^\xi$ und nach Satz 9, § 31 $\boldsymbol{g}(\beta^\alpha) = \tau_0 \cdot \alpha$. Wäre also $\alpha^\beta = \beta^\alpha$, so wäre $\xi = \tau_0 \cdot \alpha$, also $\beta = \omega \cdot \xi = \omega \cdot \tau_0 \cdot \alpha$ und nach Satz 4b), § 31

$$\beta^\alpha = (\omega \cdot \tau_0 \cdot \alpha)^\alpha = (\omega \cdot \tau_0)^\alpha \cdot \alpha.$$

Es wäre somit $\omega^\xi = \alpha^\beta = \beta^\alpha = (\omega \cdot \tau_0)^\alpha \cdot \alpha$; ω^ξ wäre also wegen $1 < \alpha \in N$ additiv zerlegbar im Widerspruch zu Satz 3, § 33, wonach ω^ξ als γ-Zahl additiv unzerlegbar ist. Der Fall $\alpha^\beta = \beta^\alpha$ kann also insgesamt für endliches α und unendliches β nicht eintreten.

Für natürliche Zahlen $n \neq m$ gilt

$$n^m = m^n$$

genau dann, wenn $n = 2 \wedge m = 4$ oder $n = 4 \wedge m = 2$ ist: Es ist trivial $2^4 = 2^{2 \cdot 2} = (2^2)^2 = 4^2$; durch Fallunterscheidung zeigt man ohne Schwierigkeiten, daß unter den drei Voraussetzungen

$$n < m \vee m < n, \quad n < 2 \vee 2 < n \vee m < 4 \vee 4 < m,$$

$$n < 4 \vee 4 < n \vee m < 2 \vee 2 < m$$

der Fall $n^m = m^n$ nicht eintreten kann.

Satz 14. *Ordinalzahlen* $\alpha \geqq \omega, \beta \geqq \omega$ *mit* $\alpha \neq \beta$ *und* $\alpha^\beta = \beta^\alpha$ *sind Limeszahlen.*

Beweis. Es seien α, β transfinite Ordinalzahlen mit $\alpha^\beta = \beta^\alpha$ und den Cantorschen Normalformen

$$\alpha = \sum_{i \leqq m} \omega^{\sigma_i} \cdot a_i, \qquad \beta = \sum_{i \leqq n} \omega^{\tau_i} \cdot b_i.$$

Ist α isoliert und β Limeszahl, so ist $m > 0$, $\sigma_0 > 0$, $\sigma_m = 0$ und $\tau_n = 0$. Ist dabei

$$\alpha = \alpha' + a_m \quad \text{bei} \quad \alpha' = \sum_{i < m} \omega^{\sigma_i} \cdot a_i,$$

so ist α' Limeszahl, also $\alpha' = \omega \cdot \xi$ für eine Ordinalzahl $\xi \neq 0$, also $\alpha = \omega \cdot \xi + a_m$. Es gilt $\omega^{\tau_0} \leqq \beta < \omega^{\tau_0 + 1}$. Wegen $\tau_0 > 0$ (da $\tau_n > 0$) ist nach Satz 4a), § 31

$$(\tau_0 + 1) \cdot \omega = \tau_0 \cdot \omega$$

(der Fall $\tau_0 < \omega$ ist trivial, für $\omega \leqq \tau_0$ ist $1 + \tau_0 = \tau_0$), also

$$\omega^{\tau_0 \cdot \omega} \leqq \beta^\omega \leqq \omega^{\tau_0 \cdot \omega}, \quad \text{also} \quad \beta^\omega = \omega^{\tau_0 \cdot \omega}.$$

Ebenso erhält man

$$\alpha^\omega = \omega^{\sigma_0 \cdot \omega} \quad \text{aus} \quad \omega^{\sigma_0} \leqq \alpha < \omega^{\sigma_0 + 1}.$$

Daraus folgt:

$$\beta^\alpha = \beta^{\omega \cdot \xi + a_m} = (\beta^\omega)^\xi \cdot \beta^{a_m} = \omega^{\tau_0 \cdot \omega \cdot \xi} \cdot \beta^{a_m} = \omega^{\tau_0 \cdot \alpha'} \cdot \beta^{a_m}.$$

Da β Limeszahl ist, ist $\beta = \omega \cdot \eta$ für eine Ordinalzahl $\eta \neq 0$, also gilt:

$$\alpha^\beta = (\alpha^\omega)^\eta = \omega^{\sigma_0 \cdot \omega \cdot \eta} = \omega^{\sigma_0 \cdot \beta}.$$

Aus $\beta^\alpha = \alpha^\beta$ folgt:

$$\omega^{\tau_0 \cdot \alpha'} \cdot \beta^{a_m} = \omega^{\sigma_0 \cdot \beta},$$

so daß also, da β Limeszahl und a_m von 1. Art ist, Satz 8c), § 31 $n = 0$ und $b_0 = 1$ ergibt, also $\beta = \omega^{\tau_0}$. Dann wird

$$\beta^\alpha = \omega^{\tau_0 \cdot \alpha} \quad \text{und} \quad \alpha^\beta = \omega^{\sigma_0 \cdot \beta},$$

also

$$\tau_0 \cdot \alpha = \sigma_0 \cdot \beta = \sigma_0 \cdot \omega^{\tau_0}.$$

Aus Satz 7a), § 31 folgt $\sigma_0 \cdot \omega^{\tau_0} = \omega^\varrho$ für eine Ordinalzahl ϱ, also müßte auch die CANTORsche Normalform von $\tau_0 \cdot \alpha$ aus genau einer Komponente bestehen im Widerspruch zu $m > 0$ und Satz 7b), § 31. Für transfinite Ordinalzahlen α, β mit $\alpha^\beta = \beta^\alpha$ kann also nicht α isoliert und β Limeszahl sein; analog kann nicht β isoliert und α Limeszahl sein.

Sind jetzt α, β transfinite Ordinalzahlen mit $\alpha^\beta = \beta^\alpha$ und den CANTORschen Normalformen

$$\alpha = \sum_{i \leqq m} \omega^{\sigma_i} \cdot a_i, \qquad \beta = \sum_{i \leqq n} \omega^{\tau_i} \cdot b_i$$

und wären α, β beide isoliert, so wäre $m > 0$, $\sigma_0 > 0$, $\sigma_m = 0$, $n > 0$, $\tau_0 > 0$, $\tau_n = 0$ und

$$\alpha = \alpha' + a_m, \quad \beta = \beta' + b_n \quad \text{bei} \quad \alpha' = \sum_{i < m} \omega^{\sigma_i} \cdot a_i, \quad \beta' = \sum_{i < n} \omega^{\tau_i} \cdot b_i.$$

α', β' sind Limeszahlen. Dann wird nach Satz 8a), § 31:

$$\alpha^\beta = \alpha^{\beta' + b_n} = \alpha^{\beta'} \cdot \alpha^{b_n} = \omega^{\sigma_0 \cdot \beta'} \cdot \alpha^{b_n},$$

$$\beta^\alpha = \beta^{\alpha' + a_m} = \beta^{\alpha'} \cdot \beta^{a_m} = \omega^{\tau_0 \cdot \alpha'} \cdot \beta^{a_m}$$

und nach Satz 8b), § 31:

$$\alpha^{b_n} = \omega^{\sigma_0 \cdot b_n} \cdot a_0 + \cdots + a_m,$$

$$\beta^{a_m} = \omega^{\tau_0 \cdot a_m} \cdot b_0 + \cdots + b_n.$$

$\alpha^\beta = \beta^\alpha$ ergibt somit

$$\omega^{\sigma_0 \cdot \beta'} \cdot \alpha^{b_n} = \omega^{\tau_0 \cdot \alpha'} \cdot \beta^{a_m},$$

also durch Vergleich der zugehörigen CANTORschen Normalformen:

$$\sigma_0 \cdot (\beta' + b_n) = \tau_0 \cdot (\alpha' + a_m), \quad \text{also} \quad \sigma_0 \cdot \beta = \tau_0 \cdot \alpha,$$

$\sigma_0 \cdot \beta' = \tau_0 \cdot \alpha'$, also $\sigma_0 \cdot b_n = \tau_0 \cdot a_m$ wegen $\sigma_0 \cdot \beta' + \sigma_0 \cdot b_n = \tau_0 \cdot \alpha' + \tau_0 \cdot a_m$,

also $\sigma_0 = \tau_0$ wegen $\sigma_0 \cdot b_n = \tau_0 \cdot a_m$ und $0 < b_n = a_m \in \boldsymbol{N}$, also $\beta = \alpha$ wegen $\sigma_0 \cdot \beta = \tau_0 \cdot \alpha$ und $\sigma_0 = \tau_0$. Damit ist der Satz vollständig bewiesen.

Satz 15. *Für ordinale Limeszahlen $\alpha \geqq \omega$ sind die Zahlen $\beta = \varepsilon \cdot \alpha$, wo ε eine beliebige ε-Zahl $> \alpha$ ist, genau die mit α exponentiell vertauschbaren Zahlen $\beta > \alpha$. Zu jeder Ordinalzahl $\alpha \geqq \omega$ gibt es höchstens eine mit α exponentiell vertauschbare Zahl $\beta < \alpha$.*

Beweis. Es sei $\alpha \geqq \omega$ eine Limeszahl mit der CANTORschen Normalform

$$\alpha = \sum_{i \leqq m} \omega^{\sigma_i} \cdot a_i,$$

$\varepsilon > \alpha$ eine ε-Zahl und $\beta = \varepsilon \cdot \alpha$. Wegen $\alpha < \varepsilon = \omega^\varepsilon$ ist $\sigma_0 < \varepsilon$ (da sonst $\omega^\varepsilon \leqq \omega^{\sigma_0} \leqq \alpha$ wäre); wegen $\alpha \geqq \omega$ ist $\sigma_0 > 0$; also ist $\sigma_0 \cdot \varepsilon = \varepsilon$, da ε auch δ-Zahl ist. Aus $\beta = \varepsilon \cdot \alpha$ folgt, daß β Limeszahl ist. Damit wird nach Satz 8a), § 31

$$\alpha^\beta = \omega^{\sigma_0 \cdot \beta} = \omega^{\sigma_0 \cdot \varepsilon \cdot \alpha} = \omega^{\varepsilon \cdot \alpha}.$$

Andererseits ist (wegen $\alpha < \omega^\varepsilon$)

$$\beta = \varepsilon \cdot \alpha = \omega^\varepsilon \cdot \alpha = \sum_{i \leqq m} \omega^{\varepsilon + \sigma_i} \cdot a_i > \alpha,$$

also nach Satz 8a), § 31

$$\beta^\alpha = \omega^{(\varepsilon + \sigma_0) \cdot \alpha}.$$

Wegen $\sigma_0 < \varepsilon$ ist $\sigma_0 + \varepsilon = \varepsilon$, da ε auch γ-Zahl ist; damit wird

$$\varepsilon + \sigma_0 \leqq \varepsilon + \sigma_0 + \varepsilon = \varepsilon + \varepsilon = \varepsilon \cdot 2$$

und

$$\varepsilon \cdot \omega \leqq (\varepsilon + \sigma_0) \cdot \omega \leqq \varepsilon \cdot 2 \cdot \omega = \varepsilon \cdot \omega,$$

also

$$(\varepsilon + \sigma_0) \cdot \omega = \varepsilon \cdot \omega.$$

Es gilt $\alpha = \omega \cdot \xi$ für eine Ordinalzahl $\xi \neq 0$, da α Limeszahl ist. Daraus folgt

$$(\varepsilon + \sigma_0) \cdot \alpha = (\varepsilon + \sigma_0) \cdot \omega \cdot \xi = \varepsilon \cdot \omega \cdot \xi = \varepsilon \cdot \alpha,$$

also

$$\beta^\alpha = \omega^{(\varepsilon + \sigma_0) \cdot \alpha} = \omega^{\varepsilon \cdot \alpha} = \alpha^\beta.$$

Ist umgekehrt $\alpha \geqq \omega$, $\beta > \alpha$ und $\alpha^\beta = \beta^\alpha$, so sind α, β nach den Sätzen 13, 14 Limeszahlen. In CANTORscher Normalform sei

$$\alpha = \sum_{i \leqq m} \omega^{\sigma_i} \cdot a_i, \qquad \beta = \sum_{i \leqq n} \omega^{\tau_i} \cdot b_i.$$

Es wird nach Satz 8a), § 31

$$\alpha^\beta = \omega^{\sigma_0 \cdot \beta}, \qquad \beta^\alpha = \omega^{\tau_0 \cdot \alpha},$$

also

$$\sigma_0 \cdot \beta = \tau_0 \cdot \alpha$$

wegen $\alpha^\beta = \beta^\alpha$. Ist in CANTORscher Normalform

$$\sigma_0 = \sum_{i \leqq p} \omega^{\varphi_i} \cdot c_i, \qquad \tau_0 = \sum_{i \leqq q} \omega^{\psi_i} \cdot d_i,$$

so ist nach Satz 7a), § 31

$$\sigma_0 \cdot \beta = \omega^{\varphi_0} \cdot \beta, \qquad \tau_0 \cdot \alpha = \omega^{\psi_0} \cdot \alpha,$$

also

$$\omega^{\varphi_0} \cdot \beta = \omega^{\psi_0} \cdot \alpha \quad \text{wegen} \quad \sigma_0 \cdot \beta = \tau_0 \cdot \alpha.$$

Wegen $\alpha < \beta$ ist $\varphi_0 < \psi_0$, da sonst $\omega^{\psi_0} \cdot \alpha \leqq \omega^{\varphi_0} \cdot \alpha < \omega^{\varphi_0} \cdot \beta$ wäre. Es sei $\varphi_0 + \varepsilon = \psi_0$ bei $\varepsilon > 0$. Dann wird

$$\omega^{\varphi_0} \cdot \beta = \omega^{\varphi_0 + \varepsilon} \cdot \alpha = \omega^{\varphi_0} \cdot \omega^{\varepsilon} \cdot \alpha,$$

also

$$\beta = \omega^{\varepsilon} \cdot \alpha = \sum_{i \leqq m} \omega^{\varepsilon + \sigma_i} \cdot a_i = \sum_{i \leqq n} \omega^{\tau_i} \cdot b_i,$$

also

$$\varepsilon + \sigma_0 = \tau_0,$$

$$\varepsilon + \sum_{i \leqq p} \omega^{\varphi_i} \cdot c_i = \sum_{i \leqq q} \omega^{\psi_i} \cdot d_i = \omega^{\varphi_0 + \varepsilon} \cdot d_0 + \sum_{0 < i \leqq q} \omega^{\psi_i} \cdot d_i.$$

Wegen $\varphi_0 < \varphi_0 + \varepsilon$ ist dann nach Satz 9, § 31 $\boldsymbol{g}(\varepsilon) > \varphi_0$ und nach Satz 6b), § 31 $\omega^{\varphi_0 + \varepsilon} \cdot d_0$ die erste Komponente in der CANTORschen Normalform von ε. Damit ist

$$\omega^{\varepsilon} \leqq \omega^{\varphi_0 + \varepsilon} \cdot d_0 \leqq \varepsilon;$$

trivial ist auch $\varepsilon \leqq \omega^{\varepsilon}$, also insgesamt $\varepsilon = \omega^{\varepsilon}$ und somit ε eine ε-Zahl. Es folgt schließlich

$$\beta = \omega^{\varepsilon} \cdot \alpha = \varepsilon \cdot \alpha \quad \text{und} \quad \varepsilon > \alpha;$$

denn es ist $\sigma_0 < \omega^{\varphi_0 + 1} \leqq \omega^{\varphi_0 + \varepsilon} \leqq \varepsilon$ wegen $\boldsymbol{g}(\varepsilon) = \varphi_0 + \varepsilon$, also $\sigma_0 + 1 \leqq \varepsilon$, also $\alpha < \omega^{\sigma_0 + 1} \leqq \omega^{\varepsilon} = \varepsilon$.

Es bleibt noch zu zeigen, daß es zu jeder Ordinalzahl $\alpha \geqq \omega$ höchstens eine mit α exponentiell vertauschbare Zahl $\beta < \alpha$ gibt. Wären $\beta_1, \beta_2 < \alpha \geqq \omega$ exponentiell mit α vertauschbar, so wären α, β_1, β_2 Limeszahlen. Nach dem bereits Bewiesenen gilt

$$\alpha = \varepsilon_1 \cdot \beta_1 = \varepsilon_2 \cdot \beta_2$$

für ε-Zahlen $\varepsilon_1 > \beta_1$, $\varepsilon_2 > \beta_2$. Wäre $\varepsilon_1 < \varepsilon_2$, so wäre

$$\varepsilon_1 < \varepsilon_2 < \varepsilon_2 \cdot \beta_2 = \varepsilon_1 \cdot \beta_1 < \varepsilon_1^2 < \varepsilon_1^{\omega}$$

im Widerspruch zu Satz 12, § 32, wonach u. a. $\varepsilon_1^{\omega} \leqq \varepsilon_2$ gelten muß (es ist ja $\omega^{\varepsilon_1 + 1} = \omega^{\varepsilon_1} \cdot \omega = \varepsilon_1 \cdot \omega$, $\omega^{\varepsilon_1 \cdot \omega} = \varepsilon_1^{\omega}$); analog erhält man einen Widerspruch zu $\varepsilon_2 < \varepsilon_1$. Also ist $\varepsilon_1 = \varepsilon_2$ und damit $\beta_1 = \beta_2$.

Es gibt nicht für jede Limeszahl $\alpha > \omega$ ein mit α exponentiell vertauschbares $\beta < \alpha$. Für $\boldsymbol{\epsilon}_1$ z. B., die kleinste ε-Zahl $> \omega$, gilt, daß keine Ordinalzahl $\omega < \alpha < \boldsymbol{\epsilon}_1 \cdot \omega$ mit einem $\beta < \alpha$ exponentiell vertauschbar ist, da sonst $\alpha = \varepsilon \cdot \beta$ wäre für eine ε-Zahl $\geqq \boldsymbol{\epsilon}_1$ im Widerspruch zu $\boldsymbol{\epsilon}_1 \cdot \beta \leqq \varepsilon \cdot \beta = \alpha < \boldsymbol{\epsilon}_1 \cdot \omega \leqq \boldsymbol{\epsilon}_1 \cdot \beta$.

Aus Satz 15 folgt z. B., daß die mit ω exponentiell vertauschbaren Zahlen $\xi \neq \omega$ genau die Zahlen $\xi = \varepsilon \cdot \omega$ sind, wo ε eine beliebige ε-Zahl $> \omega$ ist.

Die exponentielle Vertauschbarkeit liefert keine Äquivalenzrelation; denn es gilt der

Satz 16. *Für paarweise verschiedene Ordinalzahlen α, β, γ gilt:*

$$\alpha^\beta = \beta^\alpha \wedge \beta^\gamma = \gamma^\beta \rightarrow \alpha^\gamma \neq \gamma^\alpha.$$

Beweis. Es seien $\alpha < \beta < \gamma$ Ordinalzahlen mit $\alpha^\beta = \beta^\alpha$, $\beta^\gamma = \gamma^\beta$, $\alpha^\gamma = \gamma^\alpha$. Dann müssen α, β, γ transfinit sein, also Limeszahlen. Nach Satz 15 existieren ε-Zahlen $\varepsilon_1 > \alpha$, $\varepsilon_2 > \beta$, $\varepsilon_3 > \alpha$ mit

$$\beta = \varepsilon_1 \cdot \alpha, \qquad \gamma = \varepsilon_2 \cdot \beta, \qquad \gamma = \varepsilon_3 \cdot \alpha,$$

also mit $\varepsilon_3 \cdot \alpha = \varepsilon_2 \cdot \varepsilon_1 \cdot \alpha$ und $\varepsilon_3 \cdot \alpha = \varepsilon_2 \cdot \beta$. Wegen $\alpha < \beta$ ist $\varepsilon_3 > \varepsilon_2$; wegen $\varepsilon_2 > \beta = \varepsilon_1 \cdot \alpha > \varepsilon_1$ ist schließlich $\varepsilon_3 > \varepsilon_2 > \varepsilon_1$. Aus $\varepsilon_3 \cdot \alpha = \varepsilon_2 \cdot \varepsilon_1 \cdot \alpha$ folgt $\varepsilon_3 \cdot \alpha \cdot \varepsilon_3 = \varepsilon_2 \cdot \varepsilon_1 \cdot \alpha \cdot \varepsilon_3$, also, da ε_3 eine δ-Zahl ist, $\varepsilon_3^2 = \varepsilon_3$ im Widerspruch zu $\varepsilon_3 < \varepsilon_3 \cdot \varepsilon_3 = \varepsilon_3^2$.

§ 35. Reguläre und singuläre Ordinalzahlen

1. Als von allgemeinem Interesse für die Theorie der transfiniten Zahlen erweist sich der Begriff der regulären Ordinalzahl.

Ist eine Ordinalzahl α konfinal mit einer Ordinalzahl β (vgl. Definition 9, § 24), so ist $\alpha \geqq \beta$; außerdem ist $\alpha \operatorname{cf} \alpha$; es existiert dann stets die kleinste Ordinalzahl β, mit der eine vorgegebene Ordinalzahl α konfinal ist. Ist α ein Ordnungstyp, so gibt es nach Satz 11, § 18 eine Ordinalzahl β mit $\alpha \operatorname{cf} \beta$; es existiert also auch stets die kleinste Ordinalzahl β, mit der ein vorgegebener Ordnungstyp α konfinal ist.

Definition 1. Eine Ordinalzahl α ist *regulär* genau dann, wenn es keine Ordinalzahl β gibt mit $\alpha > \beta \wedge \alpha \operatorname{cf} \beta$; α ist *singulär* (oder *irregulär*) genau dann, wenn α nicht regulär ist.

Ist α ein Ordnungstyp, so ist die kleinste Ordinalzahl β mit $\alpha \operatorname{cf} \beta$ regulär, da es sonst ein $\gamma < \beta$ mit $\beta \operatorname{cf} \gamma$, also auch mit $\alpha \operatorname{cf} \gamma$ gäbe im Widerspruch dazu, daß β die kleinste Ordinalzahl mit $\alpha \operatorname{cf} \beta$ ist.

Nach § 24 sind **0**, **1** regulär und alle isolierten Ordinalzahlen $\alpha > \mathbf{1}$ singulär, da diese mit **1** konfinal sind. Außer **0**, **1** kommen als reguläre Ordinalzahlen also nur noch Limeszahlen in Frage.

Satz 1. *Ist λ eine ordinale Limeszahl, so ist λ genau dann regulär, wenn für jede echt monoton wachsende Folge $(\alpha_\xi)_{\xi<\beta}$ vom Typ $\beta < \lambda$ von Ordinalzahlen mit $\alpha_\xi < \lambda$ für jedes $\xi < \beta$ auch $\lim\limits_{\xi<\beta} \alpha_\xi < \lambda$ gilt.*

Beweis. ($\rightarrow$) Ist λ eine Ordinalzahl und $(\alpha_\xi)_{\xi<\beta}$ eine echt monoton wachsende Folge vom Typ $\beta < \lambda$ von Ordinalzahlen $\alpha_\xi < \lambda$, so ist $\lim\limits_{\xi<\beta} \alpha_\xi \leqq \lambda$. Wäre $\lim\limits_{\xi<\beta} \alpha_\xi = \lambda$, so kann β nicht von 1. Art sein; denn ist $\gamma' = \beta$, so wäre $\lim\limits_{\xi<\beta} \alpha_\xi$

$= \alpha_\gamma < \lambda$; ist aber β von 2. Art, so gilt nach Satz 9, § 24 $\lambda \operatorname{cf} \beta$, was wegen $\beta < \lambda$ zum Widerspruch führt, falls λ regulär ist.

($\leftarrow$) Ist λ eine ordinale Limeszahl und $\lim\limits_{\xi<\beta} \alpha_\xi < \lambda$ für jede echt monoton wachsende Folge $(\alpha_\xi)_{\xi<\beta}$ vom Typ $\beta < \lambda$ von Ordinalzahlen $\alpha_\xi < \lambda$, so kann λ nicht konfinal mit einem $\beta < \lambda$ sein. Denn ist $\beta < \lambda$ von 2. Art und $\lambda \operatorname{cf} \beta$, so gibt es nach Satz 9, § 24 eine echt monoton wachsende Folge $(\alpha_\xi)_{\xi<\beta}$ vom Typ β von Ordinalzahlen mit $\lambda = \lim\limits_{\xi<\beta} \alpha_\xi$, wobei für $\xi < \beta$ stets $\alpha_\xi < \lambda$ gilt, da β von 2. Art ist. Ist $\beta < \lambda$ von 1. Art und $\lambda \operatorname{cf} \beta$, so ist auch λ von 1. Art im Widerspruch dazu, daß λ Limeszahl ist.

Satz 2. *Für jeden Ordnungstyp α gibt es genau eine reguläre Ordinalzahl β mit $\alpha \operatorname{cf} \beta$.*

Beweis. (1) Ist $\alpha \in \boldsymbol{O}$, so ist die kleinste Ordinalzahl β mit $\alpha \operatorname{cf} \beta$ regulär. Wäre jetzt γ eine reguläre Ordinalzahl mit $\gamma \neq \beta$ und $\alpha \operatorname{cf} \gamma$, so wäre $\gamma > \beta$. Ist $\alpha = 0$, so ist nur $\alpha \operatorname{cf} \beta$ für $\beta = 0$, also $\beta = \gamma = 0$ im Widerspruch zu $\gamma \neq \beta$. Ist α von 1. Art, so ist $\beta = 1$ und γ von 1. Art bei $\gamma > 1$; dann ist aber γ singulär im Widerspruch zur Regularität von γ. Ist α Limeszahl, so sind auch β und γ Limeszahlen. Es gäbe dann nach Satz 9, § 24 echt monoton wachsende Folgen $(\alpha'_\xi)_{\xi<\beta}$ und $(\alpha''_\xi)_{\xi<\beta}$ von Ordinalzahlen mit

$$\alpha = \lim_{\xi<\beta} \alpha'_\xi, \qquad \alpha = \lim_{\xi<\gamma} \alpha''_\xi .$$

Man definiere durch transfinite ordnungstheoretische Induktion die Funktion f von $\boldsymbol{O}(\beta)$ in $\boldsymbol{O}(\gamma)$ mit für jedes $\eta < \beta$:

$$f(\eta) = \begin{cases} \text{die kleinste Ordinalzahl } 0 \neq \mu < \gamma \text{ mit } \alpha''_\mu > \alpha'_\zeta, \text{ wobei } \zeta \text{ die} \\ \text{kleinste Ordinalzahl } \zeta < \beta \text{ ist mit } \alpha'_\zeta > \alpha''_{f(\xi)} \text{ für jedes } \xi < \eta, \\ \text{falls es überhaupt ein solches } \zeta \text{ gibt} \\ 0, \text{ falls es kein } \zeta < \beta \text{ gibt mit } \alpha'_\zeta > \alpha''_{f(\xi)} \text{ für jedes } \xi < \eta. \end{cases}$$

Für f gilt sofort bei $\xi, \eta < \beta$:

$$\xi < \eta .\rightarrow. f(\eta) \neq 0 \rightarrow f(\xi) \neq 0 \cdot\wedge\cdot f(\xi) = 0 \rightarrow f(\eta) = 0 .$$

Es sei $\lambda = \beta$, falls $f(\xi) \neq 0$ für jedes $\xi < \beta$ gilt, und es sei λ das kleinste $\xi < \beta$ mit $f(\xi) = 0$, falls $f(\xi) = 0$ für ein $\xi < \beta$ gilt. Es ist dann $\lambda \leqq \beta$ eine Limeszahl und $(f_\xi)_{\xi<\lambda}$ echt monoton wachsend. Durch transfinite ordnungstheoretische Induktion über ξ beweist man leicht $\alpha'_\xi < \alpha''_{f(\xi)}$ für jedes $\xi < \lambda$. Daraus erhält man wegen $\lim\limits_{\xi<\beta} \alpha'_\xi = \alpha$ und der Definition von λ auch $\lim\limits_{\xi<\lambda} \alpha''_{f(\xi)} = \alpha$ ($\lim\limits_{\xi<\lambda} \alpha''_{f(\xi)} \leqq \alpha$ ist trivial) und hieraus schließlich $\gamma = \lim\limits_{\xi<\lambda} f(\xi)$. Dann wäre aber γ nach Satz 1 wegen $\lambda \leqq \beta < \gamma$ singulär im Widerspruch zur Regularität von γ. Damit gibt es genau eine reguläre Ordinalzahl β, mit der eine vorgegebene Ordinalzahl α konfinal ist.

(2) Ist $\alpha \in \boldsymbol{Ot}$, so ist die kleinste Ordinalzahl β mit $\alpha \operatorname{cf} \beta$ regulär. Sind β, γ reguläre Ordinalzahlen mit $\alpha \operatorname{cf} \beta$, $\alpha \operatorname{cf} \gamma$ und ist

$$\alpha = \overline{\overline{[M, R]}}, \quad N_1, N_2 \subseteq M, \quad M \operatorname{cf} N_1, \quad M \operatorname{cf} N_2, \quad S_1 = {}_{N_1}R_{N_1}, \quad S_2 = {}_{N_2}R_{N_2},$$

$$\beta = \overline{\overline{[N_1, S_1]}}, \quad \gamma = \overline{\overline{[N_2, S_2]}},$$

so sind S_1, S_2 reflexive Wohlordnungen in N_1, N_2; dann ist auch

$$S = {}_{N_1 \cup N_2}R_{N_1 \cup N_2}$$

eine reflexive Wohlordnung in $N = N_1 \cup N_2$, und es gilt

$$N_1, N_2 \subseteq N, \quad N \operatorname{cf} N_1, \quad N \operatorname{cf} N_2, \quad S_1 = {}_{N_1}S_{N_1}, \quad S_2 = {}_{N_2}S_{N_2},$$

$$\beta = \overline{\overline{[N_1, S_1]}}, \quad \gamma = \overline{\overline{[N_2, S_2]}},$$

so daß also die Ordinalzahl

$$\delta = \overline{\overline{[N, S]}}$$

konfinal mit den regulären Ordinalzahlen β und γ ist, woraus nach (1) $\beta = \gamma$ folgt. Damit gibt es genau eine reguläre Ordinalzahl β, mit der ein vorgegebener Ordnungstyp α konfinal ist.

2. Alle regulären Limeszahlen oder, was dasselbe ist, alle transfiniten regulären Zahlen sind Anfangszahlen $\boldsymbol{\Omega}_\sigma$, was wir jetzt zeigen wollen. Dafür zunächst in Verschärfung von Satz 11, § 18 den

Satz 3 (Satz von Hausdorff). *Für jeden Ordnungstyp α und jede Ordinalzahl σ gibt es eine Ordinalzahl β mit:*

$$|\alpha| = \aleph_\sigma \rightarrow \beta \leqq \boldsymbol{\Omega}_\sigma \wedge \alpha \operatorname{cf} \beta .$$

Beweis. Es sei $\alpha = \overline{\overline{[M, R]}}$ ein Ordnungstyp mit $|\alpha| = \aleph_\sigma$, also mit $\overline{\overline{M}} = \aleph_\sigma$. Dann ist $M \backsim \boldsymbol{O}(\boldsymbol{\Omega}_\sigma)$; es sei f eine eineindeutige Abbildung von $\boldsymbol{O}(\boldsymbol{\Omega}_\sigma)$ auf M und S die reflexive Wohlordnung in M mit für jedes $x, y \in M$:

$$x S y \leftrightarrow f^{-1}(x) \leqq f^{-1}(y) .$$

Es ist f die ähnliche Abbildung von $\boldsymbol{O}^*(\boldsymbol{\Omega}_\sigma)$ auf $[M, S]$ wegen bei $\eta_1, \eta_2 < \boldsymbol{\Omega}_\sigma$:

$$\eta_1 \leqq \eta_2 \leftrightarrow f(\eta_1) \underset{S}{\leqq} f(\eta_2) .$$

Ein Element $x \in M$ heiße *ausgezeichnet*, falls bei $x = f(\eta)$ gilt: $f(\xi) \underset{R}{<} x$ für alle $\xi < \eta$. Zum Beispiel ist $x = f(0)$ ausgezeichnet, so daß die Menge A aller ausgezeichneten Elemente von M nicht leer ist. Für Elemente $x, y \in A$ gilt:

$$x \underset{R}{\leqq} y \leftrightarrow x \underset{S}{\leqq} y ;$$

denn ist $x = f(\eta_1)$, $y = f(\eta_2)$, $x \underset{R}{\leqq} y$ und wäre $y \underset{S}{<} x$, so wäre $f(\eta_2) \underset{S}{<} f(\eta_1)$, also $\eta_2 < \eta_1$, also $y \underset{R}{<} x$, da x ausgezeichnet ist; ist umgekehrt $x \underset{S}{\leqq} y$, so ist $f(\eta_1) \underset{S}{\leqq} f(\eta_2)$, also $\eta_1 \leqq \eta_2$, also $x \underset{R}{\leqq} y$, da y ausgezeichnet ist. Es ist somit ${}_A R_A = {}_A S_A$ eine reflexive Wohlordnung in A und

$$\beta = \overline{[A, {}_A R_A]} \leqq \mathbf{\Omega}_\sigma$$

wegen $\overline{[M, S]} = \mathbf{\Omega}_\sigma$. Es ist noch $\alpha \operatorname{cf} \beta$ zu zeigen, d. h. $M \operatorname{cf} A$ in bezug auf R. Wäre M nicht mit A konfinal, so gäbe es ein $x \in M$ mit $y \underset{R}{<} x$ für alle $y \in A$. Es sei η die kleinste Ordinalzahl, so daß $y \underset{R}{<} f(\eta)$ für alle $y \in A$ gilt. Dann gilt $f(\xi) \underset{R}{<} f(\eta)$ für jedes $\xi < \eta$; denn wäre $f(\eta) \underset{R}{\leqq} f(\xi)$ für ein $\xi < \eta$, so wäre ξ ein kleinerer Index als η mit $y \underset{R}{<} f(\xi)$ für alle $y \in A$. Damit ist $x = f(\eta)$ ein ausgezeichnetes Element von M im Widerspruch zu $y \underset{R}{<} f(\eta)$ für alle $y \in A$. Also ist $\alpha \operatorname{cf} \beta$.

Die Funktion $\mathbf{\Omega}$, welche jeder Ordinalzahl σ die Anfangszahl $\mathbf{\Omega}_\sigma$ zuordnet, ist eine Normalfunktion mit also $\sigma \leqq \mathbf{\Omega}_\sigma$; dann gibt es für jede transfinite Ordinalzahl α nach Satz 3, § 28 ein $\sigma \in \boldsymbol{O}$ mit

$$\mathbf{\Omega}_\sigma \leqq \alpha < \mathbf{\Omega}_{\sigma+1}.$$

Ist jetzt α keine Anfangszahl, also $\mathbf{\Omega}_\sigma < \alpha$, so ist wegen $|\alpha| = \aleph_\sigma$ nach Satz 3 $\alpha \operatorname{cf} \beta$, wobei β eine Ordinalzahl $\leqq \mathbf{\Omega}_\sigma < \alpha$ ist; also ist α singulär. Damit sind alle transfiniten regulären Zahlen Anfangszahlen. Es sind umgekehrt aber nicht alle Anfangszahlen regulär. $\boldsymbol{\omega} = \mathbf{\Omega}_0$ ist z. B. regulär, da jede endliche, echt monoton wachsende Folge natürlicher Zahlen einen natürlichzahligen Limes hat (denn der Wertebereich einer solchen Folge ist endlich, besitzt also ein größtes Element, falls er nicht leer ist); ebenso ist $\mathbf{\Omega}_1$ regulär, da jede echt monoton wachsende Folge $(\alpha_\xi)_{\xi<\beta}$ vom Typ $\beta < \mathbf{\Omega}_1$ von Ordinalzahlen $\alpha_\xi < \mathbf{\Omega}_1$ einen Limes $< \mathbf{\Omega}_1$ besitzt (denn der Wertebereich einer solchen Folge ist höchstens abzählbar, besitzt also nach Satz 5, § 26 ein in $\boldsymbol{Z} = \boldsymbol{O}(\mathbf{\Omega}_1)$ gelegenes Supremum). Dagegen sind etwa $\mathbf{\Omega}_\omega$, $\mathbf{\Omega}_{\omega\omega}$, $\mathbf{\Omega}_{\Omega_1}$ singulär; denn es ist $\mathbf{\Omega}_\omega = \lim\limits_{n<\omega} \mathbf{\Omega}_n$ bei $\boldsymbol{\omega} < \mathbf{\Omega}_\omega$, $\mathbf{\Omega}_{\omega\omega} = \lim\limits_{n<\omega} \mathbf{\Omega}_{\omega n}$ bei $\boldsymbol{\omega} < \mathbf{\Omega}_{\omega\omega}$ und $\mathbf{\Omega}_{\Omega_1} = \lim\limits_{\xi<\Omega_1} \mathbf{\Omega}_\xi$ bei $\mathbf{\Omega}_1 < \mathbf{\Omega}_{\Omega_1}$. Wir werden später (§ 40) zeigen, daß jede Anfangszahl $\mathbf{\Omega}_\sigma$ mit isoliertem Index σ regulär ist. Man kennt jedoch bisher nicht allgemein das Regularitätsverhalten der Anfangszahlen $\mathbf{\Omega}_\lambda$ mit Limeszahlindex λ. Jede reguläre Anfangszahl $\mathbf{\Omega}_\lambda$ mit Limeszahlindex λ muß eine kritische Zahl der Normalfunktion $\mathbf{\Omega}$ sein, also

$$\mathbf{\Omega}_\lambda = \lambda;$$

denn es ist $\lambda \leqq \mathbf{\Omega}_\lambda$, und wäre $\lambda < \mathbf{\Omega}_\lambda$, so wäre $\mathbf{\Omega}_\lambda$ singulär wegen $\mathbf{\Omega}_\lambda = \lim\limits_{\xi<\lambda} \mathbf{\Omega}_\xi$ bei $\lambda < \mathbf{\Omega}_\lambda$.

Satz 4. a) *Für jeden Ordnungstyp α und jede Ordinalzahl σ gibt es genau eine reguläre Ordinalzahl β mit*

$$|\alpha| = \aleph_\sigma \rightarrow \beta \leqq \boldsymbol{\Omega}_\sigma \wedge \alpha \text{ cf } \beta .$$

b) *Für jede Ordinalzahl α gilt:*

$$\alpha = 0 \leftrightarrow \alpha \text{ cf } 0, \qquad \alpha \textit{ von 1. Art} \leftrightarrow \alpha \text{ cf } 1 .$$

c) *Für jede ordinale Limeszahl λ und jede Ordinalzahl σ gibt es genau eine Ordinalzahl τ mit*

$$|\lambda| = \aleph_\sigma \rightarrow \tau \leqq \sigma \wedge \boldsymbol{\Omega}_\tau \textit{ regulär} \wedge \lambda \text{ cf } \boldsymbol{\Omega}_\tau .$$

Beweis. a) folgt aus den Sätzen 2, 3 und der Tatsache, daß die kleinste Ordinalzahl β, mit der ein Ordnungstyp α konfinal ist, regulär ist. b) folgt sofort aus der Definition der Konfinalität (vgl. § 24). c) folgt aus a) und der Tatsache, daß jede reguläre Limeszahl eine Anfangszahl ist.

Satz 4c) enthält als Spezialfall das bereits in § 26 erhaltene Resultat, daß jede Limeszahl $\lambda \in \boldsymbol{Z}_2$ mit $\boldsymbol{\omega}$ konfinal ist. Mit Hilfe von Satz 9, § 24 kann man Satz 4c) natürlich auch so formulieren:

Für jede ordinale Limeszahl λ und jede Ordinalzahl σ gibt es genau eine Ordinalzahl τ mit

$$\lambda \in \boldsymbol{Z}(\aleph_\sigma) \rightarrow \tau \leqq \sigma \wedge \boldsymbol{\Omega}_\tau \textit{ regulär}$$

$$\wedge \ \exists\, \alpha \ (\alpha \textit{ Fundamentalfolge vom Typ } \boldsymbol{\Omega}_\tau \textit{ von Ordinalzahlen} \wedge \lambda = \lim_{\xi < \boldsymbol{\Omega}_\tau} \alpha_\xi).$$

Aus dieser Formulierung des Satzes 4c) folgt als Spezialfall der Satz 6, § 26.

Aus Satz 4a) folgt in Verschärfung von Satz 11, § 18 für Mengen $M \neq \emptyset$ und reflexive Ordnungen R in M, wobei M kein letztes Element bzgl. R besitze, die Existenz einer Teilmenge X und einer Ordinalzahl τ mit

$$X \subseteq M \wedge {}_X R_X \textit{ Wohlordnung} \wedge M \text{ cf } X \wedge [X, {}_X R_X] \backsimeq \boldsymbol{O}^* (\boldsymbol{\Omega}_\tau);$$

dabei ist noch $\tau \leqq \sigma$ bei $\overline{\overline{M}} = \aleph_\sigma$.

KAPITEL VII

ARITHMETIK DER KARDINALZAHLEN

Zur Gewinnung weiterer Erkenntnisse über Kardinalzahlen führt man in Verallgemeinerung der Rechenoperationen für natürliche Zahlen und gemäß der anschaulichen Vorstellungen über Kardinalzahlen Rechenoperationen für Kardinalzahlen ein und studiert die Eigenschaften der Kardinalzahlen in bezug auf diese Operationen.

§ 36. Die elementaren arithmetischen Operationen und ihre Verallgemeinerung

1. Sind $\mathfrak{m}, \mathfrak{n}$ Kardinalzahlen mit etwa $\mathfrak{m} = \overline{\overline{M'}}$, $\mathfrak{n} = \overline{\overline{N'}}$, so gibt es Repräsentanten M, N von $\mathfrak{m}$, $\mathfrak{n}$ mit $M \cap N = \emptyset$. Man wähle etwa mittels *Indizierung* mit 0 bzw. 1 als M die Menge $M' \times \{0\}$ und als N die Menge $N' \times \{1\}$; dann ist $M \backsim M'$ und $N \backsim N'$.

Sind $\mathfrak{m}$, $\mathfrak{n}$ Kardinalzahlen mit

$$\mathfrak{m} = \overline{\overline{M_1}} = \overline{\overline{M_2}}, \quad \mathfrak{n} = \overline{\overline{N_1}} = \overline{\overline{N_2}}, \quad M_1 \cap N_1 = M_2 \cap N_2 = \emptyset,$$

so zeigt man unter Verwendung eineindeutiger Abbildungen f von M_1 auf M_2 und g von N_1 auf N_2 ohne Schwierigkeiten

$$M_1 \cup N_1 \backsim M_2 \cup N_2.$$

Damit sind wir zu folgender, der Anschauung entsprechenden Definition der Kardinalzahladdition berechtigt:

Definition 1. Sind $\mathfrak{m}$, $\mathfrak{n}$ Kardinalzahlen, ist $\mathfrak{m} = \overline{\overline{M}}$, $\mathfrak{n} = \overline{\overline{N}}$ und $M \cap N = \emptyset$, so ist die Kardinalzahl $\mathfrak{p} = \overline{\overline{M \cup N}}$ die *Summe von* $\mathfrak{m}$, $\mathfrak{n}$. Ist $\mathfrak{p}$ die Summe von $\mathfrak{m}$, $\mathfrak{n}$, so sind $\mathfrak{m}$ und $\mathfrak{n}$ *Summanden von* $\mathfrak{p}$; speziell ist $\mathfrak{m}$ ein *Augend von* $\mathfrak{p}$ oder ein *erster Summand von* $\mathfrak{p}$ und $\mathfrak{n}$ ein *Addend von* $\mathfrak{p}$ oder ein *zweiter Summand von* $\mathfrak{p}$. Diejenige Operation O in $\boldsymbol{K}$, die jedem Paar $[\mathfrak{m}, \mathfrak{n}] \in \boldsymbol{K}^{(2)}$ die Summe von $\mathfrak{m}$, $\mathfrak{n}$ zuordnet, ist die *Addition in* $\boldsymbol{K}$, bezeichnet mit: $\underset{\boldsymbol{K}}{+}$ (gelesen: *plus bzgl.* $\boldsymbol{K}$).

Sind keine Verwechslungen zu befürchten, so läßt man den Index $\boldsymbol{K}$ an dem Zeichen $+$ auch weg.

Für Kardinalzahlen $\mathfrak{m}$, $\mathfrak{n}$ gilt dann bei beliebigen M, N mit

$$\mathfrak{m} = \overline{\overline{M}}, \quad n = \overline{\overline{N}}, \quad M \cap N = \emptyset:$$

$$\mathfrak{m} + \mathfrak{n} = \overline{\overline{M \cup N}}.$$

Für Kardinalzahlen $\mathfrak{m}$, $\mathfrak{n}$ und Mengen M, N mit $\mathfrak{m} = \overline{\overline{M}}$, $\mathfrak{n} = \overline{\overline{N}}$ erhält man leicht

$$\overline{\overline{M \cup N}} \leqq \mathfrak{m} + \mathfrak{n}.$$

Da für unendliche Kardinalzahlen $\mathfrak{m}$ nach Satz 5b), § 21

$$\mathfrak{m} + \underset{\cdot}{1} = \mathfrak{m} < \mathfrak{m}' = (\mathfrak{m} + \underset{\cdot}{0})'$$

ist, hat man für die Kardinalzahlsumme im allgemeinen nicht die Möglichkeit einer induktiven Definition wie für die Ordinalzahlsumme. Es gilt aber der

Satz 1. *Für endliche Kardinalzahlen* $\mathfrak{m}$, $\mathfrak{n}$ *gilt:*

$$(1) \quad \mathfrak{m} + \underset{\cdot}{0} = \mathfrak{m},$$

$$(2) \quad \mathfrak{m} + \mathfrak{n}' = (\mathfrak{m} + \mathfrak{n})'.$$

Beweis. (1) Ist $\mathfrak{m} \in \boldsymbol{K}$ bei $\mathfrak{m} = \overline{\overline{M}}$, so ist $\mathfrak{m} + \underset{\cdot}{0} = \overline{\overline{M \cup \emptyset}} = \overline{\overline{M}} = \mathfrak{m}$.

(2) Sind $\mathfrak{m}, \mathfrak{n} \in \mathfrak{N}$ bei $\mathfrak{m} = \overline{\overline{M}}$, $\mathfrak{n} = \overline{\overline{N}}$, $M \cap N = \emptyset$ und $x \in \boldsymbol{E}$ mit $x \notin M \cup N$, so ist nach Satz 5a), § 21

$$\mathfrak{m} + \mathfrak{n}' = \overline{\overline{M \cup (N \cup \{x\})}} = \overline{\overline{(M \cup N) \cup \{x\}}} = (\mathfrak{m} + \mathfrak{n})'.$$

Aus dem Beweis zu Satz 1 (1) entnimmt man für beliebige Kardinalzahlen $\mathfrak{m}$:

$$\mathfrak{m} + \underset{\cdot}{0} = \underset{\cdot}{0} + \mathfrak{m} = \mathfrak{m};$$

außerdem folgt aus Satz 1 für endliche Kardinalzahlen $\mathfrak{m}$:

$$\mathfrak{m}' = \mathfrak{m} + \underset{\cdot}{1}.$$

Da man durch vollständige Induktion über $\mathfrak{n}$ leicht für Kardinalzahlen $\mathfrak{m}$, $\mathfrak{n}$ zeigt:

$$\mathfrak{m}, \mathfrak{n} \in \mathfrak{N} \to \mathfrak{m} + \mathfrak{n} \in \mathfrak{N},$$

folgt aus Satz 1 und Satz 2, § 25 unmittelbar, daß $(\underset{K}{+})_{\mathfrak{N} \times \mathfrak{N}}$ gleichzeitig die Addition des von $\mathfrak{N}$, $\underset{\cdot}{0}$, $'$ gebildeten Peano-Systems $\boldsymbol{P}_2$ der endlichen Kardinalzahlen ist, oder anders ausgedrückt: $\underset{K}{+}$ stimmt in $\mathfrak{N}$ mit der für Peano-Systeme definierten Addition überein; $\underset{K}{+}$ ist eine Verallgemeinerung der Addition endlicher Kardinalzahlen auf beliebige Kardinalzahlen. Für natürliche Zahlen $n, m \in \boldsymbol{N}$ gilt also nach Satz 19, § 25

$$|n + m| = |n| + |m|$$

im Sinne der Ordinalzahladdition $\underset{O}{+}$ und der Kardinalzahladdition $\underset{K}{+}$.

Aus den Definitionen der Ordinal- und Kardinalzahlsumme folgt auch für beliebige Ordinalzahlen α, β sofort:

$$|\alpha + \beta| = |\alpha| + |\beta|.$$

Ebenso gilt für Ordnungstypen α, β:

$$|\alpha + \beta| = |\alpha| + |\beta|.$$

2. Definition 1 läßt sich auf Summen beliebig vieler Summanden verallgemeinern. Ist $(\mathfrak{m}_i)_{i \in I}$ ein Komplex von Kardinalzahlen über der Klasse I, so gibt es einen Mengenkomplex $(M_i)_{i \in I}$ mit für jedes $i, j \in I$:

$$\mathfrak{m}_i = \overline{\overline{M_i}}, \quad i \neq j \rightarrow M_i \cap M_j = \emptyset.$$

Es sei nämlich nach dem Auswahlaxiom und Satz 4, § 8 F eine Auswahlfunktion* der Abbildung G über I mit $G\langle\{i\}\rangle = \mathfrak{m}_i$ für jedes $i \in I$, und mittels *Indizierung* mit den Elementen i von I wähle man als M_i für jedes $i \in I$ die Menge $F(i) \times \{i\}$; dann ist stets $\mathfrak{m}_i = \overline{\overline{M_i}}$ und $M_i \cap M_j = \emptyset$ für $i \neq j$.

Ist $(\mathfrak{m}_i)_{i \in I}$ ein Komplex von Kardinalzahlen und sind $(M_i^1)_{i \in I}$, $(M_i^2)_{i \in I}$ Mengenkomplexe mit für jedes $i, j \in I$:

$$\mathfrak{m}_i = \overline{\overline{M_i^1}} = \overline{\overline{M_i^2}}, \quad i \neq j \rightarrow M_i^1 \cap M_j^1 = M_i^2 \cap M_j^2 = \emptyset,$$

so zeigt man unter Verwendung einer nach dem Auswahlaxiom existierenden Funktion f über I, welche jedem $i \in I$ eine eineindeutige Abbildung f_i von M_i^1 auf M_i^2 zuordnet, ohne Schwierigkeiten

$$\bigcup_{i \in I} M_i^1 \backsim \bigcup_{i \in I} M_i^2.$$

Damit sind wir zu folgender Definition berechtigt:

Definition 2. Ist $(\mathfrak{m}_i)_{i \in I}$ ein Komplex von Kardinalzahlen über der Menge I und $(M_i)_{i \in I}$ ein Mengenkomplex mit für jedes $i, j \in I$:

$$\mathfrak{m}_i = \overline{\overline{M_i}}, \quad i \neq j \rightarrow M_i \cap M_j = \emptyset,$$

so ist die Kardinalzahl $\mathfrak{p} = \overline{\overline{\bigcup_{i \in I} M_i}}$ die *allgemeine Summe von* $(\mathfrak{m}_i)_{i \in I}$, bezeichnet mit: $\sum_{i \in I} \mathfrak{m}_i$ (gelesen: *Summe aller* $\mathfrak{m}_i$ *mit* $i \in I$); diese Abkürzung wird analog verwendet für jede andere (in unserem Falle von den Variablen $\mathfrak{m}$ und I verschiedene) Dingvariable statt i.

Man beachte die mehrfache Bedeutung des Summenzeichens $\sum$ (Definitionen 2, § 27; 2, § 30 und obige Definition 2).

Für Kardinalzahlkomplexe $(\mathfrak{m}_i)_{i \in I}$ mit $I \in M$ gilt dann bei beliebigen Mengenkomplexen $(M_i)_{i \in I}$ mit für jedes $i, j \in I$

$$\mathfrak{m}_i = \overline{\overline{M_i}}, \quad i \neq j \rightarrow M_i \cap M_j = \emptyset:$$

$$\sum_{i \in I} \mathfrak{m}_i = \overline{\overline{\bigcup_{i \in I} M_i}}.$$

Satz 2. *Für Kardinalzahlkomplexe* $(\mathfrak{m}_i)_{i\in I}$ *mit* $I \in \boldsymbol{M}$ *und Mengenkomplexe* $(M_i)_{i\in I}$ *mit* $\mathfrak{m}_i = \overline{\overline{M_i}}$ *für jedes* $i \in I$ *gilt:*

$$\overline{\overline{\bigcup_{i\in I} M_i}} \leqq \sum_{i\in I} \mathfrak{m}_i .$$

Beweis. Ist $(\mathfrak{m}_i)_{i\in I}$ ein Kardinalzahlkomplex über $I \in \boldsymbol{M}$ und sind $(M_i)_{i\in I}$, $(M'_i)_{i\in I}$ Mengenkomplexe über I mit für jedes $i, j \in I$:

$$\mathfrak{m}_i = \overline{\overline{M_i}} = \overline{\overline{M'_i}}, \qquad i \neq j \rightarrow M'_i \cap M'_j = \emptyset ,$$

so ist zu zeigen

$$\bigcup_{i\in I} M_i \preceq \bigcup_{i\in I} M'_i .$$

Es sei $(f_i)_{i\in I}$ ein nach dem Auswahlaxiom und Satz 4, § 8 existierender Mengenkomplex über I, für den stets f_i eine umkehrbar eindeutige Abbildung von M_i auf M'_i ist, G sei die Abbildung über $\bigcup_{i\in I} M_i$ mit für jedes $x \in \bigcup_{i\in I} M_i$:

$$G\langle\{x\}\rangle = \underset{y}{\boldsymbol{M}} \exists\, i\, (i \in I \wedge x \in M_i \wedge y = f_i(x)),$$

und F sei eine nach dem Auswahlaxiom und Satz 4, § 8 existierende Auswahlfunktion* von G. Dann ist F eine umkehrbar eindeutige Abbildung von $\bigcup_{i\in I} M_i$ auf $X = \mathrm{Nb}\, F \subseteq \bigcup_{i\in I} M'_i$, also $\bigcup_{i\in I} M_i \preceq \bigcup_{i\in I} M'_i$.

Ist $(\mathfrak{m}_i)_{i\in I}$ ein Kardinalzahlkomplex mit $I \in \boldsymbol{M}$, $I' \subseteq I$ und $\mathfrak{m}' = \mathfrak{m}_{I'}$, so schreibt man natürlich

$$\text{für } \sum_{i\in I'} \mathfrak{m}'_i \quad \text{einfach} \quad \sum_{i\in I'} \mathfrak{m}_i .$$

Bei der Definition der allgemeinen Kardinalzahlsumme brauchten wir uns nicht auf Folgen von einem Typ β von Kardinalzahlen zu beschränken wie bei der Definition der allgemeinen Ordinalzahlsumme, da anschaulich die repräsentantenweise Summation über einen Kardinalzahlkomplex unabhängig von der Reihenfolge der einzelnen Summanden ist im Gegensatz zur Summation über einen Ordinalzahlkomplex, bei der die Reihenfolge der Summanden wesentlich ist.

Ist $(\mathfrak{m}_i)_{i\in I}$ ein Kardinalzahlkomplex, wobei I ein Abschnitt von $\boldsymbol{O}$ ist, so daß also $(\mathfrak{m}_i)_{i\in I}$ die Folge $(\mathfrak{m}_i)_{i<\beta}$ vom Typ β von Kardinalzahlen für ein $\beta \in \boldsymbol{O}$ ist, so schreibt man

$$\text{für } \sum_{i\in I} \mathfrak{m}_i \quad \text{auch} \quad \sum_{i<\beta} \mathfrak{m}_i .$$

Ist $\beta, \gamma \in \boldsymbol{O}$, $\beta \leqq \gamma$ und $(\mathfrak{m}_i)_{\beta \leqq i \leqq \gamma}$ ein Elementekomplex über $[\beta, \gamma]$ mit $\mathfrak{m}_i \in \boldsymbol{K}$ für jedes $\beta \leqq i \leqq \gamma$, so schreibt man

$$\text{für } \sum_{i\in[\beta,\gamma]} \mathfrak{m}_i \quad \text{auch} \sum_{\beta \leqq i \leqq \gamma} \mathfrak{m}_i ;$$

analoge Bedeutung haben

$$\sum_{\beta < i \leqq \gamma} \mathfrak{m}_i, \quad \sum_{\beta \leqq i < \gamma} \mathfrak{m}_i, \quad \sum_{\beta < i < \gamma} \mathfrak{m}_i;$$

für $\sum_{0 \leqq i \leqq \beta} \mathfrak{m}_i$ schreibt man einfach $\sum_{i \leqq \beta} \mathfrak{m}_i$, für $\sum_{\beta \leqq i \leqq \gamma} \mathfrak{m}_i$ auch $\mathfrak{m}_\beta + \cdots + \mathfrak{m}_\gamma$ oder $\sum_{i=\beta}^{\gamma} \mathfrak{m}_i$.

Unmittelbar aus der Definition der allgemeinen Kardinalzahlsumme erhält man für Folgen $(\mathfrak{m}_i)_{i<\beta}$ vom Typ β von Kardinalzahlen und Ordinalzahlen γ:

$$\beta = 0 \rightarrow \sum_{i<\beta} \mathfrak{m}_i = \underset{\cdot}{0},$$

$$\gamma' = \beta \rightarrow \sum_{i<\beta} \mathfrak{m}_i = (\sum_{i<\gamma} \mathfrak{m}_i) + \mathfrak{m}_\gamma;$$

aber für Limeszahlen β braucht nicht

$$\sum_{i<\beta} \mathfrak{m}_i = \lim_{\nu<\beta} \sum_{i<\nu} \mathfrak{m}_i$$

zu gelten, wie man an dem Beispiel $\beta = \mathbf{\Omega}_1$, $\mathfrak{m}_i = \underset{\cdot}{1}$ für $i < \mathbf{\Omega}_1$ sieht, in dem dann

$$\sum_{i<\Omega_1} \underset{\cdot}{1} = \overline{\overline{O(\Omega_1)}} = \aleph_1 > \aleph_0 = \lim_{\nu<\Omega_1} \sum_{i<\nu} \underset{\cdot}{1}$$

gilt. Für die allgemeine Kardinalzahlsumme hat man also im allgemeinen nicht die Möglichkeit einer induktiven Definition wie für die allgemeine Ordinalzahlsumme.

Ist $(a_i)_{i<m}$ eine Folge vom Typ $m \in N$ von endlichen Kardinalzahlen, so erhält man wie für natürliche Zahlen, daß $\sum_{i<m} a_i$ gleich $F(m) \in \mathfrak{N}$ ist, wo F die eindeutig bestimmte Funktion von $[0, m]$ in $\mathfrak{N}$ ist mit für jedes $n \in [0, m]$:

$$F(0) = \underset{\cdot}{0},$$

$$n \neq m \rightarrow F(n') = F(n) + a_n.$$

Ist schließlich $(\alpha_i)_{i<m}$ eine Folge vom Typ $m \in N$ von Ordinalzahlen, so beweist man durch vollständige Induktion über m:

$$|\sum_{i<m} \alpha_i| = \sum_{i<m} |\alpha_i|.$$

Aus den Definitionen der allgemeinen Ordinal- und Kardinalzahlsumme folgt auch für beliebige Folgen $(\alpha_\xi)_{\xi<\beta}$ vom Typ β von Ordinalzahlen sofort:

$$|\sum_{\xi<\beta} \alpha_\xi| = \sum_{\xi<\beta} |\alpha_\xi|.$$

Ebenso gilt für Komplexe $(\alpha_i)_{i\in I}$ von Ordnungstypen bei $I \in \boldsymbol{M}$ und Ordnungen T in I:

$$\Big|\sum_{i\in I(T)} \alpha_i\Big| = \sum_{i\in I} |\alpha_i|.$$

Die Summe im Sinne von Definition 1 ist ein Spezialfall der allgemeinen Summe im Sinne von Definition 2; denn es gilt:

$$\sum_{i<2} \mathfrak{m}_i = (\sum_{i<1} \mathfrak{m}_i) + \mathfrak{m}_1 = ((\sum_{i<0} \mathfrak{m}_i) + \mathfrak{m}_0) + \mathfrak{m}_1 = (\underset{.}{0} + \mathfrak{m}_0) + \mathfrak{m}_1 = \mathfrak{m}_0 + \mathfrak{m}_1.$$

Ebenso erhält man sukzessiv:

$$\sum_{i<3} \mathfrak{m}_i = (\mathfrak{m}_0 + \mathfrak{m}_1) + \mathfrak{m}_2, \qquad \sum_{i<4} \mathfrak{m}_i = ((\mathfrak{m}_0 + \mathfrak{m}_1) + \mathfrak{m}_2) + \mathfrak{m}_3, \ldots .$$

3. Wir wenden uns nun dem Produkt von Kardinalzahlen zu.

Sind $\mathfrak{m}$, $\mathfrak{n}$ Kardinalzahlen mit $\mathfrak{m} = \overline{\overline{M_1}} = \overline{\overline{M_2}}$, $\mathfrak{n} = \overline{\overline{N_1}} = \overline{\overline{N_2}}$, so zeigt man ohne Schwierigkeiten $M_1 \times N_1 \backsim M_2 \times N_2$. Damit sind wir zu folgender, der Anschauung entsprechenden Definition der Kardinalzahlmultiplikation berechtigt:

Definition 3. Sind $\mathfrak{m}$, $\mathfrak{n}$ Kardinalzahlen, ist $\mathfrak{m} = \overline{\overline{M}}$, $\mathfrak{n} = \overline{\overline{N}}$, so ist die Kardinalzahl $\mathfrak{p} = \overline{\overline{M \times N}}$ das *Produkt von* $\mathfrak{m}$, $\mathfrak{n}$. Ist $\mathfrak{p}$ das Produkt von $\mathfrak{m}$, $\mathfrak{n}$, so sind $\mathfrak{m}$, $\mathfrak{n}$ *Faktoren von* $\mathfrak{p}$; speziell ist $\mathfrak{m}$ ein *Multiplikand von* $\mathfrak{p}$ oder ein *erster Faktor von* $\mathfrak{p}$ und $\mathfrak{n}$ ein *Multiplikator von* $\mathfrak{p}$ oder ein *zweiter Faktor von* $\mathfrak{p}$. Diejenige Operation O in $\boldsymbol{K}$, die jedem Paar $[\mathfrak{m}, \mathfrak{n}] \in \boldsymbol{K}^{(2)}$ das Produkt von $\mathfrak{m}$, $\mathfrak{n}$ zuordnet, ist die *Multiplikation in* $\boldsymbol{K}$, bezeichnet mit: $\underset{\boldsymbol{K}}{\cdot}$ (gelesen: *mal bzgl.* $\boldsymbol{K}$).

Sind keine Verwechslungen zu befürchten, so läßt man den Index $\boldsymbol{K}$ an dem Zeichen $\cdot$ auch weg.

Für Kardinalzahlen $\mathfrak{m}$, $\mathfrak{n}$ gilt dann bei beliebigen M, N mit $\mathfrak{m} = \overline{\overline{M}}$, $\mathfrak{n} = \overline{\overline{N}}$:

$$\mathfrak{m} \cdot \mathfrak{n} = \overline{\overline{M \times N}}.$$

Da für unendliche Kardinalzahlen $\mathfrak{n}$ etwa

$$\underset{.}{1} \cdot \mathfrak{n}' = \mathfrak{n}' > \mathfrak{n} = \mathfrak{n} + \underset{.}{1} = (\underset{.}{1} \cdot \mathfrak{n}) + \underset{.}{1}$$

ist, hat man für das Kardinalzahlprodukt im allgemeinen nicht die Möglichkeit einer induktiven Definition wie für das Ordinalzahlprodukt. Es gilt aber der

Satz 3. *Für Kardinalzahlen* $\mathfrak{m}$ *und endliche Kardinalzahlen* n *gilt:*

$$(1) \quad \mathfrak{m} \cdot \underset{.}{0} = \underset{.}{0},$$

$$(2) \quad \mathfrak{m} \cdot n' = (\mathfrak{m} \cdot n) + \mathfrak{m}.$$

Beweis. (1) Ist $\mathfrak{m} \in \boldsymbol{K}$ bei $\mathfrak{m} = \overline{\overline{M}}$, so ist

$$\mathfrak{m} \cdot \underset{.}{0} = \overline{\overline{M \times \varnothing}} = \overline{\overline{\varnothing}} = \underset{.}{0}.$$

(2) Ist $\mathfrak{m} \in K$, $n \in \mathfrak{N}$ bei $\mathfrak{m} = \overline{\overline{M}}$, $n = \overline{\overline{N}}$ und $x \in E$ mit $x \notin N$, so ist nach Satz 5a), § 21:

$$\mathfrak{m} \cdot n' = \overline{\overline{M \times (N \cup \{x\})}} = \overline{\overline{(M \times N) \cup (M \times \{x\})}} = (\mathfrak{m} \cdot n) + \mathfrak{m}.$$

Man zeigt leicht repräsentantenweise für Kardinalzahlen $\mathfrak{m}$:

$$\mathfrak{m} \cdot \underset{\cdot}{0} = \underset{\cdot}{0} \cdot \mathfrak{m} = \underset{\cdot}{0},$$

$$\mathfrak{m} \cdot \underset{\cdot}{1} = \underset{\cdot}{1} \cdot \mathfrak{m} = \mathfrak{m}.$$

Da man durch vollständige Induktion über $\mathfrak{n}$ leicht für Kardinalzahlen $\mathfrak{m}$, $\mathfrak{n}$ zeigt:

$$\mathfrak{m}, \mathfrak{n} \in \mathfrak{N} \to \mathfrak{m} \cdot \mathfrak{n} \in \mathfrak{N},$$

folgt aus Satz 3 und Satz 11, § 25 unmittelbar, daß $(\underset{K}{\cdot})_{\mathfrak{N} \times \mathfrak{N}}$ gleichzeitig die Multiplikation des von $\mathfrak{N}$, $\underset{\cdot}{0}$, $'$ gebildeten PEANO-Systems P_2 der endlichen Kardinalzahlen ist, oder anders ausgedrückt: $\underset{K}{\cdot}$ stimmt in $\mathfrak{N}$ mit der für PEANO-Systeme definierten Multiplikation überein; $\underset{K}{\cdot}$ ist eine Verallgemeinerung der Multiplikation endlicher Kardinalzahlen auf beliebige Kardinalzahlen. Für natürliche Zahlen $n, m \in N$ gilt also nach Satz 19, § 25

$$|n \cdot m| = |n| \cdot |m|$$

im Sinne der Ordinalzahlmultiplikation $\underset{O}{\cdot}$ und der Kardinalzahlmultiplikation $\underset{K}{\cdot}$.

Aus den Definitionen des Ordinal- und Kardinalzahlproduktes folgt auch für beliebige Ordinalzahlen α, β sofort:

$$|\alpha \cdot \beta| = |\alpha| \cdot |\beta|.$$

Ebenso gilt für Ordnungstypen α, β:

$$|\alpha \cdot \beta| = |\alpha| \cdot |\beta|.$$

4. Definition 3 läßt sich auf Produkte beliebig vieler Faktoren verallgemeinern. Ist $(\mathfrak{m}_i)_{i \in I}$ ein Komplex von Kardinalzahlen über der Menge I und sind $(M_i^1)_{i \in I}$, $(M_i^2)_{i \in I}$ Mengenkomplexe mit

$$\mathfrak{m}_i = \overline{\overline{M_i^1}} = \overline{\overline{M_i^2}}$$

für jedes $i \in I$, so zeigt man unter Verwendung einer nach dem Auswahlaxiom existierenden Funktion f über I, welche jedem $i \in I$ eine eineindeutige Abbildung f_i von M_i^1 auf M_i^2 zuordnet, ohne Schwierigkeiten

$$\mathop{\times}_{i \in I} M_i^1 \backsim \mathop{\times}_{i \in I} M_i^2.$$

Damit sind wir zu folgender Definition berechtigt:

Definition 4. Ist $(\mathfrak{m}_i)_{i\in I}$ ein Komplex von Kardinalzahlen über der Menge I und $(M_i)_{i\in I}$ ein Mengenkomplex mit $\mathfrak{m}_i = \overline{\overline{M_i}}$ für jedes $i \in I$, so ist die Kardinalzahl $\mathfrak{p} = \overline{\overline{\bigtimes_{i\in I} M_i}}$ das *allgemeine Produkt von* $(\mathfrak{m}_i)_{i\in I}$, bezeichnet mit: $\prod_{i\in I} \mathfrak{m}_i$ (gelesen: *Produkt aller* $\mathfrak{m}_i$ *mit* $i \in I$); diese Abkürzung wird analog verwendet für jede andere (in unserem Falle von den Variablen $\mathfrak{m}$ und I verschiedene) Dingvariable statt i.

Man beachte die mehrfache Bedeutung des Produktzeichens $\prod$ (Definitionen 4, § 27; 4, § 30 und obige Definition 4).

Für Kardinalzahlkomplexe $(\mathfrak{m}_i)_{i\in I}$ mit $I \in \boldsymbol{M}$ gilt dann bei beliebigen Mengenkomplexen $(M_i)_{i\in I}$ mit $\mathfrak{m}_i = \overline{\overline{M_i}}$ für jedes $i \in I$:

$$\prod_{i\in I} \mathfrak{m}_i = \overline{\overline{\bigtimes_{i\in I} M_i}}.$$

Ist $(\mathfrak{m}_i)_{i\in I}$ ein Kardinalzahlkomplex über der Menge I und $(M_i)_{i\in I}$ ein Mengenkomplex mit für jedes $i, j \in I$:

$$\mathfrak{m}_i = \overline{\overline{M_i}}, \quad i \neq j \rightarrow M_i \cap M_j = \varnothing,$$

so ist offenbar $\prod_{i\in I} \mathfrak{m}_i$ die Kardinalzahl der Menge aller Auswahlen des disjunkten Mengensystems Nb M der $M_i (i \in I)$; wir haben damit eine zweite Definition für das allgemeine Kardinalzahlprodukt erhalten.

Ist $(\mathfrak{m}_i)_{i\in I}$ ein Kardinalzahlkomplex mit $I \in \boldsymbol{M}$, $I' \subseteq I$ und $\mathfrak{m}' = \mathfrak{m}_{I'}$, so schreibt man natürlich

$$\text{für} \quad \prod_{i\in I'} \mathfrak{m}'_i \quad \text{einfach} \quad \prod_{i\in I'} \mathfrak{m}_i.$$

Bei der Definition des allgemeinen Kardinalzahlproduktes brauchten wir uns nicht auf Folgen von einem Typ β von Kardinalzahlen zu beschränken wie bei der Definition des allgemeinen Ordinalzahlproduktes, da anschaulich die repräsentantenweise Multiplikation über einen Kardinalzahlkomplex unabhängig von der Reihenfolge der einzelnen Faktoren ist im Gegensatz zur Multiplikation über einen Ordinalzahlkomplex, bei der die Reihenfolge der Faktoren wesentlich ist.

Ist $(\mathfrak{m}_i)_{i\in I}$ ein Kardinalzahlkomplex, wobei I ein Abschnitt von $\boldsymbol{O}$ ist, so daß also $(\mathfrak{m}_i)_{i\in I}$ die Folge $(\mathfrak{m}_i)_{i<\beta}$ vom Typ β von Kardinalzahlen für ein $\beta \in \boldsymbol{O}$ ist, so schreibt man

$$\text{für} \quad \prod_{i\in I} \mathfrak{m}_i \quad \text{auch} \quad \prod_{i<\beta} \mathfrak{m}_i.$$

Ist $\beta, \gamma \in \boldsymbol{O}$, $\beta \leqq \gamma$ und $(\mathfrak{m}_i)_{\beta\leqq i\leqq\gamma}$ ein Elementekomplex über $[\beta, \gamma]$ mit $\mathfrak{m}_i \in \boldsymbol{K}$ für jedes $\beta \leqq i \leqq \gamma$, so schreibt man

$$\text{für} \quad \prod_{i\in[\beta,\gamma]} \mathfrak{m}_i \quad \text{auch} \quad \prod_{\beta\leqq i\leqq\gamma} \mathfrak{m}_i;$$

analoge Bedeutung haben

$$\prod_{\beta < i \leqq \gamma} \mathfrak{m}_i, \quad \prod_{\beta \leqq i < \gamma} \mathfrak{m}_i, \quad \prod_{\beta < i < \gamma} \mathfrak{m}_i;$$

für $\prod_{0 \leqq i \leqq \beta} \mathfrak{m}_i$ schreibt man einfach $\prod_{i \leqq \beta} \mathfrak{m}_i$, für $\prod_{\beta \leqq i \leqq \gamma} \mathfrak{m}_i$ auch $\mathfrak{m}_\beta \cdot \cdots \cdot \mathfrak{m}_\gamma$ oder $\prod_{i=\beta}^{\gamma} \mathfrak{m}_i$.

Unmittelbar aus der Definition des allgemeinen Kardinalzahlproduktes erhält man für Folgen $(\mathfrak{m}_i)_{i<\beta}$ vom Typ β von Kardinalzahlen und Ordinalzahlen γ:

$$\beta = 0 \rightarrow \prod_{i<\beta} \mathfrak{m}_i = \underset{\cdot}{1},$$

$$\gamma' = \beta \rightarrow \prod_{i<\beta} \mathfrak{m}_i = (\prod_{i<\gamma} \mathfrak{m}_i) \cdot \mathfrak{m}_\gamma;$$

aber für Limeszahlen β braucht nicht

$$\prod_{i<\beta} \mathfrak{m}_i = \lim_{\nu<\beta} \prod_{i<\nu} \mathfrak{m}_i$$

zu gelten, wie man an dem Beispiel $\beta = \omega$, $\mathfrak{m}_i = \underset{\cdot}{2}$ für $i < \omega$ sieht, in dem dann

$$\prod_{i<\omega} \underset{\cdot}{2} = \overline{\overline{\{0,1\}^N}} = \overline{\overline{PN}} > \overline{\overline{N}} = \aleph_0 = \lim_{\nu<\omega} \prod_{i<\nu} \underset{\cdot}{2}$$

gilt. Für das allgemeine Kardinalzahlprodukt hat man also im allgemeinen nicht die Möglichkeit einer induktiven Definition wie für das allgemeine Ordinalzahlprodukt.

Ist $(a_i)_{i<m}$ eine Folge vom Typ $m \in N$ von endlichen Kardinalzahlen, so erhält man wie für natürliche Zahlen, daß $\prod_{i<m} a_i$ gleich $F(m) \in \mathfrak{N}$ ist, wo F die eindeutig bestimmte Funktion von $[0, m]$ in $\mathfrak{N}$ ist mit für jedes $n \in [0, m]$:

$$F(0) = \underset{\cdot}{1},$$

$$n \neq m \rightarrow F(n') = F(n) \cdot a_n.$$

Ist schließlich $(\alpha_i)_{i<m}$ eine Folge vom Typ $m \in N$ von Ordinalzahlen, so beweist man durch vollständige Induktion über m:

$$|\prod_{i<m} \alpha_i| = \prod_{i<m} |\alpha_i|.$$

Ebenso gilt für Komplexe $(\alpha_i)_{i \in I}$ von Ordnungstypen mit endlichem I und Ordnungen T in I:

$$|\prod_{i \in I(T)} \alpha_i| = \prod_{i \in I} |\alpha_i|.$$

Aus den Definitionen des allgemeinen Ordinal- und Kardinalzahlproduktes folgt für beliebige Folgen $(\alpha_\xi)_{\xi<\beta}$ vom Typ β von Ordinalzahlen nur:

$$|\prod_{\xi<\beta} \alpha_\xi| \leqq \prod_{\xi<\beta} |\alpha_\xi|.$$

Das Produkt im Sinne von Definition 3 ist ein Spezialfall des allgemeinen Produktes im Sinne von Definition 4; denn es gilt:

$$\prod_{i<2} \mathfrak{m}_i = (\prod_{i<1} \mathfrak{m}_i) \cdot \mathfrak{m}_1 = ((\prod_{i<0} \mathfrak{m}_i) \cdot \mathfrak{m}_0) \cdot \mathfrak{m}_1 = (\underset{\cdot}{1} \cdot \mathfrak{m}_0) \cdot \mathfrak{m}_1 = \mathfrak{m}_0 \cdot \mathfrak{m}_1.$$

Ebenso erhält man sukzessiv:

$$\prod_{i<3} \mathfrak{m}_i = (\mathfrak{m}_0 \cdot \mathfrak{m}_1) \cdot \mathfrak{m}_2, \qquad \prod_{i<4} \mathfrak{m}_i = ((\mathfrak{m}_0 \cdot \mathfrak{m}_1) \cdot \mathfrak{m}_2) \cdot \mathfrak{m}_3, \ldots.$$

5. Eine weitere wichtige arithmetische Operation für Kardinalzahlen ist das Potenzieren. Das Potenzieren einer Kardinalzahl $\mathfrak{m}$ mit einer Kardinalzahl $\mathfrak{n}$ soll anschaulich die $\mathfrak{n}$-malige Multiplikation von $\mathfrak{m}$ sein, derjenige Spezialfall also des allgemeinen Produktes $\prod_{i\in I} \mathfrak{x}_i$ mit $\mathfrak{x}_i = \mathfrak{m}$ für jedes $i \in I$ und $\overline{\overline{I}} = \mathfrak{n}$. Wir definieren daher:

Definition 5. Sind $\mathfrak{m}$, $\mathfrak{n}$ Kardinalzahlen mit $\mathfrak{m} = \overline{\overline{M}}$, $\mathfrak{n} = \overline{\overline{N}}$, so ist die Kardinalzahl $\mathfrak{p} = \overline{\overline{\mathsf{X}_{i\in N} M}}$ die *Potenz von* $\mathfrak{m}$, $\mathfrak{n}$, bezeichnet mit: $\mathfrak{m}^{\mathfrak{n}}$ (gelesen: $\mathfrak{m}$ *hoch* $\mathfrak{n}$). Ist $\mathfrak{p} = \mathfrak{m}^{\mathfrak{n}}$, so ist $\mathfrak{m}$ eine *Basis von* $\mathfrak{p}$ und $\mathfrak{n}$ ein *Exponent von* $\mathfrak{p}$. Diejenige Operation O in $\boldsymbol{K}$, die jedem Paar $[\mathfrak{m}, \mathfrak{n}] \in \boldsymbol{K}^{(2)}$ die Potenz $\mathfrak{m}^{\mathfrak{n}}$ zuordnet, ist die *Potenzierung in* $\boldsymbol{K}$.

Diese Definition ist natürlich sinnvoll; denn ist

$$\mathfrak{m} = \overline{\overline{M_1}} = \overline{\overline{M_2}}, \qquad \mathfrak{n} = \overline{\overline{N_1}} = \overline{\overline{N_2}},$$

so ist zunächst

$$\mathsf{X}_{i\in N_1} M_1 \backsim \mathsf{X}_{i\in N_1} M_2$$

und schließlich nach Satz 2, § 9 auch

$$\mathsf{X}_{i\in N_1} M_2 \backsim \mathsf{X}_{i\in N_2} M_2,$$

also insgesamt

$$\mathsf{X}_{i\in N_1} M_1 \backsim \mathsf{X}_{i\in N_2} M_2.$$

Man beachte die mehrfache Bedeutung der Hochschreibweise $\mathfrak{m}^{\mathfrak{n}}$ (als Mengenpotenz, Ordinalzahlpotenz, Potenz von Ordnungstypen und Kardinalzahlpotenz).

$\mathfrak{m}^{\underset{\cdot}{2}}$ nennt man auch das *Quadrat von* $\mathfrak{m}$ und liest „$\mathfrak{m}^{\underset{\cdot}{2}}$" als „$\mathfrak{m}$ Quadrat".

Für Kardinalzahlen $\mathfrak{m}$, $\mathfrak{n}$ gilt dann bei beliebigen M, N mit $\mathfrak{m} = \overline{\overline{M}}$, $\mathfrak{n} = \overline{\overline{N}}$:

$$\mathfrak{m}^{\mathfrak{n}} = \overline{\overline{\mathsf{X}_{i\in N} M}} = \overline{\overline{M^N}}.$$

Für jede Menge M gilt bei $\mathfrak{m} = \overline{\overline{M}}$:

$$\mathfrak{m} = \overline{\overline{M}} < \overline{\overline{PM}} = \overline{\overline{\{0, 1\}^M}} = 2^{\overline{\overline{M}}} = 2^{\mathfrak{m}};$$

also ist für Kardinalzahlen $\mathfrak{m}$ stets

$$\mathfrak{m} < 2^{\mathfrak{m}},$$

also $\mathfrak{m}' \leqq 2^{\mathfrak{m}}$, wobei $2^{\mathfrak{m}}$ die Mächtigkeit der Potenzmenge $\boldsymbol{P}M$ einer jeden Menge M der Mächtigkeit $\mathfrak{m}$ ist. Speziell gilt somit

$$\aleph_0 < 2^{\aleph_0}$$

und damit

$$\aleph_0' = \aleph_1 \leqq 2^{\aleph_0},$$

wobei $2^{\aleph_0}$ die Mächtigkeit der Potenzmenge $\boldsymbol{P}M$ einer jeden abzählbaren Menge M ist, also u. a.

$$2^{\aleph_0} = \boldsymbol{P}N = \mathfrak{c}.$$

Damit ergibt sich jetzt das *Kontinuumproblem* als die Frage, ob

$$\aleph_1 = 2^{\aleph_0} \quad \text{oder} \quad \aleph_1 < 2^{\aleph_0}$$

ist; die *Kontinuumhypothese* lautet:

$$2^{\aleph_0} = \aleph_1.$$

In Verallgemeinerung des Kontinuumproblems erhebt sich für beliebige Alephs $\aleph_\alpha$, also für beliebige unendliche Kardinalzahlen, in Anbetracht der bestehenden Ungleichung

$$\aleph_{\alpha+1} \leqq 2^{\aleph_\alpha}$$

die Frage, ob

$$\aleph_{\alpha+1} = 2^{\aleph_\alpha} \quad \text{oder} \quad \aleph_{\alpha+1} < 2^{\aleph_\alpha}$$

ist. Dieses Problem ist das *verallgemeinerte Kontinuumproblem.* Man vermutet für beliebige Ordinalzahlen α, in Analogie zur Kontinuumhypothese:

$$2^{\aleph_\alpha} = \aleph_{\alpha+1},$$

die *verallgemeinerte Kontinuumhypothese* oder die *Alephhypothese.*

Auf Grund der Alephhypothese wäre also die Mächtigkeit der Potenzmenge einer jeden unendlichen Menge gerade die auf die Mächtigkeit dieser Menge unmittelbar folgende Mächtigkeit.

Das verallgemeinerte Kontinuumproblem ist — wie das gewöhnliche Kontinuumproblem — ein bisher ungelöstes Problem, und es ist durchaus möglich, daß dieses Problem im Rahmen unserer axiomatischen Mengenlehre nicht gelöst werden kann, und man gegebenenfalls die Alephhypothese als neues Axiom zu den bisher zugelassenen Axiomen hinzunimmt.

An dem Kontinuumproblem sieht man, mit welchen Schwierigkeiten man in der Kardinalzahltheorie rechnen muß. So ein einfach aussehendes Problem wie die Frage, ob $\underset{\cdot}{2}^{\aleph_0} = \aleph_1$ oder $\underset{\cdot}{2}^{\aleph_0} \neq \aleph_1$ gilt, kann bereits nicht gelöst werden.

Wir werden später (§ 38) zeigen, daß für endliche Kardinalzahlen $n \neq \underset{\cdot}{0}$ und unendliche Kardinalzahlen $\mathfrak{m}$ stets $n \cdot \mathfrak{m} = \mathfrak{m} \cdot n = \mathfrak{m}$ gilt; damit erhält man über die Kontinuumhypothese:

$$\underset{\cdot}{2}^{\aleph_1} \geqq \aleph_2 > \aleph_1 = \underset{\cdot}{2}^{\aleph_0} = \underset{\cdot}{2}^{\aleph_0} \cdot \underset{\cdot}{2};$$

also wird man für die Kardinalzahlpotenz im allgemeinen nicht die Möglichkeit einer induktiven Definition erwarten können. Es gilt aber der

Satz 4. *Für Kardinalzahlen* $\mathfrak{m}$ *und endliche Kardinalzahlen* n *gilt:*

$$(1) \quad \mathfrak{m}^{\underset{\cdot}{0}} = \underset{\cdot}{1},$$

$$(2) \quad \mathfrak{m}^{n'} = (\mathfrak{m}^n) \cdot \mathfrak{m}.$$

Beweis. (1) Ist $\mathfrak{m} \in \boldsymbol{K}$ bei $\mathfrak{m} = \overline{\overline{M}}$, so ist nach Satz 9, § 7 $M^{\emptyset} = \{\emptyset\}$, also $\mathfrak{m}^{\underset{\cdot}{0}} = \underset{\cdot}{1}$.

(2) Ist $\mathfrak{m} \in \boldsymbol{K}$, $n \in \mathfrak{N}$ bei $\mathfrak{m} = \overline{\overline{M}}$, $n = \overline{\overline{N}}$ und $x \in \boldsymbol{E}$ bei $x \notin N$, so ist nach Satz 5a), § 21 und Satz 10a), § 7:

$$M^{N \cup \{x\}} \backsim M^N \times M^{\{x\}} \backsim M^N \times M,$$

also

$$\mathfrak{m}^{n'} = (\mathfrak{m}^n) \cdot \mathfrak{m}.$$

Aus Satz 9, § 7 erhält man sofort für Kardinalzahlen $\mathfrak{n}$:

$$\mathfrak{n} \geqq \underset{\cdot}{1} \rightarrow \underset{\cdot}{0}^{\mathfrak{n}} = \underset{\cdot}{0},$$

trivial gilt außerdem für Kardinalzahlen $\mathfrak{n}$:

$$\underset{\cdot}{1}^{\mathfrak{n}} = \underset{\cdot}{1}, \qquad \mathfrak{n}^{\underset{\cdot}{1}} = \mathfrak{n}.$$

Da man durch vollständige Induktion über $\mathfrak{n}$ leicht für Kardinalzahlen $\mathfrak{m}, \mathfrak{n}$ zeigt:

$$\mathfrak{m}, \mathfrak{n} \in \mathfrak{N} \rightarrow \mathfrak{m}^{\mathfrak{n}} \in \mathfrak{N},$$

folgt aus Satz 4, daß die auf $\mathfrak{N}$ eingeschränkte Potenzierung in $\boldsymbol{K}$ mit der Potenzierung bzgl. des von $\mathfrak{N}$, $\underset{\cdot}{0}$, $'$ gebildeten Peano-Systems $\boldsymbol{P}_2$ zusammenfällt (vgl. § 27, Abschnitt 5).

Durch vollständige Induktion über m zeigt man schließlich noch für natürliche Zahlen $n, m \in \boldsymbol{N}$:

$$|n^m| = |n|^{|m|}.$$

Für Ordnungstypen α und natürliche Zahlen n gilt ebenfalls:

$$|\alpha^n| = |\alpha|^{|n|}.$$

Aus den Definitionen der Ordinal- und Kardinalzahlpotenz folgt für beliebige Ordinalzahlen α, β nur

$$|\alpha^{\beta}| \leqq |\alpha|^{|\beta|}.$$

Addition, Multiplikation und Potenzierung in $\boldsymbol{K}$ heißen gemeinsam die *elementaren arithmetischen Operationen in* $\boldsymbol{K}$.

§ 37. Rechengesetze

1. Wir stellen jetzt die Rechengesetze für die einzelnen Operationen zusammen. Für Kardinalzahlen $\mathfrak{m}$, $\mathfrak{n}$ haben wir bereits die Spezialfälle bewiesen:

$$\mathfrak{m} + \underset{\cdot}{0} = \underset{\cdot}{0} + \mathfrak{m} = \mathfrak{m}, \quad \mathfrak{m} \in \mathfrak{N} \to \mathfrak{m}' = \mathfrak{m} + \underset{\cdot}{1},$$
$$\mathfrak{m} \cdot \underset{\cdot}{0} = \underset{\cdot}{0} \cdot \mathfrak{m} = \underset{\cdot}{0}, \quad \mathfrak{m} \cdot \underset{\cdot}{1} = \underset{\cdot}{1} \cdot \mathfrak{m} = \mathfrak{m},$$
$$\mathfrak{m}^{\underset{\cdot}{0}} = \underset{\cdot}{1}, \quad \mathfrak{m}^{\underset{\cdot}{1}} = \mathfrak{m}, \quad \mathfrak{n} \geqq \underset{\cdot}{1} \to \underset{\cdot}{0}^{\mathfrak{n}} = \underset{\cdot}{0}, \quad \underset{\cdot}{1}^{\mathfrak{n}} = \underset{\cdot}{1},$$
$$\underset{\cdot}{2}^{\mathfrak{n}} > \mathfrak{n}.$$

Es ist also z. B.

$$\underset{\cdot}{2}^{\mathfrak{a}} > \mathfrak{a} \text{ im Gegensatz zu } 2^{\omega} = \omega.$$

Satz 1. *Für Kardinalzahlen* $\mathfrak{m}$, $\mathfrak{n}$, $\mathfrak{p}$ *gilt:*

a) $\mathfrak{m} + \mathfrak{n} = \mathfrak{n} + \mathfrak{m}, \qquad \mathfrak{m} \cdot \mathfrak{n} = \mathfrak{n} \cdot \mathfrak{m}$
(*Kommutativität*),

b) $(\mathfrak{m} + \mathfrak{n}) + \mathfrak{p} = \mathfrak{m} + (\mathfrak{n} + \mathfrak{p}), \qquad (\mathfrak{m} \cdot \mathfrak{n}) \cdot \mathfrak{p} = \mathfrak{m} \cdot (\mathfrak{n} \cdot \mathfrak{p})$
(*Assoziativität*),

c) $\mathfrak{m} \cdot (\mathfrak{n} + \mathfrak{p}) = (\mathfrak{m} \cdot \mathfrak{n}) + (\mathfrak{m} \cdot \mathfrak{p}), \qquad (\mathfrak{m} + \mathfrak{n}) \cdot \mathfrak{p} = (\mathfrak{m} \cdot \mathfrak{p}) + (\mathfrak{n} \cdot \mathfrak{p})$
(*Distributivität*),

d) $(\mathfrak{m}^{\mathfrak{n}}) \cdot (\mathfrak{m}^{\mathfrak{p}}) = \mathfrak{m}^{\mathfrak{n}+\mathfrak{p}}, \qquad (\mathfrak{m}^{\mathfrak{p}}) \cdot (\mathfrak{n}^{\mathfrak{p}}) = (\mathfrak{m} \cdot \mathfrak{n})^{\mathfrak{p}}, \qquad (\mathfrak{m}^{\mathfrak{n}})^{\mathfrak{p}} = \mathfrak{m}^{\mathfrak{n} \cdot \mathfrak{p}}.$

Beweis. Die Behauptungen a), b), c) folgen unmittelbar aus den Definitionen der Addition und Multiplikation von Kardinalzahlen. d) folgt unmittelbar aus Satz 10, § 7.

Auf Grund der Gültigkeit der assoziativen Gesetze ist folgende klammersparende Vereinbarung zweckmäßig: Sind $\mathfrak{m}$, $\mathfrak{n}$, $\mathfrak{p}$, $\mathfrak{q}$, $\mathfrak{r}$, ... Kardinalzahlen, so haben die klammerfreien Schreibweisen

$$\mathfrak{m} + \mathfrak{n} + \mathfrak{p}, \quad \mathfrak{m} + \mathfrak{n} + \mathfrak{p} + \mathfrak{q}, \quad \mathfrak{m} + \mathfrak{n} + \mathfrak{p} + \mathfrak{q} + \mathfrak{r}, \ldots;$$
$$\mathfrak{m} \cdot \mathfrak{n} \cdot \mathfrak{p}, \quad \mathfrak{m} \cdot \mathfrak{n} \cdot \mathfrak{p} \cdot \mathfrak{q}, \quad \mathfrak{m} \cdot \mathfrak{n} \cdot \mathfrak{p} \cdot \mathfrak{q} \cdot \mathfrak{r}, \ldots$$

die Bedeutung:

$$(\mathfrak{m} + \mathfrak{n}) + \mathfrak{p}, \quad (\mathfrak{m} + \mathfrak{n} + \mathfrak{p}) + \mathfrak{q}, \quad (\mathfrak{m} + \mathfrak{n} + \mathfrak{p} + \mathfrak{q}) + \mathfrak{r}, \ldots;$$
$$(\mathfrak{m} \cdot \mathfrak{n}) \cdot \mathfrak{p}, \quad (\mathfrak{m} \cdot \mathfrak{n} \cdot \mathfrak{p}) \cdot \mathfrak{q}, \quad (\mathfrak{m} \cdot \mathfrak{n} \cdot \mathfrak{p} \cdot \mathfrak{q}) \cdot \mathfrak{r}, \ldots.$$

Zur weiteren Vereinfachung der Schreibweise (Klammereinsparung) vereinbaren wir noch, daß die Operationen Potenzierung, Multiplikation und Addition in dieser Reihenfolge immer stärker trennen, so daß also etwa

$$\mathfrak{m} + \mathfrak{n} \cdot \mathfrak{p}^{\mathfrak{q}} \quad \text{bedeutet:} \quad \mathfrak{m} + (\mathfrak{n} \cdot (\mathfrak{p}^{\mathfrak{q}})).$$

$$\mathfrak{m} + \mathfrak{n}', \qquad \mathfrak{m} \cdot \mathfrak{n}', \qquad \mathfrak{m}^{\mathfrak{n}'}, \qquad \mathfrak{m}^{\mathfrak{n}+\mathfrak{p}}, \qquad \mathfrak{m}^{\mathfrak{n}\cdot\mathfrak{p}}$$

bedeuten natürlich (wie es teilweise bereits verwendet wurde):

$$\mathfrak{m} + (\mathfrak{n}'), \qquad \mathfrak{m} \cdot (\mathfrak{n}'), \qquad \mathfrak{m}^{(\mathfrak{n}')}, \qquad \mathfrak{m}^{(\mathfrak{n}+\mathfrak{p})}, \qquad \mathfrak{m}^{(\mathfrak{n}\cdot\mathfrak{p})}.$$

Den Multiplikationspunkt $\cdot$ läßt man auch oft weg, schreibt also

für $\mathfrak{m} \cdot \mathfrak{n}$ auch einfach $\mathfrak{m}\mathfrak{n}$.

Satz 2. *Für Kardinalzahlen* $\mathfrak{m}$, $\mathfrak{n}$, $\mathfrak{p}$ *gilt:*

$$\mathfrak{n} \leqq \mathfrak{p} \rightarrow \mathfrak{m} + \mathfrak{n} \leqq \mathfrak{m} + \mathfrak{p} \wedge \mathfrak{m} \cdot \mathfrak{n} \leqq \mathfrak{m} \cdot \mathfrak{p},$$

$$\mathfrak{m} \neq \underset{.}{0} \wedge \mathfrak{n} \leqq \mathfrak{p} \rightarrow \mathfrak{m}^{\mathfrak{n}} \leqq \mathfrak{m}^{\mathfrak{p}}, \qquad \mathfrak{m} \leqq \mathfrak{p} \rightarrow \mathfrak{m}^{\mathfrak{n}} \leqq \mathfrak{p}^{\mathfrak{n}}$$

(*Monotonie*).

Beweis. Die Behauptungen folgen unmittelbar aus den Definitionen der Addition, Multiplikation und Potenzierung von Kardinalzahlen und aus der Definition der $\leqq$-Beziehung für Kardinalzahlen.

Man kann in Satz 2 nicht $\leqq$ durch $<$ ersetzen; denn wir werden später (§ 38) für transfinite Kardinalzahlen $\mathfrak{m}$ und endliche Kardinalzahlen $n \neq \underset{.}{0}$ zeigen $\mathfrak{m} + n = \mathfrak{m} \cdot n = \mathfrak{m}^n = \mathfrak{m}$, ebenso zeigen wir $\underset{.}{2}^{\aleph_0} = \aleph_0^{\aleph_0}$ (§ 38).

Auf Grund der kommutativen Gesetze gilt natürlich mit Satz 2 dann auch für Kardinalzahlen $\mathfrak{m}$, $\mathfrak{n}$, $\mathfrak{p}$:

$$\mathfrak{m} \leqq \mathfrak{p} \rightarrow \mathfrak{m} + \mathfrak{n} \leqq \mathfrak{p} + \mathfrak{n} \wedge \mathfrak{m} \cdot \mathfrak{n} \leqq \mathfrak{p} \cdot \mathfrak{n}.$$

Aus Satz 2 folgt für Kardinalzahlen $\mathfrak{m}_1$, $\mathfrak{m}_2$, $\mathfrak{n}_1$, $\mathfrak{n}_2$:

$$\mathfrak{m}_1 \leqq \mathfrak{m}_2 \wedge \mathfrak{n}_1 \leqq \mathfrak{n}_2 \rightarrow \mathfrak{m}_1 + \mathfrak{n}_1 \leqq \mathfrak{m}_2 + \mathfrak{n}_2 \wedge \mathfrak{m}_1 \cdot \mathfrak{n}_1 \leqq \mathfrak{m}_2 \cdot \mathfrak{n}_2,$$

$$\underset{.}{0} \neq \mathfrak{m}_1 \leqq \mathfrak{m}_2 \wedge \mathfrak{n}_1 \leqq \mathfrak{n}_2 \rightarrow \mathfrak{m}_1^{\mathfrak{n}_1} \leqq \mathfrak{m}_2^{\mathfrak{n}_2}.$$

Wegen $\mathfrak{m} = \mathfrak{m} + \underset{.}{0} \leqq \mathfrak{m} + \mathfrak{n}$ und $\mathfrak{n} = \underset{.}{0} + \mathfrak{n} \leqq \mathfrak{m} + \mathfrak{n}$ gilt für Kardinalzahlen $\mathfrak{m}$, $\mathfrak{n}$:

$$\mathfrak{m}, \mathfrak{n} \leqq \mathfrak{m} + \mathfrak{n};$$

analog ergibt sich:

$$\mathfrak{m}, \mathfrak{n} \neq \underset{.}{0} \rightarrow \mathfrak{m}, \mathfrak{n} \leqq \mathfrak{m} \cdot \mathfrak{n}.$$

Für Kardinalzahlen $\mathfrak{m}$, $\mathfrak{n}$ gilt:

$$\mathfrak{m} + \mathfrak{n} = \underset{.}{0} \leftrightarrow \mathfrak{m} = \underset{.}{0} \wedge \mathfrak{n} = \underset{.}{0};$$

denn ist $\mathfrak{m} + \mathfrak{n} = \underset{.}{0}$, so ist $\mathfrak{m}, \mathfrak{n} \leqq \mathfrak{m} + \mathfrak{n} = \underset{.}{0}$, also $\mathfrak{m} = \mathfrak{n} = \underset{.}{0}$.

Weiterhin gilt für Kardinalzahlen $\mathfrak{m}$, $\mathfrak{n}$:

$$\mathfrak{m}\cdot\mathfrak{n}=\underset{\cdot}{0}\leftrightarrow\mathfrak{m}=\underset{\cdot}{0}\vee\mathfrak{n}=\underset{\cdot}{0},\quad \mathfrak{m}\cdot\mathfrak{n}=\underset{\cdot}{1}\leftrightarrow\mathfrak{m}=\underset{\cdot}{1}\wedge\mathfrak{n}=\underset{\cdot}{1};$$

denn ist $\mathfrak{m}\cdot\mathfrak{n}=\underset{\cdot}{0}$ und wäre $\mathfrak{m},\mathfrak{n}\neq\underset{\cdot}{0}$, so wäre $\underset{\cdot}{0}<\mathfrak{m}=\mathfrak{m}\cdot\underset{\cdot}{1}\leqq\mathfrak{m}\cdot\mathfrak{n}$; ist $\mathfrak{m}\cdot\mathfrak{n}=\underset{\cdot}{1}$, so muß $\mathfrak{m},\mathfrak{n}\neq\underset{\cdot}{0}$ und auch $\mathfrak{m},\mathfrak{n}\leqq\mathfrak{m}\cdot\mathfrak{n}=\underset{\cdot}{1}$ sein, also $\mathfrak{m}=\mathfrak{n}=\underset{\cdot}{1}$.

Für Kardinalzahlen $\mathfrak{m}$, $\mathfrak{n}$ gilt:

$$\mathfrak{m}\geqq\underset{\cdot}{2}\rightarrow\mathfrak{m}^{\mathfrak{n}}>\mathfrak{n},\qquad \mathfrak{n}\geqq\underset{\cdot}{1}\rightarrow\mathfrak{m}^{\mathfrak{n}}\geqq\mathfrak{m},$$

$$\mathfrak{m}\neq\underset{\cdot}{0}\rightarrow\mathfrak{m}^{\mathfrak{n}}\neq\underset{\cdot}{0};$$

denn ist $\mathfrak{m}\geqq\underset{\cdot}{2}$, so ist $\mathfrak{n}<\underset{\cdot}{2}^{\mathfrak{n}}\leqq\mathfrak{m}^{\mathfrak{n}}$; ist $\mathfrak{n}\geqq\underset{\cdot}{1}$, so ist $\mathfrak{m}=\mathfrak{m}^{\underset{\cdot}{1}}\leqq\mathfrak{m}^{\mathfrak{n}}$; ist $\mathfrak{m}\neq\underset{\cdot}{0}$, so ist $\underset{\cdot}{1}=\underset{\cdot}{1}^{\mathfrak{n}}\leqq\mathfrak{m}^{\mathfrak{n}}$.

Im Bereich der Kardinalzahlen erhält man nicht wie für Ordinalzahlen eine sinnvolle Subtraktion oder eine sinnvolle Division, da wir später (§ 38) für transfinite Kardinalzahlen $\mathfrak{m}$ und endliche Kardinalzahlen $n\neq\underset{\cdot}{0}$ zeigen werden:

$$\mathfrak{m}+n=\mathfrak{m},\qquad \mathfrak{m}\cdot n=\mathfrak{m}.$$

Die Gleichungen $\mathfrak{m}+\mathfrak{x}=\mathfrak{p}$, $\mathfrak{x}+\mathfrak{m}=\mathfrak{p}$ und $\mathfrak{m}\cdot\mathfrak{x}=\mathfrak{p}$, $\mathfrak{x}\cdot\mathfrak{m}=\mathfrak{p}$ für Kardinalzahlen $\mathfrak{m}\leqq\mathfrak{p}$ besitzen also im allgemeinen je unendlich viele Lösungen $\mathfrak{x}\in\boldsymbol{K}$; für eine sinnvolle Einführung einer Subtraktion oder Division ist aber erforderlich, daß diese Gleichungen höchstens eine Lösung $\mathfrak{x}$ besitzen.

2. Wir wenden uns nun den verallgemeinerten Operationen zu.

Zur Vereinfachung der Schreibweise (Klammereinsparung) vereinbart man, daß $+$ und $\cdot$ stärker trennen als $\sum$ und $\prod$, so daß also etwa

$$\sum_{i\in I}\mathfrak{m}_i+\mathfrak{n},\qquad \sum_{i\in I}\mathfrak{m}_i\cdot\mathfrak{n},\qquad \prod_{i\in I}\mathfrak{m}_i+\mathfrak{n},\qquad \prod_{i\in I}\mathfrak{m}_i\cdot\mathfrak{n}$$

bedeuten:

$$\Big(\sum_{i\in I}\mathfrak{m}_i\Big)+\mathfrak{n},\qquad \Big(\sum_{i\in I}\mathfrak{m}_i\Big)\cdot\mathfrak{n},\qquad \Big(\prod_{i\in I}\mathfrak{m}_i\Big)+\mathfrak{n},\qquad \Big(\prod_{i\in I}\mathfrak{m}_i\Big)\cdot\mathfrak{n}.$$

Aus Satz 2, § 9 folgt für Mengen I, K, umkehrbar eindeutige Abbildungen f von K auf I und Kardinalzahlkomplexe $(\mathfrak{m}_i)_{i\in I}$ repräsentantenweise:

$$\sum_{i\in I}\mathfrak{m}_i=\sum_{k\in K}\mathfrak{m}_{f(k)},\qquad \prod_{i\in I}\mathfrak{m}_i=\prod_{k\in K}\mathfrak{m}_{f(k)}.$$

Gemäß der anschaulichen Bedeutung von Summe, Produkt und Potenz erhalten wir folgende Iterationsaussagen:

Satz 3. *Für Kardinalzahlen* $\mathfrak{m}$, $\mathfrak{n}$ *und Mengen* I *gilt:*

$$\overline{\overline{I}}=\mathfrak{m}\rightarrow\mathfrak{m}=\sum_{i\in I}\underset{\cdot}{1},\qquad \overline{\overline{I}}=\mathfrak{n}\rightarrow\mathfrak{m}\cdot\mathfrak{n}=\sum_{i\in I}\mathfrak{m},\qquad \overline{\overline{I}}=\mathfrak{n}\rightarrow\mathfrak{m}^{\mathfrak{n}}=\prod_{i\in I}\mathfrak{m}.$$

Beweis. Ist $\mathfrak{m} \in \boldsymbol{K}$ und $\mathfrak{m} = \overline{\overline{I}}$, so ist

$$\mathfrak{m} = \overline{\overline{I}} = \overline{\overline{\bigcup_{i \in I} \{i\}}} = \sum_{i \in I} \underset{\cdot}{1}.$$

Ist $\mathfrak{m}, \mathfrak{n} \in \boldsymbol{K}$, $\mathfrak{m} = \overline{\overline{M}}$ und $\mathfrak{n} = \overline{\overline{I}}$, so ist

$$\mathfrak{m} \cdot \mathfrak{n} = \overline{\overline{M \times I}} = \overline{\overline{\bigcup_{i \in I} (M \times \{i\})}} = \sum_{i \in I} \mathfrak{m}$$

und

$$\mathfrak{m}^{\mathfrak{n}} = \overline{\overline{M^I}} = \overline{\overline{\bigtimes_{i \in I} M}} = \prod_{i \in I} \mathfrak{m}.$$

Jede Kardinalzahl $\mathfrak{m}$ erhält man also durch $\mathfrak{m}$-malige Addition von $\underset{\cdot}{1}$; $\mathfrak{m} \cdot \mathfrak{n}$ erhält man durch $\mathfrak{n}$-malige Addition von $\mathfrak{m}$ und $\mathfrak{m}^{\mathfrak{n}}$ durch $\mathfrak{n}$-malige Multiplikation von $\mathfrak{m}$. $\mathfrak{m} = \sum_{i \in I} \underset{\cdot}{1}$ bei $\mathfrak{m} = \overline{\overline{I}}$ folgt natürlich auch sofort aus $\mathfrak{n} \cdot \mathfrak{m} = \sum_{i \in I} \mathfrak{n}$ bei $\mathfrak{m} = \overline{\overline{I}}$, indem man hier $\mathfrak{n} = \underset{\cdot}{1}$ setzt.

Man zeigt leicht mit Hilfe der entsprechenden Definitionen repräsentantenweise für Kardinalzahlkomplexe $(\mathfrak{m}_i)_{i \in I}$ über $I \in \boldsymbol{M}$:

$$\sum_{i \in I} \mathfrak{m}_i = \underset{\cdot}{0} \leftrightarrow \forall i \, (i \in I \rightarrow \mathfrak{m}_i = \underset{\cdot}{0}),$$

$$\prod_{i \in I} \mathfrak{m}_i = \underset{\cdot}{0} \leftrightarrow \exists i \, (i \in I \wedge \mathfrak{m}_i = \underset{\cdot}{0}),$$

$$\prod_{i \in I} \mathfrak{m}_i = \underset{\cdot}{1} \leftrightarrow \forall i \, (i \in I \rightarrow \mathfrak{m}_i = \underset{\cdot}{1}).$$

Satz 4. *Für Kardinalzahlkomplexe* $(\mathfrak{m}_i)_{i \in I}$, $(\mathfrak{n}_i)_{i \in I}$ *über* $I \in \boldsymbol{M}$ *und Mengen* J *gilt:*

a) $\forall i \, (i \in I \rightarrow \mathfrak{m}_i \leqq \mathfrak{n}_i) \rightarrow \sum_{i \in I} \mathfrak{m}_i \leqq \sum_{i \in I} \mathfrak{n}_i \wedge \prod_{i \in I} \mathfrak{m}_i \leqq \prod_{i \in I} \mathfrak{n}_i$,

b) $J \subseteq I \rightarrow \sum_{i \in J} \mathfrak{m}_i \leqq \sum_{i \in I} \mathfrak{m}_i$, $\quad \prod_{i \in I} \mathfrak{m}_i \neq \underset{\cdot}{0} \,.\!\rightarrow\!.\, J \subseteq I \rightarrow \prod_{i \in J} \mathfrak{m}_i \leqq \prod_{i \in I} \mathfrak{m}_i$

(*Monotonie*).

Beweis. a) Sind $(\mathfrak{m}_i)_{i \in I}$, $(\mathfrak{n}_i)_{i \in I}$ Kardinalzahlkomplexe über $I \in \boldsymbol{M}$ und sind $(M_i)_{i \in I}$, $(N_i)_{i \in I}$ disjunkte Mengenkomplexe über I mit stets $\mathfrak{m}_i = \overline{\overline{M}}_i$, $\mathfrak{n}_i = \overline{\overline{N}}_i$, so gibt es unter der Voraussetzung $\mathfrak{m}_i \leqq \mathfrak{n}_i$ $(i \in I)$ Mengen X_i mit $M_i \backsim X_i \subseteq N_i$. Dann ist

$$\sum_{i \in I} \mathfrak{m}_i = \overline{\overline{\bigcup_{i \in I} M_i}} = \overline{\overline{\bigcup_{i \in I} X_i}} \leqq \overline{\overline{\bigcup_{i \in I} N_i}} = \sum_{i \in I} \mathfrak{n}_i$$

und

$$\prod_{i \in I} \mathfrak{m}_i = \overline{\overline{\bigtimes_{i \in I} M_i}} = \overline{\overline{\bigtimes_{i \in I} X_i}} \leqq \overline{\overline{\bigtimes_{i \in I} N_i}} = \prod_{i \in I} \mathfrak{n}_i$$

wegen

$$\bigcup_{i \in I} X_i \subseteq \bigcup_{i \in I} N_i \quad \text{und} \quad \bigtimes_{i \in I} X_i \subseteq \bigtimes_{i \in I} N_i.$$

b) Ist $(\mathfrak{m}_i)_{i\in I}$ ein Kardinalzahlkomplex über $I \in \boldsymbol{M}$, $J \subseteq I$ und ist $(M_i)_{i\in I}$ ein disjunkter Mengenkomplex über I mit stets $\mathfrak{m}_i = \overline{\overline{M_i}}$, so ist

$$\sum_{i\in J} \mathfrak{m}_i = \overline{\overline{\bigcup_{i\in J} M_i}} \leqq \overline{\overline{\bigcup_{i\in I} M_i}} = \sum_{i\in I} \mathfrak{m}_i$$

wegen

$$\bigcup_{i\in J} M_i \subseteq \bigcup_{i\in I} M_i .$$

Ist weiterhin $\prod_{i\in I} \mathfrak{m}_i \neq \underset{\cdot}{0}$, $f \in \bigtimes_{i\in I} M_i$ und P die Menge aller $x \in \bigtimes_{i\in I} M_i$, für die es ein $y \in \bigtimes_{i\in J} M_i$ gibt mit für jedes $i \in I$:

$$x_i = \begin{cases} y_i & \text{für } i \in J \\ f_i & \text{für } i \notin J, \end{cases}$$

so ist offenbar

$$\bigtimes_{i\in J} M_i \backsim P \subseteq \bigtimes_{i\in I} M_i ,$$

also

$$\prod_{i\in J} \mathfrak{m}_i = \overline{\overline{\bigtimes_{i\in J} M_i}} = \overline{\overline{P}} \leqq \overline{\overline{\bigtimes_{i\in I} M_i}} = \prod_{i\in I} \mathfrak{m}_i .$$

Ist $(\mathfrak{m}_i)_{i\in I}$ ein Kardinalzahlkomplex über $I \in \boldsymbol{M}$ und $\mathfrak{n}$ eine Kardinalzahl mit $\mathfrak{n} \leqq \mathfrak{m}_i$ für jedes $i \in I$, so folgt aus Satz 4a)

$$\sum_{i\in I} \mathfrak{m}_i \geqq \overline{\overline{I}} \cdot \mathfrak{n}$$

wegen

$$\sum_{i\in I} \mathfrak{m}_i \geqq \sum_{i\in I} \mathfrak{n} = \overline{\overline{I}} \cdot \mathfrak{n} .$$

Man zeigt ohne Schwierigkeiten repräsentantenweise für Kardinalzahlkomplexe $(\mathfrak{m}_i)_{i\in I}$ über $I \in \boldsymbol{M}$ und die Menge J aller $i \in I$ mit $\mathfrak{m}_i \neq \underset{\cdot}{0}$ bzw. $\mathfrak{m}_i \neq \underset{\cdot}{1}$:

$$\sum_{i\in I} \mathfrak{m}_i = \sum_{i\in J} \mathfrak{m}_i \quad \text{bzw.} \quad \prod_{i\in I} \mathfrak{m}_i = \prod_{i\in J} \mathfrak{m}_i .$$

Mit Satz 4a) folgt hieraus sofort für jeden Kardinalzahlkomplex $(\mathfrak{m}_i)_{i\in I}$ über $I \in \boldsymbol{M}$ und jedes $j \in I$:

$$\mathfrak{m}_j \leqq \sum_{i\in I} \mathfrak{m}_i , \qquad \prod_{i\in I} \mathfrak{m}_i \neq \underset{\cdot}{0} \to \mathfrak{m}_j \leqq \prod_{i\in I} \mathfrak{m}_i .$$

Ist z. B. $(\mathfrak{m}_i)_{i\in I}$ ein Kardinalzahlkomplex über $I \in \boldsymbol{M}$, der kein größtes Element besitzt (d. h. für jedes $i \in I$ gibt es ein $j \in I$ mit $\mathfrak{m}_i < \mathfrak{m}_j$), so ist für jedes $j \in I$:

$$\mathfrak{m}_j < \sum_{i\in I} \mathfrak{m}_i ;$$

denn wäre $\mathfrak{m}_j = \sum_{i\in I} \mathfrak{m}_i$ für ein $j \in I$, so wäre $\mathfrak{m}_k \leqq \sum_{i\in I} \mathfrak{m}_i = \mathfrak{m}_j$ für jedes $k \in I$, also $\mathfrak{m}_j$ größtes Element des Komplexes.

Satz 5. *Für Kardinalzahlkomplexe* $(\mathfrak{m}_i)_{i \in I}$ *über* $I \in M$ *und Permutationen* p *von* I *gilt:*

$$\sum_{i \in I} \mathfrak{m}_i = \sum_{i \in I} \mathfrak{m}_{p(i)}, \qquad \prod_{i \in I} \mathfrak{m}_i = \prod_{i \in I} \mathfrak{m}_{p(i)}$$

(*Kommutativität*).

Beweis. Die Behauptungen folgen unmittelbar aus Satz 2, § 9.

Satz 6. *Für Kardinalzahlkomplexe* $(\mathfrak{m}_i)_{i \in I}$ *über* $I \in M$ *und disjunkte Mengenkomplexe* $(I_k)_{k \in K}$ *über* $K \in M$ *mit* $\bigcup_{k \in K} I_k = I$ *gilt:*

$$\sum_{i \in I} \mathfrak{m}_i = \sum_{k \in K} \Big(\sum_{i \in I_k} \mathfrak{m}_i \Big), \qquad \prod_{i \in I} \mathfrak{m}_i = \prod_{k \in K} \Big(\prod_{i \in I_k} \mathfrak{m}_i \Big)$$

(*Assoziativität*).

Beweis. Die Behauptungen folgen unmittelbar aus den Sätzen 6 und 4 von § 9.

Satz 7. *Für Kardinalzahlkomplexe* $(\mathfrak{m}_i)_{i \in I}$ *über* $I \in M$ *und Mengenkomplexe* $(I_k)_{k \in K}$ *über* $K \in M$ *mit* $\bigcup_{k \in K} I_k \subseteq I$ *gilt:*

$$\prod_{k \in K} \Big(\sum_{i \in I_k} \mathfrak{m}_i \Big) = \sum_{f \in \underset{k \in K}{\times} I_k} \Big(\prod_{k \in K} \mathfrak{m}_{f(k)} \Big)$$

(*Distributivität*).

Beweis. Die Behauptung folgt unmittelbar aus Satz 11, § 9.

Als Spezialfall von Satz 7 erhält man, was man aber auch leicht repräsentantenweise direkt beweist, für Kardinalzahlkomplexe $(\mathfrak{m}_i)_{i \in I}$ über $I \in M$ und Kardinalzahlen $\mathfrak{n}$:

$$\mathfrak{n} \cdot \sum_{i \in I} \mathfrak{m}_i = \sum_{i \in I} (\mathfrak{n} \cdot \mathfrak{m}_i).$$

Satz 8. *Für Kardinalzahlkomplexe* $(\mathfrak{m}_i)_{i \in I}$ *über* $I \in M$ *und Kardinalzahlen* $\mathfrak{n}$ *gilt:*

$$(1) \qquad \mathfrak{n}^{\left(\sum_{i \in I} \mathfrak{m}_i\right)} = \prod_{i \in I} (\mathfrak{n}^{\mathfrak{m}_i}),$$

$$(2) \qquad \Big(\prod_{i \in I} \mathfrak{m}_i \Big)^{\mathfrak{n}} = \prod_{i \in I} (\mathfrak{m}_i^{\mathfrak{n}}).$$

Beweis. Die Behauptungen folgen unmittelbar aus Satz 12, § 9.

§ 38. Alephformeln

1. Ein grundlegender Satz der Kardinalzahlarithmetik ist der folgende

Satz 1 (Satz von Hessenberg). *Für Ordinalzahlen* α *gilt:*

$$\aleph_\alpha^2 = \aleph_\alpha .$$

Beweis. Wir beweisen zunächst zwei Hilfssätze; im zweiten Hilfssatz wird die von HESSENBERG eingeführte natürliche Summe von Ordinalzahlen verwendet (vgl. Definition 5, § 31).

Hilfssatz 1. Für Ordinalzahlen α gilt:

$$\aleph_0 \cdot \aleph_\alpha = \aleph_\alpha .$$

Beweis. Es sei $\alpha \in \boldsymbol{O}$. Die Anfangszahl $\boldsymbol{\Omega}_\alpha$ der Zahlklasse von $\aleph_\alpha$ ist als Limeszahl durch $\boldsymbol{\omega}$ teilbar, also

$$\boldsymbol{\Omega}_\alpha = \boldsymbol{\omega} \cdot \xi \quad \text{für ein} \quad \xi \in \boldsymbol{O}.$$

Dann ist

$$\aleph_\alpha = |\boldsymbol{\Omega}_\alpha| = |\boldsymbol{\omega}| \cdot |\xi| = \aleph_0 \cdot |\xi|,$$

also wegen $\boldsymbol{N} \times \boldsymbol{N} \backsim \boldsymbol{N}$ (vgl. Satz 1, § 26) und damit $\aleph_0 \cdot \aleph_0 = \aleph_0$:

$$\aleph_0 \cdot \aleph_\alpha = \aleph_0 \cdot \aleph_0 \cdot |\xi| = \aleph_0 \cdot |\xi| = \aleph_\alpha .$$

Hilfssatz 2. Für Ordinalzahlen α, ξ, η gilt:

$$\xi, \eta < \boldsymbol{\Omega}_\alpha \to \xi \oplus \eta < \boldsymbol{\Omega}_\alpha .$$

Beweis. Ist $\alpha, \xi, \eta \in \boldsymbol{O}$ und $\xi, \eta < \boldsymbol{\Omega}_\alpha$, so ist im Falle $\xi = 0$ oder $\eta = 0$

$$\xi \oplus \eta = \eta \quad \text{oder} \quad \xi \oplus \eta = \xi, \quad \text{also} \quad \xi \oplus \eta < \boldsymbol{\Omega}_\alpha .$$

Ist $\xi, \eta \neq 0$ und $[m, \sigma, a, b]$ die gemeinsame Normalform von ξ, η, so ist in CANTORscher Normalform

$$\xi \oplus \eta = \sum_{i \leq m} \boldsymbol{\omega}^{\sigma_i} \cdot (a_i + b_i).$$

Dann gilt $\boldsymbol{\omega}^{\sigma_0} < \boldsymbol{\Omega}_\alpha$ wegen $\boldsymbol{\omega}^{\sigma_0} \leqq \xi$ oder $\boldsymbol{\omega}^{\sigma_0} \leqq \eta$, und es ist

$$\xi \oplus \eta < \boldsymbol{\omega}^{\sigma_0} \cdot (a_0 + b_0 + 1) < \boldsymbol{\omega}^{\sigma_0} \cdot \boldsymbol{\omega};$$

also gilt nach Hilfssatz 1:

$$|\xi \oplus \eta| \leqq |\boldsymbol{\omega}^{\sigma_0} \cdot \boldsymbol{\omega}| = |\boldsymbol{\omega}^{\sigma_0}| \cdot |\boldsymbol{\omega}| = |\boldsymbol{\omega}^{\sigma_0}| \cdot \aleph_0 = |\boldsymbol{\omega}^{\sigma_0}| < |\boldsymbol{\Omega}_\alpha| \quad \text{für} \quad \sigma_0 \geqq 1,$$

also

$$\xi \oplus \eta < \boldsymbol{\Omega}_\alpha \quad \text{für} \quad \sigma_0 \geqq 1;$$

für $\sigma_0 = 0$ ist trivial

$$\xi \oplus \eta = a_0 + b_0 < \boldsymbol{\omega} = \boldsymbol{\Omega}_0 \leqq \boldsymbol{\Omega}_\alpha .$$

Nun zum Beweis der Alephformel $\aleph_\alpha^{\mathbf{2}} = \aleph_\alpha$ für beliebige Ordinalzahlen α. Wegen

$$\aleph_\alpha = \aleph_\alpha \cdot \mathbf{1} \leqq \aleph_\alpha \cdot \aleph_\alpha = \aleph_\alpha^{\mathbf{2}}$$

ist noch zu zeigen:

$$\aleph_\alpha^{\mathbf{2}} \leqq \aleph_\alpha$$

oder wegen $\aleph_\alpha = \overline{\overline{O(\Omega_\alpha)}}$, daß die Menge $P = O(\Omega_\alpha) \times O(\Omega_\alpha)$ aller Paare $[\xi, \eta]$ von Ordinalzahlen $\xi, \eta < \Omega_\alpha$ höchstens die Mächtigkeit $\aleph_\alpha$ hat. Nach Hilfssatz 2 ist P die Menge aller Paare $[\xi, \eta]$ von Ordinalzahlen, für die es ein $\gamma < \Omega_\alpha$ gibt mit $\xi \oplus \eta = \gamma$. Ist demnach M_γ für jedes $\gamma < \Omega_\alpha$ die Menge aller Paare $[\xi, \eta]$ von Ordinalzahlen mit $\xi \oplus \eta = \gamma$, so ist $P = \bigcup_{\gamma < \Omega_\alpha} M_\gamma$, wobei die M_γ paarweise disjunkt sind; also gilt:

$$\overline{\overline{P}} = \overline{\overline{\bigcup_{\gamma < \Omega_\alpha} M_\gamma}} = \sum_{\gamma < \Omega_\alpha} \overline{\overline{M_\gamma}}.$$

Nach Satz 14, § 31 gibt es aber für jedes $\gamma < \Omega_\alpha$ nur endlich viele Paare $[\xi, \eta]$ von Ordinalzahlen mit $\xi \oplus \eta = \gamma$, womit $\overline{\overline{M_\gamma}} < \aleph_0$ gilt, also schließlich nach Hilfssatz 1:

$$\overline{\overline{P}} = \sum_{\gamma < \Omega_\alpha} \overline{\overline{M_\gamma}} \leqq \sum_{\gamma < \Omega_\alpha} \aleph_0 = \aleph_0 \cdot \aleph_\alpha = \aleph_\alpha.$$

Aus dem Satz von HESSENBERG folgen weitere wichtige Alephformeln:

Satz 2. *Für Ordinalzahlen α, β gilt:*

$$\alpha \leqq \beta \rightarrow \aleph_\alpha + \aleph_\beta = \aleph_\alpha \cdot \aleph_\beta = \aleph_\beta.$$

Beweis. Sind $\alpha, \beta \in O$ mit $\alpha \leqq \beta$, so gilt nach Satz 1:

$$\aleph_\beta \leqq \aleph_\alpha + \aleph_\beta \leqq \aleph_\beta \cdot \underset{.}{2} \leqq \aleph_\beta^{\underset{.}{2}} = \aleph_\beta,$$

$$\aleph_\beta \leqq \aleph_\alpha \cdot \aleph_\beta \leqq \aleph_\beta^{\underset{.}{2}} = \aleph_\beta.$$

Satz 2 besagt mit anderem Wortlaut für Ordinalzahlen α, β:

$$\aleph_\alpha + \aleph_\beta = \aleph_\alpha \cdot \aleph_\beta = \aleph_{\max\{\alpha, \beta\}}$$

oder für transfinite Mächtigkeiten $\mathfrak{m}$, $\mathfrak{n}$:

$$\mathfrak{m} \leqq \mathfrak{n} \rightarrow \mathfrak{m} + \mathfrak{n} = \mathfrak{m} \cdot \mathfrak{n} = \mathfrak{n},$$

$$\mathfrak{m} + \mathfrak{n} = \mathfrak{m} \cdot \mathfrak{n} = \max\{\mathfrak{m}, \mathfrak{n}\}.$$

Satz 3. *Für Ordinalzahlen α und endliche Kardinalzahlen n gilt:*

$$n \geqq \underset{.}{1} \rightarrow \aleph_\alpha + n = \aleph_\alpha \cdot n = \aleph_\alpha^n = \aleph_\alpha.$$

Beweis. Ist $\alpha \in O$ und $\underset{.}{1} \leqq n \in \mathfrak{N}$, so gilt nach Satz 2:

$$\aleph_\alpha \leqq \aleph_\alpha + n \leqq \aleph_\alpha + \aleph_0 = \aleph_\alpha,$$

$$\aleph_\alpha \leqq \aleph_\alpha \cdot n \leqq \aleph_\alpha \cdot \aleph_0 = \aleph_\alpha.$$

Durch vollständige Induktion über n zeigt man schließlich $\aleph_\alpha^n = \aleph_\alpha$ für jedes $\underset{.}{1} \leqq n \in \mathfrak{N}$.

Satz 3 besagt mit anderem Wortlaut für transfinite Mächtigkeiten $\mathfrak{m}$ und endliche Mächtigkeiten n:

$$n \geqq \underset{.}{1} \rightarrow \mathfrak{m} + n = \mathfrak{m} \cdot n = \mathfrak{m}^n = \mathfrak{m}.$$

Man hat dann also insgesamt für transfinite Mächtigkeiten $\mathfrak{n}$ und beliebige Mächtigkeiten $\mathfrak{m}$:

$$\mathfrak{m} \leqq \mathfrak{n} \rightarrow \mathfrak{m} + \mathfrak{n} = \mathfrak{n},$$

$$\underset{.}{1} \leqq \mathfrak{m} \leqq \mathfrak{n} \rightarrow \mathfrak{m} \cdot \mathfrak{n} = \mathfrak{n}.$$

Satz 4. *Für Kardinalzahlen* $\mathfrak{m}, \mathfrak{n}, \mathfrak{p}, \mathfrak{q}$ *gilt:*

$$\mathfrak{m} < \mathfrak{p} \wedge \mathfrak{n} < \mathfrak{q} \rightarrow \mathfrak{m} + \mathfrak{n} < \mathfrak{p} + \mathfrak{q} \wedge \mathfrak{m} \cdot \mathfrak{n} < \mathfrak{p} \cdot \mathfrak{q}.$$

Beweis. Man zeigt die Behauptung zunächst für endliche Kardinalzahlen m, n, p, q, indem man durch vollständige Induktion über m für endliche Kardinalzahlen m, n, p, beweist:

$$n < p \rightarrow m + n < m + p,$$

$$m \neq \underset{.}{0} \wedge n < p \rightarrow m \cdot n < m \cdot p,$$

woraus dann für endliche Kardinalzahlen m, n, p, q folgt:

$$m < p \wedge n < q \rightarrow m + n < p + q \wedge m \cdot n < p \cdot q.$$

Mit diesem Ergebnis folgt dann leicht die Behauptung unseres Satzes für beliebige Kardinalzahlen $\mathfrak{m}, \mathfrak{n}, \mathfrak{p}, \mathfrak{q}$ über die Sätze 2, 3, indem man einzeln die folgenden Fälle betrachtet: (1) $\mathfrak{m}, \mathfrak{n}, \mathfrak{p}, \mathfrak{q}$ sind endlich, (2) $\mathfrak{m}, \mathfrak{n}$ sind endlich und $\mathfrak{p}, \mathfrak{q}$ sind nicht beide endlich, (3) $\mathfrak{m}, \mathfrak{n}$ sind nicht beide endlich.

Aus den Sätzen 2, 4 folgt für Alephs $\mathfrak{a}$ und beliebige Kardinalzahlen $\mathfrak{m}, \mathfrak{n}$:

$$\mathfrak{a} \leqq \mathfrak{m} + \mathfrak{n} \rightarrow \mathfrak{a} \leqq \mathfrak{m} \vee \mathfrak{a} \leqq \mathfrak{n},$$

$$\mathfrak{a} \leqq \mathfrak{m} \cdot \mathfrak{n} \rightarrow \mathfrak{a} \leqq \mathfrak{m} \vee \mathfrak{a} \leqq \mathfrak{n}.$$

Satz 5 (Bernsteinsche Formel). *Für Ordinalzahlen* α, β *gilt*:

$$\alpha \leqq \beta + 1 \rightarrow \aleph_\alpha^{\aleph_\beta} = \underset{.}{2}^{\aleph_\beta}.$$

Beweis. Für Ordinalzahlen α, β mit $\alpha \leqq \beta + 1$ gilt $\aleph_\alpha \leqq \aleph_{\beta+1} \leqq \underset{.}{2}^{\aleph_\beta}$, also auch

$$\underset{.}{2}^{\aleph_\beta} \leqq \aleph_\alpha^{\aleph_\beta} \leqq (\underset{.}{2}^{\aleph_\beta})^{\aleph_\beta} = \underset{.}{2}^{\aleph_\beta \cdot \aleph_\beta} = \underset{.}{2}^{\aleph_\beta}.$$

Speziell folgt aus Satz 5:

$$\aleph_1^{\aleph_0} = \underset{.}{2}^{\aleph_0} = \mathfrak{c}.$$

Für Ordinalzahlen β und endliche Kardinalzahlen n folgt aus Satz 5:

$$n \geqq \underset{.}{2} \rightarrow n^{\aleph_\beta} = \underset{.}{2}^{\aleph_\beta};$$

denn es ist für $\underset{\cdot}{2} \leqq n < \aleph_0$:

$$\underset{\cdot}{2}^{\aleph_\beta} \leqq n^{\aleph_\beta} \leqq \aleph_0^{\aleph_\beta} = \underset{\cdot}{2}^{\aleph_\beta}.$$

Satz 5 besagt dann mit anderem Wortlaut für Kardinalzahlen $\mathfrak{m}$ und transfinite Kardinalzahlen $\mathfrak{n}$:

$$\underset{\cdot}{2} \leqq \mathfrak{m} \leqq \mathfrak{n}' \to \mathfrak{m}^{\mathfrak{n}} = \underset{\cdot}{2}^{\mathfrak{n}}.$$

Satz 6. *Für Ordinalzahlen α gilt:*

$$\aleph_\alpha = \sum_{\xi < \Omega_\alpha} |\xi|.$$

Beweis. Für jede Ordinalzahl α ist

$$\aleph_\alpha = \overline{\overline{[0, \Omega_\alpha[}} = \overline{\overline{[1, \Omega_\alpha[}};$$

denn wäre $\overline{\overline{[1, \Omega_\alpha[}} < \aleph_\alpha$, so wäre auch

$$\aleph_\alpha = \overline{\overline{[0, \Omega_\alpha[}} = \overline{\overline{[1, \Omega_\alpha[}} + \underset{\cdot}{1} = \overline{\overline{[1, \Omega_\alpha[}} < \aleph_\alpha.$$

Also gilt schließlich

$$\aleph_\alpha = \sum_{1 \leqq \xi < \Omega_\alpha} \underset{\cdot}{1} \leqq \sum_{1 \leqq \xi < \Omega_\alpha} |\xi| = \underset{\cdot}{0} + \sum_{1 \leqq \xi < \Omega_\alpha} |\xi| = \sum_{\xi < \Omega_\alpha} |\xi| \leqq \sum_{\xi < \Omega_\alpha} \aleph_\alpha = \aleph_\alpha^{\underset{\cdot}{2}} = \aleph_\alpha.$$

Satz 7. *Für Ordinalzahlen α, β gilt:*

$$\alpha \geqq \beta \to \aleph_{\alpha+1}^{\aleph_\beta} = \sum_{\xi < \Omega_{\alpha+1}} |\xi|^{\aleph_\beta}.$$

Beweis. Sind $\alpha, \beta \in \boldsymbol{O}$ mit $\alpha \geqq \beta$, so gibt es zu jeder Folge $(\sigma_\eta)_{\eta < \Omega_\beta}$ vom Typ Ω_β von Ordinalzahlen $\sigma_\eta < \Omega_{\alpha+1}$ eine Ordinalzahl $\xi < \Omega_{\alpha+1}$ mit $\sigma_\eta < \xi$ für alle $\eta < \Omega_\beta$; denn für

$$\xi = \sum_{\eta < \Omega_\beta} (\sigma_\eta + 1)$$

gilt $\sigma_\eta < \sigma_\eta + 1 \leqq \xi$ für jedes $\eta < \Omega_\beta$, und es ist $\xi < \Omega_{\alpha+1}$ wegen

$$|\xi| = \Big|\sum_{\eta < \Omega_\beta} (\sigma_\eta + 1)\Big| = \sum_{\eta < \Omega_\beta} |\sigma_\eta + 1| \leqq \sum_{\eta < \Omega_\beta} \aleph_\alpha = \aleph_\alpha \cdot \aleph_\beta = \aleph_\alpha.$$

Es gilt dann also

$$\boldsymbol{O}(\Omega_{\alpha+1})^{\boldsymbol{O}(\Omega_\beta)} = \bigcup_{\xi < \Omega_{\alpha+1}} \boldsymbol{O}(\xi)^{\boldsymbol{O}(\Omega_\beta)},$$

also

$$\aleph_{\alpha+1}^{\aleph_\beta} = \overline{\overline{\bigcup_{\xi < \Omega_{\alpha+1}} \boldsymbol{O}(\xi)^{\boldsymbol{O}(\Omega_\beta)}}} \leqq \sum_{\xi < \Omega_{\alpha+1}} |\xi|^{\aleph_\beta}.$$

Außerdem ist

$$\sum_{\xi<\Omega_{\alpha+1}} |\xi|^{\aleph_\beta} \leqq \sum_{\xi<\Omega_{\alpha+1}} \aleph_{\alpha+1}^{\aleph_\beta} = \aleph_{\alpha+1}^{\aleph_\beta} \cdot \aleph_{\alpha+1} = \aleph_{\alpha+1}^{\aleph_\beta+1} = \aleph_{\alpha+1}^{\aleph_\beta}.$$

Damit gilt insgesamt

$$\aleph_{\alpha+1}^{\aleph_\beta} = \sum_{\xi<\Omega_{\alpha+1}} |\xi|^{\aleph_\beta}.$$

Satz 8 (BERNSTEINscher Alephsatz). *Für Ordinalzahlen β und natürliche Zahlen n gilt:*

$$\aleph_n^{\aleph_\beta} = 2^{\aleph_\beta} \cdot \aleph_n.$$

Beweis. Ist $\beta \in \boldsymbol{O}$ und $n \in \boldsymbol{N}$, so ist im Falle $n \leqq \beta$ nach Satz 5:

$$\aleph_n^{\aleph_\beta} = \aleph_n^{\aleph_\beta} \cdot \aleph_n = 2^{\aleph_\beta} \cdot \aleph_n.$$

Im Falle $\beta \leqq n$ zeigt man folgendermaßen durch ordnungstheoretische Induktion über n die Behauptung: Für $n = 0$ gilt nach eben $\aleph_n^{\aleph_\beta} = 2^{\aleph_\beta} \cdot \aleph_n$. Gilt $\aleph_m^{\aleph_\beta} = 2^{\aleph_\beta} \cdot \aleph_m$ für alle $\beta \leqq m \leqq n$, so gilt auch $\aleph_{n+1}^{\aleph_\beta} = 2^{\aleph_\beta} \cdot \aleph_{n+1}$ für alle $\beta \leqq n + 1$. Denn für jedes $\xi < \Omega_{n+1}$ ist $|\xi| \leqq \aleph_n$, also nach Voraussetzung

$$|\xi|^{\aleph_\beta} = 2^{\aleph_\beta} \cdot |\xi| \quad \text{für} \quad 2 \leqq \xi < \Omega_{n+1};$$

damit gilt nach den Sätzen 7, 6 für $\beta \leqq n$:

$$\begin{aligned}\aleph_{n+1}^{\aleph_\beta} &= \sum_{\xi<\Omega_{n+1}} |\xi|^{\aleph_\beta} = 1 + \sum_{2\leqq\xi<\Omega_{n+1}} |\xi|^{\aleph_\beta} = \sum_{2\leqq\xi<\Omega_{n+1}} |\xi|^{\aleph_\beta} = \sum_{2\leqq\xi<\Omega_{n+1}} (2^{\aleph_\beta} \cdot |\xi|) \\ &= 2^{\aleph_\beta} \cdot \sum_{2\leqq\xi<\Omega_{n+1}} |\xi| = 2^{\aleph_\beta} + 2^{\aleph_\beta} \cdot \sum_{2\leqq\xi<\Omega_{n+1}} |\xi| = 2^{\aleph_\beta} \cdot \sum_{\xi<\Omega_{n+1}} |\xi| = 2^{\aleph_\beta} \cdot \aleph_{n+1};\end{aligned}$$

für $\beta = n + 1$ gilt nach Satz 5 trivial $\aleph_{n+1}^{\aleph_\beta} = 2^{\aleph_\beta} \cdot \aleph_{n+1}$.

Satz 8 gilt trivial auch, wenn man statt $\aleph_\beta$ einen endlichen, von 0 verschiedenen Exponenten nimmt.

Satz 9 (HAUSDORFFsche Rekursionsformel). *Für Ordinalzahlen α, β und natürliche Zahlen n gilt:*

$$\aleph_{\alpha+n}^{\aleph_\beta} = \aleph_\alpha^{\aleph_\beta} \cdot \aleph_{\alpha+n}.$$

Beweis. Es sei $\alpha, \beta \in \boldsymbol{O}$. Ist $\alpha < \beta$, so ist $\alpha + 1 \leqq \beta$, also gilt nach Satz 5:

$$\aleph_\alpha^{\aleph_\beta} = \aleph_{\alpha+1}^{\aleph_\beta} = 2^{\aleph_\beta},$$

also

$$\aleph_\alpha^{\aleph_\beta} \cdot \aleph_{\alpha+1} = \aleph_{\alpha+1}^{\aleph_\beta} \cdot \aleph_{\alpha+1} = \aleph_{\alpha+1}^{\aleph_\beta}.$$

Ist $\alpha \geqq \beta$, so gilt nach Satz 7:

$$\aleph_{\alpha+1}^{\aleph_\beta} = \sum_{\xi<\Omega_{\alpha+1}} |\xi|^{\aleph_\beta} \leqq \sum_{\xi<\Omega_{\alpha+1}} \aleph_\alpha^{\aleph_\beta} = \aleph_\alpha^{\aleph_\beta} \cdot \aleph_{\alpha+1} \leqq \aleph_{\alpha+1}^{\aleph_\beta} \cdot \aleph_{\alpha+1} = \aleph_{\alpha+1}^{\aleph_\beta}.$$

Damit gilt der Satz für beliebige $\alpha, \beta \in \boldsymbol{O}$ und für $n = 1$. Gilt er für $\alpha, \beta \in \boldsymbol{O}$ und $1 \leqq n \in \boldsymbol{N}$, so aber auch für α, β und $n + 1$; denn dann ist für $\alpha' = \alpha + n$:

$$\aleph_{\alpha'+1}^{\aleph_\beta} = \aleph_{\alpha'}^{\aleph_\beta} \cdot \aleph_{\alpha'+1} = \aleph_{\alpha}^{\aleph_\beta} \cdot \aleph_{\alpha'} \cdot \aleph_{\alpha'+1} = \aleph_{\alpha}^{\aleph_\beta} \cdot \aleph_{\alpha'+1}.$$

Also haben wir durch vollständige Induktion über n den Satz für beliebige $\alpha, \beta \in \boldsymbol{O}$ und $1 \leqq n \in \boldsymbol{N}$ bewiesen. Für $n = 0$ gilt der Satz trivial.

Satz 9 gilt trivial auch, wenn man statt $\aleph_\beta$ einen endlichen, von $\underset{\cdot}{0}$ verschiedenen Exponenten nimmt.

Tarski verallgemeinerte die Sätze 8, 9 unter Verwendung von Satz 11 mit seinen Folgerungen und Satz 2 a), § 39 zu folgendem

Satz 10. *Für Ordinalzahlen α, β, γ gilt:*

$$|\gamma| \leqq \aleph_\beta \rightarrow \aleph_{\alpha+\gamma}^{\aleph_\beta} = \aleph_{\alpha}^{\aleph_\beta} \cdot \aleph_{\alpha+\gamma}^{|\gamma|}.$$

Beweis. Der Beweis der Behauptung wird durch transfinite Induktion über γ geführt. Es seien $\alpha, \beta \in \boldsymbol{O}$. Dann gilt die Behauptung für $\gamma = 0$ wegen

$$\aleph_\alpha^{|0|} = \aleph_\alpha^{\underset{\cdot}{0}} = \underset{\cdot}{1}.$$

Gilt die Behauptung für die Ordinalzahl γ und ist $|\gamma + 1| \leqq \aleph_\beta$, so ist auch $|\gamma| \leqq \aleph_\beta$, und man erhält durch zweimalige Anwendung von Satz 9 für $\alpha' = \alpha + \gamma$:

$$\aleph_{\alpha'+1}^{\aleph_\beta} = \aleph_{\alpha'}^{\aleph_\beta} \cdot \aleph_{\alpha'+1} = \aleph_{\alpha}^{\aleph_\beta} \cdot \aleph_{\alpha'}^{|\gamma|} \cdot \aleph_{\alpha'+1} = \aleph_{\alpha}^{\aleph_\beta} \cdot \aleph_{\alpha'}^{|\gamma+1|} \cdot \aleph_{\alpha'+1} = \aleph_{\alpha}^{\aleph_\beta} \cdot \aleph_{\alpha'+1}^{|\gamma+1|};$$

also gilt dann die Behauptung auch für $\gamma + 1$. Ist schließlich λ eine ordinale Limeszahl mit $|\lambda| \leqq \aleph_\beta$ und gilt die Behauptung für alle Ordinalzahlen $\gamma < \lambda$, so ist nach Satz 11 mit seinen Folgerungen und nach Satz 2a), § 39 zunächst

$$\aleph_{\alpha+\lambda} = \sum_{\gamma<\lambda} \aleph_{\alpha+\gamma} < \prod_{\gamma<\lambda} \aleph_{\alpha+\gamma}.$$

Dann gilt unter Verwendung des assoziativen Gesetzes für das allgemeine Kardinalzahlprodukt:

$$\begin{aligned}\aleph_{\alpha+\lambda}^{\aleph_\beta} &\leqq \Big(\prod_{\gamma<\lambda} \aleph_{\alpha+\gamma}\Big)^{\aleph_\beta} = \prod_{\gamma<\lambda} \aleph_{\alpha+\gamma}^{\aleph_\beta} = \prod_{\gamma<\lambda} \Big(\aleph_{\alpha}^{\aleph_\beta} \cdot \aleph_{\alpha+\gamma}^{|\gamma|}\Big) = \prod_{\gamma<\lambda} \aleph_{\alpha}^{\aleph_\beta} \cdot \prod_{\gamma<\lambda} \aleph_{\alpha+\gamma}^{|\gamma|} \\ &= \Big(\aleph_{\alpha}^{\aleph_\beta}\Big)^{|\lambda|} \cdot \prod_{\gamma<\lambda} \aleph_{\alpha+\gamma}^{|\gamma|} \leqq \aleph_{\alpha}^{\aleph_\beta \cdot |\lambda|} \cdot \aleph_{\alpha+\lambda}^{|\lambda| \cdot |\lambda|} = \aleph_{\alpha}^{\aleph_\beta} \cdot \aleph_{\alpha+\lambda}^{|\lambda|};\end{aligned}$$

weiterhin ist auch

$$\aleph_{\alpha}^{\aleph_\beta} \cdot \aleph_{\alpha+\lambda}^{|\lambda|} \leqq \aleph_{\alpha+\lambda}^{\aleph_\beta} \cdot \aleph_{\alpha+\lambda}^{\aleph_\beta} = \aleph_{\alpha+\lambda}^{\aleph_\beta};$$

also gilt schließlich die Behauptung unseres Satzes für die Limeszahl λ. Mittels transfiniter Induktion ist damit unser Satz bewiesen.

Satz 10 gilt trivial auch, wenn man statt $\aleph_\beta$ einen endlichen Exponenten nimmt.

Aus Satz 10 folgt für endliches $\gamma = n$ sofort die HAUSDORFFsche Rekursionsformel. Ersetzt man in Satz 10 γ durch α und α durch 0, so erhält man wegen $\aleph_0^{\aleph_\beta} = 2^{\aleph_\beta}$ für Ordinalzahlen α, β:

$$|\alpha| \leqq \aleph_\beta \rightarrow \aleph_\alpha^{\aleph_\beta} = 2^{\aleph_\beta} \cdot \aleph_\alpha^{|\alpha|}.$$

Für endliches $\alpha = n$ folgt hieraus der BERNSTEINsche Alephsatz; für $\Omega_0 \leqq \alpha < \Omega_1$ ist $|\alpha| = \aleph_0 \leqq \aleph_\beta$, also

$$\aleph_\alpha^{\aleph_\beta} = 2^{\aleph_\beta} \cdot \aleph_\alpha^{\aleph_0}.$$

2. Wir nehmen nun noch die Auswertung allgemeiner Alephsummen und allgemeiner Alephprodukte vor.

Satz 11. *Für Ordinalzahlen β und Folgen $(\alpha_\xi)_{\xi<\beta}$ vom Typ β von Ordinalzahlen gilt:*

$$\sum_{\xi<\beta} \aleph_{\alpha_\xi} = (\lim_{\xi<\beta} \aleph_{\alpha_\xi}) \cdot |\beta|.$$

Beweis. Es sei $(\alpha_\xi)_{\xi<\beta}$ eine Folge vom Typ β von Ordinalzahlen. Ist $\lim\limits_{\xi<\beta} \aleph_{\alpha_\xi} \leqq |\beta|$, so ist

$$(\lim_{\xi<\beta} \aleph_{\alpha_\xi}) \cdot |\beta| = |\beta| = \sum_{\xi<\beta} 1 \leqq \sum_{\xi<\beta} \aleph_{\alpha_\xi} \leqq \sum_{\xi<\beta} |\beta| = |\beta| \cdot |\beta| = (\lim_{\xi<\beta} \aleph_{\alpha_\xi}) \cdot |\beta|.$$

Ist $|\beta| \leqq \lim\limits_{\xi<\beta} \aleph_{\alpha_\xi}$, so ist wegen $\aleph_{\alpha_\eta} \leqq \sum\limits_{\xi<\beta} \aleph_{\alpha_\xi}$ für jedes $\eta < \beta$ sofort:

$$\lim_{\xi<\beta} \aleph_{\alpha_\xi} \leqq \sum_{\xi<\beta} \aleph_{\alpha_\xi} \leqq \sum_{\eta<\beta} (\lim_{\xi<\beta} \aleph_{\alpha_\xi}) = (\lim_{\xi<\beta} \aleph_{\alpha_\xi}) \cdot |\beta|,$$

also auch

$$(\lim_{\xi<\beta} \aleph_{\alpha_\xi}) \cdot |\beta| = \lim_{\xi<\beta} \aleph_{\alpha_\xi} \leqq \sum_{\xi<\beta} \aleph_{\alpha_\xi} \leqq (\lim_{\xi<\beta} \aleph_{\alpha_\xi}) \cdot |\beta|.$$

Aus Satz 11 folgt für Fundamentalfolgen $(\alpha_\xi)_{\xi<\lambda}$ vom Typ λ von Ordinalzahlen mit $\lim\limits_{\xi<\lambda} \alpha_\xi = \mu$:

$$\sum_{\xi<\lambda} \aleph_{\alpha_\xi} = \aleph_\mu = \lim_{\xi<\lambda} \aleph_{\alpha_\xi}.$$

Denn nach Satz 1, § 28 ist $\xi \leqq \alpha_\xi$ für jedes $\xi < \lambda$, also $\xi \leqq \mu$, also $\lambda = \lim\limits_{\xi<\lambda} \xi \leqq \mu$; wegen $\lambda \leqq \Omega_\lambda$ ist außerdem $|\lambda| \leqq \aleph_\lambda$, also insgesamt $|\lambda| \leqq \aleph_\lambda \leqq \aleph_\mu$; damit gilt schließlich:

$$\sum_{\xi<\lambda} \aleph_{\alpha_\xi} = (\lim_{\xi<\lambda} \aleph_{\alpha_\xi}) \cdot |\lambda| = \aleph_\mu \cdot |\lambda| = \aleph_\mu = \lim_{\xi<\lambda} \aleph_{\alpha_\xi}.$$

Speziell gilt also für ordinale Limeszahlen λ:

$$\sum_{\xi<\lambda} \aleph_\xi = \aleph_\lambda = \lim_{\xi<\lambda} \aleph_\xi .$$

Aus Satz 11 folgt für Ordinalzahlen β:

$$\sum_{\xi \leqq \beta} \aleph_\xi = \aleph_\beta ;$$

denn es ist wieder $|\beta| \leqq \aleph_\beta$, also auch $|\beta'| \leqq \aleph_\beta$, also

$$\sum_{\xi \leqq \beta} \aleph_\xi = (\lim_{\xi<\beta'} \aleph_\xi) \cdot |\beta'| = \aleph_\beta \cdot |\beta'| = \aleph_\beta .$$

Nach demselben Verfahren zeigt man für Ordinalzahlen α, β:

$$\sum_{\xi \leqq \beta} \aleph_{\alpha+\xi} = \aleph_{\alpha+\beta} .$$

Mit Hilfe von Satz 11 kann man schließlich beliebige Kardinalzahlsummen $\sum_{i \in I} \mathfrak{m}_i$ auswerten. Denn auf Grund des kommutativen und assoziativen Gesetzes kann man die Berechnung einer solchen Summe $\sum_{i\in I} \mathfrak{m}_i$ zurückführen auf die Berechnung einer Summe $\sum_{i \in I_1} n_i$ endlicher Kardinalzahlen $n_i \neq \underset{\cdot}{0}$ und einer Summe $\sum_{i \in I_2} \mathfrak{m}_i$ von Alephs (beide Summen brauchen dann nur noch addiert zu werden). Die letztere Summe können wir nach Satz 11 berechnen; die Summe $\sum_{i \in I_1} n_i$ endlicher Kardinalzahlen $n_i \neq \underset{\cdot}{0}$ liefert für endliches I_1 wieder eine endliche Kardinalzahl und für unendliches I_1 die Kardinalzahl $\overline{\overline{I_1}}$ nach dem folgenden Satz:

Für Komplexe $(n_i)_{i\in I}$ *endlicher Kardinalzahlen* $n_i \neq \underset{\cdot}{0}$ *über dem unendlichen Bereich* $I \in M$ mit $\mathfrak{m} = \overline{\overline{I}}$ *gilt:*

$$\sum_{i \in I} n_i = \mathfrak{m} .$$

Es ist ja

$$\mathfrak{m} = \sum_{i\in I} \underset{\cdot}{1} \leqq \sum_{i \in I} n_i \leqq \sum_{i\in I} \mathfrak{m} = \mathfrak{m} \cdot \mathfrak{m} = \mathfrak{m} .$$

Aus diesem Satz folgt z. B. für abzählbare Folgen $(n_i)_{i<\omega}$ endlicher von $\underset{\cdot}{0}$ verschiedener Kardinalzahlen:

$$\sum_{i<\omega} n_i = \aleph_0 .$$

Als den zu Satz 11 analogen Satz für allgemeine Alephprodukte könnte man vermuten:

$$\prod_{\xi<\beta} \aleph_{\alpha_\xi} = (\lim_{\xi<\beta} \aleph_{\alpha_\xi})^{|\beta|} . \qquad (+)$$

Die Gleichung (+) gilt jedoch wahrscheinlich nicht allgemein, wie man mit Hilfe von Satz 2a), § 39 und der Alephhypothese einsieht: Ist $(\alpha_\xi)_{\xi \leqq \omega}$ eine Folge vom

Typ $\omega + 1$ von Ordinalzahlen mit $\alpha_\xi = 0$ für $\xi < \omega$ und $\alpha_\omega = \omega$, so ist

$$\prod_{\xi \leqq \omega} \aleph_{\alpha_\xi} = \prod_{\xi < \omega} \aleph_{\alpha_\xi} \cdot \aleph_{\alpha_\omega} = \prod_{\xi \leqq \omega} \aleph_0 \cdot \aleph_\omega = \aleph_0^{\aleph_0} \cdot \aleph_\omega = 2^{\aleph_0} \cdot \aleph_\omega = \aleph_1 \cdot \aleph_\omega = \aleph_\omega$$

$$= \sum_{\xi < \omega} \aleph_\xi < (\sum_{\xi < \omega} \aleph_\xi)^{\aleph_0} = \aleph_\omega^{\aleph_0} = (\lim_{\xi \leqq \omega} \aleph_{\alpha_\xi})^{|\omega + 1|}.$$

(+) ist für verschiedene Spezialfälle bewiesen worden; den umfassendsten Spezialfall erhält man in folgendem Satz unter Verwendung von Satz 2a), § 39 und der Alephhypothese.

Satz 12. *Für Fundamentalfolgen $(\alpha_\xi)_{\xi < \lambda}$ vom Typ λ von Ordinalzahlen mit $\lim_{\xi < \lambda} \alpha_\xi = \mu$ gilt unter Voraussetzung der Alephhypothese:*

$$\prod_{\xi < \lambda} \aleph_{\alpha_\xi} = \aleph_\mu^{|\lambda|}.$$

Beweis. Unter den Voraussetzungen des Satzes gilt nach Satz 2a), § 39 und wegen $|\lambda| \leqq \aleph_\mu$:

$$\aleph_\mu = \sum_{\xi < \lambda} \aleph_{\alpha_\xi} < \prod_{\xi < \lambda} \aleph_{\alpha_\xi} \leqq \prod_{\xi < \lambda} \aleph_\mu = \aleph_\mu^{|\lambda|} \leqq \aleph_\mu^{\aleph_\mu} = 2^{\aleph_\mu};$$

mit der Alephhypothese ist dann also $2^{\aleph_\mu} = \aleph_{\mu+1}$, also:

$$\aleph_{\mu+1} \leqq \prod_{\xi < \lambda} \aleph_{\alpha_\xi} \leqq \aleph_\mu^{|\lambda|} \leqq 2^{\aleph_\mu} = \aleph_{\mu+1},$$

also

$$\prod_{\xi < \lambda} \aleph_{\alpha_\xi} = \aleph_\mu^{|\lambda|} = \aleph_{\mu+1}.$$

Speziell folgt aus Satz 12 für ordinale Limeszahlen λ (unter Voraussetzung der Alephhypothese):

$$\prod_{\xi < \lambda} \aleph_\xi = \aleph_\lambda^{|\lambda|}.$$

Aus Satz 12 folgt ebenso für Ordinalzahlen β (unter Voraussetzung der Alephhypothese):

$$\beta \neq 0 \rightarrow \prod_{\xi \leqq \beta} \aleph_\xi = \aleph_\beta^{|\beta|};$$

denn mittels transfiniter Induktion über $\beta \neq 0$ erhält man: Die Behauptung gilt trivial für $\beta = 1$; gilt die Behauptung für $\beta \neq 0$, so ist mit der Hausdorffschen Rekursionsformel

$$\prod_{\xi \leqq \beta+1} \aleph_\xi = \prod_{\xi \leqq \beta} \aleph_\xi \cdot \aleph_{\beta+1} = \aleph_\beta^{|\beta|} \cdot \aleph_{\beta+1} = \aleph_{\beta+1}^{|\beta|} = \aleph_{\beta+1}^{|\beta+1|},$$

also gilt dann die Behauptung auch für $\beta + 1$; ist β eine Limeszahl, so gilt die Behauptung wegen

$$\prod_{\xi \leqq \beta} \aleph_\xi = \prod_{\xi < \beta} \aleph_\xi \cdot \aleph_\beta = \aleph_\beta^{|\beta|} \cdot \aleph_\beta = \aleph_\beta^{|\beta|}.$$

Nach demselben Induktionsverfahren zeigt man (unter Voraussetzung der Alephhypothese) für Ordinalzahlen α, β:

$$\beta \neq 0 \rightarrow \prod_{\xi \leqq \beta} \aleph_{\alpha+\xi} = \aleph_{\alpha+\beta}^{|\beta|}.$$

Ein Kardinalzahlprodukt $\prod_{i \in I} n_i$ endlicher Kardinalzahlen $n_i \geqq \underset{\cdot}{2}$ liefert bei endlichem I eine endliche Kardinalzahl und bei unendlichem I die Kardinalzahl $\underset{\cdot}{2}^{\overline{\overline{I}}}$ nach folgendem Satz:

Für Komplexe $(n_i)_{i \in I}$ endlicher Kardinalzahlen $n_i \geqq \underset{\cdot}{2}$ über dem unendlichen Bereich $I \in \boldsymbol{M}$ mit $\mathfrak{m} = \overline{\overline{I}}$ gilt:

$$\prod_{i \in I} n_i = \underset{\cdot}{2}^{\mathfrak{m}}.$$

Es ist ja

$$\underset{\cdot}{2}^{\mathfrak{m}} = \prod_{i \in I} \underset{\cdot}{2} \leqq \prod_{i \in I} n_i \leqq \prod_{i \in I} \mathfrak{m} = \mathfrak{m}^{\mathfrak{m}} = \underset{\cdot}{2}^{\mathfrak{m}}.$$

Aus diesem Satz folgt z. B. für abzählbare Folgen $(n_i)_{i < \omega}$ endlicher Kardinalzahlen $n_i \geqq \underset{\cdot}{2}$:

$$\prod_{i < \omega} n_i = \underset{\cdot}{2}^{\aleph_0},$$

ganz im Gegensatz zu den entsprechenden Ordinalzahlprodukten $\prod_{i < \omega} n_i$ von Ordinalzahlen $n_i \geqq 2$, wofür sich $\prod_{i < \omega} n_i = \omega$ ergibt.

3. Als Anwendungen der Alephformeln geben wir noch einige Mächtigkeitsbeziehungen für unendliche Mengen an, die wir teilweise für den Spezialfall abzählbarer Mengen bereits früher in § 26 aufgestellt hatten. An den aufgeführten Beziehungen erkennt man die Nützlichkeit der Theorie der transfiniten Zahlen, mit deren Hilfe man diese Ergebnisse erhält, während man ohne die Theorie der transfiniten Zahlen wohl kaum zu diesen Ergebnissen gelangen würde.

(1) In Verallgemeinerung unserer früheren Formel $\boldsymbol{N} \times \boldsymbol{N} \backsim \boldsymbol{N}$ folgt aus dem Satz von Hessenberg für beliebige unendliche Mengen M:

$$M \times M \backsim M.$$

(2) Aus Satz 3 folgt für unendliche Mengen M und natürliche Zahlen $1 \leqq n \in \boldsymbol{N}$:

$$M^{[1,n]} \backsim M,$$

also wegen $M^{[1,n]} \backsim M^{(n)}$ auch:

$$M^{(n)} \backsim M.$$

Für festes $1 \leqq n \in N$ gibt es also genau so viele n-Tupel von Elementen aus M wie Elemente von M selbst. Damit hat auch die Menge V aller Tupel aus M, d. h. die Menge $V = \bigcup_{1 \leqq n \in N} M^{(n)}$ die Mächtigkeit von M wegen

$$\overline{\overline{M}} \leqq \overline{\overline{V}} \leqq \overline{\overline{M}} \cdot \overline{\overline{N}} = \overline{\overline{M}} \cdot \aleph_0 = \overline{\overline{M}}.$$

Da weiterhin $\overline{\overline{\mathfrak{E}}} \leqq \overline{\overline{V}}$ und $\overline{\overline{M}} \leqq \overline{\overline{\mathfrak{E}}}$ für die Menge $\mathfrak{E}$ aller endlichen Teilmengen von M gilt, so gilt also für unendliche Mengen M und die Menge $\mathfrak{E}$ der endlichen Teilmengen von M:

$$\mathfrak{E} \backsim M,$$

womit schließlich für die Menge $\mathfrak{U}$ der unendlichen Teilmengen von M

$$\mathfrak{U} \backsim PM$$

gilt wegen $\mathfrak{E} \cup \mathfrak{U} = PM$, $\overline{\overline{\mathfrak{E}}} < \overline{\overline{PM}}$ und $\overline{\overline{\mathfrak{E} \cup \mathfrak{U}}} = \max\{\overline{\overline{\mathfrak{E}}}, \overline{\overline{\mathfrak{U}}}\}$.

(3) Aus der Bernsteinschen Formel folgt für unendliche Mengen M:

$$M^M \backsim PM;$$

speziell für $M = N$ erhält man dann:

$$N^N \backsim PN \backsim \{0,1\}^N.$$

Also gibt es genau so viele abzählbare Folgen natürlicher Zahlen, wie es abzählbare Folgen natürlicher Zahlen gibt, welche nur die Elemente 0, 1 besitzen.

Wegen $N^{(n)} \backsim N$ für natürliche Zahlen $1 \leqq n \in N$ ist

$$N^{N^{(n)}} \backsim N^N.$$

Also gibt es genau so viele n-stellige Funktionen in N mit natürlichzahligen Werten wie es einstellige Funktionen von N in N gibt.

(4) Für die drei *elementaren Mächtigkeiten* $\mathfrak{a}$, $\mathfrak{c}$ und $\mathfrak{f} = \mathfrak{c}^{\mathfrak{c}}$ ($\mathfrak{f}$ ist also die Mächtigkeit der Menge aller reellen Funktionen einer reellen Veränderlichen) und beliebige endliche Kardinalzahlen n erhält man wegen $\mathfrak{c} = \dot{2}^{\mathfrak{a}}$, $\mathfrak{f} = \mathfrak{c}^{\mathfrak{c}} = \dot{2}^{\mathfrak{c}}$ (es ist also u. a. $\mathfrak{f} > \mathfrak{c}$) über die Alephformeln:

	$\mathfrak{a} + n = \mathfrak{a}$	$\mathfrak{c} + n = \mathfrak{c}$	$\mathfrak{f} + n = \mathfrak{f}$
$n + \mathfrak{a} = \mathfrak{a}$	$\mathfrak{a} + \mathfrak{a} = \mathfrak{a}$	$\mathfrak{c} + \mathfrak{a} = \mathfrak{c}$	$\mathfrak{f} + \mathfrak{a} = \mathfrak{f}$
$n + \mathfrak{c} = \mathfrak{c}$	$\mathfrak{a} + \mathfrak{c} = \mathfrak{c}$	$\mathfrak{c} + \mathfrak{c} = \mathfrak{c}$	$\mathfrak{f} + \mathfrak{c} = \mathfrak{f}$
$n + \mathfrak{f} = \mathfrak{f}$	$\mathfrak{a} + \mathfrak{f} = \mathfrak{f}$	$\mathfrak{c} + \mathfrak{f} = \mathfrak{f}$	$\mathfrak{f} + \mathfrak{f} = \mathfrak{f}$

$$\begin{array}{llll}
 & n \geqq \underset{\cdot}{1} \to \mathfrak{a} \cdot n = \mathfrak{a} & n \geqq \underset{\cdot}{1} \to \mathfrak{c} \cdot n = \mathfrak{c} & n \geqq \underset{\cdot}{1} \to \mathfrak{f} \cdot n = \mathfrak{f} \\
n \geqq \underset{\cdot}{1} \to n \cdot \mathfrak{a} = \mathfrak{a} & \mathfrak{a} \cdot \mathfrak{a} = \mathfrak{a} & \mathfrak{c} \cdot \mathfrak{a} = \mathfrak{c} & \mathfrak{f} \cdot \mathfrak{a} = \mathfrak{f} \\
n \geqq \underset{\cdot}{1} \to n \cdot \mathfrak{c} = \mathfrak{c} & \mathfrak{a} \cdot \mathfrak{c} = \mathfrak{c} & \mathfrak{c} \cdot \mathfrak{c} = \mathfrak{c} & \mathfrak{f} \cdot \mathfrak{c} = \mathfrak{f} \\
n \geqq \underset{\cdot}{1} \to n \cdot \mathfrak{f} = \mathfrak{f} & \mathfrak{a} \cdot \mathfrak{f} = \mathfrak{f} & \mathfrak{c} \cdot \mathfrak{f} = \mathfrak{f} & \mathfrak{f} \cdot \mathfrak{f} = \mathfrak{f}
\end{array}$$

$$\begin{array}{llll}
 & n \geqq \underset{\cdot}{1} \to \mathfrak{a}^n = \mathfrak{a} & n \geqq \underset{\cdot}{1} \to \mathfrak{c}^n = \mathfrak{c} & n \geqq \underset{\cdot}{1} \to \mathfrak{f}^n = \mathfrak{f} \\
n \geqq \underset{\cdot}{2} \to n^{\mathfrak{a}} = \mathfrak{c} & \mathfrak{a}^{\mathfrak{a}} = \mathfrak{c} & \mathfrak{c}^{\mathfrak{a}} = \mathfrak{c} & \mathfrak{f}^{\mathfrak{a}} = \mathfrak{f} \\
n \geqq \underset{\cdot}{2} \to n^{\mathfrak{c}} = \mathfrak{f} & \mathfrak{a}^{\mathfrak{c}} = \mathfrak{f} & \mathfrak{c}^{\mathfrak{c}} = \mathfrak{f} & \mathfrak{f}^{\mathfrak{c}} = \mathfrak{f} \\
n \geqq \underset{\cdot}{2} \to n^{\mathfrak{f}} = \underset{\cdot}{2}^{\mathfrak{f}} & \mathfrak{a}^{\mathfrak{f}} = \underset{\cdot}{2}^{\mathfrak{f}} & \mathfrak{c}^{\mathfrak{f}} = \underset{\cdot}{2}^{\mathfrak{f}} & \mathfrak{f}^{\mathfrak{f}} = \underset{\cdot}{2}^{\mathfrak{f}}.
\end{array}$$

(5) Aus Satz 2 folgt für jede unendliche Menge M die Existenz einer Zerlegung $(X_\iota)_{\iota \in M}$ mit abzählbaren Mengen X_ι, also

$$M = \bigcup_{\iota \in M} X_\iota,$$

wobei die X_ι paarweise disjunkte abzählbare Mengen sind. Denn ist $\overline{\overline{M}} = \aleph_\alpha$, so ist $\aleph_0 \cdot \aleph_\alpha = \aleph_\alpha$, also

$$\overline{\overline{M}} = \aleph_\alpha = \sum_{\iota \in M} \aleph_0 = \overline{\overline{\bigcup_{\iota \in M} Y_\iota}},$$

wo die Y_ι paarweise disjunkte abzählbare Mengen sind; ist dann F eine umkehrbar eindeutige Abbildung von $\bigcup_{\iota \in M} Y_\iota$ auf M, so ist $(X_\iota)_{\iota \in M}$ mit $X_\iota = F\langle Y_\iota \rangle$ eine gewünschte Zerlegung von M.

Ebenso erhält man allgemein für unendliche Mengen M und Kardinalzahlen $\underset{\cdot}{1} \leqq \mathfrak{n} \leqq \overline{\overline{M}}$ die Existenz einer Zerlegung $(X_\iota)_{\iota \in M}$ mit $\overline{\overline{X_\iota}} = \mathfrak{n}$, also

$$M = \bigcup_{\iota \in M} X_\iota,$$

wobei die X_ι paarweise disjunkte Mengen der Mächtigkeit $\mathfrak{n}$ sind.

(6) **Satz 13.** *Für unendliche Mengen M, Kardinalzahlen $\mathfrak{m}$, $\mathfrak{n}$ mit $\mathfrak{n} \leqq \mathfrak{m} = \overline{\overline{M}}$ und die Menge P aller Teilmengen $X \subseteq M$ mit $\overline{\overline{X}} = \mathfrak{n}$ gilt:*

$$\overline{\overline{P}} = \mathfrak{m}^{\mathfrak{n}}.$$

Beweis: Unter den Voraussetzungen des Satzes gilt die Behauptung trivial für $\mathfrak{n} = \underset{\cdot}{0}$. Es sei jetzt $N \subseteq M$ und $\overline{\overline{N}} = \mathfrak{n} \neq \underset{\cdot}{0}$. Für jedes $X \in P$ gibt es dann umkehrbar eindeutige Abbildungen von N auf X. F sei eine nach dem Auswahlaxiom und Satz 4, § 8 existierende Funktion über P, welche jedem $X \in P$ eine umkehrbar eindeutige Abbildung von N auf X zuordnet. Es ist F

eineindeutig, also $P \backsim \mathrm{Nb}\,F \subseteq M^N$, also $\overline{\overline{P}} \leqq \mathfrak{m}^{\mathfrak{n}}$. Wegen $\mathfrak{m} \cdot \mathfrak{n} = \mathfrak{m}$ ist $M = \bigcup_{i \in N} Y_i$ bei paarweise disjunkten Mengen Y_i mit $\overline{\overline{Y_i}} = \mathfrak{m}$. Es ist

$$\overline{\overline{\mathsf{X}_{i \in N} Y_i}} = \prod_{i \in N} \mathfrak{m} = \mathfrak{m}^{\mathfrak{n}},$$

also hat auch die Menge Q aller Teilmengen $X \subseteq M$, welche aus jedem Y_i genau ein Element besitzen, wegen $Q \backsim \mathsf{X}_{i \in N} Y_i$ die Mächtigkeit $\mathfrak{m}^{\mathfrak{n}}$. Wegen $Q \subseteq P$ ist also schließlich auch $\mathfrak{m}^{\mathfrak{n}} \leqq \overline{\overline{P}}$ und damit insgesamt $\overline{\overline{P}} = \mathfrak{m}^{\mathfrak{n}}$.

Aus Satz 13 folgt speziell für unendliche Mengen M und die Menge P aller Teilmengen $X \subseteq M$ mit $X \backsim M$:

$$P \backsim \boldsymbol{P} M.$$

(7) Satz 14. *Für unendliche Mengen M und die Menge Z der Zerlegungen von M gilt:*

$$Z \backsim \boldsymbol{P} M.$$

Beweis. Eine Zerlegung X einer Menge M war ein disjunktes Mengensystem mit $\emptyset \notin X$ und $M = \bigcup X$. Unter den Voraussetzungen des Satzes sei Z' die Menge aller Zweiermengen $\{X, Y\}$ bei $\emptyset \neq X \subset M$ und $Y = M \setminus X$. Es ist Z' ein disjunktes Mengensystem mit $\emptyset \notin Z'$; also gibt es nach dem Auswahlaxiom eine Auswahlmenge A_1 von Z'; es ist $A_1 \backsim Z'$. Ist $A_2 = (\boldsymbol{P} M \setminus \{\emptyset, M\}) \setminus A_1$, so ist

$$A_1 \cup A_2 = \boldsymbol{P} M \setminus \{\emptyset, M\} \quad \text{und} \quad A_1 \backsim A_2$$

(man ordne einfach jedem $X \in A_1$ dasjenige $Y \in A_2$ zu mit $\{X, Y\} \in Z'$). Wäre $\overline{\overline{A_1}} < \overline{\overline{\boldsymbol{P} M}}$, so wäre auch $\overline{\overline{A_2}} < \overline{\overline{\boldsymbol{P} M}}$, also $\overline{\overline{A_1 \cup A_2}} < \overline{\overline{\boldsymbol{P} M}}$ im Widerspruch zu $A_1 \cup A_2 \backsim \boldsymbol{P} M$; also ist $\boldsymbol{P} M \backsim A_1 \backsim Z' \subseteq Z$, also $\overline{\overline{\boldsymbol{P} M}} \leqq \overline{\overline{Z}}$. Ist F die Funktion von Z in $\boldsymbol{P}(M \times M)$ mit für jedes $X \in Z$:

$$F(X) = \bigcup_{Y \in X} (Y \times Y) \subseteq M \times M,$$

so ist F eine umkehrbar eindeutige Abbildung von Z auf $\mathrm{Nb}\,F \subseteq \boldsymbol{P}(M \times M)$. Denn wären $X_1, X_2 \in Z$ mit $X_1 \neq X_2$ und $F(X_1) = F(X_2)$ und ist etwa $Y_1 \in X_1$ und $Y_1 \notin X_2$, so ist $Y_1 \nsubseteq Y_2$ für jedes $Y_2 \in X_2$ (es kann nicht $Y_1 = Y_2$ sein und wäre $Y_1 \subset Y_2$ und $y_1 \in Y_1$, $y_2 \in Y_2 \setminus Y_1$, so wäre $[y_1, y_2] \in F(X_2)$, $[y_1, y_2] \notin F(X_1)$ im Widerspruch zu $F(X_1) = F(X_2)$); ist jetzt $y_2 \in Y_1$ und etwa $y_2 \in Y_2$ für ein $Y_2 \in X_2$, so gibt es wegen $Y_1 \nsubseteq Y_2$ auch ein $y_1 \in Y_1$ mit $y_1 \notin Y_2$, woraus insgesamt $[y_1, y_2] \in F(X_1)$, $[y_1, y_2] \notin F(X_2)$ folgt im Widerspruch zu $F(X_1) = F(X_2)$. Es ist dann schließlich $Z \backsim \mathrm{Nb}\,F \subseteq \boldsymbol{P}(M \times M)$, also $\overline{\overline{Z}} \leqq \overline{\overline{\boldsymbol{P}(M \times M)}} = \overline{\overline{\boldsymbol{P} M}}$ wegen $M \times M \backsim M$ und damit

$$\overline{\overline{\boldsymbol{P}(M \times M)}} = 2^{\overline{\overline{M \times M}}} = 2^{\overline{\overline{M}}} = \overline{\overline{\boldsymbol{P} M}}.$$

Also gilt insgesamt $\overline{\overline{\boldsymbol{P} M}} \leqq \overline{\overline{Z}} \leqq \overline{\overline{\boldsymbol{P} M}}$, also $Z \backsim \boldsymbol{P} M$.

(8) Satz 15. *Für unendliche Mengen M und die Menge P der Permutationen von M gilt:*

$$P \backsim \boldsymbol{P}M.$$

Beweis. Unter den Voraussetzungen des Satzes ist wegen $P \subseteq M^M \backsim \boldsymbol{P}M$ zunächst $\overline{\overline{P}} \leqq \overline{\overline{\boldsymbol{P}M}}$. Ist $(X_i)_{i \in M}$ eine Zerlegung von M in abzählbare Mengen, also

$$M = \bigcup_{i \in M} X_i,$$

wobei die Mengen $X_i \, (i \in M)$ paarweise disjunkt und abzählbar sind, so gilt

$$\overline{\overline{A}} = \prod_{i \in M} \aleph_0 = \aleph_0^{\overline{\overline{M}}} = 2^{\overline{\overline{M}}} = \overline{\overline{\boldsymbol{P}M}}$$

für die Menge A aller Auswahlen des disjunkten Mengensystems $\operatorname{Nb} X$ der X_i.

Für $\overline{\overline{\boldsymbol{P}M}} \leqq \overline{\overline{P}}$ brauchen wir dann nur noch eine umkehrbar eindeutige Abbildung F von A in P zu finden. Zunächst zeigen wir, daß es für jede abzählbare Menge Z eine Permutation g von Z gibt mit $g(x) \neq x$ für jedes $x \in Z$. Dazu sei f eine umkehrbar eindeutige Abbildung von $\boldsymbol{N}$ auf Z und p die Permutation von $\boldsymbol{N}$ mit für jedes $n \in \boldsymbol{N}$:

$$p(n) = \begin{cases} n', & \text{falls } n \text{ gerade} \\ m, & \text{falls } n \text{ ungerade und } m' = n. \end{cases}$$

Es ist stets $p(n) \neq n$ für jedes $n \in \boldsymbol{N}$; dann ist $g = f \circ p \circ f^{-1}$ eine Permutation von Z mit $g(x) \neq x$ für jedes $x \in Z$. Also besitzt jede abzählbare Menge Z eine Permutation g mit $g(x) \neq x$ für jedes $x \in Z$. Ist jetzt $Y \in A$, so ordne man mit dem Auswahlaxiom und Satz 4, § 8 jedem $i \in M$ eine Permutation g_i der abzählbaren Menge $Z_i = X_i \setminus Y$ zu mit $g_i(x) \neq x$ für jedes $x \in Z_i$, und G sei die Funktion über M mit für jedes $x \in M$:

$$G(x) = \begin{cases} x, & \text{falls } x \in Y \\ g_i(x), & \text{falls } x \in Z_i. \end{cases}$$

Dann ist sofort G eine Permutation von M mit für jedes $x \in M$:

$$G(x) = x \leftrightarrow x \in Y.$$

F sei schließlich eine über das Auswahlaxiom und Satz 4, § 8 existierende Funktion von A in P, welche jedem $Y \in A$ eine Permutation G von M zuordnet mit $G(x) = x \leftrightarrow x \in Y$ für jedes $x \in M$. Es ist F umkehrbar eindeutig, also $A \backsim \operatorname{Nb} F \subseteq P$, also $\overline{\overline{\boldsymbol{P}M}} = \overline{\overline{A}} \leqq \overline{\overline{P}}$. Aus $\overline{\overline{P}} \leqq \overline{\overline{\boldsymbol{P}M}} \leqq \overline{\overline{P}}$ folgt dann $P \backsim \boldsymbol{P}M$.

(9) Satz 16. *Für unendliche Mengen M, N, die Menge F der Funktionen von M in N und die Menge G der Funktionen von M auf N gilt:*

$$\overline{\overline{N}} \leqq \overline{\overline{M}} \rightarrow F \backsim G \backsim \boldsymbol{P}M.$$

Beweis. Unter den Voraussetzungen des Satzes ist $F = N^M$, also $F \backsim \mathbf{P}M$ wegen $\overline{\overline{N}}^{\overline{\overline{M}}} = 2^{\overline{\overline{M}}} = \overline{\overline{\mathbf{P}M}}$. Wegen $G \subseteq F$ ist $\overline{\overline{G}} \leqq \overline{\overline{\mathbf{P}M}}$. Wegen $\overline{\overline{N}} \leqq \overline{\overline{M}}$ ist $\overline{\overline{N}} \cdot \overline{\overline{M}} = \overline{\overline{M}}$, und es gibt eine Zerlegung $(X_i)_{i \in M}$ von M mit $X_i \backsim N$, also

$$M = \bigcup_{i \in M} X_i,$$

wobei die Mengen X_i paarweise disjunkt und von der Mächtigkeit $\overline{\overline{N}}$ sind. Für jedes $i \in M$ ist wegen $X_i \backsim N$ die Menge P_i der umkehrbar eindeutigen Abbildungen von X_i auf N gleichmächtig mit der Menge aller Permutationen von N, also gilt nach Satz 15 $P_i \backsim \mathbf{P}N$, also $\overline{\overline{P_i}} = 2^{\overline{\overline{N}}}$. H sei die Funktion von $\bigtimes_{i \in M} P_i$ in G, die jedem $f \in \bigtimes_{i \in M} P_i$ diejenige Funktion $G(f) = g \in G$ zuordnet mit für jedes $x \in M$:

$$g(x) = f_i(x), \quad \text{falls} \quad x \in X_i.$$

Es ist H umkehrbar eindeutig, also $\bigtimes_{i \in M} P_i \backsim \mathrm{Nb}\, H \subseteq G$, also $\overline{\overline{\mathbf{P}M}} \leqq \overline{\overline{G}}$ wegen

$$\overline{\overline{\bigtimes_{i \in M} P_i}} = \prod_{i \in M} 2^{\overline{\overline{N}}} = (2^{\overline{\overline{N}}})^{\overline{\overline{M}}} = 2^{\overline{\overline{N}} \cdot \overline{\overline{M}}} = 2^{\overline{\overline{M}}} = \overline{\overline{\mathbf{P}M}}.$$

Aus $\overline{\overline{G}} \leqq \overline{\overline{\mathbf{P}M}} \leqq \overline{\overline{G}}$ folgt dann $G \backsim \mathbf{P}M$.

(10) Die Alephformeln erlauben die Bestimmung der Mächtigkeiten der Allmengen.

Satz 17. *Ist A die ähnliche Abbildung von $\mathbf{O}$ auf $\mathfrak{A}$, $\mathfrak{a}$ die Funktion über $\mathbf{O}$ mit $\mathfrak{a}_\xi = \overline{\overline{A_\xi}}$ für jedes $\xi \in \mathbf{O}$ und $\overline{\overline{A_0}} = \overline{\overline{\mathbf{I}}} = \mathfrak{a}_0$, so ist $\mathfrak{a}$ echt monoton wachsend, und es gilt für Ordinalzahlen β, λ:*

$$\mathfrak{a}_0 = \mathfrak{a}_0,$$

$$\mathfrak{a}_{\beta+1} = 2^{\mathfrak{a}_\beta},$$

$$\lambda \text{ Limeszahl} \rightarrow \mathfrak{a}_\lambda = \sum_{\xi < \lambda} \mathfrak{a}_\xi = \lim_{\xi < \lambda} \mathfrak{a}_\xi.$$

Beweis. Unter den Voraussetzungen des Satzes ist $\mathfrak{a}$ echt monoton wachsend wegen für jedes $\xi, \eta \in \mathbf{O}$:

$$\xi < \eta \leftrightarrow A_\xi \subset A_\eta \leftrightarrow \overline{\overline{A_\xi}} < \overline{\overline{A_\eta}} \leftrightarrow \mathfrak{a}_\xi < \mathfrak{a}_\eta.$$

Es gilt trivial $\mathfrak{a}_0 = \mathfrak{a}_0$. Wegen $\mathbf{I} \subseteq A_\xi$ für jedes $\xi \in \mathbf{O}$ ist stets $\aleph_0 \leqq \mathfrak{a}_\xi$; also sind die $\mathfrak{a}_\xi$ Alephs. Nach Satz 8h), § 4 gilt für Ordinalzahlen β und ordinale Limeszahlen λ:

$$A_{\beta+1} = A_\beta \cup \mathbf{P}A_\beta, \qquad A_\lambda = \bigcup_{\xi < \lambda} A_\xi.$$

Es ist dann

$$\underset{\cdot}{2}^{\mathfrak{a}_\beta} = \overline{\overline{\boldsymbol{P}A_\beta}} \leqq \overline{\overline{\boldsymbol{P}A_\beta \cup A_\beta}} = \overline{\overline{A_{\beta+1}}} = \mathfrak{a}_{\beta+1} = \overline{\overline{\boldsymbol{P}A_\beta \cup A_\beta}} \leqq \overline{\overline{\boldsymbol{P}A_\beta}} + \overline{\overline{A_\beta}} = \underset{\cdot}{2}^{\mathfrak{a}_\beta} + \mathfrak{a}_\beta = \underset{\cdot}{2}^{\mathfrak{a}_\beta},$$

also ist

$$\mathfrak{a}_{\beta+1} = \underset{\cdot}{2}^{\mathfrak{a}_\beta}.$$

Für ordinale Limeszahlen λ erhält man nach Satz 11 und den anschließenden Bemerkungen (da die Funktion $\mathfrak{a}$ echt monoton wächst):

$$\mathfrak{a}_\lambda = \overline{\overline{\bigcup_{\xi<\lambda} A_\xi}} \leqq \sum_{\xi<\lambda} \overline{\overline{A_\xi}} = \sum_{\xi<\lambda} \mathfrak{a}_\xi = \lim_{\xi<\lambda} \mathfrak{a}_\xi \leqq \mathfrak{a}_\lambda;$$

also ist

$$\mathfrak{a}_\lambda = \sum_{\xi<\lambda} \mathfrak{a}_\xi = \lim_{\xi<\lambda} \mathfrak{a}_\xi.$$

Unter Voraussetzung der Alephhypothese wird $\underset{\cdot}{2}^{\mathfrak{a}_\beta} = \mathfrak{a}'_\beta$, und die Funktion $\mathfrak{a}$ von Satz 17 ist eine ähnliche Abbildung von $\boldsymbol{O}$ auf die Klasse aller Alephs $\aleph_\alpha \geqq \mathfrak{a}_0$ (speziell also im Falle $\mathfrak{a}_0 = \aleph_0$ eine ähnliche Abbildung auf die Klasse aller Alephs), da man durch transfinite Induktion über ξ bei $\aleph_{\alpha_0} = \mathfrak{a}_0$ zeigt: $\mathfrak{a}_\xi = \aleph_{\alpha_0+\xi}$.

(11) In (10) haben wir gesehen, daß man — mit den dortigen Bezeichnungen — Repräsentanten der Kardinalzahlen $\mathfrak{a}_\alpha$ erhält, indem man, von $\boldsymbol{A}_0 = \boldsymbol{I}$ ausgehend, sukzessiv Potenzmengenbildung und im Limesschritt Vereinigungsbildung über die schon gewonnenen Mengen vornimmt. Die Allmengen besitzen außerdem beliebig hohe Mächtigkeiten; d. h. für jedes $\aleph_\alpha$ gibt es ein $\mathfrak{a}_\beta$ mit $\aleph_\alpha < \mathfrak{a}_\beta$; denn ist $\overline{\overline{M}} = \aleph_\alpha$, so ist $\boldsymbol{P}M \subseteq \boldsymbol{A}\boldsymbol{P}M$, also

$$\aleph_\alpha < \underset{\cdot}{2}^{\aleph_\alpha} = \overline{\overline{\boldsymbol{P}M}} \leqq \overline{\overline{\boldsymbol{A}\boldsymbol{P}M}}.$$

Unter Voraussetzung der Alephhypothese erhielt man in den Mächtigkeiten der Allmengen sogar jede beliebige Mächtigkeit $\aleph_\alpha \geqq \overline{\overline{\boldsymbol{I}}}$. Diese für Allmengen gewonnenen Ergebnisse lassen sich folgendermaßen verallgemeinern: Ist M eine Menge, so existiert mittels transfiniter Rekursion die Funktion F von $\boldsymbol{O}$ in $\boldsymbol{M}$ mit für jedes $\beta, \lambda \in \boldsymbol{O}$:

$$F(0) = M,$$

$$F(\beta + 1) = \boldsymbol{P}F(\beta),$$

$$\lambda \textit{ Limeszahl} \rightarrow F(\lambda) = \bigcup_{\xi<\lambda} F(\xi).$$

Dann gilt der

Satz 18. *Ist M eine Menge, F die Funktion von $\boldsymbol{O}$ in $\boldsymbol{M}$ mit für beliebige Ordinalzahlen β, λ:*

$$F(0) = M,$$

$$F(\beta + 1) = \boldsymbol{P}F(\beta),$$

$$\lambda \textit{ Limeszahl} \rightarrow F(\lambda) = \bigcup_{\xi<\lambda} F(\xi),$$

$\mathfrak{m}$ *die Funktion über* $\boldsymbol{O}$ *mit* $\mathfrak{m}_\xi = \overline{\overline{F(\xi)}}$ *für jedes* $\xi \in \boldsymbol{O}$ *und* $\overline{\overline{M}} = \overline{\overline{F(0)}} = \mathfrak{m}_0$, *so ist* $\mathfrak{m}$ *echt monoton wachsend, es gilt für Ordinalzahlen* β, λ:

$$\mathfrak{m}_0 = \mathfrak{m}_0,$$

$$\mathfrak{m}_{\beta+1} = \underset{\cdot}{2}^{\mathfrak{m}_\beta},$$

$$\lambda \text{ Limeszahl} \rightarrow \mathfrak{m}_\lambda = \sum_{\xi<\lambda} \mathfrak{m}_\xi = \lim_{\xi<\lambda} \mathfrak{m}_\xi,$$

und zu jedem Aleph $\aleph_\alpha$ *gibt es ein* $\xi \in \boldsymbol{O}$ *mit* $\aleph_\alpha < \mathfrak{m}_\xi$.

Beweis. Unter den Voraussetzungen des Satzes zeigt man durch transfinite Induktion über η für Ordinalzahlen ξ, η:

$$\xi < \eta \rightarrow \mathfrak{m}_\xi < \mathfrak{m}_\eta.$$

Diese Behauptung gilt trivial für $\eta = 0$ und beliebiges ξ. Ist $\xi < \eta \rightarrow \mathfrak{m}_\xi < \mathfrak{m}_\eta$, so gilt

$$\xi < \eta + 1 \rightarrow \xi \leqq \eta \rightarrow \mathfrak{m}_\xi \leqq \mathfrak{m}_\eta \rightarrow \mathfrak{m}_\xi < \mathfrak{m}_{\eta+1}$$

wegen $\mathfrak{m}_\eta < \mathfrak{m}_{\eta+1}$. Ist λ eine Limeszahl und $\xi < \lambda$, so ist $\mathfrak{m}_\xi < \mathfrak{m}_{\xi+1} \leqq \mathfrak{m}_\lambda$, also $\mathfrak{m}_\xi < \mathfrak{m}_\lambda$. Damit ist $\mathfrak{m}$ echt monoton wachsend. Trivial ist $\mathfrak{m}_0 = \mathfrak{m}_0$ und $\mathfrak{m}_{\beta+1} = \underset{\cdot}{2}^{\mathfrak{m}_\beta}$ für beliebige $\beta \in \boldsymbol{O}$. Ist λ eine Limeszahl, so ist

$$\mathfrak{m}_\lambda = \overline{\overline{\bigcup_{\xi<\lambda} F(\xi)}} \leqq \sum_{\xi<\lambda} \mathfrak{m}_\xi \quad \text{und} \quad \lim_{\xi<\lambda} \mathfrak{m}_\xi \leqq \mathfrak{m}_\lambda,$$

da $\mathfrak{m}$ monoton wächst. Für

$$\mathfrak{m}_\lambda = \sum_{\xi<\lambda} \mathfrak{m}_\xi = \lim_{\xi<\lambda} \mathfrak{m}_\xi$$

ist dann nur noch zu zeigen:

$$\sum_{\xi<\lambda} \mathfrak{m}_\xi = \lim_{\xi<\lambda} \mathfrak{m}_\xi. \tag{+}$$

Ist $\aleph_0 \leqq \mathfrak{m}_0$, so sind alle $\mathfrak{m}_\xi$ Alephs, und (+) folgt aus Satz 11 und den anschließenden Bemerkungen. Ist $\mathfrak{m}_0 < \aleph_0$, so zeigt man leicht $\mathfrak{m}_\xi < \aleph_0$ für alle $\xi < \omega$ durch vollständige Induktion über $\xi < \omega$. Dann ist $\lim_{\xi<\omega} \mathfrak{m}_\xi \leqq \aleph_0$; aber es kann nicht $\lim_{\xi<\omega} \mathfrak{m}_\xi < \aleph_0$ sein, da sonst die $\mathfrak{m}_\xi$ für $\xi < \omega$ eine endliche Menge bilden würden im Widerspruch dazu, daß $(\mathfrak{m}_\xi)_{\xi<\omega}$ eine eineindeutige Abbildung über $\boldsymbol{N}$ ist; also ist $\lim_{\xi<\omega} \mathfrak{m}_\xi = \aleph_0$. Ebenso ist $\sum_{\xi<\omega} \mathfrak{m}_\xi = \aleph_0$ wegen

$$\sum_{\xi<\omega} \mathfrak{m}_\xi \leqq \sum_{\xi<\omega} \aleph_0 = \aleph_0 \cdot \aleph_0 = \aleph_0;$$

es kann nicht $\sum_{\xi<\omega} \mathfrak{m}_\xi = \mathfrak{n} < \aleph_0$ sein, da ja $\mathfrak{m}_\eta \leqq \sum_{\xi<\omega} \mathfrak{m}_\xi$ auch für jedes $\mathfrak{m}_\eta$ mit $\mathfrak{n} < \mathfrak{m}_\eta$ gilt. Es ist schließlich

$$\sum_{\xi<\lambda} \mathfrak{m}_\xi = \sum_{\xi<\omega} \mathfrak{m}_\xi + \sum_{\omega\leqq\xi<\lambda} \mathfrak{m}_\xi = \aleph_0 + \sum_{\omega\leqq\xi<\lambda} \mathfrak{m}_\xi .$$

Im Falle $\omega = \lambda$ ist

$$\sum_{\xi<\lambda} \mathfrak{m}_\xi = \aleph_0 = \lim_{\xi<\lambda} \mathfrak{m}_\xi .$$

Im Falle $\omega < \lambda$ ist

$$\aleph_0 = \lim_{\xi<\omega} \mathfrak{m}_\xi \leqq \mathfrak{m}_\omega ,$$

also sind alle $\mathfrak{m}_\xi$ mit $\omega \leqq \xi < \lambda$ Alephs; dann ist

$$\sum_{\xi<\lambda} \mathfrak{m}_\xi = \aleph_0 + \sup \mathrm{Nb}\,(\mathfrak{m}_{[\omega,\lambda[}) = \lim_{\xi<\lambda} \mathfrak{m}_\xi .$$

Damit ist $(+)$ bewiesen. Also gilt für Limeszahlen λ:

$$\mathfrak{m}_\lambda = \sum_{\xi<\lambda} \mathfrak{m}_\xi = \lim_{\xi<\lambda} \mathfrak{m}_\xi .$$

Ist jetzt $\aleph_\alpha$ ein Aleph und gäbe es kein $\aleph_\alpha < \mathfrak{m}_\xi$, so wäre $\mathfrak{m}_\xi \leqq \aleph_\alpha$ für alle $\xi \in \boldsymbol{O}$ im Widerspruch zu

$$\boldsymbol{O} = \mathrm{Vb}\,\mathfrak{m} \backsim \mathrm{Nb}\,\mathfrak{m} \subseteq \mathrm{Ab}\,\aleph_{\alpha+1} ,$$

wonach die Unmenge $\boldsymbol{O}$ gleichmächtig einer Teilmenge der Menge $\mathrm{Ab}\,\aleph_{\alpha+1}$ wäre. Damit ist Satz 18 bewiesen.

Satz 18 besagt also, daß man, von einer beliebigen Menge M ausgehend (etwa von $M = \emptyset$), durch sukzessive Potenzmengenbildung und Vereinigungsbildung jede beliebige Mächtigkeit einmal überschreitet. Geht man von einer unendlichen Menge M mit $\overline{\overline{M}} = \aleph_{\alpha_0}$ aus, so ist unter Voraussetzung der Alephhypothese die Funktion $\mathfrak{m}$ von Satz 18 eine ähnliche Abbildung von $\boldsymbol{O}$ auf die Klasse aller Alephs $\aleph_\alpha \geqq \aleph_{\alpha_0}$ (speziell also im Falle $\overline{\overline{M}} = \aleph_0$ auf die Klasse aller Alephs), da man durch transfinite Induktion über ξ zeigt: $\mathfrak{m}_\xi = \aleph_{\alpha_0+\xi}$.

(12) Für Kardinalzahlen $\mathfrak{n}$ gilt stets

$$\overline{\overline{\mathrm{Ab}\,\mathfrak{n}}} \leqq \mathfrak{n} .$$

Denn ist $\mathfrak{n} < \aleph_0$, so ist $\overline{\overline{\mathrm{Ab}\,\mathfrak{n}}} = \mathfrak{n}$ auf Grund der Isomorphie von $\mathfrak{N}$ mit $\boldsymbol{N}$. Für Alephs $\aleph_\alpha$ zeigt man schließlich induktiv über α die Behauptung

$$\overline{\overline{\mathrm{Ab}\,\aleph_\alpha}} \leqq \aleph_\alpha :$$

Es ist trivial $\operatorname{Ab} \aleph_0 = \aleph_0$; gilt $\overline{\overline{\operatorname{Ab} \aleph_\alpha}} \leqq \aleph_\alpha$, so ist

$$\overline{\overline{\operatorname{Ab} \aleph_{\alpha+1}}} = \overline{\overline{\operatorname{Ab} \aleph_\alpha \cup \{\aleph_\alpha\}}} \leqq \aleph_\alpha + \underset{\cdot}{1} = \aleph_\alpha < \aleph_{\alpha+1};$$

gilt $\overline{\overline{\operatorname{Ab} \aleph_\xi}} \leqq \aleph_\xi$ für jedes $\xi < \lambda$, wo λ eine Limeszahl ist, so ist

$$\overline{\overline{\operatorname{Ab} \aleph_\lambda}} = \overline{\overline{\bigcup_{\xi<\lambda} \operatorname{Ab} \aleph_\xi}} \leqq \sum_{\xi<\lambda} \aleph_\xi = \aleph_\lambda .$$

§ 39. Der Satz von König

1. Eine wichtige Ungleichung für allgemeine Summen und Produkte von Kardinalzahlen liefert der

Satz 1 (Satz von König). *Für Kardinalzahlkomplexe* $(\mathfrak{m}_i)_{i\in I}$, $(\mathfrak{n}_i)_{i\in I}$ *über* $I \in \boldsymbol{M}$ *gilt:*

a) $\forall i\,(i \in I \rightarrow \mathfrak{m}_i < \mathfrak{n}_i) \rightarrow \sum_{i\in I} \mathfrak{m}_i < \prod_{i\in I} \mathfrak{n}_i$,

b) $\forall i\,(i \in I \rightarrow \mathfrak{m}_i \leqq \mathfrak{n}_i \geqq \underset{\cdot}{2}) \rightarrow \sum_{i\in I} \mathfrak{m}_i \leqq \prod_{i\in I} \mathfrak{n}_i$.

Beweis. a) Es seien $(\mathfrak{m}_i)_{i\in I}$, $(\mathfrak{n}_i)_{i\in I}$ Kardinalzahlkomplexe über $I \in \boldsymbol{M}$ mit $\mathfrak{m}_i < \mathfrak{n}_i$ für jedes $i \in I$ und $(M_i)_{i\in I}$, $(N_i)_{i\in I}$ disjunkte Mengenkomplexe über I mit

$$\mathfrak{m}_i = \overline{\overline{M_i}}, \qquad \mathfrak{n}_i = \overline{\overline{N_i}}, \qquad M_i \subset N_i$$

für jedes $i \in I$; solche Komplexe M, N gibt es wegen $\mathfrak{m}_i < \mathfrak{n}_i$ für $i \in I$. Dann ist

$$\sum_{i\in I} \mathfrak{m}_i = \overline{\overline{\bigcup_{i\in I} M_i}}, \qquad \prod_{i\in I} \mathfrak{n}_i = \overline{\overline{\bigtimes_{i\in I} N_i}}.$$

Es ist also zu zeigen:

$$\bigcup_{i\in I} M_i < \bigtimes_{i\in I} N_i$$

oder

$$\bigcup_{i\in I} M_i \preceq \bigtimes_{i\in I} N_i \wedge \bigcup_{i\in I} M_i \nsim \bigtimes_{i\in I} N_i .$$

Wir zeigen zunächst $\bigcup_{i\in I} M_i \preceq \bigtimes_{i\in I} N_i$. Es sei $(R_i)_{i\in I}$ der Mengenkomplex mit $R_i = N_i \setminus M_i \neq \emptyset$ für jedes $i \in I$. Dann ist $\bigtimes_{i\in I} R_i \neq \emptyset$, also gibt es ein $r \in \bigtimes_{i\in I} R_i$. P sei die Menge aller Elemente $f \in \bigtimes_{i\in I} N_i$, für die es ein $j \in I$ und ein $x \in M_j$ gibt mit für jedes $i \in I$:

$$f(i) = \begin{cases} x \text{ für } i = j \\ r_i \text{ für } i \neq j . \end{cases}$$

Dann ist sofort

$$\bigcup_{i\in I} M_i \backsim P \subseteq \mathop{\mathsf{X}}_{i\in I} N_i, \qquad \text{also} \qquad \bigcup_{i\in I} M_i \precsim \mathop{\mathsf{X}}_{i\in I} N_i.$$

Wir zeigen nun $\bigcup_{i\in I} M_i \not\backsim \mathop{\mathsf{X}}_{i\in I} N_i$, wofür wir mittels einer Verallgemeinerung des Cantorschen *Diagonalverfahrens* für Mengen P beweisen:

$$P \subseteq \mathop{\mathsf{X}}_{i\in I} N_i \wedge P \backsim \bigcup_{i\in I} M_i \rightarrow P \subset \mathop{\mathsf{X}}_{i\in I} N_i \tag{+}$$

(für $P = \mathop{\mathsf{X}}_{i\in I} N_i$ folgt hieraus $\bigcup_{i\in I} M_i \not\backsim \mathop{\mathsf{X}}_{i\in I} N_i$). Es sei also $P \subseteq \mathop{\mathsf{X}}_{i\in I} N_i$, $P \backsim \bigcup_{i\in I} M_i$ und F eine eineindeutige Abbildung von $\bigcup_{i\in I} M_i$ auf P; für jedes $i \in I$ sei weiterhin $\Phi_i = F_{M_i}$ und $Q_i = F\langle M_i\rangle$. Dann sind die Φ_i eineindeutige Funktionen von M_i auf Q_i, also $M_i \backsim Q_i$, und es gilt $P = \bigcup_{i\in I} Q_i$, wobei die Q_i paarweise disjunkt sind. Für jedes $i \in I$ sei N_i^* die Menge aller „Diagonal"-Elemente $y \in N_i$, für die es ein $x \in M_i$ gibt mit $y = \Phi_i(x)(i)$. Für jedes $i \in I$ ist dann N_i^* der Wertebereich derjenigen Funktion über M_i, die jedem $x \in M_i$ den Wert $\Phi_i(x)(i)$ zuordnet; also ist $\overline{\overline{N_i^*}} \leqq \overline{\overline{M_i}}$. Wegen $\overline{\overline{M_i}} < \overline{\overline{N_i}}$ erhält man somit $\overline{\overline{N_i^*}} < \overline{\overline{N_i}}$ und wegen $N_i^* \subseteq N_i$ schließlich $N_i^* \subset N_i$ für jedes $i \in I$. Für jedes $i \in I$ sei nun $R_i^* = N_i \setminus N_i^* \neq \emptyset$. Es ist $\mathop{\mathsf{X}}_{i\in I} R_i^* \neq \emptyset$, also gibt es ein $r^* \in \mathop{\mathsf{X}}_{i\in I} R_i^* \subseteq \mathop{\mathsf{X}}_{i\in I} N_i$. Wir zeigen nun $r^* \notin P$, womit dann (+) bewiesen ist. Wäre $r^* \in P = \bigcup_{i\in I} Q_i$, so gibt es ein $i \in I$ mit $r^* \in Q_i$; da Φ_i eine eineindeutige Funktion von M_i auf Q_i ist, gibt es ein $x \in M_i$ mit $\Phi_i(x) = r^*$, also auch mit $\Phi_i(x)(i) = r_i^*$ im Widerspruch zu $\Phi_i(x)(i) \neq r_i^*$ nach Konstruktion von r^*.

b) Es seien $(\mathfrak{m}_i)_{i\in I}$, $(\mathfrak{n}_i)_{i\in I}$ Kardinalzahlkomplexe über $I \in \boldsymbol{M}$ mit $\mathfrak{m}_i \leqq \mathfrak{n}_i \geqq \underset{\cdot}{2}$ für jedes $i \in I$ und $(M_i)_{i\in I}$, $(N_i)_{i\in I}$ disjunkte Mengenkomplexe über I mit

$$\mathfrak{m}_i = \overline{\overline{M_i}}, \qquad \mathfrak{n}_i = \overline{\overline{N_i}}, \qquad M_i \subseteq N_i$$

für jedes $i \in I$; solche Komplexe M, N gibt es wegen $\mathfrak{m}_i \leqq \mathfrak{n}_i$ für $i \in I$. Dann ist

$$\sum_{i\in I} \mathfrak{m}_i = \overline{\overline{\bigcup_{i\in I} M_i}}, \qquad \prod_{i\in I} \mathfrak{m}_i = \overline{\overline{\mathop{\mathsf{X}}_{i\in I} N_i}}.$$

Es ist also zu zeigen:

$$\bigcup_{i\in I} M_i \precsim \mathop{\mathsf{X}}_{i\in I} N_i.$$

Dies gilt trivial für $\overline{\overline{I}} \leqq \underset{\cdot}{1}$; denn es ist

$$\bigcup_{i\in\emptyset} M_i = \emptyset \precsim \{\emptyset\} = \mathop{\mathsf{X}}_{i\in\emptyset} N_i; \qquad \bigcup_{i\in\{1\}} M_i = M_1 \precsim N_1 \backsim \{1\} \times N_1 = \mathop{\mathsf{X}}_{i\in\{1\}} N_i.$$

Für $\overline{\overline{I}} = \underset{\cdot}{2}$ ist zu zeigen $M_1 \cup M_2 \preceq N_1 \times N_2$ oder

$$N_1 \cup N_2 \preceq N_1 \times N_2$$

wegen $M_1 \cup M_2 \preceq N_1 \cup N_2$. Wegen $\mathfrak{n}_i \geqq \underset{\cdot}{2}$ gibt es Elemente $x_1, y_1 \in N_1$ und $x_2, y_2 \in N_2$ mit $x_1 \neq y_1$ und $x_2 \neq y_2$; es sei

$$P = \{x_1\} \times N_2, \quad Q = ((N_1 \setminus \{x_1\}) \times \{x_2\}) \cup \{[y_1, y_2]\}.$$

Dann ist

$$P \backsim N_2, \qquad Q \backsim N_1, \qquad P \cap Q = \emptyset,$$

also insgesamt

$$N_1 \cup N_2 \preceq P \cup Q \subseteq N_1 \times N_2$$

und damit

$$N_1 \cup N_2 \preceq N_1 \times N_2.$$

Es sei nun $\overline{\overline{I}} > \underset{\cdot}{2}$. Wegen $\mathfrak{n}_i \geqq \underset{\cdot}{2}$ gibt es in jedem N_i mindestens zwei Elemente; es seien $r, s \in \bigtimes_{i \in I} N_i$ mit $r_i \neq s_i$ für jedes $i \in I$. P sei die Menge aller Elemente $f \in \bigtimes_{i \in I} N_i$, für die es ein $j \in I$ und ein $x \in M_j$ gibt mit für jedes $i \in I$:

$$f(i) = \begin{cases} x & \text{für } i = j \\ r_i & \text{für } i \neq j \text{ und } r_j \neq x \\ s_i & \text{für } i \neq j \text{ und } r_j = x. \end{cases}$$

Dann ist sofort

$$\bigcup_{i \in I} M_i \backsim P \subseteq \bigtimes_{i \in I} N_i, \qquad \text{also} \qquad \bigcup_{i \in I} M_i \preceq \bigtimes_{i \in I} N_i.$$

Aus Satz 1a) folgt nochmals die Ungleichung $\underset{\cdot}{2}^{\mathfrak{n}} > \mathfrak{n}$ für Kardinalzahlen $\mathfrak{n}$; denn für $\overline{\overline{I}} = \mathfrak{n}$ ist ja

$$\mathfrak{n} = \sum_{i \in I} \underset{\cdot}{1} < \prod_{i \in I} \underset{\cdot}{2} = \underset{\cdot}{2}^{\mathfrak{n}}.$$

Aus Satz 1b) folgt für Kardinalzahlen $\mathfrak{m}, \mathfrak{n}$:

$$\mathfrak{m}, \mathfrak{n} \geqq \underset{\cdot}{2} \rightarrow \mathfrak{m} + \mathfrak{n} \leqq \mathfrak{m} \cdot \mathfrak{n}.$$

Aus Satz 1b) folgt für Kardinalzahlkomplexe $(\mathfrak{m}_i)_{i \in I}$, $(\mathfrak{n}_i)_{i \in I}$ über $I \in \boldsymbol{M}$ mit $\mathfrak{m}_i \leqq \mathfrak{n}_i$ für $i \in I$, $\prod_{i \in I} \mathfrak{n}_i \geqq \mathfrak{a}$ und $\mathfrak{n}_i < \mathfrak{a}$ für höchstens abzählbare viele $i \in I$:

$$\sum_{i \in I} \mathfrak{m}_i \leqq \prod_{i \in I} \mathfrak{n}_i.$$

Ist nämlich I_1 die Menge aller $i \in I$ mit $\mathfrak{n}_i \geqq \mathfrak{a}$ und $I_2 = I \setminus I_1$, so ist

$$\sum_{i \in I_1} \mathfrak{m}_i \leqq \prod_{i \in I_1} \mathfrak{n}_i \leqq \prod_{i \in I} \mathfrak{n}_i,$$

$$\sum_{i \in I_2} \mathfrak{m}_i \leqq \sum_{i \in I_2} \mathfrak{n}_i \leqq \mathfrak{a} \cdot \mathfrak{a} = \mathfrak{a},$$

also

$$\sum_{i\in I} \mathfrak{m}_i = \sum_{i\in I_1} \mathfrak{m}_i + \sum_{i\in I_2} \mathfrak{m}_i \leqq \prod_{i\in I} \mathfrak{n}_i + \mathfrak{a} = \prod_{i\in I} \mathfrak{n}_i .$$

2. Der Satz von KÖNIG führt in seiner Anwendung zu folgendem

Satz 2 (Sätze von JOURDAIN). a) *Für Fundamentalfolgen* $(\mathfrak{m}_\xi)_{\xi<\lambda}$ *vom Typ* λ *von Kardinalzahlen* $\mathfrak{m}_\xi > \underset{\cdot}{0}$ *gilt:*

$$\sum_{\xi<\lambda} \mathfrak{m}_\xi < \prod_{\xi<\lambda} \mathfrak{m}_\xi, \qquad \sum_{\xi<\lambda} \mathfrak{m}_\xi < \Big(\sum_{\xi<\lambda} \mathfrak{m}_\xi\Big)^{|\lambda|}.$$

b) *Für Folgen* $(\mathfrak{m}_\xi)_{\xi<\beta}$ *vom Typ* β *von Kardinalzahlen* $\mathfrak{m}_\xi \geqq \underset{\cdot}{2}$ *gilt:*

$$\sum_{\xi<\beta} \mathfrak{m}_\xi \leqq \prod_{\xi<\beta} \mathfrak{m}_\xi, \qquad \beta \geqq \omega \rightarrow \Big(\sum_{\xi<\beta} \mathfrak{m}_\xi\Big)^{|\beta|} = \Big(\prod_{\xi<\beta} \mathfrak{m}_\xi\Big)^{|\beta|}.$$

Beweis. a) Für $\mathfrak{n}_\xi = \mathfrak{m}_{\xi+1}$ erhält man $\mathfrak{m}_\xi < \mathfrak{n}_\xi$, also

$$\sum_{\xi<\lambda} \mathfrak{m}_\xi < \prod_{\xi<\lambda} \mathfrak{n}_\xi = \prod_{\xi<\lambda} \mathfrak{m}_{\xi+1} \leqq \prod_{\xi<\lambda} \mathfrak{m}_\xi .$$

Wegen $\mathfrak{m}_\eta \leqq \sum_{\xi<\lambda} \mathfrak{m}_\xi$ für $\eta < \lambda$ ist

$$\prod_{\xi<\lambda} \mathfrak{m}_\xi \leqq \Big(\sum_{\xi<\lambda} \mathfrak{m}_\xi\Big)^{|\lambda|},$$

also

$$\sum_{\xi<\lambda} \mathfrak{m}_\xi < \prod_{\xi<\lambda} \mathfrak{m}_\xi \leqq \Big(\sum_{\xi<\lambda} \mathfrak{m}_\xi\Big)^{|\lambda|}.$$

b)

$$\sum_{\xi<\beta} \mathfrak{m}_\xi \leqq \prod_{\xi<\beta} \mathfrak{m}_\xi$$

ist trivial wegen $\mathfrak{m}_\xi \leqq \mathfrak{m}_\xi$. Wegen $\mathfrak{m}_\eta \leqq \sum_{\xi<\beta} \mathfrak{m}_\xi$ für $\eta < \beta$ ist

$$\prod_{\xi<\beta} \mathfrak{m}_\xi \leqq \Big(\sum_{\xi<\beta} \mathfrak{m}_\xi\Big)^{|\beta|},$$

also

$$\sum_{\xi<\beta} \mathfrak{m}_\xi \leqq \prod_{\xi<\beta} \mathfrak{m}_\xi \leqq \Big(\sum_{\xi<\beta} \mathfrak{m}_\xi\Big)^{|\beta|},$$

also

$$\Big(\sum_{\xi<\beta} \mathfrak{m}_\xi\Big)^{|\beta|} \leqq \Big(\prod_{\xi<\beta} \mathfrak{m}_\xi\Big)^{|\beta|} \leqq \Big(\sum_{\xi<\beta} \mathfrak{m}_\xi\Big)^{|\beta|\cdot|\beta|} = \Big(\sum_{\xi<\beta} \mathfrak{m}_\xi\Big)^{|\beta|}$$

für $\beta \geqq \omega$.

§ 40. Die transfiniten Zahlklassen. Reguläre und singuläre Kardinalzahlen

In diesem Paragraphen sollen die Ergebnisse, die wir früher in § 26 für die erste und zweite Zahlklasse erhalten haben, erweitert und auf beliebige transfinite Zahlklassen übertragen werden (d. h. auf die Zahlklassen der Alephs). Als grundlegendes Hilfsmittel hierzu dient das HAUSDORFF-BERNSTEINsche Lemma.

1. Satz 1 (HAUSDORFF-BERNSTEINsches Lemma). *Für Mengen* $M \subseteq \boldsymbol{O}$ *von Ordinalzahlen und Ordinalzahlen* α *gilt:*

$$\overline{\overline{M}} \leqq \aleph_\alpha \wedge \forall \xi\, (\xi \in M \rightarrow |\xi| \leqq \aleph_\alpha) \rightarrow \exists \eta\, (\eta \in \boldsymbol{O} \wedge |\eta| \leqq \aleph_\alpha \wedge M \subseteq \boldsymbol{O}(\eta)).$$

Beweis. Unter den Voraussetzungen des Satzes sei β diejenige Ordinalzahl mit

$$[M, {}_M{\leqq}_M] \backsim \boldsymbol{O}^*(\beta),$$

f die ähnliche Abbildung von $\boldsymbol{O}^*(\beta)$ auf $[M, {}_M{\leqq}_M]$ und

$$\eta = \sum_{\sigma<\beta} (f(\sigma) + 1).$$

Dann ist

$$|\eta| = \sum_{\sigma<\beta} |f(\sigma) + 1|,$$

und es gilt

$$|\eta| \leqq \aleph_\alpha \quad \text{wegen} \quad \sum_{\sigma<\beta} |f(\sigma) + 1| \leqq \aleph_\alpha \cdot \aleph_\alpha = \aleph_\alpha.$$

Ist schließlich $\xi \in M$ und $\sigma = f^{-1}(\xi)$, so ist

$$\xi = f(\sigma) < f(\sigma) + 1 \leqq \eta, \quad \text{also} \quad \xi < \eta,$$

womit $M \subseteq \boldsymbol{O}(\eta)$ gilt.

In Satz 1 könnte man natürlich statt $|\xi| \leqq \aleph_\alpha$ auch $\xi < \Omega_{\alpha+1}$ schreiben; ebenso statt $|\eta| \leqq \aleph_\alpha$ auch $\eta < \Omega_{\alpha+1}$.

Aus Satz 1 folgt in Verallgemeinerung von Satz 5, § 26:

Satz 2. *Für Mengen* $M \subseteq \boldsymbol{O}$ *von Ordinalzahlen und Ordinalzahlen* α *gilt:*

$$\emptyset \neq M \subseteq \boldsymbol{Z}(\aleph_\alpha) \wedge \overline{\overline{M}} \leqq \aleph_\alpha \rightarrow \sup M \in \boldsymbol{Z}(\aleph_\alpha).$$

Beweis. Die Behauptung folgt unmittelbar aus Satz 1.

In Verallgemeinerung der Formel $\overline{\overline{\boldsymbol{Z}_2}} = \overline{\overline{\boldsymbol{Z}(\aleph_0)}} = \aleph_1$ gilt der folgende

Satz 3. *Für Ordinalzahlen* α *gilt:*

$$\overline{\overline{\boldsymbol{Z}(\aleph_\alpha)}} = \aleph_{\alpha+1}.$$

Beweis. Für jede Ordinalzahl α ist

$$\boldsymbol{O}(\Omega_\alpha) \cup \boldsymbol{Z}(\aleph_\alpha) = \boldsymbol{O}(\Omega_{\alpha+1}),$$

also

$$\aleph_\alpha + \mathfrak{z} = \aleph_{\alpha+1} \quad \text{bei} \quad \mathfrak{z} = \overline{\overline{\boldsymbol{Z}(\aleph_\alpha)}}.$$

Es ist dann $\mathfrak{z} \leqq \aleph_{\alpha+1}$. Wäre $\mathfrak{z} < \aleph_{\alpha+1}$, so wäre $\mathfrak{z} \leqq \aleph_\alpha$, woraus aber der Widerspruch

$$\aleph_{\alpha+1} = \aleph_\alpha + \mathfrak{z} \leqq \aleph_\alpha + \aleph_\alpha = \aleph_\alpha$$

folgt. Also ist $\overline{\overline{\boldsymbol{Z}(\aleph_\alpha)}} = \aleph_{\alpha+1}$.

In Erweiterung von Satz 3 folgt für jedes $\xi \in \boldsymbol{O}(\boldsymbol{\Omega}_\alpha)$:

$$\overline{\overline{[\xi, \boldsymbol{\Omega}_\alpha[}} = \aleph_\alpha,$$

da sonst $\overline{\overline{[\xi, \boldsymbol{\Omega}_\alpha[}} < \aleph_\alpha$ und damit

$$\aleph_\alpha = \overline{\overline{\boldsymbol{O}(\boldsymbol{\Omega}_\alpha)}} = \overline{\overline{\boldsymbol{O}(\xi) \cup [\xi, \boldsymbol{\Omega}_\alpha[}} = \overline{\overline{\boldsymbol{O}(\xi)}} + \overline{\overline{[\xi, \boldsymbol{\Omega}_\alpha[}} < \aleph_\alpha$$

wäre.

Nach Satz 14, § 22 ist jede Menge $M \subseteq \boldsymbol{O}(\boldsymbol{\Omega}_\alpha)$ mit $\overline{\overline{M}} = \aleph_\alpha$ ähnlich mit $\boldsymbol{O}(\boldsymbol{\Omega}_\alpha)$. Insbesondere ist also nach Satz 3 $\boldsymbol{Z}(\aleph_\alpha)$ mit $\boldsymbol{O}(\boldsymbol{\Omega}_{\alpha+1})$ ähnlich, womit $\boldsymbol{\Omega}_{\alpha+1}$ auch der Wohlordnungstyp von $\boldsymbol{Z}(\aleph_\alpha)$ ist. Ebenso ist für jedes $\xi \in \boldsymbol{O}(\boldsymbol{\Omega}_\alpha)$ das Intervall $[\xi, \boldsymbol{\Omega}_\alpha[$ mit $\boldsymbol{O}(\boldsymbol{\Omega}_\alpha)$ ähnlich, womit es im Falle $\alpha > 0$ wegen $\boldsymbol{\omega} \in \boldsymbol{O}(\boldsymbol{\Omega}_\alpha)$ für jedes $\xi \in \boldsymbol{O}(\boldsymbol{\Omega}_\alpha)$ eine Limeszahl $\xi < \lambda \in \boldsymbol{O}(\boldsymbol{\Omega}_\alpha)$ gibt. Für jedes $\xi \in \boldsymbol{O}(\boldsymbol{\Omega}_\alpha)$ ist auch $\xi' \in \boldsymbol{O}(\boldsymbol{\Omega}_\alpha)$, da sonst $\boldsymbol{\Omega}_\alpha$ keine Limeszahl wäre. Es gilt stets

$$\xi < \boldsymbol{\Omega}_\alpha \wedge \xi + \eta = \boldsymbol{\Omega}_\alpha \rightarrow \eta = \boldsymbol{\Omega}_\alpha,$$

da $\eta \leqq \boldsymbol{\Omega}_\alpha$ und wegen $|\eta| = \aleph_\alpha$ auch $\boldsymbol{\Omega}_\alpha \leqq \eta$ gilt. Die Mengen I, L aller isolierten Zahlen $i \in \boldsymbol{Z}(\aleph_\alpha)$ bzw. aller Limeszahlen $\lambda \in \boldsymbol{Z}(\aleph_\alpha)$ haben ebenfalls die Mächtigkeit $\aleph_{\alpha+1}$; denn sonst wäre nach Satz 2 $\sup I \in \boldsymbol{Z}(\aleph_\alpha)$ bzw. $\sup L \in \boldsymbol{Z}(\aleph_\alpha)$, womit $(\sup I)'$ nicht Element von I wäre bzw. die Limeszahlen $\lambda \in \boldsymbol{Z}(\aleph_\alpha)$ mit $\sup L < \lambda$ nicht Elemente von L wären. Da I, L die Mächtigkeit $\aleph_{\alpha+1}$ besitzen, sind I, L mit $\boldsymbol{O}(\boldsymbol{\Omega}_{\alpha+1})$ ähnlich.

In Verallgemeinerung von Satz 7, § 26 gilt der folgende

Satz 4. *Für Ordinalzahlen α, λ gilt:*

$$\lambda \textit{ Limeszahl} \wedge \lambda \in \boldsymbol{Z}(\aleph_\alpha) \leftrightarrow \exists \beta \exists f (\beta \leqq \alpha \wedge f \textit{ Fundamentalfolge vom Typ } \boldsymbol{\Omega}_\beta$$
$$. \wedge \forall \nu (\nu < \boldsymbol{\Omega}_\beta \rightarrow f_\nu < \boldsymbol{\Omega}_{\alpha+1}) \wedge \boldsymbol{\Omega}_\alpha \leqq \lambda = \lim_{\nu < \boldsymbol{\Omega}_\beta} f_\nu).$$

Beweis. Unter den Voraussetzungen des Satzes folgt $(\rightarrow)$ aus Satz 4c), § 35 und den anschließenden Bemerkungen. $(\leftarrow)$ folgt aus Satz 2, wonach zunächst $\lambda < \boldsymbol{\Omega}_{\alpha+1}$ gilt. Es ist aber λ als Grenzwert einer Fundamentalfolge auch eine Limeszahl. Also ist wegen $\boldsymbol{\Omega}_\alpha \leqq \lambda$ schließlich λ eine Limeszahl aus $\boldsymbol{Z}(\aleph_\alpha)$.

Mit Hilfe des Konfinalitätsbegriffes (vgl. Definitionen 6, § 14; 9, § 24) erhält man aus Satz 2 für jedes $\alpha \in \boldsymbol{O}$:

$\boldsymbol{O}(\boldsymbol{\Omega}_{\alpha+1})$ ist mit keiner Teilmenge $M \subseteq \boldsymbol{O}(\boldsymbol{\Omega}_{\alpha+1})$ mit $\overline{\overline{M}} \leqq \aleph_\alpha$ konfinal.

Eine Teilmenge $M \subseteq \boldsymbol{O}(\boldsymbol{\Omega}_{\alpha+1})$ hat genau dann die Mächtigkeit $\aleph_{\alpha+1}$, wenn $\boldsymbol{O}(\boldsymbol{\Omega}_{\alpha+1})$ konfinal mit M ist.

$\boldsymbol{\Omega}_{\alpha+1}$ ist mit keiner kleineren Ordinalzahl konfinal; $\boldsymbol{\Omega}_{\alpha+1}$ ist also regulär (vgl. Definition 1, § 35).

Wir hatten schon in § 35 festgestellt, daß transfinite reguläre Ordinalzahlen nur Anfangszahlen sein können. Die Frage, welche Anfangszahlen regulär und welche singulär sind, gehört zu den bis heute ungelösten Problemen der Mengenlehre (bereits die Frage nach der Existenz regulärer Anfangszahlen mit Limeszahlindex kann wahrscheinlich nur durch ein neues Axiom gelöst werden; vgl. § 42). Wir wissen aber jetzt, daß neben $\mathbf{\Omega}_0$ auch alle Anfangszahlen $\mathbf{\Omega}_{\alpha+1}$ regulär sind, also alle Anfangszahlen $\mathbf{\Omega}_\sigma$ mit isoliertem Index σ.

2. Nach Satz 1, § 35 gilt für jede reguläre Anfangszahl $\mathbf{\Omega}_\sigma$ und jede echt monoton wachsende Folge $(\alpha_\xi)_{\xi<\beta}$ vom Typ β von Ordinalzahlen:

$$\beta < \mathbf{\Omega}_\sigma \wedge \forall \xi\, (\xi < \beta \rightarrow \alpha_\xi < \mathbf{\Omega}_\sigma) \rightarrow \lim_{\xi<\beta} \alpha_\xi < \mathbf{\Omega}_\sigma .$$

Hieraus erhält man folgenden

Satz 5. a) *Für reguläre Anfangszahlen* $\mathbf{\Omega}_\sigma$ *und Ordinalzahlen* α, β *gilt:*

$$\alpha, \beta < \mathbf{\Omega}_\sigma \rightarrow \alpha + \beta,\ \alpha \cdot \beta,\ \alpha^\beta,\ \alpha \oplus \beta,\ \alpha \odot \beta < \mathbf{\Omega}_\sigma .$$

b) *Für reguläre Anfangszahlen* $\mathbf{\Omega}_\sigma$ *und Ordinalzahlkomplexe* $(\alpha_\xi)_{\xi<\beta}$ *gilt:*

$$\beta < \mathbf{\Omega}_\sigma \wedge \forall \xi\, (\xi < \beta \rightarrow \alpha_\xi < \mathbf{\Omega}_\sigma) \rightarrow \sum_{\xi<\beta} \alpha_\xi,\ \prod_{\xi<\beta} \alpha_\xi,\ \lim_{\xi<\beta} \alpha_\xi < \mathbf{\Omega}_\sigma .$$

Beweis a). Es sei $\mathbf{\Omega}_\sigma$ eine reguläre Anfangszahl und $\alpha < \mathbf{\Omega}_\sigma$. Dann ist $\alpha + \mathbf{0} < \mathbf{\Omega}_\sigma$; ist $\beta < \mathbf{\Omega}_\sigma$ und $\alpha + \beta < \mathbf{\Omega}_\sigma$, so ist $\alpha + \beta' = (\alpha + \beta)' < \mathbf{\Omega}_\sigma$; ist schließlich $\lambda < \mathbf{\Omega}_\sigma$ eine Limeszahl und ist $\alpha + \xi < \mathbf{\Omega}_\sigma$ für jedes $\xi < \lambda$, so ist $\alpha + \lambda = \lim_{\xi<\lambda} (\alpha + \xi) < \mathbf{\Omega}_\sigma$. Damit ist induktiv $\alpha + \beta < \mathbf{\Omega}_\sigma$ für jedes $\alpha, \beta < \mathbf{\Omega}_\sigma$ gezeigt. Analog erhält man $\alpha \cdot \beta,\ \alpha^\beta < \mathbf{\Omega}_\sigma$ für $\alpha, \beta < \mathbf{\Omega}_\sigma$.

Man zeigt leicht durch vollständige Induktion über m für natürliche Zahlen m und Ordinalzahlkomplexe $(\gamma_i)_{i \leqq m}$ mit $\gamma_i < \mathbf{\Omega}_\sigma$: $\sum_{i \leqq m} \gamma_i < \mathbf{\Omega}_\sigma$.

Ist $\alpha, \beta < \mathbf{\Omega}_\sigma$ und $\alpha = \mathbf{0} \vee \beta = \mathbf{0}$, so ist trivial $\alpha \oplus \beta < \mathbf{\Omega}_\sigma$. Ist $\alpha \neq \mathbf{0} \wedge \beta \neq \mathbf{0}$ und $[m, \tau, a, b]$ die gemeinsame Normalform von α, β, so ist

$$\alpha \oplus \beta = \sum_{i \leqq m} \boldsymbol{\omega}^{\tau_i} \cdot (a_i + b_i) .$$

Wegen $\boldsymbol{\omega}^{\tau_0} \leqq \alpha \vee \boldsymbol{\omega}^{\tau_0} \leqq \beta$ ist $\boldsymbol{\omega}^{\tau_i} < \mathbf{\Omega}_\sigma$ für jedes $i \leqq m$, also auch $\boldsymbol{\omega}^{\tau_i} \cdot (a_i + b_i) < \mathbf{\Omega}_\sigma$ und damit schließlich $\sum_{i \leqq m} \boldsymbol{\omega}^{\tau_i} \cdot (a_i + b_i) < \mathbf{\Omega}_\sigma$. Also gilt generell $\alpha \oplus \beta < \mathbf{\Omega}_\sigma$ für $\alpha, \beta < \mathbf{\Omega}_\sigma$. Analog erhält man $\alpha \odot \beta < \mathbf{\Omega}_\sigma$ für $\alpha, \beta < \mathbf{\Omega}_\sigma$.

b) Ist $(\alpha_\xi)_{\xi<\beta}$ eine monoton wachsende Ordinalzahlfolge vom Typ β, so ist $(\alpha_\xi + \xi)_{\xi<\beta}$ eine echt monoton wachsende Ordinalzahlfolge vom Typ β mit $\lim_{\xi<\beta} \alpha_\xi \leqq \lim_{\xi<\beta} (\alpha_\xi + \xi)$. Ist also $\mathbf{\Omega}_\sigma$ eine reguläre Anfangszahl und $(\alpha_\xi)_{\xi<\beta}$ eine monoton wachsende Ordinalzahlfolge vom Typ $\beta < \mathbf{\Omega}_\sigma$ mit $\alpha_\xi < \mathbf{\Omega}_\sigma$ für jedes $\xi < \beta$, so ist nach a) $\lim_{\xi<\beta} (\alpha_\xi + \xi) < \mathbf{\Omega}_\sigma$ und damit auch $\lim_{\xi<\beta} \alpha_\xi < \mathbf{\Omega}_\sigma$.

Es sei $\boldsymbol{\Omega}_\sigma$ eine reguläre Anfangszahl und $(\alpha_\xi)_{\xi<\beta}$ eine Ordinalzahlfolge vom Typ $\beta < \boldsymbol{\Omega}_\sigma$ mit $\alpha_\xi < \boldsymbol{\Omega}_\sigma$ für jedes $\xi < \beta$. Dann ist $\sum\limits_{\xi<\beta} \alpha_\xi < \boldsymbol{\Omega}_\sigma$ für $\beta = \boldsymbol{0}$; ist $\gamma' = \beta$ und $\sum\limits_{\xi<\gamma} \alpha_\xi < \boldsymbol{\Omega}_\sigma$, so ist $\sum\limits_{\xi<\beta} \alpha_\xi = \sum\limits_{\xi<\gamma} \alpha_\xi + \alpha_\gamma < \boldsymbol{\Omega}_\sigma$; ist schließlich β eine Limeszahl und ist $\sum\limits_{\xi<\nu} \alpha_\xi < \boldsymbol{\Omega}_\sigma$ für jedes $\nu < \beta$, so ist $\sum\limits_{\xi<\beta} \alpha_\xi = \lim\limits_{\nu<\beta} \sum\limits_{\xi<\nu} \alpha_\xi < \boldsymbol{\Omega}_\sigma$. Damit ist induktiv $\sum\limits_{\xi<\beta} \alpha_\xi < \boldsymbol{\Omega}_\sigma$ für jeden Ordinalzahlkomplex $(\alpha_\xi)_{\xi<\beta}$ mit $\beta, \alpha_\xi < \boldsymbol{\Omega}_\sigma$ gezeigt. Analog erhält man $\prod\limits_{\xi<\beta} \alpha_\xi < \boldsymbol{\Omega}_\sigma$ bei $\beta, \alpha_\xi < \boldsymbol{\Omega}_\sigma$. Wegen $\alpha_\eta \leqq \sum\limits_{\xi<\beta} \alpha_\xi$ für jedes $\eta < \beta$ ist $\lim\limits_{\xi<\beta} \alpha_\xi \leqq \sum\limits_{\xi<\beta} \alpha_\xi < \boldsymbol{\Omega}_\sigma$.

In anderer Redeweise besagt Satz 5 für reguläre Anfangszahlen $\boldsymbol{\Omega}_\sigma$ die *Abgeschlossenheit von $\boldsymbol{O}(\boldsymbol{\Omega}_\sigma)$ gegenüber den Rechenoperationen*. Wegen

$$\boldsymbol{O}(\boldsymbol{\Omega}_\alpha) = \boldsymbol{N} \cup \bigcup_{\nu<\alpha} \boldsymbol{Z}(\aleph_\nu)$$

für jedes $\alpha \in \boldsymbol{O}$ sind dann nach Satz 5 $\boldsymbol{N}$ und $\boldsymbol{N} \cup \bigcup\limits_{\nu \leqq \alpha} \boldsymbol{Z}(\aleph_\nu)$ für jedes $\alpha \in \boldsymbol{O}$ gegenüber den Rechenoperationen abgeschlossen, da $\boldsymbol{\Omega}_0$ und $\boldsymbol{\Omega}_{\alpha+1}$ stets reguläre Anfangszahlen sind.

Man beachte, daß wir in Hilfssatz 2 innerhalb des Beweises zum Satz von HESSENBERG für beliebige Anfagszahlen $\boldsymbol{\Omega}_\sigma$ die Abgeschlossenheit von $\boldsymbol{O}(\boldsymbol{\Omega}_\sigma)$ gegenüber $\oplus$ (und damit auch $+$) zeigen konnten. Wir werden im Anschluß an Satz 9 (s. u.) sogar für beliebige Anfangszahlen $\boldsymbol{\Omega}_\sigma$ die Abgeschlossenheit von $\boldsymbol{O}(\boldsymbol{\Omega}_\sigma)$ gegenüber allen elementaren arithmetischen Operationen und den HESSENBERGschen natürlichen Operationen zeigen können.

In Verallgemeinerung von Satz 1, § 35 erhält man über Satz 5b) die regulären Anfangszahlen als diejenigen Limeszahlen λ, für die $\boldsymbol{O}(\lambda)$ gegenüber Limesbildung in bezug auf beliebige Komplexe $(\alpha_\xi)_{\xi<\beta}$ abgeschlossen ist.

Die regulären Anfangszahlen lassen sich auch charakterisieren als diejenigen Limeszahlen λ, für die $\boldsymbol{O}(\lambda)$ gegenüber allgemeiner Summen- bzw. Produktbildung abgeschlossen ist:

Satz 6. *Eine ordinale Limeszahl λ ist genau dann regulär, wenn für jeden Ordinalzahlkomplex $(\alpha_\xi)_{\xi<\beta}$ gilt:*

$$\beta < \lambda \wedge \forall \xi\, (\xi < \beta \rightarrow \alpha_\xi < \lambda) \rightarrow \sum_{\xi<\beta} \alpha_\xi < \lambda.$$

Eine ordinale Limeszahl λ ist genau regulär, wenn für jeden Ordinalzahlkomplex $(\alpha_\xi)_{\xi<\beta}$ gilt:

$$\beta < \lambda \wedge \forall \xi\, (\xi < \beta \rightarrow \alpha_\xi < \lambda) \rightarrow \prod_{\xi<\beta} \alpha_\xi < \lambda.$$

Beweis. Wenn die Limeszahl λ regulär ist, so ist λ eine reguläre Anfangszahl $\boldsymbol{\Omega}_\sigma$, und unter den Voraussetzungen unseres Satzes ist dann nach Satz 5b)

$$\sum_{\xi<\beta} \alpha_\xi < \lambda \quad \text{und} \quad \prod_{\xi<\beta} \alpha_\xi < \lambda.$$

Ist umgekehrt λ eine Limeszahl, gilt $\sum_{\xi<\beta} \alpha_\xi < \lambda$ für alle Komplexe $(\alpha_\xi)_{\xi<\beta}$ mit $\beta, \alpha_\xi < \lambda$ und ist $(\alpha_\xi)_{\xi<\beta}$ eine echt monoton wachsende Folge vom Typ $\beta < \lambda$ von Ordinalzahlen $\alpha_\xi < \lambda$, so gilt ja $\alpha_\eta \leqq \sum_{\xi<\beta} \alpha_\xi$ für jedes $\eta < \beta$, also $\lim_{\xi<\beta} \alpha_\xi \leqq \sum_{\xi<\beta} \alpha_\xi < \lambda$, womit λ nach Satz 1, § 35 regulär ist. Ebenso erhält man $\lim_{\xi<\beta} \alpha_\xi < \lambda$ für jede solche echt monoton wachsende Folge $(\alpha_\xi)_{\xi<\beta}$ unter der Voraussetzung, daß für beliebige solche Folgen $(\alpha_\xi)_{\xi<\beta}$ stets $\prod_{\xi<\beta} \alpha_\xi < \lambda$ gilt.

3. Ist $\mathbf{\Omega}_\sigma$ eine reguläre Anfangszahl und $(\alpha_\xi)_{\xi<\beta}$ ein Ordinalzahlkomplex, so gilt nach Satz 5b):

$$\beta < \mathbf{\Omega}_\sigma \wedge \forall \xi\, (\xi < \beta \rightarrow \alpha_\xi < \mathbf{\Omega}_\sigma) \rightarrow \sum_{\xi<\beta} \alpha_\xi < \mathbf{\Omega}_\sigma .$$

Betrachtet man jetzt zu einer regulären Anfangszahl $\mathbf{\Omega}_\sigma$ einen Kardinalzahlkomplex $(\mathfrak{n}_i)_{i\in I}$ mit $I \in \boldsymbol{M}$, so muß dann gelten:

$$\overline{\overline{I}} < \aleph_\sigma \wedge \forall i\, (i \in I \rightarrow \mathfrak{n}_i < \aleph_\sigma) \rightarrow \sum_{i\in I} \mathfrak{n}_i < \aleph_\sigma;$$

denn ist unter diesen Voraussetzungen $\beta < \mathbf{\Omega}_\sigma$ etwa die kleinste Ordinalzahl mit $I \backsim \boldsymbol{O}(\beta)$, f eine umkehrbar eindeutige Abbildung von $\boldsymbol{O}(\beta)$ auf I und $(\alpha_\xi)_{\xi<\beta}$ der Ordinalzahlkomplex, für den stets α_ξ die kleinste Ordinalzahl der Mächtigkeit $\mathfrak{n}_{f(\xi)}$ ist, so ist $\sum_{\xi<\beta} \alpha_\xi < \mathbf{\Omega}_\sigma$ wegen $\beta, \alpha_\xi < \mathbf{\Omega}_\sigma$, also auch

$$\sum_{i\in I} \mathfrak{n}_i = \sum_{\xi<\beta} \mathfrak{n}_{f(\xi)} = \sum_{\xi<\beta} |\alpha_\xi| = |\sum_{\xi<\beta} \alpha_\xi| < \aleph_\sigma .$$

Für reguläre Anfangszahlen $\mathbf{\Omega}_\sigma$ kann man also die zugehörigen Kardinalzahlen $\aleph_\sigma$ nicht zerlegen in eine Summe $\sum_{i\in I} \mathfrak{n}_i$ von Kardinalzahlen mit $\overline{\overline{I}}, \mathfrak{n}_i < \aleph_\sigma$. Man definiert nun für Kardinalzahlen:

Definition 1. Eine Kardinalzahl $\mathfrak{m}$ ist *regulär* genau dann, wenn es keine Menge I und keinen Kardinalzahlkomplex $(\mathfrak{n}_i)_{i\in I}$ gibt mit $\overline{\overline{I}}, \mathfrak{n}_i < \mathfrak{m}$ für jedes $i \in I$ und $\mathfrak{m} = \sum_{i\in I} \mathfrak{n}_i$; $\mathfrak{m}$ ist *singulär* (oder *irregulär*) genau dann, wenn $\mathfrak{m}$ nicht regulär ist.

Für die in Definition 1 aufgeführten Summen $\sum_{i\in I} \mathfrak{n}_i$ gilt natürlich

$$\sum_{i\in I} \mathfrak{n}_i \leqq \mathfrak{m} \quad \text{bei unendlichem } \mathfrak{m}$$

wegen

$$\sum_{i\in I} \mathfrak{n}_i \leqq \sum_{i\in I} \mathfrak{m} = \mathfrak{m} \cdot \overline{\overline{I}} \leqq \mathfrak{m} .$$

Von den endlichen Kardinalzahlen sind genau $\underset{\cdot}{0}, \underset{\cdot}{1}, \underset{\cdot}{2}$ regulär. Für die Alephs gilt der

Satz 7. *Für Ordinalzahlen σ gilt:*

$$\aleph_\sigma \text{ regulär} \leftrightarrow \boldsymbol{\Omega}_\sigma \text{ regulär}.$$

Beweis. Es sei $\sigma \in \boldsymbol{O}$. ($\rightarrow$) Ist $\boldsymbol{\Omega}_\sigma$ singulär, so gibt es eine Ordinalzahl $\lambda < \boldsymbol{\Omega}_\sigma$ mit $\boldsymbol{\Omega}_\sigma$ cf λ; also gibt es nach Satz 9, § 24 eine Fundamentalfolge $(\alpha_\xi)_{\xi<\lambda}$ vom Typ λ von Ordinalzahlen mit

$$\boldsymbol{\Omega}_\sigma = \lim_{\xi<\lambda} \alpha_\xi .$$

Es ist dann $\lambda, \alpha_\xi < \boldsymbol{\Omega}_\sigma < \boldsymbol{\Omega}_{\sigma+1}$, also gilt nach Satz 5b) (da $\boldsymbol{\Omega}_{\sigma+1}$ regulär ist):

$$\sum_{\xi<\lambda} \alpha_\xi < \boldsymbol{\Omega}_{\sigma+1},$$

also

$$\sum_{\xi<\lambda} |\alpha_\xi| = |\sum_{\xi<\lambda} \alpha_\xi| \leqq \aleph_\sigma .$$

Andrerseits ist

$$\boldsymbol{O}(\boldsymbol{\Omega}_\sigma) = \bigcup_{\xi<\lambda} \boldsymbol{O}(\alpha_\xi),$$

also

$$\aleph_\sigma = \overline{\overline{\bigcup_{\xi<\lambda} \boldsymbol{O}(\alpha_\xi)}} \leqq \sum_{\xi<\lambda} |\alpha_\xi|,$$

woraus insgesamt

$$\aleph_\sigma = \sum_{\xi<\lambda} |\alpha_\xi| \quad \text{bei} \quad \overline{\overline{\boldsymbol{O}(\lambda)}},\ |\alpha_\xi| < \aleph_\sigma$$

folgt; also ist $\aleph_\sigma$ singulär.

($\leftarrow$). Ist $\boldsymbol{\Omega}_\sigma$ regulär, so sei I eine Menge und $(\mathfrak{n}_i)_{i\in I}$ ein Kardinalzahlkomplex mit $\overline{\overline{I}}$, $\mathfrak{n}_i < \aleph_\sigma$ für jedes $i \in I$. Weiterhin sei $\beta < \boldsymbol{\Omega}_\sigma$ die kleinste Ordinalzahl mit $I \backsim \boldsymbol{O}(\beta)$, f eine umkehrbar eindeutige Abbildung von $\boldsymbol{O}(\beta)$ auf I und $(\alpha_\xi)_{\xi<\beta}$ der Ordinalzahlkomplex, für den stets α_ξ die kleinste Ordinalzahl der Mächtigkeit $\mathfrak{n}_{f(\xi)}$ ist. Dann gilt nach Satz 5b):

$$\sum_{\xi<\beta} \alpha_\xi < \boldsymbol{\Omega}_\sigma \quad \text{wegen} \quad \beta, \alpha_\xi < \boldsymbol{\Omega}_\sigma,$$

also auch

$$\sum_{i\in I} \mathfrak{n}_i = \sum_{\xi<\beta} \mathfrak{n}_{f(\xi)} = \sum_{\xi<\beta} |\alpha_\xi| = |\sum_{\xi<\beta} \alpha_\xi| < \aleph_\sigma,$$

womit $\aleph_\sigma$ regulär ist.

Aus Satz 7 folgt, daß alle Alephs $\aleph_\sigma$ mit isoliertem Index σ regulär sind. $\aleph_\omega$ ist das kleinste singuläre Aleph.

Keine unendliche Mächtigkeit $\mathfrak{m}$ kann man natürlich in eine endliche Summe $\sum_{i\in I} \mathfrak{n}_i$ von Kardinalzahlen $\mathfrak{n}_i < \mathfrak{m}$ zerlegen, was man leicht induktiv über die Elementeanzahl von I beweist unter Verwendung von $\mathfrak{a} + \mathfrak{b} = \max\{\mathfrak{a}, \mathfrak{b}\}$ für Alephs $\mathfrak{a}$, $\mathfrak{b}$.

Jedes singuläre Aleph läßt sich als Summe kleinerer regulärer Alephs erhalten:

Satz 8. *Für jede singuläre Kardinalzahl* $\aleph_\sigma$ *existiert eine reguläre Anfangszahl* $\mathbf{\Omega}_\tau$ *mit* $\tau < \sigma$, *so daß es eine Fundamentalfolge* $(\alpha_\xi)_{\xi < \Omega_\tau}$ *vom Typ* $\mathbf{\Omega}_\tau$ *von Ordinalzahlen gibt mit*

$$\forall \xi\, (\xi < \mathbf{\Omega}_\tau \rightarrow \alpha_\xi < \sigma) \qquad \text{und} \qquad \aleph_\sigma = \sum_{\xi < \Omega_\tau} \aleph_{\alpha_\xi + 1}.$$

Beweis. Unter den Voraussetzungen des Satzes ist $\mathbf{\Omega}_\sigma$ singulär. Es gibt also eine Fundamentalfolge $(\beta_\xi)_{\xi<\lambda}$ vom Typ $\lambda < \mathbf{\Omega}_\sigma$ von Ordinalzahlen mit

$$\mathbf{\Omega}_\sigma = \lim_{\xi<\lambda} \beta_\xi.$$

Es sei γ_ξ für jedes $\xi < \lambda$ die kleinste Ordinalzahl η mit

$$\beta_\xi \leqq \mathbf{\Omega}_{\eta+1} < \mathbf{\Omega}_\sigma$$

(dieses $\mathbf{\Omega}_{\eta+1}$ existiert, da stets $\beta_\xi < \mathbf{\Omega}_\sigma$ und σ eine Limeszahl ist); dann ist

$$\mathbf{\Omega}_\sigma = \lim_{\xi<\lambda} \beta_\xi = \lim_{\xi<\lambda} \mathbf{\Omega}_{\gamma_\xi+1},$$

wobei $(\mathbf{\Omega}_{\gamma_\xi+1})_{\xi<\lambda}$ eine monoton wachsende Folge ohne größtes Element ist. Es sei Ω die Menge aller $\mathbf{\Omega}_{\gamma_\xi+1}$ für $\xi < \lambda$; dann ist

$$\mathbf{\Omega}_\sigma = \lim_{\xi<\lambda} \mathbf{\Omega}_{\gamma_\xi+1} = \sup \Omega = \lim_{\xi<\mu} \mathbf{\Omega}_{\delta_\xi+1},$$

wobei μ diejenige Ordinalzahl ist, für welche Ω und $\boldsymbol{O}(\mu)$ ähnlich sind, f die ähnliche Abbildung von $\boldsymbol{O}(\mu)$ auf Ω ist und δ die Funktion über $\boldsymbol{O}(\mu)$ mit

$$f(\xi) = \mathbf{\Omega}_{\delta_\xi+1}$$

ist. Jetzt ist $(\delta_\xi)_{\xi<\mu}$ echt monoton wachsend, stets $\delta_\xi < \sigma$, μ eine Limeszahl (da Ω kein größtes Element besitzt) und $\mu \leqq \lambda < \mathbf{\Omega}_\sigma$ (denn Ω ist ähnlich einer Teilmenge von $\boldsymbol{O}(\lambda)$). Nach Satz 4c), § 35 und den anschließenden Bemerkungen gibt es eine Fundamentalfolge $(\varepsilon_\xi)_{\xi<\Omega_\tau}$ von einem regulären Anfangszahltyp $\mathbf{\Omega}_\tau$ mit $\tau < \sigma$ (wegen $\mu < \mathbf{\Omega}_\sigma$) von Ordinalzahlen mit

$$\mu = \lim_{\xi<\Omega_\tau} \varepsilon_\xi.$$

Dann ist für $\alpha_\xi = \delta_{\varepsilon_\xi}$:

$$\mathbf{\Omega}_\sigma = \lim_{\xi<\mu} \mathbf{\Omega}_{\delta_\xi+1} = \lim_{\xi<\Omega_\tau} \mathbf{\Omega}_{\alpha_\xi+1}.$$

Schließlich erhält man hieraus

$$\aleph_\sigma = \sum_{\xi<\Omega_\tau} \aleph_{\alpha_\xi+1}.$$

Denn wegen $\tau < \sigma$ und $\alpha_\xi < \sigma$ ist $\mathbf{\Omega}_\tau < \mathbf{\Omega}_{\sigma+1}$ und $\mathbf{\Omega}_{\alpha_\xi+1} < \mathbf{\Omega}_{\sigma+1}$, also nach Satz 5b):

$$\sum_{\xi<\Omega_\tau} \mathbf{\Omega}_{\alpha_\xi+1} < \mathbf{\Omega}_{\sigma+1},$$

also

$$\sum_{\xi < \Omega_\tau} \aleph_{\alpha_\xi + 1} \leqq \aleph_\sigma;$$

andrerseits ist

$$O(\Omega_\sigma) = \bigcup_{\xi < \Omega_\tau} O(\Omega_{\alpha_\xi + 1}),$$

also

$$\aleph_\sigma = \overline{\overline{\bigcup_{\xi < \Omega_\tau} O(\Omega_{\alpha_\xi + 1})}} \leqq \sum_{\xi < \Omega_\tau} \aleph_{\alpha_\xi + 1},$$

woraus insgesamt

$$\aleph_\sigma = \sum_{\xi < \Omega_\tau} \aleph_{\alpha_\xi + 1}$$

folgt.

4. Aus der Abgeschlossenheit der Abschnitte $[0, \Omega_{\alpha+1}[$ gegenüber den Rechenoperationen erhält man den folgenden

Satz 9. *Jede Anfangszahl ist eine ε-Zahl.*

Beweis. Es sei Ω_α eine Anfangszahl, die keine ε-Zahl ist. Da 2^ξ eine Normalfunktion ist und $2^0 \leqq \Omega_\alpha < 2^{\Omega_\alpha}$ gilt (da Ω_α keine ε-Zahl ist), gibt es nach Satz 3, § 28 ein σ mit

$$2^\sigma \leqq \Omega_\alpha < 2^{\sigma+1}.$$

Wegen $2^\sigma \leqq \Omega_\alpha$ ist

$$2^{\sigma+1} = 2^\sigma \cdot 2 = 2^\sigma + 2^\sigma \leqq \Omega_\alpha + \Omega_\alpha < \Omega_{\alpha+1},$$

also wegen

$$\Omega_\alpha < 2^{\sigma+1} < \Omega_{\alpha+1}$$

schließlich

$$|2^\sigma| = |2^\sigma| + |2^\sigma| = |2^\sigma + 2^\sigma| = |2^{\sigma+1}| = \aleph_\alpha$$

und damit auch

$$2^\sigma = \Omega_\alpha.$$

Ist $|\sigma| = \aleph_\beta$, so ist $\beta < \alpha$, da $\omega \leqq \sigma < \Omega_\alpha$ gilt (es ist ja $\sigma \leqq 2^\sigma = \Omega_\alpha$, also $\sigma \leqq \Omega_\alpha$; wäre $\sigma = \Omega_\alpha$, so wäre $2^{\Omega_\alpha} = \Omega_\alpha$, also Ω_α eine ε-Zahl). Aus $|\sigma| = \aleph_\beta$ folgt

$$\Omega_\beta \leqq \sigma < \Omega_{\beta+1},$$

also

$$|2^\sigma| = \aleph_\beta$$

im Widerspruch zu $|2^\sigma| = \aleph_\alpha$ und $\beta < \alpha$.

Da nach Satz 9 auch jede Anfangszahl eine γ-Zahl ist, gilt stets

$$\Omega_\xi + \Omega_{\xi+1} = \Omega_{\xi+1}.$$

Aus Satz 3, § 29 und den anschließenden Bemerkungen folgt dann für Ordinalzahlen β, λ:

$$\beta \neq 0 \rightarrow \boldsymbol{\Omega}_\beta = \sum_{\xi<\beta} \boldsymbol{\Omega}_{\xi+1},$$

$$\lambda \textit{ Limeszahl} \rightarrow \boldsymbol{\Omega}_\lambda = \sum_{\xi<\lambda} \boldsymbol{\Omega}_\xi,$$

$$\beta \textit{ isolierte Zahl} \rightarrow \boldsymbol{\Omega}_\beta = \sum_{\xi\leq\beta} \boldsymbol{\Omega}_\xi$$

und für ordinale Limeszahlen λ, Fundamentalfolgen $(\alpha_\xi)_{\xi<\lambda}$ vom Typ λ von Ordinalzahlen und Ordinalzahlen μ:

$$\mu = \lim_{\xi<\lambda} \alpha_\xi \rightarrow \boldsymbol{\Omega}_\mu = \sum_{\xi<\lambda} \boldsymbol{\Omega}_{\alpha_\xi}.$$

Daraus folgt sofort unter denselben Voraussetzungen über β, λ, α, μ:

$$\beta \neq 0 \rightarrow \aleph_\beta = \sum_{\xi<\beta} \aleph_{\xi+1},$$

$$\lambda \textit{ Limeszahl} \rightarrow \aleph_\lambda = \sum_{\xi<\lambda} \aleph_\xi,$$

$$\beta \textit{ isolierte Zahl} \rightarrow \aleph_\beta = \sum_{\xi\leq\beta} \aleph_\xi,$$

$$\mu = \lim_{\xi<\lambda} \alpha_\xi \rightarrow \aleph_\mu = \sum_{\xi<\lambda} \aleph_{\alpha_\xi};$$

wegen $\aleph_\lambda + \aleph_\lambda = \aleph_\lambda$ erhält man schließlich auch für jede Ordinalzahl β:

$$\aleph_\beta = \sum_{\xi\leq\beta} \aleph_\xi.$$

Einige der letzten Alephformeln hatten wir bereits früher erhalten.

Mit Hilfe von Satz 9 läßt sich in Erweiterung von Satz 5a) die Abgeschlossenheit der Abschnitte $\boldsymbol{O}(\boldsymbol{\Omega}_\sigma)$ gegenüber den elementaren arithmetischen und den natürlichen Operationen bei beliebiger Anfangszahl $\boldsymbol{\Omega}_\sigma$ beweisen:

Satz 10. *Für Ordinalzahlen σ, α, β gilt:*

$$\alpha, \beta < \boldsymbol{\Omega}_\sigma \rightarrow \alpha + \beta, \quad \alpha \cdot \beta, \quad \alpha^\beta, \quad \alpha \oplus \beta, \quad \alpha \odot \beta < \boldsymbol{\Omega}_\sigma.$$

Beweis. Für isolierte Indizes σ folgt die Behauptung aus Satz 5a). Ist σ Limeszahl, so ist $\boldsymbol{\Omega}_\sigma = \lim_{\xi<\sigma} \boldsymbol{\Omega}_\xi$, da $\boldsymbol{\Omega}$ eine Normalfunktion ist. Für die Behauptung unseres Satzes ist dann auf Grund der Monotonie der elementaren arithmetischen und der natürlichen Operationen nur noch zu zeigen für Ordinalzahlen ξ:

$$0 < \xi < \sigma \rightarrow \boldsymbol{\Omega}_\xi + \boldsymbol{\Omega}_\xi, \quad \boldsymbol{\Omega}_\xi \cdot \boldsymbol{\Omega}_\xi, \quad \boldsymbol{\Omega}_\xi^{\boldsymbol{\Omega}_\xi}, \quad \boldsymbol{\Omega}_\xi \oplus \boldsymbol{\Omega}_\xi, \quad \boldsymbol{\Omega}_\xi \odot \boldsymbol{\Omega}_\xi < \boldsymbol{\Omega}_\sigma.$$

Nach Satz 8, § 28, der Definition der natürlichen Operationen und Satz 2a), § 31 ist schließlich noch für Ordinalzahlen ξ zu zeigen:

$$0 < \xi < \sigma \rightarrow \boldsymbol{\Omega}_\xi^{\boldsymbol{\Omega}_\xi} < \boldsymbol{\Omega}_\sigma.$$

Nach Satz 9 und Satz 11 b), § 32 ist

$$\boldsymbol{\Omega}_\xi^{\boldsymbol{\Omega}_\xi} = \left(\boldsymbol{\omega}^{\boldsymbol{\Omega}_\xi}\right)^{\boldsymbol{\Omega}_\xi} = \boldsymbol{\omega}^{\boldsymbol{\Omega}_\xi \cdot \boldsymbol{\Omega}_\xi} \quad \text{für} \quad 0 < \xi < \sigma.$$

Wenn wir zeigen können, daß $\boldsymbol{\Omega}_\xi \cdot \boldsymbol{\Omega}_\xi < \boldsymbol{\Omega}_\sigma$ ist, so gibt es ein $0 < \eta < \sigma$ mit $\boldsymbol{\Omega}_\xi \cdot \boldsymbol{\Omega}_\xi \leqq \boldsymbol{\Omega}_\eta$ und damit gilt die Behauptung

$$\boldsymbol{\Omega}_\xi^{\boldsymbol{\Omega}_\xi} = \boldsymbol{\omega}^{\boldsymbol{\Omega}_\xi \cdot \boldsymbol{\Omega}_\xi} \leqq \boldsymbol{\omega}^{\boldsymbol{\Omega}_\eta} = \boldsymbol{\Omega}_\eta < \boldsymbol{\Omega}_\sigma.$$

Es ist aber

$$\boldsymbol{\Omega}_\xi \cdot \boldsymbol{\Omega}_\xi = \boldsymbol{\omega}^{\boldsymbol{\Omega}_\xi} \cdot \boldsymbol{\omega}^{\boldsymbol{\Omega}_\xi} = \boldsymbol{\omega}^{\boldsymbol{\Omega}_\xi + \boldsymbol{\Omega}_\xi} \leqq \boldsymbol{\omega}^{\boldsymbol{\Omega}_\xi \oplus \boldsymbol{\Omega}_\xi} \leqq \boldsymbol{\omega}^{\boldsymbol{\Omega}_\eta} = \boldsymbol{\Omega}_\eta < \boldsymbol{\Omega}_\sigma$$

für ein $0 < \eta < \sigma$, denn nach Definition der natürlichen Summe ist

$$\boldsymbol{\Omega}_\xi \oplus \boldsymbol{\Omega}_\xi < \boldsymbol{\omega}^{\boldsymbol{\Omega}_\xi + 1} < \boldsymbol{\omega}^{\boldsymbol{\Omega}_\eta} = \boldsymbol{\Omega}_\eta \quad \text{für ein } \eta \text{ mit } \xi < \eta < \sigma.$$

5. Ebenso wie wir in Satz 3 die Mächtigkeit der transfiniten Zahlklassen bestimmt haben, läßt sich allgemeiner auch die Mächtigkeit der transfiniten Typenklassen angeben.

Satz 11. *Für Ordinalzahlen* α *gilt:*

$$\overline{\overline{\boldsymbol{T}(\aleph_\alpha)}} = \underset{\cdot}{2}^{\aleph_\alpha}.$$

Beweis. Es sei $\alpha \in \boldsymbol{O}$ und M eine Menge der Mächtigkeit $\aleph_\alpha$. Zu jedem Ordnungstyp $\pi \in \boldsymbol{T}(\aleph_\alpha)$ gibt es eine reflexiv geordnete Menge $[N, S]$ mit $\overline{[N, S]} = \pi$ und $\overline{\overline{N}} = \aleph_\alpha$; wegen $M \backsim N$ gibt es dann auch eine reflexive Ordnung R in M mit $[M, R] \backsimeq [N, S]$, also mit

$$\overline{[M, R]} = \pi.$$

Ordnet man über das Auswahlaxiom und Satz 4, § 8 jedem $\pi \in \boldsymbol{T}(\aleph_\alpha)$ eine bestimmte reflexive Ordnung $R = F(\pi)$ in M zu mit $\overline{[M, R]} = \pi$, so ist F eine umkehrbar eindeutige Abbildung, woraus

$$\boldsymbol{T}(\aleph_\alpha) \backsim \mathrm{Nb}\, F \subseteq \boldsymbol{P}(M \times M)$$

folgt, also

$$\overline{\overline{\boldsymbol{T}(\aleph_\alpha)}} \leqq \underset{\cdot}{2}^{\overline{\overline{M \times M}}} = \underset{\cdot}{2}^{\left(\aleph_\alpha^{\underset{\cdot}{2}}\right)} = \underset{\cdot}{2}^{\aleph_\alpha}.$$

Es ist noch $\underset{\cdot}{2}^{\aleph_\alpha} \leqq \overline{\overline{\boldsymbol{T}(\aleph_\alpha)}}$ zu zeigen. Zu diesem Zweck ordnen wir jeder Folge

$$n = (n_\xi)_{\xi < \boldsymbol{\Omega}_\alpha}$$

vom Typ $\boldsymbol{\Omega}_\alpha$ von natürlichen Zahlen n_ξ den Ordnungstyp

$$F(n) = \sum_{\xi < \boldsymbol{\Omega}_\alpha} (n_\xi + \boldsymbol{\omega}^* + \boldsymbol{\omega})$$

zu. Es ist stets

$$|F(n)| = \sum_{\xi < \Omega_\alpha} |n_\xi + \omega^* + \omega| = \sum_{\xi < \Omega_\alpha} \aleph_0 = \aleph_0 \cdot \aleph_\alpha = \aleph_\alpha,$$

also $F(n) \in \boldsymbol{T}(\aleph_\alpha)$. Die Menge aller Folgen $(n_\xi)_{\xi < \Omega_\alpha}$ natürlicher Zahlen hat außerdem die Mächtigkeit $\aleph_0^{\aleph_\alpha} = 2^{\aleph_\alpha}$. Wenn wir also zeigen können, daß F umkehrbar eindeutig ist, so ist

$$2^{\aleph_\alpha} \leqq \overline{\overline{\boldsymbol{T}(\aleph_\alpha)}} \quad \text{wegen} \quad \mathrm{Nb}\, F \subseteq \boldsymbol{T}(\aleph_\alpha),$$

und unser Satz ist bewiesen. Für die Eineindeutigkeit von F beweisen wir zunächst folgende beiden Hilfssätze:

Hilfssatz 1. Für Ordnungstypen $\sigma_1, \sigma_2, \tau_1, \tau_2$ *gilt:*

a) $\sigma_1 + \omega^* + \tau_1 = \sigma_2 + \omega^* + \tau_2 \wedge \sigma_1, \sigma_2$ *endlich*
$\rightarrow \sigma_1 = \sigma_2 \wedge \omega^* + \tau_1 = \omega^* + \tau_2$.

b) $\omega^* + \omega + \tau_1 = \omega^* + \omega + \tau_2 \rightarrow \tau_1 = \tau_2$.

Beweis. a) Es seien $\sigma_1, \sigma_2, \tau_1, \tau_2$ Ordnungstypen mit

$$\sigma_1 = \overline{[M_1, R_1]}, \quad \omega^* + \tau_1 = \overline{[N_1, S_1]}, \quad \sigma_2 = \overline{[M_2, R_2]}, \quad \omega^* + \tau_2 = \overline{[N_2, S_2]}$$

bei

$$M_1 \cap N_1 = M_2 \cap N_2 = \emptyset$$

und

$$R_1^* = R_1 \cup S_1 \cup (M_1 \times N_1), \qquad R_2^* = R_2 \cup S_2 \cup (M_2 \times N_2).$$

Dann ist

$$\sigma_1 + \omega^* + \tau_1 = \overline{[M_1 \cup N_1, R_1^*]}, \qquad \sigma_2 + \omega^* + \tau_2 = \overline{[M_2 \cup N_2, R_2^*]}.$$

Gilt jetzt

$$\sigma_1 + \omega^* + \tau_1 = \sigma_2 + \omega^* + \tau_2,$$

sind σ_1, σ_2 endlich und ist f eine ähnliche Abbildung von $[M_1 \cup N_1, R_1^*]$ auf $[M_2 \cup N_2, R_2^*]$, so ist $f\langle M_1 \rangle = M_2$ und $f\langle N_1 \rangle = N_2$ und damit $\sigma_1 = \sigma_2$ und $\omega^* + \tau_1 = \omega^* + \tau_2$. Denn für kein $x \in M_1$ kann $f(x) \in N_2$ und für kein $x \in N_1$ kann $f(x) \in M_2$ gelten, da doch stets die Abschnitte von x bzgl. R_1^* und von $f(x)$ bzgl. R_2^* ähnlich (mittels f) und damit gleichmächtig sind, aber im Falle $x \in M_1$, $f(x) \in N_2$ der Abschnitt von x endlich, der von $f(x)$ unendlich und im Falle $x \in N_1$, $f(x) \in M_2$ der von x unendlich, der von $f(x)$ endlich ist.

b) Es seien τ_1, τ_2 Ordnungstypen mit

$$\omega^* + \omega = \overline{[M, R]}, \qquad \tau_1 = \overline{[N_1, S_1]}, \qquad \tau_2 = \overline{[N_2, S_2]}$$

bei

$$M \cap N_1 = M \cap N_2 = \emptyset$$

und

$$R_1^* = R \cup S_1 \cup (M \times N_1), \qquad R_2^* = R \cup S_2 \cup (M \times N_2).$$

Dann ist

$$\boldsymbol{\omega}^* + \boldsymbol{\omega} + \tau_1 = \overline{[M \cup N_1, R_1^*]}, \qquad \boldsymbol{\omega}^* + \boldsymbol{\omega} + \tau_2 = \overline{[M \cup N_2, R_2^*]}.$$

Gilt jetzt

$$\boldsymbol{\omega}^* + \boldsymbol{\omega} + \tau_1 = \boldsymbol{\omega}^* + \boldsymbol{\omega} + \tau_2$$

und ist f eine ähnliche Abbildung von $[M \cup N_1, R_1^*]$ auf $[M \cup N_2, R_2^*]$, so ist $f\langle N_1\rangle = N_2$ und damit $\tau_1 = \tau_2$. Denn für kein $x \in N_1$ kann $f(x) \in M$ und für kein $x \in M$ kann $f(x) \in N_2$ gelten, da im Fall $x \in N_1$, $f(x) \in M$ stets $f\langle M\rangle \subseteq \mathrm{Ab}\, f(x)$ wäre im Gegensatz dazu, daß M kein letztes Element besitzt, aber jede Teilmenge von $\mathrm{Ab}\, f(x)$ wegen $f(x) \in M$ ein letztes Element besitzt, und im Fall $x \in M$, $f(x) \in N_2$ stets $f^{-1}\langle M\rangle \subseteq \mathrm{Ab}\, x$ wäre im Gegensatz dazu, daß M kein letztes Element besitzt, aber jede Teilmenge von $\mathrm{Ab}\, x$ wegen $x \in M$ ein letztes Element besitzt. Damit ist Hilfssatz 1 bewiesen.

Hilfssatz 2. Für Folgen $m = (m_\xi)_{\xi < \Omega_\alpha}$, $n = (n_\xi)_{\xi < \Omega_\alpha}$ vom Typ Ω_α von natürlichen Zahlen und Ordinalzahlen $\beta < \Omega_\alpha$ gilt:

$$\sum_{\xi < \Omega_\alpha} (m_\xi + \boldsymbol{\omega}^* + \boldsymbol{\omega}) = \sum_{\xi < \Omega_\alpha} (n_\xi + \boldsymbol{\omega}^* + \boldsymbol{\omega})$$

$$\to \sum_{\xi < \beta} (m_\xi + \boldsymbol{\omega}^* + \boldsymbol{\omega}) = \sum_{\xi < \beta} (n_\xi + \boldsymbol{\omega}^* + \boldsymbol{\omega})$$

$$\wedge \sum_{\beta \leq \xi < \Omega_\alpha} (m_\xi + \boldsymbol{\omega}^* + \boldsymbol{\omega}) = \sum_{\beta \leq \xi < \Omega_\alpha} (n_\xi + \boldsymbol{\omega}^* + \boldsymbol{\omega}).$$

Beweis. Unter den Voraussetzungen von Hilfssatz 2 seien $(M_\xi)_{\xi < \Omega_\alpha}$, $(N_\xi)_{\xi < \Omega_\alpha}$ disjunkte Mengenkomplexe und $(R_\xi)_{\xi < \Omega_\alpha}$, $(S_\xi)_{\xi < \Omega_\alpha}$ Mengenkomplexe mit stets

$$m_\xi + \boldsymbol{\omega}^* + \boldsymbol{\omega} = \overline{[M_\xi, R_\xi]}, \qquad n_\xi + \boldsymbol{\omega}^* + \boldsymbol{\omega} = \overline{[N_\xi, S_\xi]};$$

weiterhin sei

$$R^* = \bigcup_{\xi < \Omega_\alpha} R_\xi \cup \bigcup_{\xi < \eta < \Omega_\alpha} (M_\xi \times M_\eta), \qquad S^* = \bigcup_{\xi < \Omega_\alpha} S_\xi \cup \bigcup_{\xi < \eta < \Omega_\alpha} (N_\xi \times N_\eta);$$

dann ist

$$\sum_{\xi < \Omega_\alpha} (m_\xi + \boldsymbol{\omega}^* + \boldsymbol{\omega}) = \overline{[\bigcup_{\xi < \Omega_\alpha} M_\xi, R^*]}, \qquad \sum_{\xi < \Omega_\alpha} (n_\xi + \boldsymbol{\omega}^* + \boldsymbol{\omega}) = \overline{[\bigcup_{\xi < \Omega_\alpha} N_\xi, S^*]}.$$

Sind jetzt diese beiden Summen gleich und ist f eine ähnliche Abbildung von $[\bigcup_{\xi < \Omega_\alpha} M_\xi, R^*]$ auf $[\bigcup_{\xi < \Omega_\alpha} N_\xi, S^*]$, so genügt es für Hilfssatz 2 zu zeigen:

$$f\langle \bigcup_{\xi < \beta} M_\xi\rangle = \bigcup_{\xi < \beta} N_\xi; \tag{+}$$

denn dann ist auch

$$f\langle \bigcup_{\beta \leqq \xi < \Omega_\alpha} M_\xi \rangle = \bigcup_{\beta \leqq \xi < \Omega_\alpha} N_\xi ,$$

also schließlich insgesamt

$$\sum_{\xi < \beta} (m_\xi + \omega^* + \omega) = \sum_{\xi < \beta} (n_\xi + \omega^* + \omega)$$

$$\wedge \sum_{\beta \leqq \xi < \Omega_\alpha} (m_\xi + \omega^* + \omega) = \sum_{\beta \leqq \xi < \Omega_\alpha} (n_\xi + \omega^* + \omega) .$$

(+) beweisen wir durch transfinite Induktion über $\beta < \Omega_\alpha$. (+) gilt trivial für $\beta = 0$. Ist $\gamma' = \beta < \Omega_\alpha$ und ist

$$f\langle \bigcup_{\xi < \gamma} M_\xi \rangle = \bigcup_{\xi < \gamma} N_\xi ,$$

so ist auch

$$f\langle \bigcup_{\gamma \leqq \xi < \Omega_\alpha} M_\xi \rangle = \bigcup_{\gamma \leqq \xi < \Omega_\alpha} N_\xi .$$

Man zerlege jetzt M_γ disjunkt in zwei Mengen M_1, M_2 mit

$$M_\gamma = M_1 \cup M_2 , \quad m_\gamma = \overline{[M_1, R_1]} , \quad \omega^* + \omega = \overline{[M_2, R_2]}$$

bei

$$R_1 = {}_{M_1}R_{\gamma M_1} , \quad R_2 = {}_{M_2}R_{\gamma M_2} , \quad R_\gamma = R_1 \cup R_2 \cup (M_1 \times M_2)$$

und analog N_γ disjunkt in zwei Mengen N_1, N_2 mit

$$N_\gamma = N_1 \cup N_2 , \quad n_\gamma = \overline{[N_1, S_1]} , \quad \omega^* + \omega = \overline{[N_2, S_2]}$$

bei

$$S_1 = {}_{N_1}S_{\gamma N_1} , \quad S_2 = {}_{N_2}S_{\gamma N_2} , \quad S_\gamma = S_1 \cup S_2 \cup (N_1 \times N_2) .$$

Nach Hilfssatz 1 a) und dessen Beweis ergibt sich

$$f\langle M_2 \cup \bigcup_{\gamma < \xi < \Omega_\alpha} M_\xi \rangle = N_2 \cup \bigcup_{\gamma < \xi < \Omega_\alpha} N_\xi$$

und hieraus wieder nach Hilfssatz 1 b) und dessen Beweis

$$f\langle \bigcup_{\gamma < \xi < \Omega_\alpha} M_\xi \rangle = \bigcup_{\gamma < \xi < \Omega_\alpha} N_\xi .$$

Aus

$$f\langle \bigcup_{\xi < \gamma} M_\xi \rangle = \bigcup_{\xi < \gamma} N_\xi \quad \text{und} \quad f\langle \bigcup_{\gamma < \xi < \Omega_\alpha} M_\xi \rangle = \bigcup_{\gamma < \xi < \Omega_\alpha} N_\xi$$

folgt

$$f\langle M_\gamma \rangle = N_\gamma ,$$

also schließlich

$$f\langle \bigcup_{\xi < \beta} M_\xi \rangle = f\langle \bigcup_{\xi < \gamma'} M_\xi \rangle = f\langle \bigcup_{\xi < \gamma} M_\xi \cup M_\gamma \rangle = f\langle \bigcup_{\xi < \gamma} M_\xi \rangle \cup f\langle M_\gamma \rangle$$

$$= \bigcup_{\xi < \gamma} N_\xi \cup N_\gamma = \bigcup_{\xi < \gamma'} N_\xi = \bigcup_{\xi < \beta} N_\xi .$$

Es ist noch (+) nachzuweisen für den Fall, daß $\beta < \boldsymbol{\Omega}_\alpha$ eine Limeszahl ist, wobei (+) für jedes $\gamma < \beta$ gilt, also

$$f\langle \bigcup_{\xi<\gamma} M_\xi\rangle = \bigcup_{\xi<\gamma} N_\xi \quad \text{für jedes} \quad \gamma < \beta.$$

Unter diesen Voraussetzungen gilt aber trivial

$$f\langle \bigcup_{\xi<\beta} M_\xi\rangle = \bigcup_{\xi<\beta} N_\xi,$$

da es zu jedem $\xi_0 < \beta$ ein $\xi_0 < \gamma < \beta$ gibt. Damit ist Hilfssatz 2 bewiesen.

Nun zur Eineindeutigkeit der zu Beginn des Beweises von Satz 11 eingeführten Funktion F. Sind $m = (m_\xi)_{\xi<\Omega_\alpha}$, $n = (n_\xi)_{\xi<\Omega_\alpha}$ Folgen vom Typ $\boldsymbol{\Omega}_\alpha$ von natürlichen Zahlen und ist

$$F(m) = F(n),$$

so ist also

$$\sum_{\xi<\Omega_\alpha} (m_\xi + \boldsymbol{\omega}^* + \boldsymbol{\omega}) = \sum_{\xi<\Omega_\alpha} (n_\xi + \boldsymbol{\omega}^* + \boldsymbol{\omega}),$$

woraus nach Hilfssatz 2 für jedes $\beta < \boldsymbol{\Omega}_\alpha$ folgt:

$$m_\beta + \boldsymbol{\omega}^* + \boldsymbol{\omega} + \sum_{\beta<\xi<\Omega_\alpha} (m_\xi + \boldsymbol{\omega}^* + \boldsymbol{\omega}) = n_\beta + \boldsymbol{\omega}^* + \boldsymbol{\omega} + \sum_{\beta<\xi<\Omega_\alpha} (n_\xi + \boldsymbol{\omega}^* + \boldsymbol{\omega})$$

und hieraus nach Hilfssatz 1 a):

$$m_\beta = n_\beta.$$

Also gilt $m_\xi = n_\xi$ für jedes $\xi < \boldsymbol{\Omega}_\alpha$, also ist $m = n$, also F eineindeutig. Damit ist unser Satz bewiesen.

Die Sätze 3 und 11 liefern also für Ordinalzahlen α:

$$\overline{\overline{Z(\aleph_\alpha)}} = \aleph_{\alpha+1}, \qquad \overline{\overline{T(\aleph_\alpha)}} = \underset{\cdot}{2}^{\aleph_\alpha}.$$

Da zu vorgegebener Menge M der Mächtigkeit $\aleph_\alpha$ jeder Wohlordnungstyp σ mit $|\sigma| = \aleph_\alpha$ bzw. jeder Ordnungstyp σ mit $|\sigma| = \aleph_\alpha$ zu einer repräsentierenden wohlgeordneten bzw. geordneten Menge $[M, R]$ führt, so gibt es dann also auch genau $\aleph_{\alpha+1}$ Wohlordnungstypen bzw. genau $\underset{\cdot}{2}^{\aleph_\alpha}$ Ordnungstypen mit repräsentierenden Mengen $[M, R]$ (bei fest vorgegebenem M mit $\overline{\overline{M}} = \aleph_\alpha$). Unter Voraussetzung der Alephhypothese wäre

$$\overline{\overline{Z(\aleph_\alpha)}} = \aleph_{\alpha+1} = \underset{\cdot}{2}^{\aleph_\alpha} = \overline{\overline{T(\aleph_\alpha)}};$$

d. h. eine Menge M der Mächtigkeit $\aleph_\alpha$ kann nach genau so viel Wohlordnungstypen wie Ordnungstypen geordnet werden, nämlich je nach so viel Typen, wie M Teilmengen besitzt.

6. Als Abschluß der Betrachtungen über die Zahlklassen seien noch zwei paradox erscheinende Sätze angeführt, welche andeuten sollen, daß bereits in der ersten und zweiten Zahlklasse $\boldsymbol{Z}$ Verhältnisse vorliegen, die man oft anschaulich nicht erwartet.

Es sei $(M_\xi)_{\xi<\Omega_1}$ eine Folge vom Typ Ω_1 paarweise disjunkter abzählbarer Mengen. Man nehme von $A_1 = M_0$ ein Element n_1 weg und füge zum Rest $M_0 \setminus \{n_1\}$ die Menge M_1 hinzu; dann nehme man von der erhaltenen Menge $A_2 = (M_0 \setminus \{n_1\}) \cup M_1$ ein Element n_2 weg und füge zum Rest die Menge M_2 hinzu usw. in transfiniter Fortsetzung. Man definiert also Mengenkomplexe $(A_\xi)_{\xi<\Omega_1}$, $(N_\xi)_{\xi<\Omega_1}$ mit für jedes $0 < \xi < \Omega_1$:

$$A_0 = \emptyset, \qquad N_0 = \emptyset$$

$$A_\xi = \bigcup_{\eta<\xi} M_\eta \setminus \bigcup_{\eta<\xi} N_\eta, \qquad N_\xi = \{n_\xi\} \quad \text{bei} \quad n_\xi \in A_\xi.$$

Die Existenz solcher Mengenkomplexe erhält man mittels transfiniter simultaner ordnungstheoretischer Rekursion: Es sei $B = \boldsymbol{P} \bigcup_{\xi<\Omega_1} M_\xi$, G die Menge aller Funktionen g, die auf den Abschnitten von $\boldsymbol{Z}$ definiert sind mit Werten aus B, F eine nach dem Auswahlaxiom existierende Funktion über B mit $F(X) \in X$ für jedes $\emptyset \neq X \in B$ und $F(\emptyset) = a$ für ein festes $a \in \bigcup_{\xi<\Omega_1} M_\xi$, und T_1, T_2 seien schließlich die Funktionen von $G^{(2)}$ in B mit für jedes $g_1, g_2 \in G$:

$$T_1(g_1, g_2) = \begin{cases} \emptyset, \text{ falls } \operatorname{Vb} g_2 = \boldsymbol{O}(0) \\ \bigcup_{\eta<\xi} M_\eta \setminus \bigcup_{\eta<\xi} g_2(\eta), \quad \text{falls} \quad \operatorname{Vb} g_2 = \boldsymbol{O}(\xi) \quad \text{und} \quad 0 < \xi, \end{cases}$$

$$T_2(g_1, g_2) = \begin{cases} \emptyset, \text{ falls } \operatorname{Vb} g_2 = \boldsymbol{O}(0) \\ \{F(\bigcup_{\eta<\xi} M_\eta \setminus \bigcup_{\eta<\xi} g_2(\eta))\}, \quad \text{falls} \quad \operatorname{Vb} g_2 = \boldsymbol{O}(\xi) \quad \text{und} \quad 0 < \xi. \end{cases}$$

Dann existieren nach Satz 8, § 29 Funktionen A, N von $\boldsymbol{Z}$ in B mit für jedes $\xi \in \boldsymbol{Z}$:

$$A_\xi = T_1(A_{\boldsymbol{O}(\xi)}, N_{\boldsymbol{O}(\xi)}) = \begin{cases} \emptyset, \quad \text{falls} \quad \xi = 0 \\ \bigcup_{\eta<\xi} M_\eta \setminus \bigcup_{\eta<\xi} N_\eta, \quad \text{falls} \quad 0 < \xi \end{cases}$$

$$N_\xi = T_2(A_{\boldsymbol{O}(\xi)}, N_{\boldsymbol{O}(\xi)}) = \begin{cases} \emptyset, \quad \text{falls} \quad \xi = 0 \\ \{F(A_\xi)\}, \quad \text{falls} \quad 0 < \xi; \end{cases}$$

dabei ist $F(A_\xi) \in A_\xi$, falls $A_\xi \neq \emptyset$ ist. Man erwartet dann auf Grund der Bildung der Komplexe A, N anschaulich nicht allgemein, daß $A_{\xi_0} = \emptyset$ ist für ein $0 < \xi_0 < \Omega_1$, so daß also stets $F(A_\xi) \in A_\xi$ für $0 < \xi < \Omega_1$ gilt. Aber gerade dieser Fall tritt ein, daß $A_{\xi_0} = \emptyset$ für ein $0 < \xi_0 < \Omega_1$ gilt, daß also anschaulich, falls ξ_0 gleich der kleinste Index $\xi > 0$ mit $A_\xi = \emptyset$ ist, die Menge der stehengebliebenen bzw. hinzugefügten Elemente $\bigcup_{\eta<\xi_0} M_\eta$ gleich ist der Menge der weggenommenen Elemente $\bigcup_{\eta<\xi_0} N_\eta$ (wegen $A_{\xi_0} = \bigcup_{\eta<\xi_0} M_\eta \setminus \bigcup_{\eta<\xi_0} N_\eta$ und $\bigcup_{\eta<\xi_0} N_\eta \subseteq \bigcup_{\eta<\xi_0} M_\eta$).

Satz 12 (Satz von Novák). *Für Folgen* $(M_\xi)_{\xi<\Omega_1}$ *vom Typ* Ω_1 *paarweise disjunkter abzählbarer Mengen, Elemente* $a \in \bigcup_{\xi<\Omega_1} M_\xi$ *und Mengenkomplexe* $(A_\xi)_{\xi<\Omega_1}$, $(N_\xi)_{\xi<\Omega_1}$ *mit für jedes* $0 < \xi < \Omega_1$:

$$A_0 = \emptyset, \quad N_0 = \emptyset$$

$$A_\xi = \bigcup_{\eta<\xi} M_\eta \setminus \bigcup_{\eta<\xi} N_\eta, \quad N_\xi = \begin{cases} a, & \textit{falls} \quad A_\xi = \emptyset \\ \{n_\xi\} & \textit{bei} \quad n_\xi \in A_\xi, \quad \textit{falls} \quad A_\xi \neq \emptyset \end{cases}$$

existiert ein $0 < \xi_0 < \Omega_1$ *mit* $A_{\xi_0} = \emptyset$.

Beweis. Unter den Voraussetzungen des Satzes ist jedes M_ξ gleichmächtig dem Intervall $[\omega\cdot\xi,\ \omega\cdot\xi+\omega[$ (es ist ja $N \backsim [\omega\cdot\xi,\ \omega\cdot\xi+\omega[$; man ordne einfach jeder natürlichen Zahl m die Zahl $\omega\cdot\xi+m$ zu). Nach dem Auswahlaxiom gibt es dann eine Funktion G über Z, die jedem $\xi\in Z$ eine eineindeutige Abbildung G_ξ von M_ξ auf $[\omega\cdot\xi,\ \omega\cdot\xi+\omega[$ zuordnet. H sei die Funktion über $\bigcup_{\xi<\Omega_1} M_\xi$, die jedem $x \in \bigcup_{\xi<\Omega_1} M_\xi$ mit etwa $x\in M_\eta$ die Zahl

$$H(x) = G_\eta(x)$$

zuordnet bei also

$$\omega\cdot\eta \leqq H(x) < \omega\cdot\eta+\omega;$$

H ist umkehrbar eindeutig. Nehmen wir jetzt an, es sei stets $A_\xi \neq \emptyset$ für $0<\xi<\Omega_1$, so ist dann auch $n_\xi \in A_\xi$, also

$$\omega\cdot\eta \leqq H(n_\xi) < \omega\cdot\eta+\omega = \omega\cdot(\eta+1) \leqq \omega\cdot\xi \quad \text{für} \quad n_\xi\in M_\eta \text{ bei } \eta<\xi$$

(nach Definition von A_ξ); außerdem ist $n_\xi \neq n_\eta$ für $0<\xi<\eta<\Omega_1$ wegen $n_\eta \in A_\eta$ und $n_\xi \notin A_\eta$ (da $n_\xi \in \bigcup_{\zeta<\eta} N_\zeta$); also ist auch

$$H(n_\xi) \neq H(n_\eta) \quad \text{für} \quad 0<\xi<\eta<\Omega_1.$$

Man bilde schließlich die Funktion F über der Menge aller Limeszahlen $\lambda \in Z$ mit für jedes $0<\xi<\Omega_1$:

$$F(\omega\cdot\xi) = H(n_\xi).$$

Dann hat F für jedes $\xi,\eta\in Z$ die Eigenschaften:

$$0<\xi<\Omega_1 \rightarrow F(\omega\cdot\xi) < \omega\cdot\xi,$$

$$0<\xi<\eta<\Omega_1 \rightarrow F(\omega\cdot\xi) \neq F(\omega\cdot\eta).$$

Es gilt aber der folgende Hilfssatz, womit dann der Satz von Novák bewiesen ist:

Hilfssatz. Es gibt keine umkehrbare Funktion F von der Menge L aller Limeszahlen $\lambda \in \boldsymbol{Z}$ in $\boldsymbol{Z}$ mit $F(\lambda) < \lambda$ für jedes $\lambda \in L$.

Beweis. Es gebe eine umkehrbare Funktion F von der Menge L aller Limeszahlen $\lambda \in \boldsymbol{Z}$ in $\boldsymbol{Z}$ mit $F(\lambda) < \lambda$ für jedes $\lambda \in L$. Ist $\alpha \in \boldsymbol{Z}$, so ist $F^{-1}\langle \boldsymbol{O}(\alpha)\rangle$ die Menge aller $\xi \in \boldsymbol{Z}$ mit $F(\xi) < \alpha$, also ist, da F umkehrbar und $\boldsymbol{O}(\alpha)$ abzählbar ist, $F^{-1}\langle \boldsymbol{O}(\alpha)\rangle$ höchstens abzählbar, und es gibt ein $\beta \in \boldsymbol{Z}$, also auch ein $\lambda \in L$, welches größer als alle Elemente von $F^{-1}\langle \boldsymbol{O}(\alpha)\rangle$ ist. Für jedes $\alpha \in \boldsymbol{Z}$ sei $g(\alpha)$ die kleinste Limeszahl $\lambda \in \boldsymbol{Z}$, welche größer als alle Elemente von $F^{-1}\langle \boldsymbol{O}(\alpha)\rangle$ ist. Es gilt dann

$$\alpha < g(\alpha)$$

für jedes $\alpha \in \boldsymbol{Z}$, denn wäre $g(\alpha) \leqq \alpha$ für ein $\alpha \in \boldsymbol{Z}$, so wäre

$$F(g(\alpha)) < g(\alpha) \leqq \alpha, \quad \text{also} \quad F(g(\alpha)) < \alpha, \quad \text{also} \quad g(\alpha) \in F^{-1}\langle \boldsymbol{O}(\alpha)\rangle$$

im Widerspruch zur Definition von g. Mit Hilfe vollständiger Induktion definiere man die abzählbare Folge f von Ordinalzahlen aus $\boldsymbol{Z}$ mit für jedes $n \in \boldsymbol{N}$:

$$f_0 = 0,$$

$$f_{n+1} = g(f_n).$$

Durch vollständige Induktion über m zeigt man unter Verwendung von $\alpha < g(\alpha)$ für natürliche Zahlen n, m:

$$n < m \rightarrow f_n < f_m.$$

Es ist also $(f_n)_{n<\omega}$ eine abzählbare Fundamentalfolge von Elementen aus $\boldsymbol{Z}$, also

$$\lambda = \lim_{n<\omega} f_n$$

eine Limeszahl aus $\boldsymbol{Z}$. Dann gilt $F(\lambda) < \lambda$; also gibt es eine natürliche Zahl m mit $F(\lambda) < f_m$, also mit $F(\lambda) \in \boldsymbol{O}(f_m)$. Wegen $\lambda = F^{-1}(F(\lambda))$ folgt $\lambda \in F^{-1}\langle \boldsymbol{O}(f_m)\rangle$, also

$$f_{m+1} = g(f_m) > \lambda$$

nach Definition von g im Widerspruch zu $f_{m+1} < \lambda$. Damit ist der Hilfssatz und der Satz von Novák bewiesen.

Auch den folgenden Satz vermutet man anschaulich nicht allgemein.

Satz 13 (Satz von Denjoy). *Für jede Funktion F von $\boldsymbol{Z}_2$ in $\boldsymbol{Z}$ mit $F(\xi) < \xi$ für jedes $\xi \in \boldsymbol{Z}_2$ gibt es ein $\alpha \in \boldsymbol{Z}$, so daß $F(\xi) = \alpha$ für überabzählbar viele $\xi \in \boldsymbol{Z}_2$ gilt:*

Beweis. Es sei F eine Funktion von $\boldsymbol{Z}_2$ in $\boldsymbol{Z}$ mit $F(\xi) < \xi$ für jedes $\xi \in \boldsymbol{Z}_2$, und für jedes $\alpha \in \boldsymbol{Z}$ sei die Menge M_α der $\xi \in \boldsymbol{Z}_2$ mit $F(\xi) = \alpha$ höchstens abzählbar. Dann ist für jedes $\alpha \in \boldsymbol{Z}$ die Menge

$$N_\alpha = \{\alpha\} \cup \bigcup_{\xi \leqq \alpha} M_\xi$$

höchstens abzählbar, so daß also die kleinste Ordinalzahl $g(\alpha) \in \boldsymbol{Z}$ existiert, die größer als alle Elemente von N_α ist. Für $\alpha < \beta < \boldsymbol{\Omega}_1$ gilt $g(\alpha) \leqq g(\beta)$; denn $g(\beta) < g(\alpha)$ führt zum Widerspruch zur Definition von g wegen $\alpha < \beta$ und $\bigcup_{\xi \leqq \alpha} M_\xi \subseteq \bigcup_{\xi \leqq \beta} M_\xi$. Speziell ist stets $\alpha < g(\alpha)$. Mit Hilfe vollständiger Induktion definiere man die abzählbare Folge f von Ordinalzahlen aus $\boldsymbol{Z}$ mit für jedes $n \in \boldsymbol{N}$:

$$f_0 = 0,$$

$$f_{n+1} = g(f_n).$$

Durch vollständige Induktion über m zeigt man unter Verwendung von $\alpha < g(\alpha)$ für natürliche Zahlen n, m:

$$n < m \rightarrow f_n < f_m.$$

Es ist also $(f_n)_{n<\omega}$ eine abzählbare Fundamentalfolge von Elementen aus $\boldsymbol{Z}$, also

$$\lambda = \lim_{n<\omega} f_n$$

eine Zahl aus $\boldsymbol{Z}_2$. Dann gilt $F(\lambda) < \lambda$; also gibt es eine natürliche Zahl m mit $F(\lambda) < f_m$, also mit

$$g(F(\lambda)) \leqq g(f_m) = f_{m+1} < \lambda,$$

also mit

$$g(F(\lambda)) < \lambda.$$

Aus $\lambda \in M_{F(\lambda)} \subseteq N_{F(\lambda)}$ folgt aber $\lambda \in N_{F(\lambda)}$, also der Widerspruch

$$g(F(\lambda)) > \lambda.$$

Damit ist der Satz von Denjoy bewiesen.

§ 41. Die Beths

1. Für die Kardinalzahlpotenzen $\mathfrak{m}^{\mathfrak{n}}$ erhält man:

$$\underset{\cdot}{0} \leqq \mathfrak{m}, \mathfrak{n} < \aleph_0 \rightarrow \underset{\cdot}{0} \leqq \mathfrak{m}^{\mathfrak{n}} < \aleph_0,$$

$$\underset{\cdot}{1} \leqq \mathfrak{n} < \aleph_0 \leqq \mathfrak{m} \rightarrow \mathfrak{m}^{\mathfrak{n}} = \mathfrak{m},$$

$$\aleph_0 \leqq \mathfrak{m} \rightarrow \mathfrak{m}^{\underset{\cdot}{0}} = \underset{\cdot}{1},$$

$$\underset{\cdot}{2} \leqq \mathfrak{m} < \aleph_0 \leqq \mathfrak{n} \rightarrow \mathfrak{m}^{\mathfrak{n}} = \aleph_0^{\mathfrak{n}},$$

$$\underset{\cdot}{0}^{\underset{\cdot}{0}} = \underset{\cdot}{1}, \underset{\cdot}{0} < \mathfrak{n} \rightarrow \underset{\cdot}{0}^{\mathfrak{n}} = \underset{\cdot}{0}, \ \underset{\cdot}{1}^{\mathfrak{n}} = \underset{\cdot}{1}.$$

Für die Theorie der transfiniten Zahlen bleibt also als allein interessierender Fall der Fall der Kardinalzahlpotenzen $\aleph_\alpha^{\aleph_\beta}$ übrig, deren Größe im folgenden unter Verwendung der Alephhypothese bestimmt werden soll. Man definiert nach Church:

Definition 1. Die Kardinalzahlen der Form $\aleph_\alpha^{\aleph_\beta}$ heißen die *Beths*.

(Beth ist der zweite Buchstabe des hebräischen Alphabets.)

Jedes Beth $\aleph_\alpha^{\aleph_\beta}$ ist wegen

$$\aleph_\alpha^{\aleph_\beta} \geqq 2^{\aleph_\beta} > \aleph_\beta \geqq \aleph_0$$

ein Aleph. Aber nicht jedes Aleph ist umgekehrt ein Beth; denn es ist ja stets $\aleph_\alpha^{\aleph_\beta} > \aleph_0$, so daß z. B. $\aleph_0$ kein Beth ist. Unter Verwendung der Alephhypothese erhält man, daß alle Alephs $\aleph_\alpha$ mit Indizes α von 1. Art Beths sind wegen

$$\aleph_\alpha = 2^{\aleph_{\alpha-1}} = \aleph_0^{\aleph_{\alpha-1}}.$$

Dagegen sind unter Verwendung der Alephhypothese die Alephs $\aleph_\lambda$ mit Limeszahlindex λ keine Potenzen $\aleph_\alpha^{\aleph_\beta}$ mit $\alpha < \lambda$; denn wäre

$$\aleph_\lambda = \aleph_\alpha^{\aleph_\beta} \quad \text{bei} \quad \alpha < \lambda,$$

so ist

$$\aleph_\alpha^{\aleph_\lambda} = 2^{\aleph_\lambda} > \aleph_\lambda = \aleph_\alpha^{\aleph_\beta},$$

also $\beta < \lambda$; ist dann $\gamma = \max\{\alpha, \beta\}$, so ist

$$\aleph_\alpha^{\aleph_\beta} \leqq \aleph_\gamma^{\aleph_\gamma} = 2^{\aleph_\gamma} = \aleph_{\gamma+1} < \aleph_\lambda.$$

Zu jedem Aleph $\aleph_\alpha$ gibt es also nicht nur beliebig große Alephs, die Potenzen von $\aleph_\alpha$ sind, sondern ebenso beliebig große Alephs, die keine Potenzen von $\aleph_\alpha$ sind.

Ist $\alpha \leqq \beta$, so ist $\aleph_\alpha^{\aleph_\beta} = 2^{\aleph_\beta}$, also

$$\aleph_\alpha^{\aleph_\beta} = \overline{\overline{PM}} \quad \text{bei} \quad \overline{\overline{M}} = \aleph_\beta.$$

Ist $\alpha \geqq \beta$, $\overline{\overline{M}} = \aleph_\alpha$ und P die Menge aller Teilmengen $X \subseteq M$ mit $\overline{\overline{X}} = \aleph_\beta$, so ist nach Satz 13, § 38

$$\aleph_\alpha^{\aleph_\beta} = \overline{\overline{P}}.$$

2. Nach Satz 4c, § 35 ist folgende Begriffsbildung sinnvoll, die wir im Verlaufe der weiteren Betrachtungen verwenden werden.

Definition 2. Mit Cf (gelesen: *Konfinal*) bezeichne man diejenige Funktion von $\boldsymbol{O}$ in $\boldsymbol{O}$, die jedem $\alpha \in \boldsymbol{O}$ die kleinste Ordinalzahl β zuordnet mit $\boldsymbol{\Omega}_\alpha$ cf $\boldsymbol{\Omega}_\beta$.

Es gilt sofort nach Definition von Cf für jedes $\alpha \in \boldsymbol{O}$:

$$(1) \quad \boldsymbol{\Omega}_\alpha \operatorname{cf} \boldsymbol{\Omega}_{\mathrm{Cf}(\alpha)};$$

d. h. es gibt eine Fundamentalfolge $(\beta_\xi)_{\xi < \Omega_{\mathrm{Cf}(\alpha)}}$ mit $\Omega_\alpha = \lim_{\xi < \Omega_{\mathrm{Cf}(\alpha)}} \beta_\xi$.

$$(2) \quad \mathrm{Cf}(\alpha) \leqq \alpha,$$

$$(3) \quad \mathrm{Cf}(\mathrm{Cf}(\alpha)) = \mathrm{Cf}(\alpha),$$

$$(4) \quad \mathrm{Cf}(\Omega_\alpha) = \mathrm{Cf}(\alpha).$$

Die letzte Behauptung folgt dabei so: Es sei $\mathrm{Cf}(\alpha) = \beta$, $\mathrm{Cf}(\Omega_\alpha) = \gamma$. Dann gibt es wegen $\Omega_\alpha \,\mathrm{cf}\, \Omega_\beta$ und $\Omega_{\Omega_\alpha} \,\mathrm{cf}\, \Omega_\gamma$ Fundamentalfolgen $(\beta'_\xi)_{\xi < \Omega_\beta}$, $(\gamma'_\xi)_{\xi < \Omega_\gamma}$ mit

$$\lim_{\xi < \Omega_\beta} \beta'_\xi = \Omega_\alpha \qquad \lim_{\xi < \Omega_\gamma} \gamma'_\xi = \Omega_{\Omega_\alpha}.$$

Da Ω eine Normalfunktion ist, gilt

$$\Omega_{\Omega_\alpha} = \lim_{\xi < \Omega_\beta} \Omega_{\beta'_\xi},$$

so daß also auch

$$\Omega_{\Omega_\alpha} \,\mathrm{cf}\, \Omega_\beta$$

ist; also gilt $\gamma \leqq \beta$. Gäbe es eine Funktion g von einem Abschnitt von $O(\Omega_\gamma)$ in $O(\Omega_\beta)$, so daß $O(\Omega_\beta)$ mit Nb g konfinal ist, so ist Ω_β wegen $\overline{\overline{\mathrm{Nb}\, g}} < \aleph_\gamma \leqq \aleph_\beta$ mit einer Limeszahl $\lambda < \Omega_\beta$ konfinal, die wiederum mit einer Anfangszahl $\Omega_{\beta'}$ bei $\beta' < \beta$ konfinal ist, so daß schließlich auch $\Omega_\alpha \,\mathrm{cf}\, \Omega_{\beta'}$ gilt im Widerspruch zur Definition von β. Da also für keine Funktion g von einem Abschnitt von $O(\Omega_\gamma)$ in $O(\Omega_\beta)$ gilt: $O(\Omega_\beta) \,\mathrm{cf}\, \mathrm{Nb}\, g$, so kann man mittels transfiniter ordnungstheoretischer Rekursion eine Funktion δ von $O(\Omega_\gamma)$ in $O(\Omega_\beta)$ definieren mit für jedes $\xi < \Omega_\gamma$:

$$\delta_\xi = \text{kleinste Ordinalzahl } \eta < \Omega_\beta \text{ mit } \gamma'_\xi \leqq \Omega_{\beta'_\eta} \text{ und } \delta_\nu < \eta \text{ für jedes } \nu < \xi.$$

Es ist sofort $\delta_{\xi_1} < \delta_{\xi_2}$ für $\xi_1 < \xi_2$, so daß also $(\delta_\xi)_{\xi < \Omega_\gamma}$ eine Fundamentalfolge vom Typ Ω_γ von Ordinalzahlen aus $O(\Omega_\beta)$ ist. Es ist weiterhin trivial

$$\lim_{\xi < \Omega_\gamma} \delta_\xi \leqq \Omega_\beta.$$

Wäre

$$\lim_{\xi < \Omega_\gamma} \delta_\xi = \eta_0 < \Omega_\beta,$$

so wäre

$$\gamma'_\xi \leqq \Omega_{\beta'_{\delta_\xi}} < \Omega_{\beta'_{\eta_0}} \text{ für jedes } \xi < \Omega_\gamma,$$

also

$$\lim_{\xi < \Omega_\gamma} \gamma'_\xi \leqq \Omega_{\beta'_{\eta_0}} < \Omega_{\Omega_\alpha}$$

im Widerspruch zu

$$\lim_{\xi < \Omega_\gamma} \gamma'_\xi = \Omega_{\Omega_\alpha};$$

also ist

$$\lim_{\xi < \Omega_\gamma} \delta_\xi = \Omega_\beta$$

und damit

$$\Omega_\beta \text{ cf } \Omega_\gamma .$$

Es ist dann auch

$$\Omega_\alpha \text{ cf } \Omega_\gamma ,$$

was im Falle $\gamma < \beta$ zum Widerspruch zur Definition von β führt. Also ist $\gamma = \beta$, d. h.

$$\mathfrak{Cf}(\Omega_\alpha) = \mathfrak{Cf}(\alpha).$$

Es gilt $\mathfrak{Cf}(\alpha) = \alpha$ genau dann, wenn Ω_α regulär ist, woraus man über (4) erhält: Es gilt $\mathfrak{Cf}(\Omega_\alpha) = \alpha$ genau dann, wenn Ω_α regulär ist. Man beachte, daß eine reguläre Anfangszahl Ω_λ mit Limeszahlindex λ gleich ihrem Index ist, so daß also auch $\mathfrak{Cf}(\alpha) = \alpha$ genau dann gilt, wenn α isoliert oder eine reguläre Anfangszahl mit Limeszahlindex ist.

Man kann die Funktion $\mathfrak{Cf}$ auch folgendermaßen definieren: Es ist für Ordinalzahlen α

$$\mathfrak{Cf}(\alpha) = \begin{cases} \alpha, \text{ falls } \alpha \text{ isoliert} \\ \text{kleinste Ordinalzahl } \beta \text{ mit } \alpha \text{ cf } \Omega_\beta, \text{ falls } \alpha \text{ Limeszahl.} \end{cases}$$

Denn ist λ eine Limeszahl, β die kleinste Ordinalzahl mit $\lambda \text{ cf } \Omega_\beta$ und $\gamma = \mathfrak{Cf}(\lambda)$, so ist $\lambda \text{ cf } \Omega_\beta$ und $\Omega_\lambda \text{ cf } \Omega_\gamma$, und es gibt Fundamentalfolgen $(\beta'_\xi)_{\xi < \Omega_\beta}$, $(\gamma'_\xi)_{\xi < \Omega_\gamma}$ mit

$$\lim_{\xi < \Omega_\beta} \beta'_\xi = \lambda, \qquad \lim_{\xi < \Omega_\gamma} \gamma'_\xi = \Omega_\lambda .$$

Nach demselben Verfahren wie beim Nachweis von $\mathfrak{Cf}(\Omega_\alpha) = \mathfrak{Cf}(\alpha)$ erhält man dann $\gamma = \beta$.

3. Nun zu den Sätzen über Beths.

Satz 1. a) *Für Ordinalzahlen* $\alpha > \beta > \gamma$ *gilt:*

$$\sim \exists\, \mathfrak{n}(\aleph_\alpha = \aleph_\beta^{\mathfrak{n}}) \rightarrow \sim \exists\, \mathfrak{n}(\aleph_\alpha = \aleph_\gamma^{\mathfrak{n}}).$$

b) *Für Ordinalzahlen* α, β *und Kardinalzahlen* $\mathfrak{m}$ *gilt:*

$$\beta \geqq \mathfrak{Cf}(\alpha) \rightarrow \aleph_\alpha \neq \mathfrak{m}^{\aleph_\beta}.$$

Beweis. a) Ist $\alpha > \beta > \gamma$ und wäre $\aleph_\alpha = \aleph_\gamma^{\mathfrak{n}}$, so muß $\mathfrak{n}$ ein Aleph sein, also

$$\aleph_\gamma^{\mathfrak{n}} \leqq \aleph_\beta^{\mathfrak{n}} \leqq \aleph_\alpha^{\mathfrak{n}} = (\aleph_\gamma^{\mathfrak{n}})^{\mathfrak{n}} = \aleph_\gamma^{\mathfrak{n}\cdot\mathfrak{n}} = \aleph_\gamma^{\mathfrak{n}},$$

also

$$\aleph_\alpha = \aleph_\beta^{\mathfrak{n}} = \aleph_\gamma^{\mathfrak{n}}$$

im Widerspruch dazu, daß es kein $\mathfrak{n}$ mit $\aleph_\alpha = \aleph_\beta^{\mathfrak{n}}$ geben soll.

b) Ist α isoliert, so ist $\mathfrak{Cf}(\alpha) = \alpha$, also gilt im Falle $\beta \geqq \mathfrak{Cf}(\alpha) = \alpha$ für $\underset{\cdot}{2} \leqq \mathfrak{m}$:

$$\aleph_\alpha \leqq \aleph_\beta < \underset{\cdot}{2}^{\aleph_\beta} \leqq \mathfrak{m}^{\aleph_\beta};$$

für $\mathfrak{m} = \underset{\cdot}{0}$ und $\mathfrak{m} = \underset{\cdot}{1}$ ist trivial $\aleph_\alpha \neq \mathfrak{m}^{\aleph_\beta}$. Ist α Limeszahl und $(\alpha'_\xi)_{\xi < \Omega_{\mathfrak{Cf}(\alpha)}}$ eine Fundamentalfolge mit dem Limes α, so gilt

$$\aleph_\alpha = \sum_{\xi < \Omega_{\mathfrak{Cf}(\alpha)}} \aleph_{\alpha'_\xi},$$

also nach Satz 2 a), § 39 bei $\beta \geqq \mathfrak{Cf}(\alpha)$:

$$\aleph_\alpha < \aleph_\alpha^{\aleph_{\mathfrak{Cf}(\alpha)}} \leqq \aleph_\alpha^{\aleph_\beta}.$$

Wäre nun $\aleph_\alpha = \mathfrak{m}^{\aleph_\beta}$, so wäre

$$\aleph_\alpha^{\aleph_\beta} = \mathfrak{m}^{\left(\aleph_\beta^{\underset{\cdot}{2}}\right)} = \mathfrak{m}^{\aleph_\beta} = \aleph_\alpha$$

im Widerspruch zu $\aleph_\alpha < \aleph_\alpha^{\aleph_\beta}$.

Aus Satz 1 b) folgt für Ordinalzahlen α, β sofort:

$$\beta \geqq \mathfrak{Cf}(\alpha) \rightarrow \aleph_\alpha^{\aleph_\beta} > \aleph_\alpha.$$

Außerdem ist für jedes α mit $\mathfrak{Cf}(\alpha) = 0$ das Aleph $\aleph_\alpha$ kein Beth. Da für jede Ordinalzahl α die Zahl $\alpha + \boldsymbol{\omega}$ konfinal mit $\boldsymbol{\omega} = \boldsymbol{\Omega}_0$ ist, ist $\mathfrak{Cf}(\alpha + \boldsymbol{\omega}) = 0$, so daß es also beliebig große Alephs gibt, die keine Beths sind.

Für die Beths erhält man folgende Zerlegung in Summen und Produkte von Beths:

S a t z 2. a) *Für Ordinalzahlen μ, β und Fundamentalfolgen $(\alpha_\xi)_{\xi < \lambda}$ vom Typ λ von Ordinalzahlen gilt:*

$$\beta < \mathfrak{Cf}(\mu) \wedge \mu = \lim_{\xi < \lambda} \alpha_\xi \rightarrow \aleph_\mu^{\aleph_\beta} = \sum_{\xi < \lambda} \aleph_{\alpha_\xi}^{\aleph_\beta}.$$

b) *Für Ordinalzahlen μ, β und Fundamentalfolgen $(\alpha_\xi)_{\xi < \lambda}$ vom Typ λ von Ordinalzahlen gilt unter Voraussetzung der Alephhypothese:*

$$\aleph_\beta \geqq |\lambda| \wedge \mu = \lim_{\xi < \lambda} \alpha_\xi \rightarrow \aleph_\mu^{\aleph_\beta} = \prod_{\xi < \lambda} \aleph_{\alpha_\xi}^{\aleph_\beta}.$$

B e w e i s. a) Für keine Folge $(\sigma_\eta)_{\eta < \Omega_\beta}$ von Ordinalzahlen $\sigma_\eta < \boldsymbol{\Omega}_\mu$ ist unter den Voraussetzungen von a) $\boldsymbol{O}(\boldsymbol{\Omega}_\mu)\ \mathrm{cf}\ \mathrm{Nb}\,\sigma$, da sonst $\boldsymbol{\Omega}_\mu$ wegen $\overline{\overline{\mathrm{Nb}\,\sigma}} \leqq \aleph_\beta$ konfinal mit einer Anfangszahl $\boldsymbol{\Omega}_{\mu'}$ wäre bei $\mu' < \mathfrak{Cf}(\mu)$ (wegen $\aleph_{\mu'} \leqq \aleph_\beta < \aleph_{\mathfrak{Cf}(\mu)}$) im Widerspruch zur Definition von $\mathfrak{Cf}$. Für jede Folge $(\sigma_\eta)_{\eta < \Omega_\beta}$ mit $\sigma_\eta < \boldsymbol{\Omega}_\mu$ gibt es also ein $\xi < \lambda$ mit $\sigma_\eta < \boldsymbol{\Omega}_{\alpha_\xi}$ für jedes $\eta < \boldsymbol{\Omega}_\beta$. Damit gilt:

$$\boldsymbol{O}(\boldsymbol{\Omega}_\mu)^{\boldsymbol{O}(\boldsymbol{\Omega}_\beta)} \subseteq \bigcup_{\xi < \lambda} \boldsymbol{O}(\boldsymbol{\Omega}_{\alpha_\xi})^{\boldsymbol{O}(\boldsymbol{\Omega}_\beta)},$$

also

$$\aleph_\mu^{\aleph_\beta} \leqq \sum_{\xi<\lambda} \aleph_{\alpha_\xi}^{\aleph_\beta} \leqq \aleph_\mu^{\aleph_\beta} \cdot |\lambda| \leqq \aleph_\mu^{\aleph_\beta} \cdot |\mu| \leqq \aleph_\mu^{\aleph_\beta} \cdot \aleph_\mu = \aleph_\mu^{\aleph_\beta}.$$

b) Unter den Voraussetzungen von b) gilt nach Satz 12, § 38:

$$\aleph_\mu^{|\lambda|} = \prod_{\xi<\lambda} \aleph_{\alpha_\xi},$$

also

$$\aleph_\mu^{\aleph_\beta} = \aleph_\mu^{|\lambda| \cdot \aleph_\beta} = \left(\aleph_\mu^{|\lambda|}\right)^{\aleph_\beta} = \left(\prod_{\xi<\lambda} \aleph_{\alpha_\xi}\right)^{\aleph_\beta} = \prod_{\xi<\lambda} \aleph_{\alpha_\xi}^{\aleph_\beta}.$$

Über die Größe der Beths gibt folgender Satz genaue Auskunft:

Satz 3. *Für Ordinalzahlen α, β gilt unter Voraussetzung der Alephhypothese:*

$$\aleph_\alpha^{\aleph_\beta} = \begin{cases} \aleph_\alpha, & \text{falls } \beta < \mathrm{Cf}(\alpha) \\ \aleph_{\alpha+1}, & \text{falls } \mathrm{Cf}(\alpha) \leqq \beta < \alpha \\ \aleph_{\beta+1}, & \text{falls } \alpha \leqq \beta. \end{cases}$$

Beweis. Die Behauptung gilt trivial für $\alpha = 0$, da dann

$$\aleph_0^{\aleph_\beta} = 2^{\aleph_\beta} = \aleph_{\beta+1} \quad \text{und} \quad 0 \leqq \beta$$

gilt. Ist α von 1. Art, so ist $\mathrm{Cf}(\alpha) = \alpha$, und es gilt

$$\aleph_\alpha^{\aleph_\beta} = (2^{\aleph_{\alpha-1}})^{\aleph_\beta} = 2^{\aleph_{\alpha-1} \cdot \aleph_\beta},$$

also

$$\aleph_\alpha^{\aleph_\beta} = 2^{\aleph_{\alpha-1}} = \aleph_\alpha \quad \text{für} \quad \beta < \alpha$$

und

$$\aleph_\alpha^{\aleph_\beta} = 2^{\aleph_\beta} = \aleph_{\beta+1} \quad \text{für} \quad \alpha \leqq \beta.$$

Es sei jetzt α eine Limeszahl. Dann gilt nach Satz 2 a) für $\beta < \mathrm{Cf}(\alpha)$:

$$\aleph_\alpha^{\aleph_\beta} = \sum_{\xi<\alpha} \aleph_\xi^{\aleph_\beta} = \sum_{\xi<\beta} \aleph_\xi^{\aleph_\beta} + \sum_{\beta \leqq \xi < \alpha} \aleph_\xi^{\aleph_\beta}.$$

Für $\xi < \beta$ ist

$$\aleph_\xi^{\aleph_\beta} = 2^{\aleph_\beta} = \aleph_{\beta+1} \leqq \aleph_\alpha \quad \text{wegen} \quad \beta + 1 \leqq \mathrm{Cf}(\alpha) \leqq \alpha;$$

für $\beta \leqq \xi < \alpha$ ist

$$\aleph_\xi^{\aleph_\beta} \leqq \aleph_\xi^{\aleph_\xi} = 2^{\aleph_\xi} = \aleph_{\xi+1}.$$

Also gilt für $\beta < \mathrm{Cf}(\alpha)$:

$$\aleph_\alpha^{\aleph_\beta} \leqq \aleph_\alpha \cdot |\beta| + \sum_{\xi<\alpha} \aleph_{\xi+1} = \aleph_\alpha \cdot |\beta| + \aleph_\alpha \cdot |\alpha| = \aleph_\alpha + \aleph_\alpha = \aleph_\alpha \leqq \aleph_\alpha^{\aleph_\beta}.$$

Ist $(\sigma_\xi)_{\xi<\lambda}$ eine Fundamentalfolge vom Typ $\lambda = \boldsymbol{\Omega}_{\mathrm{Cf}(\alpha)}$ mit dem Limes α, so erhält man nach Satz 12, § 38:

$$\aleph_{\alpha+1} = \dot{2}^{\aleph_\alpha} = \dot{2}^{\left(\sum_{\xi<\lambda} \aleph_{\sigma_\xi}\right)} = \prod_{\xi<\lambda} \dot{2}^{\aleph_{\sigma_\xi}} = \prod_{\xi<\lambda} \aleph_{\sigma_\xi+1} = \aleph_\alpha^{|\lambda|} = \aleph_\alpha^{\aleph_{\mathrm{Cf}(\alpha)}},$$

also für $\mathrm{Cf}(\alpha) \leqq \beta$:

$$\aleph_{\alpha+1}^{\aleph_\beta} = \aleph_\alpha^{\aleph_{\mathrm{Cf}(\alpha)} \cdot \aleph_\beta} = \aleph_\alpha^{\aleph_\beta}.$$

Da $\alpha + 1$ von 1. Art ist, so gilt nach dem oben Bewiesenen unter der zusätzlichen Voraussetzung $\beta < \alpha$ doch auch $\beta < \alpha < \alpha + 1 = \mathrm{Cf}(\alpha + 1)$, also

$$\aleph_\alpha^{\aleph_\beta} = \aleph_{\alpha+1}^{\aleph_\beta} = \aleph_{\alpha+1};$$

ist $\alpha \leqq \beta$, so ist $\alpha + 1 \leqq \beta + 1$, also nach Satz 5, § 38

$$\aleph_\alpha^{\aleph_\beta} = \dot{2}^{\aleph_\beta} = \aleph_{\beta+1}.$$

Damit ist unser Satz vollständig bewiesen.

Wir wollen nun einige Folgerungen aus Satz 3 ziehen.

Aus Satz 3 folgt mit Alephhypothese, daß die Kardinalzahlengleichung

$$\mathfrak{m}^{\mathfrak{n}} = \mathfrak{n}^{\mathfrak{m}}$$

beliebig große Lösungen $[\mathfrak{m}, \mathfrak{n}]$ mit $\mathfrak{m} \neq \mathfrak{n}$ besitzt; denn für jede mit $\boldsymbol{\omega}$ konfinale Limeszahl λ z. B. gilt für alle $\mathrm{Cf}(\lambda) = \mathbf{0} \leqq \beta < \lambda$:

$$\aleph_\lambda^{\aleph_\beta} = \aleph_{\lambda+1} = \dot{2}^{\aleph_\lambda} = \aleph_\beta^{\aleph_\lambda}.$$

Mit demselben Schluß erhält man aus Satz 3 für Ordinalzahlen $\beta \leqq \alpha$:

$$\aleph_\alpha^{\aleph_\beta} = \aleph_\beta^{\aleph_\alpha} \leftrightarrow \alpha = \beta \vee \alpha \textit{ Limeszahl mit } \mathrm{Cf}(\alpha) \leqq \beta < \alpha.$$

Satz 3 liefert für Ordinalzahlen α, β sofort:

$$\aleph_\alpha^{\aleph_\beta} = \aleph_\alpha \leftrightarrow \alpha \textit{ von 1. Art mit } \beta < \alpha \vee \alpha \textit{ Limeszahl mit } \beta < \mathrm{Cf}(\alpha),$$

woraus weiterhin folgt:

$$\aleph_\alpha^{\aleph_\beta} > \aleph_\alpha \leftrightarrow \alpha = \mathbf{0} \vee \alpha \textit{ von 1. Art mit } \beta \geqq \alpha \vee \alpha \textit{ Limeszahl mit } \beta \geqq \mathrm{Cf}(\alpha).$$

Satz 3 gestattet, die Funktion Cf auch so zu definieren: Für jedes $\alpha \in \boldsymbol{O}$ ist $\mathrm{Cf}(\alpha)$ die kleinste Ordinalzahl β mit $\aleph_\alpha < \aleph_\alpha^{\aleph_\beta}$. Nach Satz 3 gilt ja $\aleph_\alpha < \aleph_\alpha^{\aleph_{\mathrm{Cf}(\alpha)}}$ und $\aleph_\alpha^{\aleph_\beta} = \aleph_\alpha$ für $\beta < \mathrm{Cf}(\alpha)$; also gilt für die kleinste Zahl β mit $\aleph_\alpha < \aleph_\alpha^{\aleph_\beta}$: $\beta \leqq \mathrm{Cf}(\alpha)$ und $\beta \nless \mathrm{Cf}(\alpha)$, also $\beta = \mathrm{Cf}(\alpha)$.

Aus Satz 3 folgt für Mengen M der Mächtigkeit $\aleph_\alpha$ nochmals

$$\overline{\overline{PM}} = \aleph_{\alpha+1};$$

denn es ist

$$\overline{\overline{PM}} = \aleph_0^{\aleph_\alpha} = \aleph_{\alpha+1}$$

wegen $\alpha \geqq 0$. Ist α isoliert oder eine reguläre Anfangszahl mit Limeszahlindex (d. h. $\mathrm{Cf}(\alpha) = \alpha$), $\beta \leqq \alpha$, $\overline{\overline{M}} = \aleph_\alpha$ und ist P die Menge aller $X \subseteq M$ mit $\overline{\overline{X}} < \aleph_\beta$, so gilt:

$$\overline{\overline{P}} = \aleph_\alpha .$$

Denn ist Q_γ für jedes $\gamma < \beta$ die Menge aller $X \subseteq M$ mit $\overline{\overline{X}} = \aleph_\gamma$ und E_n für jedes $n < \omega$ die Menge aller $X \subseteq M$ mit $\overline{\overline{X}} = |n|$, so ist nach Satz 13, § 38 und Satz 3:

$$\overline{\overline{Q_\gamma}} = \aleph_\alpha^{\aleph_\gamma} = \aleph_\alpha \quad \text{und} \quad \overline{\overline{E_n}} = \aleph_\alpha^{|n|} = \aleph_\alpha \quad \text{für} \quad n > 0 \quad \text{und} \quad \overline{\overline{E_0}} = 1 .$$

Dann ist P die disjunkte Vereinigung aller Mengen E_n und aller Mengen Q_γ, also

$$P = \bigcup_{n<\omega} E_n \cup \bigcup_{\gamma<\beta} Q_\gamma$$

und damit

$$\overline{\overline{P}} = 1 + \sum_{0<n<\omega} \aleph_\alpha + \sum_{\gamma<\beta} \aleph_\alpha = 1 + \aleph_\alpha \cdot \aleph_0 + \aleph_\alpha \cdot |\beta| = 1 + \aleph_\alpha + \aleph_\alpha = \aleph_\alpha .$$

Unter Verwendung von Satz 3 läßt sich schließlich Satz 2 noch verallgemeinern und verschärfen zu folgendem

Satz 4. *Für Ordinalzahlen* μ, β *und Fundamentalfolgen* $(\alpha_\xi)_{\xi<\lambda}$ *vom Typ* λ *von Ordinalzahlen mit* $\mu = \lim_{\xi<\lambda} \alpha_\xi$ *gilt unter Voraussetzung der Alephhypothese:*

$$\sum_{\xi<\lambda} \aleph_{\alpha_\xi}^{\aleph_\beta} = \begin{cases} \aleph_\mu, & \textit{falls } \beta < \mu \\ \aleph_{\beta+1}, & \textit{falls } \beta \geqq \mu \end{cases} \qquad \prod_{\xi<\lambda} \aleph_{\alpha_\xi}^{\aleph_\beta} = \begin{cases} \aleph_{\mu+1}, & \textit{falls } \beta \leqq \mu, \\ \aleph_{\beta+1}, & \textit{falls } \beta \geqq \mu. \end{cases}$$

Beweis. Unter den Voraussetzungen des Satzes gibt es im Falle $\beta < \mu$ für jedes $\xi < \lambda$ ein $\eta < \lambda$ mit $\alpha_\xi, \beta \leqq \alpha_\eta$, womit dann

$$\aleph_{\alpha_\xi}^{\aleph_\beta} \leqq \aleph_{\alpha_\eta}^{\aleph_{\alpha_\eta}} = 2^{\aleph_{\alpha_\eta}} = \aleph_{\alpha_\eta+1} \leqq \aleph_{\alpha_{\eta+1}} < \aleph_\mu$$

gilt, also nach Satz 11, § 38

$$\sum_{\xi<\lambda} \aleph_{\alpha_\xi}^{\aleph_\beta} = \aleph_\mu \cdot |\lambda| = \aleph_\mu ,$$

da $|\lambda| \leqq |\mu| \leqq \aleph_\mu$ gilt und $\aleph_\mu$ die obere Grenze aller $\aleph_{\alpha_\xi}^{\aleph_\beta}$ ist (denn $\aleph_\mu$ ist nach dem eben Bewiesenen eine obere Schranke aller $\aleph_{\alpha_\xi}^{\aleph_\beta}$, und für jedes $\aleph_{\mu'} < \aleph_\mu$ gibt es ein $\xi < \lambda$ mit $\aleph_{\mu'} \leqq \aleph_{\alpha_\xi} \leqq \aleph_{\alpha_\xi}^{\aleph_\beta}$). Im Falle $\beta \geqq \mu$ wird für jedes $\xi < \lambda$:

$$\aleph_{\alpha_\xi}^{\aleph_\beta} = 2^{\aleph_\beta} = \aleph_{\beta+1},$$

also

$$\sum_{\xi<\lambda} \aleph_{\alpha_\xi}^{\aleph_\beta} = \sum_{\xi<\lambda} \aleph_{\beta+1} = \aleph_{\beta+1} \cdot |\lambda| = \aleph_{\beta+1}.$$

Aus der Alephhypothese hatten wir bereits früher erhalten (vgl. den Beweis zu Satz 12, § 38):

$$\prod_{\xi<\lambda} \aleph_{\alpha_\xi} = \aleph_{\mu+1}.$$

Dann wird also

$$\prod_{\xi<\lambda} \aleph_{\alpha_\xi}^{\aleph_\beta} = \Big(\prod_{\xi<\lambda} \aleph_{\alpha_\xi}\Big)^{\aleph_\beta} = \aleph_{\mu+1}^{\aleph_\beta},$$

wobei nach Satz 3 wegen $\mathfrak{Cf}(\mu+1) = \mu + 1$ gilt:

$$\aleph_{\mu+1}^{\aleph_\beta} = \begin{cases} \aleph_{\mu+1}, & \text{falls } \beta \leqq \mu \\ \aleph_{\beta+1}, & \text{falls } \beta \geqq \mu. \end{cases}$$

§ 42. Unerreichbare Zahlen

1. Den Abschluß der Theorie der transfiniten Zahlen bilden die unerreichbaren Ordinal- und Kardinalzahlen.

Die regulären Anfangszahlen Ω_σ sind bereits in dem Sinne unerreichbare Ordinalzahlen, daß für jede Folge $(\alpha_\xi)_{\xi<\beta}$ vom Typ $\beta < \Omega_\sigma$ von Ordinalzahlen $\alpha_\xi < \Omega_\sigma$ gilt: $\lim\limits_{\xi<\beta} \alpha_\xi < \Omega_\sigma$; die regulären Anfangszahlen sind also in bezug auf diese Limesbildung unerreichbar. Betrachtet man speziell die reguläre Anfangszahl Ω_0, so hat diese zusätzlich noch die Eigenschaft, daß es zu jeder Kardinalzahl $\mathfrak{n} < \aleph_0$ eine Kardinalzahl $\mathfrak{m}$ mit $\mathfrak{n} < \mathfrak{m} < \aleph_0$ gibt; die Mächtigkeit von Ω_0 ist also zusätzlich noch eine Limeszahl, ist zusätzlich noch in bezug auf Nachfolgerbildung unerreichbar. Die regulären Anfangszahlen Ω_σ mit isoliertem Index σ haben für $\sigma > 0$ nicht die Eigenschaft, daß $\aleph_\sigma$ eine Limeszahl ist. Reguläre Anfangszahlen Ω_σ, für die $\sigma > 0$ und $\aleph_\sigma$ eine Limeszahl ist, müssen also von Limeszahlindex λ sein. Reguläre Anfangszahlen Ω_λ mit Limeszahlindex λ (falls es überhaupt solche gibt) müssen aber von unvorstellbarer, unerreichbarer, nach Hausdorff exorbitanter Größe sein, da die üblichen Anfangszahlen Ω_λ mit Limeszahlindex λ erfahrungsgemäß singulär sind.

Ähnlich liegen die Verhältnisse bei den Kardinalzahlen. Die regulären Alephs $\aleph_\sigma$ sind bereits in dem Sinne unerreichbare Kardinalzahlen, daß für jeden Kardinalzahlkomplex $(\mathfrak{n}_i)_{i\in I}$ mit $\overline{\overline{I}}, \mathfrak{n}_i < \aleph_\sigma$ gilt: $\sum\limits_{i\in I} \mathfrak{n}_i < \aleph_\sigma$; die regulären Alephs sind also in bezug auf diese Summenbildung unerreichbar. Betrachtet man speziell das reguläre Aleph $\aleph_0$, so ist dieses zusätzlich noch Limeszahl, also zusätzlich noch in bezug auf Nachfolgerbildung unerreichbar. Die regulären Alephs $\aleph_\sigma$ mit $\sigma > 0$, welche Limeszahlen sind, müssen von Limeszahlindex σ sein. Reguläre Alephs $\aleph_\lambda$ von Limeszahlindex λ (falls es überhaupt solche gibt) müssen aber von unvorstellbarer, unerreichbarer, exorbitanter Größe sein, da die üblichen Alephs $\aleph_\lambda$ mit Limeszahlindex λ erfahrungsgemäß singulär sind.

Definition 1. Eine Ordinalzahl α ist eine *unerreichbare Ordinalzahl* genau dann, wenn α eine reguläre Anfangszahl $\mathbf{\Omega}_\lambda$ mit einem Index λ von 2. Art ist. Die *exorbitanten Ordinalzahlen* sind die von $\mathbf{\Omega}_0$ verschiedenen unerreichbaren Ordinalzahlen. Eine Kardinalzahl $\mathfrak{n}$ ist eine *unerreichbare Kardinalzahl* genau dann, wenn $\mathfrak{n}$ ein reguläres Aleph $\aleph_\lambda$ mit einem Index λ von 2. Art ist. Die *exorbitanten Kardinalzahlen* sind die von $\aleph_0$ verschiedenen unerreichbaren Kardinalzahlen.

In Anlehnung an Zermelo nennt man die unerreichbaren Zahlen auch *Grenzzahlen.*

Die unerreichbaren Ordinalzahlen sind genau $\mathbf{\Omega}_0$ und die regulären Anfangszahlen $\mathbf{\Omega}_\lambda$ mit Limeszahlindex λ, also genau $\mathbf{\Omega}_0$ und die exorbitanten Ordinalzahlen. Die unerreichbaren Kardinalzahlen sind genau $\aleph_0$ und die regulären Alephs $\aleph_\lambda$ mit Limeszahlindex λ, also genau $\aleph_0$ und die exorbitanten Kardinalzahlen. Nach Satz 7, § 40 ist $\mathbf{\Omega}_\lambda$ eine unerreichbare bzw. exorbitante Ordinalzahl genau dann, wenn $\aleph_\lambda$ eine unerreichbare bzw. exorbitante Kardinalzahl ist.

2. Bevor wir uns der Existenzfrage für unerreichbare Zahlen zuwenden, noch einige äquivalente Definitionen für unerreichbare Zahlen. Es sei daran erinnert, daß für reguläre Anfangszahlen $\mathbf{\Omega}_\lambda$ mit Limeszahlindex λ gilt: $\mathbf{\Omega}_\lambda = \lambda$; umgekehrt ist natürlich λ eine Limeszahl unter der Voraussetzung $\mathbf{\Omega}_\lambda = \lambda$, da $\mathbf{\Omega}_\lambda$ stets eine Limeszahl ist. Man erhält aus Definition 1 sofort folgende äquivalente Definitionen für unerreichbare Ordinalzahlen:

Die unerreichbaren Ordinalzahlen sind diejenigen ordinalen Limeszahlen λ, für die $|\lambda|$ eine kardinale Limeszahl ist und für die stets $\lim_{\xi<\beta} \alpha_\xi < \lambda$ gilt für beliebige Folgen $(\alpha_\xi)_{\xi<\beta}$ vom Typ $\beta < \lambda$ von Ordinalzahlen $\alpha_\xi < \lambda$.

Die exorbitanten Ordinalzahlen sind diejenigen ordinalen Limeszahlen λ, für die stets $\lim_{\xi<\beta} \mathbf{\Omega}_{\alpha_\xi} < \lambda$ gilt für beliebige Folgen $(\alpha_\xi)_{\xi<\beta}$ vom Typ $\beta < \lambda$ von Ordinalzahlen $\alpha_\xi < \lambda$.

Die exorbitanten Ordinalzahlen sind diejenigen regulären Anfangszahlen $\mathbf{\Omega}_\lambda$ mit $\mathbf{\Omega}_\lambda = \lambda$.

Man beachte, daß die Bedingung $\mathbf{\Omega}_\lambda = \lambda$ allein nicht charakteristisch für exorbitante Ordinalzahlen ist: Es sei $g(n)$ die abzählbare Fundamentalfolge von Ordinalzahlen mit $g(0) = \boldsymbol{\omega}$, $g(n+1) = \mathbf{\Omega}_{g(n)}$; dann ist sofort

$$\mathbf{\Omega}_{\lim_{n<\omega} g(n)} = \lim_{n<\omega} \mathbf{\Omega}_{g(n)} = \lim_{n<\omega} g(n);$$

für $\lambda = \lim_{n<\omega} g(n)$ gilt also $\mathbf{\Omega}_\lambda = \lambda$, und $\mathbf{\Omega}_\lambda$ ist nicht regulär, also keine exorbitante Zahl.

Für unerreichbare Kardinalzahlen erhält man ohne Schwierigkeiten die folgenden äquivalenten Definitionen:

Die unerreichbaren Kardinalzahlen sind diejenigen Alephs $\aleph_\lambda$, *die Limeszahlen sind und für die stets* $\sum_{i \in I} \mathfrak{m}_i < \aleph_\lambda$ *gilt für beliebige Kardinalzahlkomplexe* $(\mathfrak{m}_i)_{i \in I}$ *mit* $\overline{\overline{I}}, \mathfrak{m}_i < \aleph_\lambda$.

Die exorbitanten Kardinalzahlen sind diejenigen Alephs $\aleph_\lambda$, *für die stets* $\lim_{\xi < \beta} \aleph_{\alpha_\xi} < \aleph_\lambda$ *gilt für beliebige Folgen* $(\alpha_\xi)_{\xi < \beta}$ *vom Typ* β *von Ordinalzahlen* α_ξ *mit* $|\beta|, |\alpha_\xi| < \aleph_\lambda$.

Die exorbitanten Kardinalzahlen sind diejenigen regulären Alephs $\aleph_\lambda$ *mit* $\aleph_\lambda = |\lambda|$.

Über die entsprechende Eigenschaft der exorbitanten Ordinalzahlen erhält man, daß $\aleph_\lambda = |\lambda|$ nicht charakteristisch dafür ist, daß $\aleph_\lambda$ ein exorbitantes Aleph ist. Aus Satz 7, § 40 und der Eigenschaft $\mathbf{\Omega}_\lambda = \lambda$ für exorbitante Anfangszahlen erhält man auch:

Die exorbitanten Kardinalzahlen sind diejenigen Alephs $\aleph_\lambda$ *mit exorbitantem Index* λ.

Weitere äquivalente Definitionen für unerreichbare Kardinalzahlen liefert die Annahme der Alephhypothese:

Satz 1. *Unter Voraussetzung der Alephhypothese sind die unerreichbaren Kardinalzahlen*

a) *diejenigen Alephs* $\aleph_\lambda$, *für die gilt:*

(1) $\sum_{i \in I} \mathfrak{m}_i < \aleph_\lambda$, *sofern* $\overline{\overline{I}}, \mathfrak{m}_i < \aleph_\lambda$

(2) $\mathfrak{m}^\mathfrak{n} < \aleph_\lambda$, *sofern* $\mathfrak{m}, \mathfrak{n} < \aleph_\lambda$;

b) *diejenigen Alephs* $\aleph_\lambda$, *für die gilt:*

(3) $\prod_{i \in I} \mathfrak{m}_i < \aleph_\lambda$, *sofern* $\overline{\overline{I}}, \mathfrak{m}_i < \aleph_\lambda$;

c) *diejenigen Alephs* $\aleph_\lambda$, *für die gilt:*

(4) $\mathfrak{m}^\mathfrak{n} < \aleph_\lambda$, *sofern* $\mathfrak{m}, \mathfrak{n} < \aleph_\lambda$

(5) $\aleph_\lambda^\mathfrak{n} = \aleph_\lambda$, *sofern* $\underset{\cdot}{0} < \mathfrak{n} < \aleph_\lambda$;

d) *diejenigen Alephs* $\aleph_\lambda$, *für die gilt:*

(6) $\aleph_\lambda^\mathfrak{n} = \aleph_\lambda$, *sofern* $\underset{\cdot}{0} < \mathfrak{n} < \aleph_\lambda$

(7) *Es gibt kein* $\mathfrak{n}$ *mit* $\aleph_\lambda = \underset{\cdot}{2}^\mathfrak{n}$;

e) *diejenigen Alephs* $\aleph_\lambda$, *für die gilt:*

(8) $\mathfrak{m}^\mathfrak{n} < \aleph_\lambda$, *sofern* $\mathfrak{m}, \mathfrak{n} < \aleph_\lambda$

(9) $\aleph_\lambda^\mathfrak{n} = \aleph_\lambda \cdot \underset{\cdot}{2}^\mathfrak{n}$, *sofern* $\underset{\cdot}{0} < \mathfrak{n}$.

Beweis. a) Ist $\aleph_\lambda$ ein unerreichbares Aleph, so gilt (1). Ist $\mathfrak{m}, \mathfrak{n} < \aleph_\lambda$, so ist im Falle endlicher $\mathfrak{m}, \mathfrak{n}$ sofort $\mathfrak{m}^\mathfrak{n} < \aleph_\lambda$; ist $\mathfrak{m}$ unendlich und $\mathfrak{n}$ endlich, so ist ebenfalls $\mathfrak{m}^\mathfrak{n} < \aleph_\lambda$; ist $\mathfrak{m}$ endlich und $\mathfrak{n} = \aleph_\beta$, so ist unter Voraussetzung der Alephhypothese

$$\mathfrak{m}^\mathfrak{n} \leqq \aleph_0^{\aleph_\beta} = \underset{\cdot}{2}^{\aleph_\beta} = \aleph_{\beta+1} < \aleph_\lambda,$$

da $\aleph_\lambda$ Limeszahl ist; sind schließlich $\mathfrak{m}, \mathfrak{n}$ unendlich, etwa $\mathfrak{m} = \aleph_\alpha$, $\mathfrak{n} = \aleph_\beta$, so ist

$$\mathfrak{m}^\mathfrak{n} = \underset{\cdot}{2}^{\aleph_\beta} = \aleph_{\beta+1} < \aleph_\lambda \quad \text{im Falle} \quad \mathfrak{m} \leqq \mathfrak{n}$$

und

$$\mathfrak{m}^\mathfrak{n} \leqq \mathfrak{m}^\mathfrak{m} = \underset{\cdot}{2}^{\aleph_\alpha} = \aleph_{\alpha+1} < \aleph_\lambda \quad \text{im Falle} \quad \mathfrak{n} \leqq \mathfrak{m}.$$

Damit gilt auch (2). Gilt umgekehrt (2) für ein Aleph $\aleph_\lambda$, so ist $\aleph_\lambda$ Limeszahl, da im Falle $\aleph_{\mu+1} = \aleph_\lambda$ gälte $\underset{\cdot}{2}^{\aleph_\mu} \geqq \aleph_{\mu+1} = \aleph_\lambda$ im Widerspruch zu $\underset{\cdot}{2}^{\aleph_\mu} < \aleph_\lambda$. Mit den Bedingungen (1) und (2) ist also $\aleph_\lambda$ eine unerreichbare Kardinalzahl.

a) $\rightarrow$ b) Gilt (1), (2) für $\aleph_\lambda$, ist $\overline{\overline{I}} < \aleph_\lambda$ und $\mathfrak{m}_i < \aleph_\lambda$ für $i \in I$, so ist

$$\prod_{i \in I} \mathfrak{m}_i \leqq \Big(\sum_{i \in I} \mathfrak{m}_i\Big)^{\overline{\overline{I}}} < \aleph_\lambda.$$

Also gilt (3).

b) $\rightarrow$ a) Gilt (3) für $\aleph_\lambda$, ist $\overline{\overline{I}} < \aleph_\lambda$ und $\underset{\cdot}{2} \leqq \mathfrak{m}_i < \aleph_\lambda$ für $i \in I$, so ist nach dem Satz von König

$$\sum_{i \in I} \mathfrak{m}_i \leqq \prod_{i \in I} \mathfrak{m}_i < \aleph_\lambda;$$

hat man allgemein $\mathfrak{m}_i < \aleph_\lambda$, so spaltet man $\sum_{i \in I} \mathfrak{m}_i$ auf in eine Summe lauter Summanden $\underset{\cdot}{1}$ und eine Summe lauter Summanden $\geqq \underset{\cdot}{2}$ und erhält wieder insgesamt $\sum_{i \in I} \mathfrak{m}_i < \aleph_\lambda$. Also gilt (1). Für $\overline{\overline{I}} = \mathfrak{n} < \aleph_\lambda$ und $\mathfrak{m} < \aleph_\lambda$ gilt

$$\mathfrak{m}^\mathfrak{n} = \prod_{i \in I} \mathfrak{m} < \aleph_\lambda.$$

Also gilt (2).

a) $\rightarrow$ c) Gilt (1), (2) für $\aleph_\lambda$ und ist $\underset{\cdot}{0} < \mathfrak{n} < \aleph_\lambda$, so ist $\aleph_\lambda^\mathfrak{n} = \aleph_\lambda$ für endliches $\mathfrak{n}$. Ist $\mathfrak{n}$ unendlich, so gilt, da Ω_λ regulär und somit $\mathfrak{Cf}(\lambda) = \lambda$ ist, nach Satz 2a), § 41:

$$\aleph_\lambda \leqq \aleph_\lambda^\mathfrak{n} = \sum_{\xi < \lambda} \aleph_\xi^\mathfrak{n} \leqq \aleph_\lambda \cdot |\lambda| = \aleph_\lambda.$$

Damit gilt (5).

c) $\rightarrow$ a) Gilt (4), (5) für $\aleph_\lambda$ und ist $\underset{\cdot}{0} < \overline{\overline{I}} < \aleph_\lambda$ und $\mathfrak{m}_i < \aleph_\lambda$ für $i \in I$, so ist nach dem Satz von König

$$\sum_{i \in I} \mathfrak{m}_i < \prod_{i \in I} \aleph_\lambda = \aleph_\lambda^{\overline{\overline{I}}} = \aleph_\lambda;$$

für $I = \varnothing$ gilt trivial $\sum_{i \in I} \mathfrak{m}_i < \aleph_\lambda$. Also gilt (1).

c) → d) Gilt (4), (5) für $\aleph_\lambda$ und wäre $\aleph_\lambda = \underset{\cdot}{2}^{\mathfrak{n}}$, so wäre $\mathfrak{n} < \underset{\cdot}{2}^{\mathfrak{n}} = \aleph_\lambda$, also nach (4) $\underset{\cdot}{2}^{\mathfrak{n}} < \aleph_\lambda$. Also gilt (7).

d) → c) Gilt (6), (7) für $\aleph_\lambda$ und ist $\mathfrak{m}, \mathfrak{n} < \aleph_\lambda$, so ist für $\mathfrak{n} = \underset{\cdot}{0}$ trivial $\mathfrak{m}^{\mathfrak{n}} < \aleph_\lambda$. Für endliches $\mathfrak{m}$, $\mathfrak{n}$ ist $\mathfrak{m}^{\mathfrak{n}} < \aleph_\lambda$; ebenso ist für unendliches $\mathfrak{m}$ und endliches $\mathfrak{n} > \underset{\cdot}{0}$: $\mathfrak{m}^{\mathfrak{n}} = \mathfrak{m} < \aleph_\lambda$. Für unendliches $\mathfrak{n}$ ist $\underset{\cdot}{0}^{\mathfrak{n}} = \underset{\cdot}{0} < \aleph_\lambda$, $\underset{\cdot}{1}^{\mathfrak{n}} = \underset{\cdot}{1} < \aleph_\lambda$; für $\mathfrak{m} \geqq \underset{\cdot}{2}$ erhält man

$$\mathfrak{m}^{\mathfrak{n}} = \underset{\cdot}{2}^{\mathfrak{n}} \leqq \aleph_\lambda^{\mathfrak{n}} = \aleph_\lambda \quad \text{für} \quad \mathfrak{m} \leqq \mathfrak{n}$$

und

$$\mathfrak{m}^{\mathfrak{n}} \leqq \mathfrak{m}^{\mathfrak{m}} = \underset{\cdot}{2}^{\mathfrak{m}} \leqq \aleph_\lambda^{\mathfrak{m}} = \aleph_\lambda \quad \text{für} \quad \mathfrak{n} \leqq \mathfrak{m},$$

woraus nach (7) $\mathfrak{m}^{\mathfrak{n}} < \aleph_\lambda$ folgt. Also gilt (4).

c) → e) Gilt (4), (5) für $\aleph_\lambda$ und ist $\underset{\cdot}{0} < \mathfrak{n} < \aleph_\lambda$, so ist

$$\aleph_\lambda^{\mathfrak{n}} = \aleph_\lambda \cdot \underset{\cdot}{2}^{\mathfrak{n}} \quad \text{wegen (5) und damit} \quad \underset{\cdot}{2}^{\mathfrak{n}} \leqq \aleph_\lambda^{\mathfrak{n}} = \aleph_\lambda;$$

ist $\mathfrak{n} \geqq \aleph_\lambda$, so ist

$$\aleph_\lambda^{\mathfrak{n}} = \aleph_\lambda \cdot \underset{\cdot}{2}^{\mathfrak{n}} \quad \text{wegen} \quad \aleph_\lambda \leqq \aleph_\lambda^{\mathfrak{n}} = \underset{\cdot}{2}^{\mathfrak{n}}.$$

Also gilt (9).

e) → c) Gilt (8), (9) für $\aleph_\lambda$ und ist $\underset{\cdot}{0} < \mathfrak{n} < \aleph_\lambda$, so ist

$$\aleph_\lambda \leqq \aleph_\lambda^{\mathfrak{n}} = \aleph_\lambda \cdot \underset{\cdot}{2}^{\mathfrak{n}} \leqq \aleph_\lambda \cdot \aleph_\lambda = \aleph_\lambda.$$

Also gilt (5).

Aus dem Beweis zu Satz 1 entnehmen wir, daß die Gleichwertigkeit der Bedingungen a) bis e) ohne Alephhypothese bewiesen wurde und daß außerdem aus dem Erfülltsein einer dieser Bedingungen für $\aleph_\lambda$ die Unerreichbarkeit von $\aleph_\lambda$ ohne Alephhypothese folgt. Lediglich für den Nachweis, daß jedes unerreichbare Aleph die Bedingungen a) bis e) erfüllt, wurde die Alephhypothese verwendet.

3. Wir wenden uns jetzt der Existenz exorbitanter Zahlen zu. Es genügt offenbar, die Existenzfrage für Kardinalzahlen zu diskutieren, da eine Anfangszahl $\mathbf{\Omega}_\lambda$ genau dann exorbitant ist, wenn $\aleph_\lambda$ exorbitant ist.

Es ist bisher mit den in § 3 zugrunde gelegten Axiomen weder bewiesen worden, daß ein exorbitantes Aleph existiert, noch daß es überhaupt keine exorbitanten Alephs gibt. Das Existenzproblem exorbitanter Alephs scheint, ähnlich wie das verallgemeinerte Kontinuumproblem, ein Problem zu sein, welches nicht mit alleiniger Hilfe der bisherigen Axiome (auch nicht unter Zulassung der Alephhypothese) gelöst werden kann, sondern welches erst durch Hinzunahme neuer Axiome, etwa des Axioms, daß es exorbitante Alephs gibt, entschieden werden kann.

Man vermutet, daß die Annahme der Existenz exorbitanter Alephs, sogar beliebig großer exorbitanter Alephs, zu keinen Widersprüchen führt, da diese Forderung in erster Linie eine Forderung nach besonders großen Alephs zu sein scheint und man darin nichts Widersprüchliches findet.

Tarski stellte ein mit elementaren Mitteln formulierbares Unerreichbarkeitsaxiom auf, das die Existenz beliebig großer unerreichbarer Alephs sichert. Unter Voraussetzung der Alephhypothese folgt auch umgekehrt aus der Existenz beliebig großer unerreichbarer Alephs das Tarskische Unerreichbarkeitsaxiom, so daß dann diese beiden Forderungen gleichwertig sind. Gegebenenfalls nimmt man, wie die Alephhypothese, das Unerreichbarkeitsaxiom mit zu den bisherigen Axiomen der Mengenlehre hinzu.

Auf das Unerreichbarkeitsaxiom wird man folgendermaßen geführt. Für jede Folge $(\alpha_\xi)_{\xi<\beta}$ vom Typ β von Ordinalzahlen existiert $\lim\limits_{\xi<\beta} \aleph_{\alpha_\xi} = \mathfrak{n}$; dabei ist $\mathfrak{n}$ kleiner als die nicht mehr als Kardinalzahl existierende Elementeanzahl der Allklasse $\boldsymbol{E}$ bzw. der Klasse $\boldsymbol{M}$ aller Mengen. Besäße $\boldsymbol{M}$ eine Kardinalzahl $\aleph_\lambda$, so wäre diese dann also ein exorbitantes Aleph. Es liegt nun die Vermutung nahe, daß, wenn man gewisse charakteristische Eigenschaften der Klasse $\boldsymbol{M}$, die ihr als umfassendster Klasse von Mengen zukommen, herausgreift und in sinngemäßer Übertragung von einer Menge M von Mengen fordert, die Kardinalzahl von M ein unerreichbares Aleph ist. Als solche Eigenschaften von $\boldsymbol{M}$ wählte Tarski die folgenden:

(a) *Ist* $X \in \boldsymbol{M}$ *und* $Y \subseteq X$, *so ist* $Y \in \boldsymbol{M}$.

(b) *Ist* $X \in \boldsymbol{M}$, *so ist* $\boldsymbol{P}X \in \boldsymbol{M}$.

(c) *Ist* $X \subseteq \boldsymbol{M}$ *und* $X \not\sim \boldsymbol{M}$, *so ist* $X \in \boldsymbol{M}$.

Sinngemäß auf eine Menge M von Mengen übertragen, ergeben diese Eigenschaften:

(a') *Ist* $X \in M$ *und* $Y \subseteq X$, *so ist* $Y \in M$.

(b') *Ist* $X \in M$, *so ist* $\boldsymbol{P}X \in M$.

(c') *Ist* $X \subseteq M$ *und* $X \not\sim M$, *so ist* $X \in M$.

Gilt schließlich für solch eine Menge M von Mengen noch $N \in M$ für eine Menge N, so ist nach (b') und (a') $\boldsymbol{P}N \in M$ und jede Einermenge $\{x\}$ mit $x \in \boldsymbol{P}N$ Element von M und damit $\overline{\overline{N}} < \overline{\overline{\boldsymbol{P}N}} \leqq \overline{\overline{M}}$. Ist also $\overline{\overline{M}}$ ein unerreichbares Aleph, so sogar ein oberhalb $\overline{\overline{N}}$ gelegenes. Fordert man somit für jede Menge N die Existenz einer Menge M von Mengen mit $N \in M$ und den Bedingungen (a'), (b'), (c'), so ist dadurch die Existenz beliebig großer exorbitanter Alephs gesichert, sofern jede Menge M von Mengen mit den Bedingungen (a'), (b'), (c') von unerreichbarer Mächtigkeit ist. Das letztere gilt in der Tat, wie wir im folgenden sehen werden.

Das Unerreichbarkeitsaxiom lautet nun:

Für jede Menge N gibt es eine Menge M von Mengen mit den Bedingungen:

(1) $N \in M$,

(2) $\forall X \, \forall Y \, (X \in M \wedge Y \subseteq X \rightarrow Y \in M)$,

(3) $\forall X \, (X \in M \rightarrow \boldsymbol{P}X \in M)$,

(4) $\forall X \, (X \subseteq M \wedge X \not\sim M \rightarrow X \in M)$.

S a t z 2. a) *Aus dem Unerreichbarkeitsaxiom folgt für jede Kardinalzahl* $\mathfrak{n}$ *die Existenz eines unerreichbaren Alephs* $\aleph_\lambda$ *mit* $\mathfrak{n} < \aleph_\lambda$.

b) *Unter Voraussetzung der Alephhypothese folgt das Unerreichbarkeitsaxiom aus der Forderung, daß es für jede Kardinalzahl* $\mathfrak{n}$ *ein unerreichbares Aleph* $\aleph_\lambda$ *mit* $\mathfrak{n} < \aleph_\lambda$ *gibt.*

B e w e i s. a) Es sei $\mathfrak{n}$ eine Kardinalzahl, $\overline{\overline{N}} = \mathfrak{n}$ und M eine nach dem Unerreichbarkeitsaxiom existierende Menge M von Mengen mit den Bedingungen (1) bis (4). Es ist nach (3), (2)

$$\mathfrak{n} = \overline{\overline{N}} < \overline{\overline{\boldsymbol{P}N}} \leqq \overline{\overline{M}}.$$

Wir zeigen außerdem, daß $\overline{\overline{M}}$ ein unerreichbares Aleph ist. M ist wegen (1), (3) unendlich; man definiere hierzu durch vollständige Induktion die abzählbare Mengenfolge $(F_i)_{i \in N}$ mit

$$F_0 = N, \qquad F_{i+1} = \boldsymbol{P}F_i;$$

dann ist F eineindeutig, also Nb F eine unendliche Teilmenge von M (die Eineindeutigkeit von F ergibt sich leicht, indem man etwa durch vollständige Induktion über j zeigt: $i < j \rightarrow \overline{\overline{F_i}} < \overline{\overline{F_j}}$). Die Menge aller Einermengen $\{X\}$ bei $X \in M$ ist dann Teilmenge der Menge S aller Teilmengen $X \subseteq M$ mit $X \not\backsim M$, also $\overline{\overline{M}} \leqq \overline{\overline{S}}$; nach (4) ist auch $\overline{\overline{S}} \leqq \overline{\overline{M}}$, also insgesamt

$$\overline{\overline{S}} = \overline{\overline{M}}.$$

Nach Satz 13, § 38 ist

$$\overline{\overline{S}} = \sum_{\mathfrak{p} < \overline{\overline{M}}} \left(\overline{\overline{M}}\right)^{\mathfrak{p}}$$

($\mathfrak{p} < \overline{\overline{M}}$ bedeutet natürlich: $\mathfrak{p} \in I$, wo I die Menge aller Kardinalzahlen $\mathfrak{p} < \overline{\overline{M}}$ ist), also gilt schließlich

$$\left(\overline{\overline{M}}\right)^{\mathfrak{q}} = \overline{\overline{M}} \quad \text{für jedes} \quad \mathfrak{0} < \mathfrak{q} < \overline{\overline{M}} \tag{+}$$

wegen

$$\overline{\overline{M}} \leqq \left(\overline{\overline{M}}\right)^{\mathfrak{q}} \leqq \sum_{\mathfrak{p} < \overline{\overline{M}}} \left(\overline{\overline{M}}\right)^{\mathfrak{p}} = \overline{\overline{M}}.$$

Ist $\mathfrak{q} < \overline{\overline{M}}$, so gibt es eine Teilmenge $X \subseteq M$ mit $\overline{\overline{X}} = \mathfrak{q}$ und nach (4) mit $X \in M$. Nach (3) ist $\boldsymbol{P}X \in M$, nach (2) $\boldsymbol{PP}X \subseteq M$, also gilt

$$\overline{\overline{\boldsymbol{P}X}} = \mathfrak{2}^{\mathfrak{q}} < \overline{\overline{\boldsymbol{PP}X}} \leqq \overline{\overline{M}},$$

also $2^{\mathfrak{q}} < \overline{\overline{M}}$ für jedes $\mathfrak{q} < \overline{\overline{M}}$. Daraus erhält man

$$\mathfrak{p}^{\mathfrak{q}} < \overline{\overline{M}} \quad \text{für beliebige} \quad \mathfrak{p}, \mathfrak{q} < \overline{\overline{M}} \tag{++}$$

ohne Schwierigkeit durch die Fallunterscheidung der vier möglichen Fälle in bezug auf die Endlichkeit und Unendlichkeit von $\mathfrak{p}$, $\mathfrak{q}$. (+) und (++) ergeben schließlich über Satz 1c), daß $\overline{\overline{M}}$ eine unerreichbare Kardinalzahl ist.

b) Es sei N eine Menge, $\overline{\overline{N}} = \mathfrak{n}$ und $\aleph_\lambda$ ein unerreichbares Aleph mit $\mathfrak{n} < \aleph_\lambda$. Mittels transfiniter ordnungstheoretischer Induktion definiere man die Mengenfolge $(P_\xi)_{\xi < \Omega_\lambda}$, für die $P_0 = \boldsymbol{P}N$ und P_ξ für $0 < \xi < \Omega_\lambda$ die Menge aller Teilmengen $X \subseteq \bigcup_{\eta < \xi} P_\eta$ mit $\overline{\overline{X}} < \aleph_\lambda$ ist. Es sei

$$M = \bigcup_{\xi < \Omega_\lambda} P_\xi .$$

Wir zeigen jetzt von M die Bedingungen (1) bis (4) des Unerreichbarkeitsaxioms.

(1) Wegen $N \in \boldsymbol{P}N = P_0 \subseteq M$ ist $N \in M$.

(2) Ist $X \in M$, so ist $X \in P_\xi$ für ein $\xi < \Omega_\lambda$, also auch $\overline{\overline{X}} < \aleph_\lambda$. Für jedes $Y \subseteq X$ gilt dann wegen $\overline{\overline{Y}} \leqq \overline{\overline{X}} < \aleph_\lambda$ ebenfalls $Y \in P_\xi$, also $Y \in M$.

(3) Unter Voraussetzung der Alephhypothese folgt aus Satz 1a) $2^{\mathfrak{x}} < \aleph_\lambda$ für jedes $\mathfrak{x} < \aleph_\lambda$. Für jede Menge $X \in M$ mit etwa $X \in P_\xi$ ist $\overline{\overline{X}} < \aleph_\lambda$, also $\overline{\overline{\boldsymbol{P}X}} = 2^{\overline{\overline{X}}} < \aleph_\lambda$ und damit $\boldsymbol{P}X \in P_{\xi+1}$ wegen $\boldsymbol{P}X \subseteq P_\xi$, also $\boldsymbol{P}X \in M$.

(4) Zum Nachweis der vierten Bedingung des Unerreichbarkeitsaxioms für die Menge M beweisen wir vorerst:

$$\overline{\overline{M}} = \aleph_\lambda .$$

Es gilt $\aleph_\lambda \leqq \overline{\overline{M}}$. Denn gibt es ein $\xi < \Omega_\lambda$ mit $\aleph_\lambda \leqq \overline{\overline{\bigcup_{\eta < \xi} P_\eta}}$, so ist $\aleph_\lambda \leqq \overline{\overline{M}}$. Ist andererseits $\overline{\overline{\bigcup_{\eta < \xi} P_\eta}} < \aleph_\lambda$ für jedes $\xi < \Omega_\lambda$, so ist für $0 < \xi < \Omega_\lambda$ stets

$$P_\xi = \boldsymbol{P} \bigcup_{\eta < \xi} P_\eta ,$$

also

$$P_\xi \setminus \bigcup_{\eta < \xi} P_\eta \neq \emptyset \qquad \text{wegen} \qquad \bigcup_{\eta < \xi} P_\eta \in P_\xi \setminus \bigcup_{\eta < \xi} P_\eta .$$

Es ist dann

$$M = P_0 \cup \bigcup_{0 < \xi < \Omega_\lambda} \Big(P_\xi \setminus \bigcup_{\eta < \xi} P_\eta\Big),$$

da jedes $X \in M$ Element von P_0 oder Element von $P_\xi \setminus \bigcup_{\eta < \xi} P_\eta$ ist, wo ξ das kleinste $0 < \xi < \Omega_\lambda$ ist mit $x \in P_\xi$. Ist schließlich f eine nach dem Auswahlaxiom und Satz 4, § 8 existierende Auswahlfunktion*, die jedem $0 < \xi < \boldsymbol{\Omega}_\lambda$ ein Element $f(\xi) \in P_\xi \setminus \bigcup_{\eta<\xi} P_\eta$ zuordnet, so ist $\mathrm{Nb}\, f \subseteq M$ und $\overline{\overline{\mathrm{Nb}\, f}} = \overline{\overline{\mathrm{Vb}\, f}} = \aleph_\lambda$, da f eineindeutig ist; also gilt $\aleph_\lambda \leqq \overline{\overline{M}}$. Für $\overline{\overline{M}} \leqq \aleph_\lambda$ genügt es zu zeigen $\overline{\overline{P_\xi}} \leqq \aleph_\lambda$ für jedes $\xi < \boldsymbol{\Omega}_\lambda$, da dann

$$\overline{\overline{M}} \leqq \sum_{\xi<\Omega_\lambda} \aleph_\lambda = \aleph_\lambda \cdot \aleph_\lambda = \aleph_\lambda$$

ist. $\overline{\overline{P_\xi}} \leqq \aleph_\lambda$ beweisen wir durch transfinite ordnungstheoretische Induktion über $\xi < \boldsymbol{\Omega}_\lambda$. Es ist

$$\overline{\overline{P_0}} = \underset{\cdot}{2}^{\mathfrak{n}} \leqq \aleph_\lambda^{\mathfrak{n}} \leqq \aleph_\lambda$$

auf Grund von $\mathfrak{n} < \aleph_\lambda$, der Alephhypothese und Satz 1c). Gilt $\overline{\overline{P_\eta}} < \aleph_\lambda$ für alle $\eta < \xi$ bei $0 < \xi < \boldsymbol{\Omega}_\lambda$, so ist für $\mathfrak{p} = \overline{\overline{\bigcup_{\eta<\xi} P_\eta}}$:

$$\mathfrak{p} \leqq \sum_{\eta<\xi} \aleph_\lambda \leqq \aleph_\lambda \cdot \aleph_\lambda = \aleph_\lambda .$$

Im Falle $\mathfrak{p} < \aleph_\lambda$ ist

$$\overline{\overline{P_\xi}} = \underset{\cdot}{2}^{\mathfrak{p}} < \aleph_\lambda$$

auf Grund der Alephhypothese und Satz 1a). Im Falle $\mathfrak{p} = \aleph_\lambda$ folgt aus der Alephhypothese und Satz 1c):

$$\mathfrak{p} \leqq \sum_{\mathfrak{r}<\mathfrak{p}} \mathfrak{p}^{\mathfrak{r}} \leqq \sum_{\mathfrak{r}<\mathfrak{p}} \mathfrak{p} = \mathfrak{p} \cdot \overline{\overline{\mathrm{Ab}\, \mathfrak{p}}} \leqq \mathfrak{p} \cdot \mathfrak{p} = \mathfrak{p},$$

also

$$\sum_{\mathfrak{r}<\mathfrak{p}} \mathfrak{p}^{\mathfrak{r}} = \mathfrak{p}.$$

woraus nach Satz 13, § 38 schließlich

$$\overline{\overline{P_\xi}} = \sum_{\mathfrak{r}<\mathfrak{p}} \mathfrak{p}^{\mathfrak{r}} = \mathfrak{p} = \aleph_\lambda$$

folgt. Damit gilt stets $\overline{\overline{P_\xi}} \leqq \aleph_\lambda$, und $\overline{\overline{M}} = \aleph_\lambda$ ist vollständig bewiesen.

Nun zum Nachweis der vierten Bedingung des Unerreichbarkeitsaxioms für die Menge M. Es sei $X \subseteq M$ und $X \not\sim M$. Wenn wir zeigen können, daß es ein $\xi < \boldsymbol{\Omega}_\lambda$ gibt mit $X \subseteq \bigcup_{\eta<\xi} P_\eta$, so ist $X = \emptyset$ im Falle $\xi = 0$, also $X \in P_0$, und es ist $X \in P_\xi$ im Falle $\xi \neq 0$ wegen $\overline{\overline{X}} < \overline{\overline{M}} = \aleph_\lambda$; in beiden Fällen ist also $X \in M$, was zu zeigen war. Gäbe es nun aber kein $\xi < \boldsymbol{\Omega}_\lambda$ mit $X \subseteq \bigcup_{\eta<\xi} P_\eta$, so gäbe es für jedes $\xi < \boldsymbol{\Omega}_\lambda$ ein $\xi \leqq \xi_0 < \boldsymbol{\Omega}_\lambda$ und ein $x \in X \cap P_{\xi_0}$ mit $x \notin \bigcup_{\eta<\xi} P_\eta$. Da mit $\aleph_\lambda$ auch $\boldsymbol{\Omega}_\lambda$ regulär ist, ist für jede Funktion g von einem Abschnitt $\boldsymbol{O}(\xi)$

in $\boldsymbol{O}(\boldsymbol{\Omega}_\lambda)$ bei $\xi < \boldsymbol{\Omega}_\lambda$ der $\lim\limits_{\eta<\xi} g(\eta)$ Element von $\boldsymbol{O}(\boldsymbol{\Omega}_\lambda)$, also $\lim\limits_{\eta<\xi} g(\eta) < \boldsymbol{\Omega}_\lambda$. Mittels transfiniter ordnungstheoretischer Rekursion läßt sich also die Funktion f von $\boldsymbol{O}(\boldsymbol{\Omega}_\lambda)$ in $\boldsymbol{O}(\boldsymbol{\Omega}_\lambda)$ definieren mit für jedes $\xi < \boldsymbol{\Omega}_\lambda$:

$$f(\xi) = \begin{cases} \text{kleinste Ordinalzahl } \xi_0 < \boldsymbol{\Omega}_\lambda \text{ mit } (\lim\limits_{\zeta<\xi} f(\zeta)) + 1 \leqq \xi_0 \\ \text{und } \exists x \, (x \in X \cap P_{\xi_0} \wedge x \notin \bigcup\limits_{\eta < (\lim\limits_{\zeta<\xi} f(\zeta)) + 1} P_\eta). \end{cases}$$

Für jedes $\xi_1 < \xi_2 < \boldsymbol{\Omega}_\lambda$ ist sofort

$$f(\xi_1) < (\lim_{\zeta<\xi_2} f(\zeta)) + 1 \leqq f(\xi_2),$$

also ist f echt monoton wachsend. Für jedes $\xi < \boldsymbol{\Omega}_\lambda$ ist die Menge Q_ξ der $x \in X \cap P_{f(\xi)}$ mit $x \notin \bigcup\limits_{\eta < (\lim\limits_{\zeta<\xi} f(\zeta)) + 1} P_\eta$ nicht leer; nach dem Auswahlaxiom und Satz 4, § 8 gibt es dann eine Auswahlfunktion* f^*, die jedem $\xi < \boldsymbol{\Omega}_\lambda$ ein $x \in Q_\xi$ zuordnet. Ist $\xi_1 < \xi_2 < \boldsymbol{\Omega}_\lambda$, so ist $f(\xi_1) < f(\xi_2)$, also $f^*(\xi_1) \in P_{f(\xi_1)}$ und $f^*(\xi_2) \notin P_{f(\xi_1)}$, womit $f^*(\xi_1) \neq f^*(\xi_2)$ ist. Damit ist f^* eineindeutig, also

$$\aleph_\lambda = |\boldsymbol{\Omega}_\lambda| = \overline{\overline{\mathrm{Vb}\, f^*}} = \overline{\overline{\mathrm{Nb}\, f^*}} \leqq \overline{\overline{X}}$$

wegen $\mathrm{Nb}\, f^* \subseteq X$ im Widerspruch zu $\overline{\overline{X}} < \overline{\overline{M}} = \aleph_\lambda$.

Unter Voraussetzung des Unerreichbarkeitsaxioms folgt aus Satz 2a) die Existenz beliebig großer unerreichbarer Alephs $\aleph_\lambda$ und damit auch die Existenz beliebig großer unerreichbarer Anfangszahlen $\boldsymbol{\Omega}_\lambda$; denn ist α eine Ordinalzahl, $|\alpha| < \aleph_\lambda$ und $\aleph_\lambda$ ein unerreichbares Aleph, so ist $\alpha < \boldsymbol{\Omega}_\lambda$, wo $\boldsymbol{\Omega}_\lambda$ eine unerreichbare Anfangszahl ist. Die Klasse U aller unerreichbaren Ordinalzahlen ist dann eine Unmenge, da $\boldsymbol{O}$ und U konfinal sind; ebenso ist die Klasse V aller unerreichbaren Kardinalzahlen eine Unmenge, da $\boldsymbol{K}$ und V konfinal sind.

Man nennt die unerreichbaren Ordinalzahlen auch HAUSDORFF*sche (unerreichbare Ordinal-)Zahlen*, die unerreichbaren Kardinalzahlen auch KURATOWSKI*sche (unerreichbare Kardinal-)Zahlen*, die Alephs, welche einer der Bedingungen a) bis e) aus Satz 1 (und damit allen diesen Bedingungen) genügen, auch TARSKI*sche (unerreichbare Kardinal-)Zahlen* und die Anfangszahlen $\boldsymbol{\Omega}_\lambda$, für die $\aleph_\lambda$ eine TARSKIsche Zahl ist, auch ZERMELO*sche (unerreichbare Ordinal-)Zahlen*. Nach Satz 1 ist jede TARSKIsche Zahl eine KURATOWSKIsche Zahl, jede ZERMELOsche Zahl eine HAUSDORFFsche Zahl; mit Alephhypothese gelten auch die Umkehrungen, so daß dann sowohl die TARSKIschen und KURATOWSKIschen als auch die ZERMELOschen und HAUSDORFFschen Zahlen zusammenfallen. Aus diesem Grunde unterscheiden wir diese Zahlen auch nicht und behandeln nach wie vor nur die HAUSDORFFschen und KURATOWSKIschen Zahlen. Aus dem Beweis zu Satz 2 entnimmt man, daß ohne Alephhypothese die Forderung der Existenz beliebig hoher TARSKIscher Zahlen gleichwertig mit dem Unerreichbarkeitsaxiom ist.

4. Das frühere Ergebnis, daß man, von einer beliebigen Menge M ausgehend, durch sukzessive Potenzmengenbildung und Vereinigungsbildung jede beliebige Mächtigkeit einmal überschreitet (vgl. Satz 18, § 38), läßt sich auf die Abschnitte der unerreichbaren Kardinalzahlen übertragen und ergibt folgenden

Satz 3. *Ist* $\aleph_\mu$ *ein unerreichbares Aleph,* M *eine Menge mit* $\overline{\overline{M}} < \aleph_\mu$, F *die Funktion von* $\boldsymbol{O}(\boldsymbol{\Omega}_\mu)$ *in* $\boldsymbol{M}$ *mit für beliebige Ordinalzahlen* $\beta, \lambda < \boldsymbol{\Omega}_\mu$:

$$F(0) = M,$$
$$F(\beta + 1) = \boldsymbol{P}\, F(\beta),$$
$$\lambda \textit{ Limeszahl} \to F(\lambda) = \bigcup_{\xi < \lambda} F(\xi),$$

$\mathfrak{m}$ *die Funktion über* $\boldsymbol{O}(\boldsymbol{\Omega}_\mu)$ *mit* $\mathfrak{m}_\xi = \overline{\overline{F(\xi)}}$ *für jedes* $\xi < \boldsymbol{\Omega}_\mu$ *und* $\overline{\overline{M}} = \overline{\overline{F(0)}} = \mathfrak{m}_0$, *so ist* $\mathfrak{m}$ *echt monoton wachsend, es gilt für Ordinalzahlen* $\beta, \lambda < \boldsymbol{\Omega}_\mu$:

$$\mathfrak{m}_0 = \mathfrak{m}_0,$$
$$\mathfrak{m}_{\beta+1} = \dot{2}^{\mathfrak{m}_\beta},$$
$$\lambda \textit{ Limeszahl} \to \mathfrak{m}_\lambda = \sum_{\xi < \lambda} \mathfrak{m}_\xi = \lim_{\xi < \lambda} \mathfrak{m}_\xi,$$

zu jedem $\mathfrak{n} < \aleph_\mu$ *gibt es ein* $\xi < \boldsymbol{\Omega}_\mu$ mit $\mathfrak{n} < \mathfrak{m}_\xi$, *und unter Voraussetzung der Alephhypothese ist stets* $\mathfrak{m}_\xi < \aleph_\mu$ *für* $\xi < \boldsymbol{\Omega}_\mu$.

Beweis. Unter den Voraussetzungen des Satzes zeigt man durch transfinite Induktion über η für Ordinalzahlen $\xi, \eta < \boldsymbol{\Omega}_\mu$:

$$\xi < \eta \to \mathfrak{m}_\xi < \mathfrak{m}_\eta.$$

Diese Behauptung gilt trivial für $\eta = 0$ und beliebige ξ. Ist $\xi < \eta \to \mathfrak{m}_\xi < \mathfrak{m}_\eta$, so gilt

$$\xi < \eta + 1 \to \xi \leqq \eta \to \mathfrak{m}_\xi \leqq \mathfrak{m}_\eta \to \mathfrak{m}_\xi < \mathfrak{m}_{\eta+1}$$

wegen $\mathfrak{m}_\eta < \mathfrak{m}_{\eta+1}$. Ist λ eine Limeszahl und $\xi < \lambda$, so ist $\mathfrak{m}_\xi < \mathfrak{m}_{\xi+1} \leqq \mathfrak{m}_\lambda$, also $\mathfrak{m}_\xi < \mathfrak{m}_\lambda$. Damit ist $\mathfrak{m}$ echt monoton wachsend. Trivial ist $\mathfrak{m}_0 = \mathfrak{m}_0$ und $\mathfrak{m}_{\beta+1} = \dot{2}^{\mathfrak{m}_\beta}$ für beliebige $\beta < \boldsymbol{\Omega}_\mu$. Ist $\lambda < \boldsymbol{\Omega}_\mu$ eine Limeszahl, so ist

$$\mathfrak{m}_\lambda = \overline{\overline{\bigcup_{\xi < \lambda} F(\xi)}} \leqq \sum_{\xi < \lambda} \mathfrak{m}_\xi \quad \text{und} \quad \lim_{\xi < \lambda} \mathfrak{m}_\xi \leqq \mathfrak{m}_\lambda,$$

da $\mathfrak{m}$ monoton wächst. Für

$$\mathfrak{m}_\lambda = \sum_{\xi < \lambda} \mathfrak{m}_\xi = \lim_{\xi < \lambda} \mathfrak{m}_\xi$$

ist dann nur noch zu zeigen:

$$\sum_{\xi < \lambda} \mathfrak{m}_\xi = \lim_{\xi < \lambda} \mathfrak{m}_\xi. \qquad (+)$$

Ist $\aleph_0 \leqq \mathfrak{m}_0$, so sind alle $\mathfrak{m}_\xi$ Alephs und (+) folgt aus Satz 23 und den anschließenden Bemerkungen. Ist $\mathfrak{m}_0 < \aleph_0$, so zeigt man leicht $\mathfrak{m}_\xi < \aleph_0$ für alle $\xi < \omega$ durch vollständige Induktion über $\xi < \omega$. Dann ist $\lim\limits_{\xi<\omega} \mathfrak{m}_\xi \leqq \aleph_0$; aber es kann nicht $\lim\limits_{\xi<\omega} \mathfrak{m}_\xi < \aleph_0$ sein, da sonst die $\mathfrak{m}_\xi$ für $\xi < \omega$ eine endliche Menge bilden würden im Widerspruch dazu, daß $(\mathfrak{m}_\xi)_{\xi<\omega}$ eine eineindeutige Abbildung über N ist; also ist $\lim\limits_{\xi<\omega} \mathfrak{m}_\xi = \aleph_0$. Ebenso ist $\sum\limits_{\xi<\omega} \mathfrak{m}_\xi = \aleph_0$ wegen

$$\sum_{\xi<\omega} \mathfrak{m}_\xi \leqq \sum_{\xi<\omega} \aleph_0 = \aleph_0 \cdot \aleph_0 = \aleph_0;$$

es kann nicht $\sum\limits_{\xi<\omega} \mathfrak{m}_\xi \doteq \mathfrak{n} < \aleph_0$ sein, da ja $\mathfrak{m}_\eta \leqq \sum\limits_{\xi<\omega} \mathfrak{m}_\xi$ auch für jedes $\mathfrak{m}_\eta$ mit $\mathfrak{n} < \mathfrak{m}_\eta$ gilt. Es ist schließlich

$$\sum_{\xi<\lambda} \mathfrak{m}_\xi = \sum_{\xi<\omega} \mathfrak{m}_\xi + \sum_{\omega\leqq\xi<\lambda} \mathfrak{m}_\xi = \aleph_0 + \sum_{\omega\leqq\xi<\lambda} \mathfrak{m}_\xi.$$

Im Falle $\omega = \lambda$ ist

$$\sum_{\xi<\lambda} \mathfrak{m}_\xi = \aleph_0 = \lim_{\xi<\lambda} \mathfrak{m}_\xi.$$

Im Falle $\omega < \lambda$ ist

$$\aleph_0 = \lim_{\xi<\omega} \mathfrak{m}_\xi \leqq \mathfrak{m}_\omega,$$

also sind alle $\mathfrak{m}_\xi$ mit $\omega \leqq \xi < \lambda$ Alephs; dann ist

$$\sum_{\xi<\lambda} \mathfrak{m}_\xi = \aleph_0 + \sup \mathrm{Nb}\,(\mathfrak{m}_{[\omega,\lambda[}) = \lim_{\xi<\lambda} \mathfrak{m}_\xi.$$

Damit ist (+) bewiesen. Also gilt für Limeszahlen λ:

$$\mathfrak{m}_\lambda = \sum_{\xi<\lambda} \mathfrak{m}_\xi = \lim_{\xi<\lambda} \mathfrak{m}_\xi.$$

Ist jetzt $\mathfrak{n} < \aleph_\mu$ und gäbe es kein $\mathfrak{n} < \mathfrak{m}_\xi$, so wäre $\mathfrak{m}_\xi \leqq \mathfrak{n}$ für alle $\xi < \Omega_\mu$ im Widerspruch zu

$$O\,(\Omega_\mu) = \mathrm{Vb}\,\mathfrak{m} \backsim \mathrm{Nb}\,\mathfrak{m} \subseteq \mathrm{Ab}\,\mathfrak{n}',$$

wonach

$$\aleph_\mu \leqq \overline{\overline{\mathrm{Ab}\ \mathfrak{n}'}} \leqq \mathfrak{n}' < \aleph_\mu$$

wäre.

Unter Voraussetzung der Alephhypothese zeigt man schließlich $\mathfrak{m}_\xi < \aleph_\mu$ durch transfinite Induktion über $\xi < \Omega_\mu$. Es ist trivial $\mathfrak{m}_0 = \overline{\overline{M}} < \aleph_\mu$. Ist $\mathfrak{m}_\beta < \aleph_\mu$, so ist $\mathfrak{m}_{\beta+1} = 2^{\mathfrak{m}_\beta} < \max\{\aleph_0, \mathfrak{m}_\beta''\} \leqq \aleph_\mu$. Ist $\lambda < \Omega_\mu$ eine Limeszahl und $\mathfrak{m}_\xi < \aleph_\mu$ für jedes $\xi < \lambda$, so ist

$$\mathfrak{m}_\lambda = \sum_{\xi<\lambda} \mathfrak{m}_\xi < \aleph_\mu$$

wegen $|\lambda| < \aleph_\mu$ und der Regularität von $\aleph_\mu$. Damit ist unser Satz vollständig bewiesen.

Satz 3 besagt also, daß man, von einer beliebigen Menge M mit $\overline{\overline{M}} < \aleph_\mu$ ausgehend (etwa von $M = \emptyset$), durch sukzessive Potenzmengenbildung und Vereinigungsbildung jede beliebige Mächtigkeit unterhalb $\aleph_\mu$ einmal nach weniger als $\mathbf{\Omega}_\mu$ Schritten überschreitet, wobei $\aleph_\mu$ ein unerreichbares Aleph ist. Unter Voraussetzung der Alephhypothese kommt man mit weniger als $\mathbf{\Omega}_\mu$ Schritten nicht über $\aleph_\mu$ hinaus. Ist $\aleph_\mu$ ein exorbitantes Aleph und geht man von einer unendlichen Menge M mit $\overline{\overline{M}} = \aleph_{\alpha_0} < \aleph_\mu$ aus, so ist unter Voraussetzung der Alephhypothese die Funktion $\mathfrak{m}$ von Satz 3 eine ähnliche Abbildung von $\boldsymbol{O}(\mathbf{\Omega}_\mu)$ auf die Menge aller Alephs $\aleph_{\alpha_0} \leqq \aleph_\alpha < \aleph_\mu$ (speziell also im Falle $\overline{\overline{M}} = \aleph_0$ eine ähnliche Abbildung auf die Menge aller Alephs $\aleph_\alpha < \aleph_\mu$), da man durch transfinite Induktion über $\xi < \mathbf{\Omega}_\mu = \mu$ zeigt: $\mathfrak{m}_\xi = \aleph_{\alpha_0+\xi}$.

Ebenso ergibt sich, parallel zu dem entsprechenden Resultat in der Klasse $\boldsymbol{K}$ aller Kardinalzahlen (vgl. Satz 17, § 38), für die Abschnitte der unerreichbaren Alephs folgender Satz über Allmengen:

Satz 4. *Ist A die ähnliche Abbildung von $\boldsymbol{O}$ auf $\mathfrak{A}$, $\mathfrak{a}$ die Funktion über $\boldsymbol{O}$ mit $\mathfrak{a}_\xi = \overline{\overline{A_\xi}}$ für jedes $\xi \in \boldsymbol{O}$, $\overline{\overline{A_0}} = \overline{\overline{I}} = \mathfrak{a}_0$ und $\aleph_\mu$ ein exorbitantes Aleph mit $\mathfrak{a}_0 < \aleph_\mu$, so ist $\mathfrak{a}$ echt monoton wachsend, es gilt für Ordinalzahlen β, λ:*

$$\mathfrak{a}_0 = \mathfrak{a}_0,$$

$$\mathfrak{a}_{\beta+1} = 2^{\mathfrak{a}_\beta},$$

$$\lambda \textit{ Limeszahl} \to \mathfrak{a}_\lambda = \sum_{\xi<\lambda} \mathfrak{a}_\xi = \lim_{\xi<\lambda} \mathfrak{a}_\xi,$$

zu jedem $\mathfrak{n} < \aleph_\mu$ gibt es ein $\xi < \mathbf{\Omega}_\mu$ mit $\mathfrak{n} < \mathfrak{a}_\xi$, und unter Voraussetzung der Alephhypothese ist stets $\mathfrak{a}_\xi < \aleph_\mu$ für $\xi < \mathbf{\Omega}_\mu$.

Beweis. Unter den Voraussetzungen des Satzes folgen die ersten Behauptungen unmittelbar aus Satz 17, § 38. Ist $\mathfrak{n} < \aleph_\mu$ und gäbe es kein $\xi < \mathbf{\Omega}_\mu$ mit $\mathfrak{n} < \mathfrak{a}_\xi$, so wäre $\mathfrak{a}_\xi \leqq \mathfrak{n}$ für alle $\xi < \mathbf{\Omega}_\mu$ im Widerspruch zu

$$\boldsymbol{O}(\mathbf{\Omega}_\mu) = \mathrm{Vb}\left(\mathfrak{a}_{\boldsymbol{O}(\mathbf{\Omega}_\mu)}\right) \backsim \mathrm{Nb}\left(\mathfrak{a}_{\boldsymbol{O}(\mathbf{\Omega}_\mu)}\right) \subseteq \mathrm{Ab}\,\mathfrak{n}',$$

wonach

$$\aleph_\mu \leqq \overline{\overline{\mathrm{Ab}\,\mathfrak{n}'}} \leqq \mathfrak{n}' < \aleph_\mu$$

wäre. Unter Voraussetzung der Alephhypothese zeigt man schließlich $\mathfrak{a}_\xi < \aleph_\mu$ für $\xi < \mathbf{\Omega}_\mu$ durch transfinite Induktion über $\xi < \mathbf{\Omega}_\mu$. Es ist trivial $\mathfrak{a}_0 = \mathfrak{a}_0 < \aleph_\mu$. Ist $\mathfrak{a}_\beta < \aleph_\mu$, so ist $\mathfrak{a}_{\beta+1} = 2^{\mathfrak{a}_\beta} = \mathfrak{a}_\beta' < \aleph_\mu$. Ist $\lambda < \mathbf{\Omega}_\mu$ eine Limeszahl und $\mathfrak{a}_\xi < \aleph_\mu$ für jedes $\xi < \lambda$, so ist

$$\mathfrak{a}_\lambda = \sum_{\xi<\lambda} \mathfrak{a}_\xi < \aleph_\mu$$

wegen $|\lambda| < \aleph_\mu$ und der Regularität von $\aleph_\mu$.

Satz 4 besagt also, daß man mit den Allmengen $(A_\xi)_{\xi < \Omega_\mu}$ für ein exorbitantes Aleph $\aleph_\mu > \overline{\overline{I}}$ jede Mächtigkeit unterhalb $\aleph_\mu$ überschreitet. Unter Voraussetzung der Alephhypothese kommt man mit diesen Allmengen A_ξ $(\xi < \Omega_\mu)$ nicht über $\aleph_\mu$ hinaus. Unter Voraussetzung der Alephhypothese ist die Funktion $(\mathfrak{a}_\xi)_{\xi < \Omega_\mu}$ von Satz 4 eine ähnliche Abbildung von $O(\Omega_\mu)$ auf die Menge aller Alephs $\overline{\overline{I}} \leqq \aleph_\alpha < \aleph_\mu$, da man durch transfinite Induktion über $\xi < \Omega_\mu = \mu$ bei $\aleph_{\alpha_0} = \overline{\overline{I}}$ zeigt: $\mathfrak{a}_\xi = \aleph_{\alpha_0 + \xi}$.

Die Abschnitte der unerreichbaren Kardinalzahlen besitzen also analoge Eigenschaften wie die Klasse K aller Kardinalzahlen selbst, deren obere Grenze die nicht mehr als Kardinalzahl existierende exorbitante Elementeanzahl der Unmengen ist; es ist damit die Bezeichnung „Grenzzahlen" für unerreichbare Zahlen berechtigt.

5. Der Grenzzahlcharakter der unerreichbaren Zahlen tritt auch in folgendem Satz 5 hervor (vgl. die an Satz 5 anschließenden Ausführungen). Ist A die ähnliche Abbildung von O auf $\mathfrak{A}$, $\mathfrak{a}_\xi = \overline{\overline{A_\xi}}$ für $\xi \in O$, $\aleph_{\alpha_0} = \mathfrak{a}_0$ und $\alpha_0 < \eta$, so ist unter Voraussetzung der Alephhypothese $\mathfrak{a}_\eta$ exorbitant genau dann, wenn η exorbitant ist. Denn es gilt $\mathfrak{a}_\eta = \aleph_{\alpha_0 + \eta}$, wonach zunächst $\mathfrak{a}_\eta$ exorbitant ist genau dann, wenn $\alpha_0 + \eta$ exorbitant ist. Wegen $\alpha_0 < \eta$ ist aber $\alpha_0 + \eta$ exorbitant genau dann, wenn η exorbitant ist; denn ist $\alpha_0 + \eta$ exorbitant, so ist $\alpha_0 + \eta$ eine Anfangszahl, also $\eta = \alpha_0 + \eta$; ist η exorbitant, so ist η als Anfangszahl eine γ-Zahl, also $\alpha_0 + \eta = \eta$. Für exorbitantes $\eta > \alpha_0$ ist also $\mathfrak{a}_\eta = \aleph_\eta$, und man erhält für exorbitante $\eta > \alpha_0$ in den $\mathfrak{a}_\eta$ alle exorbitanten Kardinalzahlen $> \overline{\overline{I}}$.

Im Fall $\alpha_0 = 0$ erhält man dann für exorbitante Ordinalzahlen η in den $\mathfrak{a}_\eta$ alle exorbitanten Kardinalzahlen. Man ist geneigt, gemäß den anschaulichen Vorstellungen über das unserem in § 3 entwickelten Axiomensystem zugrunde liegende Standardmodell, noch in Verschärfung des Unendlichkeitsaxioms ein „Abzählbarkeitsaxiom" zu fordern, welches die Abzählbarkeit des Individuenbereiches I postuliert. Doch wird eine derartige Fixierung der Mächtigkeit von I in der Mengenlehre nirgends benötigt; höchstens bei ähnlichen vereinzelten Betrachtungen über die Mächtigkeit der Allmengen, wie wir sie eben angestellt haben, wäre die Tatsache $\overline{\overline{I}} = \aleph_0$ von Vorteil. Man nimmt aber deshalb das Axiom $\overline{\overline{I}} = \aleph_0$ nicht extra auf; außerdem spiegelt unser Axiomensystem ohne dieses Axiom die Realität sicherer wider.

Satz 5. *Ist A die ähnliche Abbildung von O auf $\mathfrak{A}$, $\aleph_{\alpha_0} = \overline{\overline{I}} = \overline{\overline{A_0}}$ und $\varepsilon > \alpha_0$ eine exorbitante Anfangszahl, so gilt unter Voraussetzung der Alephhypothese für Mengen X, Y:*

(a) $X \in A_\varepsilon \wedge Y \subseteq X \rightarrow Y \in A_\varepsilon$,

(b) $X \in A_\varepsilon \rightarrow PX \in A_\varepsilon$,

(c) $X \subseteq A_\varepsilon \wedge X \backsim A_\varepsilon \rightarrow X \in A_\varepsilon$.

Beweis. Unter den Voraussetzungen des Satzes gilt trivial (a) wegen

$$Y \subseteq X \in A_\varepsilon \to Y \sqsubset X \sqsubset A_\varepsilon \to Y \sqsubset A_\varepsilon \to Y \in A_\varepsilon .$$

(b) Da ε Limeszahl ist, gilt nach Satz 8h), § 4:

$$A_\varepsilon = \bigcup_{\xi < \varepsilon} A_\xi .$$

Ist also X eine Menge mit $X \in A_\varepsilon$, so ist $X \in A_\xi$ für ein $\xi < \varepsilon$, also $\boldsymbol{P}X \subseteq A_\xi$ wegen $Y \subseteq X \to Y \sqsubset X$, also $\boldsymbol{P}X \in \boldsymbol{P}A_\xi$ und damit

$$\boldsymbol{P}X \in A_\xi \cup \boldsymbol{P}A_\xi = A_{\xi+1} \subseteq A_\varepsilon .$$

(c) Ist $X \subseteq A_\varepsilon$, so ist $X \sqsubset A_\varepsilon$; gilt außerdem $X \not\backsim A_\varepsilon$, so muß $X \sqsubset A_\varepsilon$ und damit $X \in A_\varepsilon$ sein, da wir zeigen:

$$X \sqsubset A_\varepsilon \to X \backsim A_\varepsilon .$$

Ist $X \subseteq A_\varepsilon$ und $X \sqsubset A_\varepsilon$, so gibt es kein $\xi < \varepsilon$ mit $X \subseteq A_\xi$, da sonst $X \sqsubset A_\xi \sqsubset A_\varepsilon$ wäre. Es gibt also für jedes $\xi < \varepsilon$ ein $\xi \leqq \xi_0 < \varepsilon$ und ein $x \in X \cap A_{\xi_0}$ mit $x \notin \bigcup_{\eta < \xi} A_\eta$. Da ε regulär ist, ist für jede Funktion g von einem Abschnitt $\boldsymbol{O}(\xi)$ in $\boldsymbol{O}(\varepsilon)$ bei $\xi < \varepsilon$ der $\lim_{\eta < \xi} g(\eta)$ Element von $\boldsymbol{O}(\varepsilon)$, also $\lim_{\eta < \xi} g(\eta) < \varepsilon$. Mittels transfiniter ordnungstheoretischer Rekursion läßt sich also die Funktion f von $\boldsymbol{O}(\varepsilon)$ in $\boldsymbol{O}(\varepsilon)$ definieren mit für jedes $\xi < \varepsilon$:

$$f(\xi) = \begin{cases} \text{kleinste Ordinalzahl } \xi_0 < \varepsilon \text{ mit } (\lim_{\zeta < \xi} f(\zeta)) + 1 \leqq \xi_0 \\ \text{und } \exists x \, (x \in X \cap A_{\xi_0} \wedge x \notin \bigcup_{\eta < (\lim_{\zeta < \xi} f(\zeta)) + 1} A_\eta). \end{cases}$$

Für jedes $\xi_1 < \xi_2 < \varepsilon$ ist sofort

$$f(\xi_1) < (\lim_{\zeta < \xi_2} f(\zeta)) + 1 \leqq f(\xi_2),$$

also ist f echt monoton wachsend. Für jedes $\xi < \varepsilon$ ist die Menge Q_ξ der $x \in X \cap A_{f(\xi)}$ mit $x \notin \bigcup_{\eta < (\lim_{\zeta < \xi} f(\zeta)) + 1} A_\eta$ nicht leer; nach dem Auswahlaxiom und Satz 4, § 8 gibt es dann eine Auswahlfunktion f^*, die jedem $\xi < \varepsilon$ ein $x \in Q_\xi$ zuordnet. Ist $\xi_1 < \xi_2 < \varepsilon$, so ist $f(\xi_1) < f(\xi_2)$, also $f^*(\xi_1) \in A_{f(\xi_1)}$ und $f^*(\xi_2) \notin A_{f(\xi_1)}$, womit $f^*(\xi_1) \neq f^*(\xi_2)$ ist. Damit ist f eineindeutig, also ist unter Voraussetzung der Alephhypothese

$$\aleph_\varepsilon = |\Omega_\varepsilon| = |\varepsilon| = \overline{\overline{\mathrm{Vb}\, f^*}} = \overline{\overline{\mathrm{Nb}\, f^*}} \leqq \overline{\overline{X}} \leqq \overline{\overline{A_\varepsilon}} = \aleph_\varepsilon ,$$

womit $X \backsim A_\varepsilon$ gilt.

Satz 5 liefert unter Voraussetzung der Alephhypothese für die Allmengen A_ε mit exorbitantem $\varepsilon > \alpha_0$ (bei $\aleph_{\alpha_0} = \overline{\overline{\boldsymbol{I}}}$) dieselben Eigenschaften, wie sie die Allklasse $\boldsymbol{E}$ (und auch $\boldsymbol{M}$) besitzt; denn es gilt für beliebige Klassen X, Y:

$$X \in A_\varepsilon \wedge Y \subseteq X \rightarrow Y \in A_\varepsilon, \qquad X \in \boldsymbol{E} \wedge Y \subseteq X \rightarrow Y \in \boldsymbol{E},$$

$$X \in A_\varepsilon \rightarrow \boldsymbol{P}X \in A_\varepsilon, \qquad X \in \boldsymbol{E} \rightarrow \boldsymbol{P}X \in \boldsymbol{E},$$

$$X \subseteq A_\varepsilon \wedge X \not\backsim A_\varepsilon \rightarrow X \in A_\varepsilon, \qquad X \subseteq \boldsymbol{E} \wedge X \not\backsim \boldsymbol{E} \rightarrow X \in \boldsymbol{E}.$$

Da jede Menge N Element mindestens einer Allmenge A_ξ (und damit auch jeder größeren Allmenge $A_\eta \supseteq A_\xi$) ist und das Unerreichbarkeitsaxiom die Existenz beliebig großer exorbitanter Ordinalzahlen ε sichert, so gibt es nach Satz 5 unter Voraussetzung der Alephhypothese und des Unerreichbarkeitsaxioms auch eine Allmenge A_ε mit $N \in A_\varepsilon$ und den Bedingungen (a), (b), (c). Damit ist das Unerreichbarkeitsaxiom unter Voraussetzung der Alephhypothese gleichwertig mit dem Axiom, welches für jede Menge N die Existenz einer Allmenge A fordert, so daß für beliebige Mengen X, Y gilt:

(1) $N \in A$,

(2) $X \in A \wedge Y \subseteq X \rightarrow Y \in A$,

(3) $X \in A \rightarrow \boldsymbol{P}X \in A$,

(4) $X \subseteq A \wedge X \not\backsim A \rightarrow X \in A$.

Aus diesem Axiom erhält man ja in $\boldsymbol{M} = A \setminus \boldsymbol{I}$ eine im Unerreichbarkeitsaxiom für N geforderte Menge M von Mengen. Das eben formulierte Axiom ist insofern anschaulicher als das von TARSKI angegebene Unerreichbarkeitsaxiom, daß jetzt nicht die Existenz irgendeines Mengensystems M mit ähnlichen Eigenschaften wie die Allklasse, Grenzklasse $\boldsymbol{E}$ gefordert wird, sondern die Existenz einer Allmenge A, also einer relativen Grenzklasse A, mit ähnlichen Eigenschaften wie die absolute Grenzklasse $\boldsymbol{E}$.

Die exorbitanten Alephs $\aleph_\varepsilon > \overline{\overline{\boldsymbol{I}}}$ sind unter Voraussetzung der Alephhypothese die Mächtigkeiten genau derjenigen Allmengen $A \neq \boldsymbol{I}$, für welche die drei Bedingungen (2), (3), (4) gelten. Denn zunächst ist — mit den Bezeichnungen von Satz 5 — ein solches exorbitantes $\aleph_\varepsilon$ (da dann $\varepsilon > \alpha_0$ exorbitant ist) die Mächtigkeit $\mathfrak{a}_\varepsilon$ der Allmenge $A_\varepsilon \neq \boldsymbol{I}$, und nach Satz 5 gelten (2), (3), (4) für A_ε; ist umgekehrt $A \neq \boldsymbol{I}$ eine Allmenge mit den Eigenschaften (2), (3), (4), so ist $M = A \setminus \boldsymbol{I}$ wegen $\boldsymbol{I} \in M$ nach Satz 2 a) und dessen Beweis von exorbitanter Mächtigkeit $\aleph_\varepsilon > \overline{\overline{\boldsymbol{I}}}$ und damit auch $A = M \cup \boldsymbol{I}$.

Mit den Bezeichnungen von Satz 5 erhält man für exorbitantes $\varepsilon > \alpha_0$ und beliebige Mengen $X \subseteq A_\varepsilon$:

$$\left\{\begin{array}{c} X \sqsubset\!\sqsupset A_\varepsilon \leftrightarrow X \backsim A_\varepsilon, \\ X \in A_\varepsilon \leftrightarrow X \sqsubset A_\varepsilon \leftrightarrow X \not\backsim A_\varepsilon. \end{array}\right\} \qquad (+)$$

Denn ist $A_\varepsilon \supseteq X \sqsubset A_\varepsilon$ und wäre $X \not\backsim A_\varepsilon$, so wäre nach Satz 5c) $X \in A_\varepsilon$, also $X \sqcap\!\!- A_\varepsilon$; ist umgekehrt $A_\varepsilon \supseteq X \backsim A_\varepsilon$ und wäre $X \sqcap\!\!- A_\varepsilon$, so wäre $X \in A_\varepsilon = \bigcup_{\xi < \varepsilon} A_\xi$, also $X \in A_\xi$ für ein $\xi < \varepsilon$ und damit $X \subseteq A_\xi$, also $X \leq A_\xi < A_\varepsilon$.

Die exorbitanten Zahlen gestatten unter Voraussetzung der Alephhypothese und des Unerreichbarkeitsaxioms auf Grund von (+) in Fortführung der bereits in § 3 angegebenen Nichtstandardmodelle für das Axiomensystem der Mengenlehre (ohne Alephhypothese und Unerreichbarkeitsaxiom) die Konstruktion einer ganzen Hierarchie von Nichtstandardmodellen, deren Allklassen jeweils die Allmengen A_ε mit exorbitantem $\varepsilon > \alpha_0$ (bei $\aleph_{\alpha_0} = \overline{\overline{\boldsymbol{I}}}$) sind und deren Unmengen die Teilmengen $X \subseteq A_\varepsilon$ mit $X \backsim A_\varepsilon$ sind.

Ist nämlich A die ähnliche Abbildung von $\boldsymbol{O}$ auf $\mathfrak{A}$ und $\aleph_{\alpha_0} = \overline{\overline{\boldsymbol{I}}} = \overline{\overline{A_0}}$, so existieren auf Grund der Alephhypothese und des Unerreichbarkeitsaxioms beliebig große exorbitante Ordinalzahlen $\varepsilon > \alpha_0$, so daß $\overline{\overline{A_\varepsilon}} = \aleph_\varepsilon$ eine exorbitante Mächtigkeit ist und die Allmenge A_ε den Bedingungen (a), (b), (c) von Satz 5 und damit auch (+) genügt. Für beliebiges exorbitantes $\varepsilon > \alpha_0$ erhält man dann auf folgende Weise ein Nichtstandardmodell des in § 3 angegebenen Axiomensystems der Mengenlehre (ein Nichtstandardmodell deshalb, weil z. B. die Unmengen dieses Modells Mengen des Standardmodells sein werden, in dem wir ja für diese Betrachtungen die Gültigkeit der Alephhypothese und des Unerreichbarkeitsaxioms annehmen): Als Dinge des Nichtstandardmodells $\boldsymbol{T}_\varepsilon$ wähle man die Elemente von $A_{\varepsilon+1} = A_\varepsilon \cup \boldsymbol{P} A_\varepsilon$, als Elementbeziehung $\in^*$ und Stufenbeziehung $\sqsubset^*$ die auf die Elemente von $A_{\varepsilon+1}$ eingeschränkte Elementbeziehung $\in$ und Stufenbeziehung $\sqsubset$. Man prüft dann leicht die Axiome I bis VII aus § 3 für die Dinge von $\boldsymbol{T}_\varepsilon$ und $\in^*$, $\sqsubset^*$ nach; dabei ist das Schema der Klassenbildungsaxiome für $\boldsymbol{T}_\varepsilon$ natürlich nur durch ein bei den Beweisen vieler einzelner Klassenbildungsaxiome erkanntes allgemeines Verfahren nachzuweisen, welches uns (ähnlich wie beim Dualitätsprinzip für Klassen, vgl. § 5) gestattet, jedes vorgegebene Klassenbildungsaxiom zu beweisen. Die Aussage, daß die Klassenbildungsaxiome II für $\boldsymbol{T}_\varepsilon$ gelten, ist kein mathematischer Satz. Der Individuenbereich von $\boldsymbol{T}_\varepsilon$ ist der alte Individuenbereich $\boldsymbol{I}$, die Elemente von $\boldsymbol{T}_\varepsilon$ sind die Elemente von A_ε, die Mengen von $\boldsymbol{T}_\varepsilon$ sind die Teilmengen $X \subseteq A_\varepsilon$ mit $X \not\backsim A_\varepsilon$, die Unmengen von $\boldsymbol{T}_\varepsilon$ sind die Teilmengen $X \subseteq A_\varepsilon$ mit $X \backsim A_\varepsilon$; die Allklasse von $\boldsymbol{T}_\varepsilon$ ist A_ε, die Klasse aller Mengen von $\boldsymbol{T}_\varepsilon$ die Menge $\dot{A}_\varepsilon \setminus \boldsymbol{I}$.

Die Konstruktion der Modelle $\boldsymbol{T}_\varepsilon$ für das Axiomensystem der Mengenlehre weist nochmals deutlich auf den Grenzzahlcharakter der exorbitanten Kardinalzahlen $\aleph_\varepsilon$ bei $\varepsilon > \alpha_0$ hin; $\aleph_\varepsilon$ existiert nicht als Kardinalzahl im Sinne des Modells $\boldsymbol{T}_\varepsilon$, ist aber in allen höheren Modellen $\boldsymbol{T}_\eta$ oder im Standardmodell als Mächtigkeit der Allmenge A_ε die obere Grenze der Kardinalzahlen aus $\boldsymbol{T}_\varepsilon$.

6. Die unerreichbaren Zahlen finden Anwendung bei der grundsätzlichen Fragestellung, ob die Cantorsche naive Mengenlehre durch ein Axiomensystem beschrieben werden kann, oder ob man, wie zunächst im allgemeinen vermutet wird, und wie wir es schon in der Einleitung dieses Buches erwähnt hatten, im Laufe der Entwicklung immer neue Axiome zu den bereits verwendeten Axiomen hinzunehmen muß. Auf Grund der Erfahrungen mit dem Existenzproblem für unerreichbare Zahlen kommen wir dabei im folgenden zu dem Schluß, daß die CANTORsche naive Mengenlehre wird wohl kaum jemals axiomatisch ausgeschöpft werden können.

Man kann nämlich unter Voraussetzung des Unerreichbarkeitsaxioms mittels transfiniter Rekursion eine Funktion φ vom $\boldsymbol{O}$ in $\boldsymbol{O}$ definieren mit für jedes $\alpha, \lambda \in \boldsymbol{O}$:

$$\varphi(0) = \boldsymbol{\omega},$$

$$\varphi(\alpha + 1) = \text{erste unerreichbare Ordinalzahl } \eta > \varphi(\alpha),$$

$$\lambda \textit{ Limeszahl} \rightarrow \varphi(\lambda) = \lim_{\xi < \lambda} \varphi(\xi).$$

Es ist φ eine Normalfunktion über $\boldsymbol{O}$. Ähnlich wie die Frage nach der Existenz von Limeszahlen λ, für die $\boldsymbol{\Omega}_\lambda$ eine unerreichbare Ordinalzahl ist, durch das Unerreichbarkeitsaxiom beantwortet wurde, erhebt sich in bezug auf die Normalfunktion φ statt $\boldsymbol{\Omega}$ die Frage nach der Existenz von Limeszahlen λ, für die $\varphi(\lambda)$ unerreichbar ist, und diese Frage läßt sich wahrscheinlich ebenfalls nur durch ein weiteres Unerreichbarkeitsaxiom lösen, welches die Existenz beliebig großer unerreichbarer Zahlen $\varphi(\lambda)$ mit Limeszahlindex λ, sogenannte *unerreichbare Zahlen zweiter Art*, fordert. Man kann sodann unter Voraussetzung dieses zweiten Unerreichbarkeitsaxioms eine Normalfunktion ψ über $\boldsymbol{O}$ definieren mit für jedes $\alpha, \lambda \in \boldsymbol{O}$:

$$\psi(0) = \boldsymbol{\omega},$$

$$\psi(\alpha + 1) = \text{erste unerreichbare Ordinalzahl zweiter Art } \eta > \psi(\alpha),$$

$$\lambda \textit{ Limeszahl} \rightarrow \psi(\lambda) = \lim_{\xi < \lambda} \psi(\xi),$$

die Frage nach der Existenz von Limeszahlen λ, für die $\psi(\lambda)$ unerreichbar ist, durch ein drittes Unerreichbarkeitsaxiom lösen, welches die Existenz derartiger *unerreichbarer Zahlen dritter Art* fordert, und in dieser Weise fortfahren, die Existenz immer *höherer unerreichbarer Zahlen* zu postulieren. Durch Hinzunahme derartiger höherer Unerreichbarkeitsaxiome wird jedesmal der Bereich der der exakten axiomatischen Untersuchung zugänglichen Ordinalzahlen aus der CANTORschen naiven Reihe aller Ordinalzahlen, dem *CANTORschen Absolut*, beträchtlich erweitert. Doch wird man dieses Absolut und damit die gesamte CANTORsche naive Mengenlehre wahrscheinlich nie vollständig in axiomatischer Form ausschöpfen, beschreiben können; denn man wird vermutlich, ähnlich den Problemen der Existenz höherer unerreichbarer Zahlen, stets von neuem auf unlösbare Probleme stoßen, die nur durch neue Axiome gelöst werden können.

LITERATURVERZEICHNIS

Neben der durch die Referatenorgane (siehe Einleitung) gebotenen Orientierungsmöglichkeit für Publikationen auf dem Gebiete der Allgemeinen Mengenlehre findet man über dieses Buch hinausgehende allgemein-mengentheoretische Spezialuntersuchungen (teils mit einem ausführlichen Verzeichnis von Originalarbeiten) auch in der übrigen Lehrbuchliteratur zur Allgemeinen Mengenlehre:

Александров, П. С., Введение в общую теорию множеств и функций; Москва-Ленинград 1948.

Alexandroff, P. S., Einführung in die Mengenlehre und die Theorie der reellen Funktionen; Berlin 1956.

Bachmann, H., Transfinite Zahlen; Berlin-Göttingen-Heidelberg 1955.

Bernays, P., Fraenkel, A. A., Axiomatic set theory; Amsterdam 1958.

Bourbaki, N., Théorie des ensembles; Paris 1954 (Kapitel I, II) und 1956 (Kapitel III).

Breuer, J., Introduction to the theory of sets; New Jersey 1958.

Fraenkel, A. A., Zehn Vorlesungen über die Grundlegung der Mengenlehre; Leipzig-Berlin 1927.

Fraenkel, A. A., Einleitung in die Mengenlehre; Berlin 1928.

Fraenkel, A. A., Abstract set theory; Amsterdam 1960.

Fraenkel, A. A., Bar-Hillel, Y., Foundations of set theory; Amsterdam 1958.

Halmos, P. R., Naive set theory; Toronto-London-New York 1960.

Hausdorff, F., Grundzüge der Mengenlehre; Leipzig 1914.

Hausdorff, F., Mengenlehre; Berlin-Leipzig 1935.

Hausdorff, F., Set theory; New York 1957.

Hessenberg, G., Grundbegriffe der Mengenlehre; Göttingen 1906.

Kamke, E., Theory of sets; New York 1950.

Kamke, E., Mengenlehre; Berlin 1955.

Keene, G. B., Abstract sets and finite ordinals; Oxford-London-New York-Paris 1961.

Klaua, D., Konstruktion ganzer, rationaler und reeller Ordinalzahlen und die diskontinuierliche Struktur der transfiniten reellen Zahlenräume; Berlin 1961.

Kuratowski, K., Einführung in die Mengenlehre und Topologie (Polnisch); Warszawa 1955.

Kuratowski, K., Introduction to set theory and topology; Oxford-London-New York-Paris-Warszawa 1961.

Kuratowski, K., Mostowski, A., Mengenlehre (Polnisch); Warszawa-Wrocław 1952.

Saarnio, U., Das System und die Darstellung der transfiniten Ordnungszahlen mit Hilfe der höheren Rechenoperationen; Helsinki 1958.

Schoenflies, A., Entwicklung der Mengenlehre und ihrer Anwendungen; Leipzig-Berlin 1913.

Sierpiński, W., Hypothèse du continu; Warszawa-Lwow 1934.

Sierpiński, W., Leçons sur les nombres transfinis; Paris 1950.

Sierpiński, W., Algèbre des ensembles; Warszawa-Wrocław 1951.

Sierpiński, W., Cardinal and ordinal numbers; Warszawa 1958.

Suppes, P., Axiomatic set theory; Toronto-London-New York 1960.

SACHREGISTER

FSC
www.fsc.org
MIX
Papier | Fördert
gute Waldnutzung
FSC® C083411

Kolibri 360 GmbH
Ferdinand-Jühlke-Straße 7
99095 Erfurt, Deutschland
produktsicherheit@kolibri360.de